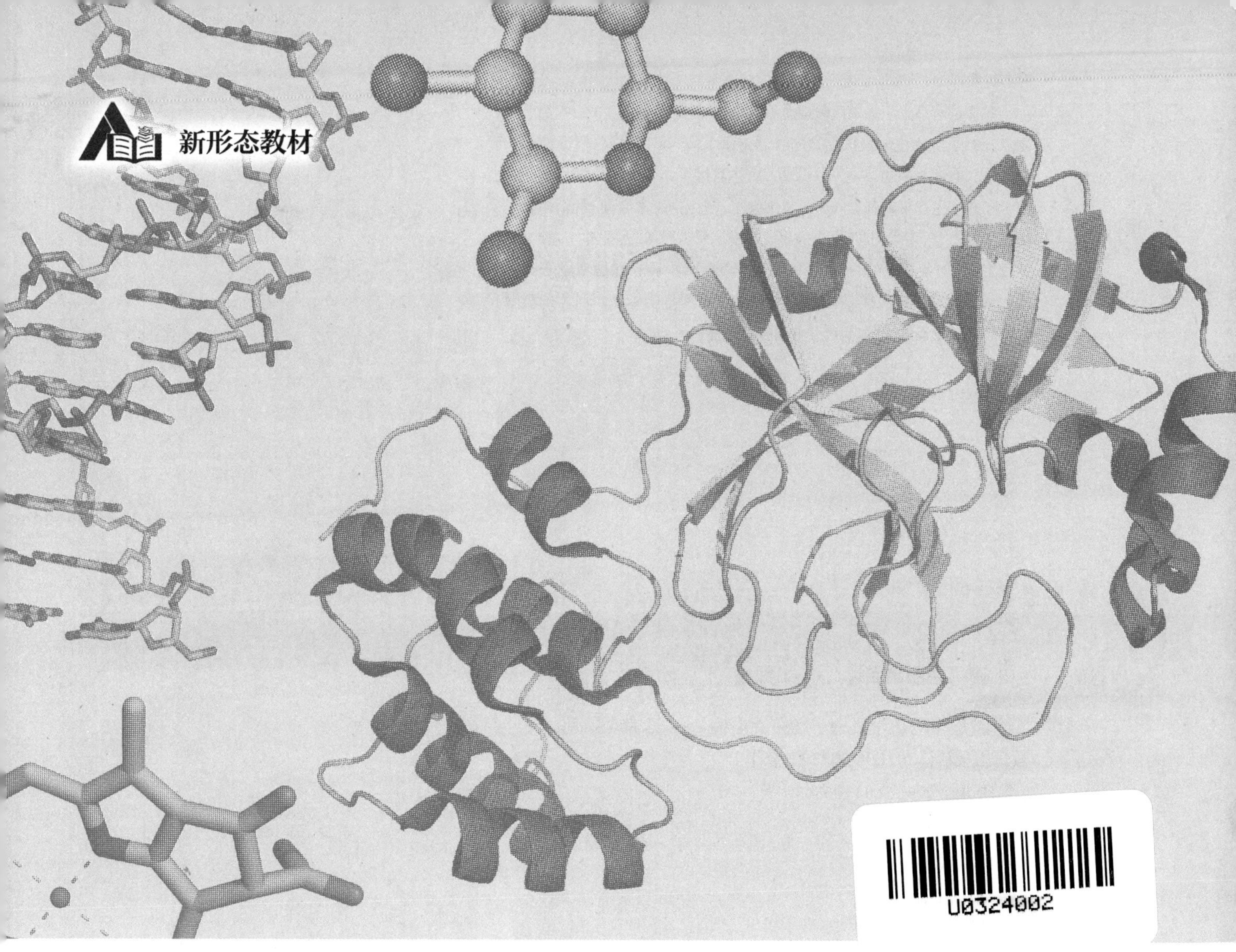

基础生物化学原理

FUNDAMENTALS OF BIOCHEMISTRY

主　编　杨荣武

副主编　丁　智　杨　艳　黄　林

参编者（按姓氏拼音排序）

陈海燕　杜希华　郭　灿　李玉玺
刘　煜　卢　彦　沈文飚　苏　娇
田新民　韦双双　闻　燕　颜冬菁
张子超　周　勉

高等教育出版社·北京

内容提要

本书是南京大学杨荣武教授主编的《生物化学原理》第3版的简明版，重点介绍了生物化学最核心的内容，具有脉络清晰、内容新、概念性强、简洁、易懂、有趣等特点。全书共分20章，内容涉及结构生物化学、代谢生物化学和分子生物学的基本内容。本书继承了《生物化学原理》的很多特色，每章包括引言、主题内容、小框故事、小测验、思考题等，另配有丰富的数字课程资源，如各章小结、授课音视频、教学课件、小测验和思考题答案等。本书可作为高等综合性、医学及农林院校生命科学类专业本科生的教材，也可供相关专业的教师、研究生和科技工作者参考。

图书在版编目（CIP）数据

基础生物化学原理 / 杨荣武主编. -- 北京：高等教育出版社，2021.3（2023.12 重印）

ISBN 978-7-04-055657-5

Ⅰ. ①基… Ⅱ. ①杨… Ⅲ. ①生物化学－高等学校－教材 Ⅳ. ①Q5

中国版本图书馆 CIP 数据核字（2021）第 042415 号

Jichu Shengwu Huaxue Yuanli

策划编辑 王 莉　　责任编辑 张 磊　　封面设计 张申申　　责任印制 朱 琦

出版发行	高等教育出版社	网　址	http://www.hep.edu.cn
社　址	北京市西城区德外大街4号		http://www.hep.com.cn
邮政编码	100120	网上订购	http://www.hepmall.com.cn
印　刷	唐山市润丰印务有限公司		http://www.hepmall.com
开　本	890mm×1240mm 1/16		http://www.hepmall.cn
印　张	38.5		
字　数	1080 千字	版　次	2021 年 3 月第 1 版
购书热线	010-58581118	印　次	2023 年 12 月第 4 次印刷
咨询电话	400-810-0598	定　价	106.00 元

本书如有缺页、倒页、脱页等质量问题，请到所购图书销售部门联系调换

物 料 号 55657-00

数字课程（基础版）

基础生物化学原理

主编　杨荣武

登录方法：

1. 电脑访问 http://abook.hep.com.cn/55657，或手机扫描下方二维码、下载并安装 Abook 应用。
2. 注册并登录，进入“我的课程”。
3. 输入封底数字课程账号（20 位密码，刮开涂层可见），或通过 Abook 应用扫描封底数字课程账号二维码，完成课程绑定。
4. 点击“进入学习”，开始本数字课程的学习。

课程绑定后一年为数字课程使用有效期。如有使用问题，请点击页面右下角的“自动答疑”按钮。

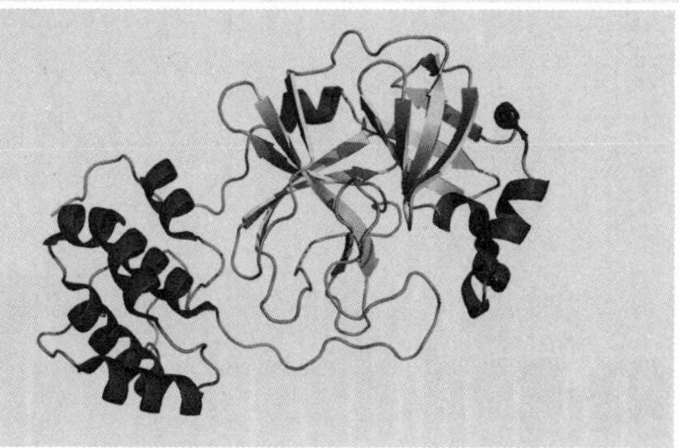

基础生物化学原理

本数字课程与纸质教材一体化设计、紧密配合。数字课程的资源包括各章的授课视频和音频、各章小结、小测验答案、章末思考题答案、参考文献、配套PPT课件（中英文各一套）等，以协助读者深入学习。

用户名：　密码：　验证码：　5360　忘记密码？　登录　注册

http://abook.hep.com.cn/55657

扫描二维码，下载Abook应用

前言

本书是南京大学杨荣武教授主编的《生物化学原理》第三版的简明版，但绝不是简单删节的版本，而是更加集中介绍生物化学最重要的核心内容，具有简洁、易懂、有趣、新、概念性强、脉络清晰等特点，与《生物化学原理》形成了很好的互补。在体系结构方面，注重章节之间的起承转合及与相关学科的联系，并强化了与网络的联系，力求做到知识上的融会贯通。

全书分为"结构生物化学"、"代谢生物化学"和"分子生物学"三篇，共有20章。它继承了《生物化学原理》第三版许多好的传统。例如，每章包括引言、主题内容、小结、思考题、参考文献和推荐网址。教材中引入了许多新创作的小框故事(Box)。这些故事有生化动态、生化探究、生化趣事、生化传奇和生化与健康等。小框中丰富多彩的内容可进一步激发学生学习生化的兴趣。在每一章，还附有具启发性的重大科学发现故事，既能激发学生的学习兴趣，又能培养他们的实验设计和科学思维推理能力。另外，书中很多重要内容的旁边插入了小测验(Quiz)，这样可以让读者带着问题去学习，并进行自测。

除了全面更新、精彩丰富的纸质内容以外，也特配了数字课程。在数字平台上，免费提供了杨荣武教授为南京大学本科生授课的全程录像视频和音频，及其制作"结构生物化学慕课"、"代谢生物化学慕课"和"分子生物学慕课"的所有视频资料，配有书中全部Quiz和思考题答案，可以协助读者深入学习。另提供配套PPT课件，中英文各一套。相信这些资料，对于许多学校现在推行的双语教学和翻转课堂教学有非常大的帮助。

本书的主编是南京大学的杨荣武，副主编为南京大学的丁智、中国海洋大学的杨艳和皖西学院的黄林，参加编写的还有南京大学的卢彦、华东理工大学的周勉、东南大学的张子超、中国药科大学的刘煜、海南大学的韦双双、南京农业大学的沈文飚、山东师范大学的杜希华、江苏科技大学的闻燕、长春科技学院的陈海燕、海南医学院的颜冬菁、长治医学院的苏娇、滨州学院的李玉玺、湘雅医学院的郭灿和牡丹江师范学院的田新民。

在本书编写的过程中，对我支持最大的是我的家人，包括我的iCat。在此，我想要对你们大声地说一声"谢谢你们的支持和默默的付出"！还要感谢所有《生物化学原理》的读者，谢谢你们对它的厚爱！当然，还要特别感谢高等教育出版社这么多年来对我的信任，以及王莉、孟丽和张磊等编辑为我提供的所有帮助！最后，还要感谢我所有的学生，谢谢你们自我从教以来一直对我的支持！

杨荣武

2020年10月1日于南京

目录

第一篇 结构生物化学

第二篇　代谢生物化学

第三篇 分子生物学

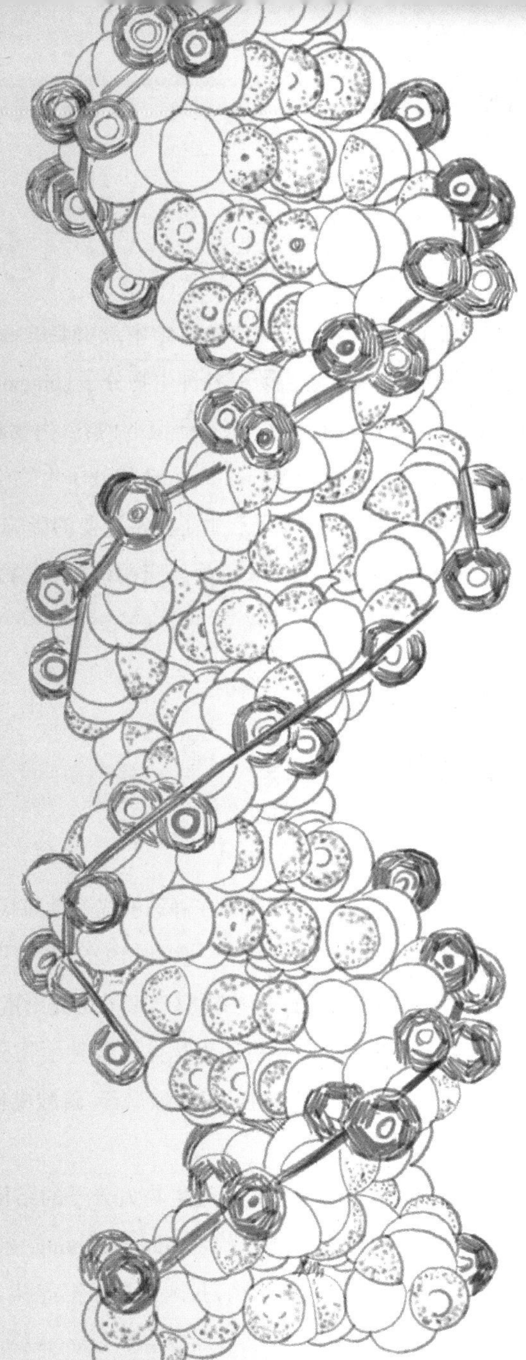

第一篇 结构生物化学

第一章 绪论

生物化学（biochemistry）就是生命的化学。它是生命科学中最重要的一门基础学科，主要是在分子水平上研究生命的现象和探索生命的本质，重点研究各种生物分子（biomolecule）的化学组成、结构、性质、功能及其在生物体内所经历的各种代谢变化。根据研究的内容，生物化学可分为结构生物化学（structural biochemistry）、代谢生物化学（metabolic biochemistry）和分子生物学（molecular biology）。可以说，生物化学的诞生和发展对整个生命科学的发展产生了非常重要的影响。

本章将主要介绍生物化学的发展简史、研究内容及其应用，并就生物化学的学习方法做简单介绍。

第一节 生物化学发展简史

生物化学的发展大体可分为三个阶段。

第一阶段从19世纪末到20世纪30年代，主要停留在静态的描述性阶段，偏重对生物体各种化学组分进行分离、纯化、结构测定、合成及理化性质的研究。例如，1926年，美国科学家James B. Sumner制得了脲酶结晶，并证明它是蛋白质。再如，1931年，中国科学家吴宪提出蛋白质变性的概念。

第二阶段在20世纪30—50年代，主要特点是研究生物体内各种生物分子的变化，即代谢，所以被称为动态生化阶段。其间突出成就是确定了糖酵解、三羧酸循环、磷酸戊糖途径、卡尔文循环、尿素循环以及脂肪酸β氧化等多条重要的代谢途径。

图 1-1 王应睐（1907-2001）

第三阶段是从20世纪50年代开始，主要特点是研究生物大分子的结构与功能。分子生物学就是在此阶段诞生的。例如：在蛋白质研究方面，美国科学家Linus Pauling发现了α螺旋和β折叠，英国科学家Frederick Sanger确定了牛胰岛素的一级结构，我国科学家王应睐（图1-1）等人工合成了牛胰岛素；在核酸研究方面，美国科学家James Watson和英国科学家Francis Crick提出了DNA双螺旋结构模型，我国科学家王德宝等人工合成了酵母细胞可运载丙氨酸的tRNA；在核酸－蛋白质复合物的研究方面，美国科学家V. Ramakrishnan、Thomas A. Steitz获得核糖体精细的三维结构，我国科学家施一公使用冷冻电镜技术获得了酵母和人源细胞的剪接体的三维结构。

可以说，在生物化学发展的每一个阶段，都有许多科学家因在相关领域作出的突出贡献而荣获诺贝尔化学奖或诺贝尔生理学或医学奖。例如，2019年的诺贝尔生理学或医学奖就颁给了“发现了细胞如何感知和适应氧气的可得性”的三位科学家——William G. Kaelin Jr、Peter J. Ratcliffe和Gregg L. Semenza。

Box1.1 **生化趣事——年度分子和年度突破**

受时代杂志每年评选的“年度人物”（Man of the Year）的启发，美国*Science*（科学）杂志在1989年开始评选“年度分子”（Molecule of the Year），以让人们认知科学界的重大发现。但从1996年开始，*Science*将年度分子改为“年度突破”（Breakthrough of the Year）。

2019年的“年度突破”是“事件视界望远镜”项目发布了人类首次获得的“黑洞照片”，这与生命科学毫无关系。然而，第一个被评为年度分子的是一种来自水生嗜热菌的*Taq* DNA聚合酶，它早已在当今生命科学研究领域不可或缺的技术——聚合酶链式反应（polymerase chain reaction，PCR）中得到了广泛的应用。到2020年底，已经有32个年度分子或年度突破上榜（表1-1），其中与生命科学特别与生化有关的有17个，占了一半以上。这足以说明生命科学的魅力无限，发展势头十分强劲。因此，我们每一位学习生化的人应该感到幸运和自豪！

► 表1-1 *Science* 的年度分子与年度突破

年度	年度分子 / 年度突破	年度	年度分子 / 年度突破
1989	*Taq* DNA 聚合酶	2006	庞加莱猜想的证明
1990	人造钻石	2007	人类遗传变异
1991	富勒烯（buckminsterfullerene）	2008	细胞再编程（cellular reprogramming）
1992	一氧化氮（NO）	2009	拉密达猿人（*Ardipithecus ramidus*）
1993	p53 蛋白	2010	第一个量子机器
1994	DNA 修复酶	2011	口服抗艾药物可防止 HIV 在异性间的传播
1995	玻色－爱因斯坦凝聚态	2012	希格斯玻色子
1996	艾滋病病毒（HIV）	2013	癌症的免疫治疗
1997	多莉羊（Dolly the sheep）	2014	罗塞塔彗星任务（Rosetta comet mission）
1998	暗物质	2015	CRISPR 基因组编辑
1999	干细胞	2016	引力波
2000	全基因组测序	2017	双中子星合并（cosmic convergence）
2001	纳米电路	2018	揭示细胞逐个发育的细节（development cell by cell）
2002	小 RNA（small RNA）	2019	首次获得黑洞照片（darkness made visible）
2003	暗能量	2020	新冠病毒疫苗以创纪录的速度得以开发和测试
2004	勇气号火星车	2021	人工智能（AI）技术预测蛋白质的三维结构
2005	进化		

第二节　生物化学的主要内容及其应用

生物化学的主要内容可分为三个部分。

第一个部分为结构生物化学，它是生物化学最基础的部分，有人把这一部分内容说成是“静态生化”。其主要内容是各种生物分子（氨基酸、核苷酸、蛋白质、核酸、酶、糖类、脂质和激素等）的结构、性质与功能，特别是三类生物大分子（蛋白质、核酸和酶）的结构、性质与功能。

第二个部分为代谢生物化学，它包括了传统生物化学的核心内容，有人把这一部分内容说成是“动态生化”，主要介绍糖代谢、脂代谢、氨基酸代谢、核苷酸代谢以及各种物质代谢的联系和调节规律，涉及各种物质代谢的基本途径，特别是糖酵解、三羧酸循环、糖异生和脂肪酸 β 氧化等代谢途径。

第三个部分为分子生物学，它主要以DNA、RNA和蛋白质的结构及其在遗传信息传递中的作用为研究对象，核心内容是核酸在生命过程中的作用，包括DNA复制、转录、逆转录、翻译以及基因表达调控，因此称之为核酸生物化学也许更确切。

生物化学的应用也包括三个方面的应用。

首先是生物化学知识的应用，它主要反映在生物化学知识对其他各门生物学科甚至一些非生物学科的影响，特别是与其关系比较密切的细胞生物学、遗传学、微生物学和生理学等学科。例如：通过对生物大分子结构与功能进行的深入研究，揭示了生物体内的物质代谢、能量转换、遗传信息传递、光合作用、神经传导、肌肉收缩、激素作用、免疫和信号转导等许多奥秘，使人们对生命本质的认识上升到一个崭新的阶段。

其次是生物化学技术的应用，它反映在各种生物化学技术对医学、农业和工业等领域的影响。例如：在医学上，对一些常见病和严重危害人类健康的疾病的预防、诊断和治疗；在农业上，对各种植物病原体的鉴定和对农作物良种的筛选和培育；在工业上，固定化酶和固定化细胞技术对酶工业和发酵工业发展的促进。

最后就是生物化学产品的应用，它显示了多种生物化学产品对人类生活方方面面的影响。例如，利用基因工程技术生产的各种药物，包括胰岛素、干扰素和乙型肝炎病毒疫苗等。

第三节　生物化学学习方法

生物化学这门学科的特点就是发展快、信息量丰富，新名词和新概念不断涌现，大量内容需要记忆，因此学好它并非易事。在这里，有几点建议，应该对学好生化会有帮助。

1. 要有学好这一门课的强烈欲望，主动培养自己对生化学习的兴趣，并尝试用学过的知识解释身边的现象

有很多理由让你爱上生化：首先，它很有用。从生化这门课程中，你可以学到很多与营养、健康、防病和治病等有关的知识。这些知识可以让你受用一辈子。其次，学好生化是你学好生命科学其他课程的基础。

2. 学好先修课有机化学

学好有机化学对于学好生物化学十分重要，因为生物化学中的很多内容要用到有机化学的知识。例如，亲核基团引发的亲核进攻对于理解许多酶（如丝氨酸蛋白酶）的催化机制至关重要。

3. 选择好教材和参考书

目前市场上有各种各样的生化教材和参考书，如何选择适合自己的教材和参考书对于培养学习兴趣、学好本课程十分重要。最好能准备三本教材和一本学习指南与习题集：一本是简单的版本，如这本《基础生物化学原理》。阅读这类生物化学的好处是便于理解和自学。一本是高级的版本，如杨荣武教授编写的《生物化学原理》第三版。阅读此类教科书便于全面和深入地掌握各个章节的内容。第三本应该是一本英文的原版教材，如 David L. Nelson 等人编著的 *Lehninger Principles of Biochemistry*。英文版教材的特点是新、印刷精美，图表多为彩图，通常还有配套的多媒体光盘，便于自学。阅读一本好的英文生化教材，不仅有助于提高自己的专业英语水平，还能加深对各章节内容的理解。至于学习指南与习题集，与《生物化学原理》第三版配套的《生物化学学习指南与习题解析》就是一个不错的选择。

4. 课前预习，课后复习，由表及里，循序渐进，学习生化三个部分的内容

在学习结构生物化学的时候，重点需要掌握生物分子具有哪些基本的结构、哪些重要的理化性质，以及结构与功能有什么关系等问题，同时要随时将它们进行比较。这样既便于理解，也有利于记忆。在学习代谢生物化学的时候，应着重学习各种物质代谢的基本途径，特别是糖酵解、三羧酸循环、糖异生和脂肪酸 β 氧化等代谢途径，各代谢途径的关键酶及生理意义，各代谢途径的主要调节环节及相互联系，代谢异常与临床疾病的关系等问题。在学习分子生物学的时候，应重点学习 DNA 复制、转录和翻译的基本过程，并从必要条件、所需酶蛋白和特点等方面对三个过程进行比较，在理顺它们的基本框架后，才能全面、系统、准确地掌握教材的基本内容，并且找出共性，抓住规律。

5. 学会做笔记

首先有一点必须强调，上课时同学们的主要任务是听老师讲课而不是做笔记，因此在课堂上要集中精力听讲，一些不清楚的内容和重要的内容可以笔录下来，以便课后复习和向老师求教。当然，条件好的同学可以买来录音设备，将老师的上课内容录下来，以供课后消化。另外，老师的讲稿大都做成了幻灯片，同学们可从老师那里得到拷贝。如果事先将老师的课件打印出来，然后在打印稿上做笔记，效果会更好。

6. 懂得助记法

学习生物化学时,我的学生反映最多的问题是记不住学过的内容。对于此问题的建议是:首先,分清楚哪些需要记,哪些根本就不需要记,尽可能减少必须记的内容。如氨基酸的三字母和单字母缩写是需要记的,而许多生物分子的结构式并不需要记。其次,明白理解是记忆之母,因此对各章内容,必须先对有关原理理解透彻,然后再去记忆。最后,记忆要讲究技巧,多想想方法。为此可以自创一些口诀、图表和卡片等。例如,关于四种脂溶性维生素(维生素 D、维生素 A、维生素 K 和维生素 E)的记忆,可以按照 DAKE 的顺序,拼成一个英文字典迄今还没有的英文单词“DAKE”就一下记住了。再如,糖蛋白分子中的寡糖链与蛋白质有一种“*N*- 连接”,它与另外一种“*O*- 连接”是不一样的。这里有两个要点:一是寡糖链与哪一个氨基酸的侧链相连?二是这种连接是在真核细胞哪一个细胞器中引入的?如果你按照我推荐的记忆方法,可能会终身不忘!第一点想一想哪一个氨基酸的单字母英文缩写是 N?不就是天冬酰胺吗?事实上寡糖链就是跟它相连。至于第二点就是想一想“内质网”中的“内”字拼音是不是“Nei”?这样也很容易记住是在内质网中引入的。

7. 勤于动手,联系实际,多做题目,多问老师

这是由“学懂”通向“会做”的桥梁,也是提高同学们在考试中实践能力的重要保证。平时多做习题、多做实验,是掌握本学科的重要知识点、取得理想考试成绩的一个很重要的途径。

图 1-2　杨荣武教授讲授的“结构生物化学”慕课

8. 合理分配学习时间

按照重要性的次序,合理分配学习的时间,容易遗忘的内容多投入一些时间,及时巩固。

9. 充分利用网络课程或其他网络资源

现在网上有各种免费的网络课程,特别是现在流行的由世界许多名校开设的大规模公开在线课程(massive open on-line courses,MOOC),即慕课,有条件的同学可以去修读。例如,在 coursera(www.coursera.org)和中国大学 MOOC 平台(www.icourse163.org)上就有生物化学课程(如杨荣武教授讲授的“结构生物化学”和“代谢生物化学”,图 1-2)。另外,国内在爱课程网(www.icourses.cn)上也提供了许多国家精品资源共享课程,其中也有生物化学课程。此外,还有一些与生化有关的论坛或者微信公众号,也可以经常去浏览,以跟踪和了解本学科最新的进展,并与网友一起交流学习的体会和对一些热点问题进行讨论。这里要推荐杨荣武教授开设的“我爱生化”(iloveBIOCHEM)微信公众号,那里经常有各种与生化有关的内容推送;还有他在“哔哩哔哩”开设的站点(UID:457280027),内有各种生物化学视频,包括生化歌曲、生化慕课等内容。

以上就学习生化的方法谈了自己的看法,但需要指出的是,每一个人学习这门课的基础、目的和条件可能有差别,所以最好是结合自己的特点总结出最适合自己的学习方法。总之,只要同学们勤于思考、方法得当、多做题目和实验,学好并考好生化是完全可能的。

科学故事　**中国科学家是如何在世界上率先人工合成出蛋白质的?**

提到胰岛素,可以说无人不知!而学过生化以后,你还会知道胰岛素曾经在生物化学领域夺得过多项世界第一:是第一个被证明有激素作用的蛋白质,是第一个被测出一级结构的蛋白质(英国科学家 Frederick Sanger 因此获得 1958 年的诺贝尔化学奖),是第一个被成功结晶的蛋白质,是第一个被人工合成

的蛋白质，是第一个被证明以大分子前体形式合成的蛋白质，是第一个使用基因工程生产的蛋白质。在众多世界第一中，最让国人引以自豪的是中国科学家于 1965 年在世界上首次成功地完成了牛胰岛素的人工合成(图 1-3)。对此项第一，不少人认为，这是中国科学家在屠呦呦得诺贝尔生理学或医学奖之前与诺贝尔科学奖距离最近的一次。它不但证明了中国人的智慧，增强了中华民族的自信心，还证明了中国在科学包括生命科学研究领域完全可以和西方发达国家相竞争，甚至在一穷二白的基础上照样可以做出世界一流的成果。那么，这项成果究竟是如何获得的呢？

图 1-3　中国邮政 2015 年发布的一枚纪念人工合成胰岛素 50 周年的邮票

1958 年，中国科学院上海生物化学研究所为了向国庆十周年献礼，一批志同道合的科学家决定启动一项重量级的研究项目，就是“人工合成蛋白质”。这在当时世界上还没有成功的先例。但是有那么多蛋白质，究竟合成哪一个呢？事实上，当时摆在中国科学家面前的选择只有一个：那就是胰岛素。因为那时的胰岛素是唯一一种氨基酸序列已被测出的蛋白质，它由两条肽链组成。一条链叫 A 链，有 21 个氨基酸残基；另一条链叫 B 链，有 30 个氨基酸残基。显然，如果一种蛋白质的氨基酸序列都不知道，要想人工合成出它是绝对不可能的。

显然，这样的研究项目仅靠上海生物化学研究所一家是不行的，于是上海有机化学研究所和北京大学化学系也加入了进来。当时参与此项目的科学家至少提出了四种不同的方案，但是由于技术和试剂等方面的限制，最后决定采取其中比较稳妥的一种：就是先分别合成 A 链和 B 链，再将合成好的两条链重组在一起，创造条件让它们组装成有生物活性的胰岛素。具体的任务分工是由北京大学和上海有机化学研究所负责合成 A 链，上海生物化学研究所合成 B 链并负责 A 链和 B 链的重组。

然而，选择胰岛素本身有利有弊。有利的一面，就是它刚好是最小的蛋白质中的一个，又刚好由两条肽链组成。显然，越小合成起来就越容易。而且，两条短链分别合成比合成一条连续的长的肽链要容易得多！因为有关非蛋白质类的小肽的人工合成，在当时世界上已有先例了：那就是 1952 年，美国科学家 Vincent du Vigneaud 合成了仅由 9 个氨基酸残基组成的催产素。1955 年，Vigneaud 因此获得诺贝尔化学奖。1958 年，美国科学家 Eleanofe T. Schwartz 等人又合成了由 13 个氨基酸残基构成的促黑激素。因此，人工合成胰岛素两条肽链的基本原理和基本的技术路线已有现成的可以借鉴。不利的一面，就是胰岛素的两条链之间有 2 个二硫键，且 A 链内部也有 1 个二硫键。这种特殊的结构带来的最大问题是如何能保证合成出来的胰岛素最后能形成 3 个正确的二硫键。因为根据排列组合的原理，胰岛素的 A、B 链重组的方式太多了，而正确的只是其中的一种。这里可以假定一个理想的状态，就是溶液中只有 1 条 A 链和 1 条 B 链，那么在所有的 6 个半胱氨酸之间，形成 3 个二硫键的方式有 15 种，但天然胰岛素只是其中的一种，所以成功的概率是 1/15，也就是 6.7%。然而，随着溶液中 A、B 链的数目在增加，两条链可以以不同的比例和方式组合，那时理论上随机形成的二硫键方式将以指数级增长，几乎是无穷种，但同样只有一种是天然胰岛素的结构。

关键问题要靠关键人物解决。当时上海生物化学研究所的邹承鲁(图 1-4)小组承担了解决这个关键问题的任务。邹承鲁先生当年 35 岁，而组里所有的成员都比他小，有的大学刚刚毕业。他们做的是“胰岛素拆合”工作，就是以天然的胰岛素作为实验对象，在体外先用化学还原剂将二硫键还原，使 A 链和 B 链拆开，然后再摸索条件，看两条链能不能重新结合在一起，并形成 3 个正确的二硫键，最终成为天然有活性的胰岛素。

幸运的是，一年多以后，邹承鲁小组终于摸索到了一组条件，使得他们从分开的 A 链和 B 链得到天然正确胰岛素的概率，从一开始的 0.7% 最后提高到了 10%，可以说重组取得了成功。这就为选择和坚持

图 1-4　邹承鲁先生(1923–2006)

"分开合成、再重组"的路线注入了动力和信心。但当时出于对美国等国外科学家同类工作的保密，邹承鲁小组的研究成果并没有在学术杂志上发表。1960年，*Nature* 上发表了加拿大科学家 G. H. Dixon 和 A. C. Wardlaw 类似的工作，但产率只有1%～2%，所以中国科学家当时在国际上是绝对领先的。经过7年多的辛勤奋战，中国科学家人工合成胰岛素终于获得了成功，通过小白鼠惊厥实验证明它具有与天然胰岛素一样的生物活性，并能形成与天然胰岛素一样的结晶(图1-5)。1965年11月，这一重要成果首先以简报形式发表在《中国科学》杂志上，并于1966年4月全文发表。1966年12月27日，毛泽东主席73岁生日的第二天，《人民日报》发表社论，宣布"我国在世界上第一次成功人工合成结晶牛胰岛素"，引起了世界轰动。这项成果直到1982年终获中国自然科学一等奖。

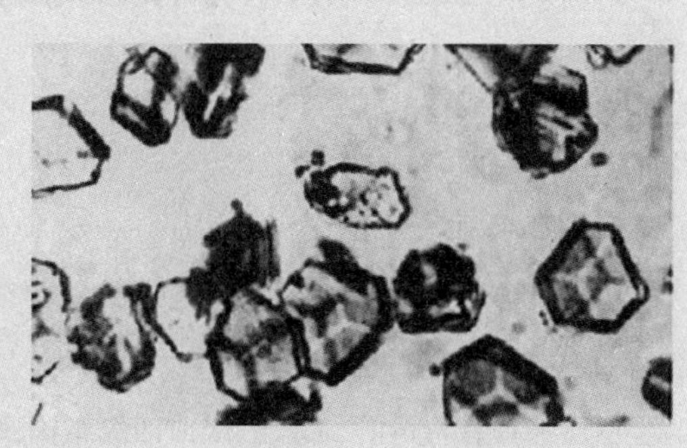
图1-5　中国科学家人工合成的胰岛素形成的晶体

为什么在理论上几乎不可能的情况下，邹承鲁小组能够得到高产率的天然胰岛素呢？当时他们总结的原因是：在所有可能的重组产物中，含有正确二硫键的胰岛素结构是最稳定的。既然天然结构是最稳定的，也就是最容易形成的了。

尽管有人认为人工合成胰岛素在今天看来没有太多的现实意义，但通过胰岛素的人工合成工作，中国整个多肽领域的研究都被带动发展了起来。不管如何，它是世界上第一个人工合成的蛋白质，为人类认识生命、揭开生命奥秘迈出了可喜的一大步。

思考题：

1. 列举你认为在生物化学发展史上最具里程碑意义的三个重要的发现。
2. 你认为生物化学在下一个十年内会有哪些重要的突破？
3. 你认为中国科学家近十年内在生物化学领域主要的研究成果有哪些？
4. 你知道世界和中国最早建立生物化学系的大学分别是哪一所吗？你知道世界最长寿和中国最长寿的生物化学家是谁吗？他们对生化发展最大的贡献分别是什么？
5. 结合尽可能多的例子，说说生物化学的应用。

网上更多资源……

本章小结　授课视频　授课音频　生化歌曲
教学课件　推荐网址　参考文献

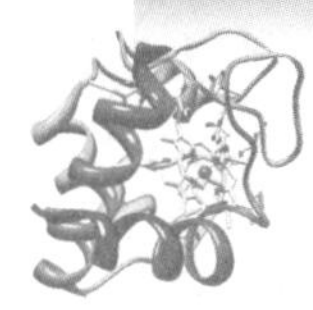

第二章 蛋白质的结构与功能

蛋白质是由多个氨基酸通过肽键连接而成的多聚物。其结构具有一定的层次，包括一级结构、二级结构、三级结构和四级结构，其中二级结构、三级结构和四级结构统称为高级结构。但并不是所有的蛋白质都具有特定的二级、三级或四级结构。生化学家已在生物体内发现了一类完全没有二级和三级结构的天然无折叠蛋白。蛋白质的结构决定了蛋白质的性质和功能。其中一级结构决定三维结构，而三维结构决定生物学功能。

本章将首先介绍蛋白质的组成单位即氨基酸的结构、性质与功能，然后再重点介绍蛋白质的结构、性质与功能，特别是蛋白质结构与功能之间的关系，最后还会介绍一些重要的研究蛋白质的方法。

第一节 氨基酸

氨基酸是一类同时含有氨基和羧基的有机小分子，在自然界有 300 多种。对于它们的结构、分类和性质首先需要有所了解，只有这样，我们才能更好地理解蛋白质。

H O

H_2N — C_α — C — OH

氨基 R 羧基

侧链基团

图 2-1 α- 氨基酸的结构通式

一、氨基酸的结构和分类

自然界的氨基酸主要是 α- 氨基酸，其结构通式如图 2-1 所示：其中的 R 表示残余基团（residual group，R 基团）或侧链基团（side chain group），氨基和羧基都与 α- 碳原子相连。不同的氨基酸具有不同的 R 基团，这是区分或分类氨基酸的主要依据。

根据在蛋白质生物合成的时候能否直接参入到肽链中的特性，氨基酸可以分为蛋白质氨基酸（proteinogenic amino acid）和非蛋白质氨基酸（non-proteinogenic amino acid）。

（一）蛋白质氨基酸

蛋白质氨基酸之所以成为蛋白质氨基酸，是因为它们在生物体内有专门的遗传密码编码，还有专门的 tRNA 运载，在需要时被转运到核糖体上，直接参入到正在延伸的肽链之中。蛋白质氨基酸又名标准氨基酸（standard amino acid），目前共发现 22 种，其中最早发现的 20 种较为常见。

20 种常见的蛋白质氨基酸的名称与结构式见图 2-2 至图 2-5。两种不常见的蛋白质氨基酸见图 2-6，按照两者发现的顺序，硒代半胱氨酸（selenocysteine）和吡咯赖氨酸（pyrrolysine）分别被称为第 21 种和第 22 种蛋白质氨基酸。其中，硒代半胱氨酸存在于绝大多数生物中，但仅限于少数蛋白，例如人体只有 20 多种蛋白

Quiz1 至少说出两种含有硒代半胱氨酸的人体蛋白质。

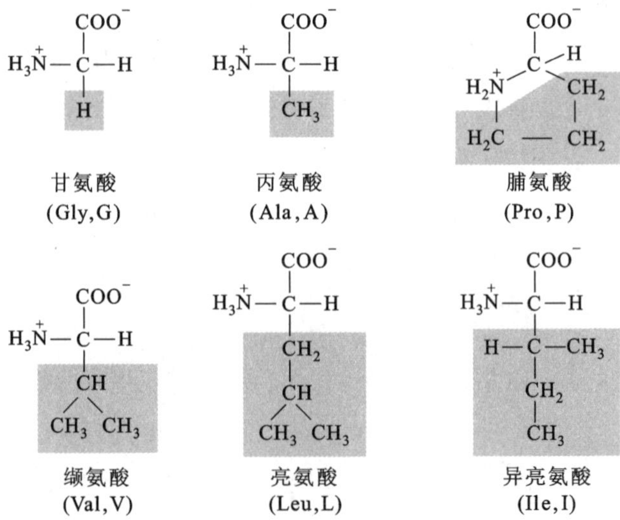

图 2-2 非极性脂肪族氨基酸的名称及结构

质含有它。而吡咯赖氨酸在自然界十分罕见，目前只发现存在于少数原核生物体内，也是少数蛋白质，如产甲烷古菌。所有 22 种蛋白质氨基酸可用三字母或单字母缩写来表示（表 2–1）。

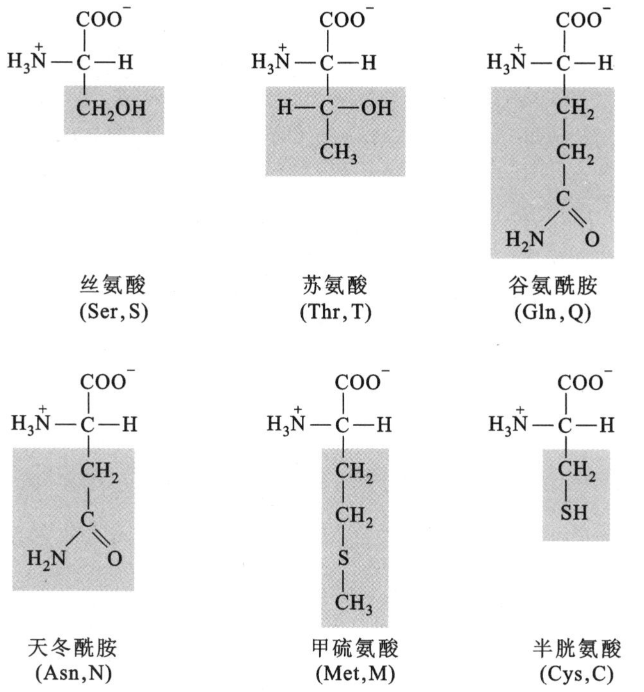

丝氨酸
(Ser,S)
苏氨酸
(Thr,T)
谷氨酰胺
(Gln,Q)
天冬酰胺
(Asn,N)
甲硫氨酸
(Met,M)
半胱氨酸
(Cys,C)

图 2–3　侧链不带电荷的极性氨基酸的名称及结构

苯丙氨酸
(Phe,F)
酪氨酸
(Tyr,Y)
色氨酸
(Trp,W)

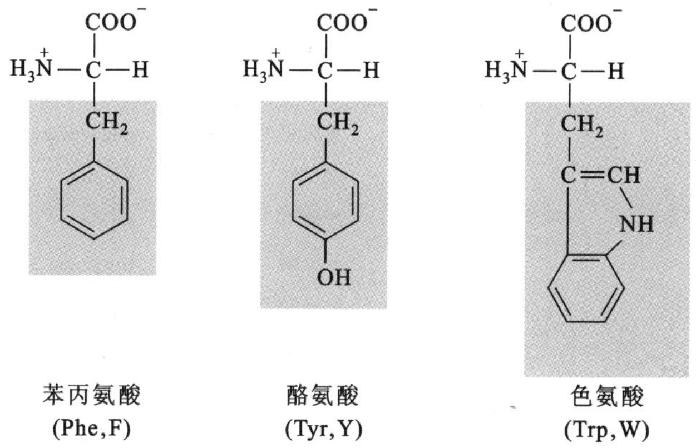

图 2–4　芳香族氨基酸的名称及结构

天冬氨酸
(Asp,D)
谷氨酸
(Glu,E)
精氨酸
(Arg,R)
赖氨酸
(Lys,K)
组氨酸
(His,H)

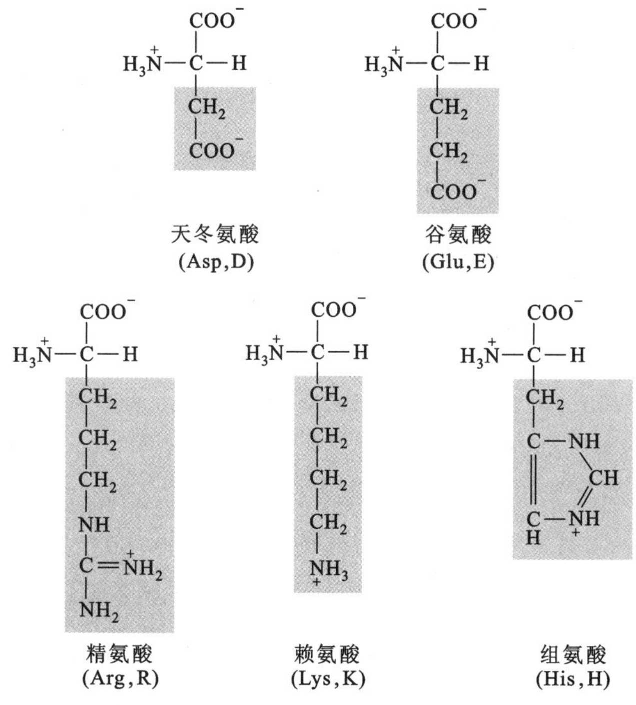

图 2–5　侧链带电荷的极性氨基酸的名称及结构

硒代半胱氨酸
(Sec,U)
吡咯赖氨酸
(Pyl, O)

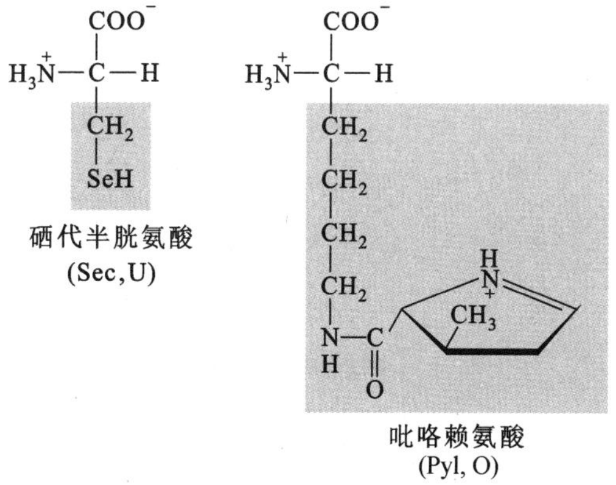

图 2–6　第 21 和第 22 种蛋白质氨基酸的结构

表 2-1 氨基酸的名称、缩写和性质

中文名称	英文全名	三字母缩写	单字母缩写	pK_a(α- 羧基)	pK_a(α- 氨基)	pK_a(R 基团)
丙氨酸	alanine	Ala	A	2.3	9.7	
精氨酸	arginine	Arg	R	2.2	9.0	12.5
天冬酰胺	asparagine	Asn	N	2.2	8.8	
天冬氨酸	aspartic acid	Asp	D	1.9	9.6	3.9
半胱氨酸	cysteine	Cys	C	2.0	10.3	8.4
谷氨酰胺	glutamine	Gln	Q	2.2	9.1	
谷氨酸	glutamic acid	Glu	E	2.2	9.7	4.1
甘氨酸	glycine	Gly	G	2.4	9.8	
组氨酸	histidine	His	H	1.8	9.3	6.0
异亮氨酸	isoleucine	Ile	I	2.4	9.7	
亮氨酸	leucine	Leu	L	2.4	9.6	
赖氨酸	lysine	Lys	K	2.2	9.0	10.5
甲硫氨酸(蛋氨酸)	methionine	Met	M	2.3	9.2	
苯丙氨酸	phenylalanine	Phe	F	1.8	9.1	
脯氨酸	proline	Pro	P	2.0	11.0	
丝氨酸	serine	Ser	S	2.2	9.2	13.6
苏氨酸	threonine	Thr	T	2.1	9.6	13.6
色氨酸	tryptophan	Trp	W	2.4	9.4	
酪氨酸	tyrosine	Tyr	Y	2.2	9.1	10.5
缬氨酸	valine	Val	V	2.3	9.6	
硒代半胱氨酸	selenocysteine	Sec	U	1.9	10.0	5.7
吡咯赖氨酸	pyrrolysine	Pyl	O	未知	未知	未知

既然各种氨基酸的差别在于 R 基团,就完全可以根据它的性质来对蛋白质氨基酸进行进一步分类。分类的依据可以根据 R 基团的化学结构,也可以根据 R 基团对水的亲和性。

根据 R 基团的化学结构和在 pH 7 时的带电状况,蛋白质氨基酸可以分为 4 类。

(1) 非极性的脂肪族氨基酸

包括 Gly、Ala、Val、Leu、Ile 和 Pro。这些氨基酸的侧链都不能与水分子形成氢键,故是非极性的。其中,Gly 和 Pro 是所有氨基酸中两个最特别的。Gly 特别之处在于一是唯一没有手性(见后),二是其 R 基团最小,仅仅是一个 H 原子;Pro 特别之处在于它本质上是一种亚氨基酸,其侧链与亚氨基形成一个刚性的环。

(2) 不带电荷的极性氨基酸

包括 Ser、Thr、Cys、Met、Asn 和 Gln。Ser 和 Thr 的 R 基团含有极性的羟基;Asn 和 Gln 的 R 基团含有极性的酰胺基;Cys 和 Met 的 R 基团都有 S 原子,其中 Cys 含有巯基。

(3) 芳香族氨基酸

包括 Phe、Tyr 和 Trp。它们的 R 基团都含有苯环,但极性差别很大。Phe 的苯环上没有取代基团,因此其非极性最强;Tyr 的苯环上含有羟基,因此它的 R 基团极性最强;Trp 的小环上含有 N 原子,所以它的极性要比 Phe 强。

(4) 带电荷的极性氨基酸

包括 Asp、Glu、Sec、His、Lys、Arg 和 Pyl。这 7 种氨基酸的 R 基团在生理 pH 下带电荷,其中前 3 种带负电荷,最后 4 种带正电荷。

Asp 和 Glu 为酸性氨基酸,其 R 基团带有羧基,Sec 的 R 基团是硒醇基(selenol),它们在生理 pH 下即发生解离而带负电荷;Lys、Arg、His 和 Pyl 为碱性氨基酸,它们的 R 基团在生理 pH 或更低 pH 下被质子化而带正电荷。其中,His 的 R 基团是一个含 N 的咪唑基,Lys 含有的是 ε-氨基,Arg 含有的是胍基，Pyl 与 Lys 相似但多了一个吡咯环。

如果仅根据 R 基团的亲水性或疏水性，可将氨基酸简单地分为亲水氨基酸（hydrophilic amino acid）和疏水氨基酸（hydrophobic amino acid）。

Quiz2 是不是亲水氨基酸才溶于水，疏水氨基酸不溶于水？

（1）亲水氨基酸

亲水氨基酸就是极性氨基酸，其 R 基团对水分子具有较高的亲和性，一般能和水分子形成氢键。它们包括 Ser、Thr、Tyr、Cys、Sec、Asn、Gln、Asp、Glu、His、Arg、Lys 和 Pyl。

（2）疏水氨基酸

疏水氨基酸就是非极性氨基酸，其 R 基团疏水性（hydropathy）强，对水分子的亲和性不高或者很低，但对脂溶性物质的亲和性较高。它们包括 Gly、Ala、Val、Leu、Ile、Pro、Met、Phe 和 Trp。然而，Gly 和 Met 的疏水性与其他疏水氨基酸相比要差，因此也可把它们放到亲水氨基酸之中。

氨基酸的疏水性直接影响到蛋白质的折叠。在水溶液之中，疏水氨基酸一般位于蛋白质内部，亲水氨基酸位于蛋白质的表面，这是驱动蛋白质折叠的主要动力。

R 基团并非是氨基酸分类的唯一标准，有时还可以根据它们对于动物（通常指人）的营养价值，将 20 种常见的蛋白质氨基酸分为必需氨基酸（essential amino acid）、非必需氨基酸（nonessential amino acid）和半必需氨基酸（semi-essential amino acid）。

（1）必需氨基酸

是指动物包括人体必不可少，但却不能合成，所以必须从食物中补充的氨基酸。如果饮食中经常缺少它们，就会影响到机体的健康。共有 8 种：Lys、Trp、Phe、Met、Thr、Ile、Leu 和 Val。

Quiz3 苯丙酮尿症患者要比正常人多一种必需氨基酸，你认为是哪一种？

（2）非必需氨基酸

是指动物包括人体自身可以进行有效合成的氨基酸。共有 10 种：Ala、Asn、Asp、Gln、Glu、Pro、Ser、Cys、Tyr 和 Gly。

（3）半必需氨基酸

是指在动物体内虽能合成，但合成的量有限，在少量需要时非必需，在大量需要时（如青少年发育和妇女在怀孕期间）就必需。只有两种：Arg 和 His。

（二）非蛋白质氨基酸

非蛋白质氨基酸也称为非标准氨基酸，在蛋白质生物合成的时候并不能直接参入到肽链之中。它们要么是蛋白质氨基酸在翻译后经化学修饰的产物，例如羟脯氨酸（hydroxyproline）和羟赖氨酸（hydroxylysine），要么可在体内以游离的形式存在，具有特殊的生理功能或者作为代谢的中间物存在，但从来参入不到蛋白质分子之中，例如尿素循环中的鸟氨酸（ornithine）及瓜氨酸（citrulline）（见第十一章“氨基酸代谢”）和作为维生素泛酸组分的 β- 丙氨酸。

二、氨基酸的性质

一种物质的性质是由其结构决定的，氨基酸都含有氨基和羧基，因此有许多共同的性质，而 R 基团的不同则导致个别氨基酸还有某些特殊的性质。

（一）氨基酸的共同性质

1. 缩合反应

在一定的条件下，一个氨基酸的氨基可以和另外一个氨基酸的羧基发生缩合反应，以肽键（peptide bond）相连形成肽（peptide）（图 2-7）。此反应是肽的生物合成的分子基础，但生物体内的肽并不是这么简单地合成出来的。构成肽的氨基酸不再处于游离的状态，故被称为氨基酸残基（amino acid residue）。肽分子中由氨基酸依次缩合而成的链状结构称为肽链（peptide chain）。

2. 手性

除了 Gly，其他氨基酸均至少含有一个不对称碳原子即手性碳，因此除了 Gly 以外所有的氨基酸

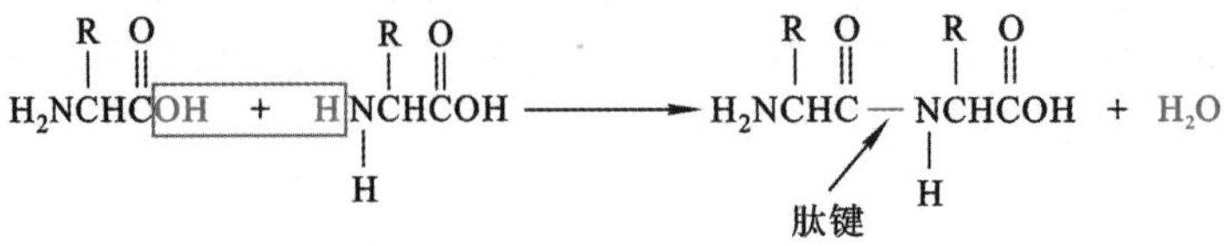

$$\mathrm{H_2NCH(R)COOH + HN(H)CH(R)COOH \longrightarrow H_2NCH(R)CO\text{—}N(H)CH(R)COOH + H_2O}$$

肽键

图 2-7 氨基酸的缩合反应

都具有手性(chirality)。具有手性的分子就会有两种不同的立体结构:一种像我们的左手,另一种像我们的右手。它们看起来没有什么差别,但永远无法朝同一个方向完全重叠在一起,事实上它们是镜像或者对映的关系,因此这样的异构体叫镜像(mirror-image)异构体或者对映异构体(enantiomer)。那么,如何在一个平面上将一种手性分子的两种对映异构体勾画出来并加以区分呢?根据德国大化学家 Hermann Emil Fischer 于 1891 年提出的费歇尔投影式(Fischer projection)(图 2-8),需要以具有手性的甘油醛分子为参照物,将其与手性碳相连的醛基和羟甲基的位置固定,醛基在上、羟甲基在下。剩下的羟基和氢原子一左一右,但如果羟基在左,这代表的是 L- 甘油醛,反之就是 D- 甘油醛。在这里,为了能更好地想象出这种投影式的立体结构,需要将上下两个基团想象成指向平面内,而左右两个基团则伸向你。对于具有手性的氨基酸来说,需要将与手性碳相连的羧基和 R 基团的位置固定,羧基在上、R 基团在下。剩下的氨基和氢原子一左一右,但如果氨基在左,就是 L- 氨基酸,反之就是 D- 氨基酸。

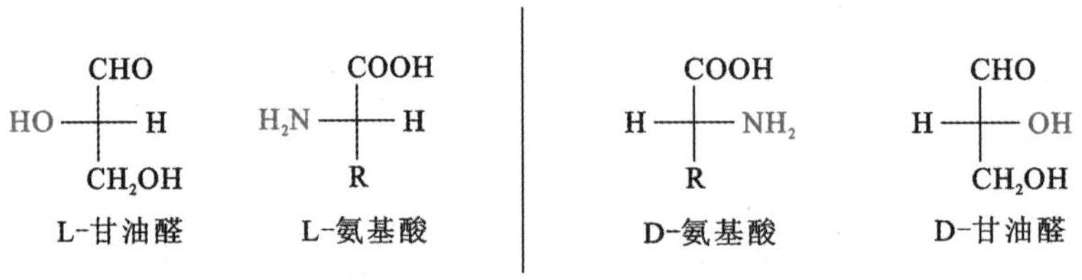

- L-甘油醛:CHO(上),HO(左),H(右),CH_2OH(下)
- L-氨基酸:COOH(上),H_2N(左),H(右),R(下)
- D-氨基酸:COOH(上),H(左),NH_2(右),R(下)
- D-甘油醛:CHO(上),H(左),OH(右),CH_2OH(下)

图 2-8 L 型和 D 型氨基酸的 Fischer 投影式结构

实验证明,蛋白质分子中的不对称氨基酸都是 L 型。D 型氨基酸主要存在于一些不在核糖体合成的寡肽之中,例如缬氨霉素(valinomycin)、短杆菌肽(gramicidin)和细菌肽聚糖中的肽,但也存在于少数在核糖体合成的肽中,如鬼笔环肽(phalloidin)、许多革兰氏阳性细菌中产生的羊毛硫抗生素(lantibiotics)和海蜗牛毒液中存在的芋螺毒素(conotoxin)。这几种在核糖体上合成的肽中带有的 D 型氨基酸,是由肽上原来的 L 型氨基酸经特定的异构酶催化发生消旋化而成。

Quiz4 如何鉴定一种肽分子中是否含有 D 型氨基酸?

Quiz5 有两种蛋白质氨基酸含有两个手性碳,请说出是哪两种?这两种氨基酸可形成几种不同的立体结构?

具有手性的分子一般就有旋光性。旋光性是指一种分子对偏振光的振动方向产生旋转的特性。显然,一对对映异构体的旋光方向正好相反。但必须指出的是,一种手性分子的 D 型和 L 型与旋光方向的左旋和右旋之间没有必然的联系。因此,一种手性分子的旋光方向需要通过专门的仪器(旋光仪)来测定。

3. 特殊的酸碱解离性质

氨基酸由于同时含有碱性的氨基和酸性的羧基,因此具有特殊的酸碱解离或两性解离的性质。一个氨基酸分子内部的酸碱反应可使氨基酸同时带有正负两种电荷,以这种形式存在的离子称为两性离子(zwitterion)或兼性离子(图 2-9)。实际上,游离的氨基酸在生理 pH 下,主要以两性离子的形式存在。与单纯的胺或单纯的羧酸相比,氨基酸具有更高的

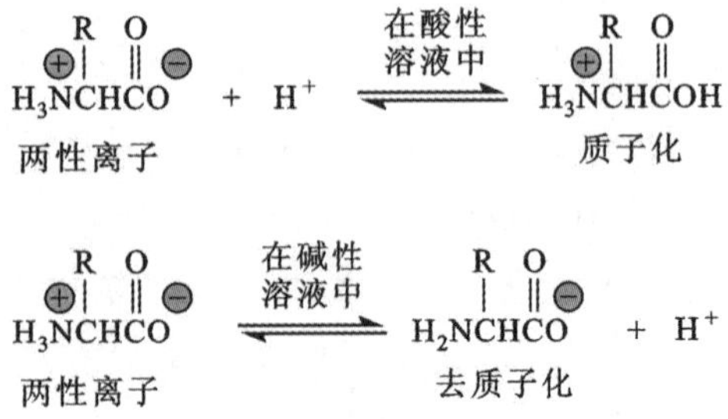

$$\underset{\text{两性离子}}{\mathrm{H_3N^+CH(R)COO^-}} + \mathrm{H^+} \xrightleftharpoons{\text{在酸性溶液中}} \underset{\text{质子化}}{\mathrm{H_3N^+CH(R)COOH}}$$

$$\underset{\text{两性离子}}{\mathrm{H_3N^+CH(R)COO^-}} \xrightleftharpoons{\text{在碱性溶液中}} \underset{\text{去质子化}}{\mathrm{H_2NCH(R)COO^-}} + \mathrm{H^+}$$

图 2-9 氨基酸的解离性质以及两性离子的结构

熔点(超过 200℃)和更高的水溶性,这就是证据。

在溶液中,一种氨基酸主要以哪一种形式存在取决于溶液的 pH。对于 R 基团无解离性质的氨基酸来说,在强酸溶液中,其羧基接受质子,转变为不带电荷的羧基。相反,在强碱性溶液中,其氨基则失去质子而成为不带电荷的基团(图 2–9);对于 R 基团也有解离性质的氨基酸来说,R 基团是否解离可直接影响到它们的带电状态。然而,不管是何种氨基酸,总存在一定的 pH,使其净电荷为零,这时的 pH 称为等电点(isoelectric point,pI)。

pI 是一种氨基酸的特征常数。当一种氨基酸处于 pH=pI 的溶液中,这种氨基酸绝大多数处于两性离子状态,少数可能解离成阳离子和阴离子,但解离成阴、阳离子的趋势和数目相等,由于所带的净电荷为 0,因而若处在电场中,则不会向两极移动。利用上述性质,很容易推导出各种氨基酸 pI 的计算公式,也可以使用酸碱滴定的方法直接测出各种氨基酸的 pI(图 2–10)。计算一种氨基酸的 pI 的具体步骤是:①找出所有的可解离基团,并注明它们各自的 pK_a;②假定将其放在极低的 pH 下,这时所有可解离基团都处于非解离的质子化状态;③算出完全质子化状态下的净电荷,并以此为起点逐步提高溶液的 pH,各个可解离基团将按照 pK_a 从低到高的顺序依次释放出质子,即 pK_a 越低的就越先释放出质子;④写出所有可能的解离形式,并找出净电荷为 0 的形式;⑤将净电荷为 0 形式两侧的 pK_a 相加除以 2。

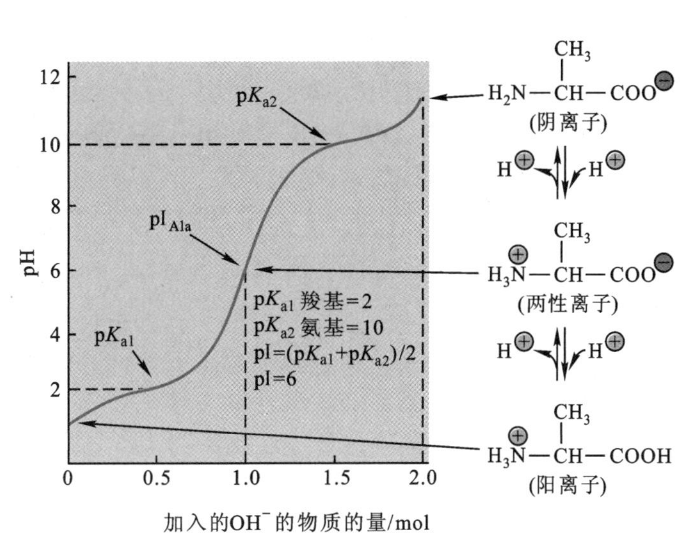

图 2–10 丙氨酸的滴定曲线

Quiz6 按照计算氨基酸等电点的步骤,计算通过 α– 氨基和 α– 羧基缩合而成的 DK 这一个二肽的等电点(各基团的 pK_a 参考表 2–1)。

一种氨基酸在 pH 等于其 pI 的溶液中,其水溶性最低,因此有些疏水氨基酸在 pH 等于其 pI 的溶液中会发生沉淀。

4. 氨基酸氨基或羧基参与的化学反应

氨基和羧基都是比较活泼的官能团,它们在特定的条件下,能与多种试剂起反应。这里只介绍几种重要的反应。

(1) 与亚硝酸的反应

在室温下,氨基酸分子上游离的氨基能和亚硝酸反应,产生 α– 羟酸,并释放一定量的氮气(图 2–11)。但 Pro 为亚氨基酸,它与亚硝酸无反应。释放出的氮气分子中 2 个 N 原子分别来自氨基酸和亚硝酸,因此,可以通过测定释放出的氮气体积对氨基酸进行定量,这种定量氨基氮的方法称为 van Slyke 定氮法。

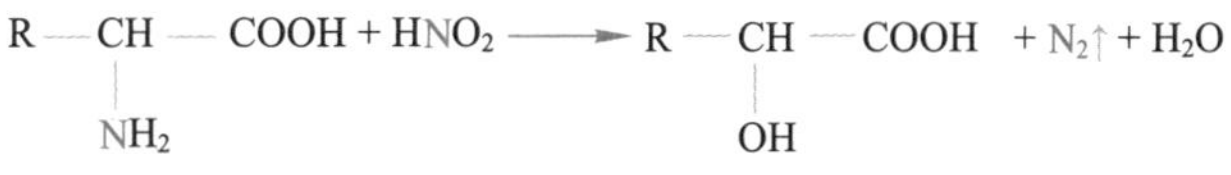

$$R-\underset{NH_2}{\underset{|}{CH}}-COOH + HNO_2 \longrightarrow R-\underset{OH}{\underset{|}{CH}}-COOH + N_2\uparrow + H_2O$$

图 2–11 氨基酸与亚硝酸的反应

亚硝酸只能与游离的氨基反应,而当一种蛋白质水解的时候,会释放出游离的氨基酸,因此可以用此反应来判断蛋白质的水解程度。显然,释放出的 N_2 越多,水解的程度就越高。

(2) 与 2,4– 二硝基氟苯(2,4-dinitrofluorobenzene,DNFB)的反应

在弱碱性溶液中,氨基酸的 α– 氨基很容易与 DNFB 起反应,生成稳定的黄色物质——2,4– 二硝基苯氨基酸(dinitrophenyl amino acid,DNP– 氨基酸)(图 2–12 上)。此反应最初由 Frederick Sanger 发现,

因此也叫 Sanger 反应,而 DNFB 也称为 Sanger 试剂。

肽包括蛋白质在 N 端游离的 α- 氨基也能发生此反应,但生成的是 DNP- 肽。由于 DNP 与氨基结合牢固,不易被水解,因此当 DNP- 肽被酸完全水解以后,原来的 N 端氨基酸便成为黄色的 DNP- 氨基酸。使用乙酸乙酯或乙醚等有机溶剂,可以用对其进行抽提,随后进行色谱分析,并以标准的 DNP- 氨基酸作为对照,就可以鉴定出 N 端是何种氨基酸。Sanger 当初就是这样测出胰岛素两条链在 N 端的氨基酸的。现在仍然可用此方法,来鉴定多肽或蛋白质的 N 端氨基酸。

(3) 与异硫氰酸苯酯(phenylisothiocyanate,PITC)的反应

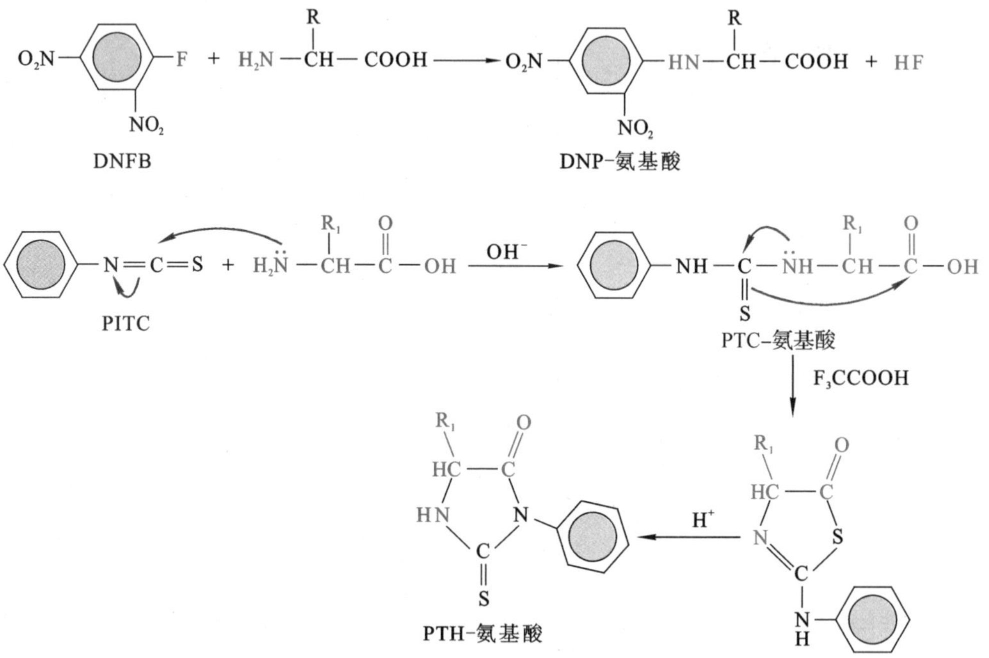

图 2-12 氨基酸分别与 DNFB 和 PITC 的反应

在弱碱性条件下,氨基酸的 α- 氨基还可与 PITC 反应,生成相应的苯氨基硫甲酰氨基酸(PTC- 氨基酸)。在酸性条件下,PTC- 氨基酸会迅速环化,形成稳定的苯乙内酰硫脲氨基酸(phenylthiohydantoin amino acid,PTH- 氨基酸)(图 2-12 下)。

一条肽链在 N 端的氨基如果没有被封闭(如甲酰化修饰),那么也能发生此反应,生成 PTC- 肽。在酸性溶液中,PTH- 氨基酸可从 N 端脱落,使得第二个氨基酸残基的氨基暴露出来,接着再次进行同样的反应。于是,发生反应的肽仿佛是在 PITC 的作用下发生降解,由于发现这个反应的是 Edman,该反应也叫 Edman 降解(Edman degradation),而 PITC 也称作 Edman 试剂。

通过 Edman 降解,构成一条肽链的所有氨基酸可以从 N 端依次释放出来,成为在酸性条件下非常稳定的 PTH- 氨基酸,并可溶于乙酸乙酯,因此在每次反应结束后用乙酸乙酯抽提,再经高效液相层析,就可以确定是何种氨基酸,这样就可以推断出一条肽链从 N 端到 C 端的氨基酸顺序了。以前广泛用来测定蛋白质一级结构的氨基酸自动顺序分析仪,就是据此而设计的。

Quiz7 你认为 Pro 能不能与 DNFB 或 PITC 起反应?

(4) 与茚三酮的反应

氨基酸与水合茚三酮(ninhydrin)一起在水溶液中加热,可发生反应,生成有颜色的产物(图 2-13),同时还有醛、H_2O 和 CO_2 的产生。

绝大多数氨基酸以及同时具有游离 α- 氨基和 α- 羧基的肽都能与茚三酮起反应,并产生蓝紫色物质,只有脯氨酸和它的修饰产物(羟脯氨酸)与茚三酮反应产生黄色物质。此反应十分灵敏,对所生成的蓝紫色物质在 570 nm 波长下进行比色法测定,就可确定样品中氨基酸的含量,也可以在分离氨基

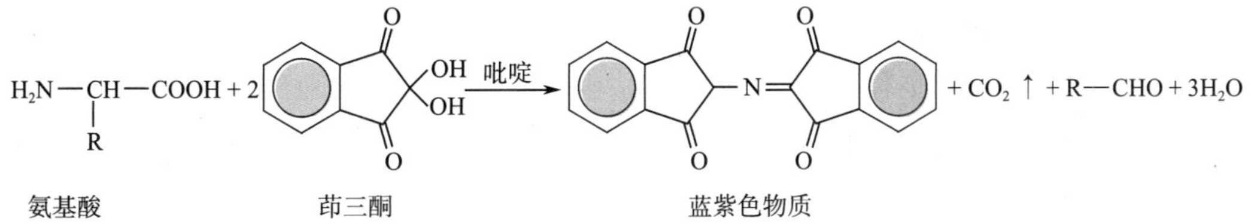

$H_2N—CH(R)—COOH + 2$ 茚三酮 $\xrightarrow{\text{吡啶}}$ 蓝紫色物质 $+ CO_2\uparrow + R—CHO + 3H_2O$

氨基酸　　茚三酮　　蓝紫色物质

图 2-13　氨基酸与茚三酮的反应

酸时作为显色剂，对氨基酸进行定性或定量分析。

除了以上四种重要的化学反应以外，氨基酸还能与其他一些化学试剂（如甲醛）发生特征反应，这些性质也可用于氨基酸的定性或定量分析。

（二）个别氨基酸的侧链性质和对蛋白质功能的贡献

不同氨基酸的差别在于侧链的不同。不同的侧链会给一种氨基酸带来一些特殊的性质，同时它们对一种蛋白质的生物学功能也会有不同的贡献。

1. Phe、Trp 和 Tyr 的紫外吸收性质

Phe、Trp 和 Tyr 这三种氨基酸的侧链基团含有苯环，这使得它们对在近紫外（230 ~ 300 nm）波长范围内的光具有强吸收（图 2-14）。其中，Trp 的紫外吸收最强，它和 Tyr 的吸收峰靠近 280 nm。上述性质可用来定性、定量测定含有这些氨基酸的蛋白质。

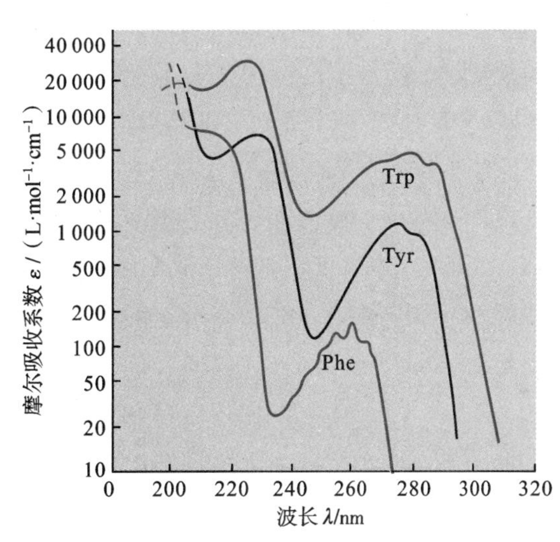

图 2-14　Phe、Trp 和 Tyr 的紫外吸收

2. 个别氨基酸的侧链基团对蛋白质功能的贡献

R 基团有亲水的和疏水的两类，疏水的 R 基团缺乏反应性，因此它们一般对蛋白质的功能没有直接的贡献，所起的作用主要是结构上的。蛋白质需要它们形成疏水核心来驱动折叠，并稳定三维结构，少数蛋白质会利用它们组装成疏水的口袋，以结合脂溶性分子。与此相反，亲水的氨基酸在侧链上含有各种反应性基团，正是这些反应性基团让大多数蛋白质能够行使各种各样的生物学功能（表 2-2）。例如，一种酶若没有亲水基团的参与，是无法催化反应的。

表 2-2　个别氨基酸的侧链基团对蛋白质功能的贡献

氨基酸	侧链上的反应性基团	活性或生物功能
Ser、Thr 和 Tyr	羟基（-OH）	含有孤对电子，具有亲核性，参与多种酶的催化，还可以发生磷酸化修饰
Cys	巯基（-SH）	含有孤对电子，具有亲核性，参与多种酶的催化，还可以发生氧化，形成二硫键
Lys	ε - 氨基	含有孤对电子，具有亲核性，参与多种酶的催化，还可以发生多种形式的化学修饰，如乙酰化、甲基化、泛酰化、生物素化、ADP- 核糖基化等
Arg	胍基	含有孤对电子，具有亲核性，参与一些酶的催化，还可以发生多种形式的化学修饰，如甲基化和 ADP- 核糖基化等
His	咪唑基	含有孤对电子，具有亲核性，pK_a 接近 7，因此在生理 pH 下既可以作为质子受体，又可以作为质子供体，参与多种酶的催化，还可以发生磷酸化修饰
Asp 和 Glu	羧基	在特定的情况下可以作为质子供体（非解离的状态）或受体（解离的状态），参与许多酶的催化；解离的时候带有负电荷，因此可结合金属离子；也可以发生磷酸化修饰

三、氨基酸的功能

氨基酸的主要功能包括:①作为各种肽包括蛋白质的组成单位。②作为多种生物活性物质的前体。例如,NO 和组胺的前体分别是 Arg 和 His,生长素(auxin)、5- 羟色胺(serotonin)和褪黑素(melatonin)的前体都是 Trp,嘌呤核苷酸从头合成的前体有 Gln、Asp 和 Gly。③作为神经递质。例如,Glu 和它的脱羧基产物 γ- 氨基丁酸(γ-GABA)在脑组织中可分别充当兴奋性神经递质和抑制性神经递质。另外,Gly 和 Asp 也可作为神经递质。④其碳骨架可进一步氧化分解产生 ATP,还可作为糖异生或酮体合成的原料(参看第十一章“氨基酸代谢”)。

Quiz8 γ- 羟基丁酸(γ-hydroxybutyrate,GHB)现在被很多国家列为新型毒品。你认为这是为什么?

Box2.1 “硒代半胱氨酸”的发现故事

蛋白质氨基酸中有两种罕见的,其中一种就是第 21 种蛋白质氨基酸“硒代半胱氨酸”。那么这种蛋白质氨基酸究竟是怎样被发现的呢?

1817 年,瑞典化学家 Jöns Jacob Berzelius 在硫酸工厂的铅室中分离出了硒元素。由于它与以前以罗马地球之神“Tellus”命名的碲相似,Berzelius 决定以希腊月亮女神“Selene”命名新发现的元素,从而得名 Selenium。硒的独特性质促使其广泛用于工程学、化学工业和玻璃制造业等。正是这种用途暴露了硒的毒性,因为它曾导致从事这些行业的许多工人中毒而死。另外,也经常有动物发生硒中毒的报道,例如它对鸟类和非人类灵长类动物具有致畸作用,而高剂量还可能致癌,这些报道就强化了硒对任何生命器官都是有毒的观念。这种观念一直持续到 20 世纪 50 年代中期,直到有人发现,大肠杆菌细胞内的甲酸脱氢酶需要在微量的硒存在下才能有效地催化反应。后来,又有人发现,硒对于啮齿动物的存活至关重要。随后更多人的研究和观察发现,硒缺乏可导致各种牲畜疾病,如牛羊的白肌病(white muscle disease)、鸡的渗出性体质(exudative diathesis)、哺乳动物的雄性不育症和猪的桑葚心脏病(mulberry heart disease)等。尽管有这些报道,但直到 20 世纪 80 年代早期,硒才最终被确定对人类健康是一种必需的元素。例如,以黑龙江省克山县而得名的克山病(Keshan disease)就是由硒缺乏引起的一种心血管疾病。于是,随后硒对癌症、心血管疾病、大骨节病等疾病影响的流行病学研究标志着硒生物学领域转折点的到来。

图 2-15 Thressa C. Stadtman (1920—2016)

在各种关于硒有益作用的报道不断出现的同时,有科学家观察到硒是哺乳动物谷胱甘肽过氧化物酶(GPx)的组成成分,而其他微生物体内的酶,如梭菌甘氨酸还原酶、甲酸脱氢酶、烟酸羟化酶和黄嘌呤脱氢酶也含有硒。经过好几年的艰苦研究,美国国立卫生研究院(NIH)的 Thressa C. Stadtman(图 2-15)在 1976 年,确定了硒是作为新发现的一种氨基酸的成分存在于含有它的蛋白质即含硒蛋白中。由于这种新发现的氨基酸在结构上可视为半胱氨酸侧链上的 S 被 Se 取代的产物,所以它就被称为硒代半胱氨酸(Sec)或含硒半胱氨酸。又因为它是在 20 种常见的蛋白质氨基酸以后才被发现的,所以又被称为第 21 种蛋白质氨基酸。

那 Sec 是如何参入到含硒蛋白分子中的呢? 最初,人们认为硒是这些蛋白质在翻译后由原来的 Cys 修饰而成,即一开始参入到蛋白质分子中的是 Cys,然后 Cys 再被修饰成 Sec。但几年后,Stadtman 通过 X 射线晶体学对小鼠 GPx 的结构研究以及对编码它的基因序列分析,令人信服地证明了硒活性位点中的 Sec 残基由 UGA 终止密码子编码。现在已知,人体中含硒蛋白质组包含 25 种(表 2-3)。一些含硒蛋白普遍表达,而其他含硒蛋白表达具有组织特异性。此外,虽然某些含硒蛋白的生物学功能已经确立,但仍然有一些含硒蛋白功能迄今不明。除了含硒蛋白 P(SelP)之外,其他含硒蛋白通常含有单个 Sec 残基。

那么,所有的生物都有或者都需要 Sec 吗? 还有就是生物体内有游离的 Sec 吗?

事实上,并不是所有的生物都有 Sec。研究表明,陆生植物和绝大多数真菌是没有的。但绝大多数动物和原核生物是有的,而含有 Sec 的生物体内的含硒蛋白种类也不尽相同,例如线虫只有一种含硒蛋白。由于 Sec 的硒醇基反应性太强,其 pK_a(5.7)远低于同族的 S(8.5),很容易发生氧化分解,所以生物体内是没有游离的 Sec 的!

表 2-3　哺乳动物体内的主要含硒蛋白

名称	功能
含硒蛋白 15(Sep15)	位于内质网,与参与蛋白质折叠质量控制的 UDP- 葡糖:糖蛋白糖基转移酶紧密结合
去碘酶	有三种不同的形式,催化甲状腺素的激活或失活
谷胱甘肽过氧化物酶	至少有 5 种不同的形式,有的呈组织特异性分布
SelH	含有 CXXU 序列模体,可能参与氧化还原反应
SelI	可能是一种膜内在蛋白
SelK	膜蛋白,可能参与氧化还原反应的调控
SelL	仅存在于海洋动物中,可能参与氧化还原反应
SelM	含有 CXXU 序列模体,可能参与氧化还原反应
MsrA	是一种甲硫氨酸硫化物还原酶
SelN	存在于内质网,突变可导致肌肉疾病
SelO	含有 CXXU 序列模体,可能参与氧化还原反应
SelP	是血浆中的主要含硒蛋白,是已知唯一的一种含有多个 Sec 的蛋白质,例如人的 SelP 含有 10 个 Sec
SelR	在细胞质或细胞核中,保护细胞防止受氧化胁迫的破坏
SelS	参与肝细胞的葡萄糖代谢和内质网蛋白的逆向归位
硒磷酸合成酶	催化硒化物和 ATP 形成单硒磷酸
SelT	含有 CXXU 序列模体,可能参与氧化还原反应
硫氧还蛋白还原酶(TR)	有 TR1、TR2 和 TR3 三种形式,其中 TR1 存在于多种细胞的细胞质中,参与氧化还原反应的调节,TR2 位于线粒体中,TR3 位于睾丸的内质网中,能还原 GSSG。
SelV	含有 CXXU 序列模体,可能参与氧化还原反应
SelW	类似于 SelV,只在肌肉组织中表达,可能具有抗氧化功能

第二节　蛋白质的结构

蛋白质是至少由 51 个氨基酸残基构成的肽,低于 51 个氨基酸残基构成的肽一般不叫蛋白质,其中由 2～10 个氨基酸残基组成的肽称为寡肽,由 11～50 个氨基酸残基组成的肽称为多肽。

生物体内有各种各样的蛋白质,它们具有广泛的多样性,具体主要表现在组成的多样性、大小的多样性、结构的多样性和功能的多样性。

组成的多样性可反映在两个方面:一是由几条肽链组成,二是有没有非氨基酸成分。从肽链的数目来看:有的蛋白质只有一条肽链,如肌红蛋白和胰核糖核酸酶;有的蛋白质不止一条肽链,如胰岛素和血红蛋白。从有无非氨基酸成分的角度来看:有的蛋白质只由氨基酸组成,这类蛋白质称为简单蛋白(simple protein);有的蛋白质则含有非氨基酸成分,这类蛋白质被称为缀合蛋白(conjugated protein)。非氨基酸成分可分为四种形式:第一种是氨基酸残基侧链上被修饰的各种化学基团,如糖基、脂酰基、甲基和磷酸基团等;第二种是指与蛋白质结合的无机成分,通常是一些金属离子;第三种为辅酶(coenzyme),专指与蛋白质结合并不紧密的有机分子,如辅酶Ⅰ和辅酶Ⅱ;第四种为辅基(prosthetic group),专指与蛋白质紧密结合的有机分子,如 FAD 和 FMN。金属离子、辅基和辅酶一般是相关蛋白质的功能所必需的。

大小的多样性则反映在有的蛋白质比较小,有的蛋白质则比较大。然而,机体内蛋白质的大小通常是受到限制的,其主要原因是蛋白质越大,在合成的时候就越容易出错(参看第十八章“mRNA 的翻译与翻译后加工”)。目前已知最大的蛋白质是在肌细胞中发现的肌巨蛋白(titin),约含有 3 万个氨基酸残基。而胰岛素算得上是最小的蛋白质之一,因为它刚好有 51 个氨基酸残基。

Quiz9 你认为是什么原因让肌细胞制造这么大的蛋白质?

结构的多样性反映在不同的蛋白质在结构上特别是三维结构上不尽相同，如有的蛋白质呈纤维状，有的蛋白质呈球状，有的蛋白质与膜结合。总之，蛋白质结构的多样性最为重要，因为它决定了蛋白质功能的多样性。

为了方便起见，蛋白质结构可人为地被划分为四个层次，即一级结构（primary structure）、二级结构（secondary structure）、三级结构（tertiary structure）和四级结构（quartanary structure）（图 2-16）。

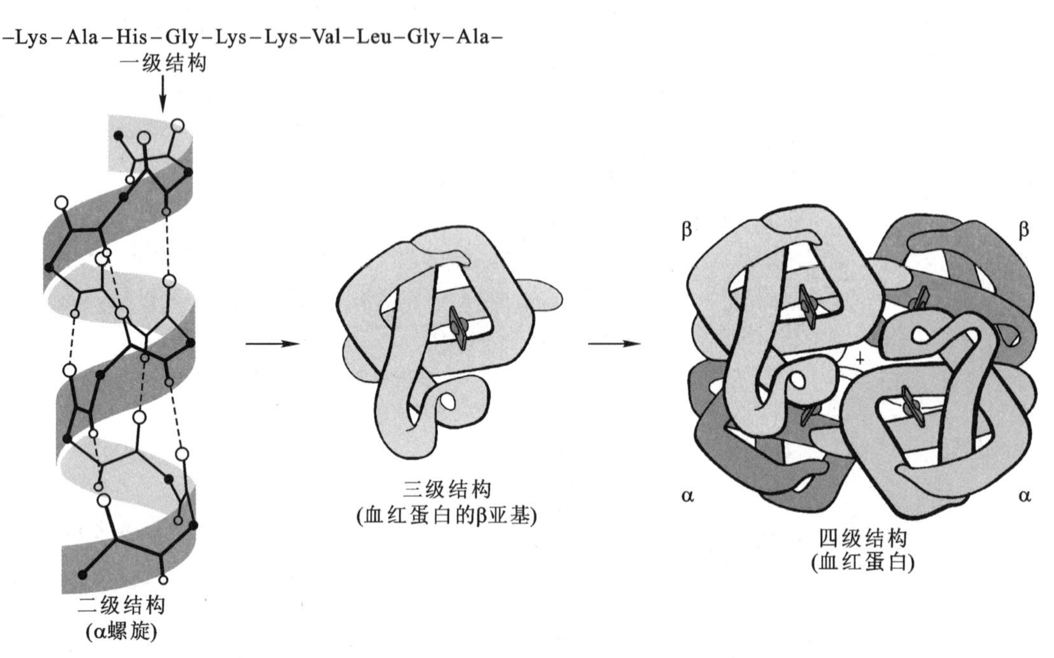

图 2-16　蛋白质的四种结构层次

一、蛋白质的一级结构

蛋白质的一级结构也叫蛋白质的共价结构，是指构成蛋白质的氨基酸在多肽链上的排列顺序。如果一种蛋白质含有二硫键，那么其一级结构还包括二硫键的数目和位置。

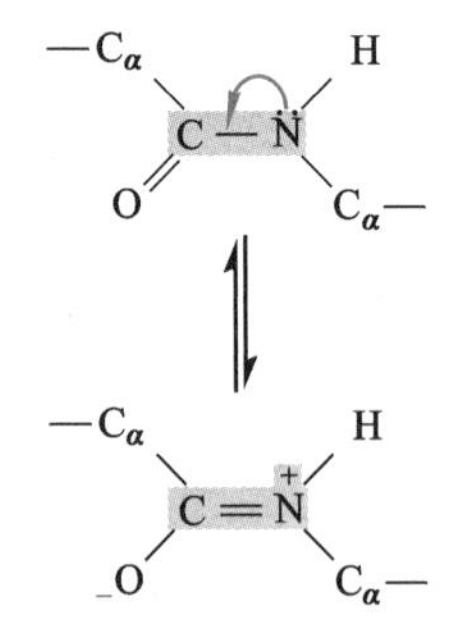

图 2-17　电子共振造成的肽键双键性质

稳定蛋白质一级结构的化学键是共价键，主要是肽键。肽键又称酰胺键，其本质就是将两个相邻的氨基酸残基连在一起而位于其中的一个氨基酸残基的羰基 C 与另一个氨基酸残基的氨基 N 之间的共价键，通常用一条短线表示。肽链中的每一个酰胺基称为肽基（peptide group）或肽单位（peptide unit）。

研究表明，肽键具有以下几个重要性质。

（1）具有部分双键的性质（40%），其键长为 0.133 nm，短于一个典型的碳氮单键，长于一个典型的碳氮双键。肽键所具有的双键性质是酰胺 N 上的孤对电子与相邻羰基之间发生共振作用造成的（图 2-17）。

（2）多为反式（*trans*），也有顺式（*cis*）。在反式构型中，邻近的非成键原子的空间位阻更小，因而比顺式稳定（相差 100 倍）。如果肽键是由一种氨基酸的羧基与 Pro 的亚氨基形成的（X-Pro），那么仍然是反式的稳定，但 Pro 残基的四氢吡咯环造成的空间位阻，会部分抵消反式构型原有在空间位阻上的优势，这使得顺式与反式在稳定性上的差距有所降低（仅相差 4 倍），因此这时候的肽键有可能是顺式（图 2-18）。然而，蛋白质在核糖体上合成的时候，最初形成的肽键都是反式的，只是后来某些部位与 Pro 的亚氨基有关

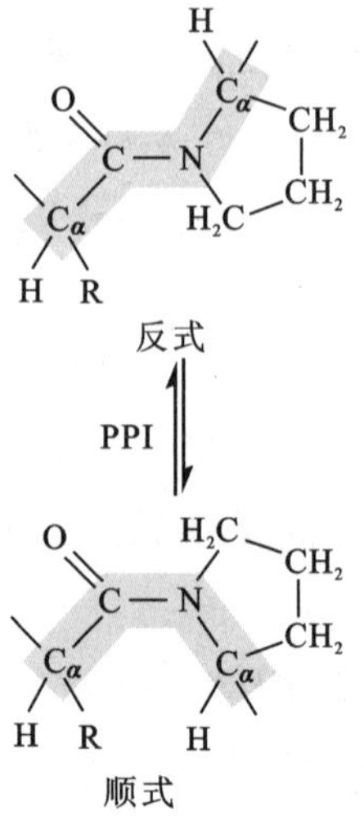

图 2-18　X-Pro 之间的反式肽键和顺式肽键

的肽键在肽酰脯氨酰顺反异构酶(peptidyl prolyl *cis-trans* isomerase, PPI)的催化下异构成了顺式。

(3) 肽键的双键性质使得与肽键相关的 6 个原子共处于同一个平面,此平面结构称为肽平面(peptide plane)或酰胺平面(amide plane)。在一个肽平面上,肽键由于具有双键的性质不能作自由旋转,但在肽链的主链上,与每一个 C_α 有关的两个共价键都是单键,因此是可以自由旋转的。正因为如此,每一个肽平面有两个可以旋转的角度:由 C_α—N 单键旋转的角度称为 ϕ(phi),C_α—C 单键旋转的角度称为 ψ(psi)(图 2-19),与同一个 C_α 有关的一对 ϕ 和 ψ 称为蛋白质的二面角(dihedral angle)。显然,当一条肽链上所有的二面角被确定以后,该肽链的三维结构也就基本确定下来了。

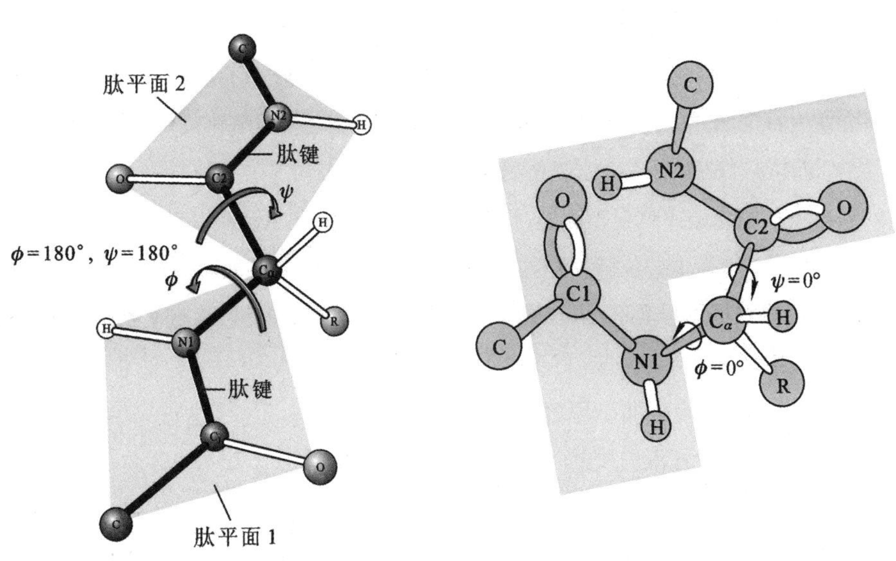

图 2-19 蛋白质分子上的肽平面和二面角(ϕ,ψ)

根据惯例:如果肽链处于完全伸展状态,即所有的肽键位于同一个平面上,ϕ 和 ψ 定为 +180°;如果 ϕ 的旋转单键 C_α—N1 两侧的 N1—C1 和 C_α—C2 呈顺式时,则规定 ϕ=0°;如果 ψ 的旋转键 C_α—C2 两侧的 C_α—N1 和 C2—N2 呈顺式时,则规定 ψ=0°;从 C_α 向 N1 观察,顺时针旋转 C_α—N1 键得到的 ϕ 角为正值,反之为负值;从 C_α 向 C2 观察,顺时针旋转 C_α—C2 键得到的 ψ 角为正值,反之为负值。

理论上 ϕ 和 ψ 可以是 +180° ~ -180° 之间的任意值,但由于主链上的原子和侧链基团之间存在空间位阻(steric hindrance),因而有些角度是不允许的,例如 ϕ 和 ψ 不能为 0°。据估计,蛋白质分子中能出现的二面角大约仅占理论值的 10%。不同氨基酸残基的 R 基团不一样,由此产生的空间位阻也不一样。Gly 的侧链基团最小,由它产生的空间位阻也最小,与它相关的二面角变化的范围最大。而 Pro 的刚性吡咯环则使其受到的限制最为严重,其 ϕ 值被限制在 -35° ~ -85° 之间。

(4) 酰胺 N 带部分正电荷,羰基 O 带部分负电荷,这也是酰胺 N 上的孤对电子与相邻羰基之间发生共振作用而造成的(图 2-17)。

1954 年,Sanger 成功地测定出牛胰岛素(insulin)的一级结构。胰岛素成为世界上第一个一级结构被测定的蛋白质,Sanger 也因此荣获 1958 年的诺贝尔化学奖。

1965 年,我国科学家根据胰岛素的一级结构(图 2-20),人工合成了具有正常生理活性的

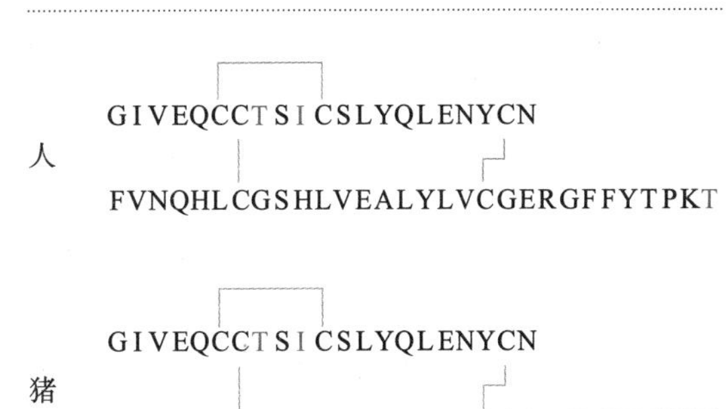

图 2-20 人、猪和牛的胰岛素的一级结构

Quiz10 根据图 2-20 所示的人、猪和牛胰岛素的一级结构,你认为是猪胰岛素还是牛胰岛素更适合用来治疗人的糖尿病?

N端　　C端

1号位　　$n-1$　　n号位

图 2-21　肽链的结构

牛胰岛素，从某种意义上来讲，合成的成功也直接证明了 Sanger 测定出的胰岛素的一级结构是正确的（参看第一章科学故事）。

测定蛋白质一级结构的策略有直接测定和间接测定（见后）。

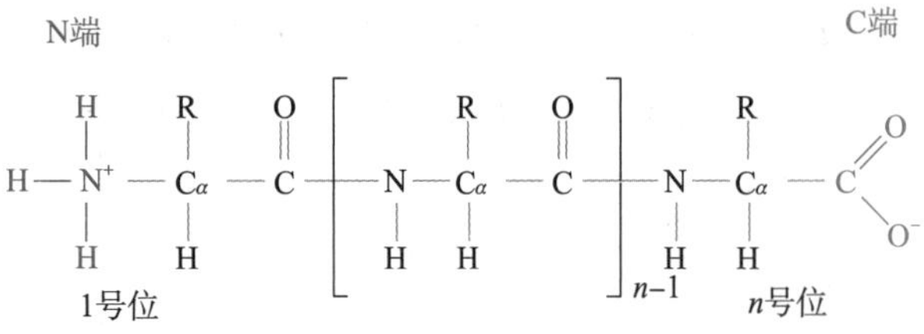

构成蛋白质的每一条肽链都含有不对称的两端（图 2-21）：其中含有游离的 α- 氨基（不参与形成肽键）的一端称为氨基端（amino terminal）或 N 端，含有游离的 α- 羧基（也不参与形成肽键）的一端称为羧基端（carboxyl terminal）或 C 端。但有一些肽为了提高稳定性，N 端氨基和 / 或 C 端的羧基会发生特定形式的化学修饰而被封闭。例如，N 端发生甲酰化或焦谷氨酰化（N 端谷氨酸残基的 γ- 羧基与其 α- 氨基形成酰胺键），C 端发生酰胺化。

一旦一条肽链的氨基酸序列得以测定，按照惯例，书写其序列总是从 N 端到 C 端，即 N 端氨基酸残基放在最左边，其编号为 1 号位，后面的氨基酸依次编号，C 端氨基酸残基放在最右边。各氨基酸残基可用三字母或单字母缩写表示，从 N 端到 C 端，依次称为某氨基酰、某氨基酰……某氨基酸。如 SCN 可称为丝氨酰半胱氨酰天冬酰胺。

确定蛋白质的一级结构有助于理解其三维结构和功能，因为一种蛋白质的一级结构包含了决定其三维结构的所有信息，而三维结构又与蛋白质的功能直接相关。来源于不同物种的同源蛋白具有相似的氨基酸序列（如细胞色素 c），而具有相似序列的不同肽链往往意味着它们具有相似的三维结构。例如，构成血红蛋白的 α 珠蛋白和 β 珠蛋白有 46% 的序列是相同的，它们的三维结构也非常相似。再如，人乳清蛋白（lactalbumin）和鸡溶菌酶有 39% 的序列是相同的，它们的三维结构也十分相似（图 2-22）。

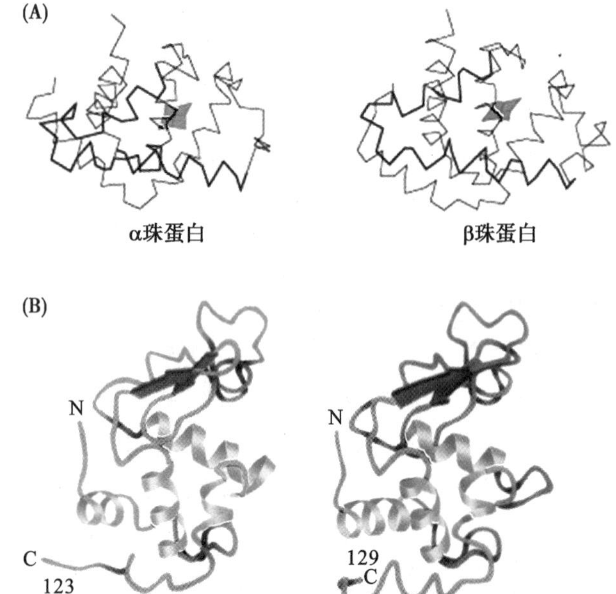

图 2-22　α 珠蛋白和 β 珠蛋白的三维结构（A）及人乳清蛋白和鸡溶菌酶的三维结构（B）

许多遗传病实际上是机体内某种蛋白质的一级结构发生差错而引起的“分子病”（molecular disease）。例如：镰状细胞贫血就是血红蛋白的 β 亚基在 6 号位的 Glu 被 Val 取代造成的，这是一种最常见的血红蛋白分子病（参看本章第三节“蛋白质的功能”）。

测定蛋白质的一级结构，还可以帮助科学家在分子水平上研究生物的进化。例如，将不同生物来源的细胞色素 c 的一级结构进行比对，可有助于了解物种间的进化关系，因为物种间的亲缘关系越接近，细胞色素 c 的一级结构就越相似（参看本章第三节“蛋白质的功能”）。现在因特网上有许多在线的蛋白质序列数据库，其中著名的有 PIR（protein information resource）和 SWISS-PROT 等。PIR 包含了由美国 NCBI 翻译自 GenBank 的 DNA 序列，其网址是 http://www-nbrf.georgetown.edu。SWISS-PROT 数据库包括了从 EMBL 翻译而来的蛋白质序列，这些序列经过检验和注释，由瑞士日内瓦大学医学生物化学系和欧洲生物信息学研究所（EBI）合作维护。SWISS-PROT 的网址是 http://cn.expasy.org/sprot。感兴趣的人可以利用这些数据库，对已发布的各种蛋白质的一级结构进行比对。

二、蛋白质的二级结构

蛋白质的二级结构是指多肽链的主链（backbone）部分（不包括 R 基团）在局部形成的一种有规律的折叠和盘绕，其稳定性由主链上的氢键决定。

常见的二级结构有 α 螺旋(alpha-helix)、三股螺旋(triple helix)、β 折叠(beta-sheet)、β 转角(beta-turn)、β 凸起（beta-bulge）、环（loop）和无规卷曲（random coil）。其中前 5 种比较有规律，所涉及的肽段上的每一对二面角都差不多(表 2–4)，而环和无规卷曲的二面角则落在其他的允许区。从结构的稳定性上看，右手 α 螺旋 >β 折叠 >β 转角 > 无规卷曲和环；但从功能上看，它们各自所作的贡献正好相反，酶与蛋白质的活性中心通常由无规卷曲和环充当，α 螺旋和 β 折叠一般只起支持作用。

表 2–4　几种二级结构的二面角

结构	ϕ	ψ	结构	ϕ	ψ
完全伸展	−180°	+180°	左手 α 螺旋	+60°	+60°
反平行 β 折叠	−139°	+135°	3_{10} 螺旋	−49°	−26°
平行 β 折叠	−119°	+113°	π 螺旋	−57°	−40°
右手 α 螺旋	−57°	−47°	三股螺旋	−51°	+153°

1. α 螺旋

α 螺旋是一种最常见的二级结构（图 2–23），最先由 Linus Pauling 和 Robert Corey 于 1951 年提出。其主要内容包括：

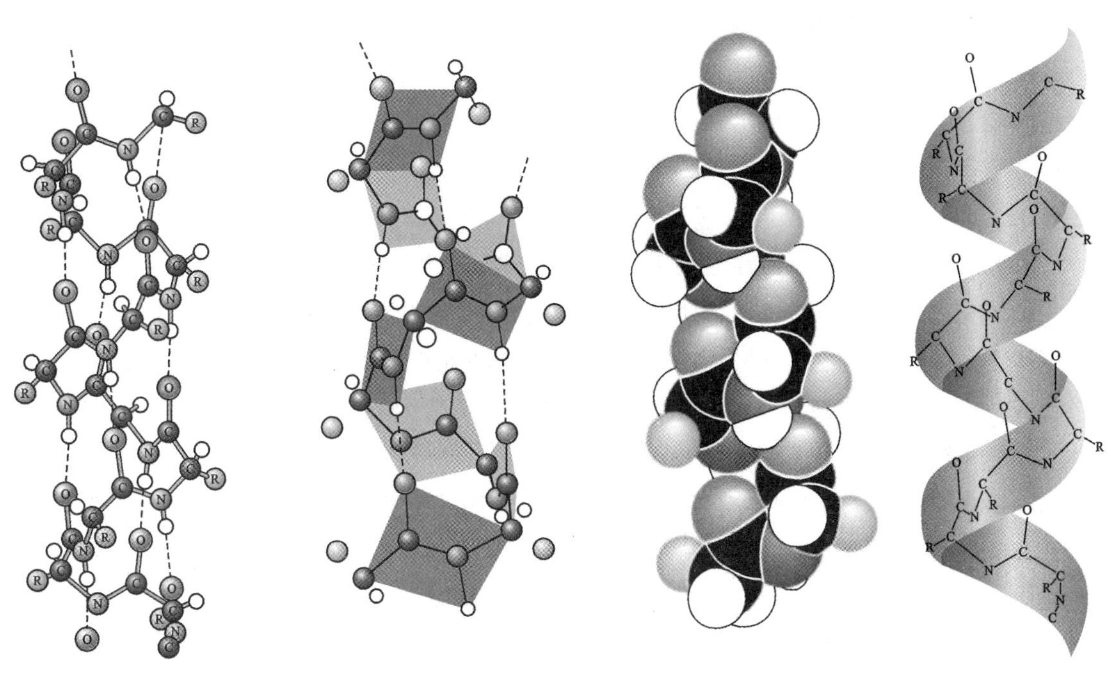

图 2–23　几种不同方式显示出的 α 螺旋结构

（1）肽链主链围绕一个虚拟的轴以螺旋的方式盘绕。

（2）螺旋的形成是自发的，而稳定它的氢键非常有规律。氢键受体总是 n 位氨基酸残基的羰基 O，供体则是 *n*+4 位残基氨基上的 H（图 2–24），被氢键封闭的环共含有 13 个原子，因此 α 螺旋也称为 3.6_{13} 螺旋。螺旋的前、后 4 个氨基酸残基通常不能形成全套螺旋内氢键，这些残基需要与水分子或蛋白质内部的其他基团形成氢键后才能稳定下来。

（3）每隔 3.6 个残基，螺旋上升一圈。每个氨基酸残基环绕螺旋轴 100°，螺距为 0.54 nm，即每个氨基酸残基沿轴上升 0.15 nm。螺旋的半径为 0.23 nm，二面角（ϕ，ψ）约为（−57°，−47°）。

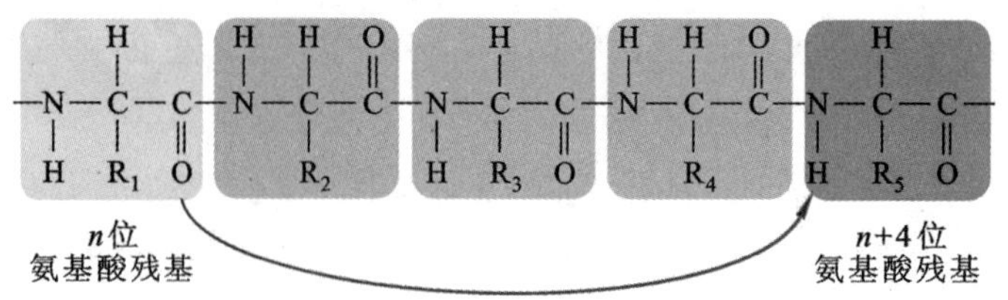

图 2-24 维系 α 螺旋的氢键供体和受体

Quiz11 人工合成的完全由 D-Leu 形成的多肽，你认为最容易形成何种二级结构？其方向如何？

（4）螺旋的方向一般是右手，左手螺旋很少见。这是因为蛋白质分子中的氨基酸只有 L 型，若形成左手螺旋，L 型氨基酸的 β- 碳和羰基氧在空间上容易发生冲突，其稳定性会降低。

（5）氨基酸残基的 R 基团伸展在螺旋的表面，虽不参与螺旋的形成，但其大小、形状和带电状态却能影响到螺旋的形成和稳定性。

一般而言，判断一个氨基酸残基是否有利于形成 α 螺旋，要看它的侧链能否保护螺旋在主链上的氢键。在 20 种常见的蛋白质氨基酸中，经常在 α 螺旋中出现的有：Ala、Cys、Leu、Met、Glu、Gln、His 和 Lys，特别是其中的 Lys、Met、Ala、Leu 和 Glu；最常见的两种不利于形成 α 螺旋的氨基酸是 Gly 和 Pro。Gly 不利于形成 α 螺旋的原因是它的侧链太小，即自由度太大，与它有关的二面角变化太大，无法满足 α 螺旋形成所必需的一个条件——具有相对固定的二面角。而 Pro 不利于形成 α 螺旋与两个因素有关：一是它的本质是亚氨基酸，当它的亚氨基与其他氨基酸的羧基形成肽键以后，不能充当氢键供体，于是主链上氢键的数目减少而使螺旋的稳定性降低。二是它的侧链为刚性的环，这使 α 螺旋形成所需要的 ϕ 值难以达到；具有较大 R 基团或者 β- 碳原子上有分支的氨基酸，如 Ile、Val、Thr、Phe 和 Trp，因为容易产生空间位阻，所以不利于 α 螺旋的形成；Ser、Asp 和 Asn 在侧链上靠近主链的位置含有氢键供体或受体，容易与主链上的氨基 H 或羰基 O 竞争形成氢键，故也不利于形成 α 螺旋；侧链带有电荷的氨基酸，如 Glu、Asp、Lys 和 Arg，如果带同种电荷的连续排列，也不利于 α 螺旋的形成。

Quiz12 有时 Pro 也会发现出现在少数 α 螺旋中。你认为它会出现在螺旋的什么位置？为什么？

对于一个稳定的 α 螺旋而言，主链上的原子埋在螺旋的内部，彼此之间通过范德华力结合，里面几乎已没有任何空隙，因此所有 R 基团都展示在螺旋的表面。螺旋的这种性质，方便了它们与其他位置氨基酸残基的侧链或者与其他生物分子（如 DNA）之间的相互作用。

有三种特殊的 α 螺旋，即亲水 α 螺旋、疏水 α 螺旋和两亲 α 螺旋（amphipathic α helix）。其中，亲水 α 螺旋由亲水氨基酸组成，因此螺旋的表面是亲水的。这种 α 螺旋显然主要分布在蛋白质的表面；疏水 α 螺旋则由疏水氨基酸组成，因此螺旋的表面是疏水的。这种 α 螺旋要么存在于蛋白质的内部，要么存在于膜内在蛋白的跨膜区，这是因为膜内部是疏水的环境。例如在很多真核细胞的质膜上，有一类叫 G 蛋白偶联受体的蛋白质（参看第六章“激素的结构与功能”）。这类受体蛋白共跨膜七次，而每一个跨膜的肽段形成的都是疏水 α 螺旋。两亲 α 螺旋的亲水和疏水残基含量差不多，并且亲水的和疏水的各分布在螺旋的一侧。这种“两面性”的螺旋的疏水面通常与蛋白质内部的疏水区结合，而亲水面与水相相互作用。此外，许多载脂蛋白含有两亲螺旋，这样就好通过螺旋的疏水面与脂质结合，同时让亲水面暴露在水相。

Quiz13 你认为一个跨膜的 α 螺旋至少由多少个疏水氨基酸残基构成？

2. β 折叠

β 折叠又称为 β 折叠片层（β-pleated sheet），这是 Pauling 和 Corey 继发现 α 螺旋以后，同年发现的又一种二级结构。与 α 螺旋相比，形成 β 折叠的肽链更加伸展，主链呈扇面状展开（图 2-25），其主要特征如下所述。

（1）至少由两条肽段组成，每一条肽段几乎完全伸展，肽平面之间成锯齿状。

（2）每一股肽段称为 β 股（β strand），相邻 β 股呈现平行排列，主链间通过氢键相连。

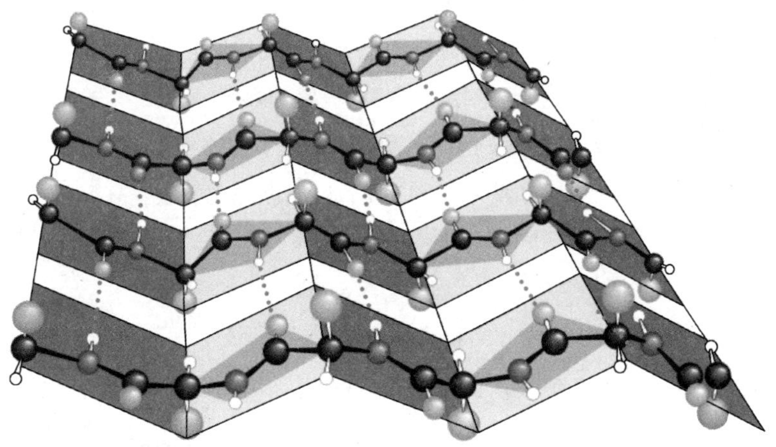

图 2-25　β 折叠的片层结构和 β 股之间的氢键

(3) R 基团垂直于相邻两个肽平面的交线，并交替分布在折叠片层的两侧。

(4) 肽段的走向有正平行和反平行两种。正平行经常简称为平行，指相邻 β 股的 N 端位于同侧，反平行正好相反。在反平行折叠中，同一个氢键的三个原子（N—H—O）几乎位于同一直线上，因此反平行折叠更加稳定（图 2-26），其存在的机会就更大。

(5) 反平行和平行 β 折叠的每一个氨基酸残基上升的长度分别是 0.347 nm 和 0.325 nm，二面角 (ϕ,ψ) 则分别约为（−135°，+140°）和（−120°，+105°）。

因为平行 β 折叠没有反平行 β 折叠稳定，所以前者一般含有较多的 β 股，很少低于 5 个，且 β 股总是被包埋在蛋白质的内部，而后者可以低到 2 个 β 股，其一面经常暴露在水相之中。

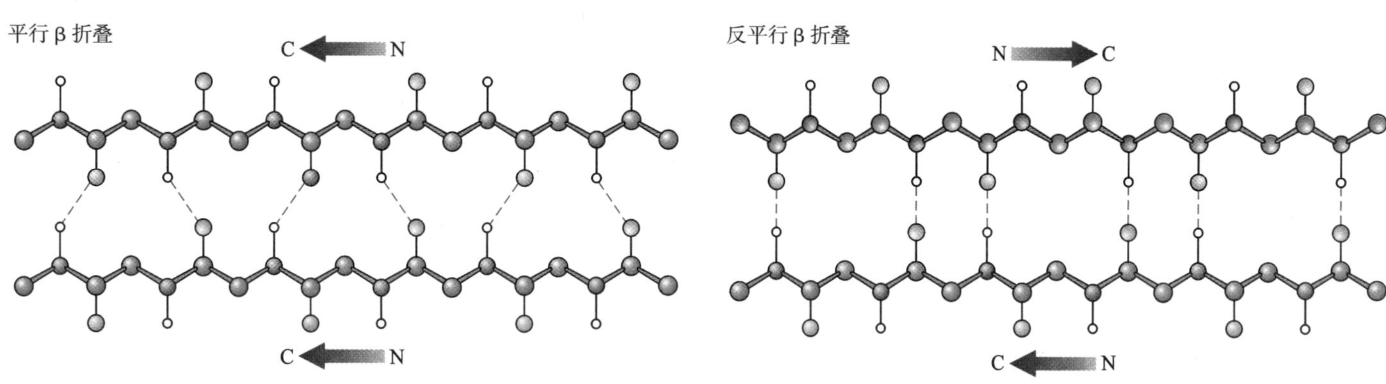

图 2-26　平行 β 折叠和反平行 β 折叠的结构比较

如果 β 股交替出现疏水和亲水残基，那么可以形成两亲 β 折叠。这样的结构常见于孔蛋白（porin）这样的膜蛋白，由两亲 β 折叠构成 β 桶（β-barrel）结构。在 β 桶结构中，疏水侧链伸向膜脂的疏水区，亲水侧链在内部形成亲水通道，允许极性分子通过膜（图 2-27）。

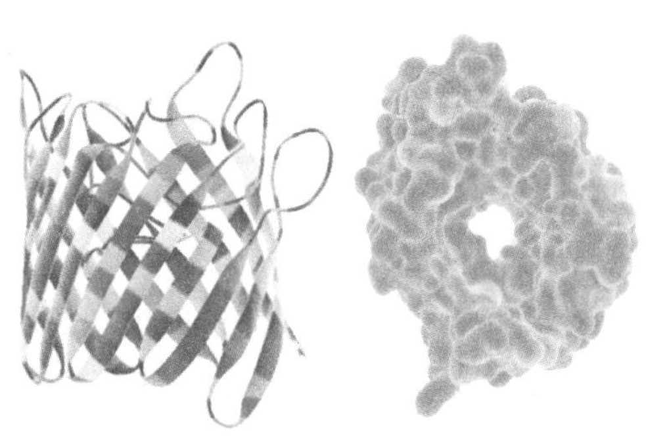

图 2-27　孔蛋白中由两亲 β 折叠构成的 β 桶结构

有时，两个蛋白质分子在特定的条件下，可以各提供一个 β 股形成 β 折叠，从而导致两者瞬间结合，形成临时的复合物（例如真核细胞内的 Raf 蛋白和 Rap 蛋白）。这种情况经常出现在细胞的信号转导过程中。

相比于 α 螺旋，参与形成 β 折叠的 β 股在空间上处于更加伸展的状态，因而，那些在 α 螺旋中容易产生空间位阻的残基反而能在 β 折叠中找到合适的位置，即侧链基团庞大的氨基酸残基更倾向于形成 β 折叠。当然，那些在 β 碳上无分支的氨基酸残基也适合存在于 β 股上，但大的疏水侧链更容易紧密结合在一起，故它们出现在 β 折叠中的频率更高。这些氨基酸残基有 Val、Ile、Phe、Tyr、Trp 和 Thr。

Quiz14 你认为 Pro 能出现在 β 折叠这种二级结构之中吗？为什么？

3. β 转角

β 转角也称 β 弯曲(beta-bend)或 β 回折(beta-reverse turn)。这种结构促使伸展的肽链在局部形成了 180° 的 U 形回折，其主要特征如下所述(图 2-28)。

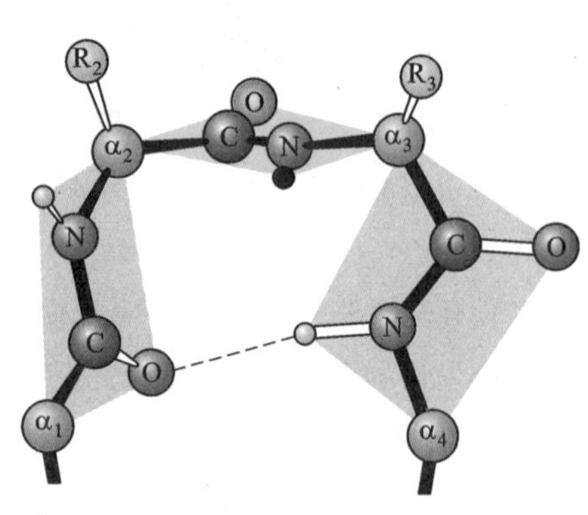

图 2-28 β 转角的结构

(1) 主链在此处发生了 180° 方向的改变。

(2) 由肽链上 4 个连续的氨基酸残基组成，其中 Gly 和 Pro 经常出现在中间两个位置。这是因为 Gly 的 R 基团最小，在拐弯时不容易与其他残基之间形成空间位阻，而 Pro 则具有相对刚性的环结构和固定的 ϕ，在某种程度上能迫使转角的形成。

(3) 在构成 β 转角的 4 个氨基酸残基之中，只有 1 号位残基的羰基 O 与 4 号位残基的氨基 H 形成氢键，其余位置的氢键供体和受体之间并没有形成氢键。为了让它们也能参与形成氢键，需要将它们放在蛋白质的表面，以方便与水分子共筑氢键。正因为如此，β 转角通常出现在球状蛋白质的表面。已发现蛋白质的抗体识别、磷酸化、糖基化和羟基化位点经常出现在 β 转角或紧靠 β 转角。

(4) 有利于反平行 β 折叠的形成。这是因为 β 转角改变了肽链的走向，促进相距不远的肽段各自作为 β 股，形成 β 折叠。

由于 β 转角能够改变肽链的走向，因此它对球状蛋白质的形成十分重要，但对于纤维状蛋白质来说，它的肽链在空间上只有一个取向，故一般没有 β 转角。

Quiz15 你认为 APGP 这个四肽序列能形成 β 转角吗？为什么？

4. β 凸起

如果构成 β 折叠的两个 β 股有一股多出一个残基，而这个残基刚好又不利于形成 β 折叠，则原来位于 β 股之间连续的氢键结构即被打破，这个多出的残基因没有能与之形成氢键的供体或受体，只能突出在外，从而使肽链发生轻微的弯曲，形成了 β 凸起(图 2-29)。

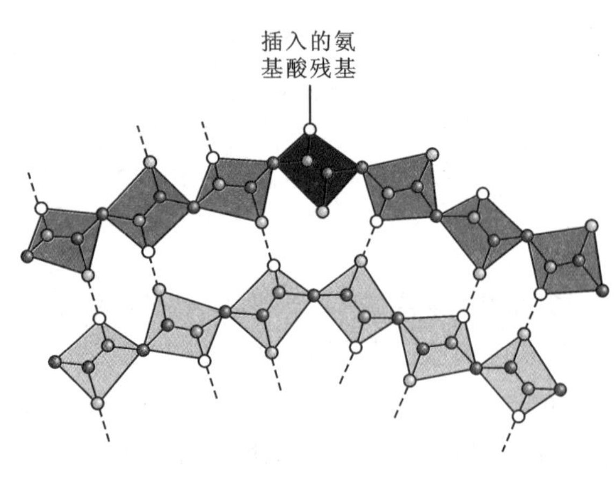

图 2-29 β 凸起的结构

β 凸起主要存在于反平行 β 折叠之中，只有约 5% 的 β 凸起出现在平行的 β 折叠结构之中。β 凸起也能改变肽链的走向，但没有 β 转角那样明显。β 凸起的功能可能在于：可减少进化过程中发生在 β 折叠中的插入突变对原来蛋白质分子中保守性结构的影响，因为形成 β 凸起可基本维持原来的 β 折叠结构。

5. 无规卷曲与环

在蛋白质分子中，除了上述几种有规律的二级结构以外，还有一些二级结构柔性强，可以说没有什么规律，涉及的二面角(ϕ，ψ)变化大，但也不是任意变动的，它们统称为无规卷曲。

环曾长期被归为一种无规卷曲结构，但随着对其结构和功能认识的深入，人们越来越倾向于将其视为一种独立的二级结构。环作为蛋白质三维结构中最重要的动态结构元件，一般位于球状蛋白质的表面，在很多地方充当将有规则的二级结构联系在一起的纽带（图 2–30），其侧链和主链部分通常含有各种结合位点和功能位点，并以运动的方式作为控制与蛋白质相互作用的配体进入的"门户"。已发现的与环有关的生物功能包括：分子识别、与其他蛋白质相互作用、与配体结合、参与或控制酶的催化等。从进化的角度来看，相同的蛋白质家族的不同成员在功能上的差异通常是由蛋白质表面的结构变化引起的，而这些变化经常发生在环上。因此，环结构的突变是蛋白质进化产生新活性和新功能的常见手段。

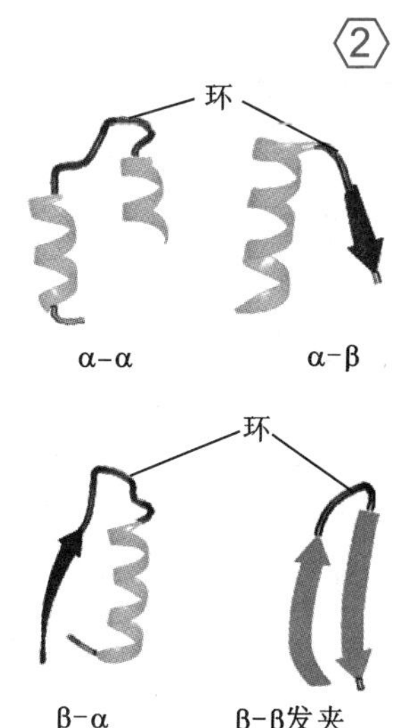

图 2–30　存在于有规则的二级结构之中的各种环

三、蛋白质的三级结构

三级结构是指构成蛋白质的多肽链在二级结构的基础上，进一步盘绕、卷曲和折叠，形成的包括构成这个蛋白质所有原子在内的特定三维空间结构。如果蛋白质有辅因子，还要将它们包括在内。三级结构通常由模体（motif）和结构域（domain）组成。一种蛋白质的全部三维结构又可以称为它的构象（conformation）。但注意不要将构象与构型（configuration）混为一谈。构型是指在立体异构中，一组特定的原子或基团在空间上的几何布局。两种不同构型的转变总是伴随着共价键的断裂和重新形成。然而，一个蛋白质可以存在几种不同的构象，但构象的转变仅仅是单键的自由旋转造成的，没有共价键的断裂和再形成。构成蛋白质的多肽链上存在多个单键，因此一种蛋白质在理论上可能具有许多不同的构象。然而在生理条件下，一种蛋白质只会采取一种或几种在能量上有利的构象。

1. 稳定三级结构的化学键

稳定三级结构的化学键主要是非共价键，其包括氢键、离子键、疏水键和范德华力（图 2–31），其中氢键、疏水键和范德华力键能相对要弱，有时被统称为次级键（secondary bond）。有的金属蛋白还借助于金属配位键来稳定三级结构。此外，属于共价键的二硫键也参与稳定许多蛋白质的三维结构。

Quiz16 你认为这些稳定蛋白质三级结构的化学键键能最强的和最弱的各是哪一种？

（1）氢键

凡是与电负性很强的原子（如 O 和 N）相连的氢原子，由于带部分正电荷，可以作为氢键供体，与另一电负性较强的带部分负电荷的原子（如 O 或 N），即氢键受体，通过静电吸引相连，以这种方式形成的化学键叫氢键。稳定三级结构的氢键供体和受体主要来自侧链。

氢键的键能为 12 ~ 30 $kJ \cdot mol^{-1}$，比共价键弱得多。但由于蛋白质分子中存在许多氢键，其在维持蛋白质三级结构的稳定性中仍有很大贡献。

（2）离子键

离子键是带相反电荷的离子之间的静电引力（electrostatic interaction），其键能为 100 ~ 500 $kJ \cdot mol^{-1}$，在蛋白质中常称为盐键（salt bond）或盐桥（salt bridge）。在生理 pH 下，肽链上的碱性和酸性氨基酸残基的侧链分别带正、负电荷，此外游离的 N 端氨基和 C 端羧基也分别带正、负电荷，所有这些带电荷的基团

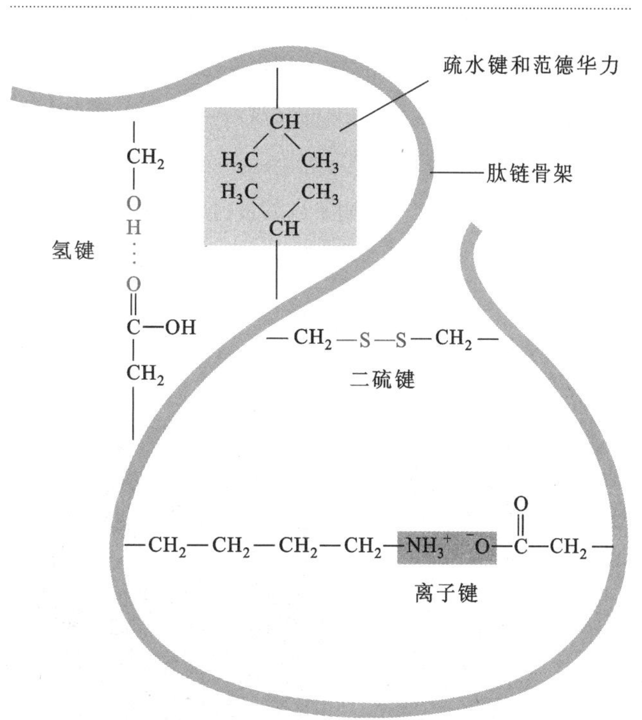

图 2–31　维系三级结构稳定的化学键

都可以形成盐键。

(3) 疏水键

疏水基团或疏水分子在水溶液里为了避开水相而互相聚集在一起形成的作用力称为疏水键(hydrophobic bond),也称疏水作用力,其键能<40 kJ·mol^{-1}。蛋白质分子中的疏水基团主要由疏水氨基酸残基提供,它们聚集在一起的时候会在蛋白质分子内部形成一个疏水核心。这种疏水相互作用在维持蛋白质的三级结构中起着举足轻重的作用,可以说是稳定蛋白质三级结构最重要的化学键。如果一个多肽的所有氨基酸残基都是亲水的,那么用来驱动三级结构形成的力将十分有限。而如果一个多肽既含有亲水氨基酸又含有疏水氨基酸,则有利于蛋白质在溶液中快速折叠,并到达最终的构象状态。

(4) 范德华力

范德华力(van der Waals force)是两个相邻的不带电荷的非成键原子(non-bonded atom)之间的作用力,这种作用力可能是吸引力也可能是排斥力。

范德华斥力产生的原因是相邻的不带电荷的非成键原子靠得太近,但并没有诱导偶极,反而因电子云的重叠引发电子-电子之间的排斥。

尽管范德华力非常弱,键能只有 0.4~4 kJ·mol^{-1},但在蛋白质分子中,这样的作用力大量存在,因此其对蛋白质三级结构的形成和稳定所起的作用不容小觑。

(5) 二硫键

二硫键也称为二硫桥,它是在两个半胱氨酸残基的 S 原子之间形成的共价交联。对于细菌和真核生物来说,含有二硫键的蛋白质一般是分泌蛋白或者细胞膜蛋白,如抗体、胰岛素、胰岛素的受体、动物消化道内的各种蛋白酶,而胞内蛋白很少有二硫键。其中的原因一是胞外的环境多变,有时甚至比较恶劣,二是蛋白质一般较小,故疏水作用力相对要弱,这两种因素使这些蛋白质更需要借助共价的二硫键来加固三级结构。何况胞外环境的氧化性较强,有利于二硫键的形成;相反,胞内的环境一方面还原性强,不利于二硫键的形成,另一方面,胞内的环境相对稳定和温和,也不需要用二硫键来稳定蛋白质的三维结构。然而,对于古菌而言,其胞内许多蛋白质也有二硫键,这显然有助于它们抵抗古菌所生存的极端环境。

2. 研究三级结构的方法

当今,蛋白质三级结构除了运用以下三种实验方法进行测定以外,还可以利用诸如 AlphaFold 2 等基于人工智能(AI)技术的程序进行预测。

(1) X 射线晶体衍射(X-ray crystallography)

这一种方法首先需要制备待测蛋白质的晶体,然后才可以对蛋白质进行 X 射线衍射分析。但是,想得到一种蛋白质的晶体并非易事,特别是膜蛋白,何况某些蛋白质的晶体也许永远都得不到。此外,X 射线衍射分析得到的并不是原子的直接图谱,而是电子密度图谱。因此,还需要利用专业的傅里叶逆变换(inverse Fourier transform)去分析电子密度,再还原成三维结构(图 2-32)。

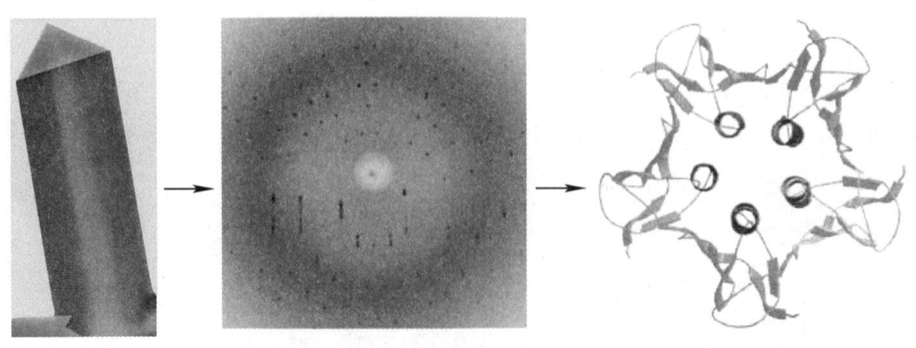

图 2-32 X 射线晶体衍射的电子密度图和被还原出来的三维结构

根据蛋白质数据库(protein data bank,PDB)提供的最新数据,由X射线衍射获得三维结构的蛋白质、核酸以及蛋白质-核酸复合物占绝对的优势。PDB是一个生物大分子三维结构数据库(http://www.rcsb.org),它由美国布鲁克海文国家实验室(Brookhaven National Laboratory)建立,为人们提供蛋白质以及其他大分子三维结构信息服务。

(2) 核磁共振波谱法(nuclear magnetic resonance spectroscopy,NMR)

此方法是根据原子核在磁场下的振动情况来分析蛋白质结构,由瑞士化学家Kurt Wüthrich于上世纪80年代初建立,它的基本原理是:在强磁场中,原子核发生自旋能级分裂,在吸收外来电磁辐射后,会发生核自旋能级的跃迁,产生核磁共振现象。核自旋能级的共振频率与电子类型有关,且受到所处化学结构微环境的影响。由此可提供分子结构包括蛋白质三维结构的信息。

NMR既可以研究膜蛋白,又可以直接对溶液中的蛋白质结构进行研究,因此得到的三维结构也更接近蛋白质在生理条件下的真实构象;而且,通过改变溶液的性质,可以模拟出细胞内的各种生理条件,以观察周围环境的变化对蛋白质分子构象的影响;此外,它还能研究蛋白质与蛋白质以及与其他分子(如小分子配体和核酸)之间的相互作用。然而,随着蛋白质分子量的增大,谱峰数量随之急剧增大、谱峰增宽、重叠严重、信号减弱、灵敏度下降,还受到自旋扩散和分子局域运动的影响,因此此方法一开始限于研究小于120个氨基酸残基的蛋白质,这就大大地限制了它的使用。而X射线晶体衍射的方法对蛋白质分子的大小没有限制。不过,随着三维、四维核磁的使用以及蛋白质同位素标记技术的应用,NMR能够测定的蛋白质的大小上限不断被打破。

(3) 冷冻电镜(cryo-electron microscopy,cryo-EM)

这种方法始于上世纪70年代,近几年得以飞速发展,可以说已成为当今结构生物学研究普遍使用的革命性技术。其基本原理或步骤可简单概括为:先"样品速冻",即将待测蛋白溶液迅速冷冻,一般在-180℃;再"冷冻成像",即获取其二维投影图像;最后是"三维重构",即通过分析、计算,得到蛋白质三维密度图,进而还原成三维结构(图2-33)。

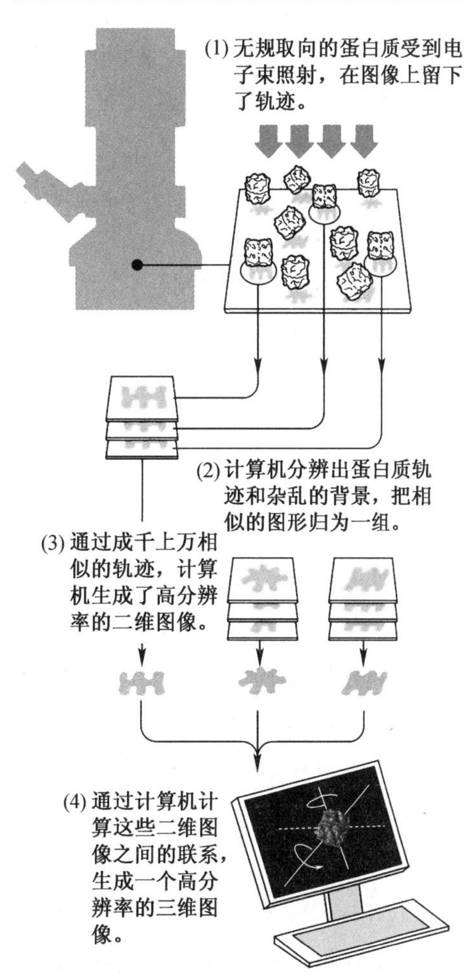

(1) 无规取向的蛋白质受到电子束照射,在图像上留下了轨迹。
(2) 计算机分辨出蛋白质轨迹和杂乱的背景,把相似的图形归为一组。
(3) 通过成千上万相似的轨迹,计算机生成了高分辨率的二维图像。
(4) 通过计算机计算这些二维图像之间的联系,生成一个高分辨率的三维图像。

图2-33 冷冻电镜测定蛋白质三维结构的原理及其步骤

冷冻电镜并不局限于测定蛋白质的三维结构,还可以快速、简易、高效、高分辨率地解析高度复杂的生物大分子以及复合物的三维结构,在很大程度上取代并且大大超越了传统的X射线晶体衍射法。正因为如此,2017年诺贝尔奖化学奖颁给了Jacques Dubochet、Joachim Frank和Richard Henderson,以表彰他们发展了冷冻电子显微镜技术,让生化学家能以很高的分辨率确定溶液中的生物大分子的三维结构。

Quiz17 你认为冷冻电镜在研究蛋白质结构中有何缺陷?

3. 三级结构的结构部件

(1) 模体

在结构生物学上,模体这个概念有两种不同的用法。第一种是用在一级结构上的序列模体(sequence motif),特指具有特殊功能的特定氨基酸序列或DNA分子上的碱基序列。例如,能够与整联蛋白(integrin)结合的细胞外基质蛋白一般含有RGD序列模体。还有真核细胞定位于内质网腔的蛋白质都含有KDEL序列模体(参看第十八章"mRNA的翻译与翻译后加工")。模体的第二种用法表示的是结构模体(structural motif),旧称超二级结构(super-secondary structure)。如果一种结构模体对应于一种特定的生物功能,那么这种结构模体可称为功能模体(functional motif)。

结构模体作为结构域的组分,由相邻的二级结构单元彼此相互作用,组合在一起,形成一种在空间结构上易于辨认的有规律的二级结构组合体,并充当三级结构的部件。在多数情况下,只有疏水残基的侧链参与这些相互作用,而亲水侧链多在分子的外表面。常见的结构模体包括:

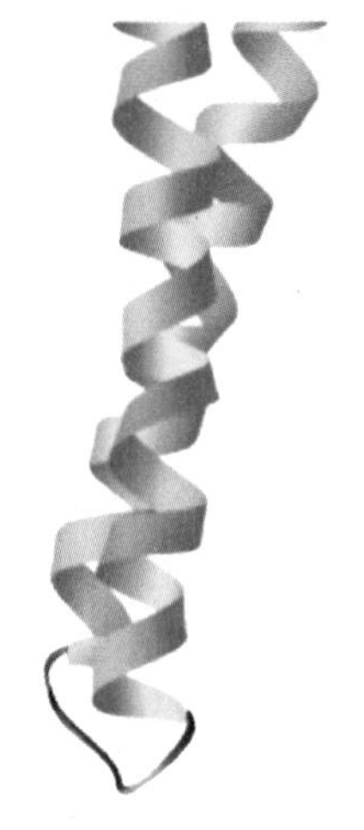

图 2-34 双股卷曲螺旋

1) 卷曲螺旋(coiled coil)。这是一种常见的 α 螺旋聚合体,一般是由两股或三股甚至多股 α 螺旋组装而成的一种超螺旋结构(图 2-34)。螺旋之间的方向有的是平行,有的是反平行。每一股螺旋一般含有 BXXBCXC 七肽重复序列(heptad repeat),这里的 B 表示疏水氨基酸残基(经常是 Leu),C 表示带电荷(charged)的氨基酸残基,X 表示其他类型的氨基酸残基。这种有规律的七肽重复序列使螺旋之间能够通过螺旋表面的疏水补丁聚合在一起,亲水的侧链基团则暴露在表面,形成二聚体或多聚体,超螺旋的方向一般是左手。卷曲螺旋不仅作为三级结构的模体参与蛋白质的折叠,而且还参与蛋白质与蛋白质之间的相互作用,因为蛋白质之间可以通过它形成二聚体或多聚体复合物,例如,α 角蛋白之间就可以通过这种方式形成二聚体。

2) 螺旋 – 环 – 螺旋(helix-loop-helix,HLH)。HLH 又称为 EF 手相(EF-hand),是一种典型的功能模体。它是由 E 螺旋、F 螺旋和螺旋之间的一个环组成(图 2-35),已被发现存在于多种与 Ca^{2+} 结合的 Ca^{2+} 传感器蛋白上(参看第六章"激素的结构与功能"),Ca^{2+} 在环上与蛋白质结合。

Quiz18 你认为这里的钙离子通过什么化学键与 EF 手相结合?

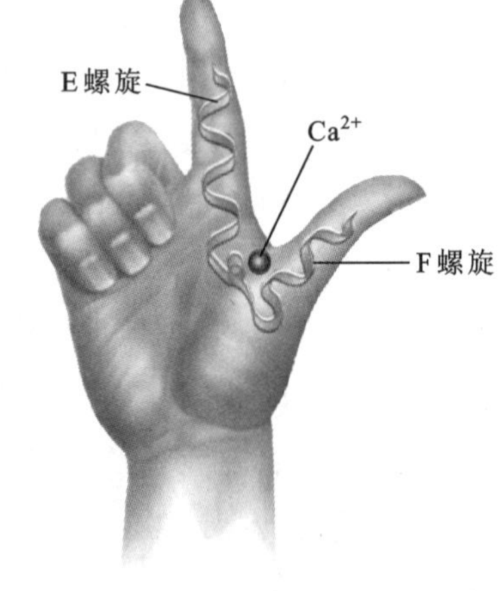

图 2-35 EF 手相结构

螺旋 – 环 – 螺旋里面有一类叫碱性螺旋 – 环 – 螺旋(basic-helix-loop-helix,bHLH),其中的一股螺旋含有碱性氨基酸残基。许多参与基因转录的转录因子(如 c-Myc)含有这种模体结构。这些转录因子通过碱性螺旋上的亲水氨基酸残基,识别 DNA 双螺旋大沟内特定的碱基序列,并形成氢键,从而与 DNA 分子上的特定序列位点结合(参看第十九章"基因表达调控")。

3) β-α-β。这是由 2 个 β 股和夹在中间的 1 个 α 螺旋组装而成,其中 2 个 β 股形成平行的 β 折叠(图 2-36 左)。

4) β 发夹环(β-hairpin)。此模体因形似发夹而得名,它是蛋白质所有模体中最简单的一种,有时还会出现在一些小肽分子上,由两段反平行的 β 股和一段连接小环组成。β 股之间形成氢键,小环含有 2 ~ 5 个氨基酸残基(图 2-36 中)。

5) 螺旋 – 转角 – 螺旋(helix-turn-helix,HTH)。该模体是另外一种重要的功能模体,也存在于许多 DNA 序列特异性结合蛋白分子上,例如 Cro、CAP 和 λ 阻遏蛋白(参看第十九章基因表达调控),其中与 DNA 结合的也是两股 α 螺旋中的一股。这股螺旋主要也是通过表面亲水侧链基团,与 DNA 分子上的特殊碱基序列形成氢键而结合(图 2-36 右)。

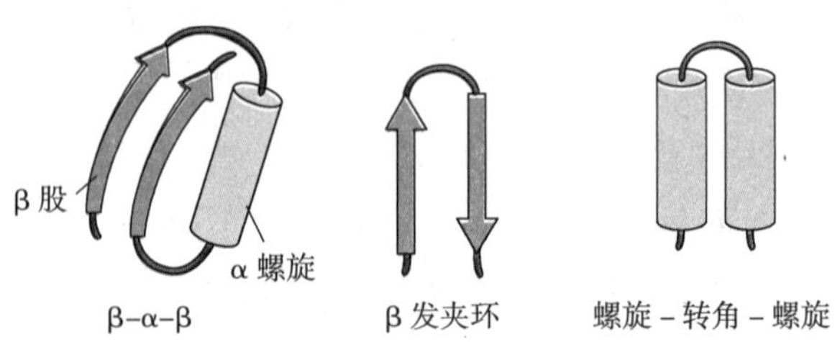

图 2-36 几种结构模体

Quiz19 在所有的亲水氨基酸中,你认为最容易被用来识别碱基序列的氨基酸是哪几种?

6) Rossmann 折叠(Rossmann fold)。该模体由两个相连的 βαβ 单位组成,每一个 βαβ 单位由两段平行的 β 股和一段作为连接链的 α 螺旋组成,进而形成 βαβαβ 结构。同时在紧密结合的折叠和螺旋之间经常有一个疏水核心(图 2-37 左)。这种模体能结合辅酶 I 或辅酶 II,故存在于许多需要辅酶 I 或辅酶 II 的脱氢酶中,如乙醇脱氢酶。

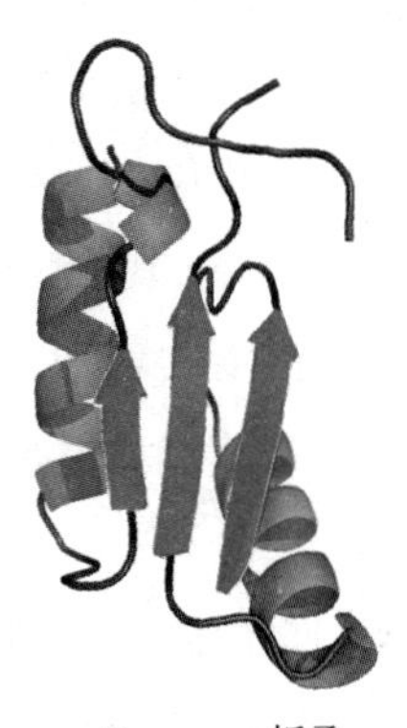

Rossmann 折叠

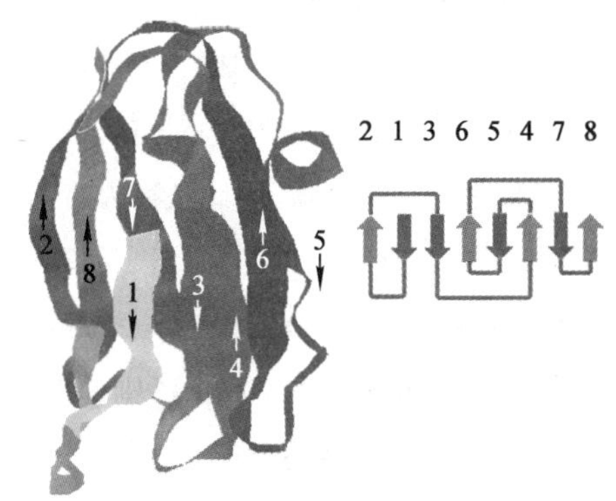

希腊钥匙模体

图 2-37 Rossmann 折叠与希腊钥匙模体(图中的箭头表示 β 股)

7) 希腊钥匙模体(Greek key motif)。这是一种全 β 折叠聚合体,存在于许多不同类型的蛋白质分子中,因在拓扑学上像古代花瓶上的希腊钥匙而得名(图 2-37 右)。例如,白蛋白原(pre-albumin)和质体蓝素(plastocyanin,PC)就含有这种模体。

(2) 结构域

纤维状蛋白(如胶原蛋白)呈纤维状,其肽链向同一个方向伸展,但球状蛋白会卷曲成致密的球状结构。比较小的蛋白质通常呈一个简单的球形(平均直径为 2 ~ 3 nm),而较大的蛋白质一般会折叠成两个或多个相对独立的球状区域(图 2-38)。这些相对独立的球状结构和 / 或功能模块称为结构域(domain)。每一个结构域通常是独自折叠形成的,内部都有一个疏水核心,并含有一个或几个模体结构。疏水核心是结构域稳定存在所必需的。

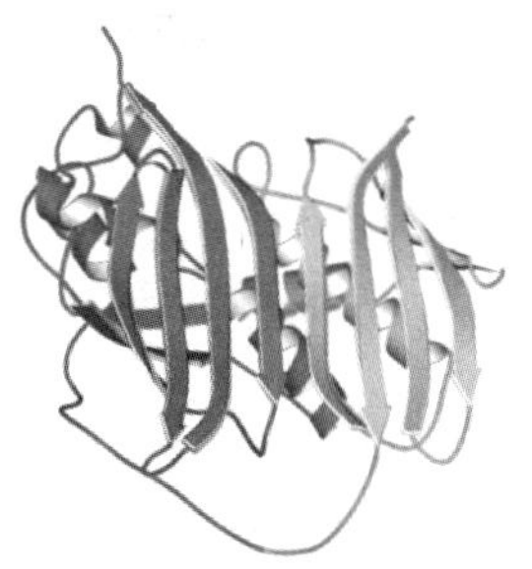

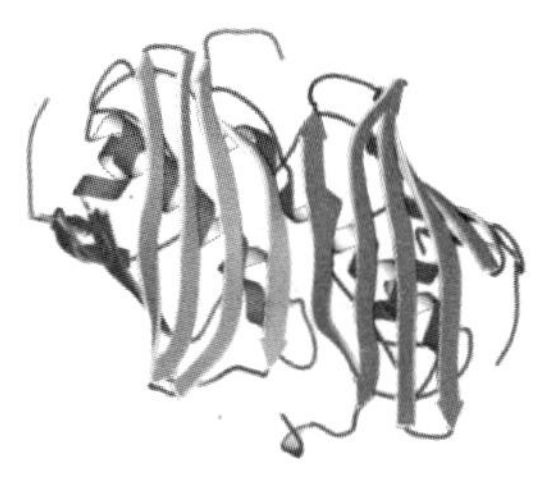

图 2-38 两个完美重叠在一起的相邻结构域

结构域有大有小,但通常不会超过由 250 个氨基酸残基组成的单结构域蛋白,其中大多数在 200 个氨基酸残基以下,由 51 ~ 150 个氨基酸残基构成的结构域约占 49%。大的结构域疏水核心较大,所以稳定性更好。小的结构域疏水核心较小,因而稳定性较差,经常要借助于金属离子的结合或二硫键来加固。

不同的蛋白质含有的结构域数目不尽相同,以 2 ~ 3 个较为普遍。另外,某些结构域在同一个蛋白质分子上出现不止一次,即一个蛋白质分子含有多个相同或相似的结构域。

结构域在结构上是相对独立的,在功能上也是如此。许多蛋白质的结构域在特殊的条件下被人为地分开以后,每一个结构域仍然保留各自原有的功能。例如,大肠杆菌 DNA 聚合酶 I 含有三个结构域,分别有 DNA 聚合酶、3′- 外切核酸酶和 5′- 外切核酸酶的活性。使用胰蛋白酶可以将其中的一个小结构域和另外两个结构域分开。利用这种方法游离出来的小结构域具有 5′- 外切核酸酶活性,另外两个结构域保留 DNA 聚合酶和 3′- 外切核酸酶活性。

根据占优势的二级结构元件的类型,结构域通常分为四大类:① α 结构域,完全由 α 螺旋组成;② β 结构域,只含有 β 折叠、β 转角和不规则环结构;③ α/β 结构域,由 β 股和起连接作用的 α 螺旋片段组成,其组成单元是 βαβ 模体;④ α+β 结构域,由独立的 α 螺旋区和 β 折叠区组成。构成这四类结构域的二级结构元件可能有不同的组织方式,而每一种方式就是一种结构模体。此外,还有一些结构域缺乏特定的二级结构元件,需要借助二硫键或金属离子来稳定。

从进化的角度来看,结构域这个层次也是独立进化的,而且蛋白质在分子进化中,结构域作为其基本部件,可以以不同的方式进行重组,就像洗牌一样,从而产生出具有不同功能的新的蛋白质。

四、蛋白质的四级结构

具有两条或两条以上多肽链的蛋白质如果不是以二硫键相连,则具有四级结构,其中的每一个亚基都有自己的三级结构。

Quiz20 你认为胞内蛋白还是胞外蛋白更多的具有四级结构?为什么?

同源二聚体a_2

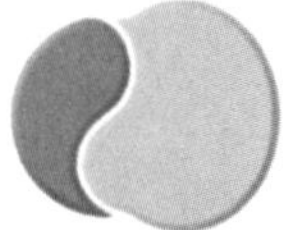

异源二聚体ab

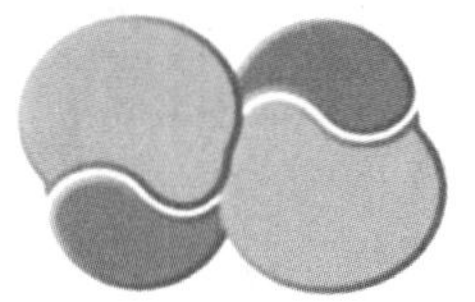

异源四聚体a_2b_2

异源五聚体$a_2$bcd

图 2-39 构成蛋白质四级结构的亚基的不同组合

四级结构的内容包括亚基的种类、数目、空间排布以及亚基之间的相互作用。

针对具有四级结构蛋白质来说，构成它们的肽链有的由同一种多肽链自组装而成，如 a_2(一个 a 表示一条肽链)，有的含有不同的肽链，如 ab、a_2b_2、abc 或 abcd 等(a、b、c 和 d 表示不同的肽链)(图 2-39)。由于它们是由一条以上的肽链组成，因此被称为寡聚体(oligomer)蛋白，其中的每一条肽链称为单体(monomer)或亚基(subunit)。含有 2、3、4、5 或 6 个亚基的蛋白质分别称为二聚体(dimer)、三聚体(trimer)、四聚体(tetramer)、五聚体(pentamer)或六聚体(hexamer)蛋白，含有更多亚基的蛋白质以此类推。由同种肽链组装而成的寡聚体称为同源寡聚体，否则称为异源寡聚体。

构成异源寡聚体的各个单体尽管一般由不同的基因编码，且在某些情况下序列很少或没有相似性，但通常在三维结构上很像。这说明许多异源寡聚体起源于一个编码同源寡聚体的原始基因的重复。

亚基的表面是不规则的，这使得亚基之间有可能彼此结合，并形成四级结构。

驱动四级结构形成或稳定四级结构的作用力包括氢键、疏水键、范德华力和离子键，这虽然与一个单体蛋白稳定其内部折叠结构的化学键的种类一样，但四级结构强调的是亚基之间的化学键。这些在亚基之间的非共价键成键的时候具有互补性，包括氢键供体对氢键受体、疏水基团对疏水基团、正电荷基团对负电荷基团。

形成四级结构使得蛋白质具有特殊的优势，总结起来有：①通过减少蛋白质表面积和体积的比率而提高蛋白质的稳定性。②提高遗传学上的经济与效率。如果有大小相同的两种蛋白质，一种只有一条多肽链组成，另一种由两个相同的亚基组成，显然编码后者比前者所需要的碱基序列要少，而且表达的效率更高。③有利于某些酶的活性中心的组装。这是因为形成寡聚体可将分散在不同亚基上的催化位点聚集在一起。例如，大肠杆菌的谷氨酰胺合成酶的活性中心是由两个成对的亚基组装而成的，而解离后的单个亚基完全没有活性。④能产生协同效应(co-operativity)(参看下一节有关血红蛋白的内容)。⑤减少翻译出错的机会。因为与同样大小的单体蛋白相比，构成寡聚体蛋白质的肽链更短，翻译出错的机会就更小(参看第十八章“mRNA 的翻译与翻译后加工”)。⑥改变一种蛋白质功能的特异性。例如，细菌的 RNA 聚合酶由 σ 因子和核心酶组成，结合有 σ 因子的核心酶可识别启动子，并启动基因的转录，而单独的核心酶只催化转录的延伸(参看第十六章“DNA 转录与转录后加工”)。⑦有利于酶活性的调控。许多酶由调节亚基和催化亚基组成(如蛋白激酶 A)，当调节亚基与特殊的配体分子结合以后，会影响到催化亚基的活性。还有些酶具有单体(无四级结构)和寡聚体(具有四级结构)两种形式，但只有一种形式有活性。⑧有利于包装成更加庞大的结构。例如，病毒的衣壳通常由多个相同的亚基自组装而成。

五、蛋白质的折叠

既然蛋白质的三维结构直接决定其功能，因而如果能够深入了解蛋白质的折叠机制，将会大大促进对蛋白质的功能研究，在此基础上还可以对一些未知蛋白质的结构和功能进行合理的预测。如今科学家对蛋白质折叠的一些基本规律已有所了解，但对蛋白质折叠的详细机制的认识还很不完善。

(一) 蛋白质折叠的基本规律

1. 一级结构决定三维结构，即一种蛋白质的一级结构包含了它折叠成最终构象所需要的全部信息。这是美国科学家 Christian B. Anfinsen 在 1954 年在体外通过对牛胰核糖核酸酶的结构与功能的研究，提出的蛋白质折叠的热力学学说(thermodynamic hypothesis)，也被称为 Anfinsen 法则(Anfinsen's dogma)。在实验中，他首先使用尿素和巯基乙醇处理牛胰核糖核酸酶，破坏其三维结构，胰核糖核酸酶的酶活性因此完全丧失。然后，再使用透析的方法除去尿素和巯基乙醇，结果发现牛核糖核酸酶可以重新自发地折叠成原来的三维结构，并恢复原来的酶活性。Anfinsen 因此获得了 1972 年的诺贝尔化学奖。

Quiz21 为什么要同时用尿素和巯基乙醇处理牛胰核糖核酸酶?

2. 蛋白质的折叠伴随着自由能的降低，ΔG 约为 $-80 \sim -20\ \text{kJ}\cdot\text{mol}^{-1}$。这意味着蛋白质折叠属于热力学有利的反应。但是，折叠与没有折叠状态在自由能上的差距并不很大。小的自由能差异是必要的，因为如果差别太大，就意味着折叠后的蛋白质在结构上过于稳定，这反而不利于蛋白质的功能发挥。

3. 蛋白质的折叠过程是协同和有序的，而驱动蛋白质折叠的主要动力是疏水键，其他非共价键也有作用。就氢键而言，要尽可能让主链肽基之间形成的分子内氢键数目最多，同时保持大多数能形成氢键的 R 基团位于蛋白质分子表面，与水分子相互作用。

4. 在细胞内，不同的蛋白质折叠的路径不尽相同（图 2–40）。

有些蛋白质在合成好以后，并不折叠或仅仅部分折叠，它们缺乏特定的二级和三级结构，会暂时或永远处于完全或部分无折叠状态（图 2–40A）；有些蛋白质能够完全独立地进行折叠（图 2–40B）；但大多数蛋白质的折叠需要其他蛋白质的帮助（图 2–40C 和图 2–40D）。蛋白质在寻找其天然的低能状态的时候，会不断地经历折叠和重折叠反应，途中需要经过多个高能的构象状态。此阶段构成蛋白质折叠的动力学障碍（kinetic barrier），是折叠的限速步骤。事实证明，细胞内有一类专门的统称为分子伴侣（molecular chaperone）的蛋白质可以克服这些动力学障碍，以加快折叠的速度，而克服动力学障碍的动力是 ATP 的水解。

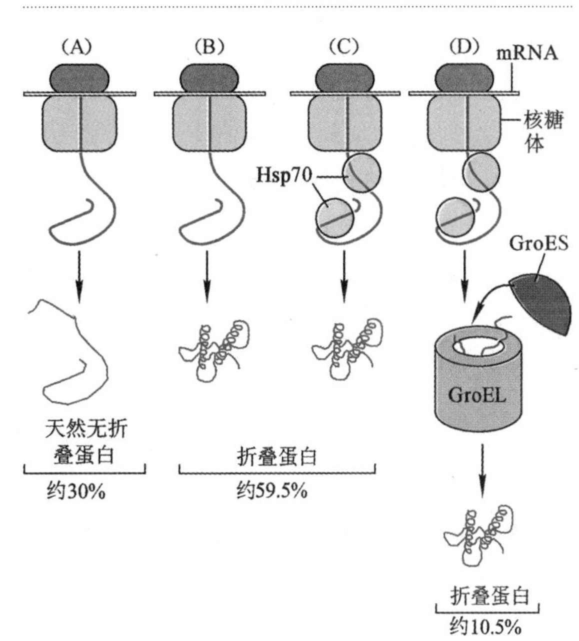

图 2–40　蛋白质折叠的不同途径

分子伴侣所起的作用主要是在正确的时间、正确的地点促进新生肽链的正确折叠，并防止错误的折叠，同时阻止它们彼此聚集在一起形成沉淀，有时还能“拨乱反正”，帮助错误折叠的蛋白质有机会重新折叠成正确的构象。此外，还有一种叫 HSC70 的分子伴侣参与细胞自噬（autophagy），帮助真核细胞清除一些无用或损坏的蛋白质，将它们送往溶酶体降解以循环利用。

Quiz22 你认为分子伴侣自己折叠使用哪一条路径？

显然，分子伴侣并非“终身伴侣”，一旦蛋白质折叠好，它就被释放，然后再参与另一个新生肽链的折叠。

绝大多数分子伴侣属于热激蛋白（heat shock protein，HSP）。HSP 是一类细胞在受热和其他胁迫条件（如冷刺激、UV 辐射和伤口愈合等）才表达或者大量表达的蛋白质。它们中的大多数作为分子伴侣促进新合成的蛋白质正确折叠，或者让在胁迫条件下变性的蛋白质重新折叠。

一般可以根据大小，以 kDa 为单位①将 HSP 分成 Hsp10、Hsp20、Hsp40、Hsp60、Hsp70、Hsp90 和 Hsp100 等亚类。其中，充当分子伴侣的主要是 Hsp10、Hsp60 和 Hsp70。

Hsp70 作为分子伴侣，其作用是在细胞内与新生肽链上的疏水区临时结合，一方面能阻止多肽链提前折叠，另一方面可在多肽链没有折叠之前，防止暴露在外的疏水区之间通过疏水作用“非法聚集”在一起，而导致多肽链之间的聚合，甚至出现沉淀而伤害细胞（图 2–40C）。

Hsp60 和 Hsp10 则在细菌以及真核生物的线粒体和叶绿体基质内，分别作为伴侣蛋白（chaperonin）和共伴侣蛋白（cochaperonin）促进蛋白质的折叠。大肠杆菌的伴侣蛋白是 GroES，共伴侣蛋白为 GroEL（图 2–40D）。与 Hsp70 不同，伴侣蛋白形成笼状结构，可将待折叠的蛋白质彼此隔离开来，各自折叠，

① Da 是原子和分子质量的单位，1 Da 为 1 个 ^{12}C 原子质量的 1/12。分子质量在数值上与分子量相同，分子量是相对分子质量的简称，没有单位。

而不会聚合在一起。在折叠反应中，伴侣蛋白会随着 ATP 的水解以及底物蛋白、共伴侣蛋白与其的结合，不断地经历比较大的构象变化。这些构象变化让伴侣蛋白可以结合没有折叠或错误折叠的蛋白质，将它们“揽入怀中”，让它们在由两个环构成的洞穴内“尽情”地折叠，一旦折叠好，即被释放出来。

古菌和真核生物的细胞质基质含有另外一类伴侣蛋白，它们并不是热激蛋白，而是属于含有 TCP1 复合物的伴侣蛋白（chaperonin containing TCP1 complex，CCT）。CCT 也称为 TCP1 环复合物（TCP1 ring complex，TRiC），在真核生物的细胞质基质中可促进微管蛋白（tubulin）和肌动蛋白（actin）等蛋白质的折叠。这一类伴侣蛋白没有 GroES 的等价物，其顶盖是内置的，由顶部亚基突出的结构域组装而成。

5. 某些蛋白质的折叠还需要蛋白质二硫化物异构酶（protein disulfide isomerase，PDI）和肽酰脯氨酰顺反异构酶（peptidylprolyl *cis–trans* isomerase，PPI）的帮助。

PDI 的功能是促进含有二硫键的蛋白质形成正确的二硫键。其作用的机理是通过重排二硫键，使蛋白质能快速找到热力学最稳定的二硫键配对方式。

PDI 的作用机制如下：首先是它的一个反应性强的巯基进攻暴露在外的错误的二硫键，形成混合二硫键，随后发生二硫键的重组，直至形成正确的二硫键。由于正确的二硫键处于正确的三维结构之中，PDI 很难再对其进攻，所以被保留下来（图 2–41）。

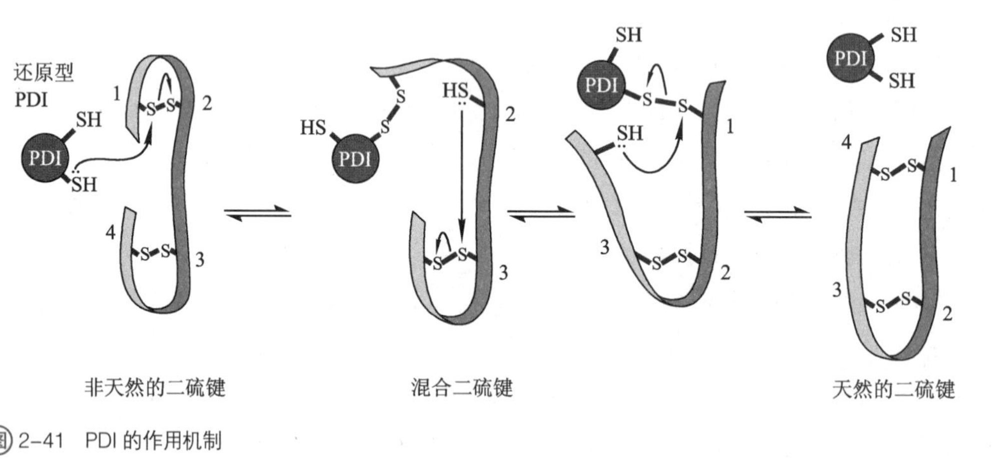

图 2–41　PDI 的作用机制

真核细胞的 PDI 位于内质网，这样可以保证那些分泌到胞外或者最后定位到质膜的蛋白质在途中（参看第十八章“mRNA 的翻译及其后加工”），经过内质网时能够形成正确的二硫键。细菌的 PDI 又称为二硫桥形成蛋白（disulfide bridge-forming protein，Dsb），它位于细胞外的周质（periplasm），以保证分泌到周质中的蛋白质形成正确的二硫键。

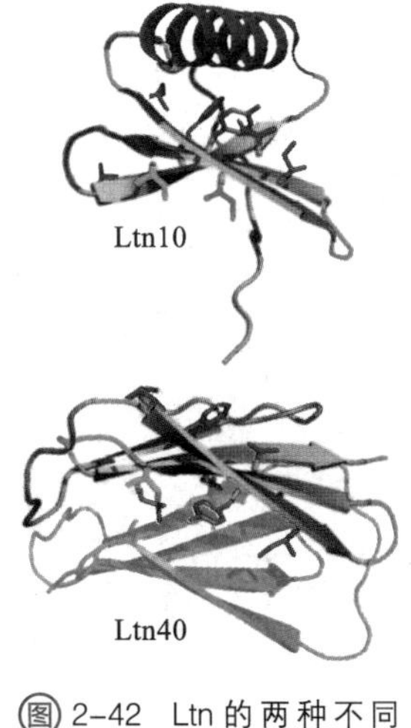

图 2–42　Ltn 的两种不同构象

PPI 的功能是促进 X–Pro 之间的肽键采取正确的形式。蛋白质分子中在 X–Pro 之间的肽键大概有 6% 以顺式构型存在。X–Pro 之间肽键的顺反异构构成许多蛋白质折叠的限速步骤。PPI 通过扭曲这个位置的肽键来促进它的顺反异构，从而加速蛋白质的折叠。

6. 最终得到的蛋白质构象不是僵硬的，而是具有一定的柔性。

通过实验测出来的蛋白质构象图是僵硬和静止的，但实际上蛋白质是高度柔性的分子，也许用“刚柔相济”这个成语描述蛋白质的结构特征更形象。

然而，在生命科学中很多一般规则的背后经常有一些例外：与 Anfinsen 法则不符的除了天然无折叠蛋白以外，还有另外一类变形蛋白（metamorphic protein）。这一类蛋白质看起来更加“离谱”，能够以两种不同的构象存在，而这两种构象能量状态差不多，处于动态平衡之中。当它们与不同的配体分子结合的时候，可形成功能不一样的复合物（图 2–42）。以一种叫淋巴细胞趋化蛋白（lymphotactin，Ltn）的细胞因子（cytokine）为例，它与其他细胞因子一样，可以与免疫细胞表面的受体结合，引发免疫反应。但 Ltn 能够以两种构象存在：一种是典型的细胞因子的构象——由一个 3 股 β 折叠和一个 C 端 α 螺旋组成。这种构象形式为 Ltn10,可结合并激活它的受体;另一种构象是全部由 β 折叠构成的二聚体。这种构象形式为 Ltn40,可结合糖胺聚糖(glycosaminoglycan)。两种构象在相互转变的时候,需要几乎所有氢键或其他次级键的破坏和重建。它们的生物活性是不相容的:细胞因子的构象结合不了糖胺聚糖,全 β 折叠激活不了受体。但两种不同的活性是它行使全部生物功能所必需的。有人设计了一种突变,使其只能折叠成一种构象,结果就限制了它在机体内功能的发挥。

显然,变形蛋白的存在可扩大一种生物的基因组的编码能力,因为同一个基因编码的同一种蛋白质可以折叠成两种不同的构象,而每一种构象又可行使不同的功能。

(二) 蛋白质折叠的历程

科学家根据体外实验的结果和计算机模拟等手段得到的数据,提出了三种模型用来解释蛋白质的折叠过程(图 2-43):①框架模型(framework model)。该模型认为,局部的二级结构首先形成,它们独立于三级结构的建立。当折叠好的各种二级结构单元扩散并发生碰撞的时候,便发生了聚合,从而成功形成最终的三级结构。②疏水塌陷模型(hydrophobic-collapse model)。该模型认为,蛋白质分子上的疏水侧链快速地发生包埋,即发生疏水塌陷,亲水侧链则暴露在外,形成熔球体(molten globule)。在熔球体内,远距离基团之间的相互作用得以建立,从而先形成三级结构,最后才形成二级结构。③成核模型(nucleation model)。该模型认为,在一级结构上相邻的一些序列自发折叠成天然的二级结构。然后,这些二级结构充当折叠核(folding nucleus),其他结构以此为核心,向周围扩展,逐步形成最终的三级结构。

有人将这三种模型结合起来,认为蛋白质折叠经过三步反应:①启动——快速地形成局部二级结构,即折叠核。此过程是可逆的。②折叠核协同聚合成结构域。③结构域经熔球体,最终形成具有完整三维结构的蛋白质。熔球体被认为是疏水塌陷的结果,这种中间体含有某些二级结构,但还没有形成正确的三级结构。

如果用图 2-44 来表示上述折叠过程,可能更为形象。蛋白质折叠的全景图好像一个漏斗,漏斗表面的每一个点代表的是多肽链的一个构象,蛋白质分子可被视为一组在向下滑行的滑雪者,下坡滑雪指导多肽链进入它的天然状态。有些蛋白质折叠过程比较"坎坷",有些蛋白质则折叠得比较顺利。蛋白质的天然状态是最深的"山谷",其他山谷代表的是部分折叠的构象状态。

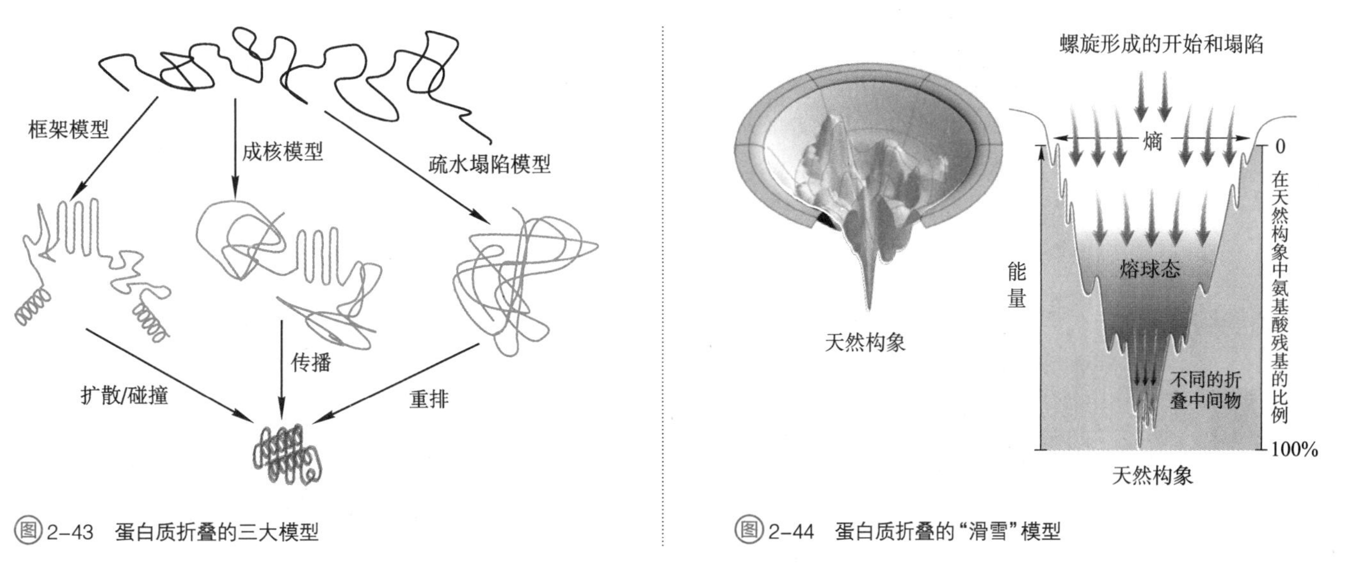

图 2-43　蛋白质折叠的三大模型

图 2-44　蛋白质折叠的"滑雪"模型

(三) 与蛋白质错误折叠有关的疾病

据估计,正常细胞约有三分之一的蛋白质可能会错误折叠,但细胞内有专门的质量控制(quality control)系统,能及时发现并处理它们。例如,分子伴侣能够与错误折叠的中间物结合并重启折叠过程。另外,在真核细胞内有一种叫泛素(ubiquitin)的蛋白质,能够将这些错误折叠的蛋白质打上"死亡"标签，并把它们引入到一种称为蛋白酶体（proteasome）的圆筒状细胞器中，被“无情”地水解，以防止它们在细胞内的堆积。因此在一般情况下，细胞内出现少量折叠异常的蛋白质并不会影响到细胞的正常功能。然而，如果一个细胞内大量出现某种错误折叠的蛋白质，以至于超出了质量控制系统的处理能力时，就可能导致机体的病变。

近些年来，越来越多的疾病被发现与蛋白质的异常折叠有关，例如囊性纤维变性（cystic fibrosis，CF）和一些神经退行性疾病，其中囊性纤维变性是由于基因突变导致编码的蛋白质不能正确折叠，而神经退行性疾病主要是因为后天因素导致神经细胞内出现一些细小的原纤维（protofibril）。原纤维由4～30个错误折叠的蛋白质形成，它们可进一步聚合成不溶性的淀粉样纤维（amyloid fibril）而危害细胞。这里只以海绵状脑病（spongiform encephalopathy，SE）为例，加以说明。

SE是一种致命性神经退行性疾病，因受感染的动物在脑部病变的部位出现海绵状的空洞而得名，它是由错误折叠蛋白引发的一代表性疾病。SE可以感染多种动物，例如人的克－雅病（Creutzfeldt-Jakob disease，CJD）、GSS综合征（Gerstmann-Straussler-Scheinker syndrome）、库鲁病（Kuru disease）、致死性家族性失眠症（fatal familial insomnia，FFI）、幼儿海绵状脑病（Alpers disease）、山羊和绵羊的羊瘙痒病（scrapie）、鹿和麋的慢性消耗病（chronic wasting disease）以及牛的海绵状脑病，即疯牛病（mad cow disease）。SE的主要症状包括渐进性痴呆（progressive dementia）和运动机能失调。

SE的致病因子是一种折叠异常的朊蛋白（prion protein，PrP），因最先发现可以导致羊瘙痒病常被简写为PrP^{Sc}（prion protein scrapie）。正常动物也有这种蛋白质，一般简写成PrP^{C}（prion protein cellular）。尽管PrP^{C}与PrP^{Sc}的一级结构完全一样，但构象不同。PrP^{C}与PrP^{Sc}的主要差别是（图2-45）：PrP^{C}富含α螺旋，可溶于水，对蛋白酶敏感，呈单体状态；PrP^{Sc}则富含β折叠，其核心部分能抵抗蛋白酶的水解，分子间很容易聚合形成多亚基聚合体，最后形成淀粉样纤维杆状结构。

Quiz23 你认为PrP^{Sc}为什么能够聚合在一起？

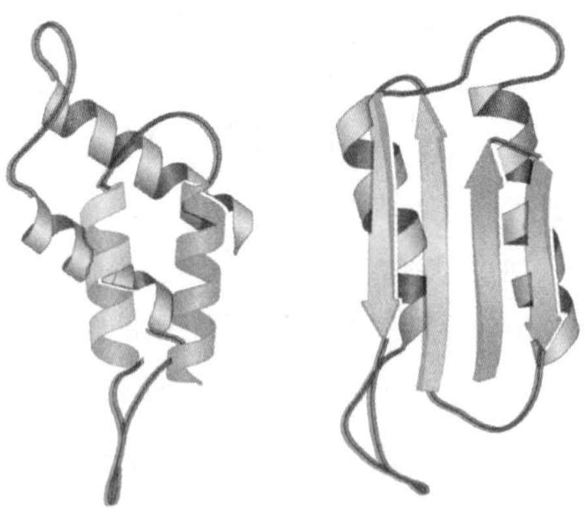

图2-45 PrP^{C}（左）与PrP^{Sc}（右）在构象上的主要差别

PrP^{C}主要分布在脑细胞上，其确切的功能尚不十分清楚，有研究表明它与动物的长期记忆有一定的关系。PrP^{C}在进化上十分保守，成熟的PrP^{C}由209个氨基酸残基组成，含有一个链内二硫键，通过糖基磷脂酰肌醇（glycosylphosphatidylinositol，GPI）锚定在细胞膜的外侧。人的PrP^{C}由位于20号染色体短臂上的*PRNP*基因编码。

动物可通过三种方式得病：受外来的朊病毒感染、家族性遗传和PrP^{C}偶然的折叠错误。无论是哪一种方式，都是先出现少量“坏的”蛋白质——PrP^{Sc}，而PrP^{Sc}一旦出现，自身可以作为坏的模板，催化脑细胞膜上原来“好的”蛋白质——PrP^{C}向“坏的”PrP^{Sc}转变。真可谓是“近墨者黑”！当一个脑细胞膜上出现许多PrP^{Sc}时候，它们就在膜上聚集并诱发质膜出现凹陷，形成内体（endosome）。在内体与溶酶体融合以后，PrP^{Sc}也不会被溶酶体内的蛋白酶水解，反而在溶酶体中大量累积，最终涨破溶酶体，使其中的各种水解酶流出而对细胞造成破坏，使神经元大量死亡而产生海绵状空洞，由此导致神经退化和病变。烹调和煮沸都不能破坏朊病毒，因此，感染朊病毒的动物是绝对不能食用的，必须将其彻底销毁。

Quiz24 你知道外来的朊病毒是如何感染进入大脑的吗？

通过同源重组技术可以获得*PRNP*基因被敲除的小鼠，这种小鼠似乎能正常地发育和生殖，但却失去了感染朊病毒的能力。通过进一步追踪研究发现，缺失*PRNP*基因的小鼠还是表现出了一些异常，如外周神经脱髓鞘，对缺氧性脑损伤敏感性增强，睡眠和昼夜节律受到影响，年老的时候可得小脑共济失调等。

PrP^C 与 PrP^{Sc} 被认为具有相同的能量状态。幸运的是，PrP^C 自发重折叠成 PrP^{Sc} 的可能性很低，这是因为两者的转变需要克服非常大的活化能。因此，在正常人的一生中，PrP^C 几乎不可能自发形成 PrP^{Sc}。

家族型朊病毒疾病由 *PRNP* 基因突变造成。突变降低了 PrP^C 重折叠成 PrP^{Sc} 的活化能，使自发形成 PrP^{Sc} 的机会大增。据估计，正常细胞因折叠错误产生 PrP^{Sc} 大概需要 3 000 ~ 4 000 年，而突变引起的活化能降低则使时间缩短到 30 ~ 40 年，正好落在一个人正常的生命周期内。

除了在哺乳动物体内发现了朊病毒以外，科学家在植物、某些类型的酵母和一些细菌也发现了类似朊病毒的蛋白质。这些朊蛋白一般对宿主细胞无害，反过来对细胞可能是有益的，这表现在它们能让细胞更好地适应变化的环境。

Box2.2　细胞是如何清除胞外错误折叠的蛋白质的？

我们已经知道，许多疾病是由错误折叠的蛋白质在体内逐渐积累引起的，它们会聚集在一起并损坏体内的神经元和其他细胞。为了防止这种损害，细胞已经进化出多种质量控制系统。例如，通过分子伴侣识别胞内错误折叠的蛋白质，然后让它们重新折叠回正确的形状，或者在它们开始聚集之前通过泛素－蛋白酶体将其选择性降解掉。

然而，人体大约有 11% 的蛋白质存在于细胞外，它们比胞内蛋白承受的压力更大，因此应该更容易发生错误折叠。像阿尔茨海默病这种神经退行性疾病，影响着全世界 4 750 万人，就与一种聚集在细胞外空间的错误折叠的 β 淀粉样蛋白有关。对于机体如何降解细胞外结构异常的蛋白质，生化学家们一直不清楚。

不过，根据 2020 年 2 月 18 日来自日本千叶大学的研究人员发表在 *Journal of Cell Biology* 上一篇题为“Heparin sulfate is a clearance receptor for aberrant extracellular proteins”的论文，一种新的质量控制系统被发现了，该系统可以使机体清除胞外结构受损的和潜在有毒的蛋白质。

这种新的质量控制系统涉及一种叫簇集素（clusterin）的蛋白质，它可以与胞外错误折叠的蛋白质结合并阻止其聚集，然后把它们“护送”到胞内，并将其输送到细胞的垃圾处理站——溶酶体中，在那里被降解掉。研究人员还发现，与错误折叠的蛋白质结合后，簇集素通过与细胞表面上的一种蛋白聚糖（proteoglycan）的结合而进入细胞（图 2-46）。这种蛋白聚糖就是硫酸乙酰肝素蛋白聚糖，它几乎存在人体所有细胞的表面（参看第五章“糖类与脂类的结构与功能”有关糖缀化合物的内容）。

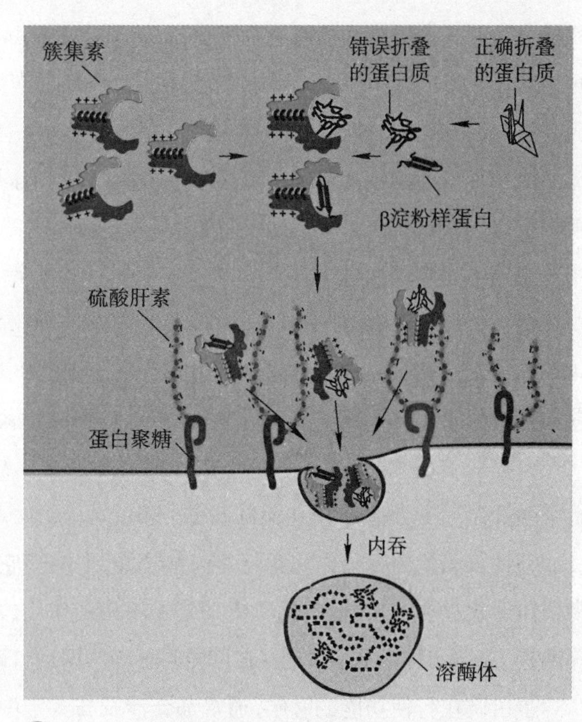

图 2-46　依赖簇集素的质量控制系统

参与这项研究的 Itakura 认为：簇集素和硫酸乙酰肝素蛋白聚糖可以使许多不同类型的细胞内化并降解胞外错误折叠的蛋白质。因此，该途径是一种重要的胞外蛋白质量控制系统，负责清除多种组织和体液中错误折叠的蛋白质。

有趣的是，研究人员还发现：簇集素和硫酸乙酰肝素蛋白聚糖可以将 β 淀粉样蛋白导入细胞进行降解，而编码簇集素的基因突变与罹患阿尔茨海默病的风险增加有关。另外，在大鼠中的实验表明，将簇集素注入大脑可以预防 β 淀粉样蛋白诱导的神经变性。

对此，Itakura 说道：“我们的结果为可能治疗或预防与异常胞外蛋白有关的疾病（如阿尔茨海默病）提供了新的途径。”

第三节　蛋白质的功能及其与结构的关系

蛋白质是生物体各项功能的主要执行者。然而,任何一种蛋白质的功能都与其独特的结构密不可分,特别是三维结构。揭示蛋白质结构与功能的关系是当今蛋白质研究领域最重要的内容之一。在某种意义上,每一种蛋白质都可视为一种独特的生物功能试剂。那么,蛋白质在生物体内究竟可以行使哪些重要的功能呢?

一、蛋白质的主要功能

由蛋白质行使的功能主要包括:

(1) 充当酶,催化机体内的各种生化反应。

(2) 调节其他蛋白质行使特定的生理功能或者调节基因的表达。例如,周期蛋白(cyclin)调节依赖于周期蛋白的蛋白激酶(cyclin-dependent protein kinase,CDK)的活性,阻遏蛋白(repressor)和激活蛋白(activator)分别抑制和激活特定基因的表达。

(3) 运输。例如,血红蛋白运输氧气,载脂蛋白运输脂肪和胆固醇。

(4) 贮存。例如,铁蛋白(ferritin)为细胞贮存铁,肌红蛋白为肌肉细胞贮存氧气。

(5) 运动。例如,鞭毛蛋白(flagellin)参与细菌和古菌基于鞭毛的运动,肌动蛋白(actin)和肌球蛋白(myosin)的相互滑动导致肌肉细胞收缩或松弛。

(6) 为细胞和机体提供结构支持。例如,胶原蛋白在动物的结缔组织中主要起结构支持的作用。再如,许多古菌的细胞壁的主要成分是蛋白质。

(7) 信号转导。例如,胰岛素及其受体的相互作用导致血糖浓度的下降。

(8) 免疫。例如,抗体参与体液免疫,T 细胞受体参与细胞免疫。

(9) 产生特定的毒性。例如,霍乱毒素(cholera toxin)作用高等动物小肠细胞内的 G_s 蛋白,使其丧失 GTP 酶活性,从而导致霍乱的发生。

(10) 具有一些奇异的功能,这些蛋白质仅存在于某种或者某些特别的生物体内。例如,来自维多利亚多管发光水母体内的绿色荧光蛋白(green fluorescent protein,GFP)受蓝紫光的激发,可发出绿色的荧光。再如,来自南极鱼体内的抗冷冻蛋白可帮助南极鱼抵御严寒。

Quiz25 说出一种不是由蛋白质行使的生物学功能?

然而,并不是一种蛋白质只能行使一种功能。自上世纪 80 年代以来,科学家已发现了一些蛋白质虽然只有一种结构,但是却能行使几种甚至多种不同的功能。这些兼有其他功能的蛋白质被称为兼职蛋白(moonlighting protein)。例如,许多动物体内的磷酸己糖异构酶除了在细胞内参与糖酵解以外,还能由 T 淋巴细胞分泌到胞外充当一种神经白介素(neuroleukin),促进胚胎内某些神经元的存活,以及促进 B 淋巴细胞的成熟。再如,人体内参与糖酵解的 3- 磷酸甘油醛脱氢酶(glyceraldehyde-3-phosphate dehydrogenase)以四聚体的形式存在于细胞质基质,而当以单体的形式存在于细胞核的时候,它却是一种尿嘧啶 -DNA 糖苷酶(uracil-DNA glycosylase),参与 DNA 的碱基切除修复(参看第十四章“DNA 损伤、修复和突变”);还有组蛋白 H3-H4 四聚体被发现具有铜还原酶活性。这些兼职蛋白一开始可能只有一项功能,但进化使其获得了新的功能。

一种兼职蛋白在体内究竟行使何种功能,取决于它的亚细胞定位、表达于何种细胞、以单体还是多聚体形式存在、与其他蛋白质或大分子的相互作用、与其结合的配体(ligand)分子在细胞内的浓度等因素。想认识更多的兼职蛋白,可访问下面的网址,即 http://moonlightingproteins.org。

蛋白质在行使功能的时候,通常都会涉及与特定配体分子的结合,因此可根据配体的性质,来对蛋白质的功能进行分类。与蛋白质结合的配体可以简单地分为两类:第一类是配体在结合以后,化学结构会发生变化,变成了另外一种配体。例如,酶在催化反应的时候,作为配体的底物在与酶结合以后,受到酶的催化,变成了另一种配体——产物。第二类是配体在结合前后并没有发生化学变化。例如,氧气和血红蛋白的结合以及激素与受体的结合。

二、蛋白质结构与功能关系的一般规则

蛋白质的结构与功能之间的关系,一直是生化学家和分子生物学家最关注的问题之一。科学家已总结出了其中的一些基本规则,它们包括:

(1) 蛋白质的一级结构决定其三维结构,而三维结构直接决定蛋白质的功能。

(2) 大多数蛋白质一旦合成后,就会折叠成特定的三维结构,并开始行使特定的生物学功能。一旦三维结构被破坏,蛋白质的功能随之丧失。少数蛋白质在体内可暂时处于天然无折叠状态,但在需要的时候一般可迅速折叠并行使它们的功能(参看后面有关无折叠蛋白质的结构与功能的内容)。

(3) 蛋白质在行使功能的时候一般需要三维结构或构象的变化。这种构象的变化可能是剧烈的,也可能是细微的。

(4) 结构相似的蛋白质一般具有相似的功能。反过来,功能相似的蛋白质通常具有相似的结构,特别是三维结构。

这项规则,有时对于预测一个序列已知的蛋白质的功能往往很有用。例如,假定有一天你在某一种生物体内发现一种新的蛋白质,并获得了它的一级结构,这时你可以在蛋白质序列数据库(GenBank、PIR 和 SWISS-PROT)里进行查询和比对,看数据库里面有无功能已知的蛋白质跟你研究的这种蛋白质序列相似。如果有,那么你正在研究的这种蛋白质的功能很有可能与数据库中这种已知功能的蛋白质相似,甚至相同。序列相似度越高,可能性越大!若是要利用 GenBank 中的序列数据,可利用其网页上的在线程序 BLAST(basic local alignment search tool)下属的 Protein BLAST 来进行。该子程序可将数据库中所有与你研究的蛋白质序列具有相似性的蛋白质搜索出来,这时你可以把序列相似度超过 30% 的所有蛋白质序列下载到你的计算机的一个指定目录下。然后,将这些蛋白质以及你研究的蛋白质的序列交给专门的多重序列比对软件(如 ClustalW 或 POA)进行比对分析。最后,将比对的结果交给专门的进化树绘制软件(如 MEGA 或 PHYLIP)来绘制进化树。在进化树上,找到你研究的蛋白质的位置,它的功能应该与进化树中靠得最近的蛋白质最为相似甚至相同。当然,通过这种方法预测出来的蛋白质功能最终还需要通过设计的实验来进行验证。

(5) 在不同物种体内功能相同的蛋白质具有相同或基本相同的三维结构,但一级结构是否有差异以及差异的程度往往取决于物种之间在进化上的亲缘关系。

以组成有氧生物呼吸链的关键成分——细胞色素 c 为例,这种蛋白质存在于所有的有氧生物体内,其主要功能是作为一种流动的电子传递体,往返于呼吸链的复合体Ⅲ和Ⅳ,进行电子的传递(参看第八章生物能学与生物氧化),但真正传递电子的是与细胞色素 c 共价结合的血红素辅基上的铁离子。在对多种不同来源的细胞色素 c 的晶体结构进行研究后发现,它们在三维结构上都惊人地相似。而在对 40 种不同的真核生物的细胞色素 c 的一级结构进行比较分析后还发现,在构成细胞色素 c 的 110 个左右的氨基酸残基中,28 个始终不变,意味着这 28 个残基是细胞色素 c 形成稳定的三维结构或者行使功能所必需的。进一步的研究还表明,在这 28 个高度保守的残基中,有 3 个 Gly、2 个 Cys、1 个 His 和 1 个 Lys。其中的 3 个 Gly 在所有细胞色素 c 分子中都是绝对保守的;而 2 个 Cys 和 1 个 His 关系到血红素辅基与细胞色素 c 的共价及配位结合,因此也是不可变更的;至于 Lys 残基,涉及细胞色素 c 与膜的结合,因而也是高度保守的。

Quiz26 如何解释从二级结构的层次来看,保守的氨基酸多分布在无规卷曲或 β 凸起之中?

根据有氧生物在细胞色素 c 一级结构上的差异程度,可以判断它们之间的亲缘关系。例如,人与黑猩猩没有差别,而人与绵羊相差 10 个,与鲫鱼相差 18 个,与酵母相差 44 个(图 2-47)。这就清楚地表明,亲缘关系越近,氨基酸的差异就越少。根据不同种属之间氨基酸残基差异的多少和替换速度,可基本了解生物的进化过程,并描绘出系统分子进化树。

	黑猩猩	绵羊	响尾蛇	鲫鱼	蜗牛	烟草小菜蛾	面包酵母	花椰菜	欧防风
人	0	10	14	18	29	31	44	44	43
黑猩猩		10	14	18	29	31	44	44	43
绵羊			20	11	24	27	44	46	46
响尾蛇				26	28	33	47	45	43
鲫鱼					26	26	44	47	46
蜗牛						28	48	51	50
烟草小菜蛾							44	44	41
面包酵母								47	47
花椰菜									13

图 2-47　不同物种的细胞色素 c 一级结构的比较

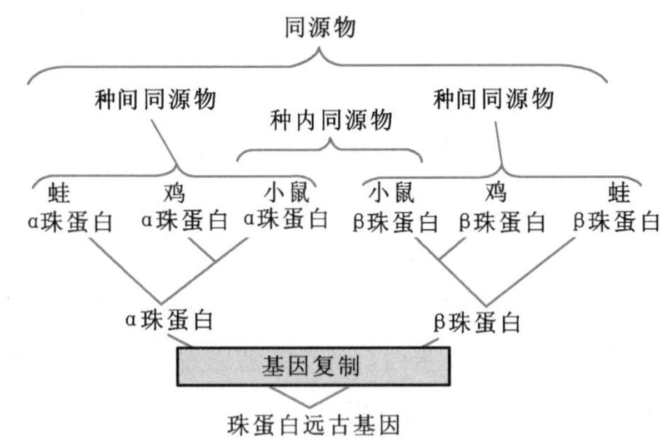

图 2-48　同源物、直向同源物和种内同源物之间的关系

(6) 一级结构相似的蛋白质往往具有共同的起源，但不是一定具有共同的起源。

很多人喜欢根据蛋白质一级结构的相似性来研究生物进化。一般说来，两种生物的亲缘关系越近，它们的蛋白质以及编码蛋白质的基因在一级结构上就越相似。

在蛋白质的进化过程中，一般可以通过两种不同的进化方式产生两类结构相似、功能相似的蛋白质：一类是类似物（analog），另一类是同源物（homolog）。

① 类似物。专指具有相同的功能但起源于不同的祖先基因的蛋白质，它们是基因趋同进化（convergent evolution）的产物。例如，鼠疫杆菌（*Yersinia pestis*）和牛都合成一种酪氨酸磷酸酶（tyrosine phosphatase）。由它们产生的同一种酶在活性中心的三维结构十分相似，活性也相似，但一级结构差别很大，显然这是从完全不一样的祖先基因进化而来的。

② 同源物。专指存在于不同生物或者同种生物中，来源于某一共同祖先基因的蛋白质(图 2–48)，可进一步分为种间同源物（ortholog）和种内同源物（paralog）。种间同源物也称为直向同源物或直系同源物，专指来自于不同物种的由垂直家系（物种形成）进化而来的蛋白质，它们通常保留与原始蛋白相同的功能，但也不尽然。例如，小鼠、蛙和鸡各自的 α 珠蛋白或 β 珠蛋白。种内同源物也称为旁系同源物，专指同一物种内由于基因复制、分离产生的同源物。例如，小鼠 α 珠蛋白和 β 珠蛋白，蛙的 α 珠蛋白和 β 珠蛋白，鸡的 α 珠蛋白和 β 珠蛋白。通过进化，这一类种内的同源物可能会获得新的功能，但这种新功能多多少少会与原来的功能有一定的关系。

Quiz27 为什么在研究蛋白质进化关系的时候，比对蛋白质的氨基酸序列比比对编码蛋白质的基因的碱基序列更有意义？

同源蛋白具有相似的三维结构，这是同源建模获得蛋白质三维结构的理论基础。现有多种专业软件可对以上情形进行分析，如 ClustalX，还有许多网站提供在线分析服务，如欧洲生物信息学中心（European Bioinformatics Institute，EBI）提供的 http://www.ebi.ac.uk/clustalw/，这为在分子水平上研究进化提供了便利。

(7) 许多疾病都是体内重要的蛋白质结构异常引起的(参看前一节的内容)。

三、几种重要的蛋白质的功能及其与结构的关系

生物体内的蛋白质多种多样，它们在体内折叠成不同的结构，从而执行着不同的功能。按照分子形状、溶解性质以及是否与膜结合，蛋白质一般可分为球状蛋白质（globular protein）、纤维状蛋白质（fibrous protein）和膜蛋白（membrane protein）三大类（图 2–49）。下面将以几种研究的比较清楚的蛋白质为例，详细介绍它们的功能及其与结构之间的关系。

（一）纤维状蛋白质

这类蛋白质结构伸展，呈纤维状，长 / 宽 >10，一般不溶于水，机械强度高，化学反应性较差，主要功能是在结构或机械支持上，为机体提供支持和保护，例如 α 角蛋白、β 角蛋白和胶原蛋白。纤维状蛋

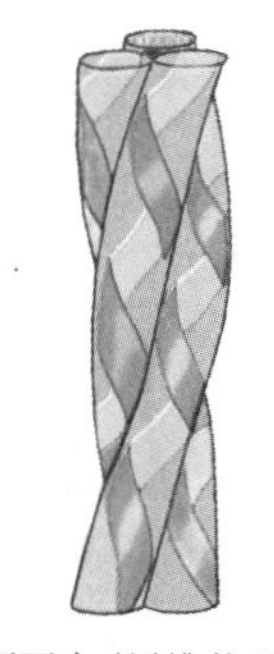

胶原蛋白（纤维状蛋白质）

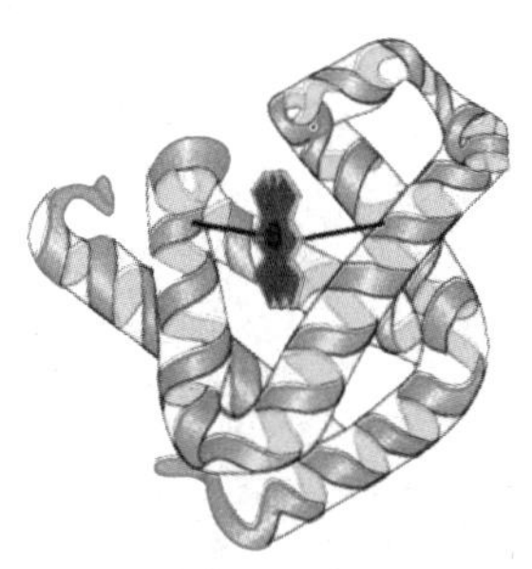
肌红蛋白（球状蛋白质）

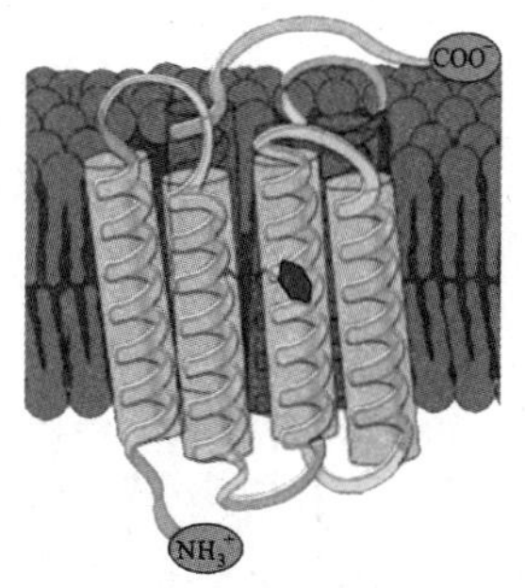

菌紫红质（膜蛋白）

图 2-49 根据分子形状和溶解性质对蛋白质进行的分类

白质之所以能折叠成有规则的纤维状结构，是因为它们的一级结构具有高度的规律性——氨基酸残基的种类有限，但序列通常以重复单元的形式出现。

1. α 角蛋白

α 角蛋白因二级结构主要是 α 螺旋而得名。它广泛存在于动物的毛发、角、鸟喙和爪子等之中，可分为不同的亚型，如 I 型和 II 型。其一级结构由 311～314 个氨基酸残基组成。每一个 α 角蛋白分子在肽链的中央形成典型的 α 螺旋，而两端为非螺旋区。

螺旋区之所以形成 α 螺旋，是因为它由七肽重复序列 $(\text{-a-b-c-d-e-f-g-})_n$ 组成，里面的氨基酸都是有利于形成螺旋的。其中，a 位和 d 位刚好为疏水氨基酸。这样的分布让两个 α 角蛋白分子可通过这两个位置的疏水 R 基团结合，并相互缠绕形成一种双股的左手超螺旋，即卷曲螺旋。卷曲螺旋大大地提高了 α 螺旋的稳定性。此外，作为分泌到胞外的蛋白质在链间还有二硫键，这种共价交联可进一步提高 α 角蛋白的强度。α 角蛋白分子还可以在双股的卷曲螺旋的基础上，先形成原纤维，然后再由原纤维组装成纤维（图 2-50）。

Quiz28 你认为指甲的强度比毛发高是什么原因造成的?

在美发过程中，无论是卷发还是直发，原理都一样：先用巯基类还原剂（如巯基乙酸铵或半胱氨酸）破坏二硫键（大约 45%），使之被还原成游离的巯基，易于变形；再用发夹和发卷将头发塑成一定的形状（卷发让头发成为波状，直发则将头发拉直）；最后用氧化剂重建二硫键，使发形固定下来。

2. β 角蛋白

β 角蛋白则因二级结构主要是 β 折叠而得名，大量存在于蚕丝和蜘蛛丝之中。其一级结构富含 Ala 和 Gly，具有二肽重复序列 Gly-Ala/Ser；由于一级结构富含不利于形成 α 螺旋的 Gly，因此二级结

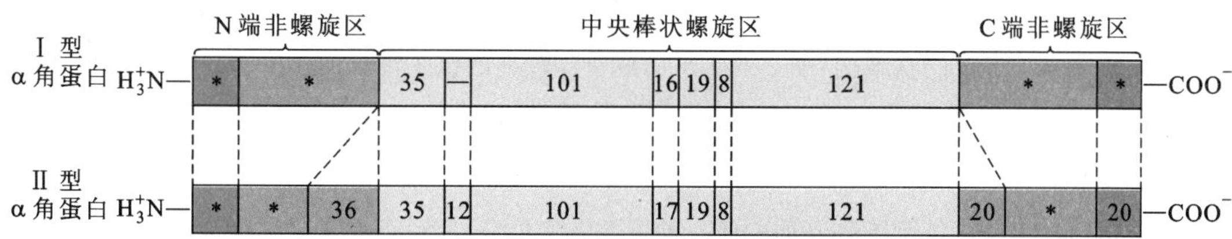

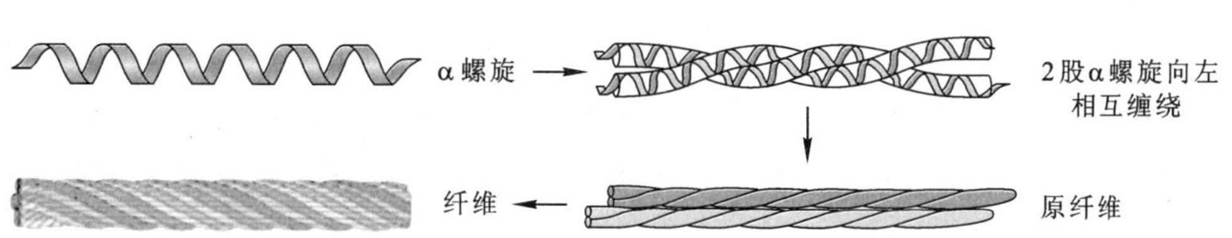

图 2-50 α 角蛋白的结构层次

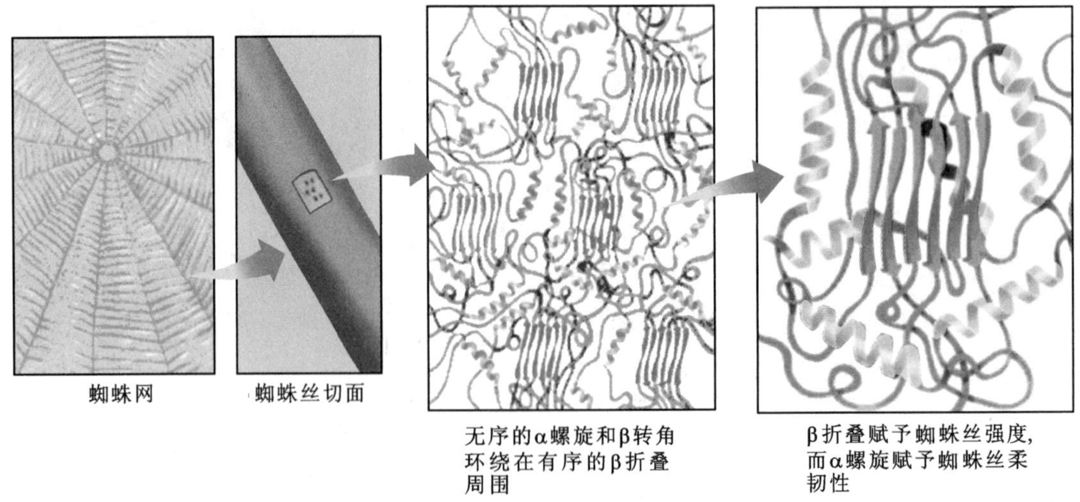

图 2-51 蜘蛛丝中的丝心蛋白的结构层次

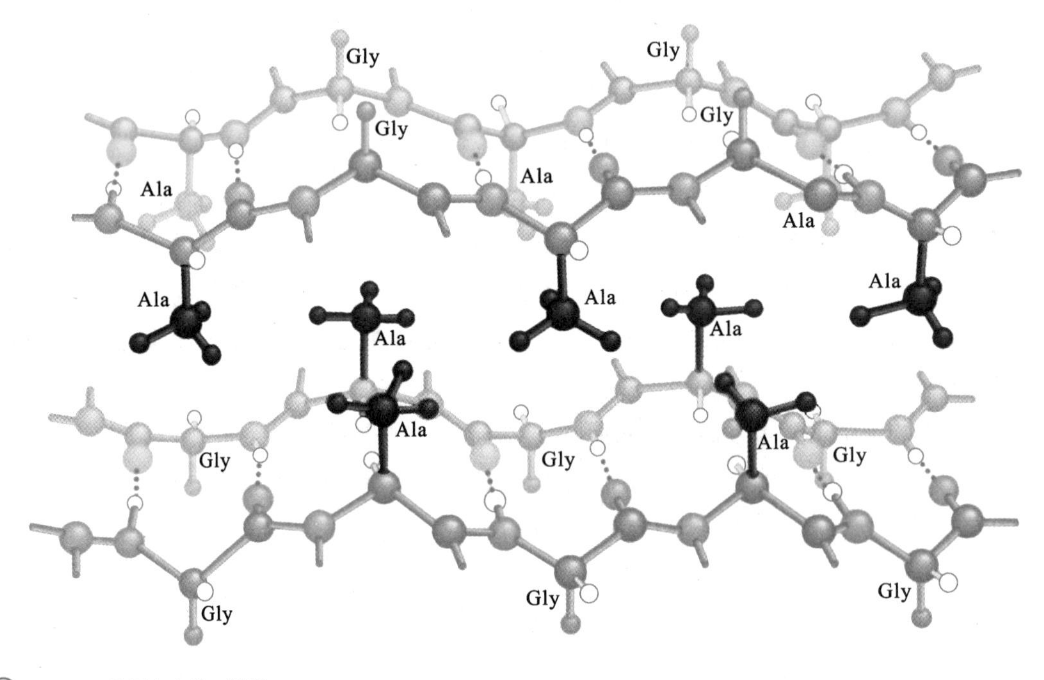

图 2-52 β 角蛋白中的 β 折叠

Quiz29 有数据说，铅笔粗细的蜘蛛丝可以阻挡一架波音 737 飞机的飞行。那如果有人在野外采集蜘蛛丝，并把它揉成铅笔粗细，你认为这真的能够阻挡飞机的飞行吗?

构主要是反平行 β 折叠，还有一些环绕在 β 折叠周围的无规卷曲和少量 α 螺旋(图 2-51)。有序的反平行 β 折叠构成丝的微晶(crystallite)区，由于 Gly 和 Ala/Ser 分别分布于折叠片层的两侧，相邻的 β 股能更加紧密地堆积形成网状结构(图 2-52)，从而赋予丝较高的抗张性。而无序的 α 螺旋和无规卷曲构成无定形区，又使丝具有一定的弹性。

3. 胶原蛋白

胶原蛋白作为动物细胞胞外基质内的一种主要结构蛋白，广泛存在于动物的结缔组织和其他纤维样组织中，如肌腱、韧带、骨骼、基底膜(basement membrane)和血管壁等，是哺乳动物体内含量最丰富的蛋白质。在食品工业上经常使用的明胶(gelatin)就是动物胶原蛋白经酸或碱部分水解的产物。

胶原蛋白的基本组成单位是由 3 条 α 链组成的原胶原(tropocollagen)。其中有两条相同的 α1 链，第三条链为α2。α2 在组成上与α1 有所差别。不同类型的原胶原由于α 链的氨基酸组成及含糖量不同，因而性能也不同。在人体内已发现的近 29 种不同类型的胶原蛋白中，I 型胶原最多，占 90% 以上。

原胶原的一级结构的主要特征是：约 1/3 是 Gly(约 33%)，Pro 含量也很高(约 12%)，但 Tyr 含量少，Trp 和 Cys 缺乏；具有三种修饰的氨基酸，即 4- 羟脯氨酸(Hyp)、3- 羟脯氨酸(约 9%)和 5- 羟赖氨酸(Hyl);每一条肽链都具有重复的 Gly-X-Y 三联体序列,重复次数约 200。X 和 Y 通常是 Pro,也可能是 Lys。Y 位置上的 Pro 或 Lys 经常被羟化为 4-羟脯氨酸或 5- 羟赖氨酸。

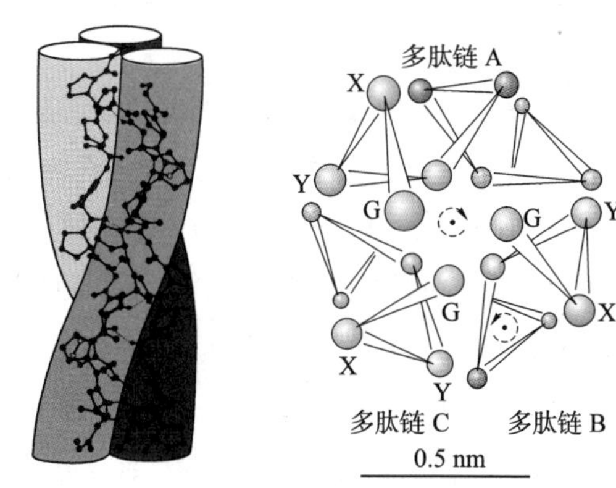

图 2-53 胶原蛋白的三股螺旋

胶原蛋白富含 Gly 和 Pro 的性质使得它难以形成 α 螺旋和 β 折叠,但有规律的三联体重复序列却有利于 3 条 α 链相互"抱成一团",形成另外一种螺旋,即三股螺旋(triple helix)(图 2-53)。三股螺旋为原胶原特有的二级结构,其二面角(ϕ,ψ)为(-51°,+153°),由三股以左手螺旋存在的 α 链组成,这三股 α 链以氢键相连,并相互缠绕形成右手超螺旋。在螺旋中,体积最小的 Gly 正好位于螺旋的内部,构成紧密的疏水核心,而 Pro 和 Hyp 的侧链位于三股螺旋的表面,面向外,以尽量减少空间位阻。每一个 Gly 残基的氨基 H 与 X 残基的羰基 O 形成氢键,一个三联体序列大约形成一个氢键。三股螺旋比 α 螺旋更为伸展,每一个氨基酸残基上升 0.29 nm,一圈有 3.3 个氨基酸残基。

Pro 残基缺乏氢键供体,因此单凭三条肽链主链间形成的氢键,还不足以稳定三股螺旋结构,也就需要通过特殊的化学修饰在肽链上引入额外的氢键供体。这种化学修饰就是发生在 Pro 或 Lys 残基上的羟基化反应。其中催化羟化反应的羟化酶(hydroxylase)需要 O_2、Fe^{2+}、维生素 C 和 α- 酮戊二酸。Fe^{2+} 包埋在羟化酶的活性中心,所起的作用是活化充当底物的 O_2,但它很容易被氧化成无活性的 Fe^{3+}。维生素 C 所起的作用是作为抗氧化剂防止 Fe^{2+} 的氧化。故维生素 C 的缺乏会导致胶原的羟化反应不能充分进行,也就影响到正常胶原原纤维的形成。那些非羟化的前 α 链在细胞内很容易降解,从而导致牙龈出血、创伤不易愈合等病变,严重可导致坏血病(scurvy)。

Quiz30 猫科动物和鼠类从来不会得坏血病,你认为其中的原因是什么?

胶原蛋白主要由成纤维细胞(fribroblast)合成。刚刚翻译出的多肽链为前 α 链,其两端各有一段不含 Gly-X-Y 重复序列的前肽,但却含有 Cys。三条前 α 链的 C 端前肽借助 Cys 残基之间的二硫键形成链间交联,使得三条前 α 链"对齐"排列,然后再从 C 端向 N 端形成三股螺旋。前肽部分呈非螺旋卷曲,形成球状结构域。带有前肽的三股螺旋胶原分子被称为前胶原(procollagen)。前 α 链在胞内合成后还要进行糖基化(glycosylation)修饰,才能自组装成三股螺旋。

前胶原分泌到胞外以后,在前胶原肽酶(procollagen peptidase)的催化下,两端的前肽序列被水解后成为原胶原。胶原变性后不能自然复性重新形成三股螺旋,是因为成熟胶原分子的肽链已不含前肽,故不能再进行"对齐"排列。

在胞外基质内,4 个原胶原分子以平行交错的方式聚合成胶原原纤维,再进一步包装成胶原纤维。原胶原分子内部和原胶原单位之间会逐步形成特殊的共价交联,可进一步稳定和加强胶原结构。其中最常见的一种共价交联的形成需要胞外基质中的赖氨酰氧化酶(lysyl oxidase)。在此酶的催化下,原胶原上的 Lys 残基被氧化成醛赖氨酸(allysine)。而醛赖氨酸上的醛基可以与邻近肽链上的 Lys 氨基或 Hyl 的羟基缩合,由此形成共价交联。共价交联的形成是一个缓慢的过程,可持续一生,故交联的程度随着年龄的增加而加深。引入共价交联能提高组织强度,但同时也降低了组织的弹性和柔韧性。

胶原肽链之间除了有上述这种常见的共价交联以外,科学家已在Ⅳ型胶原分子之间发现了硫亚胺键(sulfilimine bond)这种新型的共价交联(图 2-54),它是在一个 Met 残基和一个 Hyl 残基的侧链之间形成的。该结构就像"挂钩"一样,可将Ⅳ型胶原分子连在一起,为细胞提供很好的支架。2012 年,G. Bhave 等人发现,几乎所有动物都存在的一种过氧蛋白(peroxidasin)催化了硫亚胺键的形成。2014 年,Bhave 等人又发现,

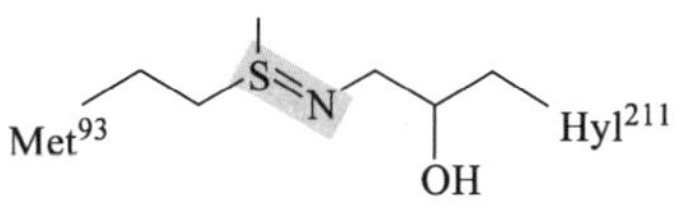

Met93 S=N OH Hyl211

图 2-54 硫亚胺键的结构

Quiz31 如何证明人体也需要溴元素?

溴元素以 HBrO(次溴酸)的形式作为过氧蛋白的辅因子参与了催化。这项成果直接让溴成为了一种新的生命元素。

营养不良或者基因缺陷可导致许多与胶原相关的疾病,如成骨不全(osteogenesis imperfecta)。其典型症状为骨骼脆性增加,故又称脆骨病(brittle bone disease)。在患者体内,编码Ⅰ型胶原 α 链的基因有缺陷,而导致肽链上的某些 Gly 被侧链较大的氨基酸残基取代。较大的侧链基团容易产生空间位阻,这使得三股螺旋出现突起,破坏了螺旋的稳定性,导致胶原蛋白不能正常地行使功能。另外,Ⅳ型胶原之间的硫亚胺键异常,可引发一种罕见的自身免疫疾病——肺出血肾炎综合征。

(二) 球状蛋白质

这类蛋白质结构紧密,呈球状,溶于水,如血红蛋白。生物体的主要功能是依赖球状蛋白质来完成的。机体内有各种各样的球状蛋白质,这里只选择与人体健康有密切关系的珠蛋白家族(globin family),详细分析它们的功能及其与结构之间的关系。

光合有机体在地球上的诞生为大气带来了氧气,而氧气的出现大大地推动了地球上生物的进化,因为富能生物分子通过有氧代谢可释放出更多的能量,产生更多的 ATP。然而,生物在利用氧气的时候,会遇到一个麻烦,就是氧气的水溶性比较差。为了解决这个问题,生物在进化过程中,借助于一类特殊的蛋白质来运输或贮存氧气,而珠蛋白家族就是这一类蛋白质。这一家族的蛋白质都含有血红素辅基,都能够可逆地结合氧气,都含有珠蛋白折叠这样的模体。属于这一类家族的蛋白质有:肌红蛋白(myoglobin,Mb)、血红蛋白(hemoglobin,Hb)、神经珠蛋白(neuroglobin,Ngb)、细胞珠蛋白(cytoglobin,Cygb)、雄珠蛋白(androglobin)和豆血红蛋白(leghaemoglobin,legHb)等,其中肌红蛋白和血红蛋白最为重要,存在于绝大多数脊椎动物体内,只有一些生活在南极水域的冰鱼(icefish)缺乏。至于 legHb,仅存在于豆科植物的根瘤中,它与氧气结合以后可为固氮菌细胞内的固氮酶创造无氧的环境。

Quiz32 你认为导致冰鱼不需要血红蛋白的原因会是什么?

下面重点介绍 Mb、Hb 及其突变体的结构与功能。

1. Mb

Mb 只存在于肌肉细胞中,心肌含量特别丰富。其功能是作为氧气的贮存者,专门为动物的肌肉组织贮备氧气,因为肌肉组织对氧气的需求较大,特别是在做激烈运动的时候。

Mb 的一级结构特征包括:由一条肽链组成,含有 153 个氨基酸残基;紧密结合 1 个血红素(heme)辅基。血红素由原卟啉(proporphyrin)和 Fe^{2+} 组成。

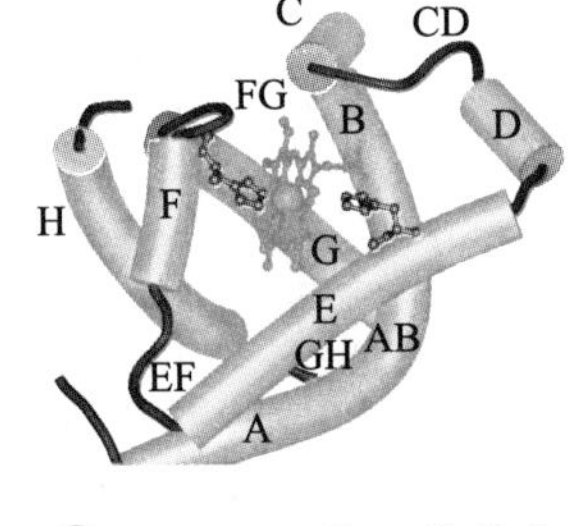

图 2-55 Mb 的三维结构及其中各个螺旋的编号

Mb 的二级结构特征包括:共有 8 段 α 螺旋,它们约占全部序列的 75%,按照 N 端到 C 端的次序,被依次编号为 A、B、C、D、E、F、G、H。螺旋之间是短的 β 转角或小环(CD 表示 C、D 螺旋之间转角或环,依此类推)(图 2-55)。有 4 个螺旋终止于 Pro 残基。

Mb 是第一个获得完整三维结构的蛋白质。1959 年,John Kendrew 和 Max Perutz 使用 X 射线晶体衍射的方法,成功获得抹香鲸肌红蛋白的三维结构。1962 年,他们因此而荣获诺贝尔化学奖。

Mb 整条肽链与血红蛋白的每一条肽链一样,折叠成紧密的球状结构,疏水侧链大都在分子内部,极性、带电荷的侧链则暴露在表面,因此水溶性好。其分子表面有一个深的疏水口袋,口袋的侧面由 E、F 螺旋组成,底部由 G、H 螺旋组成。血红素“雪藏”在袋中,与周围氨基酸残基形成次级键,而 Fe^{2+} 与 F 螺旋 8 号位的 His 残基(HisF8)形成配位键(图 2-56)。该口袋既可让 O_2 进入与 Fe^{2+} 结合,又可防止 Fe^{2+} 被氧化成 Fe^{3+},但阻止

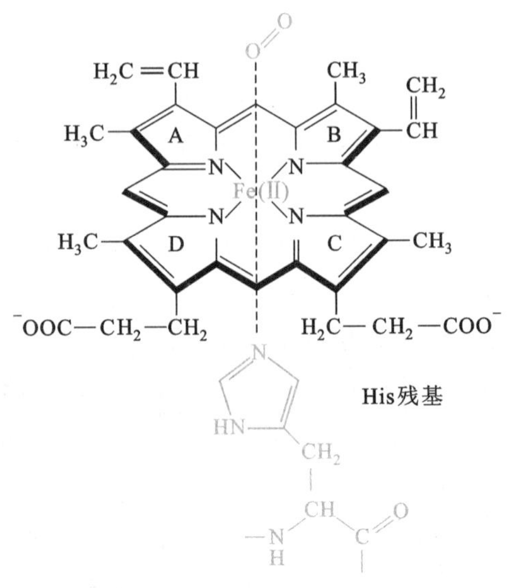

图 2-56 Mb 的血红素辅基

H_2O 的进入。Fe^{2+} 一共可以形成 6 个配位键，在结合氧气之前，它已形成了 5 个配位键——4 个与原卟啉吡咯环上的 N 原子，1 个与 HisF8 的咪唑基。HisF8 被称为近端组氨酸（proximal histidine）。显然第 6 个配位键是专门为 O_2 预备的，O_2 可以通过这个配位键可逆地与 Fe^{2+} 结合。但如果 Fe^{2+} 被氧化成 Fe^{3+}，水分子就会立刻占据第 6 个配位键，而导致氧气无法结合。CO 与 O_2 差不多大，因此也能与血红素结合。CO 的毒性是因为它与血红素的亲和力更强，从而阻止了 O_2 与血红素的结合。

游离的血红素也能够与氧气结合，但它们在溶液中很容易相互靠近，在有氧的条件下，所有的铁最终都会被氧化成高价态。而高价态的血红素铁是不能结合氧气的，因此生物没有选择用游离的血红素分子来运输或者贮存氧气。但若血红素结合在 Mb 或者 Hb 的疏水口袋之中，血红素分子之间等于被安全隔离起来，其中的铁也就难以氧化了。因此，Mb 和 Hb 的作用实际上是用疏水口袋保护血红素的二价铁，防止它被氧化。

将血红素放到 Mb 和 Hb 上还有一个好处，就是降低它与 CO 的亲和力。根据测定，游离血红素与 CO 的亲和力是与 O_2 亲和力的 25 000 倍！而 Mb 和 Hb 分子上的血红素辅基与 CO 的亲和力仅是与 O_2 亲和力的 200 倍。Mb 和 Hb 分子上的血红素辅基对 CO 亲和力的急剧下降与 E 螺旋 7 号位 His 残基（HisE7）有关。如图 2-57 所示，HisE7 位于血红素平面的另一侧，与近端组氨酸（HisF8）隔环相望，因此也称为远端组氨酸（distal histidine）。这两个组氨酸对珠蛋白家族的所有成员来说都是不可缺少的。

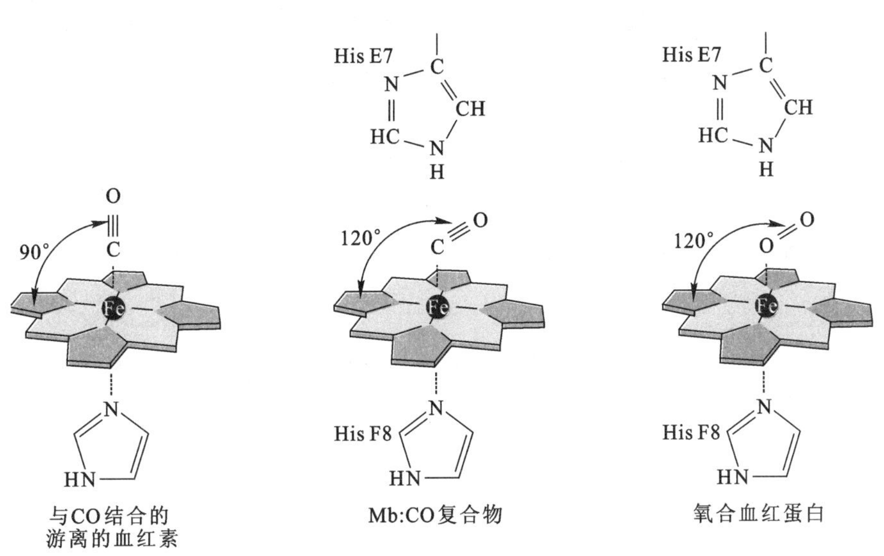

图 2-57　血红素辅基与 CO 或 O_2 的结合

远端组氨酸有两个重要的功能：一是保护血红素的二价铁，阻止细胞内任何可能的氧化剂对铁的氧化；二是为 CO 与血红素的结合制造障碍。因为对于 CO 而言，它与血红素铁结合的“舒适”角度是垂直于血红素平面，即 90°，而 HisE7 的出现使得 CO 只能勉强以 120° 的角度结合，因此 CO 与血红素结合的亲和力就下降了。而对于 O_2 来说，它与血红素铁结合的“舒适”角度本来就是 120°，故有无 HisE7 对血红素结合 O_2 没有影响。

Mb 结合氧气的特征可以用氧合曲线来描述，为双曲线的一支（图 2-58）。

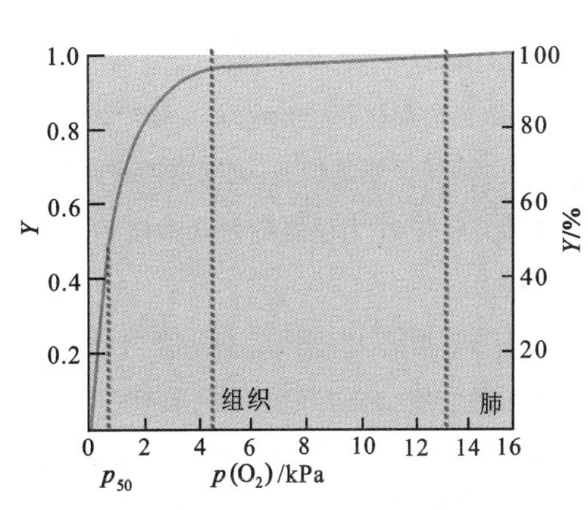

图 2-58　Mb 的氧合曲线

Mb 的氧合反应可写成：$Mb+O_2 \longleftrightarrow MbO_2$。反应的解离常数 $K_d=\frac{[Mb][O_2]}{[MbO_2]}$

假定 Y 或 θ 为氧分数饱和度(fractional saturation)，则：

$$Y=\frac{\text{被 } O_2 \text{ 结合的位点}}{\text{总的 } O_2 \text{ 结合位点}}=\frac{[MbO_2]}{[Mb]+[MbO_2]}=\frac{[Mb][O_2]}{K_d[Mb]+[Mb][O_2]}=\frac{[O_2]}{K_d+[O_2]}$$

由于溶解在液体内的气体浓度与液体上面的气体分压成正比，因此可用氧分压[$p(O_2)$]代替氧气浓度。于是，$Y=\frac{p(O_2)}{K_d+p(O_2)}$。根据测定，在 $Y=1$ 时，所有 Mb 上的氧气结合位点都被 O_2 占据。如果 $Y=0.5$，则：$0.5=\frac{p_{50}}{K_d+p_{50}}$，即 $K_d=p_{50}$。

Quiz33 为什么在治疗 CoVID-19 的过程中，需要随时检测病人的血氧饱和度？

从图 2-58 中可以看出，Mb 倾向于结合氧气而不愿意放出氧气，因此它的功能是储存氧气，只有在 $p(O_2)$ 极低的时候，如肌肉因剧烈运动而缺氧，它才释放出氧气。

表 2-5　Mb 和 Hb 的比较

类别	Mb	Hb
来源	肌肉细胞	红细胞
种类	一种	三种：HbA_1(成人 98%)、HbA_2(成人 2%)和 HbF(胎儿)
一级结构	单条肽链，153 个氨基酸残基	四条肽链，α 亚基约 141 个氨基酸残基，β 亚基约 146 个氨基酸残基，两者低于半数的氨基酸残基是相同的；α、β 和 Mb 只有 27 个位置的氨基酸残基是相同的；HbA_1：$\alpha_2\beta_2$；HbA_2：$\alpha_2\delta_2$；HbF：$\alpha_2\gamma_2$
二级结构	75% α 螺旋，有 A、B、C、D、E、F、G 和 H 共 8 段螺旋，中间由小环和 β 转角来连接	每条链同 Mb，但 D 螺旋极短
三级结构	典型的球蛋白，内部含有珠蛋白折叠模体，分子表面有一个疏水口袋，血红素藏在其中	每条链同 Mb
四级结构	无	4 个亚基占据着四面体的四个角，链间以盐键结合，一条 α 链与一条 β 链形成二聚体，Hb 可以看成是由 2 个二聚体组成的$(\alpha\beta)_2$，在二聚体内结合紧密，在二聚体之间结合疏松
辅基	血红素(Fe^{2+})，结合氧气	每个亚基结合 1 分子血红素(Fe^{2+})，1 分子血红蛋白最多可结合 4 分子氧气。
协同效应	无	正协同效应
Hill 系数	1	2.8
氧合曲线	双曲线	S 型曲线
2,3-BPG	很难结合	两条 β 链之间可结合 1 分子 BPG
Bohr 效应	无	有
功能	在肌肉细胞中储存氧气	将氧气从肺部运输到外周组织

2. Hb

Hb 主要存在于红细胞，其主要功能是作为氧气的运输者，为整个机体运输氧气。

Quiz34 你认为 Mb 和 Hb 哪一个具有更多的疏水氨基酸？为什么？

Hb 由 4 个亚基组成，因而有四级结构。每一个亚基称为珠蛋白，单个亚基的一级结构与 Mb 差别较大，只有 27 个位置的氨基酸残基与 Mb 相同，但二级和三级结构却与 Mb 十分相似(表 2-5 和图 2-59)。

与 Mb 相比，Hb 之所以更适合充当氧气的运输者，主要的原因是因为它具有四级结构。而具有四级结构使它在结合氧气的时候，具有三个重要的效应——正协同效应(positive cooperativity)、波尔效应(Bohr effect)和别构效应(allosteric effect)。这三个效应都有利于 Hb 更适合充当氧气运输者的角色。

(1) 正协同效应

Hb 氧合曲线为 S 形曲线(图 2-60)。这意味着，只有在 $p(O_2)$ 很高的情况下(在肺部或鳃)，Hb 才

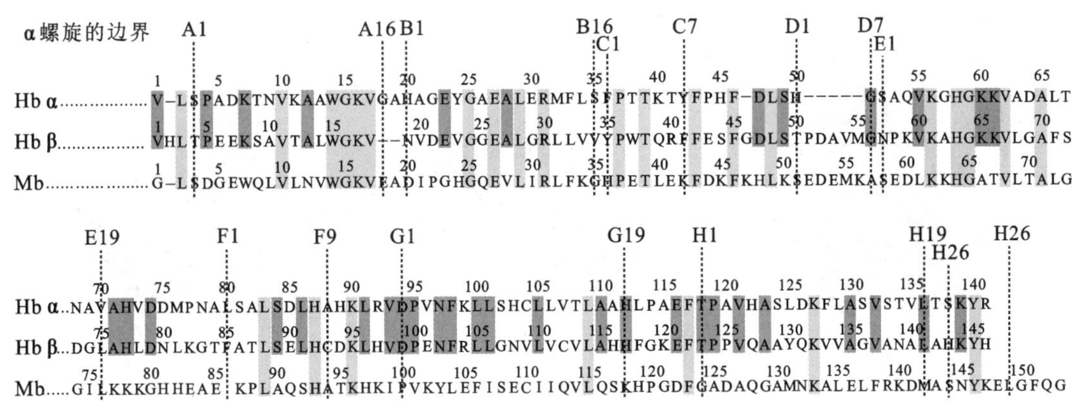

图 2-59　Mb 与 Hb 在一级结构上的比较

能更好地结合氧气，而 $p(O_2)$ 一旦降低（在外周血管中），它就开始释放 O_2，而此时的 Mb 却没有反应。就结合 O_2 的亲和力而言，4 价的 Hb 不如 1 价的 Mb。Hb 的氧合曲线之所以呈现为 S 形，是因为 Hb 与 O_2 的结合具有正协同效应。

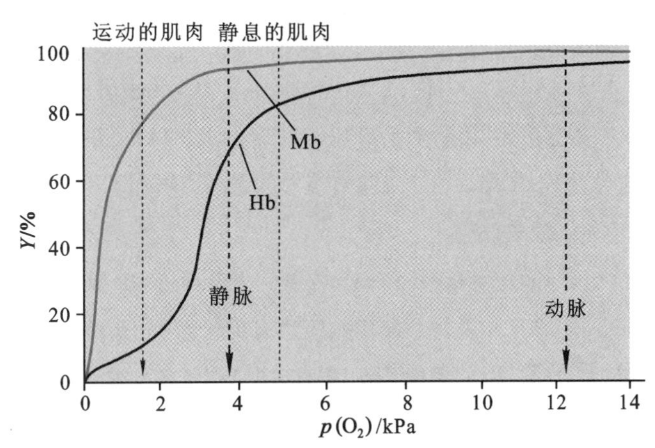

图 2-60　Mb 与 Hb 的氧合曲线

Hb 的正协同效应是指 Hb 分子有一个亚基结合 O_2 后，其构象会发生变化，使得其他亚基对 O_2 的亲和力突然增强。协同效应可使用齐变或序变模型来解释（参看第四章有关酶动力学的内容）。两种模型都假定 Hb 存在两种构象，即紧张态（tense state，T 态）和松弛态（relaxed state，R 态）。在没有结合氧气时，Hb 的四条链之间结合紧密，此时主要以 T 态存在。这种紧密结合是由盐键以及结合在 2 条 β 链之间缝隙中的 2,3- 二磷酸甘油酸（2,3-bisphosphoglycerate，2,3-BPG）造成的，它们屏蔽了分子表面疏水的空穴，使得 Hb 结合 O_2 的能力降低。

在脱氧状态下，Hb 上的 Fe^{2+} 由于邻近 His 残基和吡咯环 N 原子之间的空间位阻，而略偏离血红素平面（0.04 nm）。然而，一旦氧合，Fe^{2+} 就移向卟啉环，致使 O_2 能更好地结合。Fe^{2+} 的移位将近端 His 拉向血红素，近端 His 的移动又带动 F 螺旋也随之移动，而 F 螺旋的移动势必影响到它与相邻亚基的 C 螺旋之间的相互作用，最终导致相邻亚基的构象发生改变。这真可谓“牵一发而动全身”！于是，相邻肽链之间的盐键遭到破坏，Hb 的四级结构也随之改变。这时 2 个二聚体（αβ）之间发生滑移，移动 15°，将 BPG 挤出。随后，四级结构发生进一步的变化，每条肽链表面疏水的空穴都暴露在外，这时的 Hb 主要以 R 态存在，于是结合氧气的能力变强了（图 2-61 和图 2-62）。

为了对 Hb 的正协同效应进行量化评估，需要在 Hb 的氧气分数饱和度方程中引入 Hill 系数（Hill coefficient，h）（参看第四章“酶的结构与功能”）。于是：

$$Y=\frac{[\mathrm{HbO_2}]^h}{[\mathrm{Hb}]^h+[\mathrm{HbO_2}]^h}=\frac{[p(\mathrm{O_2})]^h}{(p_{50})^h+[p(\mathrm{O_2})]^h}$$

如果 h=1，上面的方程实际上就是 Mb 的氧合方程，因此无协同效应；如果 h>1，就有正协同效应；如果 h<1，就有负协同效应。上面的方程可转换成：$\frac{Y}{1-Y}=\left[\frac{p(\mathrm{O_2})}{p_{50}}\right]^h$

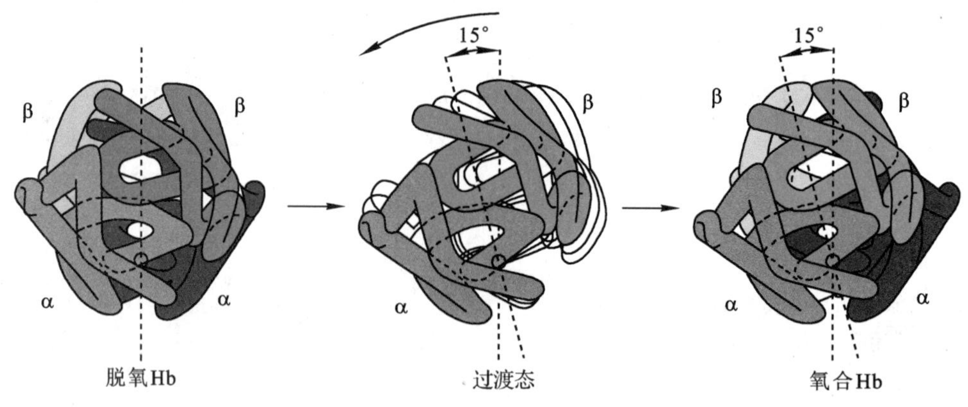

图 2-61　Hb 与氧气结合前后的构象变化

再进行线性化处理得：$\lg\frac{Y}{1-Y}=h\lg p(O_2)-h\lg p_{50}$

如果以 lg［$Y/(1-Y)$］为纵坐标，lg $p(O_2)$ 为横坐标作图，这就是 Hill 作图。

根据测定，第一个亚基与 O_2 结合的 p_{50}=4 kPa，最后一个亚基的 p_{50}=0.04 kPa。由此可见，正协同效应导致 Hb 的最后一个亚基对氧气的亲和力增加了 100 倍！

⑵ 波尔效应

波尔效应是指 H^+ 和 CO_2 浓度的上升促进 Hb 释放 O_2 的现象（图 2-63），由丹麦生理学家 Christian Bohr 于 1904 年发现。波尔效应也有助于解释 Hb 为什么在肺中吸氧排 CO_2，而在其他组织（如肌肉）吸 CO_2 排氧，因为相对于肺，其他组织 H^+ 和 CO_2 浓度更高。

产生波尔效应的原因是 H^+ 和 CO_2 能够与 Hb 特定位点结合，而促进 Hb 从 R 态转变为 T 态。与 H^+ 引发的波尔效应相关的基团有：α 亚基的 N 端氨基、α 亚基的 His122 咪唑基以及 β 亚基的 His146 咪唑基。这三个基团在 Hb 处于 T 态的时候都是高度质子化的，而当氧气与 Hb 结合以后，质子即发生解离。如果溶液中的 pH 降低，将有利于它们处于质子化状态，从而稳定 T 态，抑制氧气的结合。用反应式来表示，即为：$Hb+O_2 \longleftrightarrow Hb(O_2)_4+nH^+$。显然 pH 下降，即 H^+ 浓度升高，会使反应平衡向左移动，这时有利于 Hb 释放结合的氧气。

CO_2 可通过两种途径产生波尔效应。这两种途径不仅有助于 CO_2 进入肺部呼出体外，而且还能

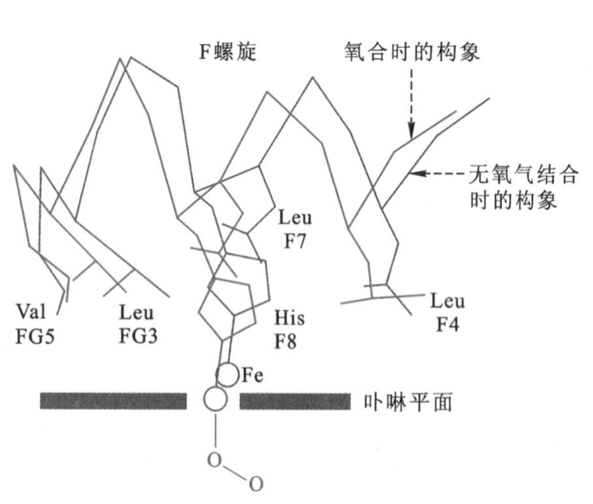

图 2-62　Hb 与氧气结合前后 F 螺旋的构象变化

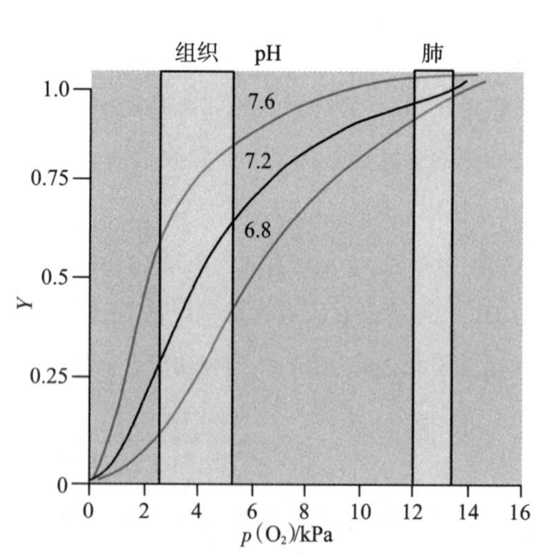

图 2-63　质子浓度对 Hb 与 O_2 亲和力的影响

促进 O_2 的释放。第一种是在碳酸酐酶(carbonic anhydrase)的催化下,红细胞内的二氧化碳发生反应:$CO_2+H_2O \longleftrightarrow H_2CO_3 \longleftrightarrow H^+ + HCO_3^-$。通过此反应释放出的质子产生波尔效应,同时产生的 HCO_3^- 进入血浆,随循环到达肺部。第二种是 CO_2 与 Hb 的 N 端氨基可逆地反应:CO_2 + Hb–$NH_2 \longleftrightarrow H^+$ + Hb–NH–COO^-,形成氨基甲酸血红蛋白(carbaminohemoglobin),也释放出质子,这对波尔效应也有贡献。但更重要的是,此反应可导致在 α 和 β 亚基之间形成新的盐键,而有助于 Hb 处于 T 态,使其更容易将结合的氧气释放出来。

CO_2 主要通过这两种途径进入肺,分别占 85% 和 15%,只有 5% 的 CO_2 以溶解的形式随血液循环进入肺(另有 5% 通过其他方式)。在肺部,较高的氧分压使得 Hb 能够有效地结合氧气,而正协同效应使得 Hb 从 T 态变成 R 态,并释放出质子。同时,与 Hb 氨基端结合的 CO_2 也被释放出来。释放出的 H^+ 与随血液循环到达肺部的 HCO_3^- 在碳酸酐酶的催化下,发生逆反应,产生 CO_2 和 H_2O。CO_2 随后被呼出体外。

(3) 别构效应

别构效应是指除氧气以外的各种配体在血红素铁以外的位点与 Hb 结合,导致 Hb 的构象发生变化,进而影响到 Hb 氧合能力的现象。哺乳动物体内能与 Hb 结合的配体有 H^+、CO_2、2,3–BPG 和 NO,它们统称为别构效应物(allosteric effector)。H^+ 和 CO_2 产生的效应就是波尔效应。2,3–BPG 产生的效应也是增强 Hb 在外周组织释放氧气的能力。

2,3–BPG 作为糖酵解的副产物广泛存在于红细胞(参看第九章“糖代谢”),其浓度与 Hb 不相上下,约为 5 mmol·L^{-1}。2,3–BPG 只能与脱氧 Hb 内位于两条 β 亚基之间带正电荷的空穴(1.1 nm)结合,稳定 T 态,显著降低 Hb 与 O_2 的亲和力,促进 Hb 在组织中释放 O_2(图 2–64 和图 2–65)。氧合 Hb 位于两条 β 亚基之间的空穴已经显著变小,只有 0.5 nm,容纳不下 0.9 nm 大小的 BPG 了。

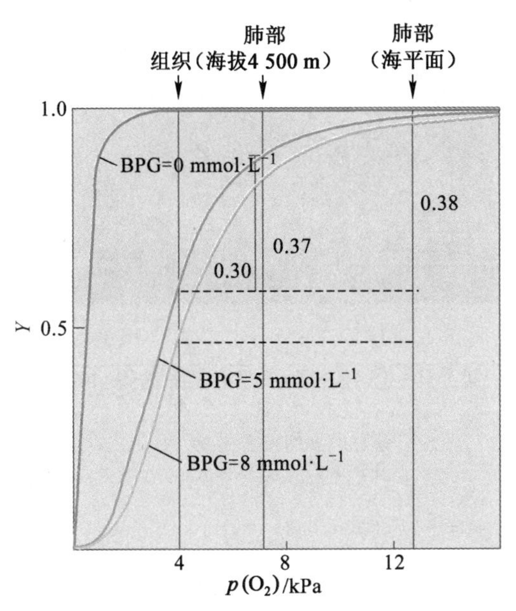

图2–64　2,3–BPG 对血红蛋白与 O_2 亲和力的影响

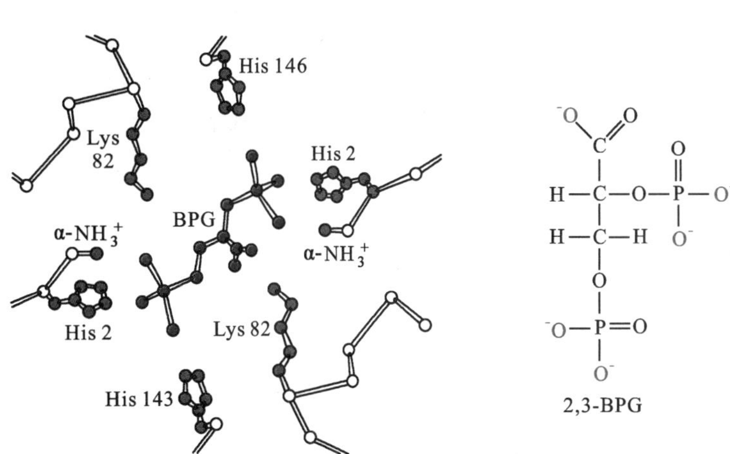

图2–65　2,3–BPG 的化学结构及其与两条 β 链之间的结合

生活在高海拔地区可诱导红细胞内的 2,3–BPG 水平的上升,这显然是生物对缺氧环境的一种适应。在高海拔地区,大气中的氧气较为稀薄,将氧气有效地释放到外周组织变得更加困难。为了适应这种环境,体内红细胞的数目会增加,同时机体开始加速合成 2,3–BPG(参看第九章“糖代谢”)。大概 24 h 以后,体内的 2,3–BPG 水平便开始持续上升。除此以外,贫血、肺功能衰弱和长期吸烟也可导致体内 BPG 水平上升。

Quiz35 并不是所有的生物都选择利用 2,3–BPG 产生的别构效应来调节 Hb 与氧气的亲和力。比如鱼类选择的是 ATP,你认为鱼类为什么会选择 ATP?

胎儿血红蛋白 HbF($\alpha_2\gamma_2$)与 O_2 的亲和力明显高于成人的 HbA,这显然有利于胎儿通过胎盘(氧分压大大低于肺)从母亲那里获取 O_2。HbF 与 O_2 亲和力之所以高于 HbA,是因为与 α 亚基结合的 γ 亚基不能结合 BPG。由此可见,无私的母爱在分子水平上已经开始了!

至于 NO 对 Hb 结构与功能的影响,有研究表明:Hb 在氧合状态下,NO 可与 β 亚基 93 号位的 Cys 残基侧链上的巯基结合,形成 S- 亚硝基硫醇(S-nitrosothiol)。而一旦 Hb 释放氧气,NO 通过红细胞膜上的阴离子交换蛋白 1(anion exchanger1)就立刻释放到到血浆中,通过扩张血管,有助于氧气在局部的运输。关于红细胞内 NO 的来源,有两种机制:一是由血管内皮细胞内的一氧化氮合酶催化产生后转移而来;二是由脱氧血红蛋白具有的亚硝酸还原酶(nitrite reductase)活性将 NO_2^- 还原而成。

Quiz36 你认为人体内的 NO_2^- 从何而来?

Quiz37 人群中的 HbA 有另外一种变体叫 HbC,这种变体在 β 链上的发生了 E6K 的突变,其水溶性低于 HbA。这是为什么?你认为 HbC 能与 HbF 一样聚合成纤维吗?

3. 血红蛋白的突变体

迄今为止,已发现了 Hb 的多种突变体。根据表型,突变体可分为四类:① Hb 聚合成纤维状,致使红细胞成镰刀形;②改变与氧气的结合性质;③血红素辅基丢失;④四聚体解聚。

第一种突变体最为常见,它直接导致镰状细胞贫血症(sicklemia)。这种贫血患者的 Hb 简称为 HbS。HbS 与 Hb 在结合 O_2 的能力方面并没有什么差别,它们的区别在于 HbS 能造成红细胞溶血,致使病人体内的红细胞数量显著减少,通常只有正常人的 1/2。溶血后的 Hb 不能像红细胞中的 Hb 一样正常运输 O_2。病人表现为乏力,剧烈运动可导致死亡。HbS 导致溶血的原因在于,其 β 亚基的 6 号位残基从正常的 Glu 突变成 Val(E6V)(图 2-66)。这种异常的 HbS 在脱氧状态下,相互间很容易通过一个 β 亚基在表面由 Val6 侧链形成的疏水突起,与另一个 β 亚基在表面的疏水口袋之间的疏水作用而聚合成纤维(图 2-67),从而导致细胞膜变形直至破裂。

Quiz38 有研究发现,镰状细胞贫血患者或携带者对疟疾有抵抗,你认为其中的生化机制是什么?

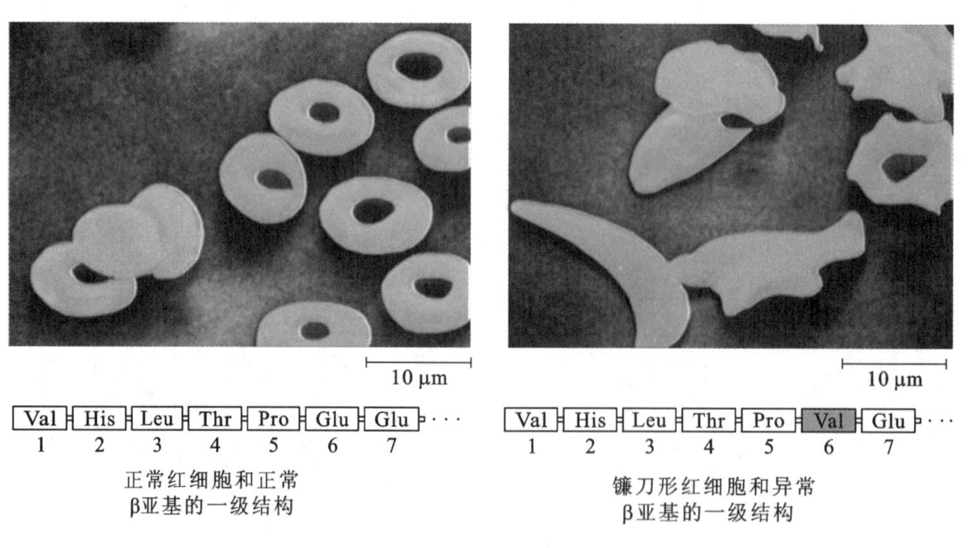

图 2-66 镰刀形红细胞和正常红细胞的外形比较以及 HbS 在一级结构上的变化

(三) 膜蛋白

细胞内有 1/3 ~ 1/2 的蛋白质与膜结合或镶嵌在膜内,这些蛋白质统称为膜蛋白。生物膜的各项功能主要是由各种结构不同的膜蛋白完成的。根据与脂双层膜联系的方式,膜蛋白可分为外在蛋白、内在蛋白和脂锚定蛋白。其中外在蛋白也称为外周蛋白,它们主要与膜的表面亲水头部通过极性的化学键(氢键和离子键)保持接触,是可溶性的,与球状蛋白质非常相似,如细胞色素 c;内在蛋白则镶嵌在膜上,与膜融为一体,水溶性较差,结构和功能比较复杂,它们是下面要重点介绍的;脂锚定蛋白通过与其共价连接的疏水基团锚定在膜上。

Quiz39 你认为这三类膜蛋白质各自主要靠什么化学键与膜结合?

与研究球状蛋白一样,要真正地理解膜蛋白的功能,首先需要确定它们的三维结构。然而,研究膜内在蛋白的三维结构并非易事，其困难集中反映在以下几个方面：

(1) 含量低。例如一些跨膜受体蛋白的含量为微克级，而应用基因工程方法大量表达膜内在蛋白也存在着很大的困难。因此，一开始精细结构被解析的主要是天然含量本来就高的膜内在蛋白，如牛心线粒体细胞色素 c 氧化酶、细胞色素 bc_1 复合体、植物光合作用的捕光复合体、紫色细菌光合反应中心、嗜盐古菌的菌紫红质和细菌膜孔蛋白等。

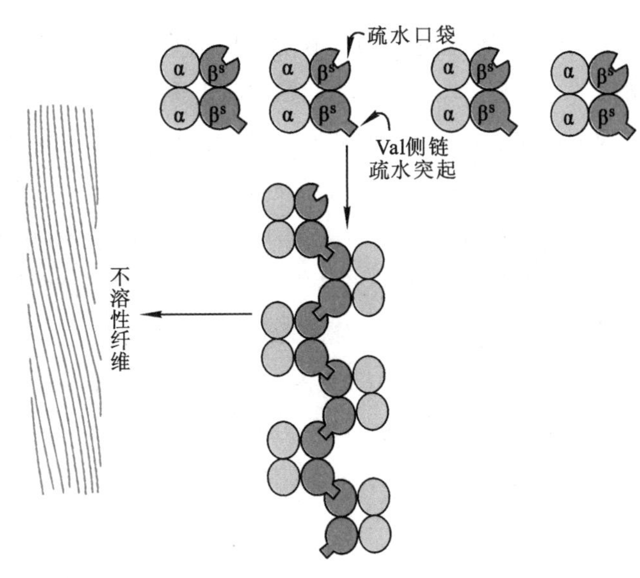

图 2-67 在脱氧状态下 HbS 之间的自组装反应

(2) 分离、纯化比较困难。只有用较剧烈的条件(如去垢剂、有机溶剂和超声波)才能将它们从膜上溶解下来，而分离后一旦除去去垢剂或有机溶剂，它们很容易聚合为不溶物。

(3) 结晶困难。这就限制了使用 X 射线晶体衍射对其结构的解析。

对于膜内在蛋白难以结晶的难题，德国生化学家 Hartmut Michel 在研究中巧妙应用可透析的两性小分子去垢剂给解决了。其原理是：当小分子去垢剂达到一定浓度时形成微团，可将膜蛋白的疏水区屏蔽起来，这使膜内在蛋白在水中呈溶解状态。在去垢剂微团的极性表面之间的相互作用下，膜内在蛋白有可能形成结晶(图 2-68)。1977 年，Michel 正是利用这种方法得到菌紫红质的晶体。次年，Michel 偶然发现，当把这种物质放在冰箱中时，可形成固态的玻璃状聚合体，由此他相信有可能获得三维晶体。幸运的是，很快他便获得了成功。

1981 年，Michel 利用分子筛层析技术首次得到了紫色细菌光合作用光反应中心的晶体。1982 年，Michel 在 Robert Huber 领导的当时世界上最先进的 X 射线衍射实验室做报告时，引起了 Huber 的兴趣，二人选定 Johann Deisenhofer 完成紫色细菌光合作用光反应中心的 X 射线晶体衍射分析。1985 年，Deisenhofer 完成了整个光反应中心结构的测定。1988 年，这三位德国生化学家共享了诺贝尔化学奖。

另外，随着冷冻电镜技术的发展，现在对于膜内在蛋白的研究可以说多了一种十分重要的工具，使用这项技术，一大批以前难以研究的膜蛋白的三维结构被解析出来，例如人细胞的葡糖转运蛋白和钾离子通道等。

对已获得三维结构的各种膜内在蛋白的研究表明，它们与非膜蛋白一样，含有相同的二级结构元件，但它们几乎完全存在于疏水环境之中，这种疏水环境是由膜脂上的疏水尾巴形成的。因此，对于膜内在蛋白来说，需要解决肽平面的亲水性质造成的将一条多肽链插入或贯穿在一个脂双层膜上能量不利的问题。

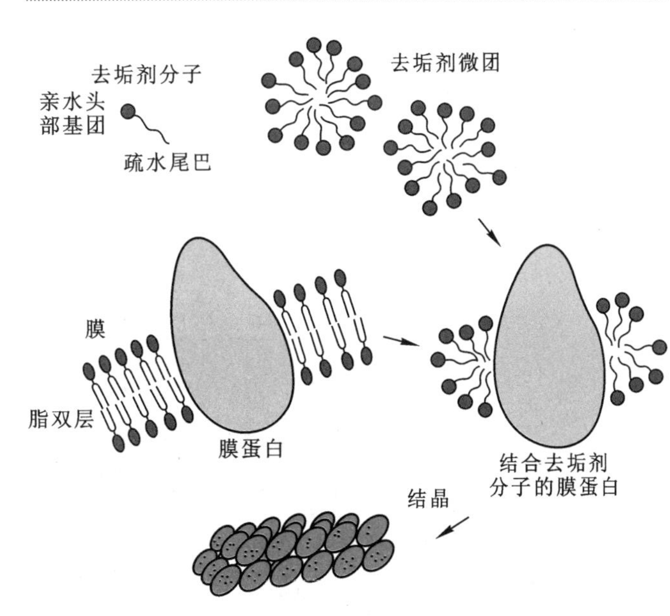

图 2-68 使用小分子去垢剂获得膜蛋白结晶的原理和流程

要解决多肽链通过脂双层膜能量不利的问题，最简单的方法是形成疏水 α 螺旋，因为 α 螺旋满足了主链原子形成氢键的倾向，并使疏水 R 基团面向脂环境。既然 α 螺旋的每一个残基延伸 0.15 nm，那么一个跨膜 α 螺旋约含 20 个氨基酸残基，这相当于脂双层疏水部分的平均厚度，即 2.5 ~ 3 nm（图 2-69）。因此，一段由 20 个疏水氨基酸残基组成的 α 螺旋就足以横跨生物膜，此数据实际上已成为鉴别一种蛋白质是不是膜内在蛋白的一个重要标志。

Quiz40 你认为位于一个跨膜的 α 螺旋两端的氨基酸残基最有可能是哪几种？为什么？

疏水作图（hydropathy plot）对于发现一个膜内在蛋白的跨膜螺旋十分有用，因为跨膜螺旋的疏水性一般要比通常的螺旋高得多。例如，在对羧酸转运感应蛋白（carboxylic acid transport sensor）进行疏水作图以后，预测其有 2 个跨膜螺旋，而结果果真如此（图 2-70）。

菌紫红质是一种典型的膜内在蛋白，其功能是作为一种受光子驱动的质子泵。疏水作图表明，其含有 7 个跨膜螺旋，螺旋之间是短的小环（图 2-71）。

还有一种方法，可以解决多肽链通过脂双层膜遇到的能量不利的问题，那就是形成 β 折叠。然而，

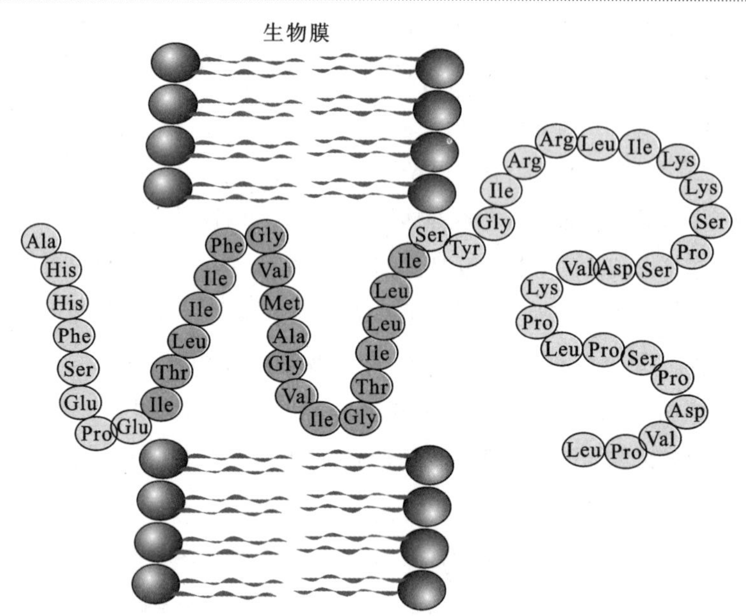

图 2-69 膜蛋白的跨膜 α 螺旋的氨基酸组成

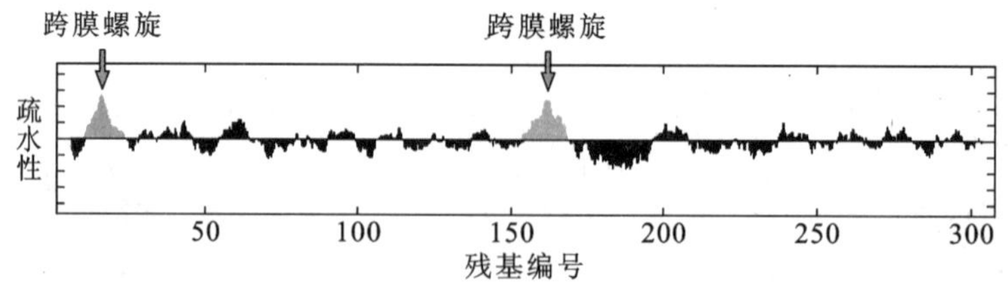

图 2-70 羧酸运输感受蛋白的疏水性作图

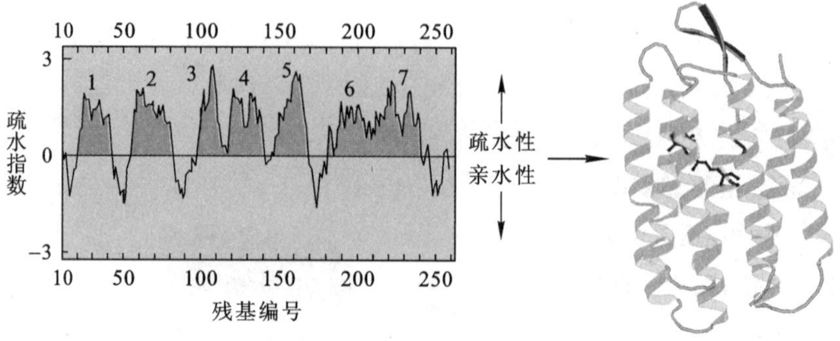

图 2-71 菌紫红质的疏水作图结果以及实际的三维结构模型

膜蛋白上的β折叠单凭序列是难以确定其存在的，原因是一个跨膜的β股只需要8～9个氨基酸残基就够了，但折叠一般由亲水氨基酸和疏水氨基酸残基交替组成。到目前为止，发现的全β折叠膜蛋白具有反平行的β折叠桶结构，例如孔蛋白。

孔蛋白主要存在于革兰氏阴性菌、线粒体和叶绿体的外膜上，其中央是一个由β折叠桶构成的孔洞（参看上一节图2-26），允许小分子被动扩散通过膜。孔洞的两侧经常分布着带正电荷和带负电荷的残基，以创造跨膜的电场，使不同的孔蛋白对离子具有不同的选择性。

细菌的孔蛋白都是三聚体。它有很大的表面区域被包埋在亚基之间，这与球状蛋白亚基之间被包埋的表面并无两样。面向脂双层的表面高度疏水，比蛋白质的内部和亚基之间界面上的疏水性要高得多。

于是，多肽链总是通过形成特殊的二级结构或三级结构来避免肽键以及亲水的R基因与疏水的脂环境接触，以便插入到脂双层结构之中。实际上，疏水环境更有利于二级结构的形成，这是因为在疏水环境中没有水分子的竞争干扰，肽链内的氢键更容易形成。

就氨基酸分布而言，膜内在蛋白暴露在水相中的表面性质实际上与一般的球状蛋白相同，它们的差别主要在于与脂双层作用的氨基酸的性质和分布。如果不考虑与脂双层相互作用的表面，膜内在蛋白的内部与绝大多数球状蛋白差不多，但那些参与信号转导的离子通道或参与物质跨膜转运的孔蛋白除外。

（四）天然无折叠蛋白

前面所述的各种蛋白质由于具有特定的三维结构，才具有特定的生物学功能。一旦失去了特定的结构，就立刻丧失功能。然而，自上世纪90年代以来，人们开始发现越来越多的蛋白质，在生理条件下尽管缺乏特定的二级和三级结构，处于完全无折叠或部分无折叠状态，但仍然具有功能。这类蛋白质被统称为天然无折叠蛋白质（NUP），或固有无结构蛋白质（intrinsically unstructured protein，IUP），或固有无序化蛋白质（intrinsically disordered protein）。

迄今为止，已发现的NUP约占蛋白质总数的30%。NUP一般可分为两类（图2-72）：一类是完全无折叠蛋白质（fully unfolded protein），约占10%；另外一类是部分无折叠蛋白质（partially unfolded protein），一般含有一段由多于50个氨基酸残基组成的无折叠区域。完全无折叠蛋白质还可以进一步分为两个亚类：第一亚类无任何二级结构；第二亚类无三级结构，与天然折叠蛋白质在折叠过程中形成的“溶球态”中间体相似。显然，天然无折叠蛋白质的发现是对传统的蛋白质结构与功能关系基本法则的挑战。

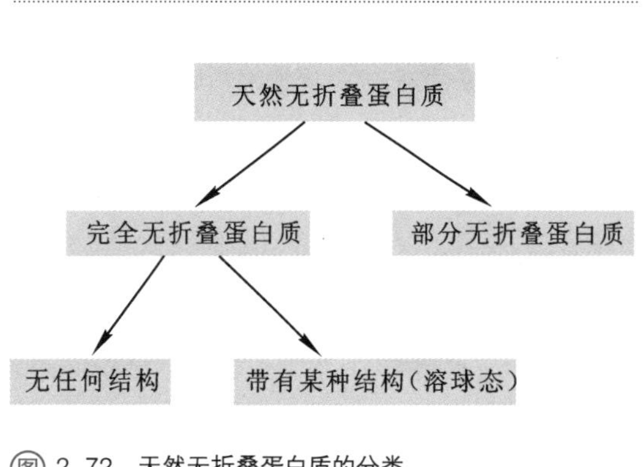

图 2-72 天然无折叠蛋白质的分类

Quiz41 到此为止，你遇到哪几种与Anfinsen法则矛盾的实例？

在天然无折叠蛋白质中，有些必须处在无折叠状态才具有一定的功能，有些需要跟特定的配体（经常是DNA）结合，进而发生折叠，再行使功能。

NUP的主要功能是参与信号转导、细胞周期调控和基因表达调控，此外，它与翻译后加工也有关系，还经常充当RNA和蛋白质的分子伴侣。在信号转导过程中，经常涉及可逆的蛋白质磷酸化，这种磷酸化和脱磷酸化修饰是真核细胞调节蛋白质或酶活性的主要手段之一。人们还发现，磷酸化位点周围的氨基酸组成、序列复杂性、疏水性、电荷和其他序列特征与NUP十分相似。因此，有人认为蛋白质磷酸化位点主要发生在无折叠区域。

NUP一级结构的特征是含有较多的Gln、Ser、Pro、Glu和Lys，而侧链较大的疏水氨基酸很少，如Val、Leu、Ile、Met、Phe、Trp、Tyr，因此可以利用上述性质来鉴别或预测一种蛋白质是不是无折叠蛋白。

现在有专门的网站，在线提供预测天然无折叠蛋白质的服务，如 http://bip.weizmann.ac.il/fldbin/findex。NUP 为什么不能折叠或者只能部分折叠？主要原因是疏水氨基酸含量少，而疏水作用力是驱动蛋白质折叠的主要动力。

NUP 虽然处于完全无折叠或部分无折叠状态，但并不比处于折叠状态的蛋白质更容易水解，这主要是因为 NUP 主要分布在细胞核和无蛋白酶的细胞器，而且多数 NUP 在遇到合适的配体以后也会发生折叠。

从生物进化学的角度看，NUP 似乎具有很多好处，可能包括：①不需要经过折叠就能起作用；②可以结合几种不同的配体而表现多种功能；③拥有较大的分子之间相互作用的界面，有利于分子识别；④有利于细胞信号转导过程中开与关的切换。这些好处对于复杂的生物来说更有用，因此 NUP 的分布与生物复杂性正相关，即生物越复杂，NUP 越多。NUP 在真核生物中比较普遍，在原核生物中则少见。

Box2.3　魔鬼蠕虫的生存之道

2008 年，比利时根特大学的 Tullis Onstott 和普林斯顿大学的 Gaetan Borgonie 在调查南非活跃金矿中的地下细菌群落时，居然在地下近一英里的蓄水层深处发现有蠕虫，他们称赞它为有史以来藏得最深的动物发现。Borgonie 和他的团队惊奇地发现这种复杂的多细胞动物生长在高温、缺氧、甲烷含量高的环境中，这种环境一般只适合微生物生存。由于这种蠕虫能够在如此恶劣的地下条件下生存，所以就被他们称为"魔鬼蠕虫"（devil worm）。

后来，为了纪念一位来自中世纪德国传奇人物 Faust 的地下恶魔 Mephistopheles，研究人员将这种蠕虫正式命名为 *Halicephalobus mephisto*。

2019 年 11 月 21 日，来自美利坚大学（American University）的研究人员在 *Nature Communications* 上发表了一篇题为"The genome of a subterrestrial nematode reveals an evolutionary strategy for adaptation to heat"论文，为我们提供了"魔鬼蠕虫"如何在基因组水平适应生活在致命的环境条件下的线索。未来对它们的进一步研究有可能帮助人类学习如何适应地球日益变暖的气候。

"魔鬼蠕虫"是第一种基因组序列得以测定的地下（subterrestrial）动物（图 2-73）。领导基因组测序项目的美利坚大学的 John Bracht 教授认为：基因组序列信息提供了生命如何存在于地球表面之下恶劣环境的证据，也开辟了一条理解生命如何在地球之外生存的新途径。

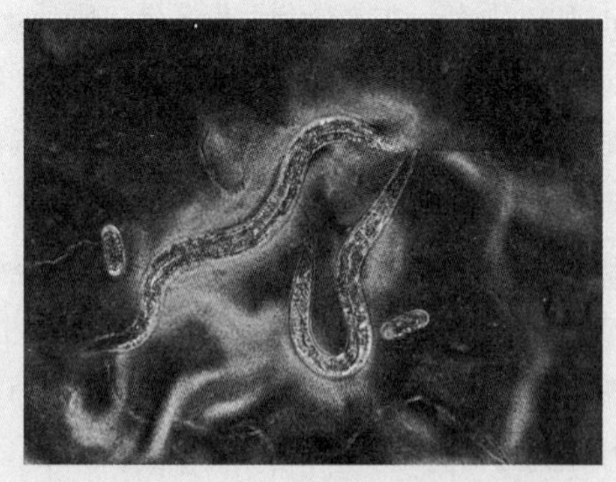

图 2-73　魔鬼蠕虫显微图像（放大 200 倍）

测序的结果表明，基因组编码了异常多的分子伴侣——Hsp70。这是特别值得注意的一点，因为许多基因组序列已知的蠕虫并没有如此多的拷贝，例如秀丽隐杆线虫。Hsp70 存在于所有生命形式中，包括细菌、古菌和真核生物，它对于细胞受热损伤后恢复健康非常重要。

"魔鬼蠕虫"基因组除了有许多拷贝的 Hsp70 的基因以外，还有额外拷贝的 avrRpt 诱导基因蛋白 1（avrRpt induced gene 1，AIG1）的基因。该基因被证明是植物和动物中已知的细胞存活基因，它可能是通过水平基因转移（horizontal gene transfer）的方式从一种真菌中获得的。此外，基因组约有三分之一的基因是新发现的。这些重要特点意味着"魔鬼蠕虫"在进化上的适应。

对此，Bracht 认为："魔鬼蠕虫"生活在地下恶劣的环境中，无法逃脱，也别无选择，所以要么适应，要么死亡！当动物无法逃脱一种高温恶劣的环境时，它将开始通过基因复制增加这两个基因的额外拷贝，从而获得生存下来的机会。

通过扫描和比对其他物种的基因组，Bracht 还发现了其他的案例，其中 Hsp70 和 AIG1 这两个蛋白质基因都发生扩增的动物还有蛤、牡蛎和贻贝，它们像“恶魔蠕虫”一样有很好的热适应。这就表明了“魔鬼蠕虫”的生存之道可以延伸到其他无法逃脱热环境的生物中。

大约十年前，“魔鬼蠕虫”还是无人知晓的，它们默默无闻地生活在地表下，但现在已成为包括 Bracht 在内的许多研究者的研究主题。当 Bracht 从南非的一个实验室带走“魔鬼蠕虫”并将其培养到他在非盟的实验室时，他回忆起对他的学生说过“这好像是外星人降落在非盟”。现在，美国宇航局支持他们对“魔鬼蠕虫”的研究，因为这对科学家探索地球以外的生命会有帮助。

Bracht 还认为，这项工作可能促使科学家将寻找外星生命的范围扩大到无法居住的系外行星的地下深层区域。

蠕虫非常适合进化适应的研究。它们作为地球上最丰富的动物之一，适应了各种环境。实验室中涉及“魔鬼蠕虫”的未来研究工作需要搞清楚过量的 Hsp70 是如何帮助它们耐热的，其他工作可能涉及在秀丽隐杆线虫中进行基因转移研究，看不耐热的秀丽隐杆线虫是否会具有耐热性等等。

第四节　蛋白质的性质与分类

蛋白质是由氨基酸缩合而成的多聚物，因此所具有的很多性质是由组成它的氨基酸残基带来的，例如紫外吸收和两性解离等。但作为生物大分子的蛋白质又有许多特有的性质，例如变性、复性和水解等。蛋白质的特有性质和不同蛋白质在某些性质上的差异是建立蛋白质分离和纯化方法的基础，也是分类蛋白质的重要依据。

一、蛋白质的性质

蛋白质的理化性质包括紫外吸收、两性解离、胶体性质、沉淀反应、变性（denaturation）、复性（renaturation）、水解和颜色反应等。

1. 紫外吸收

绝大多数蛋白质含有 Trp、Tyr 或 Phe，因而有紫外吸收性质，其中吸收峰值为 280 nm。核酸也有紫外吸收，但最大吸收峰在 260 nm。因此，测定 280 nm 的光吸收已成为对蛋白质进行定性和定量分析最简捷的方法。

2. 两性解离

与氨基酸一样，蛋白质也能发生两性解离，具有 pI。对蛋白质两性解离性质有贡献的基团既有其表面氨基酸残基可解离的 R 基团，又有肽链两端游离的氨基和羧基。然而，一种蛋白质的 pI 值是不能直接计算出来的，只能使用等电聚焦或等电点沉淀等方法进行测定。

Quiz42 为什么一种蛋白质的 pI 无法直接计算出来？现在有专门的软件可帮助预测一种一级结构已知的蛋白质的 pI。你认为预测的结果一定可靠吗？

蛋白质的 pI 会随着氨基酸组成不同而不同：如果碱性残基较多，则 pI 偏碱；如果酸性残基较多，则 pI 偏酸；若酸性、碱性残基含量相近，pI 大多为中性偏酸。

3. 胶体性质

在水溶液中，一种可溶性蛋白质因两性解离而带有一定的电荷，具有电泳、布朗运动、丁达尔现象和不能通过半透膜等典型的胶体性质。

在生物体中，蛋白质与大量水结合构成各种流动性不同的胶体系统。实际上，细胞的原生质就是一种复杂的胶体系统，体内的许多代谢反应就在此系统中进行。

4. 沉淀

凡是能破坏水化膜和(或)能中和表面电荷的物质均会导致溶液中的蛋白质发生沉淀。导致蛋白质发生沉淀的因素有:既破坏水化膜又中和电荷的中性盐,中和电荷的等电点 pH,破坏水化膜的有机溶剂,中和电荷的生物碱等。不导致蛋白质变性的沉淀方法经常用于蛋白质的分离、纯化,如盐析(salting out)和等电点沉淀。

(1) 盐析

在蛋白质溶液中加入一定量的中性盐,可使蛋白质溶解度降低并沉淀析出的现象称为盐析。发生盐析的原因是盐在水中迅速解离后,与蛋白质争夺水分子,破坏了蛋白质颗粒表面的水化膜。另外,离子可大量中和蛋白质表面相反的电荷,使蛋白质成为既不含水化膜又不带电荷的颗粒而聚集沉淀。盐析时所需的盐浓度称为盐析浓度,一般用饱和百分比表示。不同蛋白质的分子大小及带电状况各不相同,盐析所需的盐浓度也就不同。因此,可以通过调节盐浓度,使混合液中不同的蛋白质分级沉淀,从而达到分离的目的,这种方法称为分段盐析。硫酸铵是盐析中最常用的中性盐。

Quiz43 为什么盐析蛋白质一般用硫酸铵盐?

有时,在蛋白质溶液中加入的中性盐的浓度较低时,蛋白质溶解度不降反增,这种现象称为盐溶(salting in)。产生盐溶现象的原因是蛋白质颗粒表面吸附某种无机盐离子后,蛋白质颗粒带同种电荷而相互排斥,同时与水分子的作用得到加强,从而导致溶解度提高。

(2) pI 沉淀

当蛋白质溶液处于 pI 时,蛋白质分子主要以两性离子的形式存在,净电荷为零。此时蛋白质分子失去同种电荷的排斥作用,很容易聚集而发生沉淀,这种沉淀蛋白质的方法叫 pI 沉淀。pI 沉淀既可用来分离蛋白质,也可用来粗略测定某种蛋白质的 pI。

(3) 有机溶剂引起的沉淀

某些与水互溶的有机溶剂(如甲醇、乙醇和丙酮)可使蛋白质产生沉淀,是因为这些有机溶剂与水的亲和力大,能破坏蛋白质表面的水化膜,从而使蛋白质的溶解度降低。此法也可用于蛋白质的分离、纯化。不过,这些有机溶剂也可引起蛋白质的变性,所以最好在低温下进行,以降低变性的程度。

(4) 重金属盐作用造成的沉淀

当蛋白质溶液的 pH 大于其 pI 时,蛋白质带负电荷,这时如果遇到重金属离子,如 Hg^{2+}、Pb^{2+}、Ag^{+} 和 Cd^{2+},会与其结合形成不溶性的蛋白质盐而沉淀。由于重金属的作用通常会使蛋白质失活,因此很少用它来纯化蛋白质。此外,在体内某些重金属离子可取代 Zn^{2+} 或 Ca^{2+},与相关蛋白质或酶分子结合,干扰这两种生命元素的作用。例如,Pb^{2+} 在人体内可取代血红素合成的限速酶——5-氨基乙酰丙酸脱水酶分子中的 Zn^{2+},使其失活,这也是铅中毒引起贫血的直接原因。

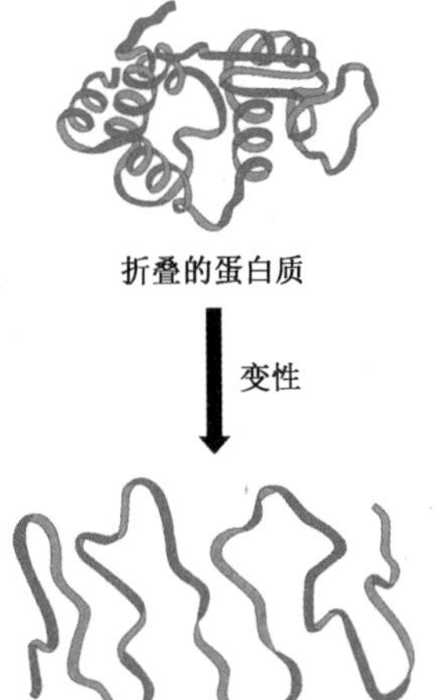

图 2-74 蛋白质的变性

5. 蛋白质变性

蛋白质变性是指蛋白质受到某些理化因素的作用,其特有的三维结构受到破坏、生物活性随之丧失的现象(图 2-74)。

蛋白质变性理论早在 1931 年就由当时旅美的中国生化学家吴宪提出。吴宪认为,蛋白质的构象直接决定其功能,某些外界因素改变了蛋白质的独特构象,因而使其生物活性丧失,发生变性。蛋白质之所以容易发生变性,是因为维持蛋白质三维结构的作用力主要是次级键。当维系蛋白质三维结构的次级键受到严重破坏时,蛋白质必然发生变性。

蛋白质变性的条件还没有强大到打破共价键,因此与蛋白质水解不同的是,蛋白质变性后一级结构没有发生任何变化,只是三维结构发生了变化,而水解则导致了肽键的断裂。如果一种因素破坏了蛋白质的三维结构,但同时还造成了共价键(肽键和二硫键)的断裂,那这样的过程就已超出了单纯的变性范畴了。

导致蛋白质变性的常见理化因素有：加热（少数是冷却）、强酸、强碱、去垢剂（如SDS）、尿素、重金属盐、疏水分子和有机溶剂（如乙醇和氯仿）。此外，机械作用、流体压力和强辐射等因素也可以导致蛋白质变性。但是，紫外线和X射线并不是两种很容易让蛋白质变性的因素。

Quiz44 为什么紫外线和X射线并不是两种很容易让蛋白质变性的因素？

加热增加了蛋白质分子的平均动能，让蛋白质分子快速又剧烈的震动，使各种次级键被破坏，从而导致蛋白质变性。冷却可以减弱疏水作用，因而也可能导致少数蛋白质发生变性。

强酸和强碱主要是因为破坏盐键而导致蛋白质变性的。极端的pH可改变碱性和酸性氨基酸残基侧链及肽链两端氨基和羧基的带电状况，从而直接影响到一个碱性的基团和一个酸性的基团之间能否形成离子键。动物消化道分泌的胃酸就是这样让食物中的蛋白质变性的。

乙醇和丙酮这样的极性有机溶剂主要是通过破坏亲水氨基酸残基侧链之间的氢键而导致蛋白质变性的，因为它们带有氢键供体或受体，可与亲水氨基酸侧链上的氢键供体和受体形成氢键，而影响到它们之间形成氢键。

重金属盐的作用方式与强酸和强碱相似，也主要是通过破坏盐键而导致蛋白质变性的。因为这些重金属离子带有正电荷，可以和蛋白质分子上带负电荷的侧链基团形成离子键。

疏水分子通过扰乱蛋白质分子内的疏水作用而导致蛋白质变性。例如，长链脂肪酸的碳氢链不仅能与蛋白质疏水口袋非特异性结合，还能破坏蛋白质分子内部的疏水作用，从而抑制多种酶的活性。为了防止这种情况在细胞内发生，体内的长链脂肪酸和其他高度疏水性分子都有专门的结合蛋白与之结合。

蛋白质变性是一个复杂的过程，其中可能会出现一些不稳定的中间物。少数蛋白质的变性是可逆的，即在变性因素解除以后可以恢复到原来的构象，其生物活性也随之恢复，这就是蛋白质的复性。但大多数蛋白质的变性是不可逆的。不过，越来越多的研究者在尝试一些能让蛋白质复性的方法，但迄今为止，进展不大。

蛋白质变性以后，其理化性质会发生一系列的变化。这些变化可以作为检测蛋白质变性的指标。主要的变化包括：①生物活性丧失。例如，酶变性后丧失催化功能。这是蛋白质变性最重要的标志。②水溶性下降。这是因为变性导致蛋白质内部的疏水基团外露。但变性蛋白质不一定都沉降，而沉降出的蛋白质也不一定变性。③更容易被水解。这是因为多肽链构象变得更为松散和伸展，肽键更容易受到酸、碱或蛋白酶的作用。胃酸除了能让微生物体内的蛋白质变性，从而杀死微生物以外，还能让食物中的蛋白质变性，以利于消化道内各种蛋白酶对蛋白质的消化。至于烹调食物，显然具有同样的效果。④黏度增加。这是因为蛋白质变性以后，肽链变得更加伸展，使长宽比提高。⑤结晶行为发生变化，通常是让蛋白质丧失结晶能力。这是因为蛋白质变性以后，其三维结构已经变得高度无序，很难聚合在一起形成高度有序的晶体结构。

Quiz45 你如何理解变性对一种蛋白质紫外吸收的影响？

蛋白质折叠状态与去折叠状态的能量差异比较小，因此有时仅仅一个点突变就能显著改变一种蛋白质对热的稳定性。蛋白质的温度敏感型突变体（temperature sensitive mutant）更容易发生热变性，而使用这样的突变体可以帮助鉴定一种蛋白质在细胞内的功能。

某些蛋白质经突变以后热稳定性可能会提高。另外，从一些生存在极端环境中的微生物体内，如嗜热、嗜酸、嗜碱或嗜盐微生物，可以得到一些能抵抗极端因素作用的蛋白质。例如，从一种嗜热菌中提取出的DNA聚合酶能抵抗100℃的高温，在72℃活性最高，该酶现在被广泛用于聚合酶链式反应（polymerase chain reaction，PCR）。

蛋白质变性在现实生活中很有用。在临床上或工作中经常使用加热、某些重金属盐（如硝酸银和硫柳汞）、酒精等来消毒、杀菌，这实际上就是使病毒和细菌因蛋白质变性而失去致病性和繁殖能力。在急救重金属盐中毒时，也常常利用这一特性。例如，汞中毒时，早期可以服用大量富含蛋白质的乳制品或鸡蛋清，以使摄入的蛋白质在消化道与汞盐结合，形成变性的不溶物，从而阻止汞离子被消化道吸收，然后再通过洗胃等方法将不溶物洗出。

6. 蛋白质的水解

蛋白质在强酸、强碱同时加热的条件下或在蛋白酶的催化下均能够发生水解。但需要注意的是，酸水解会破坏几种氨基酸，特别是 Trp 几乎全部被破坏，其次是三种羟基氨基酸。另外，Gln 和 Asn 在酸性条件下，容易水解成 Glu 和 Asp。酸水解常用盐酸；碱水解会导致多数氨基酸遭到不同程度的破坏，且产生消旋现象（racemization），但不会破坏 Trp；酶水解效率高、不产生消旋作用，也不破坏氨基酸，但不同的蛋白酶对肽键的特异性不一样，因此，由一种酶水解获得的通常是蛋白质部分水解的产物。

Quiz46 DNA 这种三肽完全酸水解的产物是什么？

根据被水解肽键的位置，蛋白酶可以分为只能水解肽链内部肽键的内切蛋白酶和专门水解肽链末端肽键的外切蛋白酶。外切蛋白酶还可以进一步分为专门水解 N 端肽键的氨肽酶（aminopeptidase）和专门水解 C 端肽键的羧肽酶（carboxypeptidase）。

7. 蛋白质的颜色反应

蛋白质分子中的肽键或某些氨基酸的 R 基团，可与某些试剂产生颜色反应，这些颜色反应经常被用来对蛋白质进行定性和（或）定量分析。

目前常用的蛋白质定量法，如双缩脲法、福林 – 酚试剂法、考马斯亮蓝法等都是利用了蛋白质的颜色反应。其中，双缩脲法是基于蛋白质分子中的肽键，凡具两个以上肽键的肽均能发生此反应，该方法受蛋白质特异氨基酸组成的影响较小；福林 – 酚试剂法即所谓的 Lowry 法，灵敏度高，但如果样品和标准蛋白质的芳香族氨基酸差异较大，系统误差会很大；考马斯亮蓝 G–250 法即 Bradford 法，操作简单，灵敏度高。

二、蛋白质的分类

常见的蛋白质分类方法至少有五种，其分类的依据分别是溶解性、组成、形状、功能和三维结构。

按照溶解性质，蛋白质可分七大类。

(1) 白蛋白（albumin）。又称清蛋白，较小，能溶于水和盐溶液，可被饱和硫酸铵沉淀。如血液中的血清清蛋白和鸡蛋中的卵清蛋白等都属于清蛋白。

(2) 球蛋白（globulin）。通常不溶于水而溶于稀盐、稀酸或稀碱溶液，能被半饱和的硫酸铵沉淀。例如，大豆种子中的豆球蛋白（legumin）、血液中的血清球蛋白、肌肉中的肌球蛋白（myosin）以及免疫球蛋白都属于这一类。

(3) 组蛋白(histone)。可溶于水或稀酸，是古菌和真核生物染色体的结构蛋白，富含 Arg 和 Lys 残基，因此是一类碱性蛋白质。

(4) 精蛋白（protamine）。易溶于水或稀酸，与组蛋白一样，也是一类碱性蛋白质，含有较多的碱性氨基酸，但缺少 Trp 和 Tyr。精蛋白存在于成熟的精细胞中，与细胞核 DNA 结合在一起，如鱼精蛋白。

(5) 醇溶蛋白（prolamine）。溶于 70% ~ 80% 的乙醇，但不溶于水、无水乙醇或盐溶液，多存在于禾本科作物的种子中，如玉米醇溶蛋白、小麦醇溶蛋白。

(6) 谷蛋白类（glutelin）。不溶于水或稀盐溶液，但溶于稀酸或稀碱。谷蛋白存在于植物种子中，如水稻种子中的稻谷蛋白和小麦种子中的麦谷蛋白等。

(7) 硬蛋白类（scleroprotein）。不溶于水、盐溶液、稀酸和稀碱，主要存在于皮肤、毛发、指甲、蹄和蜘蛛丝等之中，起支持和保护作用，如角蛋白、胶原蛋白、弹性蛋白（elastin）和丝蛋白等。

按照化学组成，蛋白质又可分为简单蛋白质和结合蛋白质两类（参看蛋白质的多样性）。根据非蛋白成分的性质，结合蛋白质还可以分为糖蛋白(glycoprotein)、脂蛋白(lipoprotein)、核蛋白(nucleoprotein)、色蛋白（chromoprotein）、金属蛋白（metalloprotein）、磷蛋白（phosphoprotein）、血红素蛋白和黄素蛋白等。这些结合蛋白的非蛋白质成分分别是共价结合的糖基、非共价结合的脂、非共价结合的核酸、共价结合或非共价结合的生色基团（如血红素）、配位结合的金属离子、共价结合的磷酸根、共价或非共价结合的血红素辅基和共价或非共价结合的黄素（flavin）的衍生物。

按照分子形状、溶解性质以及是否与膜结合，蛋白质又被分为球状蛋白质、纤维状蛋白质和膜蛋白三大类（参看上一节相关内容）。

根据结构和进化上的亲缘关系，又可将蛋白质分为家族、超家族和栏。①家族：在进化上具有明确的亲缘关系。一般说来，属于同一家族的蛋白质至少有 30% 氨基酸序列是相同的。②超家族：在进化上，可能具有相同的起源。属于同一超家族的蛋白质在氨基酸序列上的差别可能较大。③栏：具有相同的二级结构、相同的排列和相同的拓扑学连接。属于同一栏的蛋白质并不需要具有相同的一级结构，但通常具有相同的生物学功能。

根据功能，蛋白质又可以分为酶、调节蛋白、运输蛋白、贮存蛋白、运动蛋白、结构蛋白、接头蛋白、保护和防御蛋白、毒蛋白和奇异蛋白等（参看上一节有关蛋白质功能的内容）。

Box2.4 **科学家发现“英雄蛋白”啦！**

蛋白质是由 20 多种不同氨基酸组成的聚合物，其侧链具有各种特性，例如脂肪族、芳香族、酸性、碱性和含硫等。这种组成的多样性使不同的蛋白质可以折叠成不同的三维结构，从而行使不同的功能。尽管蛋白质通常在生理温度甚至在大约 50～60℃时都较为稳定，但在较高的温度下加热会破坏结构，从而引起大多数蛋白质的变性和聚合。但是，也有一些例外：例如，缓步动物水熊虫（tardigrade）体内的无序蛋白（tardigrade disordered protein，TDP）是水熊虫在干燥条件下得以存活的必需蛋白；另一个例子是植物体内的晚期胚胎发生含量丰富（late embryogenesis abundant，LEA）蛋白，其表达对植物脱水、冷冻或高盐度的耐受性有关。LEA 蛋白还存在于极端微生物中，包括耐辐射球菌（*Deinococcus radiodurans*），以及耐干燥性的动物，如秀丽隐杆线虫和轮虫。TDP 和大多数 LEA 蛋白具有极强的亲水性和热溶性，都属于一类内在无序蛋白（IDP）或天然无折叠蛋白（NUP）。目前，这些耐热蛋白被视为生活在极端条件下的有机体保护其功能蛋白所需要的辅助蛋白。而对于生活在温和环境下的生物（如哺乳动物包括人体）体内有没有类似的蛋白质一直是一些科学家关注的一个焦点。

现在，日本东京大学的研究人员终于发现了一类新的带高度电荷的水溶性蛋白质，这些蛋白质以其异常的形状和性质在体内充当分子屏障，即使在热激、干燥和暴露于有机溶剂等胁迫条件下，也可以保护各种“客户”蛋白（client protein）免于变性。而且，它们还可以抑制细胞和神经退行性疾病相关的几种形式的致病蛋白的聚集，并延长果蝇的寿命达 30%。他们的发现发表在 2020 年 3 月 12 日一期的 *PLOS Biology* 上，论文的题目是“A widespread family of heat-resistant obscure (Hero) proteins protect against protein instability and aggregation”。这一类蛋白质被研究者一开始用非正式的日语单词通常附在小男孩名字“hero-hero kun”上的后缀组合来命名。后来，研究人员意识到这个名字也符合英勇的捍卫者“英雄”的英语含义，而英文则是 heat-resistant obscure (Hero)，缩写也刚好就是 Hero（英雄）。从英文翻译成中文则是“耐热晦涩蛋白”，那还不如就叫英雄蛋白（图 2–75）。

英雄蛋白是在 2011 年左右被偶然发现的，当时的研究生岩崎慎太郎在果蝇体内发现了一种异常耐热的蛋白质，该蛋白质可提高与干扰 RNA 作用有关的 Argonaute（AGO）蛋白的稳定性。AGO 蛋白是当时他所在的实验室研究的中心。岩崎慎太郎现在在 RIKEN 领导自己的实验室，这样他就可以对其进行系统的研究

图 2–75　英雄蛋白的作用方式

下方的卡通人物代表导致蛋白质不稳定的各种因素　上方蓝色不规则结构代表结构容易被破坏的蛋白质　右上三个链状结构代表不同的英雄蛋白

了。对此，岩崎慎太郎说道“知道一种奇怪的、高度无序的耐热蛋白改善了AGO的行为，真是太酷了，但是它的生物学相关性尚不清楚，而且，该蛋白的序列似乎与其他任何蛋白质都不相关。因此，我们当时不知道下一步该怎么做，并决定将其搁置直到几年后。”现在他们的研究让我们看到了英雄蛋白的崭新光影。

为了揭示更多英雄蛋白的真实身份，研究人员在实验室中培养了人类和果蝇细胞，从细胞中制备了提取物，然后将其煮沸。高温通常会削弱支持蛋白质结构的化学相互作用，从而使其与其他未折叠的蛋白质一起展开并结块进而沉淀。但新型的英雄蛋白具有长而柔软的线状结构，会留在上清中，即使在95℃的高温下仍保持完整，而不会失去功能。接下来，就可以使用质谱技术来识别、鉴定煮沸的试管在上清中残留的任何蛋白质。

经过他们的研究，已在多个物种体内发现了多种英雄蛋白。学过生化的人都知道，具有相似功能的蛋白质即使在不同物种之间也通常具有相似的氨基酸序列，这可视为是一种进化对结构的保护。然而，英雄蛋白却缺乏进化在序列上的保守性，这似乎让英雄蛋白更具多变性，使其能隐藏在体内这么久才被发现。

看来英雄蛋白在体内的存在是为了保持其他蛋白质的稳定和“幸福”。但是到目前为止，在已发现的几种英雄蛋白中，它们各自都是对不同类型的蛋白质起保护作用，即还没有发现任何“超级英雄”，能对所有的蛋白质都提供保护。

英雄蛋白的发现不仅让我们对蛋白质稳定性和功能的深入了解具有重要意义，而且还突出了将来它们潜在的生物技术和疾病治疗上的应用。

第五节　蛋白质的研究方法

蛋白质的性质、结构与功能一直是生化学家的研究重点，目前有各种各样的研究方法可供选择，一个从事生命科学研究的人总有研究蛋白质的时候或者机会。假如有一天，你在某种生物体内发现一种新的蛋白质X，你如何对其进行系统的研究呢？相信一开始，你会想尽一切方法对X进行分离、纯化，还想知道X的大小、pI、在哪些细胞和生物体内存在或表达，而你的终极目标一定是确定它的三维结构及其功能。针对这些目标或问题事实上都有相应的研究方法，下面就对它们进行逐一介绍。

一、蛋白质的分离和纯化

蛋白质的分离和纯化，不仅有助于研究蛋白质本身的结构和功能，还有助于研究其基因的结构与功能。然而，纯化一种蛋白质并非易事。能否成功既取决于蛋白质固有的结构和性质，也与纯化人员的创意、技巧、耐心甚至运气等因素有关。可以说，每一种蛋白质的纯化步骤不可能是完全相同的，但每一种蛋白质纯化所应用的方法原理都差不多。假定有一个合理的测活方法和好的原材料，只要有时间、金钱和耐心，纯化出任何一种蛋白质都是可能的。

(一) 蛋白质纯化的准备工作

在进行蛋白质纯化实验之前，首先要解决三个问题：①纯化蛋白质的目的；②目标蛋白质的测活方法；③纯化蛋白质的原料。

1. 明确纯化蛋白质的目的

不同的研究者纯化蛋白质的目的可能会不一样。显然，目的不同，需求量就不同：若是进行测序或质谱分析，约需要1 pmol（相当于50 ng分子量为5×10^4的蛋白质）；若是制备抗体，需要200～500 μg；若是做荧光分析、圆二色性和测热法等结构分析，需要量在1～10 mg；如果做X射线衍射，需要10 mg或者更多；而如果是作为药用和工业之用，则是多多益善。此外，纯化蛋白质目的不同，对蛋白质纯度的要求也会不同。例如，测序之用的蛋白质纯度至少要在97%以上，而药用的蛋白质（如胰岛素）的纯度要求更高。

事实上,这个问题最容易解决,因为纯化者自己很清楚纯化的目的。

2. 建立蛋白质活性测定的方法

在纯化一种蛋白质之前,首先需要建立一种测活的方法。因为只有这样,才能显示它是否存在以及存在多少,并追踪它的去向以及判断其在纯化过程中有没有变性。

蛋白质活性测定的方法通常根据它的生物功能来设计。例如,如果是酶,就测定它的催化活性;如果是刺激细胞分化的蛋白质,就测定它刺激特定细胞分化的能力。

在选择测活方法的时候,要牢记两个标准:①测定是不是灵敏、方便;②测定的方法是不是高度专一。需要防止功能相近的蛋白质产生干扰。

3. 选择含有目标蛋白质的原材料

对含有特定目标蛋白质的原材料的选择,往往直接关系到纯化是成功还是失败。选择目标蛋白质含量高的原材料是一般原则。例如,从单细胞真核生物四膜虫体内分离端粒酶是非常明智的选择,因为单细胞真核生物只要条件允许,会一直在分裂,因此这种酶会一直在表达,这样才能使其端粒DNA维持完整。

Quiz47 如果让你从高等动物体内纯化水孔蛋白(aquaporin),你认为哪一种细胞是最好的选择?

有时,某些蛋白质的含量本来就很低,难以找到富含它的组织,这时可考虑先得到它的基因,然后利用基因工程进行高表达后再进行分离、纯化。

(二)蛋白质纯化的一般注意事项

在纯化任何一种蛋白质的时候,都要时刻注意维护它的稳定,保护它的活性。有一些通用的注意事项需要牢记,它们包括:①操作尽可能置于冰上或者在冷库内进行;②不要太稀,蛋白浓度维持在每毫升微克至毫克级;③合适的 pH,除非是进行聚焦层析或等电点沉淀,所使用的缓冲溶液的 pH 避免与 pI 相同;④使用蛋白酶抑制剂,防止蛋白酶对目标蛋白质的降解;⑤避免样品反复冻融和剧烈搅动,以防蛋白质的变性;⑥缓冲溶液成分尽量模拟细胞内环境;⑦在缓冲溶液加入 0.1 ~ 1 $mmol \cdot L^{-1}$ 二硫苏糖醇(DTT)或 β- 巯基乙醇,防止蛋白质的氧化;⑧加 1 ~ 10 $mmol \cdot L^{-1}$ EDTA 金属螯合剂,防止重金属对目标蛋白质结构的破坏;⑨使用灭菌溶液,防止微生物生长。

(三)蛋白质纯化的常见方法

分离纯化蛋白质的各种方法都是利用不同蛋白质在理化性质上的差别,例如溶解性、质量、形状、表面电荷、表面疏水性、与特定配体结合的性质等方面。

常用的方法有:沉淀(溶解性)、离子交换(电荷)、聚焦层析(电荷)、凝胶过滤(大小和形状)、疏水层析(疏水性)、亲和层析(与特定配体的特异性结合)。

在纯化过程中,有时候样品体积较大,需要先进行浓缩以缩小体积。常见的浓缩方法有:沉淀、冻干、反透析、超滤(ultrafiltration)。

下面将对这些方法的原理作简单介绍,而详细的操作过程可以参考有关实验手册。

1. 沉淀与离心

沉淀是根据不同蛋白质在特定条件下溶解性不同,而对它们进行选择性沉降从而达到分离目的的一种粗纯化方法。它通常用于将目的蛋白质从大体积的粗抽取物中分离出来。这种方法既能除去许多杂质,又有浓缩之效。

实现选择性沉淀的方法包括:改变 pH 或改变离子强度(盐析)。无论是哪一种沉淀方法,产生的沉淀物都需要借助离心的手段才能与上清有效的分开。

离心方法是根据分子的特征密度来分离大分子的。如果一种颗粒的密度大于其介质溶液的密度,那么这种颗粒有可能通过溶液发生沉降。颗粒沉降的速度与颗粒和介质溶液之间的密度之差成正比。任何一种颗粒在离心力作用下通过溶液发生沉降的趋势可用沉降系数(sedimentation coefficient),即 S 表示:$S=(p-m)V/f$。这里 p 为颗粒或大分子的密度,m 为介质或溶液的密度,V 为颗粒体积,f 为摩擦系数。非球形分子具有更大的摩擦系数，因此其沉降系数较小。颗粒越小或形状与球形相差越远，在离心机内就沉降得越慢。

沉降系数对于生物大分子来说，多数在(1～500)×10^{-13} s之间。为应用方便起见，人为规定10^{-13} s为一个S单位。一般单纯的蛋白质在1～20 S之间，较大核酸分子在4～100 S之间，更大的亚细胞结构在30～500 S之间。

离心既可以作为分离和纯化大分子或亚细胞组份的制备技术，也可用来分析大分子的流体动力学性质。分析用超速离心机仅能对少量样品（小于1 mL）进行分析；制备用离心机是专为提取、纯化大分子组分设计的，可对大量的样品（10～2 000 mL）进行分离。

制备用离心机的应用最广，根据其性能可分为低速离心机（最大速度不超过10 000 r/min）、高速离心机（最大转速为20 000～25 000 r/min）和超速离心机（最大转速可超过75 000 r/min）。高速离心机都配有冷却装置，用以防止转轴的温度过高而使生物样品失活；此外，所有超速离心机都有真空装置，以减少离心室内转头与空气之间的摩擦作用。

制备用离心机在应用方法方面又有沉降速度离心和梯度离心两种形式：①沉降速度离心（velocity sedimentation centrifugation）是指在离心管内溶液密度均一的情况下进行的离心。最常见的方法是差速离心（differential centrifugation），这是对含两种以上大小不同的待分离物质的混合液，以不同离心速度分段离心沉淀，使之相互分离的离心方法。②梯度离心是将待分离的物质在具有密度梯度的介质中进行的离心。

梯度离心又可分为密度梯度离心（density gradient centrifugation）和平衡密度梯度离心（equilibrium density gradient centrifugation）。

(1) 密度梯度离心。密度梯度离心是在密度梯度介质中进行的一种沉降速度离心，被离心的物质根据其沉降系数不同而进行分离。常用蔗糖或甘油来制备梯度。梯度的作用是稳定离心液以减少扩散，而得到较为锋利的区带。

(2) 平衡密度梯度离心。平衡密度梯度离心虽然也是在密度梯度介质中进行的，但被分离的物质是依靠它们的密度不同而进行分离的，此种离心常用CsCl等无机盐类制备密度梯度。在梯度介质中，当被分离的物质分别达到与其密度相同的介质部位时，就不再移动，从而达到分离的目的。

2. 透析（dialysis）和超滤（ultrafiltration）

透析是利用蛋白质等生物大分子不能透过半透膜（semipermeable membrane），但小分子物质和离子能够通过而进行纯化的一种方法（图2-76）。这种方法经常用于去除大分子溶液中的小分子物质，或者改变蛋白质溶液的组成。

如果在装有蛋白质或其他大分子溶液的透析袋外，放入高浓度吸水性强的多聚物（如固体聚乙二醇），透析袋内的水便迅速被袋外多聚物所吸收，从而达到了浓缩袋内液体的目的。这种方法称为“反透析”。

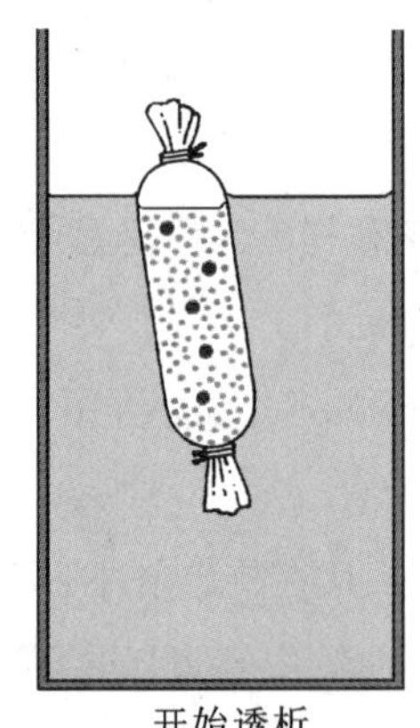
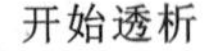

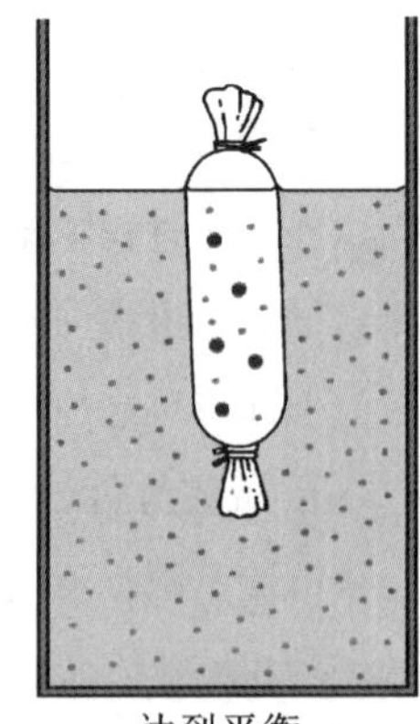

图2-76　透析示意图

超滤对透析原理进行了改进，它利用具有一定大小孔径的微孔滤膜，在常压、加压或减压条件下对生物大分子溶液进行过滤，使大分子留在超滤膜上面的溶液中，小分子物质及水过滤出去，从而达到脱盐、浓缩或更换缓冲液的目的，有时还可以用它来进行滤过灭菌。

3. 电泳

电泳（electrophoresis）是指带电的颗粒或生物分子在外加电场作用下，向带相反电荷的电极作定向移动的现象。显然，带电粒子或分子的大小、形状和带电状况都会影响它们的电泳速度。在待分离样品中，各种生物分子在大小、形状和带电性质上的差异使得它们的“泳动”速度不同，因而可以利用电泳技术对它们进行分离、鉴定或纯化。

电泳技术有多种方式，但一般根据有无支持物将其分为无支持物的自由电泳(free electrophoresis)和有支持物的区带电泳(zone electrophoresis)两大类。前者包括显微电泳、和密度梯度电泳等。区带电泳则包括以滤纸作为支持物的纸电泳、以醋酸纤维素等薄膜为支持物的薄层电泳，以及以凝胶(例如琼脂糖和聚丙烯酰胺凝胶)为支持物的凝胶电泳。

对于小分子的氨基酸来说，比较适合用纸电泳对其进行分离和分析。

以 Ala、Lys 和 Asp 为例，如果将它们点在电泳槽中央，在 pH 6 的缓冲溶液中电泳，那么 Lys 和 Asp 因各带正、负电荷会分别向阴极和阳极移动，而 Ala 正好处于 pH 等于其 pI 的缓冲溶液中，净电荷为零，所以不发生泳动(图 2-77)。

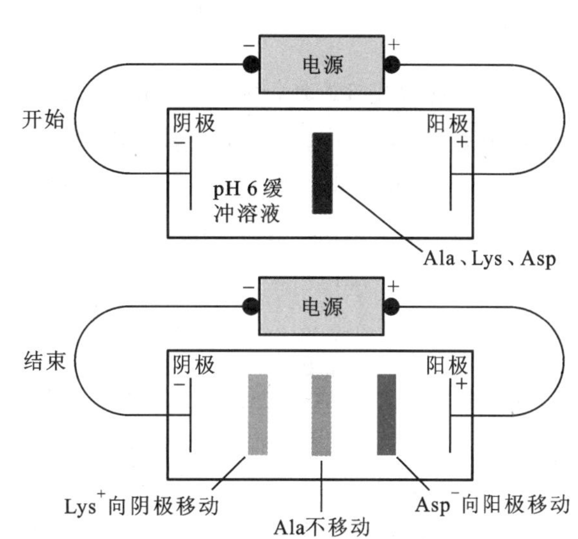

图 2-77　Ala、Lys 和 Asp 的电泳分离

Quiz48 如果把电泳缓冲液的 pH 提高到 8，Ala、Lys 和 Asp 电泳的结果会有什么变化?

与蛋白质分离纯化有关的电泳技术主要包括等电聚焦(isoelectric focusing electrophoresis，IFE)电泳、十二烷基硫酸钠聚丙烯酰胺凝胶电泳(sodium dodecyl sulfate polyacrylamide gel electrophoresis，SDS-PAGE)以及将这两种电泳技术结合在一起的双向电泳(two-dimensional gel electrophoresis)。

(1) IFE

IFE 需要在凝胶中加入两性电解质，以便在两极之间建立 pH 梯度，处在其中的蛋白质分子在电场的作用下发生迁移，最后各自移动并聚焦于凝胶上某一特定的位置，各个位置的 pH 与聚焦在此的蛋白质的 pI 相同。通过 IFE，不仅可以实现 pI 不同的蛋白质之间的分离，还可以直接测定出各种蛋白质的 pI。

(2) SDS-PAGE

蛋白质在非变性聚丙烯酰胺凝胶中电泳(native PAGE)时，其迁移率取决于分子的大小、形状及其所带净电荷等因素。如果加入一种试剂使电荷因素消除，并使分子形状趋于一致，那电泳迁移率将只取决于分子的大小。在此基础上，不仅可以将大小不同的蛋白质彼此分开，还可以测定出蛋白质的分子量。阴离子去垢剂 SDS 具有这种作用。在向蛋白质溶液中加入足够量的 SDS 以后，SDS 即与蛋白质形成复合物。SDS 带负电，能使各种蛋白质 -SDS 复合物都带上相同密度的负电荷，其总量大大超过了蛋白质分子原来的电荷量，因而掩盖了不同种蛋白质间原有的电荷差别。SDS 还能打破维持蛋白质三级结构的次级键，使各种蛋白质变性而呈线状展开(图 2-78)。这样的蛋白质 -SDS 复合物，在凝胶电泳中的迁移率，不再受蛋

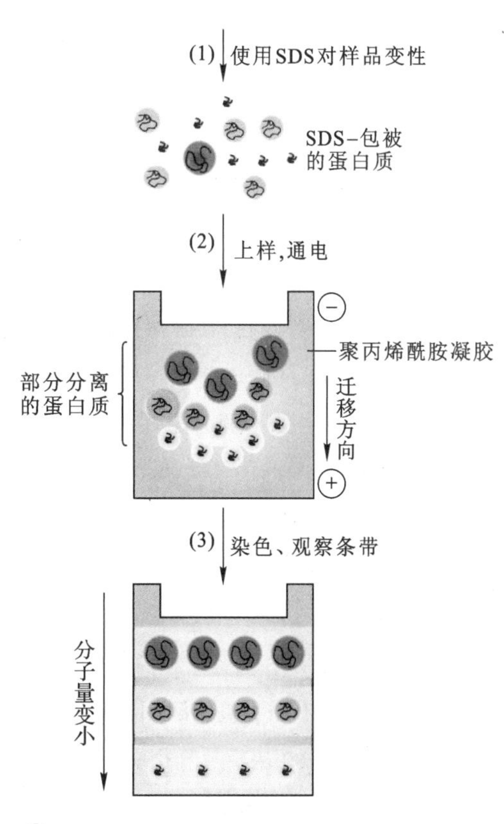

图 2-78　蛋白质的 SDS 聚丙烯酰胺凝胶电泳

白质原来的电荷和形状的影响，仅取决于它们的大小。不过 SDS 还能够破坏蛋白质的四级结构，因而可导致寡聚体蛋白解聚。

Quiz49 你认为 SDS-PAGE 能不能测定胰岛素和抗体的分子量？

SDS-PAGE 不仅可以用来测定蛋白质的大小，还可以用来鉴定蛋白质的纯度、定量蛋白质和确定二硫键等。

(3) 双向电泳

双向电泳是先后做两个方向不一样的聚丙烯酰胺凝胶电泳：第一向是等电聚焦电泳，第二向是 SDS-PAGE（图 2-79）。其中，等电聚焦凝胶电泳可使 pI 不同的蛋白质得到分离。将第一向电泳的凝胶转移到 SDS-PAGE 平板的顶部，即进行第二向电泳，这一次是按照分子大小来分离，两向结合便得到高分辨率的蛋白质图谱。在对凝胶进行染色以后，可以观察到各个蛋白质的位置。

Quiz50 双向电泳后的凝胶一般用什么方法进行染色？

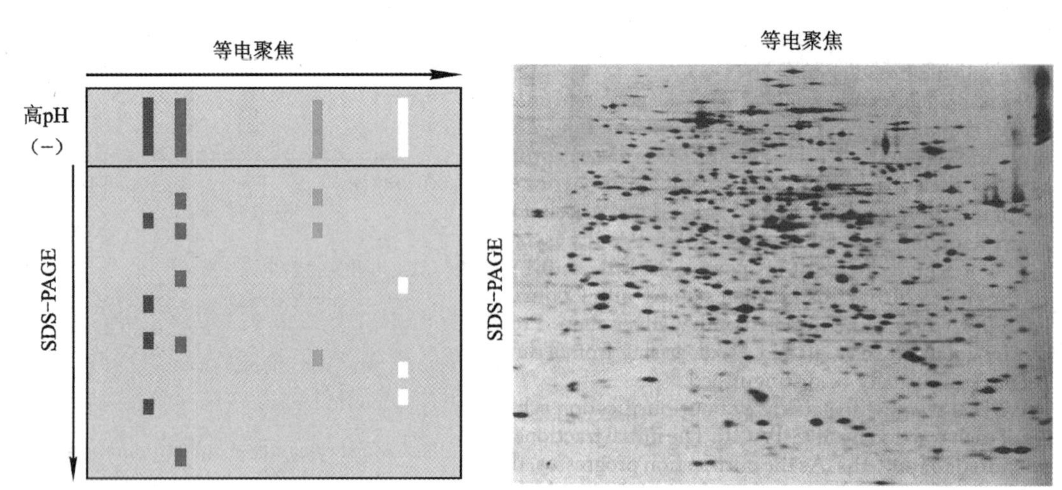

图 2-79　蛋白质的双向电泳及其结果显示

双向电泳主要用于蛋白质组的研究。研究者有可能观测并建立一种特定细胞所表达的全部蛋白质的目录。ExPASy（http://expasy.hcuge.ch/）已建立了双向电泳数据库，数据库内含有多种类型的细胞和组织的蛋白质双向电泳图谱。

4. 层析

早在 1903 年，层析法（chromatography）就被俄国植物学家 Mikhail Tswett 用来分离植物色素，因此又称为色谱。所有的层析系统都由两相组成：一个是固定相（stationary phase），它可以是固体物质，也可以是固定在固体物质上的成分；另一个是由可以流动的物质组成的流动相（mobile phase），如水和各种溶剂。当待分离样品随着流动相通过固定相时，各组分在理化性质上的差别使得各自与两相发生相互作用（如吸附、溶解或结合等）的能力不同，最终导致它们在两相中的分配不同，而且随着流动相向前移动，各组分会不断地在两相中进行再分配。与固定相相互作用力越弱的组分，随流动相移动时受到的阻力就越小，向前移动的速度越快；反之，与固定相相互作用越强的组分，向前移动速度越慢。经过分部收集流出液，可得到样品中所含的各单一组份，从而达到分离各组分的目的。

层析法的种类繁多，根据流动相和固定相的性质，可以分为液－液层析法、液－固层析法、气－液层析法和气－固层析；根据层析原理分类，它们又可以分为吸附层析法、分配层析法、离子交换层析法、凝胶过滤层析法、亲和层析法和疏水层析法；根据操作方式，它们还可以分为柱层析法、薄层层析法、纸层析法、薄膜层析法和高效液相层析（high-performance liquid chromatography，HPLC）法。其中，HPLC 的原理与经典的液相层析及气相层析一致，只不过对固定相颗粒的大小、流动相的流速进行了很大的改进，使颗粒更细（3～10 μm）、流速更快，并实现了自动化。

层析在蛋白质分离纯化中所起的作用是不可替代的。常见的层析方法有离子交换层析、疏水层析、凝胶过滤层析和亲和层析等(表 2-6)。

表 2-6　几种层析分离方法的比较

方法	容量	纯化位置	成本
离子交换层析	高	早期	低
疏水层析	高	早期	中
凝胶过滤层析	低	后期	低
亲和层析	高	任何时段	中

(1) 离子交换层析

离子交换层析是以含有带电基团的树脂作固定相,利用它与流动相中带相反电荷的离子结合并进行可逆交换的性质来分离目标带电分子的一种方法(图 2-80)。如果进行可逆交换的离子是阳离子,则为阳离子交换层析;反之,则称为阴离子交换层析。在进行离子交换层析时,首先需要用几倍于柱体积的低盐缓冲溶液对树脂进行平衡。然后在低盐条件下,将样品上柱。与树脂带相反电荷的分子会通过静电作用与树脂结合,而不带电荷的或带相同电荷的分子直接流出。最后,用高盐缓冲溶液洗脱,以取代与树脂结合的分子。

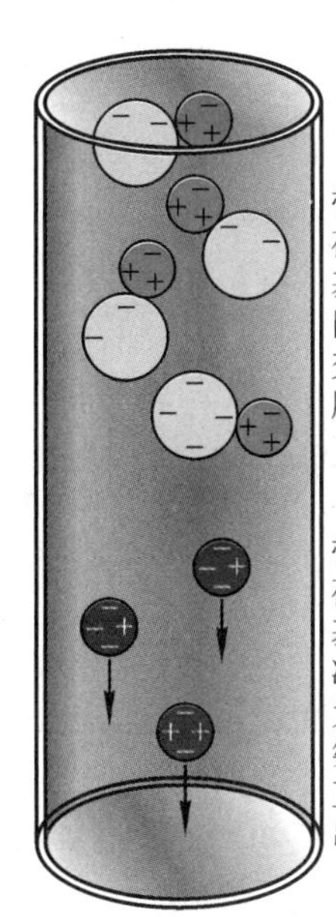
带正电荷的氨基酸与阳离子交换树脂结合
带负电荷的氨基酸或净电荷为零的氨基酸直接流出

图 2-80　离子交换层析分离氨基酸的原理

以一种碱性蛋白质和一种酸性蛋白质的混合物为例。如果选用阳离子交换层析,在生理 pH 的低盐缓冲溶液下上柱,那么碱性蛋白质将因为带正电荷被吸附在树脂上,而带负电荷的酸性蛋白质会直接出现在流出液中,碱性蛋白质会在随后的高盐缓冲溶液洗脱的时候释放出来,这样就实现了上述碱性蛋白质和酸性蛋白质的分离。如果选用的是阴离子交换层析,那么一开始吸附在树脂上的蛋白质就变成酸性蛋白质,最后被洗脱下来的蛋白质就是酸性蛋白质了。

(2) 疏水作用层析

疏水作用层析(hydrophobic interaction chromatography,HIC)是利用不同蛋白质在疏水性质上的差别,而对特定蛋白质进行纯化的一项层析技术。其固定相是连接到惰性基质上的疏水基团,如辛烷基(octyl)或苯环。其原理类似于盐析,即在高盐条件下样品上柱(如 1 $mol \cdot L^{-1}$ 硫酸铵),以此除去蛋白质的水化层,由于表面上亲水基团最少的蛋白质最容易失去水,也就最容易暴露出它们的疏水基团,并与树脂上的疏水基团结合。反之,表面上亲水基团最多的蛋白质最难失去水化层,也就最难与固定相结合。

HIC 的洗脱方法有:降低洗脱液的盐浓度、增加洗脱液的去垢剂浓度或者改变 pH。

Quiz51　盐析过的蛋白质让你接着使用离子交换层析和疏水层析来分离纯化,你认为应该把哪一种层析放在前面使用?

(3) 凝胶过滤层析

凝胶过滤层析(gel filtration chromatography)又称分子筛过滤层析(molecular sieve chromatography)或大小排阻层析(size exclusion chromatography)等。它是一种主要按大小来分离物质的层析方法,当然分子形状也起一定作用,因此也可以用来测定蛋白质的分子量。其固定相是装在层析柱内细而多孔的凝胶颗粒。例如,葡聚糖(商品名为 Sephadex)、琼脂糖(商品名为 Sepharose)或聚丙烯酰胺(商品名为 Sephacryl)。在将样品加到充满着凝胶颗粒的层析柱以后,使用缓冲液洗脱。大分子无法进入凝胶颗粒的内部,只能随着流动相穿行于凝胶颗粒之间的缝隙中,因而以较短的路径和较快的速度首先流出层析柱,而小分子则能自由出入凝胶颗粒内部,并很快在两相之间形成动态平衡,于是要走更长的路径和花费更长的时间流过柱床。不同大小的分子因此得以分离(图 2-81)。

(4) 亲和层析

亲和层析(affinity chromatography)是利用待分离物质和它的特异性配体间具有特异性的亲和力,而实现分离的一类特殊层析技术。其固定相是带有共价偶联配体的惰性树脂,当含有混合组分的样品通过此固定相时,只有和固定相上的配体具有特异亲和力的物质,才能被固定相吸附结合,其他没有亲和力的无关组分就随流动相流出(图 2-82)。如果改变流动相成分,可将结合的亲和物洗脱下来。洗脱的方法有:增加游离配体的浓度或改变 pH。

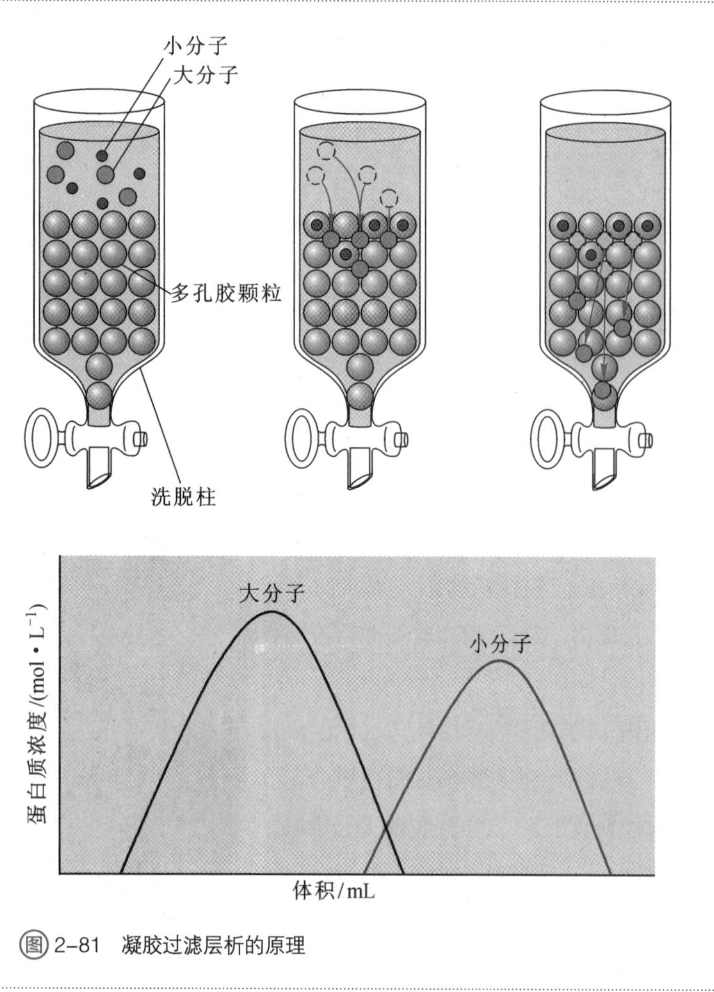

图 2-81　凝胶过滤层析的原理

图 2-82　亲和层析的原理

可用于亲和层析的具有特异性亲和力的生物分子对(蛋白质 - 配体)主要有:酶与底物/抑制剂、受体与激素、抗体与抗原、抗体与蛋白质 A、带有组氨酸纯化标签的融合蛋白与金属镍、带有单链 DNA 结合蛋白纯化标签的融合蛋白与单链 DNA、带有谷胱甘肽 S- 转移酶(glutathione S-transferase,GST)纯化标签的融合蛋白与谷胱甘肽、蛋白质与特殊染料、糖蛋白与植物凝集素(lectin)、特异性结合蛋白与被结合的物质。

Quiz52 你知道蛋白质A来自何种生物以及有什么特性吗?

亲和层析纯化过程简单、迅速、高效,有时能够"一柱到位",对分离含量极少又不稳定的活性物质特别有效。

(四) 蛋白质纯化方案的设计

在纯化蛋白质之前,首先需要熟悉各种蛋白质纯化方法的原理,以及对纯化过程中的一些注意事项有所了解;然后就是选择好测活的方法和含有目标蛋白质的原材料;接着就是设计纯化方案了。

为了纯化一种蛋白质,必须从起始物质开始就选择一种物理的或化学的途径进行分级分离。分级分离的方法有离心、盐析、速度沉降、平衡密度沉降和各种层析等。先用哪一种后用哪一种没有固定的套路,一般靠的是经验与摸索。无论哪一种分离方法完成以后,都会发现某些部分有活性,某些部分无活性。这时需要做的就是保留和合并有活性的部分。分级的目的一是除去污染物,二是合并有活性的部分,来富集目标蛋白质。被富集的部分再经历另外一轮分级处理,这样的过程还可以继续重复。如果蛋白质活性能够被精确地测定,那每一次分级后得到的样品总量就可以确定,每一次制备的比活性(specific activity)即每毫克蛋白质内的蛋白活性也可以计算出来。

在一个精心设计的纯化程序中,每一级分离都应该有杂质的去除和比活性的提高。但在实际操作中,在比活性提高的同时,几乎总会有总活性(total activity)的损失。最大地提高比活性同时尽量减少总活性的损失是任何一种纯化程序的目标,而设计一种好的纯化方案通常是考虑到多种因素后的折中。一个纯化流程可以总结在一张纯化表(purification table)上(参看后面酶的应用及研究方法),它必须真实地记录各项有效的数据。这样的纯化表不仅是将来论文中有力的论据,也为评估一步纯化步骤是不是合理提供了依据。

一个典型的蛋白质纯化方案开始于完整的组织,一般经过四个阶段:①破碎细胞或组织(混合和匀浆);②去除残渣(离心);③沉淀 / 浓缩(硫酸铵或聚乙二醇);④纯化(主要用层析);⑤鉴定,包括纯度、大小或 pI 的测定。

(五) 蛋白质纯度的测定

纯净的蛋白质样品不应该含有其他杂蛋白和杂质。一般认为,当一种蛋白质被纯化到恒定的比活性或达到组成的均一性(homogeneity)以后,就可认为是纯品了。然而,单凭恒定的比活性是不够的,还需要使用其他的方法加以验证。

其他鉴定蛋白质纯度的方法有:①电泳法。如聚丙烯酰胺凝胶电泳和等电聚焦。纯净的蛋白质电泳的结果应该是一条带。如果使用 SDS- 聚丙烯酰胺凝胶电泳,就要特别小心,原因是 SDS 能够破坏蛋白质的四级结构,而导致异源寡聚体蛋白质可能出现几条带。此外,电泳法检测蛋白质的纯度时,应取分布在蛋白质等电点两侧的两个不同的 pH 值分别进行检测,这样得出的结论才更可靠。②化学法。进行 N 端或 C 端测定,纯品蛋白质应该具有恒定的 N 端或 C 端组成。如果一种蛋白质只有一条链组成,就只会检测到一种 N 端或 C 端氨基酸。③仪器法。使用 HPLC 或质谱进行分析。如果一种蛋白质样品在 HPLC 上只表现单一的峰,则可视为其为纯品;如果纯化的是一种已知蛋白,经质谱分析测定出来的分子量与实际的值一致,那么也可认为它是纯品。

Quiz53 如果一种蛋白质有两条不同的肽链组成(如胰岛素),那就可能有两个 N 端氨基酸。你如何把它与混有杂蛋白的只有一条肽链的蛋白质区分开来?

检测蛋白质的纯度,必须综合两种原理不同的分析方法才能作出准确的判断。例如,仅仅用凝胶过滤和 SDS-PAGE 来确定一个蛋白质样品是否纯净是欠妥的,因为这两种方法的原理是都是根据大小分离蛋白质。

二、蛋白质大小的确定

大小是蛋白质一个重要的特征常数,当发现一种新的蛋白质的时候,首先应准确地测定出它的大小。

测定蛋白质大小即分子量(M_r)的方法现在一般用 SDS-PAGE、凝胶过滤层析和质谱。

1. SDS-PAGE。这是实验室最常见的测定蛋白质大小的方法,其基本原理和步骤是:蛋白质分子量与电泳迁移率间的关系可用下式表示:$\lg M_r = k - bm$。式中 M_r 为分子量,k 为常数,b 为斜率,m 为迁移率。因此,若要用本法测定蛋白质的分子量,需要用几种已知大小的蛋白质为标准,进行电泳,以每种蛋白质分子量的对数对电泳迁移率作图,绘制出标准曲线。未知蛋白质在同样的条件下进行电泳,根据它的迁移率,从标准曲线上即可求出其分子量。

2. 凝胶过滤法。其测定蛋白质大小的基本原理和步骤则是:由于不同排阻范围的凝胶有一特定的蛋白质分子量的范围,在此范围内,分子量的对数和洗脱体积之间成线性关系。因此,用几种已知大小的蛋白质为标准,进行凝胶层析,以每种蛋白质的洗脱体积对它们的分子量的对数作图,可绘制出标准洗脱曲线。未知蛋白质在同样条件下进行凝胶层析,根据其所用的洗脱体积,从标准洗脱曲线上可求出未知蛋白质的大小。

Quiz54 少数蛋白质使用 SDS-PAGE 和凝胶过滤层析测出的分子量有比较大的差别。你认为其中的原因是什么?

3. 质谱法。质谱法具有较好的灵敏度(亚微克级)、准确度,能精确地测定出蛋白质分子量、肽链氨基酸排序以及含二硫键蛋白质的二硫键数目和位置,因此现在在蛋白质结构研究中占据十分重要的地位。质谱法测定蛋白质分子量的基本原理是:通过电离源将蛋白质分子转化为离子,然后利用质谱分析仪的电场、磁场将具有特定质荷比的蛋白质离子分离开来,经过离子检测器收集分离的离子,确定离子的质荷比,分析鉴定未知蛋白。通常结合相应的处理及其他技术,能够比较准确、快速地鉴定蛋白质。

三、蛋白质等电点的测定

测定蛋白质 pI 的方法主要有等电点沉淀和等电聚焦,其中等电聚焦更精确。虽然现在有专门的软件可对一级结构已知的蛋白质的 pI 直接预测,但是预测的结果不一定与真实的值相符,因为一种蛋白质的 pI 除了与一级结构有关以外,还与三维结构有关。因此,要想确定一种蛋白质的真实的 pI,还得靠实验来测定。

四、蛋白质在机体内表达的分析

研究一种蛋白质在机体内的表达状况,可使用 Western 印迹(Western blotting)来测定。这种方法的基本原理是:一种蛋白质与其抗体之间的结合是高度特异性的,因此可以用它的抗体来对其进行定性和定量分析。然而,抗体本身并没有颜色,因此需要将其与一种酶偶联在一起或者对其进行荧光标记。偶联的酶可在抗体结合的地方,原地催化反应,并将无色的底物变成有色的产物,借此可显示作为抗原的目标蛋白质的存在。理论上,可将酶直接偶联在目标蛋白质的抗体上,如辣根过氧化物酶(horseradish peroxidase,HRP)或碱性磷酸酯酶(alkaline phosphatase),但在实际操作的时候,是将酶偶联在以目标蛋白质的抗体(一级抗体)作为抗原制备而成的二级抗体上。这样的好处是不同蛋白质虽然一级抗体是不同的,但是二级抗体却是通用的。这是因为二级抗体是由一级抗体的不变区作为抗原去免疫另外一种动物制备而成的,来自同种动物不同的一级抗体可变区不一样,但不变区是一样的。

Quiz55 Western 印迹的第一步通常为 SDS-PAGE,但 SDS 可让蛋白质变性,那么一级抗体为何还能与之特异性结合呢?

这种方法之所以叫印迹,是因为不同的蛋白质在经凝胶电泳分离后,需要将它们从凝胶上通过吸印的方法转移到机械性能更好的滤膜等材料上,才可以进行后面的鉴定。

五、蛋白质一级结构的测定

蛋白质一级结构测定是研究蛋白质其他层次的结构和蛋白质功能的基础。蛋白质一级结构的测定在策略上可以直接测定,也可以间接测定。

(一) 间接测定

间接测定的策略基于“中心法则”,是先得到某一种蛋白质基因的核苷酸序列,然后根据通用的遗传密码表,间接推导出由其决定的氨基酸序列。

如果是原核生物,可先直接从它的基因组 DNA(genomic DNA)中得到目标蛋白质的基因,然后测定基因的碱基序列,找出可读框(open reading frame,ORF),最后根据遗传密码反推出氨基酸序列;如果是真核生物,可以先得到目标蛋白质的 cDNA,然后测定 cDNA 的碱基序列,找出 ORF,最后同样根据遗传密码反推出氨基酸序列。

间接测定的优点是快速,不需要纯化蛋白质,与直接测定多肽链的氨基酸序列相比,测定 DNA 的碱基序列要容易得多。但其缺点是,无法确定经后加工的蛋白质的最终序列,无法确定修饰的氨基酸,也得不到任何二硫键的信息。以胰岛素为例,如果是用间接测定的策略测定的话,是绝对预想不到它会是由两条肽链组成的。

间接测定的策略对含量低、不容易纯化的蛋白质很有用,此外对分离纯化来自生存在极端环境下古菌体内的蛋白质来说也十分有用,因为这些古菌在实验室内无法模拟自然的环境进行培养。许多难以纯化的膜内在蛋白也是用这种策略最先得到一级结构的。

(二) 直接测定

直接测定的策略前后需要 9 大步,依次如下。

1. 纯化目标蛋白质

这是第一步,也是不可省略的一步,纯度应在 97%以上。

2. 拆分肽链

如果目标蛋白质含有 2 条或 2 条以上不同的肽链，必须先进行拆分，然后纯化出各条单链，再进入下一步，分别测定各条肽链的序列。

多亚基蛋白质在亚基之间通常以非共价键相连，因此在受到极端 pH、8 $mol\cdot L^{-1}$ 尿素、8 $mol\cdot L^{-1}$ 盐酸胍（guanidinium hydrochloride）或者高浓度盐的作用时，一般就能发生解聚。一旦解聚，可根据大小或电荷的差异将它们彼此分离。有时，亚基之间通过二硫键相连，这时需要利用下面的方法打破二硫键以后，再进行分离。

3. 打破二硫键

有许多方法可用来切开二硫键。一是使用还原剂来还原，如巯基乙醇和 DTT。在利用这两种还原剂的同时，还需要使用碘代乙酸（iodoacetate）将还原出来的巯基再氧化，以防止它们重新形成二硫键。另一种方法是使用过甲酸（performic acid），直接将本来通过二硫键相连的 Cys 残基氧化成磺酸基 Cys。带负电荷的磺酸基之间的静电排斥可阻止二硫键重新形成。

4. 分析各单链的氨基酸组成

测定蛋白质完全水解的产物可得到肽链的氨基酸组成。蛋白质的酸水解通常是将样品与 6 $mol\cdot L^{-1}$ HCl 一起放在密封的玻璃小瓶中，在 110℃下放置 24、48 或 72 h。在酸水解条件下，Trp 几乎完全被破坏，因此它的含量需要用其他方法单独确定。尽管羟基氨基酸在酸水解条件下也会被破坏，但被破坏的速度较慢，因此可以将在 3 个时间段（24、48、72 h）得到的三种羟基氨基酸各自的含量回推到零时段，从而还原出它们原来的含量。酸水解下释放出来的氨可用来估计蛋白质样品中 Asn 和 Gln 的总含量，但无法得到 Asn 和 Gln 各自的含量。

反应结束以后，将反应混合物上柱分离。使用的分离方法可以是离子交换层析，也可以是反相 HPLC。如果使用离子交换层析，则将洗脱出来的氨基酸与茚三酮反应进行定量分析；如果是反相 HPLC，需要将氨基酸在上柱之前与 Edman 试剂反应，使其转变成 PTH- 氨基酸。无论是哪一种分离手段，现在都与定量反应一起完全实现了自动化，在专门的氨基酸分析仪中（amino acid analyzer）进行。

氨基酸的组成分析并不能直接给出一个多肽的每一种氨基酸残基的数目，但能给出各种氨基酸残基之间的相对比例。如果蛋白质的大小和样品中蛋白质的精确含量也能够确定，那么，蛋白质分子中不同氨基酸的物质的量比就可以计算出来，在此基础上，就可以预测出特定蛋白酶的切点或溴化氰（CNBr）切点的数目（参看第 6 步）。

5. 末端氨基酸残基的鉴定

先测定蛋白质末端的氨基酸，可以搞清楚目标蛋白质有几个末端，进而有可能推断出它有几条肽链。如果一个蛋白质由两条或两条以上的肽链组成，那么测定出的 N 端或 C 端氨基酸很可能不止一种。但若用常规的方法测定不出，那很可能是 N 端氨基或 C 端羧基被一些特殊的基团封闭住了。这时就需要用特殊的试剂来解除封闭。

Quiz56 如果一条肽链 N 端氨基发生了甲酰化或乙酰化修饰，你如何解除这种对 N 端氨基的封闭？

N 端氨基酸测定的方法在氨基酸化学反应中已有介绍（使用 Edman 试剂或 Sanger 试剂），这里不再赘述。

6. 将肽链切成小的片段，再测定各小片段的氨基酸序列

Edman 降解能重复多次，且产率很高，测出 20 ~ 30 个氨基酸残基构成的肽段序列一般没有问题，但要获得 50 个氨基酸残基以上的序列就很困难了！这是因为在每一轮循环中，PITC 不可能与所有 N 端残基都起反应，因而在多轮循环以后，错误会越来越多。

许多多肽链的长度在 50 个氨基酸以上，因而在进行 Edman 降解之前，需要将长的肽链进行特异性地切割，以产生长度低于 20 ~ 30 个氨基酸的肽段。

特异性切割多肽链的方法有酶法和化学法。酶法使用的是具有一定特异性的蛋白酶，这些蛋白

Quiz57 序列为 ITRYMANYSWEETS 的多肽经胰凝乳蛋白酶的完全水解，可以产生几种寡肽？其序列是什么？

酶对形成肽键的氨基酸残基的 R 基团有不同的要求。例如，胰蛋白酶只水解由 Arg 或 Lys 提供羧基的肽键；化学法则使用对肽键具有一定选择性的化学试剂。例如，CNBr 专门切割 Met 残基提供羧基的肽键。再如，羟胺（hydroxylamine）在 pH 9 时选择性切割 Asn–Gly 之间的肽键，而在温和的酸性条件下，只切割 Asp–Pro 之间的肽键。

无论是酶法还是化学法，切割后的产物都需要进行分离、纯化。分离后得到的每一种肽段还要单独进行氨基酸组成分析、末端氨基酸测定和全序列测定，以积累重建一个蛋白质全序列所必要的信息。

测定肽段序列的方法有 Edman 降解和质谱，测定肽链一级结构的质谱技术主要是串联质谱法和梯形肽片段测序法。

串联质谱法（tandem MS）是利用待测分子在电离及飞行过程中产生的亚稳定离子，通过分析相邻同组类型峰的质量差，识别相应的氨基酸残基。串联质谱的肽序列图需要读出部分氨基酸序列与前后的离子质量和肽段母质量相结合，这种鉴定方法称为肽序列标签（peptide sequence tag，PST）。串联质谱的基本过程是：从一级质谱产生的肽段中选择母离子，进入二级质谱，经稀有气体（如氦和氩）碰撞后，肽段沿肽链在肽键断裂，可以分解分为更小的肽链。由于形成的产物离子碎片在化学上是可以预测的，因此由所得到的各肽段峰之间的质量差异，可推出前体离子的氨基酸序列。

如图 2–83 所示，待测序列片段在二级质谱仪内，受稀有气体原子的轰击，可以分解分为更小的肽链碎片，因此可检测到一系列碎片产物离子，其中每个离子表示的是从原始的多肽片段的一端有一个或更多氨基酸断裂的产物，图中显示的肽键的羧基片段都被电离。

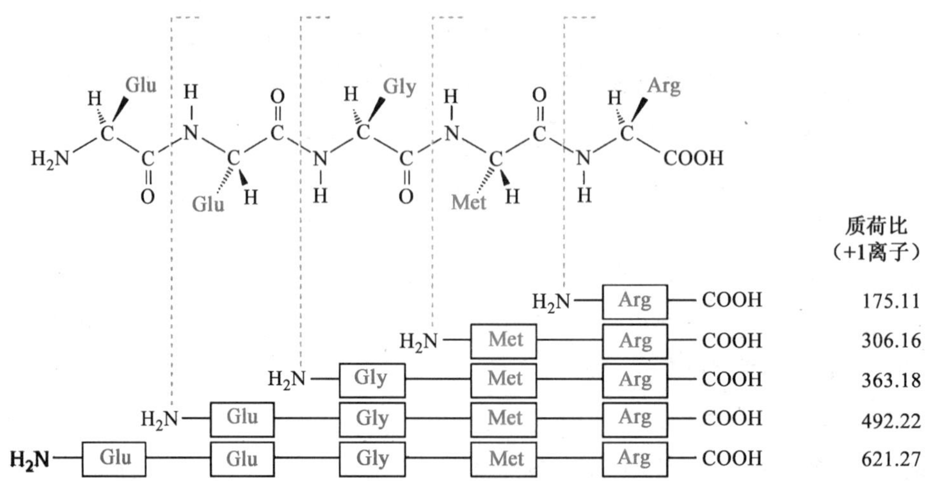

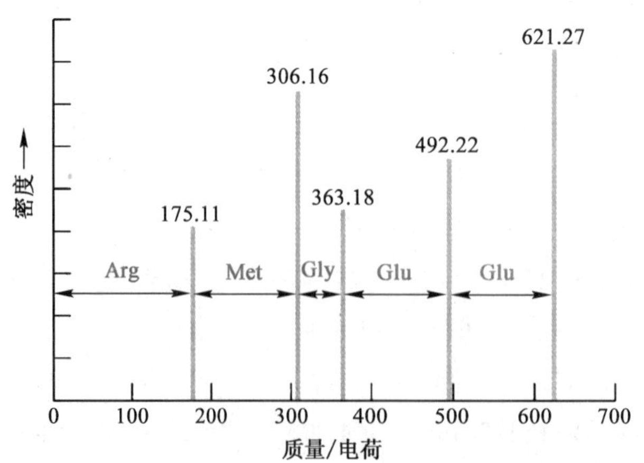

图 2–83 质谱测序图解

梯形肽片段测序法(ladder peptide sequencing)与Edman降解法有相似之处,是用化学探针或酶解使蛋白或肽从N端或C端逐一降解下氨基酸残基,产生包含相差仅1个氨基酸残基质量的系列肽,名为梯状肽,经质谱检测,由相邻肽峰的质量差而得知相应氨基酸残基。

质谱法有不少优点,如能测定翻译后修饰(糖基化和磷酰化等),其发展迅速,从上世纪90年代中期起,基本已经取代传统的Edman降解测序。

7. 选择不同的切点,重复步骤6

8. 根据片段重叠法,推断出肽链的全序列

在得到使用不同切割方法产生的所有肽段的氨基酸序列以后,下一步要做的工作就是借助片段之间的重叠序列,进行拼装,最终得到一种蛋白质完整的一级结构(图2-84)。

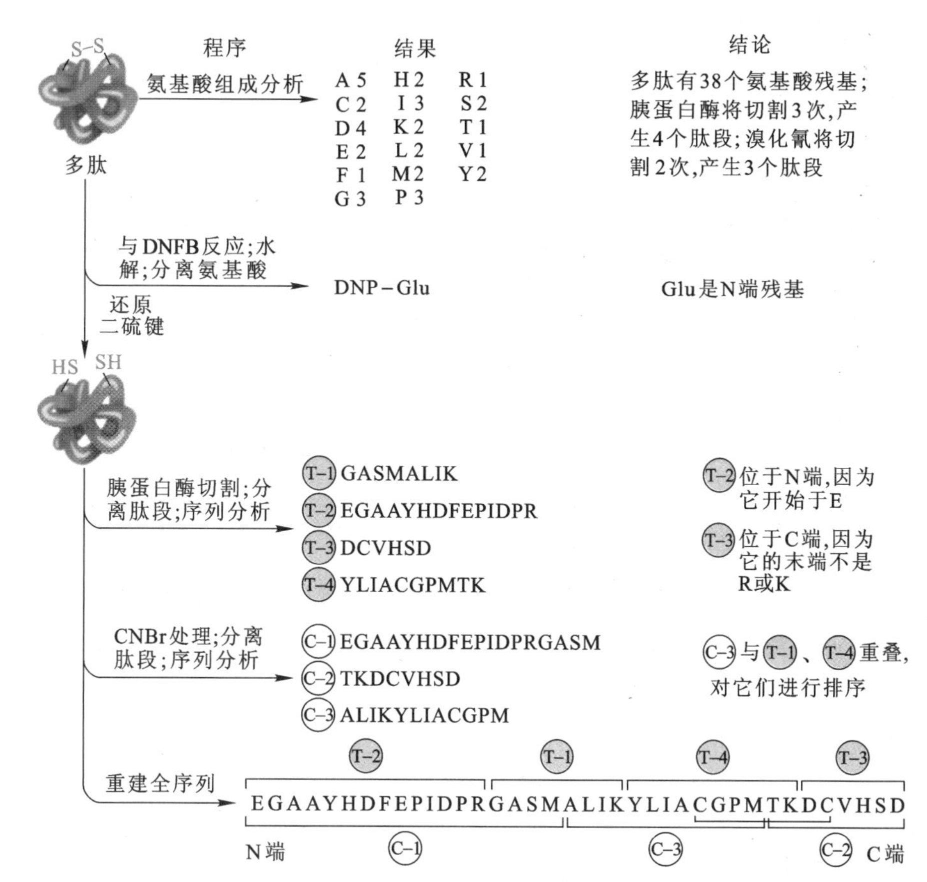

图2-84 多肽序列分析实例

9. 二硫键的定位

如果一种蛋白质含有二硫键,还需要对二硫键进行准确定位。对二硫键定位的基本步骤是:保留目标蛋白质上的二硫键,直接用一种蛋白酶水解。找出含有二硫键的肽段以后,再用前面叙述的方法将二硫键拆开,分别测定两个肽段的顺序。在将它们的顺序与已测出的蛋白质一级结构进行比较以后,就能确定相应的二硫键位置。因此,“挑出”含有二硫键的肽段成为确定二硫键位置的关键。

寻找含有二硫键肽段的最佳方法是对角线电泳(diagonal electrophoresis)。其步骤包括(图2-85):先将蛋白质部分水解物样品弥散地点在滤纸的一端,并开始进行第一向电泳。电泳结束以后,将样品条剪下,置于装有过甲酸的器皿中,用过甲酸蒸气处理2 h,使二硫键断裂,此时含有二硫键肽段所带的负电荷增加。然后,将滤纸条附着于另一张新的滤纸上,进行第二向电泳,电泳条件与第一向完全相同,只是与第一次的方向成直角。在第二向电泳中,那些不含有二硫键的肽段电泳情况与第一向相同,电泳后均位于滤纸的对角线上,而那些含有二硫键的肽段由于电荷发生变化,其电泳速度就与第

Quiz58 你认为链内二硫键和链间二硫键的结果会有什么差别?

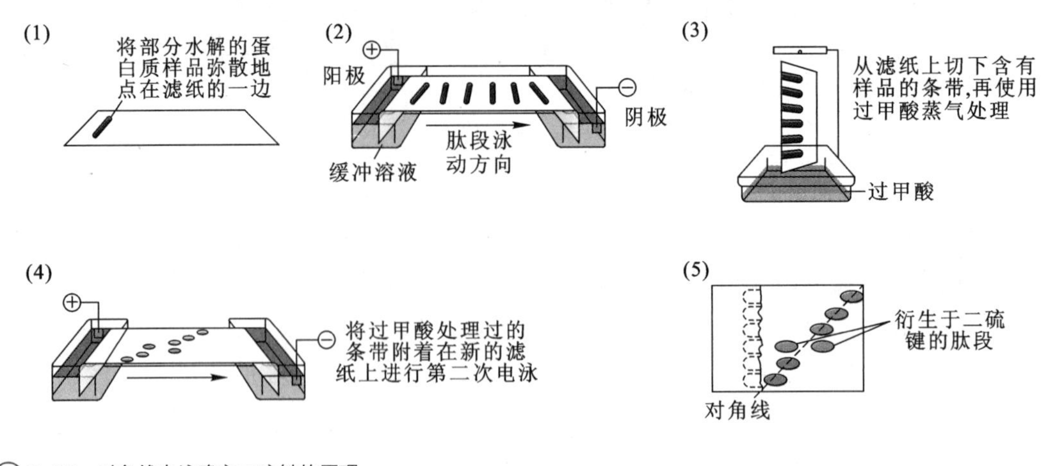
(1)
将部分水解的蛋白质样品弥散地点在滤纸的一边
(2)
阳极
阴极
肽段泳动方向
缓冲溶液
(3)
从滤纸上切下含有样品的条带,再使用过甲酸蒸气处理
过甲酸
(4)
将过甲酸处理过的条带附着在新的滤纸上进行第二次电泳
(5)
衍生于二硫键的肽段
对角线

图 2-85 对角线电泳确定二硫键的原理

一向不同,从而导致这些肽斑偏离对角线。肽斑可用茚三酮显示。

六、蛋白质三维结构的确定

测定蛋白质三维结构的方法有 X 射线晶体衍射、核磁共振波谱法和冷冻电镜,此外,还可以使用诸如 AlphaFold 2 等基于 AI 技术的程序进行预测。

七、蛋白质功能的研究

研究一种蛋白质的功能,除了可以结合它的三维结构对其直接进行研究以外,还可以通过观察和分析破坏目标蛋白质基因或抑制目标蛋白质基因的表达而造成的表型变化来研究,有时还可以利用生物信息学的方法对它的功能进行预测。

如果是从编码蛋白质的基因开始研究的话,有基因敲除(gene knockout)、基因敲减(gene knockdown)和显性负性突变(dominant negative mutation)(参看第二十章"分子生物学方法")。

Box2.5 将来能用纳米孔测定蛋白质一级结构吗?

这么多年来,相比于 DNA,蛋白质一级结构的测定没有多大的突破! 目前,主要用质谱法直接测定,而以前主要使用建立在 Edman 降解反应的基础上的化学测定法。而 DNA 一级结构的测定技术已从最初的第一代(化学断裂法和双脱氧法)发展到当今的第四代(参看第三章"核酸的结构与功能"中有关 DNA 一级结构测定的内容)。

DNA 一级结构的测定之所以比较容易,一是因为 DNA 分子本身就是它复制的模板,这样可以借助于复制来测定充当模板的 DNA 序列;二是 DNA 只有 4 个碱基,这 4 个碱基很容易区分。 然而,对于蛋白质而言,并没有类似于 DNA 的复制机制来合成自己,而且它由 20 多种氨基酸组成。这些氨基酸在蛋白质翻译和折叠的过程中,还会进行不同形式的化学修饰。另外,一些氨基酸之间非常相似,例如亮氨酸和异亮氨酸。它们具有相同的原子、相同的分子量,唯一的区别是原子的连接顺序略有不同。这些因素的存在就限制了蛋白质一级结构测定技术的发展。

在第四代 DNA 序列分析技术中,有一种叫纳米孔(nanopore)测序,其原理是利用一种插在脂双层膜上叫溶菌素(aerolysin)的蛋白质形成的纳米孔在毫伏级电压下,待测序列的 DNA 的一条单链通过纳米孔向前泳动。随着单链的一端通过小孔,检测器记录纳米孔的电流变化。电流的差别取决于每一个碱基的结构以及它们之间不同的组合。

将纳米孔用于测定蛋白质的一级结构一直是科学家的梦想,其困难之处在于许多氨基酸之间的差异太小，无法用纳米孔技术进行记录。然而，现在似乎这种困难差不多已被来自美国伊利诺伊大学香槟分校、法国塞尔吉－蓬图瓦兹大学和德国弗赖堡大学的研究人员克服了！他们联合于 2019 年 12 月 16 日 在 *Nature Biotechnology* 上发表了一篇题为“Electrical recognition of the twenty proteinogenic amino acids using an aerolysin nanopore”的论文，论文报道了他们的重要突破。

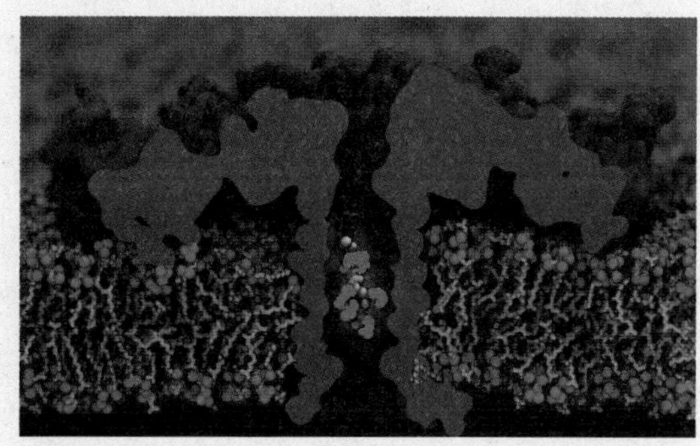

图 2-86　进入纳米孔的氨基酸

来自这三所大学的研究人员也使用了由溶菌素构成的纳米孔（图 2-86）。在计算机建模和实验中，他们将蛋白质切断，并使用化学载体将释放出的氨基酸载入纳米孔。载体分子可使孔内的氨基酸保持足够长的时间，以使其能够记录每个氨基酸（甚至是亮氨酸和异亮氨酸这两个几乎相同的分子“双胞胎”）在电化学性质上可测量的差异。

研究人员还发现，他们可以通过使用更灵敏的测量仪器或者通过使用化学试剂处理蛋白质，以提高分辨率来进一步区分带有不同化学修饰的氨基酸。

参与研究的生物物理学家 Abdelghani Oukhaled 教授说道：“这项工作建立了信心，并向纳米孔界保证了其用于蛋白质测序的确是可能的。”

参与研究的 Aleksei Aksimentiev 博士则认为，这些测量足够精确，可以潜在地识别出数百种修饰，甚至可以通过调整纳米孔来识别更多的修饰。

Aksimentiev 还认为，溶菌素纳米孔可以整合到标准的纳米孔装置中，使其可以被其他科学家使用。一种潜在的应用是将其与免疫测定法结合起来，这样可先得到所感兴趣的蛋白质，然后对其进行测序。而测序的结果可显示它们是否被化学修饰了，由此还可能导致开发出一种新型的临床诊断工具。

Aksimentiev 最后兴奋地说道：“这项工作表明，我们对生物分子的精确表征没有任何限制。很可能，有一天，我们将能够分辨出细胞的分子组成直至单个原子的水平。”

科学故事　**科学家是如何发现一种罕见的 Hb 突变体的作用机理的？**

人类成人血红蛋白有各种天然突变体，差不多有 1 000 多种。这些突变有的发生在 α 亚基上，有的发生在 β 亚基上。不同的突变带来的后果不尽相同。大家最熟悉的一种就是导致镰状细胞贫血的突变，它与 β 亚基有关。

现在大家要认识的一种突变与 α 亚基有关。它并不常见，突变的 α 亚基在 58 号的组氨酸被亮氨酸取代（H58L）。对于这个突变的发现可追溯到一例贫血的案例。

2014 年，由美国 Rice 大学生物化学家 John Olson 及其在德国和法国的合作者帮助一名年轻女子和她的父亲，想了解为什么她患有贫血，但她一直吸烟的父亲却没有。

该名女子在被诊断时才 21 岁，她和她的父亲一样都带有一种血红蛋白的突变体。与血红蛋白有关的突变很多以发现它的城市或医院来命名。这一家人居住在德国曼海姆，但父亲出生在土耳其城市 Kirklareli，所以突变被称为 Kirklareli 突变。

她的医生却发现，Kirklareli 突变并没有影响她父亲血液中的铁含量，但确实是他女儿患慢性贫血的根本原因。在排除了失血、胃炎或先天性缺陷等常见原因后，她的医生对这样的病例非常好奇，请求弗赖堡大学临床化学与实验室医学研究所的研究员 Emmanuel Bissé 帮助对她的 DNA 进行测序，结果发现了这种突变。

Bissé 反过来向 Olson 和他的团队求助，以确定为什么这种突变让女儿发病却并没有让父亲发病。巧合的是，那时 Olson 的研究生 Ivan Birukou 在实验室已经获得了几百种人类血红蛋白的各种突变体，其中就有 Kirklareli 突变体。不过他们研究的目的是通过突变来研究蛋白质如何快速、选择性地结合氧气。

Olson 回忆道："Emmanuel 写信给我，说知道我已经在血红蛋白中制造了多种突变体，并且其中就可能包括α链发生H58L的突变体。问我这种表型有意义吗？我告诉她，我们可以在这里做一个完整的研究，因为我们已经在重组系统中制备了突变型血红蛋白。"

的确，Olson 实验室已经获得了一个与 Kirklareli 突变相匹配的突变体的晶体结构，被保存在他们的蛋白质数据库中，但从未发表过。他们制造这种突变，是为了了解远端组氨酸在 α 亚基中的作用。

他们在 2010 年的研究中发现，用亮氨酸替代与氧形成牢固氢键的组氨酸会导致氧亲和力急剧下降，同时一氧化碳亲合力大增，比对氧气的亲和力提高到 80 000 倍。Olson 和 Birukou 那时就意识到，组氨酸在区分血红蛋白中的氧气和一氧化碳中起着关键作用（图 2-87）。

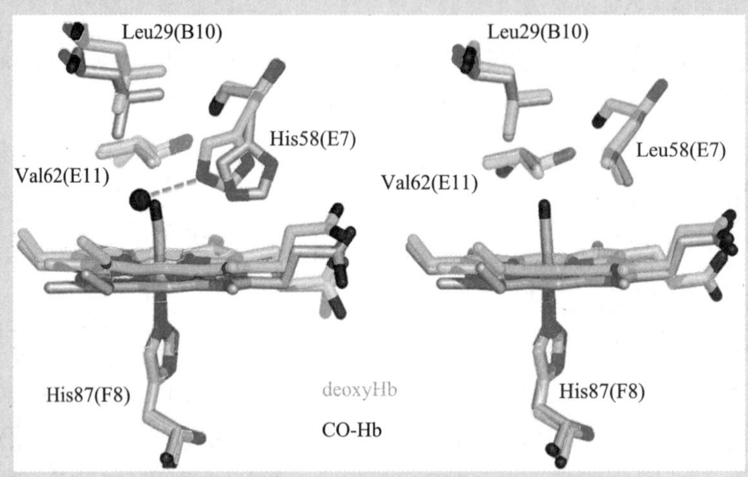

图 2-87　野生型 Hb（左）和 Kirklareli 突变体（右）
（深色为脱氧状态，浅色为结合氧气状态）

进一步研究发现，带有此突变的 α 亚基上的二价铁很容易被氧化，从而导致蛋白质分解，丢失血红素，失去了携带氧气的能力。最终，红细胞本身会变形并被破坏。

随后，Olson 实验室的博士后研究员 Andres Benitez Cardenas 做了一项至关重要的实验，他让一氧化碳先与血红蛋白 Kirklareli 突变体 α 亚基结合。结果发现，结合的一氧化碳减慢了蛋白质的氧化并防止了血红素的丢失和沉淀。

对此，Olson 说道："实际上，Andres 做的就是吸烟实验，以证明父亲的血红蛋白为什么不容易被氧化而不会引起贫血。"

烟草在燃烧中产生的一氧化碳更容易与突变型血红蛋白结合，并防止其氧化和变性。一氧化碳的高亲和力解释了父亲为什么没有贫血迹象，当时她父亲体内 HbCO 水平占总血红蛋白的约 16%。他可能永远不会成为运动员，因为他的血液不能携带太多的氧气，但是吸烟阻止了他贫血的发生，而且有一个附带的好处，就是具有这种特征的人更能抵抗一氧化碳中毒。

Quiz59 为什么带有 Kirklareli 突变体的人不容易发生一氧化碳中毒？

Olson 后来说道，他不知道医生如何或是否治疗了这名年轻女子，他甚至都不知道患病女子的名字，但是他怀疑她的缺铁性贫血更是一种烦恼而不会对她生命构成威胁，因此不建议她学她父亲开始吸烟以缓解这种情况。

Olson 认为，她不应该吸烟，但是她可以服用抗氧化剂，例如大量的维生素 C，这将有助于防止突变型血红蛋白的氧化。她的贫血并不那么严重。同时，她也不必担心二手烟，因为二手烟可能也有积极作用。

那么为什么 H58L 这种突变可提高 CO 的亲合力，同时让血红素铁更容易被氧化呢？这与突变的氨基酸刚好是远端组氨酸有密切的关系。不要忘记，远端组氨酸有两项功能：一是降低 CO 与血红素的亲和力，二是防止血红素二价铁的氧化。

对此，Olson 解释道：正常情况下，氧气与 H58 直接形成的氢键使结合的氧更紧密地黏附在血红蛋白上，就像氢键的作用能使溢出的苏打水感觉发黏一样。当您触摸它时，糖中的氧和氢会与您手指上的多糖形成氢键。这种黏性有助于结合氧气。但是，H58L 中亮氨酸更像是一种油。

思考题：

1. 你认为生活在深海高压环境下的古菌和生活在嗜盐环境中的古菌体内的蛋白质与大肠杆菌体内的蛋白质在氨基酸组成上会有什么差别？为什么？

2. 蛋白质也使用 β 股横跨脂双层膜，然而，一个单一的 β 股从来不能单独跨膜，为什么？描述一种使用多个 β 股跨膜的蛋白质的结构。该蛋白质是如何实现跨膜的？

3. 多数动物不能消化羊毛，因为羊毛角蛋白含有丰富的二硫键以及随之而来的不溶性；但衣蛾的消化道内有高浓度的硫氢化物，这使得它能够消化羊毛。为什么？

4. 预测在生理 pH 下，下列 6 种氨基酸序列最有可能形成何种二级结构？

(1) $(Pro)_n$　(2) $(Gly)_n$　(3) $(Lys)_n$　(4) $(Asp)_n$　(5) AVAVAV　(6) GSGAGA

5. 有一 HbA 的突变体，其 β 亚基上的 Ala142（β-Ala142）突变为 Asp142。这个氨基酸残基位于血红蛋白的中央空洞内，与 β-His143 相邻。

(1) 你认为这种突变体与氧气的亲和力是比正常的血红蛋白高还是低？为什么？

(2) 如果一个孕妇带有这种突变体，那么是更有利于还是不利于通过胎盘向胎儿供应氧气？

网上更多资源……

本章小结　授课视频　授课音频　生化歌曲

教学课件　推荐网址　参考文献

第三章　核酸的结构与功能

核酸(nucleic acid)是由多个核苷酸(nucleotide)缩合而成的生物大分子,可分为核糖核酸(ribonucleic acid,RNA)和脱氧核糖核酸(deoxyribonucleic acid,DNA)。两类核酸的结构也具有一定的层次,但功能和性质不尽相同。DNA 一般要比 RNA 稳定,是生物体内的主要遗传物质,RNA 主要参与遗传物质的复制(作为引物)、基因表达以及表达调控。此外,RNA 也可作为某些病毒的遗传物质,作为核酶催化体内的一些重要反应以及参与机体内其他一些重要过程。

本章将首先介绍核酸的组成单位——核苷酸的结构、性质和功能,然后再重点介绍两类核酸的结构、功能和性质。

第一节　核苷酸

核苷酸是一类极为重要的生物小分子,在细胞内参与多项重要的生物学功能,但它的功能也是由它的结构决定的。

一、核苷酸的结构

核苷酸由核苷(nucleoside)和无机磷酸基团组成。核苷实为一种戊糖苷(pentoside),由碱基与 D- 核糖或 D- 脱氧核糖通过 β-N- 糖苷键连接而成。

(一) 碱基

碱基是核苷酸中最重要的部分,因为核酸用来编码遗传信息的是特定的碱基序列。

1. 碱基的结构

碱基也叫含氮碱基(nitrogenous base),它们是含有 N 原子的嘧啶(pyrimidine)或嘌呤(purine)的衍生物。衍生于嘧啶的碱基称为嘧啶碱基,衍生于嘌呤的碱基称为嘌呤碱基。

嘧啶是一种六元的芳香杂环,为一个平面结构,含有 2 个 N 原子;嘌呤由嘧啶环与五元的咪唑(imidazole)环融合而成,共有 9 个原子,其中有 4 个 N 原子。在嘧啶环和咪唑环之间有小的弯曲,故嘌呤环不完全在一个平面上。无论是嘧啶还是嘌呤,其上的所有原子都统一进行了编号(图 3–1)。

2. 常见的碱基

生物体内最常见的嘧啶碱基是胞嘧啶(cytosine,C)、尿嘧啶(uracil,U)和胸腺嘧啶(thymine,T),胸腺嘧啶即是 5- 甲基尿嘧啶(5-methyluracil);嘌呤碱基是腺嘌呤(adenine,A)和鸟嘌呤(guanine,G)(图 3–1)。RNA 和 DNA 共有的碱基是 C、A 和 G,而 U 通常只存在于 RNA,T 通常只存在于 DNA。但有时 DNA 分子中也会有少量的 U,而某些 RNA 分子还会有少量的 T,如 tRNA。

Quiz1 你认为 RNA 分子中的 T 是怎么来的?

3. 修饰碱基

除了 5 种常见碱基以外,机体内还存在着上百种修饰碱基,这些修饰碱基多为 5 种常见碱基的修饰物或代谢产物,例如 5- 甲基胞嘧啶(5-methylcytosine,m^5C)、N^6- 甲基腺嘌呤(N^6-methyladenine,m^6A)、次黄嘌呤(hypoxanthine)、黄嘌呤(xanthine)、二氢尿嘧啶(dihydrouracil)和尿酸(uric acid)。在这些修饰碱基中,m^5C 特别重要,因为如果它出现在真核生物的基因组 DNA 上,通常可抑制与它有关联的基因的表达,从而在一个基因序列不变的情况下改变生物的表型。故 m^5C 有时被称为 DNA 分子上的第五个碱基。然而,某些真核生物(如秀丽隐杆线虫和果蝇)基因组 DNA 上缺乏 m^5C,但却含有 m^6A。这种

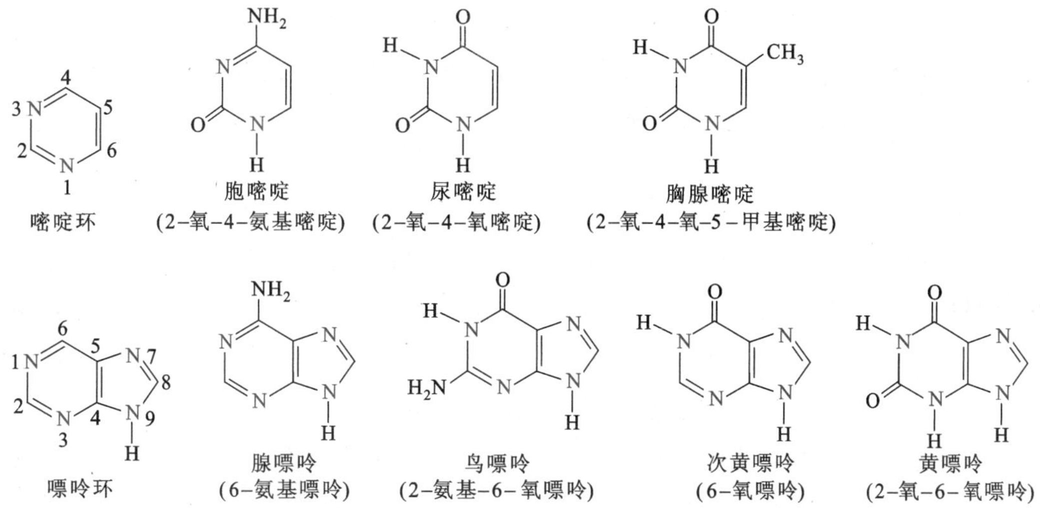

嘧啶环

胞嘧啶
(2-氧-4-氨基嘧啶)

尿嘧啶
(2-氧-4-氧嘧啶)

胸腺嘧啶
(2-氧-4-氧-5-甲基嘧啶)

嘌呤环

腺嘌呤
(6-氨基嘌呤)

鸟嘌呤
(2-氨基-6-氧嘌呤)

次黄嘌呤
(6-氧嘌呤)

黄嘌呤
(2-氧-6-氧嘌呤)

图 3-1 嘧啶环和嘌呤环的编号以及各种碱基的化学结构

Quiz2 你知道真核生物基因组 DNA 上甲基化 A 是激活还是抑制基因的表达吗?

甲基化的腺嘌呤也能影响到周围基因的表达,因此有时又被称为 DNA 分子中的第六个碱基(图 3-2)。

4. 碱基的性质

(1) 紫外吸收。碱基杂环上的共轭双键造成碱基对于紫外线具有强烈的吸收,其吸收峰值在 260 nm。此性质可用来定性或定量测定碱基及其衍生物,如核苷、核苷酸和核酸等。

(2) 水溶性差。这与其芳香族的疏水性杂环结构有关。碱基的疏水性质对于 DNA 形成稳定的双螺旋结构非常重要。

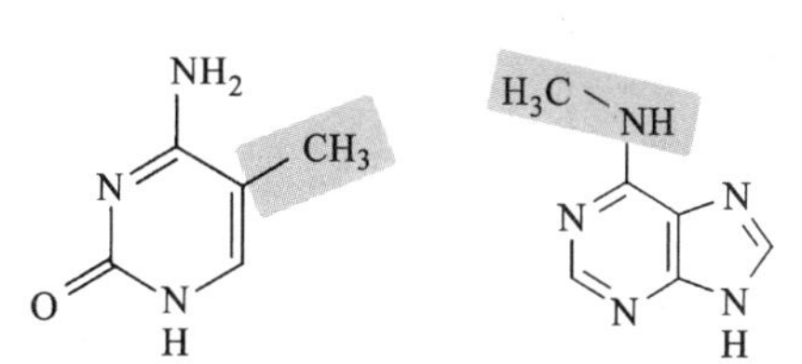

图 3-2 5-甲基胞嘧啶和 N^6-甲基 A 的化学结构

(3) 解离。碱基上含有可解离的基团,这些基团的 pK_a 不一样。在中性 pH 下,碱基主要以内酰胺形式存在。尿嘧啶的 N1 和 N3 的 pK_a 均超过 8;与此相比,胞嘧啶的 N3 的 pK_a 为 4.5。各个基团的 pK_a 决定了在生理 pH 下质子是否与环上的各个 N 原子结合,而结合与否又决定了这些 N 原子能作为氢键的供体还是受体。究竟是作为氢键受体还是供体将直接决定核酸分子中碱基配对的性质,这是双螺旋结构形成的基础,对于核酸的生物学功能至关重要(参看下一节核酸的结构与功能)。

(4) 含有多个氢键供体或受体。虽然碱基的水溶性差,但其环上却带有许多氢键供体或受体。这些氢键供体和受体一方面可以使碱基之间发生相互作用,如在双螺旋结构中互补配对,另一方面还可以与蛋白质分子中亲水氨基酸侧链上的氢键受体或供体形成特定的氢键,从而使得一些蛋白质能识别并结合 DNA 分子上特定的碱基序列。

(5) 互变异构。嘧啶环和嘌呤环的芳香族性质以及环上取代基团(羟基和氨基)的富电子性质,致使它们在溶液中能够发生酮式(keto)-烯醇式(enol)或氨基式-亚氨基式的互变异构(tautomeric shift)(图 3-3)。碱性条件有利于平衡向烯醇式或亚氨基式一侧移动。

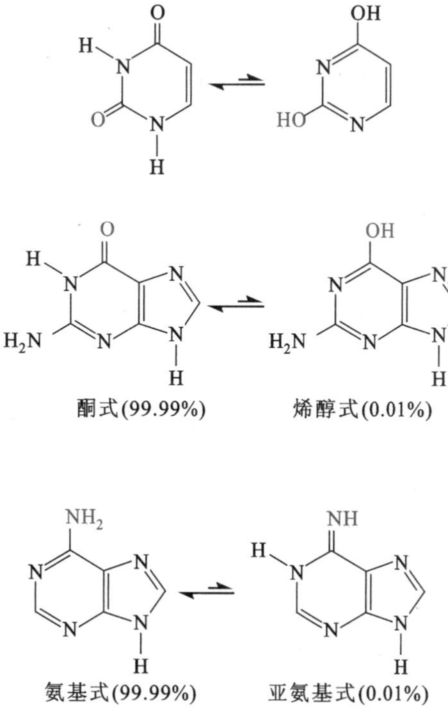

酮式(99.99%) 烯醇式(0.01%)

氨基式(99.99%) 亚氨基式(0.01%)

图 3-3 碱基的互变异构

Quiz3 结合图 3-4,说出 G 和 A 这两个碱基氢键供体和受体的数目。

Quiz4 如果DNA在复制中,其模板链上某一个位置的G互补异构成烯醇式,你认为复制的时候,哪一个碱基会跟它配对?

两种结构的主要差别在于两者的氢键供体和受体都发生了显著的变化,这会对双螺旋结构中碱基的配对性质产生重要影响。必须指出,DNA双螺旋中的碱基互补配对规则是建立在所有碱基都是以酮式或氨基式存在的基础上的,一旦有一方以烯醇式或亚氨基式存在,原来的配对规则将被打破,如果这发生在DNA复制中,将会导致复制出错。

(二)核苷

1. 核苷的结构

核苷是由戊糖和碱基通过 *β-N-* 糖苷键形成的糖苷,糖苷键由戊糖的异头体C与嘧啶碱基的N1或嘌呤碱基N9形成(图3-4)。其中的N糖苷键称β型,这是因为碱基环在核糖环的上方。如果碱基环是在核糖环的下方,就是α型,但生物体内的核苷并无 *α-N-* 糖苷键。核苷中的戊糖有D-核糖和2-脱氧-D-核糖两种,它们都以呋喃型环状结构存在(参看第五章"糖类和脂质的结构与功能")。由核糖或脱氧核糖形成的核苷分别叫做核糖核苷(ribonucleoside)和脱氧核苷(deoxyribonucleoside)。为了避免呋喃糖环与碱基环在原子的编号上出现混淆,需要在呋喃环上各原子编号的阿拉伯数字后加"′"。

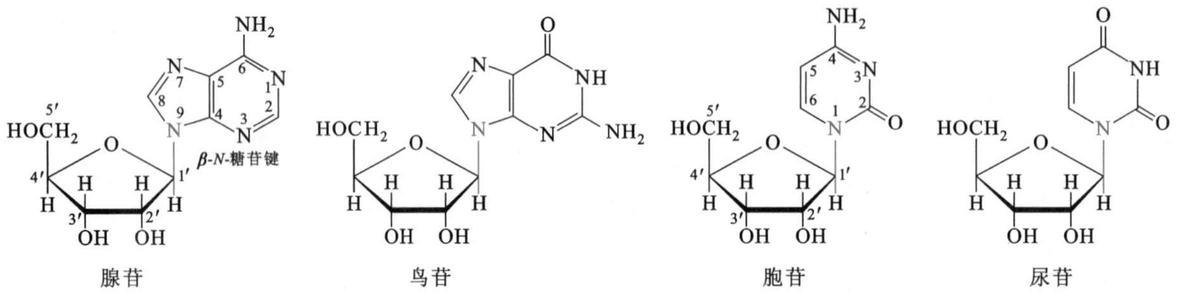

图 3-4 嘌呤核苷和嘧啶核苷的化学结构

核糖上的2′-羟基是否存在似乎微不足道,但事实上,它对于核酸的结构、性质和功能产生巨大的影响(参看本章第五节和第四章"酶的结构与功能"中有关核酶的内容)。

在核苷中,碱基在糖苷键上的旋转受到空间位阻(特别是C2′上的H)的限制,结果核苷和核苷酸能以两种构象存在,即顺式(syn)和反式(anti)(图3-5)。顺式核苷的碱基与戊糖环在同一个方向,反式核苷的碱基与戊糖环在相反的方向。

由于嘧啶环O2和戊糖环C5′之间的空间位阻,嘧啶核苷的构象通常为反式。嘌呤核苷可采取两种构象,但无论是哪一种,呋喃糖环和碱基环不是共平面的,而是相互间近似垂直。自由的嘌呤核苷(特别是鸟苷)更容易形成顺式构象,但在DNA或RNA双螺旋中,除了Z-DNA以外,嘌呤核苷都是以反式构象存在。

常见的核糖核苷有:腺苷(adenosine)、鸟苷(guanosine)、胞苷(cytidine)和尿苷(uridine)(图3-6);脱氧核苷有:脱氧腺苷(deoxyadenosine)、脱氧鸟苷(deoxyguanosine)、脱氧胞苷(deoxycytidine)和脱氧胸苷(deoxythymidine)。

此外,还有一些修饰核苷。它们主要是指由修饰碱基与戊糖组成的核苷,也包括核糖环被修饰的核苷以及少数不是以 *N-* 糖苷键相连的核苷。例如,假尿苷(pseudo-uridine,ψ)中的尿嘧啶和核糖以C—C键相连(图3-6)。

2. 核苷的性质

核苷因为含有碱基,具有紫外吸收性质;核苷的水溶性要比游离的碱基高得多,这与核糖基的高度亲水性有关。与糖苷一样,核苷在碱性条件下较稳定。嘧啶核苷还能抵抗酸水解,但嘌呤核苷很容易发生酸水解。

(三)核苷酸

1. 核苷酸的结构

核苷酸是核苷的戊糖羟基发生磷酸化反应而形成的磷酸酯。其中,核糖核苷的磷酸酯为核糖核苷酸(ribonucleotide),脱氧核苷的磷酸酯为脱氧核苷酸(deoxyribonucleotide)。理论上,核苷的5′-OH、3′-OH和2′-OH均可以发生磷酸化,而分别形成5′-核苷酸、3′-核苷酸和2′-核苷酸。但是,自然界的核苷酸多为5′-核苷酸。

常见的核苷酸与核苷的名称和结构见表3-1和图3-7。由于自然界游离的核苷酸多为5′-核苷酸,因此如果没有特别说明,某某核苷酸即指5′-核苷酸。

顺式腺苷　反式腺苷　反式尿苷

图3-5　顺式和反式核苷

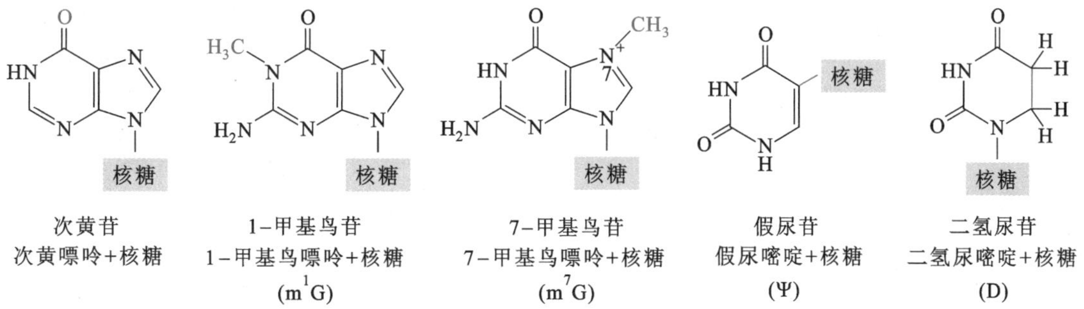

次黄苷 次黄嘌呤+核糖

1-甲基鸟苷 1-甲基鸟嘌呤+核糖 (m^1G)

7-甲基鸟苷 7-甲基鸟嘌呤+核糖 (m^7G)

假尿苷 假尿嘧啶+核糖 (Ψ)

二氢尿苷 二氢尿嘧啶+核糖 (D)

图3-6　6种修饰的核苷

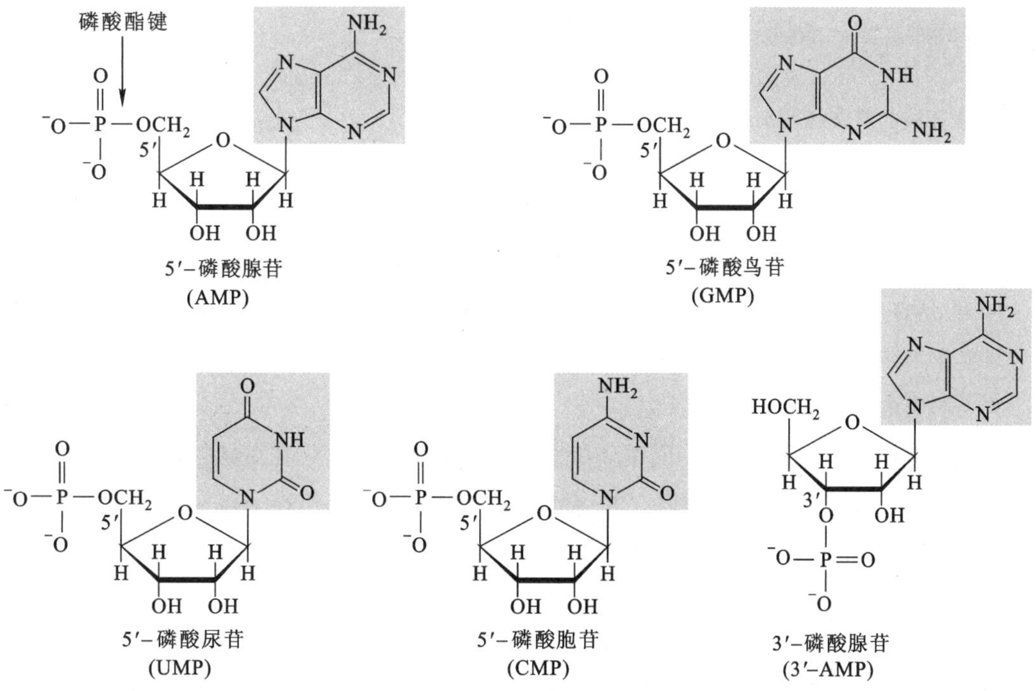

磷酸酯键

5′-磷酸腺苷 (AMP)

5′-磷酸鸟苷 (GMP)

5′-磷酸尿苷 (UMP)

5′-磷酸胞苷 (CMP)

3′-磷酸腺苷 (3′-AMP)

图3-7　常见的5种核糖核苷酸的化学结构

表 3-1 常见的核苷和核苷酸

核糖核苷	腺苷	鸟苷	胞苷	尿苷
脱氧核苷	脱氧腺苷	脱氧鸟苷	脱氧胞苷	脱氧胸苷
核糖核苷酸	腺苷酸（AMP）	鸟苷酸（GMP）	胞苷酸（CMP）	尿苷酸（UMP）
脱氧核苷酸	脱氧腺苷酸（dAMP）	脱氧鸟苷酸（dGMP）	脱氧胞苷酸（dCMP）	脱氧胸苷酸（dTMP）

单磷酸核苷（nucleoside monophosphate，NMP）还可以通过两次成酐反应，分别形成二磷酸核苷（nucleoside diphosphate，NDP）和三磷酸核苷（nucleoside triphosphate，NTP）（图 3-8）。为了将二磷酸核苷和三磷酸核苷上不同的磷酸根区分开来，将直接与戊糖 5′- 羟基相连的磷酸基团定为 α- 磷酸，其余两个从里到外依次称为 β- 磷酸和 γ- 磷酸。

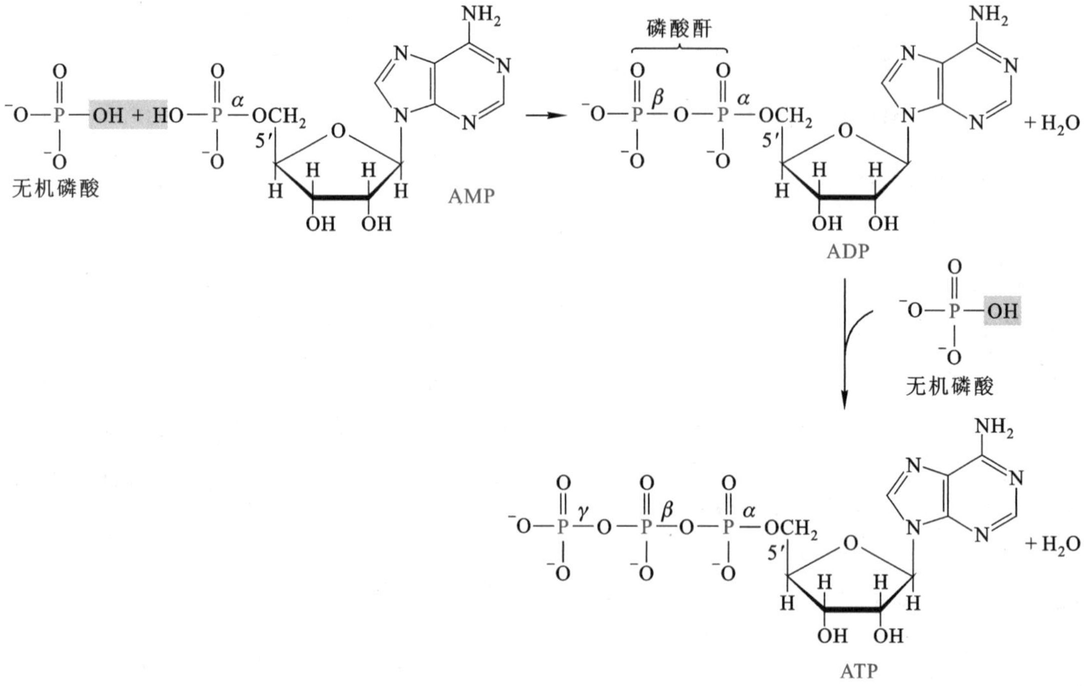

图 3-8 单磷酸腺苷→二磷酸腺苷→三磷酸腺苷的转变

2. 核苷酸的英文缩写

通常用英文缩写表示各种形式的核苷酸，以 NMP（rNMP）、NDP（rNDP）和 NTP（rNTP）分别表示单磷酸核糖核苷、二磷酸核糖核苷和三磷酸核糖核苷，r 可以被省掉；dNMP、dNDP 和 dNTP 分别表示单磷酸脱氧核苷、二磷酸脱氧核苷和三磷酸脱氧核苷。遇到具体的核苷酸，使用碱基首字母代替 N。例如 ATP 和 dATP 分别表示三磷酸腺苷和三磷酸脱氧腺苷，CDP 和 dCMP 分别表示二磷酸胞苷和单磷酸脱氧胞苷，IMP 表示单磷酸次黄苷。

3. 环核苷酸

某些三磷酸核苷在特定的条件下，受环化酶的催化，形成环核苷酸，在细胞中作为第二信使，参与许多重要的过程，如 3′，5′- 环腺苷酸（cyclic AMP，cAMP）、3′，5′- 环鸟苷酸（cyclic GMP，cGMP）和环二鸟苷酸（cyclic diguanylate，c-di-GMP）（图 3-9）。

二、核苷酸的性质

核苷酸的某些性质由碱基决定，例如紫外吸收、互变异构；某些性质由核糖或脱氧核糖决定，例如具有旋光性；某些性质由磷酸基团和碱基共同决定的，例如核苷酸的两性解离和具有等电点；某些性

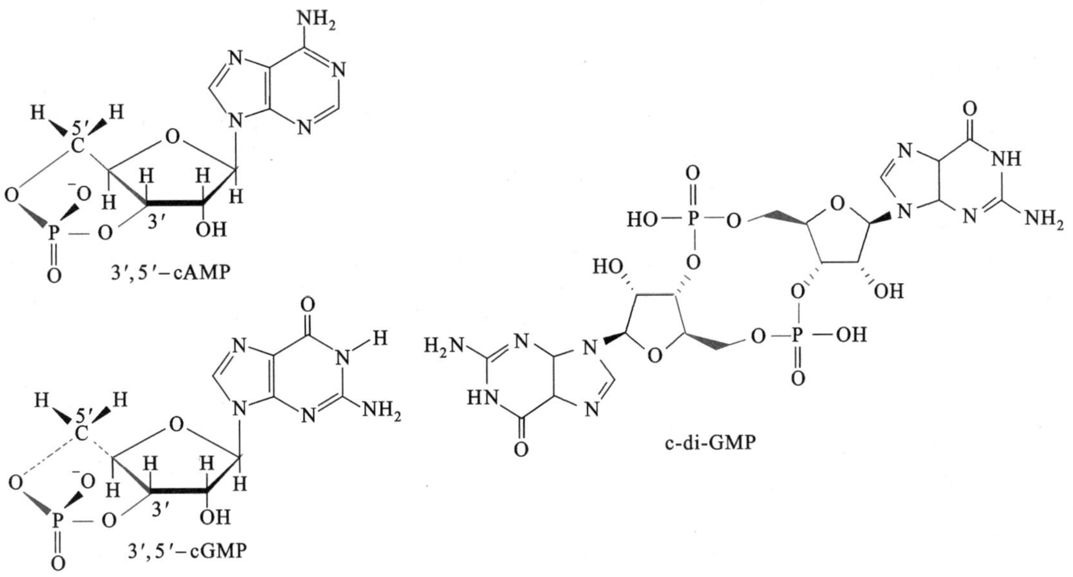

图3-9 cAMP、cGMP 和 c-di-GMP 的化学结构

质与磷酸基团和核糖或脱氧核糖共同决定，如易溶于水；还有某些性质与 *N*- 糖苷键有关，如嘌呤核苷酸在酸性溶液中不稳定，易发生脱碱基反应。

三、核苷酸的功能

核苷酸的生物功能主要包括六个方面。

(1) 作为核酸合成的前体，其中 NTP 和 dNTP 分别是 RNA 和 DNA 合成的前体。

(2) 充当能量货币，驱动细胞内各种需能反应。其中，ATP 是细胞通用的能量货币。

(3) 参与细胞的信号转导。例如，cAMP 和 cGMP 在高等生物体内，作为多种激素的第二信使（参看第六章“激素的结构与功能”）。再如，c-di-GMP 则在多种细菌中作为第二信使，参与调节生物薄膜（biofilm）的形成和一些致病因子的产生等。还有，ADP 从血小板中主动分泌或者从受损的细胞被动释放出来以后，可通过嘌呤能受体（purinergic receptor）参与血小板的激活（thrombocyte activation）。

Quiz5 cAMP 在细菌体内可以充当第二信使吗?

(4) 作为其他物质的前体或辅酶 / 辅基的成分，如 ADP 为 FAD、辅酶 A、辅酶 Ⅰ 和 Ⅱ 的组分，鸟苷酸作为第一类内含子（group Ⅰ intron）核酶的辅酶。

(5) 作为某些酶的别构效应物参与代谢的调节。例如，ATP 为磷酸果糖激酶 1 的别构抑制剂抑制糖酵解，AMP 又是该酶的别构激活剂可激活糖酵解。

(6) 调节基因表达。例如，细菌在氨基酸饥饿的时候，产生二磷酸鸟苷二磷酸（ppGpp）和三磷酸鸟苷二磷酸（pppGpp），以此来调节基因的表达，诱发大肠杆菌的严紧反应（stringent response）（参看第十九章“基因表达的调控”）。

Box3.1 mRNA 分子中的第五个碱基

我们已经知道 DNA 分子上有第五个碱基和第六个碱基。它们分别是 m^5C 和 m^6A。那么 RNA 分子上有没有第五个碱基或第六个碱基呢?

事实上，在真核生物 mRNA 分子中早已发现了第五个碱基，它就是 m^6A。至于第六个碱基迄今为止还没有发现。

为什么要将真核生物 mRNA 上这个修饰的 A 称之为 RNA 分子上的第五个碱基呢? 其实原因也是因为它也是一种重要的表观遗传标记。它的出现并不改变 mRNA 上的碱基序列，但却能够影响到

图 3-10 一对果蝇

mRNA 的后加工和稳定性等，进而影响到 mRNA 的翻译，最终影响到翻译出来的蛋白质所决定的表型。

下面以果蝇为例，说明 m^{6}A 在果蝇性别决定中是如何起作用的。

果蝇的性别决定主要与性致死（sex-lethal，*Sxl*）基因的调控有密切的关系，可以说该基因控制着果蝇的性别（图 3-10）。

Sxl 基因在雄性和雌性中均转录成 mRNA，但转录以后的剪接有选择性。对于 Sxl-mRNA 来说，有两种不同的方式，而只有一种方式剪接出来的 mRNA 才能翻译出有功能的 Sxl 蛋白。只有能翻译出有功能的 Sxl 蛋白的果蝇才会成为雌性，否则就是雄性。

选择性剪接早已被证明是真核生物一种广泛的基因表达机制，它让一个基因可以编码出不止一种蛋白质。而 m^{6}A 可影响到果蝇体内 Sxl-mRNA 的选择性剪接，最终影响到了一只果蝇究竟发育成雄性还是雌性。

第二节　核酸的结构

与蛋白质一样，核酸的结构可以人为地划分为几个不同的层次，即一级结构、二级结构和三级结构，但没有四级结构。两类核酸在结构上，既有共同之处，又有一些重要的差异。正是结构上的差别，决定了它们在性质和功能上的差别。

一、RNA 和 DNA 的结构比较

图 3-11 为两种线形四聚核苷酸的结构。通过观察比较，可以发现它们有 4 个共同的特征：①相邻的核苷酸通过 3′,5′- 磷酸二酯键相连（图 3-12）。一个 3′,5′- 磷酸二酯键由 1 个 3′- 磷酸单酯键和 1 个 5′- 磷酸单酯键组成。②有两个不对称的末端，其中有一端的核苷酸 5′-OH 不参与形成 3′,5′- 磷

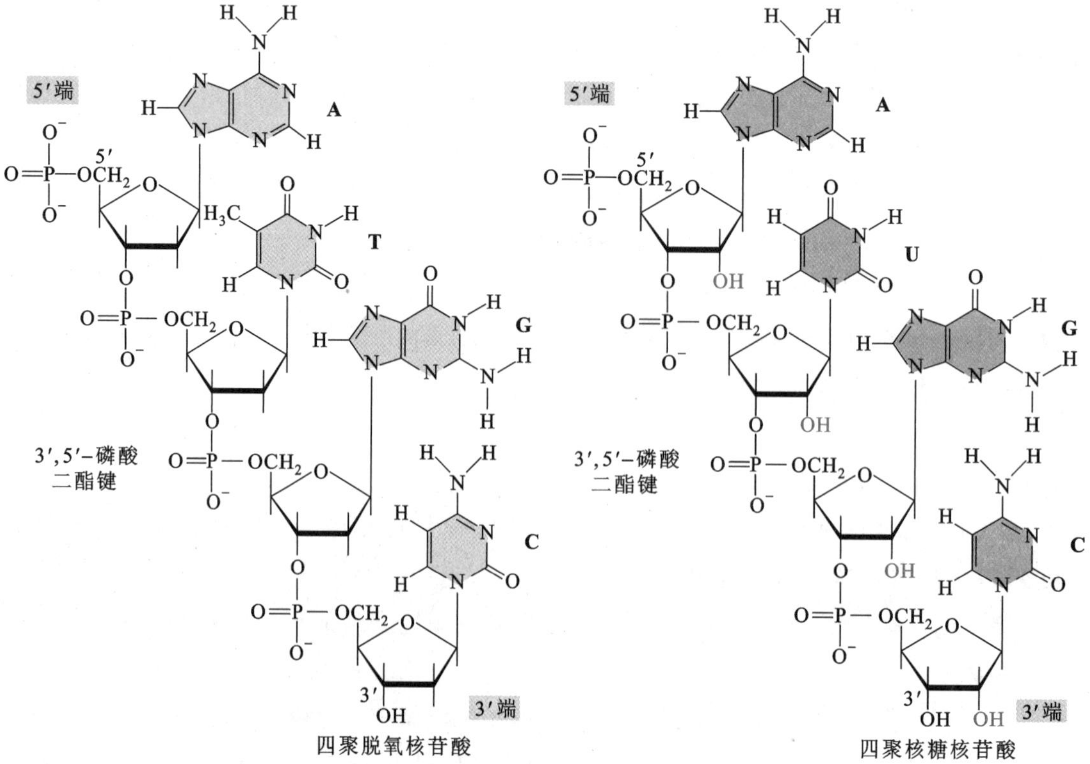

5′端　3′,5′-磷酸二酯键　3′端　A　T　G　C

四聚脱氧核苷酸

5′端　3′,5′-磷酸二酯键　3′端　A　U　G　C

四聚核糖核苷酸

图 3-11　构成 DNA 和 RNA 的核苷酸的结构和连接方式

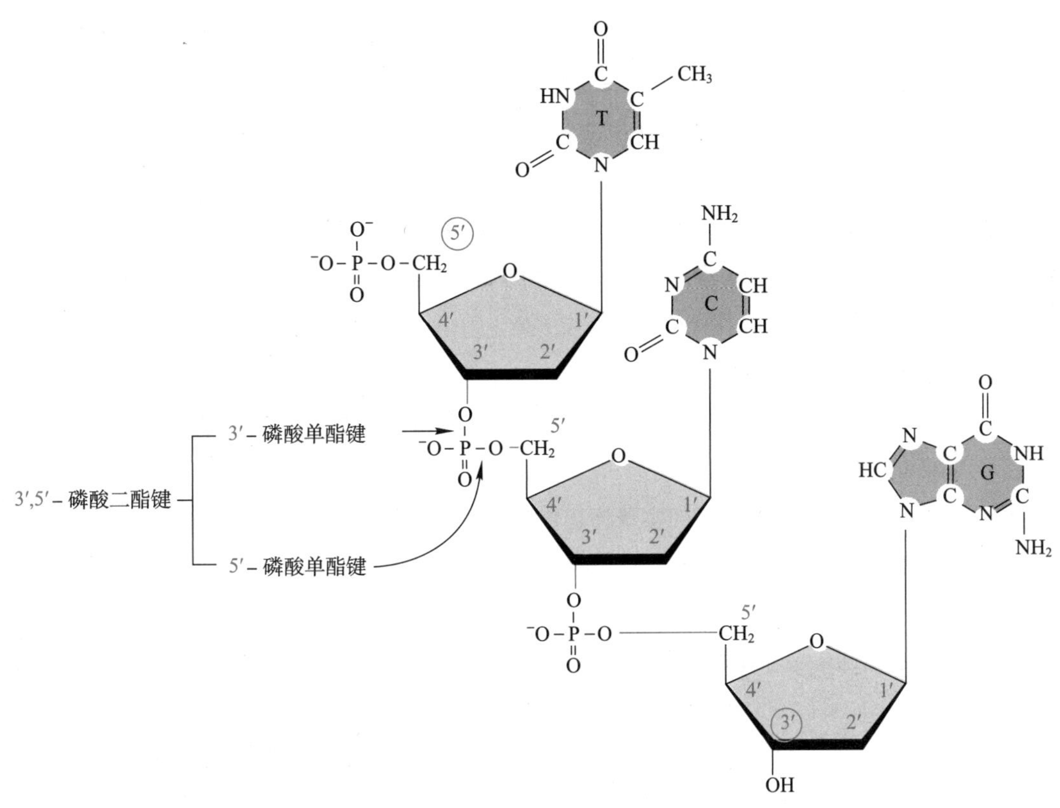

图3-12 3′,5′– 磷酸二酯键的结构

酸二酯键，此末端称为 5′ 端，另一端的核苷酸 3′–OH 不参与形成 3′,5′– 磷酸二酯键，此末端称为 3′ 端。多聚核苷酸链的这种性质称为极性。③在生理 pH 下，主链上的磷酸基团由于主要处于解离的状态，带有大量负电荷，因此核酸是一种多聚阴离子。④每一条链上的核苷酸残基都有一定的排列顺序，这种排列顺序也就是核酸的一级结构。

除了线形核酸以外，自然界还有环形核酸。例如，细菌的染色体 DNA、质粒 DNA（plasmid DNA）、叶绿体 DNA 和线粒体 DNA 一般属于环形，而类病毒为环状的 RNA。与线形核酸不同的是，环形核酸没有游离的 3′ 端和 5′ 端，或者说两个末端之间也形成了磷酸二酯键。

RNA 与 DNA 主要有三大差别。

(1) RNA 分子中的戊糖是核糖，而 DNA 分子中的戊糖是脱氧核糖。

这项差别对于两类核酸各自的结构与功能具有重大的影响，也是判断一种核酸是 RNA 还是 DNA 的唯一标准。DNA 中的脱氧核糖缺乏反应性的亲核基团即 2′–OH，就提高了它的稳定性，这对于遗传物质来说至关重要。RNA 中的核糖带有 2′–OH，2′–OH 的亲核性使其很不稳定，容易发生水解。这使得 RNA 并不适合充当遗传物质，但却适合在细胞里充当蛋白质合成的模板 mRNA——在需要的时候就转录，在不需要的时候可迅速降解。RNA 带有 2′–OH 还有一个用处，就是使其能够利用羟基的亲核性，去作为酶催化一些重要的生化反应。

Quiz6 同样是 RNA，为什么 tRNA 和 rRNA 要比 mRNA 稳定得多？

(2) RNA 的第四个碱基通常是 U，而 DNA 通常是 T。

这项差别不是绝对的，因为有的 RNA 分子也含有少量的 T，而 DNA 分子经常含有少量的 U。RNA 分子中的 T 是由转录出来的 U 发生甲基化修饰产生的，而 DNA 分子上的 U 则有两种机制可以产生：一是因为细胞中有少量的 dUTP，它在 DNA 复制的时候，可代替 T 而直接参入到新合成的 DNA 链上；二是 DNA 分子上的 C 可自发地脱氨基变成 U。无论是哪一种途径产生的 U，只要出现在 DNA 分子上，就会被细胞内的 DNA 修复系统视为损伤而被修复（参看第十四章“DNA 损伤、修复和突变”）。显然，要让修复系统能正确地行使功能，这些“坏 U”必须能被及时发现。如果 DNA 分子中的第四个碱基也是 U，那这些 U 就属于“好 U”。在一个 DNA 分子上同时出现“坏 U”和“好 U”的情况下，修复系统是区分不了的，更谈不上修复了。但若 DNA 分子的第四个碱基是 T，等于是打上一个甲基化的标记，可让修复系统能及时发现并修复那些“坏 U”，从而有效防止了 C → U 的突变。

(3) RNA 通常是单链的，DNA 通常是双链的。

这项差别也不是绝对的，原因是有的 RNA 是双链的，比如某些 RNA 病毒（轮状病毒）的基因组 RNA，也有的 DNA 是单链的，例如微病毒科（Microviridae）的 DNA 病毒。RNA 处于单链状态，使其能够自我折叠成可以和蛋白质相媲美的各种类型的二级和三级结构，这是形成 RNA 结构多样性的基础。而 RNA 在结构上的多样性使其在细胞内能行使多项生物学功能。DNA 通常是双链的，使其能够充分地行使作为遗传物质这项唯一的功能。

二、核酸的一级结构

Quiz7 理论上，RNA 分子中相邻核苷酸之间还有一种连接方式，你认为是什么？自然界有这样的 RNA 吗？

核酸的一级结构是指构成核酸的多聚核苷酸链上所有核苷酸或碱基的排列顺序，而稳定核酸一级结构的化学键就是将相邻核苷酸连接在一起的 3′，5′- 磷酸二酯键。

对于一个已知序列的核酸，现在一般都直接用碱基的单字母缩写来表示，如果两端有磷酸基团，可用 p 表示；如果不确定是否有磷酸基团，可用“—”表示。按照惯例，应从左到右按 5′ → 3′ 顺序书写核酸的一级结构。如果你一定要从 3′ → 5′ 书写，必须明确注明。有时，为了强调是 DNA 还是 RNA，可以在单字母缩写前加写 d 或 r。按照以上规则，图 3-11 左边的四聚脱氧核苷酸可写为 pApTpGpC 或 pATGC 或 pdApdTpdGpdC 或 pd（ATGC）；图 3-11 右边的四聚核糖核苷酸可写为 pApUpGpC 或 pAUGC 或 prAprUprGprC 或 pr（AUGC）。

Quiz8 写出 ATGC 的互补序列。

核酸一级结构对于 DNA 而言，其意义在于生物体的遗传信息是储存在由四种核苷酸编码的特定的序列之中，而与高级结构无关。

三、核酸的二级结构

核酸的二级结构是其主链建立在碱基配对的基础上形成的各种折叠。就 DNA 而言，由于一般是由两条互补的双链组成，因此可形成完全互补配对的双螺旋。然而，对 RNA 来说，一般只由一条链组成，因此只能通过链内的碱基互补配对形成局部的双螺旋结构。

（一）DNA 的二级结构

DNA 的二级结构主要是各种形式的螺旋，特别是 B 型双螺旋，此外还有 A 型双螺旋、Z 型双螺旋、三螺旋（triple helix）和四链结构等。

1. B 型双螺旋

由 Watson 和 Crick 提出的 DNA 双螺旋是 B 型（图 3-13 和图 3-15），其主要内容如下。

图 3-13 Watson（左）和 Crick（右）在讨论 DNA 双螺旋结构模型

(1) DNA 由两条反平行的多聚脱氧核苷酸链组成，两条链相互缠绕，形成右手双螺旋。

Quiz9 为什么 DNA 构成双螺旋的两条链不能以正向平行的方式组织在一起呢？

(2) 组成右手双螺旋的两条链在碱基序列上是互补的（complementary），它们通过特殊的碱基对结合在一起。碱基配对规则是一条链上的 A 总是与另一条链的 T，一条链上的 G 总是与另一条链上的 C 以氢键配对。其中 AT 碱基对有 2 个氢键，GC 碱基对有 3 个氢键（图 3-14）。这种配对方式被称作 Watson-Crick 碱基对。

(3) 碱基对位于双螺旋的内部，并垂直于螺旋轴，而磷酸脱氧核糖骨架则位于螺旋表面。碱基对之间通过疏

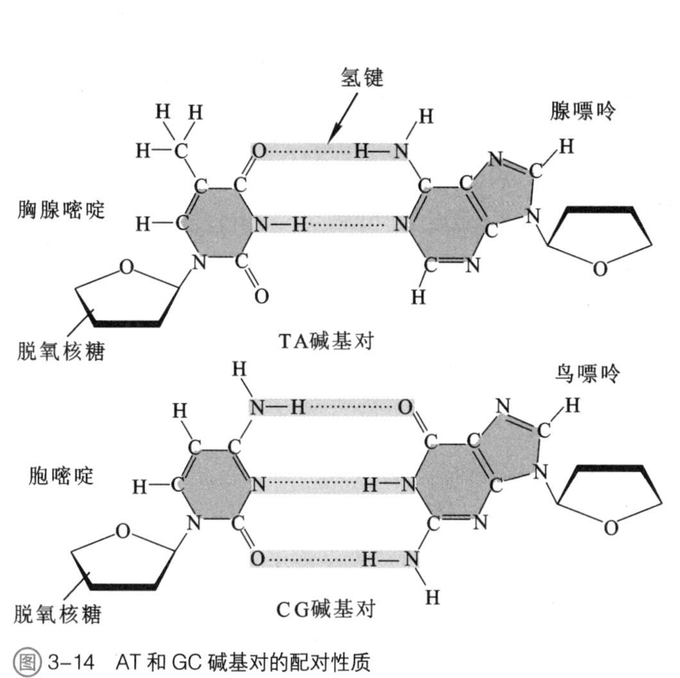

图 3-14 AT 和 GC 碱基对的配对性质

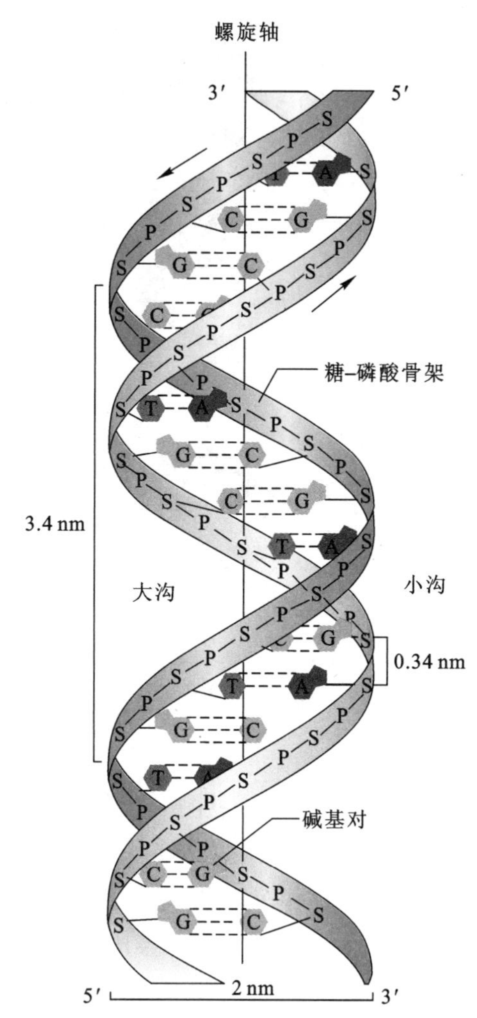

图 3-15 B 型 DNA 双螺旋(S 代表糖,P 代表磷酸基团)

水键和范德华力相互垛叠在一起,对双螺旋的稳定起重要作用。

(4) 双螺旋的表面是不规则的,含有明显的大沟(major groove)和小沟(minor groove),宽度分别为 2.2 nm 和 1.2 nm(图 3-15)。

(5) 双螺旋的其他参数包括:相邻碱基对距离约为 0.33 nm,相差约 36°。螺旋的直径约为 2 nm,螺距约为 3.32 nm,每一圈完整的螺旋含有 10 个碱基对(base pair,bp)。然而,细胞内的 DNA 双螺旋每一圈实际上含有 10.4 ~ 10.6 bp。

Quiz10 根据人类基因组的大小,如果一个体细胞内的总 DNA 以 B 型或 Z 型双螺旋的结构伸展开来的话,其总长度分别是多少?

2. A 型双螺旋

在一定的条件下,双链 DNA 可以从 B 型转变成其他构象,但在正常的细胞环境中,能够存在的双螺旋只有 B 型、A 型和 Z 型(图 3-16),其中 B 型是细胞内最主要的形式,A 型一般与 RNA 双螺旋和 RNA-DNA 杂交双螺旋有关系。

引起 DNA 双链构象改变的主要因素包括:①相对湿度;②盐的种类和浓度;③碱基组成和序列;④超螺旋的数量和方向。

促进 A 型 DNA 双螺旋(A-DNA)形成的主要因素是相对湿度的降低。DNA 钠盐在相对脱水的条件下,即低于 75% 相对湿度,可形成 A 型双螺旋。与细而长的 B-DNA 相比,A-DNA 也是右手双螺旋,但变得更宽、更平、更短,大沟也变得窄而深,小沟则是宽而浅,螺旋的参数发生较大的变化(表 3-2)。

因为活细胞内充满着水,所以 A-DNA 很难存在。然而,某些革兰氏阳性细菌芽孢内的 DNA 是 A 型,这显然与其内部水分缺乏有关。除此之外,在 DNA 复制的时候,与 DNA 聚合酶活性中心结合的

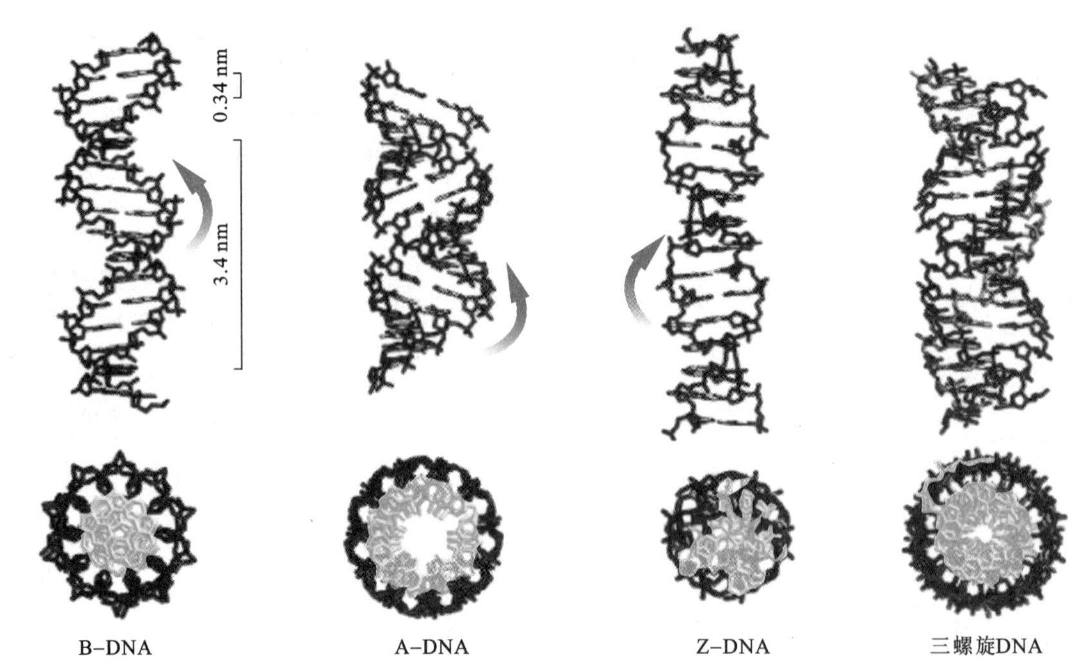

图 3-16　A、B、Z 三种双螺旋的棍式模型

大约 3 个 bp 内的双螺旋为 A 型。

3. Z 型双螺旋

Z-DNA 最早是在体外得到的一种双螺旋。1972 年，Fritz M. Pohl 等人发现，人工合成的由 GC 相间排列的多聚核苷酸（GCGCGC）在高盐的条件下，旋光性会发生改变。随后，麻省理工学院的 Alexander Rich 对这种六聚脱氧核苷酸的单晶进行了 X 射线衍射分析，发现了 Z-DNA。其结构特点如下所述。

(1) 螺旋上的脱氧核糖磷酸骨架呈锯齿状或“Z”字形（zigzag）伸展。这是由于碱基对向螺旋的外表面前移，中轴不再像 B-DNA 位于碱基对之间，而是移向了小沟。其中的脱氧核糖与 C 相连的糖苷键是反式，与 G 相连的糖苷键是顺式。

(2) 螺旋的方向是左手。与 G 相连的糖苷键呈顺式，不仅使螺旋旋转方向发生了改变，还使 G 暴露于分子表面。

(3) 脱氧胞苷酸的糖环 C2′ 为内式，碱基为反式，使糖环转离小沟，而脱氧鸟苷酸的糖环 C3′ 为内式，碱基为顺式，使糖环弯向小沟。胞嘧啶的 C5 和鸟嘌呤的 N7、C8 原子填满了大沟，并指向表面，使大沟变得不明显，而小沟变得非常深但较窄。

(4) 螺旋的各种参数发生了变化（表 3-2）。

Z-DNA 在体外的存在需要满足两个条件：①高的盐浓度或者在有乙醇的时候。如果是 NaCl，其浓度需超过 2 $mol\cdot L^{-1}$；如果是 $MgCl_2$，其浓度要超过 0.7 $mol\cdot L^{-1}$。Z-DNA 的形成之所以需要更高的盐浓度，是因为导致带负电荷的磷酸根距离更近了（Z-DNA 为 0.8 nm，B-DNA 为 1.2 nm），就需要更高的盐浓度才能有效中和两条链之间的静电排斥。②嘌呤－嘧啶相间排列，例如多聚（dG-dC）。目前认为在适当的盐浓度下，任何不少于 6 bp 的嘌呤－嘧啶交替排列顺序都能形成 Z-DNA。有时，并不严格的嘌呤－嘧啶相间序列，例如含有 2 个 5- 甲基胞嘧啶（m^5C）的六聚核苷酸 m^5CGATm^5CG，在生理盐水的浓度下也能形成 Z-DNA。事实上，体内 m^5C 上的甲基被认为有助于 B 型向 Z 型的转变，这是因为在 B-DNA 上，疏水的甲基伸入到大沟内水溶性环境之中，从而不利于 B-DNA 的稳定。

那么体内有没有天然的 Z-DNA 呢？如果有，其功能又是什么呢？

为了确定生物体内有没有 Z-DNA，Rich 使用荧光标记的 Z-DNA 特异性抗体，并将其引入到胞内，结果发现了体内的确存在Z-DNA。例如，果蝇的X染色体上就有Z-DNA，而人类基因组上类似的可暂时形成Z-DNA的片段约有10^5 bp，但细胞内Z-DNA形成的条件与体外有所不同。例如，体内的盐浓度很难达到体外那么高的水平，但体内带正电荷的多胺化合物，如精胺（spermine）和亚精胺（spermidine），一样可与磷酸基团结合，减少静电排斥，从而有助于B-DNA转变成Z-DNA。此外，某些碱性蛋白与DNA结合可在DNA周围创造局部的高盐浓度，这也是在活细胞中形成Z-DNA的原因之一。有时，体内负超螺旋的存在也能促进Z-DNA的形成，这是因为负超螺旋引起的扭曲张力可稳定Z-DNA的存在。

关于体内Z-DNA形成的生物学意义，现在一般认为与基因的表达调控有关。

► 表3-2 A、B、Z三种双螺旋的比较

参数	A型双螺旋	B型双螺旋	Z型双螺旋
外形	短而宽	长而瘦	长而细
每bp上升的距离	0.23 nm	0.332 ± 0.19 nm	0.38 nm
螺旋直径	2.55 nm	2.37 nm	1.84 nm
螺旋方向	右手	右手	左手
螺旋内每重复单位的bp数	1	1	2
每圈bp数	约11	约10	12
碱基夹角	32.7°	34.6°	60°/2
螺距	2.46 nm	3.32 nm	4.56 nm
碱基对倾角	+19°	1.2° ± 4.1°	-9°
螺旋轴位置	大沟	穿过碱基对	小沟
大沟	极度窄、很深	很宽，深度中等	平坦
小沟	很宽、浅	窄，深度中等	极度窄、很深
糖苷键构象	反式	反式	C为反式，G为顺式
糖环折叠	C3′内式	C2′内式	嘧啶C2′内式，嘌呤C3′内式
存在	双链RNA，RNA/DNA杂交双链，低湿度DNA（75%）	双链DNA（高湿度，92%）	嘧啶和嘌呤交替存在的双链DNA或DNA链上嘧啶和嘌呤交替存在的区域

4. 支持DNA双螺旋结构的证据

Watson和Crick提出的DNA双螺旋结构模型主要建立在X射线衍射数据和Chargaff法则（Chargaff' s rule）的基础之上。

（1）X射线衍射数据

从1950年到1953年，Rosalind Franklin和Maurice Wilkins使用类似于晶体的DNA湿纤维进行了X射线衍射分析，所取得的一些数据表明，DNA具有简单、有规律的重复结构单元，特别是Franklin获得的编号为51的X射线衍射照片，其标志性的X形状显示了其螺旋的特征（图3-17）。

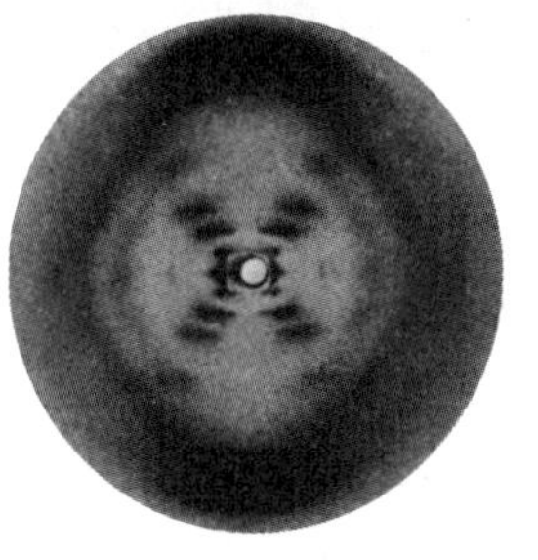

图3-17 Franklin及其获得的编号为51的DNA湿纤维X射线衍射照片

（2）Chargaff法则

1949年，Erwin Chargaff应用纸层析及紫外分光光度法，对不同生物来源的DNA的碱基组成进行了定量测定，结果发现在所测定的每一种生物的DNA分子上，A和G的含量都分别等于T和C，且A+G=C+T（表3-3）。此外，DNA的碱基组成具有物种特异性，但无组织和器官的特异性，并且年龄、营养状况和环境等因素不影响DNA的碱基组成。

Quiz11 有人对一种DNA病毒的碱基组成进行了精确的分析，发现与Chargaff法则不符。对此你如何解释？

上述DNA分子中四种碱基组成表现出来的规律称为Chargaff法则。尽管Chargaff对这一发现谨慎地猜测为“这是DNA结构的某些重要特征的反映”，然而他并没有能揭示出其中的生物学意义。Watson和Crick正好利用此法则来说明DNA双螺旋结构中A与T、G与C配对的特征。

表 3-3　不同物种 DNA 的 A/T、G/C 和 A/G 的比率

物种	A∶T	G∶C	A∶G
人	1.00	1.00	1.56
大麻哈鱼	1.02	1.02	1.43
小麦	1.00	0.97	1.22
酵母	1.03	1.02	1.67
大肠杆菌	1.09	0.99	1.05
黏质沙雷菌	0.95	0.86	0.70

5. 稳定双螺旋结构的因素

稳定 DNA 双螺旋结构的化学键包括氢键、碱基堆积力和离子键。

(1) 氢键

包括螺旋内部和螺旋外部的氢键。螺旋内部的氢键是碱基对之间的氢键，外部氢键在戊糖－磷酸骨架上的亲水基团与周围的水分子之间形成。在双螺旋中，嘧啶和嘌呤之间的距离正好与一般氢键的键长(0.27 nm)差不多，且氢键供体原子和氢键受体原子处于一条直线上，利于形成氢键。若嘌呤与嘌呤或嘧啶与嘧啶配对，其空间的大小都不适合形成氢键。

氢键固然重要，但它们主要决定碱基配对的特异性，而对双螺旋稳定起决定性作用的是碱基的堆积力(base-stacking)。

(2) 碱基堆积力

这是碱基对之间在垂直方向上的相互作用所产生的力，它包括疏水作用和范德华力。

虽然多聚核苷酸链的磷酸核糖骨架是高度亲水的，但碱基杂环 π 电子云导致嘧啶和嘌呤本身具有一定程度的疏水性。在水溶液中，这些疏水基团会自发聚集在一起，而一旦相互靠近到一定的距离，又会产生范德华力，这正如球状蛋白质形成疏水核心的机制一样。从热力学的角度来看，DNA 形成双螺旋能使高度亲水的磷酸基团与水的接触增加到最大限度，同时也使碱基与水的接触减少到最小限度。

碱基间相互作用的强度与相邻碱基之间环重叠的面积成正比。其总的趋势是嘌呤与嘌呤之间 > 嘌呤与嘧啶之间 > 嘧啶与嘧啶之间。另外，碱基的甲基化也能提高碱基的堆积力。

(3) 离子键

稳定双螺旋的离子键在磷酸核糖骨架上带负电荷的磷酸基团与溶液中带正电荷的阳离子(主要是金属离子)之间形成。形成的离子键可有效减弱构成双螺旋的两条链之间强大的静电排斥作用。因此，DNA 双螺旋的稳定性与盐浓度是有关系的。

Quiz12 你知道生物体内还有哪些涉及两种核酸相互作用需要 20 个左右的互补碱基对的？

在上述几种因素的作用下，一段由 20 个 bp 组成的双螺旋在室温下已相当稳定。正因为如此，在设计聚合酶链式反应(PCR)引物的时候，要让引物与 DNA 模板形成稳定的双螺旋结构，引物长度至少是 16 个碱基，但为了增加特异性，最好达到 20 ~ 24 个碱基。

6. DNA 双螺旋结构的意义

DNA 双螺旋结构发现的意义在于为生物学家揭示遗传物质的遗传、复制、修复、多样性以及物种的进化提供了重要的线索。从更广泛的意义来看，该发现将遗传学与生物化学、细胞生物学和生理学等学科结合到一起，并直接导致分子生物学的诞生和后来的迅速发展。简言之，在 DNA 双螺旋结构模型中，最重要的一点应该是其中互补的概念。互补结构对于理解 DNA 的复制、重组、修复、转录、转录后加工和翻译等机制都很重要。

7. DNA 的非标准二级结构

除了上述三种最常见的标准二级结构以外，细胞内的 DNA 有时还可能形成其他几种非标准的二级结构，如弯曲(bending)、十字形(cruciform)、三螺旋、错配滑移 DNA(slipped mispaired DNA，SMP-

DNA)、碱基翻转(base flipping)和四链结构等。这些特殊的条件包括：DNA受到某些蛋白质的作用，DNA本身所具有的特殊序列模体(图3-18)。例如反向重复序列(inverted repeats)、回文结构(palindromic sequences)、镜像重复(mirror repeat)、直接重复(direct repeat)、高嘌呤序列、高嘧啶序列、富含A序列和富含G序列等等。

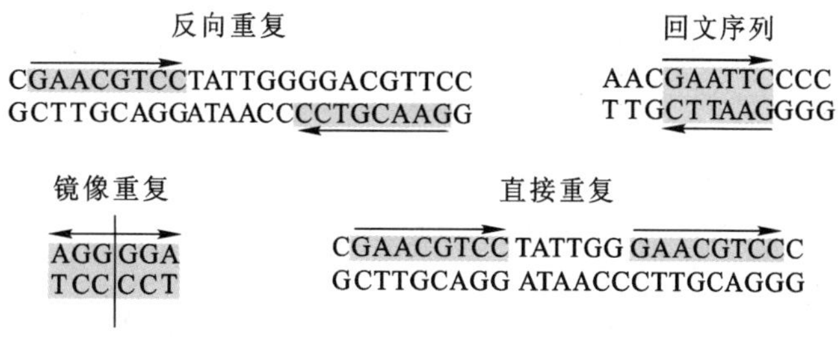

反向重复

CGAACGTCCTATTGGGGACGTTCC
GCTTGCAGGATAACCCCTGCAAGG

回文序列

AACGAATTCCCC
TTGCTTAAGGGG

镜像重复

AGGGGA
TCCCCT

直接重复

CGAACGTCC TATTGG GAACGTCCC
GCTTGCAGG ATAACCCTTGCAGGG

图 3-18　特殊的碱基序列

(1) 弯曲

当DNA的一条链在某区段含有成串的A序列(4～6个A)，且相邻的串间隔10个碱基的时候，该区段DNA很容易弯曲。有时，DNA受到某些蛋白质的作用也会发生弯曲。例如，真核生物的TATA盒结合蛋白可导致DNA在启动子区域发生弯曲。已有证据表明，在DNA复制、转录和定向重组过程中，DNA在局部形成弯曲似乎是蛋白质与DNA序列之间相互作用的要素之一。此外，DNA发生碱基错配或DNA受到紫外辐射发生损伤时也可以形成弯曲，此时形成的弯曲实际上是作为体内DNA修复系统识别损伤的一种信号。

DNA弯曲还有利于压缩比较大的基因组DNA。已发现类似CTGnCAGn的序列比其他序列更容易组装成核小体结构，这是因为这样的序列构成的双螺旋具有好的柔性，容易弯曲。这说明DNA弯曲可影响到染色质的结构组装。

(2) 十字形

若DNA内部一些含有反向重复序列的区域，在解链以后通过链内碱基互补配对，就可以形成一种十字形的二级结构(图3-19)。由于这种结构在两端含有6～7个没有配对的碱基，因此在热力学上并不稳定。

在人类基因组DNA的复制起始区和转录调控区，有许多反向重复序列，因此，在这些区域有可能形成十字形结构，其功能也许是充当某种控制DNA复制和基因转录的开关。

(3) 三螺旋

双螺旋DNA在一定条件下可容纳第三条链，这个“第三者”沿着双螺旋的大沟，通过与双螺旋中的一条链形成Hoogsteen碱基对(图3-20)，由此形成稳定的三螺旋结构(图3-21)。这样的三螺旋

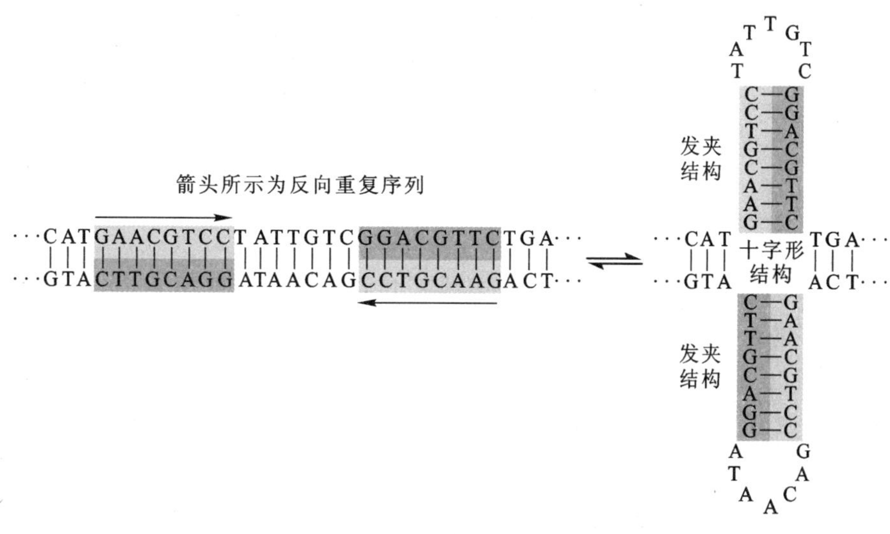

图 3-19　十字形 DNA 的形成

DNA 也称为 H-DNA。

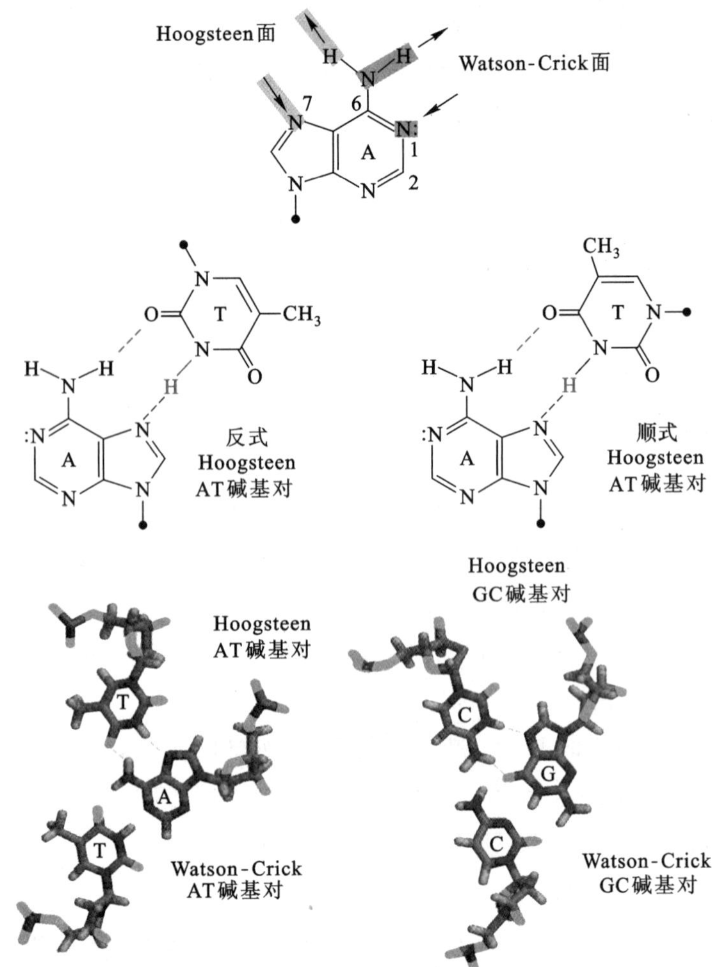

图 3-20 Hoogsteen 碱基对中氢键的形成与 Watson-Crick 碱基对的比较

嘌呤碱基具有再形成两个氢键的潜在位点，被称为 Hoogsteen 面。若是 G，两个位点为 N7 和 O6；若是 A，两个位点是 N7 和 6 号位的 NH_2，这些氢键供体和受体可导致 Hoogsteen 碱基对的形成，其中 T 与 A 配对，质子化的 C 与 G 配对。

Hoogsteen 碱基对有顺式和反式两种：反式是指第三条链与嘌呤链呈反平行排列，顺式是指第三条链与嘌呤链呈平行排列。这种结构的形成涉及 3 段碱基序列，每一段序列要么全是嘌呤，要么全是嘧啶，而且具有互补的关系。它们可以是两段相同的全嘌呤序列和一段互补的全嘧啶序列，也可以是两段相同的全嘧啶序列和一段互补的全嘌呤序列。

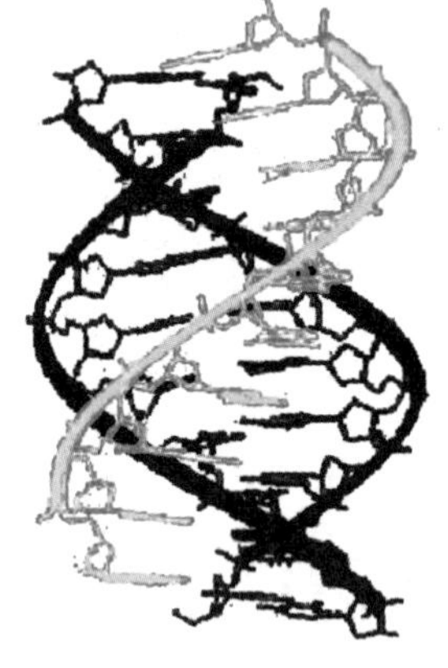

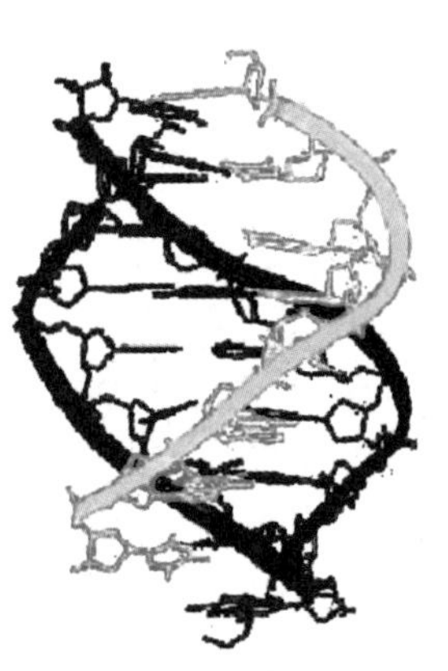

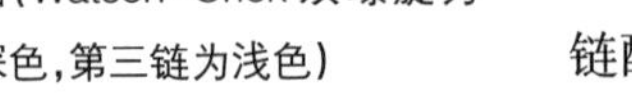
图 3-21 三螺旋 DNA 模式图（Watson- Crick 双螺旋为深色，第三链为浅色）

三螺旋可以在两个 DNA 分子之间形成，也可能在同一个 DNA 分子内形成。前者容易在两个 DNA 分子上全是嘌呤和全是嘧啶的互补区段之间形成，但第三条链在配对结合的时候有两种不同的方向，而具体的方向取决于链的性质。第三条链通过 Hoogsteen 氢键配对（表 3-4）的时候，需要 C 的质子化（低 pH）。这样的三螺旋结构可能在 DNA 同源重组的时候形成：一个 DNA 分子上的同源片段出现裂口，然后发生解链，其中的一条链与另一个 DNA 分子上的同源双链配对结合。

表 3-4 三螺旋 DNA 中的碱基配对规则

配对方式	Watson-Crick 碱基对	Hoogsteen 碱基对
T＝A＝T	A&T	T&A
A＝A＝T	A&T	A&A
C＝G＝C	G&C	C&G
G＝G＝C	G&C	G&G

分子内的三螺旋结构形成，除了需要互补的全嘌呤和全嘧啶序列以外，还需要序列呈镜像重复（图 3-22），而且第三条链上的 C 需要质子化才能与 G 配对。

在三螺旋结构中，碱基堆积力对稳定性有一定的贡献，但由于三条链之间存在更强的电荷排斥，稳定性要低于双螺旋。当然，当 DNA 处于高盐浓度下，其链上的负电荷多数被阳离子中和，形成三螺旋将会变得容易。此外，负超螺旋或低 pH 也有利于形成三螺旋。

据估计，这种由嘌呤组成的镜像重复序列在人 DNA 上大概每 140～150 kb 出现一次，也就意味着三螺旋 DNA 可能广泛地存在于基因组 DNA 中。在细胞内，三螺旋结构经常出现在 DNA 复制、转录

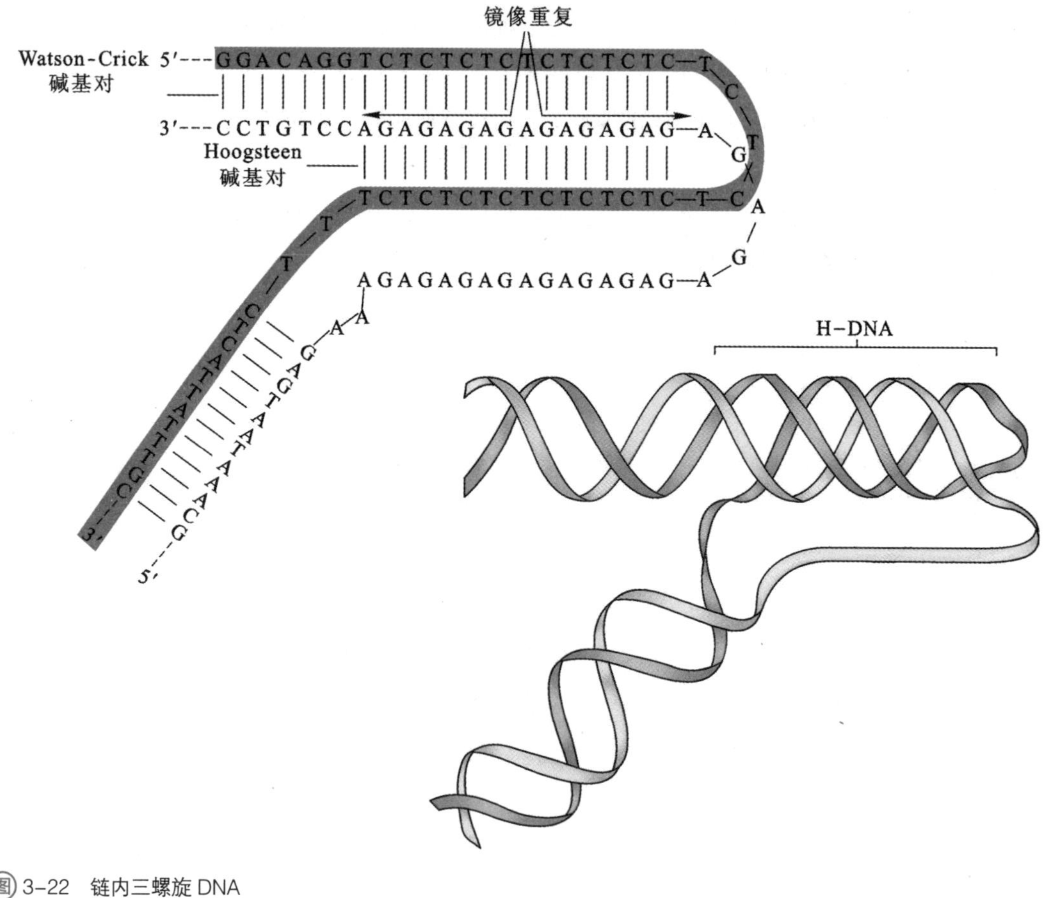

图 3-22　链内三螺旋 DNA

和重组的起始位点或调节位点，因此有人推测，第三股链的存在可能使一些转录因子或 RNA 聚合酶难以与该区段结合，从而阻遏有关基因的表达。

Quiz13 如何确定机体内有没有天然的三螺旋 DNA 的存在?

（4）碱基翻转

有时候，DNA 双螺旋上的某个碱基离开它的“配偶”，突出在双螺旋之外，这种现象称为碱基翻转（图 3-23）。碱基翻转对于细胞的某些功能十分重要。例如，催化碱基修饰的酶需要碱基通过翻转落入它的活性中心被化学修饰，参与碱基切除修复的 DNA 糖苷酶需要受损伤的碱基通过翻转进入它的活性中心被切除。例如，DNA 分子上出现的 U 是通过这种方式被尿嘧啶 -DNA 糖苷酶切除掉的（参看第十四章“DNA 损伤、修复和突变”）。

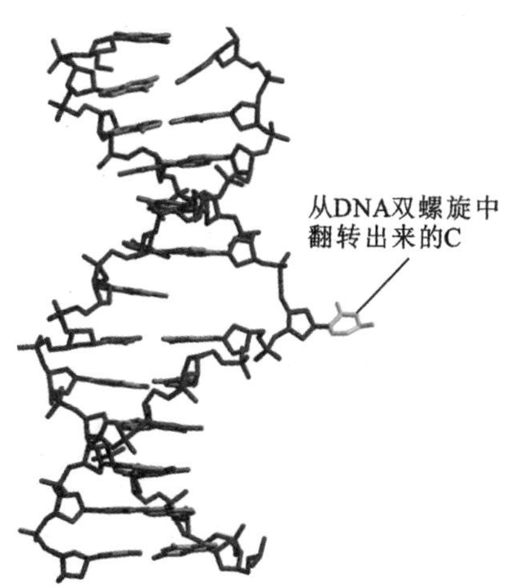

图 3-23　DNA 双螺旋上某一个位置的 C 发生的翻转

（5）滑移错配 DNA

含有直接重复序列的 DNA 可以形成一种叫“滑移错配”的二级结构。形成这种结构的原因是该区段 DNA 先发生解链，在重新缔合的时候，一段重复单元内的核苷酸序列因滑移与另一段重复单元内的互补序列发生错配，从而形成两个环（图 3-24）。因滑移的方式不同，可形成两种 SMP-DNA。若体内的 DNA 形成上述结构，会导致某些基因发生移框突变（参看第十四章“DNA 损伤、修复和突变”）。

（6）四链 DNA

在三螺旋被发现以后，有人根据 Watson-Crick 碱基对和 Hoogsteen 碱基对，首先从理论上预测出四链结构是可能存在的。很快有人在体外发现，由 CGG 重复序列组成的单链 DNA 在 K^+、Na^+ 或 Li^+ 存在下很容易形成四链结构。化学修饰实验清楚地显示，G 参与以 Hoogsteen 氢键形成四链。在两个两侧含有两段 G 四联体——GGGG（G quartet）重复序列的 GCGC 序列组成的 DNA 片段之间，可以形成四链结构。在 G 四联体结构之中，每一个 G 通过 Watson-Crick 面与相邻 G 的 Hoogsteen 面形成氢键。四个 G 的 O6 位于四联体的中心，每两个四联体片层可以结合一个金属离子（图 3-25）。

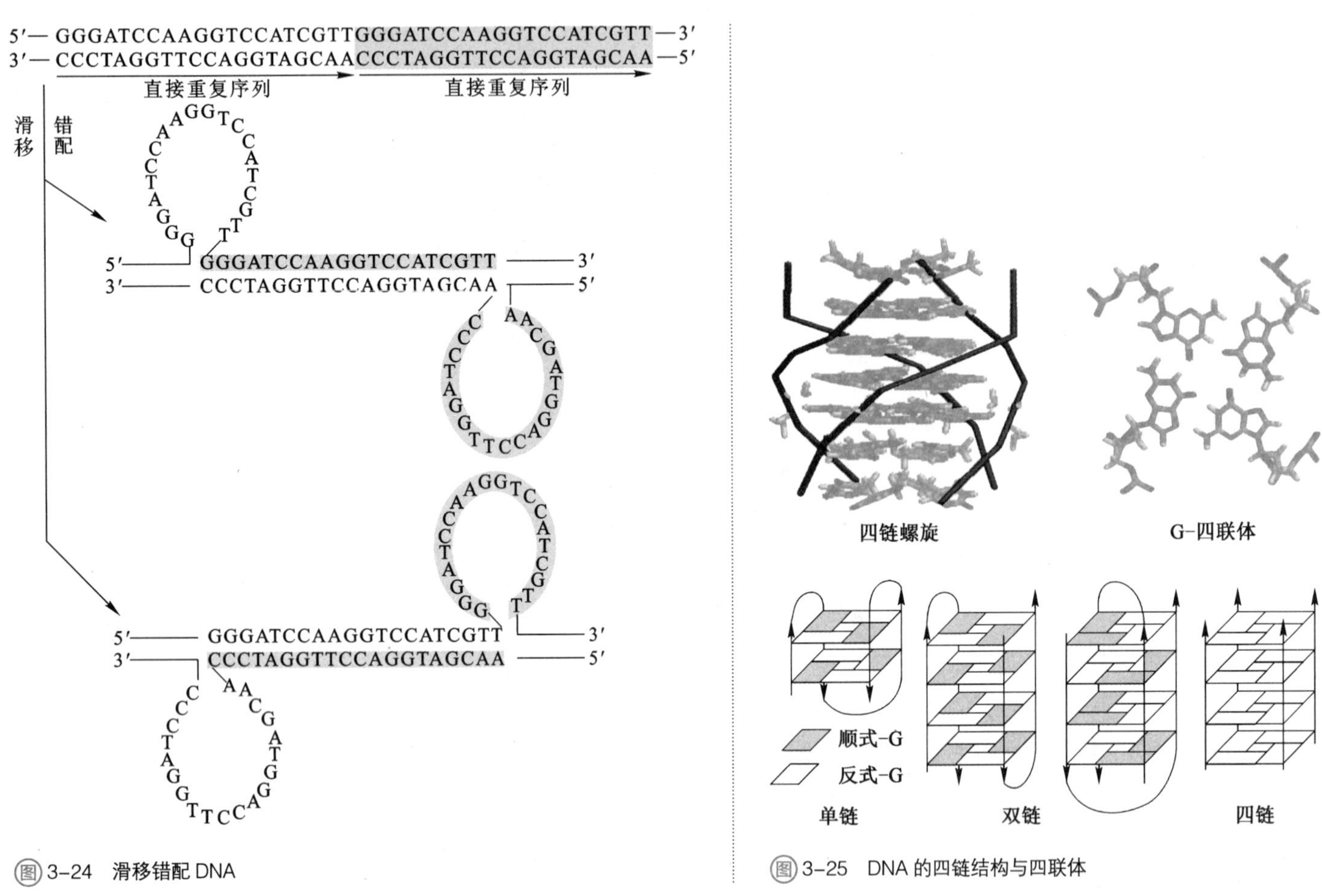

图 3-24　滑移错配 DNA

图 3-25　DNA 的四链结构与四联体

四联体可能是平行的，也可能是反平行的。如果是反平行的，相邻的 G 就必须采取不同的取向。

真核生物染色体 DNA 的端粒是最可能形成四链结构的地方！因为端粒 DNA 是由短的 G_nT_n 重复序列组成，而重复的次数成百上千。端粒 DNA 形成的 G- 四联体可与特定的端粒 DNA 结合蛋白结合，从而可为端粒提供额外的保护，有助于它的完整性和稳定性。

根据 Marco Di Antonio 等人于 2020 年 7 月 20 日发表在 *Nature Chemistry* 上题为“Single mdecule visualization of DNA G-quadruplex formation in live cells”的研究论文，科学家第一次证明四链体 DNA 是正常细胞中产生的稳定结构，其功能可能是调节一些基因的表达。

（二）RNA 的二级结构

RNA 二级结构的多样性可以和蛋白质相提并论。对于占少数的双链 RNA 来说，会像双链 DNA 一样，形成双螺旋，但 RNA 双螺旋一定为 A 型，这是因为 RNA 的 2′-OH 造成的空间位阻阻止了 B 型双螺旋的形成。

对于占多数的单链 RNA 来说，形成何种二级结构主要取决于碱基组成，即它的一级结构。这里有一个基本原则，就是首先要尽可能满足链内互补序列配对形成局部的双螺旋，然后再让那些非互补的序列通过突起、环等形式游离在双螺旋结构之外。另外，在 RNA 双螺旋中，还有第三种碱基配对的方式，就是 GU 碱基对（图 3-26）。这就为单链 RNA 形成链内双螺旋创造了更多的机会。正因为如此，一种一级结构已知的 RNA 可形成何种二级结构在很大程度上是可预测的。目前有许多专业软件，

尿嘧啶(U)

鸟嘌呤(G)

图 3-26　RNA 分子中的 GU 碱基对

如 RNA 和 RNAstructure，还有专门的网站，如 http://rna.urmc.rochester.edu/RNAstructureWeb/Servers/Predict1/Predict1.html，可以提供这样的服务。

单链 RNA 可形成的一些二级结构有：单纯的单链结构、连续的双螺旋结构、单核苷酸突起、发夹结构、对称的内部环（internal loop）、不对称的内部环、三核苷酸突起、双茎连接、三茎连接和四茎连接等（图 3–27）。

Quiz14 一个单链的 DNA 与其同义的单链 RNA 形成的二级结构一定相同吗？为什么？

在这些二级结构中，发夹结构最常见。发夹结构包括两个部分，一个部分是由一段由标准互补碱基对形成的双螺旋，另一部分是双螺旋两股互补序列之间的一段由 3 ~ 5 个没有配对的碱基组成的环。

下面以细胞内三种最常见的 RNA 为例，对于 RNA 的二级结构作进一步的说明。

1. tRNA 的二级结构

tRNA 分子一般含有 73 ~ 94 个核苷酸，其中有不少是修饰的核苷酸或修饰的碱基（如次黄嘌呤、硫尿嘧啶和假尿苷等），链内的大多数碱基通过氢键相连。构成 tRNA 二级结构的要素有：环（loop）、茎（stem）和臂（arm）。一个典型 tRNA 的二级结构像三叶草（cloverleaf），含有四个环和四个茎。环是由链内没有配对的碱基突出而成，茎则是链内互补的碱基之间配对形成的局部 A 型双螺旋，臂则是紧靠着茎又不属于环的非配对核苷酸，但 tRNA 分子上不变的核苷酸一般分布在三叶草结构上的非氢键区域。

按照从 5′→3′ 的顺序，四个环依次是 D 环（D loop）、反密码子环（the anticodon loop）、可变环（the variable loop）和 TψC 环（图 3–28）。四个茎依次是受体茎（the acceptor stem）、D 茎、反密码子茎和 TψC 茎。臂有 D 臂、反密码子臂、TψC 臂和氨基酸臂。

D 环因二氢尿嘧啶（dihydrouridine，D）而得名，反密码子环因含有反密码子而得名。反密码子是由三个核苷酸组成的单位，它根据“摆动法则”去阅读 mRNA 上的密码子，从而将核苷酸序列翻译成氨基酸序列。在反密码子茎和 TψC（ψ 代表假尿苷）茎之间通常还有一个可变环或附加环（the extra

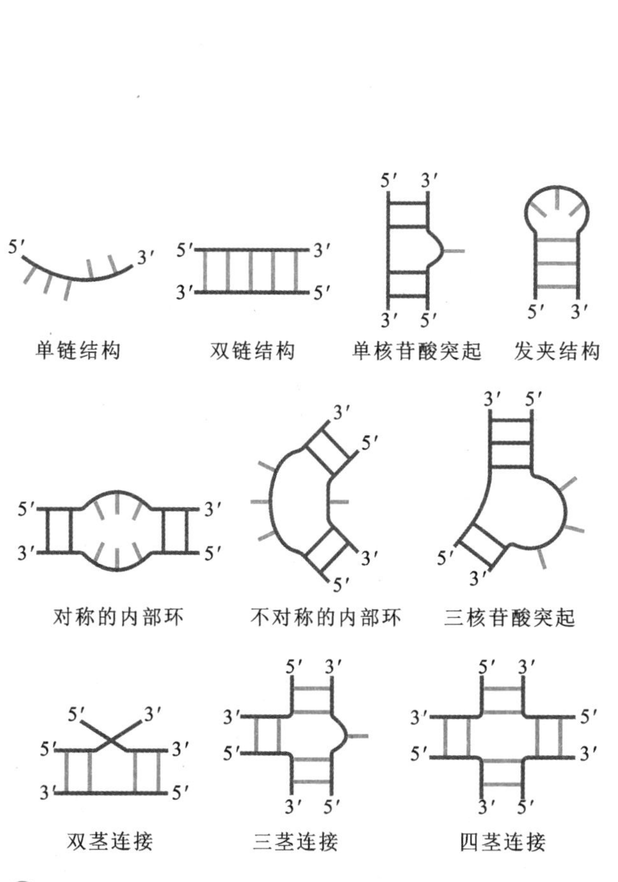

图 3–27　十种不同形式的 RNA 的二级结构

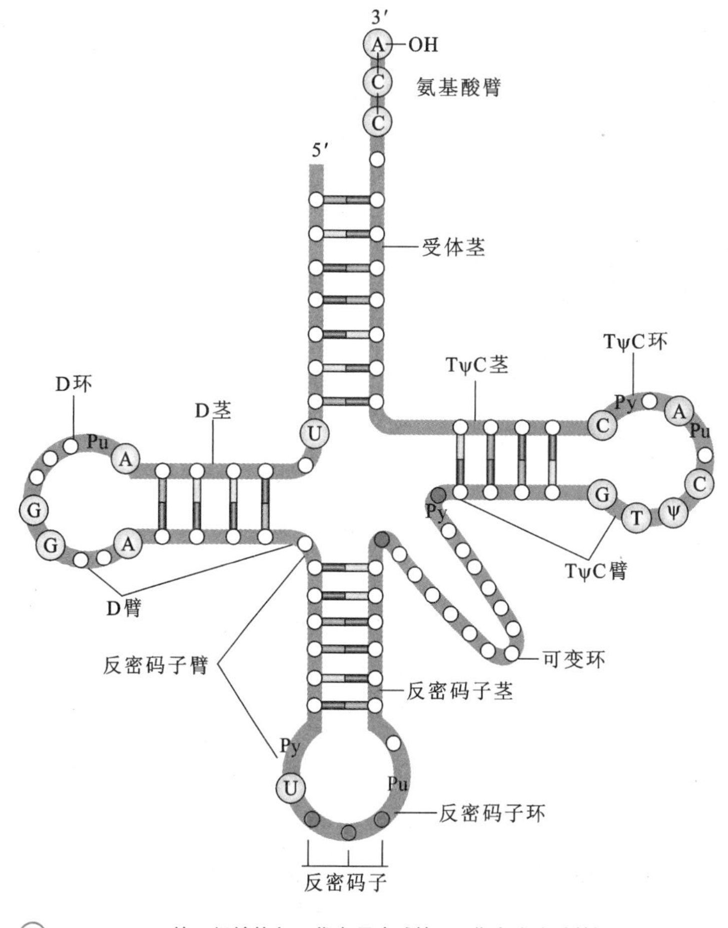

图 3–28　tRNA 的二级结构（Pu 代表嘌呤碱基，Py 代表嘧啶碱基）

loop),其长度在不同的 tRNA 分子上会有变化,因此有时可以用它来区分不同的 tRNA。TψC 环含有 7 个没有配对的碱基,包括 TψC 序列。核糖体与 tRNA 的结合依赖于其对 TψC 环的识别。受体茎是紧靠氨基酸与 tRNA 连接形成氨酰 tRNA 的地方,它由 tRNA 靠近两端的互补序列配对而成。所有 tRNA 3′ 端的最后三个核苷酸总是 CCA,与 3′ 端的第 4 个核苷酸一起,并不参与形成受体茎,而是构成接受氨基酸的臂。细胞在合成氨酰 tRNA 的时候,氨基酸最后被添加到 CCA 末端腺苷酸的 3′-OH 上。

2. rRNA 的二级结构

核糖体是蛋白质生物合成的场所,其中的 RNA 被称为核糖体 RNA(ribosomal RNA,rRNA)。根据沉降系数的高低,rRNA 被分为几种不同的类型。原核生物有 5S rRNA、16S rRNA 和 23S rRNA;真核生物有 5S rRNA、5.8S rRNA、18 S rRNA 和 28 S rRNA。在所有的 rRNA 分子上都发现有大量链内互补的序列,这些序列通过互补配对,使 rRNA 高度折叠。在不同物种的同一类型的 rRNA 上存在十分保守的折叠样式。

以 16S rRNA 为例,其内部存在大量的短螺旋,螺旋之间夹杂着多种形式的环和突起,这是根据形成氢键的序列比对(alignment)出来的。

Quiz15 长期以来,16S rRNA 序列测定和分析被广泛用于菌种鉴定和系统发生学研究。为什么?

比较不同物种来源的 16S rRNA 的一级结构和二级结构发现,尽管它们在一级结构上相似性并不高,但它们的二级结构却惊人地相似。显然,16S rRNA 的分子进化是二级结构在起作用,而不是表现在核苷酸的序列上。换句话说,16S rRNA 在进化中,只要保证它的二级结构基本不变就行,而不用在乎其一级结构的变化。

3. mRNA 的二级结构

mRNA 的种类繁多,对于各种 mRNA,人们关心更多的是它们的一级结构,这是因为编码多肽或蛋白质氨基酸序列的是一级结构。然而,研究发现,mRNA 分子的二级结构,尤其是两端的二级结构,对翻译有一定的影响,某些 mRNA 正是借助于末端特殊的二级结构,对基因的表达进行调控。出现在 mRNA 分子上最多的二级结构部件也是茎环结构。

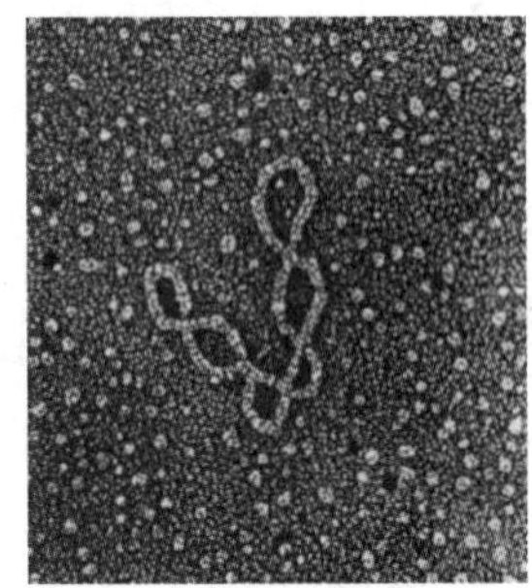

超螺旋 DNA

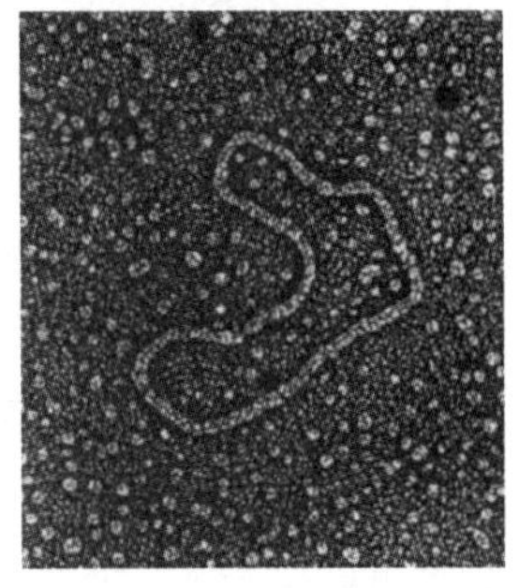

松弛型 DNA

图 3-29 超螺旋 DNA 和松弛型 DNA

四、核酸的三级结构

核酸的三级结构是在其二级结构的基础上形成的包括所有原子在内的三维立体结构。对 DNA 来说,其三级结构一般就是在双螺旋结构的基础上形成的超螺旋。

(一) DNA 的三级结构

DNA 可以两种形式存在(图 3-29),下为松弛型(relaxed form),上为超螺旋(supercoiling)。在松弛型状态下,DNA 以 B 型双螺旋存在,每一圈 10 bp,这时候能量状态最低。当通过某种手段使得 DNA 双螺旋每一圈少于或多于 10 bp,将导致 DNA 双螺旋过度缠绕或缠绕不足。如果这时 DNA 两端被固定住,或者本来就是共价闭环的 DNA(covalently closed circular DNA,cccDNA),那将会因内部的张力无法释放而自发地形成超螺旋结构。

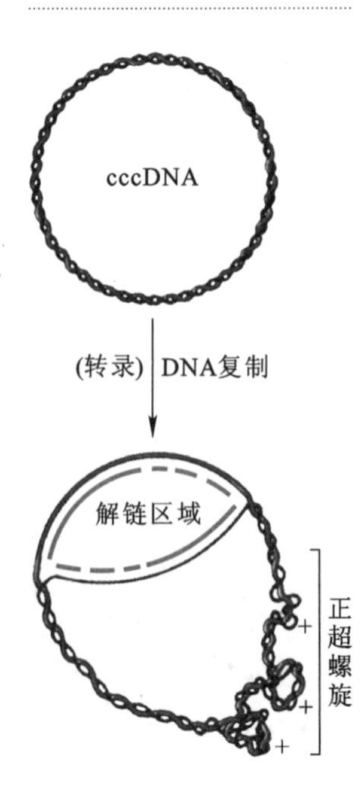

图 3-30 DNA 复制过程中正超螺旋 DNA 的形成

DNA 超螺旋分为正超螺旋和负超螺旋,前者一般为左手超螺旋,由 DNA 双螺旋过度缠绕引起;后者一般为右手超螺旋,由 DNA 双螺旋缠绕不足引起。

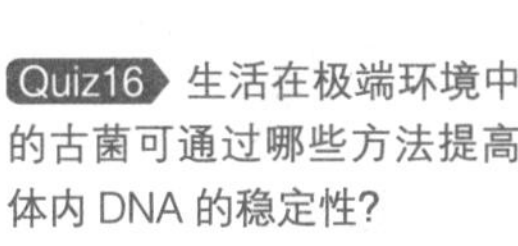

Quiz16 生活在极端环境中的古菌可通过哪些方法提高体内 DNA 的稳定性?

负超螺旋 DNA 是由两条链缠绕不足引起,很容易解链,因此有利于 DNA 的复制、重组和转录。正因为如此,绝大多数生物体内的 DNA 在没有复制之前,均以负超螺旋的形式存在,以方便 DNA 在复制、重组或转录的启动阶段进行解链。当 DNA 开始复制、重组或转录的时候,随着解链的深入,原来的负超螺旋会逐渐被消耗掉,并最终被正超螺旋取代(图 3-30)。正超螺旋的出现将会阻碍 DNA 的继续复制和转录,

幸好细胞内存在 DNA 拓扑异构酶，可及时将其清除。

某些与碱基对差不多大小的多环芳香族分子（如溴乙锭和吖啶橙）可以插入到 DNA 双螺旋两个相邻的碱基对之间，促进正超螺旋的形成。这些分子都是强烈的致癌试剂，它们在插入到双螺旋内部以后，很容易诱发 DNA 在复制时发生突变。

（二）RNA 的三级结构

细胞里的绝大多数RNA，特别是较为稳定的RNA，如rRNA和tRNA等，都有自己独特的三级结构。RNA 的三级结构是在二级结构的基础上进一步折叠、包装而成的。其中的双螺旋区域主要充当刚性的框架结构来组织其他结构或功能部件。构成突起、内部环、发夹环和末端环的单链区域对于 RNA 最终三级结构的形成至关重要，其作用相当于氨基酸残基的 R 基团对于蛋白质三级结构形成的贡献。正是这些单链区之间以及单链区与双链区之间核苷酸的相互作用，才使得一种 RNA 最终能够折叠成它所特有的三级结构。事实上，RNA 折叠，特别是较大的 RNA，就像大多数蛋白质的折叠一样，也需要分子伴侣的帮助，以便让大多数 RNA 能快速折叠成正确的构象，而不至于陷在许多可能错误的构象中“不能自拔”。细胞内有许多非特异性的核酸结合蛋白充当 RNA 折叠的分子伴侣，它们通过防止或解除错误的折叠来指导一种 RNA 正确的折叠。为了与参与蛋白质折叠的分子伴侣区分开来，通常将帮助 RNA 折叠的分子伴侣称为 RNA 伴侣（RNA chaperone）。

Quiz17 你认为 RNA 伴侣有无 ATP 酶活性？另外，RNA 伴侣与 RNA 结合主要是结合在折叠区还是非折叠区？为什么？

以枯草杆菌的 TPP 核开关为例（图 3-31），它在折叠的时候，先形成各种局部的二级结构，这些二级结构的形成是相对独立的。然后，在不同的二级结构之间可发生远距离的相互作用，在此基础上形成构建三级结构的模体。参与远程作用的主要是游离在双螺旋结构之外的环和突起中的核苷酸，这些核苷酸之间发生相互作用，形成非标准的碱基对或发生碱基堆积，在多数情况下，核糖 2′-OH 参与形成氢键。有时，相邻的螺旋之间可通过共轴的碱基堆积（coaxial stacking），形成一段连续的或准连续的共轴螺旋（coaxial helix）。

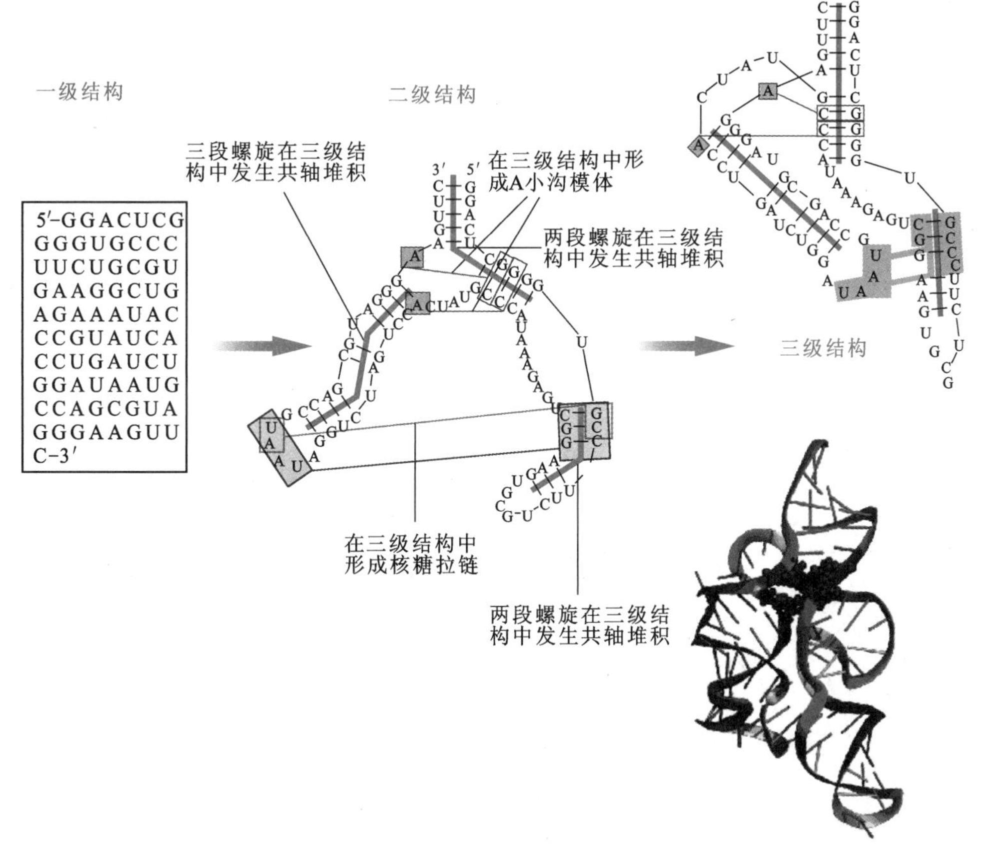

图 3-31 枯草杆菌 TPP 核开关的三级结构的形成

驱动和稳定RNA三级结构形成的因素经常涉及金属离子和碱性蛋白，这是因为RNA主链在生理pH下带高度的负电荷，需要通过与金属离子或者碱性蛋白的结合，来中和或屏蔽主链上磷酸基团所带的负电荷，以使不同区域的磷酸核糖骨架能相互靠近，发生近距离的接触和包装，并可能作为最终构象的一部分。例如，第一类内含子核酶就围绕一个Mg^{2+}进行折叠。此外，还有其他几个因素也能影响到RNA的折叠，它们包括：在一级结构上相距较远的两段区域形成标准的Watson-Crick碱基对和非Watson-Crick碱基对，在一段双螺旋和一段单链之间通过非Watson-Crick碱基对形成三螺旋（图3-32），以及碱基和碱基之间的堆积力、碱基和主链之间（特别是核糖部分）的相互作用等。

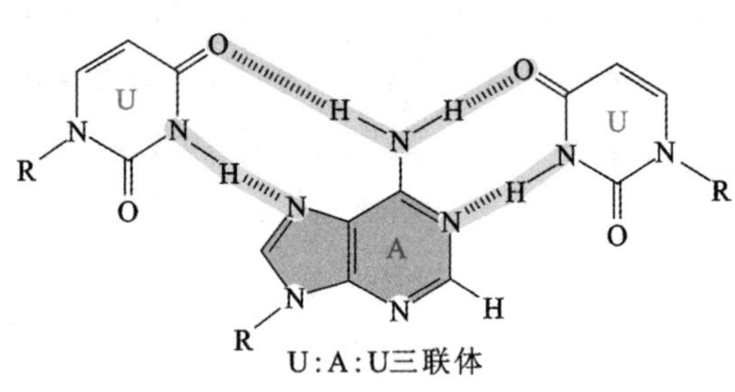

图3-32　在三螺旋结构中的三联体配对

Quiz18　与同义的单链DNA相比，一个单链RNA分子可以形成更稳定的三级结构。这是为什么？

构成RNA三级结构的主要结构模体有多种类型，如假节结构（pseudoknot）、“吻式”发夹结构（kissing hairpin）。这些不同的模体之间可以相互作用，形成更复杂的结构。

（1）假节结构

这是RNA分子上最常见的一种模体，最初是在萝卜黄色镶嵌病毒（turnip yellow mosaic virus）的基因组RNA上发现的。一个假节结构至少是由两段螺旋和将两段螺旋联系起来的单链区或环组成（图3-33）。目前在几种拓扑学结构不同的假节结构中，性质最为确定的是H型假节。在H型假节结构之中，一个发夹环上的碱基与茎以外的碱基形成分子内的配对，从而形成第二个茎环结构，产生具有两茎、两环的假节结构。上述两茎能够相互垛叠在一起，形成一个几乎连续的准共轴螺旋。单链环区域经常与相邻的茎发生作用，形成氢键，参与整个分子结构的形成。由于环和茎长度以及它们之间相互作用的变化，假节结构实际上有多种形式，每一种形式可能有不同的生物学功能。这些功能包括：参与形成多种核酶和自我剪接的内含子（self-splicing intron）的活性中心，诱导多种病毒在翻译过程中发生核糖体移框（ribosomal frameshifting），对于端粒酶（telomerase）发挥活性有十分重要的作用。虽然端粒酶不属于核酶，但其RNA部分充当端粒DNA合成的模板。有证据表明，端粒酶RNA中有一个高度保守的假节结构是酶活性必需的。人体内的这个假节结构若发生突变，可导致一种叫先天性角化症（dyskeratosis congenita）的遗传疾病。

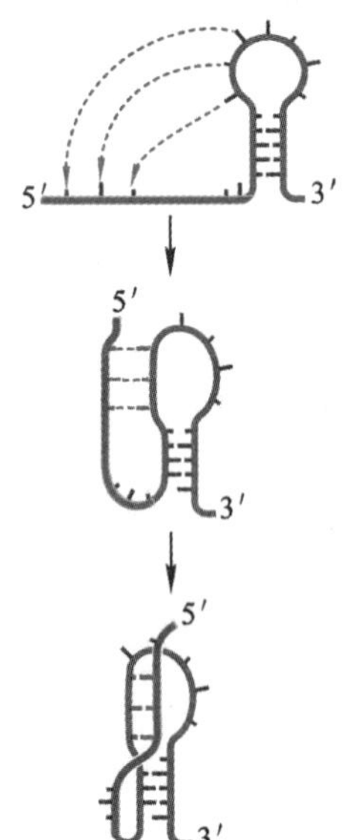

图3-33　假节结构的形成

（2）“吻式”发夹

这种模体是由两个独立的发夹结构通过环之间的碱基配对形成的。当两个环配对以后，就在两个发夹结构之间形成第三段双螺旋，这段螺旋与原来的两段双螺旋形成共轴堆积或共轴螺旋（图3-34）。HIV的基因组RNA分子上就有这种模体。

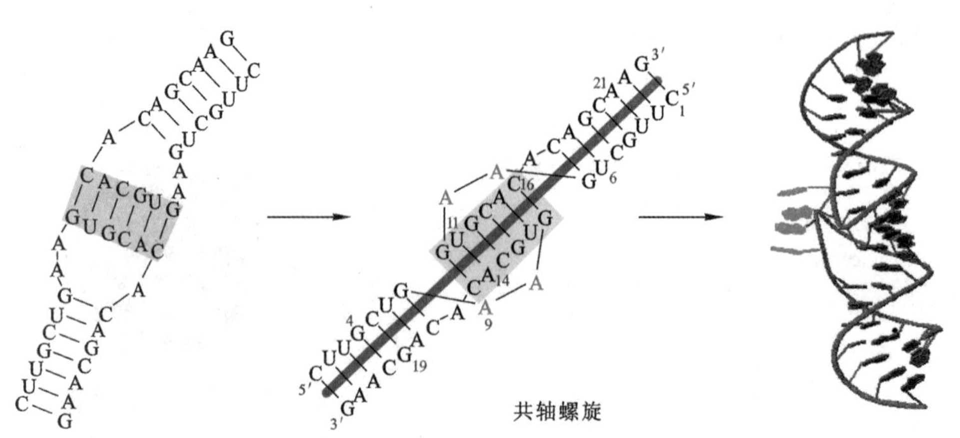

图3-34　HIV基因组RNA分子中吻式发夹结构的形成

就 tRNA 分子而言，其三级结构的形成依赖于 D 环上的碱基和不变碱基以及 TψC 环上的碱基之间建立氢键。参与三级结构形成的许多氢键并不是通常的 AU 和 GC 碱基对。所有的氢键将 D 臂和 TψC 臂折叠到一起，并将三叶草结构弯曲成稳定的倒 L 形（图 3-35）。在倒 L 形构象中，碱基的排列方向都尽可能增加碱基平面之间的疏水堆积力，这也是仅次于氢键用来稳定倒 L 形构象的因素。

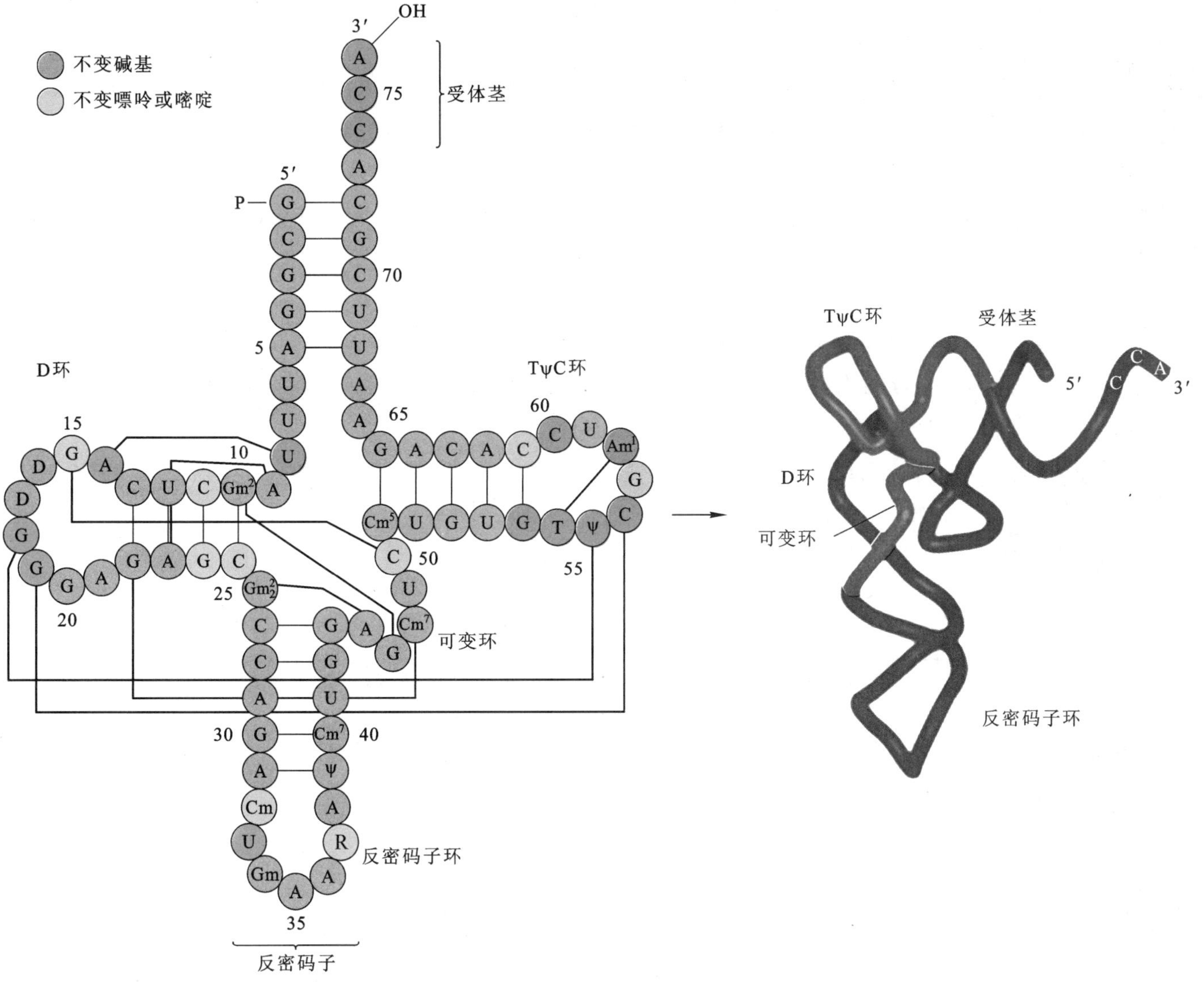

图 3-35　tRNA 的倒 L 形三级结构以及三级氢键的配对

在倒 L 形结构中，tRNA 的两个功能端被有效地隔离开，携带氨基酸的受体茎位于 L 的一端，与另一端的反密码子相距 7 nm 左右，而 D 环和 TψC 环构成 L 的角。

对 rRNA 的三级结构而言，只是在近十多年来才有了许多突破。X 射线衍射获得的数据表明，核糖体的整体构象是由 rRNA 决定的，核糖体蛋白质一般正好位于 RNA 螺旋之间，起点缀作用（图 3-36）。

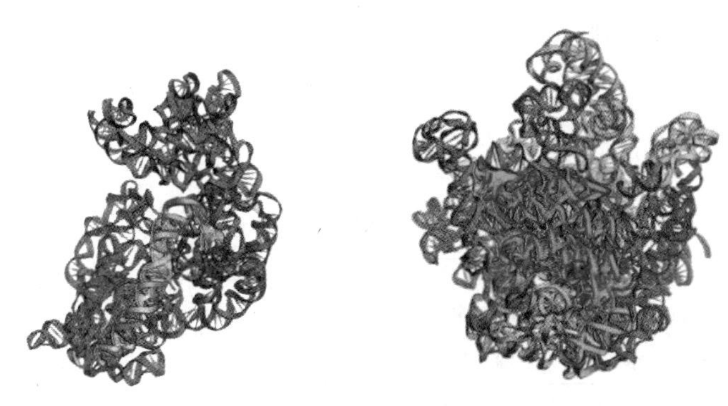

图 3-36　细菌核糖体小亚基（左）和大亚基（右）rRNA 的三维结构

五、核酸与蛋白质形成的复合物

Quiz19 你认为现在研究RNA和蛋白质形成的复合物的三维结构最好的方法是什么？

细胞内的核酸并不是游离的，它们总是与蛋白质或酶发生各种各样的作用，这些作用不但能够影响到核酸的结构，而且直接参与基因的复制、重组、修复、转录、转录后加工和翻译等过程。在很多情况下，核酸与蛋白质能够形成紧密的复合物即核酸蛋白体颗粒。下面就选择性介绍几种重要的核酸蛋白体的结构与功能。

（一）DNA与蛋白质形成的复合物

1. 真核生物的核小体

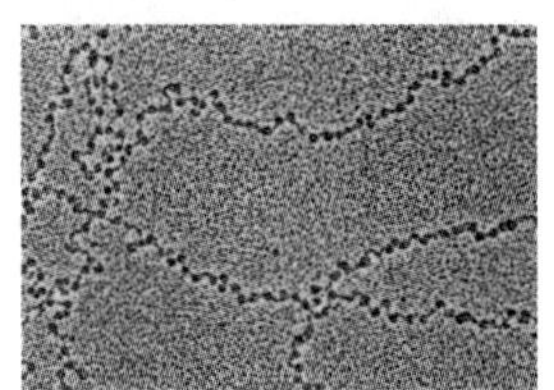

图 3-37 电镜下的核小体结构

真核细胞的核基因组DNA在细胞核内与组蛋白结合形成核小体（nucleosome）的结构。核小体可视为真核生物细胞核染色质的一级结构单位，它在电镜下呈串珠状（图3-37）：每一个“珠子”由组蛋白核心（histone core）和环绕其上的DNA组成（约146 bp）；相邻“珠子”之间的DNA称为连线DNA（linker DNA），长度8～114 bp不等，它最容易受到DNA酶的水解。H1与连线DNA结合，但去除H1并不会破坏核小体结构（图3-38）。

组蛋白属于一类富含Lys和Arg的碱性蛋白，因此在生理pH下，带有正电荷，这样就可以与带负电荷的DNA通过静电引力结合在一起。

组蛋白主要有五种类型，即H1、H2A、H2B、H3和H4。某些生物或组织还有H1°或H5（表3-5）。此外，在精子中，使用精蛋白（protamine）代替组蛋白。

各种组蛋白在进化的保守性上是不一样的，保守性最高的是H4，其次是H3，再其次是H2A和H2B。变化最大的是H1。某些组织中没有H1，而含有其他类型的组蛋白。例如，在鸟类的红细胞中由H5取代了H1。

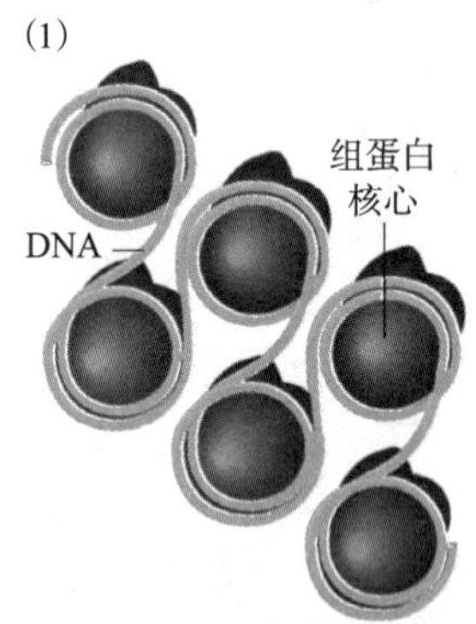

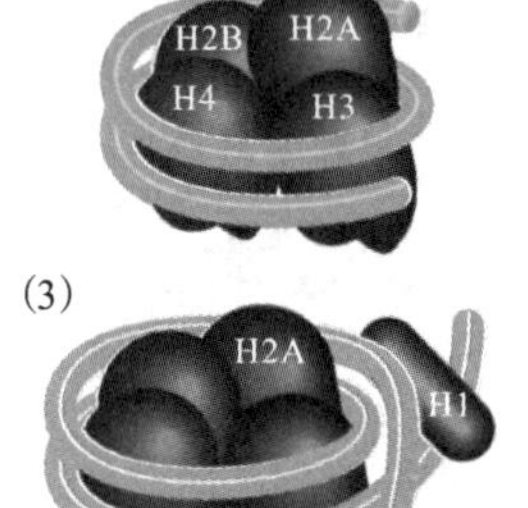

图 3-38 核小体结构模型

► 表3-5 几种组蛋白的性质比较

组蛋白类型	分子量	保守性
H3	15 400	高度保守
H4	11 340	高度保守
H2A	14 000	在不同组织和物种中，中度保守
H2B	13 770	在不同组织和物种中，中度保守
H1	21 500	在不同组织和物种中，显著变化
H1°	约21 500	变化很大，只存在于非复制的细胞
H5	21 500	高度变化，只存在于某些物种无转录活性的细胞

在三维结构上，H2A、H2B、H3和H4的结构相似，N端形成尾巴，C端形成组蛋白特有的结构模体——组蛋白折叠（histone fold）。组蛋白折叠由3段α螺旋组成，中间的α螺旋比较长，两侧的较短，组合起来形如一个浅的“U”字（图3-39）。

组蛋白核心是一个八聚体，由4组二聚体通过组蛋白折叠结合在一起。H3与H4通过一个组蛋白折叠形成异源二聚体，H2A与H2B通过另一个组蛋白折叠形成另一个异源二聚体。两个H3-H4二聚体通过H3之间的四螺旋束（4-helix bundle）形成H3-H4四聚体，最后一对H2A-H2B通过H2B

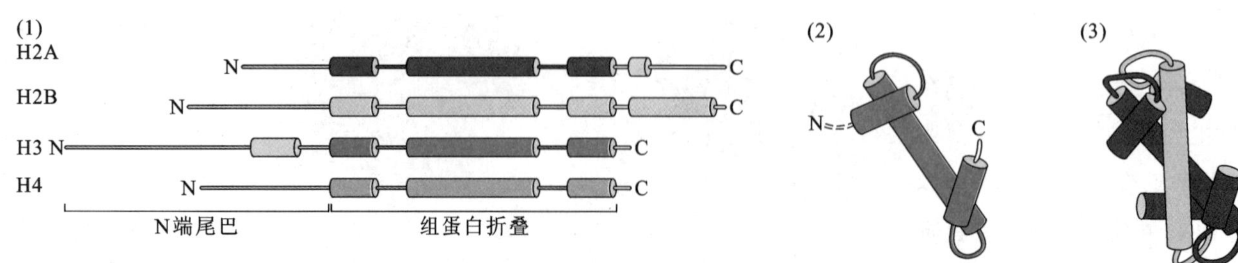

图 3-39 组蛋白的二级结构特征

与 H4 之间的相互作用形成八聚体。组蛋白核心主要通过静电引力与 DNA 结合，其表面大约环绕 146 bp 的 DNA 双螺旋，DNA 长度因此被压缩了 6 ~ 7 倍。

H1 并不参与形成组蛋白八聚体核心，而是游离在外，与连线 DNA 结合，锁定核小体，有利于将核小体包装成更高层次的结构。

核小体的宽度约为 10 nm，因此这个阶段的染色质称为 10 nm 纤维或核蛋白纤维（nucleoprotein fibril）。通过 X 射线晶体衍射分析发现：构成核小体核心的组蛋白单体 N 端和 C 端尾巴不在核心结构之中，而是伸出来通过超螺旋上的沟与相邻的核小体接触，使其可以发生多种形式的化学修饰；DNA 双螺旋每隔 10 bp，其小沟就面对蛋白质的表面，并与 Arg 侧链接触；DNA 的大沟朝外，能够被序列特异性结合蛋白识别并结合；核小体表面的 DNA 卷曲并略显缠绕不足，形成负超螺旋，其中的双螺旋的螺距为每圈 10.2 bp 而不是每圈 10.5 bp。

核小体的结构并不是一成不变的，由于其中的组蛋白可以发生多种形式的化学修饰，从而会影响到核小体的结构，进而影响到 DNA 上的基因表达。

2. 古菌的核小体

与细菌相似，古菌的基因组也是共价闭环的 DNA，但大多数古菌具有组蛋白，因此也会形成核小体。例如，在炽热甲烷嗜热菌（*Methanothermus fervidus*）体内，发现了两种组蛋白——HMfA 和 HMfB。然而，古菌的组蛋白要短于真核生物，如 HMfA 和 HMfB 比 H4 在 N 端和 C 端各少了 36 和 7 个氨基酸残基，而且在与 DNA 形成核小体的时候，只形成四聚体核心，也没有伸出来的 N 端或 C 端的尾巴（图 3-40）。如此小的组蛋白核心让古菌的一个核小体只能包被约 80 bp 的 DNA，而缺乏尾巴的特征，使得古菌的组蛋白不像真核生物可发生各种形式的化学修饰。

Quiz20 你认为古菌体内组蛋白的功能会是什么？

3. 细菌的拟核

细菌并没有组蛋白，所以不会形成核小体的结构。但细菌也有一些小的碱性蛋白，如 HU 和 FIS。这些碱性蛋白也可以和它们的基因组 DNA 结合，形成高度浓缩的拟核或类核（nucleoid）的结构。拟

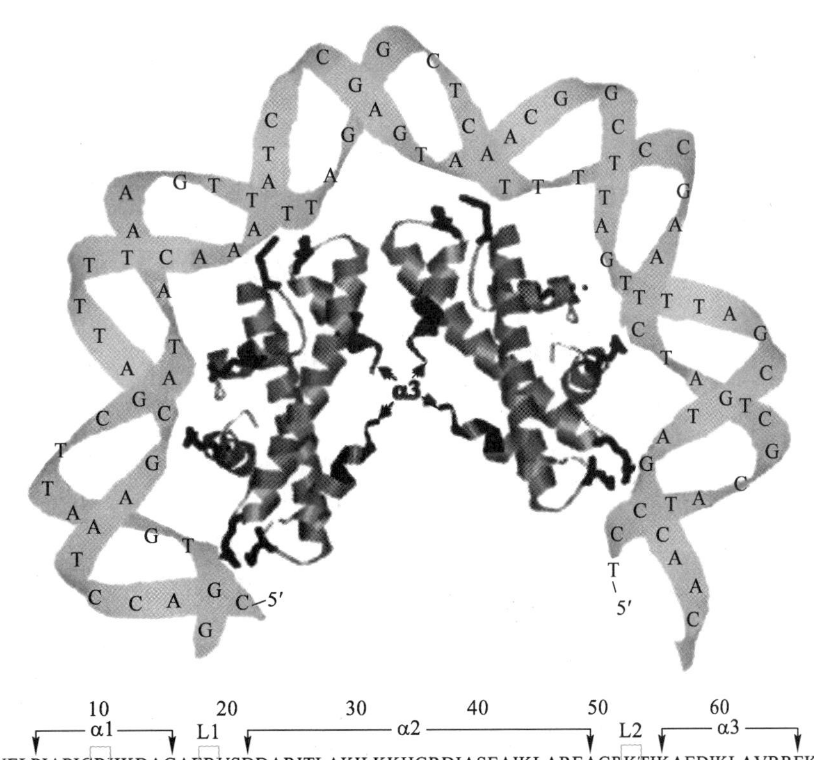


```
             10          20       30        40        50       60
             ←— α1 —→    L1  ←——————— α2 ———————→      L2  ←— α3 —→
HMfB           NELPIAPIGRIIKDAGAERVSDDARITLAKILKKHGRDIASEAIKLAREAGRKTIKAEDIKLAVRRFKK
HMfA          NGELPIAPIGRIIKNAGAERVSDDARIALAKVLEEHGEEIASEAVKLAKHAGRRTIKAEDIELARKNFK
H4(26个氨基酸) -QGITKPAIRRLARRGGVRRISGLIYEETRGVLKVFLENVIRDAVTITRRAKFRTVTANDVVYALKRQGR- (7个氨基酸)
```

图 3-40 古菌的组蛋白与 DNA 形成的核小体结构

核包括 DNA、不同于组蛋白的拟核蛋白 NAP、DNA 拓扑异构酶、转录因子和 mRNA 等。拟核中的 DNA 以超螺旋的形式存在，形成一个个大小在 50～100 kb 的小环。这些小环被固定在由特定的蛋白质分子形成的基座上（图 3-41）。

图 3-41　细菌的拟核结构

4. 线粒体和叶绿体的拟核

与细菌类似，真核细胞内的两个半自主细胞器线粒体和叶绿体中的 DNA 也不是裸露的，它们也是与各种蛋白质形成拟核的结构。拟核的结构有助于维持两个细胞器中 DNA 的稳定性，并对其上的基因表达有重要的影响。

（二）RNA 与蛋白质形成的复合物

在细胞里，很多重要的 RNA 需要与特殊的蛋白质形成复合物以后才能起作用。这些 RNA 与蛋白质复合物主要包括：核糖体、信号识别颗粒（signal recognition particle，SRP）、核小 RNA 蛋白质复合物（snRNP）、核仁小 RNA 蛋白质复合物（snoRNP）、剪接体（spliceosome）、核糖核酸酶 P 和端粒酶（telomerase）（表 3-6）。除此以外，RNA 病毒本质就是基因组 RNA 与衣被蛋白质等形成的复合物，例如 HIV、流感病毒、丙型肝炎病毒（HCV）、埃博拉病毒（Ebola virus）和各种冠状病毒（coronavirus）等。

Quiz21 请说出 HAV、HBV、HDV、HEV、HSV 和 HPV 各代表什么病毒？哪些是 RNA 病毒？

表 3-6　几种重要的 RNA 与蛋白质形成的复合物

类型	RNA	功能	存在
核糖体	rRNA	充当蛋白质生物合成的场所	所有的生物
信号识别颗粒	古菌和真核生物为 7SL RNA，细菌为 4.5S RNA	识别多种真核细胞与糙面内质网和原核细胞与细胞膜结合的核糖体上合成的蛋白质在 N 端的信号肽，参与这些蛋白质的共翻译定向和分拣。	所有的生物
snRNP	snRNA	参与真核细胞核内 mRNA 的剪接	真核生物
snoRNP	snoRNA	参与真核细胞 rRNA 的后加工	古菌和真核生物
剪接体	5 种 snRNA 和 mRNA	切除真核细胞核 mRNA 分子内的内含子	真核生物
核糖核酸酶 P	M1 RNA	参与 tRNA 前体在 5′ 端多余的碱基序列的切除	所有生物
端粒酶	端粒酶 RNA	维护真核生物核 DNA 端粒序列的完整	真核生物
RNA 病毒	基因组 RNA	充当 RNA 病毒的遗传物质	细菌和真核生物

Box3.2　DNA 究竟能不能形成正平行的双螺旋？

在 Watson 和 Crick 提出的 DNA 双螺旋结构模型中，会特别强调构成双螺旋的两条链之间的双层关系：一是两条链的碱基序列是互补的；二是两条链是反平行的。那 DNA 能不能形成正平行的双螺旋呢？如果可以，那为什么生物在进化的过程中选择了反平行的双螺旋？

事实上，许多研究人员在体外使用特别的手段早已经获得了正平行的 DNA 双螺旋。例如：使用特殊的双功能试剂（如 1，6- 己二醇）将设计好的两段 DNA 序列的两个 5′ 端或者两个 3′ 端强行“捆到”一起；使用特殊修饰的碱基；对 DNA 的主链进行特殊的化学修饰；将碱基与脱氧核糖之间的 β-N- 糖苷键进行改造，使其变成 α 型。

不过，这些改造过的 DNA 都需要在特别的条件下才能形成正平行的双螺旋。所需要的条件一是低的 pH，这样可以通过改变碱基的解离状况而改变碱基上氢键供体或受体的性质；二是低的温度，使其能够稳定存在。但是，在形成的正平行的 DNA 双螺旋结构中，碱基配对的性质发生了较大的变化，比如有了

A : A'（A' 代表质子化的 A）、G : G、T : T 和 C : C^+（C^+ 为质子化的 C）配对的形式，尽管 A : T 也可以配对，并形成 2 个氢键，但氢键供体发生了变化，G : C 也可以配对，但只能形成 2 个氢键（图 3-42）。

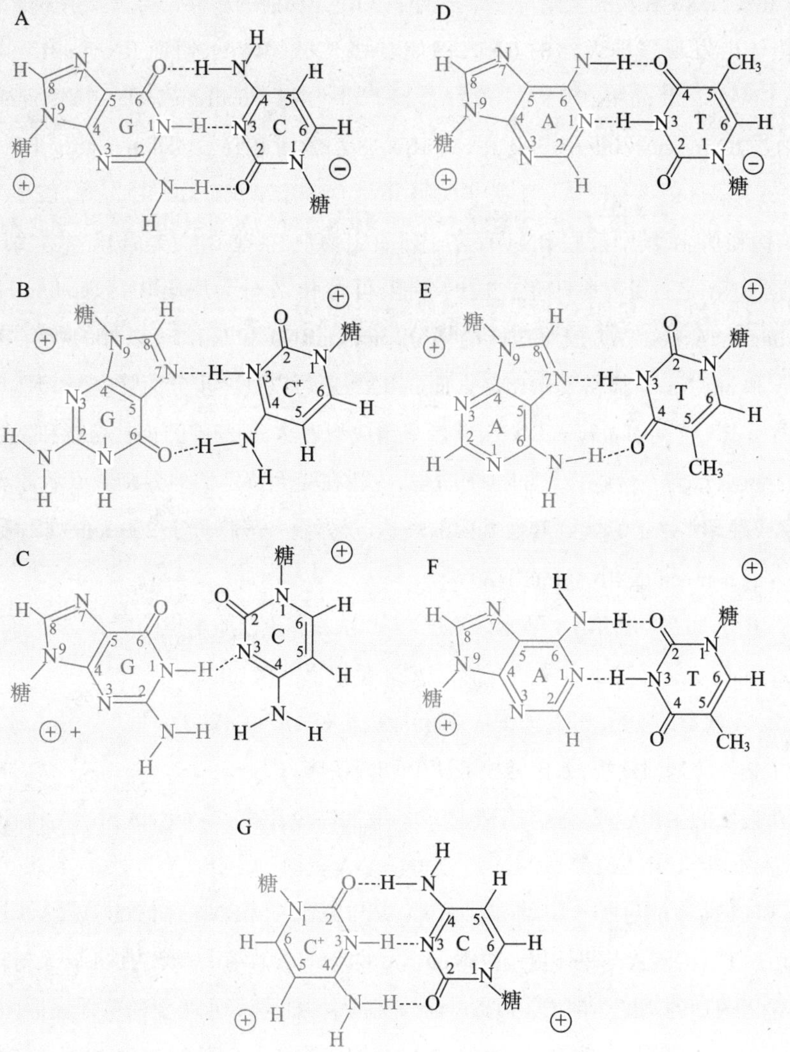

图 3-42　正平行 DNA 双螺旋中的碱基配对
A 和 D 为标准的 Watson-Crick 碱基对；B 和 E 为 Hoogsteen 碱基对
C 和 F 为反向的 Watson-Crick 碱基对；G 为 C:C^+ 碱基对

例如 2002 年，V. Rani Parvathy 等人将人工合成的两段 DNA 十二聚体序列“CCATAATTTACC”和“CCTATTAAATCC”以 1 : 1 的比例溶于水溶液以后，结果得到了正平行的双螺旋（图 3-43）。该结构在中性和酸性 pH 下均能稳定存在，而在更高的温度下，双螺旋可以协同的方式解链。所有 A、C 和 T 位置的糖苷键均采用反式构象。这种结构形成的原因可能是由于两端是 C:C^+ 以及在反平行方向上会有大量错配。他们使用在 NMR 条件下的分子动力学模拟，获得了原子分辨率的正平行 DNA 双螺旋的三维结构，其中的扭转角与 B 型 DNA 双螺旋中的扭转角非常相似，但是在碱基堆积和螺旋参数上却有非常大的差别。

1　　　　　　　　　12
5′ C C A T A A T T T A C C 3′
5′ C C T A T T A A A T C C 3′
13　　　　　　　　　24

图 3-43　可以形成正平行 DNA 双螺旋的碱基序列

现在大家应该明白了，原来正平行的 DNA 双螺旋在特殊的条件下是可以形成的，但显然在细胞正常的生理条件下却是很难形成的。另外，从 DNA 功能的角度来看，正平行的 DNA 双螺旋容易出现大量错配，这会影响到 DNA 复制、转录和损伤修复的忠实性，而且会导致转录很难选择哪一条链充当模板链，哪一条链充当编码链。而对于单链 RNA 来说，形成链内反平行的双螺旋很容易，只需要主链发生 180 度方向的改变让互补序列凑在一起就可以了，但若是形成正平行的双螺旋，则需要主链发生 360 度方向的改变，这就意味着在其间需要插入更多的碱基序列。因此从进化的角度来看，形成正平行的双螺旋劣势明显，必然会被抛弃或淘汰。

第三节 核酸的功能

DNA在生物体内的功能只有一种,就是作为生物体的主要遗传物质,生物体的一切性状最终都是由它决定的。相反,RNA在功能上则是一个多面手。RNA功能的多样性与其复杂多变的结构有关。

已在生物体内发现多种天然的RNA,例如转移RNA(tRNA)、信使RNA(mRNA)、核糖体RNA(rRNA)、核小RNA(small nuclear RNA,snRNA)、核仁小RNA(small nucleolar RNA,snoRNA)、微RNA(miRNA)、小干扰RNA(small interfereing RNA,siRNA)、小激活RNA(small activating RNA,saRNA)、7SL RNA、向导RNA(guide RNA,gRNA)、环状非编码RNA(circRNA)和Xist RNA等(表3-7)。这些RNA具有特殊的结构和功能,其中某些RNA存在于所有生物中,某些RNA是真核生物、细菌或古菌特有的。有时,根据RNA是否具有编码蛋白质的功能,可将RNA分为编码RNA(coding RNA)和非编码RNA(non-coding RNA,ncRNA),按照这样的划分,显然mRNA和tmRNA以外的所有RNA,如tRNA、rRNA、snRNA和miRNA等都属于ncRNA。而ncRNA还可以进一步分为管家ncRNA(house-keeping ncRNA)和调控ncRNA(regulatory ncRNA),前者呈组成型表达,是细胞的正常功能和生存所必需的,后者只在特定的细胞,或者在生物发育的某个阶段,或者在受到特定的外界刺激以后才表达,它们的表达能够在转录或翻译水平上影响到其他基因的表达。另外,一般将长于200 nt的非编码RNA称为长非编码RNA(long non-coding RNA,lncRNA)。

在远古的"RNA世界"中,RNA可能行使过当今DNA和蛋白质承担的所有功能,而在现代的生命世界中,RNA的生物功能仍然还有很多,它们主要包括以下八项功能。

(1) 充当RNA病毒的遗传物质,如HIV和新冠病毒(SARS-CoV-2)。

(2) 作为生物催化剂即核酶,如核糖核酸酶P和核糖体。

(3) 参与蛋白质的生物合成。这与细胞内三种最重要的RNA,即mRNA、tRNA和rRNA有关。

(4) 作为引物,参与DNA复制(参看第十三章"DNA复制")。

(5) 参与RNA前体的后加工。例如,snRNA参与细胞核mRNA前体的剪接,snoRNA参与真核rRNA前体的后加工,gRNA参与锥体虫线粒体mRNA的编辑(参看第十六章"DNA转录与转录后加工")。

(6) 参与基因表达的调控。例如,miRNA参与真核生物在翻译水平上的基因表达调控。

(7) 参与蛋白质共翻译定向和分拣。例如,7SL RNA(参看第十八章"mRNA的翻译与翻译后加工")。

(8) 参与X染色体的失活,这与Xist RNA有关。

► 表3-7 不同类型的RNA的功能和分布

名称	功能	存在
信使RNA(mRNA)	翻译模板	所有的生物
转移RNA(tRNA)	携带氨基酸,参与翻译	同上
核糖体RNA(rRNA)	核糖体组分,参与翻译	同上
核小RNA(snRNA)	参与真核细胞核mRNA前体的剪接	真核生物
核仁小RNA(snoRNA)	参与古菌和真核生物rRNA前体的后加工	真核生物和古菌
微RNA(microRNA或miRNA)	主要在翻译水平上抑制特定基因的表达	绝大多数真核生物
增强子RNA(eRNA)	在真核生物的增强子区域转录产生的一类非编码RNA,其功能是对附近的基因表达进行调控	真核生物
小干扰RNA(siRNA)	主要在翻译水平上抑制特定基因的表达	同上
小激活RNA(saRNA)	"瞄准"特定基因的启动子,激活它们的转录	某些真核生物
piRNA或piwi RNA	反转位子的基因沉默,对于胚胎发育和某些动物的精子发生十分重要	脊椎动物或无脊椎动物的生殖细胞
长非编码RNA(lncRNA)	在基因表达的多个环节调节基因的表达	真核生物
7SL RNA	作为SRP的一部分,参与蛋白质的定向和分泌	真核生物和古菌
7SK RNA	抑制RNA聚合酶Ⅱ催化的转录延伸	脊椎动物

续表

名称	功能	存在
RMRP RNA	参与线粒体 DNA 复制过程中 RNA 引物的加工；参与 rRNA 的后加工；参与切除一种阻滞细胞周期的蛋白质的 mRNA 的 5′ 非翻译序列，而促进细胞周期的前进	真核生物
转移信使 RNA（tmRNA）	兼有 mRNA 和 tRNA 的功能，参与原核生物无终止密码子的 mRNA 的抢救翻译	细菌
crRNA	锁定外来核酸，引导 Cas 蛋白将外来核酸水解	绝大多数原核生物
tracrRNA	与 crRNA 结合，引导 Cas 蛋白	绝大多数原核生物
向导 RNA（gRNA）	参与锥体虫线粒体 mRNA 的编辑	某些真核生物
类病毒	最小的感染性致病因子	植物
端聚酶 RNA	作为端聚酶的模板，有助于端粒 DNA 的完整	真核生物
核开关或 RNA 开关（riboswitch）	在转录或翻译水平上调节基因的表达	原核生物和少数低等的真核生物
核酶	催化特定的生化反应，如核糖核酸酶 P 和核糖体上的转肽酶	原核或真核生物以及某些 RNA 病毒
环状非编码 RNA（circRNA）	作为竞争性内源 RNA，参与调控细胞内特定 miRNA 的功能；还可与细胞内一些 RNA 结合蛋白结合，调节这些蛋白质与其他 RNA 之间的相互作用。	主要是真核生物
Xist RNA	促进哺乳动物一条 X 染色体转变成高度浓缩的巴氏小体（Barr body）	雌性哺乳动物

Box3.3　tRNA 的新功能

学过生化的人对于 tRNA 是非常熟悉的。若提到它的功能，不会想不到它在蛋白质生物合成中所起的作用，就是作为运载氨基酸的工具，通过反密码子环上的反密码子去阅读 mRNA 上的密码子，从而能够按照模板的要求将携带的氨基酸交给翻译的机器，使其有序地参入到正在延伸的肽链之中。那这是不是 tRNA 所能行使的唯一一项生物功能呢？

答案是否定的！因为 tRNA 在体内已被发现还能参与其他一些重要的生物学功能。

首先，它充当逆转录病毒以及真核细胞内的 LTR 反转座子逆转录反应的引物。例如，HIV 在人体宿主细胞内的逆转录需要宿主细胞提供的 $tRNA^{Lys}$ 作为引物。

其次，它可以在特定的转移酶催化下，将携带的氨基酸转移到已合成好的蛋白质的 N 端，从而改变一种蛋白质 N 端氨基酸的性质，进而影响到这种蛋白质的稳定性。

再次，就是参与体内一些特殊物质的合成代谢。例如，参与细菌细胞壁肽聚糖的合成，这是通过氨酰 tRNA 完成的，就是由一种氨酰 tRNA 为肽聚糖里面短肽合成提供所需要的氨基酸。再如，细菌的一些抗菌肽的生物合成以及膜脂质的氨酰化修饰也需要特定氨酰 tRNA 提供所需要的氨基酸。

还有就是植物细胞中卟啉生物合成关键的一步，由 Glu-tRNA 还原酶（GluTR）将带有谷氨酸的 tRNA（谷氨酰 tRNA）还原为谷

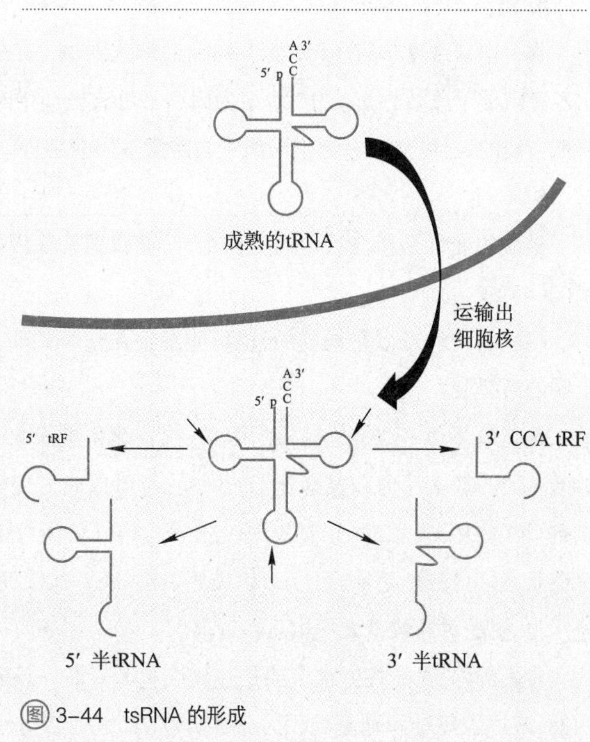

图 3-44　tsRNA 的形成

氨酸-1-半醛(GSA)。随后,GSA才能转变为关键的代谢物——5-氨基乙酰丙酸(ALA)。

最后,就是tRNA在胞内可衍生而成许多小的RNA(tRNA-derived small RNA,tsRNA),它们在体内有可能行使更多的功能。

tsRNA可进一步分成tRNA衍生胁迫诱导RNA(tRNA-derived stress-induced RNA,tiRNA)和tRNA衍生的片段(tRNA-derived fragment,tRF),它们在体内是在不同的条件下(胁迫或正常生理条件)由不同的核酸酶切割tRNA而产生的(图3-44),包括5′ tRF、5′半tRNA、3′半tRNA和3′CCA tRF。已发现它们可能所具有的功能包括:调节mRNA的稳定性、抑制翻译的起始和延伸、调节核糖体的形成、充当一种新的表观遗传标记、与细胞色素c结合阻止细胞凋亡和免疫调节等。

第四节　核酸的性质

核酸所具有的许多性质是由其组成单位核苷酸残基带来的,但作为生物大分子的核酸又有许多特有的性质。

Quiz22 核酸所具有的哪些性质是核苷酸缺乏的?

核酸的理化性质主要包括:紫外吸收、酸碱解离、黏度、沉淀、变性、复性、杂交和水解等,这些性质大多数蛋白质也有。

1. 紫外吸收

它与碱基有关。

2. 酸碱解离

该性质与蛋白质相似,但由于核酸含有大量的磷酸基团,因此pI值较低,DNA的pI为4~4.5,RNA的pI为2~2.5。

3. 黏度

生物大分子都具有一定的黏度,特别是结构细长并具有一定刚性的大分子黏度更好。以双螺旋结构存在的基因组DNA就是这样的分子,所以黏度就特别高。

4. 沉淀

在一定盐浓度下(1/10体积3 mol·L^{-1}的乙酸钠,pH 5.2)下,水相中的核酸可被2.5~3倍体积的无水乙醇沉淀下来。在沉淀中,盐中的阳离子可有效地中和核酸分子中磷酸基团所带的负电荷,乙醇可降低溶液的极性,从而有利于阳离子与磷酸基团的结合。

5. 变性

核酸的变性是指在特定因素作用下,其双螺旋区因氢键和碱基堆积力的破坏而发生解链的过程(图3-45)。

核酸的变性可以是局部的,也可能发生在整个核酸分子上,但与蛋白质变性一样,不涉及任何共价键的断裂。

凡能破坏稳定双螺旋构象的因素(如氢键和碱基堆积力),以及增强不利于双螺旋稳定的因素(如磷酸基团的静电斥力和碱基分子的内能)都可以成为变性的原因,如加热、碱性pH、低离子强度、有机试剂(甲醛、甲醇、乙醇、尿素及甲酰胺)等,均可破坏双螺旋结构引起核酸分子变性。如要维持DNA单链状态,可保持pH大于11.3,以破坏氢键;或者盐浓度低于0.01 mol·L^{-1},此时由于磷酸基团间的静电斥力,使配对的碱基无法相互靠近。

Quiz23 你认为SDS很容易让DNA变性吗?为什么?

常用的DNA变性方法主要是热变性和碱变性。热能使核酸分子热运动加快,增加了碱基的分子内能,破坏了氢键和碱基堆积力,最终破坏双螺旋结构,引起核酸分子变性。碱性条件促使碱基更容易发生互变异构,致使原来碱基对之间的氢键被破坏。在pH 11.3时,几乎全部氢键都被破坏,DNA完

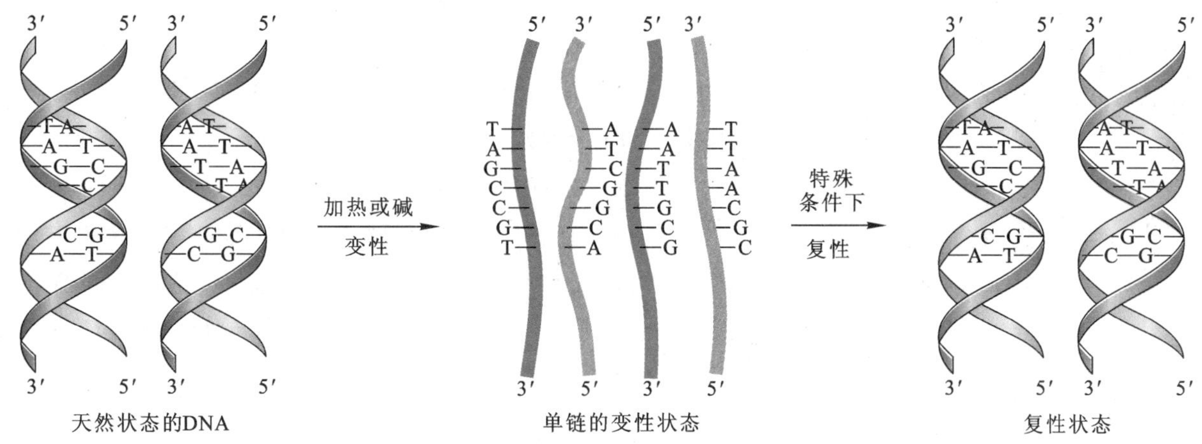

图 3-45　DNA 的变性和复性

全变成单链的变性 DNA。

核酸在变性时，其一系列理化性质会发生改变，例如紫外吸收、浮力密度（buoyancy density）、旋光性、黏度和沉降速度等。至于生物活性是否变化，则取决于是什么核酸。

核酸变性时，紫外吸收增加。此现象称为增色效应(hyperchromic effect)。增色效应产生的原因是：双螺旋结构之中的碱基堆积作用降低了紫外吸收，在变性以后，碱基堆积作用被削弱，这时每一个碱基的紫外吸收都能充分表现出来，紫外吸收随之升高。

变性还可以增加 DNA 的浮力密度，这是因为变性后的 DNA 会像单链的 RNA 一样，通过链内的互补碱基配对形成更加致密的结构。

变性还能降低 DNA 溶液的黏度。DNA 双螺旋是紧密的“刚性”结构，变性后代之以“柔软”而松散的无规则单股线性结构，DNA 黏度因此而明显下降。

当变性改变了 DNA 的浮力密度和黏度以后，其离心时的沉降速度必然改变，变化的趋势应该是增加。另外，变性后整个 DNA 分子的对称性及分子局部的构象改变，也使 DNA 溶液的旋光性发生变化。

然而，DNA 并不会因为变性丧失其生物学功能，反而有利于它的生物学功能的发挥，这是因为 DNA 的生物学功能是贮存、复制及转录遗传信息，而遗传信息是贮存在一级结构之中的，DNA 在变性的时候，一级结构并没有被破坏。此外，无论是 DNA 复制，还是转录，首先都需要 DNA 发生解链，这实际上就是 DNA 的变性。

如果变性的是 RNA，则是否破坏其生物学功能，需要区别对待。那些生物学功能直接由高级结构决定的 RNA，如 tRNA、rRNA、snRNA、snoRNA 和核酶，一旦发生变性，生物学功能立刻丧失。而对于那些生物学功能直接与一级结构有关的 RNA，如 mRNA 和 RNA 病毒的基因组 RNA，变性不会破坏它们的生物学功能。

若是单独研究双螺旋 DNA 的热变性，则可发现它是在很窄的温度内发生的（图 3–46），与晶体在熔点时突然熔化的情形相似，因此 DNA 也具有“熔点”，用 T_m（melting temperature）表示。T_m 实际是 DNA 双螺旋有一半发生热变性或有一半氢键因受热破坏时相应的温度。DNA 的 T_m 值通常在 82 ~ 95℃。

若以温度 T 对 DNA 溶液的紫外吸光度作图，得到的 DNA 变性曲线通常为 S 型。S 型曲线下方平坦段，表示 DNA 的氢键尚未破坏；当加热到某一温度，氢键突然断裂，DNA 迅速解链，同时伴随

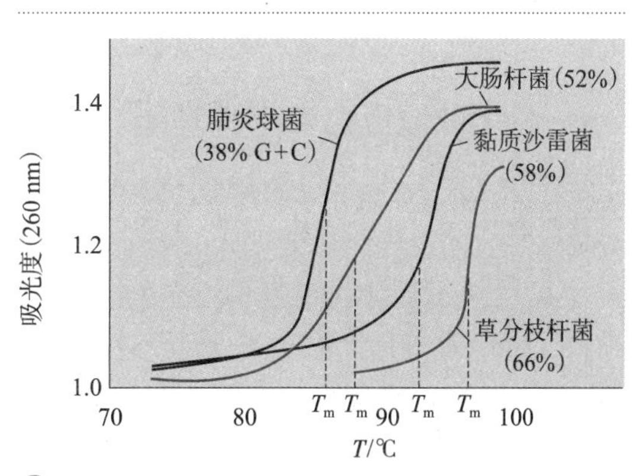

图 3-46　GC 含量对 DNA T_m 的影响

着吸光度的陡然上升，这对应于曲线中段陡直的部分；此后因“无链可解”而出现增色效应丧失的上方平坦段。如果需要强调热变性与增色效应之间的关系，那么可以从另外一个角度来定义 T_m，即让增色效应达到一半时的温度作为 T_m，它在 S 型曲线上相当于吸光度增加的中点处所对应的横坐标。

Quiz24 一般 DNA 热变性曲线是 S 型，但少数却不是。对此你如何解释？

DNA 的 T_m 值并不是固定不变的，至少受到四种因素的影响。

(1) DNA 的均一性。DNA 的均一性有两种不同的含义：第一种是指 DNA 序列的均一性，如人工合成的 poly d(A–T) 或 poly d(G–C) 具有高度的均一性，这是因为它们只含有一种碱基对。与天然 DNA 相比，这些人工合成的高度均一性 DNA 的 T_m 值范围就很窄，这是因为它们在变性时的氢键断裂几乎同时进行，所要求的变性温度更趋于一致。第二种是指待测样品 DNA 的组成是否均一，即是否含有其他杂 DNA 的污染。若混有其他来源的 DNA，T_m 值范围就变宽。

(2) GC 含量。在溶剂条件固定的前提下，T_m 值的高低取决于 DNA 分子中的 GC 含量：GC 含量越高，T_m 值越高(图 3–47)。这是因为 GC 比 AT 碱基对多 1 个氢键，而且产生的碱基堆积力更高。

DNA 溶解在 0.2 mol·L^{-1} NaCl 溶液中，T_m 值与 GC 含量(X，以百分数表示)的这种关系可用以下经验公式来表示：$X = 2.44 \times (T_m - 69.3)$。

(3) 离子强度。溶液中的阳离子能够中和 DNA 主链上磷酸根的负电荷，减弱链之间的排斥。因此，溶液中的离子强度越高，DNA 的 T_m 值就越高。

Quiz25 有两个双螺旋 DNA 分子，一个 GC 含量是 60%，但长度是 100 bp，另一个 GC 含量是 40%，但长度是 150 bp。如果其他条件相同，你认为哪一个 DNA 具有更高的 T_m？

(4) 双螺旋的长度。如果其他因素一样，显然双螺旋越长，即碱基对数目越多，维持双螺旋稳定的氢键数目就越多，碱基堆积力就越强，T_m 值也就越大。

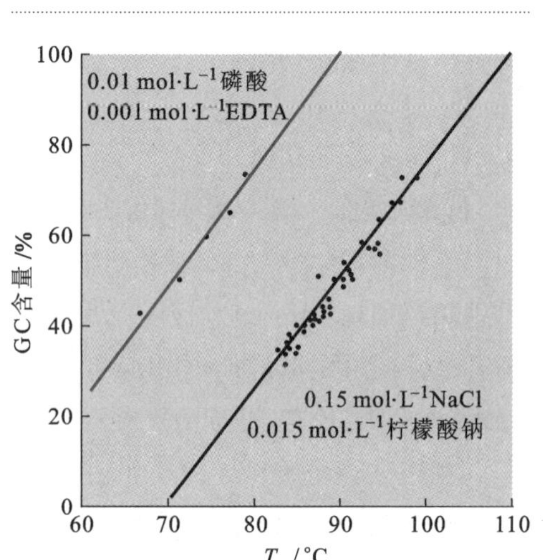

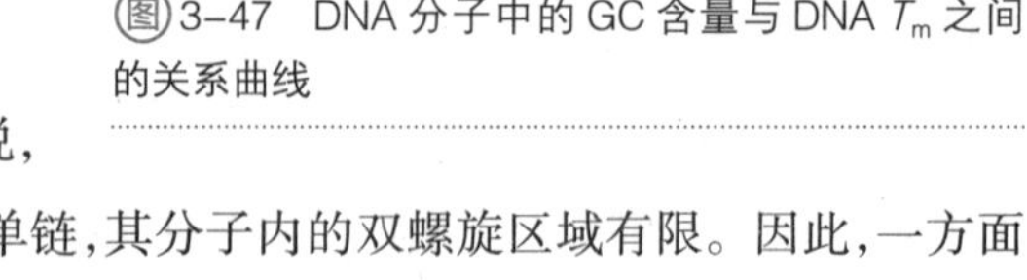
图 3–47 DNA 分子中的 GC 含量与 DNA T_m 之间的关系曲线

RNA 的 T_m 值较为复杂，对于双链 RNA 来说，其 T_m 值的性质与 DNA 相近。但绝大多数 RNA 为单链，其分子内的双螺旋区域有限。因此，一方面在变性时，性质变化程度不及 DNA，另一方面则是它的 T_m 值较低、变性曲线较宽。

Quiz26 相同序列的 RNA 双螺旋、RNA–DNA 双螺旋和 DNA 双螺旋(RNA 序列和 DNA 只是 U 和 T 的差别)在相同的条件下，哪一个 T_m 最高？哪一个 T_m 最低？

6. 复性

当各种变性因素不复存在的时候，变性时解开的互补单链全部或部分恢复到天然双螺旋结构的现象称为复性。热变性 DNA 一般经缓慢冷却后即可复性，此过程称为退火(annealing)。这一术语也用以描述杂交核酸分子的形成(见后)。与蛋白质一经变性很难复性不同，核酸变性一般是可逆的，因为核酸变性以后，两条链之间的碱基互补关系仍然存在，所以只要条件允许，重建两条链上互补碱基对之间的氢键是比较容易的。

伴随着 DNA 复性的是其浮力密度、沉降速度和紫外吸收的减少以及黏度的增加，其中紫外吸收减少的现象称为减色效应(hypochromic effect)。

DNA 复性的第一步是两个互补的单链分子间的接触以启动部分互补碱基的配对，这叫“成核”(nucleation)作用。随后，成核的碱基对经历小范围重排以后，单链的其他区域像“拉链”一样迅速复性(图 3–48)。

影响 DNA 复性的因素有温度、离子强度、DNA 浓度和 DNA 序列的复杂度等。

(1) 温度。一般认为低于 T_m 25℃左右的温度是复性的最佳温度，离此温度越远，复性速度就越慢。在很低的温度(如低于 4℃)下，分子的热运动显著减弱，互补链配对的机会自然大大减少。从分子热运动的角度考虑，维持在 T_m 以下较高的温度，实际上更有利于复性。此外，复性时温度的下降须缓慢进行，若在超过 T_m 的温度下迅速冷却至低温，复性几乎是不可能的。实验室中经常以此方式保持 DNA 的变性状态。

(2) DNA 浓度。DNA 浓度越高，则溶液中 DNA 分子越多，相互碰撞结合“成核”的机会越大，就越有利于复性。

(3) 离子强度。DNA 溶液中的离子强度直接影响到 DNA 链的带电状况，离子强度越高，DNA 链上磷酸根基团被屏蔽的效果就越好，DNA 互补单链之间的排斥作用就越弱，因而越有利于复性。

(4) DNA 序列的复杂度（sequence complexity）或均一性。具有简单序列的 DNA 分子复杂度低，但均一性高，如 poly(dA) 和 poly(dT) 这两种单链序列复性时，互补碱基的配对很容易实现。而序列复杂的 DNA 复杂度高，但均一性低，如小牛胸腺 DNA 的非重复部分，一般以单拷贝存在于基因组中，这样的序列要完成互补配对，显然要比上述复杂度低的 DNA 分子困难得多。

在核酸复性动力学研究中，需要引入一个 Cot 的术语，用以表示复性速度与 DNA 序列复杂度的关系。其中 Co 为单链 DNA 的起始浓度，t 是以 s 为单位的时间。在研究 DNA 序列对复性速度的影响时，将其他因素均给以固定，以不同时段的复性率取对数后对 Cot 作图（如图 3–49），用非重复碱基对数目表示核酸分子的复杂度。如 poly(dA) 的复杂度为 1，重复的 $(GATC)_n$ 组成的 DNA 复杂度为 4，分子长度是 10^5 bp 的非重复 DNA 的复杂度为 10^5。原核生物基因组均为非重复序列，故以非重复碱基对表示的复杂度直接与基因组大小成正比，对于真核生物基因组中的非重复片段也是如此。在标准条件下（一般定为 0.18 mol·L^{-1} 阳离子浓度，400 核苷酸长的片段）测得的复性率达 0.5 时的 Cot 值称为 $Cot_{1/2}$，它与 DNA 序列复杂度成正比。对于原核生物来说，此值可代表它们的基因组大小及基因组中碱基序列的复杂度。真核基因组因含有许多不同程度的重复序列，所得到的 Cot 曲线由若干个 S 曲线叠加而成。因此，复性动力学可用来测定某种生物基因组的大小和特征以及重复序列的拷贝数。

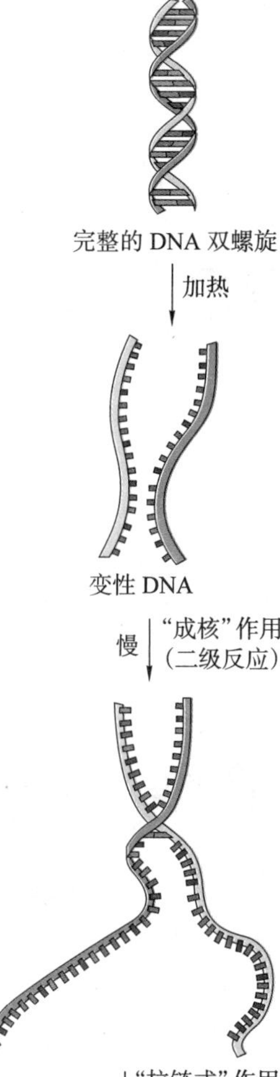

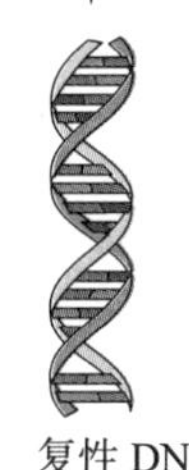

图 3–48 DNA 的复性历程

7. 杂交

核酸杂交（hybridization）是一种利用核酸分子的变性和复性的性质，将来源不同的核酸片段，按照碱基互补配对规则形成异源双链（heteroduplex），进而对特定目标核酸进行定性或定量分析的技术。异源双链可以在 DNA 与 DNA 之间，也可在 RNA 与 DNA 之间形成。

核酸杂交既可以在液相中也可以在固相中进行，它已成为核酸研究中一项常规的技术，像 Southern 印迹、Northern 印迹和 DNA 芯片都要涉及此项技术。在医学上，该技术目前已应用于多种遗传病的基因诊断、各种病原体的检测和恶性肿瘤的基因分析等。

8. 核酸的水解

酸、碱和酶均可导致核酸水解。

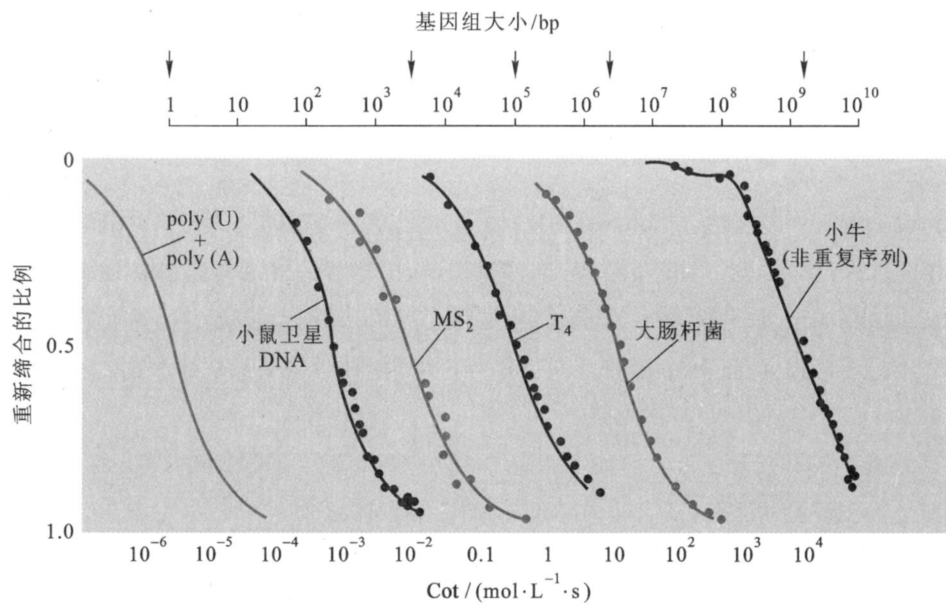

图 3–49 不同 DNA 的复性动力学曲线

(1) 酸水解。核酸分子内的糖苷键和磷酸二酯键对酸的敏感性不同:糖苷键 > 磷酸酯键;嘌呤糖苷键 > 嘧啶糖苷键。例如,将核酸在 pH 1.6 和室温下对水透析,或者在 100℃下、在 pH 2.8 的溶液中存放 1 h,多数嘌呤碱基即可脱落。核酸的脱嘧啶作用需要在更加剧烈的条件下进行。

(2) 碱水解。RNA 特别是 mRNA 分子内的磷酸二酯键对碱异常敏感。在室温下,0.3 ~ 1 $mol \cdot L^{-1}$ 的 KOH 溶液在 ~ 24 h 可将 RNA 完全水解,并得到 2′- 或 3′- 核苷酸的混合物。

Quiz27 RNA 的碱水解是如何能够得到 2′- 核苷酸和 3′- 核苷酸这两种产物的?

(3) 酶促水解。核酸可受到多种不同酶的作用而发生水解,但不同的酶对底物的专一性、水解的方式和磷酸二酯键的断裂方式是不同的,因此可以按照上述性质对有关的酶进行分类。按照底物特异性,可分为只能水解 DNA 的 DNA 酶(DNase),只能水解 RNA 的 RNA 酶(RNase)和既能水解 DNA 又能水解 RNA 的磷酸二酯酶;按照作用方式,可分为内切核酸酶和外切核酸酶;按照磷酸二酯键的断裂方式,可分为产物为 5′- 核苷酸的水解酶和产物为 3′- 核苷酸的水解酶。

Box3.4 破解"水熊虫"在极端环境中生存的秘密

有一类显微生物,叫缓步动物(Tardigrade),大小约为 0.1 ~ 1 mm。在我们看来,这些小型动物似乎是一种丰满可挤压的玩具,这为它们赢得了许多有趣的昵称,例如"水熊虫(water bear)"和"苔藓小猪"。但是,请不要被它们那松软的外表所蒙骗。这些微小的无脊椎动物生存能力超强,从高山到深海,包括南极,几乎无处不在(图 3-50)。虽然它们在适宜的环境下平均寿命仅有几个星期到几个月,但在干燥缺水的环境下却可以生存好多年,甚至长达一个世纪。它们被证明可以承受各种极端的条件,从危险的高水平辐射到低温到暴露于致命的化学物质。作为将生命形式转移到月球的项目的一部分,它们甚至已经被发射到太空中,并于 2019 年与 Beresheet 着陆器坠落在月球上。对此,生物学家一直在试图揭示水熊虫顽强生存的秘密。

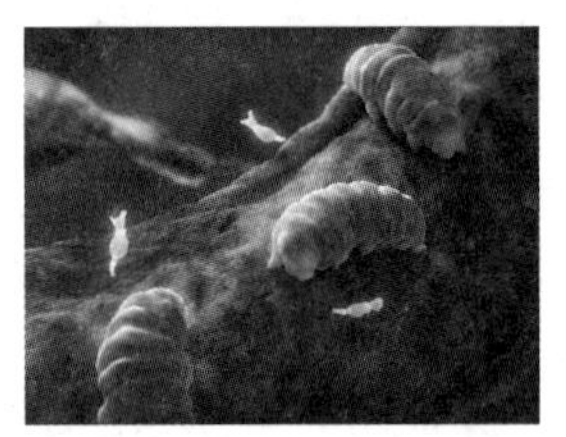

图 3-50 生活在青苔表面的三条水熊虫

最近,加州大学圣地亚哥分校(UCSD)以 James T. Kadonaga 为首的研究小组对在极端条件下水熊虫如何保护自己又有了新的认识。他们的最新发现发表在 2019 年 10 月 1 日的 *eLife* 上。

他们的发现跟先前研究已鉴定的一种名为损伤抑制蛋白(damage suppression protein, Dsup)的蛋白质有关,该蛋白质仅在水熊虫体内发现。有趣的是,在将 Dsup 在人体细胞中进行表达和测试时,发现它们也可以保护人体细胞免受 X 射线的损害。通过生化分析,UCSD 研究小组发现 Dsup 可与染色质结合,而一旦与染色质结合,Dsup 就会形成一层"保护云",保护 DNA 免受 X 射线产生的羟基自由基的影响(图 3-51)。

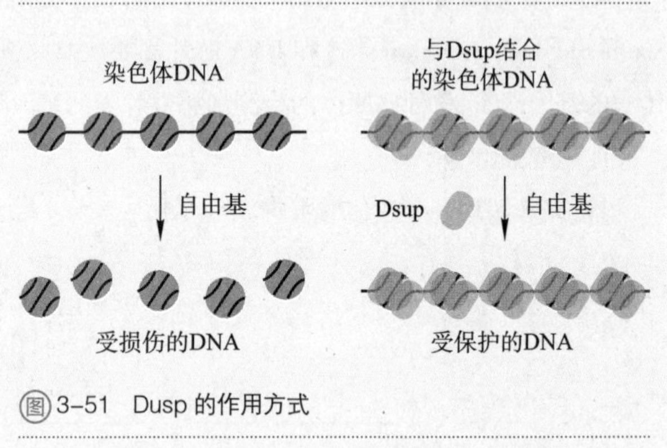

图 3-51 Dusp 的作用方式

Kadonaga 对此说道:"现在我们对 Dsup 在分子水平上如何保护细胞免受 X 射线损害有了很好的解释。我们看到它有两个部分,一个部分与染色质结合,其余部分形成一种保护 DNA 免受羟基自由基侵害的云。"

但是,Kadonaga 认为,这种保护并不是专门用来屏蔽辐射的。取而代之的是,它可能也是水熊虫生长在长满苔藓的环境中抵抗羟基自由基的生存机制。当苔藓干瘪时,水熊虫进入"脱水生物"的休眠状态,在此期间,Dsup 防护应有助于它们的生存。

新发现最终将有助于研究人员培育出在极端环境条件下可以存活更长的动物细胞。在生物技术中,它可用于增加细胞的耐用性和寿命,例如在培养的细胞中生产某些药物。

Kadonaga 补充道:"从理论上讲,优化版本的 Dsup 似乎可以设计用于保护许多不同类型细胞中的 DNA。因此应用前景很广,例如基于细胞的疗法和诊断试剂盒,其中对增加细胞存活率是有益的。"

第五节 核酸的研究方法

核酸的研究有多种手段，这里仅介绍核酸的分离、纯化和定量以及核酸一级结构的测定，更多的研究方法参看第二十章“分子生物学方法”。

一、核酸的分离、纯化和定量

1. 核酸的抽取

(1) 两种核蛋白的分离。核酸在细胞内通常以核蛋白的形式存在。其中，RNA 以核糖核蛋白(ribonucleoprotein)，DNA 以脱氧核蛋白的形式存在。借助两种核蛋白在不同盐浓度下溶解度的差别，可将它们分开。脱氧核蛋白在 0.14 $mol \cdot L^{-1}$ NaCl 溶液中的溶解度很低，在 1 $mol \cdot L^{-1}$ NaCl 溶液中很高，而核糖核蛋白在 0.14 $mol \cdot L^{-1}$NaCl 溶液中的溶解度较高。因此，常用 0.14 $mol \cdot L^{-1}$ 和 1 $mol \cdot L^{-1}$ NaCl 溶液分别抽取核糖核蛋白和脱氧核蛋白。

Quiz28 导致脱氧核蛋白和核糖核蛋白在不同盐浓度下溶解度差别的原因是什么?

(2) 蛋白质的去除。一旦得到核蛋白，就需要将与核酸结合的蛋白质除去。去除蛋白质的方法包括蛋白酶 K 的消化和酚 / 氯仿的多次抽取。如果抽取 DNA，可先用 RNA 酶消化去除残留的 RNA；如果是抽取 RNA，事先可用 DNA 酶尽可能除去残留的 DNA。在酚 / 氯仿抽取中，核酸溶解在上层水相，而蛋白质变性后处于两相的界面。

(3) 核酸的沉淀。在酚 / 氯仿抽取以后，水相中的核酸可在一定盐浓度下，使用 2.5 ~ 3 倍体积的冷无水乙醇进行沉淀。如果纯化的是 RNA，尤其是 mRNA，需要特别小心，务必要采取各种必要的措施来防止 RNA 的降解。

2. 电泳

核酸一般带有大量的负电荷，因此，也可使用电泳对不同大小的核酸进行分离、鉴定。用于核酸的电泳方法有琼脂糖电泳和聚丙烯酰胺凝胶电泳。使用最多的是琼脂糖电泳，而聚丙烯酰胺凝胶电泳一般用于 DNA 序列分析和分离较小的核酸，如 PCR 的引物。

如果使用琼脂糖电泳，可使用溴乙锭(ethidium bromide，EB) 染色进行检测，因为 EB 可插入到 DNA 双螺旋的碱基对之间，在 UV 照射下发出荧光；如果使用聚丙烯酰胺凝胶电泳，一般用放射自显影或银染等法进行检测。由于 EB 毒性强，为强致癌诱变剂，现在有很多低毒性的替代品，如 GoldView 和 SYBR Safe 染料。

3. 离心

离心也是核酸研究中的一项常见技术，它除了可以用来收集沉淀的 DNA，还可以用来进一步纯化核酸，获得高纯度的 DNA。此外，还可以用它来测定一种 DNA 分子中的 GC 含量。由于 DNA、RNA 和蛋白质具有不同的浮力密度，使用 CsCl 平衡密度梯度离心可将它们在同一个离心管中分开(图 3–52)。其中，RNA 密度最高，所以位于离心管底，而蛋白质最轻，将位于上方，而 DNA 则处于它

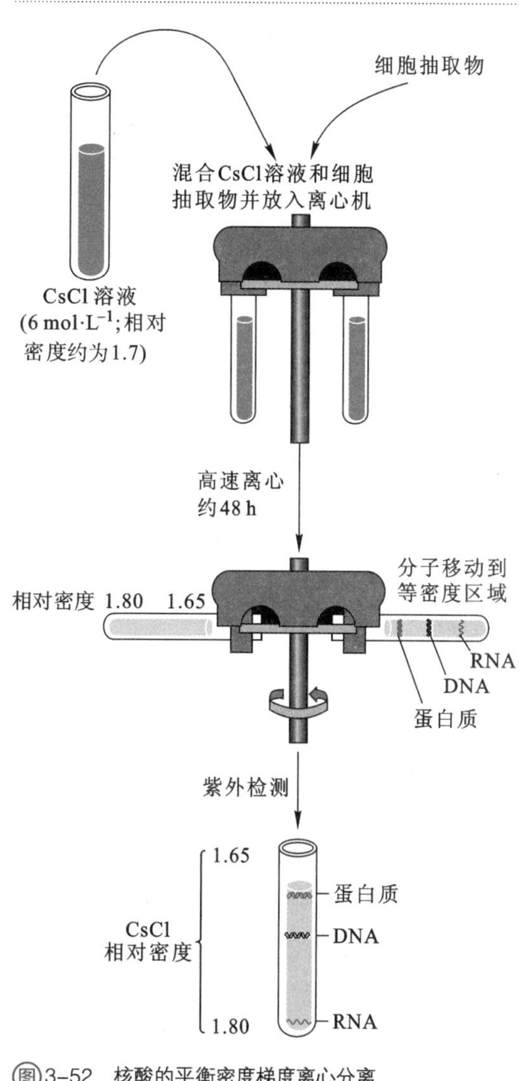

图3–52 核酸的平衡密度梯度离心分离

Quiz29 可用什么方法显示DNA、RNA 和蛋白质在离心管中的位置?

们之间的某一位置。

4. 层析

Quiz30 单链 DNA 和双链 DNA 中的哪一种与羟基磷灰石亲和力高？另外，寡聚 dT 亲和层析分离纯化带有多聚 A 的 mRNA 起始上柱的条件应该是高盐还是低盐？为什么？

各种层析蛋白质的方法同样可以用来纯化核酸。如利用阴离子交换层析分离制备核酸，羟基磷灰石分离单链 DNA 和双链 DNA，寡聚 dT 亲和层析分离带有多聚 A 尾巴的真核生物 mRNA。

5. 核酸纯度的检测和定量

核酸纯度检测和定量的最简单方法是紫外分光光度法，通过测定 OD_{260}/OD_{280} 比值来推算纯度。对于 DNA 来说，如果比值大于 1.9，则可视为较纯；如果小于 1.9，则可能有蛋白质污染。对于 RNA 来说，如果比值在 1.8 ~ 2.0，则可视为较纯。

对于纯的 DNA 来说，OD_{260}=1 相当于 50 $\mu g \cdot ml^{-1}$ 双链 DNA 或 35 $\mu g \cdot ml^{-1}$ 单链 DNA；对于纯的 RNA 来说，OD_{260}=1 相当于 40 $\mu g \cdot ml^{-1}$RNA。

二、核酸一级结构的测定

快速、准确地测定出一种核酸分子的一级结构具有十分重要的意义。特别在医学上，不仅可以帮助医务工作者迅速确定出流行病暴发的病原体，以拯救许多宝贵的生命，而且还可以帮助医生诊断出与遗传性疾病有关的基因，从而找到合适、有效的治疗方法。例如，2019 年 12 月中旬在我国武汉出现新型冠状病毒（SARS–CoV–2）引起的肺炎（COVID–19）疫情以后，中国科学家在短时间内测出了这种病毒的全基因组序列，这对随后及时开发出各种快速诊断这种疾病的基于病毒核酸序列检测的试剂盒十分重要。

Quiz31 如何利用病毒的核酸序列，设计检测用的试剂盒？

然而，在 1975 年之前，确定核酸的一级结构要比测定蛋白质的一级结构困难得多，其主要原因是核酸只含有 4 种核苷酸，而蛋白质却有 20 多种氨基酸，显然，能够对核酸进行选择性切割的特异性位点很少，于是识别特定的核苷酸序列就很困难，不确定性很大。同时，大多数核酸所含的核苷酸数目要比多肽链上的氨基酸数目多得多，这就进一步增加了测序的难度。使核酸序列测定发生革命性变化的因素主要有两个：其一是发现了能够识别特定核苷酸序列并对 DNA 进行特异性切割的限制性内切酶（restriction endonuclease，RE），利用 RE 的这种性质，可以将一个长的核酸分子定向切割成若干可操作的片段；其二是聚丙烯酰胺凝胶电泳技术的发展，使人们能够将大小仅差 1 个核苷酸的核酸片段分开。

（一）DNA 一级结构的测定

由 Frederick Sanger 发明的双脱氧法（the dideoxy method）以及 Allan Maxam 和 Walter Gilbert 发明的化学断裂法（the chemical cleavage method）是两种最经典的测序方法，通常被视为第一代测序。Sanger 和 Gilbert 因此获得 1980 的诺贝尔化学奖，但从那时起，DNA 测序技术已经历了几代的变化，它们统称为下一代测序（next generation sequencing，NGS）。这里按“代”来划分，充分反映了测序技术的进步是多么神速！

1. 第一代 DNA 测序

第一代测序用的最多的是双脱氧法，而化学断裂法只在一些特殊情况下使用。尽管在当今的基因组测序中，有许多新的测序技术取代了双脱氧法，但双脱氧法引入的几个重要的概念几乎仍然被用在大多数新的测序技术中。

（1）双脱氧法

也叫末端终止法。要想理解此方法的原理，需要对 DNA 复制的过程有所了解（详见第十三章 DNA 复制）。DNA 复制是在 DNA 聚合酶催化下，以亲代 DNA 的两条母链上的碱基序列为模板，按照碱基互补配对的原则合成新一代 DNA 分子的过程。复制需要引物和四种 dNTP，且总是从 5′ 端向 3′ 端进行。细胞内复制的引物一般是 RNA，但体外 DNA 复制的引物是人工合成的与模板链互补的一段寡聚脱氧核苷酸。复制开始于引物 3′ 端自由的羟基，根据 DNA 模板链的序列合成互补的序列，不断地形成新的 3′,5′– 磷酸二酯键，使 DNA 链得到延伸，直到一个新的 DNA 分子完全被合成。

Quiz32 在待测序列未知的情况下，如何合成测序的引物序列？

在实际使用双脱氧法测序的时候，通常使用一种经过基因工程改造过的的 T7 噬菌体 DNA 聚合酶来催化测序反应，引物可被放射性同位素标记。首先需要进行四组平行的测序反应，每组反应均使用相同的模板，相同的引物以及四种 dNTP（dATP、dGTP、dCTP 和 dTTP），并在每组反应中各加入一种适量的 2′，3′- 双脱氧核苷酸（2′，3′-dideoxynucleotide，ddNTP），如 ddATP，使其随机参入与模板链序列互补的碱基所在的位置。由于 ddNTP 缺乏 3′- 羟基，一旦进入 DNA 链，将导致 DNA 链合成的末端终止，从而产生相应的四组具有特定长度的、不同长短的 DNA 片段，其中每一组内的 DNA 片段以同样的双脱氧核苷酸结尾。然后将四组 DNA 片段再经过聚丙烯酰胺凝胶电泳按链的长短分开，最后经过放射自显影技术，就可以自下而上直接读出待测 DNA 的核苷酸序列（图 3-53）。以图 3-53 为例，直接读出来的序列应该是 5′-AGCGTAGC-3′，该序列应与原来的待测链的序列互补，因此，原来的作为模板链的序列就是 5′-GCTACGCT-3′。

Quiz33 双脱氧法可以测出一种 DNA 分子中的 U 和甲基化的 C 吗？

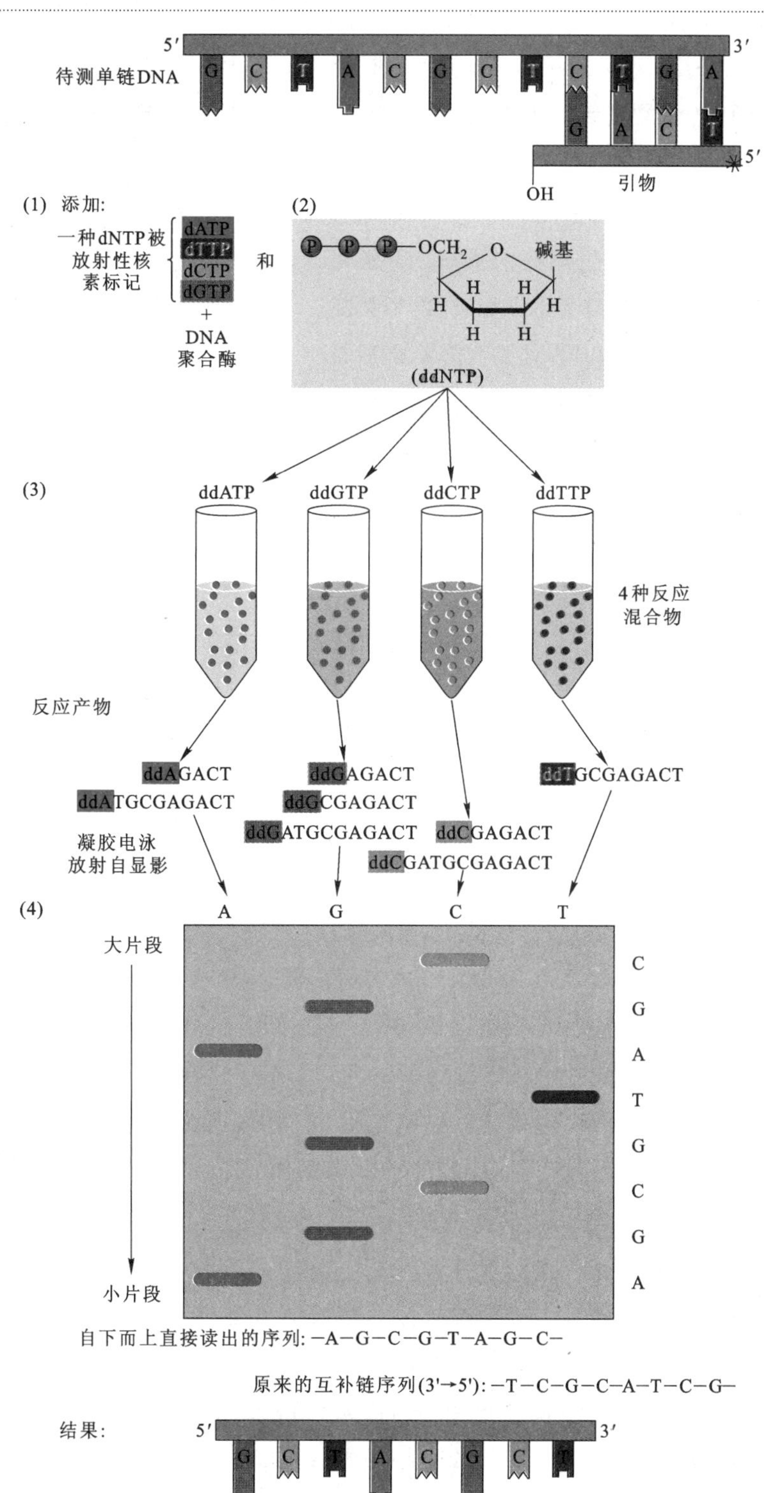

图3-53 末端终止法测定 DNA 一级结构的原理和步骤

(2) 碱基特异性化学断裂法

碱基特异性化学断裂法可简称为化学断裂法或Maxam-Gilbert法，其基本原理是用特殊的化学试剂，处理待测的已在末端被放射性同位素(^{32}P)标记的单链DNA，或者只有一条链的末端被放射性同位素标记的双链DNA，造成其特定碱基的修饰、脱落和戊糖－磷酸骨架被特异性切割，产生一组长度不同的DNA链裂解产物。再用聚丙烯酰胺凝胶电泳分离和放射自显影观察，最后可直接读出待测DNA片段的核苷酸序列(图3–54)。

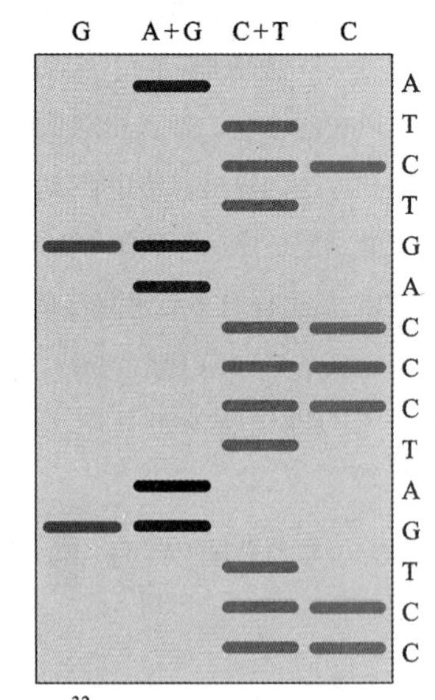

5′^{*32}P–TCCTGATCCCAGTCTA 3′

5′ATCTGACCCTAGTCCT–^{32}P*3′

图3–54　化学断裂法测定DNA一级结构的原理

使用的碱基修饰试剂有两类，一类为硫酸二甲酯(dimethylsulphate，DMS)，针对G或A+G，另一类为肼，针对C或C+T。使用化学断裂法测序同样需要进行四组平行的反应。

1) G特异性反应。在碱性条件下，DNA受DMS的作用，其链上的G在N7位发生甲基化修饰。甲基化的G与脱氧核糖之间的糖苷键变得不稳定，再经哌啶(piperidine)的作用，嘌呤环被打开并且发生脱落，随后与无G的脱氧核糖环相连的磷酸二酯键断裂，结果是每遇到一个G就产生两个DNA片段，但只有一个片段带有同位素标记。

2) 嘌呤碱基特异性的反应。先对DNA进行酸处理，然后再加DMS。这样的条件会导致DNA链在G的N7和A的N3位都发生甲基化。随后的处理方法同1)，结果是每遇到一个嘌呤碱基就会产生两个片段，同样只有一个片段有同位素标记。

3) 嘧啶碱基特异性的反应。首先在肼作用下，DNA链上嘧啶环发生水解而打开。再受哌啶的作用，嘧啶脱落，裸露的脱氧核糖被修饰，并发生β消去反应。最后，与无嘧啶的脱氧核糖环相连的两个磷酸二酯键断裂，结果是每遇到一个嘧啶碱基就产生两个片段，也是只有一个片段带有同位素标记。

4) C特异性的反应。在高盐浓度下(1～2 mol·L^{-1}的NaCl)，按照3)的方法处理DNA，这时T受到保护，不会与肼起反应，只有C才会发生反应。于是，每遇到一个C就产生两个片段，仍然是只有一个片段带有同位素标记。

在以上四组反应结束以后，就可进行聚丙烯酰胺凝胶电泳和放射自显影。比较G、A+G、C+T和C四个泳道，自下而上从自显影X光片上就可读出DNA序列。化学断裂法较之末端终止法，具有一个明显的优点，那就是测定出来的序列直接来自原DNA分子，而不是经酶促合成产生的新拷贝。因此，利用化学断裂法可对人工合成的DNA进行测序，也可以分析天然DNA原来可能含有的修饰碱基。还可以结合蛋白质保护及修饰干扰实验，测定一个DNA分子上一段特殊的碱基序列，如DNA酶Ⅰ足迹法测定启动子序列(参看第十六章“DNA的转录与转录后加工”)。

(3) DNA序列分析的自动化

基于双脱氧法的DNA序列自动分析早已替代了原来的手工测定。这需要将不同荧光标记的DNA引物引入到测序反应中。例如，红色荧光标记引物用于A反应，蓝色用于T反应，绿色用于G反应，黄色用于C反应。首先按照标准的末端终止法进行测序反应。然后，将四组反应混合物合并，并在同一块凝胶的同一个泳道进行电泳。随着电泳的进行，各个寡核苷酸片段在胶上被分开，并按照从小到大的次序依次通过凝胶的底部。受氩激光器发生的激光束的激发，每一个寡核苷酸片段在5′端的荧光标记发出荧光。荧光的颜色被自动检测，不同颜色的荧光代表不同的核苷酸。测序的最后结果可直接打印出来(图3–55)。

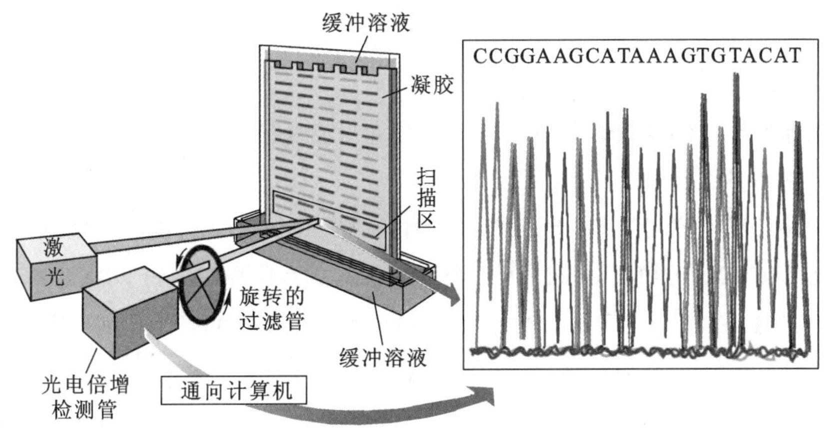

图3-55 DNA 自动分析仪的组成

DNA 序列分析的自动化大大加快了 DNA 序列测定的进程，为科学家测定某一个物种的全基因组序列提供了可能。

Quiz34 你认为化学断裂法可以改进为自动化测序吗？

2. 下一代 DNA 测序

NGS 的方法主要有焦磷酸测序(pyrosequencing)、离子流(ion torrent)测序和纳米孔(nanopore)测序，现分别给予介绍。

(1) 焦磷酸测序

与 Sanger 法相似，焦磷酸测序也需用 DNA 聚合酶合成互补链。但焦磷酸测序还要在同一反应体系中加另外 3 种酶，它们与 DNA 聚合酶一起组成级联化学发光系统。在每一轮测序反应中，只加入一种 dNTP。若该 dNTP 与模板配对，聚合酶就能将其参入到引物链的 3′ 端，并释放出等量的焦磷酸(PP_i)。PP_i 可转化为可见光信号，并最终转化为一个峰值。如果加入的 dNTP 与模板不配对，就没有信号。这时就把前面加的 dNTP 除去，换另外一种，直至得到信号，再加入下一种 dNTP，继续下一轮 DNA 链的合成。显然，模板链上的序列与加入的有信号的核苷酸是互补的。整个测序反应共分为四步(图 3-56)。

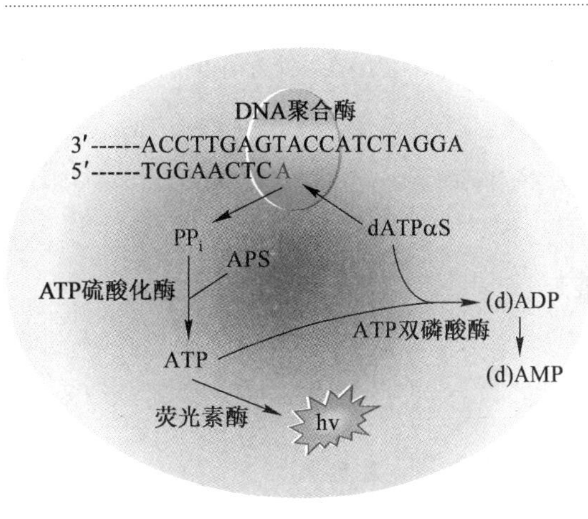

图3-56 焦磷酸测序的原理

1) 将待测的单链 DNA 与其特异性的测序引物结合后，加入四种酶的混合物，包括：DNA 聚合酶、ATP 硫酸化酶(ATP sulfurylase)、荧光素酶(luciferase)和 ATP 双磷酸酶(apyrase)。反应底物有 5′- 磷酸硫酸腺苷(adenosine-5′-phosphosulfate，APS)和荧光素(luciferin)。

2) 向反应体系中加入 1 种 dNTP，如果它正好能和 DNA 模板上的下一个碱基配对，就会在 DNA 聚合酶的催化下，被添加到测序引物的 3′ 端，同时释放出等量的 PP_i。dATP 需由 α 硫 - 三磷酸脱氧腺苷(deoxyadenosine α-thio triphosphate，dATPαS)代替，原因是 DNA 聚合酶对 dATPαS 比对 dATP 的催化效率高，且 dATPαS 不是荧光素酶的底物。

3) 在 ATP 硫酸化酶的作用下，生成的 PP_i 可以和 APS 结合形成 ATP。在荧光素酶的催化下，生成的 ATP 又可以和荧光素结合，形成氧化荧光素，同时发出信号光。通过电荷耦合器(charge coupled device，CCD)光学系统，即可获得一个特异的检测峰，峰值的高低和相匹配的碱基数成正比。

4) 反应体系中剩余的 dNTP 和残留的少量 ATP 在双磷酸酶的作用下发生降解。

Quiz35 焦磷酸测序如何能够区分同一种碱基在模板链上有没有连续出现？

5）加入另一种 dNTP，按前四步反应重复进行，根据获得的峰值图即可读取准确的 DNA 序列信息。

⑵ 离子流测序

这种测序方法也需要利用 DNA 的体外复制。但它测定的是伴随一个新脱氧核苷酸的参入而释放出来的质子（图 3–57）。

离子流测序的基本原理是：在半导体芯片的微孔中固定 DNA 链，随后依次参入四种 dNTP。DNA 聚合酶以单链 DNA 为模板，按碱基互补配对原理，合成互补的 DNA 链。DNA 链每延伸 1 个碱基时，就会释放 1 个 H^+，在它们穿过每个孔底部时能被离子传感器检测到 pH 变化后，即刻便从化学信号转变为数字电子信号，从而通过对质子的检测，实时判读碱基。在离子流半导体测序芯片上每个微孔的微球表面，含有大约 100 万个拷贝的 DNA 分子。如果 DNA 链含有两个相同的碱基，则记录电压信号是双倍的。如果碱基不匹配，则无质子释放，也就没有电压信号的变化。这种方法属于直接检测 DNA 的合成，因少了 CCD 扫描和荧光激发等环节，几秒钟就可检测合成插入的碱基，大大缩短了运行时间。

⑶ 纳米孔测序

该测序技术基于能在单分子水平上操作的显微仪器。DNA 的纳米孔检测器特别细，一个纳米孔一次只允许一条 DNA 单链通过。牛津纳米孔技术系统使用的纳米孔是由蛋白质制备而成的。在毫伏级电压的作用下，DNA 的一条单链通过纳米孔向前泳动。随着单链 DNA 分子通过小孔，检测器记录纳米孔的电流变化。电流的差别取决于每一个碱基以及不同碱基的组合（图 3–58）。纳米孔技术的主要优点在于快速和能测定长的 DNA，其他大多数测序方法测定的是短的 DNA 片段。此外，可以将许多纳米孔集中装配在一个小小的芯片上，这样可以并行测定许多长的 DNA 片段。

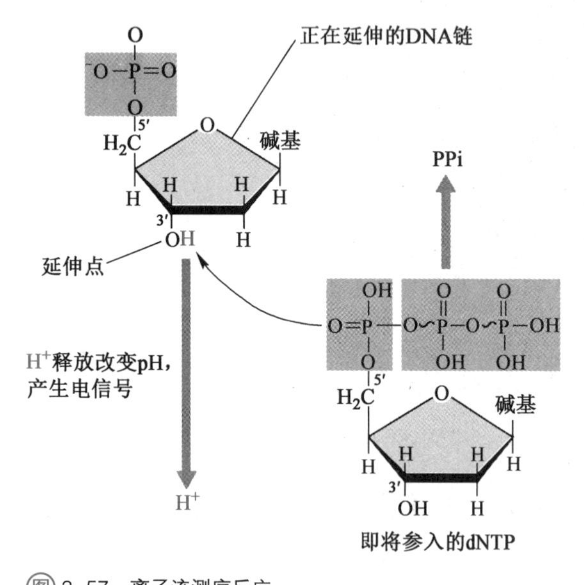

图 3–57 离子流测序反应

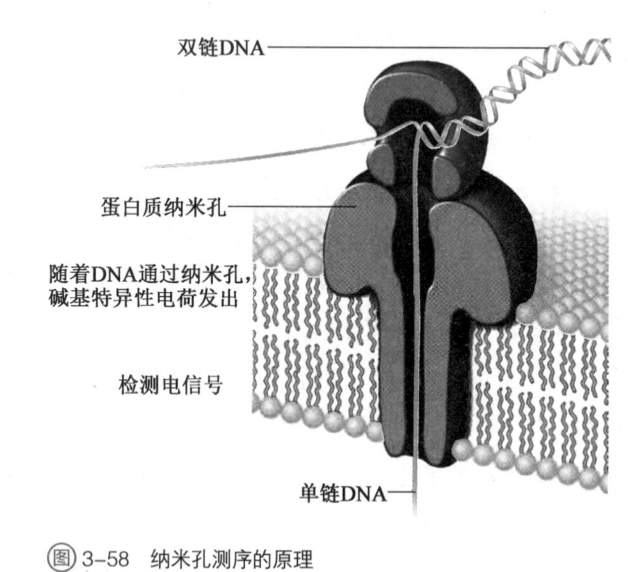

图 3–58 纳米孔测序的原理

（二）RNA 一级结构的测定

与蛋白质一级结构测定一样，RNA 一级结构的测定也有两种不同的策略：一是直接测定，具体测定的方法可以用质谱分析；二是间接测定，这需要先用逆转录酶将待测的 RNA 逆转录成 cDNA，然后直接测定 cDNA 序列，再反推出互补的 RNA 序列。

Box3.5 "Chargaff 法则"的发现故事

在讲到 DNA 双螺旋结构的时候，都会提到"Chargaff 法则"。它与 Erwin Chargaff(图 3–59)有关系。那 Chargaff 是如何发现这个法则的呢?

Erwin Chargaff 在 1905 年出生于奥地利的切尔诺维茨(Czernowitz)。他高中毕业后去了维也纳大学深造。在大学里，Chargaff 决定学习化学。尽管他以前从未修过这个科目，但它为毕业后的工作提供了最大希望，特别是有机会去他叔叔的酒厂工作。然而不幸的是，在他发表毕业论文之前，叔叔就去世了。于是，Chargaff 去他叔叔酒厂工作的希望也就烟消云散了。尽管如此，他仍坚持化学专业，并于 1928 年获得博士学位。他的论文是在当时著名的化学家 Fritz Feigl 教授指导下完成的，涉及有机银配位化合物以及碘对叠氮化物的作用。由于当时奥地利的研究职位很少，Chargaff 于 1928 年前往美国耶鲁大学。他在那儿呆了两年，与 R. J. Anderson 一起研究结核杆菌和其他抗酸微生物。

1930 年夏，Chargaff 返回欧洲，并被聘为为柏林大学细菌学系的研究助理。他在柏林的工作涵盖了多个主题，包括对卡介苗–卡因芽孢杆菌脂质的研究以及对白喉杆菌的脂肪和磷脂组分的研究。然而，随着希特勒在德国掌权，Chargaff 感到有必要离开，并于 1933 年转入巴黎的巴斯德学院。在巴黎短暂的时间里，他从事细菌色素和多糖的研究。1935 年，他回到美国，成为哥伦比亚大学生物化学系的研究助理。17 年后，他正式成为教授。

1944 年，Chargaff 阅读了 Oswald Avery 有关基因是由 DNA 组成的报告。这对 Chargaff 产生了深远的影响。Chargaff 曾回忆道:"Avery 给了我们一种新语言的第一个文本，或者更确切地说，他向我们展示了在哪里寻找它。我下定决心要搜索此文本。因此，我决定放弃我们一直在努力的所有工作，以迅速得出结论"。因此，Chargaff 转入了核酸化学的研究。

他开始相信，如果来自不同物种的 DNA 表现出不同的生物学活性，则 DNA 之间在化学上也应存在可证明的差异。而要搞清楚不同物种的 DNA 在化学上的差异，就需要他设计一种分析不同物种 DNA 的含氮成分和糖的方法。由于当时很难获得大量的 DNA，因此他的方法还必须适用于少量的材料。该方法的建立花费了他两年的时间，并得到了几项最新技术的帮助，其中包括引入纸层析法和紫外分光光度法，可以分离、鉴定微量有机物。

他的方法包括三个步骤：首先是通过纸层析法将 DNA 分成单个成分；接下来，将分开的化合物转化为汞盐；最后，嘌呤和嘧啶通过它们的紫外吸收光谱进行鉴定。Chargaff 在嘌呤和嘧啶的几种混合物上测试了该方法，并取得了令人鼓舞的结果。随后，他将它用于分析酵母和胰腺细胞 DNA 组成。

一个月后，Chargaff 向 *Journal of Biological Chemistry* 提交了两篇关于几种 DNA 制剂的完整定性分析的论文。第一篇论文涉及小牛胸腺和牛脾 DNA 的嘌呤和嘧啶，第二篇论文涉及结核杆菌和酵母的 DNA。尽管这些论文最终证明了其对于我们理解 DNA 结构和遗传密码有无价的贡献，但它们几乎没有发表。其中有一个编辑问他：由于嘌呤和嘧啶不含任何磷，你如何以每克磷原子为单位来表示 DNA 分子中腺嘌呤、鸟嘌呤、胞嘧啶和胸腺嘧啶的量呢？对此，Chargaff 在给编辑的回复中，重复了一部分关于核酸结构的入门知识，因为那时 Chargaff 已经在给哥伦比亚大学的一年级医学生讲授生化课。

随着时间的流逝，Chargaff 对他的初始定量方法进行了改进，通过引入甲酸水解以同时释放所有含氮成分以及使用紫外灯显示滤纸条上分离开的对紫外有吸收的区带。这些改进使他能够快速分析各种物种的 DNA。最终，Chargaff 在 1950 年的一篇综述中总结了他关于核酸化学的发现。他的两个主要发现是：①在任何双链 DNA 中，鸟嘌呤单位的数量等于胞嘧啶单位的数量，而腺嘌呤单位的数量等于胸腺嘧啶单位的数量；②不同物种的 DNA 组成不尽相同。该结果彻底否定当时由 Phoebus Levene 提出的 DNA 由"GACT"四聚体大量重复组成的"四核苷酸假说"。Chargaff 的研究还为 Watson 和 Crick 发现 DNA 的双螺旋结构奠定了基础。

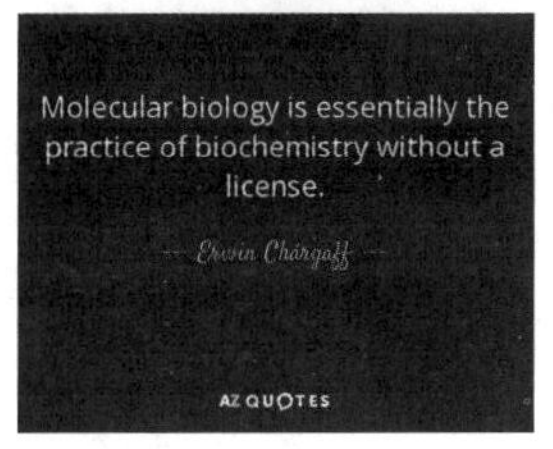

图 3–59 Erwin Chargaff (1905–2002) 和他的名言

科学故事　DNA 双螺旋结构的发现

到 2020 年 4 月 25 日，DNA 双螺旋结构已被发现 67 年了。每一年的这一天，全球各地总会有生化爱好者想到为 DNA 双螺旋庆生（图 3-60）。那么，DNA 双螺旋结构是怎样被发现的呢？

图 3-60　2013 年 4 月 25 日南京大学杨荣武教授在课堂上与学生一起庆祝 DNA 双螺旋 60 岁生日

James D.Watson 和 Francis H.Crick 之所以能够成功地提出 DNA 双螺旋结构的模型，这与许多其他的科学家的研究成果是分不开的。

这首先可追溯到 1869 年，瑞士有一位叫 Friedrich Miescher（图 3-61）的年轻医生，他在获得博士学位仅一年后就从外科的脓细胞即白细胞中，分离得到完整的细胞核，然后经过碱抽提和酸化处理，从细胞核中分离得到了一种富含磷的化合物，他称之为核素（nuclein）。第二年，Miescher 在莱茵河上游找到了分离核素的更好材料——鲑鱼精子，并从中提取了纯的核素。1889 年，他的学生 Richard Altmann 引入了“核酸”的概念。

图 3-61　Friedrich Miescher（1844—1895）

差不多与此同时，Gregor Mendel 经过 7 年的豌豆杂交实验，总结了生物遗传的两条基本规律，即基因分离定律和基因的自由组合定律，于 1865 年发表了题为“Experiments in Plant Hybridization”的论文。Mendel 根据自己的实验结果认为，生物的遗传性状由分开的遗传因子（hereditary factor）传递给后代。这些遗传因子后来被称为基因。但 Mendel 的发现并没有引起人们的注意。

1900 年，对 Mendel 遗传学理论的再发现更促进了人们对核酸的深入研究。1910 年，德国生化学家 Albrecht Kossel 首次分离到单核苷酸，并阐明了核酸的三种主要成分是核糖、磷酸和碱基。1924 年，德国细胞学家 R.Feulgen 发现核酸中的糖类有核糖和脱氧核糖两种，并基于此将核酸分为核糖核酸和脱氧核糖核酸。

1929 年，Kossel 的学生 P.A.T.Levine 发现核酸中的碱基主要是腺嘌呤、鸟嘌呤、胸腺嘧啶和胞嘧啶。Levine 还证明核酸由更简单的核苷酸组成，而核苷酸由碱基、核糖和磷酸组成。Levine 为探明核酸的成分作出了重要贡献，但他却错误地以为核酸结构比较简单，不可能携带大量信息，难以承担复杂的遗传功能，这一观点在当时得到了广泛认同。由于染色体的主要成分除了核酸以外，还有蛋白质，因而人们普遍认为结构更为复杂的蛋白质是遗传信息的载体。

直到 1944 年，Avery 通过肺炎链球菌转化实验证明 DNA 而不是 RNA 或者蛋白质可以使生物体的遗传性状发生改变，DNA 是遗传信息的载体。

1952 年，A.D. Hershey 和 Martha Chase 利用噬菌体感染细菌实验进一步证实了 DNA 作为遗传物质的作用。在此之前不久，Linus Pauling 刚刚发表了关于蛋白质详细结构的论文并认为蛋白质是遗传物质，Hershey 和 Chase 的实验结果不仅使 Pauling 意识到蛋白质充当遗传物质的观点是错误的，DNA 才更可能是遗传物质，而且引导了当时许多科学家转向研究 DNA 的结构。

DNA 是遗传物质这一观点一经证实，立刻就吸引了许多科学家去研究它的结构。这里就包括美国著名的化学家 Linus Pauling，但是他却在 1953 年初提出了错误的三螺旋结构。主要原因是 Pauling 无法获得当时最新的研究数据，虽然他把自己的儿子 Peter Pauling 派去了剑桥。而当时的 Watson 和 Crick 则是“近水楼台先得月”，虽然一开始也提出了错误的三螺旋结构，但后来所获得的两个重要研究数据，让他们最终提出了正确的双螺旋结构模型。

图 3-62　Maurice Wilkins（1916—2004）

第一个数据就是就是 Watson 从 Maurice Wilkins（图 3-62）那里“非法”获得一张编号为 51 的 DNA 湿纤维的 X 射线衍射照片。这张著名的照片后来被誉为几乎是有史以来最美丽的 X 射线衍射照片，是

1952年5月由在伦敦国王学院的Rosalind Franklin指导下的博士研究生Raymond Gosling拍摄的。由于Wilkins是在Franklin毫不知情的情况下给Watson展示这张照片的，所以这引起了广泛的争议。图片显示模糊的X状，它对外行来说没有任何含义，但一旦被Watson和Crick看到，就不一样了。他们立刻意识到它代表着具有反平行链的双螺旋结构，并根据照片计算得出了螺旋线的大小和结构的重要参数。

图3-63 老鹰酒吧墙上刻的与双螺旋发现有关的文字

如果只有这一张照片的数据，Watson和Crick是不会想到双螺旋结构中，A和T、G和C是互补配对的。事实上，在1952年，Erwin Chargaff访问剑桥，在与Watson和Crick非正式会面的时候，把早在1950年就获得的实验数据，即后来被称为"Chargaff法则"无意中透露给他们俩。虽然Watson和Crick听到这个数据时，表面看起来并无兴趣，但Crick在脑海里已有初步的碱基互补配对的概念，等他们看到第51张照片以后，完整的双螺旋结构很快就成形了。

1953年2月28日，Watson和Crick走进剑桥附近的"老鹰酒吧"（The Eagle Pub）（图3-63），迫不及待地宣布他们"找到了生命的秘密"。

1953年4月25日在*Nature*上正式发表了他们的发现（图3-64）。要知道，Watson当时只有25岁，Crick比他大12岁。

1962年，Watson、Crick和Wilkins获得诺贝尔生理学或医学奖。但十分遗憾的是Franklin因卵巢癌去世4年，因此没能获得该奖项。Watson曾说过，Franklin应该和他们分享奖项。

No. 4356 April 25, 1953 NATURE 737

equipment, and to Dr. G. E. R. Deacon and the captain and officers of R.R.S. *Discovery II* for their part in making the observations.

[1] Young, F. B., Gerrard, H., and Jevons, W., *Phil. Mag.*, 40, 149 (1920).
[2] Longuet-Higgins, M. S., *Mon. Not. Roy. Astro. Soc., Geophys. Supp.*, 5, 285 (1949).
[3] Von Arx, W. S., Woods Hole Papers in Phys. Oceanog. Meteor., 11 (3) (1950).
[4] Ekman, V. W., *Arkiv. Mat. Astron. Fysik. (Stockholm)*, 2 (11) (1905).

MOLECULAR STRUCTURE OF NUCLEIC ACIDS

A Structure for Deoxyribose Nucleic Acid

WE wish to suggest a structure for the salt of deoxyribose nucleic acid (D.N.A.). This structure has novel features which are of considerable biological interest.

A structure for nucleic acid has already been proposed by Pauling and Corey[1]. They kindly made their manuscript available to us in advance of publication. Their model consists of three intertwined chains, with the phosphates near the fibre axis, and the bases on the outside. In our opinion, this structure is unsatisfactory for two reasons: (1) We believe that the material which gives the X-ray diagrams is the salt, not the free acid. Without the acidic hydrogen atoms it is not clear what forces would hold the structure together, especially as the negatively charged phosphates near the axis will repel each other. (2) Some of the van der Waals distances appear to be too small.

Another three-chain structure has also been suggested by Fraser (in the press). In his model the phosphates are on the outside and the bases on the inside, linked together by hydrogen bonds. This structure as described is rather ill-defined, and for this reason we shall not comment on it.

We wish to put forward a radically different structure for the salt of deoxyribose nucleic acid. This structure has two helical chains each coiled round the same axis (see diagram). We have made the usual chemical assumptions, namely, that each chain consists of phosphate diester groups joining β-D-deoxyribofuranose residues with 3′,5′ linkages. The two chains (but not their bases) are related by a dyad perpendicular to the fibre axis. Both chains follow right-handed helices, but owing to the dyad the sequences of the atoms in the two chains run in opposite directions. Each chain loosely resembles Furberg's[2] model No. 1; that is, the bases are on the inside of the helix and the phosphates on the outside. The configuration of the sugar and the atoms near it is close to Furberg's 'standard configuration', the sugar being roughly perpendicular to the attached base. There is a residue on each chain every 3·4 A. in the z-direction. We have assumed an angle of 36° between adjacent residues in the same chain, so that the structure repeats after 10 residues on each chain, that is, after 34 A. The distance of a phosphorus atom from the fibre axis is 10 A. As the phosphates are on the outside, cations have easy access to them.

This figure is purely diagrammatic. The two ribbons symbolize the two phosphate—sugar chains, and the horizontal rods the pairs of bases holding the chains together. The vertical line marks the fibre axis

The structure is an open one, and its water content is rather high. At lower water contents we would expect the bases to tilt so that the structure could become more compact.

The novel feature of the structure is the manner in which the two chains are held together by the purine and pyrimidine bases. The planes of the bases are perpendicular to the fibre axis. They are joined together in pairs, a single base from one chain being hydrogen-bonded to a single base from the other chain, so that the two lie side by side with identical z-co-ordinates. One of the pair must be a purine and the other a pyrimidine for bonding to occur. The hydrogen bonds are made as follows: purine position 1 to pyrimidine position 1; purine position 6 to pyrimidine position 6.

If it is assumed that the bases only occur in the structure in the most plausible tautomeric forms (that is, with the keto rather than the enol configurations) it is found that only specific pairs of bases can bond together. These pairs are: adenine (purine) with thymine (pyrimidine), and guanine (purine) with cytosine (pyrimidine).

In other words, if an adenine forms one member of a pair, on either chain, then on these assumptions the other member must be thymine; similarly for guanine and cytosine. The sequence of bases on a single chain does not appear to be restricted in any way. However, if only specific pairs of bases can be formed, it follows that if the sequence of bases on one chain is given, then the sequence on the other chain is automatically determined.

It has been found experimentally[3,4] that the ratio of the amounts of adenine to thymine, and the ratio of guanine to cytosine, are always very close to unity for deoxyribose nucleic acid.

It is probably impossible to build this structure with a ribose sugar in place of the deoxyribose, as the extra oxygen atom would make too close a van der Waals contact.

The previously published X-ray data[5,6] on deoxyribose nucleic acid are insufficient for a rigorous test of our structure. So far as we can tell, it is roughly compatible with the experimental data, but it must be regarded as unproved until it has been checked against more exact results. Some of these are given in the following communications. We were not aware of the details of the results presented there when we devised our structure, which rests mainly though not entirely on published experimental data and stereochemical arguments.

It has not escaped our notice that the specific pairing we have postulated immediately suggests a possible copying mechanism for the genetic material.

Full details of the structure, including the conditions assumed in building it, together with a set of co-ordinates for the atoms, will be published elsewhere.

We are much indebted to Dr. Jerry Donohue for constant advice and criticism, especially on interatomic distances. We have also been stimulated by a knowledge of the general nature of the unpublished experimental results and ideas of Dr. M. H. F. Wilkins, Dr. R. E. Franklin and their co-workers at

图3-64 1953年4月25日发表在*Nature*上DNA双螺旋结构论文的首页

思考题：

1. 如果你测定合成的单链DNA序列5′-ACTGTGTTACGCGTGG-3′和相同序列的RNA（T被U取代）的紫外吸收，会发现两者OD_{260}十分相近。如果你合成新的DNA序列5′-GCAGCGACTGTGTTGT-3′，你会发现得到的OD_{260}没有变化，但如果你再合成相同序列的RNA，就会发现得到的OD_{260}会急剧下降。为什么？

2. 至少给出两条理由说明双链DNA比单链RNA更适合充当遗传信息的贮存者。

3. 最早提出的DNA二级结构并非双螺旋，而是由Linus Pauling于1952年提出的三螺旋结构。三螺旋结构认为，DNA由三条链组成，不同的碱基在分子的外部，而磷酸在内部，分子是螺旋的。给出至少五条理由，解释为什么这样的三螺旋结构是不正确的。

4. 稳定RNA三级结构两个最重要的结构成分是什么？如何在不破坏其二级结构的前提下破坏它的三级结构？

5. 为什么蛋白质不能以序列特异性方式识别RNA双螺旋？

网上更多资源……

本章小结　　授课视频　　授课音频　　生化歌曲

教学课件　　推荐网址　　参考文献

第四章　酶的结构与功能

生物体内每时每刻都在发生着各种各样的化学反应，而这些反应之所以能够在温和的条件下快速地进行，是因为有酶（enzyme）的催化。酶就是生物催化剂（biocatalyst），它可以使用各种手段来催化反应，其化学本质主要是蛋白质，也有少数是 RNA。可以说，没有酶，生命是不可能存在的。但对于任何一种酶来说，并不是活性越高就越好。正常的情况下，一种酶的活性应该能够根据细胞的需要随时发生改变。这就需要机体有专门的机制对酶的活性实时进行调控。

Quiz1 能不能说出人体内至少一个重要的但没有酶催化的生化反应？

本章将重点介绍酶的一般性质、酶的动力学、酶的催化机制以及酶活性的调节机制，同时还会简单介绍酶的研究方法以及维生素与辅酶的关系。

第一节　酶学概论

一、酶的化学本质

早在几千年前，古人就无意识地利用了酶的催化作用，例如，利用一些特殊的微生物来治疗疾病、制造食品和饮料。然而，真正认识到酶的存在和作用，是始于 19 世纪西方国家对酿酒发酵过程进行的大量研究。1833 年，法国科学家 Anselme Payen 和 Jean Persoz 从麦芽的水抽提物中，用酒精沉淀得到一种对热不稳定的活性物质，可以促进淀粉水解成可溶性的糖，他们把这种物质叫淀粉糖化酶（diastase），后来又更名为淀粉酶（amylase）。此酶公认为是第一种被发现的酶。不过，直到 1878 年，Kunne 才把这种物质称为酶，其词根来自希腊文，意思是"在酵母中"（in yeast），因此也有人将其称为酵素。1834 年，德国科学家 Theodor Schwann 从胃襞中得到第一种动物来源的酶，即胃蛋白酶。1898 年，法国科学家 Pierre Émile Duclaux 建议所有酶的名称加上后缀"ase"。

Quiz2 现在经常听到各种酵素减肥的产品，对此你有何看法？

在意识到酶的存在及其对生命的重要性以后，人们开始探究它的化学本质。但一开始，以 R. M. Willstarter 为代表的科学家认为，酶既不是蛋白质，也不是糖或脂肪，只是一种吸附在蛋白质表面的活性物质。直至 20 世纪 30 年代，James B. Sumner 和 John H. Northrop 分别得到脲酶和胃蛋白酶的结晶，用实验证明了酶是蛋白质。那么，酶都是蛋白质吗？

对上述问题持肯定回答的观点曾经长期统治学术界，几乎无人怀疑过。然而，在 1982 年，Thomas Cech 等人发现，四膜虫 26S rRNA 前体具有自剪接功能，并于 1986 年证明其内含子 L19 间插序列（intervening sequence，IVS）具有多种催化功能。1984 年，Sidney Altman 等人发现大肠杆菌核糖核酸酶 P 的核酸组分——M1 RNA 才有酶的活性。Cech 和 Altman 的发现震惊了全世界，也从此推翻了"酶都是蛋白质"的传统观念。现在，一般认为，自然界绝大多数酶是蛋白质，仅有少数为 RNA。具有催化活性的 RNA 称为核酶（ribozyme）。

核酶的发现对探索生命的起源和进化很有启发意义。在漫长的生命进化过程中，地球上很可能曾出现过一个奇特的由 RNA 独领风骚的"RNA 世界"（the RNA world）。那时，既无 DNA，又无蛋白质，但有 RNA。在 RNA 世界里，RNA 不仅充当遗传物质，还行使催化功能。然而，随着生命的不断进化，原始 RNA 的两项功能分别"让位"给了 DNA 和蛋白质。目前有很多证据支持这种学说，事实上，许多重要的证据就隐藏在现代的活细胞之中。

到目前为止，已发现近十种天然的核酶（表 4–1）。这些天然的核酶在细胞里催化不同的反应。这里包括核糖体，它作为核酶，催化了蛋白质合成最重要的一步反应，即肽键的形成。这些事实表明核酶虽少，但也很重要！

根据化学组成，酶可分为单纯酶（或称简单酶，simple enzyme）和缀合酶（或称结合酶，conjugated enzyme）。若是蛋白质，则在缀合酶分子上，除包括由氨基酸残基组成的多肽链以外，还包括某些与肽链结合的非氨基酸成分。这些非氨基酸成分统称为辅因子。丧失辅因子的酶称为脱辅酶(apoenzyme)，与辅因子结合在一起的酶称为全酶（holoenzyme）。辅因子包括辅酶、辅基和金属离子三类。辅酶专指那些与脱辅酶结合松散、使用透析或超滤等温和的方法就能去除的有机小分子，如辅酶Ⅰ；辅基专指那些与脱辅酶结合紧密（有时甚至以共价键结合）、使用透析或超滤的方法难以去除的有机小分子，比如琥珀酸脱氢酶中的FAD；可充当辅因子的金属离子常见的有铜、镁、锌和锰。含有紧密结合的金属离子的酶通常称为金属酶。

► 表4-1　各种天然核酶的性质比较

名称	大小(nt)	来源	功能	反应产物
锤头核酶	40	植物类病毒、Newt卫星RNA	RNA复制	5′-OH；2′，3′-环磷酸
发夹核酶	70	植物病毒卫星RNA	RNA复制	5′-OH；2′，3′-环磷酸
HDV	90	人丁型肝炎病毒	RNA复制	5′-OH；2′，3′-环磷酸
VS核酶	160	粗糙链孢菌线粒体质粒的转录物	RNA复制	5′-OH；2′，3′-环磷酸
核开关核酶	160	枯草杆菌	GlmS-mRNA的自我水解	5′-OH；2′，3′-环磷酸
核糖核酸酶P	300	几乎所有的生物	tRNA前体5′端的剪切	5′-磷酸；3′-OH
第一类内含子	210	某些真核生物的细胞器，某些原核生物，某些噬菌体	剪接	5′端为G的内含子；连接起来的外显子
第二类内含子	500	某些真核生物细胞器，某些原核生物	剪接	具有套索结构的内含子；连接起来的外显子
剪接体（U2+U6 snRNA）	180/100	真核生物细胞核	核mRNA前体的剪接	具有套索结构的内含子；连接起来的外显子
核糖体（最大的rRNA）	>2 600	所有生物	翻译过程中肽键的形成	肽键

若是核酶，少数仅由RNA组成以外，绝大多数还含有金属离子或/和蛋白质。一种核酶所含有的非RNA成分应该就属于这种核酶的辅因子。由于自然界绝大多数酶为蛋白质，因此以后有关酶学的内容主要是围绕化学本质为蛋白质的酶展开的。

Quiz3　一些人工合成的单链DNA被发现也能催化反应，那么你认为酶的化学本质能否把DNA包括进来？为什么？

根据酶蛋白本身结构的特征，不含RNA的酶又可分为单体酶（monomeric enzyme）、寡聚酶（oligomeric enzyme）和多酶复合物（multi-enzyme complex）（表4-2）。

► 表4-2　单体酶、寡聚酶和多酶复合物的性质比较

名称	组成	大小	实例
单体酶	只有1条肽链	13 000 ~ 35 000	绝大多数水解酶
寡聚酶	≥2个亚基，以次级键结合	35 000 ~ 1 000 000	许多调节酶
多酶复合物	≥2个功能相关的酶嵌合而成	几百万	丙酮酸脱氢酶系

单体酶中有一类，虽然只由一条肽链组成，但同时具有多个不同的酶活性，这类单体酶称为多功能酶（multifunctional enzyme）。例如，大肠杆菌的DNA聚合酶Ⅰ就是一个“三合一”的酶，同时具有DNA聚合酶、3′外切核酸酶和5′外切核酸酶的活性，而哺乳动物的脂肪酸合酶则是一个“七合一”的酶——一条肽链具有7个不同的酶的活性。

二、酶的催化性质

与非酶催化剂一样，酶只能催化热力学允许的反应，反应完成后本身不被消耗或变化，即可以重复使用。它对正反应和逆反应的催化作用相同，不改变平衡常数，只加快到达平衡的速度或缩短到达平衡的时间。受酶催化的化学反应称为酶促反应，其中的反应物称为底物(substrate)。但作为生物催化剂，酶还具有以下一些特有的性质。

1. 高效性

酶催化效率之高是无与伦比的。与无催化剂的反应相比，酶促反应的速率一般要高 10^6 ~ 10^{12} 倍，有些反应更高。例如，由 5′– 乳清苷酸脱羧酶催化的反应要比无催化剂的反应快 10^{17} 倍！若与非酶催化剂催化的反应相比，酶促反应至少也要高几个数量级。

Quiz4 你知道目前已知最快和最慢的酶各是哪一种吗？

酶催化的高效性与其能够大幅度降低反应的活化能(activation energy)有关(表 4–3)。但并不是酶的催化效率越高就越好，另外机体内不同种类的酶催化效率也会有差别，即使同一种酶，催化活性也不是一成不变的。

表 4–3　相对反应速率与相对活化能之间的关系

反应条件	相对活化能	相对反应速率
无催化剂	18 000	10^{-7}
Fe 催化剂	12 000	46
过氧化氢酶	2 000	4×10^6

2. 酶在活性中心与底物结合

酶的活性中心(active site)也被称为活性部位，是指酶分子上与底物结合并与催化作用直接相关的区域。如果酶是缀合酶，活性中心还包括与辅因子结合的区域；如果一种酶是多功能酶，就会有多个活性中心。

活性中心是由结合基团和催化基团组成。前者负责与底物结合，决定酶的专一性；后者参与催化，决定酶的催化能力，既负责催化底物老的化学键的断裂，又负责催化产物新的化学键的形成。但也有某些基团可能兼而有之。

活性中心一般具有以下特征：

(1) 活性中心是一个三维实体，通常由若干个在一级结构上并不相邻的氨基酸残基组成。构成活性中心的氨基酸残基和辅因子的所有原子都精确有序地排列在一起，其独特的三维实体结构乃是整个蛋白质正确折叠后的必然产物。例如，构成溶菌酶活性中心的基团包括 1、35、52、62、63、101、108 和 129 位的氨基酸残基。当溶菌酶正确折叠后，这些氨基酸残基自然排列在一起，共同组成活性中心。

(2) 活性中心只占酶总体积的一小部分，约占 1% ~ 2%。酶分子上的大多数氨基酸残基并不与底物接触，但它们作为结构支架，有助于活性中心三维结构的形成和稳定。

(3) 活性中心为酶分子表面的一个裂缝(cleft)、空隙(crevice)或口袋(pocket)，中心内多为疏水氨基酸残基，也有少量亲水氨基酸残基。活性中心如此设计，可把降低酶催化活性的水分子排除在外，防止副反应的发生。实际上，除非作为底物，水分子通常被排除在活性中心之外，而底物分子在进入活性中心之前则需要去溶剂化。

(4) 活性中心虽然既有亲水氨基酸，又有疏水氨基酸，但是在其中能使用侧链基团催化反应的只能是亲水氨基酸，疏水氨基酸的侧链从化学的角度来看是惰性的，催化不了反应。

Quiz5 His 的咪唑基的什么特性让它成为很多酶的催化必需的基团？

迄今为止，在被研究过的酶中，有多于 65% 的酶活性中心含有 His、Cys、Asp、Arg 或 Glu。它们出现的频率是 His>Cys>Asp>Arg>Glu。

(5) 与底物结合靠多种非共价键，包括氢键、疏水键、离子键和范德华力。但有的酶在催化反应的过程中，会与底物暂时形成共价键，进行所谓的共价催化。

(6) 在一定程度上，底物结合的特异性取决于活性中心和底物之间在结构上的互补性，但活性中心与反应过渡态的互补性要好于与底物的互补性。

(7) 活性中心的构象不是固定不变的，而是具有一定的柔性。

3. 高度的专一性(specificity)

酶的专一性是指酶对参与反应的底物有严格的选择性，即一种酶仅能作用于一种底物或一类分子结构相似的底物，使其发生某种特定类型的化学反应，并产生特定的产物。

不同酶的专一性是不一样的。有的酶专一性特别高，如碳酸酐酶只能催化二氧化碳和水分子形成碳酸；有的酶的专一性就比较低，如乙醇脱氢酶不仅能催化乙醇，还能催化甲醇、甘二醇和视黄醇的脱氢反应，再如胰凝乳蛋白酶不仅能够水解蛋白质，还能水解某些酯。

Quiz6 你认为淀粉酶的催化属于绝对的专一性吗?

专一性一般有以下几种类型：

(1) 绝对专一性(absolute specificity)。是指一种酶仅催化一个特定的反应，对底物有非常严格的要求。例如，脲酶只能催化尿素的水解反应。甲基脲素(methylurea)与尿素的结构非常相似，但脲酶对其无任何作用。

(2) 相对专一性(relative specificity)。在生物体内，大多数酶具有的专一性是相对专一性，包括基团专一性(group specificity)和键专一性(linkage specificity)。前者是指一种酶只作用于含有特定官能团(如磷酸基团、氨基和甲基等)的分子，如磷酸酶只水解特定底物分子上的磷酸基团；后者是指一种酶只作用于含有特定化学键的分子，而不管底物分子其他部分的结构。如二肽酶专门识别二肽中的肽键，而不管哪两种氨基酸构成这个肽键。

(3) 立体专一性(stereospecificity)。是指酶对具有立体异构的底物只作用于其中的一种，而对另外一种无效，或者产物具有立体异构，但只产生其中的一种的性质，进一步可分为旋光异构专一性和几何异构专一性两类。其中旋光异构专一性是指当底物具有旋光异构体时，酶只能作用于其中的一种。如氨酰 tRNA 合成酶只结合 L- 氨基酸，而不结合 D- 氨基酸，正因为如此，蛋白质分子中没有 D- 氨基酸。几何异构专一性是指酶对几何异构体的专一性。例如，琥珀酸脱氢酶只能催化琥珀酸脱氢而生成反丁烯二酸，或者只能催化反丁烯二酸得到氢还原成琥珀酸的逆反应。

酶的立体专一性在实践中很有意义。例如，某些药物只有一种构型有生理效用，另一种构型无效甚至有害，有机合成的药物一般是消旋产物，而用酶来催化可进行不对称合成。

尽管酶表现出高度的专一性，但某些辅因子可以被多种不同的酶所使用，例如 NAD^+ 为很多脱氢酶的氢受体。

有三个模型被用来解释酶作用的专一性：

(1) “锁与钥匙”模型(lock and key model)

该模型早在 1894 年就由 Emil Fischer 提出。Fischer 提出此模型的灵感显然来自于“一把钥匙只开一把锁”的生活经验。在该模型中，酶和底物分别被比作锁和钥匙，锁眼相当于是酶的活性中心。只有跟锁眼在结构上完全匹配、吻合的钥匙才能进入其中，再将锁打开。该模型认为：活性中心的构象是固定不变的，底物的结构(形状、大小、电荷分布、氢键供体或受体以及疏水补丁等)必须与它的结构非常吻合才能结合(图 4-1)。“好”底物与“坏”底物的差别在于与活性中心在结构上匹配和吻合的程度。

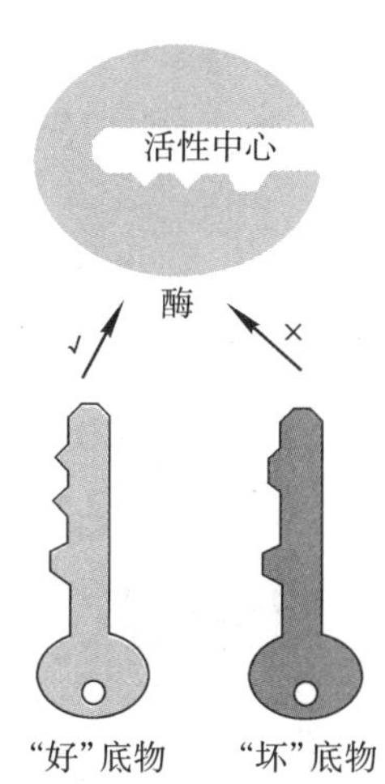

图 4-1　酶与底物结合的“锁与钥匙”模型

该模型有很多缺陷：首先，它不能解释酶的活性中心为何也能与产物结合并催化逆反应；其次，它对解释酶的催化机理也没有任何帮助。正因为如此，该模型实际上早已被淘汰。

(2) “诱导契合”模型(induced fit model)

该模型由 Daniel E. Koshland 在 1958 年提出。其主要内容是(图 4-2)：酶活性中心不是僵硬不变的结构，而是具有一定的柔性。酶在与底物结合前后构象是不同的，一开始活性中心并不适合结合底物。然而，一旦底物与酶接近，诱导就开始了。这种诱导是双向的，一方面酶受到底物分子的诱导，其构象发生变化，特别是活性中心的构象；另一方面，底物的构象也会发生变化。酶和底物双方在构象上的变化，不仅使得酶能更好地结合底物，这有点像戴手套时手套在手的“诱导”下所发生的变化，还能使活性中心的催化基团处于合适的位置，而能更好地行使催化，这就是契合。“好”底物与“坏”底物的差别就在于，前者与酶结合能诱导酶的构象发生有利于催化的变化，而后者不行！

“诱导契合”模型不仅可以很好地解释酶作用的专一性，还可以有助于解释酶的催化机制，因此早已经被广泛认可。有很多重要的酶，正是巧妙地使用了“诱导契合”，一方面保证了其催化的专一性，另一方面还可以用来防止本来很容易发生的副反应的发生。

Quiz7 如果用木糖代替葡萄糖作为己糖激酶的底物，请预测会有什么现象发生？

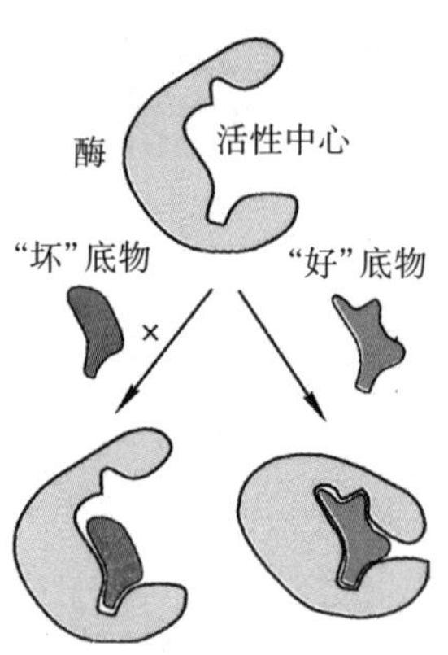

图 4-2 酶与底物结合的“诱导契合”模型

这里以糖酵解第一步反应的己糖激酶为例（图 4-3）：该酶催化 ATP 的一个磷酸基团转移给葡萄糖分子的 6 号位羟基。然而，水和葡萄糖分子都有羟基，两者都可以进入己糖激酶的活性中心，但己糖激酶催化磷酸基团从 ATP 转移到葡萄糖分子的效率是转移给水分子的 10^5 倍！对此现象，用“锁和钥匙”模型是不能解释的，但“诱导契合”模型却很容易。因为只有葡萄糖分子进入酶的活性中心以后，才能诱导活性中心的构象发生变化，使活性中心的催化基团处于合适的位置而能更好地进行催化。因此，从某种意义上来看，葡萄糖通过诱导酶构象的变化而间接地参与了催化反应。

$$\text{葡萄糖} + \text{ATP} \xrightarrow[\text{Mg}^{2+}]{\text{己糖激酶}} \text{6-磷酸葡糖} + \text{ADP}$$

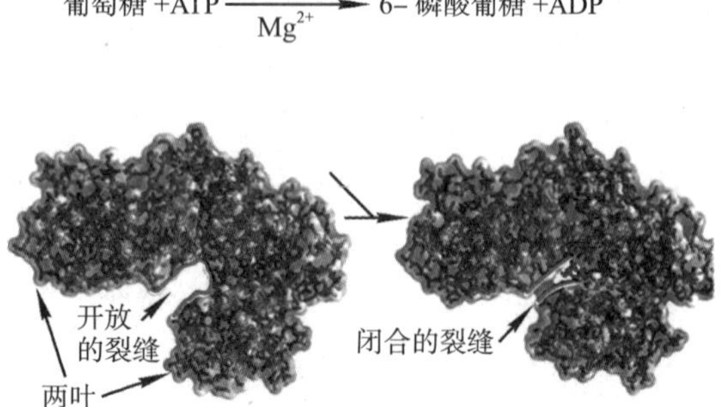

其活性中心裂缝的闭合“赶走”了水分子，拉近 ATP 与葡萄糖 6 号位羟基之间的距离，从而保证磷酸基团只会转移到葡萄糖的 6 号位羟基上。

图 4-3 己糖激酶的“诱导契合”

对来源于酵母细胞的己糖激酶所进行的 X 射线衍射实验表明，整个酶分子由两个相对独立的叶（lobe）组成，活性中心为两叶之间的裂缝。当葡萄糖与酶的活性中心结合以后，酶的构象发生了剧烈的变化：作为底物的葡萄糖诱导两叶相向移动，每一叶大约旋转 10°，整个多肽链骨架移动了约 0.8 nm，构成活性中心的裂缝因此而闭合，仿佛河蚌遇到刺激以后两壳闭合。裂缝的闭合对酶的催化十分重要，原因是：首先它为底物创造了更为疏水的环境，整个葡萄糖分子除了 6 号位的羟基以外都被疏水氨基酸残基的侧链包围，这非常有利于 ATP 的转移。其次，它“赶走”了本来占据在活性中心的水分子，这就防止了酶将 ATP 的 γ- 磷酸基团误交给水分子而导致 ATP 水解的副反应的发生。

（3）“三点附着”模型（three-attachment model）

对于酶为什么能够区分一对对映异构体，或者一个假手性 C 上两个相同的基团（图 4-4 中的 Z），需要用酶与底物的“三点附着”模型进行解释。该模型认为，底物在活性中心的结合有三个结合点，只有当在这三个点都匹配的时候，酶才会催化相应的反应。一对对映异构体底物虽然基团相同，但空间排列不同，这就可能出现其中一种与酶结合的时候，无法保证三点都互补匹配，酶也就不能作用于它。

(1)

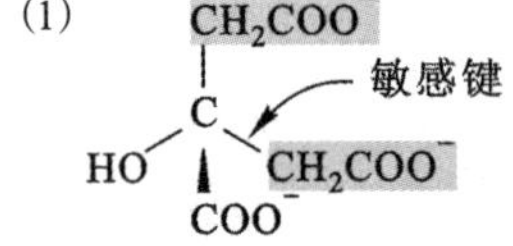

(2)

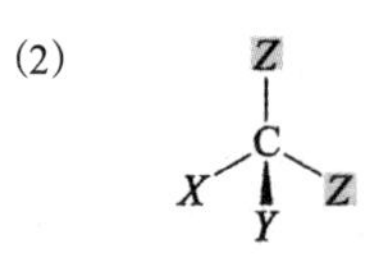

(3)

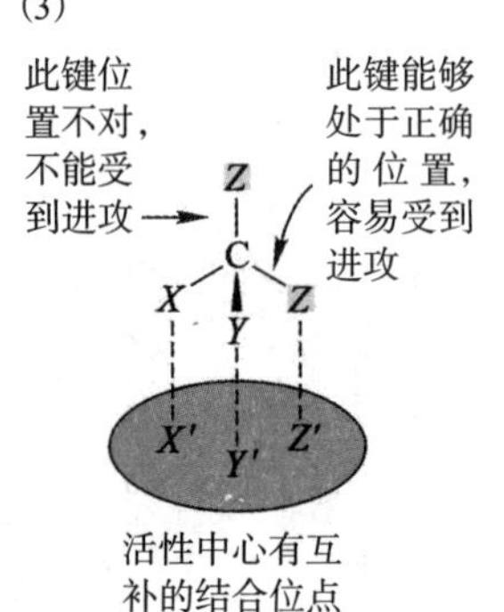

图 4-4 酶与底物结合的“三点附着”模型

以催化三羧酸循环第二步反应的顺乌头酸酶为例（图 4-4）：该酶的底物是图左上方显示的柠檬酸。它是在三羧酸循环的第一步反应由草酰乙酸和乙酰辅酶 A 转变而来的，分子中有两个—CH_2—COOH 基团，一个来自草酰乙酸，一个来自乙酰辅酶 A。这两个—CH_2—COOH 在我们眼里看起来没有什么两样，但在酶“眼”里却是不同的。正因为如此，顺乌头酸酶在催化反应的时候，只会将羟基催化转移给来自草酰乙酸的—CH_2—COOH，而绝对不会转移给来自乙酰辅酶 A 的—CH_2—COOH。

“三点附着”模型不但可用来解释酶作用的立体专一性，而且可以解释其他非酶蛋白质作用的立体专一性。例如，质膜上的葡萄糖转运蛋白只能转运 D- 葡萄糖，对 L- 葡萄糖无效。

4. 反应条件温和

除了一些生活在极端环境下的微生物体内发生的反应以外，绝大多数酶促反应的条件都十分温和。例如人体内酶促反应的条件是：温度 37℃，压强 1 个大气压，pH 接近 7。

5. 对反应条件敏感，容易失活

与一般的化学催化剂相比，酶对反应条件极为敏感，这与酶的化学本质有关。每一种酶都有最佳的反应条件，如最适 pH 和最适温度等。偏离最佳条件会影响到它的活性，而极端的 pH、特定的抑制剂、过高的温度和压强等因素都会导致酶活性的丧失。

6. 受到调控

酶的活性，特别是一条代谢途径中的限速酶的活性，是受到严格调控的，调控的手段也是各种各样。

7. 许多酶的活性还需要辅因子的存在

作为辅因子的有金属离子、辅酶或者辅基。作为辅酶或者辅基的多为维生素或其衍生物。辅因子有的作为第二底物参与反应，如辅酶Ⅰ和辅酶Ⅱ作为电子和氢的受体或供体，参与氧化还原反应，有的也可以直接参与催化，完成氨基酸侧链基团不能完成的催化任务，例如金属离子、硫胺素焦磷酸和磷酸吡哆醛。

三、酶的分类和命名

到目前为止，已有多种不同的酶被纯化，还有很多种酶被结晶。随着酶成员的不断扩充，需要对每一个新的成员进行科学的分类和命名。

（一）酶的分类

酶的分类是按照国际生物化学和分子生物学命名委员会（Nomenclature Committee of the International Union of Biochemistry and Molecular Biology，NC-IUBMB）的建议，根据反应的性质，将其分为七大类，其中第七类即转位酶是在 2018 年才引入的（表 4–4）。

Quiz8 结合表 4–1 的内容，你认为表中的各种核酶应该属于七类酶中的哪一类？

表 4–4　酶的分类及其实例

类别	反应性质	实例
氧化还原酶（oxidoreductase） 包括：脱氢酶，氧化酶，还原酶，过氧化物酶，过氧化氢酶，加氧酶，羟化酶	电子转移	乙醇脱氢酶
转移酶（transferase） 包括：转醛酶和转酮酶，脂酰基、甲基、糖基和磷酸基转移酶，激酶，磷酸变位酶	分子间基团转移	蛋白激酶 A
水解酶（hydrolase） 包括：酯酶，糖苷酶，肽酶，磷酸酶，硫酯酶，磷脂酶，酰胺酶，脱氨酶，核酸酶	通过加水导致键的断裂	脂肪酶
裂合酶（lyase） 包括：脱羧酶，醛缩酶，水合酶，脱水合酶，合酶，裂解酶	消除反应，产生双键	碳酸酐酶
异构酶（isomerase） 包括：消旋酶，差向异构酶，异构酶，变位酶	分子内的重排	磷酸己糖异构酶
连接酶（ligase） 包括：合成酶，羧化酶	水解 ATP 与分子之间的连接相偶联	DNA 连接酶
转位酶（translocase） 包括：转运离子和一些小分子（如氨基酸和单糖等）的转位酶	与 NTP 水解或氧化还原反应偶联的物质跨膜转运或在膜上的分离	P 型质子泵和多种 ABC 类转运蛋白

在每一大类酶中，又可根据不同的标准，分为几个亚类。每一个亚类再分为几个亚亚类。每一亚亚类中都含有特定的数字编号，作为一个酶在亚亚类中的顺序号。每一大类、亚类和亚亚类都用具体的数字表示。例如，乳酸脱氢酶编号为 EC1.1.1.27，其中 EC 表示酶学委员会，四个数字分别表示此酶属于第一大类（氧化还原酶）、此大类中的第一亚类（氧化基团为 CHOH）、此亚类中的第一亚亚类（NAD^+ 为 H 的受体）和在此亚亚类中的顺序号。

Quiz9 你如何区分合成酶（synthetase）和合酶（synthase）？

（二）酶的命名

根据 NC-IUBMB 的建议，每一个酶都给予了两个名称，一个为系统名，一个为惯用名。系统名要求能确切地反映底物的化学本质以及酶的催化性质，因此它由底物名称和反应类型两个部分组成。如果一个酶促反应的底物不止一种，那需要将所有的底物都注明，中间用“:”隔开。例如，乳酸脱氢酶的系统名应该是乳酸：NAD^+ 脱氢酶。

惯用名也需要能反映底物名称和反应性质，但不需要非常准确，一般采用底物加反应类型来命名，比如蛋白水解酶、乳酸脱氢酶、磷酸己糖异构酶等。绝大多数酶的惯用名的英文后缀为“ase”，少数例外，比如胃蛋白酶、胰蛋白酶和肾素的英文名称分别是 pepsin、trypsin 和 renin。由于惯用名使用起来比较简便，人们更喜欢用它来称呼一种酶。对于水解酶，人们还习惯省去反应的类型，直接用底物来表示，如蛋白酶、核酸酶、脂肪酶、淀粉酶和 ATP 酶就分别表示水解蛋白质、核酸、脂肪、淀粉和 ATP 的水解酶。有时也会在底物名称前冠以酶的来源，如血清谷丙转氨酶和胰蛋白酶。惯用名简单，应用历史长，但由于缺乏系统性，有时难免出现“一酶数名”或“一名数酶”的现象。

Box4.1　立体专一性的例外及其解释

许多生物分子有手性，有手性的分子就会有一对镜像异构体或对映异构体。在生命进化的过程中，有的手性分子的 L 型被选择利用，有的刚好相反。例如，蛋白质分子中的氨基酸总是 L 型，核酸分子中的核糖或脱氧核糖总是 D 型，但细菌细胞壁中的肽聚糖也使用 D- 氨基酸。在药品生产中有时也会遇到手性问题，就是一些药物分子也有手性，但只有一种有效，而另一种要么无效，要么还可能会有严重的副作用。

对于机体内的酶或者具有特定生物活性的蛋白质来说，假如其作用的对象具有手性的话，那么它们的作用一般会具有立体专一性的特征。例如，氨酰 tRNA 合成酶只能催化 L- 氨基酸与 tRNA 起反应，形成氨酰 tRNA。再如，膜上的葡糖转运蛋白只能转运 D- 葡萄糖，转运不了 L- 葡萄糖。对于酶和蛋白质作用的立体专一性，有专门的模型就是“三点附着模型”可以解释（参看本节前述相关内容）。

然而在生物体内，已发现了少数例外：第一个例外就是各种消旋酶；第二个例外是少数转运蛋白。对于消旋酶的例外，实际上很容易解释，因为它们催化的反应是手性分子两种构型的相互转变，所以需要既能识别结合 D 型，又能识别结合 L 型。对于少数转运蛋白的例外，一个重要的例子就是哺乳动物在突触间隙负责对神经递质重吸收的谷氨酸转运蛋白。这种转运蛋白除了可以识别并运输 L- 谷氨酸和 L- 天冬氨酸，还识别并运输 D- 天冬氨酸。这个例子听起来有点不可思议，这就像你听说有人左手也能很好地戴上右手的手套一样。如何解释这一违反常理的现象呢？

根据 2019 年 4 月由荷兰格罗宁根大学 Dirk J. Slotboom 等人发表在 *eLife* 上的一篇题为“Binding and transport of D-aspartate by the glutamate transporter homolog GltTk”的论文的研究结果，现在对谷氨酸转运蛋白为什么既能转运 L-Asp 又能转运 D-Asp 终于有合理的解释。

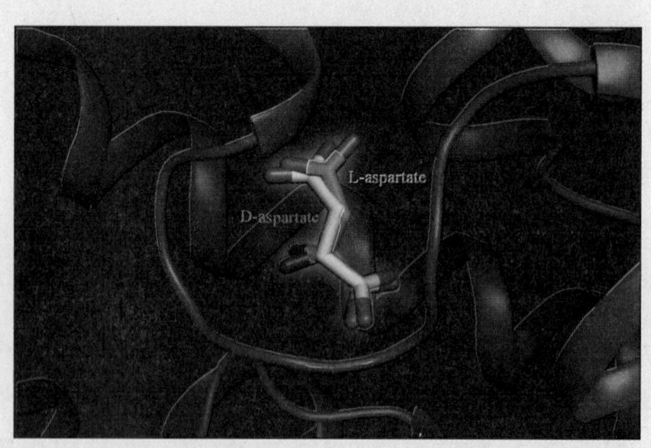

图 4-5　GltTk 分别与 D-Asp 和 L-Asp 结合时的结合部位结构

Slotboom 与他的同事——生物分子 X 射线晶体学实验室负责人 Albert Guskov 一直想解决这个问题，但很难拿到这种转运蛋白的晶体。于是，它们决定去到容易获得蛋白质晶体的一种嗜热古菌——霍氏热球菌（*Pyrococcus horikoshii*）里寻找与哺乳动物谷氨酸转运蛋白的同源蛋白。很快，他们找到了所要的同源蛋白 GltPh，同时在另外一种嗜热古菌中找到了同源蛋白 GltTk。根据对 GltTk 转运特异性的研究发现，它既可以结合转运 L-Asp，还可以结合转运 D-Asp，并且对两个底物的亲和力差不多。果然不久，他们就获得了 GltTk 分别与 D-Asp 和 L-Asp 结合时的 2.8 Å 高分辨率晶体结构（图 4-5）。比较分别与 L-Asp 和 D-Asp 结合的 GltTk 结构，他们发现 D-Asp 在结合时，结合位点的结构仅发生了较小的重排。该结构说明了此蛋白质结合位点有足够的空间供构型不同的 L-Asp 和 D-Asp 都可以结合，就像它是一只连指手套一样，既可以戴左手，也可以戴右手。

那么 GltTk 能不能结合和运输 Glu 呢？实验表明，它不可以。这似乎是空间问题，因为与 Asp 相比，Glu 多了额外的亚甲基。该亚甲基可能与结合位点发生冲突。

对于在生物的进化过程中，为什么保留了一些转运蛋白可以同时转运两种构型相反的手性分子的能力？这可能是两种构型生物都需要，让它们共享一种转运蛋白更经济。根据此来解释古菌的 GltTk 是合理的，因为古菌和细菌一样，两种构型的氨基酸都需要。但是，对于哺乳动物神经元中的谷氨酸转运蛋白来说，为什么也是这样呢？对此大家可能知道，Glu 和 Asp 在神经系统中是很重要的神经递质，而且越来越多的证据表明 D-Asp 和 L-Asp 都有活性。

第二节　酶动力学

酶动力学（enzyme kinetics）是研究酶促反应速率的影响因素及其变化规律的一门学科。其中涉及很多来自非酶促反应动力学的名词和基本概念。有多种因素可影响到一个酶促反应的速率。在研究某种因素对一个酶促反应速率的影响时，应该保持其他因素不变，只改变需要研究的因素。

研究酶促反应动力学具有重要的理论意义和实践意义。它既有助于阐明酶的结构与功能之间的关系，为研究酶的作用机理提供有用的数据，还有助于寻找最佳的反应条件、了解酶在代谢中的作用以及某些药物作用的机理等。

一、影响酶促反应速率的因素

酶促反应与非酶促反应一样，反应速率一般都是用单位时间内底物或产物浓度的变化值来表示，常用的单位是 $mol\cdot L^{-1}\cdot s^{-1}$。

对于最简单的单底物和单产物反应 S→P，反应速率可用公式表示为：$v=\frac{d[P]}{dt}=-\frac{d[S]}{dt}=k[S]$。此反应为一级反应，$k$ 为速率常数，v 与[S]成正比；对于同种双分子底物反应 2S→P，$v=\frac{d[P]}{dt}=-\frac{d[S]}{2dt}=k[S]^2$，$v$ 与$[S]^2$ 成正比，反应为二级反应；对于异种双分子底物反应 A＋B→P，$v=\frac{d[P]}{dt}=-\frac{d[A]}{dt}=-\frac{d[B]}{dt}=k[A][B]$，反应也是二级反应。

不管是何种类型的酶促反应，影响反应速率的因素概括起来不外乎分为两类，即外因和内因。外因是来自外部的因素，而内因是内在的因素。

（一）影响反应速率的外因

属于外因的有：反应温度、pH、离子强度以及有无抑制剂或激活剂的存在等。

1. 温度对酶促反应速率的影响

在一定的温度范围内，酶促反应与大多数化学反应相似，反应速率也会随着温度的升高而加快，因为温度升高会提高分子之间的碰撞机会，而且还可以让更多的底物分子获得能量达到过渡态。

一般而言，温度每升高 10℃，大多数酶在允许的温度范围内的活性大约增加 50%～100%。然而，酶会随温度的不断升高而变性。一旦变性，酶活性会急剧下降。因此，在温度较低时，温度对碰撞机会影响较大，反应速率随温度升高而加快，但温度超过一定数值后，酶受热变性的因素占优，反应速率反而随温度上升而下降，形成倒 V 形曲线（图 4–6）。在此曲线顶点所示的温度下，酶活性最高，这时的温度称为酶的最适温度（optimum temperature）。

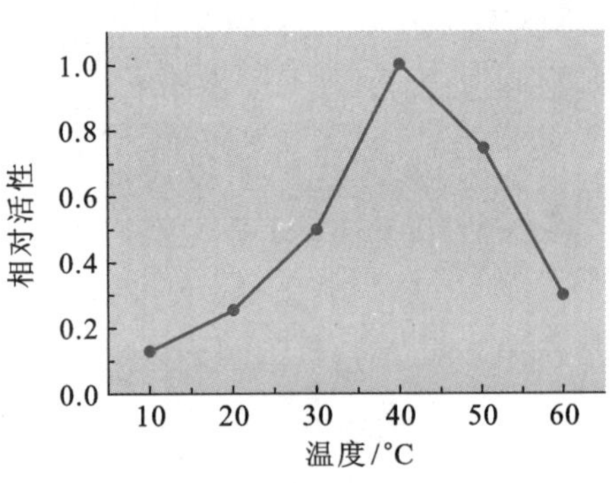

图 4–6　温度对反应速率的影响

Quiz10 耐热的脂肪酶和不耐热的脂肪酶在各自的最适条件下催化，你认为哪一种催化的反应速率更高？为什么？

从动物组织中提取的酶，其最适温度一般在 35～40℃之间，温度超过 40℃以后，大多数酶开始变性，到了 80℃以上，多数酶的变性已不可逆。正因为如此，酶的分离、纯化都需要在较低的温度下进行。然而，从嗜热细菌或古菌内提取出来的酶对热很稳定，其最适温度较高，如用于 PCR 的 *Taq* DNA 聚合酶能抵抗 100℃的高温，其最适温度约为 70℃。在低于最适温度下，虽然酶活性也会随温度的下降而降低，但低温一般不破坏酶。温度回升后，酶又会恢复活性。因此，酶通常储存在 5℃或更低的温度下，只有少数酶会因冷变性而失活。临床上低温麻醉就是利用酶的这一性质，以减缓组织细胞的代谢速率，有利于进行手术治疗。

需要注意的是，酶的最适温度并不是一种酶的特征性常数，原因是它不是一个固定的值。酶可以在短时间内耐受较高的温度，但如果延长反应时间，最适温度便降低。

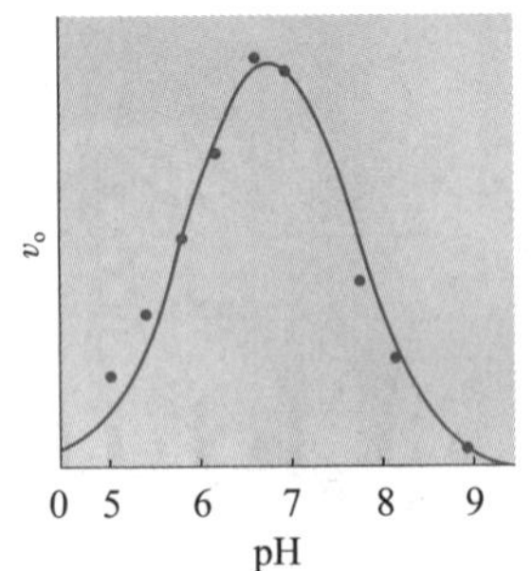

图 4–7　pH 对反应速率的影响

2. pH 对酶促反应速率的影响

pH 不仅对酶的稳定性有影响，还对其活性有影响。就后者而言，酶反应介质的 pH 可影响酶分子，特别是酶活性中心上必需基团的解离状况和解离程度，以及催化基团中质子供体或受体所处的状态，同时也可影响底物、辅酶或辅基的解离状态和解离程度，从而影响到酶与底物的结合以及结合以后酶对底物的催化。只有在特定的 pH 下，酶、底物、辅酶或辅基的解离情况都恰到好处，最适于它们相互结合，并发生催化作用，使酶活性最高，这时的 pH 称为酶的最适 pH（optimum pH）（图 4–7）。最适 pH 和酶的最稳定 pH 不一定相同，和体内环境的 pH 也未必相同。

动物体内多数酶的最适 pH 接近中性，但也有例外，如胃蛋白酶的最适 pH 约 1.8，肝细胞内的精氨酸酶最适 pH 约为 9.8，溶酶体内各种水解酶的最适 pH 都偏酸。

Quiz11 如果一个动物细胞内有一个溶酶体破裂，你认为能导致细胞自溶吗？

最适 pH 也不是酶的特征性常数，它受底物浓度、缓冲液的种类和浓度以及酶的纯度等因素的影响。溶液的 pH 值高于或低于最适 pH 时，都会使酶的活性降低，远离最适 pH 时甚至会让酶变性失活。测定酶的活性时，应选用适宜的缓冲液，以保持酶活性的相对恒定。

3. 离子强度对酶促反应速率的影响

离子强度（ionic strength）是溶液中离子浓度的量度，其高低也会影响到酶促反应速率，一方面其中的质子浓度可通过 pH 影响反应速率，另一方面其中的金属离子（如 Mg^{2+}）、甚至非金属离子（Cl^-）作为一些酶的辅因子也会影响到反应速率。

4. 激活剂对酶促反应速率的影响

有些酶在有激活剂存在时才有活性或活性较高，因此在酶活性测定时，也要满足酶对激活剂的需要。例如，Cl^- 是 *α*– 淀粉酶（amylase）的激活剂。

5. 抑制剂对酶促反应速率的影响

许多化学物质遇到酶以后，可导致酶活性降低或丧失，这些化学物质统称为抑制剂（详见后面的抑制剂动力学）。在测定酶活性时，需要注意排除抑制剂对酶活性的影响。

（二）影响反应速率的内因

属于内因的就是酶浓度和底物浓度，这两个因素是最重要的。

1. 酶浓度对酶促反应速率的影响

酶浓度的高低对酶促反应速率的影响是直接的。显然在不缺乏底物的条件下，酶浓度越大，反应速率就越快。如果底物缺乏，酶浓度再高对提高反应速率都会产生限制。因此，为了能真实地研究酶浓度对反应速率的影响，底物必须过量存在，以使反应速率不受底物浓度的限制。图 4–8 为测定的结果，从图中可以看出，在一定的 pH 和温度下，当底物浓度大大超过酶浓度时，反应速率与酶的浓度呈正比关系。

Quiz12 有一类古菌喜欢生活在酸性的环境下，你认为这些古菌体内的酶最适 pH 一定是偏酸吗？为什么？

2. 底物浓度对酶促反应速率的影响

在细胞内，许多酶在一定的时间内浓度变化不大，底物浓度的变化倒是瞬息万变。因此，酶动力学研究的核心内容是揭示底物浓度的变化与酶促反应速率之间的关系。为了简化反应系统，需要假定研究的酶无别构效应等特殊的性质，且为单底物和单产物反应。真正的酶虽然很少满足以上假定的条件，但这为理解更复杂的反应系统提供了便利。

对于一个正常的不受催化的化学反应而言，反应速率与反应物的浓度成正比，以反应速率对反应物浓度作图应该是一条直线。但对于体内绝大多数酶促反应来说，得到的却是双曲线，少数是 S 型曲线（图 4–9）。但不管是何种曲线，所有酶的动力学都具有饱和动力学的性质，即当底物浓度提高到一定值以后，反应速率就不再增加了，即达到最大反应速率 V_{max}。

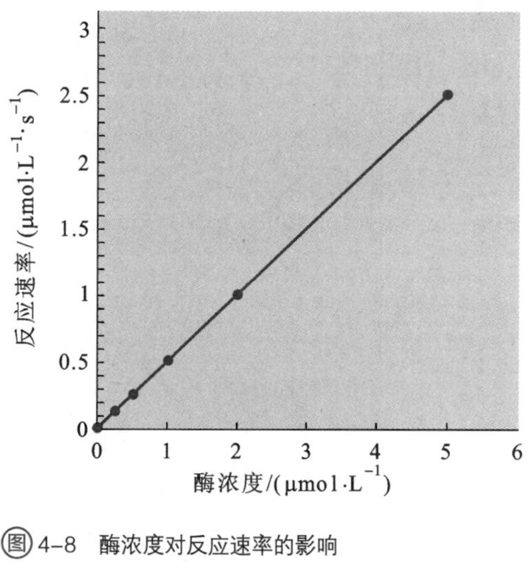

图 4–8 酶浓度对反应速率的影响

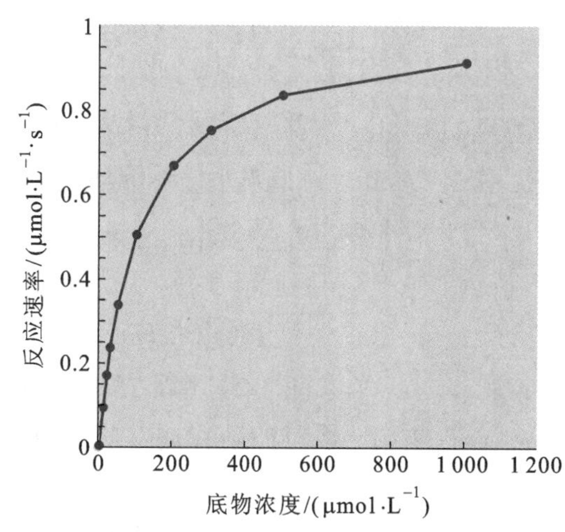

图 4–9 底物浓度对酶反应速率的影响

为了解释酶催化的饱和动力学行为，在 1888 年，瑞典化学家 Savante Arrhenius 提出了“酶 – 底物中间物”假说。按照此假说，酶在催化反应中需要和底物形成某一种中间物，即酶 – 底物复合物（enzyme substrate complex，ES），这样反应式需要改写成：

$$E + S \longrightarrow ES \longrightarrow EP \longrightarrow E + P$$

于是，酶促反应的速率实际上与 ES 的量有关，在一定的酶浓度下，提高底物的浓度会提高 ES 的量，反应速率随之提高。然而，当底物浓度提高到一定水平以后，反应系统中所有的酶分子都结合了底物，即酶被底物饱和了。在这种情况下，ES 达到最大值，反应速率也就达到了最大值，这时即使再提高底物的量，也不会提高反应速率。

“酶 – 底物中间物”假说已被许多实验所证实。但由于酶促反应极快，ES 中间物的存留时间极短，需要使用特殊的手段才能检测到它们的存在。1937 年，耶鲁大学的 Kurt G. Stern 将过氧化氢酶（catalase）与底物过氧化氢的衍生物混合在一起，发现随着反应的进行，酶的光谱发生漂移（spectral shift）。该实验表明，酶首先与底物通过某种方式形成复合物，在反应结束以后，又恢复到原来的状态。后来，有人将弹性蛋白酶的晶体放在 70% 的甲醇溶液中，冷却到 –55℃，然后加入其专一性底物——苄氧羰基丙氨酸对硝基苯酯，浸泡一段时间后，对酶晶体进行 X 射线衍射分析，结果底物浸泡前后的酶差电子密度图清楚地显示，酶与底物形成了共价的酰化中间物。

Quiz13 你能想到现在可使用哪一种酶更容易证明“酶－底物中间物”假说？

由于动力学曲线为双曲线的酶在生物体内占绝大多数，因此最早受到人们的注意，其动力学的研究可以追溯到德国生化学家 Lenor Michaelis 和他的学生 Maude Menten，因此这一类酶被后人称为米氏酶，它们的动力学称为米氏动力学（Michaelis-Menten kinetics）。

二、米氏动力学

米氏动力学使用数学模型来描述米氏酶的动力学行为，其中最简单的模型最早由 Michaelis 和 Menten 于 1913 年提出，因此又名为 Michaelis-Menten（M–M）模型。1925 年，G. E. Briggs 和 James B.S. Haldane 使用稳态近似法（steady-state approximation）提出一个略为复杂的模型，但为了表达对 Michaelis 和 Menten 的敬意，仍然称之为 M–M 模型。

M–M 模型使用了一个简单的数学方程，来描述一种米氏酶的反应速率与其底物浓度之间的关系。这个数学方程就是米氏方程（Michaelis–Menten equation）。

为了简化反应系统，通常以最简单的单底物和单产物反应为例，并设立三个前提条件来推导米氏方程。

（一）米氏方程成立的前提

米氏方程的成立需要满足三个条件：①反应速率为初速率，此时反应速率与酶浓度呈正比关系，避免了反应产物以及其他因素的干扰；②酶－底物复合物处于稳态（steady-state），即 ES 浓度不发生变化 $\left(\frac{d[ES]}{dt}\approx 0\right)$；③反应符合质量作用定律，即反应速率与底物浓度成正比关系。

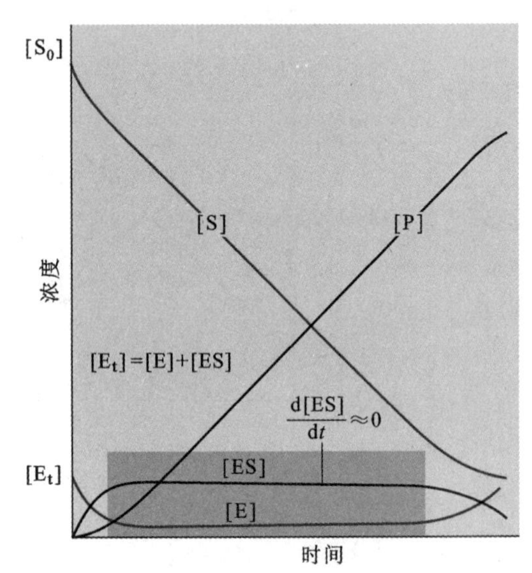

图 4–10　酶促反应过程中的各种变化曲线

（二）米氏方程的推导

对于单底物－单产物反应（图 4–10）：

$$E+S \underset{k_{-1}}{\overset{k_1}{\rightleftharpoons}} ES \xrightarrow{k_2} E+P$$

假定 v_f 表示 ES 形成的速率，v_d 为 ES 解离的速率，那么 $v_f = k_1[E][S]$，而 $v_d = k_{-1}[ES] + k_2[ES] = (k_{-1}+k_2)[ES]$。在稳态时，ES 形成的速率与 ES 解离的速率相等，因此 $v_d = v_f$，即 $k_1[E][S] = (k_{-1}+k_2)[ES]$（①式）。

假定 $[E_t]$ 表示酶的总浓度，$[E]$ 表示游离的酶浓度，$[ES]$ 为与底物结合的酶浓度，则 $[E_t]=[E]+[ES]$。于是，①式可变为：

$$k_1([E_t]-[ES])\cdot[S]=(k_{-1}+k_2)[ES] \Rightarrow k_1[E_t][S]-k_1[ES][S]=(k_{-1}+k_2)[ES]$$

$$\Rightarrow k_1[E_t][S]=k_1[ES][S]+(k_{-1}+k_2)[ES] \Rightarrow k_1[E_t][S]=(k_1[S]+(k_{-1}+k_2))[ES]$$

$$\Rightarrow [ES]=\frac{k_1[E_t][S]}{k_1[S]+(k_{-1}+k_2)}=\frac{[E_t][S]}{[S]+\frac{k_{-1}+k_2}{k_1}} \xrightarrow{k_m=\frac{k_{-1}+k_2}{k_1}} [ES]=\frac{[E_t][S]}{[S]+K_m}$$

由于酶促反应的初速率即是产物形成的速率，$v=k_2[ES]$，于是，$v=\frac{k_2[E_t][S]}{[S]+K_m}$。

当 $[S]\to\infty$，酶被底物饱和，这时的反应速率为最大反应速率 V_{max}，即

$$v=\frac{k_2[E_t]}{1+\frac{K_m}{[S]}}\xrightarrow{[S]\to\infty}v=k_2[E_t]=V_{max}$$

如果将 $k_2[E_t]$换成 V_{max}，则米氏方程可重写成：$v=\frac{V_{max}[S]}{[S]+K_m}$

（三）米氏方程的解读和延伸

米氏方程显示的是两个变量即 v 和[S]之间的关系。方程中有两个常数：一个是 K_m，就是米氏常数（Michaelis constant）；另一个是 V_{max}。除此之外，还有两个常数与酶动力学有关，它们就是 k_{cat} 和 k_{cat}/K_m。

1. K_m

K_m 为米氏酶的特征常数，可以从以下几个方面理解它。

(1) $K_m=\frac{k_{-1}+k_2}{k_1}$，而酶与底物的解离常数 $K_d=\frac{[E][S]}{[ES]}=\frac{k_{-1}}{k_1}$，当 $k_2<<k_{-1}$ 时，$K_m=K_d$，因此在一定条件下，可以使用它来表示酶与底物的亲和力。一个酶的 K_m 越大，意味着该酶与底物的亲和力越低；反之，K_m 越小，该酶与底物的亲和力越高。

有些酶能催化几种不同的底物发生类似的反应，但与不同底物的 K_m 不一样。显然，K_m 最小的底物最容易与酶结合。还有一种情况，就是两个不同的酶使用同一种底物，但同一种底物对它们的 K_m 不同。例如，己糖激酶和葡糖激酶的底物都有葡萄糖，但葡萄糖对葡糖激酶的 K_m 是它对己糖激酶的 K_m 的 100 倍。

Quiz14 有一种解除甲醇中毒的方法，就是让中毒者喝优质的白酒。你认为其中的生化原理是什么？

(2) 如果[S]=K_m，米氏方程可转变成 $v=\frac{V_{max}[S]}{[S]+K_m}=\frac{V_{max}[S]}{[S]+[S]}=\frac{V_{max}}{2}$，因此 K_m 实际上是酶反应初速率为 V_{max} 一半时底物的浓度，它的单位就是浓度的单位。

(3) K_m 可以帮助判断体内一个可逆反应进行的方向。如果酶对底物的 K_m 值小于对产物的 K_m 值，则反应有利于正反应。否则，有利于逆反应。心肌细胞的乳酸脱氢酶对乳酸的 K_m 要比对丙酮酸低得多，因此心脏内的乳酸脱氢酶主要是催化乳酸的分解，而不是乳酸的形成；相反，骨骼肌细胞内的乳酸脱氢酶对丙酮酸的 K_m 比对乳酸的低，因此在肌肉细胞内主要是催化乳酸的形成，而不是乳酸的分解。

2. V_{max}

在特定的酶浓度下，V_{max} 也是一种酶的特征常数。然而，如果一个酶促反应的酶浓度发生变化，V_{max} 会随之发生改变。因此严格地说，一个酶促反应的 V_{max} 只有在一定的酶浓度下才是一个常数。

对于大多数酶来说，反应速率随着底物浓度的升高而加快。理论上只有当底物浓度达到无穷大的时候，反应速率才会达到最大值。这就意味着 V_{max} 从来不能被直接测定到，只能通过估算得到。在某些情况下，能得到的最大反应速率实际上远远低于真实的 V_{max} 值，这可能是因为底物的溶解性不好，难以提供很高的底物浓度，也可能是某些酶的活性会被高浓度的底物抑制（参看酶活性的抑制）。

3. k_{cat}

米氏方程可重写成 $v=\frac{k_{cat}[E_t]\cdot[S]}{K_m+[S]}$。这里 $V_{max}=k_{cat}[E_t]$，k_{cat} 整合了在 ES 和 E+P 之间所有反应的速率常数。对于两步反应而言，$k_{cat}=k_2$；对于更复杂的反应，k_{cat} 取决于限速步骤。

k_{cat} 给出了酶被底物饱和以后其催化产物的生成情况。k_{cat} 的单位是时间单位的倒数（例如 s^{-1}），其倒数被认为是一个酶分子“转换”（turn over）一个底物分子所需要的时间。有时 k_{cat} 称为酶的周转数（turnover number）或酶的催化常数，具体是指在单位时间内，一个酶分子将底物转变成产物的分子总数。如果一个酶遵守米氏方程，则 $k_{cat}=k_2=V_{max}/[E_t]$。

k_{cat} 就是衡量一种酶催化效率的重要指标。因为一个酶的 k_{cat} 越高，就意味着在单位时间内能将更多的底物转变成产物，其催化效率也就越高。

Quiz15 为什么不用 V_{max} 来衡量一种酶的催化效率？

► 表 4–5 几种酶的动力学参数

酶	底物	K_m(mol·L^{-1})	k_{cat}(s^{-1})	k_{cat}/K_m(mol^{-1}·L·s^{-1})
乙酰胆碱酯酶	乙酰胆碱	9.5×10^{-5}	1.4×10^{4}	1.5×10^{8}
碳酸酐酶	CO_2	1.2×10^{-2}	1.0×10^{6}	8.3×10^{7}
	HCO_3^-	2.6×10^{-2}	4.0×10^{5}	1.5×10^{7}
磷酸丙糖异构酶	3– 磷酸甘油醛	1.8×10^{-5}	4.3×10^{3}	2.4×10^{8}
过氧化氢酶	H_2O_2	1.1	4.0×10^{7}	4.0×10^{7}
胰凝乳蛋白酶	*N*– 乙酰酪氨酸乙酯	6.6×10^{-4}	1.9×10^{2}	2.9×10^{5}
延胡索酸酶	延胡索酸	5.0×10^{-6}	8.0×10^{2}	1.6×10^{8}
	苹果酸	2.5×10^{-5}	9.0×10^{2}	3.6×10^{7}
脲酶	尿素	2.5×10^{-2}	1.0×10^{4}	4.0×10^{5}

表 4–5 显示了几种重要的酶的周转数。其中,过氧化氢酶最高,1 个酶分子 1 s 竟然能将 4 000 万个 H_2O_2 分子分解掉！该酶如此高的催化效率对机体来说是非常重要的,因为有氧生物在正常代谢中,会不断产生有毒的 H_2O_2,细胞需要这种高效的“清道夫”进行解毒。但机体并不需要所有的酶都具有非常高的催化效率,有时候,酶的催化效率太高反而是有害的。

Quiz16 试说出一个催化效率如果很高反而会伤害机体的酶的例子。

4. k_{cat}/K_m

k_{cat}/K_m 结合了 k_{cat} 和 K_m。k_{cat} 越大、K_m 越小,k_{cat}/K_m 就越大。当[S]<<K_m 时,即底物浓度很稀的时候,米氏方程可转变为 $v=\frac{k_{cat}}{K_m}[E][S]$,这时 k_{cat}/K_m 表现为底物和自由酶之间反应的二级速率常数。该常数十分重要,因为它显示了在有足量酶的存在下,酶和底物能做什么,还允许直接比较酶对不同底物的催化效率,有一些酶对不同的底物的 k_{cat}/K_m 值差之甚远,这反映了同一种酶对不同底物的催化效率是不一样的。因此,k_{cat}/K_m 也可以用来衡量酶的催化效率,不过更有用的是,它还可以让我们从进化的角度上来显示一种酶的完美程度。

Quiz17 如果一个酶有好几种底物,你认为可以用哪一个常数来衡量哪一种底物是最佳底物?

作为一个二级速率常数,k_{cat}/K_m 有一个最可能的极大值,此值由酶和底物的碰撞频率决定。能达到这种“催化境界”的酶可以说已进化得近乎完美！这样的酶促反应速率的限速因素已不是酶本身了,而是仅受物理学上无法克服的扩散定律限制了,因为每一次碰撞都会导致反应的发生。如果每一次碰撞导致酶 – 底物复合物的形成,扩散理论预测 k_{cat}/K_m 值到达 $10^8\sim10^9$ mol^{-1}·L·s^{-1}。碳酸酐酶(carbonic anhydrase)、顺乌头酸酶(*cis*-aconitase)和磷酸丙糖异构酶(triose phosphate isomerase,TIM)实际上都接近这个值。但 TIM 作为糖酵解中的一个必需的酶,几乎存在于所有的细胞,故此酶是当今生命系统中公认的最完美的酶,即所谓的“酶神”。

Quiz18 你认为什么原因让 TIM 成为酶世界中的“酶神”的?

总之,k_{cat}/K_m 对于酶来说是一个非常重要的常数,它可以显示一个酶的催化效率或者完美程度,还可以反映在较低的底物浓度下一个酶的催化“表现”,它的上限是由酶与底物扩散到一起的限制因素所决定的。

(四) 米氏方程的双重性

米氏方程的双重性表现是在底物浓度很低的情况下,即[S]<<K_m,米氏方程可转变为:$v=\frac{V_{max}[S]}{[S]+K_m}=\frac{V_{max}[S]}{K_m}$。这时反应速率与底物浓度成正比,符合一级动力学;在底物浓度很高的情况下,即[S]>>K_m,米氏方程可转变为:$v=\frac{V_{max}[S]}{[S]+K_m}=\frac{V_{max}[S]}{[S]}=V_{max}$。这时酶反应速率接近最大值,如果继续增加底物的浓度,v 很难继续增加,反应速率与底物浓度的关系符合零级动力学。

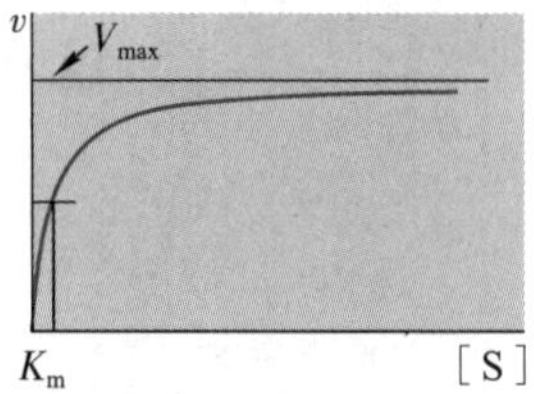

图 4–11 米氏酶反应速率与底物浓度的关系曲线

(五) 米氏方程的线性转换

直接使用米氏方程中的 v 对[S]作图得到的是一条双曲线,虽然从图中也能求得 K_m 和 V_{max} 值(图 4–11),但是由于实验误差的客观存在,只要出现任何可见的误差使数据点偏离真实的位置,就会很难画出一个很完美的曲线，而在同样的条件下，画直线更容易。因此，将米氏方程进行线性化处理就显得十分必要。

Lineweaver–Burk 作图就是一种常见的线性化处理方法，该作图法需要对米氏方程作以下转换：

$$v=\frac{V_{max}[S]}{[S]+K_m}\Rightarrow\frac{1}{v}=\frac{[S]+K_m}{V_{max}[S]}=\frac{1}{V_{max}}+\frac{K_m}{V_{max}}\cdot\frac{1}{[S]}$$

转换以后，以$\frac{1}{v}$对$\frac{1}{[S]}$作图，将得到一条直线（图 4–12）。由于这种作图法的变量变成了 v 和[S]的倒数，因此又称为双倒数作图（double reciprocal plot）。

使用此作图法，可以根据纵截距和横截距分别得到 $1/V_{max}$ 和 $-1/K_m$。

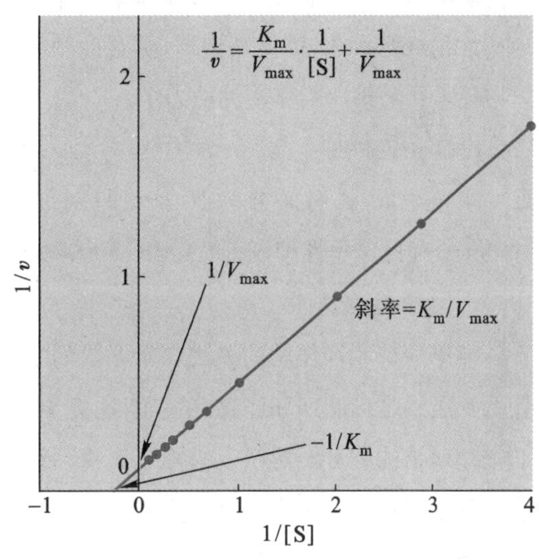

图 4–12　米氏酶的双倒数作图

三、米氏酶抑制剂作用的动力学

有两种情况可导致酶活性的降低或丧失：一种是由酶分子变性引起的，另外一种是由抑制剂的作用造成的。酶抑制剂泛指那些通过与酶分子的结合而降低反应速率、抑制酶活性的物质。它们可能在细胞中自然存在，用来控制代谢反应速率的调节物，也可能是人工合成或者来自其他生物的有机或无机的试剂。如果是细胞正常代谢产生的用来控制酶活性的抑制剂，则作用的对象一般是别构酶。许多毒性化合物实为酶的抑制剂，在细胞内能抑制关键的代谢反应，这些毒性抑制剂对某种或某类有机体有特异性，因此可用作抗生素、杀虫剂和除草剂等。绝大多数用来治疗疾病的药物也是特定的酶抑制剂（表 4–6）。

表 4–6　几种常见的酶抑制剂药物

中文药物名称	英文药物名称	靶酶	医用或药用
阿司匹林	Aspirin	前列腺素合成中的环加氧酶	消炎
青霉素	Penicillin	肽聚糖转肽酶	抗生素
甲氨蝶呤	Methotrexate	二氢叶酸还原酶	抗肿瘤
叠氮脱氧胸苷	Azidothymine（AZT）	HIV 逆转录酶	艾滋病治疗
利托那韦	Ritonavir	HIV 蛋白酶	艾滋病治疗
瑞德昔韦	Remdesivir	RNA 复制酶	冠状病毒引起的肺炎
万艾可	Viagra	cGMP 磷酸二酯酶	勃起功能障碍（ED）

酶动力学分析的一个重要用途是研究酶抑制剂的作用。下面就集中分析各种外来的人工或天然的抑制剂对米氏酶作用的动力学。

根据抑制方式，酶的抑制剂可分为可逆性抑制剂(reversible inhibitor)和不可逆性抑制剂(irreversible inhibitor)。前者总是以非共价键与酶可逆结合，这些键形成得快，断裂得也快。结果是抑制作用的效果来得快，但并不能使酶永久性失活，使用透析或超滤就可去除它们，让酶恢复活性。后者也称为酶灭活剂（inactivator)，它们在遇到相应的酶以后，通常会发生化学反应形成共价键，结果结合一个，灭活一个，导致酶有效浓度的降低，酶一旦失活就不可逆转。如果想恢复酶的活性，唯一的手段只能补充新酶。当然，少数不可逆性抑制剂并不与作用的酶形成共价键，但它们与作用的酶亲和力太强了，简直是“如胶似漆”，所以一旦结合，永不分离。与可逆性抑制剂不同的是，不可逆性抑制剂需要更长的时间与酶起反应，因为共价键形成较慢。因此，不可逆性抑制剂通常表现出对时间有依赖性，即抑制的效果随着与酶接触时间的延长而增强。

无论是米氏酶，还是别构酶，都有抑制剂，而抑制剂都有可逆性抑制剂和不可逆性抑制剂，但下面只讨论米氏酶抑制剂作用的动力学。

(一) 可逆性抑制剂

可逆性抑制剂又分为竞争性抑制剂(competitive inhibitor)、非竞争性抑制剂(non-competitive inhibitor)和反竞争性抑制剂(uncompetitive inhibitor)。

1. 竞争性抑制剂

Quiz19 少数竞争性抑制剂与底物的结构毫无相似之处，你认为它们是如何起作用的?

竞争性抑制剂作用的关键在于竞争两字。首先，要搞清楚谁与谁之间在竞争？其次，它们在竞争什么？显然是抑制剂和底物在竞争，而竞争的对象是酶，酶不能同时与它们结合。大多数竞争性抑制剂在化学结构和分子形状上模拟了底物，所以也能结合到酶的活性中心。然而，结合到活性中心的抑制剂并不能被酶转化为产物。实际上，它们仅仅是占据酶的活性中心不反应，同时让真正的底物无法进入活性中心。当然，如果底物“抢先一步”进入活性中心，抑制剂也是无法进入的。

作为竞争性抑制剂，有一个非常典型的例子，就是是丙二酸(图 4-13)对琥珀酸脱氢酶的抑制。丙二酸是琥珀酸(丁二酸)的类似物，它仅仅比琥珀酸少一个亚甲基，但是它与琥珀酸脱氢酶的活性中心结合以后是无法脱氢的，可以阻止琥珀酸的结合，从而竞争性抑制琥珀酸脱氢酶的活性。有时，细胞内一些限速酶催化的反应产生的产物在结构上与底物相似，于是这些产物在过量的时候，也可以和底物进行竞争，抑制酶的活性。例如，参与磷酸戊糖途径的限速酶——6-磷酸葡糖脱氢酶可受到其产物 NADPH 的竞争性抑制。

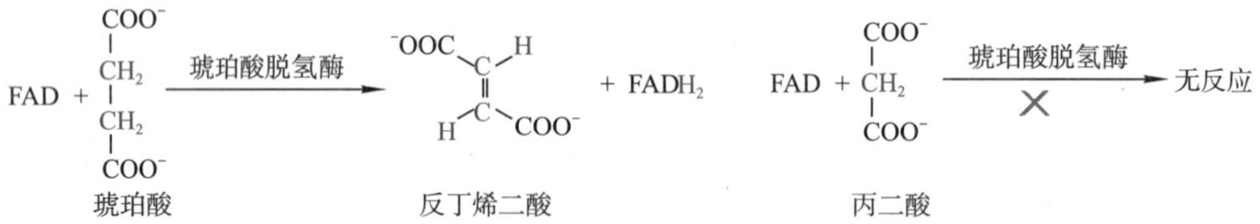

FAD + 琥珀酸 ($^-OOC-CH_2-CH_2-COO^-$) —琥珀酸脱氢酶→ 反丁烯二酸 ($^-OOC-CH=CH-COO^-$) + $FADH_2$

FAD + 丙二酸 ($^-OOC-CH_2-COO^-$) —琥珀酸脱氢酶 ✕→ 无反应

图 4-13 琥珀酸脱氢酶的正常底物和竞争性抑制剂

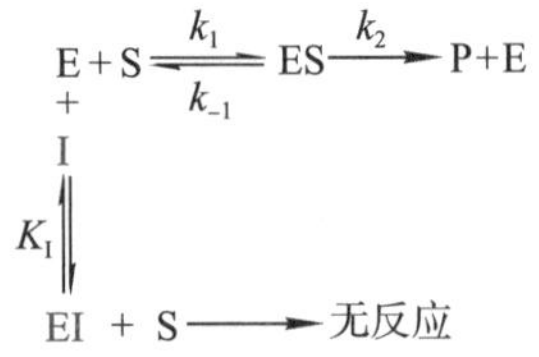

$$E+S \underset{k_{-1}}{\overset{k_1}{\rightleftharpoons}} ES \xrightarrow{k_2} P+E$$

$$E + I \overset{K_I}{\rightleftharpoons} EI$$

EI + S ——→ 无反应

图 4-14 竞争性抑制剂与酶结合的反应式(K_I 表示 EI 的解离常数)

在有竞争性抑制剂存在的情况下，酶既能与抑制剂结合形成酶-抑制剂复合物(EI)，也能与底物结合形成酶-底物复合物(ES)(图 4-14)。这两种结合反应都是非常快的，而且也是可逆的，它们之间存在着平衡。毫无疑问，平衡时的位置取决于底物与抑制剂之间的浓度差：在抑制剂浓度非常高的情况下，几乎所有的酶分子都与抑制剂形成 EI，无游离的酶分子与底物形成 ES，这时酶活性差不多完全被抑制；相反，在底物浓度非常高的条件下，几乎所有的酶分子与底物形成 ES，无游离的酶分子与抑制剂形成 EI，这时抑制剂很难与底物竞争。

采用稳态近似法，很容易推导出在有竞争性抑制剂情况下的米氏方程：

$$v=\frac{V_{max}[S]}{\alpha K_m+[S]},\quad K_I=\frac{[E][I]}{[EI]},\quad \alpha=1+\frac{[I]}{K_I}。$$

方程中的 K_I 为酶与抑制剂的解离常数，$\alpha=1+\frac{[I]}{K_I}$。在没有抑制剂的时候，α 为 1。

根据上述修改后的米氏方程，容易得出：在有抑制剂的时候，酶与底物的表观 K_m 值提高了 α 倍，其大小与抑制剂的浓度[I]以及 K_I 有关。[I]越大、K_I 越低，表观 K_m 值提高的幅度就越大。显然，在存在抑制剂的情况下，某些酶分子以自由的形式存在，某些与抑制剂形成 EI。前者与底物以正常的亲和力结合，后者与底物的亲和力为零，即完全不能与底物结合。K_m 反映的是反应混合物内酶与底物的总的亲和力，因此，在有抑制剂的时候，酶与底物的亲和力应该下降，即表观 K_m 值提高。

Quiz20 一些药物实际在体内是以竞争性抑制剂的方式起作用的。你能不能说出几个?

但无论如何，反应的 V_{max} 是不变的。这是因为 V_{max} 是在非常高的底物浓度下的反应速率。在有抑制剂的时候，可以加更多的底物，从而克服抑制剂的竞争，这时候的反应速率同样可以达到原来的 V_{max}。

在不同的抑制剂浓度下，进行双倒数作图，可以清楚地显示出竞争性抑制剂不能改变 V_{max}，但能提高表观 K_m。抑制剂浓度越高，表观 K_m 提高得越大（图 4–15）。

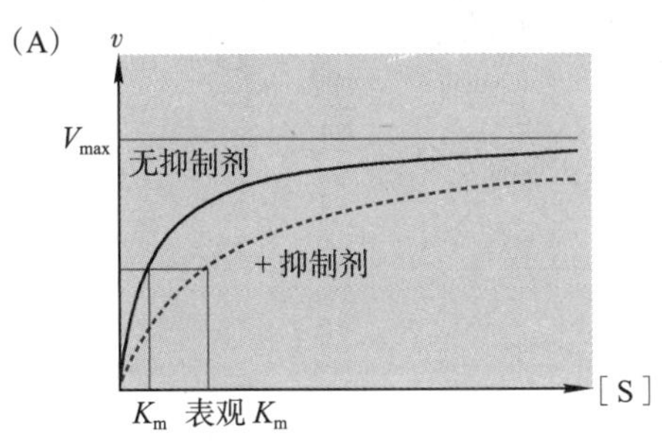

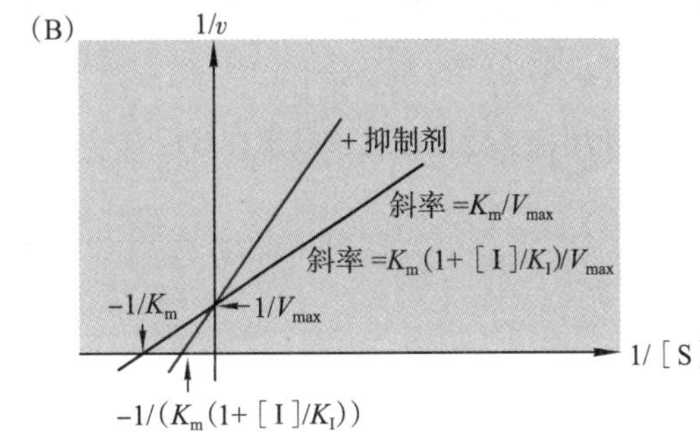

图 4–15　竞争性抑制剂对酶促反应速率的影响

2. 非竞争性抑制剂

非竞争性抑制剂在活性中心以外的地方与酶结合，并改变活性中心的构象，但是它并不阻止底物在活性中心与酶的结合，只是抑制了活性中心的催化活性。

既然非竞争性抑制剂和底物能够同时与酶结合，形成酶 – 底物 – 抑制剂三元复合物（EIS）（图 4–16），这就意味着抑制剂在高浓度或低浓度底物下均能有效地发挥抑制作用。这里虽然有两条形成 EIS 的途径，但是最后都是形成无活性的复合物。

$$
\begin{array}{ccccc}
E+S & \underset{k_{-1}}{\overset{k_1}{\rightleftharpoons}} & ES & \xrightarrow{k_2} & E+P \\
+ & & + & & \\
I & & I & & \\
\Big\Updownarrow K_I & & \Big\Updownarrow K_I & & \\
EI+S & \rightleftharpoons & EIS & &
\end{array}
$$

图 4–16　非竞争性抑制剂与酶结合的反应式

采用稳态近似法，也容易推导出在有非竞争性抑制剂情况下的米氏方程：

$$v=\frac{[S]}{[S]+K_m}\times\frac{V_{max}}{1+\dfrac{[I]}{K_I}}$$

曲线作图和双倒数作图结果显示（图 4–17），典型的非竞争性抑制剂不影响酶与底物的亲和力，也就不会改变酶的 K_m。但这样的非竞争性抑制剂实际上很少，更多的是会降低酶与底物的亲和力，从而导致表观 K_m 升高。对于这些同时具有竞争性和非竞争性抑制剂部分性质的抑制剂，通常称之为混合型抑制剂（mixed inhibitor）。

不论是典型的非竞争性抑制剂，还是混合型抑制剂，只要被引入到酶促反应系统，总会有酶跟它们结合，这等于是降低了酶的有效浓度，因此必然会导致 V_{max} 下降。

3. 反竞争性抑制剂

这是一类只能与酶 – 底物复合物（ES）结合，但却不能与游离的酶结合的抑制剂。此类抑制剂一

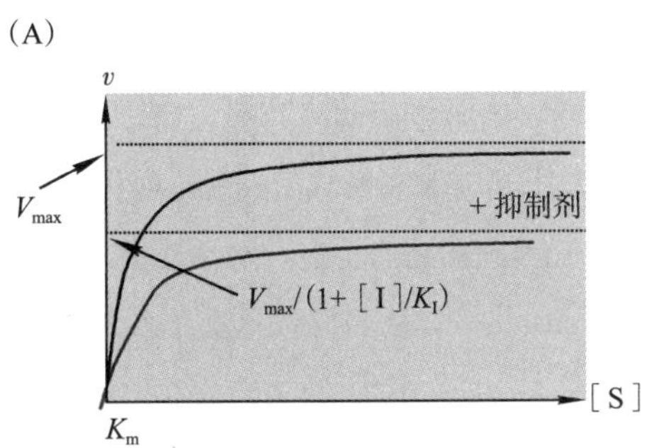

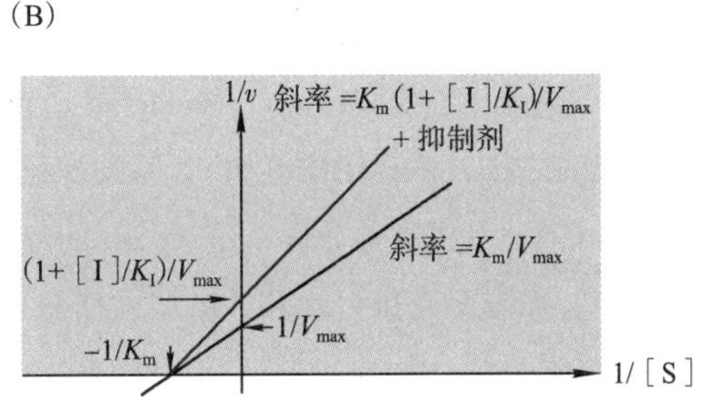

图 4–17　非竞争性抑制的正常作图和双倒数作图

且与 ES 结合，就导致与活性中心结合的底物不再能转变为产物（图 4–18）。

反竞争性抑制剂之所以只能与 ES 结合，可能是因为底物本身直接参与抑制剂的结合，也可能是因为与底物结合导致原来不能结合抑制剂的位点构象发生改变，转变成能够结合抑制剂的构象。

Quiz21 为什么现实世界中反竞争性抑制剂十分罕见？

反竞争性抑制剂的存在似乎只有理论上的可能，因为迄今为止，还没有文献报道过现实中真有一种酶受到反竞争性抑制剂的作用。因此，有关对它们的描述仅有理论上的价值。

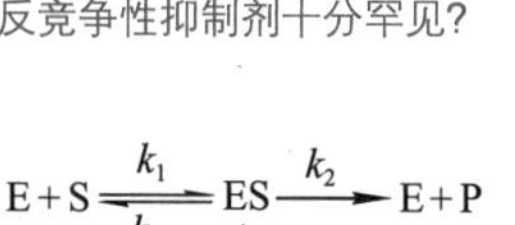
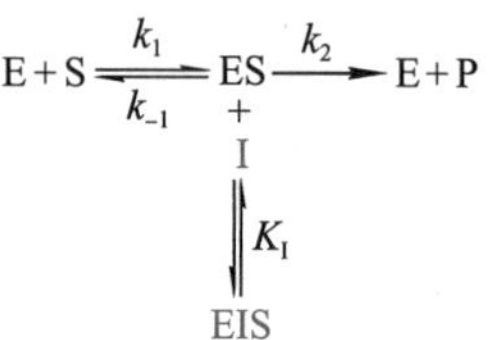

图 4–18 反竞争性抑制剂与酶结合的反应式

由于反竞争性抑制剂只能与 ES 结合，因此在底物浓度很低的时候，酶几乎都处于游离的状态，这时它的抑制作用可以说是微乎其微。而如果底物浓度很高，大多数酶就处于 ES 状态，这时候抑制剂是最有效的。

同样，使用稳态近似法可推导出在有反竞争性抑制剂时的米氏方程：

$$v=\frac{[S]}{[S]+K_m\Big/\left(1+\dfrac{[I]}{K_I}\right)}\times\frac{V_{max}}{1+\dfrac{[I]}{K_I}}$$

其曲线作图和双倒数作图结果显示（图 4–19）：反竞争性抑制剂的存在能让 V_{max} 和表观 K_m 双双下降。V_{max} 的下降很容易理解，因为只要反应体系中有底物，加入抑制剂后肯定会有酶跟它们结合，这与非竞争性抑制剂作用导致酶有效浓度下降的效果一样。而且，如果有大量底物存在，反而有利于抑制剂与 ES 的结合。既然酶有效浓度下降，V_{max} 必然下降。然而，K_m 的下降有点出乎意料。对此需要利用化学平衡理论来理解：抑制剂只能与 ES 形成 EIS 三元复合物，这种结合消耗了 ES，就减少了［ES］。这相当于把酶与底物结合反应的平衡拉向右侧，即有利于酶与底物的结合，等于增加了酶与底物结合的亲和力，使表观 K_m 降低。

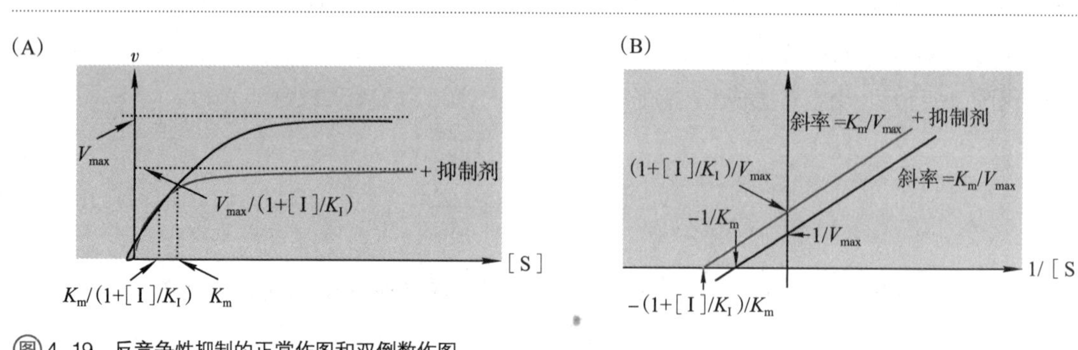

图 4–19 反竞争性抑制的正常作图和双倒数作图

（二）不可逆性抑制剂

不可逆性抑制剂可分为四类，即基团特异性抑制剂（group specific reagent）、底物类似物（substrate analogue）抑制剂、过渡态类似物抑制剂和自杀型抑制剂（suicide inhibitor）。

1. 基团特异性抑制剂

这一类抑制剂在结构上与底物无相似之处，但能特异性共价修饰酶活性中心上必需的侧链基团，而导致酶活性不可逆的失活。由于许多氨基酸残基含有亲核侧链基团，因而充当基团特异性抑制剂的一般是亲电试剂。常见的例子包括有机磷化合物（organophosphorous）和碘代乙酸（iodoacetate）或碘代乙酰胺（iodoacetamide）等。有机磷化合物有甲基氟磷酸异丙酯、二异丙基氟磷酸（diisopropylfluorophosphate，DIPF）和 VX 系列神经毒气等。其中，甲基氟磷酸异丙酯就是沙林（sarin）。

DIPF 和其他有机磷化合物一样，是 Ser 的羟基特异性的，因此能够修饰多种酶活性中心上的 Ser 残基的羟基，如胰凝乳蛋白酶和乙酰胆碱酯酶（acetylcholinesterase），从而导致这些酶活性的丧失。胰凝乳蛋白酶的 Ser195 残基受到 DIPF 的修饰后便失活（图 4–20），乙酰胆碱酯酶活性中心上的 Ser 受到沙林毒气的修饰后同样失活。

乙酰胆碱酯酶参与神经递质乙酰胆碱（acetylcholine）的代谢，催化它水解成为胆碱和乙酸，因此

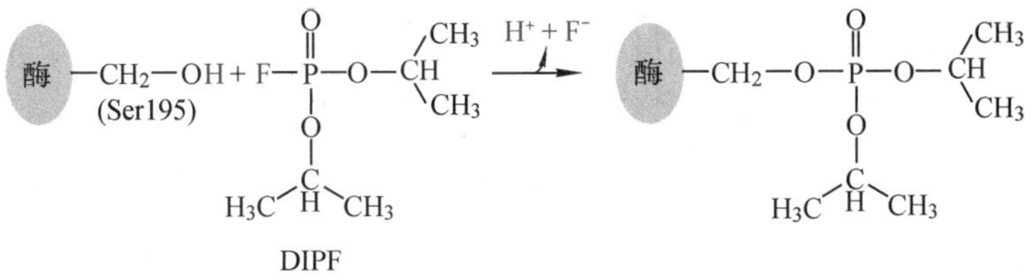

图4-20 DIPF 对胰凝乳蛋白酶活性的抑制

该酶受到抑制，将导致乙酰胆碱的积累，以致肌肉过分收缩，出现痉挛。死亡可能因为喉痉挛而随时发生。

针对有机磷中毒者的解毒是有可能的。这需要使用亲核性更强的试剂(如解磷定——2- 甲醛肟吡啶碘甲烷盐)，使被共价修饰的 Ser 残基的侧链羟基恢复自由。

碘代乙酸或碘代乙酰胺是 Cys 的巯基特异性的，能修饰多种酶(如糖酵解中的 3- 磷酸甘油醛脱氢酶)活性中心上的巯基，从而导致这些酶活性被完全抑制。

Quiz22 你认为基团特异性抑制剂可开发用来作为治疗疾病的药物吗？为什么？

2. 底物类似物抑制剂

这一类抑制剂在结构上分为两个部分：一个部分长得像底物，抑制剂正是通过这个部位"骗过"酶分子，结合到活性中心，锁定抑制的对象；另外一个部分含有反应性基团，在抑制剂进入活性中心以后，可以不可逆地修饰上面的必需基团，从而导致酶活性的丧失。

这一类抑制剂与竞争性抑制剂的差别在于后者缺乏反应性基团。在酶作用机理的研究中，利用好它们可以对特定酶的活性中心进行亲和标记(affinity label)，以确定反应的必需基团。

例如，甲苯磺酰苯丙氨酰氯甲酮(tosyl-L-phenylalanine chloromethyl ketone，TPCK)就属于此类抑制剂，它能强烈抑制胰凝乳蛋白酶的活性。其带有苯环的部分模拟了底物的结构，使其能进入胰凝乳蛋白酶的活性中心，而一旦进入活性中心，其结构的另外一部分——高度反应性的含氯基团便共价修饰其中的 His 残基，导致酶活性的抑制(图 4-21)

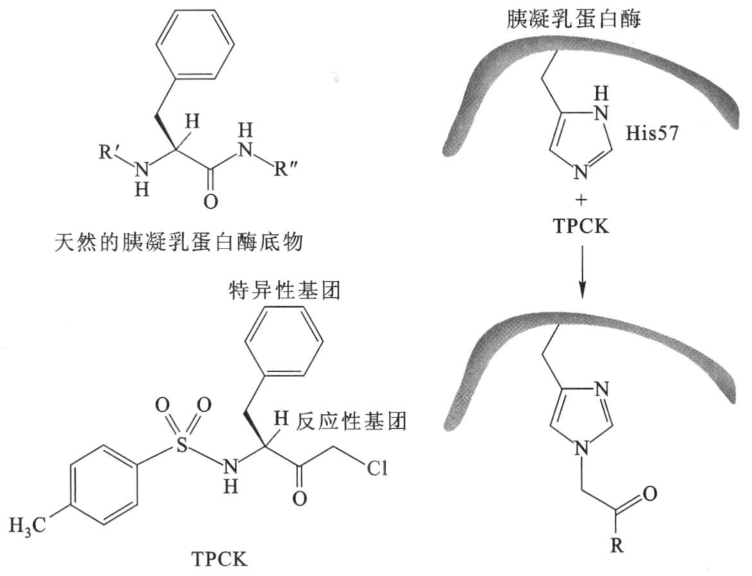

图4-21 TPCK 对胰凝乳蛋白酶活性中心 His 的亲和标记

再如，甲苯磺酰赖氨酰氯甲酮(tosyl-L-lysine chloromethyl ketone，TLCK)为胰蛋白酶的底物类似物抑制剂(图 4-22)，其中的 Lys 模拟了底物的结构，而反应性基团同样是含氯基团，在它进入胰蛋白酶的活性中心以后，同样共价修饰活性中心的 His 残基，导致酶活性的丧失。

Quiz23 TPCK 和 TLCK 是如何分别模拟胰凝乳蛋白酶和胰蛋白酶的底物结构的？

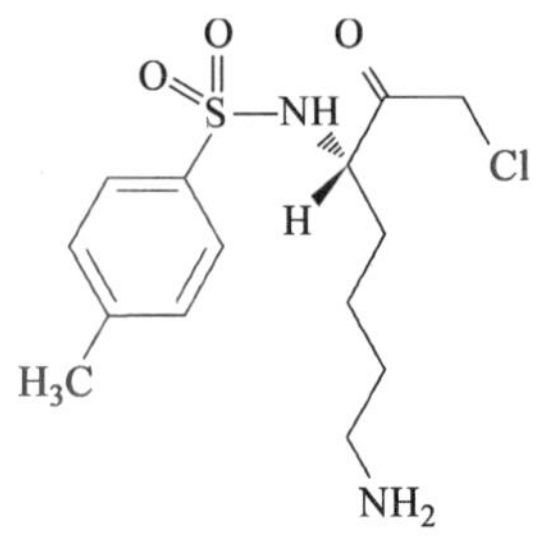

图 4-22　TLCK 的化学结构

3. 过渡态类似物抑制剂

这一类抑制剂与酶促反应的过渡态极为相似，它们在化学结构和分子形状上与酶的活性中心十分般配，能够以极高的亲和力与活性中心结合，导致底物无法进入，从而使得酶活性受到不可逆性抑制（参看本章第三节"酶的催化机制"）。有些生物使用天然的过渡态类似物来抑制酶的活性。例如，胰腺细胞可制造一种叫胰胰蛋白酶抑制剂（pancreatic trypsin inhibitor，PTI）的过渡态类似物，其功能是抑制任何在胰腺细胞内提前激活的胰蛋白酶的活性，保护细胞，防止细胞发生自溶（参看本章第四节"酶活性的调节"）。

4. 自杀型抑制剂

自杀型抑制剂是受酶本身来激活的不可逆抑制剂。这类抑制剂与第二类底物类似物抑制剂有点类似，但差别在于其反应性基团是潜在的。只有在与酶结合以后，反应性基团受到酶的催化后才会被激活，转而修饰酶的必需基团并导致酶活性的丧失。由于它们依赖于酶正常的催化机理来导致酶的失活，因此被称为机理型抑制剂（mechanism-based inhibitor）；又由于它们"冒充"底物与酶结合并受到酶的激活而抑制酶活性，因此又被称为特洛伊木马（trojan horse）抑制剂；还由于它们是依赖于酶的催化而激活，因此还被称为 k_{cat} 抑制剂。

自杀型抑制剂有三个重要的特征：①没有酶，无化学反应性；②必须受到靶酶的激活；③与酶反应的速率快于它与酶解离的速率。此类抑制剂如此作用的方式使其抑制的特异性特别高，因此非常适合用作药物。以 *N*，*N*– 二甲基炔丙胺（*N*，*N*–dimethylpropargylamine，DMPA）为例，它作为单胺氧化酶（monoamineoxidase，MAO）的自杀型抑制剂，在与酶结合以后，受到酶的黄素辅基氧化而激活，反过来共价修饰酶的黄素辅基，致使其环上的 N5 发生烷基化修饰，从而导致酶活性的不可逆抑制（图 4-23）。由于 MAO 在体内能催化多巴胺（dopamine）和血清素（serotonin，即 5– 羟色胺）等神经递质的脱氨，促进它们在脑内水平的下降，而帕金森病和抑郁症分别与低水平多巴胺和血清素有关，因此可以使用 DMPA 来提高多巴胺和血清素的水平，从而达到治疗这两种疾病的目的。再如，青霉素就是催化细菌肽聚糖合成的转肽酶的自杀型抑制剂。

Quiz24　与其他抑制剂类药物相比，自杀性抑制剂类药物的副作用最低。这是为什么？

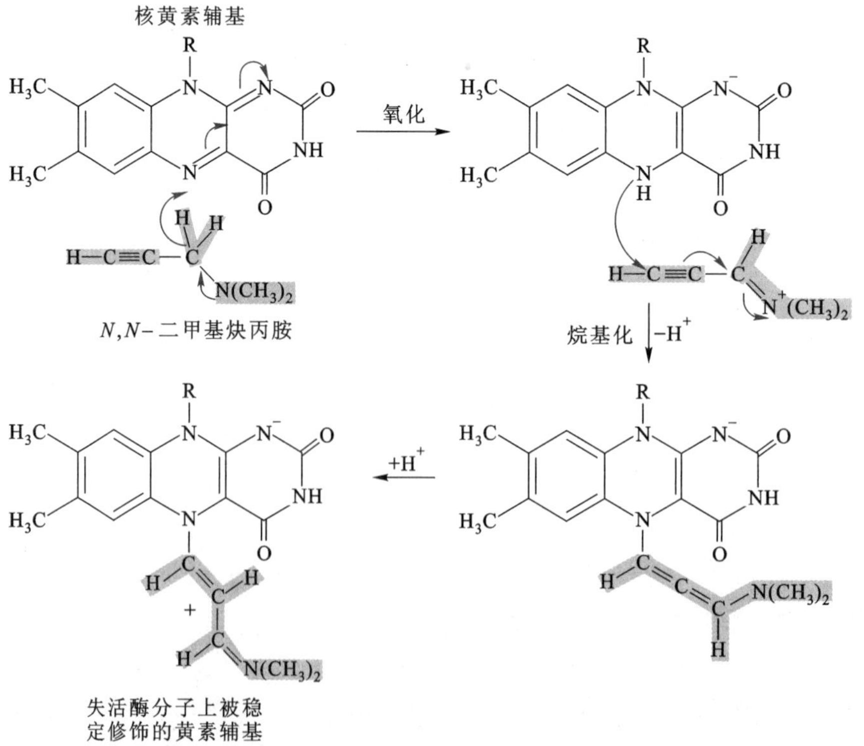

图 4-23　*N*，*N*– 二甲基炔丙胺对单胺氧化酶的自杀型抑制

四、别构酶的动力学

以上所有关于酶动力学的讨论都是基于米氏方程，所涉及的酶促反应速率对底物浓度的作图都呈双曲线。然而，生物体内还有另一类酶却偏离米氏动力学，这一类酶属于所谓的别构酶（allosteric enzyme），它们的一些性质与非酶的别构蛋白（如血红蛋白）相似。

（一）别构酶的性质

一种典型的别构酶具有以下几个重要的性质。

1. 速率对底物浓度曲线一般为S型（图4-24）

S型曲线与双曲线最重要的区别是：在底物浓度本来就不高的情况下，提高底物浓度只能引起反应速率幅度极小的增加，这时候曲线的斜率很低；在稍高的底物浓度下，底物浓度的增加会导致反应速率的急剧升高，这时的曲线斜率较高；在底物浓度很高的情况下，曲线平缓，实际上已接近双曲线，反应速率趋于V_{max}。

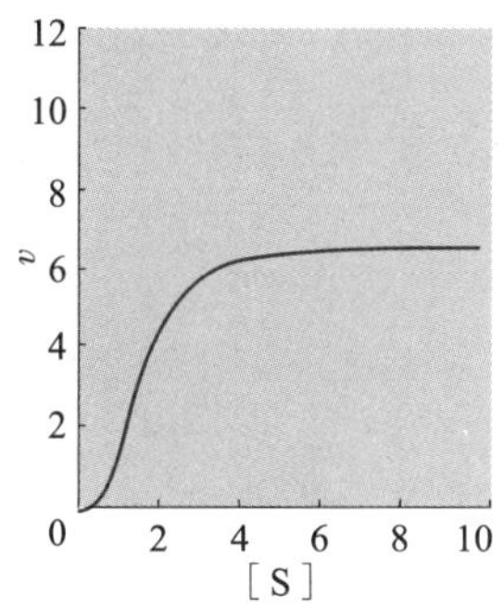

图 4-24　典型的别构酶催化的反应速率与底物浓度的关系曲线

S形曲线显示了底物与酶结合的正协同性。在底物浓度很低的时候，只有少数酶的活性中心与底物结合，这时底物与酶的亲和性很低，提高底物浓度也只能导致反应速率很小的增加。然而，随着更多的底物与酶结合，正协同效应开始起作用，致使酶与底物的亲和性大增，反应速率随之猛升。当底物浓度提高到一定水平的时候，别构酶就像双曲线酶一样被底物饱和，速率接近V_{max}。

然而，并不是所有的别构酶的反应速率对底物浓度作图总是S型曲线。像一些多底物酶，也许对某一种底物表现正协同性，但对其他底物无正协同性。显然，这类别构酶的反应速率并非对所有底物的浓度作图都表现为S型曲线。此外，某些别构酶对底物表现的是负协同性，这种情形下的速率对底物浓度的作图也不是S型曲线。

2. 具有别构中心和别构效应物

别构酶除了含有活性中心以外，还有别构中心。这是别构酶名称的由来，也是判断一种酶是不是别构酶的主要标准。别构中心是底物以外的物质结合的位点，这些物质被统称为别构效应物（allosteric effector）。其中起激活酶活性的物质称为别构激活剂（allosteric activator），相反，起抑制作用的称为别构抑制剂（allosteric inhibitor）。通过别构效应物调节酶活性是细胞代谢调控的重要手段之一。而别构效应物的存在可以改变一个典型的对底物呈正协同性别构酶的动力学行为。

图4-25为别构酶中的一类分别在有无别构效应物的条件下，其反应速率对底物浓度的曲线。中央曲线是在没有效应物存在的情况下得到的，它是一个典型的S型曲线。最上面的两条曲线是在有别构激活剂时得到的，可见激活剂可以提高任何底物浓度下的反应速率。最下面的两条曲线是在有抑制剂时得到的，可见抑制剂可以降低任何底物浓度下的反应速率。然而，如果仔细比较激活剂和抑制剂对S型曲线走势的影响，就会发现，抑制剂加强曲线的S型，拉长S型曲线的“趾部”，而激活剂具有相反的效果。事实上，在高水平的激活剂存在下，S型曲线会转变成双曲线。由此可以看出，别构抑制剂能增强酶对底物的正协同性，而激活剂则削弱酶对底物的正协同性。

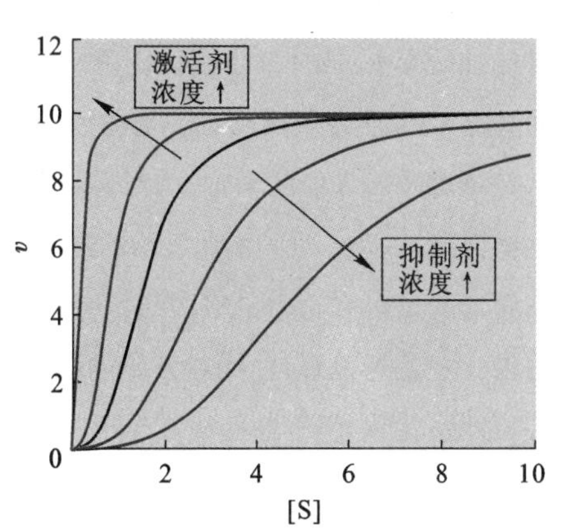

图 4-25　激活剂或抑制剂对别构酶活性的影响

显然，上图的所有曲线都趋向同一个V_{max}，意味着这一类别构酶的别构效应物通过改变酶与底物的亲和性，即K_m值来调节酶活性。这样的系统称为K系统（K-system）。实际上，还有另外一类别构酶，它们的别构效应物通过改变酶的V_{max}起作用，这样的系统称为V系统（V-system）。

Quiz25　属于V-系统作用的别构酶与底物的正协同效应会受到别构效应物的作用发生任何改变吗？

3. 通常是寡聚酶

别构酶还有一个共同的性质，就是一般为多亚基蛋白，即具有四级结构，亚基之间以非共价键相连。到目前为止，发现具有别构效应的单体酶极为少见，丙酮酸 -UDP-*N*- 乙酰葡糖胺转移酶（pyruvate-UDP-*N*-acetylglucosiamine transferase）为一例。

寡聚别构酶又分为同源寡聚酶和异源寡聚酶。前者由相同的亚基组成，每一个亚基既有活性中心，又有别构中心。例如，肌肉细胞内参与糖酵解第三步反应的磷酸果糖激酶 1 就由 4 个相同的亚基组成。后者含有不同的亚基，且活性中心和别构中心分属不同的亚基。例如，蛋白激酶 A（protein kinase A，PKA）就由 2 个催化亚基和 2 个调节亚基组成。

多亚基结构对底物与酶结合的协同性的产生至关重要。一个别构酶会含有几个活性中心，其最简单的布局是每一个亚基含有一个活性中心，每一个活性中心都能行使相同的催化功能。各活性中心的相互作用是底物结合产生协同性的原因。对于一个典型的对底物具有正协同性的别构酶来说，一个底物分子与其中的一个活性中心的结合会诱发其他活性中心的构象发生变化，致使其他活性中心更容易与底物结合；而一个对底物具有负协同性的别构酶正好相反，它的一个活性中心与底物结合以后，会降低其他活性中心与底物的亲和力。

4. 一般催化一条代谢途径中的不可逆反应（参看第七章“代谢总论”）

5. 与米氏酶相比，别构酶占少数

（二）Hill 方程

既然米氏方程给出的是双曲线，它就不再适合呈 S 型曲线的别构酶，但有一个与米氏方程关系密切的 Hill 方程却能很好地显示别构酶的动力学，Hill 方程是：

$$v=\frac{V_{max}\cdot[S]^h}{K_{0.5}^h+[S]^h}$$

Hill 方程与米氏方程的主要差别是：首先 Hill 方程中的底物浓度［S］被提高了 h–1 个数量级，h 被称为 Hill 系数；其次，方程底部的常数不是 K_m，而是 $K_{0.5}$，该常数也被提高了 h–1 个数量级。$K_{0.5}$ 与 K_m 十分相似，也是指初速率为最大速率一半时候的底物浓度。

Hill 系数能够反映底物协同性的程度：如果 h=1，这时的 Hill 方程就是米氏方程，也就意味着酶无底物协同性，速率对底物作图应为双曲线，$K_{0.5}=K_m$；如果 $h>1$，酶就具有正底物协同性，速率对底物浓度作图呈 S 型曲线；如果 $h<1$，则意味着酶具有负底物协同性。

图 4–26 显示了 h 值在 0.5 和 4 之间速率对底物浓度的作图结果，每一种情况下酶的 V_{max} 都为 10 个单位，$K_{0.5}$ 为 4 个单位。作图的结果表明，h=1 时的曲线是标准的双曲线，h=2 和 4 时的曲线明显是 S 形，其中 h=4 时的 S 形曲线更为明显，这意味着随着 h 值的增加，酶对底物的正协同性将提高。h=0.5 时的曲线显示的是负协同性，尽管形状难以和正常的双曲线区分开，但如果仔细比较就会发现，曲线在开始的时候升得很快。此外，图中所有的曲线都趋于相同的 V_{max}，各曲线也具有相同的 $K_{0.5}$ 值。

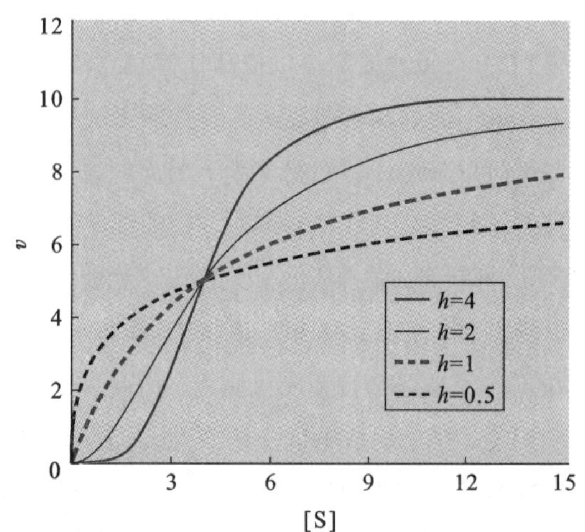

图 4–26 Hill 系数不同的酶反应速率与底物浓度的关系曲线

Quiz26 对遵循 Hill 方程的别构酶进行双倒数作图能得到直线吗？

对米氏方程进行双倒数作图或其他线性作图法得到的是直线图，但对于不遵守米氏方程的别构酶来说，如果使用同样的线性化手段，是得不到直线图的。

（三）Hill 作图

虽然原来应用在米氏方程的线性化手段已不再适用于 Hill 方程，但只需对 Hill 方程稍作变换，仍然可以得到线性图。

Hill 方程可以重新整理为：$\frac{v}{V_{max}-v}=\frac{[S]^h}{K_{0.5}^h}$。如果同时对两边取对数，就得：$\lg\frac{v}{V_{max}-v}=h\cdot\lg[S]-h\cdot\lg K_{0.5}$。再以 $\lg\frac{v}{V_{max}-v}$ 对 lg[S]作图，则得到斜率为 h、纵截距为 $-h\cdot\lg K_{0.5}$、横截距为 $\lg K_{0.5}$ 的直线（图 4–27），这种作图法就是 Hill 作图法。

（四）协同性的优点

既然已发现多数别构酶有底物协同性，那么协同性的出现想必会带来某些代谢上的优势。但与别构效应物相比，底物协同性的对代谢调节的重要性似乎没有那么明显。

为了更好地说明底物协同性对代谢调节的重要性，需要借助于图 4–28 加以说明。图中底物浓度以 K_m 的百分数表示，并增加了上下两条横线，分别对应速率为 V_{max} 的 90% 和 10% 时的两个点。

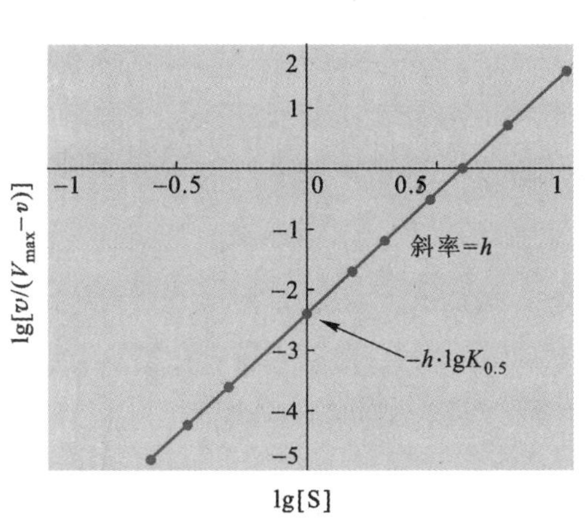

图 4–27　Hill 作图

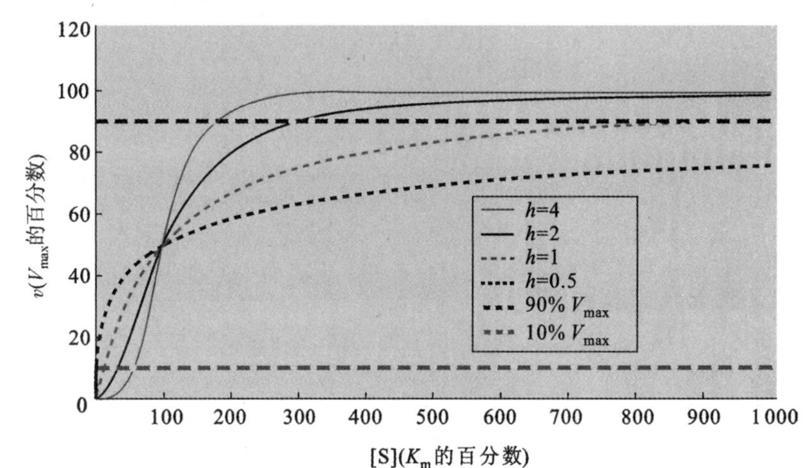

图 4–28　Hill 系数不同的酶的活性对底物浓度变化的敏感性

1. 正协同性的优势

仔细观察图 4–28 中的各条曲线，很容易发现，与具有正协同性的酶相比，将无协同性的米氏酶（h=1）反应速率从 V_{max} 的 10% 增加到 90% 时，所需底物浓度增加的程度最大。根据图中的数据，速率为 10% V_{max} 时的[S]为 K_m 的 1/9，而速率为 90% V_{max} 时的[S]为 K_m 的 9 倍，这相当于底物的浓度需要增加 81 倍。而正协同性最高的别构酶（h=4）当反应速率从 10% V_{max} 增加到 90% V_{max} 时，只需要将底物浓度提高 3 倍，正协同性低的别构酶（h=2）要达到同样的速率增长，需要提高底物浓度 9 倍。

以上的结果说明，正协同效应使得酶对环境中底物浓度的变化更为敏感。这样可以让机体内某些重要的调节酶能够根据环境的变化，对代谢进行更加灵敏的调节。

2. 负协同性的优势

具有负协同效应的酶极为罕见，一个重要的例子是参与糖酵解的 3- 磷酸甘油醛脱氢酶，但它并不是别构酶。在图 4–28 中，要想将呈现负协同效应的别构酶（h=0.5）的反应速率从 V_{max} 的 10% 增加到 90%，需要将底物浓度提高 6 561 倍！如此大幅度的提高就意味着该酶对底物浓度的变化极度不敏感，也就保证了体内某些重要的反应不受底物浓度波动的影响，能够始终进行下去。

Box4.2　洋葱为什么能“催人泪下”？

不知大家有没有听说过“搞笑诺贝尔奖”（Ig Nobel Prizes）。主办方为美国的一个叫“Annals of Improbable Research”（不可思议研究年鉴）的科学幽默杂志，自 1991 年起到 2020 年已经有 29 年历史。每年 9 月份，来自全球各地的人们会欢聚在美国哈佛大学的桑德斯剧场参加一年一度的“搞笑诺贝尔奖”

颁奖大会。这个看似无厘头的奖项,评委中却不乏真正的诺贝尔奖得主。尽管研究的内容看上去荒诞不经,但这些研究背后也都蕴含着各自科学的原理,就拿2013年的"搞笑诺贝尔化学奖"来说吧,其背后就有着复杂的生化原理。

2013年的"搞笑诺贝尔化学奖"颁布给了一个来自日本的科学家团队,他们发现了洋葱能"催人泪下"的真正原因。洋葱中的催泪因子(lachrymatory factor,LF)主要是由一类烷基半胱氨酸硫氧化物(PRENCSO)经一些特殊的酶作用而产生的。一开始,人们以为LF只是由蒜氨酸酶(alliinase)单独催化产生,直到后来来自日本的科学家发现洋葱中还存在另一种关键酶的作用——催泪因子合酶(lachrymatory-factor synthase,LFS),这种酶也会影响洋葱催泪因子的产生。

完整的洋葱细胞只有LF前体物质,即PRENCSO,这是一类含硫的物质。注意硫是洋葱生长过程中重要的元素,也是形成辣味的元素。目前,PRENCSO被发现主要有4种:*S*-甲基-L-半胱氨酸亚砜(MCSO)、*S*-丙基-L-半胱氨酸亚砜(PrCSO)、*S*-丙烯基-L-半胱氨酸亚砜(1-PeCSO)和*S*-烯丙基-L-半胱氨酸亚砜(2-PeCSO)。PRENCSO在鲜洋葱中占0.668%,但1-PeCSO最多,占了80%。PRENCSO平时存在于细胞质基质中,而蒜氨酸酶存在于液泡中,两者在正常情况下互不接触,互不打扰。

然而,当用刀切洋葱的时候,细胞因受到外力作用而破碎,液泡中的蒜氨酸酶就会泄漏出来,与其底物PRENCSO结合。随后,PRENCSO被水解成1-丙烯基次磺酸(1-propenylsulphenic acid)、丙酮酸和氨。接着,1-丙烯基次磺酸在LFS的催化下转化为硫代丙基氧化物(propanthial S-oxide),也就是LF(图4-29)。

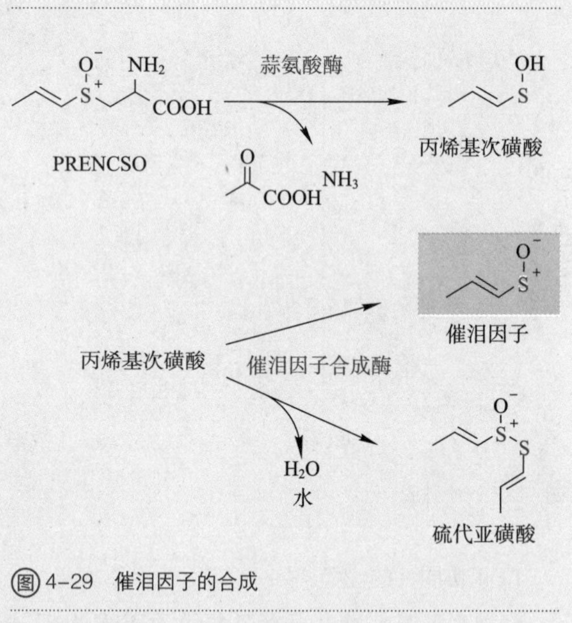

图4-29 催泪因子的合成

这类分解产生的物质有热辣味并使嘴唇有灼烧感,由于具有挥发性,它可以刺激人眼部角膜的神经末梢,在受到刺激后,促进泪腺分泌泪液,把刺激性物质冲走。这就是洋葱使得人们情不自禁流眼泪的原因。

说到这里,大家可能想问有没有什么小窍门可避免洋葱这颗"催泪弹"呢?除了传统把刀沾水的方法,这里提供的解决方法就又涉及到了一个简单的生化原理,温度越低,酶反应的速率就越低。因此,以后大家在切洋葱前,可以提前将洋葱放置于冰箱,降低洋葱中酶的活性,尤其是蒜氨酸酶,这样能有效减少LF的产生,避免在切洋葱时泪流满面了。

(本文由南京大学医学院2018级陆云韬同学创作)

第三节 酶的催化机制

酶最大的神奇之处在于其高效的催化能力,那么是什么导致这种神奇出现的呢?为此,科学家对一系列酶的催化机制进行了大量的研究,可以说,揭示出一种酶的催化机制,一直是酶学研究中最重要同时也是最具挑战性的工作。

Quiz27 有哪些方法可用来研究一个酶的催化机制?

根据研究的结果发现,由Linus Pauling提出的"过渡态稳定"学说可以很好地解释酶的催化机制,而被酶用来稳定过渡态的机制有多种。

一、过渡态稳定学说

根据过渡态理论(transition state theory),在任何一个化学反应系统中,反应物需要到达一个特定的高能状态以后才能发生反应。这种不稳定的高能状态称为过渡态(transition state)。过渡态一般在形状上既不同于反应物,又不同于产物,而是介于两者之间的一种不稳定的结构状态,这时候旧的化学键在减弱,但还没有完全断裂,新的化学键开始形成,但也没有完全形成。过渡态存留的时间极短,只有 10^{-14} ~ 10^{-13} s。要达到过渡态,反应物必须具有足够的能量以克服势能障碍,即活化能(activation energy)。

需要特别注意的是,活化能($\Delta G^{\ominus}$)并不等同于反应的总自由能变化(ΔG)。两者的差别在于:ΔG 与反应平衡时底物浓度和产物浓度有关,而 $\Delta G^{\ominus}$ 与反应速率有关。显然,$\Delta G^{\ominus}$ 越低,达到过渡态的反应物分子就越多,反应发生得就越快! 升高温度或加入催化剂可以促进更多的反应物达到过渡态,从而有助于提高反应速率。

1. 过渡态稳定学说的基本内容

酶之所以能够催化反应,是因为它能降低反应的活化能。实际上,活化能的小幅度下降可导致反应速率大幅度的提升。但酶是如何降低一个反应的活化能的呢?

早在 1946 年,Pauling 提出了酶催化的"过渡态稳定"学说。此学说的核心内容是:酶之所以能够催化反应,是因为它的活性中心是为反应的过渡态设计的,而不是为底物或产物设计的,因此活性中心与反应的过渡态互补性更好、亲和力更高,由此可稳定反应的过渡态,从而降低活化能,加快反应速率。

为了方便理解此学说,这里可以一个虚拟的催化铁丝断裂的"铁丝酶"为例加以说明(图 4-30)。如图 4-30A 所示,铁丝要发生断裂,必须先克服能障,进入弯曲发热、似断非断的过渡态,然后才有可能一分为二变成产物。如果没有酶的催化,铁丝断裂的反应式就是 S → $S^{\ominus}$(过渡态)→ P,其活化能是 $\Delta G_N^{\ominus}=G_S^{\ominus}-G_S$;如果有酶的催化,反应的路径就变成了 E+S → ES → $ES^{\ominus}$(过渡态)→ E+P,这时反应的活化能 $\Delta G_E^{\ominus}=G_{ES}^{\ominus}-G_{ES}$。显然只有 $\Delta G_E^{\ominus}<\Delta G_N^{\ominus}$,酶才能催化。然而,图 4-30B 显示的酶是催化不了铁

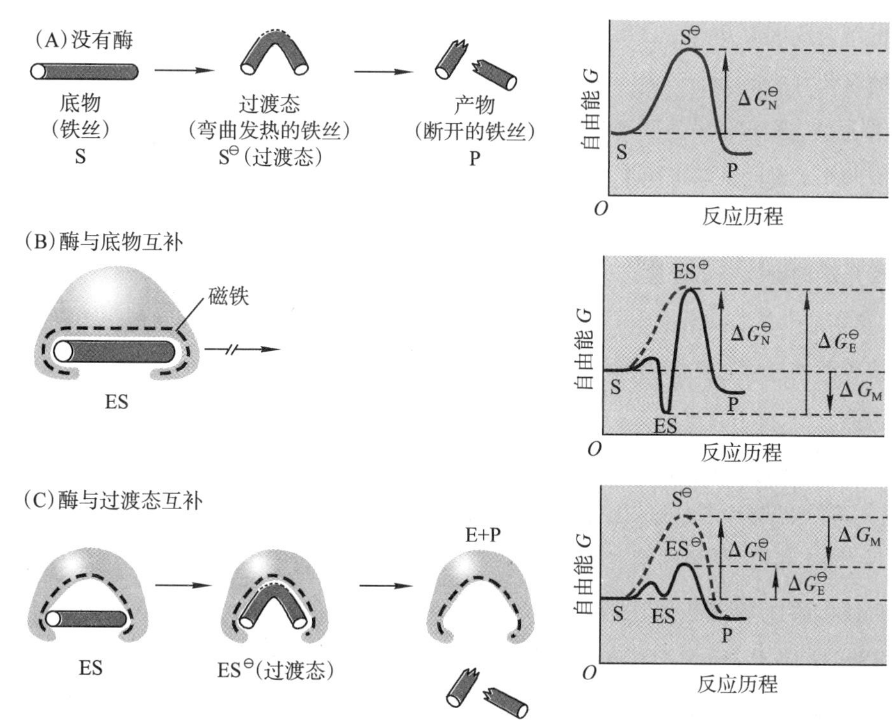

图4-30 "铁丝酶"催化反应的过渡态稳定机制
(ΔG_M 表示受催化的反应和无催化的反应之间过渡态的能量差)

丝断裂的，因为它的活性中心与基态的铁丝互补，而不是与过渡态的铁丝互补。无疑铁丝进入这样的活性中心很容易，但问题是，一旦进入，铁丝会以较高的亲和力进入一种十分稳定的 ES 状态，这时候的铁丝实际上反倒被活性中心冻结住了，要进入过渡态 ES$^{\ominus}$ 需要克服更大的活化能（$\Delta G_{E}^{\ominus} > \Delta G_{N}^{\ominus}$），因而反而不利于反应；而图 4-30C 显示的酶就能有效地催化，因为它的活性中心与铁丝的过渡态互补。当铁丝进入这样的活性中心以后，受活性中心各种反应性基团的作用，不得不发生形变，随后很容易进入过渡态，因为酶与过渡态的亲和性更高。在这种情况下的 $\Delta G_{E}^{\ominus} < \Delta G_{N}^{\ominus}$，即活化能降低了，因此酶发生了催化。由此可见，一种酶要行使催化，它必须能够通过某种方式稳定反应的过渡态，而不是稳定基态，即酶与过渡态的亲和力必须要高于它与底物的亲和力。

再以一个真正的单底物-单产物反应(S→P)为例作进一步说明(图 4-31)：如果没有酶，S 需要克服能障变成过渡态 S$^{\ominus}$ 以后才能转变成 P；如果有酶的催化，就首先通过典型的分子碰撞，酶与底物形成可逆的复合物 ES。在典型的实验条件下，平衡有利于 ES 的形成，这是由于一对典型 ES 复合物形成的结合能为 $-50.2 \sim -12.5\ \text{kJ} \cdot \text{mol}^{-1}$。ES 形成的结合能有一部分被用来驱动过渡态 ES$^{\ominus}$ 的形成。由于形成 ES$^{\ominus}$ 需要的能量（$\Delta G_{E}^{\ominus}$）比单独形成 S$^{\ominus}$ 所需要的能量（$\Delta G_{N}^{\ominus}$）低，因此反应的总活化能显著降低，酶促反应的速率也就随之大增。但是，酶并不能改变反应的总 ΔG，即它不能影响反应的平衡常数。

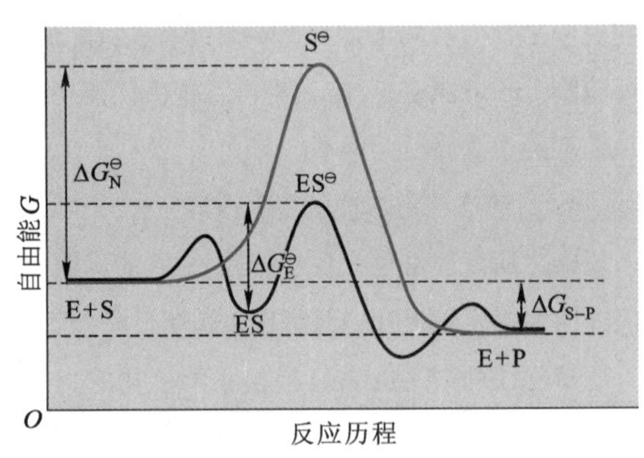

图 4-31　酶促反应和非酶促反应的反应历程及活化能与自由能的变化

酶与底物结合而得到的结合能主要由结构的互补性决定，如较好的三维结构的契合以及合适的非共价的离子键和氢键作用力，但并不是结合能越大越好。许多非酶蛋白质与它们的配体结合产生的结合能非常大，却没有催化效应。例如，抗体与抗原的解离常数接近 $10^{-8}\ \text{mol} \cdot \text{L}^{-1}$，其结合能是 $-46\ \text{kJ} \cdot \text{mol}^{-1}$，生物素与亲和素(avidin)结合的解离常数为 $10^{-15}\ \text{mol} \cdot \text{L}^{-1}$，它们的结合能为 $-86\ \text{kJ} \cdot \text{mol}^{-1}$。从这些数据可以看出，结合能越大，蛋白质与配体的亲和力越高。如果一种酶与底物结合产生的结合能太大，两者的亲和力就过强，于是形成过渡态 ES$^{\ominus}$ 就需要更大的能量用于克服 ES 之间过强的亲和力，这时反而不利于催化。

Quiz28 你认为过渡态稳定学说与锁和钥匙模型相符吗？

2. 支持过渡态稳定学说的证据

现在有两个关键的证据可用来支持“过渡态稳定”学说。第一个证据是，根据过渡态的结构设计出来的过渡态类似物可以作为酶的强抑制剂，其抑制效果要比竞争性抑制剂强得多，表现为不可逆性。因为要是酶的确能稳定过渡态，那么人工设计的过渡态类似物只要遇到酶，就会与活性中心紧密地结合，并牢牢地卡住酶的活性中心，使之无法完成反应，即成为了酶的强抑制剂。迄今为止，人们已成功得到多种酶的过渡态类似物抑制剂，它们的 K_i 是竞争性抑制剂的千分之一甚至更低。其中第一例与脯氨酸消旋酶(proline racemase)有关。根据 L-Pro 转变成 D-Pro 反应的过渡态设计的类似物有两种：一种是 2-羧酸吡咯(pyrrole-2-carboxylate)，另一种是 2-羧酸吡咯碱(pyrroline-2-carboxylate)。实验表明，它们都是脯氨酸消旋酶的强抑制剂(图 4-32)。

Quiz29 许多氨基酸消旋酶的抑制剂被用来治疗细菌引起的疾病(如肺结核)。你认为其中的原因是什么？

支持“过渡态稳定”学说的第二个证据是，利用过渡态类似物作为抗原或半抗原，去免疫动物，由此产生的抗体可能有类似酶的催化作用。

早在 1969 年，W.P. Jencks 在他编著的名为“Catalysis in Chemistry and Enzymology”的书中提到：“如果酶如描述的那样通过与过渡态更紧密地结合，即通过与这种状态具有最大的相互作用而稳定一个反应的过渡态，那么，合成一种酶的途径是制备与一个给定反应的过渡态相似的半抗原基团的抗体，这样的抗体的结合位点应该与过渡态互补，并且迫使结合的底物接近过渡态而促使反应加速。”

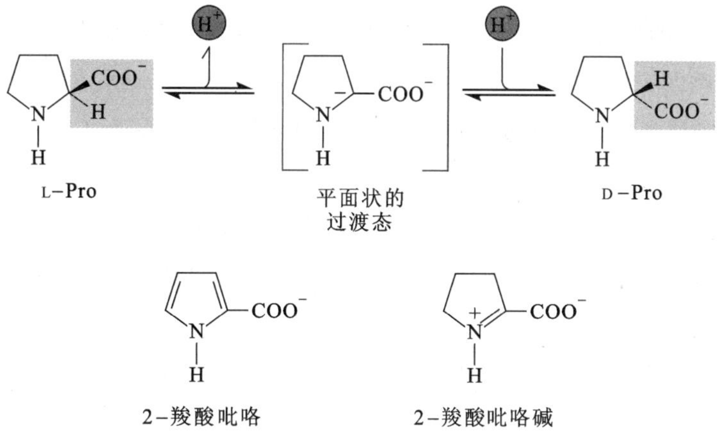

L-Pro 平面状的过渡态 D-Pro

2-羧酸吡咯 2-羧酸吡咯碱

图 4-32 脯氨酸消旋酶的过渡态及其过渡态类似物抑制剂

既然动物的免疫系统能够制造大约 10^9 种以上不同类型的抗体，那么几乎就能制造出针对任何抗原分子的抗体。但问题是如何选择和合成正确的过渡态类似物，以及如何制造出大量的合适抗体。第二个问题随着杂交瘤技术的发展得到了解决，而第一个问题的解决取决于对反应本身的性质、复杂性以及对反应机制的了解。

1986 年 12 月，有两个独立的研究小组在 *Science* 上同时发表了成功得到抗体酶的论文。他们的论文都是建立在一个事实之上：磷酸酯在磷原子上呈四面体状，这与羧酸酯水解过程中经历的过渡态相似（图 4-33）。首先获得抗体酶的是 S.J.Pollack，他以羧酸二酯水解反应的过渡态类似物——对硝基苯酚磷酸胆碱酯，作半抗原诱导产生单克隆抗体。经过筛选，从中找到一株可催化水解反应的 MOPC 167，能使速率加快 12 000 倍。该抗体催化反应的动力学遵循米氏方程，并具有底物特异性及 pH 依赖性等酶促反应的特征。

Quiz30 目前筛选出来的抗体酶与天然酶相比催化的效率偏低。对此你如何解释？

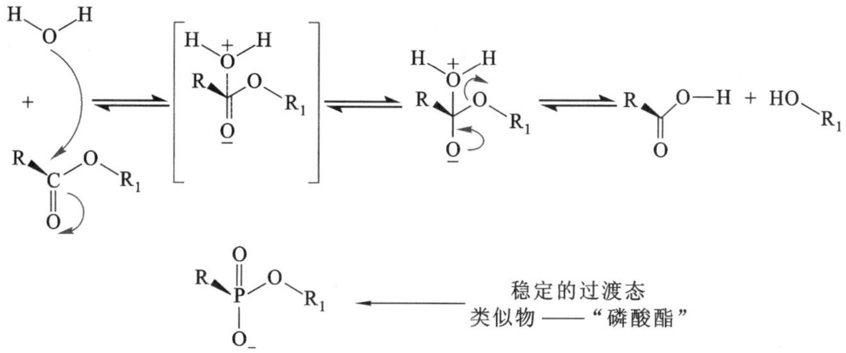

稳定的过渡态类似物——“磷酸酯”

图 4-33 过渡态类似物的预测和设计

酶过渡态类似物抑制剂和抗体酶的存在，为 Pauling 的假说提供了强有力的证据。可以说，要是酶与过渡态的亲和性还不及与底物的亲和性，那么酶充其量只是一种底物结合蛋白，而不会是一种催化剂。

二、过渡态稳定的化学机制

与酶催化相关联的过渡态稳定，是酶活性中心的结构、反应性以及活性中心与结合的底物之间相互作用的必然结果。酶在催化反应的时候，会充分利用各种化学机制来实现过渡态的稳定并由此加速反应。这些机制归纳起来主要有六种：邻近定向效应（proximity and orientation）、广义的酸碱催化（general acid/base catalysis）、静电催化（electrostatic catalysis）、金属催化（metal ion catalysis）、共价催化（covalent catalysis)和底物形变。不同的酶使用的化学机制不尽相同，大多数酶会使用好几种机制，不过不同的机制对同一个酶催化的贡献可大可小。除此之外，有的酶还使用一些特别的化学机制来稳定反应的过渡态。例如，甲基丙二酸单酰辅酶A变位酶(methylmalonyl-CoA mutase)(参看第十章“脂代谢”)和核苷酸还原酶(参看第十二章“核苷酸代谢”)罕见地使用自由基来催化。

1. 邻近定向效应

邻近定向效应是指两种或两种以上的底物同时结合在一个酶的活性中心，相互靠近(即邻近)，并采取正确的空间取向(即定向)，由此提高底物的有效浓度，将分子间的反应转化为近似分子内的反应，从而加快反应速率的现象。

底物与活性中心的结合不仅使底物与酶催化基团或其他底物接触，还强行“冻结”了底物某些化学键的平动和转动，促使它们采取正确的取向，也有利于键的形成。

为了便于说明，让我们假定一个双分子反应，在底物A和底物B之间形成共价键，产生化合物A–B，即A + B → A–B。

如果这个反应完全在溶液中发生，就需要满足以下条件：① A和B通过受扩散限制的碰撞相遇，相互间还需要采取正确的取向；②发生脱溶剂化变化，以使分子轨道能相互作用；③克服范德华斥力；④电子轨道发生变化以进入过渡态。显然，在溶液中的反应速率是由两种底物有效碰撞的几率来决定的。虽然提高温度和底物浓度可以大幅度地增加底物间有效碰撞的机会，但是对反应速率的提升是十分有限的。

如果这个反应是酶促反应，那么底物与酶活性中心的结合是反应发生的前提。当底物被隔离在酶的活性中心内，底物的有效浓度相对于在溶液中的浓度就大大增加了。其次，酶活性中心的结构被预先设计得正好让底物按特异的方向和角度结合，非常有利于反应的进行。在大多数双分子反应中，两个底物之间必须采取合适的取向，才能进入过渡态。然而，在溶液中，每一种底物都有着一群旋转异构体(rotomer)，它们的存在能阻滞反应速率。如果两种底物被锁定在酶的活性中心，则是另外一种情景，酶可以轻而易举地克服它们达到过渡态的障碍。

Quiz31 什么样的酶缺乏邻近定向效应这种催化的机制?

2. 广义的酸碱催化

酶的广义酸碱催化是酶活性中心的催化基团作为质子供体或受体参与催化，这种机制几乎参与所有酶的催化。其中，作为质子供体的催化称为广义酸催化，而作为质子受体的催化称为广义碱催化。与广义酸碱催化有关的化学基团包括：具有三个pK_a的氨基酸(如Cys、Ser、Thr、Asp、Glu、Arg、Lys和His)的R基团，以及肽链两端游离的α-氨基和α-羧基。对于核酶而言，参与广义酸碱催化的基团包括核糖的2′-OH、腺嘌呤的N1和胞嘧啶的N3。需要特别注意的是，由于微环境的变化，这些基团在一个酶分子上真实的pK_a，与它们在游离的氨基酸或核苷酸上的pK_a差别可能很大。

这些起催化作用的基团可以提供质子或者接受质子，来稳定过渡态上的电荷，同时还具有激活亲核基团、亲电基团或稳定离去基团的功能。一个pK_a接近7的侧链基团在生理pH下，既适合作为质子供体，又适合作为质子受体参与催化，因此可能是最有效的广义酸碱催化剂。His残基上的咪唑基就是这样的基团，因此它是很多酶的催化残基。

在生物体内，许多水解反应经常使用广义酸催化或者广义碱催化。有时，为了进一步提高催化效率，许多酶会同时利用广义酸催化和广义碱催化。

以核糖核酸酶A为例(图4-34)，其活性中心的His12和His119分别充当广义碱和广义酸行使催化功能。在反应中，His12作为质子受体，从核苷酸的2′-OH抽取1个质子，而His119作为质子供体，提供1个质子给核苷酸的5′-OH。其净结果是质子从His119传到His12。随后，水分子取代释放的核苷酸，这时His12和His119的碱酸角色正好颠倒，原来的His质子化状态得到恢复。

Quiz32 是什么原因让同在活性中心的这两个His残基在没有结合底物的时候一个质子化另一个去质子化?

再以溶菌酶(lysozyme)为例，它的底物是细菌细胞壁的主要成分肽聚糖分子中的糖苷键，其活性中心有一对酸性的氨基酸残基——Glu35和Asp52(图4-35)。在没有催化反应之前，Glu35侧链上的

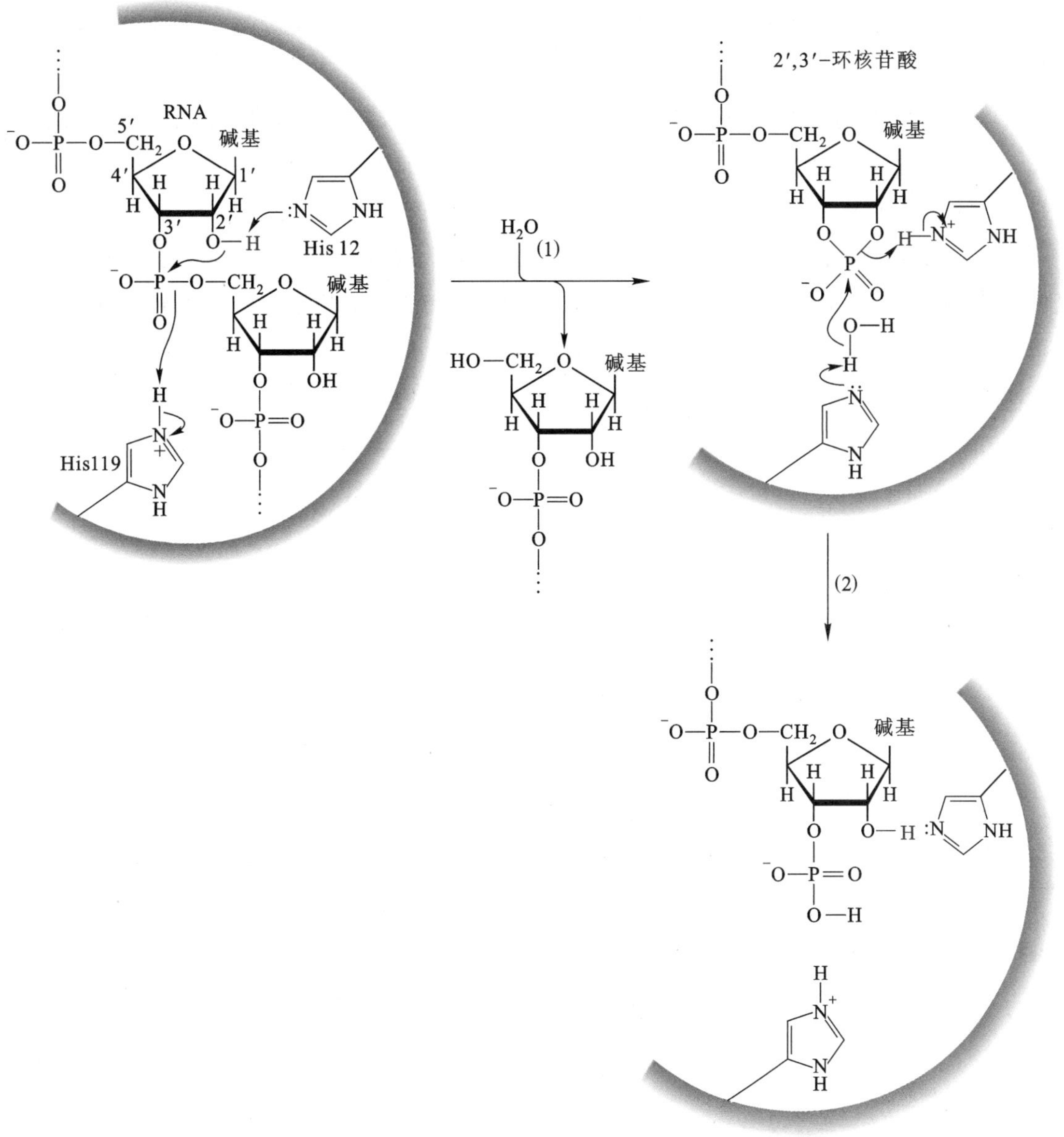

图 4-34 核糖核酸酶 A 的广义酸碱催化

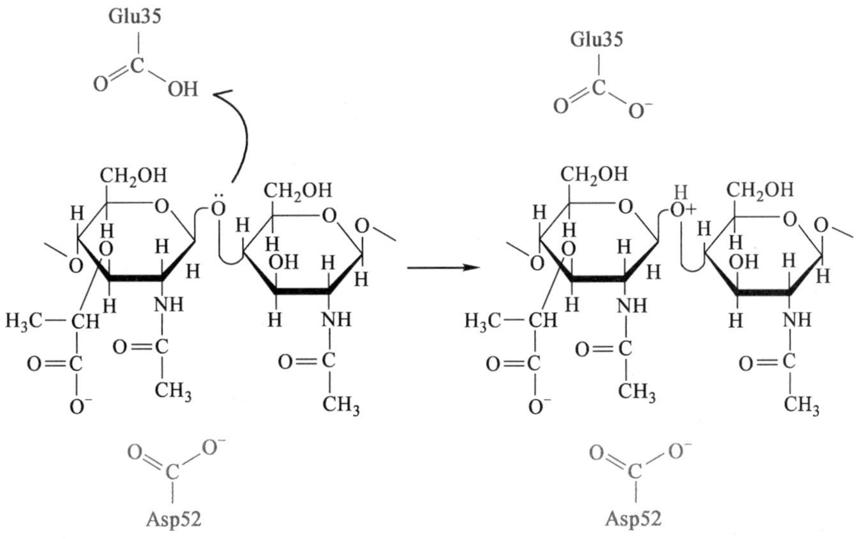

图 4-35 溶菌酶的广义酸催化和静电催化

羧基以质子化的形式存在，Asp52 则以去质子化的形式存在。然而，一旦底物进入活性中心，Glu35 侧链上的羧基即失去质子，与此同时，糖苷键中的 O 原子接受质子。因此 Glu35 充当了广义的酸催化剂。

3. 静电催化

静电催化需要酶利用活性中心电荷的分布来稳定反应的过渡态。在催化中，酶使用自身带电基团，有时是带部分电荷的基团，去中和带相反电荷的过渡态。计算机模拟的研究表明，静电效应可能是对酶催化机制中贡献最大的因素。

Quiz33 如何解释溶菌酶的最适 pH 为 5.4？

再次以溶菌酶为例，其活性中心的 Asp52 一直以去质子化的形式存在。但在底物分子糖苷键中的 O 原子接受了 Glu35 失去的质子变成一个带正电荷的过渡态以后，受到 Asp52 侧链所带有的负电荷的中和而得以稳定，因此 Asp52 是作为静电催化剂催化反应的。

酶分子中经常提供带电基团的有 Lys、Arg、Asp 和 Glu 的侧链以及金属离子。有的酶还能通过与底物的静电作用将底物引入到活性中心。

4. 金属催化

Quiz34 绝大多数核酶属于金属酶，这是为什么？

近三分之一已知酶的活性需要金属离子的存在。这些酶分为两类：一类为金属酶(metalloenzyme)，另一类为金属激活酶（metal-activated enzyme）。前者含有紧密结合的金属离子，多数为过渡金属，如 Fe^{2+}、Fe^{3+}、Cu^{2+}、Zn^{2+}、Mn^{2+} 或 Co^{3+}，后者与溶液中的金属离子松散地结合，通常是碱金属或碱土金属，例如 Na^+、K^+、Mg^{2+} 或 Ca^{2+}。

金属离子参与的催化被称为金属催化。金属离子一般以 5 种方式参与催化：①作为路易斯酸(Lewis acid）接受电子，使亲核基团或亲核分子（如水分子）的亲核性更强。②与带负电荷的底物结合，屏蔽负电荷，促进底物在反应中正确定向。例如，所有的激酶都需要 Mg^{2+}，Mg^{2+} 所起的作用是屏蔽底物 ATP 分子上所带的大量负电荷，并对 ATP 有定向的作用。③参与静电催化，稳定带有负电荷的过渡态。④通过价态的可逆变化，作为电子受体或电子供体参与氧化还原反应。⑤本身是酶结构的一部分。

以碳酸酐酶（carbonic anhydrase）为例（图 4-36）：其催化的反应是 H_2O 与 CO_2 结合，形成 H_2CO_3。虽然没有该酶的催化，反应也可以发生，但速率很低。如果反应有碳酸酐酶催化，则首先是 H_2O 进入活性中心，在遇到里面与咪唑基结合的 Zn^{2+} 以后失去质子，留下 OH^-。Zn^{2+} 作为路易斯酸催化剂接受 OH^- 的电子以后，使其亲核性大增，于是能更有效地进攻 CO_2 上的羰基 C，并最终形成碳酸。

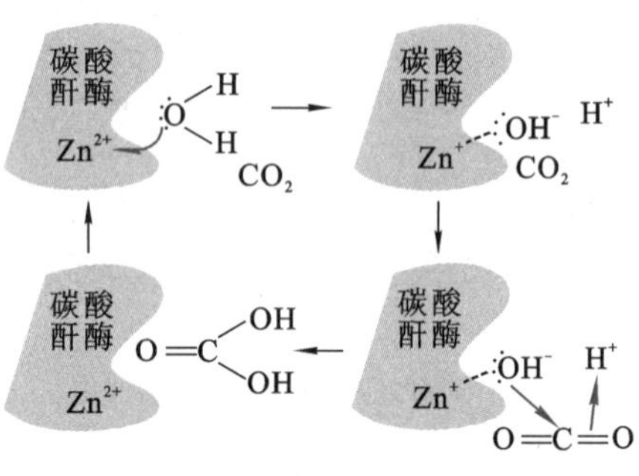

图 4-36 碳酸酐酶的金属催化机制

5. 共价催化

共价催化需要酶在催化过程中，与底物暂时形成不稳定的共价中间物。共价中间物的形成完全改变了反应的路径，新的路径所需要的活化能大大低于没有酶催化时的活化能，这有利于克服活化能能障。行使共价催化的酶，已进化到能将这类困难的反应分成两步，一是共价中间物的形成，二是共价中间物的断裂，而不直接催化单个反应。因此，反应的限速步骤要么是共价中间物的形成，要么是共价中间物的断裂。

酶与底物形成共价中间物的手段主要是亲核催化（nucleophilic catalysis），也可以是亲电催化（electrophilic catalysis）。前者是酶分子上的亲核基团对底物作亲核进攻而引发反应，后者则是由亲电基团对底物作亲电进攻而引发反应。但不管是亲核催化，还是亲电催化，都需要经历两次亲核进攻或两次亲电进攻，才能完成催化。其中，第一次亲核进攻或亲电进攻，由活性中心的亲核基团或亲电基团对第一个底物分子展开，导致酶与这个底物形成共价中间物；第二次亲核进攻或亲电进攻则由第二个底物分子作为亲核基团或亲电基团对酶与第一个底物形成的共价键展开，这导致酶与第一个底物形成的共价键断裂，致使酶回到原来的结构状态。若只有一次亲核进攻或亲电进攻，那不是共价催化，

Quiz35 如果只有一次亲核进攻或者亲电进攻，会有什么后果？

那是酶与不可逆性抑制剂发生了化学反应，而形成了难于断裂的共价键。

酶分子上能进行亲核进攻的基团主要有：三种羟基氨基酸的羟基、Cys 的巯基、Lys 的 ε－氨基、His 的咪唑基、两种酸性氨基酸的羧基和作为辅酶的焦磷酸硫胺素（TPP）（表 4–7）。

表 4–7　几种酶的共价催化

亲核基团	实例	共价中间物
Ser（—OH）	丝氨酸蛋白酶	脂酰化酶
Cys（—SH）	半胱氨酸蛋白酶	脂酰化酶
Lys（ε－NH_2）	乙酰乙酸脱羧酶和第一类醛缩酶	希夫碱
His（咪唑基）	磷酸甘油酸变位酶	磷酸化酶
Tyr（—OH）	谷氨酰胺合成酶	腺苷酸化酶
TPP	丙酮酸脱羧酶和转酮酶	羟乙基化酶

亲核催化涉及酶分子上的亲核基团提供电子给底物，先形成带部分共价键的过渡态中间物，再形成真正的共价中间物。其速率取决于进攻性的亲核基团的亲核性（供电子能力）和底物对进攻基团的敏感性。好的亲核反应应该是（图 4–37）：Y 是比 X 更好的离去基团（leaving group），Z 是比 X 更好的进攻基团，共价中间物的反应性应该比底物强。

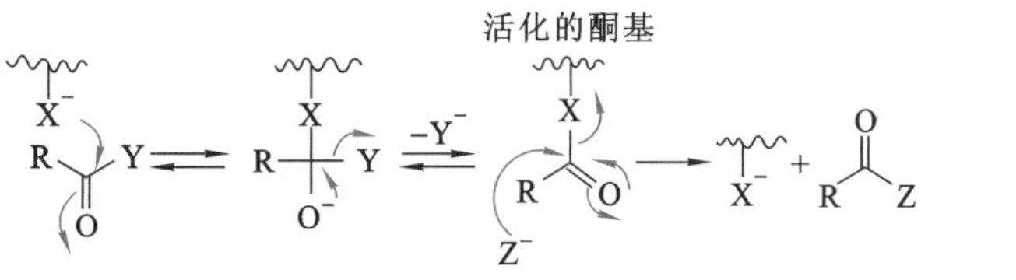

图 4–37　亲核共价修饰反应

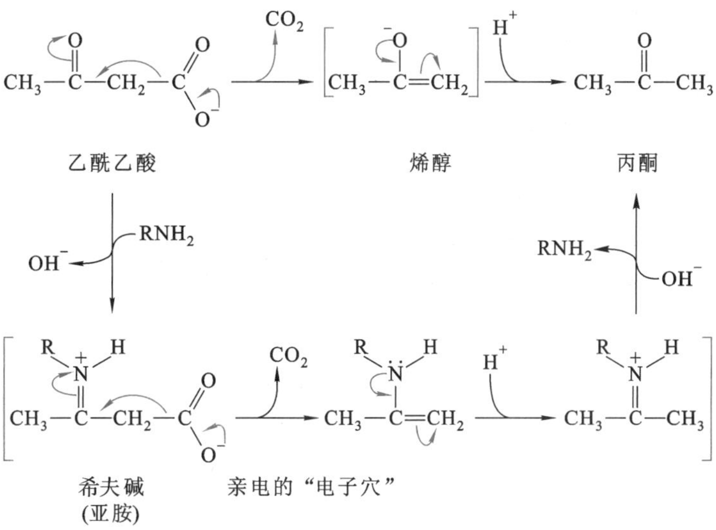

图 4–38　乙酰乙酸脱羧酶的亲核催化

在各种亲核催化中，Lys 残基上的 ε－氨基是很好的亲核基团，以乙酰乙酸脱羧酶为例（图 4–38），其活性中心的一个 Lys 残基的 ε－氨基是一个亲核进攻基团，相当于图 4–37 上的 X，与乙酰乙酸上的 β－羰基形成希夫碱（Schiff base）。希夫碱上质子化的 N 原子充当一个有效的“电子穴”（electron sink），对相邻的碳负离子起稳定作用，而羧基相当于 Y，又是一个很好的离去基团，以脱羧的方式离去。

6. 底物形变

底物形变实际上是诱导契合产生的主要效应。酶对底物的诱导导致酶的活性中心与过渡态的亲和力高于它与底物的亲和力，当酶与底物相遇时，酶分子诱导底物分子内敏感键更加敏感，产生“电子张力”发生形变，从而更接近它的过渡态，由此降低了反应的活化能并有利于催化反应的发生。此外，除了底物发生形变以外，酶本身也可能发生形变，从而导致活性中心的某些直接参与催化的氨基酸残基被激活。

前面提到的虚拟的“铁丝酶”也许最能说明这种催化机制，现实中的溶菌酶也利用这种方式进行催化。在溶菌酶催化的时候，与其活性中心结合的六碳糖在溶菌酶的“威胁利诱”下，从椅式构象变成半椅式构象而发生形变，周围的糖苷键也更容易发生断裂。

三、几种蛋白酶的结构与功能

迄今为止，已有多种催化活性不同的酶的结构与功能了解得十分清楚，其中就包括人体消化道中的几种蛋白酶。下面就以它们为例，详细分析一种酶的三维结构与其催化活性之间的关系。

蛋白酶是催化肽键水解的一类酶的总称。虽然肽键的水解在热力学上是十分有利的反应，但若没有酶的催化，一个肽键在中性 pH 和 25℃条件下大概需要 300～600 年的时间才能完成水解。根据活性中心催化基团的性质，蛋白酶可分为丝氨酸蛋白酶（serine protease）、天冬氨酸蛋白酶（aspartic protease）、巯基蛋白酶（thiol protease）和金属蛋白酶（metalloprotease）四类。所有蛋白酶在催化过程中都要经历碳四面体的过渡态，过渡态的形成涉及一个亲核基团进攻肽键的羰基碳。

1. 丝氨酸蛋白酶

此类蛋白酶的催化基团包括 1 个不可缺少的 Ser 残基，DIPF 是它们的不可逆抑制剂。在催化反应中，先后就有两次亲核进攻，其中第一次亲核进攻的基团是 Ser 残基的羟基，第二次是水分子中的羟基。催化机理中包括广义的酸碱催化和共价催化等，脂酰化酶是第一次亲核进攻以后酶与底物形成的共价中间物。属于该家族成员的有胰蛋白酶、胰凝乳蛋白酶、弹性蛋白酶、枯草杆菌蛋白酶（subtilisin）和凝血酶（thrombin）等。

参与消化过程的各种丝氨酸蛋白酶对底物具有不同的专一性。专一性都与肽键羰基一侧的氨基酸残基的侧链性质有关。决定专一性的是酶活性中心的立体化学：胰蛋白酶具有很深的底物结合口袋，且口袋的底部又是一个带负电荷的 Asp，故特别适合长的碱性氨基酸侧链（Lys 和 Arg）的结合；胰凝乳蛋白酶的底物结合口袋没有胰蛋白酶深，但比它宽，而且分布在口袋壁上的是疏水氨基酸，因此特别适合与芳香族氨基酸的结合；弹性蛋白酶的底物结合口袋非常浅，最适合结合侧链较小的氨基酸残基。

Quiz36 如果将催化三元体中的 Ser 突变成 Thr，Asp 突变成 Glu，则对丝氨酸蛋白酶的催化产生什么影响？

丝氨酸蛋白酶的催化机制属于共价催化和广义酸碱催化的混合体，由三个不变的氨基酸残基 Ser、His 和 Asp 构成的催化三元体起主导作用（图 4-39），这三个氨基酸残基的任何一种若发生突变或被化学修饰（如 Ser 被 DIPF 修饰），均会导致酶活性的丧失。

虽然各种丝氨酸蛋白酶都需要催化三元体，但构成催化三元体的三个氨基酸残基在肽链中的位置并不完全相同。然而，酶学家已达成共识，将这三个氨基酸残基总是进行相同的编号，即 His57、Asp102 和 Ser195。它们在催化中的具体功能是：① Ser195 提供进攻底物的亲核基团，并作为广义酸催化剂；② His57 作为广义碱催化剂；③ Asp102 的功能仅仅是定向 His57，影响 His 的 pK_a，改变其酸碱性质。

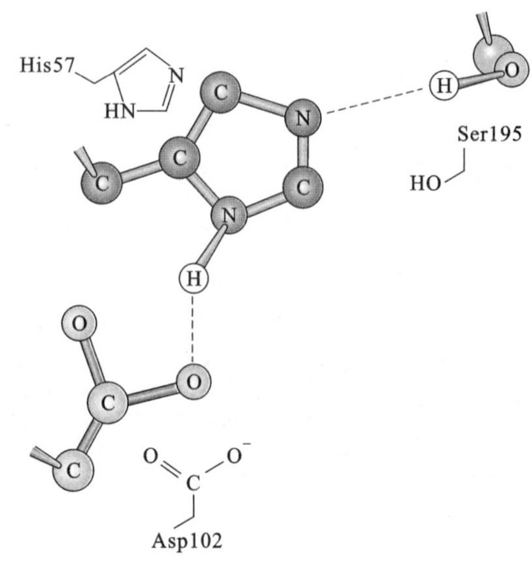

图 4-39 丝氨酸蛋白酶的催化三元体

以胰凝乳蛋白酶为例，其催化经历了脂酰化酶共价中间物，全部反应有五步（图 4-40）。

(1) 底物与活性中心的 Ser195 和 Gly193 残基通过氢键形成 ES 复合物，疏水口袋正好能容纳芳香环。

(2) Ser195 残基侧链上的羟基氧亲核进攻羰基碳，形成第一个四面体形的过渡态中间物，其中有一个氧以氧阴离子的形式存在。

活性中心构成催化三元体的三个氨基酸残基，依次参加此阶段的反应：His57 从 Ser195 移去一个

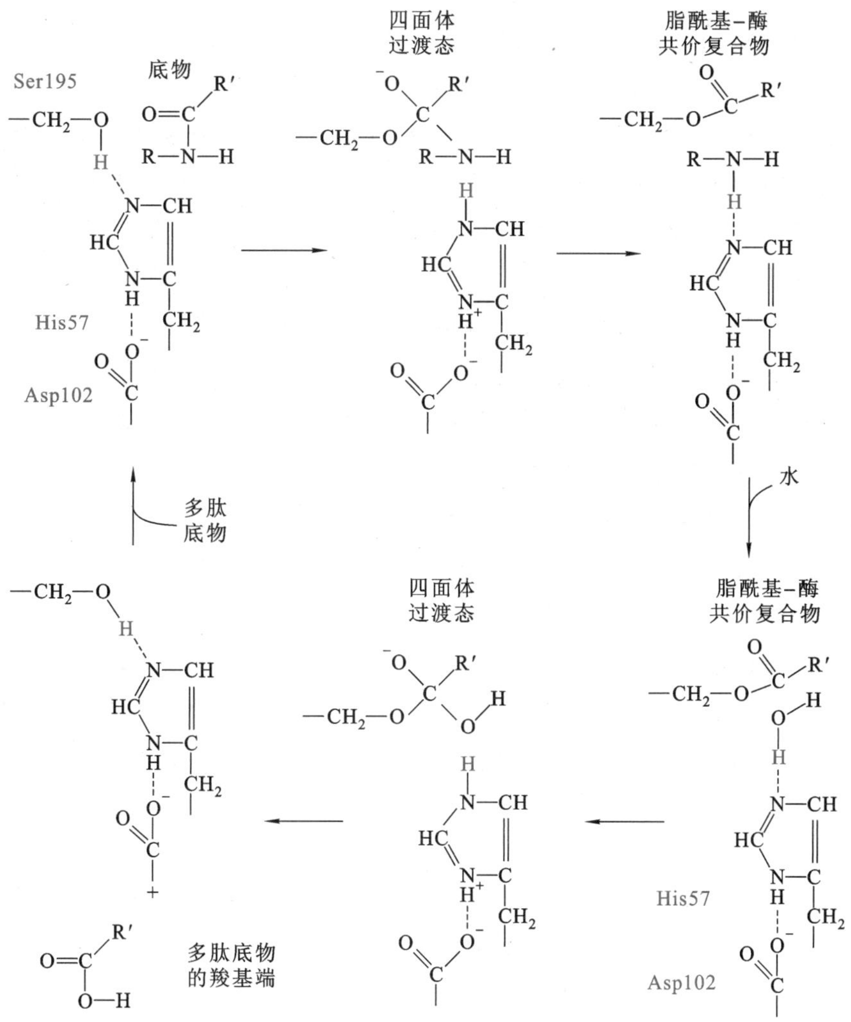

图 4-40 胰凝乳蛋白酶催化的蛋白质水解反应的全过程

质子进行广义碱催化，并成为带正电荷的共轭酸，致使 Ser195 的亲核性大增，既可以进行广义酸催化，又可以进行亲核催化。Asp102 通过氢键与 His57 的咪唑基结合，其功能始终是定向 His57，影响 His 的 pK_a。

(3) 碳四面体过渡态因氧阴离子在氧阴离子穴与 Ser195（—NH）及 Gly193（—NH）形成氢键而得以稳定。这些相互作用的净效应导致活化能的降低（图 4-41）。

(4) 肽键断裂。原来肽键右侧的肽段作为离去基团，从 His57 咪唑环上得到一个质子后被释放，

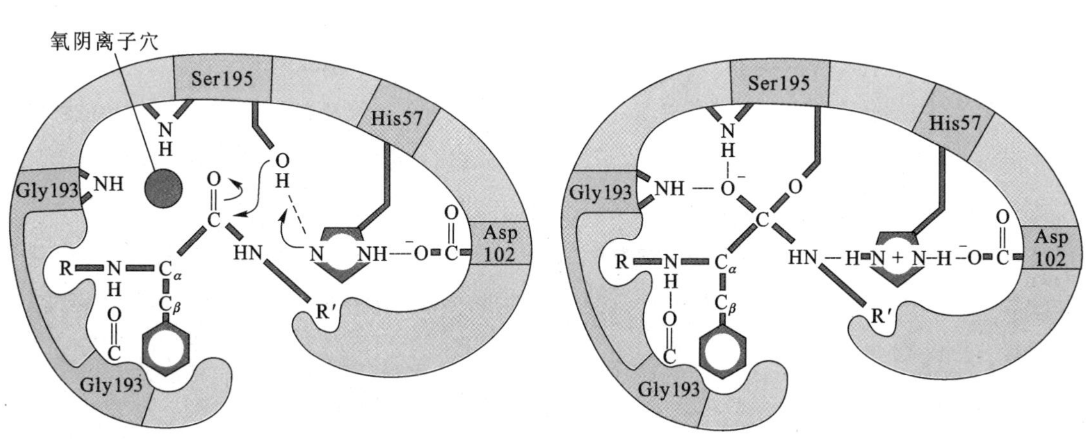

图 4-41 胰凝乳蛋白酶催化的四面体中间物的形成及其稳定

这是肽键断裂的第一个产物；而原来肽键左侧的肽段则通过氢键以及与 Ser195 侧链形成的共价键仍然结合在酶的活性中心。

(5) 水进入活性中心并质子化 His57，使之再次成为共轭酸，被释放出来的 OH^- 亲核进攻留下来的多肽羰基碳，于是第二个碳四面体形的过渡态中间物形成了。最后，Ser195 从 His57 重新得到质子，His57 仍然与 Ser195 通过氢键相连。于是，过渡态中间物发生瓦解，脂酰化酶中间物被水解，残留的多肽部分作为第二个产物被释放。

Quiz37 根据丝氨酸蛋白酶的催化机制，判断经过一轮催化，催化三元体中的 Ser 残基中的羟基 H 来自何处？

2. 巯基蛋白酶

这类蛋白酶也被称为半胱氨酸蛋白酶，共同特征是催化需要 Cys 和 His 这两个残基，因此可被巯基反应试剂（如碘代乙酸）不可逆抑制。它们广泛存在于自然界中。属于植物来源的有木瓜蛋白酶(papain)和菠萝蛋白酶(bromelain)，其他的还有钙蛋白酶(calpain)和一类参与细胞凋亡的胱天蛋白酶(cysteine aspartic acid specific protease，caspase)。

Quiz38 你如何理解巯基蛋白酶不需要丝氨酸蛋白酶中的 Asp 照样可以催化？

它们催化过程非常像丝氨酸蛋白酶。当巯基蛋白酶活性中心的巯基将质子交给相邻的 His 残基以后，带负电荷的 S 作为强亲核基团，进攻肽键的羰基碳，形成以硫酯键连接的脂酰化酶共价中间物。余下的反应与丝氨酸蛋白酶催化的反应相似。

3. 天冬氨酸蛋白酶

这类蛋白酶的催化基团包括两个重要的 Asp，在偏碱性的 pH 下无活性。所催化的反应比较直接，只有一次亲核进攻，且亲核试剂是水分子，因此没有共价催化。其中天冬氨酸蛋白酶的催化涉及两个重要的 Asp 残基，它们协调一致，交替充当广义的酸碱催化剂。

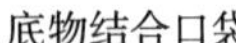
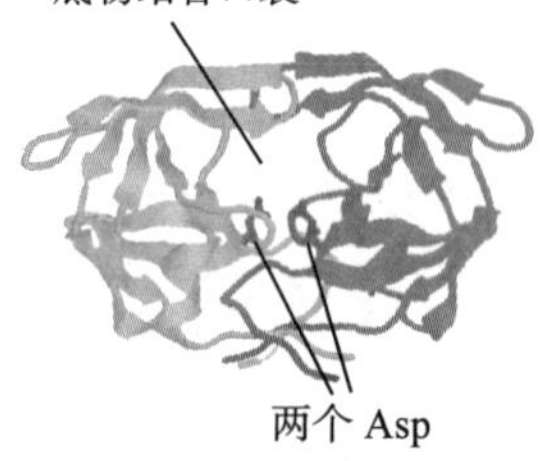

图 4-42 HIV 蛋白酶的二聚体三维结构

对于大多数天冬氨酸蛋白酶而言，都具有由两叶组成的三级结构。N 端和 C 端各成一叶，每一叶相当于一个结构域。两叶差不多呈两重对称，少数为同源二聚体，例如胃蛋白酶、组织蛋白酶 D(cathepsin D)、肾素和 HIV 蛋白酶。这些天冬氨酸蛋白酶在中性或偏酸的条件下活性最高，与丝氨酸蛋白酶一样，在功能上要么属于消化酶，如胃蛋白酶和凝乳酶，要么属于调节酶，如肾素参与调节血管紧张肽(angiotensin)的活性。

HIV 蛋白酶在 HIV 生活史中负责切开其基因组编码的多聚蛋白质产物，促进新病毒颗粒的成熟。但与其他天冬氨酸蛋白酶不同的是，它是一个同源二聚体蛋白，活性中心高度对称（图 4-42），因此完全可以筛选出一种只抑制 HIV 蛋白酶活性的抑制剂，用于治疗艾滋病。

4. 金属蛋白酶

Quiz39 一种蛋白酶能不能发生自水解？

此类蛋白酶在活性中心结合金属离子（如 Zn^{2+}），金属螯合剂 EDTA 或邻菲罗啉(*o*-phenanthroline)可导致其活性的丧失。金属离子的作用可能是激活水分子，或者进行路易斯酸催化。

它们的催化与天冬氨酸蛋白酶一样，只有一次亲核进攻，水分子中的羟基作为亲核试剂，直接进攻肽键左侧的羰基碳，导致肽键水解断裂，因此没有共价催化。

Box4.3 揭开黄素单加氧酶的神秘面纱

为了对外来的一些有毒物质进行解毒，包括人类在内的许多生物都拥有一类称为黄素单加氧酶(flavin-containing monooxygenase，FMO)的酶，可催化有毒物质的单加氧反应。人类共有五种 FMO 参与代谢有毒物质和激活药物，已发现这些酶的基因突变可能会引起疾病。

FMO 所催化的反应一方面可让有毒物质失去毒性，另一方面可提高它的水溶性，从而有助于将其排出到体外。尽管它们很重要，但由于性质太不稳定而无法对它们的三维结构做详细研究，因此此类酶的三维结构一直不明。

然而，就在 2019 年 12 月 23 日，来自荷兰格罗宁根大学的酶学家 Marco Fraaije 与来自意大利和阿根廷的同行在 *Nature Structural & Molecular Biology* 上发表了一篇题为“Ancestral-sequence reconstruction unveils the structural basis of function in mammalian FMOs"的论文，让我们对这一类酶的三维结构终于可以一睹"芳容"。那么他们是如何揭开FMO三维结构的神秘面纱的呢?

参与研究的Fraaije说道:"对这类酶已由制药公司进行了一些研究，但仍然没有详细的三维结构。人类FMO是膜结合蛋白，被证明不可能结晶，因此很难用X射线衍射的方法对其三维结构进行研究。我的实验室在15年前发表了细菌FMO的结构，但这不是膜结合蛋白。"

可喜可贺的是，过去的几项发展促使Fraaije和他的同事对FMO结构上的研究有了新的思路。因为在过去几年中，许多不同物种来源的FMO的基因序列被发布了。这使得他们可以构建FMO的系统发育树(图4-43)，在此基础上还可以为FMO重建出它古老的祖先基因序列。一旦得到祖先基因序列，就可以创建人工DNA，然后构建表达载体，将其在大肠杆菌细胞内进行翻译。Fraaije说:"先前的研究表明，这种祖先蛋白通常比现代蛋白更稳定。"

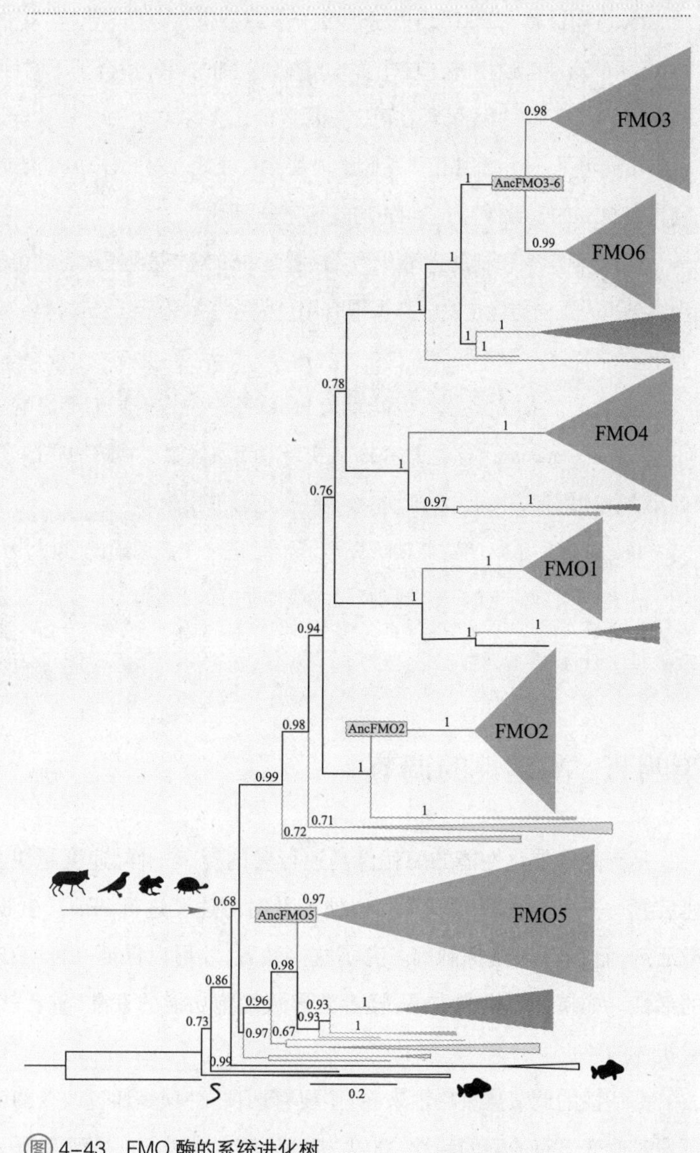

图 4-43　FMO 酶的系统进化树

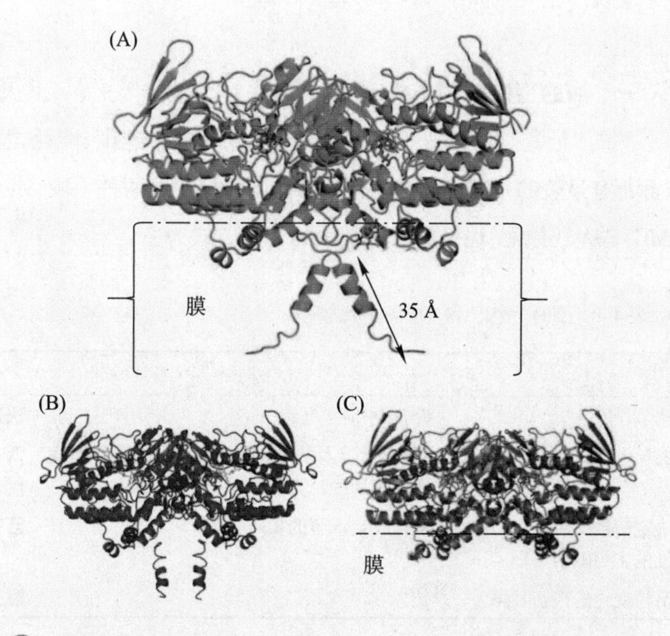

图 4-44　AncFMO2、AncFMO3-6 和 AncFMO5 的三维结构

按照这样的研究思路，阿根廷国立圣路易斯大学的研究者重建了DNA序列，格罗宁根大学小组生产并鉴定了蛋白质，意大利帕维亚大学的科学家确定了这种结构。最终这个国际团队成功地分析了五种人类FMO中三种原始形式——AncFMO2、AncFMO3-6和AncFMO5的三维结构(图4-44)。

他们所得到的结果令人鼓舞！在酶与膜结合的部分形成了一种通道，物质可以通过该通道传输到活性中心。许多有毒化合物是会积聚在脂溶性膜中的脂类物质。FMO 可以将它们从膜上带走并氧化。这使毒素更具亲水性，从而使细胞更容易排泄它们。尽管三个 FMO 中的活性部位相同，但它们的通道略有不同，可能适合于不同种类的有毒化合物。我们知道不同的 FMO 会代谢不同的物质，现在可以解释为什么会这样。

由此可见，使用重建祖先基因的方法富有成效。对此，Fraaije 说道："祖先蛋白和现代蛋白的氨基酸序列具有 90% 的一致性，而它们的功能却完全相同。"

现在，科学家和制药公司终于可以看到 FMO 的催化原理。这可能有助于设计被这些酶激活的药物。观察到祖先蛋白更稳定这一点也很有用。因为了解为什么会这样将有助于我们设计出更稳定的酶用于工业上。

另外，现在研究者还有可能重建 FMO 基因中致病突变的影响。这些突变之一导致鱼腥味综合征 (fishy odor syndrome)，这是 FMO3 突变导致无法代谢三甲胺物质造成的。这种具有强烈鱼腥味的物质因此会在体内积聚，并通过汗液、尿液和呼吸道释放出来。

Fraaije 最后感叹道："这项研究一开始就是一个高风险的项目，因为我们不知道祖先蛋白是否足够稳定。但是结果是肯定的，这让我们最终获得了好的回报。"

第四节　酶活性的调节

具有高效催化性能的酶就像高速行驶的赛车一样，速度越快，危险就越大，因此需要有专门的变速装置——"油门"和"刹车"，以便能及时对速度进行调节。生物体内的酶所使用的"油门"通常是激活剂，而"刹车"是抑制剂。有了这些装置，才可以保证一种酶在正确的时间、正确的地点具有正确的活性。如果调节机制失灵，轻者会导致细胞功能的紊乱，重者就会诱发疾病的发生，甚至导致细胞或机体的死亡。

酶活性的调节从策略上来看，主要有两项：一项是通过改变酶浓度，即以"量变"的方式进行；另一项通过改变已有的酶的活性，即以"质变"的方式进行。不管是哪一项策略，都需要通过具体的调节手段来实现。

一、酶的"量变"调节机制

酶的"量变"和"质变"这两项调节策略在调节速度、能耗、酶活性的限速因素和作用持续时间等方面都有显著的差别(表 4-8)。有的酶会同时使用这两种手段，如人体内参与胆固醇合成的限速酶——HMG-CoA 还原酶，但一般只以其中的一种方式为主。

► 表 4-8　酶的"量变"和"质变"的比较

	量变	质变
调节速度	慢，几小时至几天	快速，几秒钟至几分钟
能耗	高(通常涉及酶基因的表达，因此需要消耗大量的 ATP)	低(除非使用抑制蛋白，因为在解除抑制的时候，通常需要将抑制蛋白水解)
决定酶最高活性的主要因素	酶合成与水解的相对速率	已有的酶浓度
活性变化的持续时间	长	短

靠酶合成控制酶量涉及调节酶基因的表达(参看第十九章"基因表达的调控")，而靠酶降解控制酶量涉及受控的蛋白质的酶促降解，特别是泛素介导的依赖于蛋白酶体的蛋白质水解(参看第十八章"mRNA 的翻译与翻译后加工")。

二、酶的“质变”调节机制

酶的“质变”策略有多种方式，它们主要包括：别构调节、共价修饰、水解激活、调节蛋白的调节以及生物凝聚物的可逆形成。

1. 别构调节

别构调节(allosteric regulation)也称为变构调节，与别构酶有关。它是所有酶活性调节方式中最快的一种。其原理在于别构酶除了活性中心以外，还含有别构中心(allosteric site)。引入别构中心的目的，是用它来控制活性中心的催化活性：当别构中心结合配体分子以后，可诱导酶的构象，特别是活性中心的构象发生改变，从而影响到活性中心与底物的亲和力或催化能力，并最终导致酶活性发生变化。与别构中心结合并调节酶活性的配体称为别构效应物，其中起抑制作用的别构效应物称为别构抑制剂或负别构效应物(negative effector)，起激活作用的别构效应物称为别构激活剂或正别构效应物(positive effector)。充当别构效应物的配体一般是细胞正常代谢产生的内源性代谢物，如一条代谢途径的终产物或某一步反应的底物。由底物作为别构效应物产生的别构效应称为同促效应(homotropic effect)，否则称为异促效应(heterotropic effect)。许多别构酶具有多个别构中心，能够与不同的别构效应物结合。例如，大肠杆菌的谷氨酰胺合成酶的别构效应物至少有8种。

Quiz40 有什么实验的方法可用来鉴定一个寡聚酶是不是别构酶？

别构效应物与别构中心总是通过非共价键结合的，因此别构调节这种改变酶活性的方式是完全可逆的。在别构效应物与酶别构中心结合的时候，酶活性发生改变。而一旦别构效应物与别构中心解离，酶活性恢复到原来的水平。

关于别构酶的主要性质可以参看本章有关别构酶动力学的内容。别构调节最多出现在代谢途径中的反馈抑制(feedback inhibition)，它是指一条代谢途径(通常是合成代谢)的终产物作为别构抑制剂，抑制位于其上游的限速酶的活性，从而关闭自身合成的一种调节方式(图4-45)，因此也被称为终产物抑制(end-product inhibition)。反馈抑制通常的情形是一条代谢途径的最后一步反应的产物，去抑制第一步反应的酶(图4-45A中的D抑制E_1)，但如果代谢途径途中出现分支(图4-45B中C开始)，则每一分支途径的终产物(F或Y)一方面反馈抑制分支点的酶活性(图4-45B中的F抑制E_3和Y抑制E_5)，另外一方面还各自部分抑制第一步反应的酶(E_1)。只有当两个终产物(F和Y)同时与E_1结合的时候，E_1才会被完全抑制，这样可以保证在F过量、Y不足的时候，只会关闭F的合成而不会关闭Y的合成，或者在Y过量、F不足的时候，只会关闭Y的合成而不会关闭F的合成。

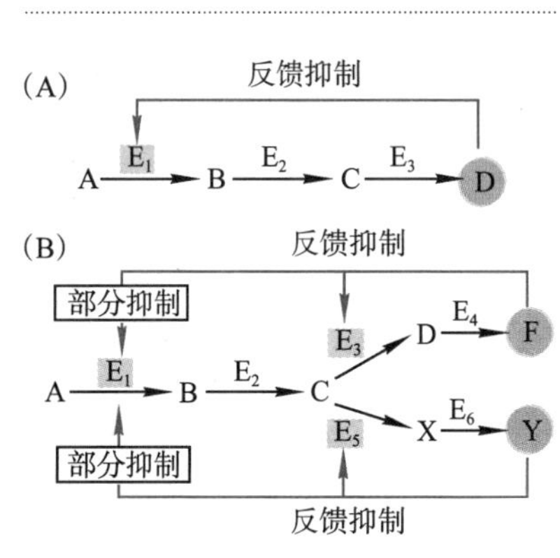

图4-45 酶活性的反馈抑制

反馈抑制使得细胞能够对胞内一些重要的代谢物浓度的变化迅速做出反应，这对于维持细胞内不同代谢物浓度的平衡至关重要。当一条代谢途径的终产物的量积累到一定程度，已能满足机体需要的时候，过量的终产物就反馈抑制第一个限速酶的活性而关闭自身的合成。这一方面可以阻止终产物的进一步堆积而可能产生的毒性，另一方面还可以将能量用于其他代谢途径。而一旦终产物因消耗而降低到一定水平时，即与限速酶解离，于是别构抑制解除，合成它们的代谢途径得以重新开放。

Quiz41 胞内有一些酶可以受到其产物的反馈抑制，你认为这种反馈抑制也是别构抑制吗？

除了反馈抑制以外，机体有时候还会使用前馈激活(feed-forward activation)和底物激活(substrate activation)进行别构调节。前馈激活是指一条代谢途径位于上游的代谢物作为别构激活剂，激活下游的限速酶。例如，糖酵解第3步反应产生的1,6-二磷酸果糖作为别构激活剂，激活催化最后一步反应的丙酮酸激酶的活性。而底物激活属于同促调节(homotropic regulation)，具有两个方面的含义，其一是指底物与酶活性中心结合产生的正协同效应，其二是指底物与酶的别构中心结合，激活酶的活性。与正协同效应相关的底物激活很常见，绝大多数别构酶都有这个性质。但使用第二种形式的底物激活较为罕见，迄今为止只发现一例，就是胆固醇合成的限速酶之一鲨烯单加氧酶受到其底物鲨烯的别构激活（参考第十章有关胆固醇代谢调控的内容）。

有两种模型可以解释别构酶的别构效应和与底物结合的协同效应，一种是齐变模型，另一种是序变模型。

（1）齐变模型

齐变模型也称为对称模型（the symmetry model），由 Monod、Wyman 和 Changeux 于 1965 年提出，因此也被简称为 MWC 模型。它基于别构酶由多个亚基组成的事实，认为构成别构酶的亚基能够以两种不同的构象形式存在，一种构象为松弛态或 R 态，另外一种构象为紧张态或 T 态。在一个特定的酶分子内部，构成亚基之间的相互作用致使每一个酶分子的每一个亚基在某一个时候采取同一种构象，即要么都是 R 态，要么都是 T 态，没有 R 态亚基和 T 态亚基的杂合体。

在溶液中，两种构象可以相互转变，并处于动态的平衡中，但转变的方式为齐变，即构成它们的亚基要么一齐从 R 态变成 T 态，要么一齐从 T 态变成 R 态，如下图所示：

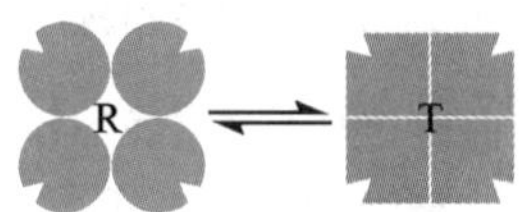

如果溶液中无任何配体（底物或别构效应物），平衡主要偏向右边，即几乎所有的酶都处于 T 态。虽然 R 态和 T 态上的活性中心都能结合底物，但是 R 态对底物有更高的亲和性。

如果将少量的底物加入溶液，R 态酶由于对底物有更高的亲和力，就更容易与底物结合。当一个底物分子与 R 态酶结合以后，就形成以下平衡：

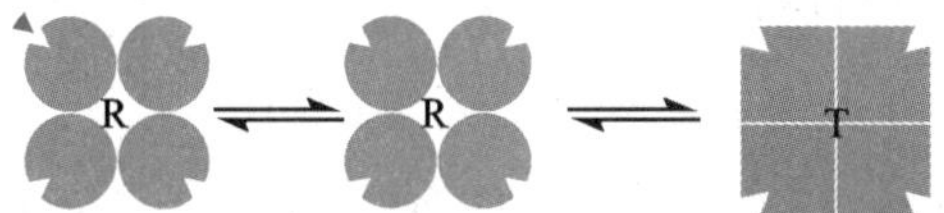

于是，底物与 R 态酶的结合等于是从溶液中移走了一些游离的 R 态酶，根据化学平衡移动理论，平衡会被拉向左边，结果导致溶液中有更多的 R 态酶，而 T 态酶相应减少。既然 R 态酶对底物有更高的亲和性，也就提高了酶与底物总的亲和性，由此产生了底物结合的正协同效应。

使用齐变模型也容易解释别构效应物的作用机理（图 4-46）：当别构效应物在别构中心与酶结合以后，诱导酶的构象发生变化，从而打破了 R 态酶和 T 态酶之间的平衡。如果是激活剂，就更容易与 R 态酶结合，从而像底物一样，将平衡拉向右边，使更多的酶转变为 R 态，最终产生激活的效果；如果是抑制剂，则更容易与 T 态酶结合，以致将平衡拉向左边，致使更多的酶变成 T 态酶，最终产生抑制。

图 4-46　酶活性的别构调节

虽然齐变模型能很好地解释别构酶的一些性质，但对于某些别构酶来说，可能过于简单了，并且它也不能解释某些别构酶的负协同性。

（2）序变模型

该模型由 Koshland、Nemethyl 和 Filmer 于 1966 年提出，因此也被简称为 KNF 模型。与齐变模型最大的不同在于序变模型接受了杂合酶存在的可能性，即同一个酶分子既有 R 亚基，又有 T 亚基，也就是溶液中的 R 态酶（R4）和 T 态酶（T4）之间存在多种杂合体（R3T1、R2T2、R1T3），各种状态的酶处于动态平衡之中：

此外，序变模型还肯定了底物对酶构象有更直接的影响。在没有底物时，酶差不多都以 T 态存在，这时活性中心的构象不是与酶结合的最佳构象。一旦底物进入活性中心，活性中心构象发生变化，致使底物与酶结合得更加帖服，这就是“诱导契合”。“诱导契合”导致与底物结合的亚基从 T 态转变成 R 态。

序变模型还认为相邻亚基之间存在相互作用，并且这种相互作用可以影响到其他亚基的构象状态。仍然以具有底物正协同性的别构酶为例加以说明，当 T 态酶上的一个亚基因为底物的结合从 T 态变为 R 态以后，该亚基会促进其他的亚基在结合底物以后更容易转变为 R 态，致使其他亚基能够以更高的亲和性与底物结合。

使用序变模型也很容易解释别构效应物的作用原理：激活剂仅仅在别构中心与酶结合，通过与底物一样的方式促进 T 亚基变为 R 亚基，而抑制剂与酶的结合使酶的构象变得更为僵硬，很难通过诱导契合从 T 态变为 R 态。

使用序变模型还有一个好处，就是很容易解释某些酶具有的底物结合的负协同性这一现象，但用齐变模型难以解释，这是因为齐变模型完全依赖于化学平衡理论将 R↔T 平衡拉向高亲和性的 R 态一边，而在反应系统之中加入底物，底物总是优先与高亲和力的 R 态结合，将平衡从 T 态拉向 R 态，而不是将 R 态拉向 T 态。然而利用序变模型就很容易解释了，只要假定一个底物与一个亚基结合以后，通过亚基之间的相互作用，导致其他的亚基更难从 T 态变成 R 态。

Quiz42 细胞内绝大多数酶的别构效应物是核苷酸，特别是腺苷酸。这是为什么？

2. 共价修饰调节

酶的共价修饰（covalent modification）调节是通过对酶分子中的某个或某些氨基酸残基进行化学修饰而改变酶活性的。这是由修饰酶（modifying enzyme）和去修饰酶（de-modifying enzyme）共同构成的一种可逆的环式调节系统。

可调节酶活性的共价修饰的主要方式有：磷酸化（phosphorylation）、乙酰化、甲基化、腺苷酸化（adenylylation）和尿苷酸化（uridylylation）以及二硫键的形成等。其中，磷酸化是最常见的形式，广泛存在于各种生物体内，特别是真核生物。能被磷酸化修饰的氨基酸残基只能是亲水氨基酸，特别是三种羟基氨基酸和组氨酸。催化磷酸化的修饰酶是蛋白激酶（protein kinase），磷酸基团来自 ATP，而催化脱磷酸化的去修饰酶是磷蛋白磷酸酶（phosphoprotein phosphatase）（图 4-47）。

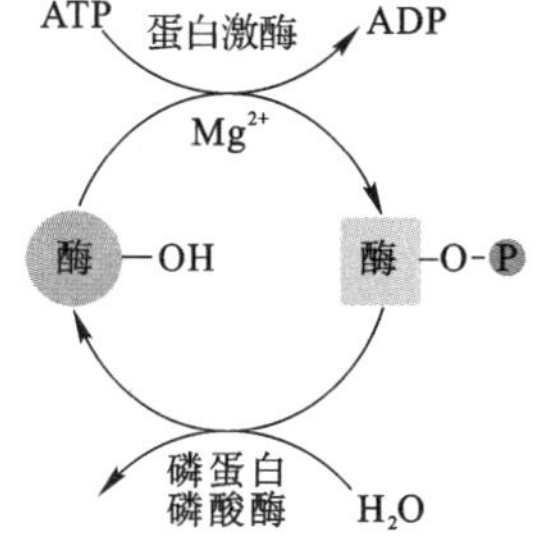

图 4-47 蛋白质的“可逆磷酸化”

磷酸化对蛋白质的影响包括：①增加了 2 个负电荷，影响其静电作用；②磷酸化基团可形成 3 个氢键；③随磷酸基团引入了额外的能量，贮存在磷蛋白上；④磷酸化和去磷酸化可在很长的时段内发生，间隔的时间是可以调节的；⑤产生级联放大。一种激酶的底物可能是另外一种激酶，如此作用具有放大效应。前三种影响很容易诱发蛋白质的构象发生剧烈的变化，从而改变蛋白质的生物学活性。

必须注意的是，某些酶因磷酸化修饰从无活性变为有活性，如糖原磷酸化酶，有些酶正好相反，如糖原合酶。

真核细胞含有多种蛋白激酶的现象说明了蛋白质磷酸化的重要性。据估计，人类基因组约编码了 1 000 种以上不同的蛋白激酶。也已发现，160 种以上的蛋白激酶的突变或者活性失调与多种疾病有关。正因为如此，多种以激酶作为作用靶点的药物，特别是一些治疗癌症的药物已经被研发出来或者正在研发之中。

一般按照接受磷酸根的氨基酸残基的性质，蛋白激酶可分为丝氨酸 / 苏氨酸蛋白激酶、酪氨酸蛋白激酶和双功能激酶，其中双功能激酶既可修饰 Ser/Thr，还可以修饰 Tyr。此外，还有组氨酸蛋白激酶，但这类激酶在作用的时候，一般是先催化自己的一个 His 残基发生磷酸化，然后再把磷酸基团转移到底物蛋白分子上的一个 Asp 残基上，因此将它们称为组氨酸 – 天冬氨酸蛋白激酶可能更合适。组氨

Quiz43 还有哪一种氨基酸残基的侧链也可以发生磷酸化修饰?

酸蛋白激酶普遍存在于细菌、古菌、低等真核生物和植物体内,作为它们二元信号转导系统的一个部分(参看第十九章"基因表达的调控")。与蛋白激酶相比,催化磷蛋白去磷酸化的磷酸酶的种类只有几百种,且作用的特异性要广,进化的保守性也比较强。

酶的腺苷酸化和尿苷酸化修饰存在于细菌体内,被修饰的氨基酸残基通常是 Tyr,提供 AMP 和 UMP 基团的分别是 ATP 和 UTP。催化腺苷酸化和尿苷酸化反应的修饰酶分别是腺苷酸转移酶和尿苷酸转移酶,而催化脱腺苷酸化和脱尿苷酸化反应的去修饰酶分别是脱腺苷酸化酶和脱尿苷酸化酶。例如,大肠杆菌细胞内的谷氨酰胺合成酶可以发生腺苷酸化,而失去活性。

二硫键的形成可视为一种特殊的共价修饰,可见于植物。例如,参与绿色植物光合作用暗反应的一些酶,在没有光的条件下形成二硫键而失去活性。然而,在有光的条件下,光反应产生的还原性辅酶Ⅱ可通过一种蛋白质,将二硫键还原,从而激活这些本来无活性的酶。

3. 水解激活

一些酶在细胞内以无活性的酶原形式被合成,需要通过水解(由其他蛋白酶催化或自催化)去除一些氨基酸序列以后才会有活性,这种调节酶活性的方式称为水解激活(proteolytic activation)。

通过这种机制调节酶活性的主要是各种水解酶,如消化道内的胃蛋白酶、胰蛋白酶、胰凝乳蛋白酶、羧肽酶和弹性蛋白酶。这些消化酶以酶原的形式在细胞内合成好以后被分泌到消化道,然后再被水解掉一段氨基酸序列以后才被激活。如果它们在细胞内提前激活,就会错误水解胞内的蛋白质,导致细胞自溶。医学研究表明,消化酶原在细胞内的提前活化会导致急性胰腺炎的发作。此外,几种与凝血有关的凝血因子、参与细胞凋亡的胱天蛋白酶以及补体激活途径中的某些成分也需要水解才能激活。

Quiz44 你认为胃酸是如何能够改变胃蛋白酶的构象的?

以胃蛋白酶为例,其酶原多出 44 个氨基酸残基。在由胃主细胞分泌到胃腔以后,胃蛋白酶原受到胃酸的作用,构象发生变化而发生自切割,在丢掉 N 端 44 个残基以后被激活。先行激活的胃蛋白酶再作用其他还没有激活的酶原,可产生更多有活性的胃蛋白酶。

若是胰蛋白酶原,则从胰腺分泌到肠腔后,需要肠肽酶(enteropeptidase)或已激活的胰蛋白酶在酶原内部的 Lys-Ile 处将其切开,去除 N 端一段六肽序列后才有活性(图 4-48)。

胰凝乳蛋白酶的激活略微复杂(图 4-49):其前体只有一条肽链,共有 245 个氨基酸残基,内有 5 个链内二硫键。首先它在胰蛋白酶作用下,位于 Arg15-Ile16 之间的肽键被水解,转变为 π 胰凝乳蛋白酶,但水解产生的 N 端十五肽和 C 端多肽仍然通过 Cys1 和 Cys122 之间的二硫键相连。游离出来的 Ile16 的 α- 氨基因质子化成为带正电荷的基团,与紧靠活性中心的 Asp195 架起盐桥,从而导致活性中心的移动,使 Gly193 和 Ser195 处于合适的位置,能够与四面体过渡态上的氧阴离子形成氢键(参看本章上一节有关胰凝乳蛋白酶的作用机理)。至此,π 胰凝乳蛋白酶已有活性,但随后会相互催化,将 Leu13-Ser14、Tyr146-Thr147 和 Asn148-Ala149 之间的三个肽键水解,释放出两个二肽(Ser14-Arg15 和 Thr147-Asn148),最终产生稳定的有活性的 α 胰凝乳蛋白酶。

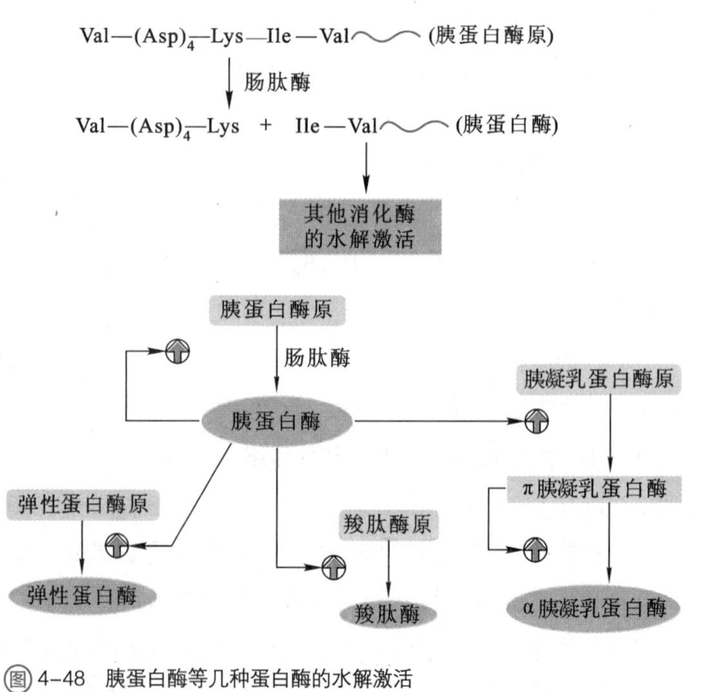

图 4-48 胰蛋白酶等几种蛋白酶的水解激活

Quiz45 如果肠肽酶在胰腺细胞内表达,会有什么后果?

经水解激活的凝血因子包括

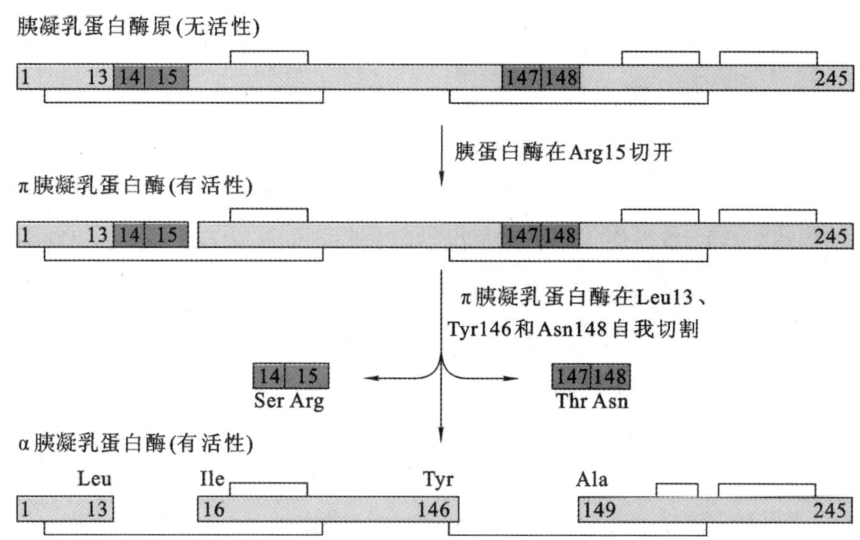

图 4-49 胰凝乳蛋白酶的水解激活

XII、XI、IX、X、VII、II、V 和 VIII(图 4-50),其中前六种属于丝氨酸蛋白酶,而凝血因子 II 就是凝血酶。这些凝血因子可通过内源途径或外源途径,依次被水解激活,构成凝血的级联反应,最后纤维蛋白原(fibrinogen)被凝血酶水解激活,丢掉纤维蛋白肽(fibrinopeptide)A 和 B 后变成纤维蛋白(fibrin)。纤维蛋白在释放出这两种小肽以后,暴露出相互结合的位点,进而彼此聚合成纤维状的血凝块。随后,纤维蛋白之间在 Glu 和 Lys 残基处形成共价交联,在凝血因子XIII的作用下形成更稳定的聚合体。然而,随着伤口的愈合,血凝块必须被清除,否则会诱发中风或心脏病。此过程主要由纤溶酶(plasmin)催化,该酶也是以酶原的形式被合成的,受组织纤溶酶激活物(tissue plasminogen activator,tPA)的水解激活。

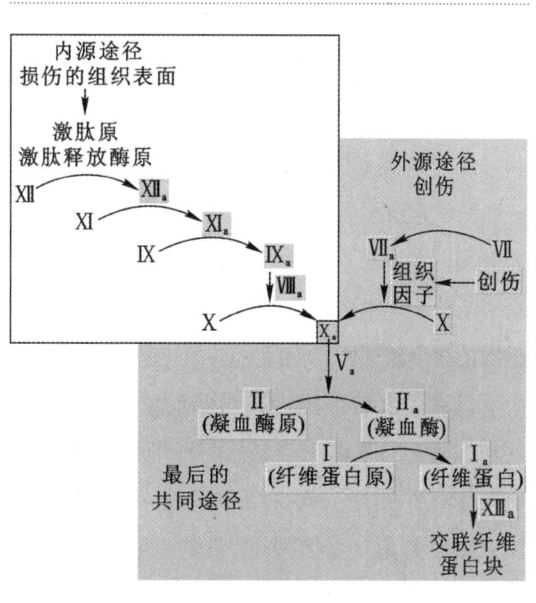

图 4-50 凝血因子的水解激活

Quiz46 你听说过尿激酶(urokinase)吗?它在体内作用的对象是什么?

血友病(hemophilia)与凝血因子VIII或IX的基因缺陷有关。患者一旦出现了伤口,便会血流不止。唯一有效的治疗方法是输入外源的凝血因子VIII或IX。

4. 受调节蛋白的调节

某些蛋白质也能够作为配体,与特定的酶结合而调节被结合的酶的活性,这些调节酶活性的蛋白质称为调节蛋白。其中,激活酶活性的调节蛋白称为激活蛋白,抑制酶活性的调节蛋白称为抑制蛋白。抑制蛋白通常结合在酶的活性中心,通过阻止底物与活性中心的结合来达到抑制的效果。

Quiz47 你认为激活蛋白会结合在哪里激活酶的活性?

抑制蛋白中最常见的一类是丝氨酸蛋白酶抑制剂(serine protease inhibitor,Serpin),它们专门与丝氨酸蛋白酶结合,并抑制丝氨酸蛋白酶的水解活性。

从能量学的角度来看,使用抑制蛋白来抑制蛋白酶活性似乎很不经济,因为每合成一个抑制蛋白分子需要消耗大量的 ATP。但由于蛋白酶的水解激活是不可逆的,当机体不再需要的时候,应该有一套快速将其灭活的方法,这对一些系统格外重要,如凝血,而 Serpin 的存在正好能够满足这样的需求。正因为 Serpin 如此重要,所以它们在血浆中的含量极为丰富,最多可占到血浆总蛋白的 20%。倘若缺乏某种 Serpin，即可致病。

在体内，嗜中性粒细胞（neutrophil）为了修复有炎症的组织，经常向外分泌弹性蛋白酶。但如果弹性蛋白酶从炎症修复的地方扩散到肺泡，就会水解肺泡壁上的弹性蛋白（elastin）。为了防止这种情况的发生，肝细胞会分泌一种叫 α1- 抗胰蛋白酶的 Serpin。这种 Serpin 能与弹性蛋白酶结合，使其失活，以保护肺泡壁的完整。在 α1- 抗胰蛋白酶的分子上，有一个关键的 Met 残基充当了弹性蛋白酶的诱饵。一旦弹性蛋白酶结合上来，就会像其他丝氨酸蛋白酶遇到 Serpin 一样而失活。如果这个关键的 Met 残基因为基因突变而被其他氨基酸取代，则导致 Serpin 上的诱饵失效，于是弹性蛋白酶不再"上钩"，而是去不断地水解肺泡壁上的弹性蛋白，就会诱发肺气肿（emphysema）。吸烟可导致 α1- 抗胰蛋白酶分子上充当诱饵的 Met 残基发生氧化而失去活性，因此也可以诱发肺气肿。

Quiz48 自制的豆浆为什么一定要煮透了才能饮用？

一些抑制蛋白之所以能够与被抑制的靶酶活性中心结合，是因为它们带有类似于底物的结构，相当于充当了一种假底物（pseudosubstrate），这样可吸引酶的活性中心与它们结合，而结合不了真正的底物。例如，由牛痘病毒（vaccinia virus）产生的一种叫 K3L 的抑制蛋白，就是受干扰素（interferon）诱导激活的依赖双链 RNA 的蛋白激酶（PKR）的假底物，它可阻止 PKR 催化真正底物——eIF3 的磷酸化，从而对抗宿主产生的抗病毒反应。

至于使用激活蛋白来调节酶活性的一个重要例子，就是周期蛋白（cyclin）激活与调节细胞周期有关的蛋白激酶。受周期蛋白激活的蛋白激酶统称为依赖于周期蛋白的激酶（cyclin-dependent kinase，CDK）。已在真核细胞内，发现多种不同的 CDK 和相配套的不同的周期蛋白，并且不同的 CDK 一般受不同的周期蛋白激活。也就是说，在每一个有活性的 CDK 背后，总有一个可与它结合并激活它的周期蛋白。

5. 生物凝聚物的可逆形成

科学家已经发现越来越多的酶在胞内可以通过液相分离（liquid-liquid phase separation）的方式，在局部凝聚在一起可逆地形成一种无膜包被的叫"生物凝聚物"（biological condensate）的细胞器结构来改变活性。这种结构的形成像油和水在合适的条件下自发形成液滴(droplet)一样，但有一个重要区别：正常的相分离通常受温度影响，但在生物体内，这是局部的蛋白质浓度的变化造成的。

以许多真核细胞内参与脂肪酸合成的乙酰 CoA 羧化酶 1（acetyl-CoA carboxylase 1，ACC1）为例。该酶有二聚体和多聚体两种形式，其中二聚体由两个相同的亚基紧密结合而成，无活性；而多聚体由多个二聚体聚合而成，就是一种生物凝聚物，有活性。在胞内，柠檬酸促进多聚体的形成，而脂酰 CoA 则促进多聚体解离成二聚体（图 4-51）。

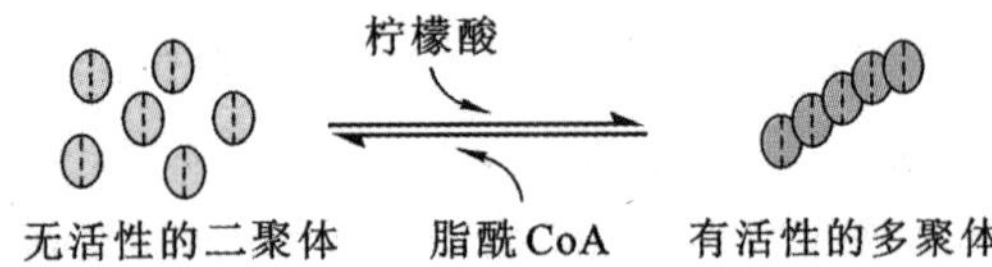

图 4-51 ACC1 的聚合和解离与酶活性的变化

Box4.4 **能量感应器 AMPK 也能当无间道？**

细胞内有各种感应蛋白，它们可以帮助细胞实时探测一些重要信号分子、营养成分或者代谢物浓度的变化，这样可以让细胞及时作出反应。比如，负责探测细胞质基质钙离子水平的钙调蛋白以及探测和适应氧气供应的缺氧感应蛋白 HIF-1α。现在，我们要了解的是真核细胞中的一个能量感应器——AMPK。

AMPK 的全称是 AMP-activated protein kinase，即 AMP 激活的蛋白激酶（图 4-52）。该酶由 α、β 和 γ 三个亚基组成，其中 γ 亚基有 AMP 结合位点，β 亚基为调节位点，α 亚基存在着催化位点。该酶的 γ 亚基通过三个两亲性的口袋与 AMP 作用，结合 AMP，同时激活 α 亚基的蛋白激酶活性。

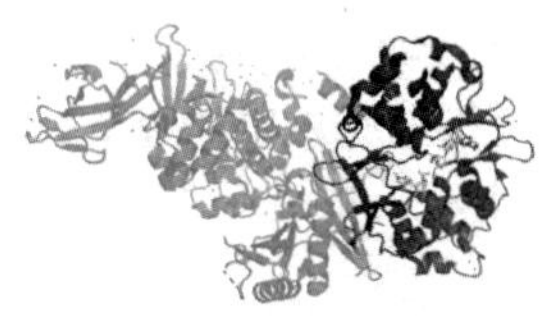
图 4-52 AMPK 模式图（浅灰色示结合的 AMP）

细胞选择使用 AMP 作为能量水平的代表是非常明智的。ATP 作为细胞的能量通货是需要维持稳定的，因此细胞总在为了维持 ATP 水平的稳定上大费心思。在细胞供能不足的条件下，为了维持 ATP 水平的稳定，细胞会动用腺苷酸激酶将两个 ADP 缩合成一分子 ATP 和一分子 AMP。反应式为：$2ADP \longrightarrow ATP + AMP$。

因此，细胞通过检测胞质中 AMP 的水平，可以在进入 ATP 水平持续下降这种极度危险的状况前判定自身是否处于能量短缺的状态。被设计为被 AMP 激活的 AMPK，在感知到提升的 AMP 水平时，会激活 α 亚基的丝氨酸 / 苏氨酸激酶活性，通过调节下游蛋白的活性，关闭胞内多种高度耗能的合成代谢途径，同时提升脂分解代谢水平、增多细胞膜上 GLUT4 葡萄糖转运体数目、增强细胞自噬活动等一系列有利于提升细胞能量水平的效应。

AMPK 同时还发挥着其他重要的功能，其中包括抑制细胞增殖，因此，AMPK 相关基因在"大多数情况"下被认为是抑癌基因，有的医生甚至还使用自然药物中提取的 AMPK 激动剂用于配合肿瘤的化疗。

然而，最近有一部分的研究者开始怀疑起了 AMPK 的身份。他们发现 AMPK 有时表面上打压肿瘤细胞的生长发育，背地里却又偷偷维持着处于缺氧和营养不良状态下肿瘤细胞的存活。例如，有人发现 AMPK 可能在原癌基因引起的不正常的代谢模式中仍旧维持着这种不正常的代谢稳态。众所周知，癌细胞的发生，大概率与细胞代谢重编程有着千丝万缕的联系。再如，还有人发现，AMPK 在病毒感染过程中，甚至可能为病毒入侵、感染和复制提供了"一条龙服务"。如此"殷勤"的表现，AMPK 就仿佛是被病毒收买在细胞里里应外合许久的线人。但反过来，它又对病毒的繁殖有一定的抑制作用。所以，AMPK 是敌是友？还是进化过程中被病毒和癌基因贿赂的"无间道"？在癌症的治疗中，临床医生到底应该用 AMPK 的激动剂还是 AMPK 抑制剂？这一点至今仍无定论。

作为一个看似简单的能量感应器，AMPK 的背后仍然有着无休无止的秘密与争议，这正是生命科学的魅力所在，"牵一发而动全身"。生命构成的任何一个分子，它的背后可能都有着极其庞大的网络；网络上的每一个分子，又有着它们调控的各式各样的网络，最后这些网络联接而成的，就是我们这些充满着谜团的生命体。

（本文由南京大学医学院 2018 级吴天宇同学创作）

第五节　维生素与辅酶

维生素（vitamin）是维持生物体正常生命活动必不可少的一类小分子有机化合物。虽然机体对它们的需要量甚少，但由于它们不能在体内合成，或者虽能合成但合成的量难以满足机体的需要，必须通过饮食等手段获取。机体之所以需要，主要是很多酶的辅酶和辅基与它们有关系。因此，人体如果长期缺乏某种维生素，就会出现相应的维生素缺乏病。

维生素的种类多、来源广、功能多样，其化学结构差别也很大。为方便起见，通常按溶解性质将其分为脂溶性维生素（fat-soluble vitamin）和水溶性维生素（water-soluble vitamin）两大类。这两类维生素的主要差别参看表 4–9。

► 表 4–9　脂溶性维生素与水溶性维生素的比较

类别	脂溶性维生素	水溶性维生素
溶解性质	不溶于水，溶于有机溶剂	溶于水
吸收	被小肠吸收后，先进入淋巴循环，然后再到血液	被肠道吸收后直接进入血液
血液运输	需要载体蛋白的帮助	游离的形式
跨膜进出细胞的方式	自由扩散	一般需要运输蛋白的帮助
贮存	量多时与脂肪贮存在一起，难以排泄	量多时经肾脏排泄出去
毒性	大量服用时容易达到毒性水平	难以达到毒性水平
剂量	周期性地服用	经常少量服用（1 ~ 3 天）
实例	维生素 D、A、K 和 E	B 族维生素和维生素 C

一、水溶性维生素

包括 B 族维生素和维生素 C，在生物体内有的直接作为辅酶或辅基，有的可转变为辅酶或辅基，参与代谢，因此一旦缺乏，机体的代谢会出现障碍。最容易受到影响的是生长和分裂旺盛的细胞和组织，如上皮细胞和血细胞。不同的水溶性维生素的缺乏往往会有一些交叉的症状，如皮炎（dermatitis）、舌炎（glossitis）、口角炎（cheilitis）和腹泻等。由于神经组织的活动非常依赖于持续的能量供应，尤其是来自葡萄糖氧化分解所释放的能量，因此缺乏水溶性维生素一般会影响到神经系统的功能，主要症状有外周神经炎（peripheral neuropathy）、忧郁（depression）、精神错乱（mental confusion）和运动失调等。

（一）B 族维生素

这是一个大家族，包括维生素 B_1、维生素 B_2、维生素 PP、维生素 B_6、泛酸（pantothenic acid）、生物素（biotin）、叶酸（folic acid）和维生素 B_{12}。它们的共同特点有：①在自然界经常共同存在，最丰富的来源是酵母、蔬菜和动物肝脏；②从低等的微生物到高等动物都需要它们；③在生物体内主要作为辅酶或辅基参与代谢；④在化学结构上大都含有 N；⑤易溶于水，对酸稳定，易被碱或热破坏。

1. 维生素 B_1

维生素 B_1 是第一种被发现的维生素，其化学结构因具有含 S 的噻唑环和含氨基的嘧啶环故又名为硫胺素（thiamine）（图 4-53）。值得注意的是，其噻唑环位于 N 和 S 之间的 C 上的氢原子，由于受到周围吸电子基团的影响，可以质子的形式释放出去，从而留下亲核性强的碳负离子。

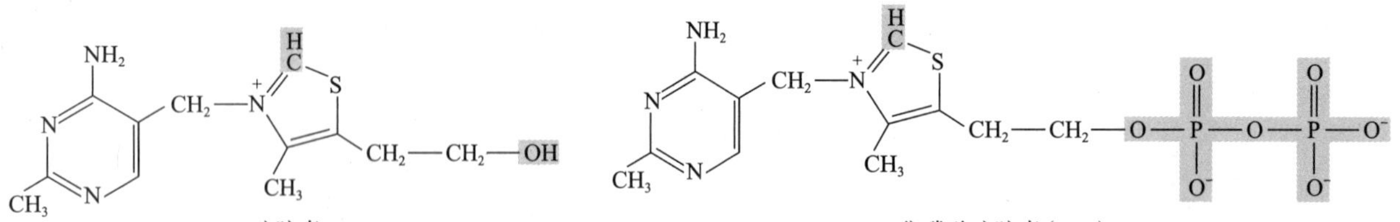

硫胺素　　　　焦磷酸硫胺素（TPP）

图 4-53　维生素 B_1 及其衍生的辅酶（TPP）的化学结构

Quiz49 你认为硫胺素是通过自由扩散的方式被肠道吸收的吗？为什么？

维生素 B_1 易被小肠吸收，在胞内受激酶的催化被磷酸化成硫胺素焦磷酸（thiamine pyrophosphate，TPP）。TPP 是体内催化 α- 酮酸氧化脱羧的酶的辅酶，也是磷酸戊糖途径中转酮酶的辅酶，在反应中噻唑环上的碳负离子直接作为亲核试剂参与催化。当维生素 B_1 缺乏时，由于 TPP 合成不足，α- 酮酸的氧化脱羧以及磷酸戊糖途径即发生障碍，这必然会导致糖的氧化利用受阻。在正常情况下，神经组织的能量供应依赖于糖的氧化分解，因此维生素 B_1 缺乏首先会影响神经组织的能量供应，并伴有丙酮酸及乳酸等在神经组织中的堆积，出现手足麻木、四肢无力等多发性外周神经炎的症状。重者引起心跳加快、心脏扩大和心力衰竭，临床上称为脚气病（beriberi），因此维生素 B_1 又被称为抗脚气病维生素。

维生素 B_1 还有抑制乙酰胆碱酯酶的作用，因此如果缺乏维生素 B_1，乙酰胆碱酯酶活性将增强，乙酰胆碱水解加速，神经传导会受到影响，可造成胃肠蠕动缓慢、消化液分泌减少、食欲不振和消化不良等症状。反之，补充维生素 B_1 则可增加食欲、促进消化。

富含 B_1 的食品有：肉类、绿叶素菜、谷物及麦片。

2. 维生素 B_2

维生素 B_2 是由核糖醇（ribitol）与 7，8- 二甲基异咯嗪（iso-alloxazine）结合而成（图 4-54）。氧化的形式呈黄色，因而又名为核黄素（riboflavin）。异咯嗪环上的 N1 和 N5 可加氢和脱氢，具有可逆的氧化还原特性，而这一特点与核黄素的主要生理功能直接相关。

核黄素在体内经磷酸化作用，可转变为黄素单核苷酸（flavin mononucleotide，FMN）和黄素腺嘌呤二核苷酸（flavin adenine dinucleotide，FAD）（图 4-54），它们在体内主要作为各种黄酶或黄素蛋白的辅

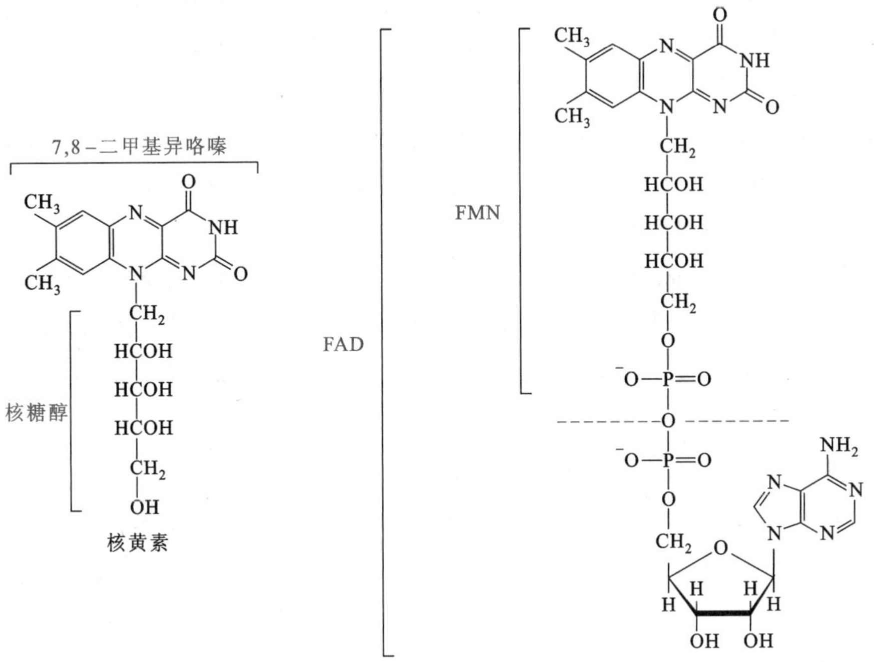

图4-54　维生素 B_2 及其衍生的辅基（FMN 和 FAD）的化学结构

基参与生物氧化。几种重要的黄酶包括：NADH 脱氢酶、二氢硫辛酰胺脱氢酶、琥珀酸脱氢酶、脂酰辅酶 A 脱氢酶、氨基酸氧化酶和黄嘌呤氧化酶等。

维生素 B_2 缺乏时，主要症状为口角炎、舌炎、阴囊炎、皮疹及角膜血管增生和巩膜充血等。婴、幼儿缺乏它则会生长迟缓。富含 B_2 的食品有：牛奶和乳制品、肉类、绿叶素菜、谷物及麦片。

3. 维生素 PP

即维生素 B_3，包括烟酸（nicotinic acid）和烟酰胺（nicotinamide），两者均为吡啶衍生物，在体内可相互转变。烟酰胺是构成辅酶Ⅰ（NAD^+）和辅酶Ⅱ（$NADP^+$）的成分（图 4-55），与 FMN 和 FAD 一样，也

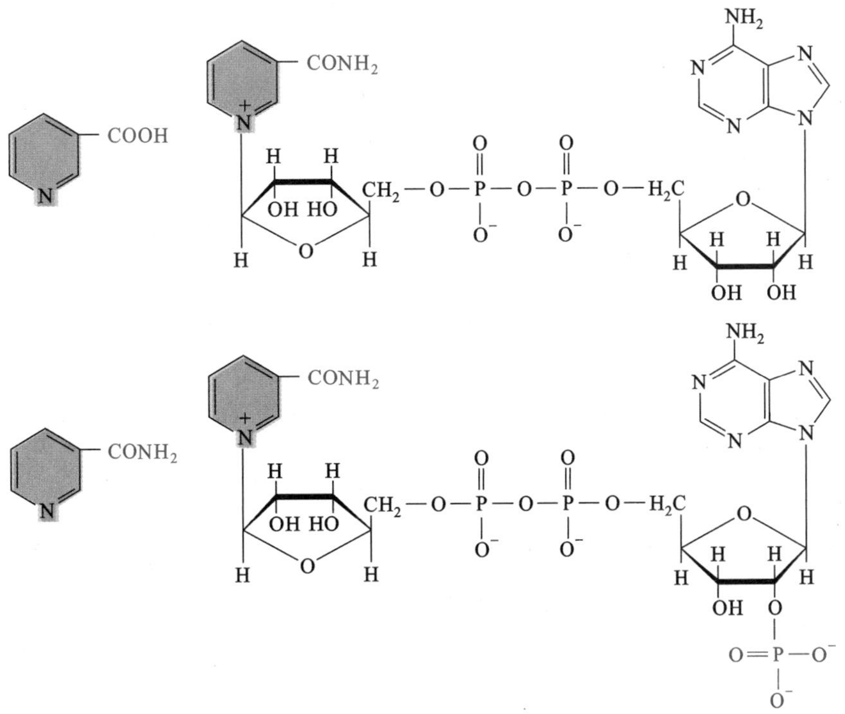

图4-55　维生素 PP 及其衍生的辅酶Ⅰ和Ⅱ的化学结构

具有可逆的加氢和脱氢的特性，因此这两种辅酶也参与生物氧化，作为细胞内很多重要的脱氢酶的辅酶，例如，3- 磷酸甘油醛脱氢酶和 6- 磷酸葡糖脱氢酶分别以辅酶Ⅰ和辅酶Ⅱ作为辅酶。

NAD^+ 除了可以作为许多脱氢酶的辅酶以外，在体内至少还能作为其他三种酶的底物参与相关的反应：①细菌的 DNA 连接酶（参看第十三章“DNA 复制”）；②真核细胞内依赖于 NAD^+ 的组蛋白去乙酰酶（参看第十九章“基因表达的调控”）；③催化蛋白质发生 ADP- 核糖基化修饰的 ADP- 核糖基转移酶。例如，霍乱毒素、百日咳毒素和白喉毒素都具有这种酶的活性。

烟酸在人体内可从色氨酸代谢产生，但色氨酸转变成烟酸的量有限，不能满足机体的需要，因此仍需要从食物中获取。一般营养条件下，很少会出现缺乏维生素 PP 的情况。维生素 PP 缺乏时，主要表现为癞皮病（pellagra）。由于补充维生素 PP 可预防和治愈癞皮病，因此维生素 PP 又称为抗癞皮病因子或抗癞皮病维生素。

4. 维生素 B_6

包括吡哆醇（pyridoxine）、吡哆醛（pyridoxal）和吡哆胺（pyrodixamine）三种形式（图 4–56），在体内可以相互转变。

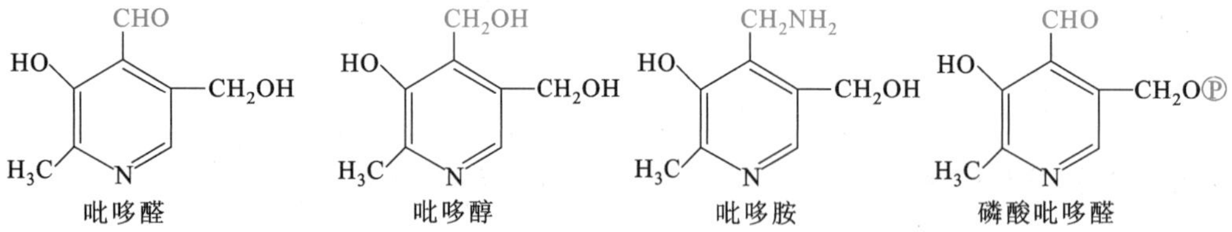

吡哆醛　吡哆醇　吡哆胺　磷酸吡哆醛　磷酸吡哆胺

图 4–56　维生素 B_6 及其衍生的辅酶的化学结构

胞内的维生素 B_6 在激酶的催化下经磷酸化作用转变为相应的磷酸酯，其中作为辅酶的主要是磷酸吡哆醛（PLP）和磷酸吡哆胺。它们在体内参与氨基酸的转氨、消旋、某些氨基酸的脱羧、半胱氨酸的脱巯基作用和糖原的磷酸化，此外还参与血清素、去甲肾上腺素、鞘磷脂以及血红素的合成。

Quiz50 糖原磷酸化酶和转氨酶都需要磷酸吡哆醛，但有什么差别吗？

维生素 B_6 在动植物中分布极广，同时，肠道细菌也能够合成它，因此人类尚未发现单纯的维生素 B_6 缺乏病。动物缺乏维生素 B_6 可引发与癞皮病相似的皮炎。

5. 泛酸

即维生素 B_5，是由 α,γ- 二羟 -β,β- 二甲基丁酸与 β- 丙氨酸通过酰胺键缩合而成的酸性物质，因其广泛存在于动、植物组织中，故名泛酸或遍多酸。

泛酸在体内与巯基乙胺、焦磷酸及 3′-AMP 磷酸结合成为辅酶 A（coenzyme A，CoA）（图 4–57）。辅酶 A 最重要的活性基团为巯基，在脂代谢中以它的巯基作为脂酰基的载体。例如乙酰辅酶 A，故辅酶

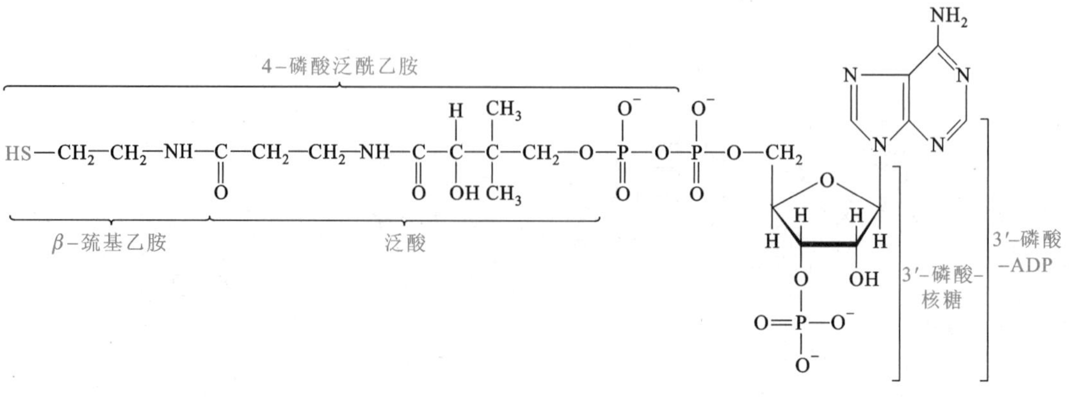

4–磷酸泛酰乙胺　β–巯基乙胺　泛酸　3′–磷酸–核糖　3′–磷酸–ADP

图 4–57　泛酸及辅酶 A 的化学结构

Quiz51 迄今为止，你发现有哪几种辅酶或辅基中含有腺苷酸?

A 常用 CoA-SH 表示。

6. 叶酸

也叫维生素 B_9，由蝶酸（pteroic acid）和谷氨酸缩合构成，因在植物绿叶中含量丰富而得名。食物中的叶酸主要是蝶酸与寡聚谷氨酸的缩合物，即寡聚谷氨酸叶酸（图 4-58）。这种形式的叶酸在消化道内经结合酶（conjugase）的作用，转变为单谷氨酸叶酸后才能被吸收。

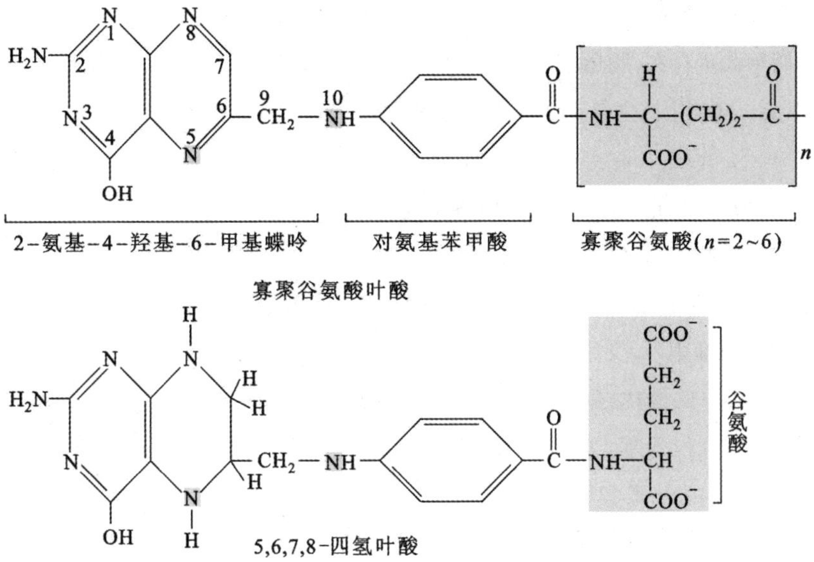

2-氨基-4-羟基-6-甲基蝶呤　对氨基苯甲酸　寡聚谷氨酸（n=2~6）

寡聚谷氨酸叶酸

谷氨酸

5,6,7,8-四氢叶酸

图 4-58　叶酸的化学结构

细胞吸收叶酸的过程是由受体介导的。叶酸的受体是位于细胞膜上的一种糖基磷脂酰肌醇锚定蛋白。当叶酸与膜上的受体结合以后，就发生受体介导的内吞，但叶酸与受体在胞内遇到偏酸的环境即发生解离。

叶酸在细胞内的辅酶形式为 5，6，7，8- 四氢叶酸，其作用是参与体内“一碳单位”的转移(图 4-59)，充当甲基（methyl）、亚甲基（methylene）、甲酰基（formyl）、甲川基（methenyl）和亚胺甲基（formimino）等基团的载体，在体内很多重要物质的合成中起作用。例如，N^{10}- 甲酰四氢叶酸（N^{10}-formyl-tetrahydrofolic acid）参与胞内嘌呤核苷酸的从头合成，作为嘌呤环中 C8 和 C2 位的来源。在脱氧尿苷酸转变成脱氧胸苷酸的过程中，胸腺嘧啶中的甲基由 N^5，N^{10}- 亚甲基四氢叶酸提供。又如，N^5，N^{10}- 亚甲基四氢叶

N^{10}-甲酰四氢叶酸　N^5-亚胺甲基四氢叶酸　N^5-甲基四氢叶酸

N^5，N^{10}-亚甲基四氢叶酸　N^5-甲酰四氢叶酸　N^5，N^{10}-甲川基四氢叶酸

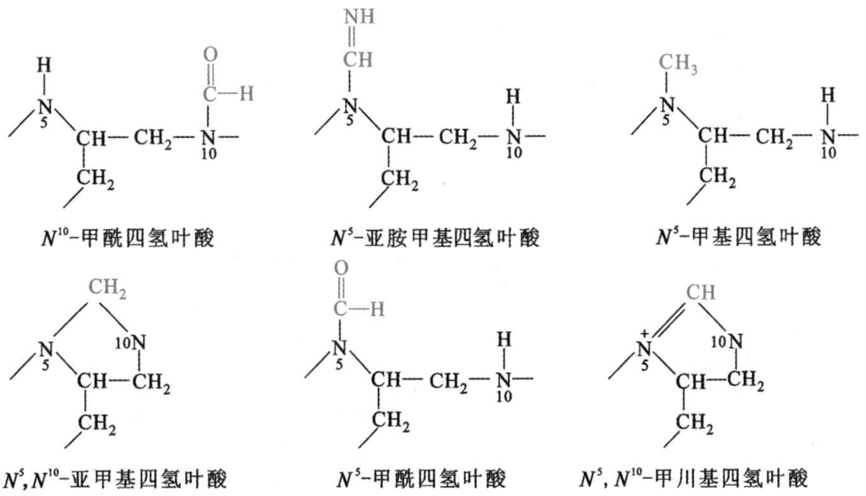

图 4-59　能被四氢叶酸转移的“一碳单位”

酸提供亚甲基使甘氨酸转变成丝氨酸，N^5- 甲基四氢叶酸提供甲基使高半胱氨酸转变为甲硫氨酸。

由此可见，叶酸与核苷酸合成有密切关系。当体内缺乏叶酸时，“一碳单位”的转移即发生障碍，核苷酸尤其是脱氧胸苷酸的合成就会减少，进而影响到骨髓中幼红细胞 DNA 的合成，使得幼红细胞的分裂速度明显下降。幼红细胞因分裂障碍而体积增大，形成巨幼红细胞（megaloblast），最终导致巨红细胞性贫血。此外已发现，许多癌细胞膜上的叶酸受体过量表达，这显然有利于癌细胞获得更多的叶酸资源，满足其对核苷酸合成的大量需求。很多抗癌药物就是叶酸的类似物，其作用机制是这些类似物可抑制癌细胞对叶酸的利用和转化。

Quiz52 人体有哪些维生素自己可以合成？

叶酸在绿叶中大量存在，肠道细菌也能合成，故一般不容易缺乏。但在吸收不良、代谢失常或细胞需要过多，以及长期使用抗生素或叶酸拮抗药的情况下，可造成叶酸缺乏。

7. 生物素

又名维生素 H 或维生素 B_7，由带有戊酸侧链的噻吩与尿素骈合而成（图 4-60）。

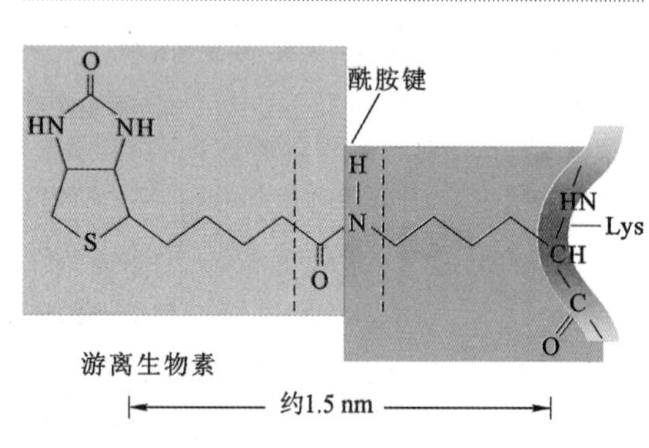

图 4-60 生物素和生物胞素的化学结构

在生物体内，生物素作为多种羧化酶的辅基参与 CO_2 的固定。在细胞内，受生物素蛋白连接酶（biotin protein ligase）的催化，生物素通过戊酸侧链与羧化酶的一个 Lys 残基上的 ε-NH_2 形成酰胺键。通常将这种由生物素和赖氨酸残基共价结合形成的复合物称为生物胞素（biocytin）。

由于生物素在动、植物组织中广泛存在，肠道细菌也能合成，故一般很少发生生物素缺乏病。

Quiz53 你认为鸟类为什么要在蛋清里表达亲和素？

但是，长期生吃鸡蛋可导致该维生素的缺乏，这是因为鸡蛋清中含有一种抗生物素蛋白即亲和素，此蛋白质与生物素具有高度的亲和力，可妨碍人体对生物素的吸收。

生物素缺乏的主要症状包括鳞状皮炎、精神忧郁、脱发和无食欲。

8. 维生素 B_{12}

维生素 B_{12} 含有复杂的类似卟啉环的咕啉环结构，可谓是自然界最复杂的维生素，因其分子中含有金属元素钴和若干酰胺基，故又称为钴胺素。

维生素 B_{12} 特有的结构特征是含有活泼的 C—Co 键，一旦这个化学键断裂，将产生自由基，从而引发催化。分子中的钴可以是一价、二价或三价，并能与—CN、—OH、—CH_3 或 5′- 脱氧腺苷等基团相连，分别称为氰钴胺素、羟钴胺素、甲基钴胺素（CH_3-B_{12}）和 5′- 脱氧腺苷钴胺素（5′-dA-B_{12}）（图 4-61）。其中最后两种为维生素 B_{12} 的辅酶形式，但两者在代谢中的作用并不相同。

CH_3-B_{12} 参与体内的转甲基反应和叶酸代谢，是 N^5- 甲基四氢叶酸甲基转移酶的辅酶。此酶催化 N^5- 甲基四氢叶酸和高半胱氨酸之间不可逆的甲基移换反应，产生四氢叶酸和甲硫氨酸。而由甲硫氨酸转变成的 S- 腺苷甲硫氨酸作为甲基供体，参与 DNA、组蛋白和 RNA 的甲基化修饰。因此它与叶酸的作用常常相互关联、相互依赖。缺乏维生素 B_{12} 的临床表现有恶性贫血（pernicious anemia）和神经系统受损。

5′-dA-B_{12} 在体内作为几种变位酶的辅酶，参与反应的是活泼的 C—Co 键，例如甲基天冬氨酸变位酶（图 4-62）。

维生素 B_{12} 只能由细菌和古菌合成，少见于植物，但可贮存在动物性食品中，特别是肝脏。人体对它的需要量甚少，每日仅需 2 μg，肠道细菌也能合成它，因此因摄入不足而导致维生素 B_{12} 缺乏在临床上很少见，但严格的素食者是有可能缺乏维生素 B_{12} 的。此外，维生素 B_{12} 的吸收与胃粘膜分泌的一种叫内在因子（intrinsic factor，IF）的糖蛋白密切相关。维生素 B_{12} 必须与 IF 结合后才能被小肠吸收。若一个人患有萎缩性胃炎、胃全切除或先天缺乏 IF，那就很容易缺乏维生素 B_{12}。

Quiz54 植物需要维生素 B_{12} 吗？

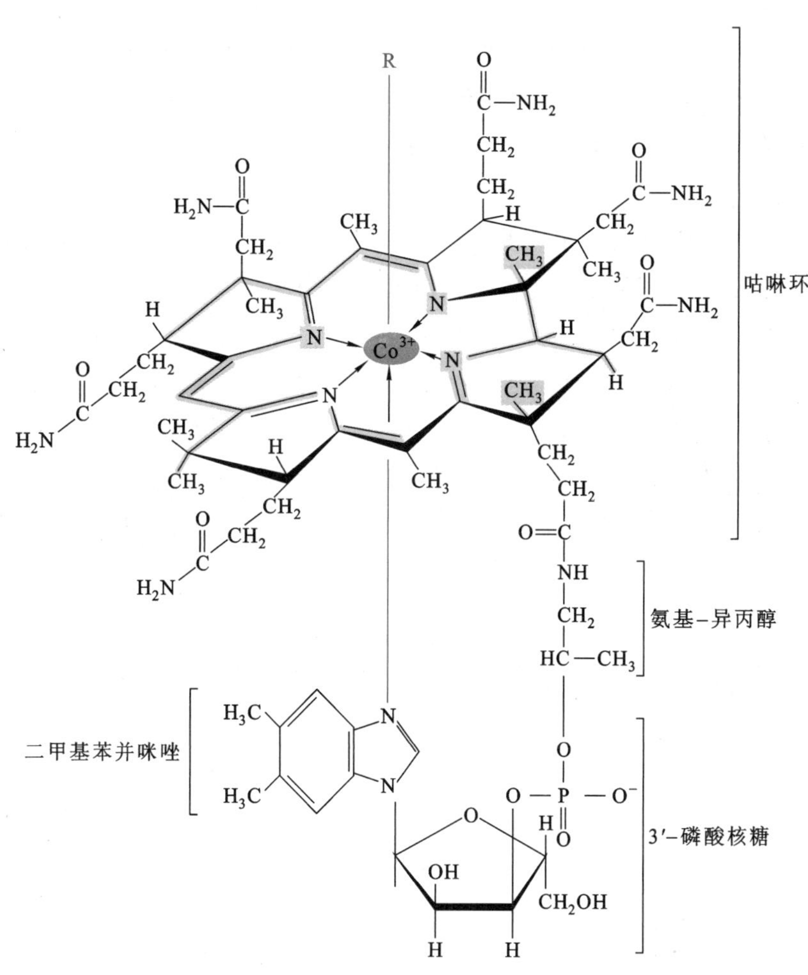

R	名称
—CN	氰钴胺素
5′-脱氧腺苷	脱氧腺苷钴胺素
—OH	羟钴胺素
—CH_3	甲基钴胺素

图 4-61 维生素 B_{12} 及其衍生物的化学结构

（二）维生素 C

维生素 C 又名 L- 抗坏血酸（ascorbic acid），是含有内酯结构的酸性多羟基化合物，其分子中第 2 位和第 3 位碳原子上的两个烯醇式羟基极易解离质子，因而在水溶液中有较强的酸性。此外，维生素 C 可氧化成脱氢维生素 C，此反应是可逆的（图 4-63）。维生素 C 含有手性碳原子，因而具有光学异构体，自然界存在的具有生理活性的是 L 型。

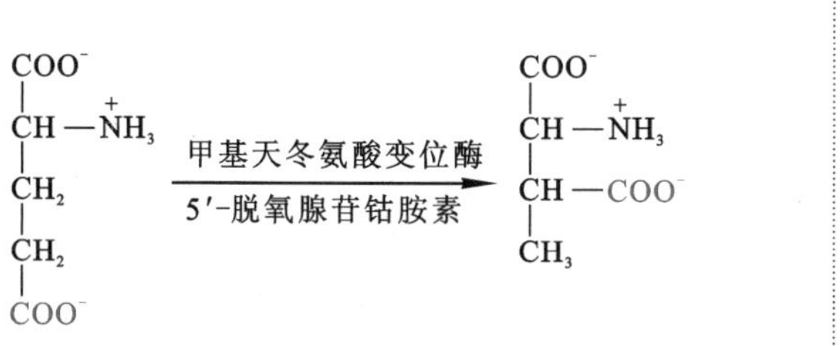

谷氨酸 →（甲基天冬氨酸变位酶，5′-脱氧腺苷钴胺素）→ 甲基天冬氨酸

图 4-62 5′- 脱氧腺苷钴胺素作为辅酶参与的酶促反应

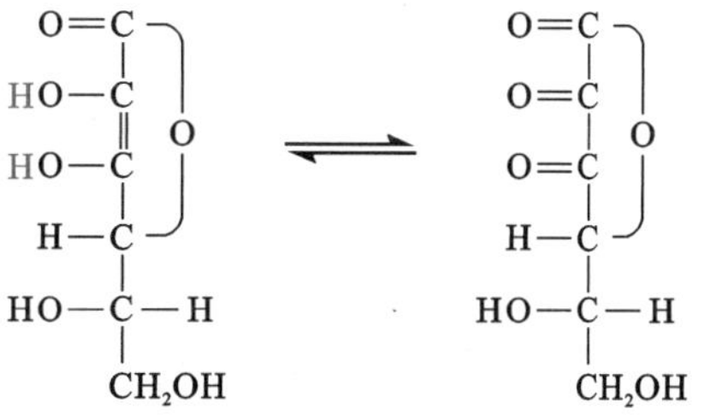

L-维生素C ⇌ L-脱氢维生素C

图 4-63 还原型和氧化型维生素 C 的互变

许多动物（如猫和老鼠）能够利用葡萄糖作为前体合成维生素 C，但是灵长类、某些鸟类、鱼类、无脊椎动物和豚鼠不行，原因是体内缺少合成维生素 C 的一个关键酶。

已知维生素 C 参与体内代谢功能主要是羟基化反应和抗氧化作用。

(1) 参与体内的羟基化反应

维生素 C 在细胞内参与多种物质的羟基化反应，而羟基化反应又是体内许多重要化合物的合成或分解的必经步骤。例如，胶原蛋白的后加工、类固醇的合成与转变、胆酸的形成、肉碱的合成、去甲肾上腺素的合成、酪氨酸的合成以及许多有机药物或毒物的生物转化。

(2) 抗氧化作用

维生素 C 在体内作为重要的抗氧化剂，有利于机体应对氧化胁迫（oxidative stress），作用主要体现在两个方面：①保护肽和酶分子上游离的巯基、促进巯基的再生。已知许多含巯基的酶要依赖于游离的巯基（—SH）才能有活性，而维生素 C 可以防止酶分子中的—SH 被氧化。此外，维生素 C 有助于氧化型的谷胱甘肽（G—S—S—G）还原成还原型的谷胱甘肽（G—SH），从而保证谷胱甘肽的功能。某些含巯基的酶在重金属中毒时被抑制，补充大量维生素 C 往往可以缓解毒性，其原理就在此。②防止铁的氧化、促进铁的吸收。维生素 C 能使难吸收的 Fe^{3+} 还原成易吸收的 Fe^{2+}，从而促进铁的吸收。它还能促使体内的 Fe^{3+} 还原，促进血红素的合成。此外，维生素 C 还有直接还原高铁血红蛋白的作用。

二、脂溶性维生素

脂溶性维生素包括维生素 A、维生素 D、维生素 E 和维生素 K（为了便于记忆，可将它们拼写成 DAKE），均是异戊二烯衍生物。

1. 维生素 A

维生素 A 是由 β- 白芷酮环和两个异戊二烯单位缩合而成的不饱和一元醇，有视黄醇（retinol）(A_1) 和 3- 脱氢视黄醇 (A_2) 两种。A_1 在体内经脱氢可转变为 11- 顺视黄醛。11- 顺视黄醛既可异构化为全反式视黄醛（all-*trans*-retinal），还可进一步被氧化成视黄酸（retinoic acid）即维甲酸（图 4–64）。

维生素 A 的生理功能由视黄醇、视黄醛和视黄酸来完成，主要表现在四个方面。

(1) 视黄醇和视黄酸可作为脂溶性激素，通过与它们的细胞核受体的结合来启动某些基因的表达，从而促进细胞的生长和分化，还可以阻止角蛋白的合成。与此同时，视黄醇的磷酸酯——磷酸视黄醇（retinyl phosphate）作为糖基供体直接参与某些糖蛋白和黏多糖的合成，这些糖蛋白和黏多糖是上皮组织分泌黏液的主要成分，参与调节细胞的生长。由此看来，维生素 A 是维持各种上皮组织的完整与健全所必需的物质，缺乏时上皮干燥、增生及角蛋白大量分泌导致角质化，其中对眼部、消

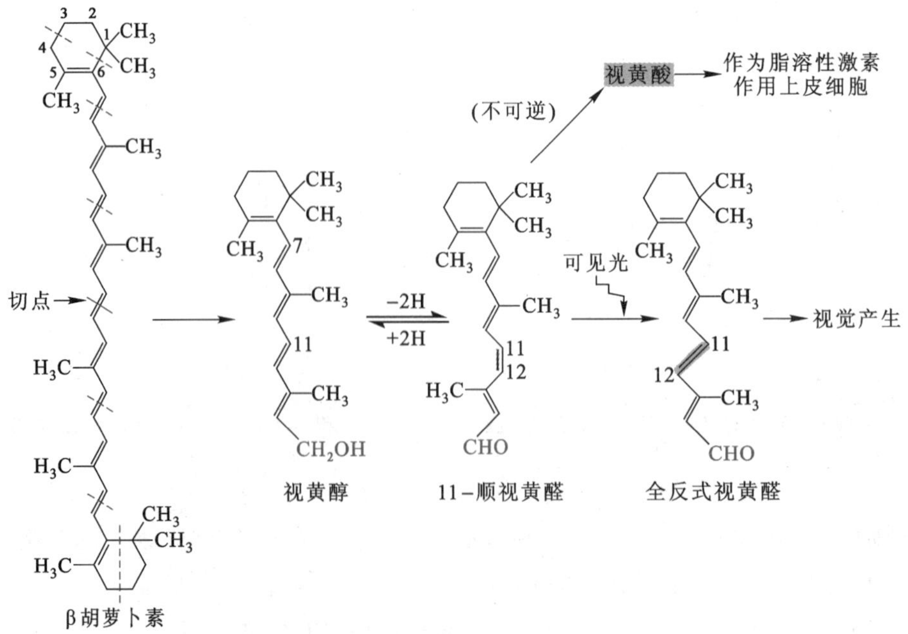

图 4–64 β 胡萝卜素向维生素 A 的转变以及维生素 A 在体内的功能

化道、呼吸道、尿道、膀胱及生殖系统等处的上皮影响最为显著。若缺乏维生素 A，则在眼部由于泪腺上皮角化，泪液分泌受阻，以致角膜、结膜干燥而产生干眼病（xerophthalmia），因此维生素 A 又称为抗干眼病维生素。

(2) 视黄醛构成视网膜的感光物质，作为视蛋白（opsin）的辅基参与视觉的形成，缺乏它可导致夜盲症（night blindness）。

(3) 抗氧化作用（参看维生素 C 和维生素 E）

维生素 A 只存在于动物性食品中，但是在很多植物性食品如胡萝卜、红辣椒、菠菜、芥菜等有色蔬菜中含有维生素 A 的前体——β 胡萝卜素（β-carotene）。β 胡萝卜素可被小肠黏膜或肝脏中的一种酶裂解为视黄醇，故又被称作维生素 A 原（provitamin A）。

2. 维生素 D

维生素 D 属于固醇类衍生物（图 4-65）。人体内的维生素 D 主要是由 7- 脱氢胆固醇经紫外线照射转变而成，也可从动物食品中获取，这种形式的维生素 D 为维生素 D_3 或胆钙化醇（cholecalciferol）。真菌中的麦角固醇经紫外线照射后可产生维生素 D_2 或钙化醇。

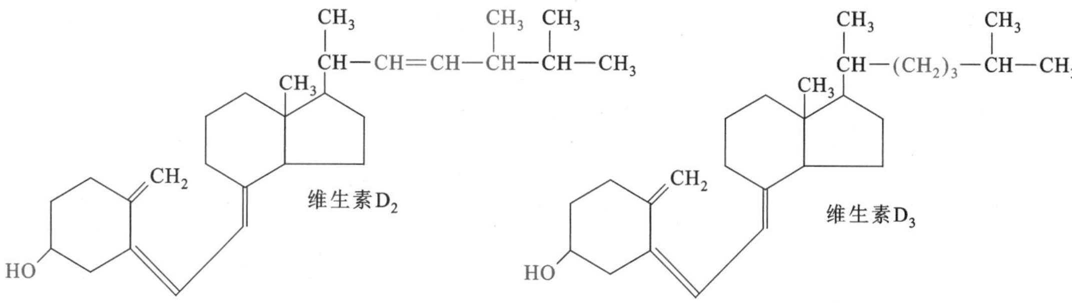

维生素 D_2

维生素 D_3

图 4-65　维生素 D 的化学结构

7- 脱氢胆固醇存在于皮肤内，它可由胆固醇脱氢产生。一般人体只要充分接受阳光照射，通过这种方式合成的维生素 D 完全可以满足生理需要。

两种维生素 D 的生理作用基本相同，但它们必须先在肝细胞内经羟基化转变为 25- 羟基维生素 D，然后在肾小管内进行第二次羟基化反应，最后形成具有活性的 1，25- 二羟维生素 D［1，25-$(OH)_2$VD］。1，25-$(OH)_2$VD 作为一种脂溶性激素发挥作用，在胞内与受体结合后可诱导某些基因的表达，如骨钙蛋白（osteocalcin）。

维生素 D 在体内与甲状旁腺素协同作用，共同促进小肠对食物中钙和磷的吸收，维持血中钙和磷的正常含量，促进骨和齿的钙化作用。由于维生素 D 具有抗佝偻病（rickets）的作用，故又名抗佝偻病维生素。

Quiz55 学过维生素以后，你知道有哪些维生素可影响到表观遗传吗？

3. 维生素 E

又称为生育酚，有 α、β、γ 和 δ 四种，其中以 α 生育酚（图 4-66）的生理效用最强。它们都是苯骈二氢吡喃的衍生物。

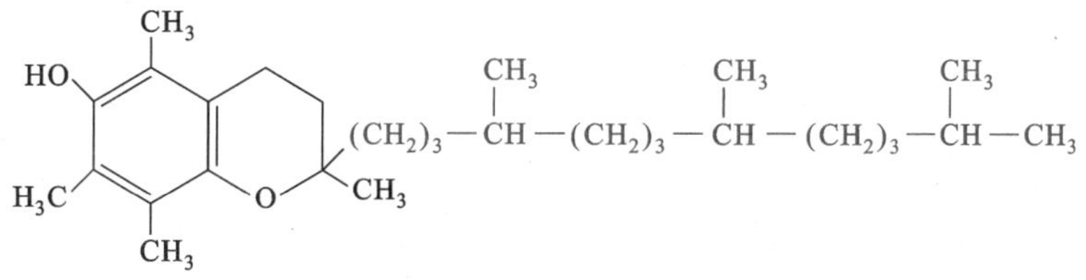

图 4-66　α 生育酚的化学结构

维生素 E 的主要生理功能是在体内作为一种强抗氧化剂,防止自由基和过氧化物对脂质的氧化,保护细胞膜免受氧化损伤以及维护红细胞的完整。其次,维生素 E 还可以去调节某些酶的活性,例如在抑制蛋白激酶 C 活性的同时,激活磷蛋白磷酸酶 2A 的活性。此外,维生素 E 还参与生物氧化,在呼吸链中既可以稳定辅酶 Q,又可以协助电子传递给辅酶 Q。

维生素 E 分布极广,在植物油中特别丰富,因此人类还没有发现相关的缺乏病。

4. 维生素 K

维生素 K 是 2- 甲基 1,4- 萘醌的衍生物(图 4-67),自然界已发现的有存在于绿叶植物中的维生素 K_1 和由肠道细菌合成的维生素 K_2。

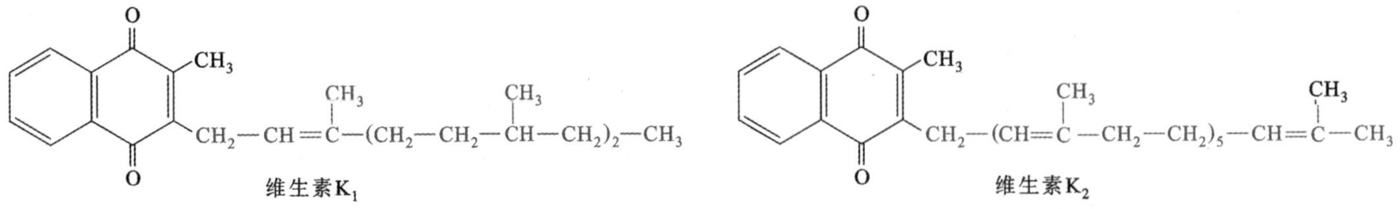

维生素 K_1　　维生素 K_2

图 4-67　维生素 K 的化学结构

在体内,维生素 K 主要作为依赖于维生素 K 的羧化酶(vitamin K-dependent carboxylase)的辅酶,参与某些蛋白质分子上特定的谷氨酸残基经历的 γ- 羧基化修饰,并最终激活它们的活性(图 4-68)。需要进行 γ- 羧基化修饰的蛋白质有凝血因子Ⅱ、Ⅶ、Ⅸ、和Ⅹ 以及骨钙蛋白。其中凝血因子可以促进血液凝固,因此维生素 K 又名为凝血维生素。而骨钙蛋白能够结合钙离子,因此维生素 K 也参与骨的形成。此外,在某些生物体内,维生素 K 还可以作为呼吸链的一部分,参与生物氧化。

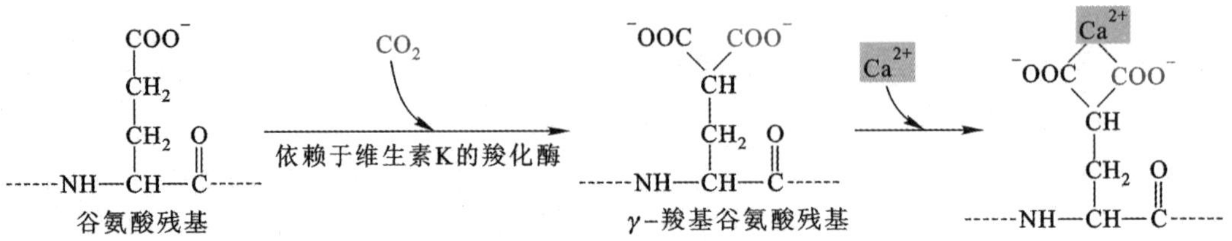

谷氨酸残基　依赖于维生素K的羧化酶　γ-羧基谷氨酸残基

图 4-68　维生素 K 作为辅酶参与的酶促反应

因为肠道细菌能合成维生素 K,所以人类维生素 K 缺乏病多系吸收障碍或因长期使用抗生素或维生素 K 的代谢拮抗药(metabolic antagonist)所致。

Box4.5　维生素 A 和 C 可帮助消除细胞记忆

学过维生素与辅酶这一节以后,我们知道了维生素 A 和 C 在体内有多项功能,这对健康十分重要,但是新的研究发现,它们还会影响我们每一个人的基因组 DNA。

根据英国巴布拉汉姆研究所(Babraham Institute)的科学家及其国际合作者的共同研究结果,维生素 A 和 C 被发现可以帮助细胞抹掉所持有的表观遗传"记忆"。这对于再生医学具有重要意义。他们研究的论文发表在 2016 年 10 月 12 日 *P.N.A.S.* 上,论文的题目是"Retinol and ascorbate drive erasure of epigenetic memory and enhance reprogramming to naïve pluripotency by complementary mechanisms"。

对于再生医学来说,其"圣杯"就是能够产生可定向成为任何其他细胞的细胞,例如脑细胞、心脏细胞和肺细胞。具有这种能力的细胞存在于早期胚胎中,即胚胎干细胞(ESC),它们在体内最终分化成机体不同类型的体细胞。但出于再生医学的目的，我们需要能迫使一些疾病患者体内高度分化的成年体细胞退回到“过去”，拥有类似胚胎干细胞的功能，并“忘记”它们现在的身份。

已知，通过DNA的表观遗传变化是可以在DNA层面上重新建立细胞的身份的。这些变化不会改变基因组DNA的碱基序列，但可以控制基因组哪些部分可以“访问”和“读取”。因此，每一种细胞类型都具有其独特的表观遗传学“指纹”，可以迫使和维持适合于该细胞类型的基因表达的特定模式。为了能让一种高度分化的细胞恢复到早期的多能状态，必须抹掉它现在所具有的表观遗传信息，这样才能再次打开完整的基因组。

现在来自英国巴布拉汉姆研究所、德国斯图加特大学和新西兰奥塔哥大学的研究人员共同研究了维生素A和C如何影响基因组表观遗传标记的消除。他们特别研究了DNA分子上最重要的表观遗传修饰，被称为DNA分子上的第五个碱基，就是甲基化的胞嘧啶。胚胎干细胞显示出低水平的甲基化胞嘧啶（CpG岛中甲基化的C<30%），但在已分化的体细胞中，则有更多的甲基化胞嘧啶（CpG岛中甲基化的C占70%~85%）。因此，从基因组DNA中抹掉甲基化标签，即去甲基化，是清除表观遗传记忆、实现细胞多能性的重要一步。

胞内负责去除甲基化标签的酶家族称为10-11易位酶（ten-eleven translocase，TET）。研究人员为此研究了控制TET活性的分子信号，以了解有关如何在细胞再编程过程中通过操纵TET活性以实现细胞多能性的更多信息。

结果他们发现，维生素A是以视黄酸或视黄醇的形式，在与胞内的受体结合以后，通过激活TET的基因表达，进而提高TET的量来增强ESC中表观遗传记忆的消除，这意味着它可以促进DNA序列中更多的甲基化C去除甲基标签。然而，维生素C是通过促进TET酶催化所需要的辅因子Fe^{2+}的稳定和再生来增强TET酶的活性，这与催化胶原蛋白的羟基化修饰的羟化酶依赖维生素C相似。

参与研究的来自巴布拉汉姆研究所的Ferdinand von Meyenn博士解释道：“维生素A和C各自起作用以促进去甲基化，从而增强了细胞重编程所需的表观遗传记忆的清除。而它们增强去甲基化的机制是不同的，但具有协同作用。”

维生素A对TET酶的影响的可能有助于解释为什么一部分急性早幼粒细胞白血病的患者对维生素A的有效联合治疗有抗药性。

参与研究的巴布拉汉姆研究所表观遗传学计划负责人Wolf Reik教授说道：“这项研究提供了对表观遗传新的理解，对促进再生医学细胞治疗的发展是有帮助的。它也加深了我们对内在和外在信号如何影响表观基因组的理解。这些知识可以为人类疾病（例如急性早幼粒细胞白血病和其他癌症）提供有价值的信息。”

第六节　酶的研究方法

酶的高效催化能力和高度专一性，使得人们一直向往能够将它们应用到研究、工业、农业和医药等领域当中。但在利用之前，首先必须对它们进行分离、纯化，而纯化一种酶之前还需要建立好测活的方法，然后才能按照事先设计的方案进入纯化程序。此外，许多天然的酶很难直接被利用，需要使用酶工程的手段对其进行改造。

一、酶活力的测定

酶活力（enzyme activity）也称为酶活性，是指酶的催化能力。酶活力的测定与酶的分离、纯化是酶学研究不可缺少的环节。实际上，酶学研究的诸多方面，如动力学和催化机理的研究，都是在此基础上进行的。

1. 酶活力的表示方法

在酶的分离和纯化过程中,随时需要对酶进行定量分析。但由于酶的纯度通常不高,且可能有一部分处于非活性或部分活性状态,因此,在某一个过程中出现或使用的酶量很难用绝对的量纲去确定。再说,如果一种酶丧失了催化活性,即使再纯、再多,也没有任何意义。基于上述情况,酶学家在对酶进行定量的时候,通常需要将它与酶的活力联系起来。他们经常使用的是活力单位(activity unit, U)。1964 年,当时的国际生物化学联合会(the International Union of Biochemistry, IUB)采纳了国际酶学委员会于 1961 年给酶活力单位下的定义:1 个 U 是指在最适条件下每分钟催化 1 μmol 底物转化的酶量。一般而言,这样的 1 个单位相当于 10^{-11} ~ 10^{-6} kg 的纯酶或 10^{-7} ~ 10^{-4} kg 的工业酶制剂。除了上述对酶活力单位的定义以外,国际纯粹与应用化学联合会(the international union of pure and applied chemistry, IUPAC)在 1972 年还推荐了一种叫 katal(kat)的单位,它被定义为每秒钟催化 1 mol 底物转化的酶量。经转换和运算可得,1 kat = 6×10^7 U 或 1U=16.67×10^{-9} kat。这样的单位实用性仍然不强,所以至今也没有被广泛采纳,很多研究者还是按照各自的需要来自定义一种酶的活力单位。

上述两种表示酶活力的方法都不能反映一个酶制剂的纯度,一个酶活力高的样品可能纯度并不高,相反,一个酶活力低的样品也可能纯度很高。为了能够更好地说明一种酶的纯度,IUPAC 推荐使用比活性或比活力(specific activity)来表示,它是指单位质量(通常是每毫克)酶所含有的活力单位数。显然,对同一种酶而言,比活力越高,酶纯度就越高。正因为如此,在进行酶纯化的时候,需要时刻关注比活性的变化。当一种酶的比活性不能再增加的时候,此酶可视为高纯度。然而,还需要注意的是,酶的比活力与酶的稳定性有密切的关系。任何一种酶的比活性都会随着时间的推移而下降,稳定性越差,比活性下降得就越快。

Quiz57 酶在分离纯化的过程中,一般比活性增加,而总活性会下降,但有时却发现总活性会上升。对此你如何解释?

2. 酶活力测定的方法

测定一种酶的活力实际上就是测定它所催化的化学反应的最佳反应速率。而测定反应速率的方法原则上有两种,一种是测定单位时间内底物的减少量,另一种是测定单位时间内产物的增加量。使用后一种方法更为常见,原因是当测定反应的初速率时,产物量的变化是从无到有,其变化更加敏感。

既然酶促反应速率受到多种因素的影响,那么在测定酶活力的时候,就应该尽可能让酶本身的催化能力充分地展示出来,一切不利于酶促反应的因素都应当被降到最低。总的原则是:①反应条件为最适条件,包括最适 pH、最适温度和最适离子强度等;②反应速率为初速率;③底物应过量。

二、酶的分离和纯化

既然绝大多数酶的化学本质是蛋白质,那么纯化蛋白质的各种方法、策略和注意事项完全可以用于酶的分离和纯化。

图 4-69 为一种酶典型的分离纯化流程图,它们的前后次序需要根据具体酶的性质作适当调整。需要注意的是,每一步完成以后取得的进展可以通过以下几种方法进行鉴定:①测定回收到的总蛋白量;②测定回收到的酶总活性;③通过凝胶电泳和比活性的测定,鉴定目标酶的纯度和杂蛋白条带的变化。

当纯化完成以后,不要忘记绘制一张酶纯化表(purification table)(表 4-10)。在表中,需要注明每一步纯化得到的数据:①酶溶液体积(mL);②酶溶液蛋白质含量($mg \cdot mL^{-1}$);③酶溶液活性($U \cdot mL^{-1}$);④酶总量或酶总活性(U)= 酶活力($U \cdot mL^{-1}$)× 体积(mL);⑤比活性($U \cdot mg^{-1}$)= 酶活力($U \cdot mL^{-1}$)/ 蛋白质含量($mg \cdot mL^{-1}$);⑥总蛋白(mg)= 酶溶液蛋白质含量($mg \cdot mL^{-1}$)× 体积(mL);⑦得率(%)= 每一步纯化后的酶总活性 / 每一步纯化之前的酶总活性 ×100%;⑧纯化倍数(purification factor)= 每一步纯化后的酶比活性 / 每一步纯化之前的酶比活性。

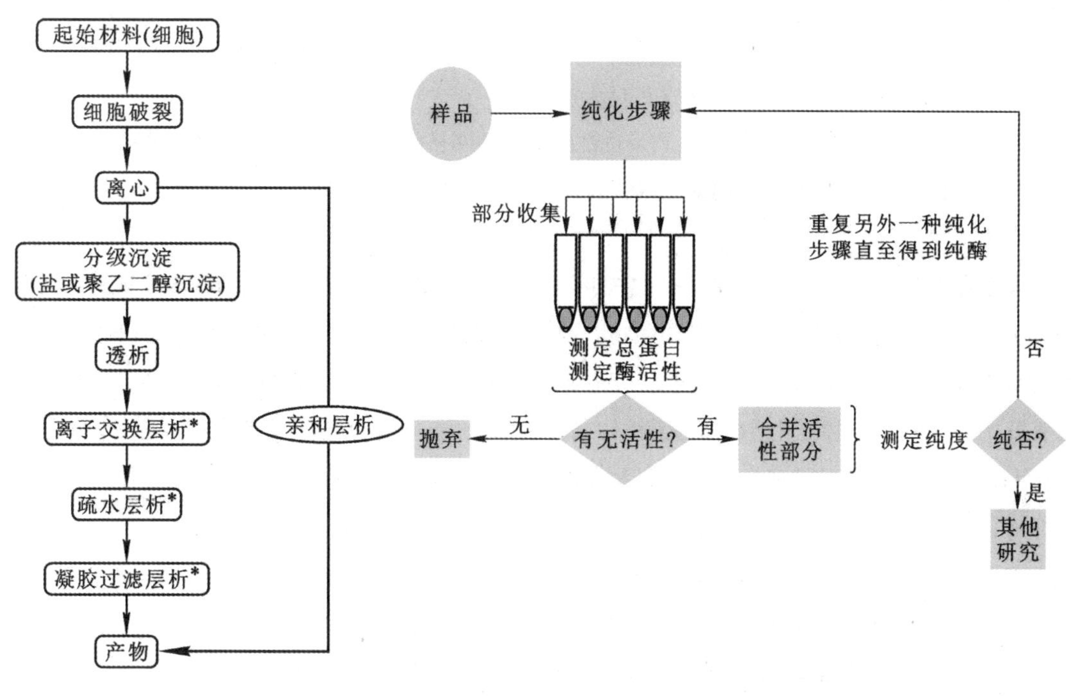

图 4-69 酶纯化的一般流程(* 表示可选步骤)

表 4-10 酶纯化表

纯化步骤	酶溶液体积 / mL	总蛋白 /mg	总活性 /U	比活性 / ($U·mg^{-1}$)	纯化倍数	得率 /%
粗细胞抽取物	1 400	10 000	100 000	10	1	100
凝胶过滤	90	400	80 000	200	20	80
离子交换	80	100	60 000	600	3	75

三、酶工程

许多天然酶本身存在一些不尽如人意的性质，如稳定性差、抗原性强、副作用大、含量低和反应条件特殊等。相对于人的要求，酶的这些缺陷大大地限制了它们的应用，因此，研究人员一直在想方设法利用各种手段，按照自己的意愿对它们进行改造，甚至可以通过蛋白质的定向进化去创造自然界根本不存在的酶，以造福人类。

Quiz58 你知道 2018 年诺贝尔化学奖得主是因为什么重要成就而获奖的吗?

就目前的水平，从头设计一种酶还很难，但对已经存在的酶进行各种形式的修饰和改造却是切实可行的。修饰和改造的手段可以是化学的，也可以是生物学的，前者为化学酶工程，后者为生物酶工程。按照修饰或改造的具体手段，酶工程可以分为固定化酶(immobilized enzyme)、人工酶(artificial enzyme)、定点突变酶、杂交酶和抗体酶等。

1. 固定化酶

固定化酶就是指将一种可溶性酶与不溶性的有机或无机基质结合，或者将其包埋到特殊的具有选择透过性的膜内，从而提高酶的稳定性、便于重复和持续使用。与可溶性酶相比，固定化酶具有方便、经济和稳定等优点，很好地解决了直接使用而产生的一些问题。

酶的固定化方法有载体结合(carrier-binding)、交联(cross-linking)和包埋(entrapping)三种(图 4-70)。

(1) 载体结合。这是最早的酶固定化技术。在这种方法中，与载体结合的酶量和固定以后的酶活力取决于载体的性质。载体的选择又取决于酶的性质以及颗粒大小、表面积、亲水基团与疏水基团的摩尔比和化学组成。用来固定酶的载体最常见的有多糖(如纤维素、葡聚糖和琼脂糖)衍生物，以及其他多聚物如聚丙烯酰胺凝胶。

(2) 交联。交联是通过双功能或多功能试剂的作用，在酶分子之间或酶与不溶性支持物分子上的

载体结合

交联

包埋

图 4-70 酶固定化的三种方法

功能基团之间形成共价键的一种酶固定方法，通常会与其他方法结合起来使用。使用最多的双功能试剂是戊二醛（glutaraldehyde）。由于交联反应一般在较为激烈的条件下进行，而这样的条件会改变酶活性中心的构象，因此，有时会造成酶活力的显著下降。

(3) 包埋。包埋需要将酶分子整合到半透性胶形成的网格内，或者用半透性的多聚物膜将其包被。在包埋中使用的胶或膜所起的作用都是截留酶，同时允许底物和产物自由通过。

2. 人工酶

人工酶也称为人工合成酶（synzyme），它们一般是人工合成的具有类似酶活力的多聚物或寡聚物，有时还包括具有酶活力的天然蛋白的衍生物。1977 年 Dhar 报道，人工合成的八肽“EFAEEASF”具有溶菌酶的活性，其活力为天然酶的一半。1990 年，Steward 等人使用胰凝乳蛋白酶底物酪氨酸乙酯作为模板，用计算机模拟胰凝乳蛋白酶的活性位点，构建出一种 73 肽，其活性中心含有催化三元体（Ser、His 和 Asp）。此肽对烷基酯底物的活力为天然酶的 1%，同时还显示了底物特异性以及对胰凝乳蛋白酶抑制剂的敏感性等。

人工酶必须具备两个结构要素，一个是底物结合位点，另一个是催化位点。通常得到底物结合位点相对容易，而得到催化位点比较困难。在设计两个位点的时候，可分别考虑，若能让底物结合位点可更好地结合反应过渡态类似物，那么这样的位点往往也有催化活性。

许多人工酶是通过模拟天然酶与底物的结合和催化过程而得到的，这些人工酶因此也称为模拟酶。例如，对某些天然或人工合成的化合物引入某些活性基团，使其具有酶的行为。目前用于构建模拟酶的这类酶模型分子有环糊精、冠醚、穴醚、笼醚和卟啉等。利用环糊精已成功地模拟了胰凝乳蛋白酶、核糖核酸酶、转氨酶和碳酸酐酶等。

3. 定点突变酶

利用重组 DNA 技术，在基因水平上对编码酶的核苷酸序列进行定点突变，以使酶在特定位置的氨基酸序列发生变化，再经过筛选可得到带有特定突变的“新酶”（详见第二十章分子生物学技术）。

通过对酶基因的定点突变可以改变酶的性质，如酶活力、稳定性、底物专一性和对辅酶的依赖性等，从而得到具有新性状的酶。例如，将枯草杆菌蛋白酶的 Asp99 和 Glu156 替换成 Lys 后，使此酶在 pH 7 和 pH 6 时的活力分别提高了 1 倍和 10 倍。再如，广泛运用于 PCR 的 *Taq* DNA 聚合酶本来只有聚合酶的活性，但通过定点突变，已将其成功引入 3′– 外切核酸酶或 5′– 外切核酸酶的活性。

4. 杂交酶

现代分子生物学技术的发展，已允许人们将两种不同类型的生物分子融合在一起，以获得具有新性质、新功能的杂合分子。杂交酶就是酶与其他生物分子融合在一起的产物。例如，有人将一段特定的寡聚核苷酸序列，“嫁接”到葡萄球菌核酸酶（staphylococcal nuclease）的 Cys116 残基上，形成了一种核酸 – 蛋白质杂交酶（图 4–71）。这样的杂交酶能通过碱基序列的互补对目标 DNA 分子实行定点切割。显然，天然的葡萄球菌核酸酶无此特异性。

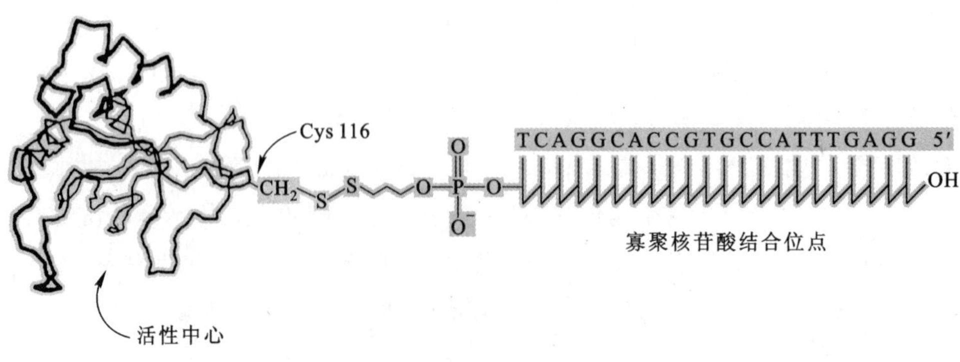

图 4–71 衍生于葡萄球菌核酸酶的核酸 – 蛋白质杂交酶

科学故事　**核酶的发现**

核酶的发现主要归功于美国科学家 Thomas Cech（图 4-72）。1978 年，Cech 在 Colorado 的 Boulder 有了自己的实验室以后，决定研究某一个基因的结构和功能。他选择了四膜虫的 rRNA 基因即 rDNA 作为研究对象。像四膜虫一样的纤毛类原生动物，转录发生在大核（macronucleus）中。据估计，大核含有 1 万个拷贝的 rRNA 的基因。

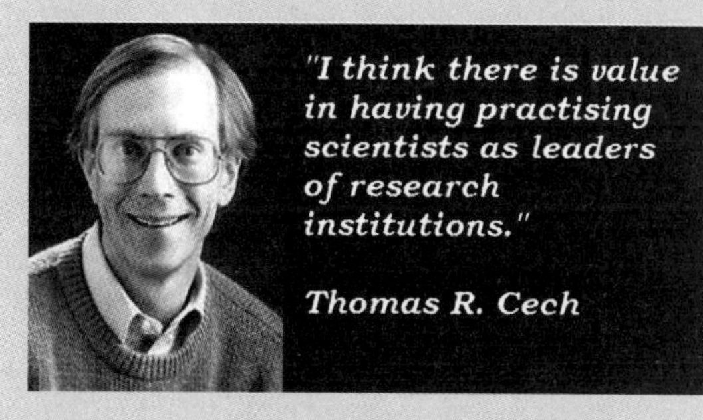

"I think there is value in having practising scientists as leaders of research institutions."
Thomas R. Cech

图 4-72　Cech 和他的名言

吸引 Cech 注意的倒不是在大核中含量丰富的 rDNA，而是核中现成的各种转录必需的蛋白质因子。实验的起始步骤并不复杂，只是利用四膜虫的大核制备无细胞转录系统，并看看能否利用制备好的系统进行体外转录。为此他在系统中，加入了 RNA 聚合酶、rDNA、4 种 NTP(有 1 种被放射性同位素标记)、标准的转录缓冲液以及用来抑制 RNA 聚合酶Ⅱ和Ⅲ活性的 α 鹅膏蕈碱（目的是只允许 rDNA 基因的转录）（参看第十六章"DNA 转录与转录后加工"）。

Cech 得到的实验结果一方面正如预测的一样，另一方面却出乎意料：他观测到了一种 26S RNA 的合成，这与预期的 rRNA 前体的大小（26S）是一致的；然而，他也观测到一种较小的 9S RNA 的合成，并且这种小 RNA 的量随着反应时间的推移而不断积累。起初，他认为 9S RNA 一定是 rRNA 前体后加工反应的副产物，比如是 5′ 外部转录间隔序列（external transcribed spacer，ETS）或对应于 17S 和 5.8S rRNA 之间的间隔序列。

为了弄清楚 9S RNA 的来龙去脉，他叫他的学生 Art Zaug 去鉴定它。令他们吃惊的是，9S RNA 居然是当时已经知道的位于 26S 基因内部的内含子。这的确是一个激动人心的发现！这意味着 Cech 的体外转录系统不但能转录出含有内含子的基因，而且转录产物在体外还能剪接出内含子。于是，他们以此建立了一个简单易行的研究剪接机制的系统。根据每一个细胞约含有 1 万个拷贝的 rRNA 基因的事实，Cech 推想，如果每一个基因都先转录再剪接，并以每秒钟 1 拷贝 rRNA 的速度，他研究的大核里就应该含有丰富的剪接酶。

为了确定反应系统的性质，他们首先得确定 rRNA 前体能合成但剪接不能发生的条件，因为这样才可以分离到 rRNA 前体作为底物，以便在试管里研究剪接反应。他们设置的反应很简单：在一个试管里，将 rRNA 前体与核抽取物一起保温，使用的缓冲溶液与体外转录反应相同，以观察剪接反应；在另一个进行对照实验的试管中，省掉了核抽取物。

然而结果又是一个惊喜：两个试管里都发生了剪接反应！面对意外的结果，Cech 当时对 Art 说："如果你在制备对照样品的时候没有犯什么错误的话，这结果看起来很是鼓舞人心。"面对意外的结果，做导师的对自己的学生会说过多少次这样的话！而学生出错的机会又有多大！但这一次 Art Zaug 是无辜的。

在确认结果无误以后，他们下一步就是测定剪接出来的内含子序列，以确定内含子是不是被正确地剪切掉了。当测序结果出来以后，他们发现序列与已知的内含子序列完全匹配，但在内含子的 5′ 端多出了 1 个鸟苷酸。考虑到以前测定过的序列可能有错，他们给最初测定内含子序列的 Joe Gall 实验室打了电话，询问是不是遗漏了 5′ 端 1 个鸟苷酸。但 Joe Gall 实验室否认有任何错误，且 5′ 剪接点也不可能有鸟苷酸。

与此同时，Cech 在努力细究体外剪接反应所必需的成分。他发现，去除 4 种 NTPs 中的 3 种 NTPs（ATP、UTP 和 CTP）对反应无任何影响，但是 GTP 却是绝对必需的成分。于是，Cech 猜测：5′ 端多出了鸟苷酸与体外剪接反应必需鸟苷酸难道只是一种巧合吗?

为此，Cech 提出假设，认为剪接反应中需要的 GTP 被添加到内含子的 5′ 端。验证这个假设的实验并不困难，只需将 ^{32}P 标记的 GTP 与非标记的 rRNA 前体在一起保温，观察内含子的标记与它的切除是不是同时发生。然而，实验的结果却让 Cech 认为这是他曾做过的最奇怪的实验：一方面，实验的成功基于对使用的实验系统有一定的认识而做出的简单预测；另一方面，他难以相信，将一个核苷酸与经过酚抽取和蛋白酶处理过的 RNA 简单地混在一起，就可能导致一个共价键的形成。按照 Cech 自己的说法，当时他不想在自己的研究生和同事面前因为可能的失败而出丑，因此他所做的一切都是悄悄地进行。

结果可想而知，实验是成功的。在经过进一步确认和鉴定以后，他们相信，内含子的剪接不需要任何蛋白质，只需要内含子本身和鸟苷酸或鸟苷。

后来，Cech 首次使用了 ribozyme 来描述他发现的具有催化活性的 RNA 分子，但从严格的意义来说，他发现的自我剪接的内含子并不具有真正的催化活性，这是因为它催化的是自身而不是其他分子的切除。但很快，美国的另外一位科学家 Sidney Altman 发现，大肠杆菌的核糖核酸酶 P 乃是一种真正的核酶。

思考题：

1. 有人从一株新的流感病毒中纯化到一种蛋白酶。初步实验的结果显示，这种蛋白酶可能是一种新的丝氨酸蛋白酶，接着他还应该做哪些实验以确定它是否真是一种新的丝氨酸蛋白酶。

2. 尽管 RNA 也可以充当生物催化剂，但已发现的核酶很少使用广义的酸碱催化机制，另外，核酶催化的反应十分有限。为什么？

3. 使用定点突变技术可将单个氨基酸的取代引入一个蛋白质分子之中。如果你将一种酶分子上特定位置的 Lys 用 Asp 取代，当在将一系列突变分子分离纯化以后，进行动力学分析。下表是分析的结果：

酶形式	酶活性（微摩尔产物 / 毫克酶）
野生型酶	1 000
K21 → D21 的突变体	970
K86 → D86 的突变体	100
K101 → D101 的突变体	970

(1) 从表中你可以推断出 K21、K86 和 K101 在该酶的催化中起什么作用？

(2) 预测 K21 和 K101 的位置。你认为这两个氨基酸残基在进化的过程中会很保守吗？

(3) K86 的保守性又如何？为什么？

4. 在研究蛋白酶的时候，遇到的一个主要困难是它们能够自我消化。但与胰蛋白酶相比，胰凝乳蛋白酶遇到这样的问题要轻，为什么？另外，在小肠内，酶原的激活主要由胰蛋白酶来催化，为什么在进化的过程中没有选择用其他的蛋白酶？

5. 尽管辅酶有时似乎也能直接参与催化反应，但它们如果不与酶结合几乎没有任何催化能力。为什么？

网上更多资源……

本章小结　授课视频　授课音频　生化歌曲

教学课件　推荐网址　参考文献

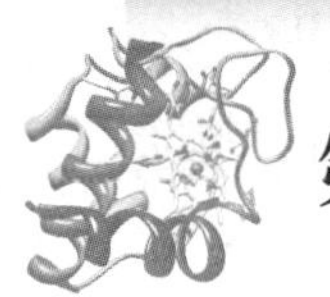

第五章 糖类与脂质的结构与功能

糖类(saccharide)是指多羟基醛或多羟基酮以及它们的缩合物和某些衍生物,其中含有醛基的糖称为醛糖(aldose),含有羰基的糖称为酮糖(ketose)。脂质(lipid)是生物体内另外一类范围广、彼此化学结构迥异的脂溶性有机分子。这两类物质在生物体内既有相似的功能,也有不同的功能。

本章将分别介绍糖类和脂类这两类生物分子的分类、化学结构和生理功能,同时会对由糖类与脂类以及糖类与蛋白质通过共价键形成的糖缀化合物的结构与功能做简单介绍。

第一节 糖类

糖类是自然界含量最丰富的有机分子,由于最早发现的几种糖类化合物(如葡萄糖)可以用通式 $C_n(H_2O)_m$ 来表示,因此糖类又称为碳水化合物(carbohydrate)。根据聚合度的不同,糖类可以分为单糖(monosaccharide)、寡糖(oligosaccharide)和多糖(polysaccharide)。

一、单糖

单糖的本意就是简单糖(simple sugar),简单到已不能再水解成更简单的单位。根据碳原子的数目,可将单糖分为丙糖(triose)、丁糖(tetrose)、戊糖(pentose)、己糖(hexose)和庚糖(heptose)等,它们含有的碳原子数目分别是 3、4、5、6 和 7 等。丙糖、丁糖、戊糖、己糖和庚糖也可分别称为三碳糖、四碳糖、五碳糖、六碳糖和七碳糖。

根据各单糖的化学结构,丙糖以外的单糖可看成是由丙糖衍生而来的,其中醛糖衍生于甘油醛,酮糖衍生于二羟丙酮。

具体的单糖多是根据各自的来源来命名的,如葡萄糖(glucose)、果糖(fructose)和半乳糖(galactose)。可以使用三字母缩写表示一种单糖,而相应的衍生物的缩写则可能不止三个字母,如葡萄糖、果糖和半乳糖可分别用 Glc、Fru 和 Gal 表示。

(一) 单糖的立体结构

从结构上来看,除了最简单的酮糖——二羟丙酮(dihydroxyacetone)没有手性 C 以外,其他单糖都有手性 C。具有手性 C 的单糖就具有对映异构体或镜像异构体。以甘油醛(glyceraldehyde)为例,它有 1 个手性 C,根据惯例,在其 Fischer 投影式中,醛基放在最上方,羟甲基放在最下方,羟基位于左侧的甘油醛定为 L 型,羟基位于右侧的甘油醛定为 D 型(图 5-1)(参看第二章“蛋白质的结构与功能”有关氨基酸的内容)。这两种甘油醛呈镜像关系或对映关系。对于其他具有手性 C 的单糖来说,需要以 D-甘油醛和 L- 甘油醛为标准,以区分它们的 D 型和 L 型。

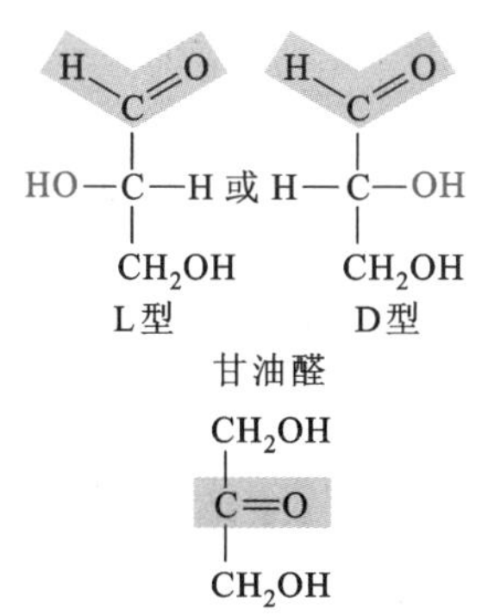

图 5-1 二羟丙酮和甘油醛的 Fischer 投影结构式

然而,除了丁酮糖以外,其他具有手性 C 的单糖都至少有 2 个手性 C。对于含有多个手性 C 的单糖来说,要判断它们的一种立体结构究竟是 D 型还是 L 型,需要将其在 Fischer 投影式中编号最高的手性 C 与甘油醛唯一的手性 C 进行比较,与 D 型甘油醛一致的就是 D 型,反之就是 L 型,例如所有己糖都是 5 号位的手性 C。D 型和 L 型并不能提供任何有关旋光方向的信息。事实表明,与氨基酸正好相反,自然界的单糖绝大多数为 D 型。

对于许多单糖来说,除了具有互为镜像的对映异构体以外(图 5-2),还有非对映异构体和差向异构体两种情形。如果一对旋光异构体有一个或一个以上的手性 C 的构型相反,但并不呈镜像关系,那么就称为非对映异构体（diastereomer）；如果一对旋光异构体只有一个手性 C 的构型不同，则称为差向异构体。例如 D- 葡萄糖与 D- 甘露糖，D- 葡萄糖与 D- 半乳糖就互为差向异构体（epimer）（图 5-3），但 D- 甘露糖和 D- 半乳糖并非差向异构体，只能是非对映异构体，因为它们之间有两个手性 C 的构型不同。

Quiz1 木酮糖的差向异构体是哪一个单糖？

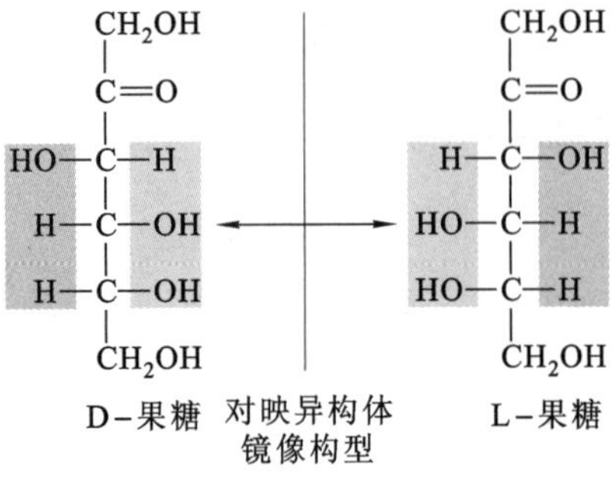

D-果糖　对映异构体 镜像构型　L-果糖

图 5-2　果糖的对映异构体

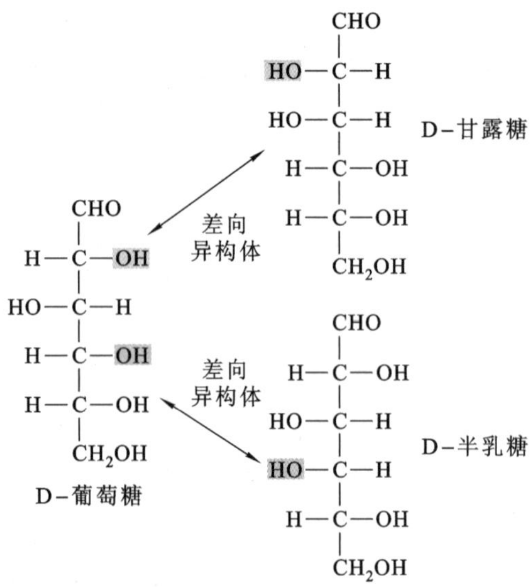

D-葡萄糖　差向异构体　D-甘露糖　差向异构体　D-半乳糖

图 5-3　D- 葡萄糖的差向异构体

（二）单糖的性质

1. 物理性质

室温下的纯单糖为无色晶体，溶于水，微溶于乙醇，具甜味，其中果糖最甜。除了二羟丙酮，其他所有的单糖因具有手性 C，所以都具有旋光性。

2. 化学性质

单糖具有羰基和羟基这两种反应性基团，因而能与多种化学试剂反应。

（1）成环

如图 5-4 所示，醇羟基很容易对醛或酮中的羰基作亲核进攻，形成半缩醛（hemiacetal）或半缩酮（hemiketal）。除了丙糖和丁酮糖以外，其他直链的单糖分子在分子内也能发生类似的反应，从而形成环状结构，其中醛糖环化形成环式半缩醛，酮糖环化形成环式半缩酮。丙糖和丁酮糖之所以不能成环，是因为如果它们发生分子内的半缩醛或半缩酮反应，只能形成三元或四元环，而这样的环结构无法满足碳原子需要采取的键角，故很难存在。

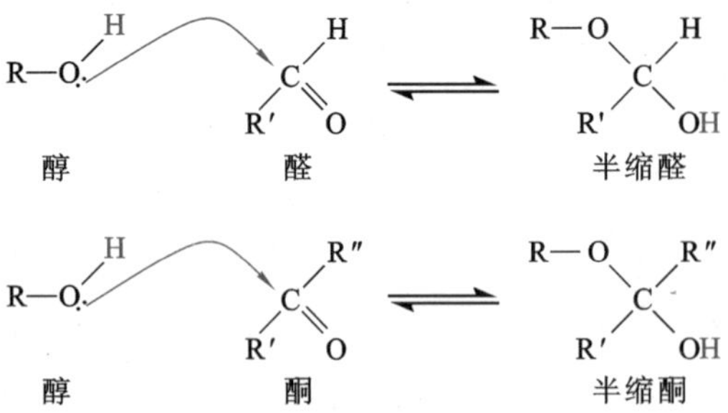

醇　醛　半缩醛

醇　酮　半缩酮

图 5-4　缩醛和缩酮反应

实验证明，葡萄糖环化主要形成六元环的吡喃糖（pyranose），果糖、核糖和脱氧核糖环化主要形成五元环的呋喃糖（furanose）（图 5-5 和图 5-6）。

通常使用 Haworth 式来表示单糖的环状结构，而按照图 5-7 所示的方法，可以很容易地将一种单糖的开链 Fischer 投影式正确地过渡到它的环状 Haworth 式。

然而，一旦单糖由直链结构变成环状结构以后，原来的羰基 C 便“摇身一变”，成为一个新的手性中心，从而也具有两种不同的构型。这两种不同构型的形成是羟基从两个不同的方向对羰基 C 作亲核进攻的结果，由此产生 α 和 β 两种异构体。通常将在半缩醛或半缩酮 C 上形成的异构体称为异头

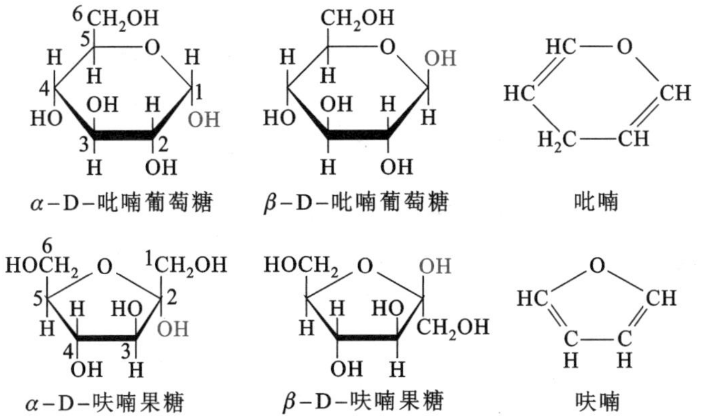

α-D-吡喃葡萄糖　β-D-吡喃葡萄糖　吡喃

α-D-呋喃果糖　β-D-呋喃果糖　呋喃

图5-5　吡喃葡萄糖和呋喃果糖

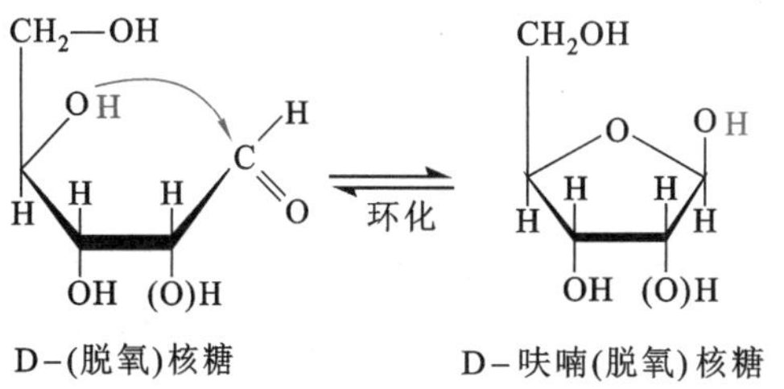

D-(脱氧)核糖　环化　D-呋喃(脱氧)核糖

图5-6　(脱氧)核糖的环化

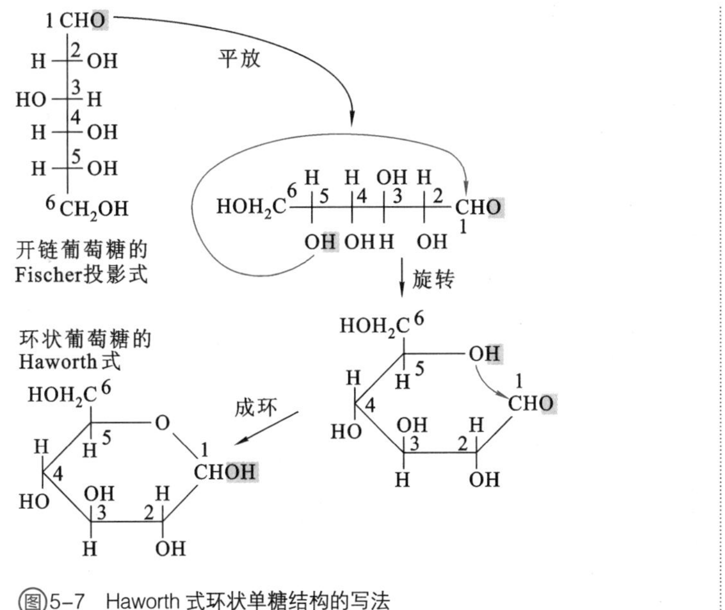

图5-7　Haworth 式环状单糖结构的写法

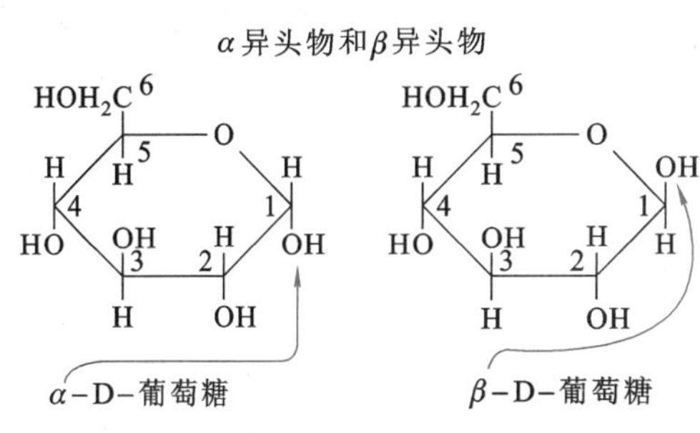

图5-8　D-葡萄糖的异头物结构

物(anomer)或异头体,新出现的手性 C 称为异头物 C(anomeric carbon)。如果形成的半缩醛或半缩酮羟基在环的下方,与原来编号最高的手性 C 上的羟基具有相同的取向,这种异头物就称为 α 异头物,反之就称为 β 异头物(图 5-8)。

形成的环状结构由于其中单键的自由旋转,可以采取不同的构象。以葡萄糖为例,其半缩醛环上的 C—O—C 键角为 111°,与环己烷的键角(109°)相近,故葡萄糖的吡喃环和环己烷环相似,也有椅式(chair)构象和船式(boat)构象。椅式构象可使各单键的扭张强度降低到最小,因而较稳定。在两种椅式构象之中(图 5-9),Ⅰ型上的—OH 和—CH_2OH 这两种较大的基团均为平伏键,将可能产生的空间位阻降低到最小,所以在热力学上Ⅰ型比Ⅱ型稳定。此外,β 异头物的半缩醛羟基以平伏键存在,空间位阻比半缩醛羟基以直立键存在的 α 异头物小,因此 β-D- 葡萄糖要比 α-D- 葡萄糖稳定。

(2) 变旋

变旋(mutarotation)是指一种糖类化合物的两种异头物在水溶液中发生互变,并达到平衡,从而导致任意一种在遇到水以后比旋光度发生改变的现象。例如,新鲜配制的 α-D- 葡萄糖或 β-D- 葡萄糖溶液的比旋光度分别是 +112.0° 和 +18.7°,变旋后的比旋光度均为 +52.7°。

变旋的直接原因是环状的异头物转变成开链形式,而当开链结构重新成环变为异头物时有两种可能,即可能变为 α 异头物或 β 异头物。在任何情况下,只有很少一部分为开链形式。如果一种单糖

Quiz2　有一种单糖的异构体在没有溶解于水里时尝到的是甜味,但一旦将其溶解于水里,发现过一段时间甜味减弱,最后居然变苦了。对此现象你如何解释?

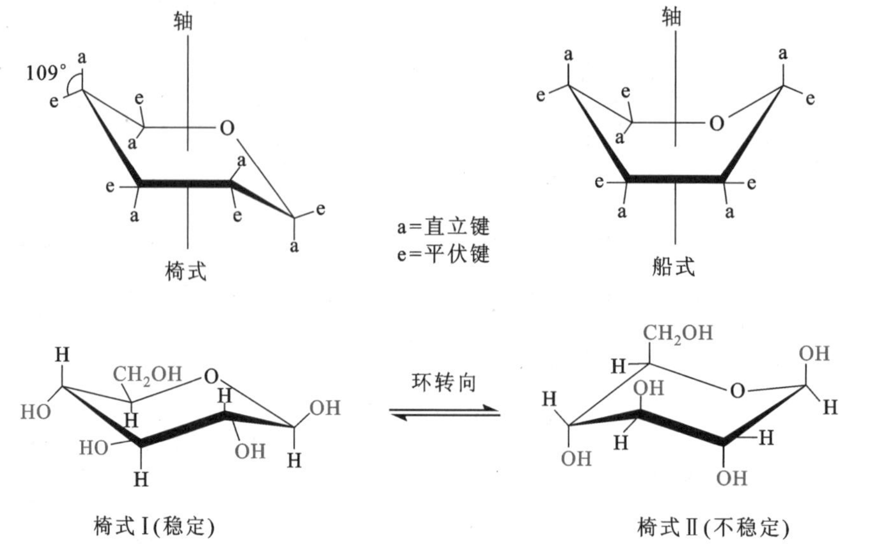

轴

109° a e e a a e a e a e a

椅式

a=直立键
e=平伏键

轴

a a e e e a O e e a a

船式

椅式Ⅰ(稳定) 环转向 椅式Ⅱ(不稳定)

图 5-9 葡萄糖的椅式构象和船式构象

不能形成环状结构，就不会有变旋现象，如甘油醛。

(3) 异构

单糖分子中，α- 氢原子由于受到羰基和羟基的双重影响而变得十分活泼，在碱性条件下，醛糖可通过烯二醇(enediol)式中间物与 2- 酮糖实现互变(图 5-10)。

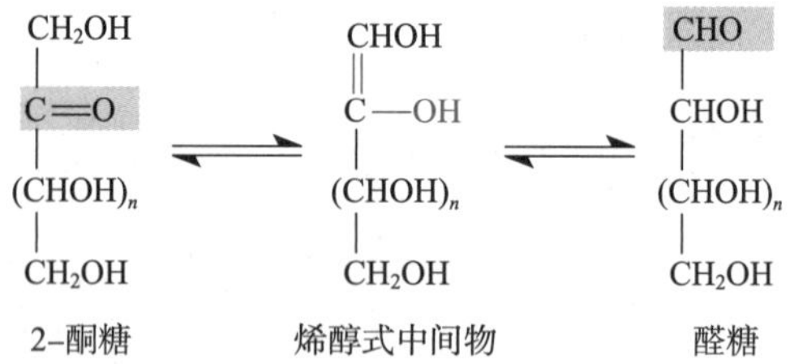

2-酮糖 ⇌ 烯醇式中间物 ⇌ 醛糖

图 5-10 酮糖和醛糖的互变

D- 葡萄糖、D- 甘露糖和 D- 果糖在 C3、C4、C5 上的构型相同，因此它们具有相同的烯二醇中间物，在碱性溶液中，实际上存在着这三种单糖的平衡。

(4) 还原性

单糖可以被不同的氧化剂氧化，而形成不同的产物。但若是能在碱性条件下被弱氧化剂氧化，如 Fehling 试剂(酒石酸钾钠、NaOH 和 $CuSO_4$)或 Benedict 试剂(柠檬酸、碳酸钠和 $CuSO_4$)，这样的性质叫还原性，因为它们在被氧化的同时还作为还原剂将弱氧化剂还原了(图 5-11)。具有还原性的糖，简称为还原糖。充当弱氧化剂的 Cu^{2+} 一旦被还原成 Cu^{+}，会有颜色的变化，因此很容易利用 Fehling 试剂或 Benedict 试剂鉴定一种糖有无还原性。

Quiz3 将 D- 葡萄糖溶解在碱性溶液中，过一段时间以后，你认为最多有多少种异构体？

酮糖虽不能直接被 Fehling 试剂或 Benedict 试剂氧化，但通过烯二醇中间物形成的醛糖能被氧化。而一旦醛糖被氧化，酮糖与醛糖之间的平衡就会因醛糖的消耗而向醛糖方向移动，因此所有的单糖都是还原

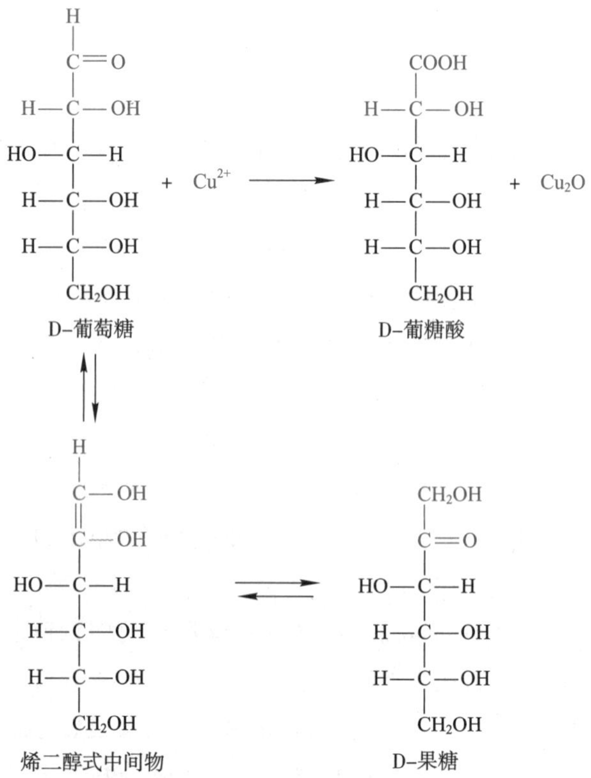

D-葡萄糖 + Cu^{2+} → D-葡糖酸 + Cu_2O

烯二醇式中间物 ⇌ D-果糖

图 5-11 葡萄糖与果糖的氧化反应

糖,包括二羟丙酮。

(5) 成苷

在一定的条件下,糖类分子中的半缩醛或半缩酮羟基,可与其他带有羟基或氨基的化合物发生反应,经脱水生成的缩醛类或缩酮类化合物就是糖苷。此反应称为成苷反应。糖苷分子中糖的部分称为糖基,非糖部分称为配基,连接糖基和配基的键叫做糖苷键。例如,β-D-葡萄糖与甲醇在盐酸的催化下,形成甲基-β-D-葡萄糖苷(图5-12)。

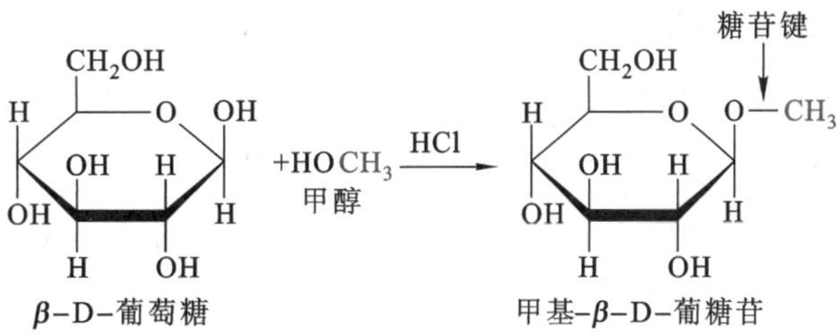

图5-12 成苷反应

由α型半缩醛或半缩酮羟基形成的糖苷称作α糖苷,其糖苷键为α糖苷键;由β型半缩醛或半缩酮羟基形成的糖苷称作β糖苷,其糖苷键为β糖苷键。自然界中以β糖苷为主,例如核酸分子中的核苷实际上是由碱基与核糖或脱氧核糖之间形成的β糖苷。糖苷一般怕酸不怕碱,这是因为糖苷键在酸性条件下容易发生水解。

Quiz4 你认为糖苷还有没有旋光性、变旋和还原性?为什么?

(6) 呈色反应

不同类型的糖类化合物可以与特定的化学试剂发生反应,形成有颜色的产物,这些反应就是呈色反应。有三个重要的呈色反应。

① Molisch 反应。糖类化合物与α-萘酚/乙醇在试管中混合,摇匀后沿管壁滴加浓硫酸,在两液面交界处出现紫红色环,此反应称为 Molisch 反应,可用来区分糖类与非糖类化合物。

② Seliwanoff 反应。糖类化合物与浓酸作用后再与间苯二酚反应,若是酮糖就显鲜红色,若是醛糖就显淡红色。此反应称为 Seliwanoff 反应,可用来鉴别酮糖和醛糖。

③ 间苯三酚反应。戊糖与间苯三酚/浓盐酸反应生成朱红色物质,其他单糖与间苯三酚/浓盐酸生成黄色物质。此反应就是间苯三酚反应,可用来区分戊糖和其他单糖。

(三) 生物体内几种重要的单糖

生物体内几种重要的单糖有:

(1) D-甘油醛和二羟丙酮。两者都是糖酵解或糖异生的中间物。

(2) D-葡萄糖。也叫右旋糖(dextrose),是细胞重要的能源,对于神经细胞尤为重要。高等动物血糖由溶解在血液中的葡萄糖组成,其浓度需要稳定在 0.7 ~ 1 $mg \cdot mL^{-1}$。

(3) D-半乳糖。在动物体内较为少见,它通常是脑和神经组织中糖蛋白的成分,因此有时被称为脑糖(brain sugar)。

(4) D-果糖。主要存在于许多果实和蜂蜜之中,是所有天然糖类化合物中最甜的一种。

(5) D-核糖和2-脱氧-D-核糖。两者分别是 RNA 和 DNA 的组分。

(四) 单糖的衍生物

在特定的酶催化下,单糖在机体内可进行各种修饰反应而形成一系列衍生物。常见的衍生物有:氨基糖(amino sugar),如葡糖胺(glucosamine)、N-乙酰葡糖胺(N-acetyl glucosamine,NAG)、半乳糖胺(galactosamine)、N-乙酰氨基半乳糖胺、胞壁酸(muramic acid)和神经氨酸(neuraminic acid);氧化糖,如葡糖酸(gluconic acid)、葡糖醛酸(glucuronic acid)、半乳糖醛酸(galacturonic acid)和甘露糖醛酸(mannuronic acid);脱氧糖(deoxy-sugar),如2-脱氧核糖、L-鼠李糖(L-rhamnose)和L-岩藻糖(L-fucose);糖醇(alditol),如山梨醇(sorbitol)、甘露醇(mannitol)、木糖醇(xylitol)、半乳糖醇(galactitol)、核糖醇(ribitol)和肌醇(innositol);糖苷(glucoside),如毛地黄苷(digitoxin)和乌本苷(oubain)。

二、寡糖

寡糖也称为低聚糖，由 2～10 个单糖分子缩合并以糖苷键相连。在寡糖分子之中，异头物 C 上的半缩醛羟基以游离形式存在的一端为还原端（reducing end），异头物 C 参与形成糖苷键的一端为非还原端（non-reducing end）。

按照惯例，在书写寡糖序列时，非还原端写在左边，还原端写在右边，同时需要标明各单糖单位的名称、构型、相互间的连接方式和异头物的构型。

二糖（disaccharide）是最简单的寡糖，其中的一个单糖单位的连接碳总是 C1，而另一个单糖单位的连接 C 的位置是可变的。在某种意义上，二糖可视为由两分子单糖缩合而成的糖苷。与其他糖苷一样，二糖在酸性条件下糖苷键发生水解，生成两分子单糖。

根据能否被弱氧化剂（如 Fehling 试剂）氧化的性质，二糖可以分为还原性二糖和非还原性二糖两类（表 5-1 和图 5-13）。

表 5-1　常见二糖的名称、结构、来源和生理功能

二糖	性质	结构	来源	生理功能
蔗糖	非还原糖	Glcα(1 → 2)Fruβ	水果、种子、根和蜂蜜	植物储藏、积累和运输糖分的主要形式
乳糖	还原糖	Galβ(1 → 4)Glc	动物乳汁、某些植物	动物的能源
α,α- 海藻糖	非还原糖	Glcα(1 → 1)Glcα	细菌、藻类、真菌和昆虫	参与低湿休眠；作为昆虫血糖
麦芽糖	还原糖	Glcα(1 → 4)Glc	淀粉和糖原	淀粉和糖原中的二糖单位
异麦芽糖	还原糖	Glcα(1 → 6)Glc	支链淀粉和糖原	淀粉和糖原分支
纤维二糖	还原糖	Glcβ(1 → 4)Glc	植物	纤维素中的二糖单位
龙胆二糖	还原糖	Glcβ(1 → 6)Glc	某些植物（如龙胆属）	植物的糖苷组分

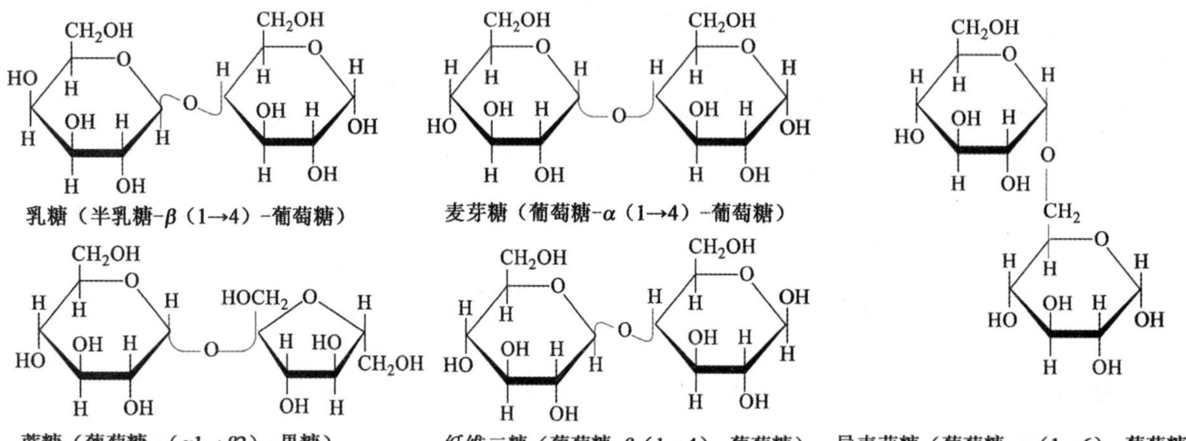

图 5-13　常见二糖的化学结构

（一）还原性二糖

还原性二糖是由一分子单糖的半缩醛羟基与另一分子单糖的醇羟基缩合而成，例如麦芽糖（maltose）和乳糖（lactose）。由于还原性二糖分子中还存在着一个游离的半缩醛羟基，因此它们不但具有还原性，而且具有变旋现象。

（二）非还原性二糖

非还原性二糖是由两分子单糖各自使用半缩醛或半缩酮羟基脱水而成的，最常见的是蔗糖（sucrose）和 α,α- 海藻糖（trehalose）。非还原性二糖具有旋光性，但由于不存在游离的半缩醛或半缩酮羟基，因此无变旋现象。其中，蔗糖分布广，是植物储藏、积累和运输糖分的主要形式。平时食用的白糖、红糖都是蔗糖。海藻糖存在于许多细菌、真菌、植物和昆虫等生物体内。在昆虫体内，作为

Quiz5　昆虫在进化中为什么选择海藻糖而没有选择葡萄糖作为血糖？

昆虫的血糖。

寡糖除了能以游离的形式存在以外，还可以与蛋白质、脂质或 RNA 共价结合，成为糖蛋白、糖脂或糖 RNA 的重要成分，并具有多种功能（参看后面的“糖缀合物”）。

三、多糖

由多个单糖分子通过糖苷键缩合而成的糖类称为多糖或聚糖（glycan），其中由相同的单糖分子组成的多糖为同多糖（homopolysaccharide），含有不同种单糖单位的多糖为杂多糖（heteropolysaccharide）。多糖中最常见的单糖是 D- 葡萄糖，其次是 D- 果糖、D- 半乳糖、L- 半乳糖、D- 甘露糖、L- 阿拉伯糖和 D- 木糖。某些单糖的衍生物，如 D- 葡糖胺、D- 半乳糖胺、*N*- 乙酰葡糖胺、*N*- 乙酰半乳糖胺和葡糖醛酸，也出现在一些多糖分子之中。

单糖之间的连接方式，即糖苷键的类型，直接与多糖的机械强度和溶解性质有关。以 $\alpha(1\rightarrow4)$ 糖苷键相连的多糖往往比较软，在水里有一定的溶解度，如淀粉和糖原；而以 $\beta(1\rightarrow4)$ 糖苷键相连的多糖比较硬，难溶于水，如纤维素和几丁质。

与蛋白质和核酸相似的是，多糖分子也有两个不对称的末端，其中含有游离半缩醛羟基的一端叫还原端，另一端就叫非还原端；与蛋白质和核酸不同的是，多糖无确定的分子量，因为组成多糖的单糖单位的数目不是固定的。与单糖和寡糖相比，多糖无变旋现象和还原性，也无甜味。

按照功能的不同，多糖可分为贮能多糖（storage polysaccharide）和结构多糖（structural polysaccharide）（表 5-2）。

表 5-2 常见多糖的结构和性质

	淀粉	糖原	右旋糖酐	纤维素	几丁质	菊粉	琼脂糖
来源	种子、块茎、块根	肝脏 骨骼肌	酵母 细菌	植物 细胞壁	无脊椎动物等	菊科 植物	海藻
单糖单位	D- 葡萄糖	D- 葡萄糖	D- 葡萄糖	D- 葡萄糖	NAG	果糖、葡萄糖	D- 半乳糖、3,6- 脱水半乳糖
连接方式	$\alpha(1\rightarrow4)$ $\alpha(1\rightarrow6)$	$\alpha(1\rightarrow4)$ $\alpha(1\rightarrow6)$	主要是 $\alpha(1\rightarrow6)$	$\beta(1\rightarrow4)$	$\beta(1\rightarrow4)$	主要是 $\beta(2\rightarrow1)$	$\beta(1\rightarrow4)$ $\alpha(1\rightarrow3)$
类别	同多糖	同多糖	同多糖	同多糖	同多糖	杂多糖	杂多糖
碘反应	蓝色或紫红色	紫红色	无	无	无	无	无
构象	螺旋		无规卷曲	锯齿带状	带状构象		
功能	贮能	贮能	贮能	结构	结构	贮能	结构

糖原

支链淀粉

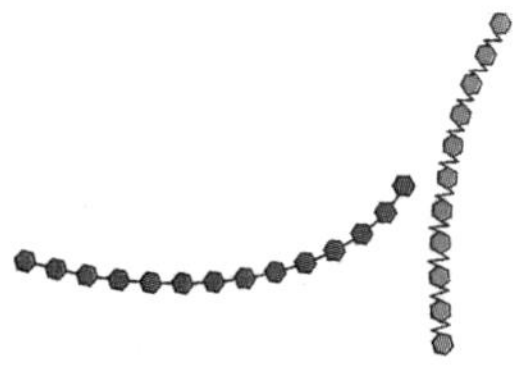
直链淀粉　　纤维素

图 5-14 糖原、淀粉和纤维素的结构

（一）贮能多糖

常见的贮能多糖有淀粉（starch）、糖原（glycogen）和右旋糖酐（dextran）。这几类多糖的基本组成单位都是 D- 葡萄糖，都属于同多糖（图 5-14）。

生物之所以以多糖而不是单糖的形式贮存能量，是因为多糖形式能够降低糖贮备给细胞带来的渗透压（osmotic pressure）。

1. 淀粉

淀粉又分为直链淀粉（amylose）和支链淀粉（amylopectin）两类（图 5-15）。直链淀粉只有 $\alpha(1\rightarrow4)$ 糖苷键，无分支，其重复的二糖单位为麦芽糖，而支链淀粉既含有 $\alpha(1\rightarrow6)$ 糖苷键，其重复的二糖单位主要是麦芽糖，还有少数异麦芽糖。$\alpha(1\rightarrow6)$ 糖苷键的出现使得支链淀粉产生分支。

虽然直链淀粉在水中的溶解度很低，但是它能在水中形成胶束（micelle）悬液。胶束中的多糖链采取螺旋构象。如果这时遇到碘，碘就能插入到疏水螺旋的中间从而呈现蓝色。支链淀粉在水中也能形成胶束结构，但碘与其反应呈现紫红色。

Quiz6 你认为直链淀粉和支链淀粉哪一种水溶性更高？为什么？

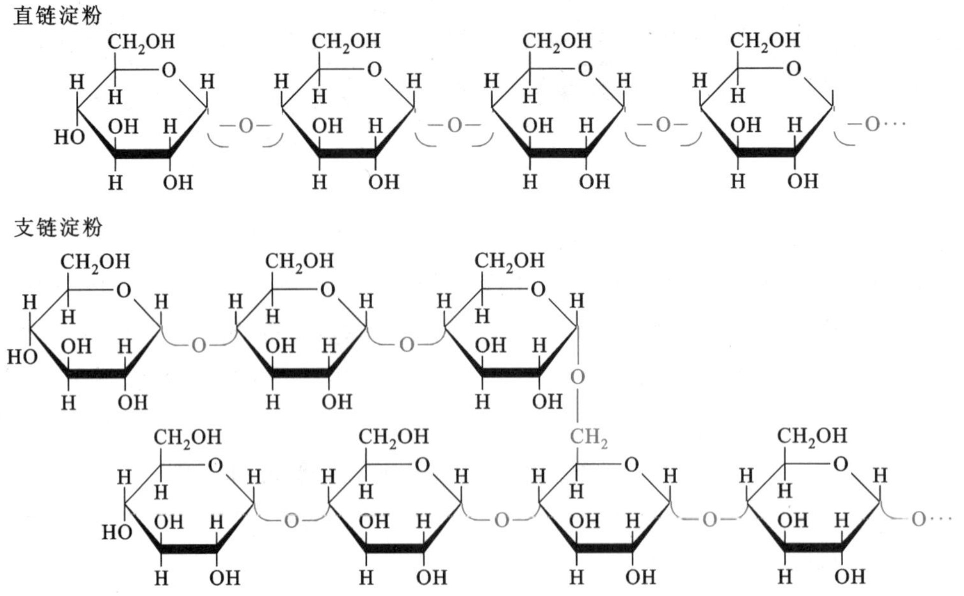

直链淀粉

支链淀粉

图5-15　直链淀粉和支链淀粉的化学结构

2. 糖原

糖原是动物的贮能多糖，有人称之为动物淀粉（animal starch），主要有肝糖原、肌糖原和肾糖原三种形式。其中，肝糖原是主要形式，最多能占肝重的 10%，它负责为整个机体贮备能量，特别是神经细胞，有利于在饥饿状态下维持血糖浓度的稳定；而肌糖原只为肌肉细胞贮存能量，肾糖原虽然也能为整个机体贮备能量，但所占比例有限。

Quiz7 你认为淀粉酶能否水解糖原？

然而，与机体的另外一种能源贮备——脂肪相比，糖原是一种短期能源贮备。之所以糖原适合充当机体的短期能源贮备，是因为它是高度分支的分子，在结构上与支链淀粉相似，但分支点更加密集，这样的结构有利于它在机体内迅速动员或重新合成。

3. 右旋糖酐

右旋糖酐是一种主要以 α(1→6) 糖苷键相连的分支多糖，通常存在于细菌和酵母中，其重复的二糖单位主要是异麦芽糖，分支点可能是 α(1→2)、α(1→3) 或 α(1→4) 糖苷键。生长在牙齿表面的细菌所产生的右旋糖酐是牙菌斑（dental plaque）的主要成分。细菌产生的右旋糖酐在实验室中经常被用作层析柱的支持介质（如 Sephadex 和 Bio-gel）。

（二）结构多糖

最重要的两种结构多糖为纤维素（cellulose）和几丁质（chitin）。此外，还有胼胝糖（callose）和木聚糖（xylan）。

1. 纤维素

纤维素可以说是世界上最丰富的天然多聚物，由位于植物细胞质膜上的纤维素合酶催化而成，几乎所有植物的细胞壁都有它，它对于维持植物细胞的形状十分重要。但纤维素也有其“温柔”的一面，例如，最舒适柔软的天然衣料——棉花几乎就是纯的纤维素。

纤维素与直链淀粉一样，也是一种线性无分支分子，但葡萄糖单位以 β(1→4) 糖苷键相连，因此，组成纤维素的二糖单位是纤维二糖。

在 β(1→4) 糖苷键的连接方式中，最稳定的构象是葡萄糖单位沿着链交替翻转 180°，因而纤维素链采取的是一种完全伸展的带状构象（extended ribbon）。每条纤维素链除了有链内氢键以外，还与周围的纤维素链形成链间氢键，但能与水分子形成氢键的供体或受体少之又少，因此不溶于水。相邻的几条纤维素链肩并肩地靠在一起，通过链间氢键以及范德华力形成扁平片层。相邻的片层再垛叠在一起，片层内纤维素链呈锯齿状，片层之间的纤维素链也有氢键（图 5-16）。纤维素的上述结构赋予了纤维素一定的强度。

大多数动物很难利用纤维素，原因是它们的消化道分泌的水解酶不能识别 β(1→4) 糖苷键。然而，反刍动物和白蚁却不同，生活在它们消化道内的细菌能分泌 β 糖苷酶水解纤维素，因此这两类动物就能够消化并利用纤维素。

2. 几丁质

几丁质是由 *N*- 乙酰葡糖胺形成的直链多聚物（图 5-17），若脱去乙酰基，便成为完全是由葡糖胺组成的几丁聚糖（chitosan）了。几丁质不仅是甲壳纲动物、昆虫和蜘蛛的外骨骼的基本成分，还存在于真菌的细胞壁，在生物功能和结构上与纤维素十分相似。在一级结构上，几丁质可看成 2- 羟基被乙酰胺所取代的纤维素。在高级结构上，它也是伸展的带状构象。但是，它与纤维素有一个十分重要的差别——片层结构的组织方式。所有片层链的还原端都集中在一侧，非还原端集中在另一侧的排列方式称为平行排列；一个片层内链的还原端与其上下片层内链的还原端位于异侧的排列方式称为反平行排列。天然的纤维素似乎只以平行的方式排列。然而，几丁质有三种形式：全平行排列的 α 几丁质、全反平行排列的 β 几丁质和混合型排列的 δ 几丁质。

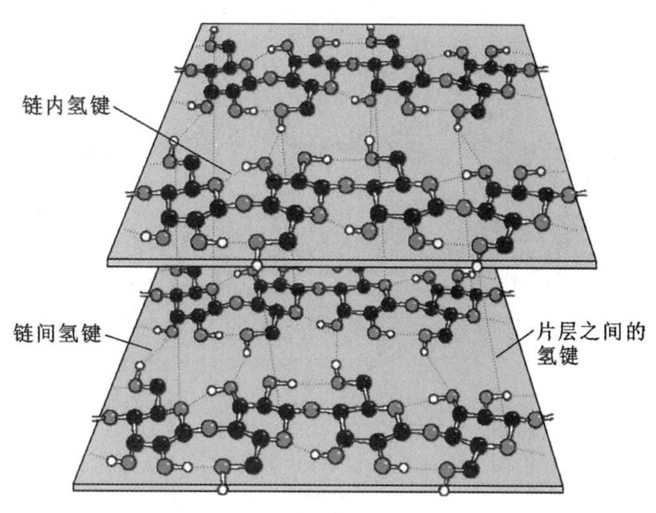

图 5-16　纤维素的构象

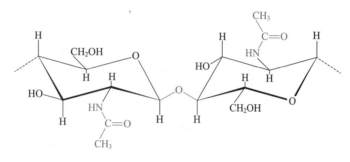

图 5-17　构成几丁质的二糖单位

在自然界中，几丁质资源非常丰富，其含量仅次于纤维素，具有广泛的工业、商业和医用价值。

（三）糖胺聚糖

糖胺聚糖（glycosaminoglycan，GAG）也叫黏多糖（mucopolysaccharide），是由多个重复的二糖单位组成的无分支的杂多糖（图 5-18），主要存在于动物的胞外基质，形成水合的胶状物。

糖胺聚糖共包括透明质酸（hyaluronic acid，HA）、硫酸软骨素（chondroitin sulfate）、硫酸皮肤素（dermatan sulfate）、硫酸角质素（keratan sulfate）和肝素（heparin）（表 5-3）。其中，后四种通常与核心蛋白以共价键相连构成蛋白聚糖，所以都是在高尔基体合成的，这样才有机会与在糙面内质网合成并转移过来的核心蛋白组装成蛋白聚糖。只有透明质酸由定位在细胞膜上的酶合成并独立地被分泌到胞外。透明质酸的聚糖链含有大量羟基。这些羟基有很强的亲水性，因此透明质酸现在被用于多种保湿护肤品中，还在整容手术中用作皮肤填充剂被直接注射到皮下。

Quiz9 你知道玻尿酸是哪一种糖胺聚糖吗？

► 表 5-3　糖胺聚糖的结构和性质

糖胺聚糖	己糖胺	糖醛酸	二糖单位数目	硫酸根	存在部位
透明质酸	*N*- 乙酰葡糖胺	D- 葡糖醛酸	250 ~ 25 000	-	角膜、结缔组织
硫酸软骨素	*N*- 乙酰半乳糖胺	D- 葡糖醛酸	30 ~ 60	+	软骨、骨、角膜
硫酸皮肤素	*N*- 乙酰半乳糖胺	L- 艾杜糖醛酸	30 ~ 100	+	皮肤、腱、心瓣膜
硫酸角质素	*N*- 乙酰葡糖胺	D- 半乳糖	约25	+	角膜
肝素	葡糖胺	D- 葡糖醛酸	15 ~ 50	+	基底膜

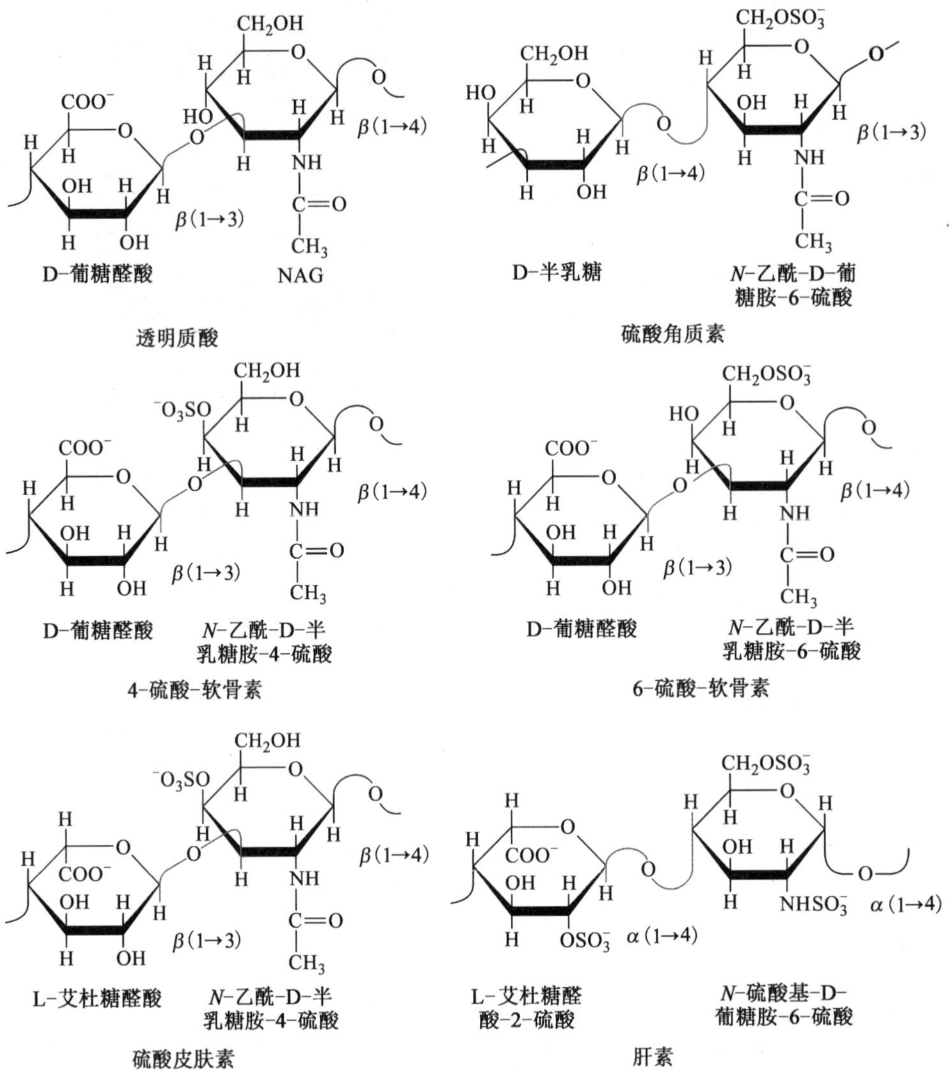

D-葡糖醛酸　NAG

透明质酸

D-半乳糖　N-乙酰-D-葡糖胺-6-硫酸

硫酸角质素

D-葡糖醛酸　N-乙酰-D-半乳糖胺-4-硫酸

4-硫酸-软骨素

D-葡糖醛酸　N-乙酰-D-半乳糖胺-6-硫酸

6-硫酸-软骨素

L-艾杜糖醛酸　N-乙酰-D-半乳糖胺-4-硫酸

硫酸皮肤素

L-艾杜糖醛酸-2-硫酸　N-硫酸基-D-葡糖胺-6-硫酸

肝素

图 5-18　几种糖胺聚糖的二糖结构单元和连接方式

除了上述几种结构多糖以外，藻酸(alginate)和琼脂糖等也属于结构多糖，它们也存在于自然界，并具有特殊的生物功能。

Box5.1　科学家在坠落到地球的陨石中发现了糖

美国宇航局(NASA)于 2019 年 10 月发布的一则新闻稿宣称：一个国际科学家团队在陨石中发现了“生物必需”(bio-essential)的糖类化合物，其中还含有其他的一些重要的生物分子。小行星作为绕太阳轨道运行的岩石近地天体，是大多数陨石的母体。已有理论暗示，小行星内部的化学反应会产生一些生命必需的成分。

这则新闻稿的内容主要来自于 2019 年 10 月 22 日发表在 *P.N.A.S.* 上题为“Extraterrestrial ribose and other sugars in primitive meteorites”的论文。论文讲述的是来自日本东北大学的古河佳广(Yoshihiro Furukawa)为首的国际研究团队分析了三颗陨石(图 5-19)，其中一颗陨石于 1969 年落在澳大利亚，距今已有数十亿年。先前的研究也想搞清楚陨石中有没有糖。但这次，研究人员使用了一种新的用盐酸和水来抽取的方法。

图 5-19　三颗陨石中的一颗

结果，研究人员惊奇地发现了内有诸如阿拉伯糖和木糖之类的糖，但最重要的是发现有核糖。

核糖在生物学中起着极其重要的作用：它存在于 RNA 分子中，并从遗传物质 DNA 中传递信息，帮助机体构建蛋白质。这项研究的合著者——NASA 的 Jason Dworkin 在新闻稿中说：“在如此古老的物质中，可以检测到像核糖这类不稳定的分子，这是令人惊奇的。”

核糖的发现还表明，RNA 先于 DNA 进化，从而使科学家对生命的形成方式有了更清晰的了解。DNA 长期以来一直被认为是“生命的模板”，但据新闻稿称，RNA 分子具有更多的功能，例如无需其他分子即可复制。这些额外的功能，再加上研究人员尚未在陨石中发现存在于DNA分子中的脱氧核糖的事实，就支持了“ RNA 世界”的理论。该研究的主要作者，日本东北大学的古河佳广说道：“这项研究提供了太空中存在核糖以及可将糖输送到地球的第一个直接证据。地球外的核糖可能有助于在地球上形成RNA，这可能导致了生命的起源。”

当然，陨石很可能已经被地球上的生命污染了。但是他们发现这不太可能，糖最可能来自太空。现在，研究人员将继续分析陨石，以查看这些糖的含量以及它们如何影响地球上的生命。这项研究增加了越来越多的证据表明陨石可能导致了地球上生命的起源。在 2019 年 1 月，研究人员发现，两种陨石还具有生命的其他成分——氨基酸、碳氢化合物、其他有机物质以及痕量的液态水。这些痕迹可以追溯到太阳系最早的日子。

第二节　脂质

脂质也称为脂类，它们具有一个共同的物理性质，即一般不溶于水或微溶于水，但溶于有机溶剂。许多脂质还有两性的性质，即一个分子同时含有亲水的“头部”和疏水的“尾巴”，这样的性质对于形成生物膜结构至关重要。

按照化学结构，脂质可分为三大类，即简单脂（simple lipid）、复合脂（compound lipid）和异戊二烯类脂（isoprenoid lipid）。

一、简单脂

简单脂特指游离脂肪酸（free fatty acid，FFA）以及由游离脂肪酸和醇形成的酯，后者包括脂肪（fat）和蜡（wax）。其中脂肪就是三酰甘油（triacylglycerol，TG）或甘油三酯，由 1 分子甘油和 3 分子 FFA 通过酯键缩合而成（图 5-20）。

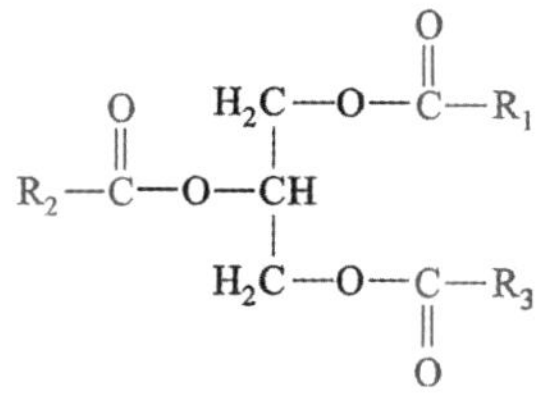

$$
\begin{array}{l}
\quad\quad\quad\quad\quad\quad H_2C-O-\overset{O}{\overset{\|}{C}}-R_1 \\
R_2-\overset{O}{\overset{\|}{C}}-O-\overset{|}{C}H \\
\quad\quad\quad\quad\quad\quad \overset{|}{H_2C}-O-\underset{O}{\underset{\|}{C}}-R_3
\end{array}
$$

图 5-20　脂肪的结构通式

按照碳原子数目，FFA 可以分为奇数脂肪酸和偶数脂肪酸，但天然的 FFA 绝大多数为偶数脂肪酸（表 5-4）；按照碳链的饱和度，FFA 又可以分为饱和与不饱和脂肪酸。例如豆蔻酸、软脂酸、硬脂酸和花生酸为饱和脂肪酸，油酸、亚油酸、亚麻酸和花生四烯酸则为不饱和脂肪酸。不饱和脂肪酸根据双键的数目又分为单不饱和脂肪酸和多不饱和脂肪酸。天然不饱和脂肪酸的双键多为顺式，某些细菌含

表 5-4　常见 FFA 的俗称和结构缩写（Δ 表示双键，c 表示顺式）

分类	中文俗称	英文俗称	结构缩写
饱和脂肪酸	月桂酸	lauric acid	12：0
	豆蔻酸	myristic acid	14：0
	软脂酸（棕榈酸）	palmitic acid	16：0
	硬脂酸	stearic acid	18：0
不饱和脂肪酸	棕榈油酸	palmitoleic acid	16：1(9)或 16：1Δ^{9c}
	油酸	oleic acid	18：1(9)或 18：1Δ^{9c}
	亚油酸（必需）	linoleic acid	18：2(9,12)或 18：2$\Delta^{9c,12c}$
	α 亚麻酸（必需）	α-linolenic acid（ALA）	18：3(9,12,15)或 18：3$\Delta^{9c,12c,15c}$
	γ 亚麻酸	γ-linolenic acid	18：3(6,9,12)或 18：3$\Delta^{6c,9c,12c}$
	花生四烯酸	arachidonic acid	20：4(5,8,11,14)或 20：4$\Delta^{5c,8c,11c,14c}$
	二十碳五烯酸	eicosapentaenoic acid（EPA）	20：5(5,8,11,14,17)或 20：5$\Delta^{5c,8c,11c,14c,17c}$
	二十二碳六烯酸（脑黄金）	docosahexaenoic acid（DHA）	22：6(4,7,10,13,16,19)或 22：6$\Delta^{4c,7c,10c,13c,16c,19c}$

有反式的不饱和脂肪酸。不饱和脂肪酸以顺式的形式存在有利于维持膜的流动性；对于动物而言，脂肪酸又分为必需脂肪酸（essential fatty acid，EFA）和非必需脂肪酸（non-essential fatty acid，NEFA），其中必需脂肪酸在人体或其他动物体内不能自己合成，但又不可缺少，因此必须从食物中获取。亚油酸和 α 亚麻酸为必需脂肪酸，其他脂肪酸为非必需脂肪酸。亚油酸是合成花生四烯酸的前体，而花生四烯酸又是多种前列腺素合成的前体，α 亚麻酸则是 DHA 和 EPA 的前体。

Quiz10 α 亚麻酸、DHA 和 EPA 被统称为 ω-3 脂肪酸，为什么？

脂肪最重要的生理功能是贮存能量，其储能的效率要高于糖原和蛋白质，这是因为它的还原程度更高。例如，1 g 脂肪在体内完全氧化时可释放出 38 kJ 的能量，大约是完全氧化 1 g 糖原或 1 g 蛋白质所释放能量的两倍。此外，脂肪不溶于水，不会对细胞的渗透压带来影响，在作为能源贮备的时候，一般贮存在脂肪细胞中，与胆固醇酯或其他固醇酯一起以脂滴（lipid droplet）的形式存在。在脂滴的表面通常是一层磷脂单分子层，在外面还覆盖一层脂外被蛋白（perilipin，PLIN）（图 5-21）。这种蛋白质及其相关蛋白广泛存在于各种动物的脂肪细胞内，在脂滴的表面形成了一种保护性屏障，可阻止脂肪酶对脂肪的水解，它的存在有利于脂肪的储存。

Quiz11 你认为驱动脂滴结构形成和稳定脂滴结构的化学键主要是什么？

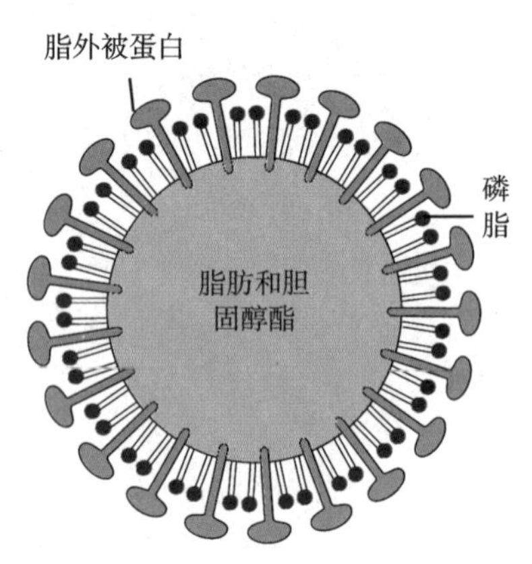

图 5-21　脂滴的结构模型

贮能效率高以及对细胞渗透压没有影响，这是脂肪作为能源贮备物的优点，但同时它也有两个缺点：一是因为不溶于水，所以在机体需要能量的时候，不能像糖原那样快速降解，它也因此更适合作为长期的能源贮备；二是脂肪的氧化分解必须在有氧的条件下才能进行，故在缺氧或无氧的时候，脂肪是不能为机体供能的。

脂肪除了作为能源贮备以外，还有利于保持体温和保护内脏器官，以及增加水生动物的浮力，因此，生活在南极和北极的动物在皮下都有厚厚的脂肪，如企鹅和北极熊。某些生物还能利用脂肪的氧化分解，产生大量的代谢水作为水源，如骆驼。

蜡是一种由长链脂肪酸和高级脂肪醇形成的酯，与脂肪一样也是高度不溶于水的。它广泛存在于动物的皮毛、植物的叶子和鸟类的羽毛之中，起防水和保护作用。比如，羊毛脂（lanolin）来源于羊的毛皮，是很多护肤品中的有效成分。

二、复合脂

复合脂即复脂，除含有脂酰基和醇基团以外，还含有一些非脂成分，如磷酸基团和糖基。根据非脂成分的不同，复合脂可以进一步分成磷脂（phospholipid）和糖脂（glycolipid）。其中磷脂是含有磷酸基团的脂类，包括以甘油为骨架的甘油磷脂（phosphoglyceride）和以鞘氨醇为骨架的鞘磷脂（sphingomyelin）。糖脂是含有糖基的脂类，包括甘油糖脂和鞘糖脂。其中鞘磷脂和鞘糖脂可统称为鞘脂（sphingolipid）。复脂都属于两性脂，是构成生物膜的主要成分，但原核生物一般缺乏鞘脂。

（一）甘油磷脂

图 5-22 左侧为甘油磷脂的结构通式，其中的 X 代表可变的含有羟基的有机基团，X=H 时就为最简单的甘油磷脂，即磷脂酸（phosphatidic acid）。图 5-22 右侧给出了五种最常见甘油磷脂的 X 基团，它们分别是磷脂酰胆碱（phosphatidylcholine，PC）、磷脂酰肌醇（phosphatidylinositol，PI）、磷脂酰丝氨酸（phosphatidylserine，PS）、磷脂酰乙醇胺（phosphatidylethalamine，PE）和二磷脂酰甘油（diphosphatidylglycerol）。其中，磷脂酰胆碱又称为卵磷脂（lecithin），二磷脂酰甘油又称为心磷脂（cardiolipin）。

以磷脂酰胆碱为例，整个甘油磷脂分子可分成两个部分（图 5-23）：一部分由两个长长的非极性的碳氢链构成，具有疏水的性质，可形象地称之为疏水尾巴；另一部分由极性的磷酸化的 X 基团组成，具

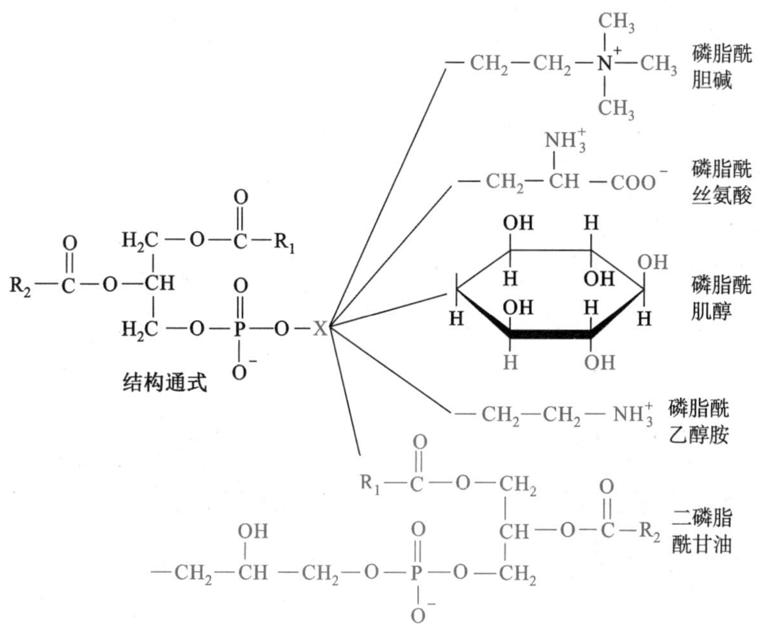

图 5-22 甘油磷脂的结构通式及五种常见磷脂的化学结构

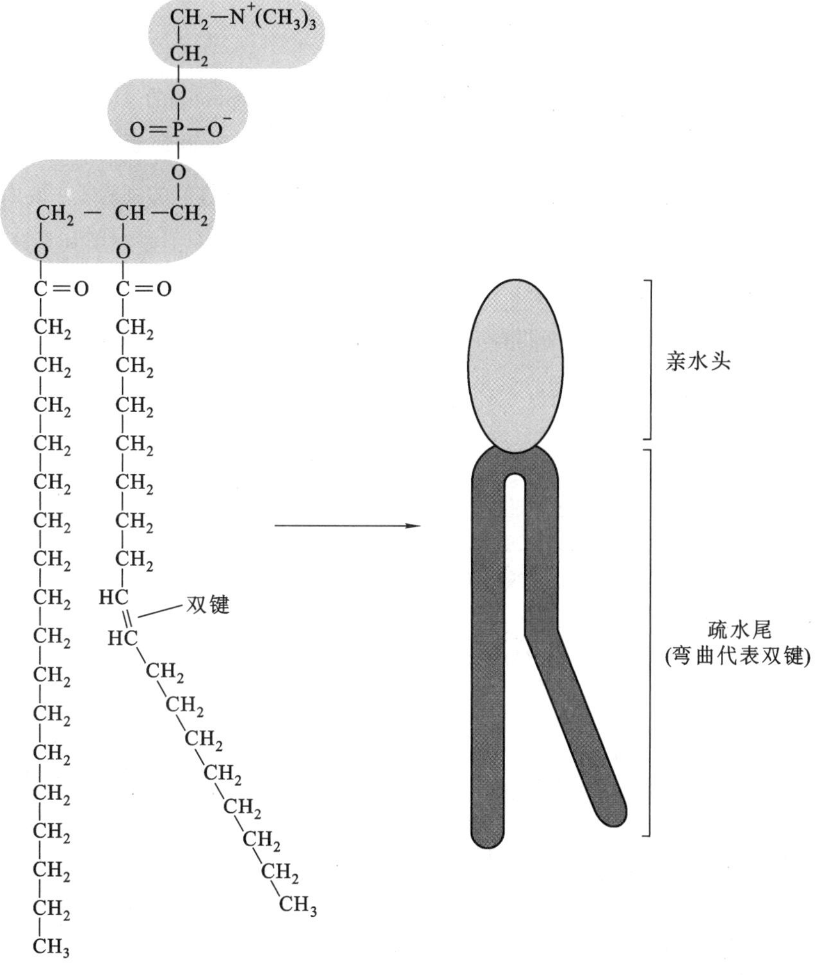

图 5-23 甘油磷脂的两性性质

有亲水的性质，可形象地称之为亲水头部。

磷脂的两性性质使得它们在水相中能自发地形成 4 种在热力学上稳定的结构，即胶束微粒(micelle)、平面脂单层、平面脂双层和封闭的脂双层(图 5-24)。在这几种结构中，磷脂分子的疏水尾部通过疏水键和范德华力紧密结合在一起，以尽量避免与水分子接触，而亲水的头部则暴露在水相之中。其中封闭型的脂双层结构称为脂质体（liposome），这种结构将疏水尾巴隐藏得最好，因此是最稳定的。1925 年由荷兰科学家 Evert Gorter 和 Francois Grendel 最早提出的生物膜结构模型即是这种脂双层结构，该模型可以解释生物膜许多重要的现象。

生物膜由膜脂和膜蛋白构成。其基本骨架是双层的磷脂分子，简称脂双层结构（图 5-25）。除了作为膜的成分以外，甘油磷脂还参与细胞的信号转导等重要功能。例如，高等动物体内许多细胞的质膜上的 4,5- 二磷酸磷脂酰肌醇在特定激素作用下可受到磷脂酶 C 的催化，水解释放出两种第二信使——甘油二酯和 1,4,5- 三磷酸肌醇（参看第六章“激素的结构与功能”相关内容）。

水溶性腔
胶束微粒
疏水尾
亲水头
平面脂双层
平面脂单层
脂质体

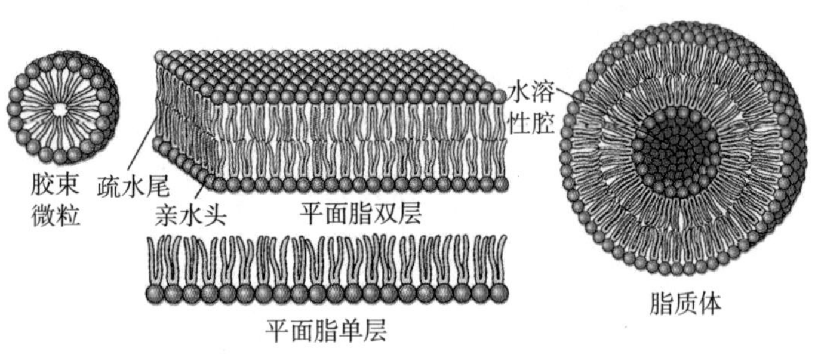

图 5-24 膜脂在水相中自组装形成的几种结构

外层
内层
疏水尾
亲水头

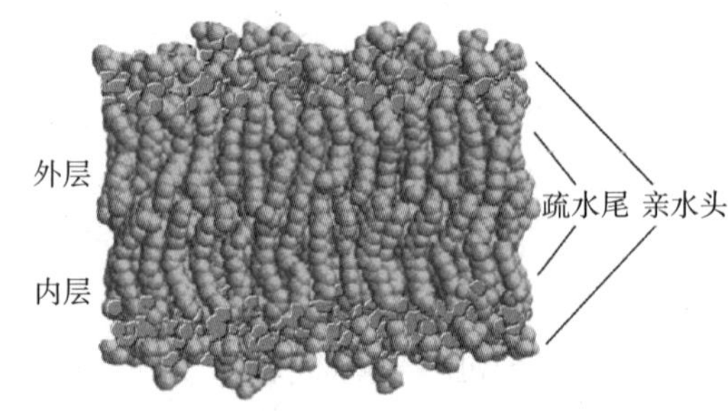

图 5-25 脂双层结构的空间填充模型

甘油磷脂中有一种特殊的磷脂，称为醚磷脂（ether glycerophospholipid），其 1 号位和（或）2 号位的酯键变成了醚键。古菌绝大多数生活在恶劣或极端的环境之中，例如强嗜热古菌（*Hyperthermophilic archaea*）能生活在 70 ~ 125℃的温度下。为了适应极端恶劣的环境，构成它们的细胞膜主要由醚磷脂组成，原因是醚键比酯键更加稳定。此外，古菌的醚磷脂构型主要为 S 型，而不是细菌和真核生物的 R 型。

已发现两种类型的醚磷脂（图 5-26）：一类为甘油二醚（glycerol diether）——其脂醚基为含有分支的长链碳氢链（20 碳），另一类为二甘油四醚（diglycerol tetraether）——2 个含有分支的长链碳氢链（40 碳）在两端各与 1 个甘油分子以醚键相连。

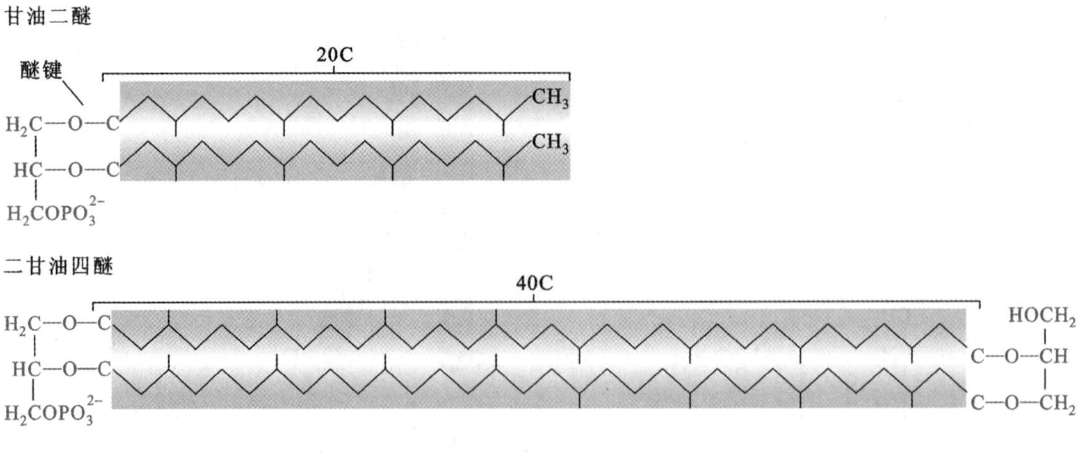

甘油二醚
醚键
20C
H_2C-O-C
$HC-O-C$
$H_2COPO_3^{2-}$
CH_3
CH_3
二甘油四醚
40C
H_2C-O-C
$HC-O-C$
$H_2COPO_3^{2-}$
$HOCH_2$
$C-O-CH$
$C-O-CH_2$

图 5-26 甘油二醚和二甘油四醚的化学结构

Quiz12 神经鞘氨醇自带了一个反式双键，其构型与天然不饱和脂肪酸分子中双键的构型一样吗？你认为这个双键以反式构型存在会有什么特别的意义吗？

（二）鞘磷脂

鞘磷脂的结构与甘油磷脂十分相似，也是一种两性分子，只是由神经鞘氨醇（sphingosine）代替了甘油。图 5-27 左显示了神经鞘氨醇的分子结构，当它的氨基被脂酰化以后，形成的化合物就是神经酰胺（ceramide）（图 5-27 中）。图 5-27 右显示了鞘磷脂的结构通式，X 基团通常为胆碱或乙醇胺。

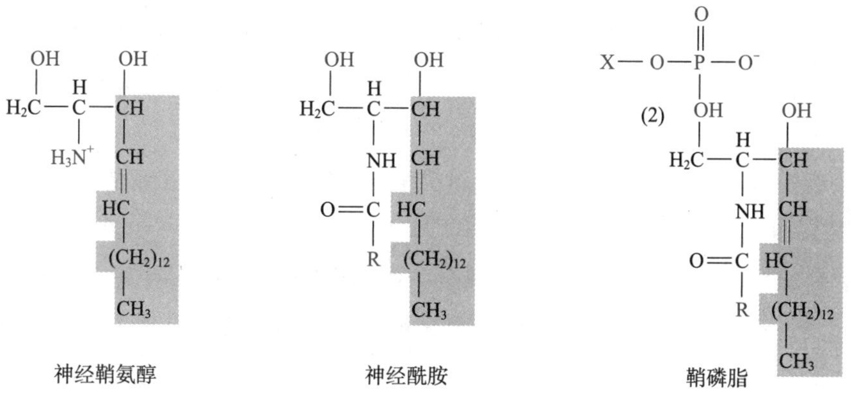

神经鞘氨醇　神经酰胺　鞘磷脂

图5-27　神经酰胺和神经鞘氨醇的化学结构及鞘磷脂的结构通式

鞘磷脂也是生物膜的重要组分，在动物的神经组织中的含量较高，特别是髓鞘。此外，它也参与高等动物和植物的信号转导。例如，鞘磷脂的代谢产物1-磷酸神经鞘氨醇（sphingosine 1-phosphate，S1P）在分泌到胞外以后可以通过与G蛋白偶联的受体调节动物细胞的黏着，从而影响到细胞的迁移、分化和生存。

（三）糖脂

糖脂是糖类通过它的半缩醛羟基与脂质以糖苷键连接而成的糖缀化合物，包括鞘糖脂（glycosphingolipid）和甘油糖脂（glyceroglycolipid），其中鞘糖脂的脂质部分是神经酰胺，而甘油糖脂的脂质部分为二酰甘油（diacylglycerol，DG），即甘油二酯。

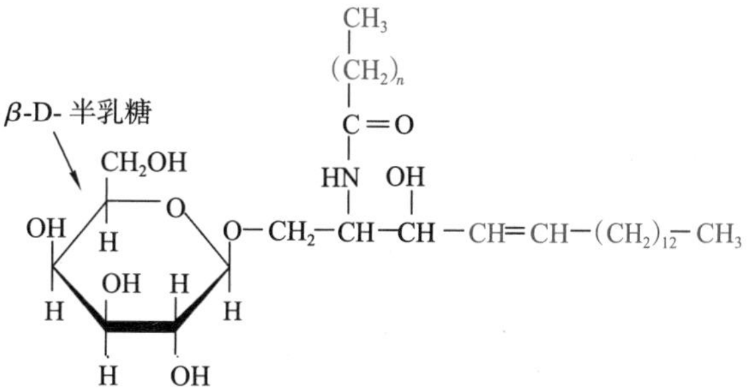

β-D-半乳糖

图5-28　半乳糖神经酰胺的化学结构

鞘糖脂又分为中性鞘糖脂和酸性鞘糖脂。前者的糖基无唾液酸成分，通常为单糖、双糖、三糖或其他寡糖。半乳糖神经酰胺是第一种得到鉴定的鞘糖脂（图5-28），因最早发现于人脑，又名为脑苷脂（cerebroside）；后者的糖基含有酸性的硫酸化糖基或唾液酸，其中有一种含有唾液酸的鞘糖脂，其糖基是一条寡糖链，由于广泛存在于动物的神经节中，又名为神经节苷脂（ganglioside）。

鞘糖脂在膜上参与细胞之间的通信，并作为ABO血型的抗原决定簇的一部分，有些鞘糖脂还作为一些病毒（如仙台病毒）和细菌外毒素（如霍乱毒素）的受体。

甘油糖脂由糖基通过糖苷键与二酰甘油上的游离羟基相连（图5-29），以单半乳糖基二酰甘油和二半乳糖基二酰甘油最常见，它们主要存在于植物的叶绿体膜和微生物的细胞膜中。

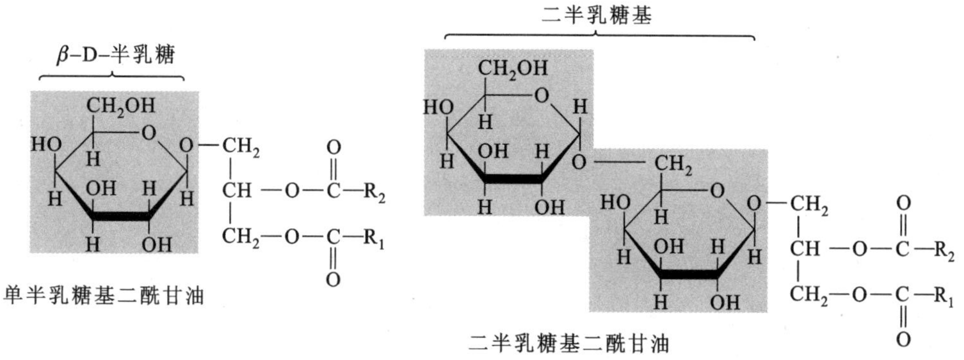

β-D-半乳糖　单半乳糖基二酰甘油

二半乳糖基　二半乳糖基二酰甘油

图5-29　甘油糖脂的化学结构

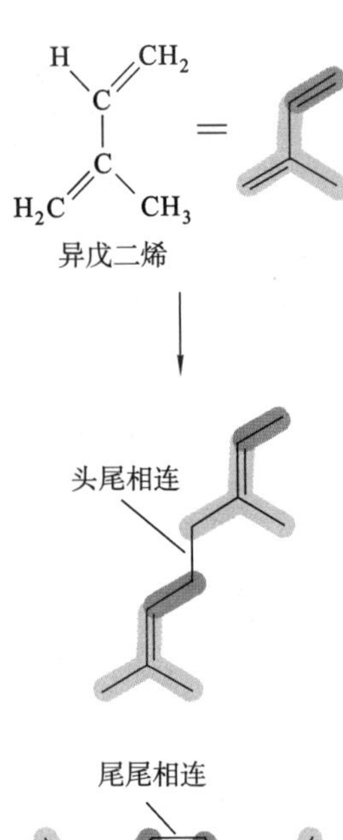

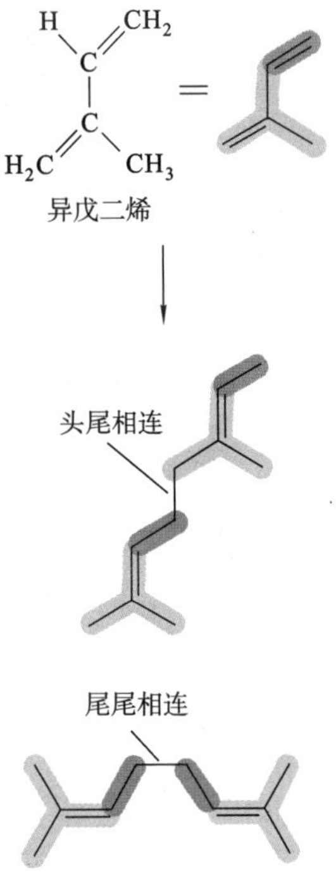

图 5-30　萜的形成

Quiz13 有一种原核生物，它的细胞膜上也有胆固醇。你知道是哪一种吗？

三、异戊二烯类脂

此类脂衍生于异戊二烯，在结构上可被剖析成若干个异戊二烯单位，主要包括萜（terpene）、类固醇和脂溶性维生素。虽然它们在体内的含量并不高，但有的却具有非常重要的生物学功能。

（一）萜

就分子结构而言，萜是由若干个异戊二烯单位连接而成，连接的方式主要是“头尾”相连（head to tail），也有“尾尾相连”（tail to tail）（图 5-30）。

根据所含的异戊二烯单位的数目，萜可分为单萜（monoterpene）、倍半萜（sesquiterpene）、双萜（diterpene）、三萜（triterpene）、四萜（tetraterpene）和多萜（polyterpene），它们分别含有 2、3、4、6、8 和多个异戊二烯单位。

（二）类固醇

类固醇也称甾类（steroid），其核心结构是由 3 个六元环和 1 个五元环融合而成的环戊烷多氢菲（perhydrocyclopentanophenanthrene）。其中胆固醇（cholesterol）为类固醇最重要和最常见的成员，其他甾类几乎都由它衍生而成。

1. 胆固醇及其衍生物

胆固醇整个分子只有位于 3 号位的羟基是亲水的，其余的部分完全由疏水的碳氢链组成，因此胆固醇是一种疏水性更强的两性脂（图 5-31）。

胆固醇的两性性质使其能够与磷脂和糖脂一起构成膜，但胆固醇一般存在于动物的细胞膜上，它在膜上的功能是调节膜的流动性。

胆固醇除了作为膜的组分以外，还是体内许多重要活性物质的前体，例如维生素 D、固醇类激素和胆汁酸（bile acid）都是以它作为原料合成的。

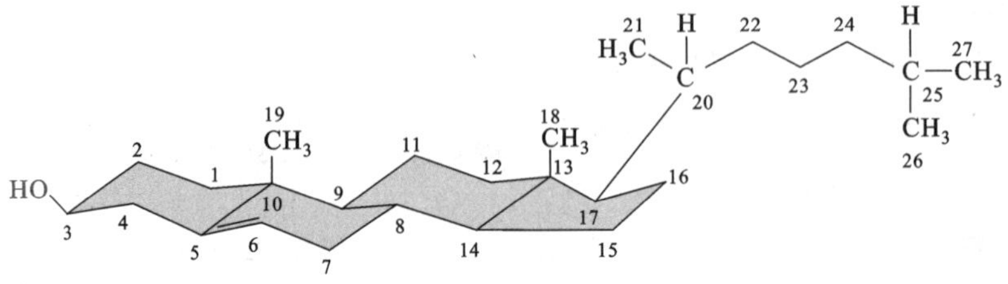

图 5-31　胆固醇的结构

2. 其他固醇

胆固醇主要存在于动物体内，在植物和某些微生物体内仅有它的类似物，这些类似物的结构与胆固醇十分相似。例如：豆科植物中普遍存在的豆固醇，谷物类植物中发现的谷固醇和某些真菌内发现的麦角固醇（ergosterol）。其中，麦角固醇存在于真菌和浮游植物的细胞膜上，其功能相当于动物细胞膜上的胆固醇，用来稳定膜的流动性。麦角固醇可在动物消化道被吸收后，经转运在皮下受紫外线的照射，转化为维生素 D_2 的前体。

（三）脂溶性维生素

维生素 A、D、E 和 K 均由异戊二烯单位聚合而来，不溶于水，其结构与功能参见第四章有关维生素与辅酶的内容。

Box5.2　小心反式脂肪！

学过生化的人知道，天然脂肪分子上不饱和脂肪酸的双键一般是顺式的，因此天然的脂肪一般是顺式脂肪。然而，顺式脂肪分子上的不饱和双键容易氧化，导致其不易储存，容易变质。于是，食用油加工企业开始利用化学中氢化还原的方法，试图将天然植物油分子中的双键还原。但是，氢化处理做不到完全还原，反而会让原来的双键从顺式异构成反式。于是，天然的脂肪变成了反式脂肪。

食品工业之所以喜欢反式脂肪，是因为它们的生产价格便宜，可以长期保存，并且使食品具有良好的口感和质感。现在各种食品中(图 5-32)，甜糕点被发现反式脂肪含量最高，其次是人造黄油，还有糖果、焦糖、羊角面包、非乳制奶精、冰淇淋和饼干等。但是，医学研究早有证据证明食用反式脂肪是有害健康的，即使是小剂量，人造反式脂肪仍然会导致心血管疾病、糖尿病和其他疾病。而新的研究发现它还可以大大增加患阿尔茨海默病的风险。

图 5-32 各种富含反式脂肪的食物

根据 2019 年 10 月 23 日发表在 *Neurology* 上的一篇题为“Serum elaidic acid concentration and risk of dementia”论文的研究结果，血液中反式脂肪含量较高的人患上阿尔茨海默病的可能性增加 50%～75%。

美国芝加哥拉什阿尔茨海默病中心的联合负责人 Neelum T. Aggarwal 博士说：“这项研究表明，除了已知的心血管疾病外，还有神经退行性疾病也与饮食中反式脂肪含量高有关。”

在过去的 10 年中，对 1600 名无阿尔茨海默病的日本男性和女性进行了追踪。在研究开始时对他们体内反式脂肪的含量进行了血液检查，并分析了他们的饮食。然后，研究人员针对可能影响阿尔茨海默病风险的其他因素进行了调整，例如高血压、糖尿病和吸烟。结果发现，反式脂肪含量最高的一组人比含量最低的人患阿尔茨海默病的可能性高 52%～74%。

Isaason 博士认为，这项研究使用的是反式脂肪的血液标志物水平，而不是传统上使用的饮食调查表，这提高了结果的科学有效性。另外，因为它建立在先前证据上，即饮食中反式脂肪的摄入会增加阿尔茨海默病的风险。

大量研究揭示了反式脂肪与“坏胆固醇”（LDL-C）的增加之间的联系，再加上“好胆固醇”（HDL-C）的降低，美国食品药品监督管理局(FDA)于 2015 年禁止了反式脂肪的使用。食品公司被禁止使用至少三年的时间。然后，FDA 开始授予该行业各个领域的扩展权。最新的扩展程序已于 2020 年 1 月 1 日到期。但是，即使每个制造商都在第一年开始遵守规定，但这并不意味着反式脂肪已经从杂货店的货架上消失了。根据 FDA 的规定，如果一份食物中的反式脂肪含量少于 0.5 克，公司可以将食物标记为“0 克”反式脂肪。

因此，为了我们每一个人的健康，平时需要仔细注意营养标签。谈到营养标签，成分越少越好！着重于天然的整体食物，并尽量减少或避免高度加工的食物。

第三节 糖缀合物

糖缀合物是指糖类与非糖物质以共价键相连的复合物。根据非糖物质的本质，糖缀合物可以分为糖蛋白(glycoprotein)、蛋白聚糖(proteoglycan，PG)、肽聚糖(peptidoglycan)、糖脂(glycolipid)和脂多糖(lipopolysaccharide，LPS)。

一、糖蛋白和蛋白聚糖

糖蛋白和蛋白聚糖都是由蛋白质与糖类通过共价键相连的复合物，两者都可以看成是蛋白质翻译后发生糖基化修饰的产物。

就糖蛋白而言，其中蛋白质是结构与功能的中心，糖起“点缀”或“陪衬”的作用，主要由多种具分支的寡糖链组成，含量约占总质量的 1%～60%。两者通过糖肽键连接而成，而糖肽键主要有 *O* 型和 *N* 型(图 5-33)。以 *O* 型糖肽键相连的糖蛋白广泛存在于细菌、古菌和真核生物中，而以 *N* 型糖肽键相连的糖蛋白主要存在于古菌和真核生物中。

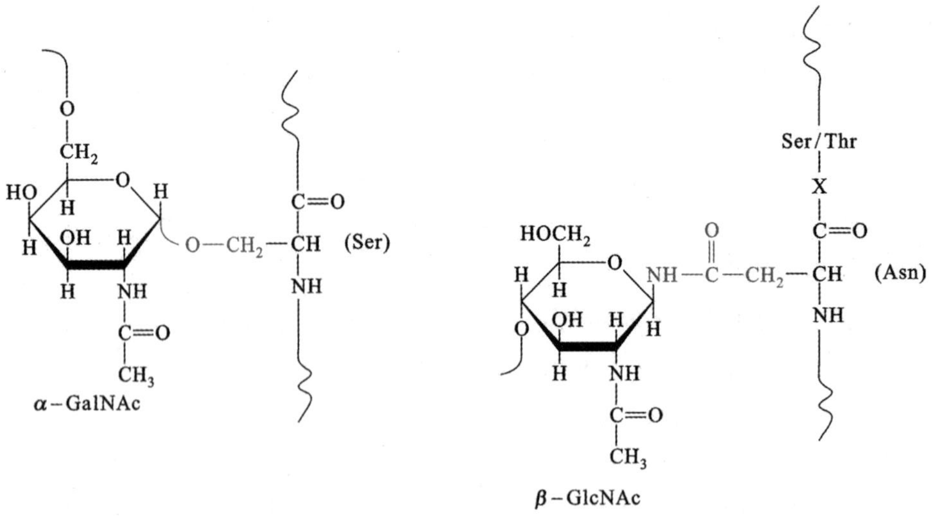

O 型连接

N 型连接

α-GalNAc

β-GlcNAc

图 5-33　糖蛋白中寡糖基与蛋白质之间的连接方式

O 型糖肽键一般是由寡糖链还原端 α-*N*- 乙酰氨基半乳糖胺（α-GalNAc）残基的半缩醛羟基，与多肽链 Ser/Thr 残基的羟基缩合而成，若是真核细胞，是在高尔基体引入的；*N* 型糖肽键则是由寡糖链还原端 β-*N*- 乙酰氨基葡糖胺（β-GlcNAc 或 β-NAG）残基的半缩醛羟基，与多肽链 Asn 残基的酰胺基缩合而成，若是真核细胞，是在内质网引入的，引入的寡糖链由一相同的核心五糖链和若干外围糖基组成（图 5-34）。根据外围糖基的组成特征，寡糖链可分为高甘露糖型、杂合型和复合型。

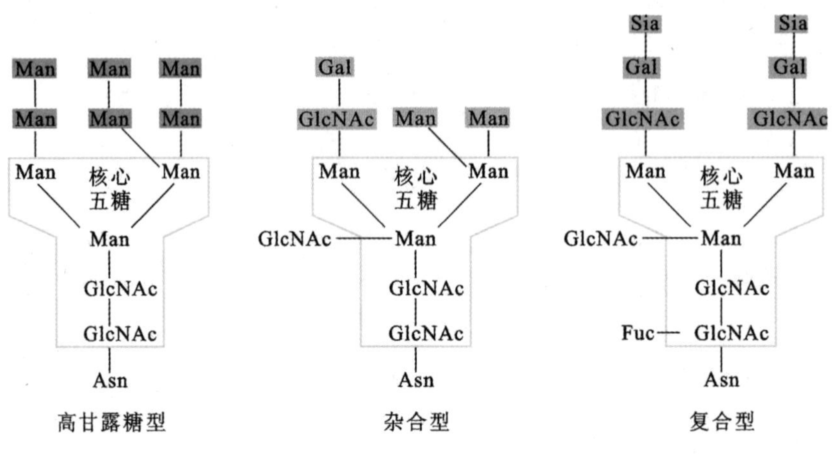

图 5-34　*N* 型糖苷键的糖蛋白外围寡糖的三种类型

糖蛋白中的寡糖链除了对蛋白质的稳定性、溶解性等理化性质有影响以外，还参与多种生物学功能，例如分子识别、信号转导、多肽链折叠、蛋白质翻译后的分拣和定向等。

分泌蛋白、细胞膜蛋白和溶酶体蛋白一般为糖蛋白，例如促红素和卵泡刺激素为分泌性糖蛋白，大多数水溶性激素的受体为质膜上的糖蛋白。如果糖蛋白整合在质膜上，就会与质膜上的糖脂一样，其寡糖链部分面向胞外。这些寡糖链在细胞的表面，相当于是一种分子天线，参与细胞与细胞之间的相互作用、细胞识别、细胞粘附以及信号转导。例如，ABO 血型系统就与红细胞表面寡糖链的性质有关（图 5-35）。这些寡糖链主要与膜蛋白共价相连，也有一些与膜脂共价相连。有时，糖蛋白分子上的寡糖链在某些细胞的表面会形成一个保护性的薄层，如小肠黏膜细胞表面的糖萼可以保护细胞免受蛋白酶的消化。

在许多生物体内，有一类叫凝集素（lectin）的蛋白质可以识别和结合特定的寡糖链。有些病毒在

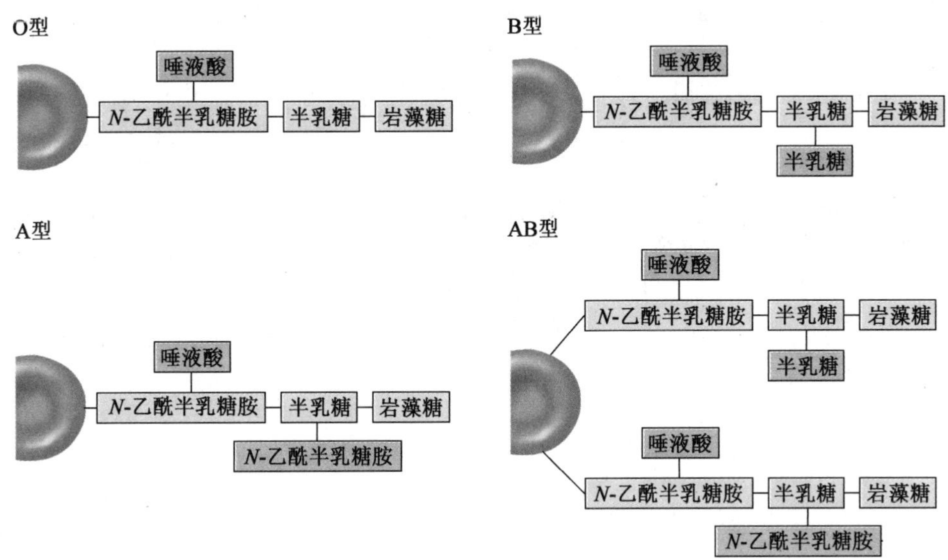

图5-35 ABO 血型在红细胞表面寡糖链上的差别

感染期间，会使用凝集素附着到宿主细胞表面。例如，H5N1 禽流感病毒株中的 H 表示的就是一种叫血凝素（hemagglutinin）的凝集素。流感病毒就是通过它识别和结合宿主细胞膜上含有唾液酸的受体糖蛋白而启动感染过程的。

Quiz14 H5N1 中的 N 代表什么？

就蛋白聚糖来说，聚糖是结构与功能的中心，其含量可达总质量的 98%，主要由无分支的糖胺聚糖链组成，蛋白质反倒成了“点缀”或“陪衬”。糖胺聚糖链多到 100 个以上。

与糖胺聚糖以 *O* 型连接共价结合的蛋白质称为核心蛋白（图 5-36）。有时，与核心蛋白共价结合的糖胺聚糖不止一种，这样的蛋白聚糖称为多配体蛋白聚糖。已发现至少六类不同的蛋白聚糖，它们在核心蛋白的大小、糖胺聚糖链的数目、糖胺聚糖的类型、体内分布和功能等方面均有差别（表 5-5）。

Quiz15 蛋白聚糖中将聚糖和蛋白质连在一起的有 *N* 型连接吗？

蛋白聚糖的主要功能包括：①调节分泌蛋白的活性；②形成带电的多孔凝胶，限制或促进某些物质的通过；③与某些生长因子结合，调节它们的活性；④在细胞表面作为辅助受体。

表 5-5 六类蛋白聚糖的性质和功能

蛋白聚糖	核心蛋白大小	糖胺聚糖链的数目	糖胺聚糖的类型	分布	功能
aggrecan（聚集蛋白聚糖）	210 000	约 130	硫酸软骨素 + 硫酸角质素	软骨	机械支持、与透明质酸形成大的聚合物
betaglycan（β 蛋白聚糖）	36 000	1	硫酸软骨素 + 硫酸皮肤素	细胞表面和基质	与 TGF-β 结合
decorin（饰胶蛋白聚糖）	40 000	1	硫酸软骨素 + 硫酸皮肤素	结缔组织	与 I 型胶原纤维和 TGF-β 结合
perlecan（串珠蛋白聚糖）	600 000	2 ~ 15	硫酸类肝素	基底膜	基底膜的支持与滤过功能
syndecan 1（黏结蛋白聚糖）	32 000	1 ~ 3	硫酸软骨素 + 硫酸肝素	上皮细胞表面	细胞粘附、与 FGF 和其他生长因子结合
Dally（在果蝇）（达利蛋白聚糖）	60 000	1 ~ 3	硫酸类肝素	细胞表面	某些信号分子的辅助受体

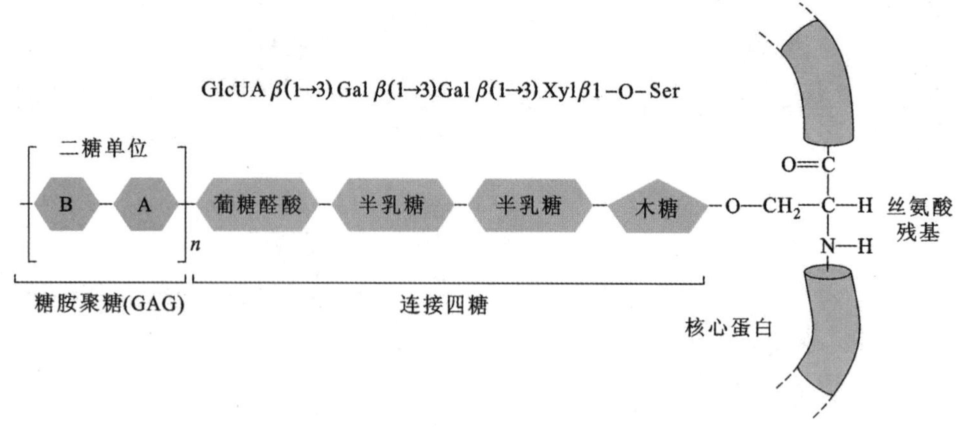

图 5-36　蛋白聚糖的结构

二、肽聚糖

肽聚糖又称黏肽(mucopetide),是细菌细胞壁的主要成分。古菌和真菌以及属于细菌的衣原体有细胞壁,但壁上都没有肽聚糖。肽聚糖主要是由 *N*- 乙酰葡糖胺(NAG)、*N*- 乙酰胞壁酸(NAM)以及短肽构成。NAG 和 NAM 两种氨基糖经 $\beta(1\rightarrow4)$ 糖苷键连接,间隔排列形成聚糖骨架,短肽则靠肽键连接在聚糖骨架的 NAM 上。相邻的肽链之间再由肽桥或肽链(如五聚甘氨酸桥)联系起来,组成一个机械性很强的网状结构(图 5-37)。

Quiz16 肽聚糖中的短肽含有 D 型氨基酸有什么好处?

不同种类的细菌,组成肽聚糖的聚糖骨架相同,但短肽的组成和相邻短肽间的联结方式不同。短肽并不是在核糖体上合成的,因此会有 D 型氨基酸。例如,金黄色葡萄球菌的短肽由 L-Ala、D-Glu、

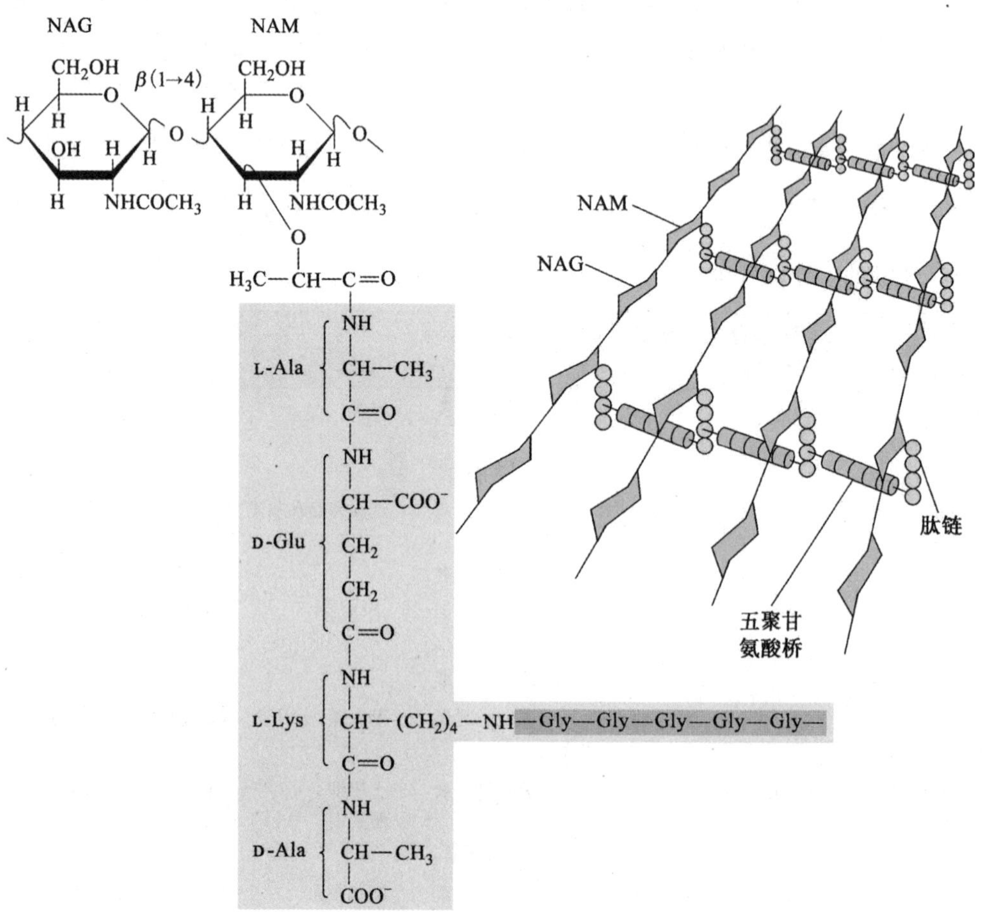

NAG　NAM　CH_2OH　$\beta(1\rightarrow4)$　NHCOCH₃　$H_3C—CH—C=O$
L-Ala　D-Glu　L-Lys　D-Ala
$CH—(CH_2)_4—NH—Gly—Gly—Gly—Gly—Gly—$
NAM　NAG　肽链　五聚甘氨酸桥

图 5-37　肽聚糖的结构

L-Lys 和 D-Ala 组成。

肽聚糖是许多酶和抗生素的作用目标。例如，溶菌酶、葡萄球菌溶素能水解 NAG 和 NAM 之间的糖苷键，从而导致细胞壁解体。再如，青霉素、头孢菌素能抑制短肽合成，磷霉素（phosphonomycin）、环丝氨酸能抑制聚糖骨架的合成，造成细胞壁缺陷，导致细菌在低渗溶液中极易破裂而死亡。

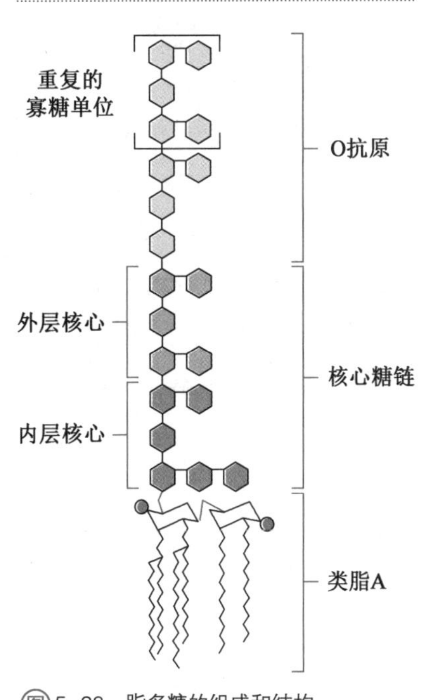

图5-38　脂多糖的组成和结构

三、脂多糖

脂多糖也是两性的，由 O 抗原、核心糖和类脂 A 三个部分通过共价键组成（图 5-38），作为革兰氏阴性细菌外膜中的一种成分，对宿主是有毒性的，但只有在细菌死亡溶解或用人工方法破坏菌体后才释放出来，因此叫做内毒素（endotoxin）。其毒性成分主要为类脂 A，耐热而稳定，但抗原性弱。各种细菌内毒素的毒性作用大致相同，一般较弱，可引起发热、微循环障碍、内毒素休克及播散性血管内凝血等。

Quiz17 许多细菌可以产生外毒素，你知道外毒素的本质是什么吗？

科学故事　改变教科书的发现：受精过程中，卵子不再被动！

2019 年 10 月 1 日，在 *Nature Communications* 上有一篇题为“Phosphatidylserine on viable sperm and phagocytic machinery in oocytes regulate mammalian fertilization”的论文发表了。有人说，这篇论文涉及一个改变教科书的发现：因为它让我们对于精子和卵子如何融合有了新的认识。

高中生物学教给我们有关受精过程的知识一直是一种“以精子为中心、卵子作为精子进入的被动伴侣”的受精方式，而现在这篇论文告诉我们这是一个动态的过程：精子和卵子都平等地积极参与实现受精的最终生物学目标，卵子表面有特定分子与精子上的相应物质结合，从而共同促进了两者的融合（图 5-39）。

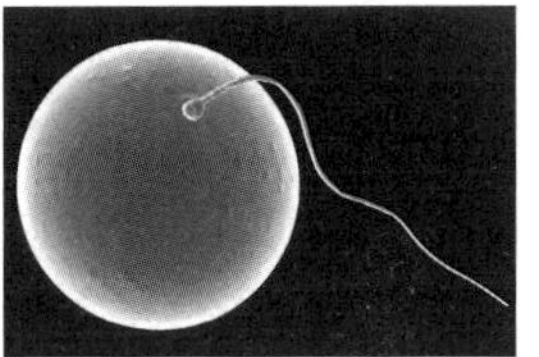
图5-39　精子与卵子的融合

这篇论文的作者是美国弗吉尼亚大学医学院的 Claudia M. Rival、Jeffery J. Lysiak 和 Kodi S. Ravichandran。他们这个改变教科书的成果是来自对受精过程研究的一个意外发现。

几年前，Ravichandran 和 Lysiak 就开始对不成熟精子如何在睾丸中发育开展合作研究。在研究中，他们发现了一个十分奇怪但却十分有趣的现象，就是一些看起来快要死的未成熟的精子实际上根本没有死，它们不仅活着，而且活得很健康。在这些精子的表面上，含有暗示细胞凋亡的一种分子标记，该标记会随着精子的成熟而变得更强。这种标记物就是细胞质膜上从内层（面向细胞质基质）迁移到外层（面向胞外）的磷脂酰丝氨酸（PS）。大家可能知道，细胞凋亡的早期信号就是 PS 大量外迁。对此，Lysiak 说道：“这一开始发现的时候觉得没有什么意义。但经过大量实验以后，才知道真相并非如此。”

事实证明，表面带有 PS 标记物的精子并没有死亡，而是在受精过程中与卵细胞融合的精子需要利用这种标志物。

学过生物的人都知道，有性生殖需要在单倍体细胞——雌雄配子之间进行有效的融合。在配子融合之前，关键步骤是精子上特定配体与卵子上适当结合伴侣即受体之间的正确识别。在结构和功能水平上的前期研究已确立了精子表面蛋白 Izumo1 和卵母细胞上相应的 GPI 锚定受体蛋白 Juno 的关键作用，这两种蛋白均受阻或丢失会影响受精。由于 Juno 是 GPI 锚定蛋白，因此尚未确定卵母细胞中 Juno 下游的信号传导。此外，3D 结构研究提示 Izumo1 与 Juno 的相互作用不太可能导致融合，当将 Izumo1 在 Cos-7 细胞上外源表达时，卵母细胞会与这些细胞结合，但并没有进行融合。还有研究发现，卵母细胞上的四次跨膜蛋白家族成员——CD9 也与哺乳动物受精有关，但 CD9 还没有发现有特定的配体能与其结合，人们认为它的作用方式是通过改变膜的弯曲而促进融合。因此，精子和卵母细胞上的其他参与者在 Izumo1 与 Juno 相互作用之后都可能促进配子融合。尽管 Izumo1 和 Juno 对于配子之间的初始相互作用至关重要，但仍需要确定精子与卵子融合所必需的其他分子。在这里，Claudia M. Rival 等人的研究显示了 PS 暴露于有活力且能活动的精子的头部区域，在精子通过附睾的过程中，PS 的暴露逐渐增加。在功能上，通过三种不同的方法在精子上掩盖 PS 都可抑制受精。在卵母细胞上，PS 识别受体 BAI1、CD36、Tim-4 和 Mer-TK 有助于受精。此外，细胞质缺乏 ELMO1 的卵母细胞或 RAC1 的功能破坏(二者均在 BAI1/BAI3 下游发出信号)也影响精子进入卵母细胞。 有趣的是，哺乳动物的表面有 PS 的精子可以与表达 BAI1/3、ELMO2 和 RAC1 的骨骼成肌细胞融合。总的来说，这些数据确定了活精子上的 PS 和卵母细胞微绒毛上 PS 的识别受体是精子与卵细胞融合的关键因素。

这个发现除了修正了我们对受精过程的一些传统观念以外，还扩充了我们对磷脂分子所能行使功能的认识，此外还有几个比较有趣的实际应用：①对于患有不孕症的夫妇，有一天医生可能会尝试增加 PS 在精子上的暴露，以增加受孕的机会。当然，还可以在体外受精之前检查男人的精子，以选择最有可能导致怀孕的精子。这可以帮助避免进行多次尝试，并减少夫妻必须承担的费用。事实上，作为这项工作的一部分，Ravichandran 和 Lysiak 研究小组已经设计出一种新的测试方法，用于根据 PS 的暴露来确定精子的受精适应性。②可寻找一种掩盖精子头部 PS 的方法，这样的方法可能就是一种潜在的避孕方式。

Ravichandran 和 Lysiak 已计划通过他们成立的 PS 公司，继续探索与受精有关的基础科学问题以及潜在的治疗应用。对此，Ravichandran 说道："对受精作用的研究已经有 100 年了。人们都认为我们已经弄清楚了其中的基本原理，但是答案并非如此。尽管令人惊讶，但仍然有许多我们不了解的黑匣子，这为人们寻求新的途径提供了可能。"

思考题：

1. 葡萄糖氧化酶催化葡萄糖的氧化。此酶对于 β-D- 葡萄糖是高度特异性的，对 α-D- 葡萄糖不起反应。然而，这种酶经常被临床上用来测定血糖(β-D- 葡萄糖和 α-D- 葡萄糖的混合物)浓度，为什么？

2. 在南极和北极鱼的血液里发现所谓的抗冻糖蛋白。这些糖蛋白具有(Ala—Ala—Thr)$_n$—Ala—Ala 的序列(n 值可达 50)。每一个 Thr 都接有一个二糖基。你认为这些蛋白质如何能有抗冻功能？

3. 你认为生活在深海高压环境下的细菌在膜脂的组成与大肠杆菌会有什么差别？为什么？

4. 直链淀粉和纤维素都是葡萄糖的多聚物，但两者的物理性质差别很大，为什么？

5. 几丁质部分酸水解的产物是什么？

网上更多资源……

本章小结　授课视频　授课音频　生化歌曲
教学课件　推荐网址　参考文献

第六章　激素的结构与功能

多细胞生物能够生存并有效地行使功能，组成它们的细胞必须以协调的方式进行活动。这种协调需要在不同的细胞之间进行通信。细胞通信最简单直接的方式可能是细胞之间的直接接触，如间隙连接，而比较复杂的方式则是通过特殊的化学物质作为信号分子，在不同的细胞之间进行转导。据估计，人类基因组约 20% 的基因编码的蛋白质参与信号转导。此数据突显了信号转导的重要性。能充当信号分子的物质主要是激素（hormone），但无论是哪一种激素，都要先与其作用的靶细胞膜或靶细胞内的专一性受体（receptor）结合，然后才能发挥作用。

本章将主要介绍激素的一般性质、激素的作用机制和激素作用的整合，重点是在激素作用的分子机制上。

第一节　激素的一般性质

一、激素的定义

激素这个词来源于希腊语 hormao，本意是兴奋或激动。1905 年，英国生理学家 Ernest Starling 首先用它来描述一种由十二指肠分泌的化学物质，该物质能够刺激胰腺分泌富含碳酸氢盐的液体，因此后来又被命名为促胰液素（secretin）。经过对促胰液素的性质及其作用机制的详细研究，Starling 和他的妹夫 William Bayliss 在当时为激素下了一个最经典的定义，即激素是由特定的组织产生并分泌到血流之中，通过血液的转运到达特定的细胞、组织或器官，而引发这些细胞、组织或器官产生特定的生理、生化反应的一类化学物质。

然而，随着人们对激素研究的不断深入，最初激素的定义显然已经跟不上时代的发展。因此，现代的激素定义被赋予了更广泛的内涵。现一般认为，激素是一类非营养的、微量就能起作用的在细胞间传递信息的化学物质。激素的一大特征就是在机体内的浓度很低，一般在微摩尔级或者更低。以下丘脑产生的促甲状腺素释放因子（thyrotropin-releasing factor，TRF）为例，当初由 Roger Guillemin 和 Andrew Schally 各自领导的研究小组，在谁能最先纯化到第一种下丘脑激素的剧烈竞赛中，花了好几年时间，最后才分别在近 500 万只羊和 500 万头猪的下丘脑组织中，各得到仅 1 mg 的 TRF。

Quiz1　TRF 与谷胱甘肽一样只有 3 个氨基酸残基，那它是不是也像谷胱甘肽一样合成出来的呢？

就动物而言，分泌激素的细胞称为内分泌细胞（endocrine cell），受激素作用的细胞称为靶细胞（target cell）。在以上定义的基础上，还可以根据作用的距离，将动物激素进一步分为内分泌（endocrine）激素、神经内分泌（neuroendocrine）激素、旁分泌（paracrine）激素和自分泌（autocrine）激素（图 6–1）。

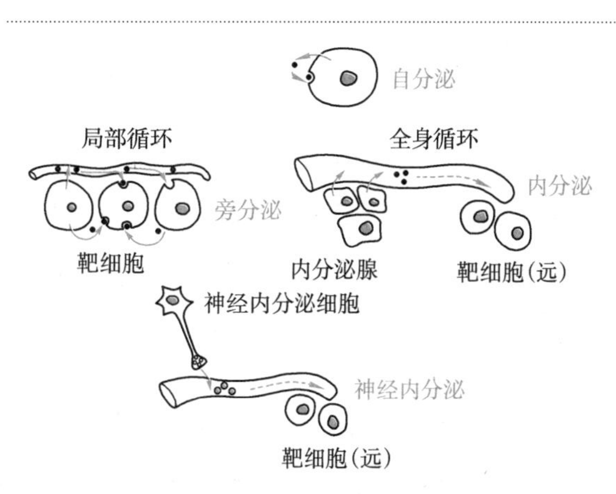

图 6–1　自分泌激素、旁分泌激素、内分泌激素和神经内分泌激素

（1）内分泌激素。此类激素离靶细胞较远，绝大多数激素属于这一类。

（2）神经内分泌激素。这类激素的作用也比较远，但它们是由某些特化的神经细胞分泌的，经血液循环或通过局部扩散到达作用的靶细胞，因此也称为神经激素。合成和分泌神经激素的神经细胞在结构上属于神经系统而非内分泌系统，因此叫做神经内分泌细胞。例如，哺乳动物的下丘脑能产生催产素和抗利尿激素，经由神经垂体分泌到循环系统，分别调节子宫肌收缩和肾脏对水的重吸收。下丘脑还能产生和释放抑制或促进释放激素经血流到达腺垂体，调节腺垂体合成和分泌相应激素。这种神经内分泌的调节方式将机体的两大调节系统——神经系统与内分泌系统有机地整合在一起，大大扩充了机体的调节功能。

(3) 旁分泌激素。此类激素只作用于邻近的细胞，作用时间短，例如前列腺素、阿片肽（opioid peptide）以及一些多肽生长因子。

Quiz2 细胞通信有点像人类通信。对于以下四种人类通信的方式——电话交流、在酒吧里与你好友谈话、电台广播和自言自语，各相当于四种动物激素的哪一种？

(4) 自分泌激素。此类激素反向作用于原来分泌它的细胞，如刺激 T 细胞分裂的白介素 2（interleukin-2）、某些生长因子以及少数原癌基因的产物。

按照更为广泛的激素定义，生长因子、细胞因子和神经递质等许多重要的细胞间信号分子都可归为激素。

二、激素的化学本质及分类

激素的种类繁多，彼此之间的结构差别可能很大，但根据来源和化学本质，可将它们分为肽类或蛋白质激素、固醇类激素、氨基酸衍生物激素、脂肪酸衍生物激素等几类。

肽类或蛋白质激素的种类最多，小到仅由三个氨基酸组成，大到由几百个氨基酸组成。

固醇类激素衍生于胆固醇，包括维生素 D、维生素 A 以及由肾上腺皮质和生殖腺分泌的皮质激素和性激素。所有固醇类激素都具有相同的核心环结构，虽然它们的表面二维结构十分相似，但是各自的侧链和在空间的取向却不一样，这就决定了各种固醇类激素作用的特异性。

氨基酸衍生物激素衍生于特定的氨基酸，如 Tyr 或 Trp。衍生于 Tyr 的激素有肾上腺素（epinephrine）和去甲肾上腺素（norepinephrine），衍生于 Trp 的激素有血清素和褪黑素（melatonin）。

Quiz3 甲状腺素是直接衍生于酪氨酸吗？

脂肪酸衍生物激素衍生于脂肪酸，如花生四烯酸，包括前列环素（prostacyclin）、凝血噁烷（thromboxane）和白三烯（leukotriene）。

按照溶解性质，可以将激素简单地分为水溶性激素和脂溶性激素。这两类激素的主要差别有三点：①脂溶性激素很容易通过生物膜，因此难以储存在胞内，一般在需要的时候才被合成，但甲状腺素是一个例外。而水溶性激素可以被包被在具有膜结构的囊胞内，在体内储存方便，在需要时可立即分泌出去。②脂溶性激素难溶于水，在动物体内需要与血清中特殊的转运蛋白结合后才能转运。这种结合反过来又保护了激素，提高了它们的稳定性。除了一些小肽，绝大多数水溶性激素的转运并不需要与血清蛋白结合，这就使得它们很容易被代谢掉。③脂溶性激素的疏水性质允许它们自由通过细胞膜，与胞内的受体结合，产生细胞内效应。但水溶性激素不能通过质膜，因此它们必须与细胞质膜上的受体结合才能发挥作用。

三、激素的定量

快速、精确和灵敏地测定激素的浓度对于激素的研究十分重要，但由于机体内各种激素的浓度都很低，要确定一种激素的浓度并非易事。现在普遍使用对激素的定量方法是美国科学家 Rosalyn Sussman Yalow 创立的放射免疫测定法（radioimmunoassay，RIA）。该法具有高度的特异性和极高的灵敏度，它的出现才让激素的研究进入了突飞猛进的黄金时代。因此，Yalow 荣获了 1977 年的诺贝尔生理学或医学奖。

RIA 的特异性来自于抗原（antigen，Ag）与抗体（antibody，Ab）之间高度专一性的可逆结合，而灵敏度在于放射性同位素的引入（图 6-2）。假定以一种激素为抗原，如促肾上腺皮质激素（ACTH），它的一部分用放射性同位素标记（*Ag），另一部分没有标记（Ag），当将它们混合在一起与抗体保温的时候，两者与

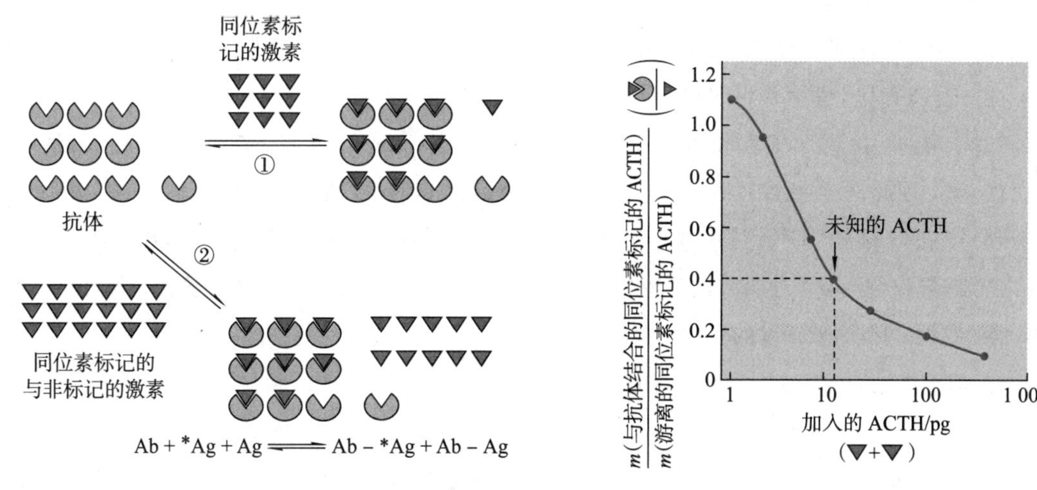

图 6-2 RIA 的原理及其应用(测定 ACTH 的浓度)

抗体的亲和性完全相同,但有竞争性。显然,同位素标记的激素越多,形成的具有放射性的激素 - 抗体复合物(Ab–*Ag)的量就越多。若最初与抗体一起保温的激素都被同位素标记的话,那么与抗体结合的将完全是被同位素标记的激素。随后如果再依次加入一定量的非同位素标记的同种激素,加入的非标记的激素就会取代一部分与抗体结合的同位素标记的激素,且加入的非标记的激素量越多,被取代的同位素标记的激素就越多。根据这一点,就可以以加入的非同位素标记的激素的质量为横坐标(图中为 ACTH),与抗体结合的同位素标记的激素与游离的同位素标记的激素的质量比为纵坐标,然后作标准曲线。未知量的激素在与同一种反应体系的抗体结合以后,可以根据标准曲线求得其浓度。

第二节 激素作用的一般特征

激素的作用具有特异性、高效性、脱敏性和时效性,可产生“慢反应”或“快反应”,还可能需要“第二信使”,其中以特异性最重要。

一、特异性

激素作用的特异性是指一种激素只能作用于一种或一类细胞的现象。当一种激素由特定的细胞分泌后,可随着体液循环与机体内几乎所有的细胞接触,但为什么只有特定的细胞才有反应呢?这是因为激素的作用离不开受体,一种激素只有在与其专一性受体分子结合以后才能发挥作用,而只有特定的细胞才存在特定激素的受体。那什么又是受体呢?

(一)受体的基本概念

受体是存在于特定细胞的一种特殊成分,它能够识别并结合源自细胞外的各种信号配体,形成可逆的二元复合物,由此引发出特定的生物学效应。从化学本质上来看,激素的受体总是蛋白质。当一种激素与其受体结合以后,会诱导受体的构象发生变化,并在此基础上诱发靶细胞产生特定的生理、生化反应。

Quiz4 除了激素作用,还有哪些重要的过程也需要受体?

(二)受体的基本性质

体内和体外的一系列研究表明,激素受体至少具有 5 个重要的性质。

(1) 与配体结合的高度专一性。受体和配体的结合与酶和底物的结合很相似,都表现出高度的专一性。例如,胰岛素只会与自身的受体结合,而不会与胰高血糖素的受体结合。当然,这种专一性是相对的,例如肾上腺素就有 5 种不同的受体(α1、α2、β1、β2 和 β3)。同一种激素与不同的受体结合可能产生不同的效应,有时甚至是相反的效应。

Quiz5 脂溶性激素和水溶性激素在与各自受体结合的化学键上会有什么不同?

(2) 与配体结合的可逆性。受体和配体的结合方式一般是以非共价键相连,因此通常是完全可逆的。这一性质有利于激素作用的终止。

(3) 与配体结合的高亲和性。受体与配体之间的亲和力很强,亲和常数(K_a)高达 10^9~10^{10} L·mol^{-1},因此,虽然激素在体内的浓度很低,但仍然能够识别并结合相应的受体。

(4) 与配体的结合可产生强大的生物学效应。激素与受体结合后,形成二元复合物,由此启动信号转导,最终导致靶细胞产生特殊的生物学效应。10^{-9} mol·L^{-1} 的激素可导致靶细胞内代谢物浓度发生 10^6 倍的变化,可见激素诱发的生物学效应是巨大的。

(5) 与配体结合的饱和性。一个细胞上特定受体的数目是有限的,因而激素与受体的结合具有饱和性动力学特征。当激素浓度达到一定的水平,所有的受体都被激素占据,也就达到了饱和状态。当然,细胞上一种受体的数目并不是恒定的,在特殊的生理或病理条件下,受体数目会发生变化。调节受体数目的主要原因是激素本身,一般情况下,激素浓度的提高或激素长时间与靶细胞接触都可引起受体数目的下调(down-regulation)。

(三) 受体的分类和结构

激素受体的种类和结构都比较复杂,但根据受体在细胞中的定位,可将它们分成细胞膜受体和细胞内受体。水溶性激素由于不能通过质膜,其受体都位于细胞膜上;而脂溶性激素很容易通过细胞膜,因此受体大多数位于细胞内,但若是在细胞膜上,也不会影响它与激素的结合,故有少数脂溶性激素的受体就位于细胞膜上。例如,菜籽类固醇(brassinosteroid,BR)是一类重要的脂溶性植物激素,其受体也在细胞膜上。正是因为两类激素受体在细胞中的位置不同,作用机制才会有较大的差异。

1. 细胞膜受体

细胞膜受体又名细胞表面受体,或简称为膜受体。这一类受体都属于膜内在蛋白,其疏水区"深陷"在细胞膜内,故分离纯化需要使用两性去垢剂来增溶。有的膜受体并不贯穿整个细胞膜,而有的却贯穿质膜内外,甚至还不止一次。受体的跨膜区常形成疏水 α 螺旋。但不管怎样,所有膜受体的配体结合部位都应面向胞外,因为只有这样,受体才会被配体识别并结合。

膜受体主要分为四类。这四类膜受体在结构和功能上有明显的差异。

(1) G 蛋白偶联受体(G protein-coupled receptor,GPCR)

此类受体一般都具有标志性的 7 次跨膜结构,因此又名七次跨膜受体(seven-transmembrane domain receptor,7TM)。每一个跨膜的肽段形成的都是疏水 α 螺旋(图 6-3),如肾上腺素的 β 受体。它们的功能与 G 蛋白紧密偶联(详细内容见后),其中与 G 蛋白作用的结构域位于细胞质基质一侧第 5 个和第 6 个 α 螺旋之间的环上。

Quiz6 如何证明 GPCR 胞内的第三个环是参与与 G 蛋白相互作用的?

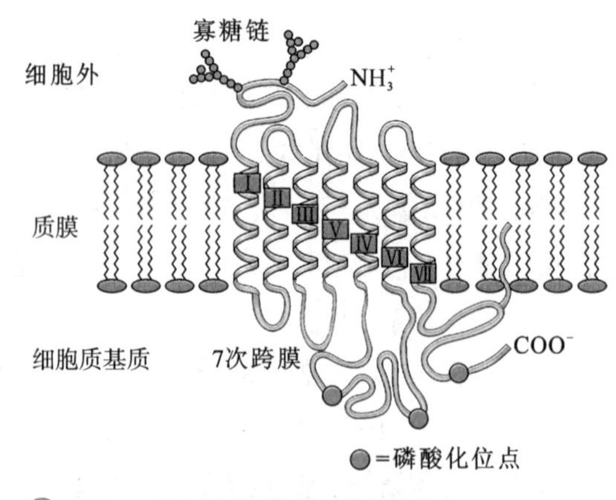

图 6-3 G 蛋白偶联受体的结构与功能

这类受体构成了一个庞大的蛋白质超家族,参与多项重要的生物学功能,如多种激素、神经递质和细胞因子的作用以及视觉、味觉和嗅觉的形成等,因此广泛存在于高等动物质膜上,此外,酵母和领鞭毛虫(*Choanoflagellate*)等低等真核生物质膜上也有发现,但植物似乎缺乏。据估计,人类基因组中有 800 多个基因编码这个家族中的蛋白质,约占蛋白质基因总数的 4%,同时多种疾病与它们功能异常有关系,而现代临床用的药物约有 30% 以它们作为靶标。

(2) 离子通道受体(ion-channel receptor)

离子通道是位于细胞膜上的水溶性通道,其功能是允许或阻止离子进出细胞。离子通道的默认状态通常是闭合，但受到特定的信号刺激以后就会开放（图 6-4）。

有三种类型的离子通道：①电压门控的离子通道（voltage-gated channel），打开此类通道的信号是与动作电位（action potential）相关联的膜电位的变化。②第二信使门控的离子通道（second-messenger-gated channel），打开此类通道的是特殊的第二信使（见后），如 cAMP 和 cGMP。③配体门控的离子通道（ligand-gated channel）。只有此类通道才是激素的受体，打开它的信号就是与充当配体的激素结合。例如，乙酰胆碱的烟碱型受体（nicotinic receptor）就是 Na^+ 通道（图 6-5），其组成为 $\alpha_2\beta\gamma\delta$。每一个亚基都跨膜 4 次，而每一次跨膜的区段都是 α 螺旋，其中有一段 α 螺旋含较多的亲水氨基酸，正是由于这个亲水区的存在，使得 5 个亚基在膜上能够组装成一个亲水性的通道，而乙酰胆碱结合在 α 亚基上。再如，γ- 氨基丁酸（γ-GABA）的 A 型受体为 Cl^- 通道，血清素的受体为 Na^+ 和 K^+ 通道。

Quiz7 琥珀酰胆碱是乙酰胆碱的类似物，它可以和乙酰胆碱的烟碱型受体结合，但并不能让肌肉收缩，而是让肌肉松弛。对此你如何解释？

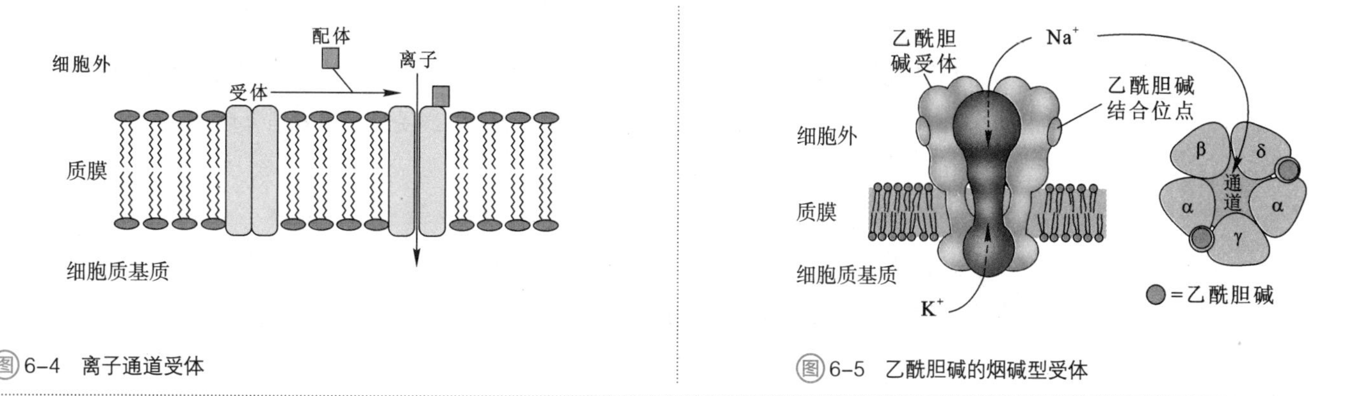

图 6-4　离子通道受体

图 6-5　乙酰胆碱的烟碱型受体

(3) 酶受体

此类受体有潜在的酶活性（图 6-6），如心房钠尿肽的受体具有鸟苷酸环化酶的活性，胰岛素和转化生长因子 β（transforming growth factor β，TGF-β）的受体分别具有酪氨酸蛋白激酶和丝氨酸蛋白激酶的活性，白细胞共同抗原（leukocyte common antigen）CD45 受体具有蛋白质酪氨酸磷酸酶的活性。然而，这些受体只有在与相应的激素配体结合以后，酶活性才被激活。因此，在某种意义上，这些激活受体酶活性的激素相当于是酶的别构激活剂。

(4) 无酶活性但直接与细胞质内酪氨酸蛋白激酶相联系的受体

此类受体与受体酪氨酸激酶相似，但本身没有任何酶活性（图 6-7）。干扰素（interferon）和人生长激素的受体均属于这一类。

以上 4 类受体并不能覆盖所有激素的膜受体。事实上，某些激素的膜受体很难按照这 4 类来对号入座。

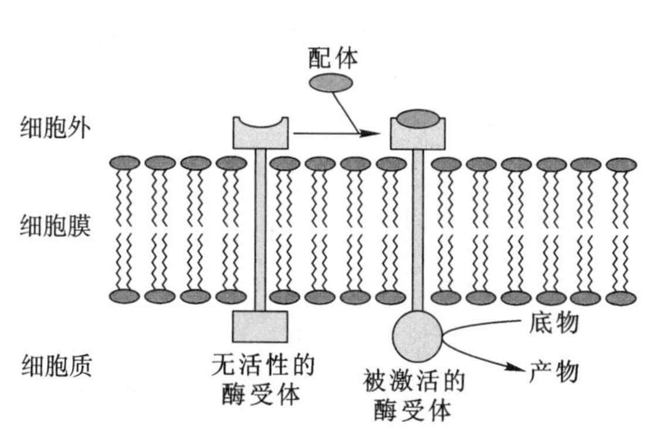

图 6-6　具有内在酶活性的受体

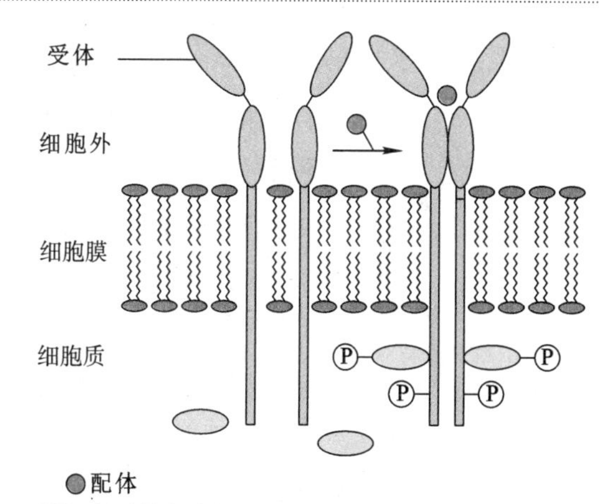

图 6-7　无酶活性但直接与细胞质内的酪氨酸蛋白激酶相联系的受体

Quiz8 甲状腺素可以通过自由扩散的方式通过细胞膜，但是许多细胞的质膜上含有一种对甲状腺素特异性的主动运输蛋白。这是为什么？

2. 细胞内受体

脂溶性激素的胞内受体又可以分为细胞质受体和细胞核受体。例如，醛固酮的受体位于细胞质基质，而甲状腺素、1,25-$(OH)_2VD_3$ 和视黄酸等的受体则位于细胞核。

细胞内受体至少含有 4 个活性部位：①结合激素的部位。②识别并结合 DNA 上特殊碱基序列的部位。该部位带有一种特殊的结构模体——锌指结构（zinc finger）。被结合的序列称为激素应答元件（hormone response element，HRE）。③受体之间形成二聚体的部位。④激活（少数抑制）基因转录的部位（图 6-8）（参看第十九章“基因表达的调控”）。

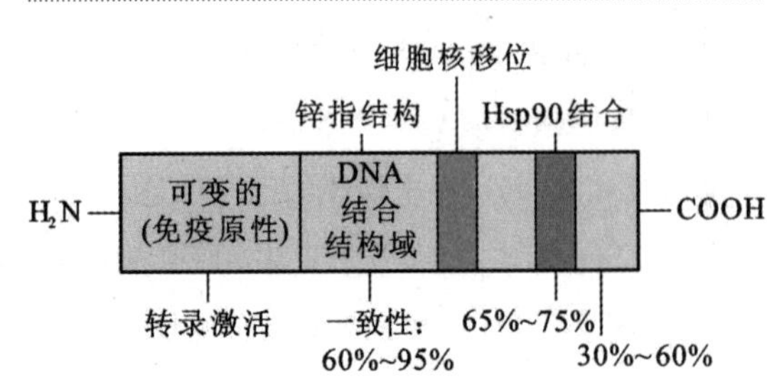

图 6-8 固醇类激素细胞质受体结构模型

如果是细胞质受体，则还有第 5 个活性部位。这个部位在没有配体的时候，与 Hsp90 以及 Hsp70 结合。Hsp90 又与免疫亲和蛋白（immunophilin，IP）结合。当受体与激素结合后，受体构象发生变化，从而导致 Hsp90、Hsp70 和 IP 的释放。

二、高效性

激素作用的高效性表现在很低的浓度就能作用于靶细胞，并诱发靶细胞产生强烈的生物学效应。这一方面是因为激素与受体的亲和力极高，另一方面是因为激素在作用过程中存在一种级联放大（cascade amplification）的机制。

三、可能需要“第二信使”

水溶性激素无法通过质膜直接进入细胞内发挥作用，其受体只能位于靶细胞的表面。然而，一旦它们与靶细胞膜上相应的受体结合，可诱导受体的构象发生变化，而受体在构象变化以后，要么自身的酶活性被激活，要么通过其他的蛋白质，如 G 蛋白，去激活同样定位在细胞膜上的另外一种酶，催化一些小分子物质的合成。这些小分子物质一旦从酶的活性中心释放出来，就可代替原来的激素行使功能。如果把激素视为第一信使（first messenger），随后合成的小分子物质就可以看成是第二信使（second messenger），而催化第二信使合成的酶可称做效应器（effector）。

Quiz9 你认为是不是所有的第二信使都是水溶性的，细胞内产生以后可以自由扩散？

迄今为止，已发现的第二信使主要有：cAMP、cGMP、1,4,5-三磷酸肌醇（inositol 1,4,5-triphosphate，IP_3）、Ca^{2+} 和二酰甘油（DAG）等。

四、可能产生“快反应”或“慢反应”

有的激素一旦作用，靶细胞可在很短时间内产生特殊的生物学效应，这种现象称为“快反应”（acute effect）；相反，有的激素在作用后，靶细胞则需要较长的时间才能产生特殊的生物学效应，这种现象称为“慢反应”（chronic effect）。激素“快反应”的特征是“来也匆匆，去也匆匆”，在几秒钟或几分钟内产生效应，反应强度与激素浓度正相关，反应持续的时间通常不长；而“慢反应”的特征是“来得慢，去得也慢”，在几小时甚至几天后才能产生明显的效应，反应强度与激素浓度在短时间内的波动无关，反应持续的时间却比较长。

水溶性激素一般产生“快反应”，而脂溶性激素通常产生“慢反应”，还有一些激素，既可产生“快反应”，又可产生“慢反应”，如胰高血糖素和胰岛素。一种激素究竟是产生“快反应”还是产生“慢反应”，与它的作用机制直接有关。

五、脱敏性

一种激素在与其靶细胞长时间接触后，靶细胞倾向于降低其反应性，这种现象称为激素的脱敏(desensitization)作用。产生脱敏的原因可能是受体数目的下调，或者受体经历了共价修饰，如磷酸化。

六、时效性

激素作用有一定的时效性。一种激素的作用，从分泌到与受体结合，再到最终产生生物学效应，都不可能持续很久，否则，靶细胞会出现功能紊乱甚至死亡。激素作用的时效性产生的原因是靶细胞存在各种信号终止的机制，这些机制可在不同的环节起作用，既保证了靶细胞不会持续地受到一种激素的作用，同时也为靶细胞接受下一轮激素的作用做好准备。

Quiz10 人体不同类型的细胞对同一种激素的作用最终产生的效应不尽相同。这是为什么？

Box6.1　猫能尝到甜味和苦味吗？

大家都知道味觉的重要性。正是味觉让我们能够尝遍天下所有的美食！然而，不同的动物能够尝到的味道不尽相同。我们人类既能品尝到甜味，也能尝到苦味。但猫是尝不到甜味的。这是为什么呢？另外，猫能尝到苦味吗？（图 6-9）

对于这两个问题的答案，需要我们先搞清楚味觉是怎么产生的。味觉的产生与味蕾细胞膜上的各种味觉受体有关，所有的味觉受体都属于与 G 蛋白偶联的七次跨膜受体。一种动物所能感受到的味觉种类与味觉受体的种类有关。味觉受体的基因与所有的蛋白质基因一样会因动物的进化而发生演变。

图 6-9　杨荣武教授和他的 iCat

有一种假说认为，味觉的主要功能是让动物在摄食的过程中能够对一种潜在的食物在营养上是有益还是有害作出判断。对于甜味来说，它是糖存在的信号，而糖是一种重要的能量来源。家猫和野猫是肉食动物，由于不需要检测糖分，故在进化的过程中丢掉了甜味分子的受体，从而丧失了尝甜味的能力。事实上，还有很多其他食肉性哺乳动物，包括海狮和斑点鬣狗，也失去了品尝甜味的能力。对于苦味，科学家长期以来一直认为它让动物能够检测到植物中常见的潜在有害毒素是否存在，所以对动物的防御很重要。但猫不吃植物啊！那是不是意味着猫也不能尝到苦味呢？

科学家本以为像猫这样的严格食肉动物应该发现较少的功能性苦味受体，而在食用更多植物的相关物种中会有更多有功能的苦味受体。为了搞清楚这个问题，2015 年来自美国 Monell Chemical Senses Center 的研究人员进行了专门的研究。他们首先检查了家猫的基因组 DNA，确定了里面有 12 种不同的猫苦味受体基因，接下来评估这些基因是否编码有功能的苦味受体。为此，他们将每种受体的基因序列整合到培养的细胞中，然后探测细胞能否被 25 种不同的苦味化学物质中的一种或多种激活。

使用这种方法，研究人员证实了 12 种已鉴定的猫苦味受体基因中有 7 种具有功能，这意味着它们具有检测至少 7 种苦味化学物质的能力。其余的 5 个苦味受体可能会对未经测试的苦味化合物产生反应。为了提供饮食与苦味受体功能之间关系的比较观点，研究人员使用以前发表的数据将猫中苦味受体类型的数量与相关物种的数量进行了比对。相对于猫，狗有 15 种受体，雪貂有 14 种，大熊猫有 16 种，北极熊有 13 种。它们都具有相似数量的苦味受体。像猫一样，这些物种都属于食肉目。但是，它们在饮食方面有很大不同，从严格的食肉动物(猫)到杂食动物(狗)再到专门的植食者(大熊猫)。因此，与甜味受体不同，苦味受体在许多仅食肉的食肉动物中似乎没有作用，苦味受体的数量与食肉动物在饮食中消耗植物的程度之间似乎没有密切的关系。这些发现让我们对“苦味的产生主要是为了保护动物不摄取有毒的植物化合物”这种假设产生了疑问。

也许，苦味受体有其他重要的生理作用，比如有研究表明，苦味受体还参与保护我们抵抗内部毒素的侵害，包括与呼吸系统疾病有关的细菌。当然，苦味仍可能具有与进食行为有关的保护功能。例如，可以最大程度地减少皮肤和某些猎物(如无脊椎动物、爬行动物和两栖动物)中有毒化合物的摄入。

养猫的人知道猫是很挑食的。现在我们知道它们可以品尝到不同的苦味，假如你养猫的话，是不是在配置猫粮的时候尽可能消除或减少猫不喜欢的苦味呢？

第三节　激素作用的详细机制

激素的作用过程一般包括 6 步：①激素的合成和分泌；②激素被转运到靶细胞；③激素与靶细胞膜或靶细胞内的特异性受体结合，致使受体被激活；④靶细胞内的一条或几条信号通路被启动；⑤靶细胞产生特定的生物学效应；⑥信号的终止。

下面主要介绍信号途径的启动和具体的转导过程，至于信号的终止将在后面单独介绍。

一、脂溶性激素的作用机制

正如前述，脂溶性激素的受体通常位于细胞内，因此脂溶性激素一般需要进入胞内才能起作用。对于那些受体位于细胞质的脂溶性激素来说，一旦它们自由扩散到细胞质，就会与其中的受体结合。这种结合会改变受体的构象，使原本与受体结合的 Hsp90、Hsp70 和 IP 被释放出来（图 6-10）。而一旦 Hsp90、Hsp70 和 IP 得到释放，原先在受体上被这些结合蛋白屏蔽的细胞核定位信号（nuclear localization signal，NLS）以及负责与 HRE 结合的结构域就暴露出来。在 NLS 的指导下，激素与受体的二元复合物（HR）从核孔进入细胞核，在形成二聚体——（HR）$_2$ 以后，通过受体上的锌指结构与 DNA 分子上高度特异性的 HRE 结合，再将组蛋白乙酰转移酶（histone acetyltransferase，HAT）招募进来，催化 HRE 周围染色质上的组蛋白发生乙酰化修饰，促使局部的染色质从不利于基因表达的紧密构象变成有利于基因表达的松散构象。不同的脂溶性激素的 HRE 序列是不同的（表 6-1）。

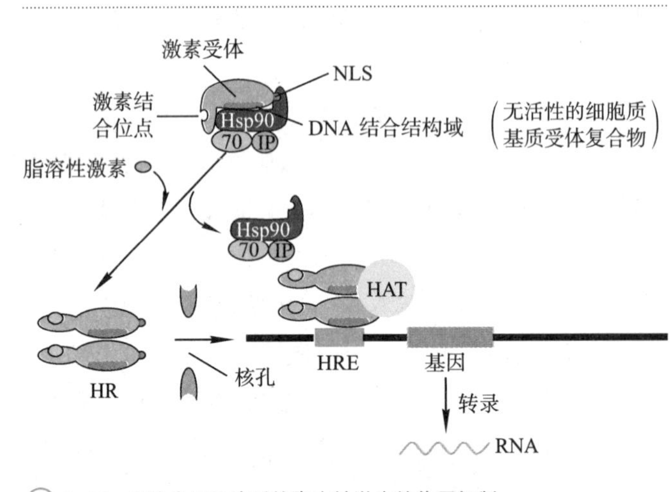

图 6-10　受体位于细胞质的脂溶性激素的作用机制

Quiz11 脂溶性激素通过胞内受体作用需要在与受体与其结合以后形成二聚体。你认为这是为什么？

► 表 6-1　常见的脂溶性激素 HRE 一致序列

激素	HRE 一致序列
雌二醇	5′-GGTCANNNTGACC-3′
糖皮质激素（刺激性）	5′-GNACANNNTGTYCT-3′
糖皮质激素（抑制性）	5′-CAGGAAGGTCACGTCCAAGGGCTC-3′
孕酮	5′-GNANANGNTGTYC-3′
甲状腺素（T3）	5′-AGGTAAGATCAGGGACG-3′

对于受体位于细胞核的脂溶性激素来说，需要先后跨过靶细胞的质膜和核膜，才能到达核内与相应的受体结合。在没有激素的时候，这些“闲置”的细胞核受体有的也与 Hsp90 结合，如雌激素的受体，但以单体的形式存在。然而，一旦有激素与之结合，Hsp90 即解离下来。此时受体也形成二聚体，并与 HRE 结合，再通过招募 HAT 激活特定的基因进行表达。

还有一些细胞核受体在没有激素的时候，就已结合在相应的 HRE 上，如甲状腺素的受体，但同时还与组蛋白去乙酰酶（histone deacetylase，HDAC）结合。与 HAT 正好相反，HDAC 保持局部的染色质处在浓缩的构象，而阻止附近的基因的表达。但一旦有激素结合，HDAC 立刻被释放。以此同时，HAT 则被招募进来，并催化组蛋白的乙酰化修饰，促使局部的染色质从紧密构象变成松散开放的构象，从而激活 HRE 下游基因的表达。

二、水溶性激素的作用机制

水溶性激素的种类最为繁多，作用机制也最复杂，为了叙述上的方便，就按照受体的性质来逐一介绍。

（一）与G蛋白偶联的受体系统

该系统需要一类特殊的蛋白质——G蛋白。G蛋白的发现以及结构与功能的鉴定主要归功于美国的 Alfred Gilleman 和 Martin Rodbell。他们因此荣获了1994年的诺贝尔生理学或医学奖。

G蛋白就是鸟苷酸结合蛋白，它在系统中的功能是作为一种中间接受体，在受体和效应器之间传递信号。已发现两类不同的G蛋白，一类是异源三聚体G蛋白（heterotrimeric G protein），另一类是小G蛋白（small G protein）。

1. 异源三聚体G蛋白

这一类G蛋白由α、β和γ三个亚基组成，常见的有：G_s、G_i、G_o、G_{olf}、G_q、G_t、$G_{12/13}$和味觉素（gustducin）（表6-2）。其中G_s和G_i能分别刺激和抑制腺苷酸环化酶（adenylate cyclase，AC）的活性，G_q能够激活磷脂酶C（phospholipase C，PLC）的活性，G_t能够激活一种专门水解cGMP的磷酸二酯酶的活性，G_{olf}也能刺激AC的活性，味觉素有点复杂，可以激活或抑制AC，也可以激活PLC，这取决于是什么味道。

表6-2 常见的几种异源三聚体G蛋白的比较

G蛋白	效应器	第二信使	受体实例
G_s	AC	cAMP	肾上腺素β受体、加压素受体、血清素受体、胰高血糖素受体
G_i	AC	cAMP	肾上腺素的α2受体
G_o	K^+通道（βγ激活）	膜电位变化	乙酰胆碱毒蕈碱型受体
G_{olf}	AC	cAMP	嗅觉受体细胞膜上的有味物质受体
G_q	PLC	DAG、IP_3	肾上腺素的α1受体、GnRH受体、乙酰胆碱在内皮细胞的受体
G_t	G-PDE	cGMP	视紫红质
$G_{12/13}$	Rho蛋白鸟苷酸交换因子（RhoGEF）	激活Rho蛋白，调节细胞骨架组装	1-磷酸神经鞘氨醇（S1P）受体
味觉素	AC或PLC	cAMP或DAG、IP_3	苦味受体、甜味受体和鲜味受体

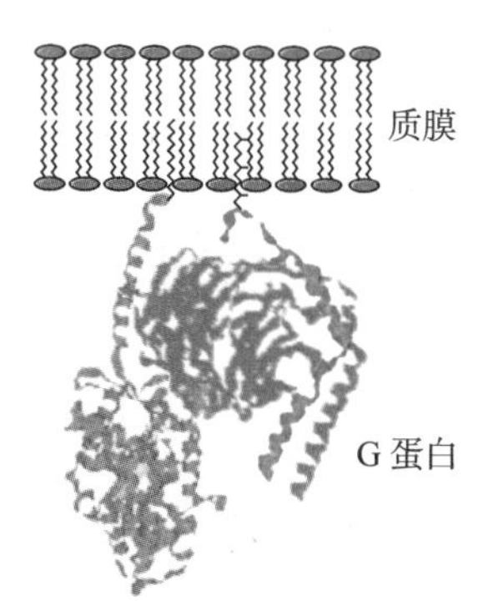

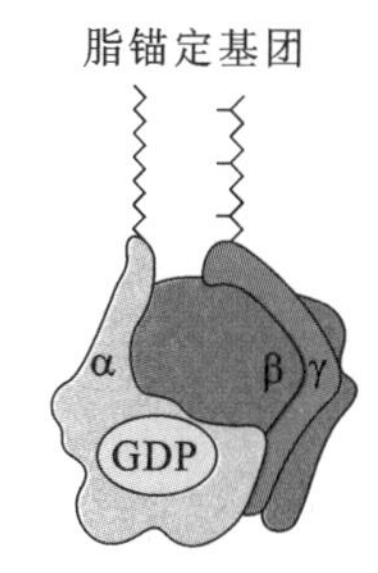

图6-11 G蛋白的结构组成以及它与细胞膜内侧的结合

以G_s为例，异源三聚体G蛋白在结构上（图6-11）属于脂锚定蛋白，其α亚基通过N端的豆蔻酰基锚定在细胞膜内侧，能结合激素的受体、AC和GTP。此外，α亚基还有缓慢的GTP酶活性，且能受霍乱毒素催化，发生化学修饰。β亚基能结合镁离子，具有β螺旋桨（β-propeller）结构，内有多个叫做WD的重复序列，其功能是在结构上稳定β亚基与α亚基的结合。γ亚基含有异戊二烯化修饰，通常与β亚基形成复合物。G_i与G_s非常相似，它们的β和γ亚基是相同的，但α亚基不同。G_i也能结合和水解GTP，能被百日咳毒素催化，发生化学修饰，但霍乱毒素作用不了。

2. 小G蛋白

一般只由一条肽链组成，在结构上与异源三聚体G蛋白的α亚基相似。主要包括6类：① Ras蛋白——参与许多生长因子的信号转导（见后）；② Ran——帮助蛋白质进出细胞核；③ Rab蛋白——参与真核细胞内的小泡定向和融合；④ ARF——参与小泡外被体（vesicle coatomer）的装配；⑤ Rho——调节肌动蛋白细胞骨架的组装；⑥参与翻译的某些起始因子、延伸因子和终止因子。

所有的G蛋白都有两种形式：一种是与GDP结合的无活性形式，另外一种是与GTP结合的活性形式。这两种形式可以相互转变，一方面GTP可以取代GDP，另一方面GTP也可以水解成GDP。因此，G蛋白在细胞内相当于是一种分子开关，可控制细胞内的多项活动。细胞内GTP与GDP的比率一般维持在10∶1，这显然有利于GTP取代GDP。

Quiz12 如何证明G蛋白的激活不是原来结合的GDP受激酶催化变成了GTP以及又如何证明G蛋白的灭活不是由GDP替换原来的GTP？

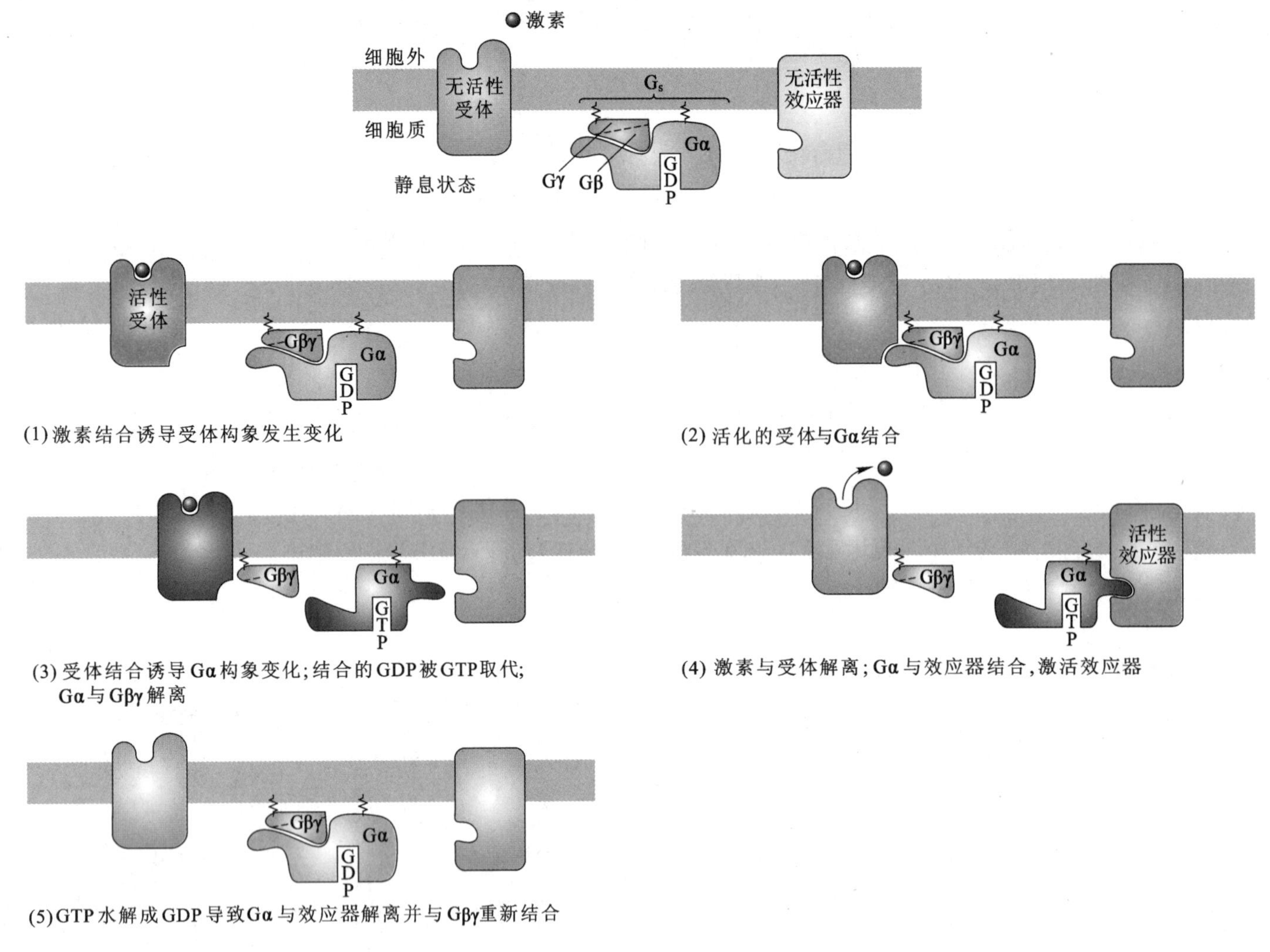

图 6-12 G 蛋白的激活和失活

如图 6-12 所示,当异源三聚体 G 蛋白结合 GDP 时,α 亚基与 βγ 亚基二聚体结合在一起,这时没有活性。一旦 GTP 取代了 GDP,α 亚基就会与 βγ 二聚体解离,随后去激活效应器。

一旦与 G 蛋白结合的 GTP 水解,G 蛋白就失去活性。GTP 的水解是由水分子亲核进攻其末端的磷酸基团引起的。Gα 的第二个转换结构域含有一个保守的 Gln 残基,有助于拉近进攻的水分子,使其靠近与活性中心结合的 GTP。

绝大多数 G 蛋白的功能依赖于两类辅助蛋白:一类是促进 GDP/GTP 交换的鸟苷酸交换因子(guanine nucleotide exchange factor,GEF),它使 G 蛋白从与 GDP 结合的形式变为与 GTP 结合的形式,另外一类是促进 GTP 水解的 GTP 酶激活蛋白(GTPase activating protein,GAP)。GAP 是激活小 G 蛋白的 GTP 酶活性所必需的,而异源三聚体 G 蛋白的 α 亚基单独就能催化 GTP 的缓慢水解。

GPCR 是最常见的一类细胞膜受体,G 蛋白被这类受体激活以后,要么去激活靶细胞膜上特定的酶的活性,要么去调节特定的离子通道的活性。被激活的 GPCR 实际上就是一种特殊的 GEF。

1. 与 G_s 或 G_i 蛋白偶联的腺苷酸环化酶系统

这是最先发现的与 G 蛋白偶联的信号转导系统。通过此系统作用的有很多重要激素,如胰高血糖素和肾上腺素(通过 β 受体)。这里,以肾上腺素作用肝细胞或肌细胞为例:一旦 β 受体与肾上腺素结合,构象即发生变化而被激活,然后充当 GEF,刺激细胞质中的 GTP 取代原来与 G_sα 结合的 GDP,G_s 蛋白因此被激活。G_sα–GTP 在与 βγ 二聚体解离以后,可独立激活位于细胞膜内侧的 AC。激活的 AC 以 ATP 为底物,催化 cAMP 的合成。cAMP 作为肾上腺素的第二信使,再代替肾上腺素去激活信号通

Quiz13 对肾上腺素的各种类型受体与肾上腺素结合部位的结构研究发现里面有一固定位置总是一个 Asp 残基。对此你如何解释?

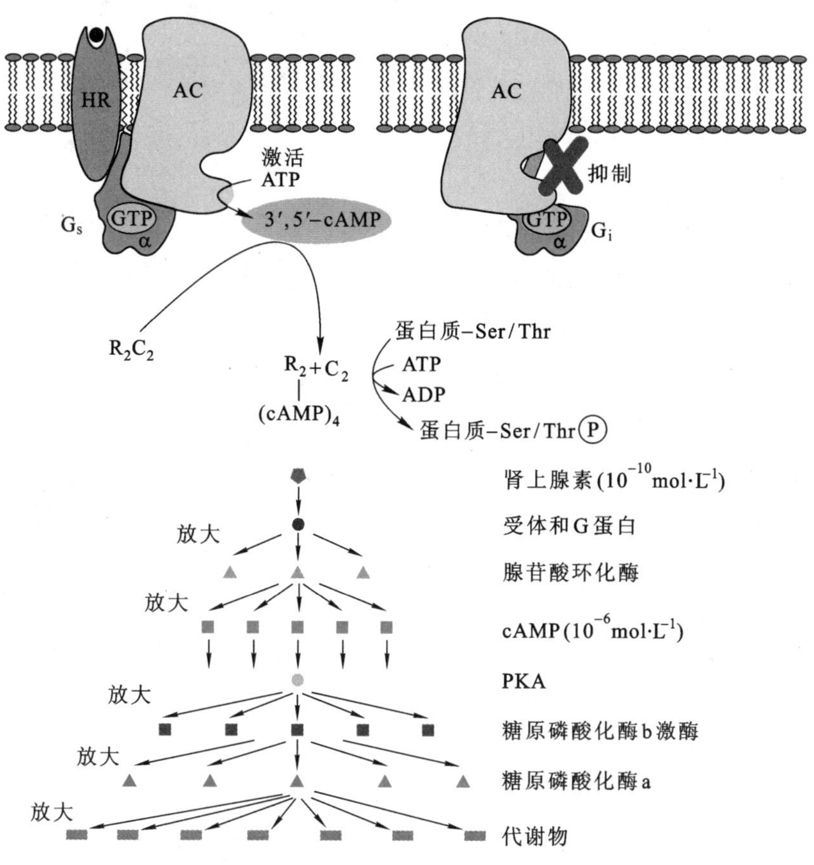

图 6-13 肾上腺素介导的腺苷酸环化酶系统及其级联放大作用

路的下一个成分(图 6-13)。有一种源于毛喉鞘蕊花(*Coleus forskohlii*)叫毛喉素(forskolin)的植物次生代谢物,能直接激活质膜上 AC 的活性,从而使其经常用来模拟通过 AC 作用的激素。

蛋白激酶 A(protein kinase A,PKA)是一种受 cAMP 直接激活的蛋白激酶,它催化蛋白质分子上的 Ser 或 Thr 残基发生磷酸化修饰。磷酸化的 Ser/Thr 通常位于 RRXS/TX 序列模体中,其中的 X 为疏水氨基酸残基。

PKA 由 2 个调节亚基(regulatory subunit,R)和 2 个催化亚基(catalytic subunit,C)组成,但这种全酶的形式并无催化活性。原因是 R 亚基上含有一个假底物序列(pseudosubstrate sequence)——RRXAX,其"假"就假在里面的 Ser/Thr 被"偷换"成了 Ala 残基。这种缺乏可磷酸化的羟基的假底物序列在与 C 亚基上的活性中心结合以后,相当于是一种内源性竞争性抑制剂,将活性中心占据,使其不能结合真正的底物。然而,R 亚基还可结合 cAMP,一个 R 亚基可结合两个 cAMP 分子。一旦 R 亚基结合了 cAMP,即与 C 亚基解离,C 亚基上的活性中心就得以充分暴露,PKA 即被激活(图 6-14)。

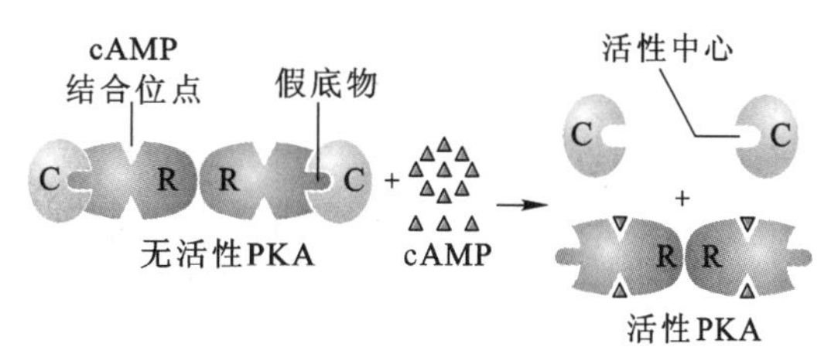

图 6-14 PKA 的激活

Quiz14 如果 PKA 的 R 亚基上的假底物序列中的 Ala 突变成 Ser,会有什么后果?

PKA 的底物有许多种,但肝细胞中的主要底物是糖原磷酸化酶 b 激酶。该酶的组成是 $\alpha_4\beta_4\gamma_4\delta_4$,其中 δ 亚基为钙调蛋白(calmodulin,CaM),能够结合钙离子,γ 亚基为催化亚基,α 和 β 亚基为调节亚基,能被磷酸化修饰。一旦受到 PKA 的催化发生磷酸化修饰,糖原磷酸化酶 b 激酶就被激活,并以糖原磷酸化酶 b 为底物,使其发生磷酸化修饰进而转变成有活性的糖原磷酸化酶 a。糖原磷酸化酶 a 即可以催化糖原的磷酸解反应。在整个信号转导过程中,多个环节出现一种酶以另一种酶作为底物,从而导致信号层层放大的现象。激素作用能够产生强大的生物学效应主要与此有关。

Quiz15 你认为胰高血糖素能不能促进肌糖原分解？为什么？

PKA 除了通过 C 亚基发挥作用以外，其 R 亚基在特定的情况下也能独立地行使功能。例如，R 亚基能够配合 C 亚基的作用，去抑制一种磷蛋白磷酸酶的活性。这种磷酸酶负责终止由 PKA 激活的糖原磷酸解作用。

PKA 除了能直接调节许多蛋白质或酶的活性而产生"快反应"以外，还能通过激活一种特殊的转录因子来调节特定的基因表达，从而产生"慢反应"。产生"慢反应"的具体过程是（图 6–15）：cAMP 作用 PKA，导致 R 亚基和 C 亚基解离。单独的 C 亚基进入细胞核，催化 CRE 结合蛋白（cAMP response element binding protein，CREB）的磷酸化（Ser113）。被磷酸化修饰的 CREB 与 DNA 分子上的 cAMP 应答元件（CRE）结合，然后将由 CREB 结合蛋白（CBP）和 p300 蛋白所形成的 HAT 酶复合物招募过来，共同激活下游基因的表达。CRE 的一致序列为 TGACGTCA。

Quiz16 PKA 的 R 亚基的一种突变导致它结合不了 cAMP。试预测这种突变的后果是什么？

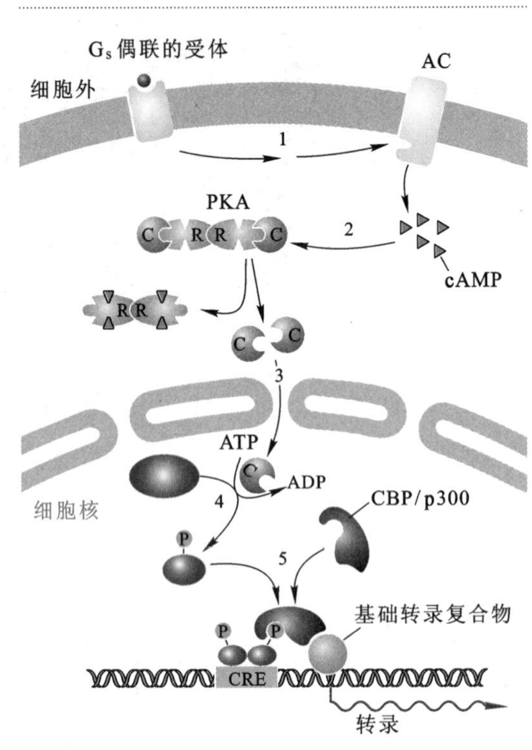

图 6–15 肾上腺素通过 PKA 的"慢反应"

使用G_i蛋白的例子有：肾上腺素通过α2受体、乙酰胆碱通过 M2 和 M4 受体以及趋化因子（chemokine）通过 CXCR4 受体作用等。当 AC 被 G_i 抑制以后，cAMP 在胞内的水平下降，于是受其激活的 PKA 回到无活性的状态。因此，G_i 主要是通过降低 PKA 活性而起作用的。

2. 与 G_q 蛋白偶联的磷酸肌醇系统

该系统是另一个典型的与 G 蛋白偶联的信号转导系统（图 6–16），通过此系统作用的激素包括促性腺激素释放激素（gonandotropin-releasing hormone，GnRH）、TRF、精氨酸加压素（arginine vasopressin，AVP）、血管紧张素Ⅱ / Ⅲ和肾上腺素（通过 α1 受体）等。

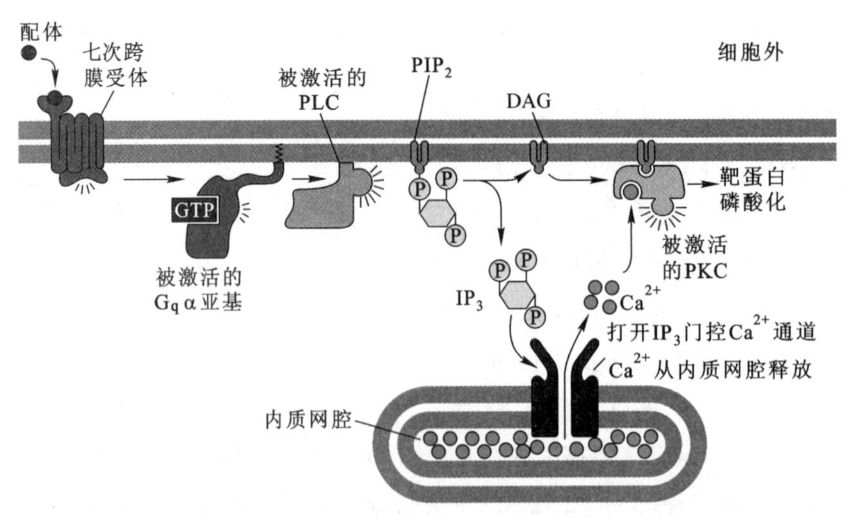

图 6–16 磷酸肌醇系统的详细图解

以 GnRH 为例，它由下丘脑分泌，其受体位于脑垂体前叶的某些细胞的质膜上。当 GnRH 与其受体结合以后，受体的构象发生变化从而激活了 G_q。激活的过程类似于 G_s 的激活，但受 G_q 激活的效应器是一种对磷脂酰肌醇特异性的磷脂酶 C–β（PLC–β）。这种 PLC 的底物是位于靶细胞膜内层的 4，5–

二磷酸磷脂酰肌醇(PIP_2),PIP_2 由此被水解为 DAG 和 IP_3 这两种第二信使。其中,DAG 仍然是两性分子,因而并不离开细胞膜,而 IP_3 是可溶性的,生成后即被释放到细胞质基质,并与内质网膜上的受体结合。IP_3 的受体是一种配体门控的四聚体糖蛋白,每个亚基都有 IP_3 的结合位点。当受体结合有 3 ~ 4 个 IP_3 时,受体构象发生改变,Ca^{2+} 通道即被打开,于是贮存在内质网内的 Ca^{2+} 得以释放,细胞质基质中 Ca^{2+} 浓度便迅速升高。Ca^{2+} 可视为另一种第二信使,它可影响到细胞内多种蛋白质或酶的活性,进而调节许多重要的生理功能,如细胞分泌、肌肉收缩、细胞周期控制和细胞分化等。

Quiz17 你认为 IP_3 的结合位点在氨基酸组成上会有什么特点?它与 HbA 结合 2,3-BPG 的位点有相似之处吗?

Ca^{2+} 作为第二信使的第一个功能,是与 DAG 和磷脂酰丝氨酸(PS)一道激活蛋白激酶 C(PKC)。一个典型的 PKC 只由一条肽链构成,其活性中心紧靠 C 端,中间部分是结合 Ca^{2+} 的区域,含有“假底物”序列的调控区在 N 端。无活性的 PKC 溶解在细胞质基质中,其活性中心被假底物序列占据。但在 DAG 产生以后,PKC 被招募到细胞膜内侧,1 分子的 PKC 可与 1 分子 DAG、1 个 Ca^{2+} 和 4 分子 PS 结合,这种结合导致 PKC 的构象发生变化,迫使“假底物”序列离开活性中心,PKC 因此被彻底激活。体外实验表明,PKC 分子上的“假底物”序列可被蛋白酶水解下来,这种缺乏假底物序列的 PKC 即使没有 Ca^{2+} 和磷脂,也依然有活性。

PKC 一旦被激活,可催化多种靶蛋白或酶发生磷酸化修饰,被修饰的氨基酸残基也是 Ser/Thr,受到修饰的蛋白质或酶的活性将会发生变化。PKC 的主要底物包括膜受体、膜转运蛋白、细胞骨架和许多重要代谢途径中的限速酶。其中对细胞骨架的作用与细胞的分泌有关,GnRH 促进脑垂体前叶分泌促性腺激素就是这种功能的具体表现。

PKC 参与的许多活动与癌症有关,如细胞生存、增殖、凋亡和迁移等,一开始人们一直相信,PKC 会促进癌症的发生,并根据这一点全力研发 PKC 的抑制剂,希望能够用它们治疗癌症。但后来发现,PKC 其实是一个重要的肿瘤抑制性蛋白激酶,故应该想办法恢复它在癌细胞中的活性才对。迄今为止,人们已在人类癌症中鉴定到了超过 550 种 PKC 突变。Corina Antal 和 Alexandra Newton 等人通过活细胞成像,对其中 8% 的突变进行了研究,结果发现大多数 PKC 突变让 PKC 活性降低或丧失,没有一个突变是激活 PKC 的。这些突变能阻止 PKC 形成正确的三维结构,从而抑制 PKC 的催化活性。这说明,PKC 的正常活性其实是抑制癌症发生的。而之前人们发现可诱导肿瘤形成的佛波酯(phorbol ester)(图 6-17)在细胞内能够结合 PKC,就误以为它是通过过度激活 PKC 而促进肿瘤形成的。现在真相大白:原来,用佛波酯长时间激活 PKC 会导致它们在体内的降解,减少了它们对致癌信号的抑制,结果反而会出现促进肿瘤的效果。

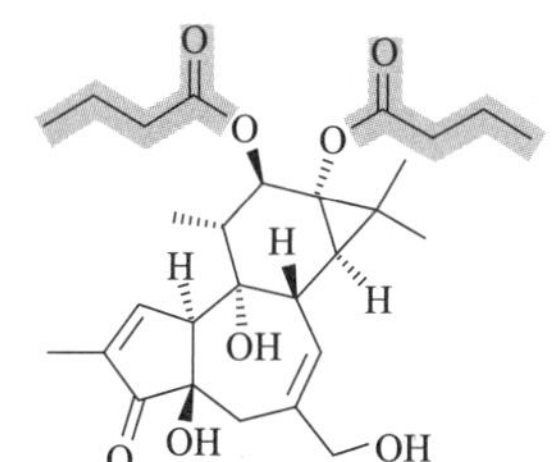

图 6-17 佛波酯的化学结构

钙离子感应蛋白是另一类受 Ca^{2+} 激活的蛋白质。此类蛋白质都具有 EF 手相这种结构模体(参看第二章“蛋白质的结构与功能”),模体中的环能结合 Ca^{2+}。在 Ca^{2+} 浓度较低(10^{-8} ~ 10^{-7} $mol \cdot L^{-1}$)时,各种 Ca^{2+} 感应蛋白无活性;只有在 Ca^{2+} 浓度提高到 10^{-6} ~ 10^{-5} $mol \cdot L^{-1}$,它们才会被激活。

由美籍华裔科学家张槐耀发现的钙调蛋白(CaM)就是其中最重要的一种。对 CaM 的激活机制的研究表明,在没有 Ca^{2+} 的情况下,CaM 的两球叶塌陷,环绕在球叶之间的 α 螺旋上,α 螺旋上的疏水段和酸性区段因此被遮盖,这时 CaM 没有任何活性。一旦结合 Ca^{2+},CaM 的构象立刻发生变化,两球叶发生移动,球叶之间的螺旋被暴露,相关的蛋白质或酶就能与它发生相互作用,它们的活性也因此被激活。

能受到 CaM 调节的蛋白质或酶很多,如 cAMP 磷酸二酯酶和肌球蛋白轻链激酶。在这些例子中,CaM 与相应的酶结合,临时作为这些酶的亚基,以调节它们的活性。在糖原磷酸化酶 b 激酶中,它则是作为一个永久性亚基起调节作用。

受 CaM 激活的另一个重要的酶是依赖 CaM 的蛋白激酶 Ⅱ(CaM-dependent protein kinase Ⅱ,CaMPK Ⅱ)。CaMPK Ⅱ 也有假底物的序列,CaM 的作用是刺激它的激酶活性,激酶的活性进而可催化自身的磷酸化反应,磷酸化位点是 Thr286,而这种自我磷酸化作用使得激酶的活性不再依赖于 CaM 和 Ca^{2+}。

钙调磷酸酶(calcineurin)是一种分布广泛的多功能磷酸酶，也受到 CaM 的调节。这种磷酸酶可水解磷蛋白分子上的磷酸基团，从而抵消激酶的作用。

Quiz18 如果将 EGTA 分别注入到受肾上腺素通过 β 受体作用的细胞和受肾上腺素通过 α1 受体作用的细胞，会有什么后果发生？为什么？

在磷酸肌醇系统中，Ca^{2+} 对 PKC 的激活与 Ca^{2+} 通过 CaM 对 CaMPK 的激活之间常常相互协调，或在时间上密切配合。

除了多种激素可通过 G 蛋白进行信号转导以外，高等动物视觉、嗅觉以及味觉的形成虽然不是由激素介导的，但也涉及不同的 G 蛋白。这些 G 蛋白分别是 G_t、G_{olf} 和味觉素。

（二）酶受体系统

1. 受体鸟苷酸环化酶系统

该系统的受体具有潜在的鸟苷酸环化酶(GC)活性，不需要 G 蛋白，以 cGMP 作为第二信使。通过此系统起作用的激素有：心房钠尿肽(atrial natriuretic peptide，ANP)、脑钠肽(brain natriuretic peptide，BNP)和 C 型利尿钠肽(C-type natriuretic peptide，CNP)。

ANP 由心房上特殊的细胞合成和分泌。PKC 能促进它的分泌，PKA 则能抑制它的分泌。ANP 主要作用肾小管细胞或平滑肌细胞，其受体就横跨在这种细胞的质膜上，只由一条肽链组成，在细胞膜的外侧含有 ANP 结合部位，在细胞质一侧具有 GC 活性部位。

ANP 的结合会诱导受体构象发生变化，受体在构象变化以后形成二聚体，从而使其位于细胞质一侧的 GC 随后被激活，催化 GTP 环化形成 cGMP，后者作为第二信使，激活依赖 cGMP 的蛋白激酶(cGMP-dependent protein kinase，PKG)。PKG 由 2 个完全相同的亚基组成，其中前 100 个氨基酸残基负责亚基之间的聚合，在 C 端含有激酶的活性中心。当每一个亚基各结合 2 个 cGMP 以后，PKG 因构象的变化而被激活。PKG 也是一种 Ser/Thr 激酶，被激活后可催化靶细胞内的一系列靶蛋白或靶酶进行磷酸化修饰，而产生特殊的生物学效应(图 6-18)，如平滑肌松弛、血压降低、利钠和利尿等。

Quiz19 cGMP 和 cAMP 是不是只能通过激活蛋白激酶发挥功能？

2. 受体酪氨酸蛋白激酶(receptor tyrosine kinase，RTK)系统

该系统对于细胞的生长和分裂极为重要，具有 6 个重要的特征。

(1) 通过该系统发挥作用的激素除了胰岛素以外，还有许多生长因子。例如，表皮生长因子(epidermal growth factor，EGF)、血小板衍生生长因子(platelet derived growth factor，PDGF)、神经生长因子(nerve growth factor，NGF)以及胰岛素样生长因子(insulin-like growth factor，IGF)1 和 2 等。生长因子是一类能够促进细胞生长和分裂的物质，在化学本质上通常为多肽或蛋白质，一般以旁分泌或者自分泌的方式起作用。

(2) 受体具有潜在的酪氨酸蛋白激酶的活性。

(3) 受体具有高度保守的结构，一般可分成 3 个功能区——配体结合区、跨膜区和胞内酪氨酸激酶区(图 6-19)。

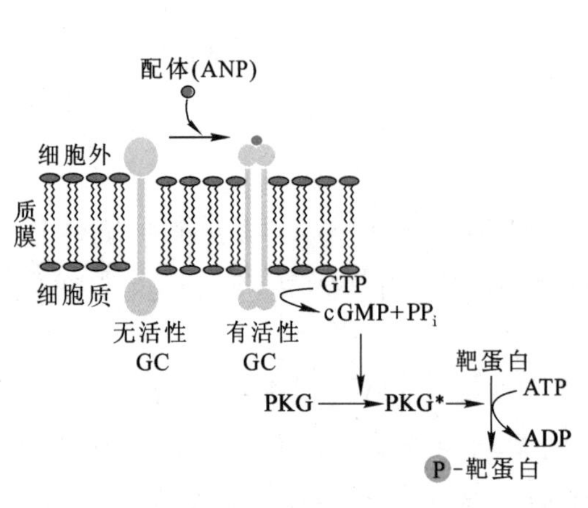

图 6-18 ANP 的作用图解

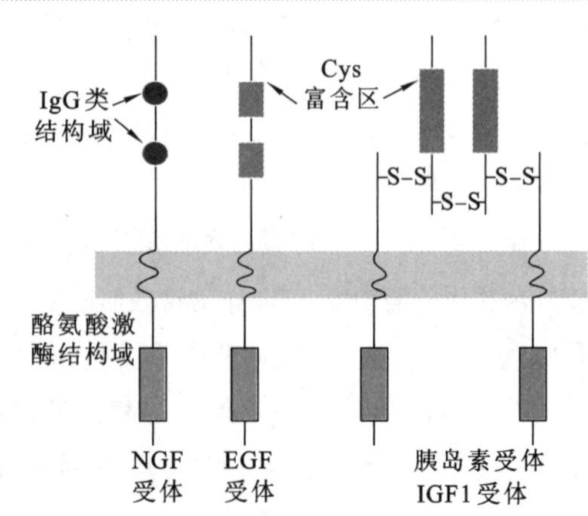

图 6-19 几种生长因子受体的结构

配体结合区面向胞外，位于肽链的 N 端，是与生长因子结合的区域。该区域具有多个潜在的糖基化位点——Asn-X-Ser/Thr（X 代表任何氨基酸），且富含 Cys 残基；跨膜区是一段单跨膜的疏水 α 螺旋，它将配体结合区和激酶活性区联系在一起；酪氨酸激酶区的活性受相关的生长因子的控制。当与相应的生长因子结合后，受体的构象发生变化，酪氨酸激酶区的活性即被激活。激酶的底物包括受体本身以及细胞内其他一些蛋白质。激酶的底物若是受体本身，就导致受体的自我磷酸化。这种自我磷酸化修饰改变了受体的电荷和构象，不仅能够进一步刺激受体所具有的酪氨酸激酶的活性，还为招募含有 SH2（Src-homology 2）结构域的蛋白质（例如 Src、Shc、CB1、GAP、PLC-γ、磷脂酰肌醇激酶和 Grb2/Sem 5 蛋白）与受体的结合创造了条件（图 6-20），由此也就启动了多种蛋白质之间的相互作用和磷酸化的级联反应。

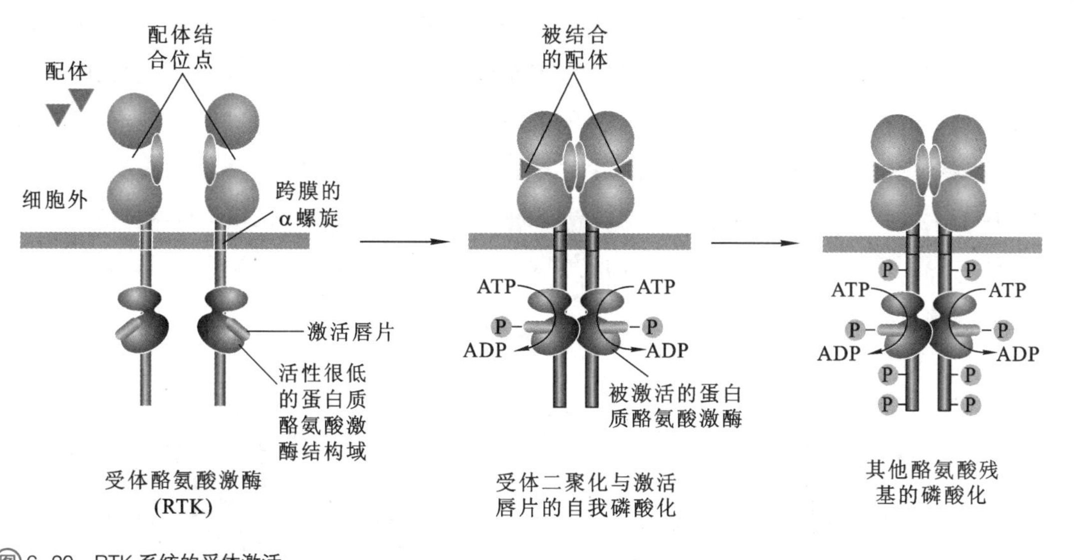

图 6-20　RTK 系统的受体激活

(4) 一般都会激活特定基因的表达。这是将胞外信号转导到细胞核最重要的途径。

(5) 脱磷酸化由专门的蛋白质酪氨酸磷酸酶催化。

(6) 与细胞的癌变有密切的联系。

Quiz20 你认为 RTK 是因为生长因子与受体结合以后通过跨膜的 α 螺旋将构象的变化传到胞内结构域而被激活的吗？

细胞的癌变是指细胞的分裂失去控制，而引起细胞癌变的因素较为复杂：有理化因素，如紫外线；还有生物学因素，如肿瘤病毒。分子水平的研究已表明，在高等动物和肿瘤病毒的基因组内有一类与癌症发生有关的基因，这类基因被称为癌基因（oncogene）。其中存在于高等动物基因组中的癌基因被称为细胞癌基因或原癌基因（c-onc），而存在于肿瘤病毒基因组之中的癌基因被称为病毒癌基因（v-onc）。原癌基因在正常的细胞内是良性的，其表达产物为细胞的功能所必需，主要起着调节细胞生长和分化的作用。当它们受到各种因素的作用而发生突变，或者在细胞中过量表达之后，可导致细胞的癌变。

现已发现有近百种结构不同的原癌基因，根据表达产物的化学本质和生物功能特征，大致可将它们划分为以下 5 类：①蛋白激酶类。这类原癌基因的产物具有蛋白激酶的活性，有的具有酪氨酸激酶的活性，有的具有丝氨酸 / 苏氨酸激酶活性，如 c-Src 和 c-Fps。②生长因子类。这类原癌基因的产物本质上也属于生长因子，如 c-Sis。③生长因子受体类。这类原癌基因的产物定位于某些细胞的质膜上，充当生长因子的受体，如 c-Erb B。④小 G 蛋白类，如 c-Ras。⑤转录因子类。如 c-Fos 和 c-Jun。

病毒癌基因则随着病毒感染细胞而进入胞内，在利用宿主细胞的表达机器得到表达后，可直接作用于宿主细胞内与细胞生长和分裂有关的信号通路，干扰正常的信号转导而导致细胞癌变。与原癌基因相比，病毒癌基因的产物大多数是某种生长因子和某些激素作用系统中某一成分的类似物。这些病毒癌基因在正常的细胞中表达以后，持续模拟生长因子或激素的效应而导致细胞的癌变。例如，猿猴肉瘤病毒的癌基因 *v-sis*，在宿主细胞中表达的产物与 PDGF 的一个亚基几乎是相同的，因此受此病毒感染的细胞会大量表达这种 PDGF 的类似物。大量的 PDGF 类似物可持续地刺激宿主细胞的生长和分裂，而导致其发生癌变；再如一种叫 *v-erbB* 的病毒癌基因，编码的蛋白质是一个截断了的 EGF 受体——缺乏 EGF 的结合部位，但保留着跨膜区和胞内的酪氨酸激酶区。这样的受体类似物不需要结合 EGF 就有了酪氨酸激酶的活性。

下面分别以 EGF 和胰岛素为例，详细说明 RTK 系统是如何运转的（图 6-21）。

EGF 是最早发现的一种多肽生长因子，由动物的唾液腺合成。1972 年，Stanley Cohen 首先发现它能够诱导新出生的小鼠眼睑的张开和长牙。进一步研究表明，EGF 能够与血清一起，刺激由外胚层和中胚层衍生出来的细胞的分裂，并可抑制胃液的分泌。

EGF 的受体是第一个被克隆的受体酪氨酸激酶，是单一的糖蛋白，在与 EGF 结合后，其在细胞膜上的流动性增强，从而有助于两个受体分子相互靠近形成二聚体。受体的构象因此发生变化，其潜在的酪氨酸激酶的活性也得以激活。受体形成二聚体的好处是让单体之间可相互催化对方的磷酸化反应。这种自我磷酸化反应可使激酶的活性进一步增强。当受体分子胞内结构域处于特定位置的酪氨酸残基被磷酸化修饰以后，同时含有 SH2 和 SH3 结构域的接头蛋白（adaptor protein）Grb2，会在一头用它的 SH2 结构域内一个带正电荷的口袋与磷酸化的酪氨酸残基结合，另一头用 SH3 结构域内一个疏水的口袋与 Sos 蛋白在 C 端一段富含 Pro 的疏水肽段结合。于是 Sos 蛋白被招募到质膜，直接作用位于细胞质基质一侧的 Ras 蛋白。

Quiz21 有研究显示，一些生长因子的抗体可模拟生长因子的作用。对此你如何解释？

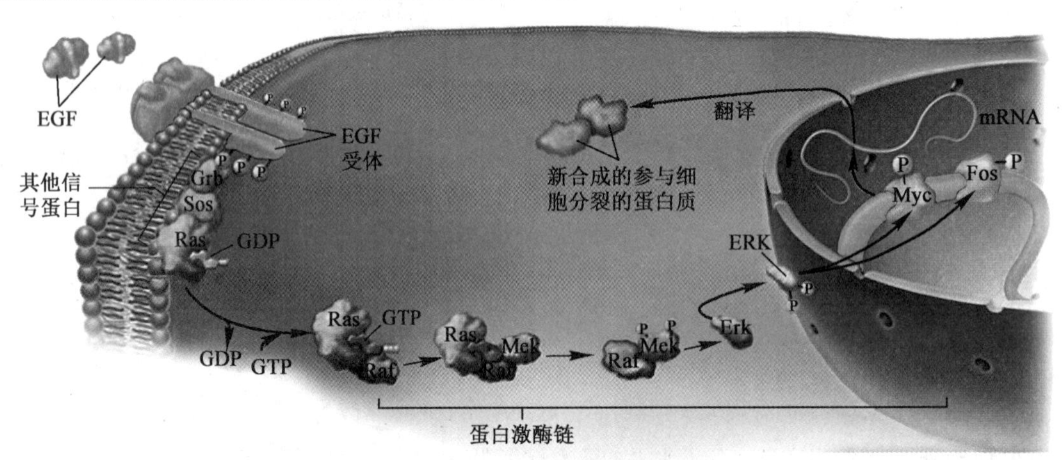

图 6-21 RTK 系统的详细图解

Ras 蛋白通过异戊二烯基团锚定在细胞膜上，与其他 G 蛋白一样，也有两种形式，一种是与 GDP 结合的无活性的形式，另一种是与 GTP 结合的有活性的形式，两种形式可相互转变。

与 Grb2 结合的 Sos 蛋白也是一种鸟苷酸交换因子，它可以促进细胞质中的 GTP 取代原来与 Ras 蛋白结合的 GDP，Ras 蛋白因而被激活。被激活的 Ras 蛋白（Ras·GTP）再激活下游的 Ser/Thr 蛋白激酶链，并最终将信号转导到细胞核内，促进细胞的分裂和生长。

受 Ras 蛋白激活的 Ser/Thr 蛋白激酶多数是原癌基因的产物，主要包括以下几种：① Raf 蛋白，也称做促分裂原活化的蛋白激酶激酶激酶（mitogen-activated protein kinase kinase kinase，MAPKKK 或 MAP3K），它由 Ras 蛋白直接激活，也可以受 PKC 催化的磷酸化修饰而激活。当 Raf 蛋白被激活后，可催化促分裂原活化的蛋白激酶激酶（mitogen-activated protein kinase kinase，MAPKK 或 MAP2K）的 Ser/Thr 残基进行磷酸化修饰，从而激活 MAPKK 的活性；② MAPKK 也称为 MEK，是一种双功能激酶，在被 MAPKKK 激活后，能对促分裂原活化的蛋白激酶（mitogen-activated protein kinase，MAPK）的 TEY（Thr-Glu-Tyr）序列中的 Thr 和 Tyr 残基同时进行磷酸化修饰，然后将其激活。③ MAPK 最初称为胞外信号调节的激酶(extracellular signal-regulated kinase,ERK),在受 MAPKK 激活后,至少可以催化三类蛋白质发生磷酸化修饰。它们是 MAPK 相作用的激酶(MAPK interacting kinase,MNK)、核糖体蛋白 S6 激酶(ribosomal protein S6 kinase,RSK)和一些转录因子。

如果以 MNK 为底物,则它在发生磷酸后被激活,然后可催化 CREB 发生磷酸化,这样可以通过 CREB 进一步起作用;如果是以 RSK 为底物,则 RSK 在磷酸化以后被激活,再催化真核生物核糖体 40S 小亚基上的 S6 蛋白发生磷酸化修饰,从而调节靶细胞内的翻译;如果是催化 E1K-1、c-Myc、c-Fos 和 c-Jun 等转录因子的磷酸化,则这些转录因子再进一步激活参与细胞分裂的基因表达,如周期蛋白 D1,并最终导致靶细胞的生长和分裂。此外,MAPK 还能促进 MAPK 磷酸酶 1(MAPK phosphatase-1,MKP-1)的基因表达,MKP-1 表达以后可催化 MAPK 的去磷酸化,从而终止 MAPK 的作用。

Quiz22 根据生长因子作用的全部过程,你认为有哪些步骤可以作为治疗癌症药物作用的靶点?

胰岛素的受体由 α 亚基和 β 亚基组成,它们是由同一条肽链剪切而成的。两个亚基通过二硫键形成一个单体,胰岛素的结合位点在 α 亚基上。胰岛素与 α 亚基的结合可导致两个单体形成二聚体。随后,位于 β 亚基 C 端的酪氨酸激酶活性被激活。于是,聚合在一起的单体相互催化对方发生磷酸化,这可进一步激活受体的酪氨酸激酶活性。

胰岛素受体激酶的底物有多种,它们统称为胰岛素受体底物(insulin receptor substrate,IRS)。IRS 中最重要的是 IRS1,这种 IRS 被磷酸化后,可招募和激活细胞内一系列含有 SH2 结构域的蛋白质,例如 PLC-γ、PI3K 和 Grb2/Sos 等,从而可进一步激活其他的信号通路。由于不同的细胞表达的具有 SH2 结构域的蛋白质不尽相同,因此,即使配体相同,产生的反应也不一定相同。如果 IRS 激活的是 PLC-γ,那么磷酸肌醇系统就被启动;如果 IRS 激活 Grb2/Sos,就与 EGF 一样,启动 MAPKKK 通路,从而促进细胞的生长;如果激活的是磷脂酰肌醇 3 激酶(phosphoinositol 3 kinase,PI3K),PI3K 可催化 PIP_2 转变成 PIP_3,而 PIP_3 再激活细胞内的蛋白激酶 B(PKB)(图 6-22)。PKB 也称为 Akt,被激活后,在脂肪细胞和肌细胞可促进葡糖转运蛋白 4(GLUT4)从细胞内的小囊泡膜移位到质膜上,以提高葡萄糖的转运,还能促进脂肪和蛋白质的合成,以及通过磷酸化使糖原合酶激酶(glycogen synthase kinase,GSK)失活,进而激活糖原合酶,促进糖原合成。

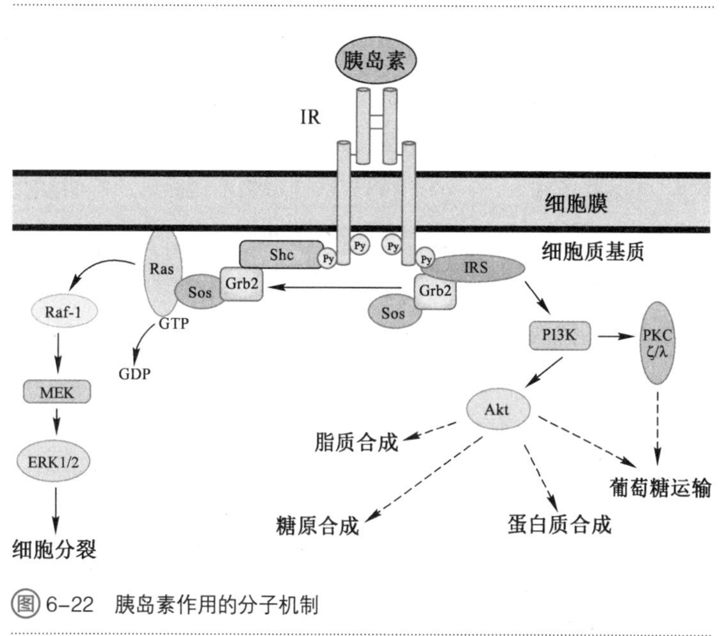

图 6-22 胰岛素作用的分子机制

由此可见,IRS1 在调节机体的代谢和生长中起十分重要的作用。基因敲除实验表明,缺失 IRS1 的小鼠表现为糖尿病表型,同时具有显著的生长迟缓,体重只能达到正常小鼠的一半。此外,还有证据表明,IRS1 的异常磷酸化可阻止其与其他蛋白质相互作用,从而造成机体对胰岛素的抵抗。

(三) NO 系统

NO 是一种性质活泼的气体小分子,其化学本质是自由基,长期以来一直被视为由化石燃料燃烧、汽车尾气和吸烟产生的有毒污染物,它在体内居然能够作为细胞之间的信号分子,这的确大大出乎人们的意料。Ferid Murad 在 1977 年发现,NO 气泡通过含有鸟苷酸环化酶(guanylyl cyclase,GC)的组织,可导致组织内 cGMP 水平的升高,而硝化甘油也能激活相同的 GC 活性,由此他推测硝化甘油在体内能够释放出 NO。1980 年 Robert F. Furchgott 发现,血管内皮细胞在乙酰胆碱的作用下,能产生一种促进血管松弛的因子(endothelium-derived relaxation factor,EDRF),但他并不能确定 EDRF 的化学本质;1986 年 Louis Ignarro 也发现,血红蛋白接触到受刺激的内皮细胞产生的 EDRF,与接触到 NO 以后发生的光谱迁移完全相同,这就证明了 EDRF 就是 NO。

Quiz23 你知道硝化甘油是谁发明的炸药?发现者是因为什么而去世的?

NO 在高等动物体内可介导多种生理功能,特别可在心血管系统、中枢和周围神经系统以及宿主防卫等系统中发挥重要作用,并可能参与多种疾病的发生过程。*Science* 在 1992 年曾将其评为当年的"年度分子",而对该气体的发现和研究有杰出贡献的美国的三位药理学家——Furchgott、Ignarro 和 Murad,也因此分享了 1998 年的诺贝尔生理学或医学奖。

在体内,NO 主要由一氧化氮合酶(nitric oxide synthase,NOS)催化产生,但也可以由亚硝酸还原而成。

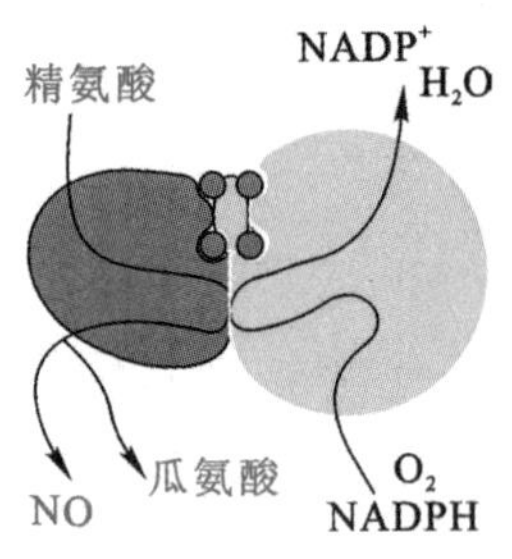

图 6-23 NOS 的结构、辅助因子和总反应式

NOS 由两个相同的亚基组成,每个亚基含有 1 分子 FMN、1 分子 FAD、1 分子四氢生物蝶呤和 1 分子高铁血红素,这些辅助因子的作用是促进 Arg 失去 5 个电子而生成 NO(图 6-23)。反应的总反应式为:2 精氨酸 + 3NADPH + H^+ → 2 瓜氨酸 + 2NO + $4H_2O$ + $3NADP^+$。

已发现有三类 NOS:第一类是神经元型(neuronal NOS,nNOS),主要存在于神经细胞中,呈组成型表达;第二类是细胞因子诱导型(cytokine-inducible NOS,iNOS),主要分布在肝脏细胞和一些免疫细胞中,如巨噬细胞;第三类是内皮细胞型(endothelial NOS,eNOS),主要分布在内皮细胞中,也呈组成型表达。前两类是可溶性的,存在于细胞质基质中,而第三类属于脂锚定蛋白,通过脂酰基锚定在质膜上。nNOS 和 eNOS 在细胞内需要 Ca^{2+}-CaM 的激活,而 iNOS 只有在机体处于胁迫的条件下,如受到细胞因子或细菌内毒素的刺激,才被诱导表达,而一旦表达,可存留很长时间。iNOS 的活性与 Ca^{2+} 浓度无关,但仍然依赖于 CaM 的结合,且与 CaM 的结合更为紧密,也因此在体内可产生更多的 NO。

NO 在体内可参与许多反应,由于是气体,很容易通过细胞膜扩散到临近的细胞,对临近细胞产生作用。在巨噬细胞和单核细胞中,它能与超氧阴离子(O_2^-)结合形成毒性更强的超氧亚硝酸($OONO^-$),超氧亚硝酸可迅速分解成高度反应性的自由基 OH·和 NO_2,自由基 OH·可用来杀死吞噬进来的细菌。然而,在某些条件下,若 NO 过度产生,会带来不良后果。例如,急性感染(fulminant infection)可导致巨噬细胞大量产生 NO,致使血管扩张,引发低血压。

硝化甘油可用来治疗心脏病,原因就是它在体内可转变为 NO。NO 是最强劲的血管扩张剂,它在合成以后,通过自由扩散经间隙连接,从内皮细胞进入平滑肌。血管内皮细胞合成的 NO,或者与平滑肌接头的神经细胞合成的 NO,很容易扩散到临近的平滑肌细胞中,与其中一种可溶性的鸟苷酸环化酶的血红素辅基结合,诱导该酶的构象发生变化,从而使其激活。激活后的鸟苷酸环化酶催化产生 cGMP,cGMP 再激活 PKG 的活性。PKG 可激活平滑肌细胞膜上的一种钙离子激活的钾离子通道(calcium-activated potassium channel)的活性,从而导致平滑肌细胞的超极化(hyperpolarization),进而引起平滑肌的松弛。PKG 还可以激活肌球蛋白轻链磷酸酶(myosin light chain phosphatase),促使肌球蛋白轻链脱磷酸化,这也可以导致平滑肌的松弛(图 6-24)。

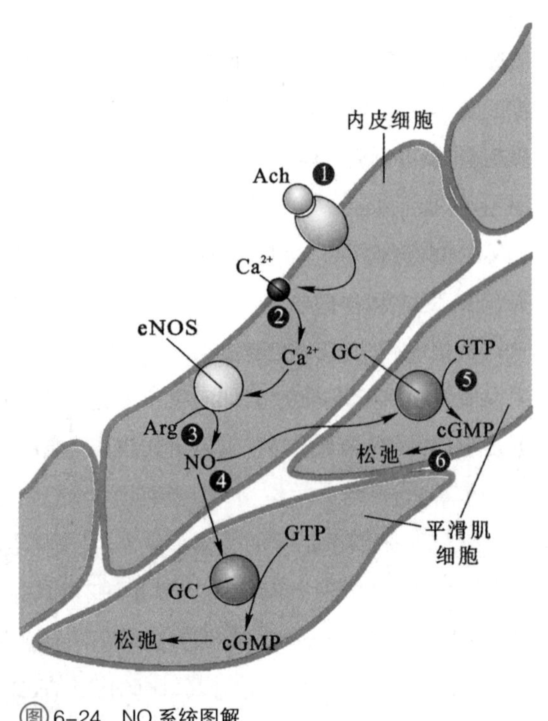

图 6-24 NO 系统图解

Quiz24 有人说 NO 既是一种第二信使,还是一种第一信使。对此你如何理解?

在阴茎海绵体中,性刺激可促进 NO 的释放。NO 使 cGMP 产生增加,后者使血液流入阴茎增多,同时使阴茎静脉窦充血膨大而血液回流受阻,最终让阴茎产生勃起。

在神经系统中，NO 可在神经细胞之间充当神经递质。与大多数神经递质不同，NO 是脂溶性的小分子，很容易通过自由扩散的方式跨膜进出细胞，因此传递信息的方向并不是只能从突触前神经元到突触后神经元，而是可以作用于临近的几个神经元，包括一些并没有通过突触联系的神经元。已有证据表明，NO 通过 cGMP 的级联作用有助于维持两个神经元信号传导中的长时程增强（long-term potentiation，LTP）作用，从而参与学习和记忆。

在红细胞内，NO 还可以与 Hb 结合，在需要的时候可以释放出来，从而调节血流（参看第二章"蛋白质的结构与功能"有关 Hb 的内容）

（四）JAK-STAT 信号转导系统

该系统主要是由华裔科学家傅新元在 1992 年发现的，其膜受体没有任何酶活性，但在与相应的配体结合以后，却能产生与 RTK 系统类似的反应。通过此系统起作用的激素有：脂瘦素（leptin）、生长激素（growth hormone）、催乳素（prolactin）、红细胞生成素（erythropoietin，EPO）、血小板生成素（thrombopoietin，TPO）、白细胞介素（interleukin）和干扰素等。

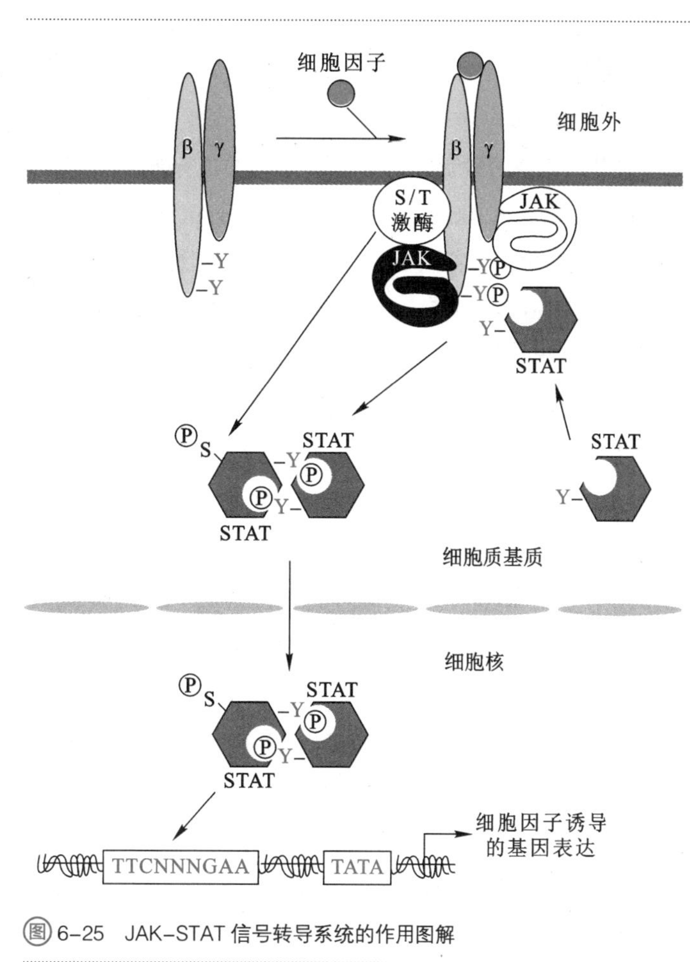

图 6-25　JAK-STAT 信号转导系统的作用图解

JAK-STAT 系统作用的主要机制是（图 6-25）：配体与受体结合→受体构象发生变化，并相互靠近，形成寡聚体→受体激活一种酪氨酸蛋白激酶——Janus 激酶（Janus kinase，JAK）→激活的 JAK 催化受体分子发生酪氨酸磷酸化反应，以及使一类称为 STAT 的细胞质基质蛋白磷酸化→STAT 形成二聚体，随后从细胞质转移到细胞核→STAT 与特定的顺式作用元件结合→调节特定基因的转录→产生特殊的生理学效应。

STAT 即是信号转导物与转录激活剂（signal transducer and activator of transcription），包括 STAT1 和 STAT2。这类蛋白质具有 SH2 或 SH3 结构域，能被 JAK 催化而进行磷酸化修饰，磷酸化修饰的 STAT 形成二聚体，成为有活性的转录因子。由于 JAK 能够催化受体发生酪氨酸磷酸化修饰反应，与 RTK 系统中受体自我磷酸化的结果一样，因此该系统也能产生类似 RTK 系统中的反应。另外，最新的研究还发现，通过 RTK 作用的一些生长因子（如 EGF 和 PDGF）也能诱导激活 JAK-STAT 通路。已发现，JAK 家族中的 JAK3 的突变可导致严重免疫缺陷。这意味着 JAK3 的抑制剂有可能成为新型免疫抑制剂，用于治疗多种与免疫异常有关的疾病。事实上，现在用于治疗风湿性关节炎、银屑病（psoriasis）和炎症性肠病（inflammatory bowel disease）等疾病的一种叫托法替尼（Tofacitinib）的药物就是 JAK3 的抑制剂。

三、信号的终止

对于任何一条信号转导通路来说，一旦被激活，不应该永远被激活。细胞必须存在一套快速、有效的灭活机制，能使靶细胞恢复到最初的静息状态，以便接受下一轮刺激。事实表明，信号终止发生在一条信号通路所有被激活的环节上。

1. HR解离

激素停止分泌，其浓度的下降可导致HR的解离，而一旦HR解离，受体就恢复到非活性构象状态。解离下来的激素要么被代谢掉，要么被重吸收。例如，乙酰胆碱可被乙酰胆碱酯酶水解成胆碱和乙酸，肾上腺素可被单胺氧化酶氧化成无活性的醛类化合物，或者被分泌它的细胞重新吸收。如果本来可被代谢分解或重吸收的激素不能代谢或者不能被重吸收，就会使得相应激素过度作用，导致机体功能紊乱。以神经毒气沙林为例，它就是催化乙酰胆碱水解的乙酰胆碱酯酶的不可逆抑制剂。再以过去一种叫西布曲美（Sibutramine）的减肥药为例，它的作用主要靠抑制去甲肾上腺素的重吸收，因此很容易产生副作用，现已被停用。

2. 受体脱敏

这种过程会因激素的不同而不同。例如，某些GPCR经G蛋白偶联受体激酶（G protein-coupled receptor kinase，GPCRK）的作用发生磷酸化修饰。磷酸化的受体能与胞内的β拘留蛋白（arrestin）结合。这种蛋白质一方面可抑制受体激活G蛋白的活性，另一方面充当网格蛋白的适配体，使受体更容易发生由网格蛋白介导的内吞，从而使质膜上的受体数目下降。

3. 第二信使的降解或去除

许多激素的作用与第二信使是分不开的，但是无论是哪一种第二信使，在细胞内都有一定的半衰期。例如，cAMP和cGMP可分别被专门水解cAMP和cGMP的磷酸二酯酶（A-PDE和G-PDE）水解为5′-AMP和5′-GMP。巧妙的是，A-PDE本身就是PKA的一个底物，在PKA激活以后不久，A-PDE也很快被磷酸化而激活，然后去水解cAMP。当cAMP被水解后，PKA就回到无活性的四聚体状态。再如，磷酸肌醇系统中产生的IP_3可被磷酸酶依次水解成IP_2、IP、I，I可作为重新合成PI的原料，PI又可在激酶的催化下变成PIP_2，从而为PLC-β补充底物。DAG则可通过脂循环重新转变为磷脂，或者被进一步水解成甘油和脂肪酸。

躁狂症是一种常见的精神疾患，患者脑细胞上的磷酸肌醇系统过于活跃。Li^+可被用来治疗此病，原因是它能在体内阻止IP→I，这也就阻止了PIP_2的再生，从某种程度上也就抑制了IP_3和DAG的形成。

Ca^{2+}可被钙泵重新泵回到内质网腔，这使那些依赖于Ca^{2+}激活的蛋白质和酶恢复到原来的无活性状态。一种叫毒胡萝卜素（thapsigargin）的天然有机物，是一种肿瘤促进剂，其作用机制是作为钙泵的抑制剂，在体内可导致细胞质基质内的Ca^{2+}水平持续上升。

第二信使的代谢若受到抑制，这无疑会延长激素的作用时间。例如，茶碱和咖啡因能够抑制A-PDE的活性，因此，它们在体内能够延长肾上腺素的作用时间，即有兴奋机体的功能。万艾可（Viagra）是一种治疗男性勃起功能障碍的药物，其作用机制是它在体内可特异性抑制PDE5的活性，而PDE5主要存在于阴茎海绵体组织中专门水解cGMP，因此万艾可的存在能提高cGMP在这种组织中的半衰期。甲氰吡酮即米力农（milrinone）是心肌细胞内的A-PDE的抑制剂，临床上用来治疗心力衰竭，这是因为它的作用提高了cAMP的水平，有助于PKA维持活性，而PKA催化心肌细胞Ca^{2+}通道的磷酸化，促使胞内Ca^{2+}水平的上升。

4. G蛋白的自我灭活

这是由G蛋白本身所具有的GTP酶活性来完成的。所有的G蛋白都具有GTP酶活性，虽然活性不高，但仍然可让被激活的G蛋白丧失活性。如果G蛋白的GTP酶活性受到抑制，将会导致靶细胞持续处于活化状态，而影响细胞的正常功能。

纤维性骨营养不良综合征（McCune Albright Syndrome）是一种骨骼异常和骨囊肿疾患，其病因是$G_s\alpha$的Arg201突变为His201或Cys201，从而导致GTP酶失活，引起AC持续激活。

霍乱是一种肠道传染病，由霍乱弧菌产生的外毒素即霍乱毒素（cholera toxin，CT）引起。CT由A1

亚基、A2 亚基和 B 亚基组成，A1 亚基和 A2 亚基之间通过二硫键相连，在小肠上皮细胞的质膜上有它的受体。CT 作用的第一步是 B 亚基与受体结合，随后 A1 亚基和 A2 亚基之间的二硫键被还原，A1 亚基随即进入胞内。在胞内，A1 亚基作为一种特殊的转移酶，催化 NAD^+ 分子上的 ADP– 核糖基转移到 $G_s\alpha$ 的 Arg201 残基上，这与纤维性骨营养不良综合征突变的氨基酸残基相同，反应式为：G_s–Arg + NAD^+ → G_s–Arg– 核糖 –ADP + 烟酰胺。

G_s 蛋白被修饰以后，其 GTP 酶的活性立刻丧失。由于小肠对水分的排泄依赖于 G_s 蛋白对 AC 的激活，因此 G_s 蛋白的 GTP 酶活性的丧失必然会导致 AC 的持续活化，致使 cAMP 不断产生。cAMP 再激活 PKA。PKA 再催化小肠上皮细胞膜上的囊性纤维变性跨膜转导调节蛋白（CFTR）发生磷酸化修饰。CFTR 是一种 Cl^- 通道，一旦发生磷酸化就被激活。于是胞内的 Cl^- 离开小肠上皮细胞，与此同时，水分子、Na^+ 和 K^+ 也会涌出，使机体在短时间内大量失水和电解质失去平衡，引发急性腹泻，严重可致死。

Quiz25 已发现一类肠毒素性大肠杆菌（Enterotoxigenic *E. coli*）也可以导致严重腹泻，这与这类大肠杆菌分泌的对热敏感的毒素（heat-labile toxin，HLT）有关。你认为 HLT 是如何作用的？

医学研究表明，有近 30% 的人类癌症含有 *ras* 基因的突变，特别是膀胱癌和胰腺癌。这种突变绝大多数会导致 Ras 蛋白丧失 GTP 酶活性。

GTP 的类似物有 GTPNH 和 $GTPCH_2$，它们是分别由 N 和 C 取代 GTP 分子上 β 和 γ 磷酸根之间的 O 的产物，能够代替 GTP 与 G 蛋白的结合，但却不能被 GTP 酶水解，因此，在细胞中加入这几种 GTP 的类似物也可导致 G 蛋白系统的持续活化。

百日咳（pertussis，whooping cough）是由百日咳杆菌所致的急性呼吸道传染病。这种细菌能产生一种外毒素——百日咳毒素（pertussis toxin，PT）。PT 由 A 亚基和 B 亚基组成。A 亚基能进入呼吸道上皮细胞，作为一种转移酶来催化 NAD^+ 上的 ADP– 核糖基转移到 $G_i\alpha$ 的一个 Cys 残基上，这种修饰可阻止结合在 $G_i\alpha$ 上的 GDP 与细胞质中的 GTP 进行交换，也就阻止了 G_i 蛋白抑制 AC。

5. 蛋白质的去磷酸化

大多数激素的作用会涉及到一些蛋白激酶对靶蛋白进行磷酸化修饰，如 PKA、PKC、PKG、PKB、CaMPK 和 RTK 等。然而，细胞内还存在另一类催化磷酸基团水解的磷蛋白磷酸酶（phosphorylated protein phosphatase，PPP）。PPP 所起的作用是让被激酶修饰的蛋白质恢复到原来的脱磷酸化状态。已发现，许多蛋白激酶活性的过分活跃与癌症的发生有密切的关系，因此现在一些治疗癌症的药物本质上就是一些蛋白激酶的抑制剂。例如，一种用于治疗非小细胞肺癌（non-small cell lung carcinoma，NSCLC）的药物，名叫阿法替尼（Afatinib），它就是 EGF 受体和 erbB-2 所具有的酪氨酸激酶活性的不可逆性抑制剂。

Box6.2 用光激活细胞产生胰岛素来治疗糖尿病

学过生化的人都知道胰岛素是一种蛋白质激素，它在我们机体内主要的功能是稳定循环系统中葡萄糖即血糖的水平。如果一个人其体内的胰岛素不能正常的分泌或者在体内无法正常的行使功能，就会患上糖尿病。根据 2017 年的数据，全球有超过 4 亿成人患糖尿病，而中国位居首位，糖尿病患者人数约 1.14 亿，糖尿病前期人数接近 5 亿人。因此，糖尿病已经成为我国最重要、最棘手的公共卫生问题之一。

糖尿病有两种类型，即 Ⅰ 型和 Ⅱ 型：在 Ⅰ 型糖尿病中，人体中唯一产生胰岛素的 β 细胞被免疫系统破坏，导致胰岛素几乎完全缺乏；Ⅱ 型糖尿病是最常见的形式，其表现为人体细胞对胰岛素的反应不敏感，结果循环中的葡萄糖可能变得异常高，而胰腺无法产生足够的胰岛素来补偿。

目前对于 Ⅰ 型糖尿病的治疗方法包括让病人服用可增强胰岛 β 细胞产生和分泌胰岛素的药物，或直接注射基因工程生产的外源人胰岛素。在这两种情况下，血糖的调节都是手动过程，它们都是在定期测定血糖水平后使用药物或胰岛素进行干预，这通常会导致尖峰（血糖过高）和低谷（血糖过低）的结果，因此可能会产生有害的长期影响。

现在，来自美国 Tufts 大学的研究人员设计了一种基因工程改造过的胰腺 β 细胞，可在暴露于蓝光时被诱导分泌胰岛素。他们通过利用“光遗传学”(optogenetics)来实现这一目标。“光遗传学”依赖于一些特殊的蛋白质，它们可根据需要随光照改变其活性。在这里，胰腺β细胞经过基因工程改造，引入了一种来自细菌的基因，该基因编码受光活化的腺苷酸环化酶(photoactivatable adenylate cyclase，PAC)。PAC暴露于蓝光时被激活，然后催化ATP环化，形成第二信使cAMP。cAMP反过来会增强β细胞中受葡萄糖刺激的胰岛素产生。胰岛素的产量可以增加2～3倍，但是只有当血糖量很高时。在低葡萄糖水平下，胰岛素的产量仍然很低。这就避免了糖尿病治疗的一个共同缺点，即糖尿病治疗可能过度补偿胰岛素的作用，使患者处于有害或危险的低血糖状态(低血糖症)。在他们将改造过的胰岛β细胞移植到糖尿病小鼠体内后，通过将其暴露在光照下，结果产生的胰岛素是典型胰岛素水平的2～3倍(图6-26)。这里的光开关细胞被设计为补偿在糖尿病个体中发现的较低的胰岛素产生或降低的胰岛素反应，因此可以显著改善葡萄糖的耐受性和调节性，降低高血糖症以及血浆胰岛素水平。

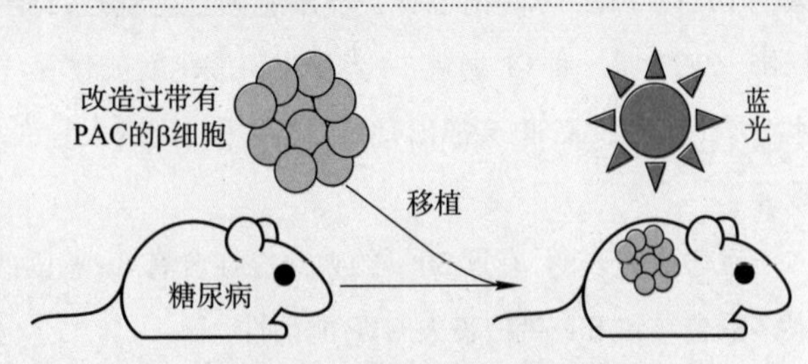

图6-26 光激活产生胰岛素治疗患糖尿病的小鼠

参与此项研究的Tufts大学的Emmanuel Tzanakakis教授说：“这实际上是我们在使用光来打开和关闭生物开关。通过这种方式，我们可以在糖尿病患者的环境中帮助其更好地控制和维持适当的葡萄糖水平，而无需进行药理学干预。这些细胞自然地完成胰岛素的生产工作，并且其中的调节回路也发挥同样的作用；我们只是暂时增加了β细胞中的cAMP的产量，以使它们仅在需要时才产生更多的胰岛素。”

参与此项研究的一位研究生说道：“使用光来控制治疗有很多好处。显然，反应是即时的。尽管胰岛素的分泌增加，但正如我们的研究显示的那样，细胞消耗的氧气量并没有明显改变。在涉及移植的胰腺细胞的研究中，缺氧是一个普遍的问题。”

第四节 激素作用的整合

前面分别介绍了几类重要的细胞跨膜信号转导系统。然而，这些系统并不是孤立存在的，而是在它们之间存在着多种形式的相互作用(图6-27)。

就某一个细胞来说，它在某一时刻所接受的信号刺激绝不可能只有一种，但在不同信号刺激下的细胞最终表现出来的却是一种整合效应。细胞在接受不同来源的信号以后，不仅需要进行转导，还需要进行必要的加工和整合，以确定最后的效应是什么。例如，细胞是凋亡还是生存？是改变形态还是分泌物质？是分裂还是分化？那么，细胞如何对不同的信号刺激进行整合呢？考虑到前面已阐述的几类主要的信号通路最后都涉及到特定的蛋白激酶，因此激酶在信号的整合中可能起着很重要的作用。

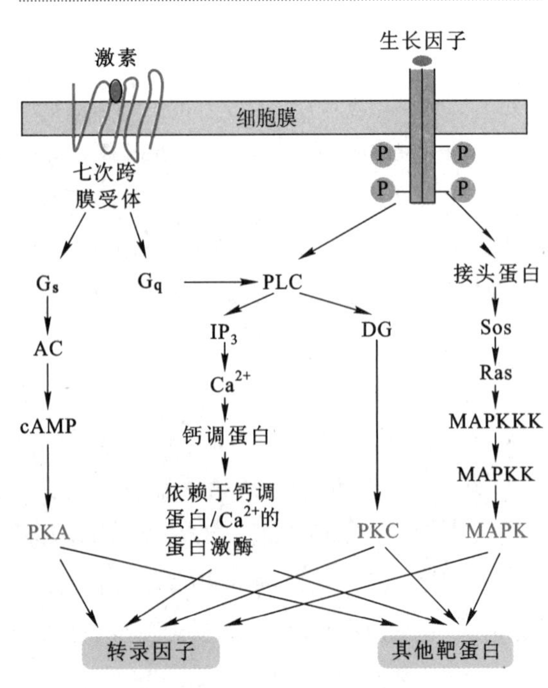

图6-27 四种平行的信号跨膜转导系统和相互间的联系

一个细胞可能存在两种整合机制(图 6–28):一种是两条通路上的蛋白激酶被激活以后,以同一种蛋白质为底物,但磷酸化位点不同。这种蛋白质在受到来自两条通路上的不同的蛋白激酶催化以后,即充当整合蛋白,将两条通路上的信号合并整合以后再向下游进行传递。RSK1 就是一种整合蛋白,它可以整合来自 RTK 系统和 PIP_3 刺激的 PDK1 激酶系统的信号。RSK1 本身是一种丝氨酸 / 苏氨酸蛋白激酶,具有两个激酶结构域,两个结构域之间是一段铰链区。RTK 系统中的 ERK 催化 RSK1 的 C 端激酶结构域和铰链区发生磷酸化修饰,而 PDK1 系统中的 PDK1 催化 RSK1 的 N 端激酶结构域发生磷酸化修饰。RSK1 只有在三个磷酸化位点都发生磷酸化以后才会被激活。另一种是两条通路上的蛋白激酶被激活以后,作用于两种不同的蛋白质,而两种不同的蛋白质在分别磷酸化以后,可相互聚合形成二聚体。这样,两条通路上的信号交汇到一种二聚体蛋白质上,通过它的整合,信号再继续向下游传递。

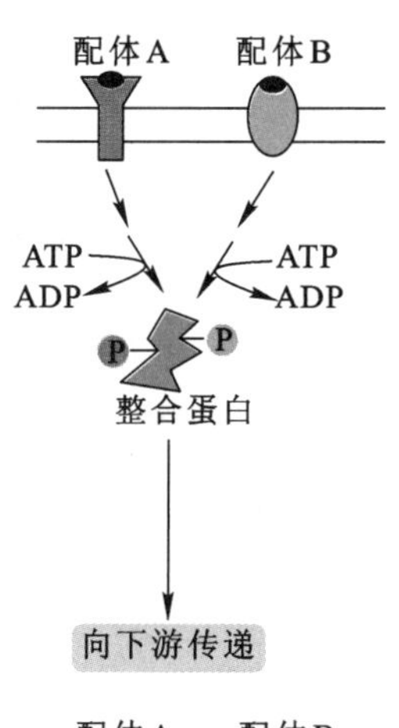

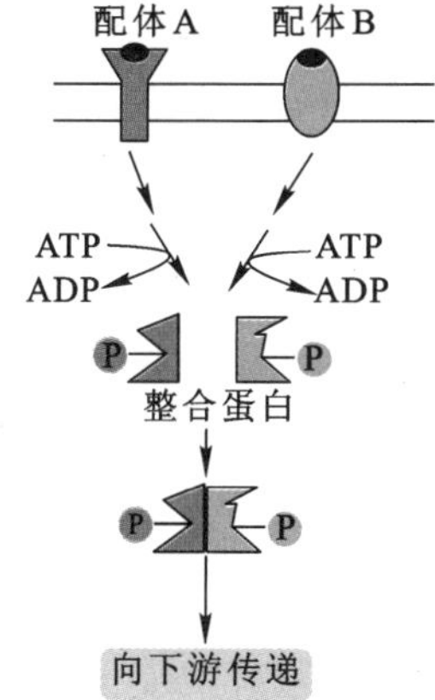

图 6–28　两种细胞内信号转导整合机制

科学故事　**蛋白质“可逆磷酸化”的发现**

1992 年的诺贝尔生理学或医学奖授给了美国的两位科学家——Edwin G. Krebs 和 Edmond H. Fischer(图 6–29),他们的成就是发现了细胞内调节酶和蛋白质活性的一种重要机制,即蛋白质的可逆磷酸化机制。

图 6–29　Edwin G. Krebs(左)和 Edmond H. Fischer(右)

在上一个世纪的四十年代,美国西雅图华盛顿大学的 Cori 夫妇在研究糖原的分解代谢中,发现了糖原磷酸化酶,并且发现了糖原磷酸化酶有两种形式——糖原磷酸化酶 b 和糖原磷酸化酶 a,其中糖原磷酸化酶 a 才有活性。有活性的糖原磷酸化酶催化糖原的磷酸解反应,即催化糖原分子中的葡糖残基与无机磷酸结合,形成 1– 磷酸葡糖。Cori 夫妇因此发现而获得 1947 年的诺贝尔生理学或医学奖。

在我们的机体中,主要是肝细胞和肌细胞有糖原磷酸化酶,这种酶的活性在两餐之间会发生变化。在饱餐一顿以后,糖原磷酸化酶主要以 b 型存在,即处于无活性状态,因此,这时肌细胞和肝细胞并不分解糖原,而是合成糖原;但在饥饿的时候,糖原开始分解,这时糖原磷酸化酶主要以 a 型存在。

然而,糖原磷酸化酶的两种形式是如何相互转变的呢?对于这个问题,人们很早就知道,它在机体内是受到激素控制的,如肾上腺素和胰高血糖素可以激活糖原磷酸化酶的活性,而胰岛素正好相反。但激素又是如何控制它的活性呢?

对于激素如何控制糖原磷酸化酶活性的问题,很早就吸引了 Cori 实验室的 Earl W. Sutherland 的注意,他在研究中发现,肾上腺素和胰高血糖素作用于肝细胞导致糖原磷酸化酶的激活,是通过 cAMP 起作用的。他将 cAMP 称为“第二信使”,并提出了“第二信使”学说。他也因此荣获了 1971 年的诺贝尔生理学或医学奖。

可是,cAMP 又是如何激活糖原磷酸化酶的呢?对于这个问题的解决就要归于 Cori 实验室的 Krebs 和 Fischer 了。他们在研究中发现,在糖原磷酸化酶激活的过程中,需要 ATP/Mg^{2+}。ATP 在激活糖原磷酸化酶中是提供一个磷酸基团给糖原磷酸化酶 b,使其变成糖原磷酸化酶 a。这种磷酸基团的转移反应由磷酸化酶激酶催化。这种磷酸化修饰是可逆的,即糖原磷酸化酶 a 可以在另外一种酶——蛋白质磷酸酶的催化下,丢掉磷酸基团而变成没有活性的磷酸化酶 b。Krebs 和 Fischer 因此而得诺贝尔奖,于是 Cori 实验室先后有 5 位科学家因相互关联的研究而获得诺贝尔奖,这种情况是非常罕见的。

现在，人们已很清楚，蛋白质的可逆磷酸化是调节酶和蛋白质活性一种极为重要的方式，它参与真核细胞内绝大多数重要的生理过程。据估计，人类基因组编码的蛋白质约有 30% 可发生磷酸化修饰，而蛋白质的异常磷酸化被认为是许多疾病发生的原因或结果。许多天然的毒素和肿瘤促进剂通过作用细胞内的蛋白激酶或磷酸酶起作用。例如，一种由蓝细菌产生的非核糖体合成的环状七肽——微囊藻毒素（microcystin），在人体内可抑制蛋白磷酸酶 1（protein phosphatase 1，PP-1）而诱发细胞癌变，这种毒素在蓝细菌水华的时候大量产生并释放。同时，一些药物在体内作用的对象是蛋白激酶或者磷酸酶。例如，一种 Abl 激酶参与调节细胞的生长，与慢性粒细胞白血病（chronic myelogenous leukemia，CML）的发生有密切关系。上一个世纪 90 年代，诺华（Novartis）制药公司研发的一种叫格列卫（Gleevec）的药物，作用的对象就是 Abl 激酶，对 CML 十分有效。格列卫是第一种在人类对癌症的分子机制有所了解的基础之上开发出的癌症靶向治疗药物。它的诞生，使那些原本对癌症的靶向治疗持怀疑态度的生物学家放弃了陈见，这种药物直到今天还在使用。

思考题：

1. 如果你发现一种新的激素，在研究其作用机制的时候，观察到它的作用可以导致其靶细胞内 cAMP 浓度的下降。你认为导致其靶细胞内 cAMP 水平下降的可能原因是什么？你如何验证你的解释？

2. 有两种激素（激素 A 和激素 B），激素 A 作用于靶细胞以后并不引发胞内 cAMP 浓度的变化，激素 B 作用于相同的靶细胞以后，可导致胞内的 cAMP 水平的上升，但上升的幅度并不很高。然而，如果将激素 A 与激素 B 同时作用于靶细胞，则可导致 cAMP 水平的急剧升高。为什么？

3. 某些蛋白质激酶只有在其 Ser 或 Thr 残基磷酸化以后才有活性。然而，如果将这些蛋白质激酶相应的 Ser 或 Thr 突变成 Glu，则它们即被激活。提出一种可能的机制解释上述现象，并预测这样的突变会给机体带来什么后果？

4. 如果将 GTP 的类似物 GMPPNP 显微注射到肌细胞，然后再将细胞与肾上腺素接触，那么后果会是什么？如果用胰高血糖素代替肾上腺素，会有什么不同？

5. Ras 和 Raf 是 RTK 系统中两种十分重要的成分。

(1) 设计一个实验证明在 RTK 系统中，Ras 位于 Raf 的下游。实验的预期结果是什么？

(2) 设计一个实验确定 Ras 和 Raf 之间能否发生直接的作用即相互特异性的结合？

网上更多资源……

本章小结　授课视频　授课音频　生化歌曲

教学课件　推荐网址　参考文献

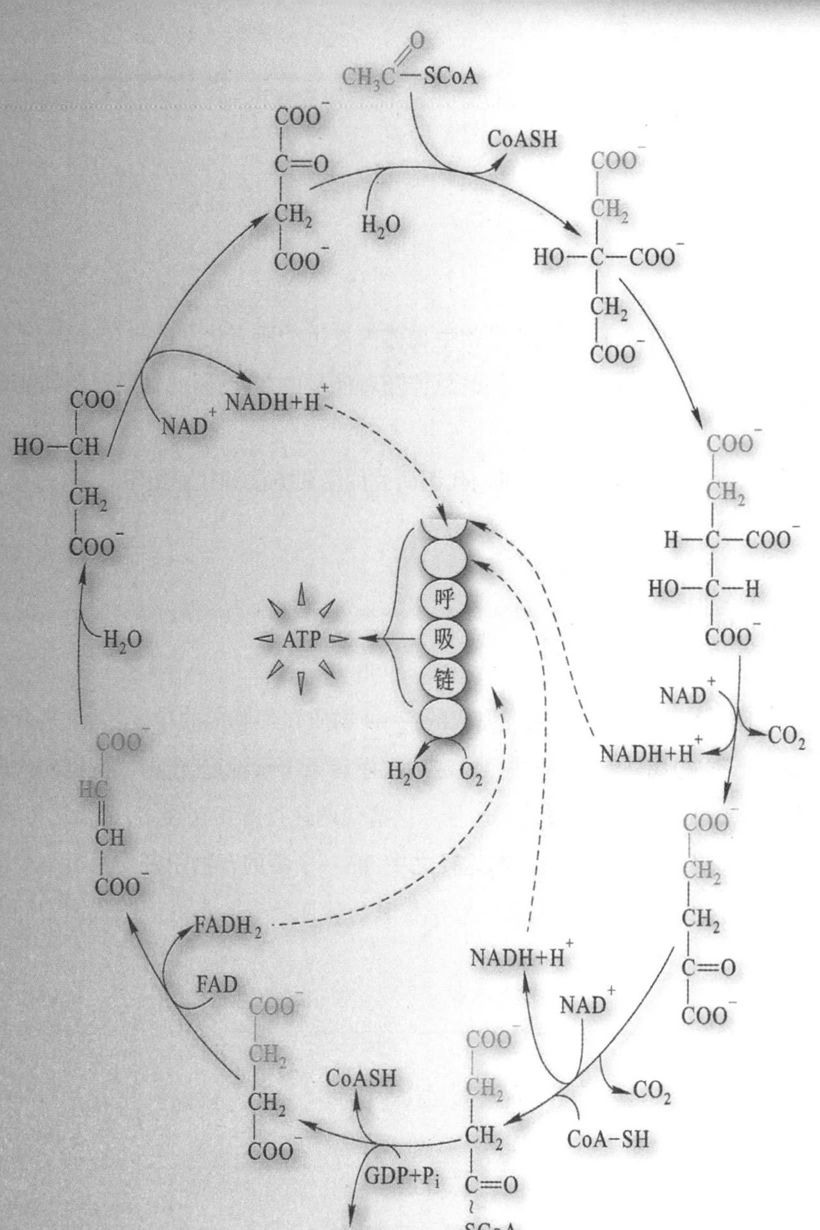
CH3C—SCoA
CoASH
H2O
NAD+
NADH+H+
呼
吸
链
ATP
H2O
O2
CO2
FADH2
FAD
GDP+Pi
GTP
CoA-SH

第二篇

代谢生物化学

第七章 代谢总论

代谢(metabolism)是生命最基本的特征之一,它是指生物体内发生的所有化学反应,包括物质代谢和能量代谢两个方面的内容。由于在物质代谢的同时总伴随着能量的变化,因此物质代谢和能量代谢是不可分割的。

本章将重点介绍代谢的基本概念、代谢的基本特征、代谢研究的主要方法和代谢组学。

第一节 代谢的基本概念

Quiz1 能不能想出人体内至少两个重要的没有酶催化的代谢反应?

细胞内发生的代谢反应几乎都是在酶的催化下完成的,一种物质在细胞内的转变,无论是分解还是合成,通常由一系列酶促反应构成,各步反应按照一定的次序有条不紊地进行,构成特定的代谢途径(metabolic pathway)。在一个细胞里,有多条代谢途径。这些代谢途径既相互独立,又相互关联,形成一种复杂精妙的代谢网络(图 7–1)。在一条代谢途径之中,前一个酶的产物刚好作为后一个酶的底物,很难孤立地把它们归为底物还是产物,因此一般就称其为代谢物(metabolite)或代谢中间物(metabolic intermediate)。

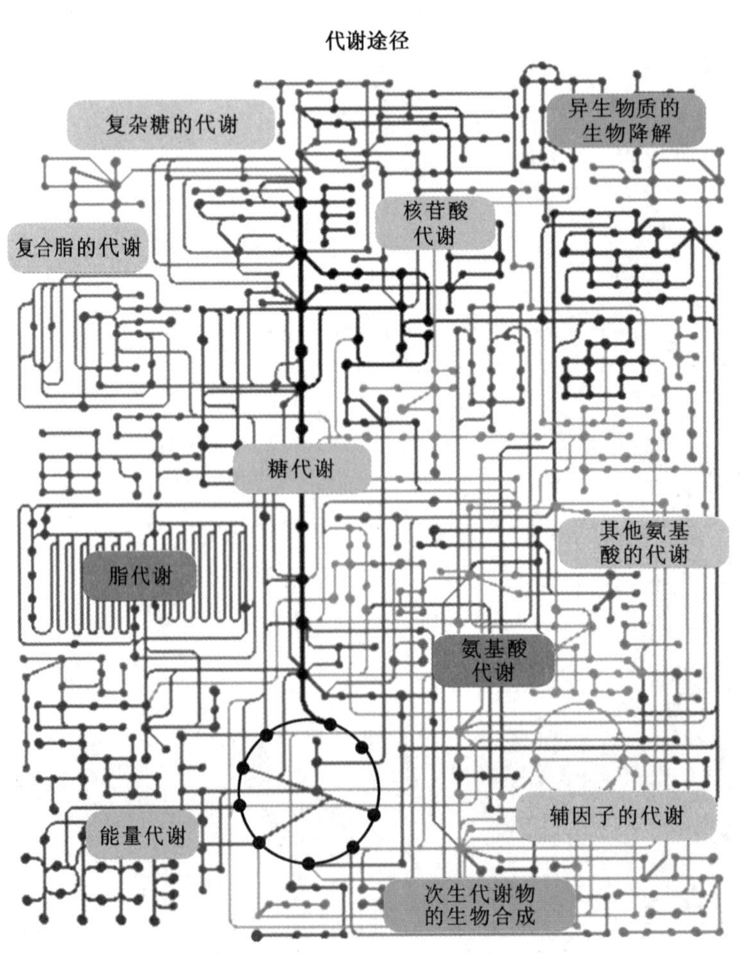

图 7–1 细胞内的代谢途径和代谢网络

一条代谢途径中的酶可以通过三种方式组织在一起(图 7–2)。

(1) 分散存在。这种方式的效率最低,因为前一个酶释放的产物在与后一个酶结合之前已被环境介质所稀释。

(2) 多酶复合体或酶系。这种方式需要构成一条代谢途径所有的酶或者某些步骤的酶结合在一起,形成紧密有序的复合物。形成酶系至少有两个好处:一是可以提高反应的效率。这是因为在反应中,前一个酶释放的产物可直接与后一个酶的活性中心结合。二是有利于调控。比较典型的例子有丙酮酸脱氢酶系、α– 酮戊二酸脱氢酶系和细菌的脂肪酸合成酶系等。

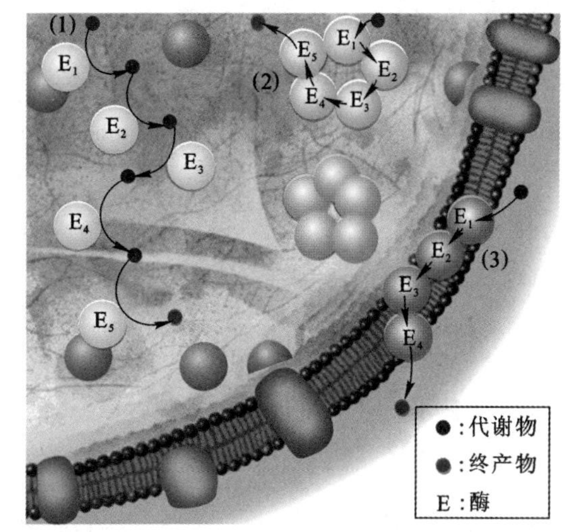

图 7–2 酶的三种组织方式

(3) 与膜结合的多酶复合体或酶系(membrane-bound multi-enzyme complex)。参与这一类代谢途径的酶按照一定的方向和次序整合在膜上,以膜为平台,特别适合传递电子,例如生物氧化中的呼吸链和光合作用中的光合链。此外,细胞内水溶性较差的脂类物质的合成也会与膜有关,例如脂肪、磷脂和胆固醇。这是因为反应中生成的许多中间物以及终产物水溶性较差,需要存在于疏水的环境之中,而以它们为底物或者产物的酶至少有一部分存在于亲水的环境中,是绝对不可以完全存在于疏水的环境之中的。解决上述问题的有效方法是将反应放在两相的界面上,也就是膜的表面。对于真核细胞来说,光面内质网膜充当了这样的膜,而原核细胞只能使用唯一的膜系统——细胞质膜。

有时,某一条代谢途径上的某几个酶活性、甚至所有酶活性融合在一条多肽链上或者由同一个蛋白质的不同亚基承担。例如,哺乳动物的脂肪酸合酶由两条相同的肽链组成,而每条肽链竟然具有 7 个酶活性!酶以这种方式组织在一起,不仅大大提高了催化效率,有利于对各个酶活性的调控,还增加了基因的编码能力,同时也方便了对这些酶基因表达的调控。

另外,在某些多酶复合体和多功能酶的各个活性中心之间,存在一种专门的通道,以便让前一个酶反应产生的中间代谢物直接转移到下一个酶的活性中心并被利用,这种运输反应中间物的过程称为底物通道运输(substrate channeling)。底物通道运输有许多好处,例如,可减少反应中间物的运输时间、防止反应中间物因扩散作用造成的损失、使不稳定的中间物接触不到溶剂,以及隔离对细胞有毒性的反应中间物和克服不利的反应平衡等。

按照代谢进行的方向,代谢途径可以分为(图 7–3):线状(linear),如糖酵解;环状(cyclic),如三羧酸循环、卡尔文循环和尿素循环;分支状(branched),如许多氨基酸的合成。

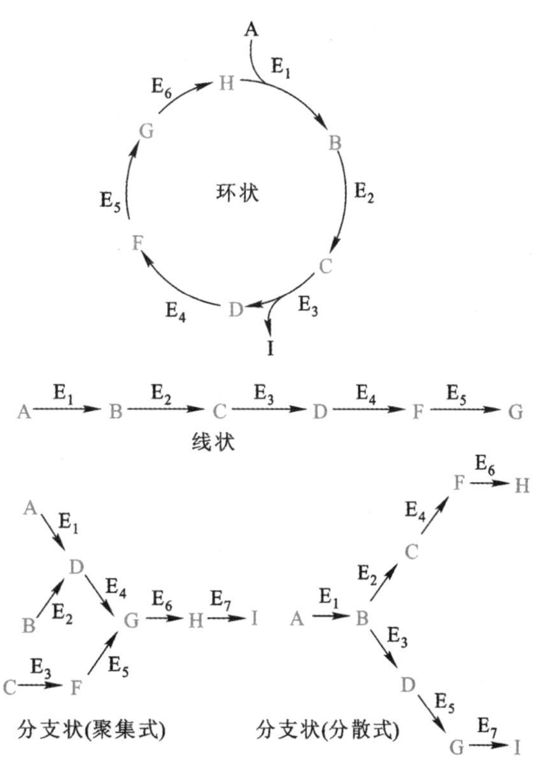

图 7–3 代谢的三种途径

只有在循环代谢途径中，才涉及一种起始代谢物在最后一步反应的再生。例如三羧酸循环中的草酰乙酸、卡尔文循环中的1,5-二磷酸核酮糖和尿素循环中的鸟氨酸。

细胞内的所有代谢反应都可以汇入到三种代谢途径，即分解代谢(catabolism)、合成代谢(anabolism)（图7-4）和不定向代谢(amphibolic metabolism)之中。

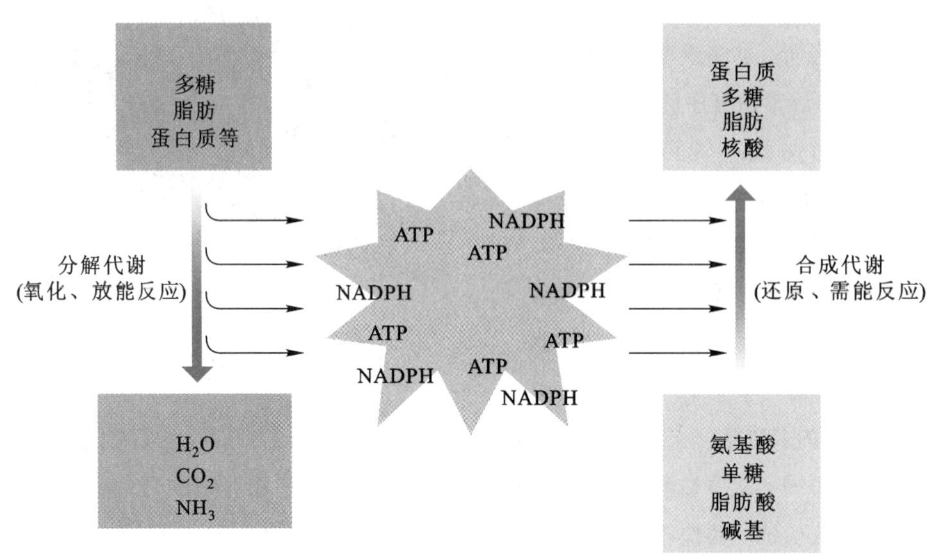

图 7-4　分解代谢和合成代谢

分解代谢是复杂的代谢物转变为简单的代谢物的过程，通常由三个阶段组成。

Quiz2 第一个阶段释放出的能量到哪里去了？

第一阶段——复杂的大分子分解成它们的组成单位，如多糖、蛋白质、核酸和脂肪分别分解成单糖、氨基酸、核苷酸和脂肪酸。在此阶段，没有ATP的合成。

第二阶段——第一阶段形成的小分子组成单位，进一步降解成更小的分子，如乙酰CoA等。在此阶段可能有少量的ATP得到合成。

第三阶段——由最终的共同代谢途径组成。对于有氧生物来说，包括三羧酸循环、呼吸链和氧化磷酸化。经过此阶段的反应，代谢物被彻底氧化为H_2O和CO_2，同时生成大量的ATP或它的等价物，但对厌氧生物来说，并没有这一阶段的反应。

合成代谢由一系列的生物合成反应构成，通过合成代谢，在消耗能量或输入能量的前提下，简单的分子变成了复杂的分子，小分子单位缩合成了大分子物质。能量的输入有两种方式：一是分解代谢中产生的通用能量货币即ATP，不过，有时机体还可以利用其他的高能分子，如GTP、CTP、UTP，甚至是NAD^+；二是以NADPH形式存在的高能电子。

Quiz3 机体内哪些过程使用GTP、CTP和UTP？

不定向代谢是指细胞内某些具有双重功能的代谢途径，它既可以用于分解代谢，又可以用于合成代谢，例如三羧酸循环。

第二节　代谢的基本特征

一般说来，生物体内的代谢具有以下几个重要的特征。

(1) 反应条件一般较为温和。大多数生物体内发生的代谢反应通常在较温和的条件下进行，如37℃、1个大气压和pH 7，这是因为有酶的催化。然而，地球上的一些细菌和绝大多数古菌生存在比较极端的环境中，发生在这些生物体内的反应条件就不一定是温和的了。

(2) 高度调控。细胞内的代谢途径并不是以恒定不变的速率进行,有时会加快,有时则受到抑制,这是因为细胞内存在复杂多变的调控机制。

(3) 每一条代谢途径都是不可逆的。尽管每一条代谢途径之中的多数反应为可逆反应,可是总会有一步或几步反应是不可逆的。例如:糖酵解总共有 10 步反应,有 3 步是不可逆的。不可逆反应的存在决定了每一条代谢途径的单向性,这更有利于机体对代谢进行调节。

Quiz4 机体为什么一般选择不可逆反应作为调控的对象?

(4) 一条代谢途径至少存在 1 个限速步骤。代谢的调节并不需要对一条途径上所有的酶促反应进行控制,只需要对其中的一两步关键步骤或限速(rate-limiting)反应实行调控即可。限速反应一般是代谢途径中的不可逆反应。

(5) 各种生物在基本的代谢途径上是高度保守的。不论是哪一种生物,其基本的代谢途径都是极为相似的。例如,糖酵解存在于所有生物的细胞之中,而且反应的性质非常接近。

代谢途径的高度保守性,不仅能够说明地球上所有的生物在进化上都有一个共同的祖先,还为人们研究各种代谢途径提供了方便,我们完全可以从一个简单的生物系统着手去研究一条代谢途径或其中的某一步酶促反应。

Quiz5 你认为大肠杆菌体内的糖酵解与人体的糖酵解主要的差别会是什么?

(6) 代谢途径在真核细胞中是高度分室化的。分室化(compartmentalization)将不同的代谢途径限定在不同的区域(表 7-1),这不但有利于调控,而且能够防止一个反应在错误的时间发生在错误的地点,例如细胞内的水解酶如果不集中在溶酶体,细胞就会自溶而死,还能防止细胞内发生“无效循环”(futile cycle)。

下面就后一种情况举例说明:细胞内存在两个方向相反的不可逆反应,第一个发生在细胞质基质(cytosol),是糖酵解的第一步反应,此反应在消耗 ATP 的情况下,葡萄糖被激活为 6- 磷酸葡糖。第二个发生在内质网,为糖异生途径中的最后一步反应,反应将 6- 磷酸葡糖水解成葡萄糖。试想一下,如果这两个反应发生在同一地点,后果会是什么?显然,在不断消耗 ATP 的情况下,6- 磷酸葡糖难以形成,细胞会陷入一种“无效循环”的境地,ATP 分子中的高能键白白浪费,变成了热。

$$\text{葡萄糖} + ATP \rightarrow \text{6- 磷酸葡糖} + ADP$$

$$\text{6- 磷酸葡糖} + H_2O \rightarrow \text{葡萄糖} + P_i$$

表 7-1　真核生物代谢途径的分室化

代谢途径	发生区域
三羧酸循环、氧化磷酸化、脂肪酸 β 氧化、氨基酸分解	线粒体
糖酵解、脂肪酸合成、磷酸戊糖途径 嘌呤核苷酸从头合成	细胞质基质
DNA 复制、转录、转录后加工	细胞核、线粒体、叶绿体
膜蛋白和分泌蛋白的合成	糙面内质网
脂肪和磷脂合成	光面内质网
胆固醇的合成	动物细胞质基质和光面内质网
翻译后加工(糖基化)	内质网、高尔基体
尿素循环	肝细胞线粒体和细胞质基质
嘧啶核苷酸从头合成	细胞质基质和线粒体
乙醛酸循环	乙醛酸循环体
糖异生	肝细胞和肾细胞的线粒体、细胞质基质和内质网(高等动物)
酮体合成	肝细胞线粒体(高等动物)
光呼吸	C_3 植物叶肉细胞的叶绿体、过氧化物酶体和线粒体

必须指出,细胞内某些代谢途径中的部分反应发生在一个区域,而另外一些反应发生在其他区域。例如,糖异生如果以丙酮酸为原料,起始阶段的反应发生在线粒体,此后大多数反应发生在细胞

质基质，而最后一步反应则转移到内质网。

(7) 不同的生物在代谢反应中对 O_2 的需求不尽相同。有的在分解代谢途径中必需以 O_2 作为最终的电子受体，它们属于需氧生物(aerobes)，有的则不需要氧气，它们属于厌氧生物(anaerobes)。

Quiz6 参考表 7-1 的内容，你认为哪些代谢途径存在或几乎存在于地球上所有的生物体内?

(8) 多细胞生物特别是高等生物由于细胞的分化，有的代谢途径只存在于某种或者某些类型的细胞中。例如，哺乳动物体内的尿素循环只发生在肝细胞中，很难想象也很难接受一个人的大脑的神经细胞中有尿素循环。再如，动物体内的糖异生仅发生在肝细胞和肾细胞中。

Box7.1 红细胞特殊结构的生化意义

大家都知道，我们体内成熟的红细胞是没有细胞核和线粒体等细胞器的，为什么它会如此特别呢?原因是它运输氧气的功能需要这样的结构。

首先，缺失细胞核和多数细胞器的红细胞可以呈现双凹圆盘状的外形(图 7-5)，拥有较大的比表面积，有利于和周围血浆充分进行气体交换。而且，比表面积越大，越易于变形，故红细胞能卷曲变形，以通过直径小于它的毛细血管及脾和骨髓的血窦壁及其膜孔隙，通过后再恢复原状，这种变化叫做可塑性变形。同时，圆盘状结构使其容易滑过血管，不易出现堆积现象。

其次，红细胞满载着氧气在全身流动，如果本身拥有线粒体，就会发生三羧酸循环和电子传递等需氧反应，偷偷用掉本应属于全身的氧气，这是不能被允许的。就像人类的会计，虽然每天有很多钱经手，但都是公款，万不可挪之私用。所以，为了避免红细胞“挪用公氧”，在细胞分化的过程中使红细胞失去线粒体，只可在细胞质基质中进行糖酵解，产生少量 ATP 以供自身需要。为了将 ATP 用在必需的地方，红细胞失去细胞核，不进行 DNA 复制、细胞分裂等耗能过程，减少能量的消耗。而且，在红细胞成熟之后固定表达的基因，减少了产生变异的可能性，保护了机体的安全健康。

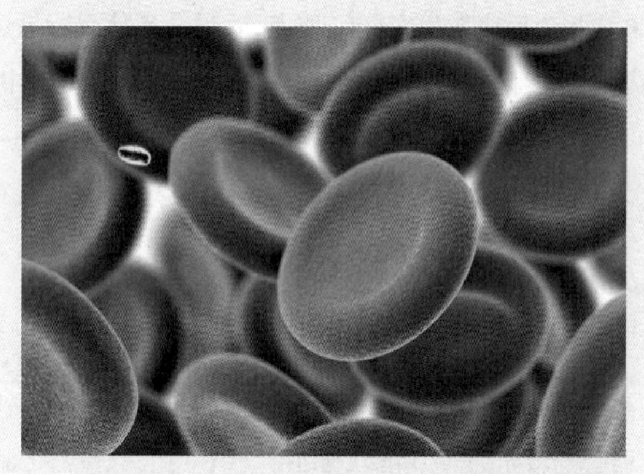

图 7-5 红细胞的结构

不过，并不是所有生物的红细胞都没有细胞核，只是人和哺乳类成熟红细胞是无核的，也无细胞器，只有细胞膜和除细胞器之外的细胞质，故而常用于研究细胞膜。而鸟类、两栖类、鱼类的红细胞都是有核的，和正常的细胞结构一样。例如鸟类，它们有气囊可以进行双重呼吸，所以不需要红细胞运输那么多的氧气，细胞核对它而言也不是累赘，而是不可缺少的。

(本文由南京大学医学院 2017 级罗钰婷同学创作)

第三节 代谢研究的主要内容和方法

代谢研究的主要内容包括以下几个方面：①确定参与每一个代谢反应的酶与辅因子的结构与功能，这需要对有关的酶进行分离、纯化、定性和定量的研究。②确定一条代谢途径之中的底物、中间代谢物和终产物的结构、名称和反应的类型。获取这些信息对于理解一个反应的机制非常重要。③确定一个酶促反应的调节机制。

Quiz7 如何区别体内(*in vivo*)、体外(*in vitro*)和回体法(*ex vivo*)?

在进行代谢研究之前，必须选择好合适的研究对象：是以微生物作为研究对象，还是以动物为研究对象？是在整个生物体，还是以其中的一个器官、组织或在亚细胞水平去研究代谢？是在体内(*in vivo*),还是在体外(*in vitro*)或用回体法(*ex vivo*)进行研究?

在确定好研究对象和目的以后,就是选择合适的方法了。代谢途径的阐明与研究方法的进步是分不开的。纵览代谢研究的历史,下面几种方法曾在代谢的研究中立下汗马功劳。

1. 示踪法

在代谢研究之中,使用最多的示踪方法要算同位素示踪(isotope tracer)。实际上,细胞内主要的代谢途径都是通过此方法搞清楚的,如糖酵解、三羧酸循环和卡尔文循环等。此方法需要使用同位素标记特定的代谢物,然后将被标记的分子引入细胞,通过追踪它们在体内的去向和代谢转变,来确定与被标记物有关的代谢途径。同位素有放射性和非放射性两类,前者包括 ^{14}C、^{32}P、^{35}S 和 ^{3}H 等,后者有 ^{13}C、^{18}O 和 ^{15}N 等。除了同位素示踪以外,以前还有人用过苯环作为示踪物(参看第十章"脂代谢"),现在还可以使用荧光标记来示踪。

Quiz8 哪些放射性同位素可用来标记核苷酸?哪些可以用来标记氨基酸?

2. 代谢抑制剂的使用

既然代谢反应离不开酶,那么总可以筛选到一种酶的抑制剂,去阻断一个特定的代谢反应。如果一条代谢途径上的某一步反应被抑制,就必然导致这一步反应的底物,以及它前面所有的代谢物在细胞内的堆积。综合不同抑制剂 I_1、I_2、I_3、I_4 和 I_5(图 7-6)的作用结果,可以将一条完整的代谢途径大致地勾画出来。

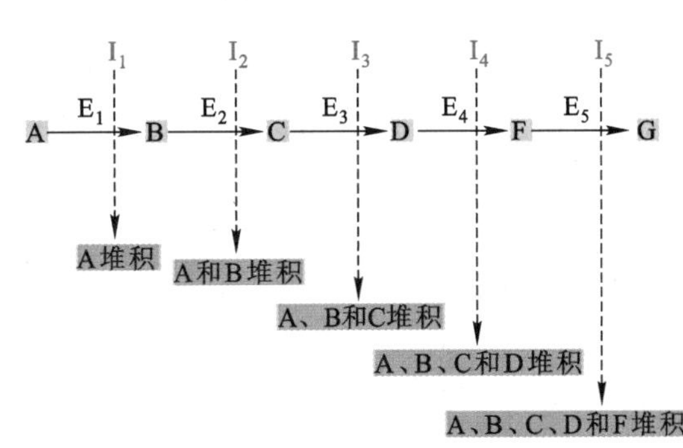

图 7-6 使用代谢抑制剂确定代谢途径

3. 代谢遗传缺陷型突变体的使用

使用代谢遗传缺陷(genetic defect)型突变体与使用酶抑制剂的效果是一样的。一个酶基因的缺陷会导致其活性的抑制或丧失,这与使用抑制剂的结果并无两样,它同样会导致特定代谢物的堆积。

Quiz9 如何能够获得酵母或大肠杆菌的某一种酶缺失的突变体?

4. 基因操作和生物信息学

主要使用转基因技术、基因敲除或敲减技术和基因在某些组织中的定向表达等手段(参看第二十章"分子生物学方法"),来确定某一种酶在细胞之中的功能以及它在代谢中所发挥的作用。随着基因组计划(genome project)和生物信息学的兴起以及高通量基因表达(high throughout gene expression)方法的建立,人们发现这些新的技术和方法在代谢研究上也大有"用武之地",现在已经可以做到把一整条代谢途径从一种生物引入到另外一种生物。

Quiz10 许多古菌体内存在一些特别的代谢途径,但是古菌生存的环境比较特别,使得在实验室很难培养。那么如何能够确定一种古菌体内所存在的特殊代谢途径?

第四节 代谢组和代谢组学

随着基因组学、蛋白质组学和其他组学的发展,两个与代谢有关的新名词,即代谢组(metabolome)和代谢组学(metabolomics)便应运而生了。代谢组也叫做小分子清单(small molecule inventory,SMI),是指一个特定的对象所包括的所有代谢小分子,并不包括各种生物大分子。

对于多细胞生物来说,由于细胞的分化,不同类型的细胞虽然基因组相同,但是转录组是不一样的,而不同的转录组又导致蛋白质组的差别。蛋白质组的差别意味着酶的差别,而酶的差别最终决定了代谢组的差别。对于单细胞生物来说,环境因素的变化可直接改变胞内的基因表达,从而影响到转录组,进而又影响到蛋白质组,最终必然影响到代谢组。此外,一个细胞的病变和衰老等也会导致胞内代谢组发生改变。因此,代谢组可反映一个细胞在某种状态下的各种小分子的样式,包括所有代谢过程(合成代谢和分解代谢)的总和以及相关的细胞过程。实际上,代谢组给出的是某个时刻的细胞

Quiz11 人体中哪一种细胞的代谢组最简单？为什么？

活动及其受环境作用的直接“画面”，反映出细胞健康、疾病、衰老的状态以及药物和环境对细胞活动的影响。

如果基因组代表可能是什么，转录组和蛋白质组就代表的是表达什么，而代谢组就表示细胞或组织的当前状况是什么，它与细胞的表型直接相关（图 7–7）。

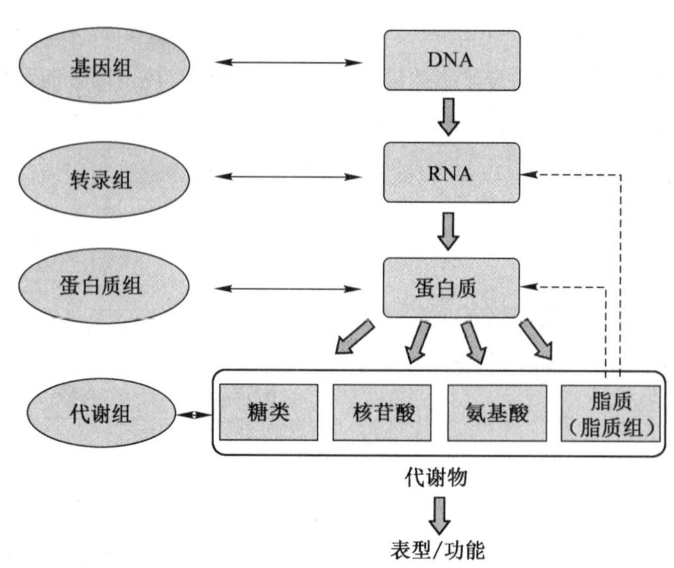

图 7–7 基因组、转录组、蛋白质组和代谢组之间的关系

代谢组学就是研究单个细胞或组织内代谢组及其变化规律的一门学科。其研究的思路与蛋白质组学相似，一开始要想方设法将各种代谢小分子分开，然后再将分开的小分子作进一步的鉴定。分离代谢小分子的方法有毛细管电泳（capillary electrophoresis，CE）、气相色谱（gas chromatography）和高效液相层析，而鉴定代谢小分子的方法有质谱和 NMR 等。

科学故事 **真核生物最近的共同祖先找到啦！**

生物进化史上最重大的事件之一大约发生在 20 亿年前，当时地球上出现了第一种真核生物。这种真核生物具有明显的细胞核，属于单细胞生物。此真核生物谱系随后产生了包括植物和动物在内的所有高等生物，但是它的起源一直不清楚。

几年前，来自慕尼黑路德维希·马克西米利安斯大学（LMU）的微生物学家分析了一处海洋沉积物中的 DNA 序列，终于为这一问题提供了一些新的线索。这些沉积物是从北冰洋中脊的一个以北欧火神命名的叫“洛基古堡”（Loki's Castle）的热泉喷口中回收到的。对所含 DNA 分子的序列分析表明，它们来自先前未知的一类微生物。

尽管不能分离和直接鉴定 DNA 来源的细胞，但序列数据显示它们与古菌有密切的关系。因此，研究人员将它们命名为洛基古菌（*Lokiarchaeota*）（图 7–8）。

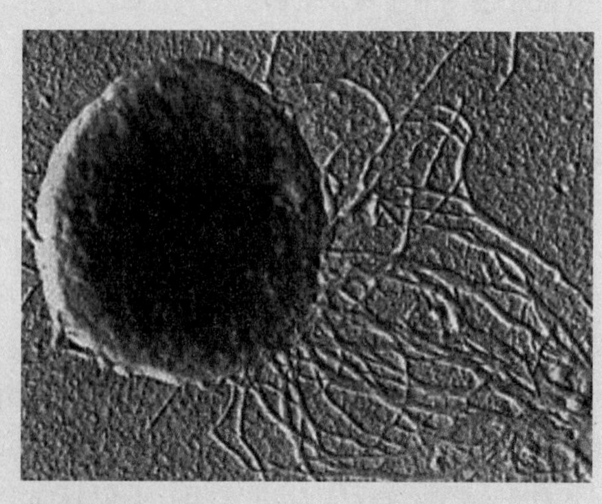

图 7–8 洛基古菌

古菌和细菌是已知最古老的单细胞生物。令人惊讶的是，洛基古菌的基因组信息表明它们带有本属

于真核生物特有的结构和生化特征。这表明洛基古菌可能与真核生物的最后的共同祖先有关。确实，对洛基古菌DNA的系统生物学分析已充分显示，它们很可能是由真核生物和古菌最后一个共同祖先的后代衍生而来的。

LMU地球与环境科学系的William Orsi教授与奥尔登堡大学和马克斯·普朗克海洋微生物研究所的科学家合作，现已能够直接测定洛基古菌的活性和代谢。结果支持洛基古菌与真核生物之间的进化关系，并提供了第一种真核生物进化环境的性质。他们的新发现发表在2019年12月23日的*Nature Microbiology*上，论文的题目是"Energy conservation involving 2 respiratory circuits Metabolic activity analyses demonstrate that *Lokiarchaeon* exhibits homoacetogenesis in sulfide marine sediments"。

真核生物最可能是它们通过共生产生的，其中宿主是古菌，而共生菌是细菌。根据这一理论，细菌共生体随后变成了线粒体，线粒体是负责真核细胞能量产生的细胞内细胞器。

有一个假说认为，古菌宿主的代谢依赖于氢，而线粒体的前体产生了氢。这种"氢假说"（hydrogen hypothesis）认为，两个伙伴细胞可能生活在富含氢的缺氧环境中，如果将它们与氢源分开，它们的生存力将更加相互依赖，从而可能导致内共生事件。Orsi说道："如果能证明洛基古菌也依赖氢，那么这将支持氢假说。但迄今为止，这些古菌在其自然栖息地中的生态还只是个推测。"

Orsi和他的团队现在终于第一次表征了从纳米比亚沿海大量缺氧地区海底获得的沉积物核中回收的洛基古菌的细胞代谢。他们通过分析这些样品中存在的RNA成功做到了这一点。RNA是从基因组DNA转录而来，并用作蛋白质合成的模板。因此，它们的序列反映了基因活性的模式和水平。序列分析表明，这些样品中洛基古菌的量比细菌多100～1 000倍。这强烈表明这些沉积物是它们有利的栖息地，适合它们的活动。

Orsi和他的团队最终还在实验室的沉积物样本中，从洛基古菌建立了浓缩的培养物。这使他们能够使用稳定的碳同位素作为标记来研究这些细胞的代谢。结果表明，洛基古菌利用了复杂的代谢途径构成的网络。此外，数据还证实，洛基古菌确实使用氢来固定二氧化碳。尽管其缺氧的自然栖息地能量有限，但该过程可提高新陈代谢的效率，并使这些物种保持较高水平的生化活性。

Orsi最后说道："我们的实验证明了第一种真核细胞的氢假说。因此，最早的真核生物可能起源于贫氧和富氢的海洋沉积物，例如现代洛基古菌所在的特别活跃的沉积物中。"

思考题：

1. 假定你分离到一种新的生物，它能通过氧化CO生存，即它能以CO作为唯一的碳源和能源。那么，这种生物如何将CO中的碳引入代谢？你如何确定这种途径？
2. 你认为大肠杆菌和人细胞在代谢上有哪些重要差别？
3. 如果让你用放射性同位素标记核酸，你有哪些选择？
4. 哺乳动物体内成熟的红细胞有哪些重要的代谢途径？
5. 如何获得一个大肠杆菌或者酵母的代谢突变体？

网上更多资源……

本章小结　授课视频　授课音频　生化歌曲
教学课件　推荐网址　参考文献

第八章　生物能学与生物氧化

生物能学(bioenergetics)是专门研究生命系统内能量流动和转化的科学。通过这门分支学科,我们可以更好地理解和解释生命现象之中与能量有关的问题。而生物氧化(biological oxidation)则是指生物体内发生的所有氧化反应,其中最为关键的问题就是搞清楚氧化过程释放出的能量的去向和转变,因此,生物氧化必然涉及到生物能学。

本章将首先简单介绍生物能学涉及的热力学定律、自由能变化与生化反应的关系、生物体内的偶联反应以及高能生物分子的结构与功能,然后再重点介绍需氧生物在生物氧化过程中呼吸链上的电子传递和氧化磷酸化的机制,特别是其中的“化学渗透”学说和“结合变构”学说。

第一节　生物能学

一、热力学定律与 Gibbs-Helmholtz 方程

为了更好地理解生物能学,首先要认识热力学第一定律和第二定律:热力学第一定律就是能量守恒定律;热力学第二定律是指一个系统的熵倾向于增加,或者一个系统做功的能力趋于下降。其次,要有所了解与热力学相关的几个基本概念。

Quiz1 能否用热力学第二定律解释一下身边发生的至少两个事件?

(1) 系统(system)和环境(surrounding)。系统为宇宙之中人们感兴趣的任何对象,环境是指一个系统周围的任何事物。系统又可以分为孤立系统(insulated system)、封闭系统(closed system)和开放系统(open system)。其中,孤立系统与环境之间不发生任何形式的物质交换和能量交换,封闭系统则可以与环境之间进行能量的交换,开放系统和环境之间既有能量交换也有物质交换(图 8-1)。显然,生命系统属于开放系统。

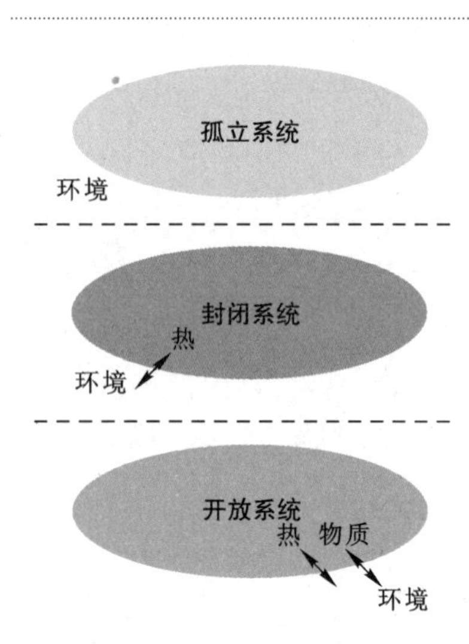

图 8-1　孤立系统、封闭系统和开放系统

(2) 能量。它是指做功的本领。

(3) 自由能(free energy)。它是指一个系统的总能量之中用来做功的能量,即有用能。

(4) 熵(entropy)。它是指一个系统的无序状态。一个系统越有序,它的熵就越低。

(5) 焓(enthalpy)。它是指系统的总内能。

综合热力学第一定律和第二定律即可得出方程:$G = H - T \cdot S$。其中,G 代表系统的自由能,S 代表系统的熵,H 为系统的总内能,T 为系统的绝对温度。上述方程适合任何系统。

在恒温、恒压条件下,可衍生出 Gibbs-Helmholtz 方程:$\Delta G = \Delta H - T\Delta S$。式中的 ΔG 为自由能的变化,ΔH 为总内能的变化,ΔS 是熵的变化,T 仍然是绝对温度。

由于多数生命系统处于恒温(37℃)和恒压(1 个大气压)条件下,因此上述方程同样适用于生命系统,包括发生在生物体内的每一个生化反应。

二、生化反应的方向性与自由能之间的关系

假设一个生化反应：A + B ⟷ C + D

在恒温和恒压下，不难推导出以下公式（推导过程从略）：$\Delta G = \Delta G^{\ominus\prime} + RT\ln\dfrac{[C][D]}{[A][B]}$

上式中，ΔG 为反应的自由能变化，$\Delta G^{\ominus\prime}$ 为在标准条件下的自由能变化，R 为摩尔气体常量（为 $8.314\ J\cdot mol^{-1}\cdot K^{-1}$），[A]和[B]分别为底物 A 和 B 的浓度，[C]和[D]分别为产物 C 和 D 的浓度。生化反应的标准条件定为：反应温度为 25℃，压强为 1 个大气压，底物和产物的浓度均为 $1\ mol\cdot L^{-1}$，pH 值为 7。

以上公式显示，一个生化反应的自由能变化包括两个部分：一部分是恒定的，它由底物和产物固有的性质决定；另一部分是可变的，它由反应的温度、底物与产物的浓度决定。在给定的条件下，通过上述公式可以计算出一个反应的自由能的变化值，但必须首先确定在标准条件下的自由能变化即 $\Delta G^{\ominus\prime}$。

如果反应到达平衡，则 $\Delta G=0$。上面的公式可作以下的转变（K'_{eq} 为反应的平衡常数）：

$$\Delta G = \Delta G^{\ominus\prime} + RT\ln\frac{[C][D]}{[A][B]} \Rightarrow 0 = \Delta G^{\ominus\prime} + RT\ln\frac{[C][D]}{[A][B]} \Rightarrow \Delta G^{\ominus\prime} = -RT\ln\frac{[C][D]}{[A][B]}$$

$$\text{已知 } K'_{eq} = \frac{[C][D]}{[A][B]}\text{，则 } \Delta G^{\ominus\prime} = -RT\ln K'_{eq} \text{ 或 } \Delta G^{\ominus\prime} = -2.303RT\lg K'_{eq}$$

因此，如果一个反应的平衡常数已知，则很容易通过上式计算出该反应的标准自由能变化 $\Delta G^{\ominus\prime}$。

在一个反应的 $\Delta G^{\ominus\prime}$ 确定以后，那么此反应在一个给定的非标准条件下的 ΔG 很容易计算出来。通过计算 ΔG，可以判断一个反应在给定条件下进行的方向。

如果 $\Delta G < 0$，该反应就可以自发地进行，此反应为放能反应（exergonic）或下坡反应（downhill reaction）。需要特别注意的是，如果 ΔG 为一个非常大的负值，则表明此反应趋于完全，为不可逆反应；如果 $\Delta G=0$，反应就处于平衡状态，底物和产物的浓度维持不变；如果 $\Delta G > 0$，此反应就不能自发地进行，除非向此反应提供能量，因此该反应为需能反应（endergonic）或上坡反应（uphill reaction）。如果 ΔG 是一个非常大的正值，则意味着底物处于一种非常稳定的状态，反应几乎没有发生的可能性。

以糖酵解中的磷酸二羟丙酮异构成 3- 磷酸甘油醛的反应为例，这步反应的 K'_{eq} 为 0.475，将它代入 $\Delta G^{\ominus\prime}=-2.303RT\lg K'_{eq}$，则得：$\Delta G^{\ominus\prime}=-2.303\times 8.314\times 310\times \lg 0.475=1.92\ (kJ\cdot mol^{-1})$。

$\Delta G^{\ominus\prime}$ 为正值，说明此反应在标准条件下是不利的。

但细胞内的[磷酸二羟丙酮]$=2\times 10^{-4}\ mol\cdot L^{-1}$，[3- 磷酸甘油醛]$=3\times 10^{-6}\ (mol\cdot L^{-1})$。

因而：

$$\Delta G = \Delta G^{\ominus\prime} + RT\ln\frac{[\text{3- 磷酸甘油醛}]}{[\text{磷酸二羟丙酮}]} = 1.92 + 8.314\times 310\times \ln\frac{3\times 10^{-6}}{2\times 10^{-4}}\times 10^{-3} = -8.9\ (kJ\cdot mol^{-1})$$

这表明在细胞内，此反应仍可以自发地进行。

由此可见，一个 $\Delta G^{\ominus\prime}$ 为正值的反应在细胞内仍然可以朝正反应方向进行，只要底物浓度足够高，或者产物的浓度足够低。

需要特别注意的是，任何在热力学上有利、可以自发进行的反应都需要克服活化能的障碍。热力学定律只能预测一个反应能否自发进行的可能性，但并不能预测出一个反应的动力学性质，即一个反应有没有发生以及反应速度是多少这种现实性。例如，葡萄糖氧化成 CO_2 和 H_2O 的反应，其 $\Delta G^{\ominus\prime}$ 为 $-5\ 693\ kJ\cdot mol^{-1}$，是一个非常大的负值。这意味着葡萄糖的氧化在热力学上是一个极为有利的反应，但这个反应如果没有酶的催化或者直接将其用火燃烧的话，糖罐子里的葡萄糖在室温下是很难被氧化成水和二氧化碳的。

Quiz2 如何理解将一块金刚石变成石墨是热力学十分有利的反应，但一个人是不需要担心他持有的一块价值连城的金刚石一夜间变成一块一文不值的石墨的？

三、ΔG 与 ΔE 之间的关系

细胞内的很多反应为氧化还原反应，一个氧化还原反应的 $\Delta G^{\ominus\prime}$ 与其标准氧化还原电位的变化值 $\Delta E^{\ominus\prime}$ 可用公式 $\Delta G^{\ominus\prime}=-nF\Delta E^{\ominus\prime}$ 表示，n 为转移的电子数，F 是法拉第(Farady)常数，为 96.485 $kJ\cdot mol^{-1}\cdot V^{-1}$，$\Delta E^{\ominus\prime}$= 含有氧化剂或电子受体的半反应 $E^{\ominus\prime}$- 含有还原剂或电子供体的半反应的 $E^{\ominus\prime}$，标准条件与自由能的标准条件一样。而非标准条件下的 ΔG 与同样条件下的 ΔE 之间的关系为：$\Delta G=-nF\Delta E$。

假设一个氧化还原反应 $A+BH_2 \rightarrow AH_2+B$，此反应实际上由两个半反应即还原半反应（reductive half-reaction）$A+2H^++2e^- \rightarrow AH_2$ 和氧化半反应（oxidative half-reaction）$BH_2 \rightarrow B+2H^++2e^-$ 组成，根据 Nernst 方程：

$$\Delta E=\Delta E^{\ominus\prime}-\frac{2.6RT}{nF}\lg\frac{[AH_2][B]}{[A][BH_2]}，则\ \Delta G=-nF\left(\Delta E^{\ominus\prime}-\frac{2.3RT}{nF}\lg\frac{[AH_2][B]}{[A][BH_2]}\right)$$

$$=2.3RT\lg\frac{[AH_2][B]}{[A][BH_2]}-nF\Delta E^{\ominus\prime}=2.3RT\lg\frac{[AH_2][B]}{[A][BH_2]}-nF\Delta E^{\ominus\prime}。$$

下面以丙酮酸 + $NADH+H^+ \rightarrow$乳酸 $+NAD^+$ 反应为例加以说明。该反应由两个半反应：丙酮酸 + $2H^++2e^- \rightarrow$乳酸和 $NADH+H^+ \rightarrow NAD^++2H^++2e^-$ 组成。

其中，半反应丙酮酸 $+2H^++2e^- \rightarrow$乳酸的 $E^{\ominus\prime}=-0.190\ V$；

半反应 $NAD^++2H^++2e^- \rightarrow NADH+H^+$ 的 $E^{\ominus\prime}=-0.320\ V$。

由于丙酮酸为氧化剂（电子受体），NADH 为还原剂（电子供体），所以，$\Delta E^{\ominus\prime}=-0.190\ V-(-0.320\ V)=+0.130\ V$，将其代入公式，可得 $\Delta G^{\ominus\prime}=-nF\Delta E^{\ominus\prime}=-2\times 96.48\times 0.130=-25.1\ (kJ\cdot mol^{-1})$。

$\Delta G^{\ominus\prime}$ 为负值说明在标准条件下有利于正反应（乳酸的形成）的进行。

如果不是在标准条件下，而是反应混合物中乳酸 / 丙酮酸和 $NAD^+/NADH$ 浓度之比均为 1 000：1，则 $\Delta G=2.3RT\lg\frac{[AH_2][B]}{[A][BH_2]}-nF\Delta E^{\ominus\prime}=2.303\times 8.314\times 10^{-3}\times 310\times\lg(1\,000\times 1\,000)-25.1=10.5\ (kJ\cdot mol^{-1})$。此时 ΔG 为正值，这说明在此条件下有利于逆反应的进行。

四、生命系统内的偶联反应

假定一个反应 $C\rightarrow D$，$\Delta G_2=G_D-G_C>0$，则此反应不能自发地进行，但如果此反应通过某种机制与另外一个 $\Delta G_1=G_B-G_A<0$ 的 $A\rightarrow B$ 反应偶联在一起，而且总的自由能变化 $\Delta G=\Delta G_1+\Delta G_2<0$，则 $C\rightarrow D$ 的反应照样可以自发进行，在这里第二个反应释放出的能量被用来驱动第一个反应。

在生物体内，有两种偶联机制。第一种机制通过一个共同的代谢中间物来实现（图 8-2A），反应式可简写为：$A+C\rightarrow I\rightarrow B+D$。

以葡萄糖的磷酸化反应为例加以说明：葡萄糖 + $P_i \rightarrow$ 6- 磷酸葡糖 + H_2O。

该反应的 $\Delta G^{\ominus\prime}=+13.8\ kJ\cdot mol^{-1}$，显然这样的反应在热动力学上是极端不利的。再来看另外一个反应：$ATP+H_2O\rightarrow ADP+P_i$。此反应的 $\Delta G^{\ominus\prime}=-30.5\ kJ\cdot mol^{-1}$，是一个极大的负值。如果这两个反应能够偶联起来，总反应式就为：葡萄糖 +ATP → 6- 磷酸葡糖 +ADP。

总的自由能变化 $\Delta G^{\ominus\prime}_{总}=+13.8+(-30.5)=-16.7\ kJ\cdot mol^{-1}$，依然是一个较大的负值，也就意味着葡萄糖可顺利地磷酸化为 6- 磷酸葡糖。实际上在细胞内，在己糖激酶或葡糖激酶的催化下，这两个反应正是紧密地偶联在一起的。

Quiz3 酶是不是能够克服热力学不允许发生的反应？

偶联反应的第二种机制是通过特殊的高能生物分子（high-energy biomolecule）来进行的：其中在第一个反应释放出的自由能中，有一部分转变为高能生物分子之中（如 ATP）的化学能贮存起来，而第二个反应的进行则由第一个反应形成的高能生物分子来驱动。细胞内有很多这样的例子，一般情况是细胞内的分解代谢产生生物高能分子，合成反应则利用这些高能生物分子（图 8-2B）。

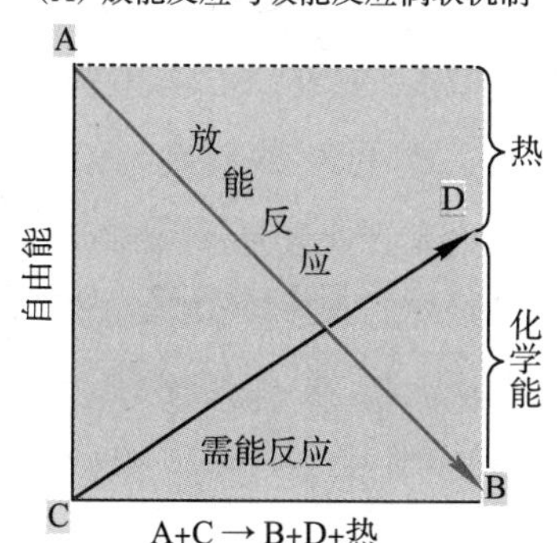

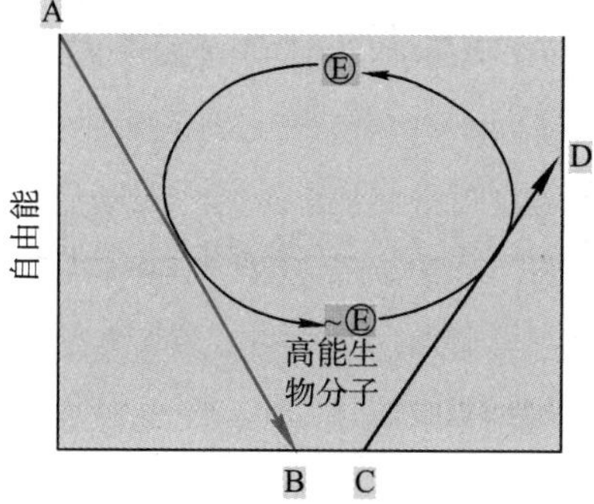

图 8-2　放能反应与吸能反应偶联的两种机制

五、高能生物分子

高能生物分子又简称为高能分子，它是指那些既容易水解又能够在水解之中释放出大量自由能（$\Delta G^{\ominus\prime}$为极大的负值）的一类分子的总称，以高能磷酸化合物（high-energy phosphate compound）最为常见。在高能分子水解的时候，被水解断裂的化学键似乎贮存着大量的能量，因此有人称此键为高能键（high-energy bond），经常用"～"表示。

Quiz4 很多人认为高能键这个概念不合适，但是用了这么多年了，所以仍然在使用。那你认为严格地说，高能键这个概念确切吗？

表 8-1 为一些常见的高能分子的名称、结构和相应的 $\Delta G^{\ominus\prime}$ 值，其中磷酸烯醇式丙酮酸"高高在上"，其水解时释放的能量最高，大约为 ATP 的 2 倍。而 ATP 正好位于"中游"的位置，这意味着它合成起来容易，利用起来也容易。正是 ATP 在众多的高能分子之中所处的独特位置，使它成为最重要的能量载体，充当了通用的"能量货币"（universal energy currency）的角色。通过它，细胞内的放能反应和需能反应很容易发生偶联。

表 8-1　常见的高能分子

名称	高能键水解以后的产物	高能键水解的 $\Delta G^{\ominus\prime}$（$kJ\cdot mol^{-1}$）
磷酸烯醇丙酮酸	丙酮酸 +P_i	−62
1,3- 二磷酸甘油酸	3- 磷酸甘油酸 +P_i	−49.6
磷酸肌酸	肌酸 +P_i	−43.3
乙酰磷酸	乙酸 +P_i	−43.3
ATP	ADP+P_i	−35.7
ATP	AMP+PP_i	−35.7
琥珀酰 CoA	琥珀酸 +CoA	−33.9
PP_i	2P_i	−33.6
二磷酸尿苷葡糖	UDP+ 葡萄糖	−31.9
乙酰 CoA	乙酸 +CoA	−31.5
S- 腺苷甲硫氨酸	腺苷 +Met	−25.6

高能分子在水解时能释放出大量的能量（以 ATP 为例）主要与两个因素有关：①相对 ATP 而言，水解的产物 ADP 和无机磷酸具有更大的共振稳定性（resonance stability）（图 8-3）；②水解以后，负电荷之间的静电斥力减弱了。

在细胞内，ATP 几乎参与所有的生理过程（图 8-4），如肌肉收缩、生物合成、细胞运动、细胞分裂、主动转运、神经传导等。细胞的正常生理活动需要消耗大量的 ATP，所以细胞内 ATP 的周转率（turnover rate）非常高。据估计，一个人在 24 小时内水解及再合成的 ATP 总量相当于他的体重。ATP 如此高的周转率使得它并不适合充当能量的贮存者。例如，肌肉运动时需要消耗大量的 ATP，以至于水解 ATP 的速率远远大于重新合成 ATP 的速率，在生物进化的过程中，磷酸肌酸的出现解决了 ATP 的供需矛

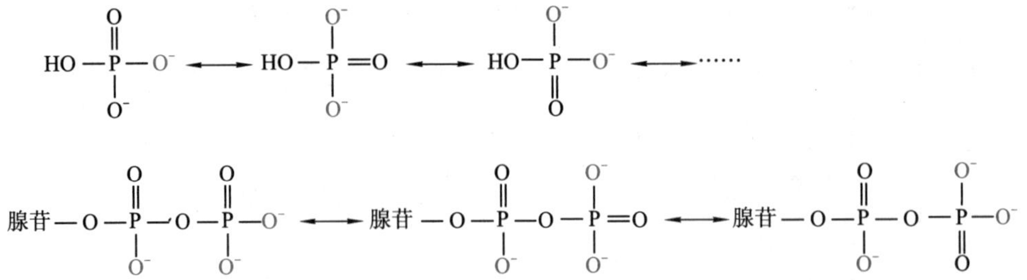

图 8-3 ATP 水解物的共振结构

Quiz5 你能不能说出人体内不是使用 ATP 驱动的耗能过程？

盾。在静息状态下，ATP 浓度较高，磷酸肌酸作为“黄金储备”得以大量合成，以备不时之需。

ATP 的消耗有两种方式：第一种是 ATP 转变成 ADP 和 P_i。这种方式仅消耗了 1 个高能键，例如糖酵解的第一步由己糖激酶催化的反应。尽管产生的 ADP 也是高能分子，但机体很少直接使用它作为能量供体，而是通过腺苷酸激酶(adenylate kinase)将 ADP 转变为 ATP。第二种是 ATP 转变成了 AMP 和 PP_i，由于焦磷酸很容易被细胞内的焦磷酸酶水解成 2 个无机磷酸，这等于是消耗了 2 个高能键，因此致使总的 $\Delta G^{\ominus\prime}$ 更负($-27.6\ kJ\cdot mol^{-1}$)。例如，脂肪酸的活化反应：$ATP + CoASH + RCOOH \rightarrow AMP + PP_i + RCO\text{-}SCoA$。焦磷酸的水解不仅可以使得反应更加完全，也使得磷酸根可以循环利用。

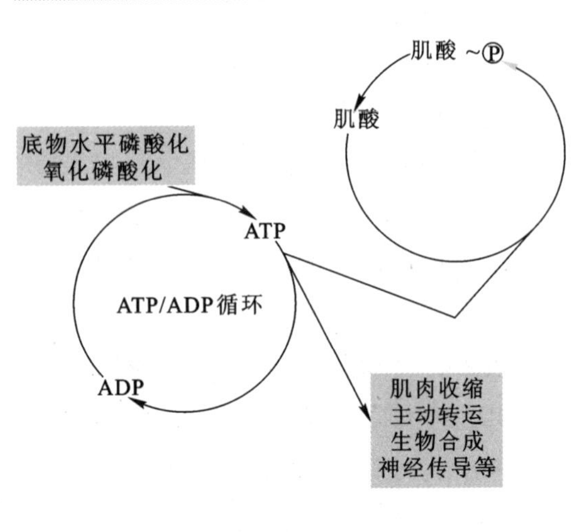

图 8-4 ATP 的合成和利用

除了 ATP 以外，其他三种核苷三磷酸有时也可以作为能量货币，这几种能量货币在细胞内是可以自由“兑换”的，但需要核苷二磷酸激酶(nucleotide diphosphate kinase)的催化(参看第十二章“核苷酸代谢”)。

除了作为“通用的能量货币”使用以外，ATP 在细胞内水平的高低还直接显示了细胞能量状态的高低，因此它还可以作为很多酶的别构效应物来调节相关酶的活性。

细胞内 ATP 的合成就是 ADP 被磷酸化形成 ATP 的过程。机体有三种合成 ATP 的手段：底物水平磷酸化(substrate-level phosphorylation)、氧化磷酸化和光合磷酸化。

Box8.1 ATP 能不能进出细胞？

大家都知道，ATP 是生物界通用的能量货币，它总是在细胞内合成的。那么，细胞内的 ATP 能不能出去？另外，如果我们在胞外添加 ATP，它又能不能进入胞内，被细胞利用？

对于这两个问题的答案首先都要考虑 ATP 带高度的负电荷这个事实，因此，现在有一点可以肯定，就是 ATP 绝对不可能通过自由扩散的方式进出细胞。

那我们先看一看胞外的 ATP 能不能进入胞内？事实表明，一些寄生在真核细胞内的细菌(如衣原体和立克次体)需要从宿主细胞获得 ATP，而宿主细胞产生的 ATP 是通过寄生菌质膜上的 ATP/ADP 交换体进入寄生菌细胞内的。迄今为止，还没有发现其他生物在质膜上有这样的运输蛋白，因此，绝大多数生物的细胞是无法把胞外的 ATP 运输到胞内的。对于它们来说，ATP 只有水解成腺苷以后通过在膜上的核苷运输蛋白才能被转运到胞内。

至于胞内的 ATP 能不能出去，抛开死亡的细胞在裂解的过程中可以把胞内的 ATP 泄漏出去这一点，现在已经十分肯定，至少绝大多数动物细胞（特别是哺乳动物）有两个重要的机制，可以将胞内的 ATP 运输出去：一个是胞吐，另一个是通道运输。

先说一说胞吐。它先通过一类叫小泡核苷酸转运蛋白（vesicular nucleotide transporter，VNUT）介导的主动运输，将胞内的 ATP 输送到小囊泡内（图 8–5）。VNUT 的作用需要利用质子梯度，而质子梯度是由囊泡膜上的 V 型质子泵建立的。一旦内有 ATP 的囊泡膜与质膜融合，囊泡内的 ATP 即被释放到胞外。注意这种方式，经常跟各种激素和神经递质的分泌偶联在一起，就是说这些小囊泡内还事先带有需要分泌出去的某种激素或神经递质，如肾上腺素、胰岛素等。

再看一看通道运输，已发现由肌连蛋白（connectin）和泛连接蛋白（pannexin）在膜上形成的通道（图 8–6）在特定的条件下（如膜电位的变化），可以让胞内的 ATP 经通道出去。

那么，运输到胞外的 ATP 有功能吗？这么多年的研究已经表明，胞外的 ATP 以及由它降解而成的 ADP、AMP 和腺苷可以作为信号分子，通过与膜上的嘌呤能受体（purinergic receptor 或 purinoceptor）结合，再进一步起作用。知道这项功能，你就能理解，为什么 ATP 注射液可以做药了。

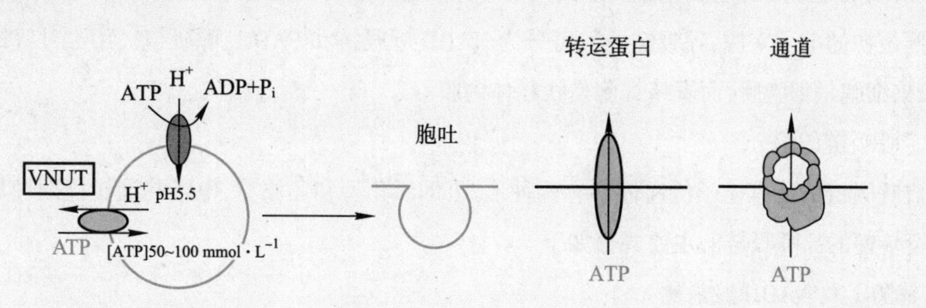

图 8–5 ATP 运输到胞外的机制

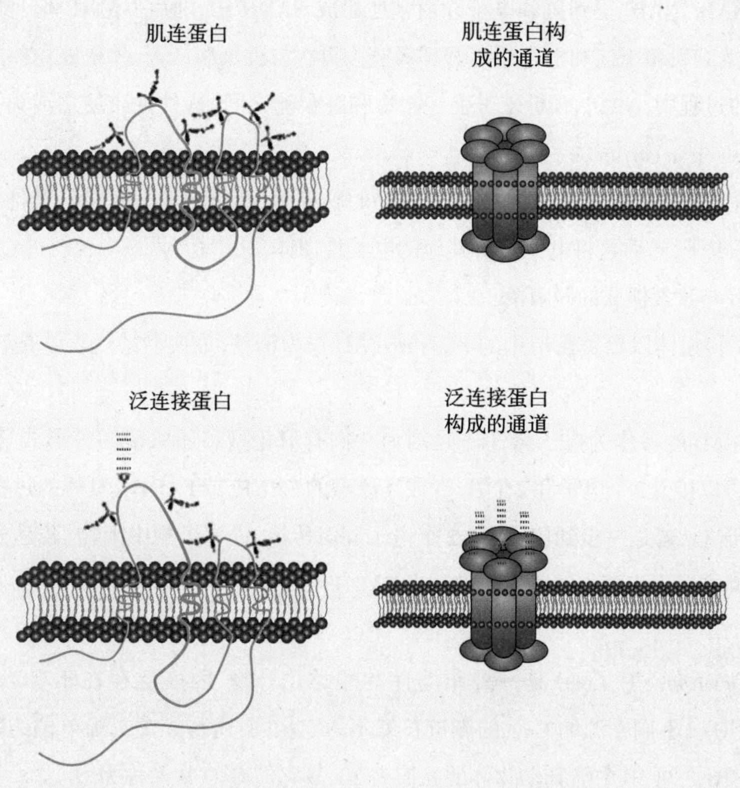

图 8–6 由两种膜蛋白构成的运输 ATP 的通道

第二节　生物氧化

生物氧化与体外发生的非生物氧化有许多共同之处，例如：反应的本质都是脱氢、失电子或加氧；被氧化的物质相同，终产物和释放的能量也相同。

但与非生物氧化不同的是：生物氧化是在酶的催化下进行的，因此条件比较温和；生物氧化的主要方式为脱氢，由脱氢酶产生的高能电子需要交给呼吸链进行传递。电子在传递的过程中会释放出能量，释放出的能量有一部分会转变成 ATP。那么什么是呼吸链呢？

一、呼吸链

生物氧化过程中，从代谢物脱下来的高能电子需要经过一系列中间传递体，最后传给末端的电子受体（terminal electron acceptor），其间能量逐步释放。这种由一系列电子传递体构成的链状复合体称为电子传递体系（electron transport system，ETS），或者简称为呼吸链（respiratory chain）。它的主要功能是通过与氧化磷酸化的偶联产生 ATP。

需氧生物和厌氧生物都有呼吸链，它们在呼吸链上的差别主要在于最终的电子受体。对于需氧生物来说，氧气是末端的电子受体。下面只集中介绍需氧生物体内的呼吸链。

按照最初的电子来源，呼吸链一般可分为 NADH 呼吸链和 $FADH_2$ 呼吸链。两类呼吸链都定位在膜上，原核细胞是细胞膜，而真核细胞是线粒体内膜。

（一）呼吸链的组分

构成呼吸链的所有电子传递体都有两种形式，即氧化型和还原型，电子是通过这两种形式的相互转变进行传递的。呼吸链的主要成分如下。

1. 辅酶 Ⅰ 及 NADH 脱氢酶

辅酶 Ⅰ 是呼吸链的主要电子供体，其电子来自细胞内各种与辅酶 Ⅰ 偶联的脱氢酶的底物，例如三羧酸循环中的 α- 酮戊二酸脱氢酶和苹果酸脱氢酶。在这些脱氢酶的催化下，各种底物将电子和氢交给氧化型的 NAD^+，NAD^+ 得到氢和电子以后被还原成 $NADH/H^+$，随后 NADH 离开酶的活性中心，扩散到呼吸链的“入口”，留下氢和电子后离开呼吸链去再次与脱氢酶结合，并重复先前的过程。由此可见，在传递电子的过程中，NAD^+ 不断往返于代谢物和呼吸链之间，这种性质使之成为一种流动的电子传递体（mobile electron carrier）。

NADH 脱氢酶是呼吸链上以 NADH 为底物的脱氢酶，其作用就是直接从其他脱氢酶催化产生的 NADH 中获得电子，然后再将电子交给其他的电子传递体。

2. 黄素及与黄素偶联的脱氢酶

此类电子传递体以核黄素衍生的 FMN 或 FAD 作为辅基，最典型的代表就是琥珀酸脱氢酶，其辅基是 FAD。

FMN 或 FAD 能够作为电子传递体是因为它们有氧化型和还原型两种形式（图 8–7）。氧化型的 FMN 或 FAD 可以接受 2 个电子和 2 个 H，变成还原型的 $FMNH_2$ 或 $FADH_2$。具体的过程可以分两步进行，也可以一步到位。若是一步到位，就有 2 个电子同时传递，没有半醌中间物；若是分两步，每一步传递 1 个电子，中间有一个半醌中间物（FMNH· 或 FADH·）。

3. 辅酶 Q

辅酶 Q（coenzyme Q，CoQ）是一种脂溶性的醌类化合物，因广泛存在于自然界，故又名为泛醌（ubiquinone，UQ）。不同来源的 CoQ 的侧链长度不一定相同，这与异戊二烯单位的数目（n 值）有关。n 值一般在 6 ~ 10 之间，其中哺乳动物体的 n 值为 10，故它的 CoQ 常简称为 Q_{10}。

Quiz6 人体能不能自己合成辅酶 Q？

UQ 之所以能够充当电子传递体，同样是因为它有氧化型和还原型两种形式。在细胞内，这两种形式是可以相互转变的（图 8–8）：氧化型的 UQ 可以接受 2 个质子和 2 个电子，形成还原型的 UQH_2。

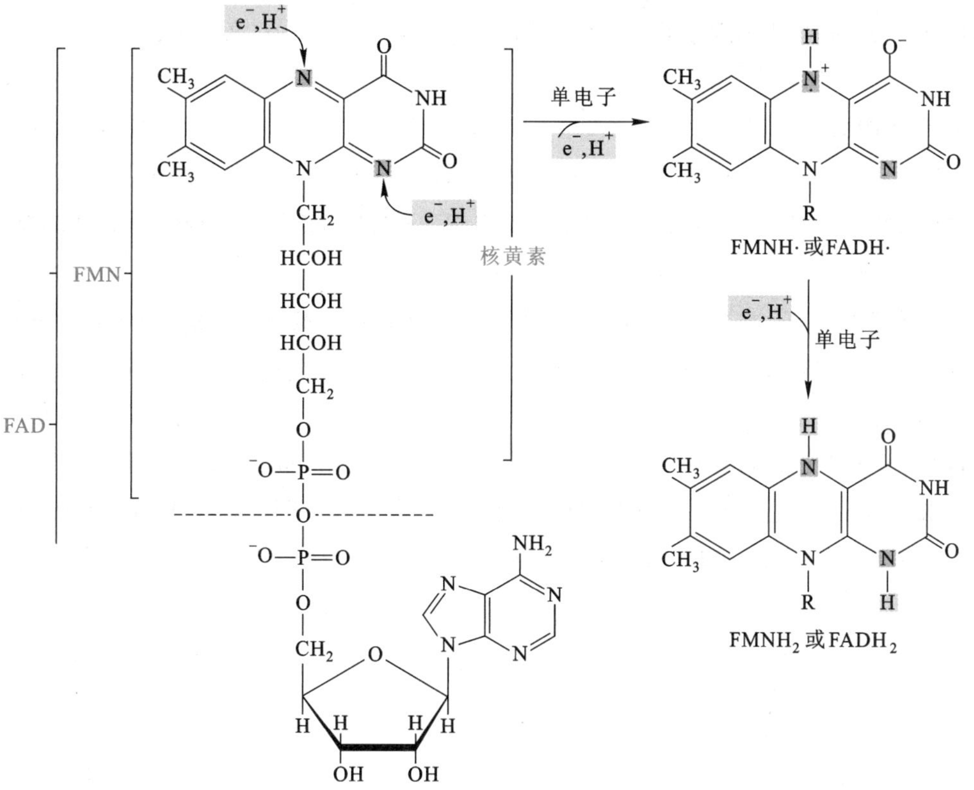

图 8-7 FMN 和 FAD 参与的电子传递

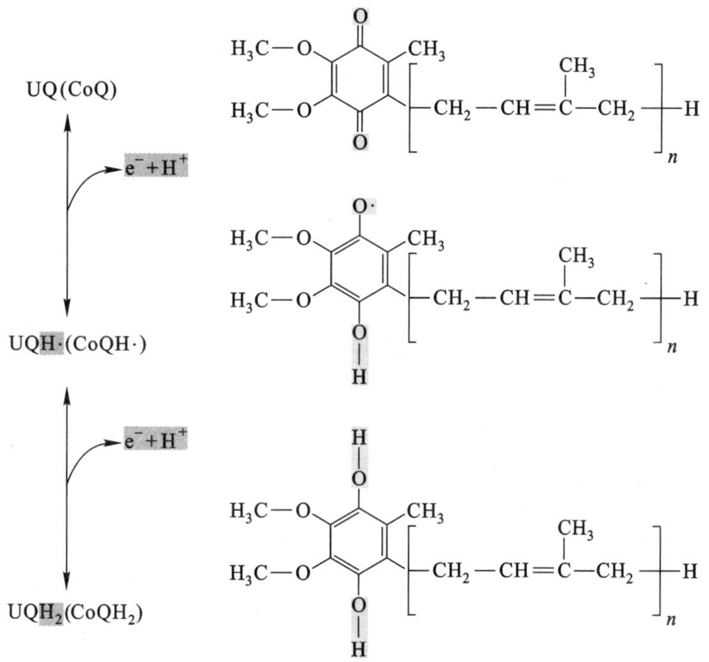

图 8-8 UQ 的化学结构及其电子的传递功能

而还原型的 UQH_2 可以失去 2 个质子和 2 个电子，重新转变为氧化型的 UQ。与 FMN 和 FAD 一样，UQ 的得失电子既可以分两步进行——一次得失 1 个电子，也可以一步到位，即同时得失 2 个电子。这一点非常重要，因为在呼吸链上某些电子传递体是单电子传递体，一次只能得失 1 个电子，而某些电子传递体是双电子传递体，一次必须得失 2 个电子。UQ 在两者之间正好起着一种过渡的作用，即它从双电子传递体一次接受 2 个电子，再分两次传给单电子传递体。

UQ在线粒体内膜上的含量远远超过呼吸链上的其他成分，其脂溶性的性质使得它在膜上具有高度的流动性，因此它特别适合作为一种流动的电子传递体，在两个非流动的电子传递体之间传递电子。

4. 铁硫蛋白

铁硫蛋白(iron-sulfur protein)又称为铁硫中心(iron-sulfur center)或铁硫簇(iron-sulfur cluster)，含有非血红素铁，还可能含有对酸不稳定的无机硫，其中铁通过配位键与含有孤对电子的硫结合。铁硫蛋白是借助于铁的价态变化来传递电子。

已知铁硫蛋白有三类(图8-9)：第一类含有单个Fe，但没有无机S，此类铁硫蛋白上的单个Fe与4个Cys残基上的巯基S相连；第二类含有2个Fe和2个无机S(Fe_2S_2)，其中每个Fe各与2个无机S和2个Cys残基的巯基S相连，第三类含有4个Fe和4个无机S(Fe_4S_4)，其中的Fe与S相间排列在一个正六面体的8个顶点，每一个Fe各与1个Cys残基上的巯基S和3个无机S相连。

Quiz7 如何确定一种铁硫蛋白有无无机S？

铁硫蛋白除了整合在膜上作为呼吸链和光合链中的电子传递体参与呼吸作用和光合作用过程中的电子传递以外，还可以作为一些酶的辅因子，参与催化反应，如三羧酸循环中的顺乌头酸酶(aconitase)。

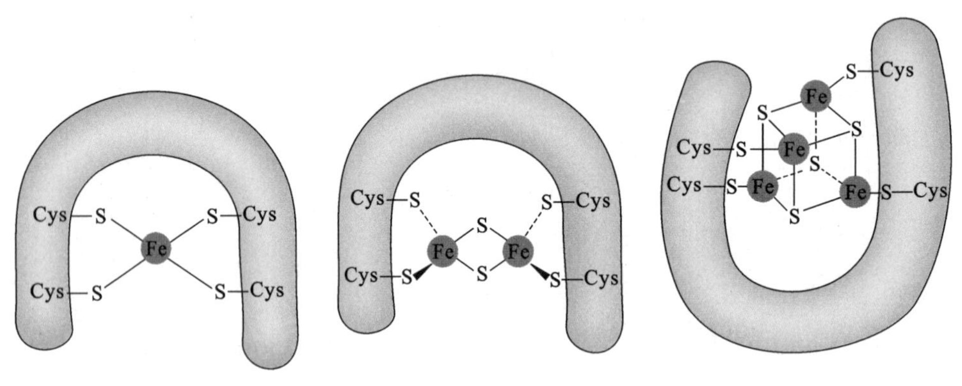

图8-9 三类铁硫蛋白的结构

5. 细胞色素

这是一类含有血红素辅基的蛋白质，也是借助于铁的价态变化来传递电子，但与铁硫蛋白不同，细胞色素含有的是血红素铁。

细胞色素广泛存在于各种生物中。已发现的细胞色素有30多种，每一种细胞色素都有特殊的光吸收。它们的还原型通常具有α、β和γ三个吸收峰。其中α吸收峰的差别最大，因此根据此吸收峰的波长，可将细胞色素分为a、b和c三大类，与它们结合的血红素辅基分别称为血红素a、b和c。每一大类还可以细分，例如：a类细胞色素可分为细胞色素a和a_3，b类细胞色素可分为细胞色素b_{562}和b_{566}等，c类细胞色素可分为细胞色素c和c_1。

Quiz8 你听说过细胞色素P450吗？它的功能主要是什么？

在所有类型的细胞色素分子中，只有细胞色素c是可溶性的，作为膜外在蛋白存在于真核细胞线粒体膜间隙一侧，充当流动的电子传递体，其他细胞色素都作为膜内在蛋白整合在线粒体内膜、原核细胞的质膜或者其他膜系统上。

6. 氧气

氧气充当了所有有氧生物呼吸链的末端电子受体。1分子氧可接受4个电子，然后被还原成氧负离子。

(二) 呼吸链组分的排列顺序

构成呼吸链的各个组分在膜上都是按照一定的次序排列的。而使用下述几种方法，它们在链上的排列顺序就可以得到确定。

1. 测定各成分的标准氧化还原电位（$E^{\ominus\prime}$）

$E^{\ominus\prime}$ 值表示一种物质的氧化还原能力，即得失电子的能力。$E^{\ominus\prime}$ 值越小，其还原性越强，更容易失去电子而被氧化；$E^{\ominus\prime}$ 值越大，其氧化性越强，更容易得到电子而被还原（表 8-2）。因此，呼吸链中各种组分的排列顺序应当由低 $E^{\ominus\prime}$ 依次向高 $E^{\ominus\prime}$ 排列。然而，由于各传递体在体外测得的 $E^{\ominus\prime}$ 值与它们在内膜环境上实际的 $E^{\ominus\prime}$ 值可能有出入，因此，对于此方法得出的结论必须谨慎对待。

表 8-2　电子传递体的标准氧化还原电位

氧还反应（半反应）	$E^{\ominus\prime}$/V
$2H^+ + 2e^- \rightarrow H_2$	−0.414
$NAD^+ + H^+ + 2e^- \rightarrow NADH$	−0.320
NADH 脱氢酶（FMN）+ $2H^+ + 2e^- \rightarrow$ NADH 脱氢酶（$FMNH_2$）	−0.30
$CoQ + 2H^+ + 2e^- \rightarrow CoQH_2$	0.045
细胞色素 b（Fe^{3+}）+ $e^- \rightarrow$ 细胞色素 b（Fe^{2+}）	0.077
细胞色素 c_1（Fe^{3+}）+ $e^- \rightarrow$ 细胞色素 c_1（Fe^{2+}）	0.22
细胞色素 c（Fe^{3+}）+ $e^- \rightarrow$ 细胞色素 c（Fe^{2+}）	0.254
细胞色素 a（Fe^{3+}）+ $e^- \rightarrow$ 细胞色素 a（Fe^{2+}）	0.29
细胞色素 a_3（Fe^{3+}）+ $e^- \rightarrow$ 细胞色素 a_3（Fe^{2+}）	0.55
$1/2O_2 + 2H^+ + 2e^- \rightarrow H_2O$	0.816

2. 确定在有氧环境下氧化反应达到平衡时各电子传递体的还原程度

在有氧条件下，测定离体线粒体内的三羧酸循环反应达到平衡时，呼吸链中各组分的还原程度。倘若反应达到平衡，则从呼吸链的起点到终端，各组分的还原程度一定是递减的，即越靠近氧气，其还原程度就越低。这种情况类似于物理学上的联通管，水流相当于电子流，水位相当于还原程度。若进水量等于出水量，即流量达到平衡，则水位从进水管到出水管逐渐减低，离进水口最近的水管中的水位最高，而离出水管最近的水管中的水位最低。

3. 使用特异性呼吸链抑制剂和人工电子受体

使用位点特异性抑制剂，可在特定位置阻断呼吸链（图 8-10），经过一定时间以后，在被阻断部位的上游，各个传递体应为还原型，而下游一侧的应为氧化型，这正像用塞子在某一处将联通管堵住一样，受堵部位前面各水管中的水应该是满的（全是还原型），而受堵部位后面各水管中的水很快就流光（全是氧化型）。然而，若能在堵塞部位的前方开一个小孔，那水流将“另辟蹊径”，恢复流动。人工电子受体（artificial electron acceptor）（如铁氰化钾和甲烯蓝）的作用就相当于上述小孔，它可以插入到呼吸

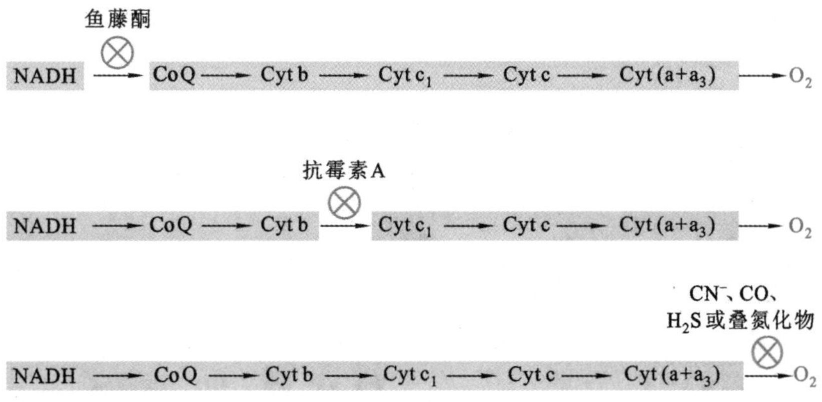

图 8-10　几种呼吸链抑制剂的化学结构及其作用位点

链特定的部位，接受 $E^{\ominus\prime}$ 值比它低的传递体上的电子，使得电子恢复流动。因此，通过分析不同的抑制剂和不同的人工电子受体作用呼吸链的结果，也可以确定呼吸链中各传递体的排列顺序。

4. 呼吸链的拆分和重组

使用一定的方法（图 8–11），可将呼吸链拆分成四种具有不同催化活性的复合体（复合体Ⅰ～Ⅳ）以及游离的 CoQ 和细胞色素 c。通过研究各复合体的结构和组成，以及它们在体外所能催化反应的性质，同时结合其他几种方法，呼吸链上各组分的精确排列顺序已基本确定（图 8–12）。

Quiz9 为什么这种拆分呼吸链的方法无法把所有的电子传递体彼此分开呢？

从图中可以看出，呼吸链是以复合体的形式组织在一起的。其中 NADH 呼吸链由复合体Ⅰ、Ⅲ、Ⅳ以及两种流动的电子传递体 CoQ 和细胞色素 c 共同组成，$FADH_2$ 呼吸链则由复合体Ⅱ、Ⅲ、Ⅳ以及同样的两种流动的电子传递体共同组成。CoQ 在复合体Ⅰ和Ⅲ或复合体Ⅱ和Ⅲ之间传递电子，细胞色素 c 在复合体Ⅲ和Ⅳ之间传递电子。电子到达每一个复合体以后，先沿着内部的环路进行传递，再通过流动的电子传递体传给下一个复合体。NADH 呼吸链电子传递的方向是：复合体Ⅰ → CoQ →Ⅲ→细胞色素 c →Ⅳ→ O_2。$FADH_2$ 呼吸链电子传递的方向是：复合体Ⅱ→ CoQ →Ⅲ→细胞色素 c →Ⅳ→ O_2。

Quiz10 为什么复合体Ⅲ和Ⅳ之间不继续使用 CoQ 作为流动的电子传递体？

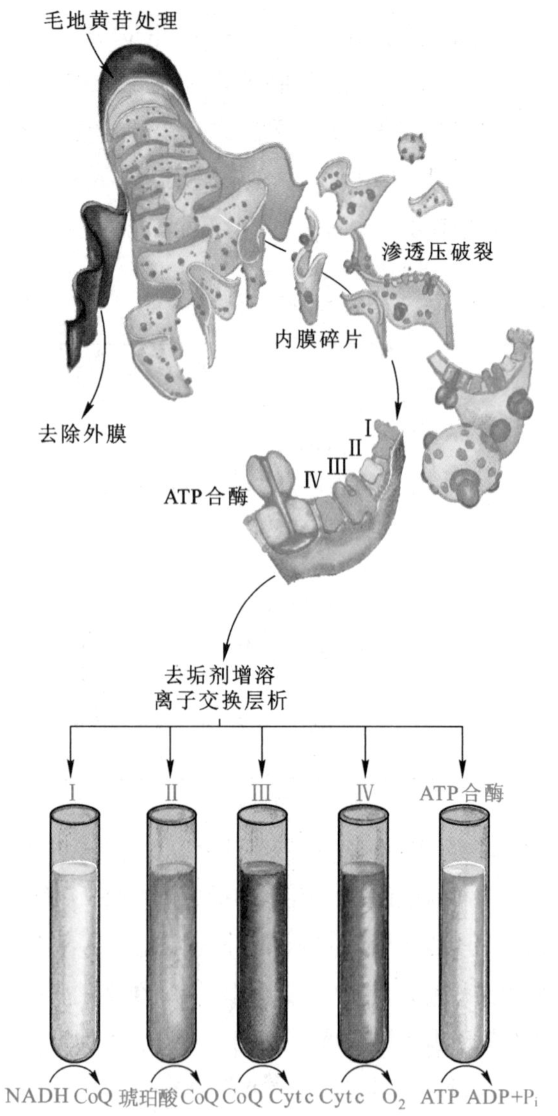

图 8–11 呼吸链的拆分

（三）复合体Ⅰ、Ⅱ、Ⅲ和Ⅳ的结构与功能

这四个复合体既含有蛋白质，又含有辅因子，其中构成蛋白质的亚基有的是核基因组编码的，有的是线粒体基因组编码的（表 8–3）。

表 8–3 哺乳动物复合体Ⅰ、Ⅱ、Ⅲ和Ⅳ的结构和性质

复合体	别名	大小 /kDa	多肽链的数目	辅酶或辅基	电子流动方向	一对电子产生的质子 / 个	抑制剂
Ⅰ	NADH：CoQ 氧化还原酶	700～900	44，其中有 7 条由 mtDNA 编码	1 个 FMN、6～9 个铁硫蛋白	NADH→CoQ	4	鱼藤酮、安米妥、杀粉菌素
Ⅱ	琥珀酸：CoQ 氧化还原酶	140	4～5	1 个 FAD、3 个铁硫蛋白	琥珀酸→CoQ	0	萎锈灵（carboxin）
Ⅲ	CoQ：细胞色素 c 氧化还原酶	250	11，其中有 1 条由 mtDNA 编码	2 个血红素 b、1 个血红素 c_1、1 个铁硫蛋白	CoQ → 细胞色素 c	4	抗霉素 A
Ⅳ	细胞色素 c 氧化酶	160～170	13，其中有 4 条由 mtDNA 编码	2 个 Cu、血红素 a、血红素 a_3	细胞色素 c → O_2	2	CO、H_2S、氰化物、叠氮化物

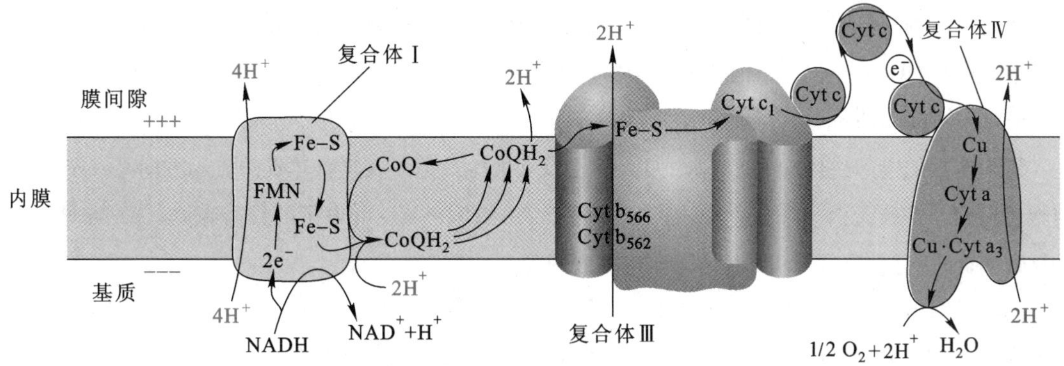

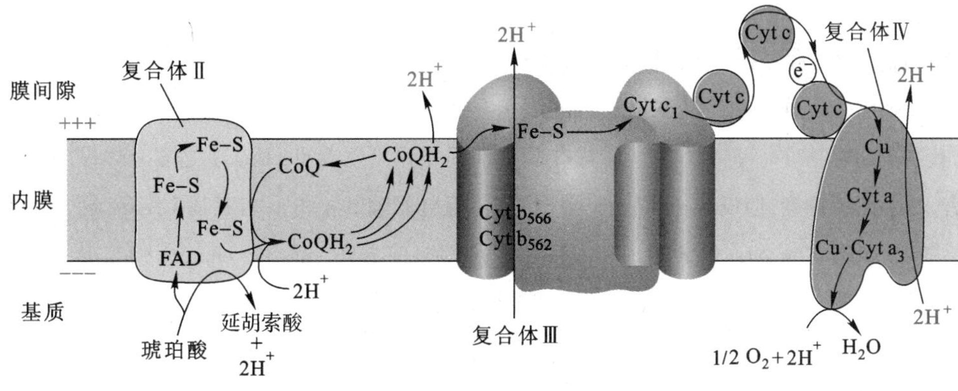

图 8–12 电子在各复合体内和复合体之间的传递

1. 复合体Ⅰ

该复合体是电子进入 NAD$^+$ 呼吸链的门户，由于它在体外能够催化 NADH 的氧化和 CoQ 的还原，因此又名为 NADH：CoQ 氧化还原酶（NADH：ubiquinone oxidoreductase）。它是四个复合体中最大的一个，主要成分为 NADH 脱氢酶。该酶以 NADH 为底物，FMN 和铁硫蛋白为辅基。

整个复合体Ⅰ由三个功能单位组装成L形：一个就是NADH脱氢酶，另一个是类似脱氢酶的部位，这两个部分构成基质一侧 L 形结构的臂，第三个就是镶嵌在膜上将质子从线粒体基质运送到膜间隙的泵。

电子在复合体Ⅰ内的流动方向是：NADH → FMN →铁硫蛋白→ CoQ，其中 CoQ 为电子的最终受体。1 对电子流过复合体Ⅰ，有 4 个质子泵出线粒体基质进入 膜间隙（图 8–13）。

2. 复合体Ⅱ

该复合体是电子从琥珀酸进入 FAD 呼吸链的入口，它在体外能够催化琥珀酸的氧化和 CoQ 的还原，因此又名为琥珀酸：CoQ 氧化还原酶（succinate：ubiquinone oxidoreductase）。该复合体最重要的成分是琥珀酸脱氢酶，也参与三羧酸循环。除此以外，复合体Ⅱ还含有铁硫蛋白和细胞色素 b_{560}。

电子在复合体Ⅱ的流动方向是：琥珀酸→ FAD →铁硫蛋白→细胞色素 b_{560} → CoQ。CoQ 仍然为电子的最终受体。电子在流过复合体Ⅱ时，无质子离开线粒体基质。

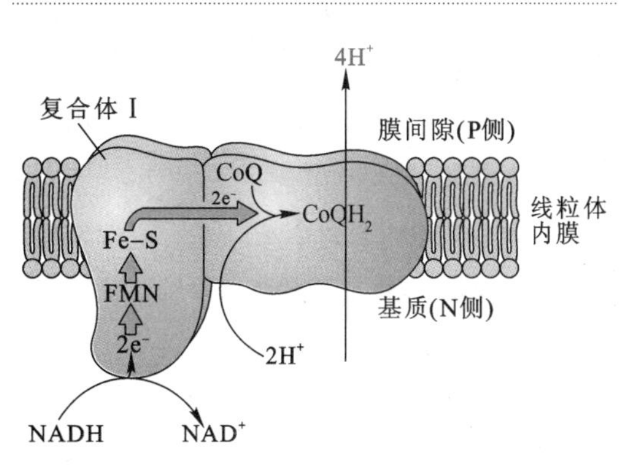

图 8–13 电子在复合体Ⅰ上的传递

3. 复合体Ⅲ

该复合体的主要成分为细胞色素 b、c_1 和铁硫蛋白，因此也称为细胞色素 bc_1 复合体。由于它在体外能够催化 $CoQH_2$ 的氧化和细胞色素 c 的还原，所以又名为 CoQ：细胞色素 c 氧化还原酶(ubiquinone：cytochrome c oxidoreductase)。

复合体Ⅲ的电子供体为 $CoQH_2$，由复合体Ⅰ或Ⅱ产生。电子在复合体Ⅲ的流动方向是：$CoQH_2$ →细胞色素 b →铁硫蛋白→细胞色素 c_1 →细胞色素 c。细胞色素 c 为电子的最终受体。1 对电子在流过复合体Ⅲ时，有 4 个质子从线粒体基质进入膜间隙。

4. 复合体Ⅳ

Quiz11 四个复合体是不是都含有铁硫蛋白和细胞色素？

该复合体的电子供体为还原型的细胞色素 c。由于它在体外能够催化细胞色素 c 的氧化和 O_2 的还原，因此又名为细胞色素 c 氧化酶(cytochrome c oxidase)。O_2 既是复合体Ⅳ的电子最终受体，也是整个呼吸链的电子最终受体。

哺乳动物的复合体Ⅳ由 13 个亚基组成，含有血红素 a、a_3 和两个铜中心——2 个 Cu_A 和 1 个 Cu_B；细菌的复合体Ⅳ则比较简单，只由 3 ~ 4 个亚基组成，但在功能上毫不逊色。

根据已获得的细菌和牛心肌的细胞色素氧化酶的晶体结构可以看出，亚基Ⅰ是复合体Ⅳ中最大的多肽，含有 12 个跨膜螺旋，但没有任何膜外的结构域。血红素辅基 a 和 a_3 与亚基Ⅰ结合，两个血红素平面与膜垂直。此外，Cu_B 和血红素 a_3 在亚基Ⅰ上形成双核中心(bi-nuclear center)，参与电子从血红素 a 到 O_2 的传递，两个 Cu_A 在亚基Ⅱ上与 Cys 残基结合。亚基Ⅱ含有一个大的亲水性结构域突出在膜间隙一侧，参与和还原型细胞色素 c 的结合。亚基Ⅲ含有 7 个跨膜螺旋，但无任何电子载体，其功能不详。

电子在复合体Ⅳ的流动方向是：细胞色素 c → Cu_A(亚基Ⅱ)→血红素 a(亚基Ⅰ)→ Cu_B-a_3 双核中心(亚基Ⅰ)→ O_2。其中 1 对电子流过复合体Ⅳ共有 2 个质子泵出线粒体基质进入膜间隙(图 8-14)。

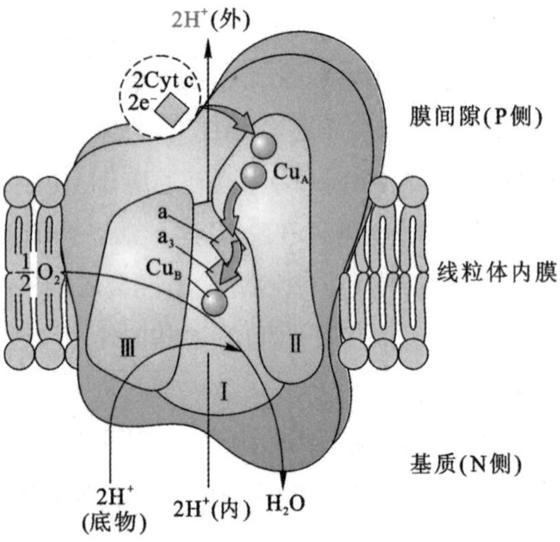

图 8-14 电子在复合体Ⅳ上的传递

在漫长的生物进化过程中，复合体Ⅳ已形成一种十分有效的机制，可防止氧气部分还原的中间产物的提前释放，如超氧阴离子($O_2^-\cdot$)和过氧化基团(O_2^{2-})。如果没有这种机制，释放出来的 $O_2^-\cdot$ 和 O_2^{2-} 就会对细胞造成极大的危害，因为 O_2^{2-} 与 2 个 H^+ 生成 H_2O_2，而 $O_2^-\cdot$ 与 H_2O_2 作用生成羟基自由基(HO·)。

然而，复合体Ⅳ的上述机制并非“完美无缺”，有时它也会偶尔释放出氧气的部分还原产物，好在细胞内还存在一种由超氧化物歧化酶(superoxide dismutase，SOD)和过氧化氢酶共同构成的“双保险”机制，可及时清除 $O_2^-\cdot$ 和 H_2O_2。

其中，SOD 催化的反应是：$2O_2^-\cdot + 2H^+ \rightarrow H_2O_2 + O_2$。

Quiz12 现在有的化妆品声称里面添加了 SOD。如果果真有 SOD 的话，是不是会有效呢？为什么？

有趣的是，人体内的某些白细胞在特定的情况下，却可通过呼吸链的“漏洞”产生较多的 $O_2^-\cdot$ 和 H_2O_2 用以杀死被吞噬的微生物。

(四) 呼吸体

多年来，人们一直以为，构成呼吸链的各复合体作为独立的结构和功能单位存在于脂双层膜上，但是科学家已经发现许多细胞在需要的时候，相邻的复合体可结合在一起形成更大的超级复合体(supercomplex)如Ⅰ/Ⅲ、Ⅰ/Ⅲ/Ⅳ和Ⅲ/Ⅳ，而其中具有完整呼吸活性的呼吸链超级复合物又被称为呼吸体(respirasome)。在哺乳动物中,最为常见的呼吸体由复合体Ⅰ、Ⅲ和Ⅳ按照1∶2∶1比例组装而成($Ⅰ_1Ⅲ_2Ⅳ_1$),它包括了将电子从NADH传递到氧气所需要的所有成分(图8-15)。2016年9月29日,清华大学的杨茂君等人在*Nature*上发表了题为"The architecture of the mammalian respirasome"论文,这篇论文通过单颗粒冷冻电镜的方法首次获得了哺乳动物中呼吸体$Ⅰ_1Ⅲ_2Ⅳ_1$的高分辨率结构,为呼吸体的存在提供了直接的证据。

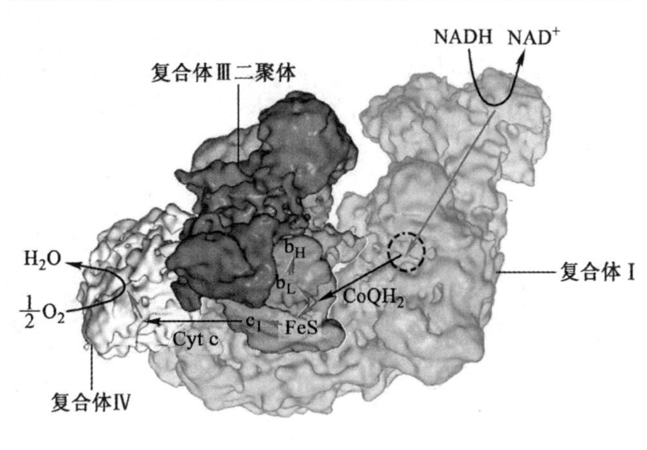

图8-15 呼吸体$Ⅰ_1Ⅲ_2Ⅳ_1$的结构模型

在呼吸体中,各个复合体作为功能相对独立的单元,各自都受到严格的调控,只完成能量释放的一部分过程。但作为一个整体,呼吸体内各个单元以特定的方式相互结合,相互稳定,这可以保证底物的高效利用与流通。

二、氧化磷酸化

呼吸链的主要功能是通过与氧化磷酸化的偶联产生ATP。当电子沿着呼吸链向下游传递的时候,总伴随着能量的释放,释放出的能量的一部分用来驱动ATP的合成,这种与电子传递相偶联的合成ATP的方式被称为氧化磷酸化(oxidative phosphorylation,OxP)。

在正常的情况下,呼吸链上的电子传递与氧化磷酸化是紧密偶联的。这种偶联有两个方面的含义:一是电子在呼吸链上传递的时候必然发生氧化磷酸化;二是只有发生氧化磷酸化,电子才能在呼吸链上进行传递。正因为如此,一旦呼吸链被阻断,氧化磷酸化就被抑制。同样,氧化磷酸化被抑制,电子也无法在呼吸链上正常地传递。

"化学渗透"学说(chemiosmotic hypothesis)可以用来解释氧化磷酸化的偶联机制。该学说由Peter Mitchell于1961年提出,其核心内容是电子在沿着呼吸链向下游传递的时候,释放的能量先转化为跨线粒体内膜(真核生物)或跨质膜(细菌和古菌)的质子梯度,随后质子梯度中蕴藏的电化学势能被直接用来驱动ATP的合成(图8-16)。质子多的一侧,正电荷多,故称为P侧(the positive side);质子少的一侧,负电荷多,故称为N侧(the negative side)。驱动ATP合成的质子梯度通常称为质子驱动力(proton motive force,PMF),是由化学势能(质子的浓度差)(ΔpH)和电势能(内负外正)($\Delta\psi$)两部分组成,即$\Delta G = RT\ln(c_2/c_1)+ZF\Delta\psi = 2.303RT\Delta pH+F\Delta\psi$(图8-17)。

Quiz13 "化学渗透"学说比"构象偶联"假说提出要早4年的时间,而且被证明是正确的。既然如此,为什么还会有人提出"构象偶联"假说?

谁能想到,Mitchell刚刚提出这一学说的时候,由于理论过于超前,并且缺乏必要的实验证据的支持,在当时被认为是离经叛道,遭到包括三羧酸循环的发现者Krebs在内的世界一流生化学家的怀疑而不被承认。于是,在1963年,他离开原来的实验室,在他的兄长资助下,在自己家中建立了实验室——Glynn研究实验室,继续他的研究工作,并在1966年和1968年先后出了两本支持他的学说的小册子。直到上世纪70年代初,他的学说才得到同行们的认可,他也因此荣获1978年的诺贝尔化学奖。

已有大量实验证据证明了"化学渗透"学说的正确性,它们主要包括:

(1) 氧化磷酸化的进行需要完整的线粒体内膜的存在。

(2) 使用精确的pH计可以检测到跨线粒体内膜两侧质子梯度的存在。据测定,一个呼吸活跃的线粒体膜间隙的pH要比其基质的pH低0.75个单位,内膜两侧的电位差约为0.15~0.2 V。

(3) 破坏PMF的化学试剂能够抑制ATP的合成。例如,缬氨霉素(valinomycin)是一种K^+的载体,

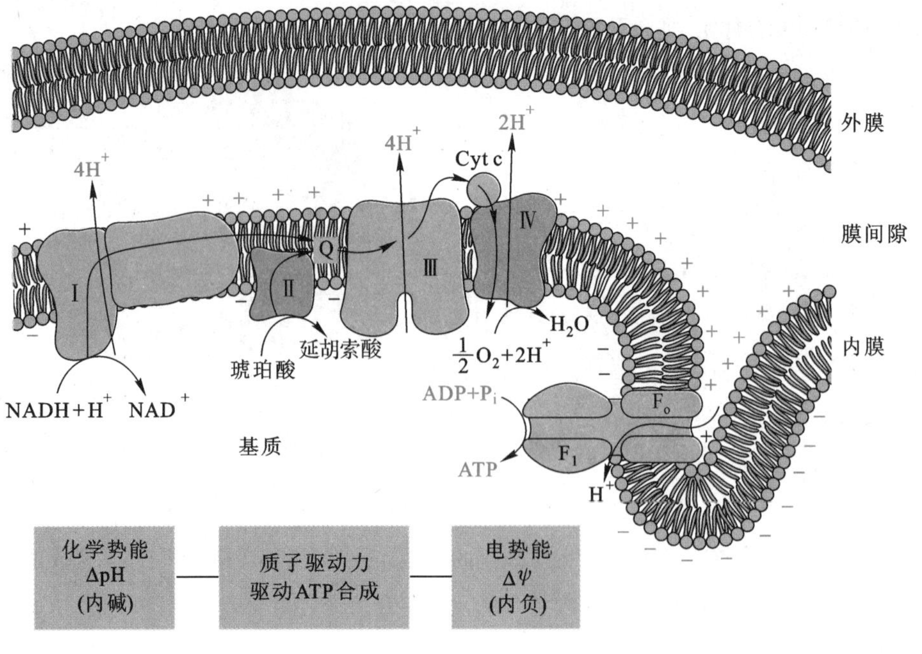

图 8-16 化学渗透学说图解

能够将细胞质基质中的 K^+ 带入线粒体基质，抵消质子驱动力中的电势能，从而抑制 ATP 的合成；再如，解偶联剂可直接破坏质子梯度，导致氧化磷酸化受到抑制。

(4) 从线粒体内膜纯化到的一种酶，能够直接利用质子梯度合成 ATP，此酶称为 F_1F_o-ATP 合酶。由于在体外，或者在体内特殊的条件下，此酶还能够催化 ATP 的水解，因此又被称为 F_1F_o-ATP 酶。

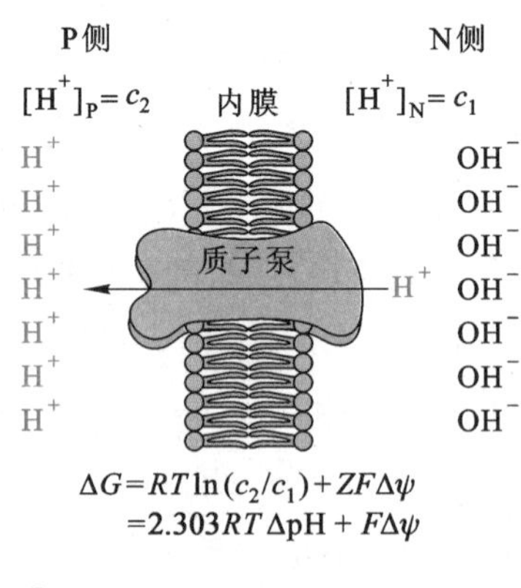

图 8-17 质子驱动力

(5) 人工建立的跨线粒体内膜的质子梯度也可驱动 ATP 的合成(图 8-18)。不管是通过改变 pH 建立起来的质子梯度，还是通过菌紫红质建立起来的质子梯度，都可以被膜上的 F_1F_o-ATP 合酶利用而合成 ATP。

Quiz14 你如何根据化学渗透学说的原理，想方设法为你体内的大肠杆菌制造质子梯度，这样它们可以用来合成 ATP？

由于获得大量实验证据的支持，化学渗透学说早已被人们普遍接受，但质子梯度究竟是怎样建立的呢？ F_1F_o-ATP 合酶又是如何利用质子梯度合成 ATP 的呢？对于这两个问题，Mitchell 当时并没有给出很好的解释，但现在已基本上搞清楚了。

三、质子梯度产生的机制

根据研究，复合体Ⅲ和Ⅰ分别使用 Q 循环和分子蒸汽机(molecular steam engine)机制产生质子梯度。至于复合体Ⅳ，其产生质子梯度的机制还不是特别清楚，但很可能是通过其中的一个亚基内部形成的质子通道出去的。

1. Q 循环

Q 循环最先由 Mitchell 提出，它与复合体Ⅲ有关，由两个半循环组成(图 8-19)。

在第一个半循环中，1 个流动到内膜 P 侧的 QH_2 将 1 个电子经铁硫蛋白和细胞色素 c_1 交给细胞色素 c，同时将 2 个质子释放到膜间隙，第 2 个电子经细胞色素 b_L 和 b_H 被交回到 N 侧的氧化型 Q 而生成 $Q^-\cdot$，反应式为：QH_2 + Cyt c(Fe^{3+}) → $Q^-\cdot$ + Cyt c(Fe^{2+})+ $2H^+(p)$。

紧接着在第二个半循环中，另外一个 QH_2 以同样的方式将 1 个电子经铁硫蛋白和细胞色素 c_1 交

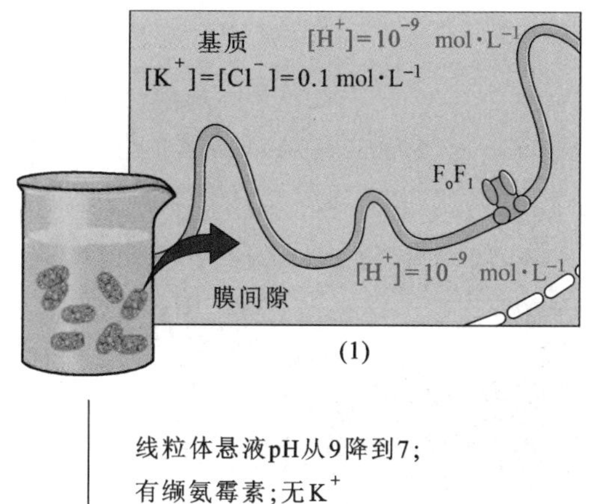

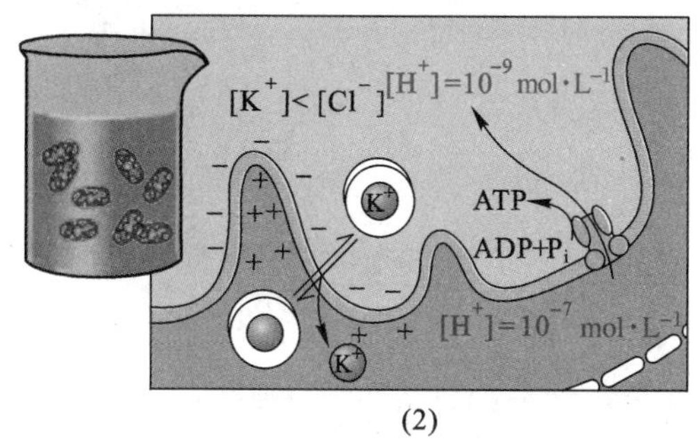

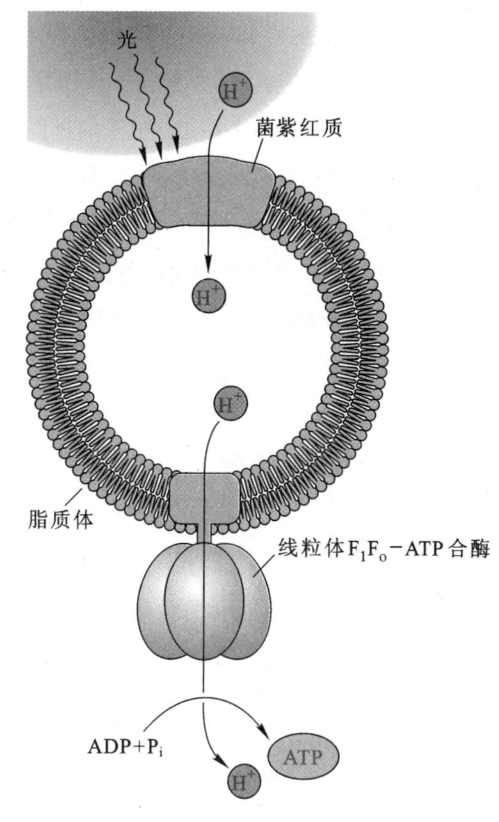

图 8-18 人造质子梯度驱动 ATP 合成的实验

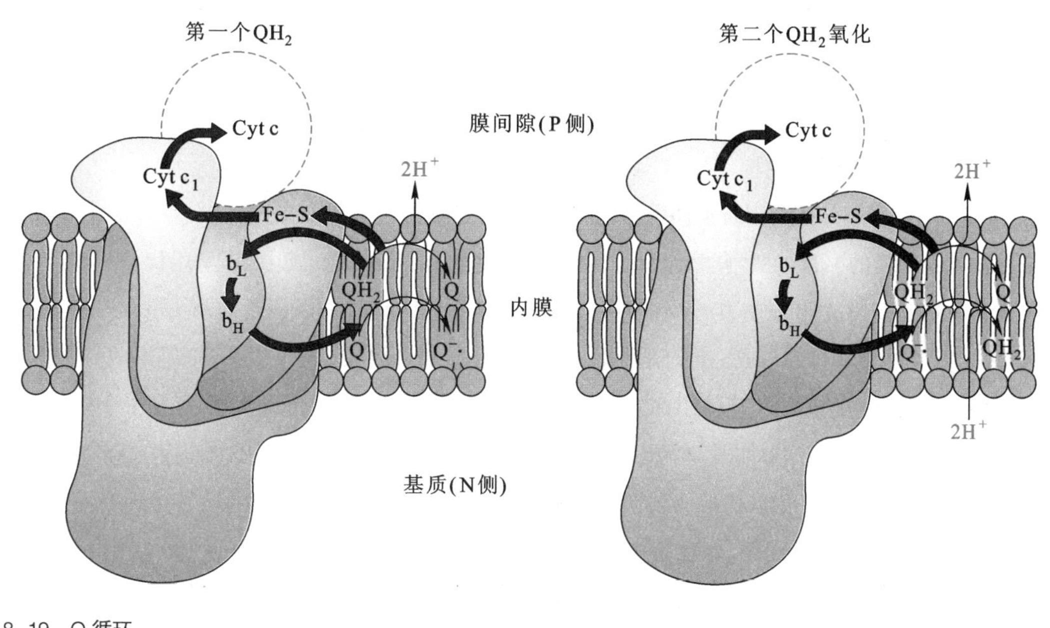

图 8-19 Q 循环

给细胞色素 c,同时将 2 个质子释放到膜间隙,第 2 个电子经细胞色素 b_L 和 b_H 被交给第一个半循环中生成的 Q^-·并结合基质内的 2 个质子,再生成还原型的 QH_2,并进入下一轮循环,反应式为:QH_2+ Q^-·+ $2H^+(n)$+ Cyt c(Fe^{3+})→ QH_2+Q + $2H^+(p)$+ Cyt c(Fe^{2+}),即 Q^-·+ $2H^+(n)$+ Cyt c(Fe^{3+})→ Q + $2H^+(p)$+ Cyt c(Fe^{2+})。

总反应式是:QH_2 + 2Cyt c(Fe^{3+})+ $2H^+(n)$ → Q + 2Cyt c(Fe^{2+})+ $4H^+(p)$。

由此可以看出,一对电子在复合体Ⅲ经过 Q 循环共有 4 个质子进入膜间隙。

2. 分子蒸汽机

该机制是由 Rouslon G. Efremov 等人在 2010 年提出的“分子蒸汽机”模型。该模型认为，形如 L 字母的复合体 I 在传递电子的过程中，像一个蒸汽机一样在不断地转动，由释放出的能量驱动两个主要结构域在界面上发生显著的构象变化。这种构象变化会带动一段长 α 螺旋发生一种活塞式的运动，而让临近三段不连续的跨膜螺旋倾斜，由此改变由它们组成的 3 个质子通道内可解离基团的性质，进而导致 3 个质子移位（图 8-20），而第 4 个质子则在两个结构域之间发生移位。

按照复合体 I、Ⅲ和Ⅳ传递 1 对电子分别产生 4、4 和 2 个质子计算，1 对电子经过 NADH 呼吸链或 $FADH_2$ 呼吸链传给 O_2，可分别产生 10 个 H^+ 和 6 个 H^+ 梯度。在按照 4 个 H^+ 从膜间隙返回基质产生 1 分子 ATP 计算，这里有 3 个 H^+ 直接由 F_1F_o-ATP 合酶消耗，1 个 H^+ 在 ATP 与 ADP 的交换运输过程中因为电荷的不平衡而被消耗，两个呼吸链可分别产生 2.5 个 ATP 和 1.5 个 ATP。

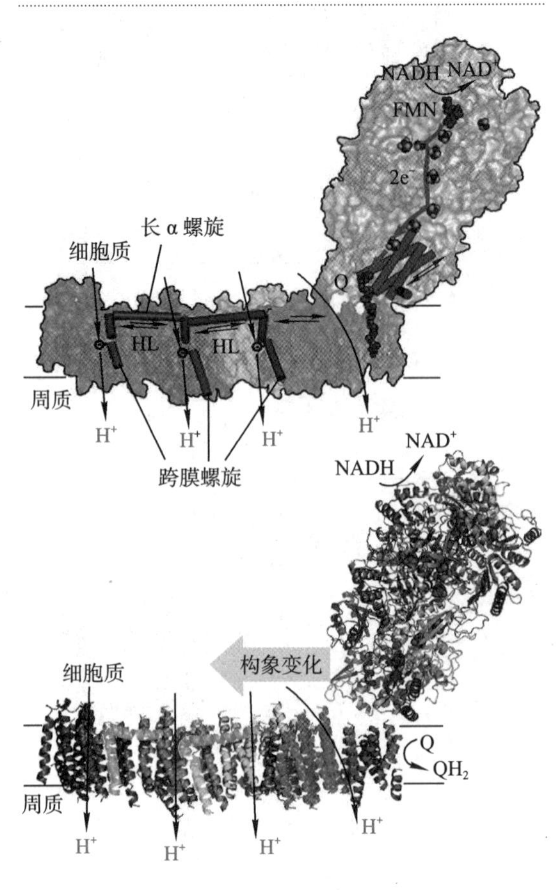

图 8-20　复合体 I 产生质子梯度的分子机制

四、质子梯度驱动 ATP 合成的分子机制

1. F_1F_o-ATP 合酶的结构

F_1F_o-ATP 合酶如何利用质子梯度驱动 ATP 合成，显然与它的结构有关。

以哺乳动物的 F_1F_o-ATP 合酶为例，它由 F_1 和 F_o 两个部分组成。其中，F_1 呈球状，为可溶性的，共含有 3 个 α 亚基、3 个 β 亚基、1 个 γ 亚基、1 个 δ 亚基和 1 个 ε 亚基，因此可简写为 $\alpha_3\beta_3\gamma\delta\varepsilon$（图 8-21）。α 亚基和 β 亚基交替排列形成一种环形结构，直接与 ATP 的合成和释放相关。γ 亚基形成一个中央柄，δ 亚基和 ε 亚基直接与 F_o 相互作用；F_o 呈柄状，横跨在线粒体内膜上，是疏水的，含有 1 个 a 亚基、2 个 b 亚基和 10～14 个 c 亚基（可简写为 $ab_2c_{10\sim14}$）。所有的 c 亚基都横跨在内膜上作为一个功能单位，称为 C 单位，它与 a 亚基一起，构成一种桶状的质子通道。虽然质子通道是连续的，但有两个不对称的部分，其中一个部分直接向膜间隙开放，另一个部分直接向基质开放。寡霉素（oligomycin）和二环己基碳二亚胺（dicyclohexylcarbodiimide，DCCD）能够直接作用于 F_o 而抑制 ATP 的合成。

Quiz15　你知道 F_o 这个部分是如何得名的吗？

2. F_1F_o-ATP 合酶的催化机制

1977 年，Paul D. Boyer 提出了“结合变构”（binding change）学说。该学说能很好地解释 F_1F_o-ATP 合酶的作用机制，并得到了几个关键实验证据的支持。其核心内容是：质子与 F_o 的结合，可改变 F_1 的构象，而 F_1 构象的变化使其能够不断地合成

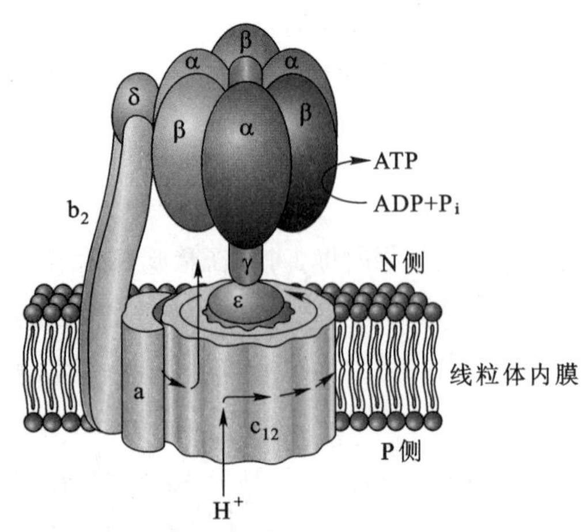

图 8-21　F_1F_o-ATP 合酶的结构与功能模型

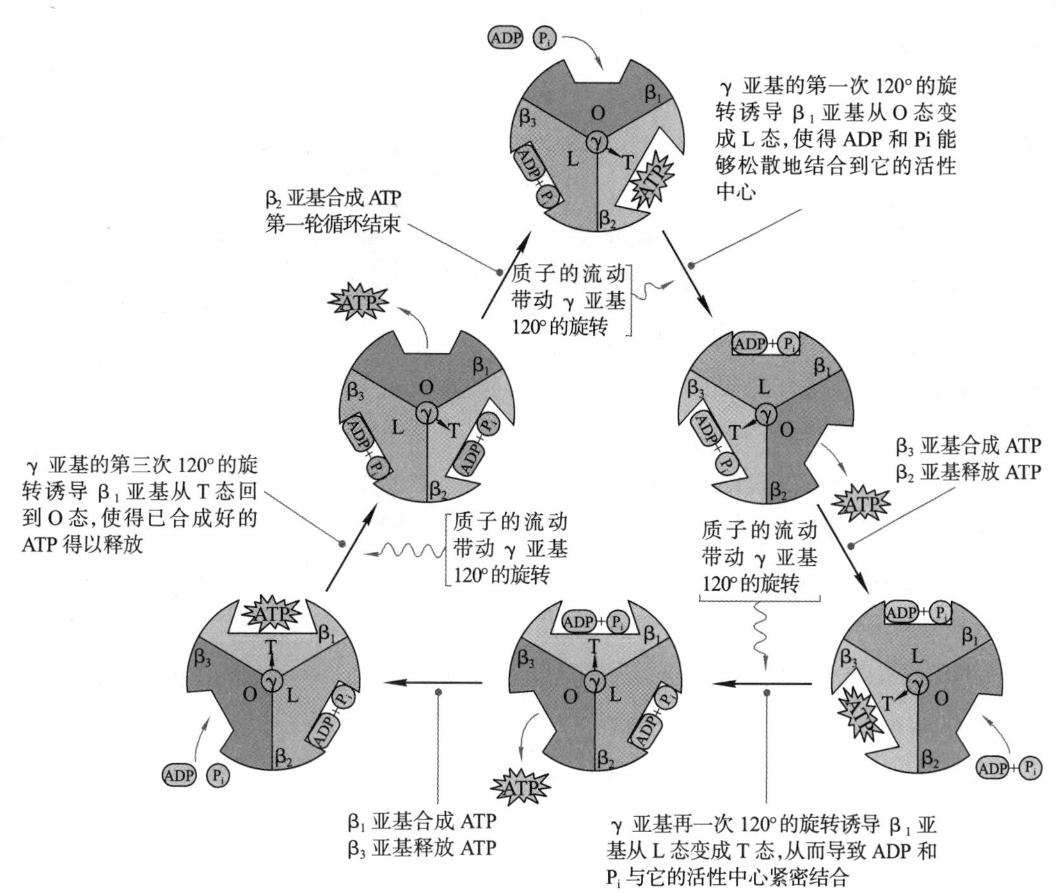

图 8-22　结合变构学说图解

ATP 并将合成好的 ATP 释放出来。

结合变构学说的详细内容概括起来共有五点（图 8-22）。

(1) 在活性中心合成 ATP 并不需要质子驱动力，与活性中心结合的 ATP 或 ADP 处于平衡。这是结合变构学说中最新颖的部分。

(2) 合成好的 ATP 离开活性中心却是需要能量的。因此，如果没有质子流过 F_o，与活性中心结合的 ATP 就不会与酶解离。

(3) 3 个 β 亚基（$β_1$、$β_2$ 和 $β_3$）因为与 γ 亚基的不同部位结合，所以采取不同的构象。在某一时刻，1 个 β 亚基为紧密的构象，即 T 态（tight conformation），1 个 β 亚基为松散的构象，即 L 态（loose conformation），1 个 β 亚基为开放的构象，即 O 态（open conformation）。例如，γ 亚基有一面是突出的，这一面刚好顶着 3 个 β 亚基中的一个位于 C 端的螺旋 - 转角 - 螺旋的模体结构上，使得这个 β 亚基能释放出结合的核苷酸而处于 O 态。

(4) 处于 T 态的 β 亚基紧密结合 1 分子 ATP，ATP 与 ADP+P_i 处于平衡，但 ATP 并不能与它解离；处于 L 态的 β 亚基结合 ADP 和 P_i，但并不能释放核苷酸；处于 O 态的 β 亚基能够释放结合的核苷酸。

(5) 三种状态的 β 亚基可以相互转变，转变过程由 γ 亚基的转动所驱动。γ 亚基转动的动力来自于质子通过 F_o 的流动，每消耗 3 个质子，γ 亚基转动 120°，其中有一个 β 亚基合成并释放出 1 个 ATP。γ 亚基转动一圈，即 360°，需要消耗 9 个质子，这时三个 β 亚基各合成并释放出了一个 ATP。因此，F_1F_o-ATP 合酶本身每合成 1 个 ATP 并将其从活性中心释放出来需要消耗 3 个质子。

结合变构学说可简化为：质子流动→驱动 C 单位转动→带动 γ 亚基转动→诱导 β 亚基构象变化→ ATP 释放和重新合成。

至于质子是如何通过 F_o 的，一般认为，质子是通过与各 c 亚基上的酸性氨基酸（Asp 或 Glu）残基可逆结合和解离而进行的(图 8-23)。有研究表明,F_o 转移质子的区域由 a 亚基和 C 单位组成,在它们之间形成一个质子通道。这个通道由两个半通道(half-channel)组成,一个面向膜间隙,充当质子的进口,另一个面向基质,充当质子的出口。其转运质子的基本过程如下:首先,质子从面向膜间隙一侧的半通道与 c 亚基上一个高度保守的酸性氨基酸残基侧链上的去质子化羧基结合,结合质子的羧基不再带负电荷,可以进入疏水的膜脂中。一旦它进入疏水的酯相之中,另一个 c 亚基上质子化的羧基从酯相中被挤出来,从另一侧进入蛋白质 - 蛋白质的界面,并通过面向基质一侧的半通道将质子释放到基质。这个失去质子带负电荷的羧基是回不去了,但可以向前移动一个位置,再从第一个半通道上质子化的羧基那里重新接受质子。于是,一轮循环完成了。

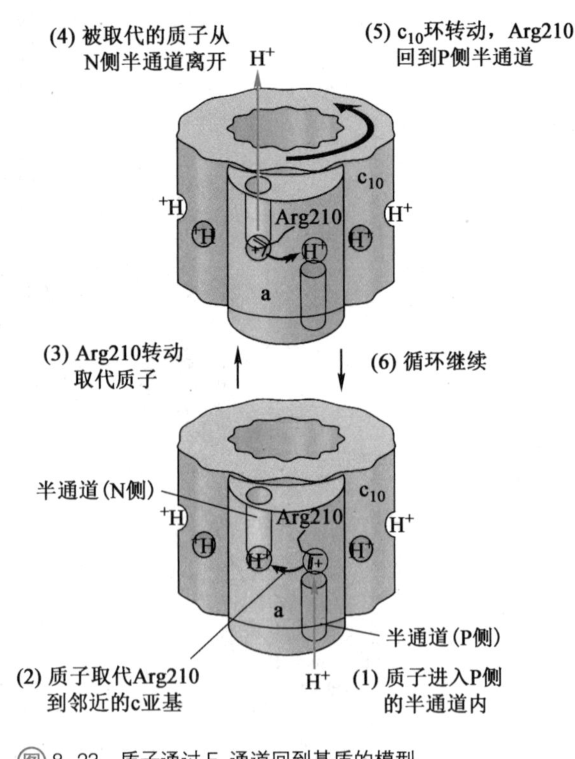

图 8-23 质子通过 F_o 通道回到基质的模型

由此可见,酸性氨基酸残基侧链提供的羧基在质子转运过程中的重要性,这也解释了为什么 DCCD 能抑制 F_1F_o-ATP 合酶的活性,那是因为它可以共价修饰酸性氨基酸残基侧链上的羧基。至于 a 亚基上那个高度保守的 Arg 残基所起的作用,可能是它能与 c 亚基上酸性氨基酸残基侧链之间产生静电吸引,从而有利于 c 亚基上酸性氨基酸残基侧链位置的变化。

结合变构学说已被很多实验所证明,主要有四个方面的实验数据。

(1) 同位素交换实验(isotopic exchange experiment)数据

该实验表明(图 8-24):当以化学剂量的 ATP、ADP 和无机磷酸与纯化的 F_1 保温在一起时,酶 -ADP/P_i 与酶 -ATP 的交换反应在没有质子梯度的情况下很容易在酶表面发生,$\Delta G^{\ominus}{}'$ 接近 0,因为若是 F_1 需要输入能量以后才能合成 ATP 的话,则它在反方向催化 ATP 被 ^{18}O 标记的水分子水解的时候,水解释放出来的磷酸基团应该只会有 1 个 O 是 ^{18}O,但实际的结果却是 4 个 O 都是 ^{18}O。这说明在 F_1 的活性

Quiz16 如何利用生物能学中的 Gibbs 方程理解 F_1F_o-ATP 合酶的活性中心在合成 ATP 时是不需要质子驱动力的?

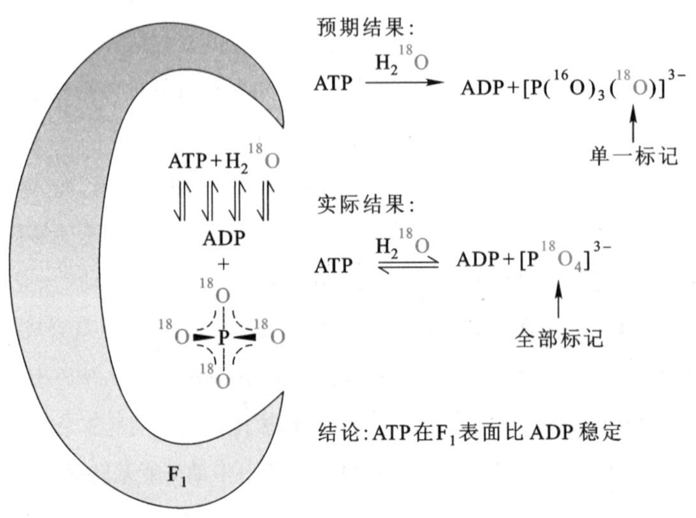

图 8-24 同位素(^{18}O)交换实验

中心合成 ATP 并不困难，是不需要提供能量来驱动的，即不需要质子驱动力，而质子驱动力的作用仅仅在于促进 ATP 的释放。

(2) F_1 的晶体结构数据

1994 年，由 John Walker 获得的 F_1 的晶体结构清楚地表明，3 个 β 亚基处于不同的构象并和不同的核苷酸配体结合。其中，与 ATP 的非水解类似物（AMPPNP）结合的 β 亚基处于 T 态，与 ADP 结合的 β 亚基处于 L 态，无配体结合的 β 亚基处于 O 态。

Walker 的发现与 Boyer 的结合变构机制是一致的，并为结合变构学说提供了一个有力的证据。Walker 也因此和 Boyer 以及 Jens C. Skou 一起，分享了 1997 年的诺贝尔化学奖。Skou 之所以获奖，那是因为他发现了 Na^+/K^+–ATP 酶。

(3) 基因工程改造过的 F_1 的转动研究数据

1997 年，日本京都大学 Yoshihiro Sambongi 等人使用基因工程的手段，对一种嗜热的芽孢杆菌（*Bacillus* PS3）的 F_1–ATP 合酶（没有 F_o）实施定向改造，并在大肠杆菌细胞里表达，这样可以与大肠杆菌原有的 F_o 组装在一起。在改造中，他们将 α 亚基和 β 亚基的 N 端添加了组氨酸残基标签（His tag），并将 γ 亚基原来的 Cys193 替换成 Ser193，同时将柄状区的 Ser107 替换成 Cys107。Cys107 是 F_1–ATP 合酶分子上唯一的 Cys 残基，因此通过这样的改造，可对其进行生物素化（biotinylation）处理，然后就能与链霉亲和素（streptavidin）以及被荧光标记的生物素化的肌动蛋白丝结合，形成复合物（1 个链霉亲和素有 4 个生物素结合位点）。在将改造过的酶与预先喷涂金属 Ni 复合物的载玻片保温一定时间后，F_1–ATP 合酶通过它的组氨酸标签与金属 Ni 复合物之间的螯合作用锚定在载玻片上。然后，加入链霉亲和素及被荧光标记的生物素化的肌动蛋白丝（图 8–25）。由于生物素与链霉亲和素之间有高度的亲和力，荧光标记的肌动蛋白丝被固定在 γ 亚基的柄部。被荧光标记的肌动蛋白丝比原来的 F_1 要大好多倍，因此这时加入 2 $mmol \cdot L^{-1}$ 的 ATP，可以在荧光显微镜下直接观测到肌动蛋白丝沿着逆时针方向有规律地转动。这种旋转与细菌的鞭毛受质子梯度的转动相似。上述实验说明，ATP 的水解在体外可以驱动 F_1F_o–ATP 合酶 γ 亚基的旋转。同时，它也意味着，质子驱动力在体内同样可以驱动 F_1F_o–ATP 合酶 γ 亚基的旋转，导致 ATP 的释放和合成。因此，有人将 F_1F_o–ATP 合酶称为世界上最小的分子涡轮发电机或分子印钞机。

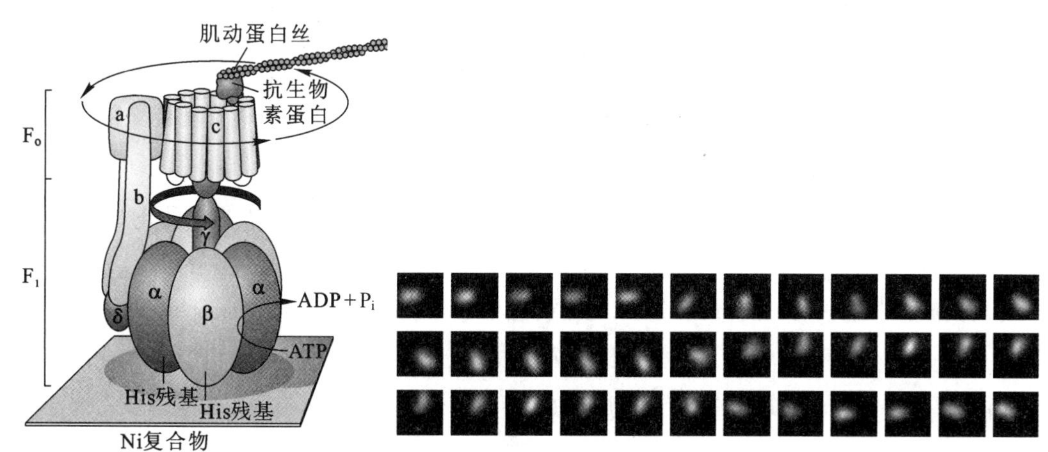

图 8–25 日本科学家的 γ 亚基的旋转实验及其 γ 亚基的旋转轨迹

(4) 一些抑制剂的作用数据

DCCD 的抑制作用已经表明了 F_o 的所起的角色，而另外一种叫依帕肽（efrapeptin）的肽类抗生素可以与 F_1 结合，阻止 γ 亚基的转动，由此导致 F_1F_o–ATP 合酶失去活性，这也说明了 γ 亚基转动的重要性。

虽然 F_1F_o-ATP 合酶在体外很容易催化 ATP 的水解，但在体内这种 ATP 酶活性需要受到严格的控制，否则极容易造成胞内 ATP 的浪费。事实上，在哺乳动物细胞的线粒体中，就“长驻”着一种叫抑制因子 1（inhibition factor 1，IF1）的抑制蛋白，可有效地抑制在质子驱动力低迷时期 ATP 的水解。

五、氧化磷酸化的抑制

Quiz17 如果剂量相同，表中四类抑制剂你认为毒性最强的是哪两类，毒性最低的是哪一类？

有许多化学试剂能够直接或间接抑制细胞内的氧化磷酸化，因此它们对于绝大多数生物都是有毒的。例如，氰化钠有剧毒，鱼藤酮曾经被渔民用作捕杀鱼类的毒饵，将少量的叠氮化物放入存放有树脂的溶液之中，可防止微生物的污染。这些抑制剂分为四类（表 8-4）。

表 8-4　氧化磷酸化的抑制剂

抑制类型	抑制剂名称	作用位点或作用机制
呼吸链抑制剂	鱼藤酮、安米妥、杀粉菌素	复合体Ⅰ
	萎锈灵	复合体Ⅱ
	抗霉素 A	复合体Ⅲ
	氰化物、CO、H_2S、叠氮化物	复合体Ⅳ
F_1F_o-ATP 合酶抑制剂	金轮霉素（aurovertin）、依帕肽	抑制 F_1
	寡霉素、杀黑星菌素（venturicidin）	抑制 F_o
	DCCD	修饰 F_o 进而阻止质子通过 F_o 通道
解偶联剂	DNP、FCCP	脂溶性质子载体
	缬氨霉素	钾离子载体，破坏电势能
	生热素	质子通道
ATP/ADP 交换体抑制剂	苍术苷、米酵菌酸	抑制线粒体基质内的 ATP 与细胞质内的 ADP 之间交换

1. 呼吸链位点特异性抑制剂

Quiz18 有一种对氰化钾中毒解毒的方法，就是让中毒者服用亚硝酸盐和少量硫代硫酸钠。你认为其中的生化机制是什么？

通过抑制呼吸链上的电子传递，阻止质子梯度的生成而间接抑制氧化磷酸化，例如抗霉素 A、鱼藤酮、CO、氰化物、H_2S 或叠氮化物等。其中，CO、氰化物、H_2S 或叠氮化物的抑制机制是因为它们都含有孤对电子，也能与细胞色素 aa_3 上的铁离子形成配位键，从而导致 O_2 结合不了。

2. F_1F_o-ATP 合酶特异性抑制剂

直接作用于 F_1F_o-ATP 合酶而导致 ATP 不能合成，如寡霉素和 DCCD。

3. 解偶联剂

解偶联剂（uncoupler）的作用机制在于它们能够快速地消耗跨膜的质子梯度，使得质子难以通过 F_1F_o-ATP 合酶上的质子通道合成 ATP，从而将贮存在质子梯度之中的电化学势能全部变成了热能。此外，随着质子梯度的消失，电子在呼吸链上的“回流”压力将会减轻，进而可使细胞内脂肪和糖类等物质的氧化更加旺盛。也正因为如此，有的解偶联剂曾被用作减肥药，例如 2,4- 二硝基苯酚（dinitrophenol，DNP）。

Quiz19 这些有机小分子解偶联剂一般都带有苯环。这是为什么？

有两类解偶联剂：一类是有机小分子，通常为脂溶性的质子载体（proton ionophore），带有可解离的基团（pK_a 约为 7.2），例如 DNP。这类有机小分子在线粒体膜间隙相对低的 pH 环境中，可以接受质子，并主要以非解离的形式存在。自身具有的脂溶性使得它们很容易自由扩散到基质一侧。当它们到达基质一侧以后，较高的 pH 环境促使它们解离并释放出在膜间隙结合的质子。质子梯度就这样没有经过 F_1F_o-ATP 合酶白白地被消耗掉了（图 8-26）。另一类为天然的解偶联蛋白（uncoupling protein，UCP）。UCP 在线粒体内膜上形成质子通道，使质子流发生“短路”，不通过 F_1F_o-ATP 合酶就能返回到线粒体基质。至少已在高等动物体内发现 5 种类型的 UCP（UCP1 ~ UCP5）。UCP1 又名产热素（thermogenin），它主要存在于动物的褐色脂肪组织（brown adipose tissue），与机体的非颤抖性产热有关（nonshivering thermogenesis）。机体对寒冷做出反应的机制是：交感神经末梢释放去甲肾上腺素，去甲肾上腺素再激活褐色脂肪组织中的脂肪酶；脂肪酶水解脂肪，释放出 FFA；FFA 不仅可作为代谢燃料

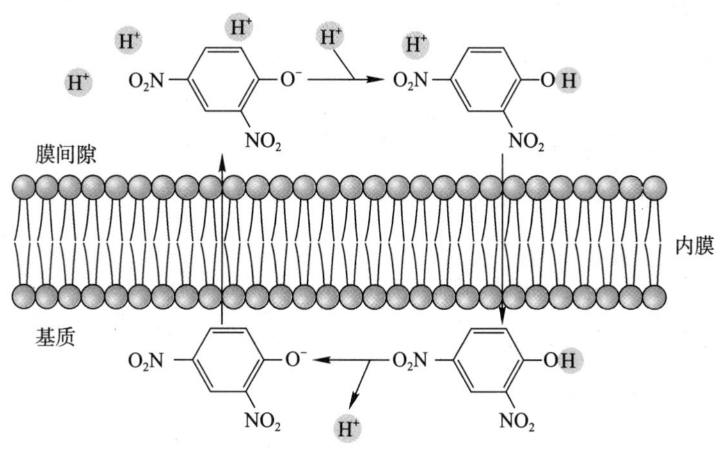

图 8-26 DNP 的作用机制

经氧化产生 ATP 和质子梯度，还能与 $CoQH_2$ 和嘌呤核苷酸一起直接激活产热素；一旦产热素被激活，质子流就会发生“短路”生热。

4. ATP/ADP 交换体的特异性抑制剂

通过抑制线粒体内外 ATP/ADP 的交换而间接抑制氧化磷酸化，如苍术苷（atractyloside）和米酵菌酸（bongkrekic acid）。

Quiz20 长期浸泡的黑木耳不可食用。这是为什么？

六、氧化磷酸化的调节

氧化磷酸化是有氧生物产生 ATP 的主要手段，所以它受到严格的调控。调控的手段主要有呼吸控制、共价修饰调节和甲状腺素调节。

1. 呼吸控制

氧化磷酸化的效率可以通过测定 P/O 值来确定。P/O 值是指在电子传递过程中，每消耗 1 mol 氧原子所消耗的无机磷酸的物质的量。消耗的氧原子数目相当于传递给氧气的电子数的 1/2，消耗的无机磷酸等于氧化磷酸化产生的 ATP。因此 P/O 值越高，氧化磷酸化的效率就越高。1 对电子经过 NADH 呼吸链或 $FADH_2$ 呼吸链产生的 ATP 数目是不一样的，两条呼吸链的 P/O 值也就不同。按照前面的计算原则，NADH 呼吸链的 P/O 值为 2.5，$FADH_2$ 呼吸链的 P/O 值为 1.5。

呼吸控制（respiratory control）实际上是氧化磷酸化对电子传递的一种反馈，即由 ADP 对氧化磷酸化的调节。当线粒体内 ADP 浓度↑，F_1F_o–ATP 合酶活性↑，质子梯度↓，电子传递速率↑，耗氧率↑，细胞呼吸↑；相反，当线粒体内 ADP 浓度↓，F_1F_o–ATP 合酶活性↓，质子梯度↑，电子传递速率↓，耗氧率↓，细胞呼吸↓。

Quiz21 寡霉素对呼吸链的抑制可以通过加入另外一种化学物质加以解除。你认为是哪一类化学物质？为什么？

2. 共价修饰调节

已发现呼吸链上的多种蛋白质可以发生磷酸化修饰，这些修饰可以影响到氧化磷酸化。例如，复合体Ⅳ就可以受到 PKA 的催化发生磷酸化，而它的脱磷酸化由一种受 Ca^{2+} 激活的蛋白质磷酸酶催化。一般认为，复合体Ⅳ通常是磷酸化的，这时可受高水平的 ATP 抑制。但如果脱磷酸化（如肌肉收缩时 Ca^{2+} 浓度上升），ATP 的抑制就会解除，这时氧化磷酸化会受到强烈刺激。

3. 甲状腺素调节

已发现甲状腺素 T_3 可刺激 UCP2 和 UCP3 的表达，这两种解偶联蛋白可以让质子流短路，从而减少 ATP 的产生。而 T_2 可以在线粒体基质一侧与复合体Ⅳ结合，使其产生质子梯度的效率降低，这也减少了 ATP 的产生。

Box8.2 **小心米酵菌酸**

几乎每年都能看到或听到有人吃了黑木耳中毒的新闻,这令人十分震惊和痛心。这些新闻中,会提到导致中毒的毒素——米酵菌酸。那么米酵菌酸是如何导致食用者中毒的呢?

图 8-27 米酵菌酸的化学结构

米酵菌酸是由一类叫椰毒伯克霍尔德菌(*Burkholderia cocovenenans*)的有氧革兰氏阴性细菌产生的毒素,其化学本质是一种多不饱和脂肪酸,但有三个羧基(图 8-27)。每年全球有几百例与它有关的中毒和死亡的报道。

如果一个人不小心摄入米酵菌酸,毒性会在随后的几个小时内表现出来。主要症状有腹痛、全身不适、出汗、疲劳,直到最终昏迷。死亡可在 24 小时内发生。临床上最初出现高血糖症,然后开始出汗、发抖,有几次癫痫发作,最终可死于低血糖。

所有症状的发生,实际上都是因为米酵菌酸强烈抑制了线粒体内膜上的 ATP/ADP 交换体,使得线粒体基质一侧由氧化磷酸化产生的 ATP 无法离开,同时也让线粒体外的 ADP 无法进入,最终使得氧化磷酸化受到强烈抑制,这就使得中毒者无法产生足够的能量货币,最后"破产",严重可致死。

那米酵菌酸是如何抑制 ATP/ADP 交换体的活性的呢?根据 Jonathan J. Ruprecht 等人 2019 年发表在 *Cell* 上题为"The Molecular Mechanism of Transport by the Mitochondrial ADP/ATP Carrier"的研究论文,原来它模拟了 ATP 的结构,以竞争性的方式结合在交换体分子的 ATP 结合位点上,从而阻止了 ATP 的结合,进而就抑制了它与 ADP 的交换。这时肯定会有人问到,米酵菌酸与 ATP 的化学结构不像啊!怎样模拟 ATP 的结构呢?

实际上 ATP 与交换体的结合位点有两个部分构成:一个部位主要是由几个碱性的氨基酸残基构成,如 K30、R88 和 R287,它们的侧链在生理 pH 下带正电荷,可以与 ATP 分子上带负电荷的磷酸基团形成离子键;另一个部位主要是由疏水氨基酸残基构成的疏水口袋,这是嘌呤环结合的地方。知道了这些,再对照米酵菌酸的结构,其一侧有两个带负电荷的羧基,可以模拟磷酸基团,而中间疏水的碳氢链模拟疏水的嘌呤环。这样也就不难理解米酵菌酸的竞争性的作用方式了。

科学故事 **瘤胃微生物组中发现新的代谢途径,Na^+ 梯度也可驱动 ATP 合成!**

鲁迅有一句名言,就是那句"牛吃进去的是草,挤出来的是奶"。但从生化的角度来看,这要归功于它们胃内特殊的微生物组。

牛只能在多种微生物的帮助下才能在瘤胃中消化、处理吃下的草。这些微生物有细菌、古菌和原生动物,它们就像一条生产线一样在瘤胃中工作:首先,有的分泌纤维素酶,从而将草中的纤维素分解成可以吸收利用的葡萄糖;有的将葡萄糖发酵,产生脂肪酸和醇,同时释放出气体,如氢气和二氧化碳;最后,产甲烷古菌将这两种气体转化为甲烷。

生活在牛胃中的各种微生物的代谢一直是科学家研究的一个重点。其中有一个现象就是牛可以适应饲料中钠含量的波动。一头奶牛平均每天产出约 110 L 甲烷,这些甲烷通过反刍从口中逸出,但会与部分消化的食物混合在一起,结果导致草浆中的钠(氯化钠)含量会发生剧烈的波动,低到 60 $mmol \cdot L^{-1}$,高到 800 $mmol \cdot L^{-1}$。

那么牛是如何能够适应饲料中钠含量如此大的波动的呢?以前这一直是一个谜。直到 2020 年 1 月 6 日,来自德国歌德大学以 Volker Müller 教授为首的团队在 *P.N.A.S.* 上发表了一篇题为"Energy conservation involving 2 respiratory circuits"的研究论文，才使谜团得以解开。

一开始，Müller 教授他们只是对瘤胃中一些细菌的基因组进行生物信息学分析，但结果却显示某些瘤胃细菌包括一种叫瘤胃假丁酸弧菌(*Pseudobutyrivibrio ruminis*)的典型细菌，具有两个不同的呼吸回路：一个需要 Na^+，另一个不需要。于是，他们选择瘤胃假丁酸弧菌在体外进行了专门的研究，最终证明了这种细菌的确能通过两个不同的呼吸回路获取能量：一个需要 Na^+，另一个需要 H^+。这样，它就可以选择最佳方式以适应动物饲料中波动的 Na^+ 浓度。

大家都知道，生物有两种机制合成 ATP：一种是底物水平磷酸化，另一种就是基于化学渗透学说利用质子梯度驱动 ATP 合成的氧化磷酸化和光合磷酸化。在第二种合成 ATP 的过程中，ATP 合酶利用"结合变构"机制将跨膜的质子梯度贮存的电化学势能转变成 ATP。但现在在严格厌氧的瘤胃假丁酸弧菌这样的细菌质膜上，发现了可利用跨膜的 Na^+ 梯度来驱动 ATP 的合成。

这种依赖 Na^+ 的呼吸回路的主要成分是 Fd : NAD^+ 氧化还原酶复合物(Rnf)。Rnf 利用能量将 Na^+ 转运出细胞。当 Na^+ 重新进入细胞时，会触发 ATP 合酶，从而产生 ATP。该呼吸回路仅在存在 Na^+ 的情况下起作用。

然而，在没有 Na^+ 的情况下，瘤胃假丁酸弧菌会以另一种 Fd : H^+ 氧化还原酶复合物(Ech)，将质子泵出细胞。当质子重新进入细胞时，会触发另一种 ATP 合酶，也会产生 ATP。

有趣的是，Rnf 和 Ech 这两种酶复合物已在其他很多细菌中发现，这些细菌在进化方面都很古老。Müller 教授的研究小组对其进行了深入研究，但以前始终只发现一种细菌只有两种酶复合物中的一种，而从未发现同时含有两种，但现在发现了同时含有这两种酶复合物的瘤胃假丁酸弧菌。这意味着，将来可使用合成生物学方法，得到同时包含两种复合物的细菌杂种，再通过优化，提高细胞中 ATP 的产量。

思考题：

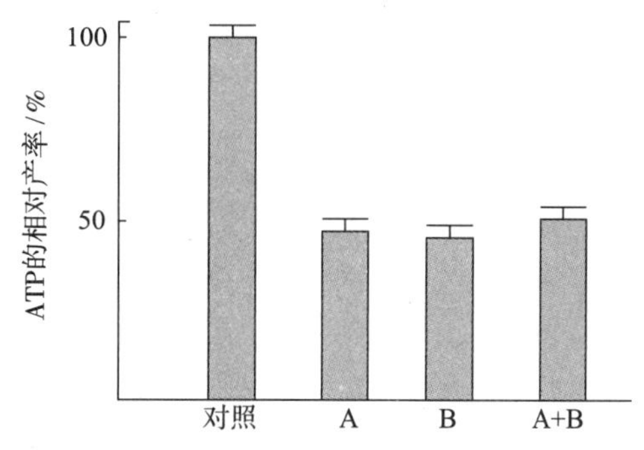

1. 右图显示的是 A 和 B 两种化学试剂对完整的离体线粒体氧化磷酸化的影响。在反应系统中，两种试剂都处于过量的状态。

(1) 根据图中的数据，你认为 A 和 B 的作用机制有何异同？你能判断出它们作用的具体机制吗？

(2) 当将过量的寡霉素加到这三个实验反应混合物之中，发现含有 A 和含有 A+B 的两个实验系统中的 ATP 产率下降到只有对照量的 5%，但仅含有 B 的反应系统的 ATP 产率不变。根据以上补充的实验数据，你认为 A 和 B 的作用靶点是什么？

2. 对于细菌而言，温度大幅度的下降可暂时停止电子传递。

(1) 呼吸链的哪一种成分最有可能对温度的变动最敏感？为什么？

(2) 在细菌细胞大概分裂一次以后，细菌的电子传递恢复正常。细菌是如何做到的？

3. 线粒体内膜上的 Pi/H^+ 运输体同时运输两种离子的进出。

(1) 这种运输体属于哪一类？

(2) 该运输体对跨膜的电化学梯度和 ATP 的合成有什么影响？

4. 琥珀酸被 FAD 氧化成富马酸，并不能产生足够的能量建立跨线粒体内膜的质子梯度。比较使用 FAD 氧化剂和 NAD^+ 作为氧化剂的自由能变化。由此得出为什么没有使用 NAD^+ 作为琥珀酸的氧化剂？

5. 预测 2,4-DNP 对下列生理过程会产生什么影响(提高、降低还是不变)？

(1) 大肠杆菌运输乳糖;(2) 红细胞对 Na^+/K^+ 的运输;(3) 大肠杆菌运输葡萄糖;(4) 肝细胞 ATP/ADP 的比率;(5) 肌糖原的分解;(6) 线粒体内膜两侧的质子梯度;(7) NADH 呼吸链。

网上更多资源……

本章小结　授课视频　授课音频　生化歌曲

教学课件　推荐网址　参考文献

第九章 糖代谢

糖类既是生物体重要的能源物质，又可以充当细胞的结构组分。它们在生物体内的代谢十分活跃。对于高等动物来说，其获得的糖类主要来自食物，而食物中的糖类在消化道有一个消化和吸收的过程。一旦它们进入胞内，可融入多条重要的代谢途径，例如糖酵解、磷酸戊糖途径、三羧酸循环、糖异生和糖原的分解与合成等。而对于植物来说，它们既可以通过光合作用将二氧化碳固定成糖类化合物，又可以通过呼吸作用将糖类氧化分解成二氧化碳和水。动物所获得的食物中的糖类显然最终来自植物的光合作用。

本章将首先介绍食物中的糖类物质在动物消化道所进行的消化和吸收，然后再重点介绍胞内所进行的糖酵解、三羧酸循环、磷酸戊糖途径、糖异生、糖原的分解与合成这几条重要的代谢途径，最后再简单介绍发生在高等植物体内的光合作用。

第一节 糖类在动物消化道内的消化和吸收

食物中的糖类有各种单糖，还有蔗糖、乳糖、糖原、纤维素、几丁质和淀粉等寡糖或多糖，除了单糖可以直接被小肠上皮细胞吸收以外，其他糖类都需要先被水解。

一、多糖和寡糖的酶促降解

1. 多糖的水解

除了反刍动物和白蚁以外，绝大多数动物消化道缺乏水解 $\beta(1\rightarrow4)$ 糖苷键的水解酶，因此带有如此连接方式的多糖就无法被水解利用，例如纤维素和几丁质。

Quiz1 反刍动物和白蚁为什么可以消化利用纤维素和几丁质？

带有 $\alpha(1\rightarrow4)$ 糖苷键的淀粉和糖原则上可以在唾液或胰液内的 α- 淀粉酶（α-amylase）的催化下，被水解成较为简单的产物，或者在外切 -1,4-α- 糖苷酶（exo-1,4-α-glucosidase）即葡糖淀粉酶（glucoamylase）的催化下，从一端依次水解释放出葡萄糖。α- 淀粉酶属于内切酶，仅能水解 $\alpha(1\rightarrow4)$ 糖苷键，对分支点上的 $\alpha(1\rightarrow6)$ 糖苷键无能为力。因此，由 α- 淀粉酶水解的产物主要是麦芽糖、异麦芽糖、麦芽三糖和 α- 极限糊精（α-limit dextrin）（图 9-1）。α- 极性糊精约由 8 个葡糖残基组成，带有 1 ~ 2 个 $\alpha(1\rightarrow6)$ 糖苷键，可在小肠黏膜表面的寡聚 -1,6- 糖苷酶（oligo-1,6-glucosidase）或异麦芽糖

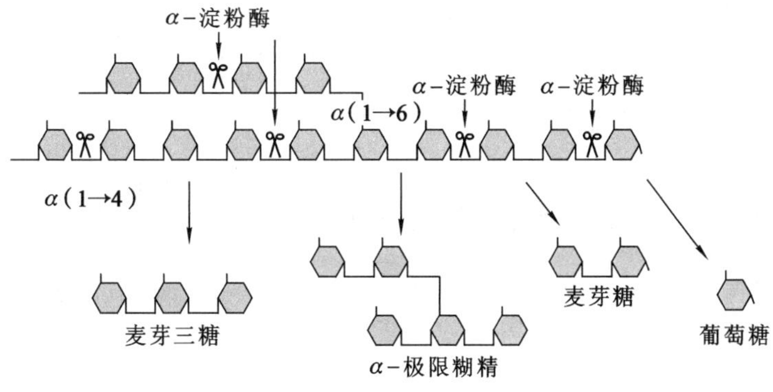

图 9-1 淀粉在消化道内的酶促水解

酶(isomaltase)的催化下，丢掉以 α(1→6)糖苷键连接的葡糖残基。

2. 寡糖的水解

从食物中直接摄入或由多糖降解产生的寡糖还需要进一步水解。参与这一过程的酶有：①蔗糖-α-糖苷酶(sucrose-α-glucosidase)，即蔗糖酶(sucrase)专门将蔗糖水解成葡萄糖和果糖。②β半乳糖苷酶(β-galactosidase)，即乳糖酶(lactase)将乳糖水解成半乳糖和葡萄糖。③麦芽糖酶，将麦芽糖和麦芽三糖水解成葡萄糖。④异麦芽糖酶，将异麦芽糖和 α 极限糊精水解成葡萄糖。⑤α,α-海藻糖酶(α,α-trehalase)，将海藻糖水解成葡萄糖。这些消化酶都固定在肠细胞的刷状缘(brush border)上，在它们的作用下，最后的产物即高浓度的单糖将集中在这一特殊的区域，为吸收提供了便利。

Quiz2 人群中有人不能食用含有乳糖的食物，这些人患有乳糖不耐受症。对此你如何解释？

二、单糖的吸收和转运

Quiz3 如果让你研究一种单糖被小肠上皮细胞吸收的动力学，那你得到的动力学曲线会是什么形状？为什么？

单糖进入细胞被吸收的过程受载体蛋白即转运蛋白的介导(transporter-mediated)，具有底物特异性和立体特异性，遵循饱和动力学。

至少有两个跨膜转运系统参与单糖由肠腔进入小肠上皮细胞的过程(图 9-2)：①属于次级主动转运的 Na^+-单糖共转运蛋白(Na^+-monosaccharide transporter，SGLT)系统。该系统的载体蛋白是个四聚体蛋白，每一个单体对 D-葡萄糖、α-甲基-D-葡萄糖和 D-半乳糖专一。单糖进入细胞需要 Na^+ 的伴随，实际上，Na^+ 顺着梯度从胞外进入胞内为葡萄糖或半乳糖的吸收提供了动力。进入细胞内的 Na^+ 会在 Na^+-K^+ 泵的催化下再离开细胞。②属于被动转运的且不依赖于 Na^+ 的易化扩散转运系统(GLUT5)。该系统对 D-果糖专一。通过此系统进入肠细胞的果糖可迅速转变成葡萄糖。此外，在小肠上皮细胞肠腔对侧的质膜上，存在另外一种不依赖于 Na^+ 但能转运三种常见的单糖(D-葡萄糖、D-半乳糖和 D-甘露糖)以及 2-脱氧-D-葡萄糖的易化扩散转运系统(GLUT2)。GLUT2 还存在于肝和肾中，而 GLUT 家族的其他成员则存在于所有的细胞中，参与葡萄糖的易化转运。

Quiz4 为什么单糖被小肠上皮吸收主要是通过主动运输，而它们被吸收后离开小肠上皮细胞却是通过易化扩散？

在正常的生理条件下，位于消化道、肝和肾的 GLUT2 负责将葡萄糖运出细胞，进入血液。而红细胞和脑细胞上的 GLUT1、脂肪组织和肌肉组织的 GLUT4 则主要负责葡萄糖的吸收，即将血液中的葡萄糖转运到各自的细胞内。

如果单糖的吸收被破坏，那大量的单糖分子就会聚集在小肠上皮细胞的表面，产生高渗的环境而影响水的吸收，从而引起腹泻。

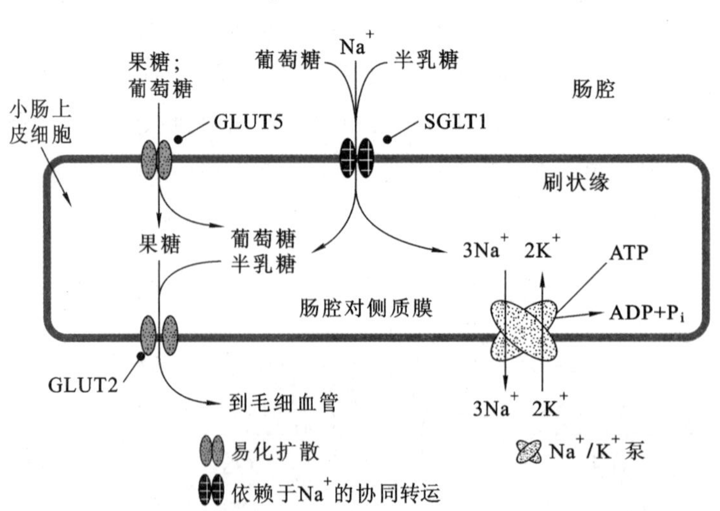

图 9-2 单糖的跨膜转运

Box9.1 **动物细胞内的溶酶体万一破裂了会发生什么?**

大家都知道,动物细胞内有一种汇聚了各种水解酶于一身的细胞器,叫溶酶体。这种细胞器经常被称为细胞内的“消化器官”。那如果这个消化器官在细胞内发生了破裂,会有什么后果呢?

对于这个问题的回答,严格的说来,细胞的活动和功能肯定会受到影响。但影响的程度取决于细胞内溶酶体有多少个破裂以及一开始溶酶体酶接触的底物是什么。虽然细胞质基质的 pH(约 7)不是溶酶体酶的最适 pH(4~5),但泄漏出来的溶酶体酶仍然会有一定的活性(想一想酶活性对 pH 所作出的钟罩形曲线),从而可以将遇到的底物分子水解。

然而,一个真核细胞约含有 50~1 000 个溶酶体,一个破裂和多个破裂的结果肯定不一样。显然,破裂的溶酶体越多,后果就越严重。而就溶酶体内的各种水解酶来说(表 9-1),有的释放出来根本接触不到底物,因此对细胞基本无害,如胶原酶、溶菌酶和 DNA 酶。其中,DNA 酶因为缺乏核定位信号,泄漏出来后也无法进入细胞核去水解 DNA。有的水解酶很容易接触到底物,如组织蛋白酶和 RNA 酶。这两类酶泄漏出来应该是最危险的!

► **表 9-1 溶酶体内的各种类型的水解酶**

酶	底物	酶	底物
酸性 RNA 酶	RNA	酸性 α 糖苷酶	糖原
酸性 DNA 酶	DNA	β 糖苷酶	β 糖苷
酸性磷酸酶	磷酸单酯	α 甘露糖苷酶	α 甘露糖苷
磷酸二酯酶	磷酸二酯、寡核苷酸	β 葡萄醛酸酶	多糖和黏多糖
组织蛋白酶	蛋白质	硫酸酯酶	硫酸酯
胶原酶	胶原蛋白	脂酶	脂类
肽酶	肽	酯酶	脂肪酸酯
β 半乳糖苷酶	β 半乳糖苷	溶菌酶	黏多糖、肽聚糖
酸性 α 糖苷酶	糖原	鞘脂酶	鞘脂
β 糖苷酶	β 糖苷		

已有研究表明,溶酶体的某些蛋白酶可以通过水解激活促进细胞凋亡的 Bid 蛋白,促使细胞色素 c 通过它从线粒体泄漏出去,去激活 Apaf1,进而激活胱天蛋白酶 9,再通过胱天蛋白酶 9 激活胱天蛋白酶 3 和 7,最终导致细胞凋亡。这里发生的可是级联反应,起始的蛋白酶不需要很多。要知道朊病毒感染神经细胞并导致其死亡就是让溶酶体破裂引起的!

第二节 糖酵解

糖酵解(glycolysis)是生物体内最重要的分解代谢途径之一,几乎发生在所有细胞中,只是速率有别。通过该途径,葡萄糖或者其他单糖在无氧的条件下被氧化成丙酮酸,并产生 NADH 和少量的 ATP。某些非糖物质,如甘油,也可以间接地进入此途径得到氧化分解。

下面就分别介绍糖酵解所涉及的 10 步反应、糖酵解的生理功能、糖酵解的调节,以及糖酵解终产物 NADH 和丙酮酸的代谢去向。

一、糖酵解的全部反应

绝大多数生物的糖酵解只发生在细胞质基质内,但对以导致昏睡病(sleeping sickness)的锥体虫(*Trypanosoma brucei*)为代表的一些原生动物来说,糖酵解前六步反应发生在它们特有的一种有膜包被的细胞器——糖酵体(glycosome)内,其他反应也发生在细胞质基质内。此外,许多植物的质体也有糖酵解。

如果以葡萄糖为起始物质,一条完整的糖酵解途径由两个阶段(图 9–3)、共 10 步反应组成(图 9–4)。

第一个阶段为引发阶段(priming phase)或准备阶段,有 5 步反应。在此阶段,1 分子葡萄糖经过 1,6– 二磷酸果糖转变成 2 分子 3– 磷酸甘油醛(glyceraldehyde phosphate),共消耗 2 分子 ATP。由于此阶段的反应消耗了 ATP,相当于是能量货币的投资,因此有人称之为投资阶段(investing phase)。

第二个阶段为产能阶段(energy-yielding phase)或收获阶段(harvesting phase),也有 5 步反应。通过此阶段,2 分子 3– 磷酸甘油醛最终变成了 2 分子丙酮酸,同时产生 4 分子 ATP 和 2 分子 NADH。此阶段产生的 ATP 在扣除第一阶段投资用掉的 2 分子 ATP 以后,还"净赚"了 2 分子 ATP。

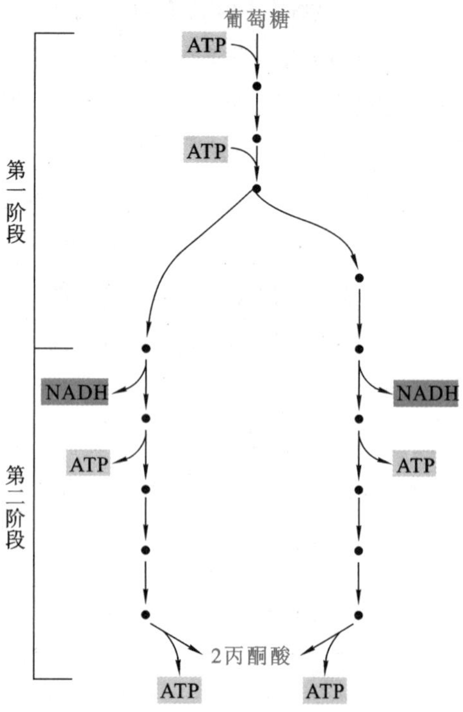

图 9–3 糖酵解的两阶段反应

1. 葡萄糖的磷酸化

这是糖酵解的第一步反应,由己糖激酶(hexokinase)或葡糖激酶(glucokinase)催化。通过此步反应,葡萄糖的 6 号位羟基接受 ATP 分子上的 γ–磷酸基团,被磷酸化为 6– 磷酸葡糖(glucose–6–phosphate,G–6–P)(图 9–5)。此反应的 $\Delta G^{\ominus\prime}$ 为较大的负值,这使其在细胞内正常的生理条件下为不可逆反应。与其他激酶一样,己糖激酶在催化反应中,巧妙地使用"诱导契合"机制,而避免了 ATP 在活性中心意外地被水解(参看第四章"酶的结构与功能"有关内容)。此外,反应还需要 Mg^{2+}。

除了这一步需要 Mg^{2+} 以外,后面由磷酸果糖激酶、磷酸甘油酸激酶和丙酮酸激酶催化的反应也需要 Mg^{2+}。事实上,细胞内所有涉及 NTP 或者 d NTP 的反应,不管是底物还是产物,都需要 Mg^{2+}。这些反应之所以都需要 Mg^{2+},是因为 Mg^{2+} 的存在和结合可有效屏蔽 NTP 或 dNTP 所带磷酸基团上的负电荷。

Quiz5 为什么这些反应需要的 NTP 或 dNTP 上的负电荷需要中和屏蔽?

葡萄糖的磷酸化至少有三个意义:一是降低了胞内游离葡萄糖的浓度,这有利于它从胞外通过 GLUT 进入胞内;二是葡萄糖由此带上负电荷,很难再从胞内"逃逸"出去;三是葡萄糖的能量状态得以提高,变得不稳定,有利于它在后面一分为二,被"腰斩"为三碳糖。

虽说己糖激酶和葡糖激酶都能催化这一步反应,但两种酶在存在范围、底物特异性、与葡萄糖的亲和力、V_{max}、酶活性的调节以及基因表达上均有显著的差别(表 9–2)。

Quiz6 根据研究发现,猫科动物缺乏葡糖激酶。这是为什么?

表 9–2 人体内己糖激酶和葡糖激酶的比较

	己糖激酶	葡糖激酶
存在范围	几乎所有的细胞	肝细胞、胰的 β 细胞
底物特异性	葡萄糖、甘露糖、氨基葡糖、果糖、2– 脱氧葡糖等己糖	葡萄糖和 2– 脱氧葡糖
对葡萄糖的 K_m	0.1 mmol·L^{-1}	10 mmol·L^{-1}
V_{max}	低	高
产物反馈抑制	G–6–P 反馈抑制	不受 G–6–P 反馈抑制
调节蛋白	无	葡糖激酶调节蛋白可控制其活性和亚细胞定位
基因表达	组成酶	诱导酶

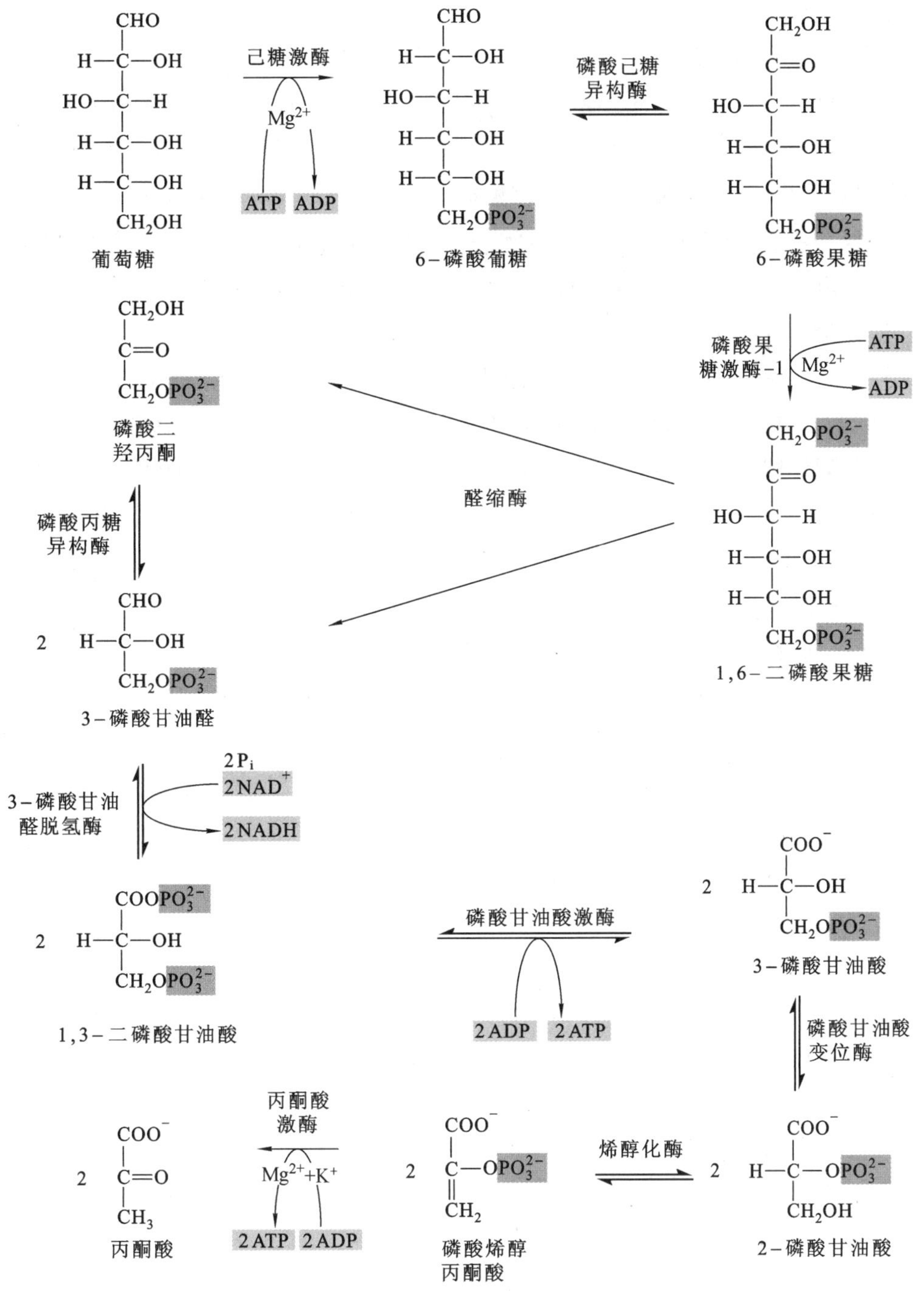

图 9-4 糖酵解的全部反应

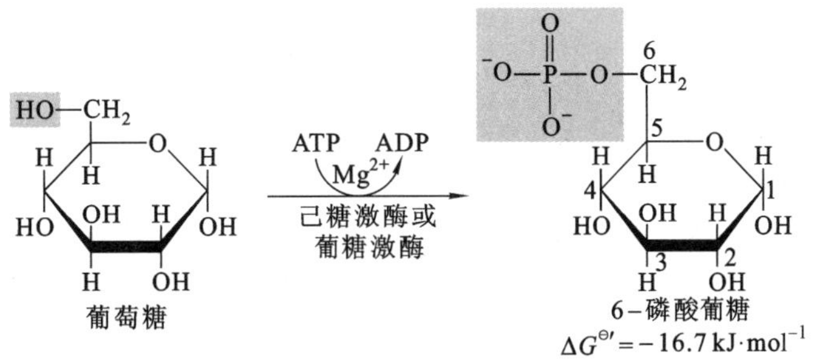

图 9-5 葡萄糖的磷酸化

2- 脱氧葡糖也可以作为这一步反应的底物，反应形成 6- 磷酸 -2- 脱氧葡糖，这种产物将是下一步反应的抑制剂。

2. 6- 磷酸葡糖的异构化

Quiz7 磷酸己糖异构酶催化的反应也需要镁离子。这是为什么?

这是一步异构化反应，由磷酸己糖异构酶（phosphohexose isomerase）催化（图 9–6），也需要 Mg^{2+}，反应的机制涉及烯二醇中间体。通过此反应，醛糖变成了酮糖，羰基从 1 号位变到 2 号，这既为下一步磷酸化反应创造了条件，又有利于后面由醛缩酶催化的在 C3 和 C4 之间的断裂反应。

6- 磷酸 -2- 脱氧葡糖也能够与此酶的活性中心结合，但由于不能形成烯二醇中间物，因此无法完成反应，反而由于占据了活性中心而抑制酶的活性。

3. 磷酸果糖的再次磷酸化

这又是一步消耗 ATP 的磷酸化反应，同样需要 Mg^{2+}，$\Delta G^{\ominus\prime}$ 为较大的负值使其为不可逆反应。催化这一步反应的酶是磷酸果糖激酶 1（phosphofructokinase–1，PFK1），有别于细胞内同样以 6- 磷酸果糖为底物的磷酸果糖激酶 2（PFK2）。PFK1 的产物为 1,6- 二磷酸果糖，而 PFK2 的产物为 2,6- 二磷酸果糖（图 9–7）。

这步反应的重要性在于，它是整个糖酵解最重要的限速步骤（committed step），对糖酵解的调控主要是通过对此酶的调节而实现的（详见后面的“糖酵解的调节”）。

4. 1,6- 二磷酸果糖的裂解

这一步反应为可逆反应，催化此反应的酶根据逆反应（醛醇缩合）命名为醛缩酶（aldolase）。通过该反应，1 分子六碳糖裂解成 1 分子磷酸二羟丙酮（dihydroxyacetone phosphate，DHAP）和 1 分子 3- 磷酸甘油醛（glyceraldehyde–3–phosphate，GAP）（图 9–8）。

Quiz8 如何证明第一类醛缩酶的催化经历了共价的希夫碱?

有两类醛缩酶（图 9–9）：第一类主要来源于真菌以外的真核生物，为共价催化，在反应中，底物与活性中心的赖氨酸残基形成共价的希夫碱中间物；第二类主要来源于真菌和细菌，催化机制依赖活性中心结合的 Zn^{2+}，为金属催化。

5. 磷酸丙糖的异构化

这是一步可逆的酮糖与醛糖互变的异构化反应（图 9–10），由磷酸丙糖异构酶（triose phosphate isomerase，TIM）催化，反应机制与第二步反应相似，但并不需要 Mg^{2+}。虽然此反应从热力学的角度来

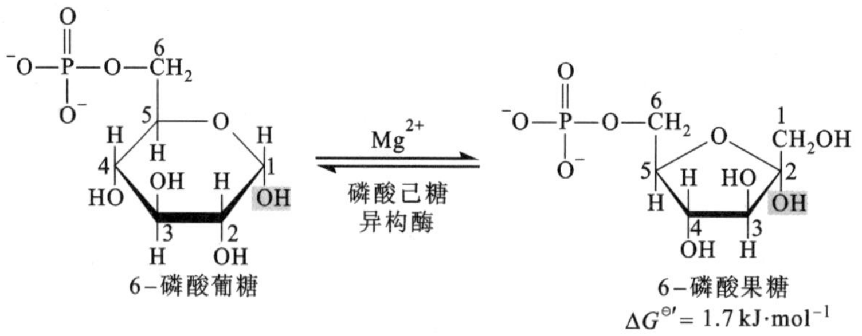

6-磷酸葡糖 ⇌（Mg^{2+}，磷酸己糖异构酶）6-磷酸果糖

$\Delta G^{\ominus\prime} = 1.7\ kJ \cdot mol^{-1}$

图 9–6 6- 磷酸葡糖的异构化

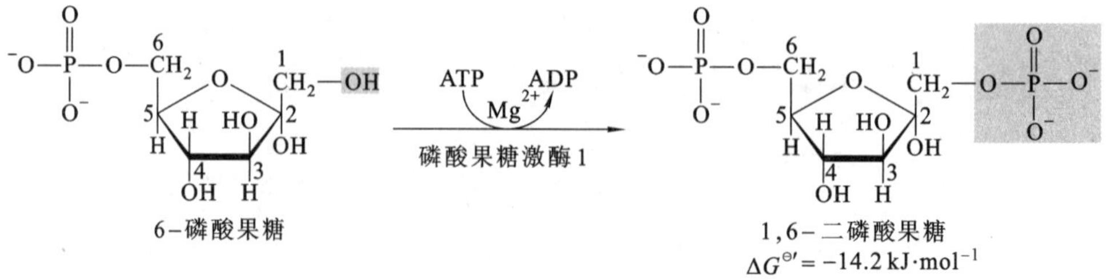

6-磷酸果糖 →（ATP，ADP，Mg^{2+}，磷酸果糖激酶 1）1,6-二磷酸果糖

$\Delta G^{\ominus\prime} = -14.2\ kJ \cdot mol^{-1}$

图 9–7 磷酸果糖的再次磷酸化

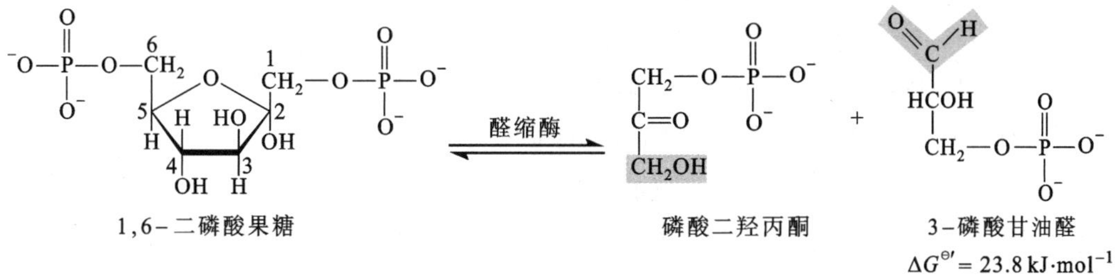

图 9-8　1,6-二磷酸果糖的裂解

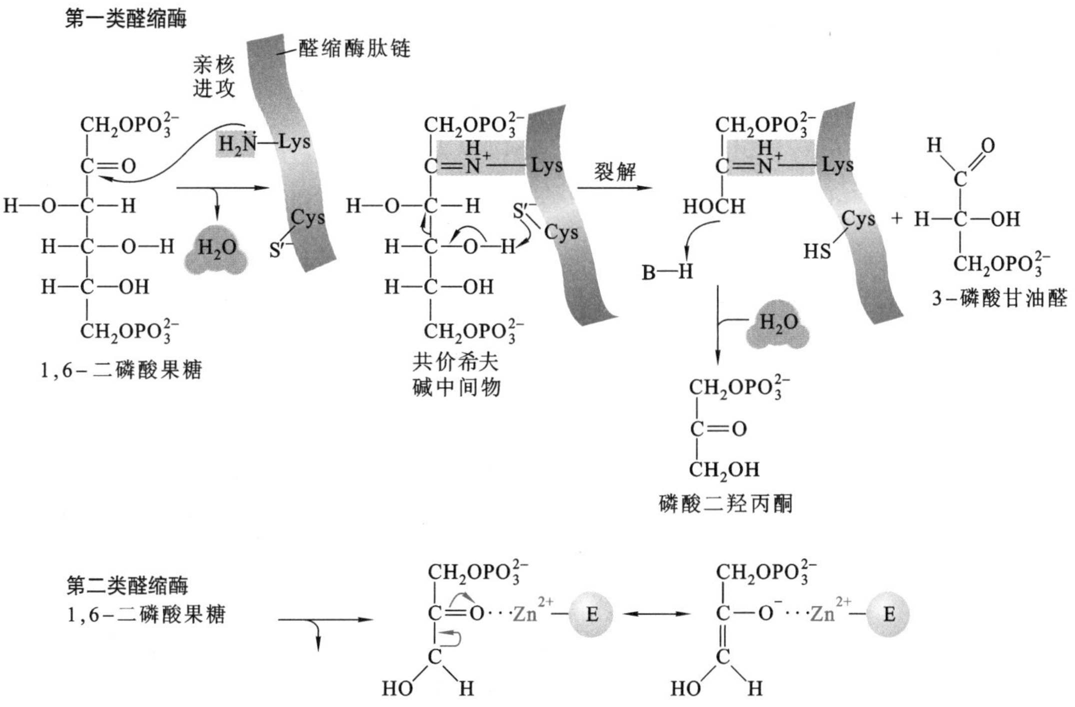

图 9-9　醛缩酶的催化机制

看并不利于 3- 磷酸甘油醛的形成，但由于 3- 磷酸甘油醛很快被下一步反应所利用，因此在细胞内此反应仍然能够顺利地进行。

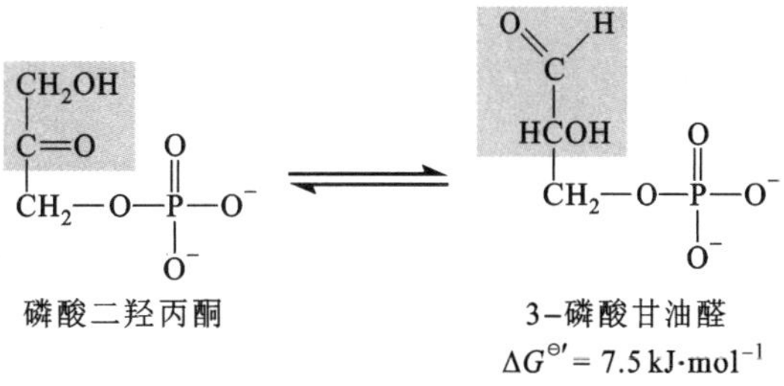

图 9-10　磷酸丙糖异构酶的作用机制

6. 3- 磷酸甘油醛的氧化及磷酸化

这是第二阶段的第一步反应，也是整个糖酵解途径唯一的一步氧化还原反应，催化反应的酶为 3- 磷酸甘油醛脱氢酶（glyceraldehyde-3-phosphate dehydrogenase，GAPDH），NAD^+ 为它的辅酶，产物为 1,3- 二磷酸甘油酸（1,3-bisphosphoglycerate，1,3-BPG）和 $NADH/H^+$。在反应中，醛基变成了羧基，释放出来的能量一部分贮存在 1,3-BPG 的高能磷酸键上，还有一部分被 NADH 中的高能电子带走（图 9-11）。

Quiz9 在对细胞内蛋白质或者 mRNA 进行定量分析的时候，经常使用 GAPDH 作为内参基因。这是为什么？

GAPDH 由 4 个相同的亚基组成。每个亚基有 1 个活性中心，而每 1 个活性中心含有 1 个 Cys 残基和 1 个结合的 NAD^+。Cys 的巯基直接参与催化。以任意一个亚基为例（图 9-5）：首先是酶活性中心的巯基 S 亲核进攻 3- 磷酸甘油醛分子上的羰基 C，而缩合成共价的半缩硫醛（thiohemiacetal）。随后，半缩硫醛被结合在酶活性中心的 NAD^+ 上氧化成高能的硫酯键，同时 NAD^+ 被还原为 NADH。此后，溶液中的氧化型 NAD^+ 置换与活性中心结合的还原型 NADH。最后，无机磷酸进攻上述高能硫酯键，并释放出另一种含有高能酰基磷酸键的混合型酸酐——1,3-BPG,促使酶恢复到原来的状态。

由此可见,整个酶促反应与活性中心的 Cys 残基上的自由巯基密切相关,因此,任何破坏巯基的试剂都是此酶的抑制剂(图 9-12),同时也是糖酵解的抑制剂,如碘代乙酸或碘代乙酰胺。

Quiz10 GAPDH 是不是别构酶?

虽然 GAPDH 的每 1 个亚基都可以独立地进行催化,但是 4 个亚基对 NAD^+ 的结合呈现负协同效应,因此各个亚基对 NAD^+ 的亲和力是不同的。GAPDH 对 NAD^+ 的结合具有的负协同性使其对 NAD^+ 的浓度的变化不敏感,这一性质让 GAPDH 在 NAD^+ 水平较低的情况下也能照常进行催化。

在化学结构和化学性质上,砷酸与无机磷酸极为相似,因此可以代替无机磷酸参加反应,形成 1-砷酸 -3- 磷酸甘油酸(1-arseno-3-phosphoglycerate),但这样的产物极不稳定,很容易自发水解成 3- 磷

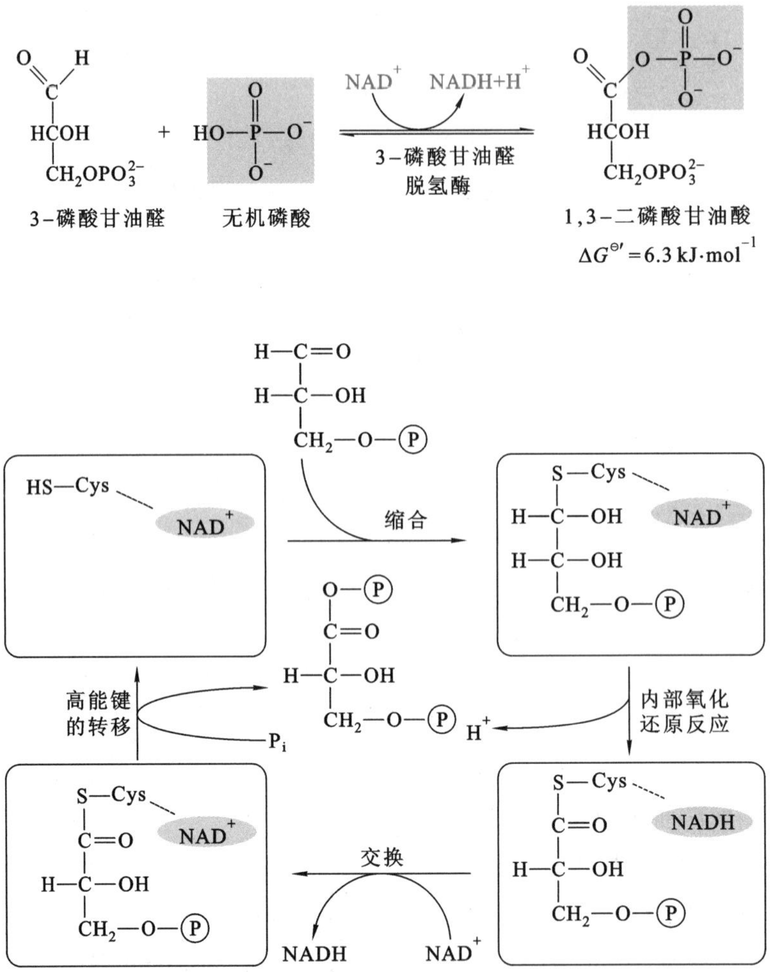

图 9-11 3- 磷酸甘油醛脱氢酶催化的反应及其催化机制

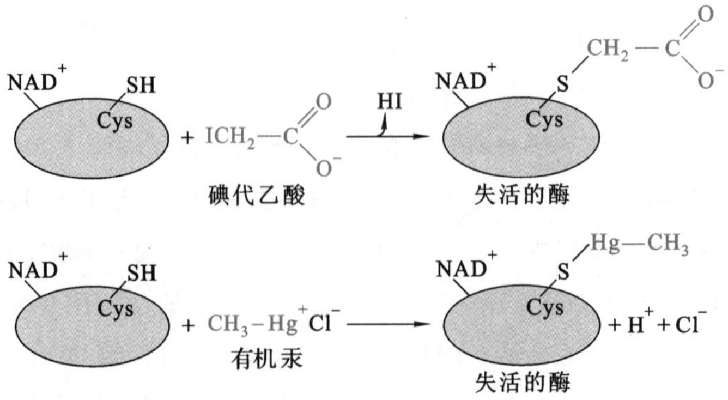

图 9-12 碘代乙酸和有机汞抑制 3- 磷酸甘油醛脱氢酶活性的机制

酸甘油酸并产生热，无法进入下一步底物水平的磷酸化反应，但砷酸并不抑制糖酵解，反而能刺激糖酵解以更快的速率进行。砷酸的这种作用有点像氧化磷酸化的解偶联剂。1- 砷酸 -3- 磷酸甘油酸的自发水解，会导致 ATP 合成受阻，影响细胞的正常代谢，这也是砷酸有毒性的原因。

7. 第一步底物水平的磷酸化

这是一步底物水平的磷酸化反应：将前一步反应形成的高能中间物 1,3-BPG 的高能键转移给 ADP，形成 ATP（图 9-13）。催化反应的酶根据逆反应命名为磷酸甘油酸激酶，需要 Mg^{2+}。由于 1 分子葡萄糖能够产生 2 分子 1,3-BPG，因此这一步反应可合成 2 分子 ATP，正好与第一阶段投入的 2 分子 ATP 相抵消。尽管这一步反应的 $\Delta G^{\ominus\prime}$ 为较大的负值，但在细胞内的条件下，该反应仍然是可逆的。

8. 3- 磷酸甘油酸的变位

这是一步可逆的变位反应，由磷酸甘油酸变位酶（phosphoglycerate mutase）催化，也需要 Mg^{2+}。经过这一步反应，甘油酸上的磷酸基团从 3 号位变位到 2 号位（图 9-14）。

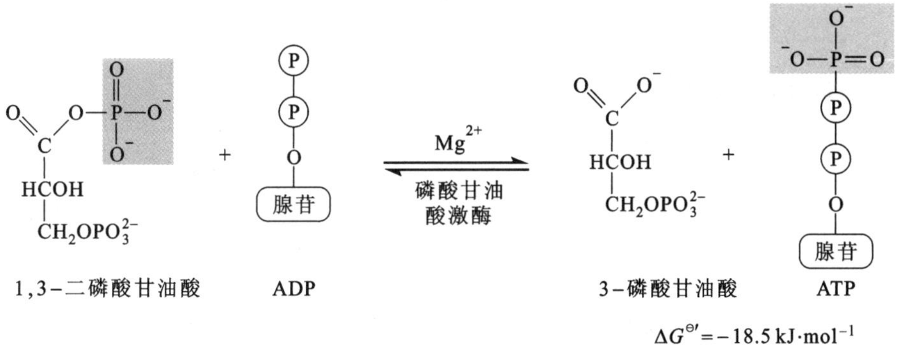

图 9-13 糖酵解第一步底物水平的磷酸化反应

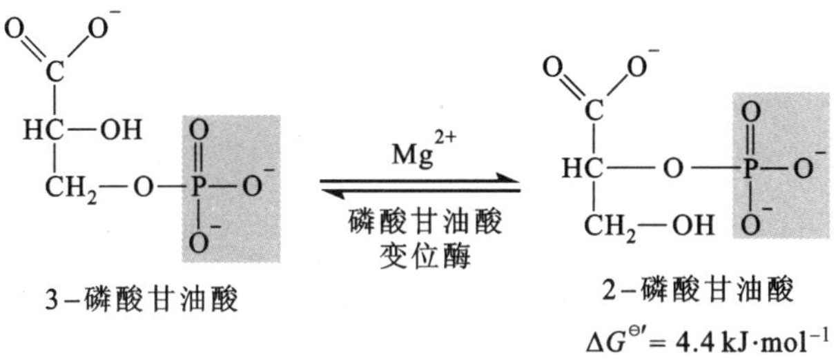

图 9-14 3- 磷酸甘油酸的变位反应

大多数生物体内对磷酸甘油酸变位酶并不能直接催化磷酸基团在 3- 磷酸甘油酸分子内部的转移，而是需要微量的 2,3- 二磷酸甘油酸（2,3-BPG）作为辅因子，并需要活性中心的一个 His 残基（图 9-15）。

Quiz11 如何设计一个实验证明一种磷酸甘油酸变位酶不是直接催化磷酸基团在 3- 磷酸甘油酸分子内部转移的？

2,3-BPG 由 1,3-BPG 变位而来，催化变位反应的酶是 1,3- 二磷酸甘油酸变位酶（1,3 bisphosphoglycerate mutase），该酶不仅催化变位反应，还具有磷酸酶的活性，因此它是一个双功能酶（bifunctional enzyme）。磷酸酶活性可将 2,3-BPG 水解成 3- 磷酸甘油酸。

2,3-BPG 作为辅因子的作用是激活变位酶，使其转变为具有活性的磷酸化形式。在活性中心上的一个 His 残基接受 2,3-BPG 的 1 个磷酸基团以后，磷酸甘油酸变位酶即被激活了，随后它将磷酸基团转移到 3- 磷酸甘油酸的 2 号位羟基上形成 2,3-BPG，最后再将 2,3-BPG 的 3 号位磷酸“占为己有”，这样原来的 3- 磷酸甘油酸转变成 2- 磷酸甘油酸（图 9-15）。

体内绝大多数细胞内的 2,3-BPG 浓度很低，只有红细胞例外，不过 2,3-BPG 在红细胞内的主要功能是调节血红蛋白与氧气结合的亲和力。

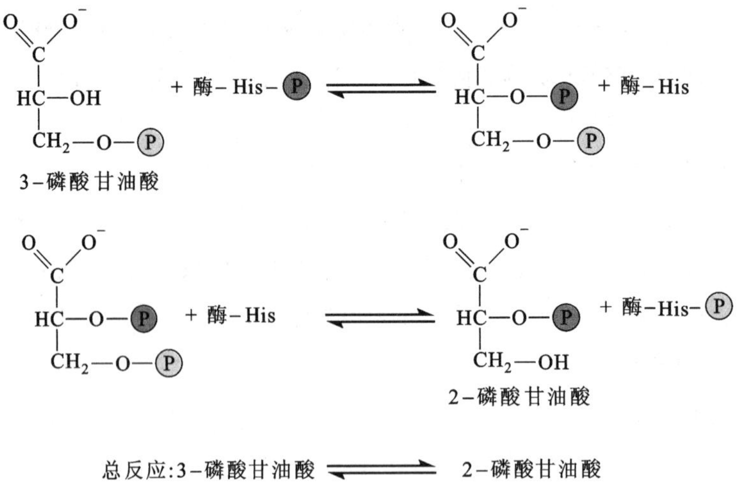

3-磷酸甘油酸 + 酶-His-Ⓟ ⇌ + 酶-His

+ 酶-His ⇌ 2-磷酸甘油酸 + 酶-His-Ⓟ

总反应:3-磷酸甘油酸 ⇌ 2-磷酸甘油酸

图 9-15 依赖于 2,3-BPG 的磷酸甘油酸变位酶的作用机制

9. 2-磷酸甘油酸的烯醇化

这是一步由烯醇化酶(enolase)催化的反应,需要 Mg^{2+}(图 9-16)。烯醇化酶的作用是促进 2-磷酸甘油酸上某些原子的重排,使能量富集到某一个化学键上,直接导致了高能分子 PEP 的形成。氟化物能与 Mg^{2+} 及磷酸基团形成络合物,干扰 2-磷酸甘油酸与烯醇化酶的结合,使该酶的活性受到抑制。

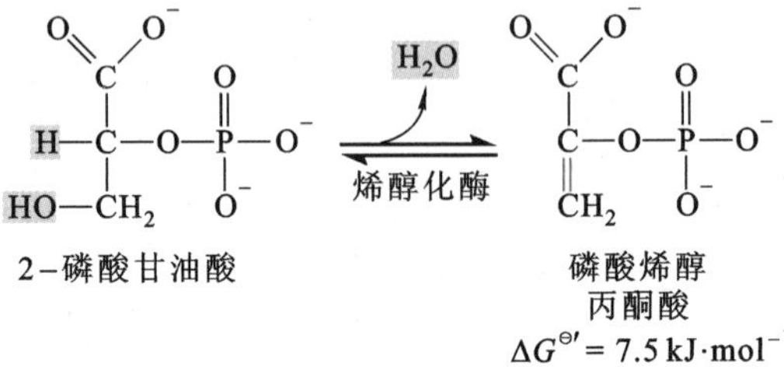

2-磷酸甘油酸 ⇌ (H_2O,烯醇化酶) 磷酸烯醇丙酮酸

$\Delta G^{\ominus\prime} = 7.5\ \mathrm{kJ \cdot mol^{-1}}$

图 9-16 2-磷酸甘油酸的烯醇化

Quiz12 许多品牌的漱口水所使用的有效成分就是氟化钠,而不会用碘代乙酸。这是为什么?

Quiz13 丙酮酸激酶催化需要的哪一个金属离子可以在体外被另外哪一个金属离子替换照样可以催化反应?

10. 第二步底物水平的磷酸化

这是糖酵解的最后一步反应,也是第二步底物水平的磷酸化反应和第三步不可逆反应,由丙酮酸激酶(pyruvate kinase,PK)催化,需要 K^+ 和 Mg^{2+}。通过此步反应,PEP 中的高能磷酸键转移给 ADP,糖酵解终于有了净的 ATP 合成(图 9-17)。如果以 1 分子葡萄糖作为起始物质,到这一步反应结束,就可以净合成 2 分子 ATP。PK 之所以需要 K^+,是因为 K^+ 与 PK 的活性中心结合,可诱导活性中心的构象收紧,有利于腺苷酸的结合。

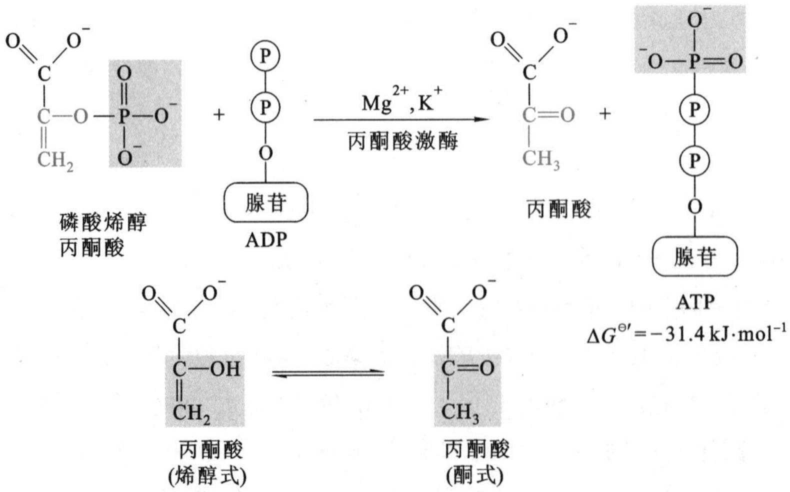

磷酸烯醇丙酮酸 + ADP → (Mg^{2+},K^+,丙酮酸激酶) 丙酮酸 + ATP

$\Delta G^{\ominus\prime} = -31.4\ \mathrm{kJ \cdot mol^{-1}}$

丙酮酸(烯醇式) ⇌ 丙酮酸(酮式)

图 9-17 糖酵解的第二步底物水平的磷酸化反应

二、NADH 和丙酮酸的命运

糖酵解的终产物包括 ATP、丙酮酸和 NADH，产生的 ATP 可直接参与胞内的各种需能反应，至于 NADH 和丙酮酸的去向，完全取决于细胞的类型和细胞内氧气的可得性。

(一) 在有氧状态下 NADH 和丙酮酸的命运

1. NADH 的命运

在有氧状态下，NADH 可将电子交给呼吸链进行传递进而产生更多的 ATP。对于原核细胞，NADH 很容易将电子交给质膜上的呼吸链，从而被氧化成 NAD^+，再重新进入糖酵解。但对于真核细胞来说，呼吸链远在线粒体内膜，糖酵解产生的 NADH 是如何将电子交给线粒体内膜上的呼吸链呢？虽然 NADH 很容易直接通过通透性较好的外膜，但是要通过线粒体内膜就必须借助于内膜上专门的穿梭系统（shuttle system）。

> Quiz14 如果一开始葡萄糖的 C1 和 C6 用 ^{14}C 标记的话，最后得到的两分子丙酮酸哪一个位置的是 ^{14}C？

线粒体内膜上有 3- 磷酸甘油穿梭系统（glycerol-3-phosphate shuttle）和苹果酸 - 天冬氨酸（malate-asparate shuttle）穿梭系统。它们在线粒体内膜上的相对比例因细胞种类的不同而不同，例如脑细胞主要是前一种，肝细胞主要是后一种。

> Quiz15 预测昆虫的飞翔肌会选择哪一个穿梭系统？

3- 磷酸甘油穿梭系统速度快，但效率低。其主要过程是：首先，在细胞质基质中的 3- 磷酸甘油脱氢酶催化下，糖酵解产生的 NADH 被氧化成 NAD^+，同时 DHAP 被还原成 3- 磷酸甘油。随后，3- 磷酸甘油离开细胞质基质，进入线粒体，被内膜上的另外一种 3- 磷酸甘油脱氢酶重新氧化成 DHAP。脱下来的氢和电子交给 FAD 后，再通过 CoQ 进入呼吸链进一步氧化，DHAP 则重新进入细胞质基质。（图 9-18）。经过氧化磷酸化，原来的 1 分子 NADH 只能产生 1.5 分子的 ATP，损失了 1 分子 ATP。

> Quiz16 磷酸甘油穿梭系统有没有通过复合体 II 向呼吸链转交电子？

苹果酸 - 天冬氨酸（malate-asparate shuttle）穿梭系统速度慢，但效率高。其基本过程是（图 9-19）：首先，在细胞质基质中的苹果酸脱氢酶的催化下，糖酵解产生的 NADH 将草酰乙酸还原成苹果酸。形成的苹果酸经线粒体内膜上的苹果酸转运蛋白被转运到线粒体基质，再在线粒体基质内的苹果酸脱氢酶的催化下，重新转变成草酰乙酸，同时产生 NADH。NADH 可将电子交给线粒体内膜上的复合体 Ⅰ 进行传递。然而，线粒体基质中的草酰乙酸需要在谷草转氨酶的催化下，从谷氨酸那里接受氨基先变成天冬氨酸。随后，天冬氨酸经内膜上的天冬氨酸转运蛋白被运输出线粒体基质，再在细胞质基质中的谷草转氨酶催化下，将氨基返还给那里的 *α*- 酮戊二酸从而最终转变成细胞质基质中的草酰乙酸。

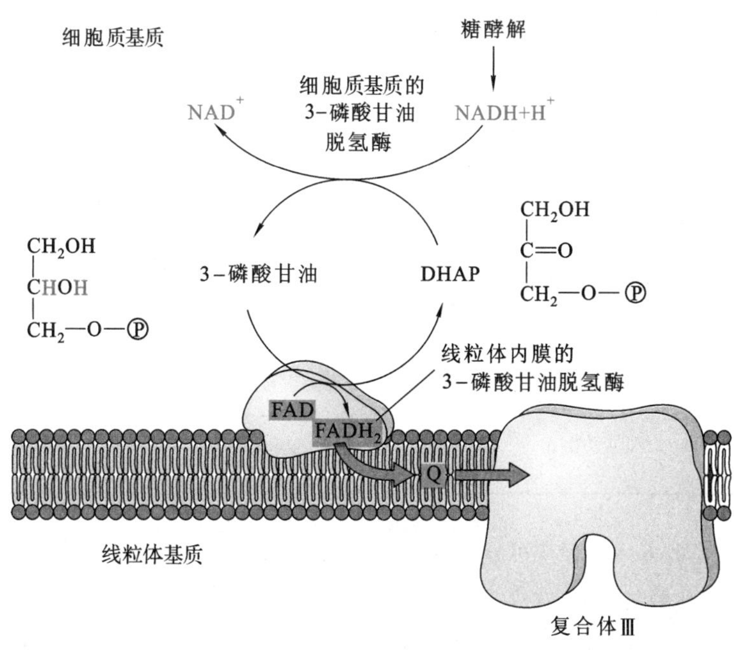

图 9-18 3- 磷酸甘油穿梭系统

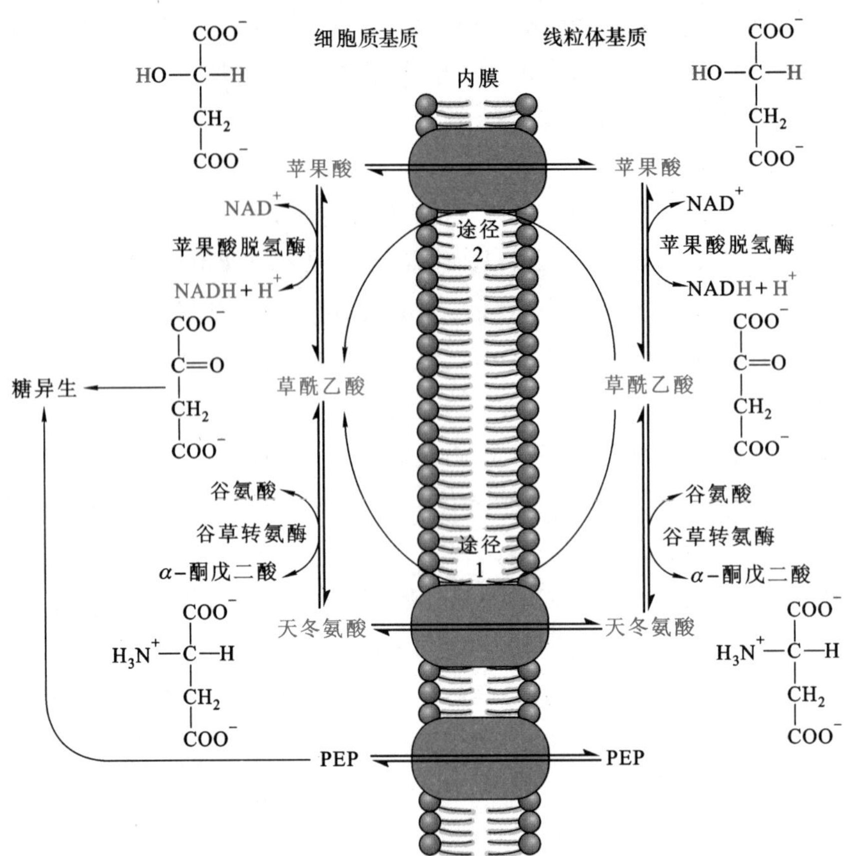

图 9-19 苹果酸 - 天冬氨酸穿梭系统

由此可见，与第一种穿梭系统不同的是，经苹果酸 - 天冬氨酸的穿梭，糖酵解产生的 NADH 变成了线粒体基质内的 NADH，再经过复合体 I 进入呼吸链被彻底氧化。最后通过氧化磷酸化，1 分子 NADH 仍然可以产生 2.5 分子的 ATP，并无 ATP 的损失。

2. 丙酮酸的命运

Quiz17 还有哪些物质跨线粒体内膜的运输需要消耗质子?

在有氧状态下，丙酮酸通过线粒体内膜上的丙酮酸转运蛋白（pyruvate transporter），与质子一起进入线粒体基质，被基质内的丙酮酸脱氢酶系（pyruvate dehydrogenase complex）氧化成乙酰 CoA。

丙酮酸脱氢酶系由丙酮酸脱氢酶（E_1）、二氢硫辛酸转乙酰酶（dihydrolipoyl transacetylase，E_2）和二氢硫辛酸脱氢酶（dihydrolipoyl dehydrogenase，E_3）通过非共价键结合而成（表 9-3）。

表 9-3 丙酮酸脱氢酶系的结构和组成

酶	亚基数目	辅因子	维生素前体	催化的反应
E_1	大肠杆菌 24、酵母 60、哺乳动物 20 或 30	硫胺素焦磷酸（TPP）/ Mg^{2+}	B_1	丙酮酸氧化脱羧
E_2	大肠杆菌 24、酵母 60、哺乳动物 60	硫辛酸 CoA	 泛酸	将乙酰基转移到 CoA
E_3	大肠杆菌 12、酵母 12、哺乳动物 6	FAD NAD^+	B_2 PP	氧化型硫辛酰胺的再生

丙酮酸转变成乙酰 CoA 的反应可分为 4 个阶段（图 9-20）。

(1) 丙酮酸的氧化脱羧

由 E_1 催化，需要 TPP 的参与。首先，由 TPP 在杂环上的 1 个碳负离子对丙酮酸的羰基碳作亲核进攻，诱发脱羧反应，形成羟乙基 TPP（图 9-21）。

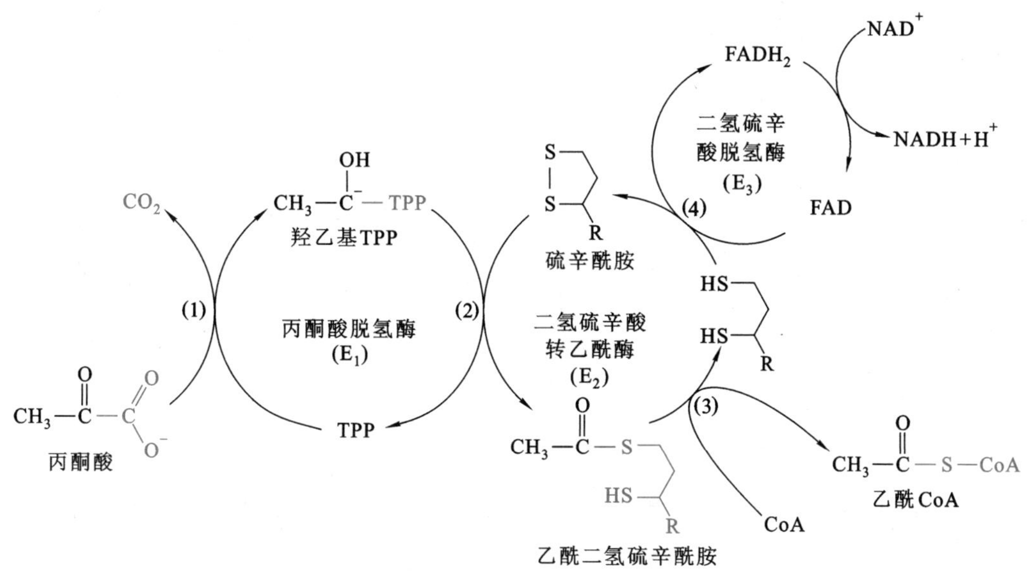

图 9-20　丙酮酸转变成乙酰 CoA 的 4 步反应

(2) 乙酰基的产生和转移

需要硫辛酸的参与。硫辛酸本来通过它的羧基与 E_2 的 1 个 Lys 残基上的 ε-NH_2 形成酰胺键(图 9-22)。通过这种方式,氧化型的硫辛酸与 Lys 残基的侧链就形成了一个细长的臂。借助这个臂,它带有二硫键的功能端就可以从 E_3 的活性中心摆动到 E_1 的活性中心,在那里遇到羟乙基 TPP,二硫键即被还原打开,而与 TPP 共价结合在一起的羟乙基上氧化成乙酰基后转移到硫辛酸被还原出的一个游离的巯基上。

(3) 乙酰基的再转移

由 E_2 催化,但需要 CoA 参与反应。由硫辛酸与 Lys 形成的长臂在 E_1 的活性中心接受乙酰基以后,再次通过摆动进入 E_2 的活性中心,受 E_2 的催化,乙酰基被转移给 CoA 的巯基,产生乙酰 CoA,而硫辛酸的 2 个巯基此时都被游离出来了。

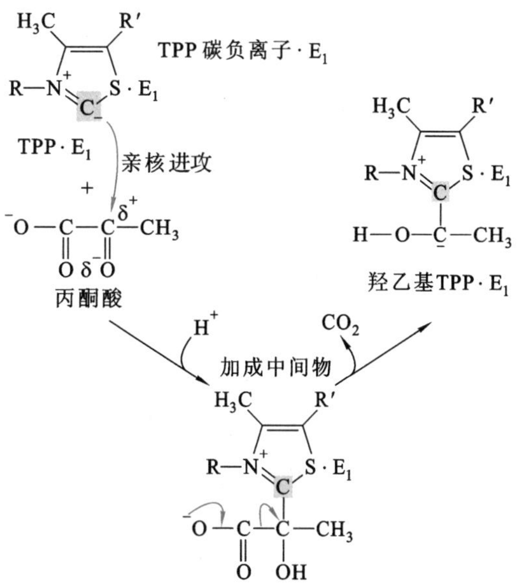

图 9-21　丙酮酸脱氢酶的催化机制

(4) 氧化型硫辛酸的再生

由 E_3 催化,需要 FAD 和 NAD^+。带有 2 个游离巯基的还原型硫辛酸再次通过与 Lys 残基形成的长臂摆动到 E_3 的活性中心,在那里重新被氧化成含有二硫键的形式。而与 E_3 紧密结合的 FAD 先被还原成 $FADH_2$,再被 NAD^+ 氧化成 FAD,NAD^+ 则最终被还原成 NADH。

Quiz18　为什么一个人缺失二氢硫辛酸脱氢酶比缺失丙酮酸脱氢酶危害更严重?

氧化型硫辛酸的再生对于丙酮酸脱氢酶系的持续运转十分重要。砒霜的主要成分是亚砷酸,能与还原型的硫辛酸形成共价的复合物,从而阻止氧化型的再生(图 9-23),这必然会导致整个酶系的失活。实际上,在三羧酸循环中也有一步类似的反应(由 α- 酮戊二酸脱氢酶系催化),因此在细胞内,亚砷酸不仅能抑制丙酮酸转变成乙酰 CoA,还能直接抑制三羧酸循环,可见其对细胞的毒性之大。

(二) 在缺氧或无氧状态下 NADH 和丙酮酸的命运

在细胞处于缺氧或无氧的状态下,NADH 与丙酮酸的命运是相互关联的。虽然不同的生物所采取的手段不一定相同,但是目的完全一致,就是为了保证氧化型辅酶 I 即 NAD^+ 的再生。细胞质

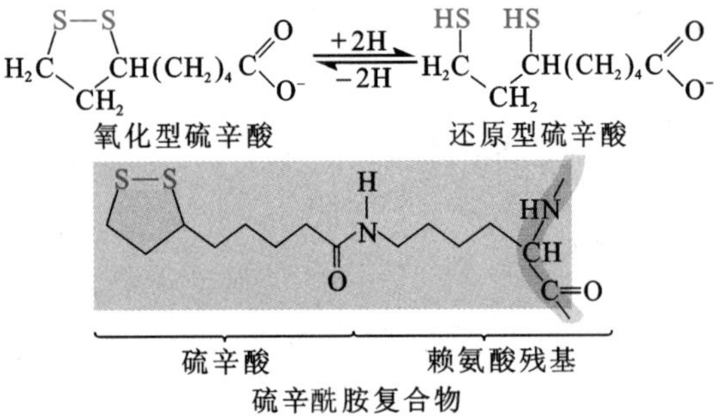

氧化型硫辛酸 $\xrightleftharpoons[-2H]{+2H}$ 还原型硫辛酸

硫辛酸　赖氨酸残基

硫辛酰胺复合物

图 9-22　硫辛酸的化学结构及其与 E_2 的共价连接

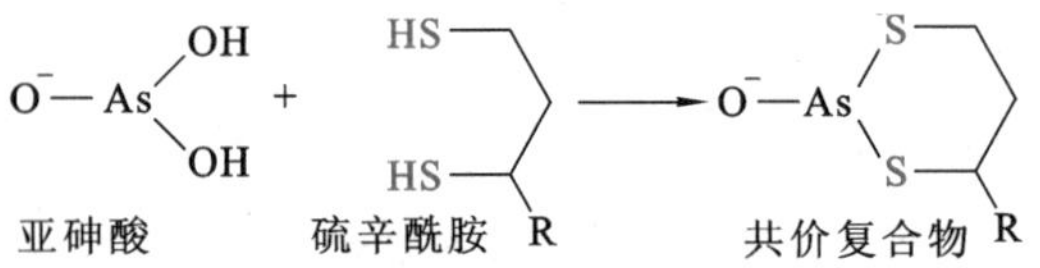

亚砷酸 + 硫辛酰胺 → 共价复合物

图 9-23　砒霜的毒性机制

基质内辅酶Ⅰ的量是一定的，若没有特别的机制让其再氧化的话，那么，随着糖酵解的进行，细胞质基质内的辅酶Ⅰ迟早都被还原了，糖酵解将会因为 NAD^+ 的枯竭而自动停止，这必然导致灾难性的后果。

在无氧或缺氧的条件下，最常见的再生 NAD^+ 的两种方法是乳酸发酵和乙醇发酵（图 9-24）。发酵不但解决了 NAD^+ 再生的问题，而且经常被人类应用于食品工业。例如，乳酸发酵用于制作酸奶和泡菜等，乙醇发酵用于酿酒和制作面包等。

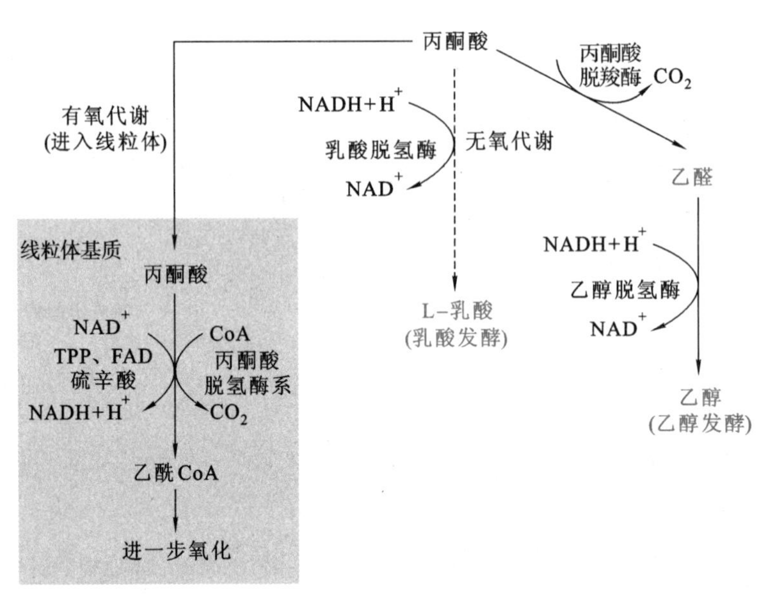

图 9-24　丙酮酸的代谢去向

1. 乳酸发酵

乳酸发酵只有一步反应，就是丙酮酸和 NADH 分别充当氧化剂和还原剂，在乳酸脱氢酶的催化下发生氧化还原反应，NADH 被氧化成 NAD^+，丙酮酸则被还原成乳酸。

Quiz19　人体内还有哪些细胞可以进行乳酸发酵？

能够进行乳酸发酵的生物主要是乳酸杆菌为代表的一些微生物。此外，高等动物的骨骼肌细胞在做剧烈运动时会缺氧，这时就进行乳酸发酵。而哺乳动物成熟的红细胞由于缺乏线粒体，每时每刻都在进行乳酸发酵以再生 NAD^+。

2. 乙醇发酵

乙醇发酵有两步反应：第一步是在依赖于 TPP 的丙酮酸脱羧酶（pyruvate decarboxylase）催化下，丙酮酸脱羧，产生乙醛和 CO_2；第二步是在乙醇脱氢酶的催化下，乙醛与 NADH 发生氧化还原反应，结果乙醛被还原成乙醇，NADH 则被氧化成 NAD^+。

能够进行乙醇发酵的生物主要是酵母。人体虽有乙醇脱氢酶，但无丙酮酸脱羧酶，因此不能进行乙醇发酵，只能分解乙醇。然而有趣的是，人群中有少数人患上了一种罕见的“自动酿酒综合征”(auto-brewery syndrome) 或“肠道发酵综合征”(gut fermentation syndrome)，在他们的肠道里，生活着一种突变的酵母，可利用摄入到体内的糖类作为原料进行发酵产生乙醇。

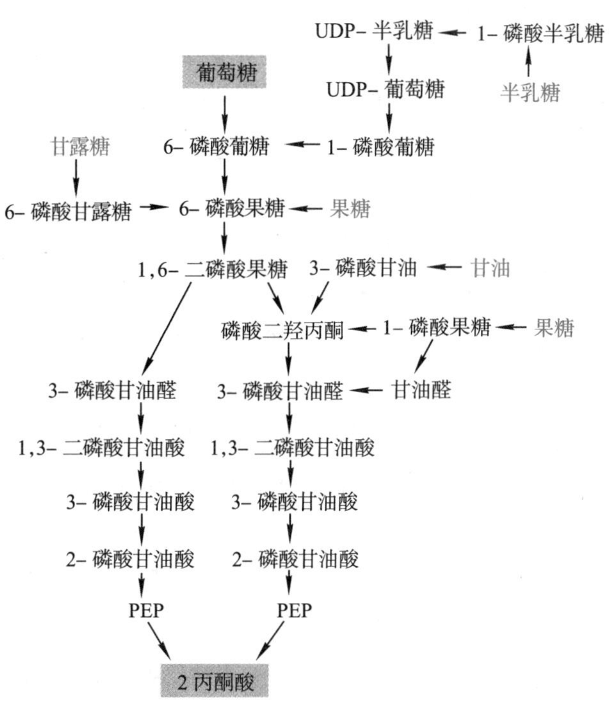

Quiz20 你认为如何治疗自动酿酒综合征?

图 9-25　甘油和其他单糖进入糖酵解的途径

三、其他物质进入糖酵解

前面是以葡萄糖作为起始物质来描述糖酵解的，实际上细胞内还有其他一些物质也可以直接或间接进入糖酵解(图 9-25)，如糖原、果糖、甘露糖、甘油和半乳糖等。

1. 糖原

糖原中的葡糖残基主要经糖原磷酸化酶的催化，被磷酸解成 1- 磷酸葡糖。1- 磷酸葡糖再经磷酸葡糖变位酶的催化，转变为 6- 磷酸葡糖后进入糖酵解。在催化机制上，磷酸葡糖变位酶与糖酵解中的磷酸甘油酸变位酶相似(图 9-26)，但磷酸化的氨基酸残基是 Ser，而不是 His。

2. 果糖

果糖可通过两种方式进入糖酵解：第一种是在己糖激酶的催化下(主要发生在肌细胞和肾细胞中)，形成 6- 磷酸果糖后即可进入；第二种是在果糖激酶的催化下(主要发生在肝细胞中)，转变为 1- 磷酸果糖。1- 磷酸果糖在 1- 磷酸果糖醛缩酶催化下裂解为 DHAP 和甘油醛两种产物，前者可直接进入，后者需在丙糖激酶(triose kinase)的催化下，变成 3- 磷酸甘油醛后即可进入。

3. 甘露糖

甘露糖进入糖酵解的方法十分简单：先是在己糖激酶的催化下转变成 6- 磷酸甘露糖；随后，在磷酸甘露糖异构酶的催化下，6- 磷酸甘露糖异构成 6- 磷酸果糖后进入糖酵解。

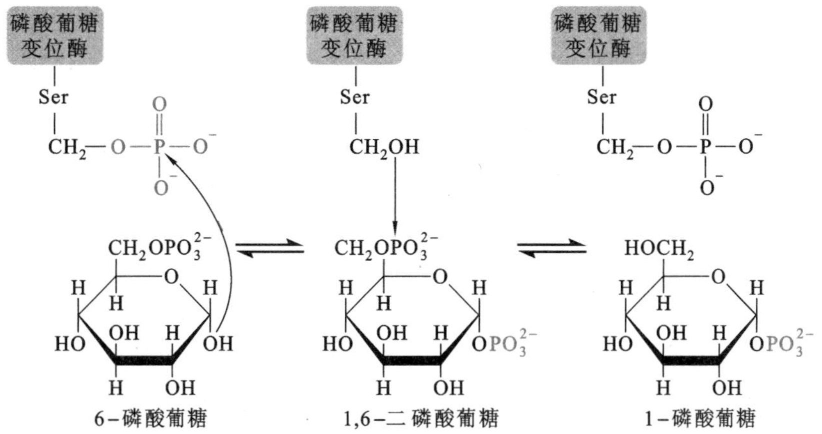

图 9-26　磷酸葡糖变位酶的催化机制

4. 半乳糖

与其他己糖相比，半乳糖进入糖酵解有点复杂，需要通过一种很特殊的代谢途径——Leloir 途径（Leloir pathway）才行（图 9-27）。该途径的基本过程是：首先在半乳糖激酶（galactokinase）的催化下，半乳糖被磷酸化为 1-磷酸半乳糖，然后在 1-磷酸半乳糖尿苷转移酶（galactose-1-phosphate uridylyltransferase）催化下，与尿苷二磷酸葡萄糖（UDP-Glc）起反应，形成尿苷二磷酸半乳糖（UDP-Gal）和 1-磷酸葡糖。1-磷酸葡糖经磷酸葡糖变位酶的催化，转变为 6-磷酸葡糖而进入糖酵解。而 UDP-Gal 在尿苷二磷酸半乳糖 -4 差向异构酶（UDP-Galactose-4 epimerase）催化下，变成它的差向异构体 UDP-Glc，UDP-Glc 可以反复循环使用，使 1-磷酸半乳糖不断转变为 1-磷酸葡糖。

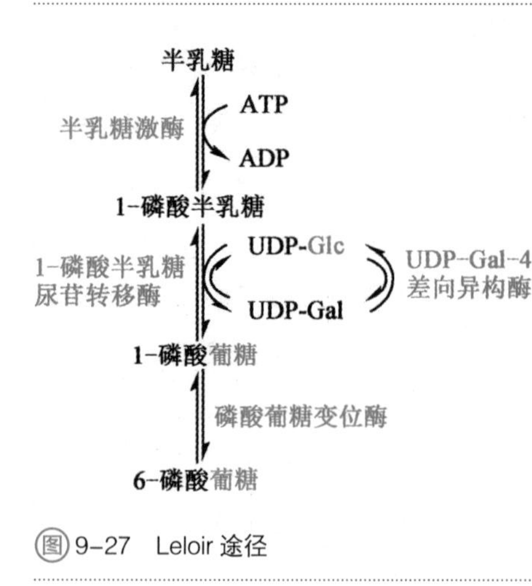

图 9-27　Leloir 途径

理论上来说，任何一种参与半乳糖分解代谢的酶缺乏都会导致半乳糖及其衍生物的堆积，从而引起半乳糖血症（galactosemia）。此代谢病的主要症状有肝肿大、白内障和脑损伤等，目前治疗的方法只能是靠控制食物中半乳糖和乳糖的摄入。

5. 甘油

甘油虽不属于糖，但在细胞内也可以进入糖酵解。先是在甘油激酶（glycerol kinase）的催化下转变为 3-磷酸甘油，然后在磷酸甘油脱氢酶（glycerol phosphate dehydrogenase）催化下，进一步转变为 DHAP，由此进入糖酵解。

四、糖酵解的生理功能

糖酵解作为最古老的代谢途径，几乎存在于所有的细胞中，它对于维持细胞的正常功能是必不可少的，其主要的生理功能如下所述。

1. 产生 ATP

Quiz21 为什么不能说所有的厌氧生物都是以糖酵解作为合成 ATP 的唯一途径？

虽然糖酵解生成 ATP 的效率远远低于糖的有氧代谢，但是对于一些生物和很多细胞来说却是主要的，甚至是唯一合成 ATP 的手段。例如，许多厌氧生物、无氧状态下的兼性生物和哺乳动物成熟的红细胞，它们都是以糖酵解作为产生 ATP 的唯一途径。而体内的某些组织，如缺氧下的肌肉组织以及线粒体数目有限的视网膜和睾丸组织，也以糖酵解作为合成 ATP 的主要途径。

2. 为细胞内其他物质的合成提供原料

糖酵解的许多中间物可以离开糖酵解，作为细胞合成其他物质的前体（图 9-28）。例如，丙酮酸可直接为合成 Ala 提供碳骨架，DHAP 可作为合成甘油的原料，而 1,3-BPG 在红细胞内可转变成 2,3-BPG，6-磷酸葡糖则是糖原合成的前体。

3. 瓦博格效应

瓦博格效应（Warburg effect）是德国生化学家 Otto Heinrich Warburg 在 1920 年发现的，它是指细胞癌变以后胞内糖酵解活性增强的现象。但科学家已在一些正常细胞中发现了瓦博格效应，如活化的效应 T 细胞。那么瓦博格效应产生的生化机制是什么呢？还有瓦博格效应对于癌细胞又有什么好处呢？

导致瓦博格效应发生的因素不止一种，其中有一种是缺氧引起的。体内癌细胞的生长和分裂速度极快，这样容易处于缺氧（hypoxia）的状态。而细胞在缺氧时，一种受缺氧诱导的转录因子 -1α（hypoxia inducible transcription factor 1 alpha，HIF-1α）被激活，并进入细胞核与 DNA 上的缺氧应答元件（hypoxia response element）结合，从而诱导绝大多数参与糖酵解的酶以及参与葡萄糖跨膜转运的 GLUT1 和

GLUT2 的表达，这就通过“量变”的方式提高了糖酵解的活性。

HIF-1α 之所以在缺氧时被激活，是因为在有氧时，它受到一种羟化酶的催化发生羟基化修饰，被修饰的残基是 Pro，羟基中的氧来自氧气。Pro 的羟基化使得 HIF-1α 很容易打上多聚泛酰化“死亡标签”，从而被蛋白酶体降解掉。然而，在缺氧的条件下，HIF-1α 很难发生羟基化修饰，于是在细胞里可以稳定存在，就有机会去激活特定基因的表达。

癌细胞这种对缺氧环境的适应，使之能够生存下来一直到新血管的增生。事实上，HIF-1α 还能同时诱导促进血管生长的血管内皮生长因子（VEGF）的表达。

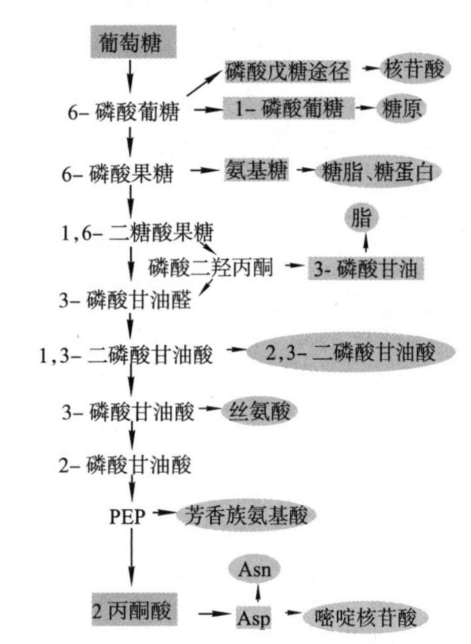

图 9-28 糖酵解某些中间物的代谢流向

瓦博格效应对于癌细胞的“好处”显而易见：这主要是旺盛的糖酵解可产生更多有利于癌细胞生长的中间代谢物。例如，更多的 6- 磷酸葡糖可进入磷酸戊糖途径转变成核糖和 NADPH，作为核苷酸和其他生物分子合成的原料和还原剂。再如，更多的磷酸二羟丙酮可转变为磷酸甘油，而磷酸甘油是生物膜主要成分甘油磷脂合成的原料。还有就是让糖酵解中的许多酶可以更好地做兼职。例如，已糖激酶可与线粒体膜结合保护癌细胞防止其发生凋亡。虽然从产能的效率来看，糖酵解相对于有氧代谢有点低，但是其产生 ATP 的速率更快，大概比氧化磷酸化产生 ATP 的速率快 100 多倍。这样在其活性增强的情况下，仍然可以产生足够的 ATP 满足癌细胞的需要。

Quiz22 结合瓦博格效应，你认为使用糖酵解哪一个酶的抑制剂最有希望用来治疗癌症？

4. 一些酶的兼职功能

在第二章有关蛋白质功能的描述中，已介绍了兼职蛋白的概念并列举了许多重要的例子，其中就提到了几种与糖酵解有关的酶，如磷酸己糖异构酶和 3- 磷酸甘油醛脱氢酶。事实上，糖酵解还有一些兼职蛋白，如醛缩酶可作为胞内葡萄糖水平高低的感应器，帮助细胞实时探测葡萄糖水平，从而让细胞最后能通过改变 AMPK 的活性对细胞内葡萄糖水平的变化及时作出反应。

Quiz23 3- 磷酸甘油醛脱氢酶需要进入细胞核才能做兼职，但是它缺乏信号肽，你认为是如何能够进入细胞核的呢？

糖酵解作为一条维持细胞基本活动必需的代谢途径，在完成它的“本职工作”之外，竟然有近一半的酶“不务正业”作“兼职”，即离开糖酵解，去行使其他功能。这说明随着生物的进化，一些“旧基因”和“老蛋白”完全能够挖掘出新功能，生物的每一项新功能不一定要通过产生新的基因来实现。这同时也提醒每一位从事生命科学研究的人，那些看起来似乎已经研究透的内容照样也能带来新的发现和惊喜！

五、糖酵解的调节

细胞内的任何代谢途径都是受到严格调控的，糖酵解当然也不例外。除了控制底物，即葡萄糖的可得性以外，机体主要是通过调节其中的几个关键限速酶的活性来控制糖酵解。糖酵解的限速酶就是催化三步不可逆反应的酶，即己糖激酶（包括葡糖激酶）、PFK1 和丙酮酸激酶，其中 PFK1 是糖酵解最重要的调节位点。下面就主要以高等动物体为例，分别介绍葡萄糖的可得性对糖酵解的调节以及各限速酶活性的调节机制。

（一）葡萄糖的可得性

葡萄糖是糖酵解的起始底物，其水平的高低直接影响到糖酵解的活性。葡萄糖的可得性受细胞膜上的 GLUT 的调节。迄今为止，已发现多种不同的 GLUT（表 9-4），它们存在于不同类型的细胞膜上。不同的 GLUT 对葡萄糖的亲和力不同，这里可以借用 K_m 来衡量。显然，葡萄糖进入细胞的速率一方面取决于 GLUT 的类型，另一方面还取决于 GLUT 的数目。血糖的平均浓度约 5 mmol·L^{-1}，但饱餐一顿后，可达到 12 mmol·L^{-1}。几乎所有的细胞都含有一种共同的 GLUT3，其对葡萄糖的 K_m 约为 1.8 mmol·L^{-1}，低于血糖的平均浓度。因此，大多数细胞摄入葡萄糖的速率相对恒定，并不受血糖浓度波动的影响。

► 表 9–4　高等动物体内的单糖转运蛋白

转运蛋白	K_m/(mmol·L^{-1})	底物	表达部位
GLUT1	1 ~ 2	葡萄糖，半乳糖，甘露糖	红细胞，血脑屏障
GLUT2	15 ~ 20	葡萄糖，果糖	肝、小肠、肾，胰腺 β 细胞、脑
GLUT3	1.8	葡萄糖	广泛存在
GLUT4	5	葡萄糖	骨骼肌、心肌和脂肪细胞
GLUT5	6 ~ 11	果糖	小肠
SGLT1	0.35	葡萄糖（$2Na^+$），半乳糖	小肠
SGLT2	1.6	葡萄糖（$1Na^+$）	肾

然而，肝细胞和胰的 β 细胞等含有的是 GLUT2，其 K_m 高达 15 ~ 20 mmol·L^{-1}。因此，这两种细胞摄入葡萄糖的速率与血糖浓度成正比。这对肝细胞和胰的 β 细胞的生理功能极为重要，一方面该 GLUT 使胰的 β 细胞能直接监测出血糖水平，以此来调节胰岛素的分泌，另一方面，也保证了人体血糖高的情况下肝细胞能快速摄入葡萄糖，以将其转变成糖原贮备起来，在饥饿的时候，再将葡萄糖转运给其他组织，特别是脑细胞。

肌细胞和脂肪细胞含有的是 GLUT4，其对葡萄糖的 K_m 约为 5 mmol·L^{-1}。与其他 GLUT 不同的是，GLUT4 在膜上的数目受到胰岛素的快速调节。胰岛素的分泌能促进它们从胞内的小泡膜移位到细胞膜上，使得肌细胞和脂肪细胞在血糖偏高的情况下，能吸收更多的葡萄糖，并分别将其转化成肌糖原和脂肪贮存起来。

Quiz24 你认为脑细胞质膜上的 GLUT 属于什么类型？为什么？

（二）己糖激酶和葡糖激酶的调节

调节己糖激酶活性的主要方式是反应产物即 6– 磷酸葡糖对它的反馈抑制。当糖酵解在其他位点受到抑制的时候，6– 磷酸葡糖的利用受阻导致了它在细胞内的堆积，多余的 6– 磷酸己糖作为反馈抑制剂能进一步减弱糖酵解作用。

与己糖激酶不同的是，葡糖激酶并不受到 6– 磷酸葡糖的抑制，但作为一种诱导酶，葡糖激酶在肝细胞内的浓度受到胰岛素的控制。饱餐一顿以后，体内的血糖浓度骤升，这时胰岛素分泌量提高。胰岛素一方面能诱导肝细胞膜上 GLUT2 的表达以使血液中大量的葡萄糖进入肝细胞(降低血糖的浓度)，另一方面还能诱导葡糖激酶基因的表达，以使大量涌入肝细胞的葡萄糖能够迅速被磷酸化为 6– 磷酸葡糖。形成的 6– 磷酸葡糖绝大多数并不进入糖酵解，而是转变成糖原。由此可见，葡糖激酶不受 6– 磷酸葡糖的反馈抑制，有助于机体在葡萄糖充裕的情况下，及时将它们贮存起来，以备不时之需。但是，葡糖激酶的活性受到葡糖激酶调节蛋白（GKRP）的调节。GKRP 在与葡糖激酶结合以后，既控制它的活性，又可影响到它在细胞中的定位。当肝细胞内的葡萄糖水平由于禁食或其他因素下降到某一阈值后，一方面葡糖激酶的活性下降，另一方面 GKRP 与葡糖激酶结合，促使其进入细胞核，以没有活性的形式暂时储存在细胞核中；反之，当肝细胞内的葡萄糖水平因为进食或其他因素而上升到某一阈值后，葡糖激酶即与 GKRP 解离，然后回到细胞质基质，催化葡萄糖的磷酸化。

（三）PFK1 的调节

PFK1 作为糖酵解最重要的限速酶，直接控制进入糖酵解途径的葡萄糖和其他几种己糖的流量，因此机体对它的调控是最复杂的，同时也是最精妙的。

PFK1 是一个复杂的多亚基蛋白，调节其活性的主要手段是别构调节。有两组别构效应物能够改变它的活性，一组为别构抑制剂，包括 ATP 和柠檬酸，它们能够抑制 PFK1 的活性；另一组为别构激活剂，包括 AMP、ADP 和 2,6- 二磷酸果糖（F-2,6-BP），它们能够激活 PFK1 的活性。细胞选用这些物质作为 PFK1 的别构效应物的意义在于以下几个方面：①对细胞的能量状态迅速做出反应（ATP、ADP 和 AMP 之间的相对比例）；②对细胞内替代性燃料（如脂肪酸和酮体）的使用做出反应（柠檬酸）；③对血液中胰岛素和胰高血糖素的比例变化做出反应（F-2,6-BP）。

1. ATP 的别构抑制

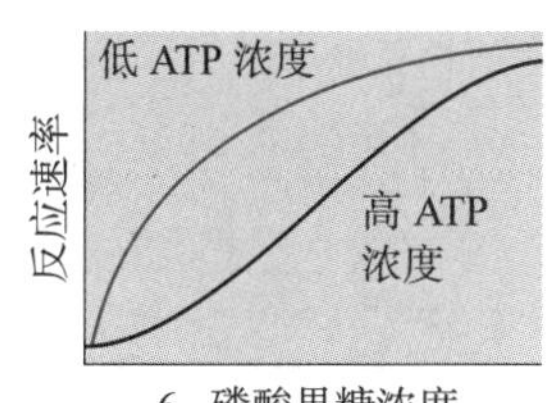

图 9-29 ATP 浓度对 PFK1 的活性影响

ATP 对 PFK1 的别构抑制反映了在细胞处于较高的能量状态时（ATP 浓度较高），理应将产能途径“降温”，从而使细胞的合成代谢活跃起来。但问题是 ATP 如何既能作为 PFK1 的底物，又作为它的抑制剂呢？原来，PFK1 分子上有两个 ATP 结合位点，一个是酶的活性中心，另一个是别构中心。它们与 ATP 的亲和力不一样，显然前者的亲和力较高。当细胞的能量状态较低时，ATP 只会与 PFK1 的活性中心结合，这时绝大多数酶处于 R 态，PFK1 与底物 F-6-P 的动力学曲线为双曲线（图 9-29）。糖酵解以正常的速率进行，以使细胞产生足够的 ATP。相反，当细胞的能量状态较高时，ATP 就有机会与酶的别构中心结合。一旦两者结合，酶的构象就发生变化，迅速从 R 态变为 T 态，这时酶与 F-6-P 的结合曲线大幅度地向右倾斜，变成了 S 型，于是酶对 F-6-P 的亲和力降低了，其活性自然就受到了抑制。

Quiz25 预测 PFK1 对其底物 ATP 所做的动力学分析的曲线的形状会是什么？为什么？

氧气对糖酵解的抑制效应即巴斯德效应（Pasteur effect）与 ATP 的抑制作用有关：在有氧的时候，生物体利用有氧代谢产生大量的 ATP，高水平的 ATP 作为别构抑制剂，通过抑制 PFK1 而抑制了糖酵解。

2. 柠檬酸的别构抑制

柠檬酸作为三羧酸循环的中间物，实际上也是一种细胞能量状态的“指示剂”。当细胞内其他燃料大量氧化，并经过三羧酸循环和氧化磷酸化合成大量 ATP 而导致细胞的能量状态大幅度提高时，三羧酸循环将被削弱，柠檬酸因此而积累，并通过线粒体内膜上的转运蛋白离开线粒体进入细胞质基质，并且作为别构抑制剂抑制 PFK1 的活性。事实上，柠檬酸在细胞质基质还能激活脂肪酸合成的限速酶——乙酰 CoA 羧化酶，这可以让细胞在富能的时候把多余的能量转化成脂肪贮存起来。

3. AMP 和 ADP 的别构激活

AMP 和 ADP 也是细胞能量状态的“指示剂”。当细胞内的能量状态较高的时候，它们的浓度就很低，这时很难作为 PFK1 的别构激活剂起作用；相反，当细胞内的能量状态较低的时候，AMP 和 ADP 的浓度就比较高，这时能够作为 PFK1 的别构激活剂激活该酶的活性，使更多的底物进入糖酵解氧化分解以提高细胞的能量状态。与 ADP 相比，AMP 的效果更佳，细胞内其他一些与能量代谢有关的酶也多用它作为别构效应物。

Quiz26 为什么与 ADP 相比，AMP 用做别构效应物的效果更佳？

4. F-2,6-BP 的别构激活

F-2,6-BP 被视为 PFK1 最重要的别构激活剂，有实验表明，如果哺乳动物细胞缺乏它，糖酵解将难以进行。合成 F-2,6-BP 的反应是由磷酸果糖激酶 2（PFK2）催化，需要 Mg^{2+}。此反应也是不可逆反应。

F-6-P 被磷酸化成 F-2,6-BP 以后，就意味着它进入了代谢的死端，因为后者在细胞内不能被进一步代谢。但在 2,6- 二磷酸果糖磷酸酶（fructose 2,6-bisphosphatase，F-2,6-BPase）催化下，F-2,6-BP 可以重新转变为 F-6-P。值得称奇的是，PFK2 是一种双功能酶，它同时还具有 F-2,6-BPase 的活性。然而，同一种酶如何具有两个完全相反的酶活性呢？

原来 PFK2 由两个相同的亚基组成，每一个亚基含有 2 个不同结构域，即激酶结构域和磷酸酶结构域，它们分别靠近 N 端和 C 端。决定该酶究竟采取哪一个酶活性，主要由磷酸化修饰控制。

对于肝细胞中的 PFK2 来说，在靠近 N 端的 Ser32 发生磷酸化以后，激酶的活性受到抑制，而磷酸酶的活性则受到激活（图 9-30）。催化 Ser32 磷酸化修饰的是 PKA，而激活 PKA 的主要是饥饿时机体分泌的胰高血糖素。

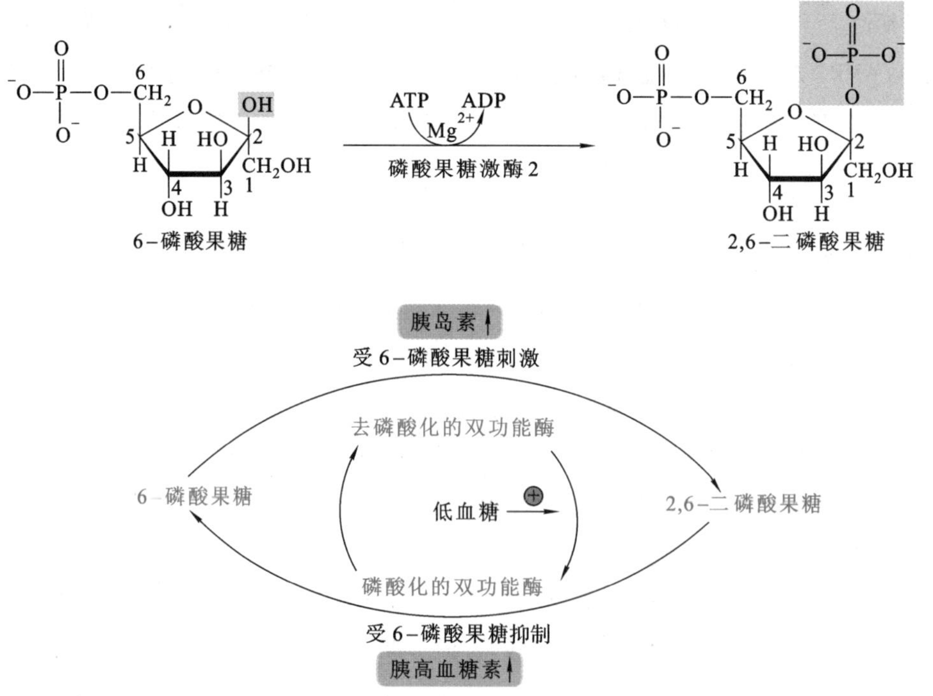

图 9-30 肝细胞 PFK2 和 F-2,6-BPase 的活性调节和相互转变

当机体因饥饿血糖浓度下降时，则胰高血糖素开始分泌，并随血液循环到达肝细胞，在那里与位于肝细胞膜表面的受体结合，通过 AC 系统激活肝细胞内的 PKA，PKA 催化 PFK2 的磷酸化，从而关闭其激酶的活性，同时激活其磷酸酶的活性。F-2,6-BPase 活性被激活以后，将 F-2,6-BP 水解成 F-6-P，PFK1 的活性因缺乏 F-2,6-BP 的激活而受到抑制，糖酵解也因此受到了抑制，与此同时，细胞内糖异生和脂肪酸的氧化则被激活。在被胰高血糖素作用后，肝细胞所发生的种种代谢变化的目的只有一个，那就是阻止葡萄糖的分解，促进葡萄糖的合成，从而最终提高血糖的浓度（图 9-31）。

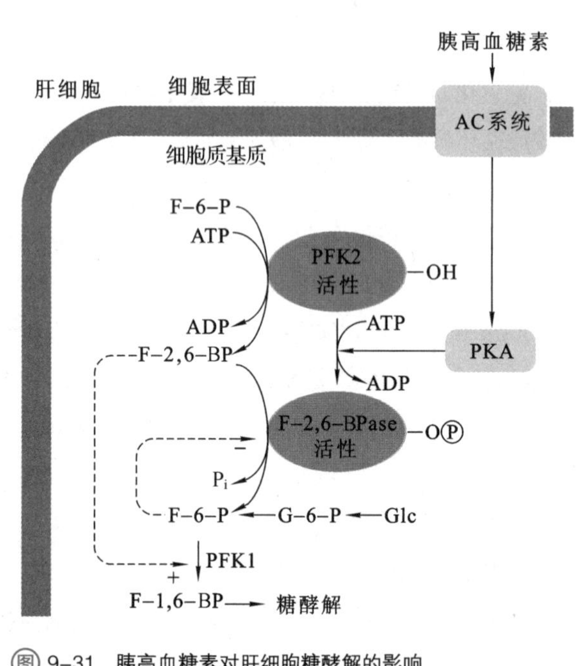

图 9-31 胰高血糖素对肝细胞糖酵解的影响

相反，如果血糖浓度上升，胰岛素则开始分泌，并随血液循环到达肝细胞，通过肝细胞膜表面的 RTK 系统，激活肝细胞内特殊的磷蛋白磷酸酶。被激活的磷蛋白磷酸酶催化 F-2,6-BPase 的去磷酸化，从而关闭其磷酸酶的活性，同时激活其激酶的活性。PFK2 活性被激活以后，将 F-6-P 磷酸化成 F-2,6-BP，PFK1 的活性因 F-2,6-BP 的结合而受到激活，糖酵解也因此受到了激活。与此同时，细胞内糖异生和脂肪酸的氧化则受到抑制，糖原合成和脂肪酸的合成加强。由此可见，在被胰岛素作用后，肝细胞所发生的种种代谢变化的目的也只有一个，那就是促进葡萄糖的分解和糖原合成，阻止葡萄糖的合成，并最终降低血糖的浓度。

因此，F-2,6-BP 是合成还是水解完全由血液中胰岛素和胰高血糖素的比例决定，而它在合成和水解之间的切换使得机体能够对血糖浓度的变化迅速做出反应。

（四）丙酮酸激酶的调节

丙酮酸激酶“把守”着糖酵解的出口，因此也是一个很重要的调节位点。调节丙酮酸激酶活性有两种方式：一种是别构调节，另一种是磷酸化修饰。不过，不同类型的细胞使用的丙酮酸激酶是不同的同工酶，它们的调控机制不尽相同。其中，肌肉、心脏和脑细胞中的丙酮酸激酶既不受别构调节又不受磷酸化修饰，肾和红细胞中的丙酮酸激酶只受别构调节，小肠细胞中的丙酮酸激酶只受磷酸化修饰，肝细胞中的丙酮酸激酶同时受两种方式的调节。

Quiz27 你如何理解肌肉、心脏和脑细胞中的丙酮酸激酶既不受别构调节，又不受磷酸化修饰？

调节丙酮酸激酶的别构效应物有 ATP、Ala 和 F-1,6-BP。其中 ATP 和 Ala 是别构抑制剂，F-1,6-BP 是别构激活剂（图 9-32A）。ATP 抑制丙酮酸激酶活性的原理类似于 ATP 抑制 PFK1，而 F-1,6-BP 以前馈激活（feed-forward activation）的方式作用于丙酮酸激酶，可保证通过 PFK1 这一关的 F-1,6-BP 能够尽快“走完”全程，特别是有利于醛缩酶催化的第 4 步反应向前推进。

丙酮酸激酶的磷酸化修饰是由 PKA 催化的（图 9-32B），而 PKA 的激活又受胰高血糖素作用控制。丙酮酸激酶一旦发生磷酸化修饰，就失去活性。

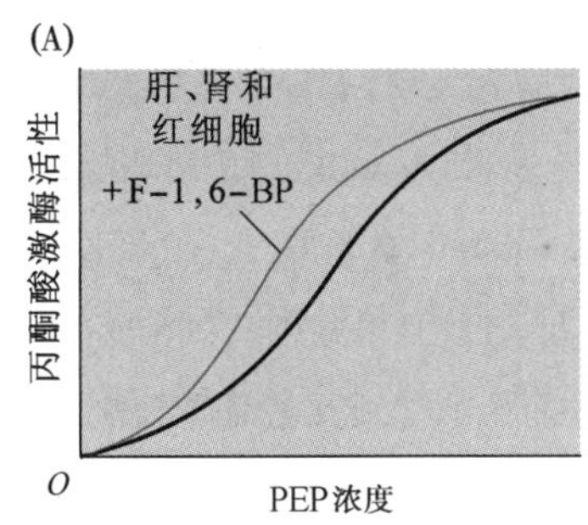

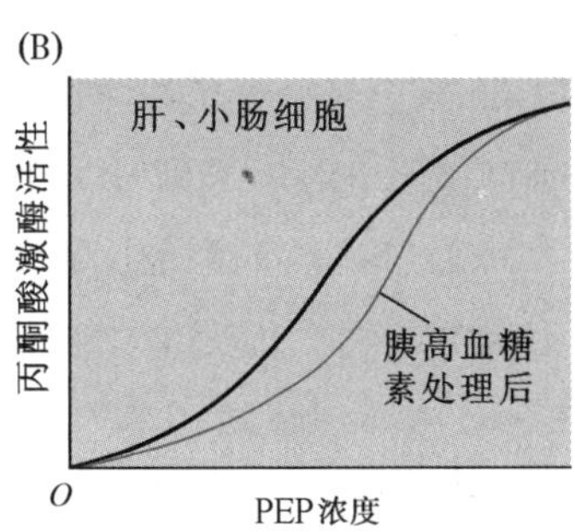

图 9-32 丙酮酸激酶的活性调节

Box9.2 去高海拔地区，人体内 2,3-BPG 水平为什么会升高？

在学习血红蛋白的结构与功能的时候，我们认识了 2,3-BPG。要想搞清楚去高海拔地区人体内 2,3-BPG 水平升高的生化机制，需要先搞清楚 2,3-BPG 在红细胞内是如何合成以及又是如何分解的。

实际上长期以来，人们一直认为，2,3-BPG 的合成和分解由一个双功能酶即 2,3- 二磷酸变位酶（2,3-bisphosphoglycerate mutase）催化，该酶兼有 2,3-BPG 磷酸酶（2,3-bisphosphoglycerate phosphatase）活性。因此，红细胞内的 2,3-BPG 的水平由这个双功能酶两个不同的酶的相对活性来控制。有一种机制认为，红细胞内的 2,3-BPG 的浓度受到负反馈机制的调控。由于脱氧血红蛋白与 2,3-BPG 的亲和力高于氧合血红蛋白，因此，人体在缺氧的条件下（例如从低海拔到高海拔或心肺功能长期受损），脱氧血红蛋白的浓度增大，游离的 2,3-BPG 随之下降，此时二磷酸甘油酸变位酶受到的反馈抑制减弱，2,3-BPG 的合成就增加，人体内 2,3-BPG 的水平随之上升。

然而，2008 年 3 月 6 日，由美国加州大学圣地亚哥分校（UCSD）Jaiesoon Cho 等人发表在 *P.N.A.S.* 上题为“Dephosphorylation of 2,3-bisphosphoglycerate by MIPP expands the regulatory capacity of the Rapoport-Luebering glycolytic shunt”的研究论文，最终让我们知道，原来在我们的红细胞内存在另外一种 2,3-BPG 磷酸酶，可去除磷酸。该酶由先前鉴定的多重肌醇多磷酸磷酸酶 1（multiple inositol polyphosphate phosphatase 1，MIPP1）的基因编码。他们的研究证明它具有双重底物特异性，即可以水解 2,3-BPG。正是它的活性变化，让你去高海拔地区后体内 2,3-BPG 的水平会上升。

高海拔引起的通气过度造成 CO_2 过度排出，必将导致低碳酸血症和红细胞内碱化，同时缺氧促使血红蛋白释放氧气，其对质子的亲和力增加，也会引起细胞内碱化。MIPP1 催化的 2,3-BPG 去磷酸化对

pH 值特别敏感，当 pH 在 7 到 7.4 的生理范围内升高时，该酶的活性降低了 50%，从而使得红细胞内的 2,3-BPG 水平上升。因此，MIPP1 非常适合响应 pH 和组织需氧量变化而调节红细胞 2,3-BPG 水平的任务。这种升高的细胞内 pH 值增加 2,3-BPG 的水平，从而促进血红蛋白释放更多的氧气。

第三节　三羧酸循环

三羧酸循环（tricarboxylic acid cycle，TCA cycle）也称为柠檬酸循环（citric acid cycle）或 Krebs 循环，它一般需要氧气的存在，因此主要存在于有氧生物体内。如果是真核细胞，发生在线粒体；如果是原核细胞，则发生在细胞质基质中。作为一条不定向代谢途径，它既是糖类、脂类和蛋白质在细胞内最后氧化分解的共同代谢途径，又在很多生物分子的合成代谢中发挥重要的作用。

一、三羧酸循环的发现

与 TCA 循环有关的研究最早始于 20 世纪初，当时有人发现，剁碎的动物组织悬液在无氧条件下，能够将某些小分子有机酸上的氢转移到一种叫甲烯蓝（methylene blue）的染料上，甲烯蓝因接受氢被还原，并从蓝色变为无色。这些有机酸包括琥珀酸（succinate）、富马酸（fumarate）、苹果酸（malate）和柠檬酸（citrate）等。但相同的动物组织悬液在有氧条件下，这些有机酸则被氧化成 CO_2 和 H_2O。

1937 年，Albert Szent-Györgyi 发现，在将上述少量的有机酸加到含有葡萄糖的组织悬液中以后，氧气的消耗猛增，远远高于它们本身氧化所需要的量。于是，Szent-Györgyi 认为，在有氧状态下，这些有机酸对葡萄糖的氧化具有催化作用。后来他又发现，琥珀酸脱氢酶的特异性抑制剂——丙二酸（malonate）能够抑制许多不同的动物组织悬液对氧气的利用。这就表明了琥珀酸是组织有氧代谢所必需的一种成分。

图 9-33　Hans Krebs（1900—1981）

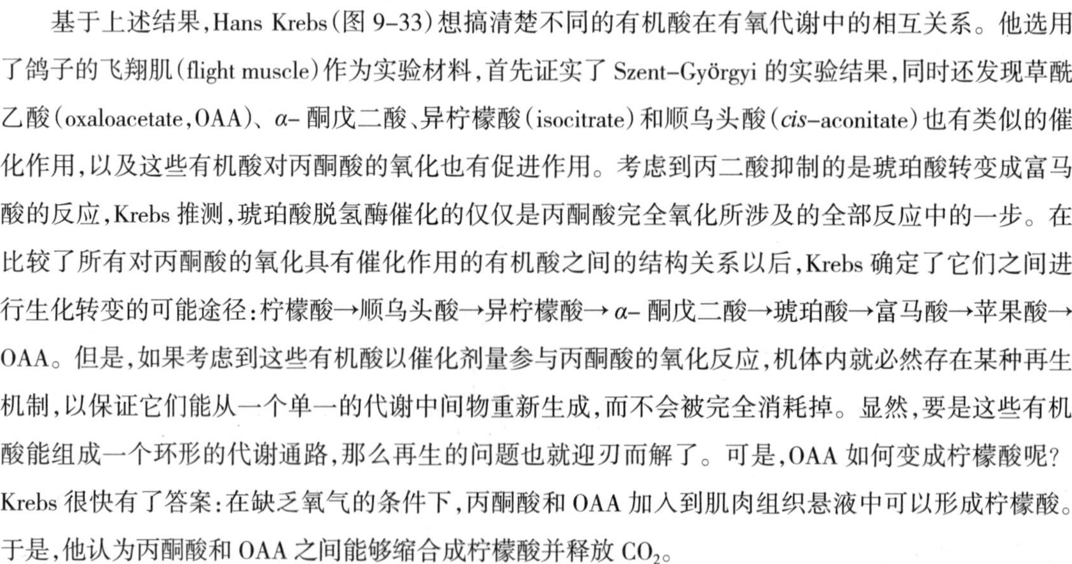

基于上述结果，Hans Krebs（图 9-33）想搞清楚不同的有机酸在有氧代谢中的相互关系。他选用了鸽子的飞翔肌（flight muscle）作为实验材料，首先证实了 Szent-Györgyi 的实验结果，同时还发现草酰乙酸（oxaloacetate，OAA）、α- 酮戊二酸、异柠檬酸（isocitrate）和顺乌头酸（*cis*-aconitate）也有类似的催化作用，以及这些有机酸对丙酮酸的氧化也有促进作用。考虑到丙二酸抑制的是琥珀酸转变成富马酸的反应，Krebs 推测，琥珀酸脱氢酶催化的仅仅是丙酮酸完全氧化所涉及的全部反应中的一步。在比较了所有对丙酮酸的氧化具有催化作用的有机酸之间的结构关系以后，Krebs 确定了它们之间进行生化转变的可能途径：柠檬酸→顺乌头酸→异柠檬酸→ α- 酮戊二酸→琥珀酸→富马酸→苹果酸→OAA。但是，如果考虑到这些有机酸以催化剂量参与丙酮酸的氧化反应，机体内就必然存在某种再生机制，以保证它们能从一个单一的代谢中间物重新生成，而不会被完全消耗掉。显然，要是这些有机酸能组成一个环形的代谢通路，那么再生的问题也就迎刃而解了。可是，OAA 如何变成柠檬酸呢？Krebs 很快有了答案：在缺乏氧气的条件下，丙酮酸和 OAA 加入到肌肉组织悬液中可以形成柠檬酸。于是，他认为丙酮酸和 OAA 之间能够缩合成柠檬酸并释放 CO_2。

Krebs 提出的循环假说很快得到了其他一些实验证据的支持。证据之一是，在受到丙二酸抑制的肌肉组织切片中，加入环路中的任何有机酸，包括琥珀酸氧化的直接产物富马酸，均能导致琥珀酸的堆积；证据之二是，在大量的丙酮酸氧化受到丙二酸抑制的情况下，加入 OAA、苹果酸或者富马酸都能刺激化学剂量的丙酮酸发生反应，但如果加入的是琥珀酸，就没有任何效果。

上述证据不仅证明了丙酮酸的氧化需要与 OAA 缩合成柠檬酸，还说明了随后的反应的确构成了环式的代谢通路。Krebs 因此荣获了 1953 年的诺贝尔生理学或医学奖。

二、三羧酸循环的全部反应

在最初提出的 TCA 循环环路中，Krebs 并没有真正解释丙酮酸是如何与 OAA 缩合成柠檬酸的。实际上，丙酮酸并不能直接与 OAA 缩合成柠檬酸，它只有在转变成乙酰 CoA 以后，由乙酰 CoA 与 OAA 才能缩合成柠檬酸。关于丙酮酸转变成乙酰 CoA 的反应已在糖酵解中详细介绍过，但此反应并不是细胞内生成乙酰 CoA 的唯一途径，在脂肪酸分解代谢和氨基酸分解代谢中也会生成乙酰 CoA。

Quiz28 许多儿童在婴儿阶段缺乏丙酮酸脱氢酶，对于这些婴儿在饮食上你有什么好的建议？

(一) 反应历程

完整的 TCA 循环共由 8 步反应组成，其中 3 步是不可逆反应(图 9-34)。

1. 柠檬酸的合成

这是 TCA 循环的第一步反应，为不可逆反应，由柠檬酸合酶(citrate synthase)催化，反应的性质属于有机化学中的克莱森酯缩合反应(Claisen condensation)(图 9-35)。

柠檬酸合酶通常由两个相同的亚基组成，它可被视为酶"诱导契合"模型的又一典型代表(图 9-36)：在没有底物结合的时候，酶的两个亚基的构象是开放型(open form)的。一旦结合了底物，则被诱导成紧密型或封闭型(closed form)。其反应动力学为序列有序(sequential ordered)型，在反应中，OAA 首先与酶活性中心结合，这种结合迅速诱导活性中心的构象发生显著的变化，从而创造出乙酰

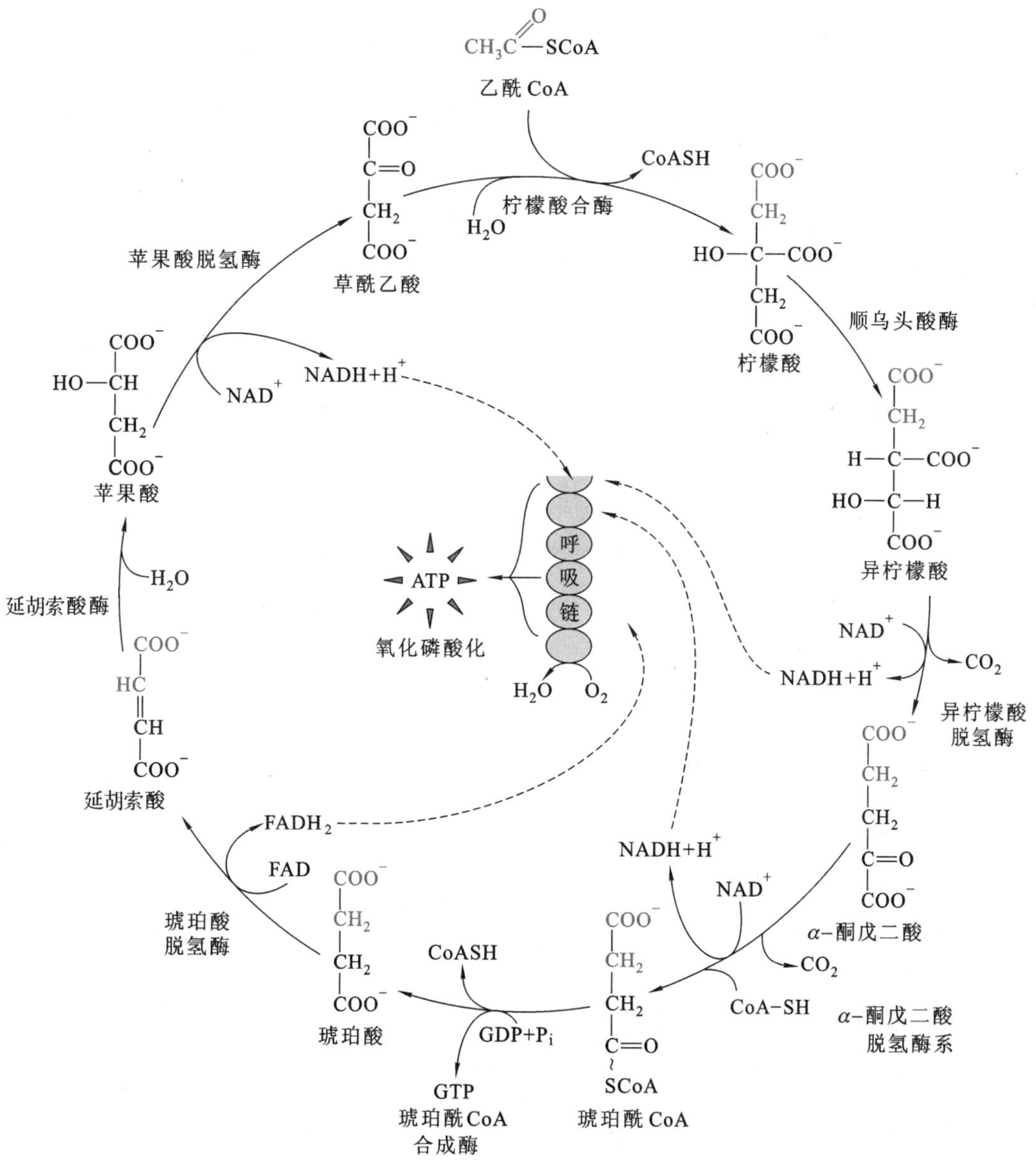

图 9-34 完整的 TCA 循环

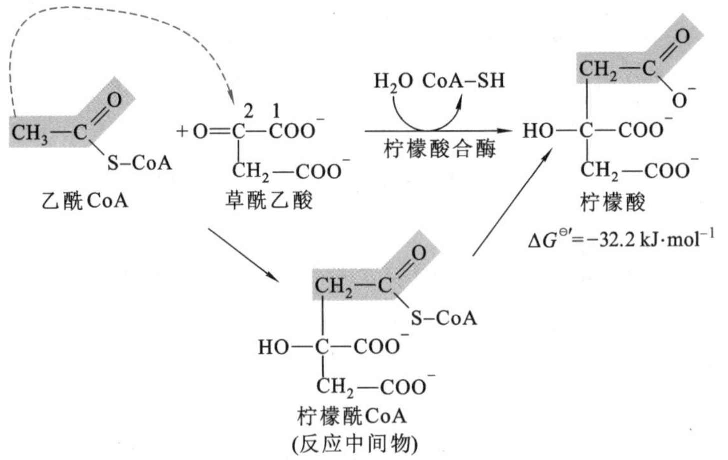

$CH_3-C(=O)-S\text{-}CoA$ + $O=\overset{2}{C}(-\overset{1}{COO^-})-CH_2-COO^-$ $\xrightarrow[\text{柠檬酸合酶}]{H_2O\ \ CoA\text{-}SH}$ $HO-C(-COO^-)(-CH_2-COO^-)-CH_2-COO^-$

乙酰CoA　草酰乙酸　柠檬酸

$\Delta G^{\ominus\prime}=-32.2\ kJ\cdot mol^{-1}$

$CH_2-C(=O)-S\text{-}CoA$ / $HO-C-COO^-$ / CH_2-COO^-

柠檬酰CoA
(反应中间物)

图 9-35　柠檬酸的合成

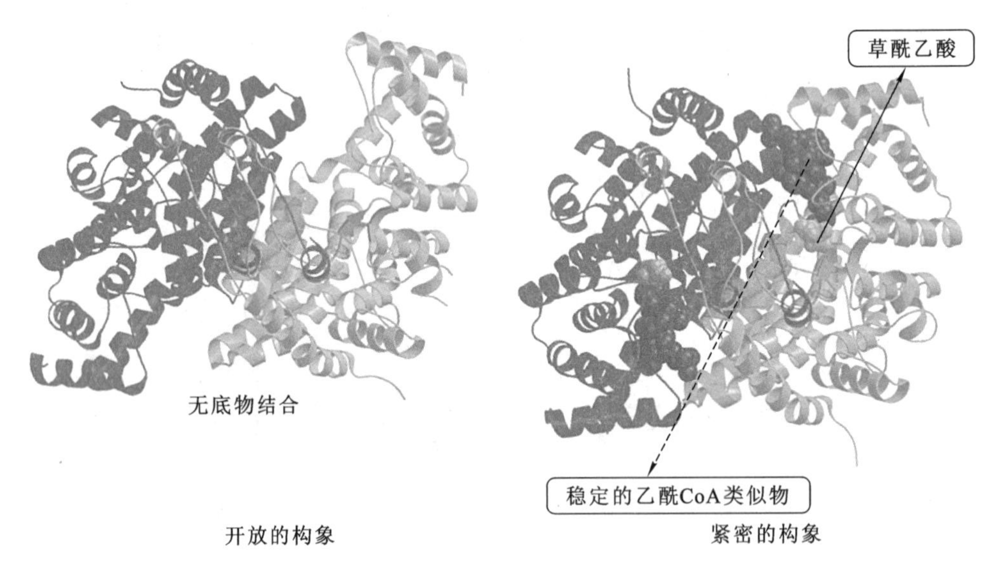

图 9-36　柠檬酸合酶的两种构象

CoA的结合位点。随后，乙酰CoA结合到酶的活性中心，并与OAA形成中间产物——柠檬酰CoA，这时，酶的构象再次发生变化，远离活性中心的一个Asp残基被拉到柠檬酰CoA的硫酯键附近，对其进行催化。于是，硫酯键很快被切开，终产物CoA和柠檬酸被依次释放。

在催化过程中，柠檬酸合酶所发生的由底物OAA和中间产物柠檬酰CoA分别诱导的两次构象变化，既防止了乙酰CoA的提前释放，又大大降低了乙酰CoA在活性中心被Asp残基水解成乙酸的可能性。

Quiz29 有人把氟代乙酸称为自杀性底物，你认为合适吗？糖酵解有一种类似的抑制剂，你还记得是哪个吗？

乙酸的类似物——氟代乙酸(fluroacetate)是TCA循环强烈的抑制剂，因此有人将其作为灭鼠药的成分。它也存在于一些有毒的植物体内，例如疯草(locoweed)。动物误吃了这一类植物，会发生中毒。然而，氟代乙酸在细胞内并不直接抑制TCA循环，而是先在乙酰CoA合成酶催化下形成氟代乙酰CoA，氟代乙酰CoA再与OAA缩合生成氟代柠檬酸(图9-37)。氟代柠檬酸可抑制顺乌头酸酶的活性。

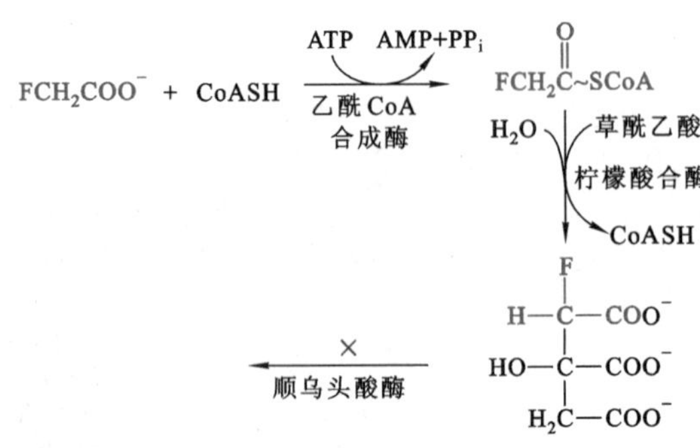

图 9-37　氟代乙酸在细胞内的代谢转变及其对TCA循环的影响

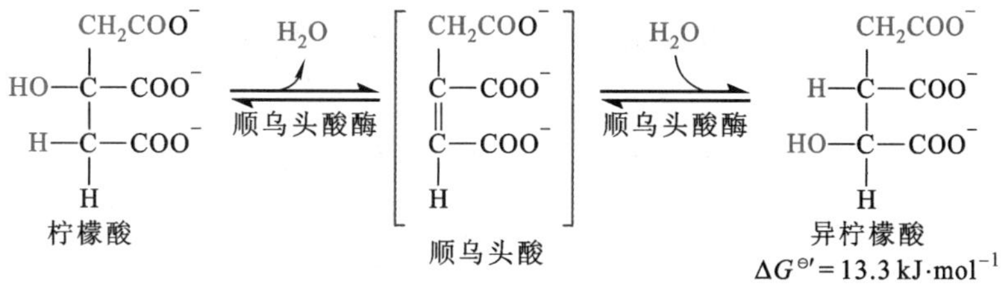

柠檬酸 $\xrightleftharpoons[\text{顺乌头酸酶}]{H_2O}$ [顺乌头酸] $\xrightleftharpoons[\text{顺乌头酸酶}]{H_2O}$ 异柠檬酸

柠檬酸：CH_2COO^- / HO—C—COO^- / H—C—COO^- / H

顺乌头酸：CH_2COO^- / C—COO^- ‖ C—COO^- / H

异柠檬酸：CH_2COO^- / H—C—COO^- / HO—C—COO^- / H

$\Delta G^{\ominus\prime} = 13.3\ kJ \cdot mol^{-1}$

图 9-38　异柠檬酸的形成

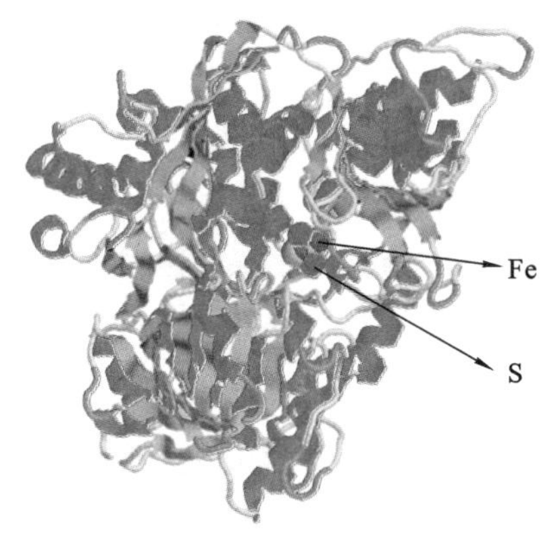

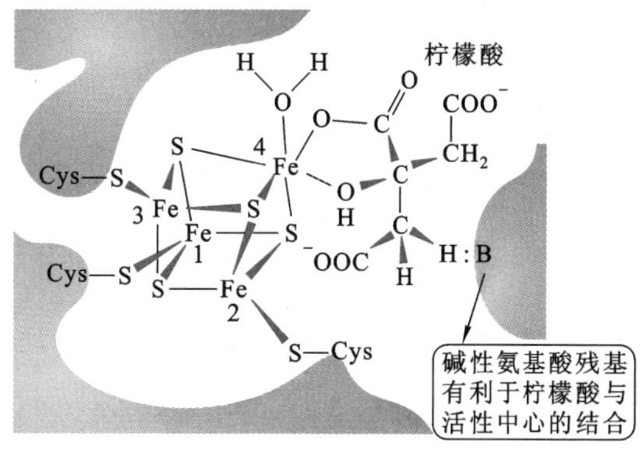

图 9-39　铁硫蛋白在顺乌头酸酶反应中的作用

2. 异柠檬酸的形成

这是一步将柠檬酸转变为 L- 异柠檬酸的异构化反应。反应经过顺乌头酸中间物，由顺乌头酸酶（*cis*-aconitase）催化（图 9-38）。

顺乌头酸酶含有铁硫蛋白，其铁硫簇直接参与催化反应（图 9-39）。

已在哺乳动物细胞内发现两种顺乌头酸酶：一种位于线粒体基质参与 TCA 循环，另外一种位于细胞质基质，其功能主要是作为细胞内铁离子的感应器，参与铁蛋白与转铁蛋白受体在翻译水平上的表达调控。

需要特别注意的是，在形成的异柠檬酸分子中，羟基只会与来自 OAA 而绝对不会与来自乙酰 CoA 的 β- 碳原子相连（图 9-40）。这里涉及的机制可以用酶与底物结合的“三点附着”模型来解释（参看第四章“酶的结构与功能”）。

尽管在反应达到平衡时（在 25℃和 pH 7.4 条件下），柠檬酸、顺乌头酸和异柠檬酸各占 90%、4% 和 6%，但在下一步高度放能的不可逆反应中，异柠檬酸作为底物很容易被消耗，致使这一步反应仍然能以较快的速率向正反应方向进行。

柠檬酸转变成异柠檬酸是 TCA 循环必不可少的一步，原因是柠檬酸在结构上并非氧化反应的良好底物，但异柠檬酸却不一样，经过异构化，其三级羟基（tertiary-OH）变成了易氧化的二级羟基（secondary-OH）。

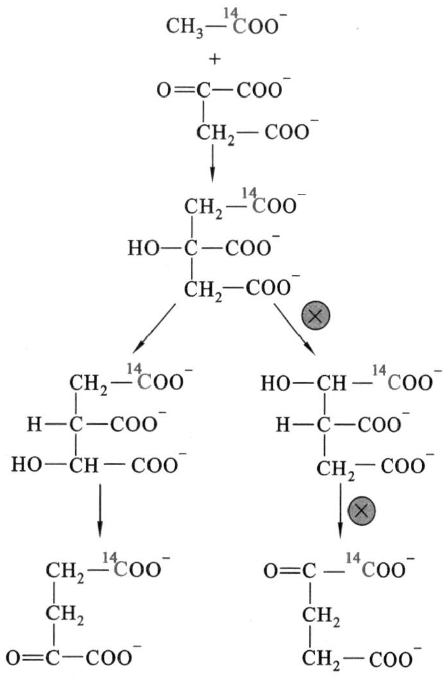

3. 异柠檬酸的氧化脱羧

这是一步不可逆的氧化脱羧反应，由异柠檬酸脱

$CH_3—{}^{14}COO^-$ + O=C—COO^- / $CH_2—COO^-$

↓

$CH_2—{}^{14}COO^-$ / HO—C—COO^- / $CH_2—COO^-$

↙ 　　　　↘ ⊗

$CH_2—{}^{14}COO^-$ / H—C—COO^- / HO—CH—COO^- 　　HO—CH—${}^{14}COO^-$ / H—C—COO^- / $CH_2—COO^-$

↓ 　　　　↓ ⊗

$CH_2—{}^{14}COO^-$ / CH_2 / O=C—COO^- 　　O=C—${}^{14}COO^-$ / CH_2 / $CH_2—COO^-$

图 9-40　顺乌头酸酶催化反应中产物的立体专一性

氢酶(isocitrate dehydrogenase, IDH)催化。反应分为两步,先是脱氢,形成草酰琥珀酸(oxalosuccinate),然后是 β 脱羧,产生 CO_2 和 α- 酮戊二酸(图 9-41)。

Quiz30 有一种 IDH 的抑制剂叫"Ivosidenib",现在被用来治疗一种急性骨髓性白血病。你认为其中的生化机制会是什么?

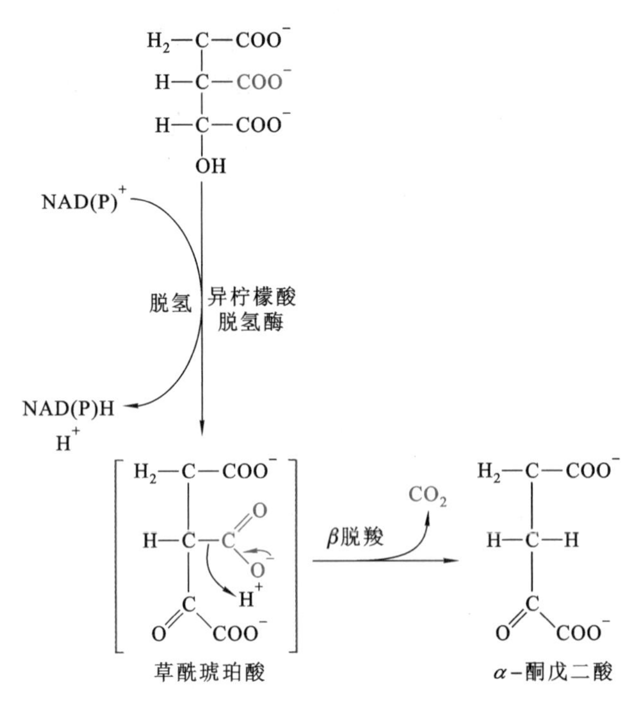

图 9-41 异柠檬酸的氧化脱羧

4. α- 酮戊二酸的氧化脱羧

这一步反应与丙酮酸的氧化脱羧十分相似,由 α- 酮戊二酸脱氢酶、二氢硫辛酸转琥珀酰酶(dihydrolipoyl transsuccinylase)和二氢硫辛酸脱氢酶三个酶组成的 α- 酮戊二酸脱氢酶系催化(图 9-42)。

Quiz31 为什么异柠檬酸脱氢酶和 α- 酮戊二酸脱氢酶这两个脱氢酶催化的反应也是不可逆反应?

显然,抑制丙酮酸氧化脱羧的亚砷酸也能强烈抑制这一步反应。

5. 底物水平的磷酸化

这是 TCA 循环内唯一的一步底物水平磷酸化反应,由琥珀酰 CoA 合成酶(succinyl-CoA synthetase)催化,酶的命名根据逆反应的性质而定(图 9-43)。

Quiz32 人体有的细胞含有 GDP 专一性的琥珀酰 CoA 合成酶,有的细胞含有 ADP 专一性的琥珀酰 CoA 合成酶。你认为心肌细胞和肝细胞中含有哪一种?

有两种琥珀酰 CoA 合成酶,分别对 GDP 和 ADP 呈专一性,它们在不同的生物或不同的细胞中的分布不尽相同,例如植物细胞一般使用 ADP 专一性的。

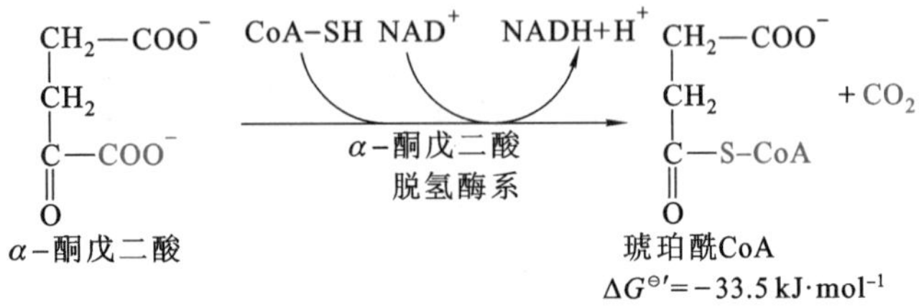

α-酮戊二酸 + CoA-SH + NAD^+ →(α-酮戊二酸脱氢酶系)→ 琥珀酰CoA + CO_2 + $NADH+H^+$

$\Delta G^{\ominus\prime}=-33.5\ kJ\cdot mol^{-1}$

图 9-42 α- 酮戊二酸的氧化脱羧

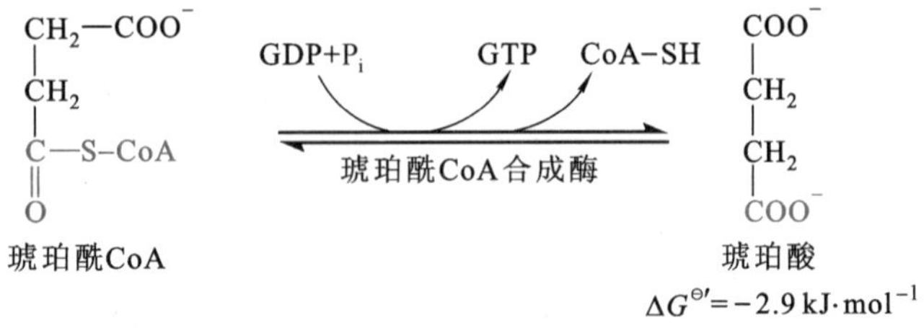

琥珀酰CoA + $GDP+P_i$ ⇌(琥珀酰CoA合成酶)⇌ 琥珀酸 + GTP + CoA-SH

$\Delta G^{\ominus\prime}=-2.9\ kJ\cdot mol^{-1}$

图 9-43 三羧酸循环中的底物水平的磷酸化

6. 琥珀酸的脱氢

这是 TCA 循环中的第 3 次脱氢反应,由琥珀酸脱氢酶催化,产物是反丁烯二酸。反丁烯二酸也叫延胡索酸或富马酸(图 9-44)。丙二酸是该酶的竞争性抑制剂。

琥珀酸脱氢酶还是构成呼吸链复合体Ⅱ的主要成分,它的结构与功能参看第八章"生物能学与生物氧化"。

7. L- 苹果酸的形成

这是一步水合反应,由延胡索酸酶或富马酸酶催化(图 9-45)。

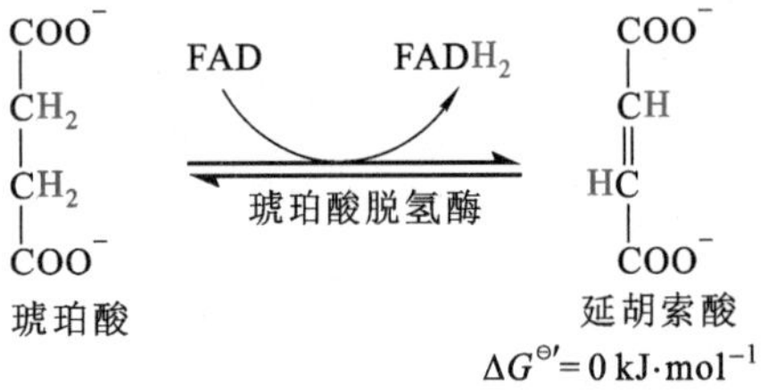

琥珀酸 + FAD ⇌(琥珀酸脱氢酶)⇌ 延胡索酸 + $FADH_2$

$\Delta G^{\ominus\prime}=0\ kJ\cdot mol^{-1}$

图 9-44 琥珀酸的脱氢

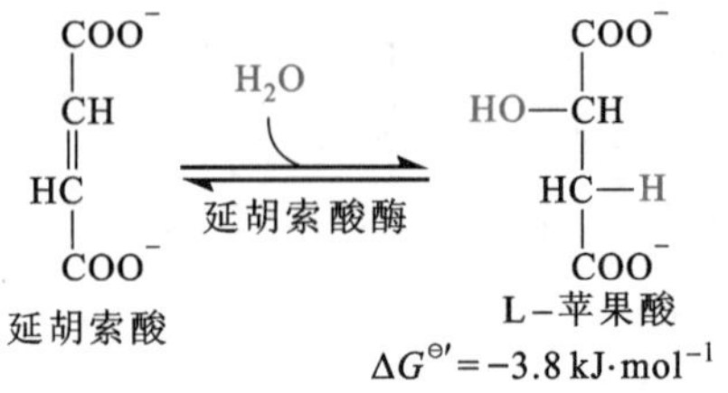

延胡索酸 + H_2O ⇌(延胡索酸酶)⇌ L-苹果酸

$\Delta G^{\ominus\prime}=-3.8\ kJ\cdot mol^{-1}$

图 9-45 L- 苹果酸的形成

8. OAA 的再生

这是 TCA 循环的最后一步反应，也是 TCA 循环中的第 4 次脱氢反应，由苹果酸脱氢酶催化（图 9–46）。尽管在热力学上极不利于正反应的进行，但是在体内，反应产物 OAA 可以迅速被下一步不可逆反应所消耗，NADH 则进入呼吸链被彻底氧化，因此，整个反应被“强行拉向”了正反应。

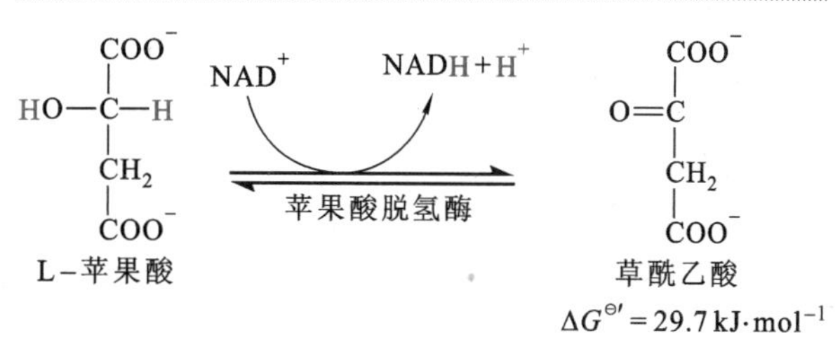

图 9–46 草酰乙酸的再生

（二）三羧酸循环小结

TCA 循环的总反应式为：

乙酰 CoA + $3NAD^+$ + FAD + GDP + P_i + $2H_2O$ → $2CO_2$ + 3NADH + $FADH_2$ + GTP + $2H^+$ + CoA

其中几个重要的特征归纳如下。

（1）只有 1 步底物水平磷酸化反应，产生的能量货币是 GTP 或 ATP。

（2）有 2 步氧化脱羧反应，致使一开始虽然有 2 个 C 原子随着乙酰 CoA 进入循环，但在随后的反应中又有 2 个 C 原子离开。需要特别注意的是，离开的 2 个 C 原子并非是最初进入的那 2 个，而是来源于 OAA。

（3）有 3 步不可逆反应，先后由柠檬酸合酶、异柠檬酸脱氢酶和 α– 酮戊二酸脱氢酶催化，构成三步限速步骤，它们是三羧酸循环的调节对象。

（4）还有 4 步脱氢反应，先后由异柠檬酸脱氢酶、α– 酮戊二酸脱氢酶、琥珀酸脱氢酶和苹果酸脱氢酶催化，使得有 4 对电子和氢原子离开循环，并进入呼吸链进一步氧化产生更多的 ATP。

（5）有 2 个水分子被消耗，分别作为柠檬酸合酶和延胡索酸酶的底物。

（6）氧气并不直接参与循环，但它的存在是 TCA 循环正常进行所必需的。只有在有氧条件下，NAD^+ 和 FAD 才能通过呼吸链的氧化得以再生，循环内的 4 步氧化还原反应才可以持续进行。否则，循环最终会因为 NAD^+ 和 FAD 的缺乏而自动停止。

Quiz33 三羧酸循环中哪一个酶始终整合在膜上的？

Quiz34 三羧酸循环有哪几个酶的催化具有立体专一性？

三、三羧酸循环的生理功能

TCA 循环作为需氧生物最重要的代谢途径之一，主要的生理功能如下所述。

（1）作为需氧生物体内所有代谢燃料最终氧化分解的共同代谢途径。

（2）与呼吸链偶联可产生更多的 ATP。1 分子葡萄糖彻底氧化成 CO_2 和 H_2O 能够产生 30 ~ 32 分子的 ATP（表 9–5）。

表 9–5 一分子葡萄糖彻底氧化过程中的 ATP 收支情况

与 ATP 合成相关的反应	合成 ATP 的方式	合成 ATP 的量
糖酵解（包括氧化磷酸化）		5 或 6 或 7
己糖激酶	消耗 ATP	−1
PFK1	消耗 ATP	−1
磷酸甘油酸激酶	底物水平磷酸化	+2
丙酮酸激酶	底物水平磷酸化	+2
3– 磷酸甘油醛脱氢酶（NADH）	氧化磷酸化	+3 或 +4 或 +5（取决于 NADH 通过何种途径进入呼吸链）
丙酮酸脱氢酶系	氧化磷酸化	2 × 2.5 = 5
TCA 循环		20
异柠檬酸脱氢酶（NADH）	氧化磷酸化	2.5 × 2 = 5
α– 酮戊二酸脱氢酶系（NADH）	氧化磷酸化	2.5 × 2 = 5
琥珀酰 CoA 合成酶	底物水平磷酸化	1 × 2 = 2
琥珀酸脱氢酶（$FADH_2$）	氧化磷酸化	1.5 × 2 = 3
苹果酸脱氢酶（NADH）	氧化磷酸化	2.5 × 2 = 5
总 ATP 量		30 或 31 或 32

(3) 提供多种生物分子合成的前体，参与合成代谢(图 9–47)。例如，柠檬酸可离开 TCA 循环，在线粒体内膜上的柠檬酸运输蛋白的帮助下进入细胞质基质，然后在 ATP 柠檬酸裂合酶的催化下一分为二，形成草酰乙酸和乙酰 CoA，其中乙酰 CoA 既是脂肪酸和胆固醇的生物合成的原料，又是细胞核中的组蛋白乙酰化修饰的乙酰基的供体；再如，α- 酮戊二酸既可以作为底物，经转氨基反应转变成谷氨酸，还可以作为辅助底物参与许多需要氧气的由加氧酶(oxygenase)或羟化酶催化的氧化反应；还有，在高等动物细胞内，顺乌头酸可转变为衣康酸(itaconic acid，又称亚甲基琥珀酸)，形成的衣康酸可离开细胞作为抑制剂抑制乙醛酸循环中的异柠檬酸裂合酶，从而可抑制进入动物体内的细菌的生长和繁殖。

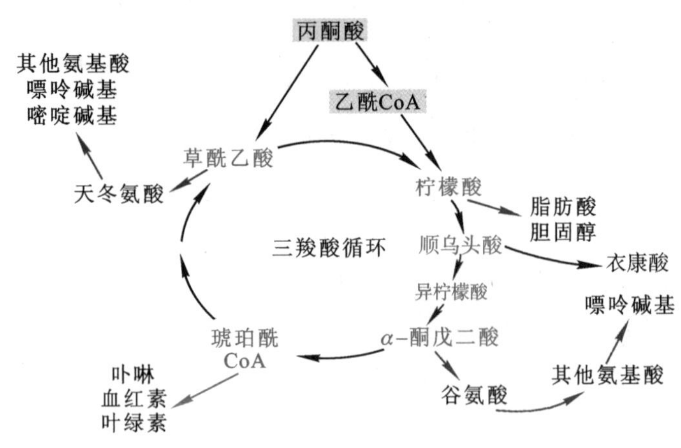

图 9–47　TCA 循环中间物的去向

Quiz35 有人说柠檬酸可以减肥，对此你信吗？为什么？

(4) 循环中的某些中间物可作为别构效应物，去调节其他代谢途径。这主要与柠檬酸有关，它在细胞质基质中，还能行使三项调节功能：一是作为 PFK1 的别构抑制剂，抑制糖酵解的活性；二是作为 1,6- 二磷酸果糖磷酸酶的别构激活剂，激活糖异生；三是作为乙酰 CoA 羧化酶的别构激活剂，刺激脂肪酸的生物合成。

(5) 产生 CO_2。1 分子乙酰 CoA 进入 TCA 循环可产生 2 分子 CO_2。CO_2 的功能往往容易被忽视，但实际上它在生物体内除了能够调节酸碱平衡以外，还可以作为羧化反应碳单位的供体。

(6) 有一些厌氧细菌和古菌，例如栖泥绿菌(*Chlorobium limicola*)和嗜热氢杆菌(*Hydrogenobacter thermophiles*)利用还原性三羧酸循环(reductive TCA cycle，rTCA)进行 CO_2 的同化。rTCA 循环也称为逆向 TCA 循环(reverse TCA cycle)(图 9–48)，它不是将乙酰 CoA 氧化分解成 CO_2，而是将 CO_2 同化成

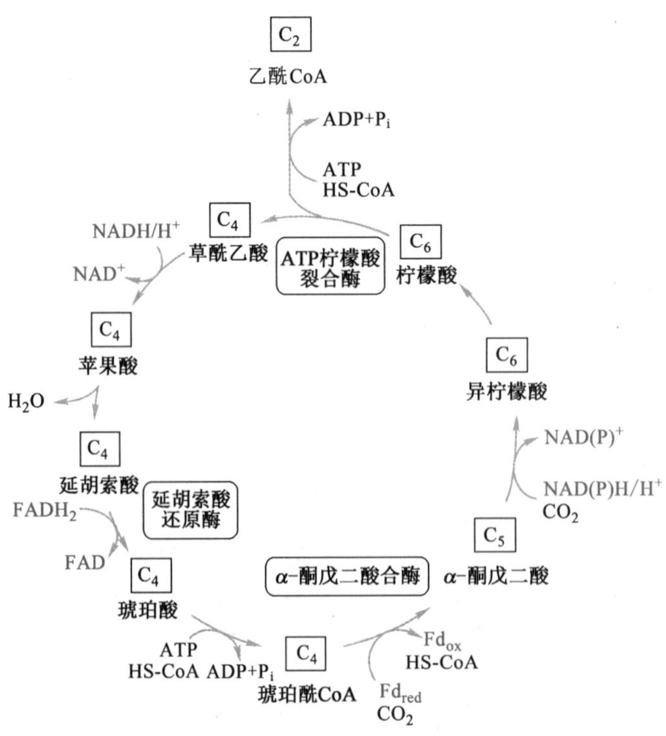

图 9–48　还原性三羧酸循环

有机分子，因此它是消耗 ATP 和高能电子的过程，其中高能电子来自 NADH、$FADH_2$ 或铁还原蛋白(Fd)，其中一些酶与 TCA 循环完全一样，但也有的反应由不同的酶催化。例如，将柠檬酸裂解成草酰乙酸和乙酰 CoA 的 ATP 柠檬酸裂合酶(ATP citrate lyase)。

四、乙醛酸循环

对于植物、许多微生物(如大肠杆菌和酵母)以及某些无脊椎动物来说，它们能够使用乙酸这样的二碳单位来作为唯一的碳源。这是因为在它们的体内，有乙醛酸循环(glyoxylate cycle)。该途径实际上是 TCA 循环的变化形式。

Quiz36 你知道乙醛酸循环是谁发现的吗？

当然，乙酸并不能直接进入乙醛酸循环，它在细胞内必须先在乙酰 CoA 合成酶催化下，被活化成乙酰 CoA。

乙醛酸循环的前两步和最后一步反应与 TCA 循环是一样的，但在异柠檬酸形成后出现了“分歧”：在 TCA 循环中异柠檬酸被 IDH 催化形成 α- 酮戊二酸，但在乙醛酸循环中则被异柠檬酸裂合酶(isocitrate lyase)裂解成乙醛酸和琥珀酸。

乙醛酸循环与 TCA 循环的主要差别有(图 9-49)：①在每一轮循环中，前者有 2 个乙酰 CoA 进入，后者只有 1 个乙酰 CoA 进入；②乙醛酸循环只产生 NADH，不产生 $FADH_2$；③乙醛酸循环无底物水平磷酸化反应，故不产生 ATP；④乙醛酸循环不生成 CO_2，但每一轮 TCA 循环有 2 个 CO_2 的释放。

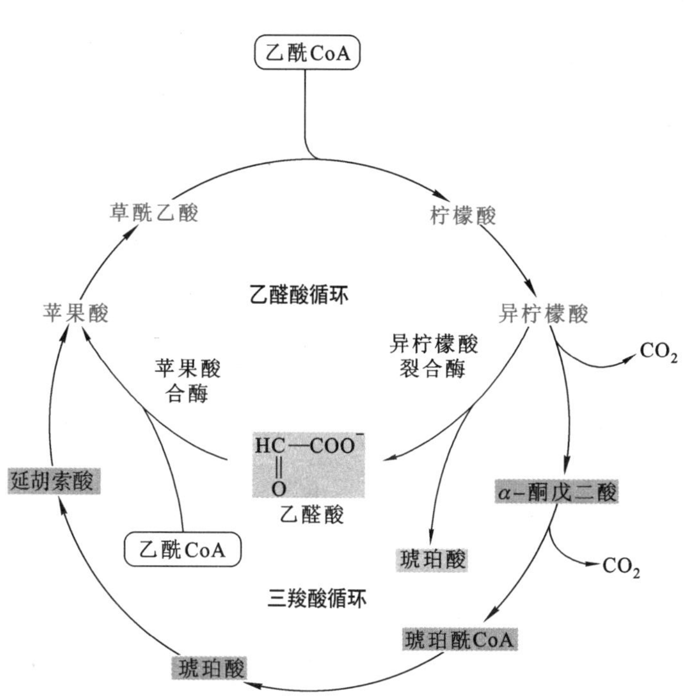

图 9-49　乙醛酸循环与 TCA 循环的比较

为什么具有乙醛酸循环的生物能够以乙酸作为唯一的碳源呢？这是因为每当 1 分子乙酰 CoA 进入 TCA 循环，最后总有 2 个碳以 CO_2 的形式丢掉了。然而，乙酰 CoA 进入乙醛酸循环，就跳过了两次脱羧反应，并无碳单位的损失，而是净合成了琥珀酸。琥珀酸可离开乙醛酸循环体，再进入线粒体，经 TCA 循环形成 OAA，作为糖异生的原料。

在植物细胞中，乙醛酸循环被限制在一种特殊的细胞器即乙醛酸循环体(glyoxysome)内，但这种细胞器并不出现在植物所有的细胞中，也不会始终存在。当富含油脂的种子发芽的时候，乙醛酸循环体即在胞内形成。形成的乙醛酸循环体使得脂肪在植物细胞转变成葡萄糖成为可能，这对于尚不能通过光合作用合成葡萄糖的细胞来说尤为重要。

五、三羧酸循环的回补反应

在理论上，虽然只要有 1 分子 OAA 就可以让 TCA 循环不断地进行下去，但如果 OAA 太少，TCA 循环只会以极低的速度进行。由于 TCA 循环中的多种代谢中间物可被其他代谢途径利用作为生物合成的原料，因此细胞内若没有一种机制及时补充被“挪作它用”的 OAA 或其他代谢中间物的话，TCA 循环迟早就会受到不利的影响。实际上，细胞已经预备了若干回补反应（anaplerotic reaction），可以及时补充被其他途径消耗的 TCA 循环的中间物，提高细胞对“二碳单位”的氧化速度。

Quiz37 你如何理解线粒体内膜上没有运输 OAA 进出线粒体的转运蛋白？

TCA 循环的回补反应可在 OAA、α- 酮戊二酸、琥珀酰 CoA 和苹果酸这 4 个位点进行（图 9-50）。

(1) OAA 的回补。这是回补反应的主要形式，相关的酶有 PEP 羧化酶（PEP carboxylase）、丙酮酸羧化酶（pyruvate carboxylase）和 PEP 羧激酶。这三种酶在不同生物和不同组织中的分布并不相同，其中 PEP 羧化酶主要分布在细菌、酵母和高等植物中，丙酮酸羧化酶主要存在于动物的肝和肾中，而 PEP 羧激酶则主要分布在动物的心肌和骨骼肌中。

(2) α- 酮戊二酸的回补。由线粒体基质中的谷丙转氨酶催化的转氨基反应或谷氨酸脱氢酶催化的氧化脱氨基反应，均可以将谷氨酸转化为 α- 酮戊二酸。

(3) 琥珀酰 CoA 的回补。Ile、Val、Met、Thr 和奇数脂肪酸在细胞内均可以被氧化成琥珀酰 CoA。

(4) 苹果酸的回补。此反应由苹果酸酶（malic enzyme）催化，广泛存在于各种生物之中。

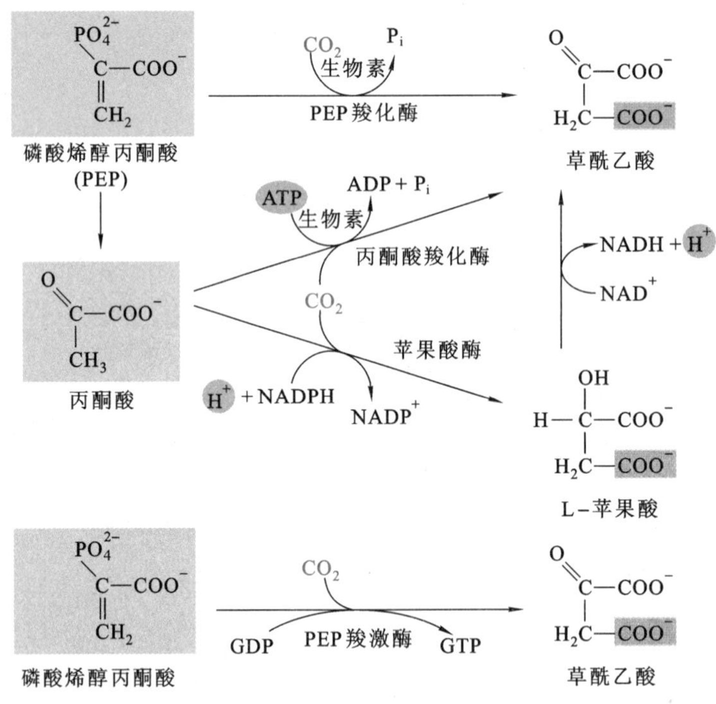

图 9-50　草酰乙酸的回补反应

六、TCA 循环的调控

为了适应细胞对能量的需求，TCA 循环受到严格的调控，而调控的对象主要是柠檬酸合酶、异柠檬酸脱氢酶和 α- 酮戊二酸脱氢酶（图 9-51）。此外，乙酰 CoA 是 TCA 循环的底物，因此，机体还可以通过控制它的形成来控制 TCA 循环。

1. 柠檬酸合酶的调控

对柠檬酸合酶的调控方式主要为别构调节。细胞高能状态的指示剂、反应的中间产物或终产物，如 ATP、NADH 和琥珀酰 CoA，均可作为负别构效应物来抑制该酶的活性，而细胞低能状态的指示剂 ADP 可作为正别构效应物来刺激该酶的活性。此外，高浓度的柠檬酸可以通过竞争的方式反馈抑制柠檬酸合酶。

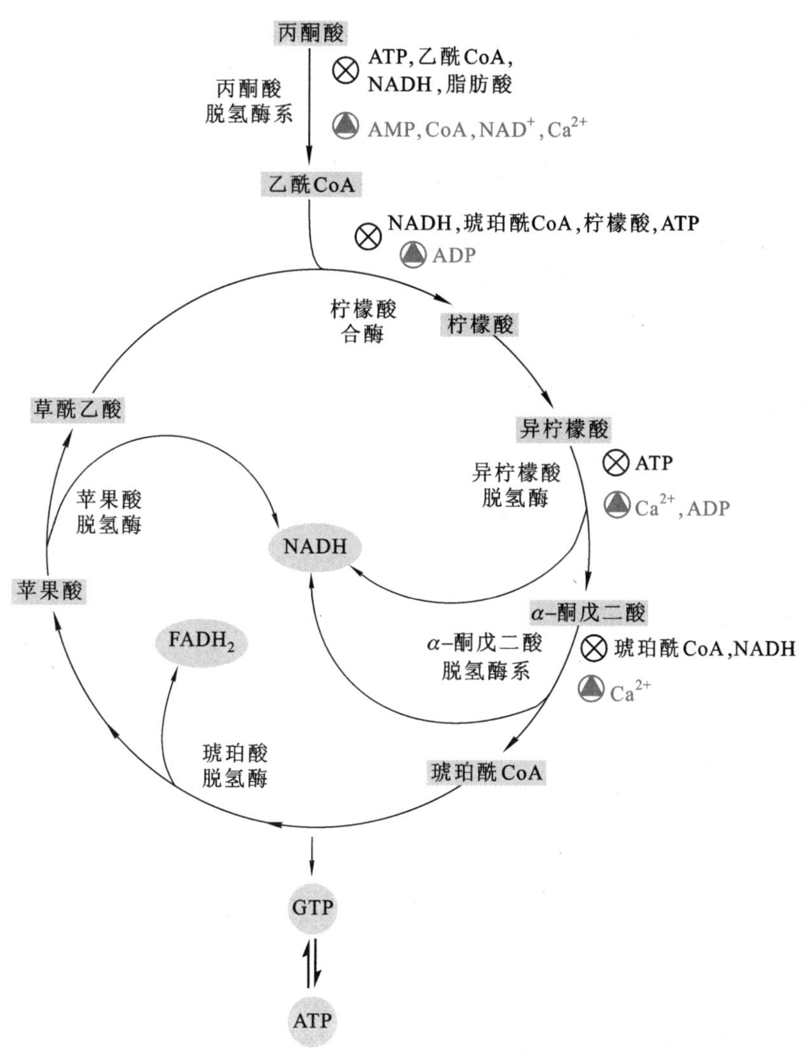

图 9-51　TCA 循环途径及其调控

2. 异柠檬酸脱氢酶的调控

对 IDH 的调控也是别构调节,作为 IDH 负别构效应物的是 ATP 和 NADH,正别构效应物是 ADP 和 Ca^{2+}。细胞选择 Ca^{2+} 作为 IDH 及后面要讨论的 α- 酮戊二酸脱氢酶和丙酮酸脱氢酶的别构激活剂,原因是 Ca^{2+} 为肌肉收缩的信号,实际也就是机体需要 ATP 的信号。

3. α- 酮戊二酸脱氢酶系的调控

α- 酮戊二酸脱氢酶系是 TCA 循环的一个重要调控点,对其调控的手段与对丙酮酸脱氢酶系的调控相似,但没有共价修饰的形式,只有别构调控和产物的竞争性反馈抑制。其中,Ca^{2+} 和 ADP 别构激活 α- 酮戊二酸脱氢酶,琥珀酰 CoA 和 NADH 分别反馈抑制二氢硫辛酸转琥珀酰酶和二氢硫辛酸脱氢酶。

4. 丙酮酸脱氢酶系的调控

对丙酮酸脱氢酶系的调控有产物的竞争性反馈抑制、别构调节和丙酮酸脱氢酶的共价修饰三种形式,最后一种仅存在于真核生物中(图 9-52)。

乙酰 CoA 和 NADH 分别反馈抑制 E_2 和 E_3。参与丙酮酸脱氢酶别构调节的效应物仍然主要是细胞能量状态的指示剂,如 ADP、NAD^+ 和 NADH。

参与丙酮酸脱氢酶共价修饰的酶是丙酮酸脱氢酶激酶和磷蛋白磷酸酶,其中激酶催化丙酮酸脱氢酶在特定位点的丝氨酸残基的磷酸化,从而导致其活性丧失,磷酸酶的功能正好相反。这两种酶的活性又受到别构效应物的控制,其中 ADP、CoA、NAD^+ 和丙酮酸能够抑制激酶的活性,Ca^{2+} 能刺激磷酸酶的活性,这五种物质共同维持丙酮酸脱氢酶处于有活性的去磷酸化状态,而乙酰 CoA 和 NADH 作为

Quiz88 你认为是丙酮酸脱氢酶激酶的抑制剂还是激活剂能够在体外杀死癌细胞?为什么?

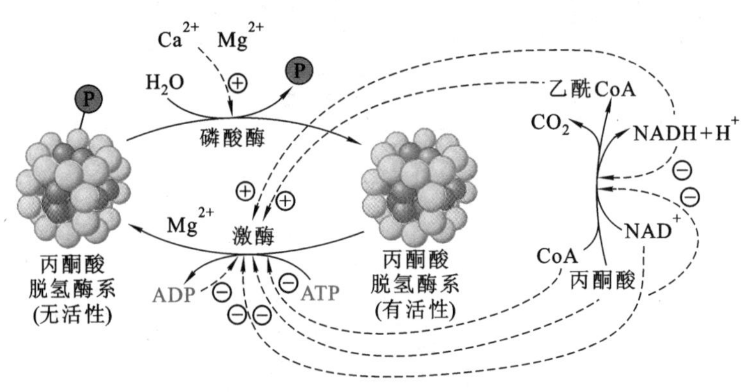

图 9-52 丙酮酸脱氢酶酶系的调节

正别构效应物激活激酶的活性，有利于丙酮酸脱氢酶主要以无活性的磷酸化形式存在。

如果一个人体内的这种磷酸酶丧失了活性，那丙酮酸脱氢酶就始终处于无活性的磷酸化状态，丙酮酸因此在体内难以分解，只能被还原成乳酸，最终便出现高乳酸血症。

第四节 磷酸戊糖途径

磷酸戊糖途径(phosphate pentose pathway，PPP)又名磷酸己糖支路(hexose monophosphate shunt，HMS)或6-磷酸葡糖酸途径(6-phosphogluconate pathway)，是糖代谢的又一条重要途径，它主要由Warburg、Limpam、Dickens这三位科学家发现，所以还叫Warburg-Limpam-Dickens途径。对于大多数生物来说，它发生在细胞质基质中，但对于植物来说，还发生在质体内。虽然此条代谢途径并不产生ATP和NADH，但能够产生NADPH和核糖这两种十分重要的生物分子，因此它的重要性并不亚于糖酵解和三羧酸循环。

Quiz39 你认为PPP是不是所有的生物都具有的代谢途径？为什么？

一、PPP的全部反应

一条完整的PPP由8步反应构成，根据反应的性质可将它划分为两个阶段，即氧化相(oxidative phase)和非氧化相(non-oxidative phase)。

(一) 氧化相

氧化相由三步不可逆反应组成，因有两步氧化还原反应而得名。

1. 6-磷酸葡糖的脱氢

这是一步氧化还原反应。催化此反应的酶是6-磷酸葡糖脱氢酶(glucose-6-phosphate dehydrogenase，G6PD)，底物6-磷酸葡糖来自糖酵解，氢和电子的受体是$NADP^+$。经过此步反应，6-磷酸葡糖被氧化为6-磷酸葡糖酸内酯(6-phosphogluconolactone)，同时$NADP^+$被还原成NADPH(图9-53)。

这一步反应也是PPP的限速步骤，G6PD作为其中的限速酶，NADPH既是它的产物，又是它的强竞争性抑制剂，因此，PPP完全受NADPH/$NADP^+$的相对比例控制。如果细胞内的NADPH浓度高，PPP就会受到抑制，反之则被激活。

此外，在正常的动物细胞内，抑癌基因编码的蛋白质p53可以与G6PD相结合而抑制它的活性，这样可以让细胞中的葡萄糖主要用于糖酵解和三羧酸循环。但在p53发生突变或缺失的肿瘤细胞中，G6PD不再受p53的抑制，于是大量的葡萄糖通过这一旁路被消耗，产生大量NADPH和核糖，这就满足了肿瘤细胞快速、无限生长的需要。

Quiz40 人群中有人先天性缺乏6-磷酸葡糖脱氢酶，这样的人对疟疾却有一定的抗性。对此你如何解释？

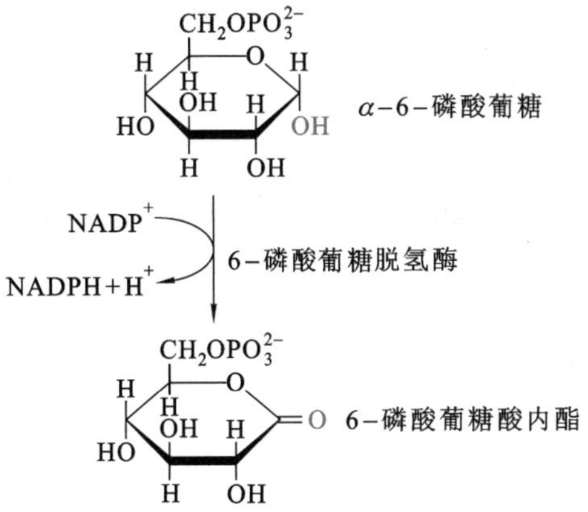

图 9-53 6- 磷酸葡糖的脱氢

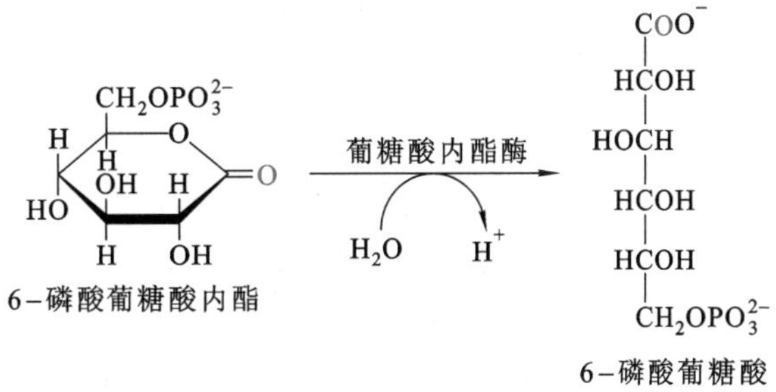

图 9-54 葡糖酸内酯的水解

2. 葡糖酸内酯的水解

这是一步水解反应。在葡糖酸内酯酶（gluconolactonase）的催化下，葡糖酸内酯环被打开，生成 6-磷酸葡糖酸（图 9-54）。

3. 6- 磷酸葡糖酸的脱氢

这是一步氧化脱羧反应，反应机制与异柠檬酸脱氢反应相似，由 6- 磷酸葡糖酸脱氢酶（6-phosphogluconate dehydrogenase）催化，氢和电子的受体仍然是 $NADP^+$。反应先是脱氢，产生不稳定的 3- 酮 -6- 磷酸葡糖酸（3-keto-6-phosphogluconate）中间物和 NADPH，然后发生 β 脱羧反应，被“斩首”丢掉 1 号位的 C，同时生成 5- 磷酸核酮糖（图 9-55）。

已在多种肿瘤组织中，发现 6- 磷酸葡糖酸脱氢酶的活性上调，如直肠癌等组织。导致 6- 磷酸葡糖酸脱氢酶活性上升的原因是该酶发生了乙酰化修饰，被修饰的是 K76 和 K294。这两个 Lys 残基的乙酰化修饰，可促进 $NADP^+$ 与活性中心的结合以及有活性的同源二聚体的形成。6- 磷酸葡糖酸脱氢酶的活性上调可产生更多的 5- 磷酸核糖和 NADPH，这显然也是有利于癌细胞的生长和分裂的。

Quiz41 你如何理解 Lys 残基的乙酰化修饰可促进 $NADP^+$ 与活性中心的结合？

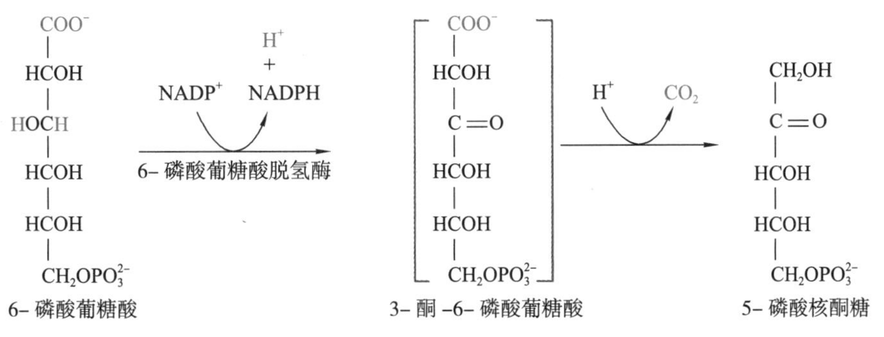

图 9-55 6- 磷酸葡糖酸的脱氢

（二）非氧化相

非氧化相全部由非氧化的可逆反应组成，共有 5 步，反应的性质是碳单位的转移、异构或分子内的重排。通过此阶段的反应，6 分子戊糖转化成 5 分子己糖。

1. 5- 磷酸核糖的形成

这是一步酮糖与醛糖进行互变的异构化反应，由磷酸戊糖异构酶（phosphopentose isomerase）催化（图 9-56），反应的机制涉及烯二醇中间体。

到此为止，核糖和 NADPH 都已经形成，它们可以分别参与核苷酸的合成和其他生物分子的合成，这时的总反应式可写成：

$$6\text{-磷酸葡糖} + 2NADP^+ + H_2O \rightarrow 5\text{-磷酸核糖} + 2NADPH + 2H^+ + CO_2$$

在某些类型的细胞内，5-磷酸核糖可完全用于核苷酸的合成，几乎没有剩余，而 NADPH 参与生物合成，因此，对于这些类型的细胞来说，PPP 实际上已经结束。然而，很多细胞对于 NADPH 的需求远远高于 5-磷酸核糖，甚至根本不需要 5-磷酸核糖（如哺乳动物成熟的红细胞）。因此，这些细胞内的磷酸戊糖途径特别活跃。但与此同时，5-磷酸核糖必然出现过剩，细胞就必须存在一种机制能及时处理这些剩余的 5-磷酸核糖。事实上，PPP 余下的反应就是为此预备的。

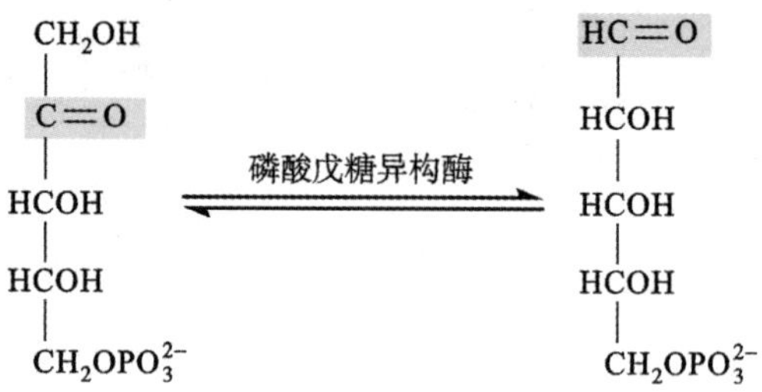

CH_2OH–$C{=}O$–HCOH–HCOH–$CH_2OPO_3^{2-}$ $\rightleftharpoons$（磷酸戊糖异构酶）$HC{=}O$–HCOH–HCOH–HCOH–$CH_2OPO_3^{2-}$

图 9-56　5-磷酸核糖的形成

Quiz42　磷酸戊糖异构酶催化的反应与糖酵解的哪一步反应非常相似？

余下的反应主要是分子之间碳单位的转移和分子内的重排，多余的戊糖将经历丙糖、丁糖、己糖和庚糖，最后变成糖酵解的中间物进行代谢。在进行碳单位转移和重排反应之前，还需要 5-磷酸木酮糖的存在，因此下一步就是生成 5-磷酸木酮糖的反应。

2. 5-磷酸木酮糖的形成

这是一步由磷酸戊糖差向异构酶（phosphopentose epimerase）催化的异构化反应，经过这一步反应，5-磷酸核酮糖变成了它的差向异构体——5-磷酸木酮糖（图 9-57）。

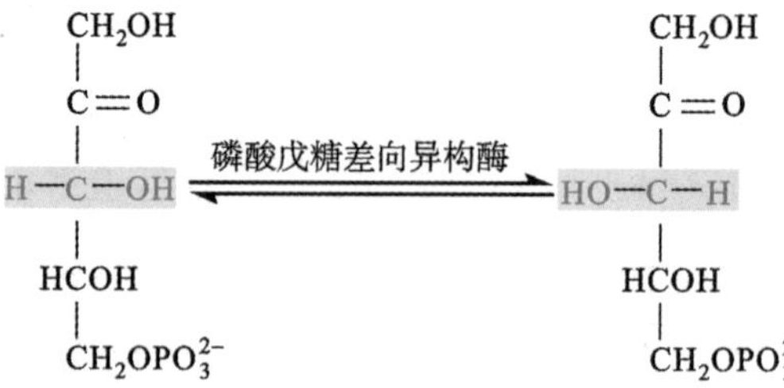

CH_2OH–$C{=}O$–H—C—OH–HCOH–$CH_2OPO_3^{2-}$ $\rightleftharpoons$（磷酸戊糖差向异构酶）CH_2OH–$C{=}O$–HO—C—H–HCOH–$CH_2OPO_3^{2-}$

图 9-57　5-磷酸木酮糖的形成

3. 第一次碳单位的转移和重排反应

这一步反应由转酮酶（transketolase）催化（图 9-58），需要 TPP 和 Mg^{2+}，反应机制类似于丙酮酸脱氢酶所催化的反应（图 9-59 左）。经过此反应，5-磷酸木酮糖分子上的“二碳单位”被转移到 5-磷酸核糖分子上，形成 3-磷酸甘油醛和 7-磷酸景天庚酮糖（sedoheptulose）。3-磷酸甘油醛是糖酵解的中间物，但 7-磷酸景天庚酮糖不是，故必须继续进行碳单位的转移。

4. 第二次碳单位的转移和重排反应

这一步反应由转醛酶（transaldolase）催化（图 9-60），不需要任何辅因子，上一步反应的产物正好是这一步反应的底物，反应的机制类似于糖酵解中第一类醛缩酶催化的反应（图 9-59 右）。经过此酶的催化，7-磷酸景天庚酮糖分子上的“三碳单位”被转移到 3-磷酸甘油醛分子上，形成 4-磷酸赤藓糖和 6-磷酸果糖。6-磷酸果糖是糖酵解的中间物，但 4-磷酸赤藓糖不是，所以还得继续进行碳单位的转移。

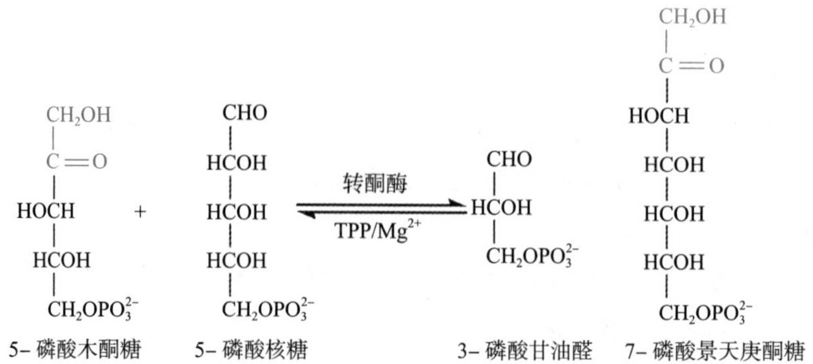

图 9-58　由转酮酶催化的二碳单位的转移

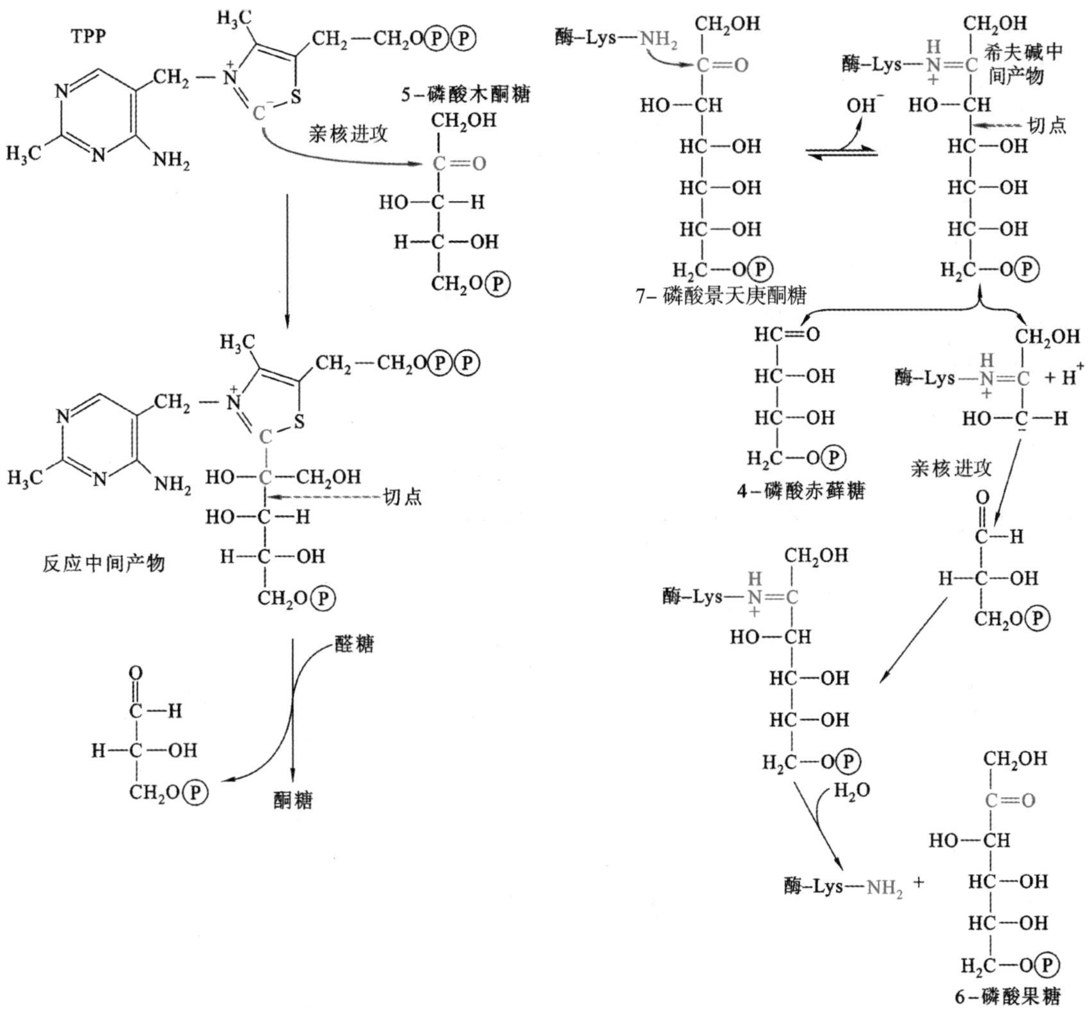

图 9-59 转酮酶和转醛酶催化的反应机制

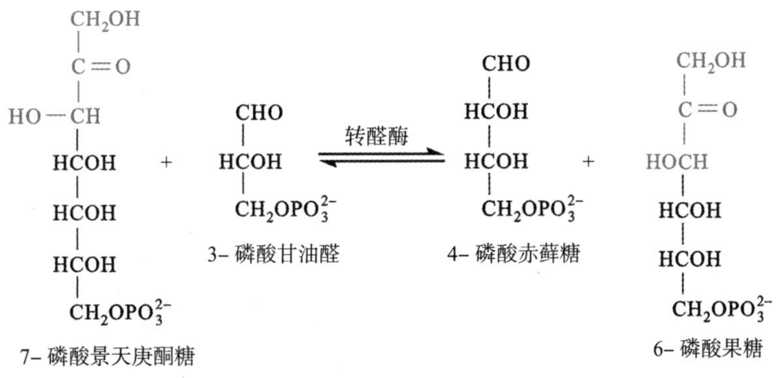

图 9-60 由转醛酶催化的三碳单位的转移

5. 第三次碳单位的转移和重排反应

这又是一步由转酮酶催化的反应（图 9-61），这一次 5- 磷酸木酮糖分子上的“二碳单位”被转移到 4- 磷酸赤藓糖分子上，形成 3- 磷酸甘油醛和 6- 磷酸果糖。两者都是糖酵解的中间代谢物，这可谓是完美的结局。

（三）PPP 小结

以上就是一个完整的 PPP 所涉及的全部反应，有几点需要特别注意。

（1）1 个葡萄糖分子是不可能完成上述反应的，至少要有 3 个葡萄糖分子同时进入才可以完成（图 9-62）。

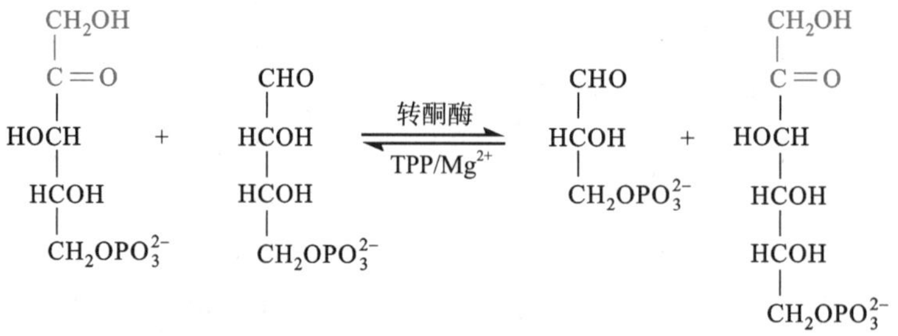

$$\begin{array}{c} CH_2OH \\ | \\ C{=}O \\ | \\ HOCH \\ | \\ HCOH \\ | \\ CH_2OPO_3^{2-} \end{array} + \begin{array}{c} CHO \\ | \\ HCOH \\ | \\ HCOH \\ | \\ CH_2OPO_3^{2-} \end{array} \underset{TPP/Mg^{2+}}{\overset{\text{转酮酶}}{\rightleftharpoons}} \begin{array}{c} CHO \\ | \\ HCOH \\ | \\ CH_2OPO_3^{2-} \end{array} + \begin{array}{c} CH_2OH \\ | \\ C{=}O \\ | \\ HOCH \\ | \\ HCOH \\ | \\ HCOH \\ | \\ CH_2OPO_3^{2-} \end{array}$$

5- 磷酸木酮糖　4- 磷酸赤藓糖　3- 磷酸甘油醛　6- 磷酸果糖

图 9-61　由转酮酶催化的二碳单位的再转移

(2) 1 个葡萄糖分子依次经过糖酵解和 TCA 循环后，6 个碳原子可以完全氧化成 CO_2，但 1 个葡萄糖分子进入磷酸戊糖途径以后，只有 1 个碳被氧化为 CO_2，其余的碳原子仍然以糖的形式存在，很显然，只有 6 个葡萄糖分子同时进入 PPP，到最后才相当于有 1 个葡萄糖分子完全被氧化成 CO_2 和 H_2O。

(3) PPP 并不是细胞产生 NADPH 的唯一途径，比如异柠檬酸脱氢酶、谷氨酸脱氢酶、苹果酸酶和光合作用的光反应也能产生 NADPH。

(4) 不需要氧气。

(5) 与糖酵解、糖异生和三羧酸循环相比，其调节机制相当简单。

$C_5 + C_5 \longrightarrow C_3 + C_7$（转酮酶）

$C_3 + C_7 \longrightarrow C_6 + C_4$（转醛酶）

$C_5 + C_4 \longrightarrow C_6 + C_3$（转酮酶）

$3C_5 \longrightarrow 2C_6 + C_3$

$3C_6 \longrightarrow 3C_5$（氧化态）

$3C_6 \longrightarrow 2C_6 + C_3$（总反应）

图 9-62　PPP 的总反应

二、PPP 的功能

PPP 的功能主要与其产生的 NADPH、5- 磷酸核糖和 4- 磷酸赤藓糖有关，此外，它还能将戊糖转化为糖酵解的中间物，从而使摄入体内的戊糖也可最后被氧化分解。

1. 与 NADPH 有关的功能

(1) 提供生物合成的还原剂 NADPH。如脂肪酸、胆固醇、脱氧核苷酸和神经递质的生物合成都需要 NADPH。正因为如此，生物合成旺盛的组织或细胞内的 PPP 就特别活跃，如肾上腺、肝、睾丸、脂肪组织、卵巢和乳腺。

(2) 解毒。细胞色素 P450 单加氧酶解毒系统需要 NADPH 参与对毒物的羟基化反应。

(3) 免疫。巨噬细胞（phagocyte）膜上存在一种叫 NADPH 氧化酶（NADPH oxidase）的酶，它能催化 NADPH 上的电子转移给 O_2，形成超氧阴离子以杀死入侵的微生物（图 9-63）。在巨噬细胞与微生物的"较量"中，NADPH 氧化酶需要消耗大量的 NADPH，这严重依赖于 PPP，因此，PPP 的缺乏将会导致机体容易受到感染。

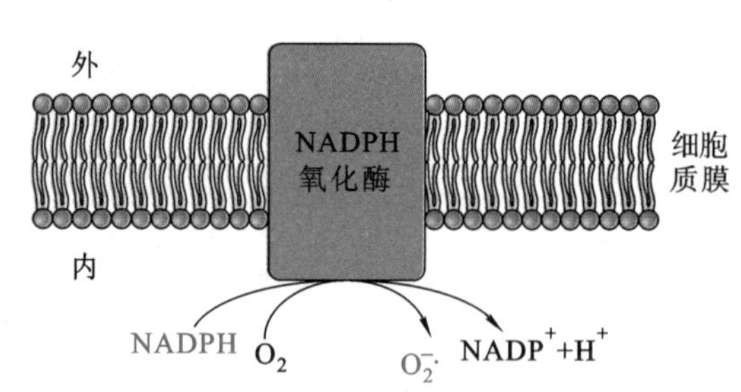

图 9-63　巨噬细胞膜上的 NADPH 氧化酶的防御功能

(4) 间接进入呼吸链。NADPH 并不能直接进入呼吸链，但在吡啶核苷酸转氢酶（pyridine nucleotide transhydrogenase）催化下，NADPH 可将氢和电子转移给 NAD^+，形成 NADH，再由 NADH 进入呼吸链产生 ATP。

(5) 维持红细胞膜的完整。NADPH 是谷胱甘肽还原酶（glutathione reductase）的辅酶，在还原型谷胱甘肽（GSH）的再生反应中起重要作用。GSH 在红细胞中主要有两个功能：一是维护血红蛋白中的血红素铁处于二价态；二是使红细胞膜免受过氧化物的损害。一方面因为红细胞富含氧气，容易生成对细胞膜上的脂质具有破坏性的过氧化物；另一方面成熟的红细胞已经完全丧失了合成蛋白质和脂质的能力，因此如果它的细胞膜受损，就无法修复，极易造成溶血。在 GSH 的存在下，红细胞内一种含有 Sec 残基的谷胱甘肽过氧化物酶能及时清除过氧化物，阻止其对红细胞膜的危害，从而有利于维护膜的完整。

Quiz43 先天性缺乏 6- 磷酸葡糖脱氢酶的人是不能食用蚕豆的，否则红细胞会溶血。这种代谢病叫蚕豆病。你如何解释导致蚕豆病发生的生化机制？

(6) NO 的合成（参看第六章“激素的结构与功能”）。

2. 与 5- 磷酸核糖和 4- 磷酸赤藓糖有关的功能

5- 磷酸核糖的功能是提供核苷酸及其衍生物合成的前体，而 4- 磷酸赤藓糖的功能是提供芳香族氨基酸和维生素 B_6 合成的原料。

Box9.3 大肠杆菌已经被改造成自养生物，你信吗？

谁都知道，地球上的生物大致可分为可将二氧化碳转化为生物质（biomass）的自养生物和消耗有机化合物的异养生物。通过将无机碳固定在有机化合物中而产生生物质的自养生物是打通无机世界和生物世界的主要门户。它们支配着地球上的生物质，提供了我们几乎所有的食物和大部分燃料。因此，更好地理解自养生长的原理和增强自养生长的方法，对于可持续发展道路至关重要。

而众所周知，大肠杆菌是一种典型的异养生物。那能不能通过实验室的定向进化并结合合成生物学的构建将其改造成自养生物呢？显然，这种听起来有点异想天开的想法对于合成生物学来说是一个巨大的挑战！但如果能够成功，即让模型异养生物体能够实行自养，必将对人类存储可再生能源和可持续的食品生产带来深远的影响。

令人激动的是，就在 2019 年下半年，来自以色列的研究人员成功构建并进化了大肠杆菌，使其可固定 CO_2 并生产其他所有生物质碳，而不是靠有机化合物。合成生物学的这一成就凸显了细菌新陈代谢惊人的可塑性，并可以为未来的碳中和生物的生产提供基本框架。他们的研究成果发表在 2019 年 11 月 27 日的 *Cell* 上，论文的题目是“Conversion of *Escherichia coli* to Generate All Biomass Carbon from CO_2”。

参与此研究的以色列魏茨曼科学研究所的系统生物学家 Ron Milo 说道：“我们的主要目标是建立一个方便的科学平台，以增强对 CO_2 的固定，这可以帮助解决与可持续食品和燃料生产以及 CO_2 排放引起的全球变暖有关的问题。而将生物技术的主要力量大肠杆菌的碳源从有机碳转化为 CO_2 是迈向建立这样一个平台的重要一步。”

为了实现大肠杆菌向自养的完全过渡，他们将这一艰巨的任务分解为三步：①在碳输入仅由 CO_2 组成的途径中引入并控制 CO_2 固定机制，而输出是进入中心碳代谢并提供所有 12 种必需生物质前体的有机分子。②通过表达特定的酶来收集非化学能（光能或电能等）或通过氧化不用作碳源的还原性化合物来获得还原力。③调节和协调能量收集和 CO_2 固定途径，使它们共同支持稳态增长，并以 CO_2 作为唯一碳源（图 9-64）。

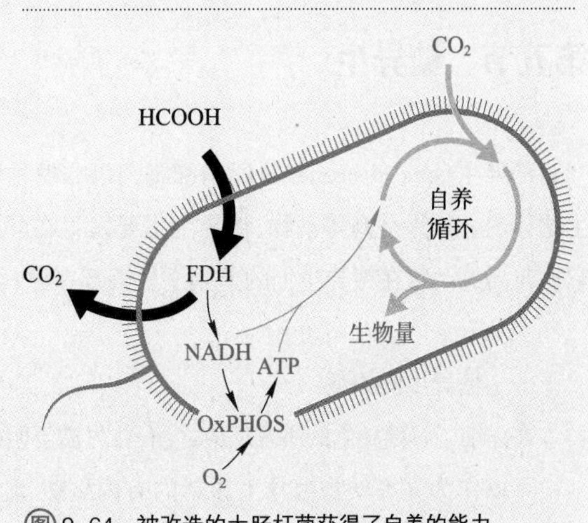

图 9-64 被改造的大肠杆菌获得了自养的能力

他们所使用的方法背后的基本原理如下：特定的非天然酶的异源表达扩大了细胞可能发生的代谢反应的空间，从而实现了自养生长。但是，这不能保证所需的代谢“流量”将流经新扩展的反应途径中。实际上，由于大肠杆菌的主要代谢适应于异养生长，因此可能会继续利用支持异养生长的“流量”分布。为了推动通向所需的代谢途径，他们采用了适应性实验室进化的方法，以使代谢通路重新布局，以建立对 1,5- 二磷酸羧化酶（Rubisco）催化的羧化“流量”的依赖性，定制生长培养基以抑制通过天然异养途径的“流量”，并为利用自养途径提供了显着的选择性优势。他们假设，这样的改变将导致所需的酶活性受到调节，从而将“流量”转移至自养途径。

为此，他们首先敲除了大肠杆菌编码两条重要分解代谢途径中两种酶的 3 个基因：糖酵解中的磷酸果糖激酶的基因（*PfkA* 和 *pfkB*）和磷酸戊糖途径中的 6- 磷酸葡糖脱氢酶的基因（*zwf*）。当在木糖上培养细胞时，这种代谢反应的重新布线可确保细胞的生长取决于 Rubisco 的羧化作用。

其次，他们在大肠杆菌中异源表达了 Rubisco、磷酸核酮糖激酶（*Prk*）、碳酸酐酶（CA，可将 CO_2 和碳酸氢根相互转化）和甲酸脱氢酶（FDH）。

最后，他们使细胞生长在木糖有限的恒化器中，使细胞始终缺乏有机碳。这种生长培养基可使细胞增殖，这对于发生定向进化至关重要，但会抑制通过异养分解代谢途径的“流量”。化学恒化器还包含过量的甲酸盐，并不断地注入富含 CO_2（10%）的空气。因此，他们创造了条件，预测选择了积累导致“流量”转移至自养途径的突变的细胞。与不受木糖供应限制的非突变细胞相比，此类细胞将减少对外部有机碳输入的依赖性，并获得较大的选择性优势。根据他们以前研究的大肠杆菌从 CO_2 中合成糖的经验，以及对在竞争条件下的最小吸收时间的数值分析，在化学恒化器提供的定制生长培养基中连续培养工程菌株，最终被定向进化出完全自养的大肠杆菌。该大肠杆菌使用甲酸盐化合物作为一种化学能，通过合成代谢途径驱动 CO_2 的固定。

参与研究的 Shmuel Gleizer 激动地说道：“从基本的科学角度来看，我们想看看细菌饮食中的这种重大转变——从对糖的依赖到从 CO_2 合成其所有生物质的可能性。除了在实验室测试这种转化的可行性外，我们还想知道细菌 DNA 蓝图的变化需要多么极端的适应。”

通过对进化的自养大肠杆菌细胞的基因组和质粒进行测序，研究人员发现在化学恒温器的进化过程中仅获得了 11 个突变：第一组突变影响编码与碳固定循环有关的酶的基因；第二类是在以前的自适应实验室进化实验中通常观察到的突变基因中发现的突变，这表明它们不一定对自养途径具有特异性；第三类是未知基因的突变。

Gleizer 说道：“这项研究首次描述了细菌生长方式的成功转化。引导肠道细菌做一些本来植物才能完成的事情。当我们开始定向进化过程时，我们对成功的机会一无所知，而且文献中也没有先例来指导或暗示这种极端转变的可行性。此外，最后看到相对较小进行这种转变所需的基因改变的数量令人惊讶。”

在未来的工作中，研究人员将致力于通过可再生电力供应能源，以解决 CO_2 释放的问题，确定周围大气条件是否可以支持自养，并尝试缩小与自养生长最相关的突变。

第五节　糖异生

糖异生（gluconeogenesis）泛指细胞内以非糖物质作为原料净合成葡萄糖的过程，广泛存在于各种生物体内。如果是高等动物，糖异生主要发生在肝（80%）和肾（20%）细胞中；如果是植物和微生物，它们与高等动物在糖异生上的差别主要表现在原料和功能上。

一、糖异生的原料

Quiz44 有研究发现，乙醇在人体内不仅不能作为糖异生的原料，反而可以抑制糖异生。这是为什么？

在详细了解糖异生的所有反应之前，首先需要明确在生物体内哪些非糖物质可以作为糖异生的原料。

可以作为高等动物糖异生原料的有丙酮酸、乳酸、甘油、奇数脂肪酸、植烷酸、生糖氨基酸和三羧酸循环的所有中间物，其中植烷酸是叶绿素在体内代谢的中间物；不能作为动物糖异生前体物质的有乙酰 CoA、偶数脂肪酸以及 Leu 和 Lys。

在植物和微生物体内，由于乙醛酸循环的存在，乙酰 CoA 或在体内能够降解产生乙酰 CoA 的物质都可以作为糖异生的前体。

二、糖异生的全部反应

如果以丙酮酸作为起始原料，则一共涉及 11 步反应。这些反应大多数是“借用”糖酵解的，少数反应是新的，为糖异生所特有（图 9–65）。

被糖异生借用的反应共有 7 步，都是糖酵解中的可逆反应。糖异生只有 4 步是新的。在这 4 步反应中，有两步是被用来克服糖酵解的最后一步不可逆反应，其余两步是用来克服糖酵解的第三步和第一步不可逆反应的。

Quiz45 2–脱氧葡糖、碘代乙酸和氟化钠能不能抑制糖异生？为什么？

1. 丙酮酸转变成为草酰乙酸

这是一步发生在线粒体基质的羧化反应，需要 ATP 和 Mg^{2+}，可兼作三羧酸循环的回补反应，由丙酮酸羧化酶催化。该酶需要生物素作为辅基，需要乙酰 CoA 的激活。

丙酮酸羧化酶由 4 个相同的亚基组成，每一个亚基具有 3 个结构域，它们分别具有生物素羧基载体蛋白（biotin carboxyl carrier protein，BCCP）、生物素羧化酶（biotin carboxylase）和羧基转移酶（carboxyl transferase）的活性。生物素辅基带有的戊酸侧链与酶分子的 1 个 Lys 残基通过共价的酰胺键相连，形成一个细长的臂，从而允许它的骈环结构能在两个活性中心摆动，这对整个羧化反应至关重要（图 9–66）。

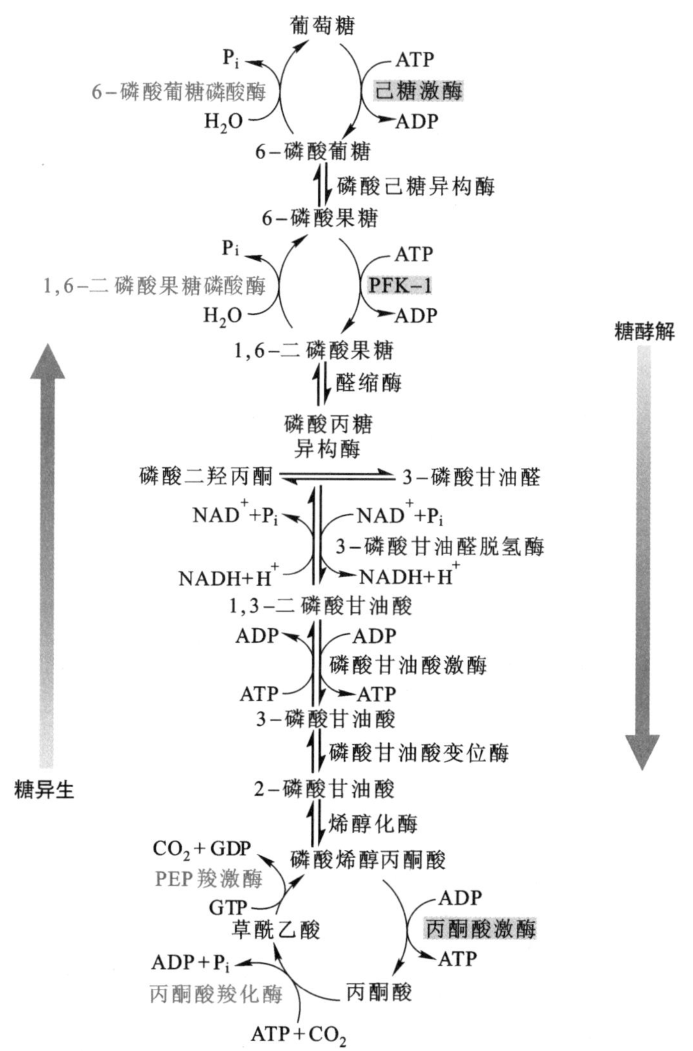

图 9–65 糖异生与糖酵解两条代谢途径的比较

整个反应分为羧基的固定和羧基的转移(图 9-67)。

(1) 羧基的固定。生物素骈环、HCO_3^- 和 ATP 进入生物素羧化酶的活性中心，在羧化酶催化下，HCO_3^- 与 ATP 形成活化的羧基即羧基磷酸中间物，随后生物素骈环上的 N 原子接受羧基，生成

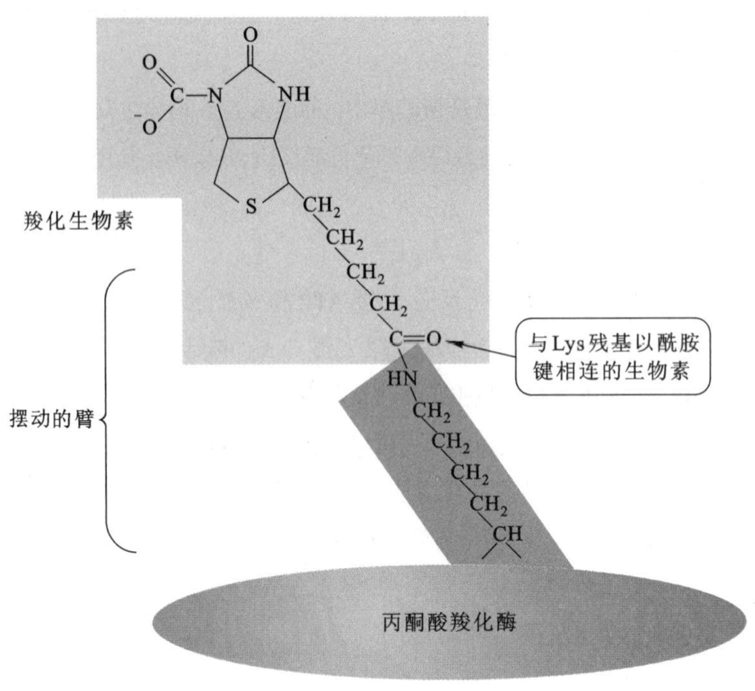

图 9-66 丙酮酸羧化酶的结构模型

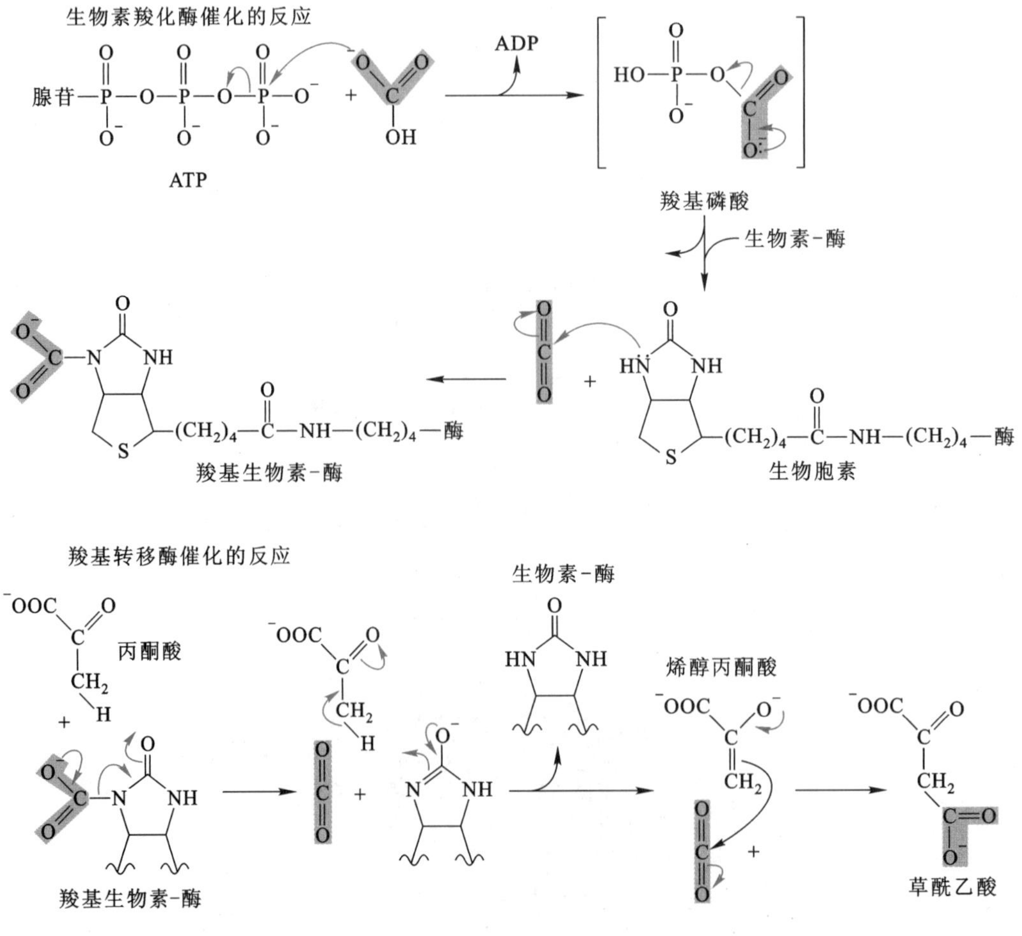

图 9-67 丙酮酸羧化酶的作用机制

羧基生物素。

(2) 羧基的转移。羧化的生物素骈环进入羧基转移酶的活性中心，在该酶活性的催化下，羧基从生物素转移到丙酮酸分子上形成 OAA。

2. OAA 转变为 PEP

这是一步消耗 GTP 的脱羧反应，丢失的羧基来自前一步反应刚刚被固定上去的 CO_2，由 PEP 羧激酶（phosphoenolpyruvate carboxykinase，PEPCK）催化，且需要 Mg^{2+} 或 Mn^{2+}。反应历程先是 OAA 脱羧形成 PEP 阴离子中间物，然后再发生磷酸化反应生成 PEP（图 9–68）。

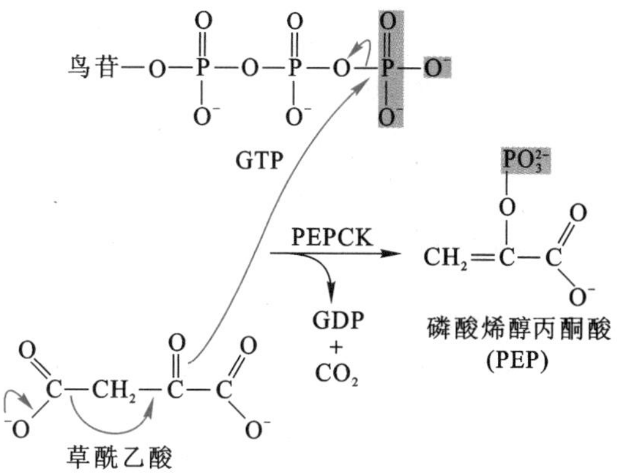

鸟苷—O—P—O—P—O—P—O⁻
GTP
PEPCK
GDP + CO_2
草酰乙酸
磷酸烯醇丙酮酸 (PEP)

图 9–68　PEPCK 的作用机制

PEPCK 在不同的生物细胞内的定位不尽相同，例如，在人体内，线粒体基质和细胞质基质均含有这种酶，而在小鼠体内只存在于细胞质基质中，兔子只存在于线粒体中。

如果 PEPCK 存在于线粒体基质中，由它催化生成的 PEP 就可以直接通过内膜上专门的转运蛋白运出线粒体；如果 PEPCK 存在于细胞质基质中，就需要先在线粒体基质中，将不能直接透过线粒体内膜的 OAA 转变成苹果酸或天冬氨酸，然后再通过内膜上特殊的转运体，将苹果酸或天冬氨酸运出线粒体。在细胞质基质中按照逆反应的方向，将苹果酸或天冬氨酸重新转变为 OAA，最后再由细胞质基质中的 PEPCK 将 OAA 转变成 PEP。一旦 PEP 形成，就可以沿着糖酵解 6 步连续的逆反应，直到形成 1，6– 二磷酸果糖。

3. 1，6– 二磷酸果糖水解为 6– 磷酸果糖

这是一步不可逆反应，由 1，6– 二磷酸果糖磷酸酶（fructose–1，6–bisphosphatase）催化（图 9–69）。

4. 6– 磷酸葡糖水解为葡萄糖

这也是一步不可逆反应，主要发生在肝细胞的内质网腔中，由定位在内质网膜的 6– 磷酸葡糖磷酸酶（glucose–6–phosphatase）催化（图 9–70）。大多数细胞缺乏这种磷酸酶，如肌细胞，因此它们的糖异生“止步”于 6– 磷酸葡糖。

6– 磷酸葡糖磷酸酶在内质网膜上与多种蛋白质形成复合物，其他蛋白质参与将 6– 磷酸葡糖运入

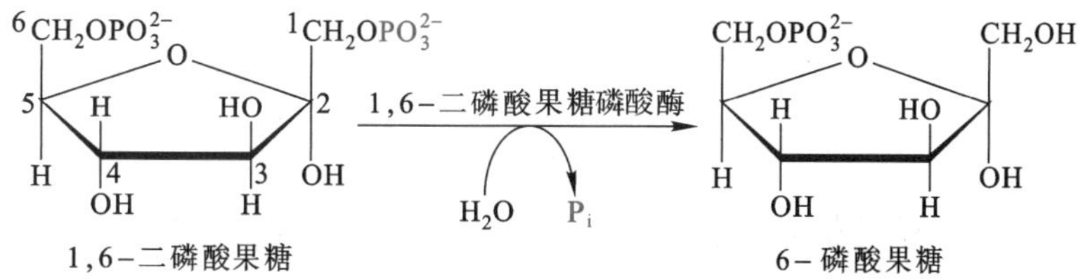

1，6–二磷酸果糖磷酸酶
H_2O　P_i
1，6–二磷酸果糖
6–磷酸果糖

图 9–69　由 1，6– 二磷酸果糖磷酸酶催化的反应

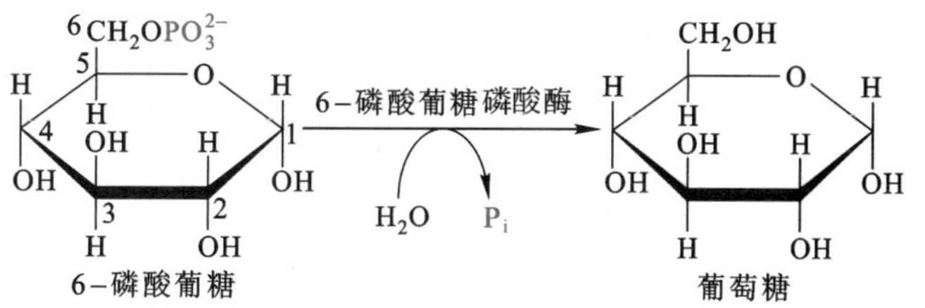

6–磷酸葡糖磷酸酶
H_2O　P_i
6–磷酸葡糖
葡萄糖

图 9–70　由 6– 磷酸葡糖磷酸酶催化的反应

Quiz46 有人把6-磷酸葡糖磷酸酶视为真核细胞内质网的标志酶。你认为合适吗？为什么？

内质网腔以及将水解产生的无机磷酸和游离的葡萄糖运出内质网。

三、其他物质进入糖异生

(1) 甘油。甘油进入糖异生的过程类似于它进入糖酵解，即先后在甘油激酶和3-磷酸甘油脱氢酶的催化下变成磷酸二羟丙酮，然后沿着糖酵解相反的方向，只需要克服两步不可逆反应就可以转变成为葡萄糖。

(2) 乳酸和Ala。乳酸和Ala首先分别在乳酸脱氢酶和谷丙转氨酶的催化下变成丙酮酸，再由丙酮酸转变为葡萄糖。但在动物体内，乳酸发酵的场所主要是肌细胞和红细胞，而糖异生的场所主要是肝细胞，因此动物体存在一种特殊的循环，即Cori循环（Cori cycle）（图9-71）：首先在红细胞和肌细胞中产生的乳酸被释放到血液，通过血液循环运输到达肝细胞，经糖异生转变为葡萄糖；然后，形成的葡萄糖再离开肝细胞，经血液循环回到肌细胞和红细胞进行糖酵解氧化放能，生成乳酸。

动物利用Ala作为糖异生的前体通常是在饥饿或禁食的情况下发生，因为这时体内的糖原消耗很多，机体为了维持血糖浓度的稳定，使用蛋白质和脂肪作为替代能源。当肌肉蛋白被水解为氨基酸以后，其中的Ala可以经过Ala循环（alanine cycle）进入肝细胞（图9-71）：Ala在肝细胞经谷丙转氨酶的催化，转变成为丙酮酸，失去的氨基进入尿素循环，转变成尿素排出体外。丙酮酸则经糖异生生成葡萄糖，葡萄糖离开肝细胞，通过血液循环回到肌细胞氧化放能，生成丙酮酸，而丙酮酸可以再转变为Ala，并重复先前的循环。

(3) 丙酸、生糖氨基酸和三羧酸循环的中间物。这些物质都是通过特定的反应先转变为OAA，再进入糖异生的。

四、糖异生的能量消耗

糖异生和糖酵解的总反应的ΔG都是负值，因此在热力学上都是有利的。如果以丙酮酸作为糖异生的起始物质，则总反应式为：

$$2\text{丙酮酸} + 2NADH + 4ATP + 2GTP + 6H_2O + 4H^+ \rightarrow \text{葡萄糖} + 2NAD^+ + 4ADP + 2GDP + 2P_i$$

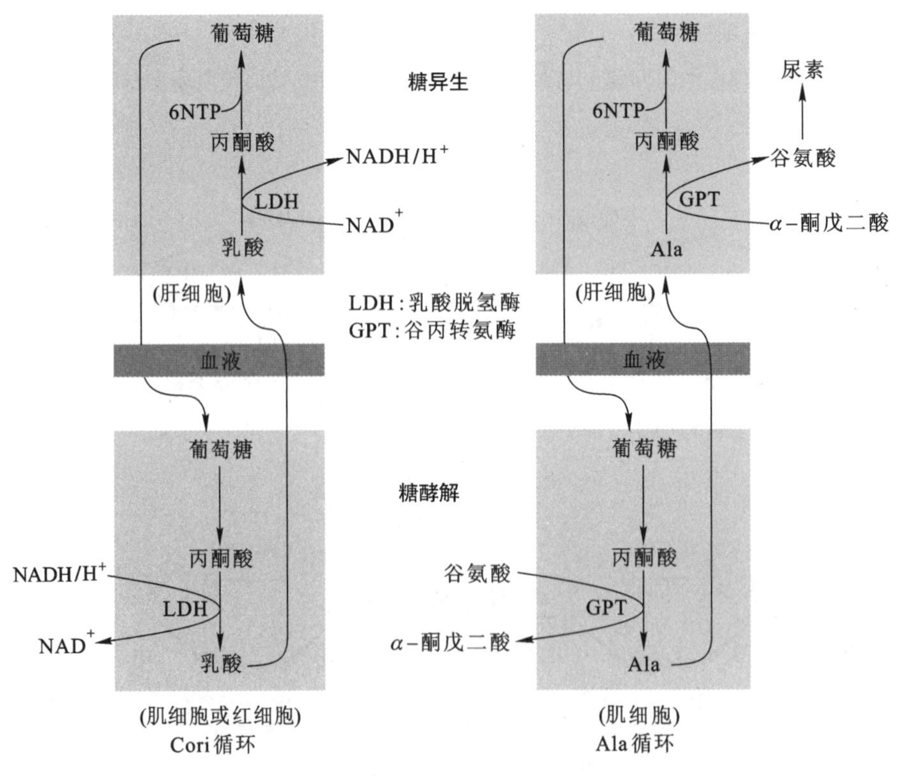

图9-71 Cori循环和Ala循环

这是一个高度耗能的过程，共消耗了6分子ATP，被消耗的能量主要用来克服糖酵解途径中的三步不可逆反应。

五、糖异生的生理功能

糖异生让生物具备一种把非糖物质转变成葡萄糖的能力，这对于所有生物来说都很重要。而对于高等动物来说更加重要，具体表现在两个方面。

(1) 有助于维持动物血糖浓度的稳定。动物在饥饿或糖类摄入不足时，糖异生可补充血糖，为那些特别依赖葡萄糖氧化放能的细胞提供燃料。由于糖原是一种短期能源贮备，长时间饥饿会让体内所有的糖原耗尽，这时只能依赖糖异生来稳定血糖了。

Quiz47 人体哪些细胞主要靠葡萄糖氧化分解获得能量？

(2) 减轻或消除代谢性酸中毒。缺氧和一些疾病（如糖尿病）会导致体内酸性物质（如乳酸和酮体）在体内的堆积，引起代谢性酸中毒。然而，肾细胞内发生的糖异生能增强质子从体内的排出，因而能够减轻或消除代谢性酸中毒（metabolic acidosis）（图9–72）。

六、糖异生的调节

机体内的糖异生与糖酵解的调节是高度协调的，这种协调能够保证在任何时候，细胞的这两条代谢途径不能都处于活跃的状态，而是“一张一弛”，但究竟哪一条途径被激活或被抑制完全取决于细胞当时的能量状态，以及体内葡萄糖的贮存情况和其他燃料的利用情况。

糖异生途径中受调节的酶包括：丙酮酸羧化酶、PEPCK、1,6–二磷酸果糖磷酸酶和6–磷酸葡糖磷酸酶（图9–73）。其中1,6–二磷酸果糖磷酸酶是最重要的调节酶，调节的方式主要是别构调节。在肝细胞，那些作为糖酵解别构激活剂的分子几乎都是糖异生的别构抑制剂，相反，那些作为糖酵解别构抑制剂的分子通常作为糖异生的别构激活剂。

Quiz48 为什么糖异生选择1,6–二磷酸果糖磷酸酶作为主要的调控对象？

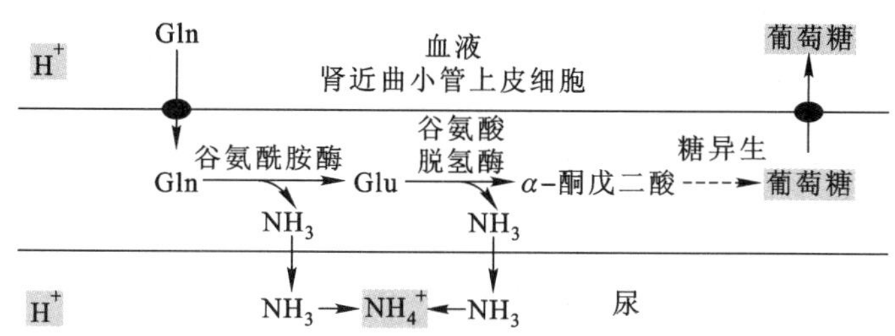

图9–72 肾细胞内通过糖异生解除酸中毒的过程

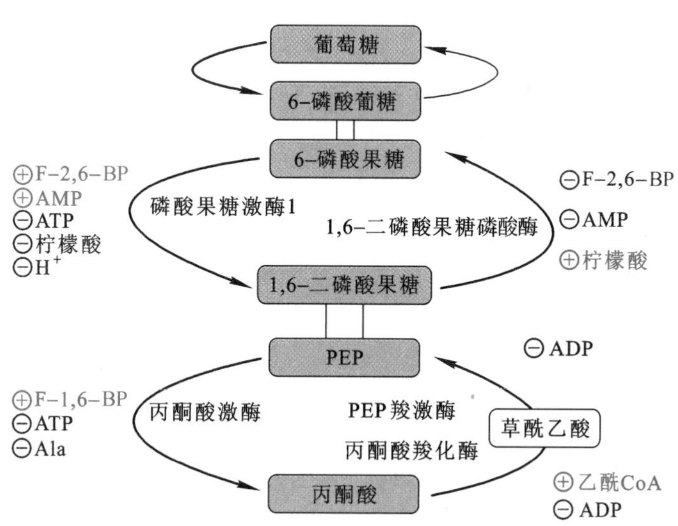

图9–73 糖异生和糖酵解的交互调节

1,6-二磷酸果糖磷酸酶的别构激活剂是柠檬酸，别构抑制剂是F-2,6-BP和AMP，其中F-2,6-BP的浓度受到胰岛素、胰高血糖素和肾上腺素的调控（参看本章第二节“糖酵解”）。PEPCK和丙酮酸羧化酶的别构抑制剂均是ADP，丙酮酸羧化酶的别构激活剂是乙酰CoA。

除了别构效应物对糖异生途径的几种调节酶的直接调控以外，PEPCK的基因表达也受到调控。在它的启动子周围有一系列调控序列，如胰岛素应答元件（IRE）、糖皮质激素应答元件（GRE）和cAMP应答元件（CRE）等（图9-74），这说明该酶的浓度可受到胰岛素、糖皮质激素、胰高血糖素和肾上腺素等控制，换句话说，这几种激素可以通过控制PEPCK的基因的表达来控制糖异生。

Quiz49 预测胰岛素、糖皮质激素、胰高血糖素和肾上腺素这几种激素是激活还是抑制PEP羧激酶的基因表达？

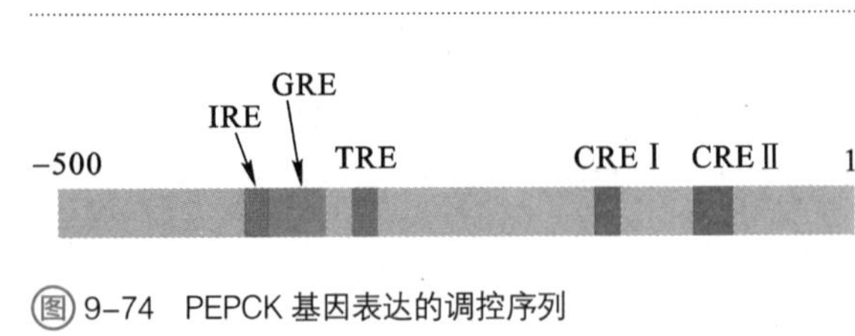

图9-74 PEPCK基因表达的调控序列

Box9.4 为什么猫不能吃阿司匹林？

一种治疗疾病的药物，对一种动物来说是良药，但对另一种动物来说可能却是毒药。以阿司匹林（乙酰水杨酸）为例，它可是市场上最受欢迎的药物之一，已有100多年的历史。当初德国拜耳制药公司就是靠它起家的。我们人类平时经常用它作止痛、消炎药。但猫对阿司匹林极为敏感，即使是一小粒也会引发致命的后果。有经验的兽医有时会给猫服用阿司匹林，但只能在十分严格控制的剂量下才让猫服用。

为什么猫不能随便服用阿司匹林呢？原因是猫不能有效地分解它。于是，这种药物需要很长时间才能从体内被代谢掉，这样就很容易积累到有害浓度。要知道这种缺陷是不寻常的，人类显然不会受此影响，狗也不会。然而，所有猫科动物似乎都有同样的问题，包括老虎和非洲狮子。

猫科动物又为什么不能有效分解阿司匹林呢？从生化的角度来看，那是因为它们缺乏有功能的参与分解阿司匹林的酶，这种酶叫尿苷二磷酸葡糖醛酸转移酶（UDP-glucuronosyltransferase，UGT），该酶由*UGT1A6*基因编码，主要在肝细胞内表达，通过催化将高度水溶性的葡糖醛酸转移到脂溶性底物分子上，使脂溶性底物的水溶性提高，从而有助于将其排到体外（图9-75）。科学家在对多种猫科动物基因组上的

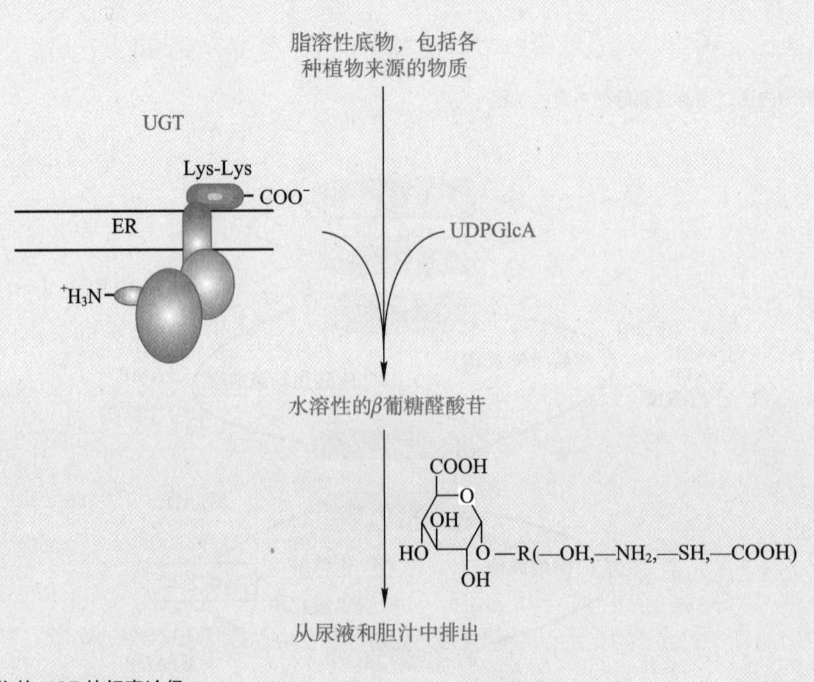

图9-75 依赖UGT的解毒途径

UGT1A6 基因序列进行测定后发现，该基因已经发生了至少 4 个有害的突变而使其丧失功能，最后沦落为假基因。

那又为什么猫科动物会允许这种突变积累并发展为无功能的假基因呢。其根本原因在于它们属于超级食肉动物（肉类占其食物的 70％以上），很少食用植物性食物。正是它们对肉类的严重偏爱最终使阿司匹林变成它们的氪星石。事实上，其他几种超级食肉动物，如海豹和棕色鬣狗也是如此。

要知道，UGT 像许多其他在动物体内的“解毒”蛋白一样，帮助动物应对所吃植物中的数千种危险化学物质。对于食草动物来说，这些解毒蛋白非常重要，可以说是一种福音。但对超级食肉动物来说，它们的菜单主要由肉类组成，这些抗植物防御几乎没有用处，因此这些基因是可有可无的。具有突变的个体可以与正常的个体一样生存，从而使得突变的基因在群体中可以传播。通过这种方式，猫科动物的祖先逐渐建立了带有 *UGT1A6* 基因失效的突变。进化就是这样的无情：要么使用它，要么不使用它就会失去它！

UGT1A6 并不是唯一经历过这种突变命运的基因。猫的唾液中也含有低水平的淀粉酶以及其他分解糖类化合物的酶。但与许多其他哺乳动物不同，它们并不会喜欢甜食，因为它们的一种与味道有关的基因（*Tas1r2*）也变成了假基因。这两个事件也可能是它们远离植物性食物的结果。

进化研究表明，现代猫科动物在大约 1 100 万年前从一个共同的祖先进化而来。在那段时间里，猫可能经历了“遗传瓶颈”，使得它们的数目很少，幸存的少数“猫祖”中的任何突变都传给了它们的后代，包括 *UGT1A6* 的错误版本。

第六节　糖原代谢

糖原是糖类在动物体内的储存形式，主要存在于肝、肌肉和肾中。它在动物体内的存在有利于维持血糖浓度的稳定，同时提供了一种容易被快速动员的短期储备燃料。一些细菌、古菌和真菌也能合成糖原，如农杆菌、深海火热球菌（*Pyrococus abyssi*）和酵母。有关糖原在人体内的分解和合成，特别是其中的调控机制，一直是人们研究的重点，已发现许多疾病与它的代谢失调有关。

一、糖原的分解

在动物体内，糖原主要存在于细胞质基质，但也有少量存在于溶酶体，例如肝细胞大概有 10% 的糖原储存在溶酶体中。这两处糖原的分解路径是不同的。

（一）细胞质基质内糖原的分解

细胞质基质内糖原的分解主要是磷酸解，只有分支点上的葡糖残基才是被水解下来的。

1. 糖原的磷酸解

糖原的磷酸解由糖原磷酸化酶（glycogen phosphorylase）催化，被磷酸解的葡糖残基总是位于非还原端（图 9–76）。

此反应的 $\Delta G^{\ominus\prime}$ 为 +3.1 kJ·mol^{-1}，似乎对磷酸解不利，但由于细胞内无机磷酸的浓度远远高于 1-磷酸葡糖，因此反应几乎只能朝分解的方向进行。

糖原磷酸化酶由两个完全相同的亚基组成，每一个亚基各共价结合 1 分子磷酸吡哆醛，结合的方式为希夫碱。参与磷酸化反应的只是与吡哆醛结合的磷酸基团，与醛基无关。

Quiz50 如何证明糖原磷酸化反应只需要与吡哆醛结合的磷酸基团而与醛基无关？

糖原磷酸化酶催化的反应历程是（图 9–77）：在反应开始之前，作为底物的无机磷酸正好位于磷酸吡哆醛上的磷酸基团与糖原底物之间，这种前后排列使得吡哆醛上的磷酸基团可以作为广义的酸催化剂发挥作用。反应开始时，作为底物的磷酸提供一个质子给非还原端要离开的葡糖残基 C4 上的氧原子，形成半椅式氧鎓离子（oxonium）中间物，同时它又从吡哆醛上的磷酸基团得到一个质子。随后，

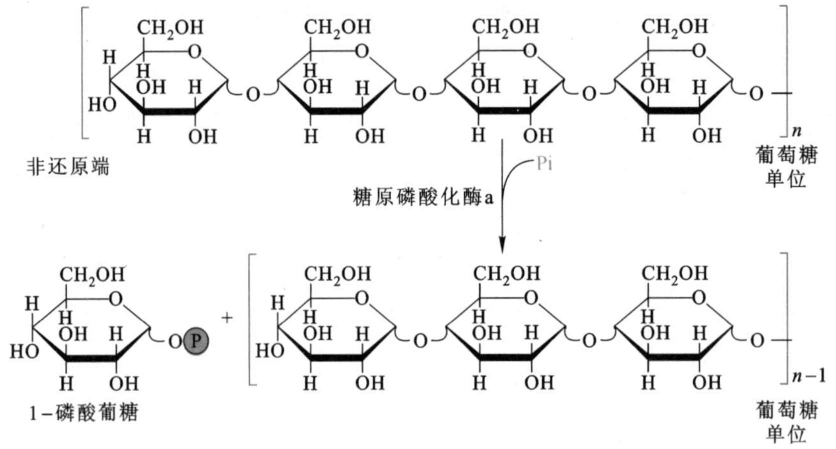

图9-76　糖原磷酸化反应

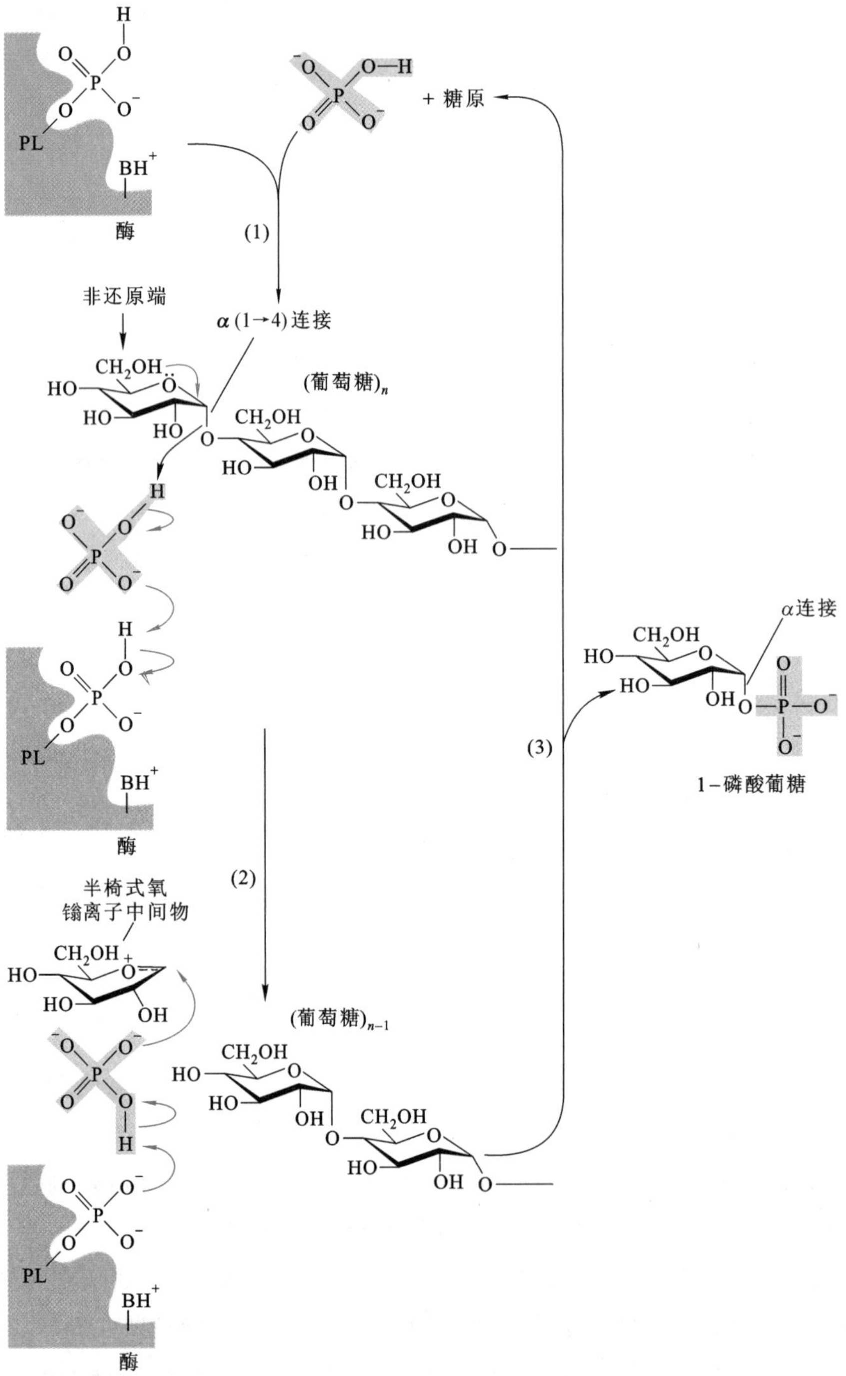

图9-77　糖原磷酸化酶催化的反应的机制

底物磷酸与半椅式中间物反应生成 1- 磷酸葡糖，同时把质子还给吡哆醛上的磷酸基团。在整个反应中，水分子被完全排除在活性中心之外，以阻止水解反应的发生，很好地防止了能量的浪费。

磷酸解下来的 1- 磷酸葡糖经变位反应转变成 6- 磷酸葡糖，后者既可以直接进入糖酵解，又可以进入内质网，被 6- 磷酸葡糖磷酸酶水解成葡萄糖，并最终成为血糖的一部分。但由于肌细胞不表达 6- 磷酸葡糖磷酸酶，肌糖原磷酸解下来的 1- 磷酸葡糖只能进入糖酵解氧化，更不会离开肌细胞成为血糖的一部分。显然，如果糖原磷酸解释放出的 1- 磷酸葡糖直接进入糖酵解，产生的 ATP 就要比游离的葡萄糖在糖酵解中产生的 ATP 多 1 个。这似乎意味着糖原的产能效率比游离的葡萄糖要高。但天下没有免费的"午餐"，糖原是从游离的葡萄糖分子合成而来的，而游离的葡萄糖分子要变成糖原中的葡糖残基是要消耗 ATP 的。

Quiz51 你认为一个游离的葡萄糖分子转变成糖原中的一个葡糖残基需要消耗多少 ATP？

2. 分支点葡糖残基的水解

糖原磷酸化酶的作用受到一定限制：首先，它只能作用于 α(1 → 4) 糖苷键，不能作用分支点上的 α(1 → 6) 糖苷键；其次，它并不能作用于所有的 α(1 → 4) 糖苷键，当遇到与分支点相距 4 个葡糖残基的 α(1 → 4) 糖苷键时就无能为力了。这时就需要脱支酶(debranching enzyme)。脱支酶是一种双功能酶，它的一个功能是具有 α(1 → 4) 至 α(1 → 4) 的糖基转移酶(glycosyl transferase)活性，借助此活性可以将与分支点葡糖残基相连的不能再被磷酸解的 3 个葡糖残基，同时转移到邻近的非还原端，并维持以 α(1 → 4) 糖苷键连接。被转移到新位点上的葡糖残基即可正常进行磷酸解了，而留在分支点的葡糖残基，在脱支酶的第二个功能即 α(1 → 6) 糖苷酶的活性作用下，被水解成游离的葡萄糖分子(图 9–78)。

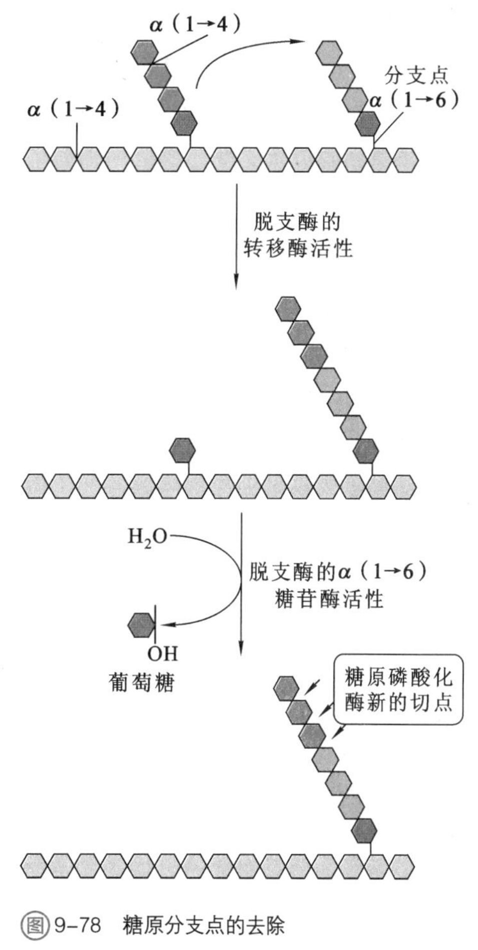

图 9–78 糖原分支点的去除

糖原在磷酸解时，它所有的非还原端都可以同时作为磷酸化酶的作用目标，因此，糖原可以在短时间内被分解掉。显然分支点越多，非还原端就越多，被分解的速率就越快。

Quiz52 肌糖原分解究竟产生不产生游离的葡萄糖分子？

(二) 溶酶体内糖原的分解

溶酶体内的糖原是通过细胞自噬(autophagy)进入的。其降解很简单，由酸性 α 糖苷酶(acid α-glucosidase)催化。该酶对 α(1 → 4) 糖苷键和 α(1 → 6) 糖苷键的水解"通吃"，从而导致糖原分子中的所有葡糖残基都直接以游离的葡萄糖的形式释放出来。已发现，酸性 α 糖苷酶的缺陷可导致Ⅱ型糖原贮积病(glycogen storage disease，GSD)或蓬佩病(Pompe's disease)。此病的发展可导致全身肌肉渐进性无力，影响到多种组织的功能。

二、糖原的合成

(一) 糖原合成的一般特征

糖原的合成是将生物小分子——葡萄糖聚合在一起，形成生物大分子——糖原的过程。它与单纯的生物小分子(如葡萄糖)的合成是有所不同的。作为大分子的糖原，其合成具有以下几个重要的特征。

(1) 葡萄糖单位需要活化。葡萄糖分子之间不能直接缩合在一起，因为能量状态不够，必须活化才行。活化的过程是消耗能量的过程。在动物体内，糖原合成所需要的活化的葡萄糖单位是 UDP- 葡萄糖(UDPGlc)。

(2) 需要引物(primer)。催化糖原合成的酶不能催化糖原的从头合成(*de novo* synthesis),只能将葡萄糖单位从 UDPGlc 转移到事先已合成好的引物分子上。充当糖原从头合成的引物分子是一种叫糖原素(glycogenin,又称糖原蛋白)的蛋白质,它由 2 个相同的亚基组成。

(3) 合成的方向是还原端→非还原端,主要由糖原合酶(glycogen synthase)催化。

(4) 分支的建立需要分支酶(branching enzyme)。

(二) 糖原合成的详细步骤

1. 葡萄糖单位的活化

由三步反应组成:①在己糖激酶或葡糖激酶的催化下,葡萄糖转变成 6-磷酸葡糖;②在磷酸葡糖变位酶的催化下,6- 磷酸葡糖异构化成 1- 磷酸葡糖;③ 1- 磷酸葡糖受 UDPGlc 焦磷酸化酶(UDP-glucose pyrohorylase)的催化,活化成 UDPGlc(图 9-79)。

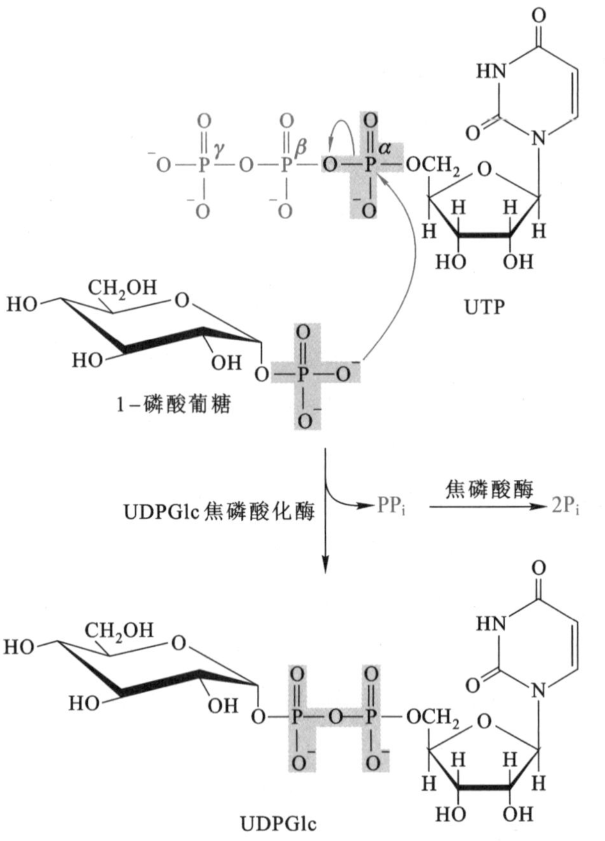

图 9-79 活化的葡萄糖单位的形成

第三步反应除了形成 UDPGlc 以外,还产生了 PP_i。此反应的 $\Delta G^{\ominus\prime}$ 约为 0,这是一个典型的可逆反应。但由于生成的 PP_i 在细胞内焦磷酸酶催化下,极易发生水解,致使总的 $\Delta G^{\ominus\prime}$ 为 $-33.5\ kJ \cdot mol^{-1}$,因此总反应却是不可逆的。这种由焦磷酸水解驱动的反应在体内有很多,例如脂肪酸活化、氨基酸活化、DNA 复制、转录和逆转录等。

2. 糖原合成的启动

这一步是由糖原素引发的(图 9-80):首先在它自带的酪氨酸葡糖基转移酶(tyrosine glucosyltransferase)的催化下,第 1 个葡糖单位从 UDPGlc 转移到糖原素 Tyr194 残基的羟基上,形成第 1 个 *O* 型糖苷键。随后,糖原素两个亚基之间的相互催化将第 2 个葡糖单位转移到第 1 个葡糖单位的 4 号位羟基上,形成第一个 $\alpha(1\rightarrow4)$ 糖苷键。这样的反应可持续下去,直到形成一个七糖单位,之后由糖原合酶取而代之,但糖原素并没有解离。

3. 糖原合成的延伸

Quiz53 柠檬酸合酶和糖原合酶各属于七类酶中的哪一类?

这一步由糖原合酶催化,但糖原合酶的催化需要糖原素的存在以及与其的直接接触。当糖原分子合成到一定的长度以后,糖原合酶与糖原素脱离接触,这时糖原就停止延伸了。因此,一个细胞有多少糖原分子取决于有多少糖原素分子,而每一个糖原分子最后能合成到多大,则取决于糖原合酶和糖原素何时脱离接触。

4. 分支的引入

糖原素和糖原合酶只能催化 $\alpha(1\rightarrow4)$ 糖苷键的形成,支链的形成需要分支酶。分支酶能将一个七糖单位,从一段长于 11 个葡糖残基的糖链的非还原端,转移到邻近的糖链上,并以 $\alpha(1\rightarrow6)$ 糖苷键相连,新的分支点至少距离老的分支点 4 个葡糖残基以上(图 9-81)。

图 9-80 由糖原素引发的糖原合成

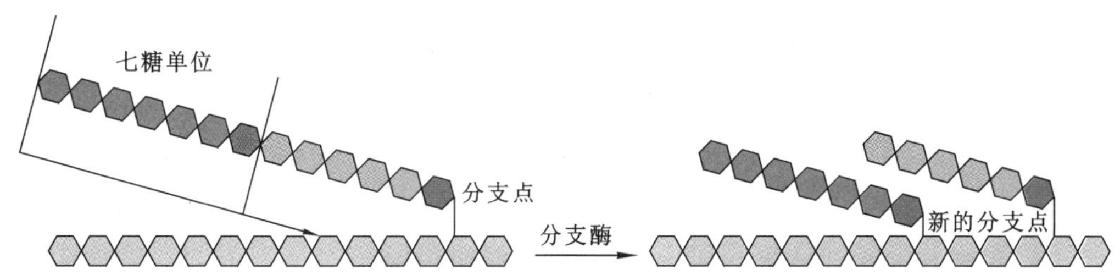

图 9-81 糖原分支的形成

三、糖原代谢的调节

如前所述，在相同的生理条件下，糖原分解和糖原合成都是放能反应，而且都主要发生在细胞质基质，显然，如果这两种途径同时发生，细胞将陷入无效循环。

糖原分解和合成的限速酶分别是糖原磷酸化酶和糖原合酶。调节这两种酶活性的方式主要有两种：一是别构调节，二是受激素控制的“可逆磷酸化”调节。

（一）别构调节

1. 糖原磷酸化酶的别构调节

糖原分解代谢中调节的目标是糖原磷酸化酶，但肝细胞和肌细胞之中的糖原磷酸化酶不完全相同，虽然它们属于同工酶，但是两者在结构和调节机制上不尽相同（表 9–6）。

Quiz54 你如何理解肝糖原磷酸化酶和肌糖原磷酸化酶在别构效应物选择上的差别？另外，你认为肾糖原磷酸化酶会更像它们中的哪一个？

表 9–6 肝细胞和肌细胞内糖原磷酸化酶调节机制的比较

比较项目	肝细胞糖原磷酸化酶	肌细胞糖原磷酸化酶
葡萄糖的抑制	+	–
Ca^{2+} 的激活	–	+
去磷酸化时受 AMP 的激活	–	+

以肌糖原磷酸化酶为例，它与肝糖原磷酸化酶一样，都有 a 和 b 两种形式，通常 a 具有活性，b 没

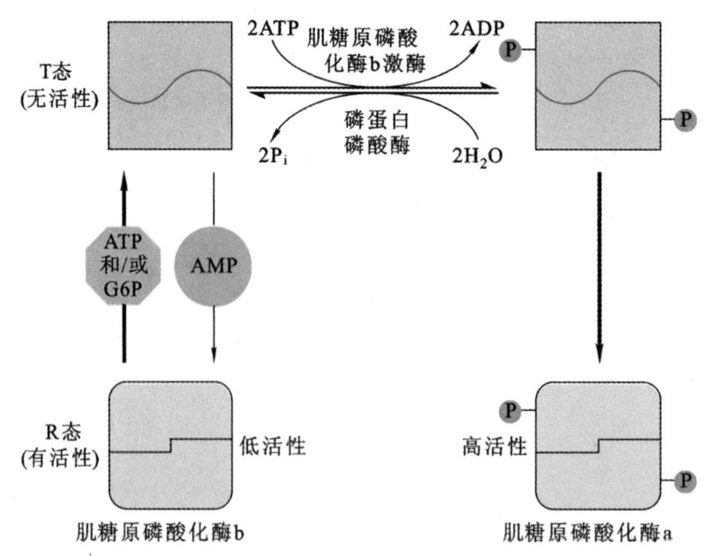

图 9-82 肌糖原磷酸化酶的活性调节

有活性，两者之别仅仅在于前者的Ser14被磷酸化修饰了。当肌细胞受到肾上腺素作用或电刺激时，b即转变为a。

无论是哪一种形式的肌糖原磷酸化酶，它们都具有T态和R态两种构象，只不过a型的R态多，b型的T态多(图9-82)。需要注意的是，处于T态的磷酸化酶的活性中心被自身一段肽链形成的环掩盖住了，因此活性较低。

肌糖原磷酸化酶的别构效应物有ATP、6-磷酸葡糖和AMP，它们只作用于b型磷酸化酶。其中ATP和AMP直接反映细胞的能量状态，6-磷酸葡糖是由1-磷酸葡糖变位而来，它的浓度高低实际上反映了糖原磷酸解进行的程度。

当肌细胞内的能量状态较高时，高浓度的ATP与处于R态的b型磷酸化酶结合，促使它转变为无活性的T态，糖原磷酸解受阻；反之，当肌细胞内的能量状态较低时，高浓度的AMP与处于T态的b型磷酸化酶结合，促使它转变为有活性的R态，糖原分解随即被启动。当细胞内糖原磷酸解到一定程度以后，6-磷酸葡糖升高，细胞能量状态提高，这时6-磷酸葡糖可以单独或者与ATP一起作用处于R态的b型磷酸酶，促使R态转变为T态。

在大多数生理状态下，由于ATP和6-磷酸葡糖的抑制，肌细胞内的b型磷酸化酶无任何活性。而无论胞内的ATP、AMP和6-磷酸葡糖的浓度如何变化，a型磷酸化酶总有活性。

在肌细胞处于静息状态下，胞内所有的磷酸化酶几乎都是无活性的b型。一旦肌细胞收缩，ATP被迅速消耗，AMP浓度升高，b型被激活成R态。与此同时，肌肉的运动导致肾上腺素被释放，这有利于b型变成a型。由于肌细胞缺乏6-磷酸葡糖磷酸酶，6-磷酸葡糖不会水解成葡萄糖，而只能留在肌细胞内进行氧化放能。

Quiz55 体外实验发现，糖原磷酸化酶的晶体在接触了AMP后破碎了。对此你如何解释？

2. 糖原合酶的别构调节

与糖原磷酸化酶一样，糖原合酶也具有a型和b型，但与磷酸化酶不同的是，a型主要是去磷酸化形式，b型主要是磷酸化形式。

能够作为别构效应物来直接影响糖原合酶活性的分子是6-磷酸葡糖，它能够降低b型合酶对UDPGlc的K_m值，从而使磷酸化的合酶也能够合成糖原。

(二) 受激素控制的“可逆磷酸化”调节

Quiz56 你认为喝过咖啡或绿茶以后是促进糖原的合成还是糖原的分解？为什么？

对糖原磷酸化酶和糖原合酶的别构调节仅仅是在最低一级水平对糖原代谢进行调节，更精细、更敏感和更灵活的调节需要在高一级水平上进行，这必然涉及更多的生物分子，如激素、受体、G蛋白、第二信使、蛋白激酶和磷蛋白磷酸酶等。

参与糖原代谢调节的激素有胰岛素、胰高血糖素和肾上腺素，肾上腺素主要作用于肌细胞，胰高血糖素主要作用于肝细胞。其中，胰高血糖素和肾上腺素促进糖原的磷酸解，而胰岛素促进糖原的合成。参与调节糖原磷酸化酶磷酸化修饰的激酶主要有 PKA 和糖原磷酸化酶 b 激酶，被修饰的磷酸化酶的位点是 Ser14，而参与调节糖原合酶磷酸化的激酶至少有 11 种，常见的有 PKA、PKC、受 AMP 激活的蛋白激酶（AMP-activated protein kinase，AMPK）、糖原磷酸化酶 b 激酶、糖原合酶激酶（glycogen synthase kinase，GSK）、酪蛋白激酶（casein kinase，CK）Ⅰ和Ⅱ，磷酸化位点至少有 9 个。磷蛋白磷酸酶则主要是磷蛋白磷酸酶 -1（phosphoprotein phosphatase type 1，PP-1）。

总的说来，糖原磷酸化酶磷酸化后被激活，而糖原合酶刚好相反。

第七节　光合作用

光合作用（photosynthesis）是指生物利用光能合成有机分子（主要是糖类）的过程，它主要包括光反应和暗反应这两个阶段的反应。能够进行光合作用的生物统称为光合有机体（photosynthetic organism），包括绿色植物、藻类、蓝细菌（cyanobacteria）和紫色细菌（purple bacteria）。光合作用不仅是生物固定 CO_2 的主要手段，还是大气中 O_2 的主要来源。

一、光合作用的基本过程

光合作用的总反应式可写成：$CO_2 + 2H_2A \xrightarrow{\text{光能}} (CH_2O) + H_2O + 2A$

整个反应的本质实际上是氧化还原反应，氧化剂总是 CO_2，还原剂用 H_2A 表示，但并不总是 H_2O，也可能是 H_2S 或其他物质，这与光合有机体的性质有关（表 9-7）。如果还原剂为 H_2O，就必然有 O_2 的释放。释放出来的氧来自水分子。

表 9-7　不同光合有机体发生的光合作用的总反应式及其还原剂

光合有机体	还原剂	总反应
植物、藻类、蓝细菌	H_2O	$CO_2 + 2H_2O \rightarrow (CH_2O) + H_2O + O_2$
绿色硫细菌	H_2S	$CO_2 + 2H_2S \rightarrow (CH_2O) + H_2O + S$
非硫光合细菌	H_2	$CO_2 + 2H_2 \rightarrow (CH_2O) + H_2O$
	乳酸	CO_2 + 2 乳酸→$(CH_2O) + H_2O$ + 2 丙酮酸

由于绝大多数光合有机体将水作为最终的还原剂，因此总反应式常写成：

$$CO_2 + 2H_2O \xrightarrow{\text{光能}} (CH_2O) + H_2O + O_2$$

Quiz57 有一种光合细菌用 $S_2O_3^{2-}$ 作为还原剂，请写出它光合作用的总反应式。

上述总反应式显然过于简化，并不能准确反映光合作用的过程。例如：在任何光合有机体内，光并不能直接驱动 CO_2 的固定，H_2O 也不能直接还原 CO_2。整个光合作用实际上是由两个相对独立的反应，即光反应（light reaction）和暗反应（dark reaction）组成（图 9-83）。在光反应中，光能被色素捕获并用来直接驱动 H_2O 的氧化，先后有 O_2 的释放、$NADP^+$ 的还原和 ATP 的合成；在暗反应中，光反应产生的 NADPH 和 ATP 被用来驱动 CO_2 的同化。

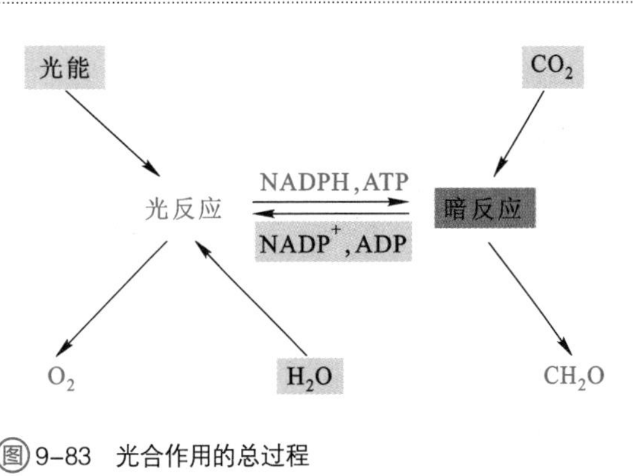

图 9-83　光合作用的总过程

二、植物光合作用的细胞器——叶绿体

对于植物来说，光合作用所有反应都发生在叶绿体(chloroplast)。叶绿体最重要的结构特征是内部具有高度发达的片层状膜系统(图 9-84)。这可大大提高光吸收的面积，从而有利于光能的捕获。叶绿体主要存在于植物的叶肉细胞(mesophyll cell)，其内部被内膜所包被的可溶性物质称为基质(stroma)，浸入在基质中由膜包被的扁平囊状结构称为类囊体(thylakoid)。由类囊体膜包被的空间称为类囊体腔(thylakoid lumen)。由若干个类囊体垛叠在一起而构成的结构单位称为基粒(grana)。一个叶绿体内的基粒数目在 40 ~ 60 之间，基粒之间通过基质片层(stroma lamellae)相连。

类囊体膜上集中了各种与光反应相关的成分，如光合色素、与光合色素结合的蛋白质、电子传递体、CF_1F_o-ATP 合酶等，而基质中则含有各种催化暗反应的酶、辅因子和中间代谢物等。因此，光合作用的光反应是在类囊体膜上进行的，而暗反应则发生在基质中。

虽然蓝细菌和其他原核光合有机体没有叶绿体，但它们的细胞质也含有衍生于细胞膜的类似于类囊体的片层膜结构。

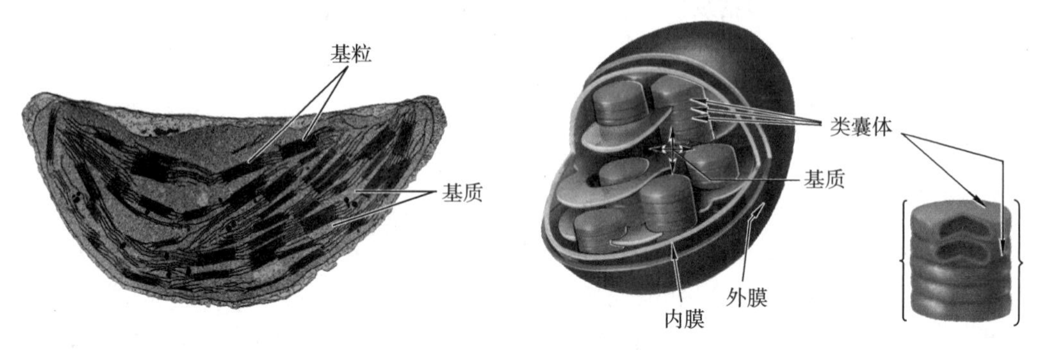

图 9-84 叶绿体的亚显微结构及其模式结构

三、光反应

光反应包括光能的吸收、传递、转化、水的光解、电子传递、$NADP^+$ 的还原和光合磷酸化等反应。

参与光反应的各成分在类囊体膜上组装成 5 种复合体——光系统Ⅰ、光系统Ⅱ、细胞色素 b_6f 复合体、铁氧还蛋白 -$NADP^+$ 氧化还原酶(ferredoxin-$NADP^+$ oxidoreductase)和 CF_1F_o-ATP 合酶(图 9-85)。前 4 种复合体涉及光能的吸收、传递、转化和电子传递，以及跨类囊体膜的质子梯度的建立和 $NADP^+$ 的还原，最后一种复合体在结构和功能上相当于线粒体内膜上的 F_1F_o-ATP 合酶。在复合体之间有流动的电子传递体，其中质体醌(plastoquinone)在结构和性质上与 CoQ 很相似，在光系统Ⅱ和细胞色素 b_6f 复合体之间充当流动的电子传递体；质体蓝素(plasticocyanin，PC)是一种含有铜离子的可溶性膜外在蛋白，与细胞色素 c 相似，在细胞色素 b_6f 复合体和光系统Ⅰ之间充当流动的电子传递体；铁氧还蛋白则在光系统Ⅰ和铁氧还蛋白 -$NADP^+$ 氧化还原酶之间充当流动的电子传递体。

Quiz58 你认为光合链上相当于呼吸链复合体Ⅳ的是哪一个复合体?

(一) 光能的吸收和传递

1. 光合色素的结构与功能

光合作用的第一步是光能的捕获和吸收，这是通过类囊体膜上的吸光色素(light-absorbing pigment)来完成的。为了能够充分吸收、利用太阳光中的能量，光合有机体在进化中已形成一套由吸收波长不同的色素构成的高效的吸光装置(图 9-86)。这套装置能有效地捕获可见光和近红外光的能量。

吸光色素主要有叶绿素(chlorophyll)、类胡萝卜素(carotenoid)和藻胆素(phycobilin)三类。虽然不同的色素在化学结构上差别很大(图 9-87)，但它们都带有多个共轭的双键。其中，叶绿素又分为 a、b、c、d、e 和 f。类胡萝卜素包括 β 胡萝卜素(carotene)和叶黄素(lutein)。藻胆素包括藻蓝素(phycocyanobilin)

Quiz59 生物体内还有哪些色素具有类似的结构?

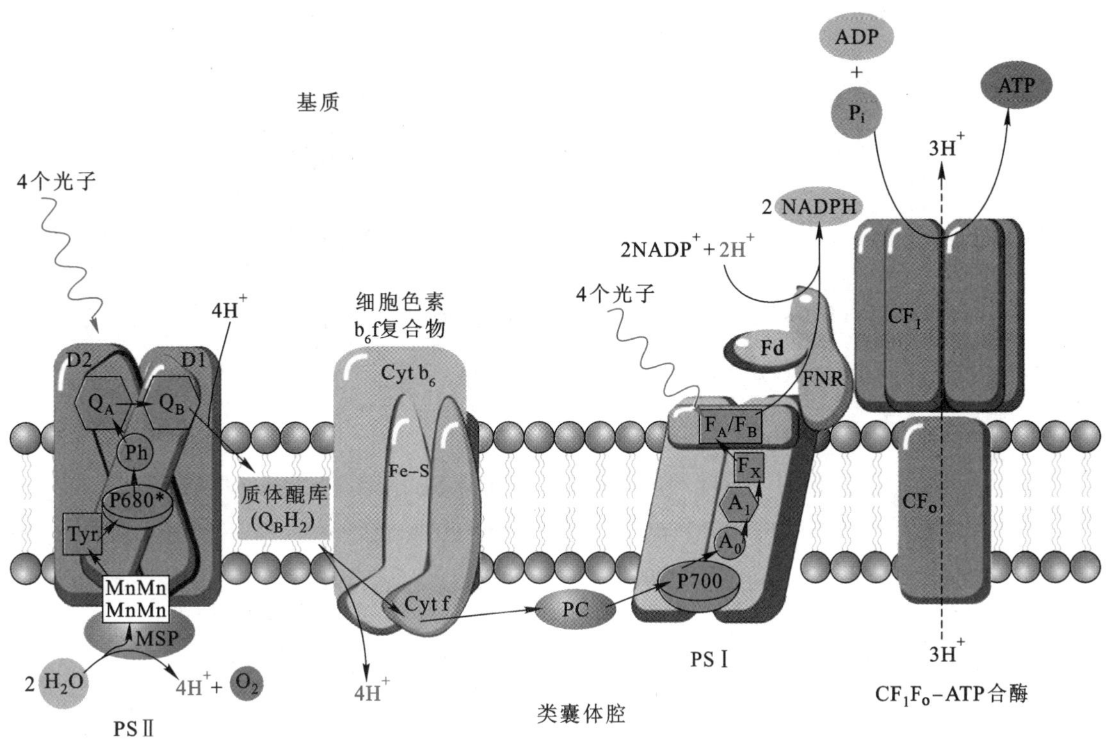

图9-85　光反应的电子传递以及光合磷酸化

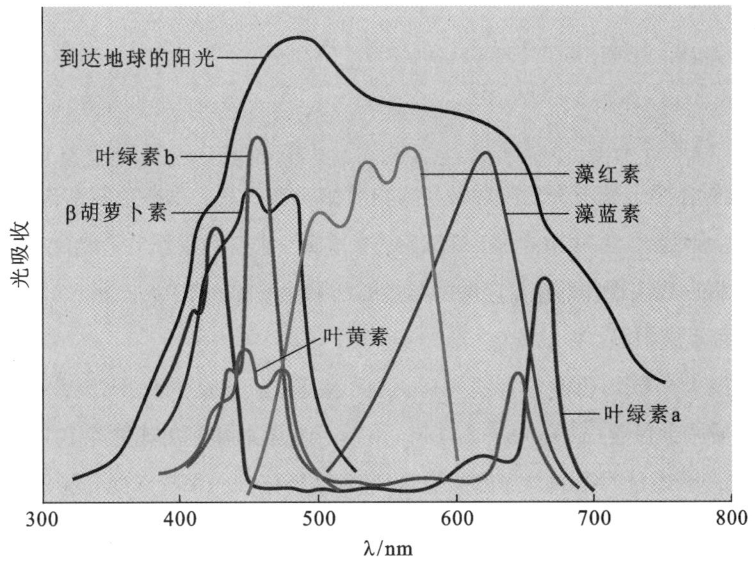

图9-86　不同光合色素的光吸收

和藻红素（phycoerythrobilin）。高等植物体内的吸光色素包括叶绿素 a、b 和类胡萝卜素，其中叶绿素主要吸收蓝光和红光，类胡萝卜素主要吸收蓝紫光。叶绿素 f 直到 2010 年才被发现，只存在于在一些蓝细菌中，可有效吸收 800 nm 处红外光的能量。藻胆素主要存在于蓝细菌和藻类植物中，它主要吸收不被叶绿素和类胡萝卜素吸收的可见光。

Quiz60　一般什么波长的光对于光合作用来说效率最差?

在所有的吸光色素中，叶绿素是最重要的，它能在特定光谱区间吸收光能和传递能量。在结构上，它非常像血红素，但与吡咯环结合的是 Mg^{2+}，而且 4 个吡咯环中的一个已被还原。Mg^{2+} 所起的作用是影响各吡咯环上的电子分布，以保证有多个电子处在高能轨道上，从而有利于光能的捕获和转移。另外，叶绿素还有一个疏水的叶绿醇链，其作用是将叶绿素锚定在类囊体膜上。类胡萝卜素分子主要分布在叶绿素的周围，有光保护的作用，可帮助植物及时清除光反应中产生的 ROS 以及消耗

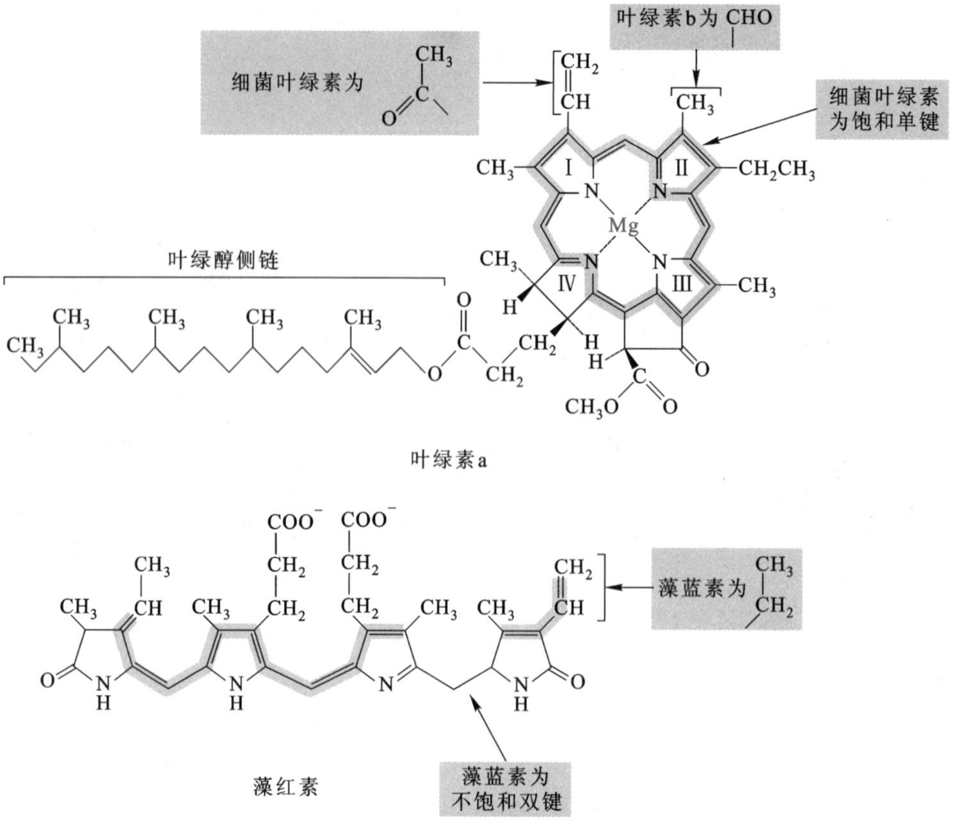

图 9-87　叶绿素及藻红素的化学结构

掉过多的光能。

此外，位于类囊体膜上的吸光色素通常与蛋白质结合在一起。这些色素结合蛋白既为色素提供了结合位点，同时还对各个色素分子的三维结构进行微调，让它们在膜上采取合适的方向，并具有各自独特的光谱学特征，以实现相邻色素之间的巧妙匹配和能量的高效传递。

2. 中心色素和反应中心

类囊体膜上绝大多数的色素像天线一样，仅仅起着收集光能的作用，因此被统称为天线色素(antenna pigment)或辅助色素(accessory pigment)。由天线色素收集到的光能除了少数以热或荧光的形式损失掉以外，大多数通过共振的方式进行传递，最后被转移到一种特殊的叶绿素 a(图 9-88)。该叶绿素在类囊体膜上与特殊的蛋白质结合，被称为中心色素(central pigment)。一旦中心色素从天线色

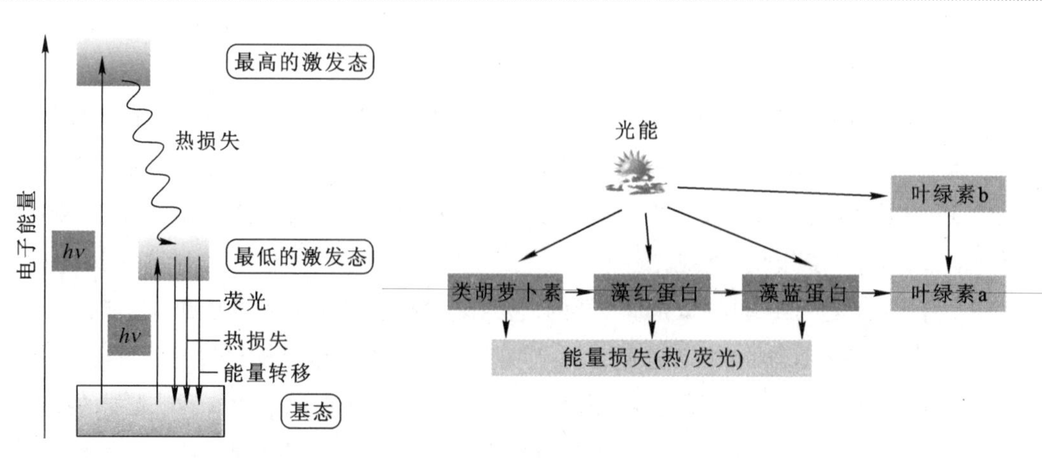

图 9-88　光能吸收后的几种不同去处

素那里获得光能，能量的转换反应也就开始了。这时，中心色素外围处于基态(ground state)的电子发生能级跃迁，变为激发态(excitation state)。而处于激发态的电子很容易失去，并转移给相邻的初级电子受体(primary electron acceptor)，电荷分离(charge separation)随之发生。这种由中心色素和与它结合的蛋白质所构成的复合体称为反应中心(reaction center)(图 9-89)，而由天线色素和与之结合的蛋白质共同组成的复合物称为聚光复合体(light-harvesting complex，LHC)。由 LHC、反应中心和初级电子受体构成的光能吸收、转移和转换的功能单位称为光系统(photosystem，PS)。

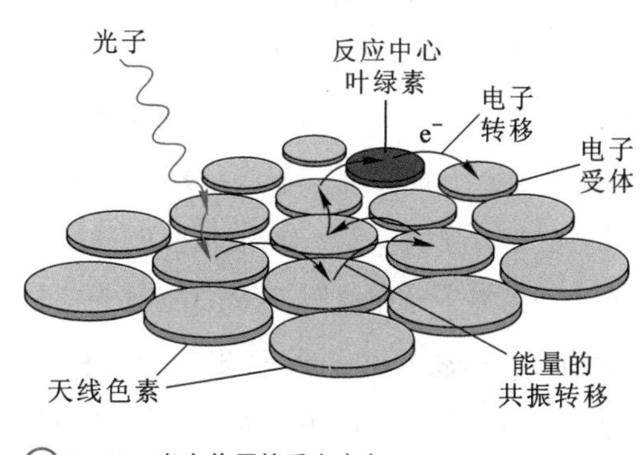

图 9-89　光合作用的反应中心

(二) 放氧光合有机体的光系统

放氧光合有机体与非放氧光合有机体有显著的差别，前者有两套光系统，即光系统Ⅰ(PSⅠ)和光系统Ⅱ(PSⅡ)，而后者只有一种光系统。

PSⅠ和 PSⅡ最重要的差别在于各自中心色素光吸收的峰值，前者为 700 nm(红光)，因而简写为 P700，后者为 680 nm(橘红)，简写为 P680。P700 和 P680 实际上都是叶绿素 a，导致两者光吸收不同的原因是它们与不同的蛋白质结合在一起，即所处的微环境不一样。两套光系统的其他差别见表 9-8。注意该表数据来自嗜热细长聚球蓝细菌(*Thermosynechococcus vulcanus*)。

Quiz61 你认为光合链和呼吸链都含有的金属离子有哪些以及光合链有但呼吸链没有的金属离子又有哪些?

表 9-8　嗜热细长聚球蓝细菌两大光系统的结构比较

比较项目	PSⅠ	PSⅡ
概况	以三聚体的形式存在 总大小约为 1 020 kDa	以二聚体的形式存在 总大小约为 350 kDa
色素分子	100 个叶绿素 a、20 个类胡萝卜素	35 个叶绿素、2 个脱镁叶绿素、11 个胡萝卜素
中心色素	P700，每一个单体由一对特殊的叶绿素 a 组成	P680，每一个单体由一对特殊的叶绿素 a 组成
蛋白质亚基	12，如 PsaA、PsaB、PsaC、PsaD。	20，如 D1、D2、CP29、CP26、CP43、CP47
金属离子	12 个 Fe 在 3 个 Fe_4S_4 中心中，一个 Ca^{2+}	1 个非血红素 Fe、2 个非血红素 Fe、4 个 Mn、3～4 个 Ca，其中的 1 个 Ca 与 4 个 Mn 由 5 个 O 作为桥连成 Mn_4CaO_5 簇
其他	2 个维生素 K_1	3 个 Cl^-，2 个质体醌
初级电子受体	叶绿素 a	脱镁叶绿素
电子供体	质体蓝素	水(整个二聚体有 2 795 个水分子)
功能	$NADP^+$ 的还原	水的光解、产生跨类囊体膜的质子梯度

多数光系统内天线色素的数目并不是固定不变的，生长在阴暗环境下的光合有机体一般比生长在光线较强的环境中的光合有机体多。

一个光系统在捕捉到光能以后所发生的反应，从天线色素捕获光子开始，以电荷分离结束(图 9-90)。

(三) PSⅡ内发生的光化学反应

光反应开始于 PSⅡ，其一对 P680 与几种电子传递体和 2 个叫 D1 和 D2 的蛋白质结合在一起，所催化的总反应式为：$2H_2O + 2PQ_B + 4$ 光子 $\rightarrow O_2 + 2PQ_BH_2$

具体步骤为(图 9-91)：①天线色素捕获光能→共振传递到反应中心→ P680 的 $E^{\ominus\prime}$ 降低→ 1 个电子激发→转移到与 D1 结合的脱镁叶绿素(pheophytin，Ph)。脱镁叶绿素与正常叶绿素的差别在于与吡咯环结合的镁离子被换成了 2 个质子。②被还原的 Ph 将得到的 1 个电子传给与 D2 结合的质体醌(Q_A)。③先后有 2 个电子从 Q_A 传给与 D1 结合的质体醌(Q_B),Q_B 同时从基质夺取 2 个质子,被还原成 Q_BH_2。④失去电子的 P680 成为已知最强的生物氧化剂,使其能够通过由 4 个锰离子、1 个钙离子、5 个氧原子(Mn_4CaO_5)和若干锰稳定蛋白(manganese stabilizing protein,MSP)分子构成的放氧复合物(oxygen-evolving complex,OEC)或锰中心(Mn center)(图 9-92)对水分子氧化,即让水发生光解(photolysis),以补充中心色素失去的电子。

天线色素
中心色素
光
光能激发天线色素,将其中的一个电子提高到较高的能级
(1)
被激发的天线色素通过共振转移将能量传递给相邻的辅助色素分子
(2)
能量转移到中心色素,中心色素的一个电子能级发生跃迁
电子受体
(3)
被激发的中心色素将电子传给初级电子受体
(4)
电子供体填补中心色素上的电子空洞
电子供体
(5)
吸收的光子最终导致反应中心出现电荷分离
图 9-90 反应中心内发生的光反应

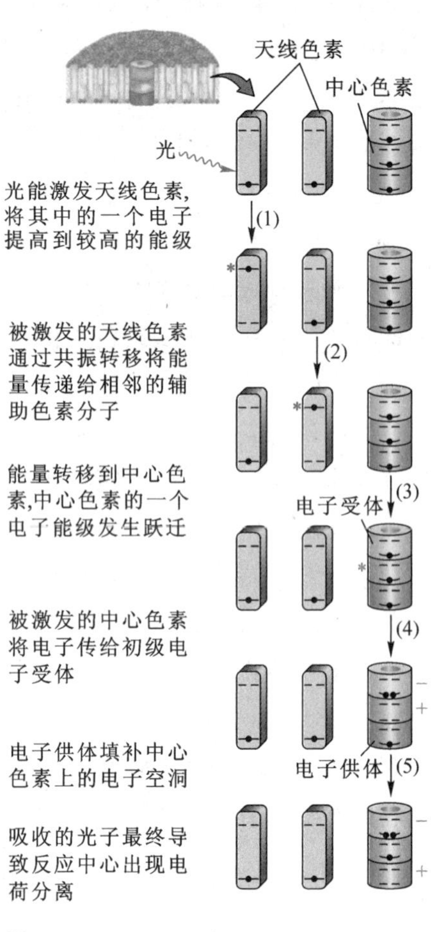

具体反应是:$2\ H_2O$ → 4 个电子 → D1 上的 Tyr 残基接受 1 个电子 → Tyr 自由基 → 氧化型的 P680 得到电子被还原。与 MSP 结合的 4 个锰离子能够积累 4 个电子,就像呼吸链上的复合体Ⅳ,可有效地防止一些有毒的部分氧化产物的形成,如超氧阴离子。

水的光解是在类囊体腔内发生的,除了提供了 4 个电子以外,还有 4 个 H^+ 和 1 分子 O_2 被释放到类囊体腔。

(四) 电子从 PSⅡ 经细胞色素 b_6f 复合体到 PSⅠ 的传递

在结构和功能上,细胞色素 b_6f 复合体以二聚体的形式存在。每一个单体的大小约为 217 kDa,共含有 8 个亚基:1 个是类似于细胞色素 c 的细胞色素 f,1 个是细胞色素 b_6,1 个是铁硫蛋白(Fe_2S_2),1 个是亚基 4,还有 4 个小亚基——PetG、PetL、PetM 和 PetN。

有多种来源的细胞色素 b_6f 复合体的晶体结构已被解析,结果清楚地显示,其核心结构与细胞色素 bc_1 复合体的核心结构十分相似,共有 7 个辅基。其中,4 个是血红素,1 个是铁硫中心,1 个是叶绿素 a,还有 1 个是 β 胡萝卜素。而两个单体之间的间隙被脂类所占据,这种出现在蛋白质内部绝缘的环境对于电子在血红素 - 血红素之间的定向转移十分重要。

光子
光子
光子
光子
P680
Tyr
e⁻
e⁻
e⁻
e⁻
2 H₂O
[Mn 复合物]⁰
[Mn 复合物]¹⁺
[Mn 复合物]²⁺
[Mn 复合物]³⁺
[Mn 复合物]⁴⁺
O₂
类囊体腔
H⁺
H⁺
H⁺
H⁺
图 9-91 水的光解

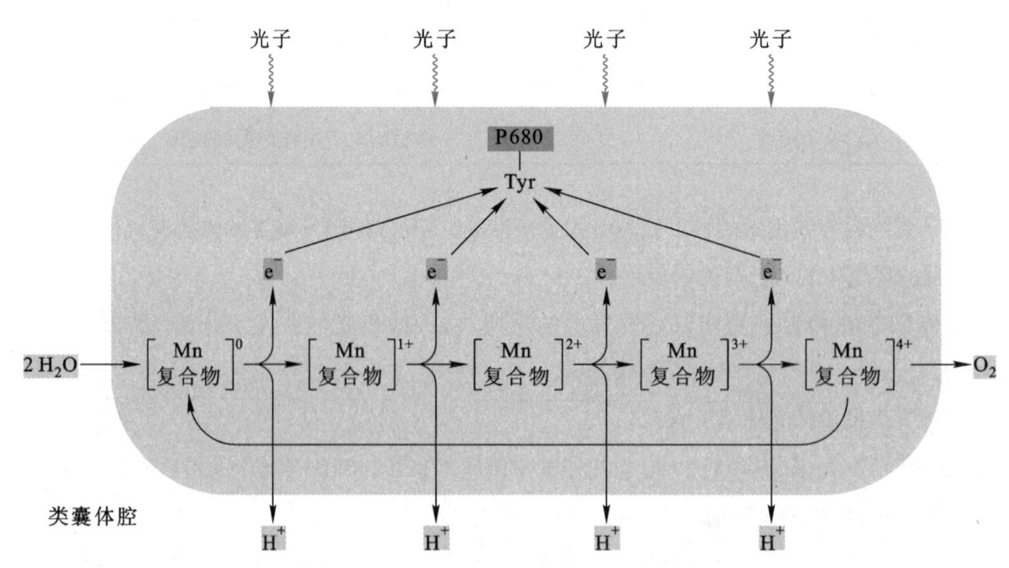

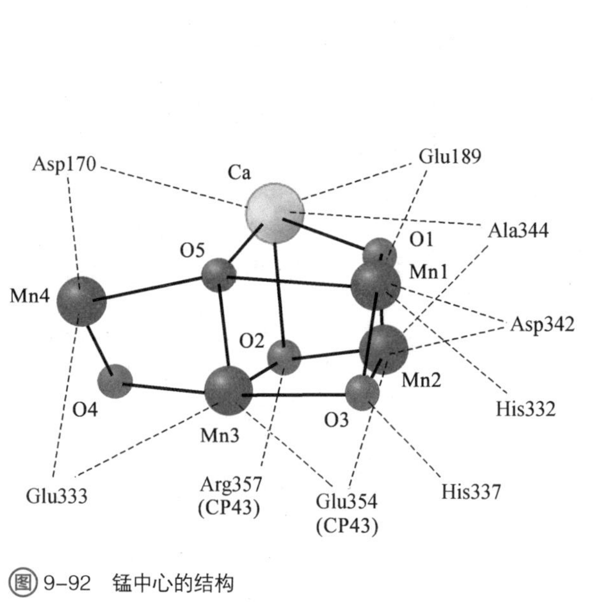

图 9-92 锰中心的结构

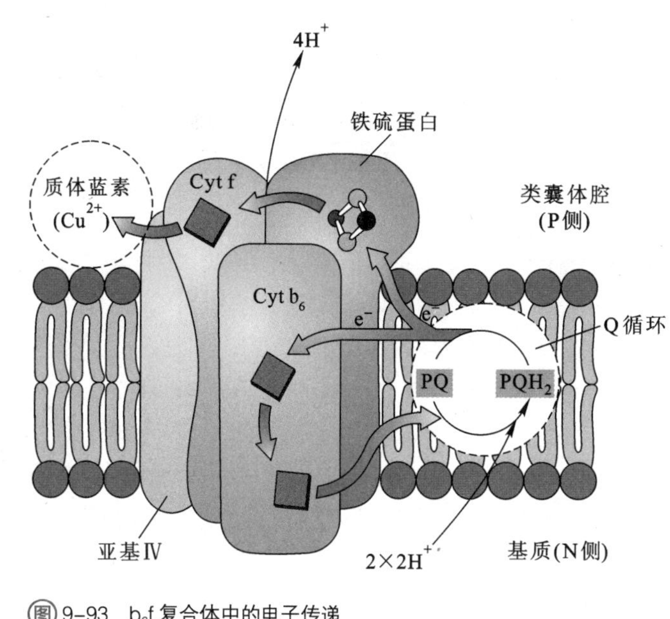

图 9-93 b_6f 复合体中的电子传递

细胞色素 b_6f 复合体传递电子的总反应式是：

$$PQ_BH_2 + 2H^+(基质) + 2PC(Cu^{2+}) \rightarrow PQ_B + 2PC(Cu^+) + 4H^+(类囊体腔)$$

详细步骤为(图 9-93)：① PQ_BH_2 与 D1 解离并流动到细胞色素 b_6f 复合体；② PQ_BH_2 前后分两次将两个电子依次通过细胞色素 b_6、铁硫蛋白和细胞色素 f 而传到流动的电子载体——质体蓝素(PC)，PC 上的 Cu^{2+} 被还原成 Cu^+；③传递的过程类似于呼吸链上的 Q 循环，共有 4 个质子被释放到类囊体腔，作为对质子梯度贡献的一部分；④被还原的 PC(Cu^+)离开细胞色素 b_6f 复合体，进入 PS Ⅰ，补充 P700 失去的电子。

(五) PS Ⅰ 内发生的光化学反应

在 PS Ⅰ 内，一对 P700 与几种电子传递体、一对结构相似的蛋白质(psaA 和 psaB)紧密结合，所催化的总反应式为：$2PC(Cu^+) + 2Fd(Fe^{3+}) \rightarrow 2PC(Cu^{2+}) + 2Fd(Fe^{2+})$

详细步骤如下：①天线色素捕获光能→共振传递到反应中心→P700 的 $E^{\ominus\prime}$ 降低→1 个电子激发，P700* 成为已知最强的生物还原剂→电子转移到 $A_0 \rightarrow A_1 \rightarrow$ 3 个铁硫蛋白(FX、FA 和 FB)；② FA/FB 将电子传给铁氧还蛋白(Fd)；③氧化型的 P700 从还原型的 PC 补充电子。这里的 A_0 和 A_1 分别是 1 个叶绿素分子和 1 个叶绿醌(phylloquinone)分子。

Quiz62 如果让两个光系统只接受红光照射，是不是两个光系统都可以被激发？为什么？

(六) $NADP^+$ 的还原

反应由 Fd-$NADP^+$ 氧化还原酶催化，总反应式为：

$$4Fd(Fe^{2+}) + 2NADP^+ + 2H^+(基质) \rightarrow 2NADPH + 4Fd(Fe^{3+})$$

Fd-$NADP^+$ 氧化还原酶以 FAD 作为辅基，反应经历了半醌中间物(图 9-94)。

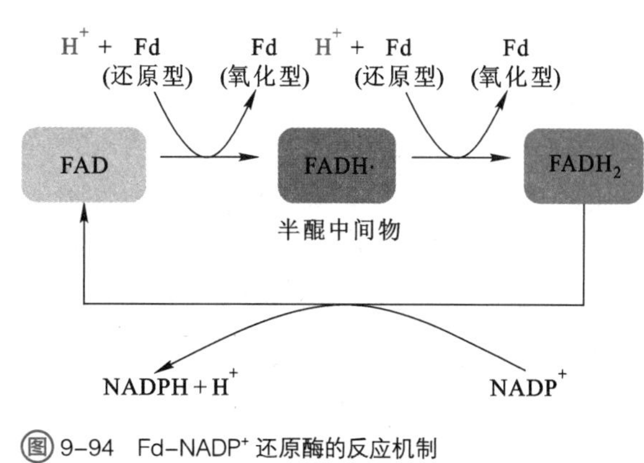

图 9-94 Fd-$NADP^+$ 还原酶的反应机制

由于反应发生在类囊体膜的基质一侧(N 侧)，因此基质内少了 2 个质子，也就相当于类囊体腔(P 侧)多了 2 个质子，这是对质子梯度的又一贡献。

(七) 光合磷酸化

放氧光合有机体光反应的总反应式为：

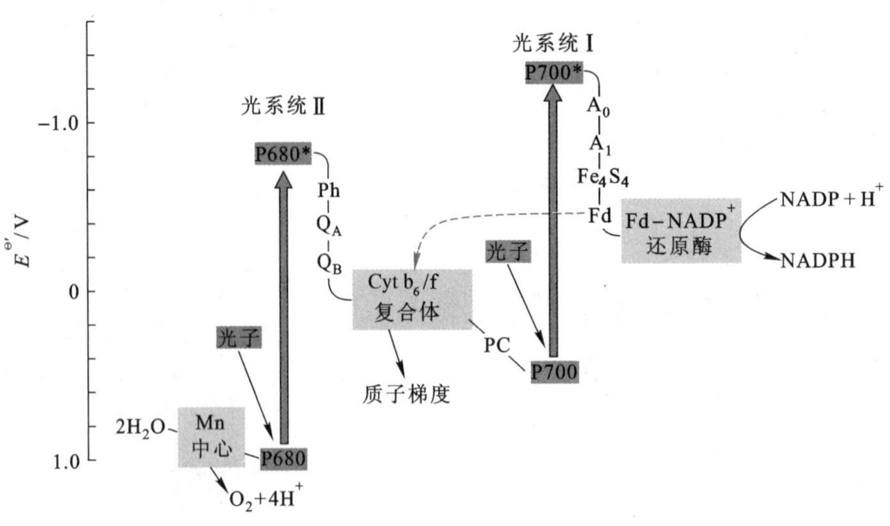

图 9-95　光反应的 Z 形图

$$2NADP^+ + 4\text{ 光子}(PSⅡ) + 4\text{ 光子}(PSⅠ) + 2H_2O + \sim 3ADP + \sim 3P_i \rightarrow O_2 + 2NADPH + \sim 3ATP$$

整个反应从水的光解到 $NADP^+$ 的还原，形如 Z 字，因此被称为 Z 形图(Z scheme)(图 9-95)。但是，ATP 是如何形成的呢？

在光反应中合成 ATP 的方式称为光合磷酸化，其机制类似于氧化磷酸化，可以用“化学渗透学说”进行解释。这里利用质子梯度合成 ATP 的酶为 CF_1F_o-ATP 合酶，它的 F_1 突出于基质一侧，而 F_o 横跨类囊体膜，为质子从类囊体腔回到基质的通道。CF_1F_o-ATP 合酶的作用机制也可以用“结合变构学说”来解释(参看第八章“生物能学和生物氧化”)。根据测定，一个典型的正在进行正常光反应的叶绿体位于基质一侧的 pH 为 8，而类囊体腔一侧的 pH 为 5，这意味着类囊体膜两侧质子浓度相差 1 000 倍，构成了驱动 ATP 合成的强大动力。CF_1F_o-ATP 合酶每合成 1 个 ATP 也需要消耗 3 个质子。

Quiz63　试预测 2,4-DNP 的存在对光反应会造成什么影响？

(八) 光反应的调节

光反应中最重要的事件之一是电子在 Z 形图上的流动，这种流动是受到调节的，调节有两种方式：①通过对 LHC 的“可逆磷酸化”改变 LHCⅡ与 PSⅡ的结合情况，加快电子从 PSⅡ流向 PSⅠ的速率；②抑制 PSⅡ或者干脆关闭 PSⅡ，让电子通过循环式磷酸化产生更多的 ATP。另外，CF_1F_o-ATP 合酶的活性也是受到调节的。

1. LHCⅡ的“可逆磷酸化”

PSⅠ和 PSⅡ分布在类囊体膜上不同的区域。PSⅡ主要集中在垛叠的膜上，而 PSⅠ和 CF_1F_o-ATP 合酶主要分布在非垛叠的基质片层膜上。这种特殊的安排是为了保证 LHCⅡ主要结合并激活 PSⅡ，而与 PSⅠ保持一定的距离，从而防止 LHCⅡ收集到的光能被 PSⅠ“盗用”。因为如果 PSⅠ和 PSⅡ相邻，LHCⅡ收集到的高能量的短波长光就既可以激活 PSⅡ中的 P680，也可以激活 PSⅠ中的 P700。但 LHCⅠ收集到的低能量的长波光子(相对于 LHCⅡ)却不能激活 PSⅡ中的 P680(图 9-96)。

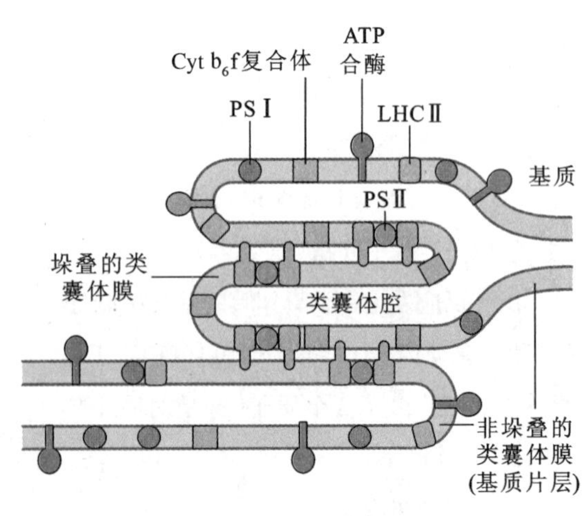

图 9-96　PSⅠ和 PSⅡ的空间分布

但是，LHCⅡ与 PSⅡ的结合是可以调节的，调节的方式为“可逆磷酸化”(图 9-97)：在强光照射下，PSⅡ比 PSⅠ吸收的光能高，这导致

PSⅡ更活跃，PSⅠ难于跟上PSⅡ的节奏，PQH_2出现堆积转而激活一种特殊的蛋白激酶，LHCⅡ上的1个Thr残基因此被磷酸化修饰。一旦LHCⅡ发生磷酸化，即与PSⅡ解离，转而为PSⅠ提供光能，PSⅠ因此而加快，并与PSⅡ同步。当日光减弱，堆积的PQH_2逐渐消失，叶绿体内的磷酸酶被激活，使LHCⅡ上的磷酸基团被水解。于是，LHCⅡ重新与PSⅡ结合，专为PSⅡ提供光能。

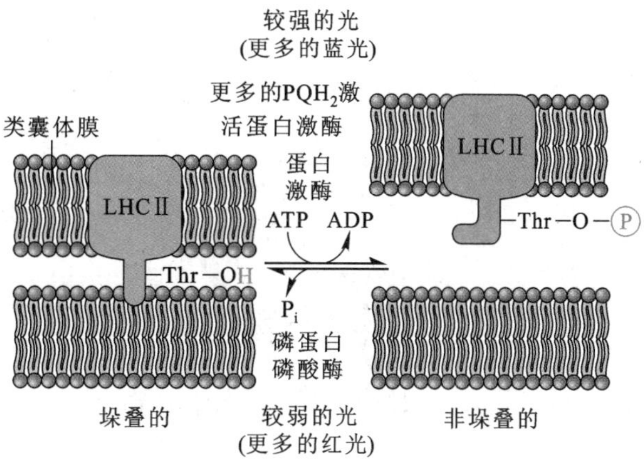

图 9-97 LHCⅡ的可逆磷酸化调节

2. 循环光合磷酸化

光反应中产生的ATP和NADPH之间的比例并不是恒定的，机体可以根据需要对两者的产量实时进行调整。调整的方式是通过循环光合磷酸化（cyclic photophosphorylation）来增加ATP的产量。在循环光合磷酸化中，被还原的Fd并没有将电子交给$NADP^+$，而是交给细胞色素b_6f循环使用，以产生更高的质子梯度。某些光合细菌在缺乏葡萄糖的情况下，就干脆关闭PSⅡ，以生成更多的ATP。

3. CF_1F_o-ATP合酶活性的调节

CF_1F_o-ATP合酶的活性主要受到两种方式的调控。

(1) 受PMF的直接调控。CF_1F_o-ATP合酶并非总是有活性，只有在足够的PMF下，它才能被激活。

(2) 硫氧还蛋白介导的γ亚基上巯基的氧化和还原，而改变激活CF_1F_o-ATP合酶所需要的PMF。这种调节机制对光高度敏感。与此有关的是位于γ亚基上一段九肽序列中的两个Cys残基。在光照的条件下，PSⅠ通过Fd：硫氧还蛋白氧化还原酶（ferredoxin：thioredoxin oxidoreductase），还原硫氧还蛋白f。被还原的硫氧还蛋白f再去还原γ亚基，使两个Cys残基上的巯基以还原的形式存在，这时的CF_1F_o-ATP合酶在相对低的PMF（> 50 mV）下就能被激活。而在暗适应约10分钟以后，γ亚基上的两个Cys残基被氧还成二硫键，这时CF_1F_o-ATP合酶需要更高的PMF（约100 mV）才能被激活。因此在无光的条件下，ATP合酶基本处于失活状态，这样还可以防止其水解ATP。

Quiz64 线粒体是如何防止内膜上的F_1F_o-ATP合酶不正常水解ATP的？

四、暗反应

暗反应现在也被称为碳反应（carbon reaction），它以循环的方式进行。两个阶段的反应的比较参看表9-9。循环的第一步反应是CO_2的固定，但CO_2的最初受体依植物的种类不同而不同，小麦和水稻等大多数植物是一种五碳糖。当CO_2被固定以后，经一个不稳定的六碳中间物后迅速裂解为三碳的中间物，因此，将发生在这些植物体内的循环称为C_3循环（C_3 cycle），而进行C_3循环的植物统称为

表 9-9 光反应与暗反应的比较

比较项目	光反应	暗反应
进行产所	类囊体膜	基质
主要底物	H_2O、$NADP^+$、ADP	NADPH、CO_2、ATP
主要产物	O_2、NADPH、ATP	糖类
反应动力	光能	ATP、NADPH
反应时间	光照下	有光无光均可进行，但没有“光反应”，“暗反应”也不能进行
影响速率因素	光强度和光波长	温度、CO_2和O_2浓度
能量转换	光能转变为化学能	化学能之间的转变

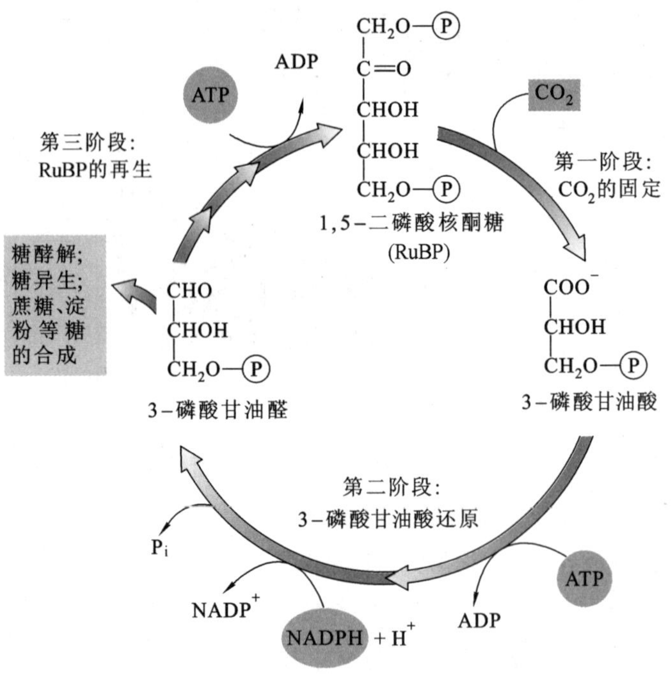

图9-98 暗反应的全过程

C_3 植物;而在玉米和甘蔗等植物体内,CO_2 的最初受体为三碳糖,被固定后形成的是四碳中间物,因而将这种循环称为 C_4 循环(C_4 cycle),能进行 C_4 循环的植物称为 C_4 植物。

(一) C_3 循环与 C_3 植物

C_3 循环主要是由美国生物学家 Melvin Calvin 所阐明,因此又称为卡尔文循环(Calvin cycle)。整个循环分为固定、还原和再生三个阶段(图 9-98)。

1. CO_2 的固定

Quiz65 如何用实验证明 RuBP 羧化酶的催化不需要生物素作为辅因子?

这是一步由 1,5- 二磷酸核酮糖羧化酶(ribulose-1,5-biphosphate carboxylase)催化的反应,1,5- 二磷酸核酮糖(RuBP)为 CO_2 的受体,该羧化酶需要 Mg^{2+},但不需要生物素,反应的产物为 2 分子 3- 磷酸甘油酸,反应机制牵涉到烯醇式中间体,共分为 5 步(图 9-99):①从 C3 抽取一个质子,产生被酶稳定的烯醇式中间物;② CO_2 固定到 C2 上,产生 β 酮酸中间物,即 2- 羧基 -3- 酮 -1,5- 二磷酸阿拉伯糖醇(2-carboxy-3-keto-arabinitol-1,5-bisphosphate);③水进攻 C3 产生水合的中间物;④水合中间物裂解成两个部分,一个部分直接就是磷酸甘油酸,另外一个部分为磷酸甘油酸碳负离子;⑤质子快速转移给磷酸甘油酸碳负离子,产生又一个磷酸甘油酸。

由于 RuBP 羧化酶还兼有加氧酶的活性,因此它经常被简写为 Rubisco。高等植物的 Rubisco 是一种十六聚体蛋白,由 8 个大亚基和 8 个小亚基组成,其中大亚基由叶绿体基因组编码,而小亚基由

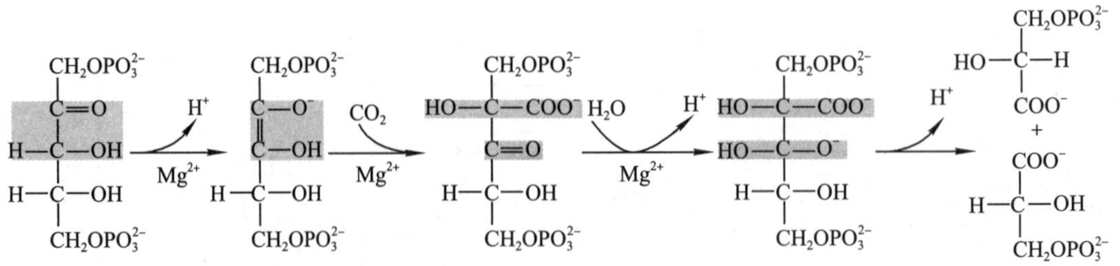

RuBP　烯醇式中间产物　2- 羧基 -3- 酮 -1,5- 二磷酸 -D- 阿拉伯糖醇　水合中间产物　3- 磷酸甘油酸

图9-99 RUBP 羧化酶催化反应的机制

细胞核基因组编码。

Rubisco的作用非常重要，但其催化的效率并不高，简直是低得出奇！一种典型的酶每秒钟能转化1 000个底物分子，但Rubisco每秒钟仅仅只能固定约3个CO_2。植物细胞只好通过合成大量的Rubisco来弥补其催化效率的先天不足。可以说，叶绿体基质内充满着Rubisco，约占总蛋白的一半。这使得它成为地球上含量最丰富的蛋白质。

Quiz66 光合有机体在地球上出现已经有20多亿年的历史，你如何解释为什么经过这么多年的进化，Rubisco的羧化酶活性还如此之低？

Rubisco的另外一个"先天不足"是其特异性不高。虽然O_2和CO_2在形状和化学性质上相似，但那些与氧气结合的蛋白质很容易排除CO_2，如Hb，因为CO_2比O_2大。而在Rubisco分子上，O_2能很好地结合在为CO_2设计的结合位点上。因此，Rubisco能够将O_2结合到糖链上，形成一种有缺陷的氧合产物，导致产生光呼吸(photorespiration)。

高等植物Rubisco的每2个大亚基通过反平行的β折叠(由一个单体的N端结构域和另一个单体C端结构域)组装成二聚体，每1个二聚体在其单体接触的界面具有2个活性中心，因此1个Rubisco共有8个活性中心(图9–100)。小亚基位于大亚基二聚体的两端，其功能可能是用来改变酶的动力学性质，使酶对温度、CO_2浓度和O_2的变化做出反应。

2. 3–磷酸甘油酸的还原

由两步反应组成，分别由3–磷酸甘油酸激酶和3–磷酸甘油醛脱氢酶催化，各自消耗了ATP和NADPH(图9–101)。

Quiz67 糖酵解也有3–磷酸甘油酸激酶和3–磷酸甘油醛脱氢酶。那么它们的主要差别是什么？

3–磷酸甘油醛作为卡尔文循环的中间产物，一部分离开循环，既可以作为合成其他糖类的原料，也可以为氨基酸和脂肪酸的合成提供碳源，另一部分要留在循环内用于再生RuBP。

3. RuBP的再生

参与这一个阶段反应的酶有：磷酸丙糖异构酶、醛缩酶、1，6–二磷酸果糖磷酸酶、景天庚酮糖二磷

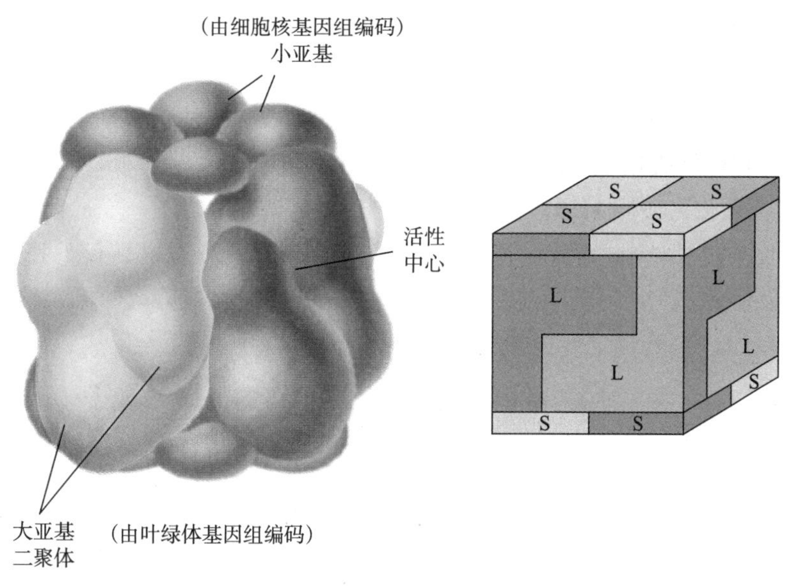

图9–100 高等植物Rubisco的三维结构模型

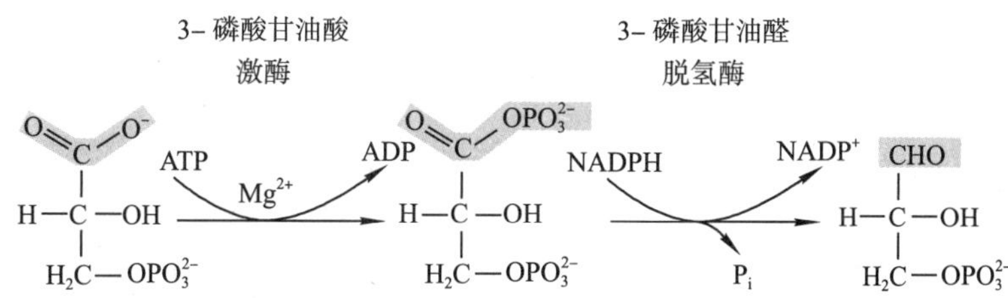

图9–101 3–磷酸甘油酸的还原

酸酶(sedoheptulose bisphosphatase)、转酮酶、转醛酶、磷酸戊糖差向异构酶、磷酸核糖异构酶和磷酸核酮糖激酶(phosphoribulokinase)。

Quiz68 光合作用(包括光反应和暗反应)究竟有没有产生水分子?

该阶段类似于反方向的磷酸戊糖途径(参考本章第三节"磷酸戊糖途径"),因此有人将卡尔文循环称为还原性的磷酸戊糖途径(reductive PPP)。

4. 卡尔文循环的总反应

综合三个阶段的反应,显然,通过卡尔文循环净产生1分子3-磷酸甘油醛,至少需要有3分子CO_2进入循环,经过固定和还原以后共产生6分子3-磷酸甘油醛,其中5分子3-磷酸甘油醛进入再生阶段重新生成3分子RuBP。在整个循环反应中,共消耗6分子NADPH和9分子ATP,总反应式可以写成:

$$3CO_2 + 9ATP + 6NADPH \rightarrow \text{3-磷酸甘油醛} + 9ADP + 8P_i + 6NADP^+$$

如果以葡萄糖作为终产物,则总反应式可写成:

$$6CO_2 + 18ATP + 12NADPH \rightarrow \text{葡萄糖} + 18ADP + 18P_i + 12NADP^+$$

(二) 光呼吸

早在1920年,Otto Warburg发现C_3植物叶内O_2相对量的提高能抑制光合作用。究其原因,这与Rubisco本身的性质有关。已知Rubisco是一种双功能酶,既有羧化酶的活性,又有加氧酶的活性,其活性中心与CO_2和O_2的K_m值分别是9 mmol·L^{-1}和350 mmol·L^{-1}。

Quiz69 有很多科学家企图通过蛋白质工程的手段改造Rubisco,想在保留羧化酶活性的同时,使其丧失加氧酶活性,但都以失败告终。为什么?

当Rubisco与O_2结合的时候,不仅不会导致CO_2的固定,反而会导致碳的流失。因为这是会先形成一个不稳定的中间物,然后迅速裂解成3-磷酸甘油酸和磷酸乙醇酸(phosphoglycolate,PPG)。由于PPG无法通过卡尔文循环代谢,而且对植物是有毒性的。其毒性主要表现在可强烈抑制磷酸丙糖异构酶的活性,从而影响到卡尔文循环中RuBP的再生。此外,由它转变而成的乙醛酸可抑制Rubisco的活性,因此植物细胞必须采取某种手段将它们及时处理掉。

植物处理PPG的方法如下:在一种磷酸酶的催化下,PPG被水解成乙醇酸。随后,乙醇酸离开叶绿体进入过氧化物酶体,先被氧化成乙醛酸,然后被氨基化成Gly。Gly再进入线粒体,经甘氨酸脱羟酶和丝氨酸羟甲基转移酶的依次催化,变成Ser,同时释放出CO_2和氨基。脱下来的氨基进入叶绿体,在消耗ATP的同时被转变为无毒的Gln(图9-102)。

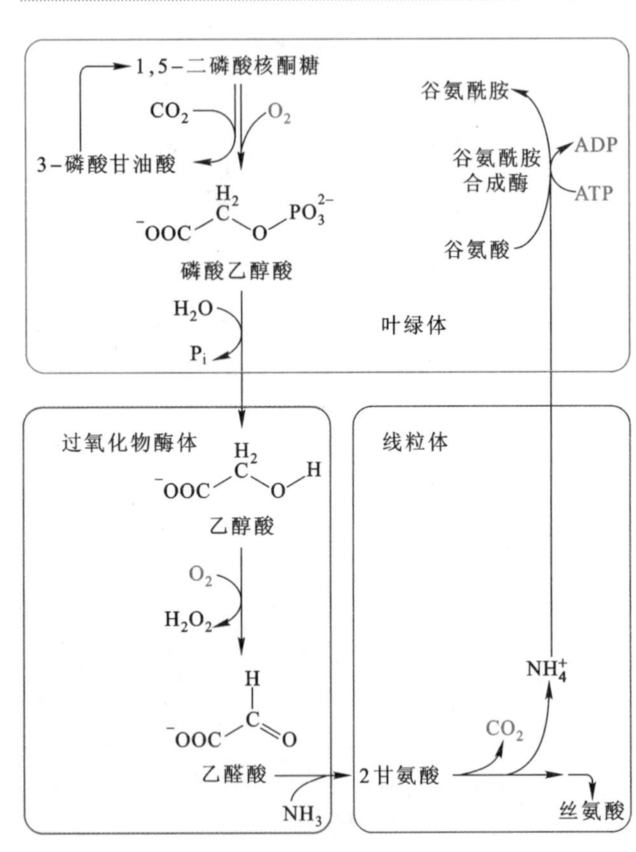

图9-102 光呼吸的过程

由此可见,Rubisco的加氧酶活性不仅导致了碳的流失,还浪费了ATP,使光合作用的效率降低。植物体内发生的这种依赖于光、消耗O_2、释放CO_2的过程称为光呼吸。

虽然光呼吸与细胞的正常呼吸都是消耗O_2释放CO_2的过程,但是正常的细胞呼吸可以产生ATP,而光呼吸却是浪费ATP。

虽然Rubisco与CO_2的亲和力远大于O_2,但大气中O_2的含量要比CO_2多得多,因此在C_3植物体内发生光呼吸是不可避免的。Rubisco所具有的这种缺陷被认为是进化史上的一个遗迹，也许在 Rubisco 刚刚出现的时候，根本就不存在这种问题。那时大气中游离的 O_2 甚少或者根本就没有，当时即使 O_2 能够与酶结合也很难和 CO_2 竞争。只是随着大气中 O_2 的含量逐渐升高，原来的缺陷便暴露出来了。

据估计，光呼吸可导致 CO_2 固定的损失多达 50%，那是不是所有的光合有机体对此就无计可施了呢？事实上，在长期的进化过程中，已有一些光合有机体进化出一些特殊的机制用来降低光呼吸作用。例如，某些光合细菌中含有一种特殊的细胞器叫羧酶体（carboxysome），它完全由蛋白质包被而成，其内部充满着 Rubisco 和碳酸酐酶。通过碳酸酐酶的作用，CO_2 以 HCO_3^- 的形式富集在其中，这样就提高了 Rubisco 所处局部环境的 CO_2 浓度，降低了光呼吸。另外还有两类植物，即 C_4 植物和景天酸代谢（crassulacean acid metabolism，CAM）植物，也各自发展出一套独特的途径能将光呼吸降低到最低水平。

表 9–10　C_3 植物和 C_4 植物光呼吸的比较

类别	C_3 植物	C_4 植物
实例	小麦、水稻、棉花和苹果	高粱、玉米、甘蔗和藜草
光呼吸	较强	微弱
卡尔文循环	存在	存在
CO_2 的初级受体	RuBP	PEP
维管束鞘细胞是否有叶绿体	无	有
羧化酶	Rubisco	叶肉细胞为 PEP 羧化酶 维管束鞘细胞为 rubisco
CO_2 : ATP : NADPH	1 : 3 : 2	1 : 5 : 2
羧化酶对 CO_2 的亲和性	中等	高
CO_2 固定的最初产物	3- 磷酸甘油酸（三碳中间物）	草酰乙酸（四碳中间物）
光合作用的细胞	叶肉细胞	叶肉细胞和维管束鞘细胞
最适温度 /℃	25	35
光补偿点 /（$W \cdot m^{-2}$）	5	小于 1
蒸腾速率	高	低

（三）C_4 植物降低光呼吸的机制

C_4 植物所拥有的克服光呼吸的 C_4 循环于 1966 年由 Hatch 和 Slack 在甘蔗和玉米中发现，因此又称为 Hatch–Slack 途径。其克服光呼吸的方法不是它们的 RuBP 羧化酶无加氧酶的活性，而是它们的叶片具有特殊的结构，再加上一种 PEP 羧化酶的出现，使得 Rubisco 周围的 CO_2 浓度提高 20～120 倍之多（表 9–10 和图 9–103）。

C_4 循环的全过程是（图 9–104）：大气中的 CO_2 首先进入叶肉细胞，在 PEP 羧化酶的催化下，被固定成草酰乙酸。草酰乙酸随后被还原成苹果酸，苹果酸则离开叶肉细胞，进入含有 Rubisco 的维管束

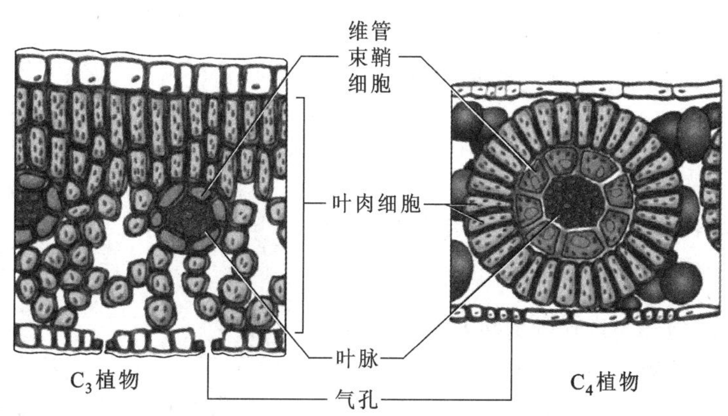

图 9–103　C_3 植物和 C_4 植物的叶片解剖结构

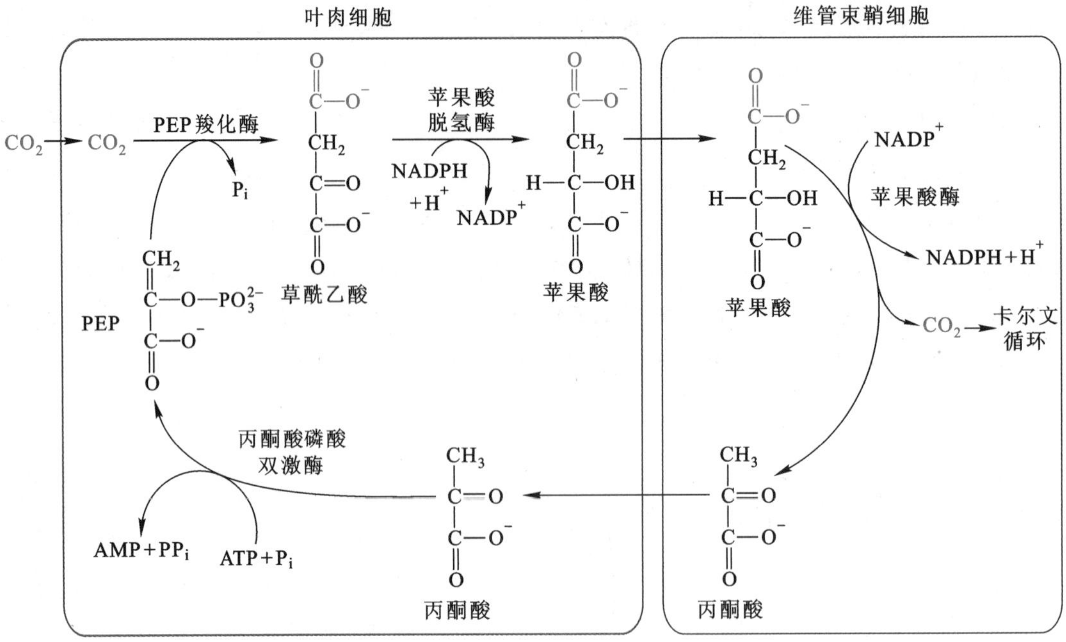

图 9-104　C_4 循环的全过程

鞘细胞，在苹果酸酶的催化下，转变成丙酮酸并释放出 CO_2。CO_2 在 Rubisco 的催化下进入卡尔文循环，而丙酮酸回到叶肉细胞，受丙酮酸磷酸双激酶（pyruvate phosphate dikinase）的催化，在消耗 ATP 的同时转变成 PEP，PEP 因此得以再生。

由此可见，C_4 循环在功能上相当于是一种耗能的 CO_2 充气泵，在这种气泵的作用下，进入叶肉细胞的 CO_2 被不断泵入维管束鞘细胞。这大大提高了鞘细胞内 CO_2 的局部浓度，使得 Rubisco 能够以最高的速率催化 CO_2 的固定，而加氧酶的活性被降低到最低水平。

Quiz70　C_4 植物光合作用的效率在其他气候条件下反而要低于 C_3 植物。你认为这是为什么？

由于 C_4 植物的光呼吸现象较弱，其光合作用的效率要比 C_3 植物高出两倍以上。但需要注意的是，只有在炎热干燥的气候条件下，C_4 植物光合作用的效率才会高于 C_3 植物。在其他气候条件下，它反而要低于 C_3 植物。

（四）CAM 植物降低光呼吸的机制

Quiz71　你认为 CAM 植物白天光反应产生的氧气如何出去呢？

CAM 植物多呈肉质，通常生活在半干旱和炎热的沙漠地带，例如仙人掌、菠萝和兰花。为了防止体内有限的水分发生不必要的流失，这一类植物在白天紧闭气孔，晚上才开放。由于 CO_2 需要通过气孔进入体内，因此 CO_2 的固定只能在晚上进行，但光合作用只能在白天进行，包括光反应和暗反应。

为了解决上述矛盾，在晚上气孔开放的时候，进入叶肉细胞的 CO_2 在 PEP 羧化酶的催化下（这时 Rubisco 无活性，参看下述“卡尔文循环的调节”），被暂且固定在草酰乙酸分子中。草酰乙酸随后转变为苹果酸，苹果酸则进入液泡并贮存在里面。一旦天亮，光反应开始产生 ATP 和 NADPH，Rubisco 也被激活，这时苹果酸离开液泡进入细胞质基质，在苹果酸酶的催化下一分为二，为卡尔文循环输送 CO_2。显然 CAM 植物以这种方式来固定 CO_2，在降低光呼吸方面与 C_4 植物具有异曲同工之妙（图 9-105）。

Quiz72　CAM 植物早晨尝到的味道与下午尝到的味道很不一样，这是为什么？

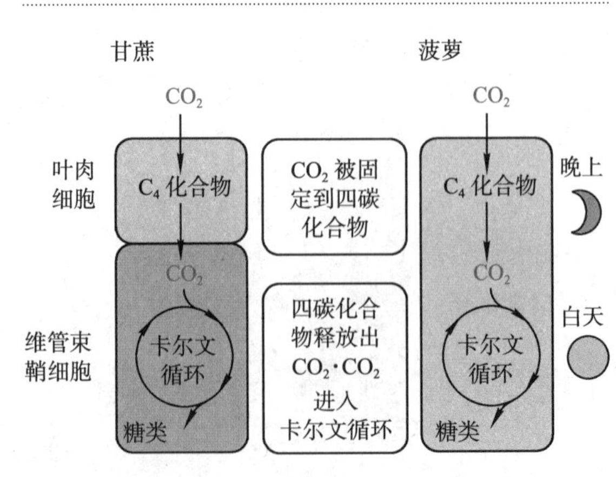

图 9-105　C_4 植物与 CAM 植物光呼吸的异同

五、卡尔文循环的调节

卡尔文循环调控的方式可以概括为光激活(light activation)和暗抑制(dark inhibition)。但这是如何实现的呢？概括起来有三种方式。

1. 光诱导的 pH 变化(light-induced pH change)

光反应可导致质子被泵入类囊体腔,使得基质的 pH 升高到 8 左右,碱性的 pH 可激活基质内参与卡尔文循环的 Rubisco、1,6- 二磷酸果糖磷酸酶和景天庚酮糖二磷酸酶。

2. 光诱导的还原能力的产生(light-induced generation of reducing power)

卡尔文循环中的 5- 磷酸核酮糖激酶、1,6- 二磷酸果糖磷酸酶、1,7- 二磷酸景天庚酮糖磷酸酶和 3- 磷酸甘油醛脱氢酶都是巯基酶。当这些酶的巯基被氧化成二硫键以后,酶将丧失活性,光反应中产生的还原型 Fd 则通过硫氧还蛋白(thioredoxin)维持这些巯基酶处于有活性的状态(图 9-106)。

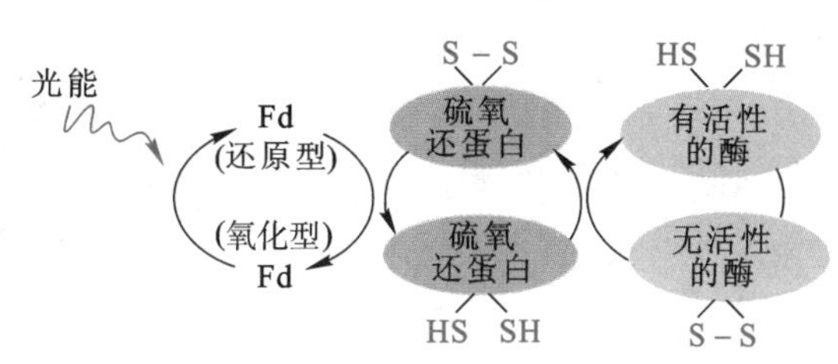

图 9-106 硫氧还蛋白对巯基酶活性的维持作用

某些植物在晚上能够合成一种天然的过渡态类似物抑制剂——羧化阿拉伯糖醇 -1- 磷酸(carboxyarabinitol-1-phosphate,CA1P),与 Rubisco 的活性中心结合,从而抑制 Rubisco 的活性;而解除抑制则需要 Rubisco 激活酶(Rubisco activase)的帮助,该激活酶能够促进 CA1P 离开 Rubisco 的活性中心,但它本身仍需要硫氧还蛋白的激活。

3. 光诱导的 Mg^{2+} 从类囊体流入基质

Mg^{2+} 对 Rubisco 的影响甚大。Rubisco 具有几种不同的状态:一种是无 Mg^{2+} 结合也无氨甲酰化的状态,这种状态下的酶采取的是封闭的构象,其活性中心紧密结合着 RuBP 或 CA1P,或者其他磷酸单糖,水分子被排除在外,因此,Rubisco 没有任何活性;第二种状态是无 Mg^{2+} 结合,但其一 Lys 残基上的 ε- 氨基已被修饰成氨甲酰基,这时酶采取的是开放的构象,结合在活性中心的 RuBP 或其他磷酸单糖已被释放,但是酶仍然无活性;第三种状态是有 Mg^{2+} 结合的氨甲酰化形式,只有这种状态的 Rubisco 才具有活性(图 9-107)。

Quiz73 RuBP 既是 Rubisco 的底物,又是它的抑制剂。你认为这句话对吗?

Rubisco 的激活受到激活酶和 Mg^{2+} 的调节。在光照的条件下,Mg^{2+} 涌入基质,ATP 和 NADPH 被合成。这时候,环绕在 Rubisco 周围的具有 ATP 酶活性的激活酶被激活,在水解 ATP 的同时改变了

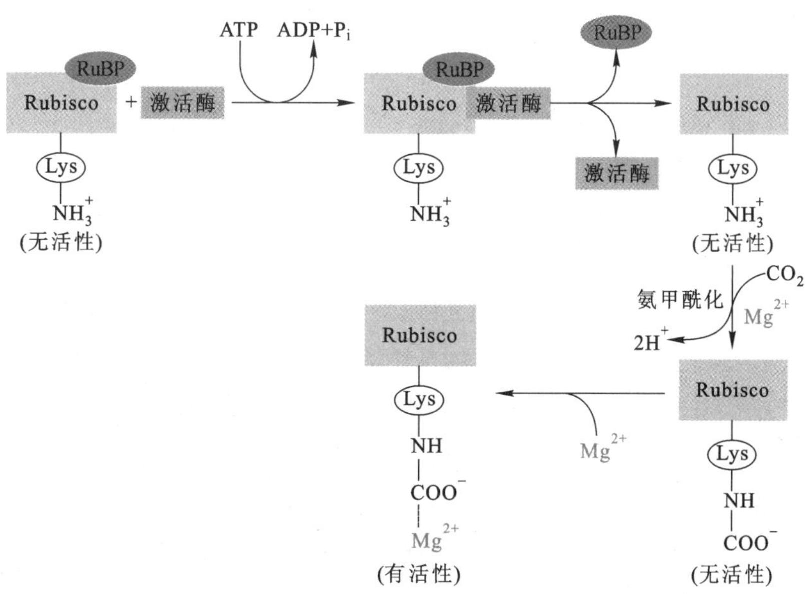

图 9-107 Mg^{2+} 和激活酶对 Rubisco 的调节

Rubisco 的构象，促进与 Rubisco 活性中心结合的 RUBP 或其他物质的释放。随后，在 Mg^{2+} 的存在下，Rubisco 上一个特定的 Lys 残基经历甲酰化修饰。修饰后的 Rubisco 再结合一个 Mg^{2+} 就可以转变成活性形式。

Box9.5　**古代基于铁硫簇的机制可监测光合作用中的电子流**

我们已经知道，在光合作用期间，植物体内的两个光系统是如何协同工作将光能转化成化学能的。PS Ⅰ 有效地利用了长波长的光，而 PS Ⅱ 更喜欢短波长的光，这两个光系统通过质体醌库相连。随着系统的运转，PS Ⅱ 将电子发送到质体醌库中，而 PS Ⅰ 则从中获得电子并加以利用。在正常的情况下，两个光系统就像两个串联的光伏电池一样，以相等的速率转换光能，以实现最佳的电子传输。

但是，如果植物暴露于较短波长的光下，则可能失去电子平衡。那时，PS Ⅱ 会将电子传送到质体醌库中，但是 PS Ⅰ 无法有效地接受它们。这些电子可能在质体醌库中停留并产生危险的自由基，伤害或杀死植物。

对于这个问题的研究，早有科学家发现一种特定的蛋白质负责调节光系统的基因表达，以响应光合电子流的扰动，但是如何感知电子一直是一个尚未解决的问题。

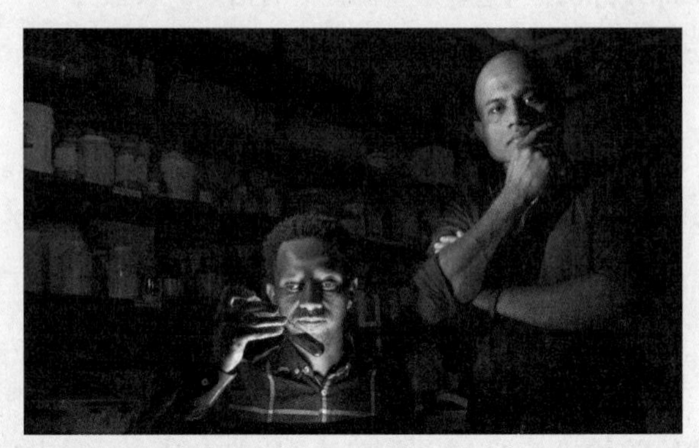

图 9-108　Iskander Ibrahim 和 Sujith Puthiyaveetil（右）

直至 2020 年 1 月 9 日，由美国普渡大学 Sujith Puthiyaveetil 和 Iskander Ibrahim（图 9-108）所写的一篇题为“An evolutionarily conserved iron-sulfur cluster underlies redox sensory function of the Chloroplast Sensor Kinase”的论文在 *Communications Biology* 上发表，让我们对此过程有了基本的了解。

原来，类囊体膜上有一种叫叶绿体传感器激酶（chloroplast sensor kinase，CSK）的蛋白质，它具有进化上保守的铁硫簇。该簇帮助它感应电子的存在，从而向植物叶绿体中的基因表达机构发送信号，以打开和关闭光系统基因。

参与研究的 Puthiyaveetil 说道：“CSK 是在蓝细菌和叶绿体中都发现的一种古老蛋白质。十亿多年前，蓝细菌在真核宿主细胞中居留，并成为植物和藻类的叶绿体。通过检查蓝细菌、植物和硅藻 CSK 蛋白，我们发现 CSK 使用铁硫簇来感知电子传输，评估电子的流动程度，并调整植物光系统的相对丰度，以保持光合作用正常工作，并保护植物免受氧化胁迫。”

他们一开始注意到 CSK 所带有的棕色，随后确定那是因为它含有铁硫簇，可在光合作用过程中感应电子传输。对此他们回忆道：“当我们偶然发现它带有棕色时，我们知道距离解密 CSK 与光合作用电子传输链所用的分子语言还差一步。CSK 蛋白的棕色调源自其铁硫簇。众所周知，铁硫簇在进行生命的电子传输反应中起着重要作用。”

经过进一步研究，CSK 的铁硫簇可以充当质体库中多余电子的磁铁。当质体醌库减少时，意味着它具有过多的电子，这些电子会泄漏到 CSK 中并关闭其激酶活性。而一旦激酶活性被中断时，CSK 停止将磷酸基团转移至叶绿体基因表达系统，打开 PS Ⅰ 基因并增加其数量，从而增加其在短波长光下的活性。从本质上讲，当 CSK 的激酶活性开启时，它将充当 PS Ⅰ 基因表达的刹车踏板。CSK 所具有的氧化还原反应性，使其很方便使用铁和硫来感应电子流，并且使两个光系统在光合作用中以相同的速率工作。

这些发现阐明了植物光合作用过程中的精妙调控机制。可能有一天科学家可以修改此调节通路，以通过在阴暗条件下改善光捕获来提高作物的光合作用效率。

科学故事　**糖酵解的发现**

糖酵解的发现算得上是两个几乎同时进行但明显无关的研究领域碰撞的结果。其中的一个领域是生理学家对肌肉组织生物化学的研究，另外一个领域是生化学家对酵母的乙醇发酵过程的研究。

对酵母乙醇发酵的研究可追溯到 19 世纪后期法国葡萄酒业的兴起。1860 年，法国科学家巴斯德（Louis Pasteur）所进行的研究表明，发酵不能发生在灭过菌或者微生物已经死掉的溶液中。此结果很快成为认为“活的细胞具有特殊活力（vital force）”的“活力论“的一大证据。

到了 1897 年，德国科学家 Buchner 兄弟有了一个重要的发现，该发现直接否定了“活力论”，同时为发酵机制的研究，乃至整个现代生物化学的研究打开了一扇崭新的大门，从此以后，人们可以直接在细胞的抽取物或无细胞系统（cell-free system）中研究代谢。当时，Buchner 兄弟一直尝试制备酵母的抽取物即酵母汁用于营养治疗之用。他们先将酵母细胞与沙子混合，并用研钵磨碎，使细胞壁破裂，再用纱布对产生的汁液进行过滤，以除去沙子、还没有破裂的细胞和细胞壁的碎片等。在制备好酵母汁液以后，他们遇到了一个问题，就是如何保存汁液。

因为他们制备酵母汁的目的是利用它们进行动物营养方面的研究，所以他们并没有使用常规的消毒方法进行处理，而是使用熟悉的烹调知识，在其中加入了糖。然而，让他们意想不到的是，酵母汁不久开始“拼命“冒泡。这就意味着，乙醇发酵可以在无细胞抽取物中进行，从而根本上否定了“活力论”。令人惋惜的是，他们并没有对此发现做进一步研究，因此，这项发现的更重要的意义差不多在 10 年后才得以体现。

1905 年，Arthur Harden（图 9-109）和 William Young 首先采用了 Buchner 兄弟的方法，制备了酵母汁，并对其进行了研究。他们在新鲜制备的酵母汁中加入葡萄糖保温，然后测定 CO_2 的产量。结果显示，CO_2 一开始产生很快，但不久开始减弱，最终停止产生。这时，他们加入无机磷酸，结果发现 CO_2 恢复产生。这样的结果让他们想到检测整个过程中无机磷酸的去向。在保温混合物中无机磷酸的消失提醒他们，它们可能形成了有机磷酸酯。幸运的是，他们从中分离到了一种磷酸化的已糖，后被确定为 1，6- 二磷酸果糖（F-1，6-BP）。

图 9-109　Arthur Harden（1865—1940）

Harden 和 Young 在随后的研究中，还发现将 F-1，6-BP 加到刚刚制备好的酵母汁中，可检测到乙醇和 CO_2 的产生。根据他们的研究成果，1，6- 磷酸果糖是酵母发酵的一个中间物，即葡萄糖 + P_i ⇒ F-1，6-BP ⇒ 乙醇 + CO_2。

差不多与此同时，Robert Robison 在发酵的酵母汁中发现了两种只有一个磷酸基团的磷酸化的已糖，一个是 6- 磷酸葡糖（G-6-P），另一个是 6- 磷酸果糖（F-6-P）。两者在平衡时的比率是 3∶1。与 F-1，6-BP 一样，当将它们加入到酵母汁中，也能检测到乙醇和二氧化碳的产生。根据上述结果，酵母的发酵过程可以改写为：

$$\text{葡萄糖} + P_i \Rightarrow \text{G-6-P} \Rightarrow \text{F-6-P} + P_i \Rightarrow \text{F-1,6-BP} \Rightarrow \text{乙醇} + CO_2$$

Harden 和 Young 的研究还有一个重要的成果，就是发现了 ATP 和已糖激酶。在研究中，他们发现尽管新鲜的酵母汁完全可以进行发酵，但是透析过的酵母汁却完全不行了，而且不能再产生磷酸化的糖了。要让透析过的酵母汁恢复发酵活性，有两种方法：一是加入流出透析袋的透析液；二是加入没透析但煮沸过的酵母汁。这两种方法的实验结果表明，恢复发酵活性的成分不可能是蛋白质，而一定是对热稳定的小分子，它们是发酵必需的辅因子。后来，这些辅因子被证实有辅酶 I、ADP/ATP、TPP、Mg^{2+}、P_i 和 K^+。

其中，确定 ATP 是发酵必需的辅因子的研究要归功于 Cyrus Hartwell Fiske 和 Yellagaprada Subbarow 的工作。他们在 1929 年发现，ATP 是发酵早期阶段的反应所必须的，不过相关的酶实际上在这之前已由 Otto Fritz Meyerhof（图 9-110）发现，但是 Meyerhof 此前研究的对象并不是酵母汁，而是兔子肌肉的抽取物。在研究中，Meyerhof 发现，新制备的肌肉抽取物可以将葡萄糖转变成乳酸，但随着时间的推移抽取物的活性迅速降低。然而，若在制备久的无活性的肌肉抽取物中补充透析过的酵母汁，可恢复肌肉的活性。

图 9-110 Otto Fritz Meyerhof (1884-1951)

Meyerhof 使用此方法，从酵母汁中分离到一种激活因子，他将它称为己糖激酶。

有关糖酵解接下来的研究要主要归功于代谢抑制剂的使用了。1918 年，Carl Neuberg 就在 Buchner 兄弟做出的发现几年之后，将多种化合物与酵母汁保温，以研究酵母汁代谢简单的有机化合物的能力。其中的一个结果显示，酵母汁可以将乙醛还原成乙醇。Neuberg 想知道，这步还原反应是不是酵母发酵的最后一步反应。于是，他在酵母汁中加入葡萄糖的同时，还加入了羰基的捕获试剂亚硫酸氢钠，结果发现了终产物从原来的乙醇和 CO_2，变成了等量的甘油、CO_2 和乙醛的亚硫酸氢盐的加合物，没有乙醇的形成！这就表明了乙醛的还原的确是发酵的最后一步反应。

此外，在这个阶段形成了 CO_2 还显示了乙醛的前体是丙酮酸。于是，酵母的发酵又可改写为：

葡萄糖 + P_i ⇒ F-1,6-BP ⇒ 2 三碳化合物 ⇒ 2 丙酮酸 ⇒ 2 乙醛 + 2 CO_2 ⇒ 2 乙醇

直接显示上面的三碳化合物本质的是抑制巯基酶的抑制剂——碘代乙酸的使用。Gustav Embden 将其加到可利用葡萄糖或者 F-1,6-BP 发酵的酵母汁之中，结果发现发酵的主要产物是磷酸二羟丙酮。

于是，Embden 提出了反应顺序是：FBP ⇒磷酸二羟丙酮 +3- 磷酸甘油醛。催化此反应的醛缩酶后被 Meyerhof 分离到。

Embden 还使用了另外一个抑制剂，就是氟化物。在它被加入到有发酵活性的酵母汁中以后，Embden 发现有三种三碳化合物的积累。它们包括磷酸化的甘油、2- 磷酸甘油酸和 3- 磷酸甘油酸。这三种三碳化合物可假定通过一个偶联的氧化还原反应产生：其中，磷酸化的甘油由磷酸二羟丙酮还原而成，3- 磷酸甘油酸由 3- 磷酸甘油醛氧化而成，2- 磷酸甘油酸则由 3- 磷酸甘油酸变位而成。果然不出所料，参与偶联反应的两种脱氢酶不久即被发现，它们分别用来还原和氧化辅酶 I 。

完整的酵母汁可以将 2- 磷酸甘油酸转变成乙醇。然而，如果用透析过的酵母汁，则发现一个新的中间物磷酸烯醇丙酮酸（PEP）开始积累，这可能是因为 ADP 被除掉了。考虑到 2- 磷酸甘油酸可以脱水而转变成 PEP，如果加入 ADP，则 PEP 消失，ATP 和丙酮酸形成。这时不会形成乙醇，显然是因为催化丙酮酸脱羧形成乙醇的丙酮酸脱羧酶需要 TPP，而 TPP 在透析中也被除去了。

到了上个世纪 30 年代初，参与乙醇发酵所有的酶都得以命名，相关的反应都有描述，其中与糖酵解途径有关的主要反应是由 Embden、Otto Meyerhof 和另一位叫 Jakub Karol Parnas 的生化学家发现的。鉴于他们在糖酵解研究中的杰出贡献，糖酵解又称为 Embden-Meyerhof-Parnas 途径（EMP pathway）。

思考题：

1. 预测下列突变对肝细胞糖酵解速率的影响？

(1) PFK1 失去 ATP 的别构位点。

(2) PFK1 失去柠檬酸结合位点。

(3) 2,6- 二磷酸果糖磷酸酶双功能酶失去磷酸酶结构域。

(4) 丙酮酸激酶失去 1,6- 二磷酸果糖结合位点。

(5) PFK1 的 ATP 别构位点结合 ATP 的亲和性提高。

2. 请简要解释为什么摄入 Asp 可解除乙醇对糖异生的强烈抑制。

3. 预测下列突变会产生什么样的代谢后果？

(1) 肌细胞内的糖原磷酸化酶失去 AMP 结合位点。

(2) 肝细胞缺乏糖原素。

(3) 褐色脂肪组织过量表达 UCP。

4. 有一种细菌被发现没有任何拷贝的磷酸己糖异构酶，但这种细菌仍然能够将 6- 磷酸葡糖转化成 6- 磷酸果糖，以使糖酵解能够顺利进行。你认为这种细菌是如何做到的？请画出转化的代谢途径。

5. 如果一种光合有机体被放置在一个密封的容器中，则容器中 CO_2 与 O_2 的比率不久达到恒定，为什么？

网上更多资源……

本章小结　授课视频　授课音频　生化歌曲

教学课件　推荐网址　参考文献

第十章　脂代谢

脂质在体内的代谢十分活跃。例如，脂肪作为一种重要的能源储备，在体内会不断地经历动员和再合成，而磷脂作为生物膜的主要成分，在细胞生长、分裂和膜的修复过程中需要进行合成，在细胞死亡以后，原来膜上的磷脂还会经历分解，另外细胞的一些重要的信号通路涉及磷脂的代谢。至于胆固醇，除了是动物细胞膜的重要成分，还是多种固醇类激素、维生素 D 及胆汁酸合成的前体。对于高等动物来说，食物中的各种脂质在消化道还要进行消化和吸收。已发现，脂质代谢的异常与人类许多疾病的发生密切相关，因此研究脂质代谢具有特别重要的意义。

本章将首先简单介绍脂质在动物消化道内的消化和吸收，然后再介绍脂肪、磷脂及胆固醇在细胞内的代谢，对于脂肪酸代谢会做重点介绍。

第一节　脂质在动物消化道内的消化和吸收

无论是水解还是吸收，脂质与糖类或蛋白质都有很大的不同。差别产生的原因与脂质本身的脂溶性即水不溶性的性质有关。

一、脂质的酶促降解

脂质的水溶性差给其水解和吸收都造成了很大的困难。首先，就水解而言，由于参与水解的酶都是水溶性的，因此，脂质的水解只能在水油两相的界面上进行。显然，两相的接触面积越大，水解的速率就越快。那么，如何能增加消化道内两相的接触面积呢？其次，就吸收而言，由于水解产物仍然倾向于聚集在一起形成更大的复合物，而这样的复合物与细胞表面接触不好，很难被吸收，那么机体又如何提高脂质水解产物的吸收效率呢？

每一个成人差不多会有这样的经历：就是要想把油碗洗干净，必须在水中加入少量去垢剂。加去垢剂的目的是为了将碗壁上的油珠分散到水相之中，实际上就是增加油的水溶性。脂质在消化道内的消化和吸收面临同样的问题，而解决问题的方法如出一辙，也是借助于机体自身合成的生物去垢剂的“增溶”效应。

脂质在消化过程中使用的去垢剂是由胆囊分泌的胆汁酸及其盐。胆汁酸作为胆固醇的衍生物，是一种两性分子，在肝细胞中合成以后，转移到胆囊，然后再分泌到消化道。当它与脂质接触以后，疏水的区域与脂质结合，亲水的区域则暴露在水相之中。于是，在胆汁酸及其盐的帮助下，大脂滴被分散成小的脂滴，此过程称为乳化（emulsification）。乳化大大提高了水相和油相的界面面积，这对于增强水解酶的水解效率十分重要。

脂质被乳化以后，下一步就是脂肪酶、磷脂酶和胆固醇酯酶分别对脂肪、磷脂和胆固醇酯的水解。

脂肪的水解开始于胃，完成于小肠。参与脂肪水解的脂肪酶有三种：第一种是由舌组织分泌的舌脂肪酶（lingual lipase），它在胃的酸性 pH 下才有活性；第二种是由胃分泌的胃脂肪酶（gastric lipase）；第三种是胰脂肪酶（pancreatic lipase），由胰分泌，但分泌出来的是酶原的形式，因此需要胰蛋白酶对其水解激活。胰脂肪酶最重要，其活性还需要一种叫共脂肪酶（colipase）的辅助蛋白。共脂肪酶相当于是胰脂肪酶专属的分子伴侣，能够与脂肪酶形成稳定的复合物，并将其锚定到水相与油相的界面。通过基因敲除技术得到的无共脂肪酶的小鼠，刚刚出生时似乎一切正常。但在两周以后，约有 60% 的小鼠死亡，活下来的小鼠对高脂肪食物中的脂肪表现为吸收不良，体重很快下降。由此可见，共脂肪酶对脂肪的消化和吸收是必不可少的。脂肪在脂肪酶的作用下，产生甘油单酯和 FFA。

Quiz1 根据脂肪在消化道内的水解过程，能不能想出至少一种可用来减肥的方法？

消化道内水解磷脂的酶是由胰分泌的磷脂酶 A2，它也是以酶原的形式分泌，被胰蛋白酶激活，需要 Ca^{2+}，水解产物为溶血磷脂和 FFA。

水解胆固醇酯的酯酶也由胰分泌，需要胆汁的激活，水解产物为胆固醇和 FFA。

二、脂质的吸收

脂质的吸收与单糖或氨基酸的吸收具有完全不同的机制。产生的 FFA 可以通过简单扩散的机制进入小肠上皮细胞，同时也可以通过质膜上特异性的转运蛋白进入小肠上皮细胞。而单酰甘油（monoacylglycerol，MG）即甘油单酯会仍然与胆汁酸（盐）结合在一起，并与其他脂质的水解产物共同形成胶束（micelle）结构（图 10–1），如溶血磷脂和胆固醇。胶束实际上就是脂质的各种水解产物与胆汁酸及其盐形成的微型聚合物（直径为 3 ~ 6 nm）。当胶束遇到小肠表面的刷状缘时，其内的各种脂质即被吸收。在这里，胶束充当了一种将脂类的消化产物从消化场所转移到吸收场所的“穿梭”工具。具体说，胶束有两个功能：一是能及时移除脂肪消化的产物，使它们不能反馈抑制脂肪酶的活性；二是将不溶性的消化产物转运到细胞膜，使它们能够通过扩散或其他方式直接进入细胞。如果是胆固醇，则需要小肠上皮细胞膜上的两种转运蛋白——NPC1L1 和 ABCG5/G8 的帮助。

脂质被吸收以后，脂肪和磷脂在肠细胞的光面内质网上重新合成，并与胆固醇、脂溶性维生素和载脂蛋白一起在高尔基体组装成乳糜微粒。随后，乳糜微粒通过胞吐的方式离开肠细胞，进入乳糜管，最后汇入血液。

Quiz2 有一种叫依泽替米贝（ezetimibe）的治疗高胆固醇血脂的药物，你听说过吗？它作用的机制会是什么？

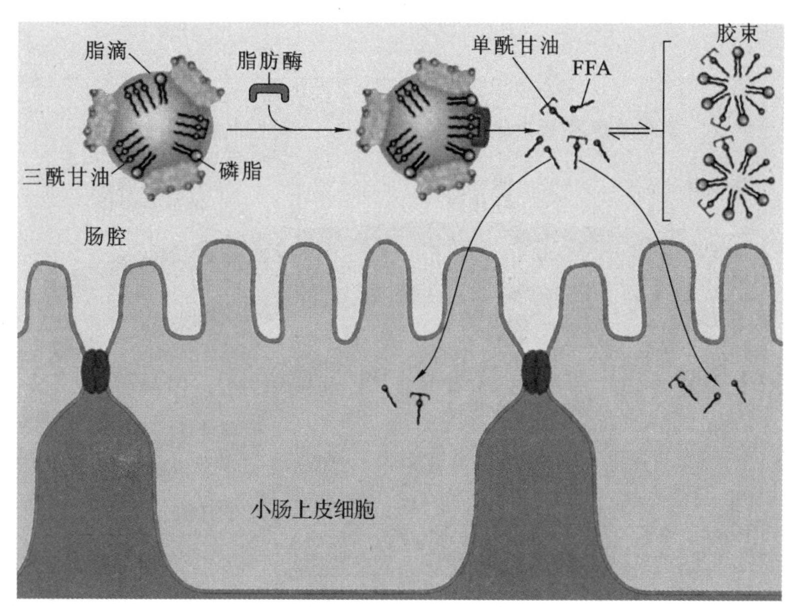

图 10–1 脂肪在消化道内的水解和吸收

第二节 脂肪、磷脂和糖脂在细胞内的代谢

脂肪、磷脂和糖脂同属脂质，在体内的代谢有一些共同之处，例如脂肪和甘油磷脂的合成代谢都涉及到磷脂酸这种中间代谢物。下面将分别介绍它们的分解和合成代谢。

一、脂肪代谢

（一）脂肪的水解

高等动物体内的脂肪主要存在于脂肪组织，而贮存在脂肪组织中的脂肪水解是受激素控制的，胰高血糖素、肾上腺素和皮质醇（cortisol）促进脂肪的水解，但皮质醇作用的机制与胰高血糖素和肾上腺素完全不同，而胰岛素则抑制脂肪的水解，同时促进脂肪的合成。

在饥饿、禁食或应激的情况下（图 10–2），体内的胰高血糖素和 / 或肾上腺素开始分泌，随着血液循环，一方面它们可以作用肝细胞，促进肝糖原的分解和肝细胞内的糖异生，另一方面它们还可以作用脂肪细胞，在与脂肪细胞质膜上与 G_s 蛋白偶联的受体结合，依次通过 G_s 蛋白、腺苷酸环化酶、cAMP 和 PKA（参看第六章“激素的结构与功能”），最终导致胞内的脂滴包被蛋白（perilipin，PLIN）和激素敏感性脂肪酶（hormone-sensitive lipase，HSL）发生磷酸化修饰，脂滴包被蛋白因发生磷酸化而丧失活性，HSL 则因为磷酸化被激活。脂外被蛋白的失活导致脂滴表面的保护性屏障开放，允许 HSL 接触并分解脂滴内储存的脂肪分子，使其水解成二酰甘油（DAG）和 FFA，而 DAG 的进一步水解是由另一类对激素不敏感的脂肪酶催化的。基因敲除实验表明，PLIN 基因被敲除的小鼠能吃更多的食物，但却不容易长胖。

Quiz3 根据脂肪细胞内脂肪动员的机制，能不能想出其他的减肥方法？

皮质醇作为一种脂溶性激素，对脂肪细胞的作用是先通过自由扩散的方式进入胞内，与细胞质内的受体结合形成激素 – 受体复合物。然后，形成的激素 – 受体复合物再进入细胞核内去激活脂肪酶的基因表达。因此皮质醇对脂肪水解的刺激是慢反应。

经水解释放出来的 FFA 通过自由扩散的方式进入血流，并与血浆中的白蛋白结合。白蛋白的作用是帮助溶解性不高的中、长链 FFA 在血液中的运输。在白蛋白的帮助下，FFA 被转移到骨骼肌、心肌和肝等组织细胞内进一步氧化分解。在进入细胞以后，长链的 FFA 再与胞内特定的结合蛋白结合，因此细胞内真正游离的长链 FFA 很少。至于甘油，它可以直接溶解在水相中，通过循环系统进入肝或其他细胞被利用。

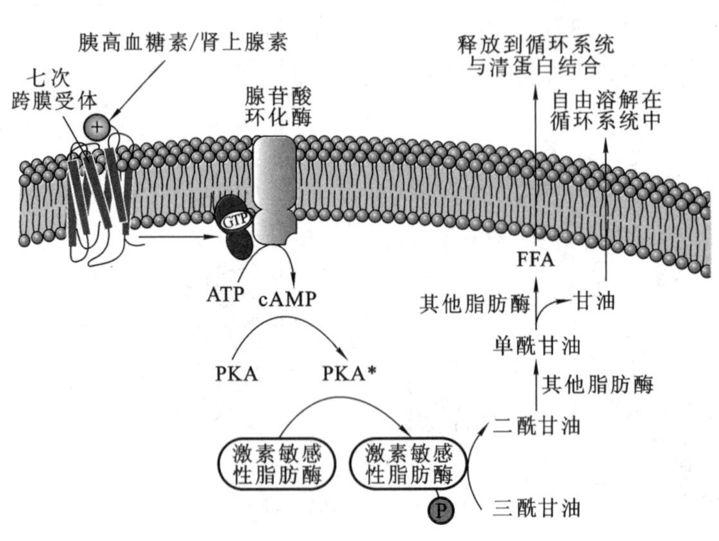

图 10–2 受激素控制的内源性脂肪动员

（二）脂肪的合成

高等动物体内的脂肪的合成受到胰岛素的诱导，主要发生在脂肪细胞和肝细胞内，但肝细胞合成的脂肪会通过极低密度脂蛋白（VLDL）运输出去（参看本章有关胆固醇代谢的内容），所以存在于肝细胞内的脂肪并不多。而脂肪的合成实际上就是甘油的三个羟基被脂酰化的过程。然而在细胞内，游离的甘油和 FFA 是难以缩合成酯的，在缩合之前各自都需要活化，其中甘油被活化成磷酸甘油，FFA 则被活化成脂酰 CoA（图 10–3）。

Quiz4 你认为胰岛素是如何诱导脂肪合成的？

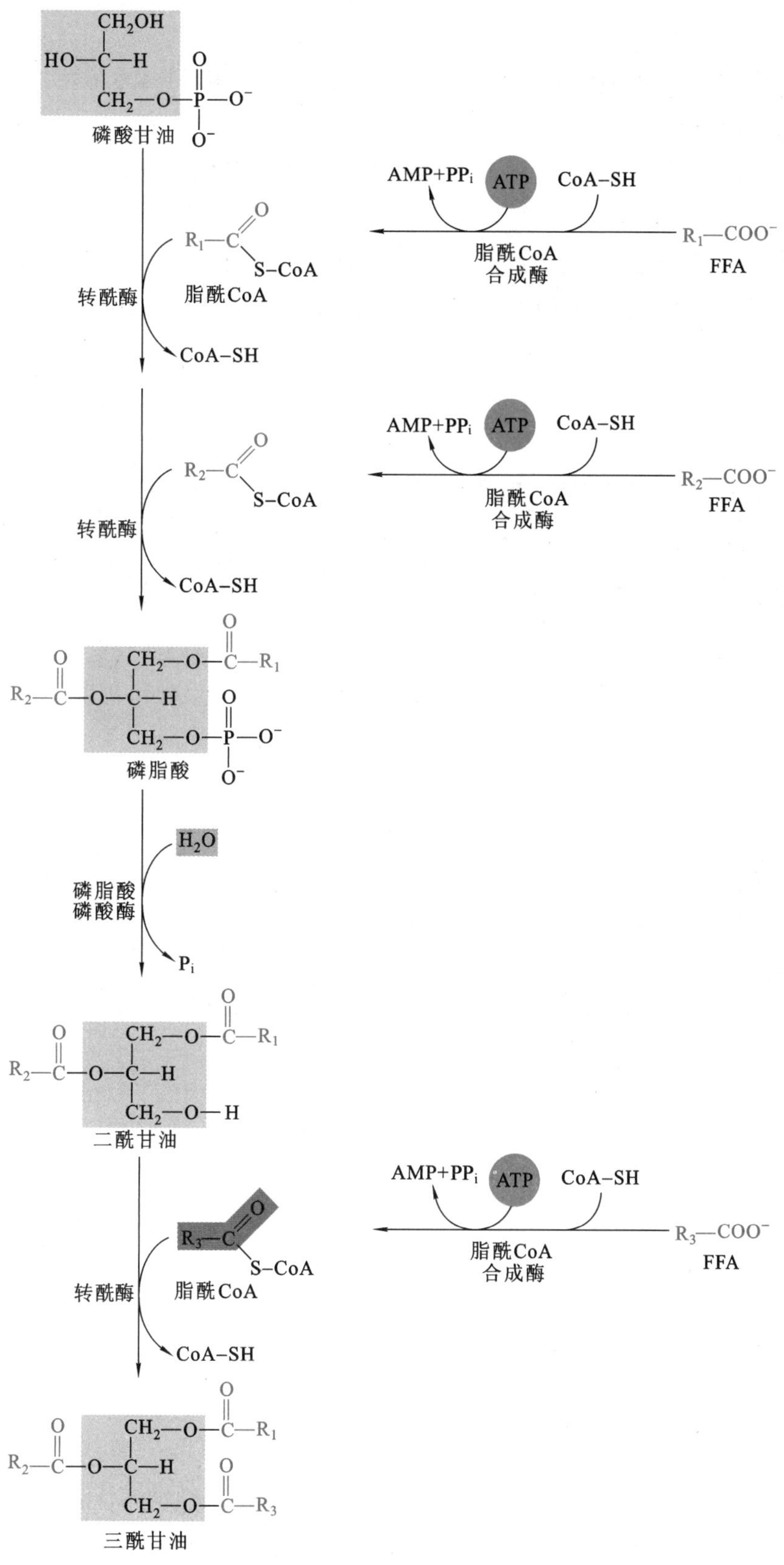

图 10-3 脂肪合成的序列反应

(1) 甘油的活化。活化的甘油的形成既可以由甘油直接激活而来，又可以由糖酵解的中间物磷酸二羟丙酮还原而来，但脂肪细胞没有甘油激酶，因此它只能通过第二种方法产生(参看第九章第二节“糖酵解”)。

Quiz5 你认为脂肪细胞为什么不表达甘油激酶?

(2) 脂肪酸的活化(参看本章第三节“脂肪酸代谢”)。

(3) 磷脂酸的形成。在转酰酶(transacylase)催化下,磷酸甘油上两个游离的羟基和两个脂酰 CoA 先后缩合形成磷脂酸(phosphatidic acid)。

(4) 二酰甘油(甘油二酯)的形成。在磷脂酸磷酸酶的催化下,磷脂酸被水解为二酰甘油,从而暴露出第三个自由的羟基。

(5) 脂肪的形成。在转酰酶的催化下,二酰甘油上的游离羟基被脂酰化成三酰甘油(甘油三酯,TAG),即脂肪。

脂肪不溶于水,因此催化其合成的酶一般定位在膜上,对于真核生物来说,就是光面内质网膜。在光面内质网合成好的脂肪,可以和同时合成的一部分磷脂、胆固醇(酯)(CE)以及脂滴包被蛋白一起,以出芽的方式打包成脂滴,然后离开内质网(图 10-4)。

Quiz6 根据脂肪合成的机制,能不能想出其他的减肥方法?

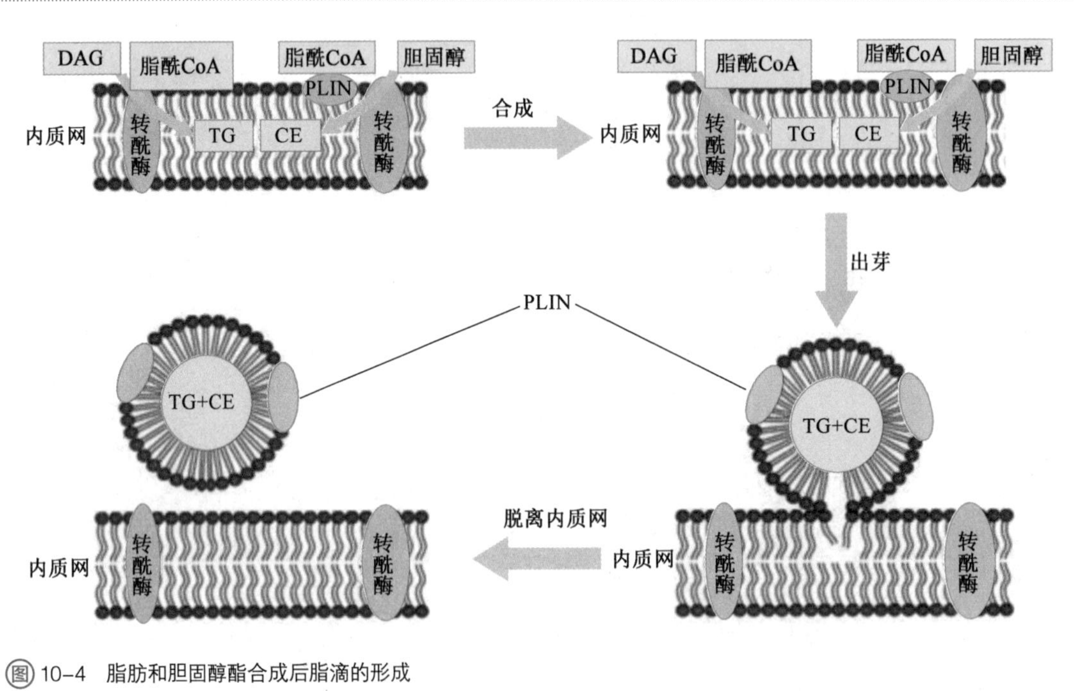

图 10-4 脂肪和胆固醇酯合成后脂滴的形成

二、磷脂代谢

(一) 磷脂的分解

1. 甘油磷脂的分解

水解甘油磷脂的酶统称为磷脂酶(phospholipase),它们存在于各种组织(与膜结合或以游离的形式存在)、胰液和毒液(蛇毒和蜂毒等)之中。有四类重要的磷脂酶——磷脂酶 A1、A2、C 和 D,它们分别作用于甘油磷脂 1 号位、2 号位、磷酸基团左侧和右侧的酯键。

Quiz7 磷脂酰丝氨酸分别经磷脂酶 A1、A2、C 和 D 水解的产物是什么?

2. 鞘磷脂的分解

动物细胞的鞘磷脂水解是在溶酶体内进行的,参与水解的酶有鞘脂酶(sphingomyelinase)和神经酰胺酶(ceramidase)(图 10-5)。其中,鞘脂酶将鞘磷脂水解成神经酰胺和磷酸胆碱,神经酰胺酶再将神经酰胺进一步水解成神经鞘氨醇和 FFA。

Quiz8 你认为鞘磷脂是如何进入溶酶体的?

(二) 磷脂的合成

磷脂有甘油磷脂和鞘磷脂之分,它们在合成机制上不完全相同,但基本的步骤都包括四个阶段的反应。

(1) 骨架分子即甘油或神经鞘氨醇的合成。

(2) 疏水尾巴脂酰基从脂酰 CoA 转移到骨架分子上,以酯键或酰胺键相连。

(3) 亲水头部基团的加入,以磷酸酯键相连。

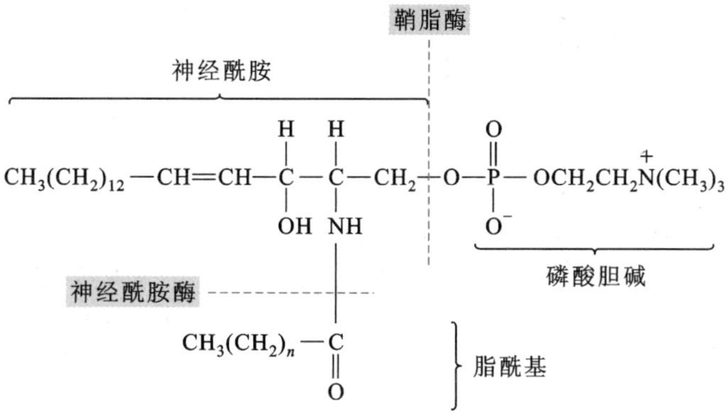

鞘脂酶

神经酰胺

$$CH_3(CH_2)_{12}-CH{=}CH-\underset{OH}{\overset{H}{C}}-\underset{NH}{\overset{H}{C}}-CH_2-O-\underset{O^-}{\overset{O}{\overset{\|}{P}}}-OCH_2CH_2\overset{+}{N}(CH_3)_3$$

磷酸胆碱

神经酰胺酶

$$CH_3(CH_2)_n-\underset{O}{\underset{\|}{C}}$$

脂酰基

图 10-5 鞘磷脂的水解

(4) 在某些情况下，头部基团发生修饰反应或者进行基团交换，以形成最后的磷脂分子。有时将这个阶段的反应称为磷脂合成的补救途径。

1. 甘油磷脂的合成

甘油磷脂的合成是在光面内质网面向细胞质基质一侧的膜上进行的，其中第一阶段和第二阶段的反应与脂肪的合成完全一样，而第三阶段的反应有两种方式。这两种方式的差别在于究竟是活化磷脂酸，还是活化可变的 X 基团。

第一种方式首先是磷脂酸被激活成 CDP- 二酰甘油（CDP-DAG），然后在相应的合酶催化下，与非活化的头部 X 基团起反应，生成各种甘油磷脂，同时释放出 CMP（图 10-6）。

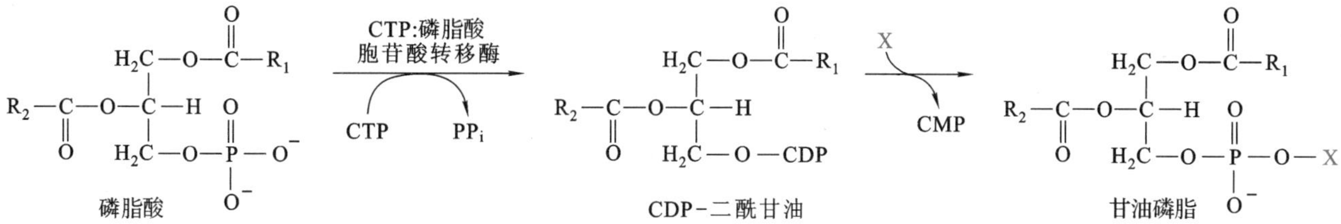

磷脂酸 —[CTP:磷脂酸胞苷酸转移酶；CTP → PP_i]→ CDP-二酰甘油 —[X → CMP]→ 甘油磷脂

图 10-6 甘油磷脂的合成途径 I

第二种方式首先是磷脂酸被水解成 1,2-DAG，X 基团则被活化成 CDP-X。然后在相应的合酶的催化下，两者反应产生甘油磷脂，同时释放出 CMP（图 10-7）。一般细菌用第一种方式，真核细胞两种方式都有，其中磷脂酰肌醇（PI）和心磷脂的合成使用第一种方式，而磷脂酰胆碱（PC）、磷脂酰乙醇胺（PE）和磷脂酰丝氨酸（PS）使用第二种方式。

Quiz9 你认为两种合成磷脂的方式消耗的能量相同吗？

头部基团的活化反应类似于糖原合成中葡萄糖单位的活化，第一步也是由激酶催化的消耗 ATP 的反应。但它与葡萄糖的活化有两点不同：一是后面并无变位酶催化的反应，二是由 CTP 而不是 UTP 参与最后一步反应。

磷脂在光面内质网膜上合成的时候，会受到磷脂爬行酶（scramblase）或翻转酶（flippase）的催化，不断从膜的外层转移到内层，以维持两层的对称性生长。此外，内质网膜上的磷脂还可以通过小泡运输转移到其他膜系统。

PE 和 PC 除了可以通过上述方式由相应的 X 基团从头合成以外，还可以通过补救途径由 PS 衍生而来。例如，PS 经脱羧反应可转变为 PE，而 PE 从 *S*- 腺苷甲硫氨酸接受甲基可转变为 PC。反过来，PS 可以通过 Ser 与 PE 上的乙醇胺通过基团交换的方式形成。

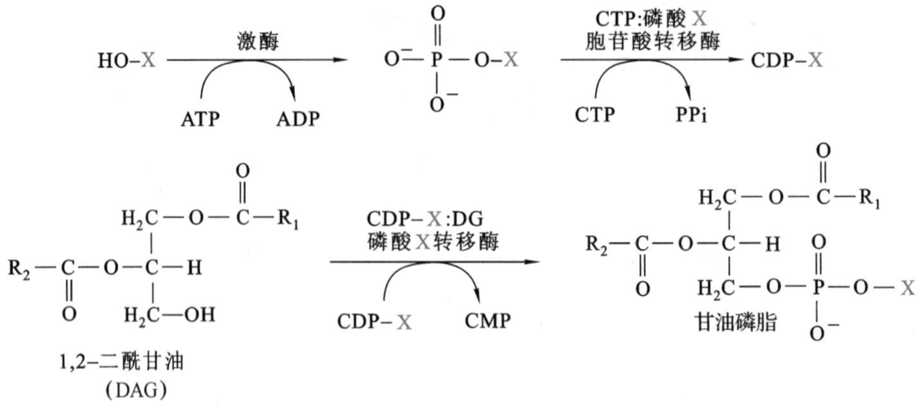

HO–X —激酶 (ATP → ADP)→ $O^- - P(=O)(O^-) - O - X$ —CTP:磷酸X胞苷酸转移酶 (CTP → PPi)→ CDP–X

1,2–二酰甘油 (DAG) —CDP–X:DG磷酸X转移酶 (CDP–X → CMP)→ 甘油磷脂

图 10–7　甘油磷脂合成途径 II

2. 鞘磷脂的合成

动物体内的各种组织均可合成鞘磷脂，但以脑组织最为活跃，因为它是构成神经组织膜（特别是髓鞘）的主要成分，合成的场所同样是在光面内质网膜上。

其四个阶段的反应是（图 10–8）：①骨架分子二氢鞘氨醇（sphinganine）的合成，反应的原料是软脂酰 CoA 和 Ser，还需要 NADPH。②疏水尾巴脂酰基的加入，形成 *N*– 脂酰基二氢鞘氨醇（*N*–acylsphinganine）。③ *N*– 脂酰基二氢鞘氨醇经脱氢转变为 *N*– 脂酰基鞘氨醇（*N*–acylsphingosine）。④亲水头部基团的引入。

3. 古菌磷脂的合成

构成古菌的磷脂具有三个不同于细菌和真核生物的性质：①疏水尾通过醚键而不是酯键与甘油骨架相连。②疏水尾衍生于异戊二烯单位而不是脂肪酸的碳氢链，因此涉及异戊二烯单位的合成和聚合（参看本章第四节“胆固醇代谢”）。③甘油磷酸骨架的手性为 *S* 型，不同于细菌和真核生物的 *R* 型。

三、糖脂代谢

（一）糖脂的分解

鞘糖脂的水解发生在溶酶体中，有一系列的酸性水解酶参与此过程。整个水解反应是高度有序的，当最后一步水解反应开始的时候，第一步反应即被关闭。

（二）糖脂的合成

糖脂也分为甘油糖脂和鞘糖脂，现分别介绍它们的合成。

1. 鞘糖脂的合成

鞘糖脂合成的多数反应与鞘磷脂的合成是一样的，只是在神经酰胺形成以后，就发生一系列的糖基转移反应，由糖基转移酶催化。当神经酰胺 1 号位的羟基接受一个葡糖残基以后，就形成最简单的鞘糖脂，即葡糖脑苷脂。其他较为复杂的鞘糖脂是在此基础上由糖链进一步延伸而成。

在糖基转移反应中，糖基供体为活化的单糖单位，通常为 UDP– 单糖。例如 UDP–Glc、UDP–Gal 和 UDP–GalNAc。少数为 CMP– 单糖，例如 CMP–NeuAc（图 10–9）。

Quiz10 GalNAc 和 NeuAc 分别代表什么单糖?

2. 甘油糖脂的合成

甘油糖脂的合成与甘油磷脂合成的多数反应一样，只是在 1，2–DAG 形成以后，需要在特定的糖基转移酶的催化下，甘油 3 号位的羟基从活化的单糖单位接受单糖基。

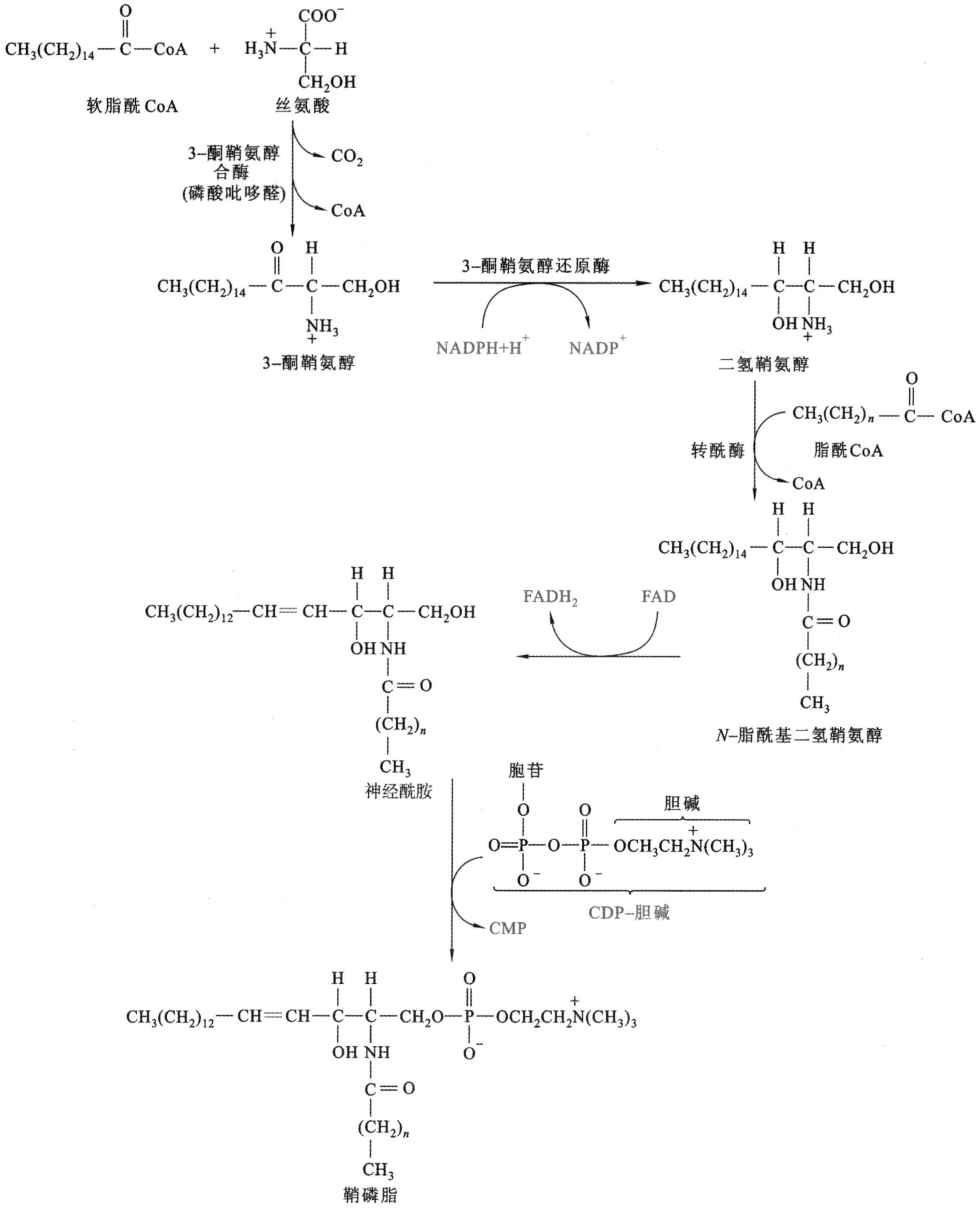

$CH_3(CH_2)_{14}-\overset{O}{\overset{\|}{C}}-CoA$ + $H_3\overset{+}{N}-\underset{CH_2OH}{\overset{COO^-}{C}}-H$

软脂酰 CoA　　丝氨酸

↓ 3-酮鞘氨醇合酶（磷酸吡哆醛）→ CO_2，CoA

$CH_3(CH_2)_{14}-\overset{O}{\overset{\|}{C}}-\overset{H}{C}(\overset{+}{NH_3})-CH_2OH$

3-酮鞘氨醇

→ 3-酮鞘氨醇还原酶（NADPH+H^+ → $NADP^+$）

$CH_3(CH_2)_{14}-\overset{H}{C}(OH)-\overset{H}{C}(\overset{+}{NH_3})-CH_2OH$

二氢鞘氨醇

↓ 转酰酶（脂酰CoA $CH_3(CH_2)_n-\overset{O}{\overset{\|}{C}}-CoA$ → CoA）

$CH_3(CH_2)_{14}-\overset{H}{C}(OH)-\overset{H}{C}(NH-C(=O)-(CH_2)_n-CH_3)-CH_2OH$

N-脂酰基二氢鞘氨醇

← FAD → $FADH_2$

$CH_3(CH_2)_{12}-CH=CH-\overset{H}{C}(OH)-\overset{H}{C}(NH-C(=O)-(CH_2)_n-CH_3)-CH_2OH$

神经酰胺

↓ CDP-胆碱 → CMP

CDP-胆碱：胞苷$-O-\underset{O^-}{P}(=O)-O-\underset{O^-}{\overset{O}{\overset{\|}{P}}}-OCH_2CH_2\overset{+}{N}(CH_3)_3$（胆碱）

$CH_3(CH_2)_{12}-CH=CH-\overset{H}{C}(OH)-\overset{H}{C}(NH-C(=O)-(CH_2)_n-CH_3)-CH_2O-\underset{O^-}{\overset{O}{\overset{\|}{P}}}-OCH_2CH_2\overset{+}{N}(CH_3)_3$

鞘磷脂

图 10-8　鞘磷脂的合成

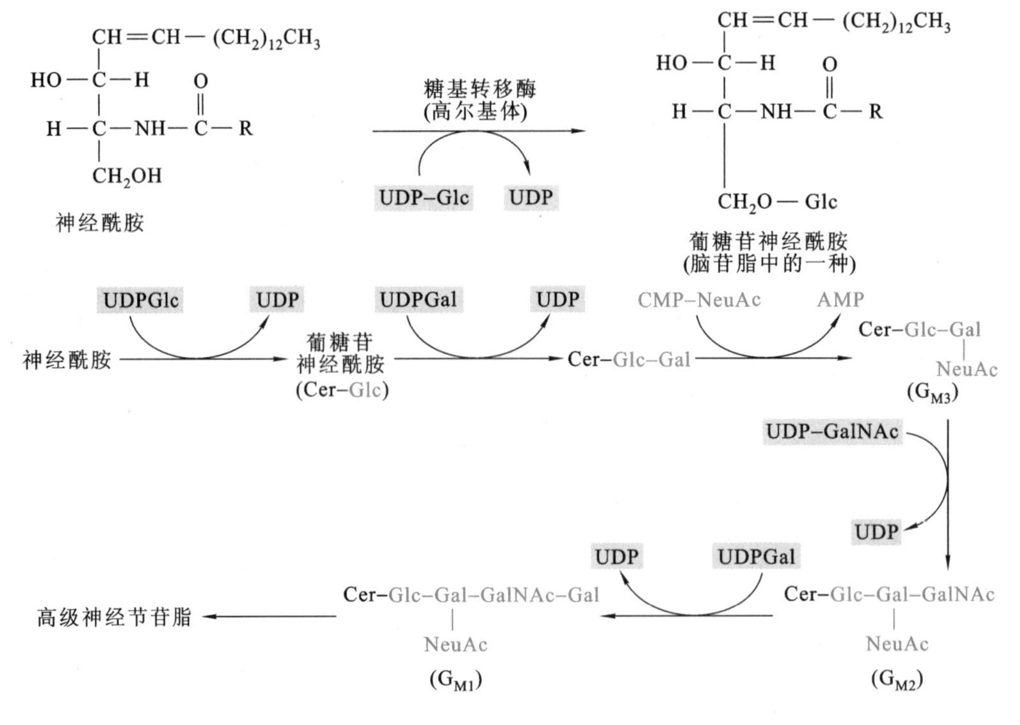

图 10-9 鞘糖脂的合成

Box10.1 毛喉素可以帮助我们瘦身减肥吗？

当今全球包括中国越来越多的人超重或肥胖！究竟如何有效健康的减肥，这一直是许多人关注的话题。实际上，学过生化的人都应该能够利用所学的生化知识总结出一整套既科学、又健康的减肥方法。

前一段时间，有一种叫福司可林（Forskolin）或毛喉素的减肥产品开始流行。那么它究竟是什么物质呢？另外，它真能减肥吗？

毛喉素是一种源于泰国、尼泊尔和印度部分地区属于薄荷科叫做毛喉蕊花（*Coleus forskohlii*）的植物的次生代谢物（图 10-10）。这种热带植物长期以来一直被用于印度草药医学上，被长期用于治疗哮喘和其他一些疾病。在其自然栖息地中，当地人将它的根切碎煮成茶，平时饮用是为了养生。

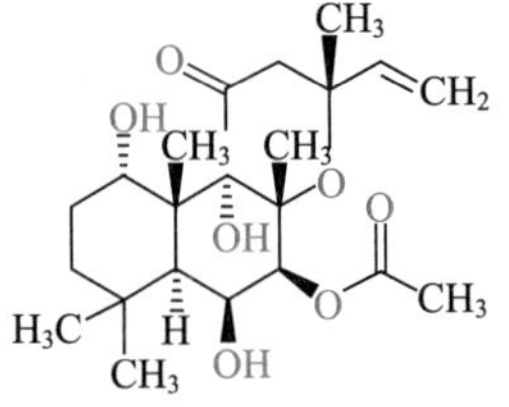

图 10-10 毛喉素的化学结构

然而，当后来科学家发现毛喉素在机体内可直接激活一种定位在细胞质膜上的腺苷酸环化酶活性以后，就立刻意识到它在体内应该可以促进脂肪的降解，从而具有减肥瘦身的功效。如果它在体内真能促进脂肪降解的话，那其中的生化原理是什么呢？

从理论上讲，我们脂肪细胞内的脂肪降解是主要由两种激素肾上腺素或胰高血糖素控制的，它们通过受体和 G_s 蛋白激活质膜上的腺苷酸环化酶，产生 cAMP。而 cAMP 再激活 PKA，PKA 再催化 HSL 发生磷酸化从而使其激活，被激活的 HSL 再催化脂肪水解。一旦脂肪酸游离出来，就可以被当"燃料"了。由此可见，毛喉素在体内绕过了两种激素和 G_s 蛋白，直接去激活腺苷酸环化酶，然后启动脂肪的降解。

关于毛喉素的减肥益处的研究有不同的结果，可以说是喜忧参半。虽然对一小群超重和肥胖的男性进行的研究表明，它可以减少体内脂肪，但对体重却影响不大。而在另一项双盲实验研究中，每天为 23 名超重女性提供 250 毫克的毛喉素，持续 12 周。结果表明，毛喉素似乎在服用时确实减少了额外的体重增加，但不是很明显。

在证明毛喉素具有帮助人们减肥的潜力之后，它立刻引起了公众的广泛关注，但科学家目前正在研究它的其他可能用途。这些潜在用途包括：治疗哮喘、治疗癌症、改善充血性心力衰竭的心脏力量、治疗青光眼、降血压和刺激晒黑等。

那毛喉素有没有什么副作用呢？大多数用过减肥产品的人都熟悉有关众多副作用的警告，但与市场上已有的许多减肥产品不同，毛喉素本身似乎是安全的，因为它在体内可被正常代谢掉。但是，这并不意味着服用毛喉素总是安全的。要知道，它直接激活腺苷酸环化酶，但腺苷酸环化酶不是只与脂肪降解有关，还与机体其他重要的功能有关。如果这么考虑的话，势必也可能会影响到其他功能。另外，在欧洲，已有报道称有人食用含有毛喉素的产品后，可能由于污染而发生急性中毒。除了受污染的风险外，毛喉素还可能对某些人群构成风险，例如肾病患者、低血压的人、服用降压药或降低心率的人。

由此可见，毛喉素虽然可以提高脂肪“燃烧”的能力，但若没有合理的营养饮食和运动来消耗过剩的热量，它会与任何减肥产品一样，不可能真正有效。要知道，一个人“燃烧”的卡路里必须比通过食物和饮料摄入的卡路里多，才能防止或者阻止肥胖的发生。如果做不到这一点，仅靠什么减肥产品来减肥是不现实的！

第三节　脂肪酸代谢

脂肪酸作为多种脂质的组分，在细胞中具有多项功能，但最重要的功能一方面是为生物膜的主要成分磷脂提供疏水的尾巴，另一方面则是作为储能物质与甘油缩合成脂肪，在需要的时候能被动员为机体供能。机体在饥饿的情况下，脂肪酸氧化分解加速，分解产生的乙酰 CoA 还可以在肝细胞的线粒体中，转化为小分子的酮体，从而为脑、骨骼肌和心肌提供一种替代的能源；相反，机体在能量状态较高的时候，脂肪酸合成又会加快，以便让富余的能量及时得到储存。

一、脂肪酸的分解

FFA 的分解是以氧化的形式进行的，而氧化的方式又分为 α 氧化、β 氧化和 ω 氧化，其中 β 氧化是主要的方式。

(一) 脂肪酸的 β 氧化

1. β 氧化的发现

早在 20 世纪初，德国人 Franz Knoop 开创性地使用难以被动物代谢的苯环标记 FFA，并将标记的脂肪酸分成偶数脂肪酸和奇数脂肪酸两组，然后分别喂养狗。经过一定时间以后，从狗尿中分析脂肪酸的降解产物。结果发现：凡是偶数脂肪酸的最终降解产物均为苯乙酸（phenylacetate）的衍生物，而奇数脂肪酸的最终降解产物都是苯甲酸（benzoate）的衍生物（图 10–11）。Knoop 由此得出，脂肪酸的降解是分步进行的，每一步去除一个二碳单位，而起始的氧化反应发生在 β 碳原子上，这就是他提出的脂肪酸 β 氧化学说。

Quiz11 如果现在让你标记脂肪酸，你会选择什么标记的方法？

后来，Albert Lehninger 证明了 β 氧化发生在线粒体基质，而 F. Lynen 和 E. Reichart 则进一步确定了释放出来的“二碳单位”为乙酰 CoA，而不是游离的乙酸。

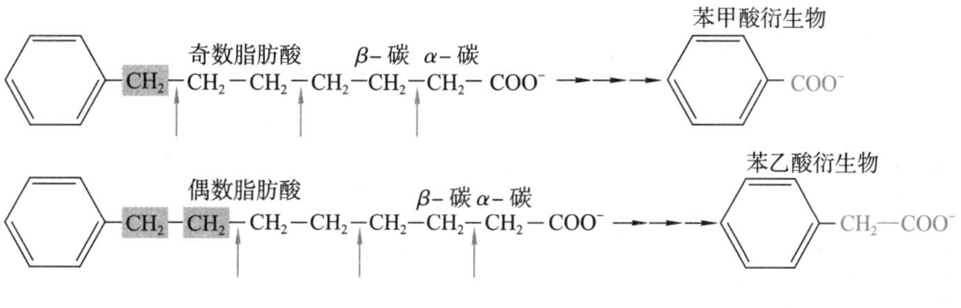

奇数脂肪酸　β-碳　α-碳

$C_6H_5-CH_2-CH_2-CH_2-CH_2-CH_2-CH_2-COO^- \rightarrow\rightarrow\rightarrow$ 苯甲酸衍生物 $C_6H_5-COO^-$

偶数脂肪酸　β-碳　α-碳

$C_6H_5-CH_2-CH_2-CH_2-CH_2-CH_2-CH_2-CH_2-COO^- \rightarrow\rightarrow\rightarrow$ 苯乙酸衍生物 $C_6H_5-CH_2-COO^-$

图 10–11　Knoop 的苯环标记实验

2. β 氧化的反应历程

(1) FFA 的活化

正如葡萄糖在分解之前需要被活化成 6- 磷酸葡糖一样，FFA 在进行 β 氧化之前也需要被活化。FFA 的活化形式为脂酰 CoA，催化活化反应的酶是脂酰 CoA 合成酶(acyl–CoA synthetase)或硫激酶(thiokinase)。

脂酰 CoA 合成酶催化的反应机制如下(图 10–12)：首先是 FFA 与 ATP 形成脂酰 AMP，同时释放出 PP_i。随后 CoA 置换出 AMP，形成脂酰 CoA，而先前释放出来的 PP_i 被焦磷酸酶水解成无机磷酸，使得总反应的 $\Delta G^{\ominus\prime}$ 为一个大的负值，FFA 的活化反应也因此是不可逆的。在这一步反应中，ATP 转变成 AMP 和 PP_i，而 PP_i 又迅速被焦磷酸酶水解，因此，一般认为每活化 1 分子 FFA 需要消耗 2 分子 ATP。

Quiz12 如何设计一个实验证明脂肪酸在活化的过程中会形成脂酰 AMP 这种中间物?

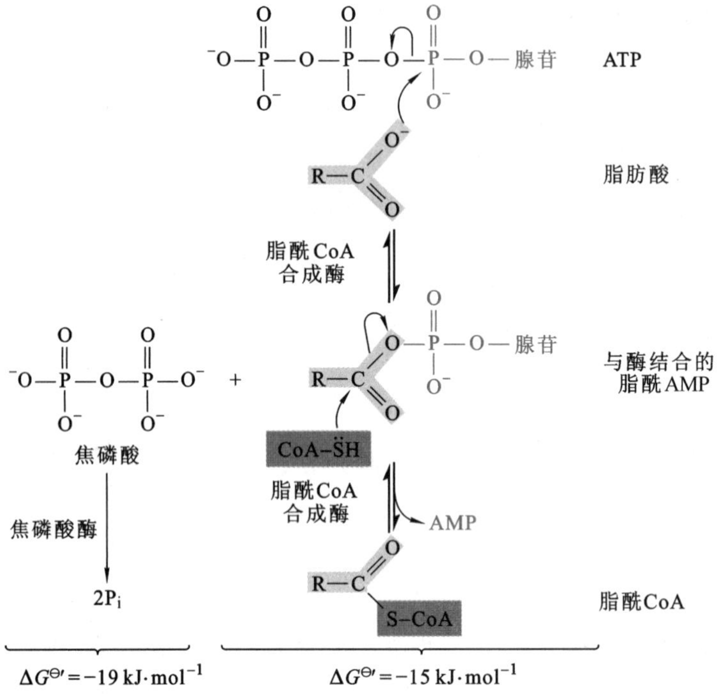

$\Delta G^{\ominus\prime}=-19\ kJ\cdot mol^{-1}$ $\Delta G^{\ominus\prime}=-15\ kJ\cdot mol^{-1}$

图 10–12 脂酰 CoA 合成酶的催化机制

有几类不同的脂酰 CoA 合成酶，它们对脂肪酸碳链的长度有不同的要求。其中有一类位于线粒体的外膜，专门在细胞质基质激活长链脂肪酸(12 ~ 18 碳)；还有一类位于线粒体内膜，负责激活直接从细胞质基质经自由扩散进入线粒体基质的短、中链脂肪酸(2 ~ 10 碳)。

(2) 长链脂酰 CoA 的转运

由于长链的脂酰 CoA 不能直接透过线粒体内膜，因此需要专门的转运系统将其转变为基质内的脂酰 CoA。

构成脂酰 CoA 跨膜转运系统的组分有肉碱 – 软脂酰转移酶(carnitine palmitoyltransferase，CPT)和脂酰肉碱转位酶(translocase)。其中，肉碱 – 软脂酰转移酶也称为肉碱脂酰基转移酶(carnitine acyltransferase，CAT)，有两种类型，即 CPT Ⅰ 和 CPT Ⅱ。

肉碱就是 β- 羟基 -γ- 三甲胺丁酸，含有 1 个手性碳，具有生物活性的形式是 L 型，所以也叫左旋肉碱，在转运系统中所起的作用是作为脂酰基的中间受体。

在脂酰 CoA 转运系统中(图 10–13)，CPT Ⅰ 位于线粒体外膜，在细胞质基质的脂酰 CoA 进入膜间隙以后，催化脂酰基转移到肉碱的 β- 羟基上，形成脂酰肉碱，CoA 则被游离出来并返回到细胞质基质。

随后，脂酰肉碱在线粒体内膜上的脂酰肉碱转位酶的帮助下进入基质。在位于内膜基质一侧的 CPTⅡ 的催化下，脂酰基被转移到基质 CoA 的巯基上重新生成脂酰 CoA，而肉碱又经转位酶反向运输出基质。

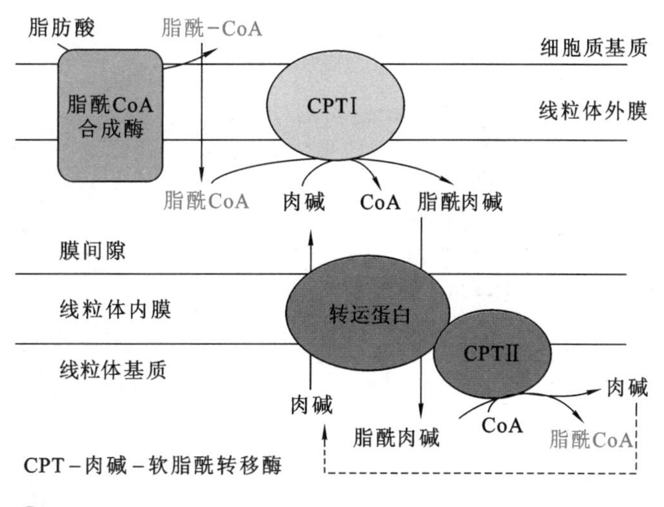

图 10-13　脂酰 CoA 的跨线粒体内膜的转运

Quiz13 你认为线粒体基质中的 CoA 是从哪里来的？

由此可见，肉碱在脂肪酸氧化降解过程中所起的作用是不可低估的。而且，由体内储存的脂肪和来自食物中的脂肪释放出的脂肪酸主要是长链的，因此如果肉碱不足，就会影响到机体内长链脂肪酸的氧化，致使骨骼肌、心肌和肝这些更需要脂肪酸氧化供能的组织发生病变。正常的人一般很少缺乏肉碱，因为人体一方面可以从膳食中摄取，以肉类和乳制品最丰富，另一方面自己也可以合成。合成部位主要是肝细胞，需要维生素 C、B_6 和 PP 以及铁作为辅因子，前体包括 Lys 和 Met。

Quiz14 一个人被诊断先天性缺乏肉碱，你认为这个人在饮食上需要注意什么？

一旦细胞质基质中的脂酰 CoA 转化为线粒体基质的脂酰 CoA，脂肪酸的 β 氧化便可真正地开始了。此后将循环发生脱氢、加水、再脱氢和硫解（thiolysis）反应，直到脂酰 CoA 的碳链完全氧化裂解成乙酰 CoA（图 10-14）。反应中形成的 NADH 和 $FADH_2$ 进入呼吸链，而乙酰 CoA 进入 TCA 循环被进一步氧化分解。

（3）脱氢

这是一步由脂酰 CoA 脱氢酶（acyl-CoA dehydrogenase）催化的氧化还原反应，FAD 为电子受体。从一种原产南美的叫阿开木果（ackee）的植物中，可提取到一种叫降糖氨酸（hypoglycin）的物质，它在体内的代谢物是该酶的强抑制剂。脱氢反应是高度立体专一性的，产物是 Δ^2- 反烯酰 CoA（*trans*-Δ^2-

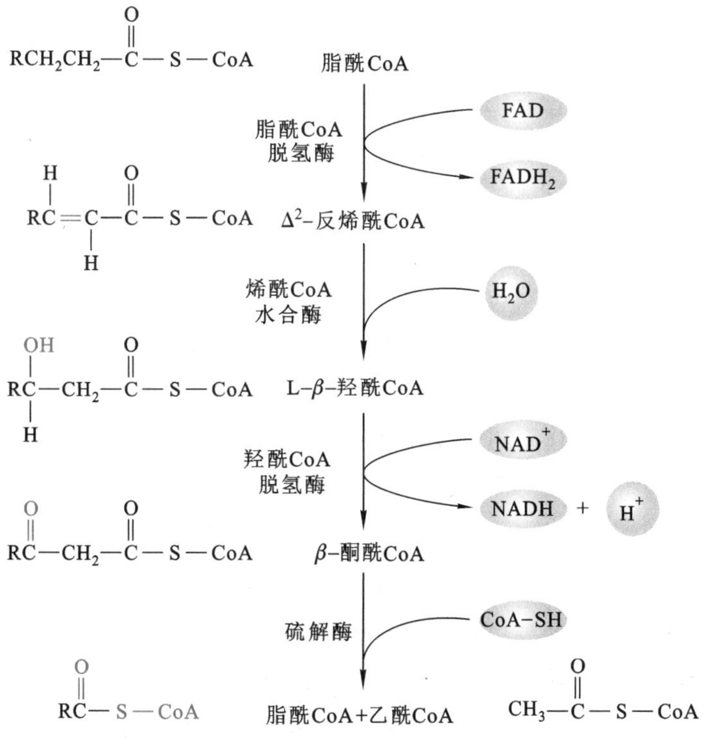

$RCH_2CH_2-\overset{O}{\overset{\|}{C}}-S-CoA$　脂酰CoA

↓ 脂酰CoA脱氢酶（FAD → $FADH_2$）

$RC(H)=C(H)-\overset{O}{\overset{\|}{C}}-S-CoA$　Δ^2-反烯酰CoA

↓ 烯酰CoA水合酶（H_2O）

$RC(OH)(H)-CH_2-\overset{O}{\overset{\|}{C}}-S-CoA$　L-β-羟酰CoA

↓ 羟酰CoA脱氢酶（NAD^+ → NADH + H^+）

$R\overset{O}{\overset{\|}{C}}-CH_2-\overset{O}{\overset{\|}{C}}-S-CoA$　β-酮酰CoA

↓ 硫解酶（CoA-SH）

$R\overset{O}{\overset{\|}{C}}-S-CoA$　脂酰CoA+乙酰CoA　$CH_3-\overset{O}{\overset{\|}{C}}-S-CoA$

图 10-14　一轮 β 氧化循环的四步反应

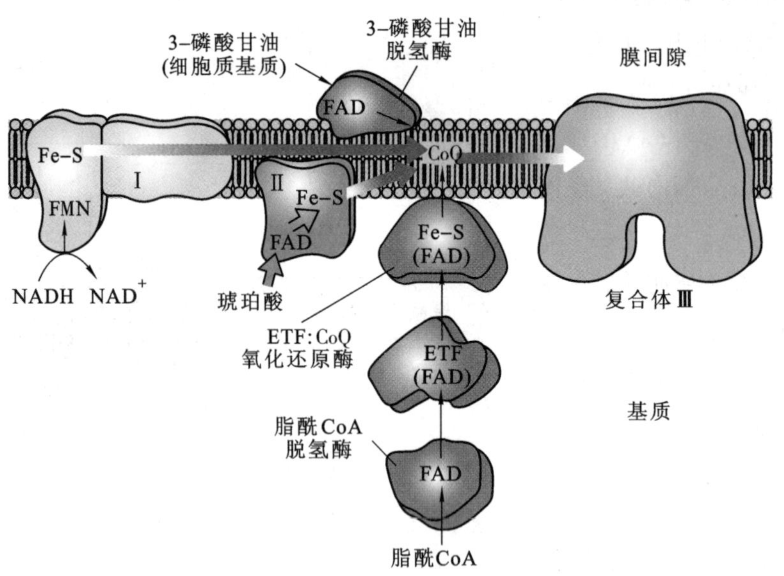

图 10-15 脂酰 CoA 脱氢酶与呼吸链之间的联系

enoyl-CoA)和 $FADH_2$。需要特别注意的是，脂肪酸 β 氧化产生的 $FADH_2$ 并非通过复合体Ⅱ，而是依次通过电子传递黄素蛋白(electron-transferring flavin，ETF)、铁硫蛋白和 CoQ 进入呼吸链(图 10-15)，然后直通复合物Ⅲ。因此，这一步反应生成的 1 分子 $FADH_2$ 也产生 1.5 分子 ATP。

Quiz15 你如何解释降糖氨酸这种脂肪酸氧化的抑制剂能够降低血糖?

(4) 加水

这一步由烯酰 CoA 水合酶(enoyl-CoA hydratase)催化，H_2O 作为底物参加反应。反应也是高度立体专一性的，被水合的双键只能是反式，而生成的产物只会是 L- 羟酰 CoA(L-hydroxyacyl-coenzyme A)，并且羟基一定是加在 β- 碳原子上。

(5) 再脱氢

Quiz16 你认为脂肪酸 β 氧化的前三步反应与三羧酸循环的哪三步反应惊人的相似?

这又是一步氧化还原反应，由羟酰 CoA 脱氢酶(hydroxyacyl-CoA dehydrogenase)催化，被氧化的是 β- 碳，NAD^+ 为电子受体，产物为 β- 酮酰 CoA(β-ketoacyl-CoA)和 NADH。后者直接从复合体Ⅰ进入呼吸链，1 对电子产生 2.5 分子 ATP。

(6) 硫解

这一步由硫解酶(thiolase)催化，反应机制如下：酶活性中心的一个 Cys 残基用它的巯基亲核进攻 β- 羰基碳，释放出乙酰 CoA，同时形成少了 2 个碳原子的脂酰 - 酶中间物。随后，CoA 上的巯基取代酶分子 Cys 上的巯基，产生少了 2 个碳的新的脂酰 CoA。

3. β 氧化小结

以 1 分子软脂酸为例，需要经过 7 轮 β 氧化循环，共产生 8 分子乙酰 CoA、7 分子 $FADH_2$ 和 NADH，总反应式为：

Quiz17 试分别计算油酸和豆蔻酸完全氧化分解成二氧化碳和水可分别产生多少 ATP。

$$软脂酰\ CoA+7FAD+7NAD^++7H_2O \rightarrow 8\ 乙酰\ CoA+7FADH_2+7NADH+7H^+$$

其完全氧化可以产生 106 分子 ATP(表 10-1)。

4. β 氧化的生理功能

脂肪酸 β 氧化虽然并不能直接产生 ATP，但产生的大量乙酰 CoA 和高能电子可分别进入 TCA 循环和呼吸链，从而为机体产生大量 ATP，其产生 ATP 的效率要高于葡萄糖。

脂肪酸 β 氧化还有另一项重要功能，就是与呼吸链一起为机体产生代谢水(metabolic water)。虽然 β 氧化在水合反应中消耗了水分子，但产生的乙酰 CoA、$FADH_2$ 和 NADH 经彻底氧化可以产生更多的水分子。这对于某些生活在干燥缺水环境的生物十分重要，像骆驼就已将 β 氧化作为它们获取水源的一种特殊手段。

表 10-1　1 分子软脂酸彻底氧化以后 ATP 的收支情况

与 ATP 产生有关的酶	NADH 或 $FADH_2$ 产生的量	最终产生 ATP 的数目
脂酰 CoA 合成酶		−2
脂酰 CoA 脱氢酶	7 $FADH_2$	7 × 1.5＝10.5
羟脂酰 CoA 脱氢酶	7 NADH	7 × 2.5＝17.5
异柠檬酸脱氢酶	8 NADH	8 × 2.5＝20
α- 酮戊二酸脱氢酶	8 NADH	8 × 2.5＝20
琥珀酰 CoA 合成酶		8 GTP＝8 ATP
琥珀酸脱氢酶	8 $FADH_2$	8 × 1.5＝12
苹果酸脱氢酶	8 NADH	8 × 2.5＝20
总量		106

（二）结构特别的脂肪酸的氧化

前面是以一个典型的偶数长链无分支的饱和脂肪酸作为实例介绍 β 氧化的，但机体内还有奇数脂肪酸、不饱和脂肪酸、超长链脂肪酸和 β 碳带有分支的脂肪酸。这些结构特别的脂肪酸在进行 β 氧化的时候会遇到特别的障碍，而对于这些特别的障碍机体是通过特别的酶加以克服的。

1. 奇数脂肪酸的 β 氧化。

奇数脂肪酸的氧化实际上就是丙酰 CoA 的氧化，因为碳原子数目≥5 的完全可以和偶数脂肪酸一样进行 β 氧化，直到丙酰 CoA（propionyl-CoA）出现为止。

丙酰 CoA 的氧化原则上并不困难，只需将它转变为 TCA 循环中某一个中间物，然后交给 TCA 循环处理就行了。从结构上来看，TCA 循环中的琥珀酰 CoA 与丙酰 CoA 最接近，只比丙酰 CoA 多一个羧基。于是，如何代谢丙酰 CoA 就变成了如何将其转变成琥珀酰 CoA 的问题。如图 10-16 所示，丙酰

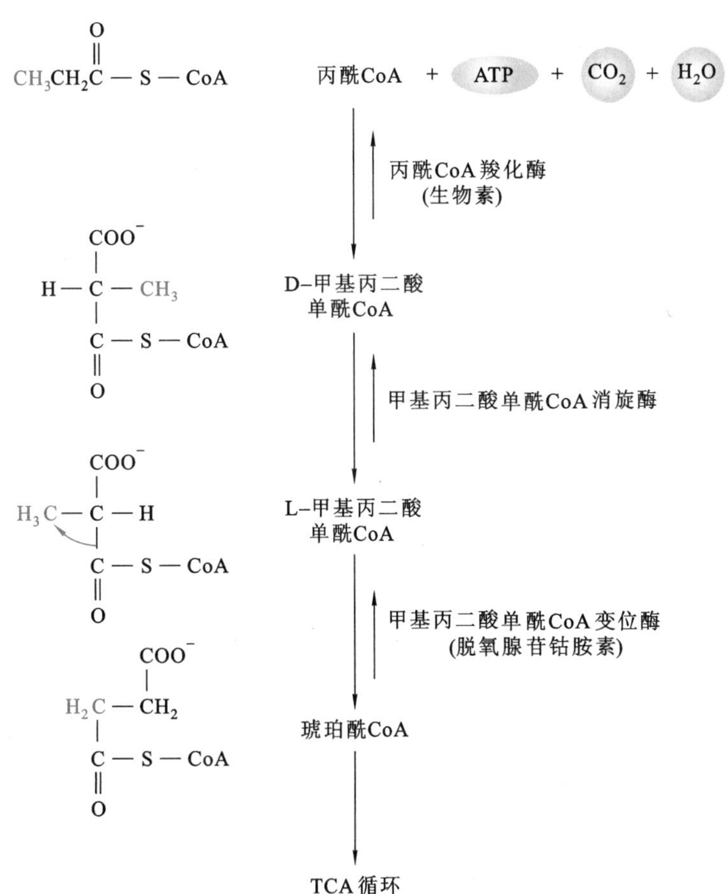

图 10-16　丙酰 CoA 的氧化的利用

CoA 先后在丙酰 CoA 羧化酶(propionyl-CoA carboxylase)、甲基丙二酸单酰 CoA 消旋酶(methylmalonyl-CoA racemase)和甲基丙二酸单酰 CoA 变位酶(methylmalonyl-CoA mutase)的催化下,最终转变为琥珀酰 CoA 后可顺利进入 TCA 循环被进一步氧化分解,或者转变为草酰乙酸后离开循环而作为糖异生原料。

Quiz18 一个严格的素食者在体内会积累甲基丙二酸。对此你如何解释?

需要注意的是,甲基丙二酸单酰 CoA 变位酶需要脱氧腺苷钴胺素作为辅酶,而且参与催化的方式很特别,就是提供自由基来辅助催化反应。由于这种辅酶衍生于维生素 B_{12},所以,维生素 B_{12} 的缺乏会影响到机体对奇数脂肪酸的代谢。

2. 不饱和脂肪酸的 β 氧化

不饱和脂肪酸在进行 β 氧化时遇到的麻烦是如何处理它本来就带有的位置和构型都不对的顺式双键。但一开始,这些双键离羧基端有一段距离,因此可照常进行 β 氧化,只是当顺式双键进入 β 位以后,β 氧化就继续不下去了。这时需要特殊的异构酶即烯酰 CoA 异构酶(enoyl-CoA isomerase),来改变双键的位置和性质,使之转变为可被烯酰 CoA 水合酶识别的 2 号位的反式双键,β 氧化就可以继续了(图 10-17)。

3. 超长链脂肪酸的 β 氧化

超长链脂肪酸(超过 23 个 C)难以进入线粒体,但可以进入过氧化物酶体进行 β 氧化,而对于植物来说,还可以在乙醛酸循环体内进行。

发生在线粒体以外的 β 氧化的第一步反应由脂酰 CoA 氧化酶(acyl-CoA oxidase)催化。该酶将脂酰 CoA 失去的电子经过 FAD 交给 O_2,而并非呼吸链,从而形成 H_2O_2。形成的 H_2O_2 会被这两种细胞器内的过氧化氢酶迅速分解为无害的 H_2O 和 O_2。催化其余三步反应的酶与线粒体基质内相应的酶并无本质上的差别,只是产生的 NADH 和乙酰 CoA 需要先离开这两种细胞器,在进入线粒体以后才能进一步氧化分解。

Quiz19 动物细胞内有哪些细胞器消耗氧气?

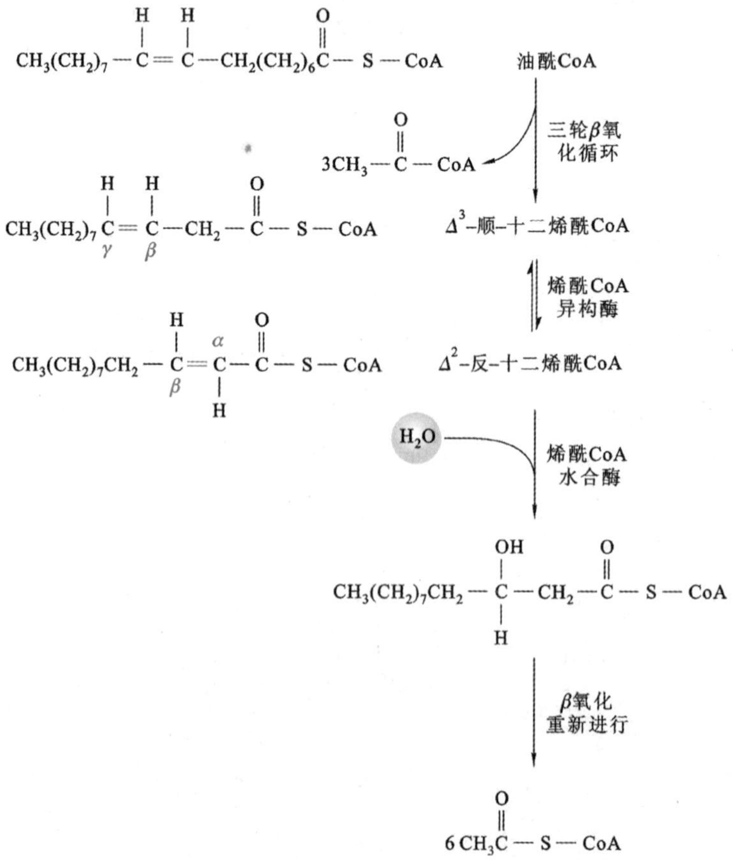

$CH_3(CH_2)_7-CH=CH-CH_2(CH_2)_6C(=O)-S-CoA$ 油酰CoA

↓ 三轮β氧化循环 → $3CH_3-C(=O)-CoA$

$CH_3(CH_2)_7C^{\gamma}H=C^{\beta}H-CH_2-C(=O)-S-CoA$ Δ^3-顺-十二烯酰CoA

⇅ 烯酰CoA异构酶

$CH_3(CH_2)_7CH_2-C^{\beta}H=C^{\alpha}H-C(=O)-S-CoA$ Δ^2-反-十二烯酰CoA

↓ H_2O 烯酰CoA水合酶

$CH_3(CH_2)_7CH_2-CH(OH)-CH_2-C(=O)-S-CoA$

↓ β氧化重新进行

$6\,CH_3C(=O)-S-CoA$

图 10-17 单不饱和脂肪酸(油酸)的 β 氧化

超长链脂肪酸进入过氧化物酶体属于主动运输，需要 D 类 ABC 转运蛋白（ABCD）的帮助。人群中有少数人因为这类转运蛋白的基因有缺陷，导致体内的超长链脂肪酸无法代谢而在体内积累，致使髓鞘脱落，而患上脑白质肾上腺营养不良症（adrenoleukodystrophy）。

4. β- 碳带有分支的脂肪酸的 β 氧化

有的脂肪酸，如植烷酸（phytanic acid）在 β- 碳上有甲基，在细胞内是无法直接进行 β 氧化的，必须先通过 α 氧化去除 1 个碳原子。而 α 氧化也需要活化，它既可以发生在内质网，也可以发生在线粒体或过氧化物酶体。

就以植烷酸为例，它来源于反刍动物脂肪和牛奶，叶绿素的组分叶绿醇在体内也可以转变为植烷酸，其在体内 α 氧化的基本过程是（图 10-18）：首先，在脂酰 CoA 合成酶催化下，植烷酸被活化成植烷酰 CoA（phytanoyl-CoA）。随后，在植烷酰 CoA 羟化酶（phytanoyl-CoA hydroxylase）的催化下，植烷酰 CoA 转变成 2- 羟植烷酰 CoA（2-hydroxyphytanoyl-CoA）。最后，在 2- 羟植烷酰 CoA 裂合酶（2-hydroxyphytanoyl-CoA lyase）的催化下，2- 羟植烷酰 CoA 被裂解成甲酰 CoA（formyl-CoA）和少了一个碳原子的降植烷醛（pristanal）。甲酰 CoA 可被彻底氧化成 CO_2，降植烷醛则在降植烷醛脱氢酶（pristanal dehydrogenase）催化下，被氧化成降植烷酸。到此为止，原来位于植烷酸 β- 碳上的甲基被“移花接木”到了降植烷酸的 α- 碳上，这样就可以照常进行 β 氧化了。

由于人的正常饮食中含有大量植烷酸或者它的前体植烷醇，因此 α 氧化系统的正常运行对于它们的代谢是必不可少的。有一种遗传病叫雷夫苏姆病（Refsum disease），患者先天缺乏 α 氧化相关的酶而导致摄入的植烷酸在体内堆积，并引起中毒，其主要的症状包括视网膜色素变性（retinitis pigmentosa）、夜视能力减弱、外周神经疾病（peripheral neuropathy）和小脑性运动失调（cerebellar ataxia）等。目前这种疾病没有什么特别的治疗方法，只能通过严格控制食物中植烷酸的摄入来防止其积累。

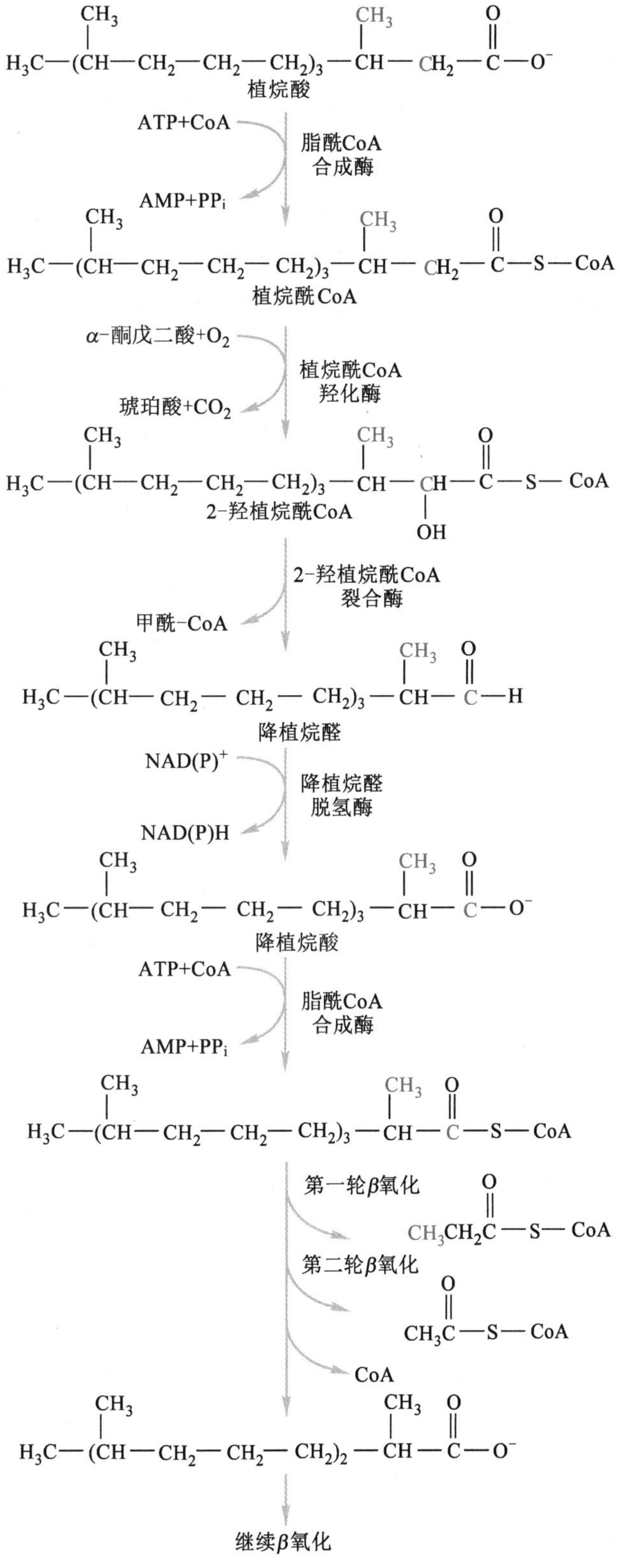

$H_3C-(CH(CH_3)-CH_2-CH_2-CH_2)_3-CH(CH_3)-CH_2-C(=O)-O^-$
植烷酸

ATP+CoA → AMP+PP_i（脂酰CoA合成酶）

$H_3C-(CH(CH_3)-CH_2-CH_2-CH_2)_3-CH(CH_3)-CH_2-C(=O)-S-CoA$
植烷酰CoA

α-酮戊二酸+O_2 → 琥珀酸+CO_2（植烷酰CoA羟化酶）

$H_3C-(CH(CH_3)-CH_2-CH_2-CH_2)_3-CH(CH_3)-CH(OH)-C(=O)-S-CoA$
2-羟植烷酰CoA

2-羟植烷酰CoA裂合酶 → 甲酰-CoA

$H_3C-(CH(CH_3)-CH_2-CH_2-CH_2)_3-CH(CH_3)-C(=O)-H$
降植烷醛

NAD(P)$^+$ → NAD(P)H（降植烷醛脱氢酶）

$H_3C-(CH(CH_3)-CH_2-CH_2-CH_2)_3-CH(CH_3)-C(=O)-O^-$
降植烷酸

ATP+CoA → AMP+PP_i（脂酰CoA合成酶）

$H_3C-(CH(CH_3)-CH_2-CH_2-CH_2)_3-CH(CH_3)-C(=O)-S-CoA$

第一轮β氧化 → $CH_3CH_2C(=O)-S-CoA$

第二轮β氧化 → $CH_3C(=O)-S-CoA$

→ CoA

$H_3C-(CH(CH_3)-CH_2-CH_2-CH_2)_2-CH(CH_3)-C(=O)-O^-$

继续β氧化

图 10-18 植烷酸的氧化

Quiz20 你认为叶绿醇在人体内的完全氧化分解需不需要维生素 B_{12}？

（三）脂肪酸的 ω 氧化

ω 氧化发生在末端甲基即 ω 碳上，被氧化的脂肪酸不需要活化。参与氧化的酶叫混合功能加氧酶，该酶位于内质网膜上，需要细胞色素 P450、O_2 和 NADPH 的参与（图 10–19）。

通过 ω 氧化，脂肪酸可以转变为双羧酸，而双羧酸的两个羧基在被活化后，可以让其两端同时进行 β 氧化。

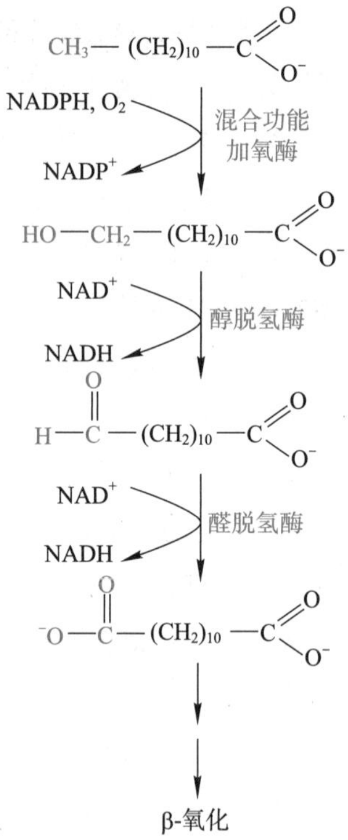

图 10–19　脂肪酸的 ω– 氧化

（四）酮体的生成和利用

在饥饿、禁食或某些病理状态下，如糖尿病，人体内的脂肪动员加强，大量的脂肪酸被肝细胞吸收和氧化。与此同时，为了维持血糖浓度的稳定，体内的糖异生也被激活。OAA 因作为糖异生的原料而被消耗，这会导致肝细胞内 OAA 浓度的急剧下降，进而影响到三羧酸循环，大量由脂肪酸 β 氧化产生的乙酰 CoA 因来不及被及时氧化而出现堆积，酮体（ketone body）就在这种情况下生成了。

Quiz21 你如何解释糖尿病可诱发酮体的合成？

酮体包括丙酮、乙酰乙酸（acetoacetate）和 D-β- 羟丁酸（β-hydroxybutyrate），其合成的场所是肝细胞的线粒体基质。参与酮体合成的酶有硫解酶、β- 羟 -β- 甲基戊二酸单酰 CoA 合酶（β-hydroxy-β-methylglutaryl CoA synthase，HMG-CoA 合酶）、HMG-CoA 裂合酶（HMG-CoA lyase）和 D-β- 羟丁酸脱氢酶（D-β-hydroxybutyrate dehydrogenase）（图 10–20）。反应的前两步与胆固醇合成的前两步相同，只不过胆固醇合成的这两步反应发生在细胞质基质，并且不限于肝细胞。

酮体合成的第一步反应为硫解酶催化的逆反应，第三步反应产生第一种酮体——乙酰乙酸，乙酰乙酸可以在乙酰乙酸脱羧酶（acetoacetate decarboxylase）催化下脱羧或者自发脱羧基变成丙酮，又可以在脱氢酶的催化下被还原为 D-β- 羟丁酸，但哺乳动物一般缺乏乙酰乙酸脱羧酶。

Quiz22 你认为三种酮体各通过何种机制进出细胞？

酮体产生以后，就可以从肝细胞进入血液，随着血液循环到达肝外组织，如脑、骨骼肌、心肌和肺。

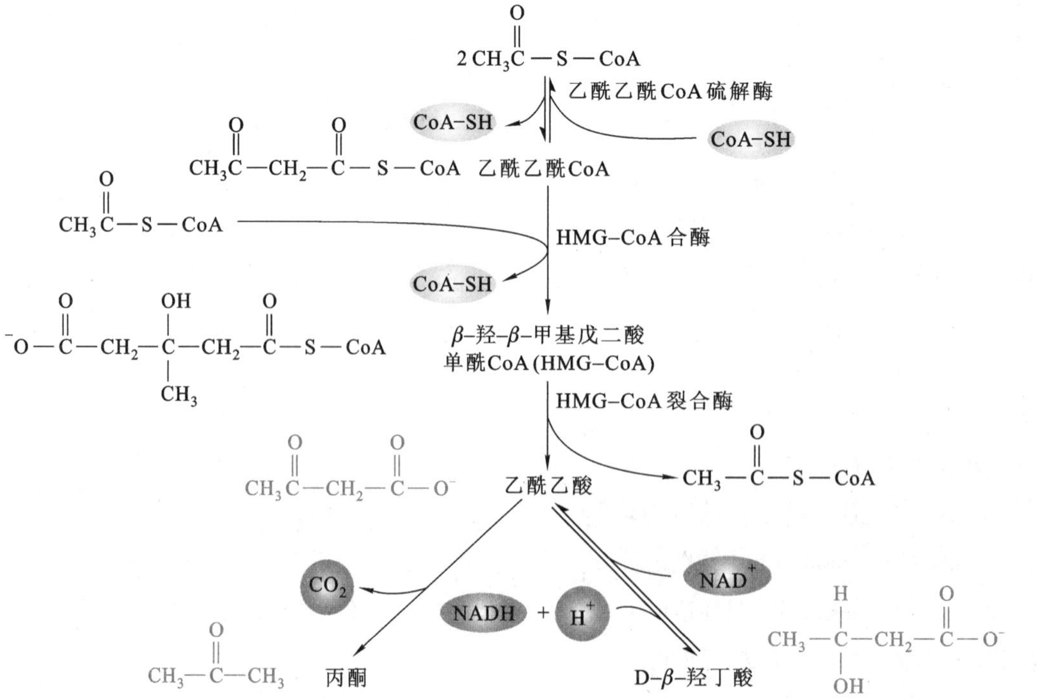

图 10–20　酮体的形成

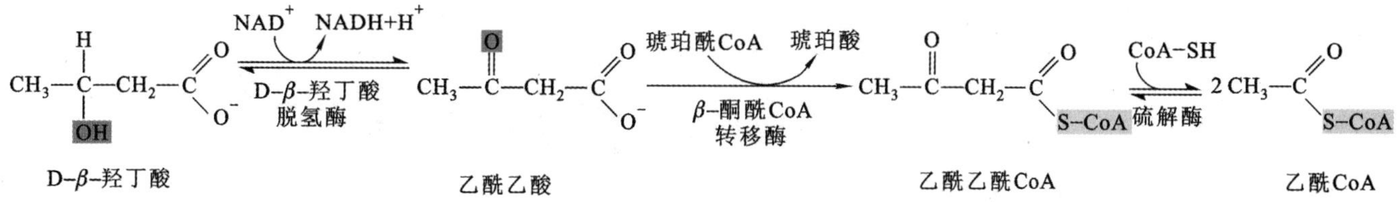

CH_3—CH(OH)—CH_2—COO^- (D-β-羟丁酸) —(NAD^+ → NADH+H^+; D-β-羟丁酸脱氢酶)→ CH_3—CO—CH_2—COO^- (乙酰乙酸) —(琥珀酰CoA → 琥珀酸; β-酮酰CoA转移酶)→ CH_3—CO—CH_2—CO—S-CoA (乙酰乙酰CoA) —(CoA-SH; 硫解酶)→ 2 CH_3—CO—S-CoA (乙酰CoA)

图 10-21 酮体的利用

其中丙酮主要经肺呼出体外,乙酰乙酸和β-羟丁酸在重新转变为乙酰CoA后(图10-21),可进入三羧酸循环氧化放能。因此,在饥饿或禁食的时候,酮体成为脑、骨骼肌和心肌一种极为重要的替代燃料。但在肝细胞内,酮体不能再转变为乙酰CoA,原因是肝细胞缺乏利用酮体的酶——β-酮酰CoA转移酶或乙酰乙酸硫激酶。

β-酮酰CoA转移酶也称为琥珀酰CoA转硫酶,它催化琥珀酰CoA上的CoA转移到乙酰乙酸上,致使乙酰乙酰CoA重新形成。乙酰乙酸硫激酶催化乙酰乙酸与ATP、CoA反应,直接形成乙酰乙酰CoA,反应机制类似于脂酰CoA合成酶。重新形成的乙酰乙酰CoA在硫解酶的催化下,转变为乙酰CoA并进入三羧酸循环。

乙酰乙酸和D-β-羟丁酸均为中强酸,因此酮体产生过多会引起酮症(ketosis),甚至出现酸中毒。

Quiz23 如何解释通过长时间禁食来减肥是不利于健康的?

二、脂肪酸的合成

对于脂肪酸合成的研究开始于Knoop提出β氧化学说以后不久。最初人们推测,脂肪酸合成可能是β氧化的逆反应,但事实并非如此。

(一) 脂肪酸合成的一般性质

所有的生物都应该也能够进行脂肪酸的合成,虽然在具体的细节上会有所差别,但至少有以下共同的性质:①除了植物可在质体内合成外,其他生物合成的场所均为细胞质基质;②从头合成需要引物;③丙二酸单酰CoA(malonyl-CoA)作为活化的"二碳单位"供体;④丙二酸单酰CoA的脱羧反应和NADPH作为驱动碳链延伸的动力;⑤软脂酸通常是反应的终产物;⑥软脂酸以外的脂肪酸是通过对其修饰形成的。

(二) 脂肪酸合成的详细机制

1. 乙酰CoA跨线粒体内膜的转运

同位素示踪实验证明了脂肪酸合成的前体为乙酰CoA。对于真核生物而言,其体内形成乙酰CoA的反应,不论是丙酮酸的氧化脱羧,还是脂肪酸的β氧化或氨基酸碳骨架的转变,都主要发生在线粒体的基质,而乙酰CoA并不能直接透过线粒体内膜,但内膜上有一种柠檬酸-丙酮酸穿梭系统,可将基质内的乙酰CoA转化成细胞质基质中的乙酰CoA,该系统作用的机制是(图10-22):首先,线粒体基质内的乙酰CoA借助于TCA的第一步反应与OAA缩合成柠檬酸。然后,柠檬酸通过内膜上的转运蛋白进入细胞质基质。而一旦柠檬酸进入细胞质基质,受ATP柠檬酸裂合酶的催化,被裂解成乙酰CoA和OAA。OAA可以经过苹果酸和丙酮酸中间物重新转变为基质内的OAA。

然而,柠檬酸作为三羧酸循环的中间物,在什么情况下会离开循环去细胞质基质为脂肪酸合成提供原料呢?实际上这完全取决于细胞能量状态的高低。当细胞的能量状态很高的时候,ATP作为负别构效应物抑制异柠檬酸脱氢酶的活性,从而导致异柠檬酸的积累,而异柠檬酸在顺乌头酸酶的催化下很容易转变为柠檬酸,这就导致了柠檬酸的积累。柠檬酸的积累为它离开线粒体进入细胞质基质

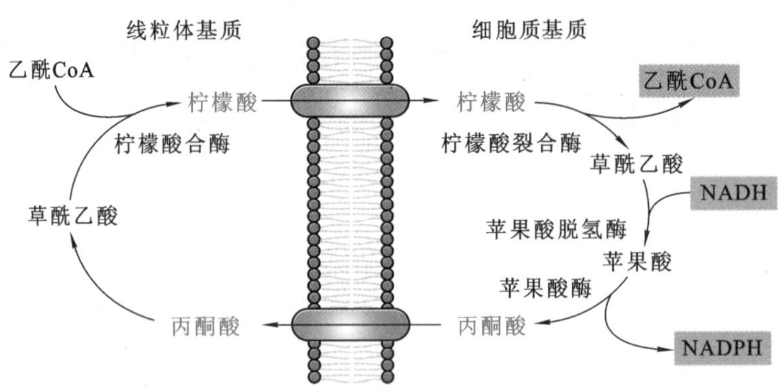

图 10-22 柠檬酸－丙酮酸跨膜穿梭系统

创造了条件。

2. 乙酰 CoA 的活化

人们在确定了乙酰 CoA 是脂肪酸合成的前体之后，并没有立刻意识到乙酰 CoA 还需要进一步活化才能被利用。有人曾长时间利用肝细胞抽取物研究脂肪酸的合成，但一直没有进展，直到有一天偶然用碳酸氢盐缓冲系统进行研究，才检测到了脂肪酸的合成。自此，人们才确定了乙酰 CoA 的活化在脂肪酸合成中的重要性。

Quiz24 为什么在体外使用其他缓冲系统不行呢?

乙酰 CoA 的活化是在乙酰 CoA 羧化酶（acetyl-CoA carboxylase，ACC）的催化下完成的（图 10-23），反应机制类似于糖异生中的丙酮酸羧化反应。该反应为不可逆反应，是脂肪酸合成的限速步骤。

细菌的 ACC 由三个亚基组成，分别具有生物素载体（biotin carboxyl carrier）、生物素羧化酶（biotin carboxylase）和羧基转移酶的功能。真核生物的 ACC 是一个多功能酶，一条多肽链同时具有这三种功能。另外，真核生物有两种 ACC：一种是 ACC1，位于细胞质基质，参与脂肪酸合成；另一种位于线粒体，是专门为 CPT1 产生抑制剂——丙二酸单酰 CoA 的。

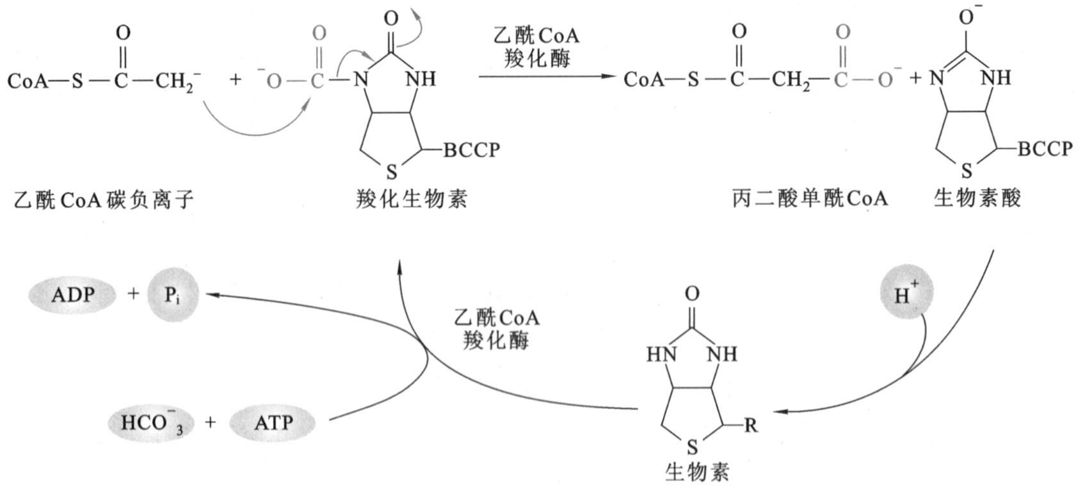

乙酰CoA羧化酶
乙酰 CoA 碳负离子
羧化生物素
丙二酸单酰CoA
生物素酸
ADP + P_i
乙酰CoA羧化酶
HCO_3^- + ATP
H^+
生物素

图 10-23 乙酰 CoA 的羧化反应

3. 脂肪酸合酶的结构与功能

参与脂肪酸合成的蛋白质或酶通称为脂肪酸合酶（fatty acid synthase，FAS），它包括：①酰基载体蛋白（acyl carrier protein，ACP）；②乙酰 CoA：ACP 转酰酶（acetyl-CoA-ACP transacylase，AT）；③丙二酸单酰 CoA：ACP 转酰酶（malonyl-CoA-ACP transacylase，MT）；④ β- 酮酰 ACP 合酶（β-ketoacyl-ACP synthase，KS），该酶也称为缩合酶（condensing enzyme，CE）；⑤ β- 酮酰 ACP 还原酶（β-ketoacyl-ACP reductase，KR)；⑥β-羟-ACP脱水酶(β-hydroxy-ACP dehydrase，DH)；⑦烯酰ACP还原酶(enoyl-ACP reductase，ER)；⑧硫酯酶(thioesterase，TE)。

主要有两类脂肪酸合酶：第一类为多功能酶，由单个基因编码，一条肽链具有多个不同的酶活性；第二类为多酶复合体，由多个基因编码，一个基因编码一个酶。真菌和哺乳动物的脂肪酸合酶属于第一类，细菌、古菌和植物体内的脂肪酸合酶属于第二类。

以哺乳动物为例，其脂肪酸合酶由2个相同的亚基组成，每个亚基具有ACP的功能和7个酶活性，这8个活性在单个亚基按照从N端到C端的顺序是KS-MAT-DH-ER-KR-ACP-TE。但单个亚基并不能完成一个脂肪酸分子的合成。2008年，Timm Maier等人获得了哺乳动物脂肪酸合酶除了ACP和TE以外部位的晶体结构(图10-24)。他们所得到的结果表明，构成酶的两个亚基并不是以原来认为的头尾相连的反平行方式结合的，而是相互交织在一起，形成X型的三维结构。其中，两个亚基的KS结构域结合在一起，形成X型结构中央部分的底部；2个MAT结构域从底部伸向两边；2个DH结构域坐落在KS二聚体的上方；2个ER结构域也紧密地结合在一起，在中央结构的顶部；2个KR结构域从顶部伸向两边。这几个酶的活性中心在每一个亚基上都有序地组织在一起，形成一个独立、统一的“反应池”。关于ACP和TE的结构，应该在KR结构域的外侧。对于ACP而言，必须具有非常高的柔性，使其辅基的功能端能到达每一个反应池中不同的结构域。

Quiz25 你如何以哺乳动物脂肪酸合酶为例，说明蛋白质四级结构的重要性？

ACP在脂肪酸合成中的功能是作为脂酰基的载体，其功能端的结构与CoA十分相似(图10-25)，由磷酸泛酰巯基乙胺与它的一个Ser残基的羟基以磷酸酯键相连，因此，ACP在功能上可视为放大的CoA。

4. 脂肪酸合成的反应历程

现以哺乳动物为例，分步介绍脂肪酸合酶所催化的反应(图10-26)。

(1) 引发反应(priming reaction)。作为引物的乙酰基从辅酶A转移到脂肪酸合酶二聚体的一个亚基上，这个亚基接受乙酰基的是KS(即CE)上的一个Cys残基。该反应由AT催化，反应式为：

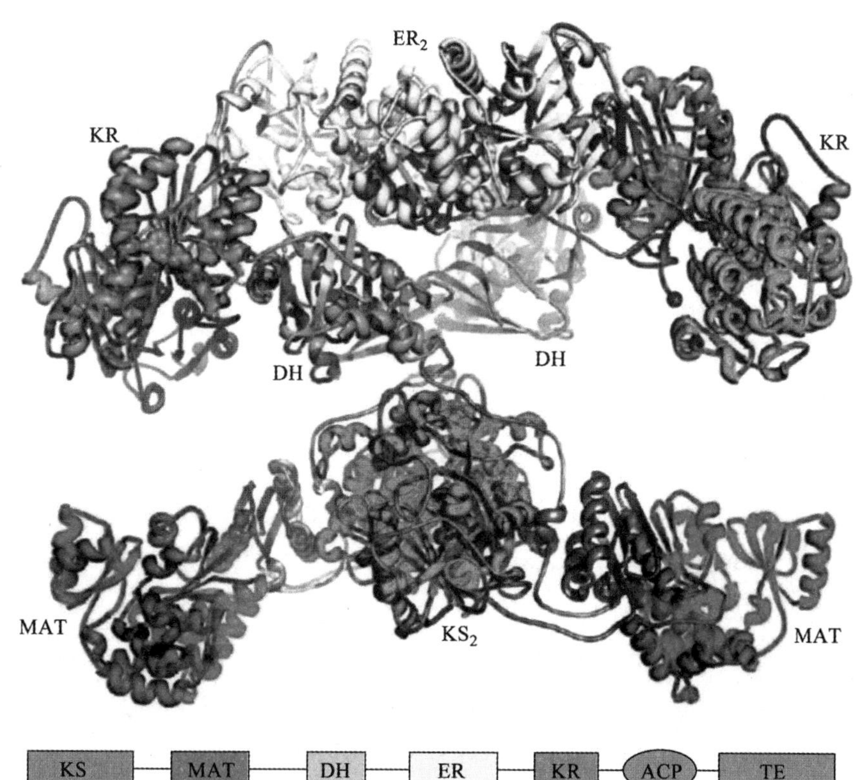

图10-24 哺乳动物脂肪酸合酶的结构模型

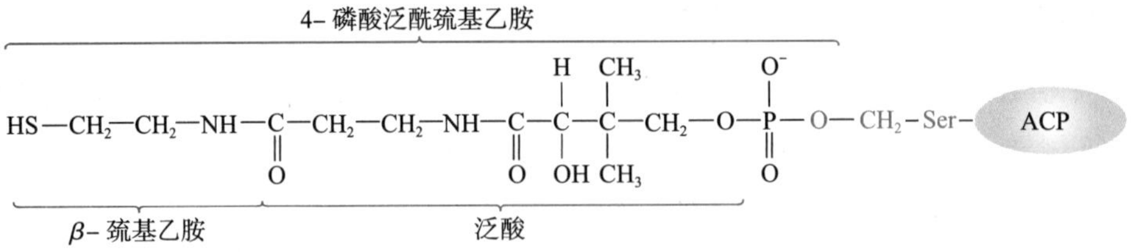

4-磷酸泛酰巯基乙胺

$HS-CH_2-CH_2-NH-C(=O)-CH_2-CH_2-NH-C(=O)-C(H)(OH)-C(CH_3)_2-CH_2-O-P(=O)(O^-)-O-CH_2-Ser-$ ACP

β-巯基乙胺　　泛酸

图 10-25　ACP 的结构

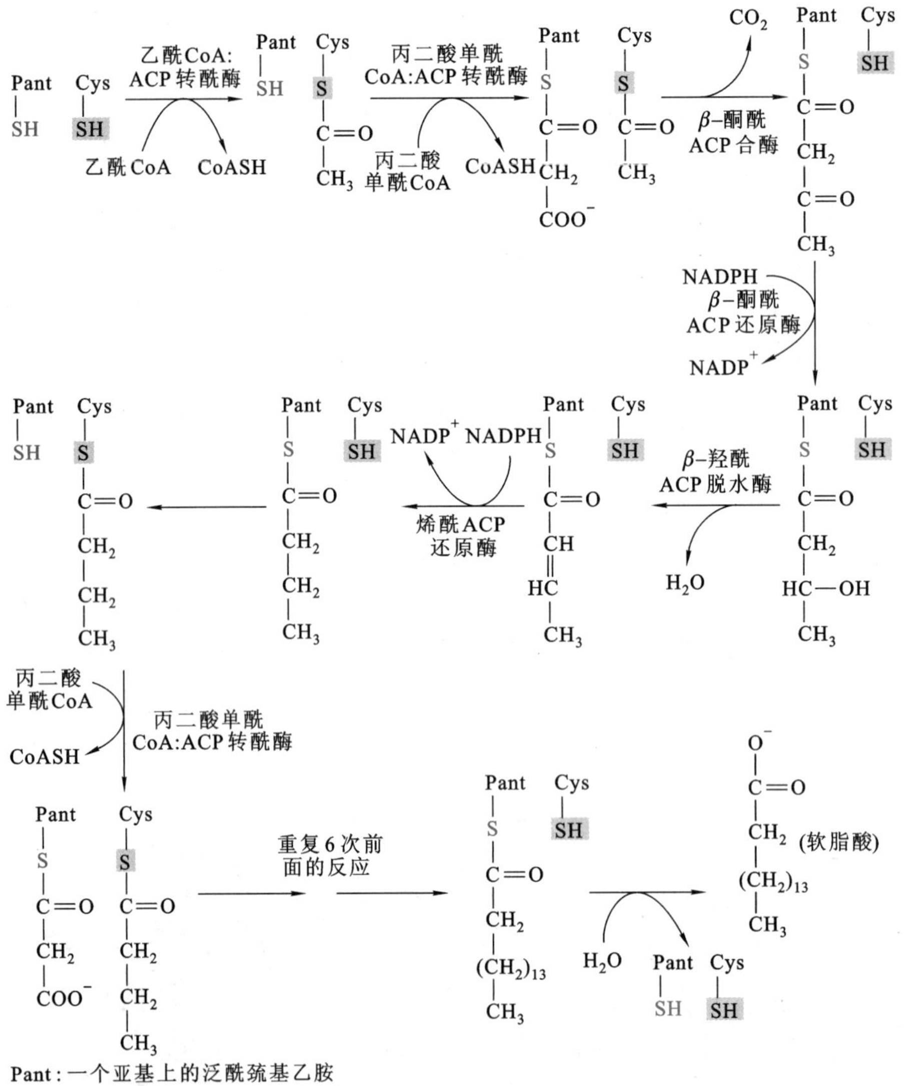

图 10-26　脂肪酸合酶催化的脂肪酸合成反应

乙酰 -S-CoA + HS-Cys-KS →乙酰 -S-Cys-KS + CoASH

(2) 活化的“二碳单位”的装载(loading)。反应发生在同一个亚基的 ACP 巯基上(简写为 PPant-SH),由 MT 催化,反应式为:

丙二酸单酰 -S-CoA + HS-PPant-ACP →丙二酸单酰 -S -PPant-ACP + CoASH

(3) 缩合(condensation)。这是一步碳链延伸的反应,由 KS 催化,总反应式为:

丙二酸单酰 -S-PPant-ACP + 乙酰 -S-Cys-KS → CO_2+ 乙酰乙酰 -S-PPant-ACP+HS-Cys-KS

在反应中,先是丙二酸部分发生脱羧基反应形成碳负离子中间物,随后碳负离子亲核进攻乙酰基部分的羰基碳,两个“二碳单位”因此缩合而成四碳的乙酰乙酰基团。

(4) 还原(reduction)。这是一步氧化还原反应,由 KR 催化,NADPH 为还原剂,产物为 D-β- 羟丁酰 -ACP,反应式为:

乙酰乙酰 -S-PPant-ACP + NADPH + H^+ → D-β- 羟丁酰 -S-PPant-ACP + $NADP^+$

(5) 脱水(dehydration)。这是一步脱水消除反应,由 DH 催化,随着位于 α- 碳上的氢和 β- 碳上的羟基形成 H_2O,一个反式的双键在这两个碳原子之间形成了。总反应式为:

D-β- 羟丁酰 -S-PPant-ACP → α,β- 反 - 丁烯酰 -S-PPant-ACP+H_2O

(6) 再还原。这又是一步氧化还原反应,由 ER 催化,还原剂仍然是 NADPH,产物为丁酰 -S-PPant-ACP,反应式为:

α,β- 反 - 丁烯酰 -S-PPant-ACP+NADPH+H^+ →丁酰 -S-PPant-ACP

到此为止,两个碳原子的乙酰基被延长为四个碳原子的丁酰基,下面发生的反应即是重复第 1 至第 6 步的反应,不过第 1 步变成丁酰基从一个亚基的 ACP 移位到另一个亚基的 KS 的 Cys 残基上。显然,每重复一次,碳链即延长两个碳原子。

(7) 软脂酸的释放。当碳链延伸到 16 个碳并被还原成软脂酰 -S-PPant-ACP 以后,TE 将 ACP 上的软脂酰基转移给水分子,反应终产物软脂酸得以释放,反应式为:

软脂酰 -S-PPant-ACP+H_2O →软脂酸 +ACP-PPant-SH

综合上述所有的反应,合成一分子软脂酸的两步反应式为:

1) 7 乙酰 CoA + 7CO_2 + 7ATP → 7 丙二酸单酰 CoA + 7ADP + 7P_i + 7H^+

2) 乙酰 CoA + 7 丙二酸单酰 CoA + 14NADPH + 14H^+ →软脂酸 + 7CO_2 + 14$NADP^+$ + 8CoASH + 6H_2O

总反应式则为:

8 乙酰 CoA + 14NADPH + 7H^+ + 7ATP →软脂酸 + 14$NADP^+$ + 8CoASH + 6H_2O + 7ADP + 7P_i

5. 脂肪酸的修饰

软脂酸是脂肪酸合酶的终产物,但它并不是机体内唯一的脂肪酸,机体内其他脂肪酸主要是通过各种修饰反应产生,修饰反应有延伸和去饱和两种方式,相关的酶分别称为延伸酶(elongase)和去饱和酶(desaturase)。下面就这两种修饰反应分别加以讨论。

(1) 脂肪酸的延伸反应

真核细胞有两种脂肪酸延伸反应系统(图 10-27),一种存在于内质网,另一种存在于线粒体基质。前者与细胞质基质的脂肪酸合成反应相似,只是酶的组成有所改变,并且使用辅酶 A 代替 ACP 作为脂酰基的载体;后者可视为脂肪酸 β 氧化的逆反应,不过延伸反应的最后一步的电子供体并非 $FADH_2$,而是 NADPH。

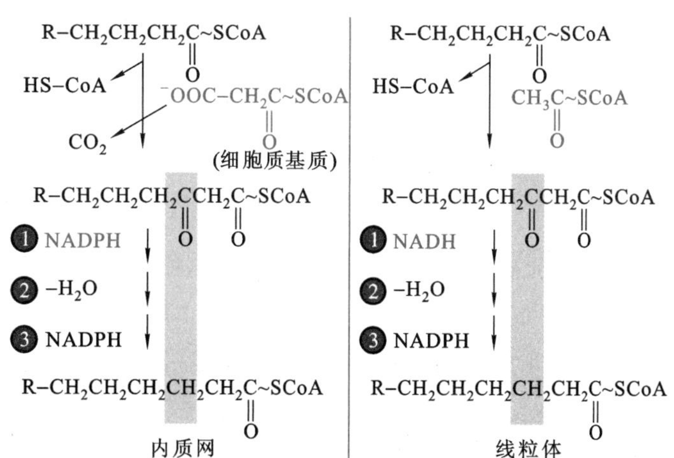

图 10-27 脂肪酸的延伸反应

(2) 脂肪酸的去饱和反应

在去饱和酶作用下,饱和脂肪酸形成不饱和脂肪酸,单不饱和脂肪酸形成多不饱和脂肪酸。酵母和动物细胞内的去饱和酶位于光面内质网膜上(图 10-28),是一种含有非血红素铁的蛋白质,它与细胞色素 b_5、细胞色素 b_5 还原酶一起完成去饱和反应。在反应中,NADH 和脂酰 CoA 同时提供电子并最终交给 O_2。

Quiz26 脂肪酸 β 氧化也形成羟脂酰基。它与脂肪酸合成中形成的羟脂酰基构型一样吗?

Quiz27 如果脂肪酸合成的原料从线粒体产生的乙酰辅酶 A 算起,每合成 1 分子软脂酸需要消耗多少 ATP?

Quiz28 你认为体内碳链短于软脂酸的脂肪酸是如何合成的?

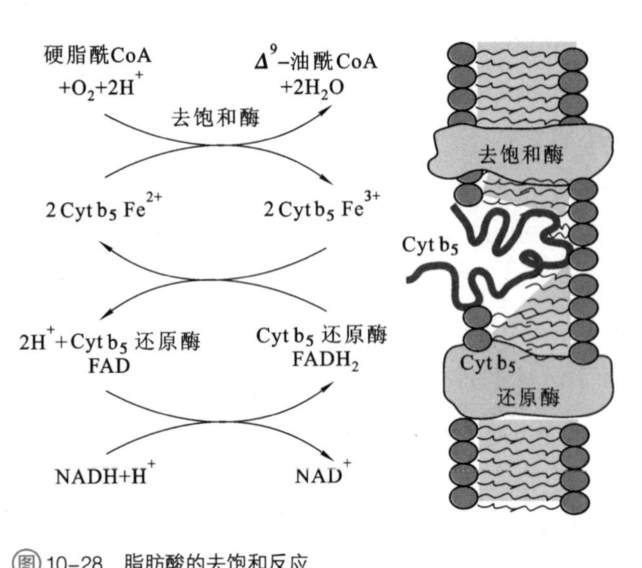

图10-28　脂肪酸的去饱和反应

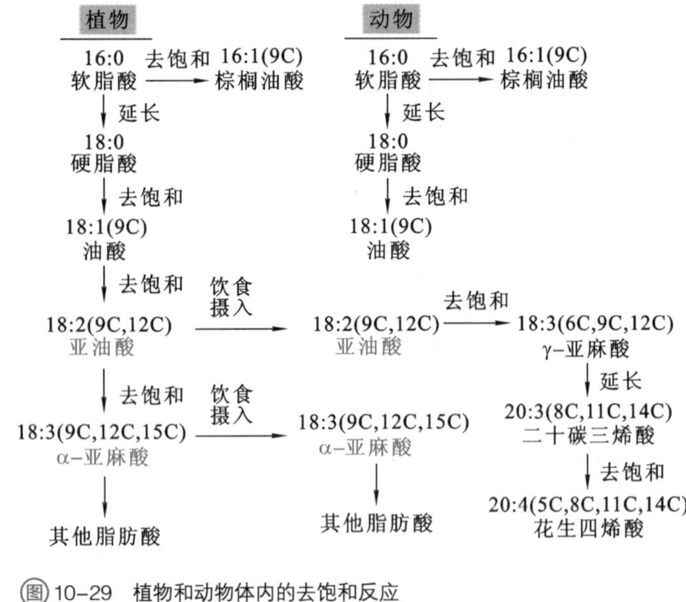

图10-29　植物和动物体内的去饱和反应

动物细胞的去饱和能力有限，不能在编号高于9号位C原子以上的位置直接引入双键，但植物细胞没有此限制（图10-29）。因此在动物细胞内，像亚油酸12号位置的双键和α-亚麻酸12号、15号位置的双键是无法引进的，只有在植物细胞内才可以引入。正因为如此，人体需要的亚油酸和α-亚麻酸必须从食物中获取，所以这两种脂肪酸才是必需脂肪酸。

Quiz29 某些生化书认为花生四烯酸也是一种必需脂肪酸。这为什么是错误的？

三、脂肪酸代谢的调控

1. 脂肪酸分解代谢的调控

脂肪酸分解代谢的主要调控位点是在脂酰CoA通过线粒体内膜进入线粒体基质这一步，受到调节的限速酶是CPT1，丙二酸单酰CoA是该酶的抑制剂，其浓度是由ACC控制的。

2. 脂肪酸合成代谢的调控

脂肪酸合成的限速酶为ACC1。以哺乳动物为例，其ACC1的调节方式有两种：一种是由别构调节引起的二聚体和多聚体形式的互变（图10-30）。其中二聚体无活性，多聚体由7～14个二聚体聚合而成，有活性。在细胞能量状态较高的时候，细胞内高能荷的指示剂之一——柠檬酸促进二聚体聚合为多聚体，以使细胞内多余的能量及时贮存起来。相反，脂肪酸合成的终产物软脂酰CoA会以负反馈的形式，促使多聚体解聚为无活性的二聚体。

调节ACC1活性的另外一种方式是磷酸化修饰。ACC1具有磷酸化和去磷酸化两种形式，其中磷酸化形式无活性，去磷酸化形式有活性。这种方式与第一种调节方式是一致的，原因在于磷酸化的ACC1带上了高度的负电荷，不利于有活性的多聚体的形成。

促进ACC1磷酸化的蛋白激酶有PKA和一种直接受AMP激活的蛋白激酶（AMP-activated protein kinase，AMPK），其中前者受胰高血糖素的调控（参看第六章"激素的结构与功能"），后者直接受AMP的激活。而促进ACC1去磷酸化的酶是磷蛋白磷酸酶-2A，该酶的活性受到胰岛素的激活。由此可见，PKA和AMPK分别在饥饿（胰高血糖素分泌）和细胞处于低能荷（高浓度AMP）状态下刺激脂肪酸的分解、抑制脂肪酸的合成以满足细胞对ATP的需要。

Quiz30 经常过度饮酒可导致脂肪肝，对此你如何解释？

脂肪酸代谢除了通过对限速酶进行"质变"调控以外，还可以通过"量变"的方式对脂肪酸合酶的基因的表达进行调控。已发现，有多种激素可以诱导与脂肪酸合成有关的酶基因的表达。例如，胰岛素作用肝细胞，可以刺激脂肪酸合酶基因的表达。这表明在高血糖的条件下，机体内的脂肪酸合成加

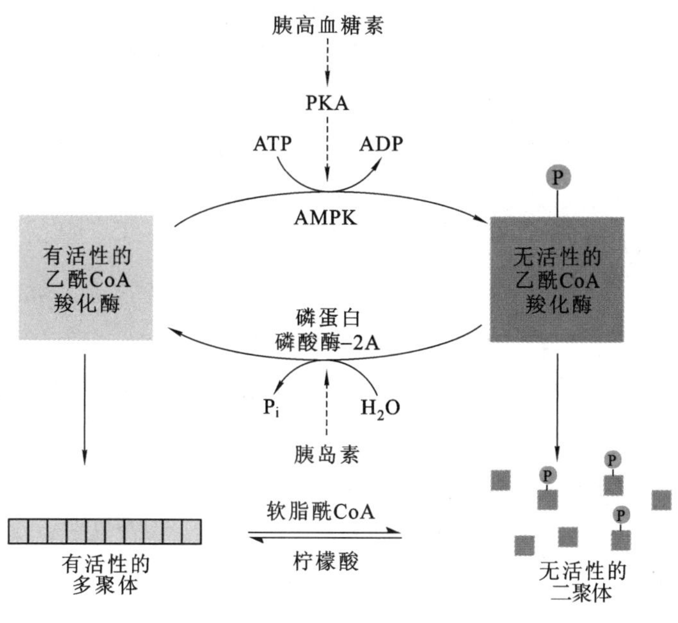

图 10-30　哺乳动物 ACC 的活性调节

强，以便将多余的葡萄糖转化为脂肪酸后再变成脂肪贮存起来。胰岛素促进脂肪酸合酶的表达是通过上游刺激因子（upstream stimulatory factor，USF）和固醇应答元件结合蛋白 -1（sterol response element binding protein，SREBP-1）进行的。相反，瘦蛋白（也叫瘦素）是由脂肪细胞分泌的激素，它可以同时抑制 SREBP-1 和脂肪酸合酶的基因表达，从而抑制脂肪酸的合成。

Box10.2　**真核生物体内连接糖代谢和脂代谢的关键酶的 3D 结构终于被解析出来啦！**

地球上几乎所有的生物都需要乙酰辅酶 A，它既是有氧生物三羧酸循环的底物，也是脂肪酸合成、胆固醇合成和乙酰胆碱等重要生物分子合成的原料，而对于真核生物来说，还是蛋白质特别是组蛋白发生乙酰化修饰中乙酰基的供体。其来源主要是丙酮酸的氧化脱羧和脂肪酸的 β 氧化。但在真核生物体内，这两种产生乙酰辅酶 A 的反应都发生在线粒体，而脂肪酸的合成、胆固醇的合成和组蛋白的乙酰化修饰却发生在线粒体之外，所以需要通过柠檬酸 - 丙酮酸穿梭系统让线粒体内产生的乙酰辅酶 A 通过三羧酸循环的第一步反应转变成柠檬酸，这一步由柠檬酸合酶催化。然后柠檬酸离开线粒体进入细胞质基质，再裂解释放出乙酰辅酶 A。在整个穿梭系统中，催化柠檬酸裂解的 ATP 柠檬酸裂合酶（ATP citrate lyase，ACLY）十分关键。对于原核生物而言，虽然没有也不需要这个穿梭系统，但是在一些自养原核生物体内，存在逆向三羧酸循环或者叫还原性三羧酸循环。这些原核生物使用逆向三羧酸循环来固定或同化 CO_2。逆向三羧酸循环最后一步也需要 ACLY 将固定下来的两个碳转变成乙酰辅酶 A。

正因为如此，ACLY 不仅对真核生物，而且对原核生物都很重要，所以这么多年来科学家一直想解析出它精细的三维结构，但一直没有成功。直到 2019 年 4 月，来自比利时 VIVA-UGent 炎症研究中心 Savvas Savvides 教授领导的研究小组与另外两个来自德国和法国的研究小组合作，使用了一些最先进的方法，包括欧洲同步加速器辐射设施进行结构研究，终于获得了突破。他们同时获得了细菌、古菌和真核生物三种来源的 ACLY 的三维结构。他们的研究结果发表在 2019 年 4 月 3 日的 *Nature* 上，论文的题目是“Structure of ATP citrate lyase and the origin of citrate synthase in the Krebs cycle”。

ACLY 三维结构的成功解析（图 10-31），让我们对于此酶的催化机制有了更好的理解。现在已经很清楚，在结构上，该酶含有两个重要的结构域：一是 N 端的乙酰辅酶 A 合成酶同源（ASH）结构域，二是 C 端柠檬酸合酶同源（CSH）结构域。ACLY 在催化的一开始，首先是 ATP/Mg^{2+} 与 ASH 上的催化位点结合，

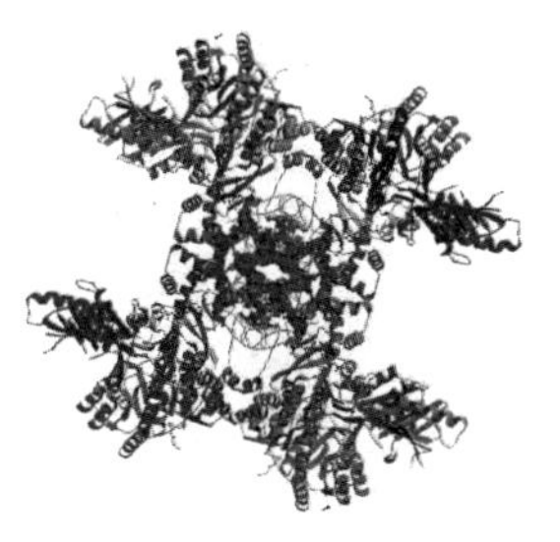

图 10-31　ACLY 的三维结构

接着催化位点上的1个组氨酸残基的咪唑基对进来的ATP分子上带部分正电荷的γ-磷作亲核进攻，组氨酸因此发生磷酸化修饰；随后，柠檬酸结合上来，引发第二次亲核进攻，磷酸基团因此从组氨酸残基转移给柠檬酸的羧基，形成了共价的柠檬酰-磷酸复合物；下一步是CoA结合到CSH-ASH的界面上，其巯基引发第三次亲核进攻，被进攻的对象就是前面形成的柠檬酰磷酸，这样柠檬酰辅酶A便形成了；最后，柠檬酰辅酶A转移到CSH上发生裂解，释放出乙酰辅酶A和草酰乙酸。

ACLY的三维结构的获得还让我们对氧化性三羧酸循环的来源终于有了一个十分肯定的答案，那就是地球上先有还原性三羧酸循环，后有氧化性三羧酸循环。换句话说，就是现代有氧生物体内的三羧酸循环来自仍然存在于一些自养原核生物体内的还原性三羧酸循环。因为结构的数据清楚地显示，参与氧化性三羧酸循环的柠檬酸合酶是由还原性三羧酸循环中的ACYL进化而来的，这可是地球上生物在代谢进化上极其关键的一步！

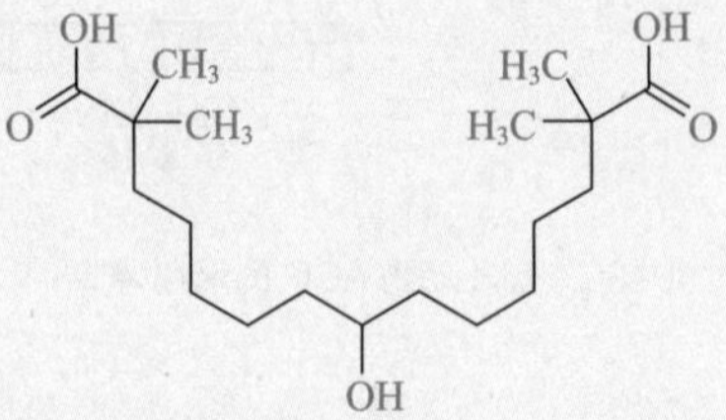

ACLY的三维结构的获得还具有非常重要的治疗意义，这与其在人体代谢中的核心枢纽作用有关。已发现，在许多癌症、心血管疾病和代谢紊乱中发现了ACLY的异常活性。例如，为了支持肿瘤生长，许多癌细胞显示出依赖于ACLY的脂肪酸合成增加。实际上，在乳腺癌和肺癌中，人们观察到ACLY的活性增加。此外，肝脏中的ACLY活性异常是血液中的甘油三酯和胆固醇水平较高的一个重要原因。因此对ACLY三维结构的精细解析将有助于开发出以ACLY作为靶标治疗代谢性疾病和癌症的新型药物。事实上，一种ACLY的抑制剂——8-羟基-2,2,14,14-四甲基十五碳二酸(8-hydroxy-2,2,14,14-tetramethylpentadecanedioic acid)(图10-32)已作为前药与他汀类药物联合用于三期临床试验，发现可以有效降低患有动脉粥样硬化性心血管疾病的患者的LDL-C，几乎没有什么副作用。

OH CH₃ CH₃ O ...

图 10-32 8-羟基-2,2,14,14-四甲基十五碳二酸的化学结构

第四节 胆固醇代谢

胆固醇在动物体内的代谢非常活跃，尤其是合成代谢。相对于合成代谢，胆固醇的分解代谢非常简单。

一、胆固醇的合成

哺乳动物几乎所有的细胞都能合成胆固醇，其中合成最活跃的细胞是肝细胞，占80%，其次是小肠上皮细胞和表皮细胞，各占10%和5%。在细胞内，合成胆固醇的前几步反应发生在细胞质基质，而后面的所有反应都在光面内质网膜上进行。

^{14}C同位素示踪实验表明，胆固醇可由乙酸转变而成，但实际上合成的直接前体是乙酰CoA，而乙酰CoA来自柠檬酸的裂解(参看本章第三节“脂肪酸代谢”)。整个胆固醇的生物合成反应可分为四个阶段。

1. 3个乙酰CoA→甲羟戊酸

此阶段共有三步反应(图10-33)，其中前两步与酮体合成的前两步相同(参看本章第三节“脂肪酸代谢”)，只是反应的场所不一样。最后一步反应是不可逆的，由HMG-CoA还原酶(HMG-CoA reductase)催化，NADPH为电子供体，主要产物为甲羟戊酸(mevalonate)。

动物细胞的HMG-CoA还原酶是一种定位在内质网膜上的膜内在蛋白，其跨膜结构域横跨内质

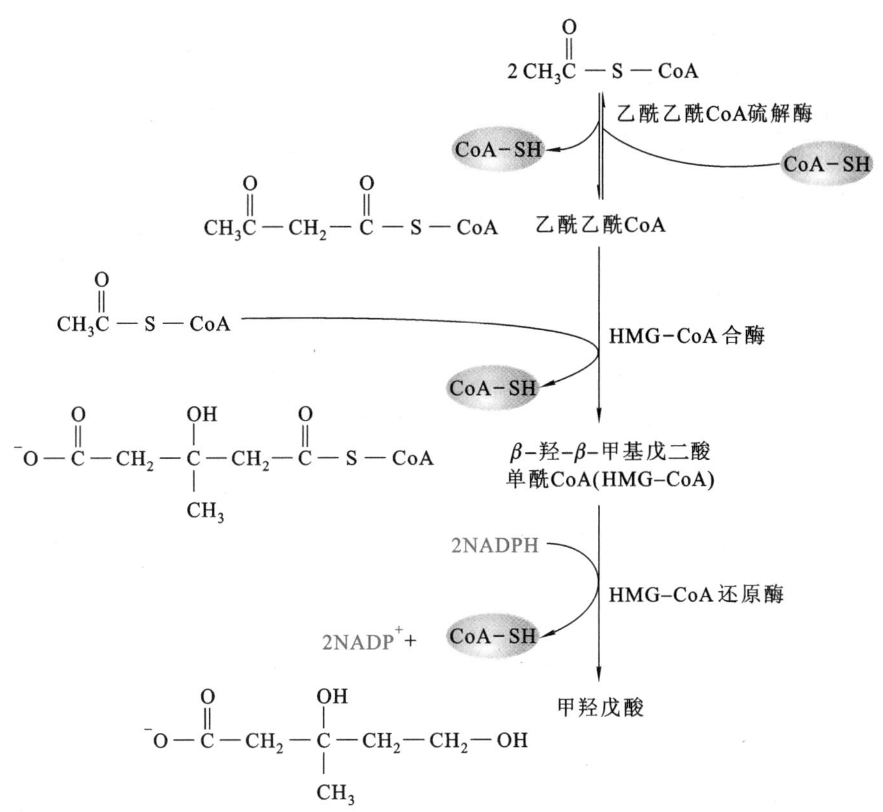

图 10-33 胆固醇合成第一个阶段的反应

网膜共达 8 次之多,活性中心位于面向细胞质基质的 C 端结构域。

HMG-CoA 还原酶是胆固醇合成的主要限速酶,因此自然成为许多降胆固醇药物作用的理想目标,如他汀类药物(statin)。

2. 甲羟戊酸→活化的异戊二烯

此阶段由 4 步反应组成(图 10-34):前两步分别由甲羟戊酸激酶(mevalonate kinase)和磷酸甲羟戊酸激酶(phosphomevalonate kinase)催化,各消耗 1 分子 ATP,甲羟戊酸经磷酸甲羟戊酸转变为 5- 焦磷酸甲羟戊酸(5-pyrophosphomevalonate)。第三步是一步依赖于 ATP 的脱羧反应,由焦磷酸甲羟戊酸脱羧酶(pyrophosphomevalonate decarboxylase)催化。当焦磷酸甲羟戊酸失去羧基以后,活化的异戊二烯单位——异戊二烯焦磷酸(isopentenyl pyrophosphate)随之产生。产生的异戊二烯焦磷酸在一种异构酶的催化下,异构成二甲烯丙基焦磷酸(dimethylallyl pyrophosphate)。

3. 6 个活化的异戊二烯单位→ 30 碳的碳氢化合物鲨烯

此阶段主要包括三步反应(图 10-35):第一步是在法尼焦磷酸合酶(farnesyl pyrophosphate synthase)的催化下,1 个二甲烯丙基焦磷酸与 1 个异戊二烯焦磷酸头尾缩合,形成牻牛儿焦磷酸(geranyl pyrophosphate)。第二步是在法尼焦磷酸合酶的催化下,牻牛儿焦磷酸与另 1 个异戊二烯焦磷酸头尾缩合,形成法尼焦磷酸(farnesyl pyrophosphate)。最后一步是在法尼基转移酶(farnesyl transferase)或鲨烯合酶(squalene synthase)的催化下,2 个法尼焦磷酸头头缩合,并被 NADPH 还原为鲨烯(squalene)。

上述法尼焦磷酸不仅是胆固醇合成的中间物,还是生物体内其他一些异戊二烯类化合物(isoprenoid)合成的前体,如多萜醇和 CoQ。此外,法尼焦磷酸还可以作为法尼基的供体,去参与一些蛋白质的翻译后加工,使得这些蛋白质带上高度疏水的异戊二烯单位,从而可以锚定在细胞膜上,如 Ras 蛋白。

Quiz31 经常服用他汀类药物的人需要注意补充辅酶 Q。这是为什么?

4. 鲨烯→胆固醇

鲨烯合成好以后，由于不溶于水，需要细胞质基质中的一种固醇载体蛋白（sterol carrier protein，SCP）将其转运到内质网，在内质网膜上作为最后一个阶段反应的起始底物。

这一个阶段的反应最为复杂，一共有 22 步，比较重要的反应有三步（图 10-36）：①在鲨烯单加氧酶（squalene monooxygenase，SM）的催化下，鲨烯被氧化成 2，3- 环氧鲨烯（squalene-2，3-epoxide）。SM 已被证明是胆固醇合成的另外一个限速酶（参考后面与胆固醇合成的调控有关的内容）。②在 2，3- 环氧鲨烯羊毛固醇环化酶的催化下，环氧鲨烯被环化成羊毛固醇（lanosterol）。环化反应由一个质子启动，涉及一系列电子的转移。羊毛固醇形成以后，将连续发生 19 步反应，直至形成 7- 脱氢胆固醇（7-dehydrocholesterol）。③ 7- 脱氢胆固醇被 NADPH 还原成胆固醇。

Quiz32 合成一分子胆固醇需要消耗多少个活化的异戊二烯单位和多少个乙酰辅酶 A？

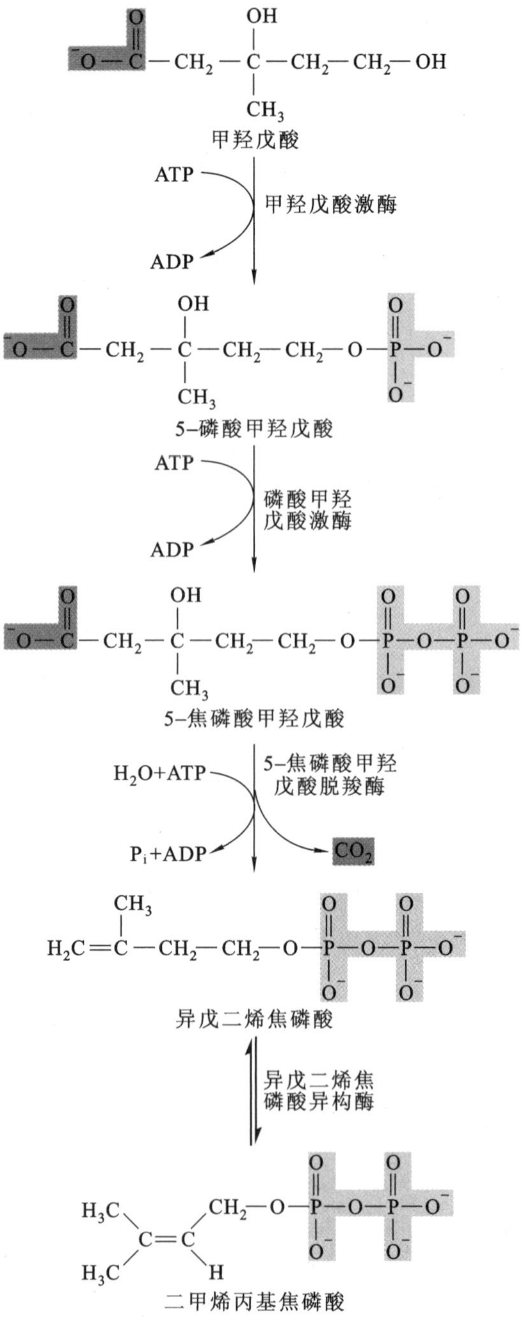

甲羟戊酸
ATP → ADP 甲羟戊酸激酶
5-磷酸甲羟戊酸
ATP → ADP 磷酸甲羟戊酸激酶
5-焦磷酸甲羟戊酸
H_2O+ATP → P_i+ADP 5-焦磷酸甲羟戊酸脱羧酶 CO_2
异戊二烯焦磷酸
异戊二烯焦磷酸异构酶
二甲烯丙基焦磷酸

图 10-34 胆固醇合成的第二个阶段的反应

二、胆固醇的转运

胆固醇合成和代谢的主要场所为肝细胞，其他细胞虽然也能合成胆固醇，但合成的量通常并不能满足自身需要，这时就需要从肝细胞中获取。此外，食物中的胆固醇被小肠上皮细胞吸收以后需要转运到肝细胞，而肝外细胞多余的胆固醇也需要转移到肝细胞进行代谢，因此，人体内存在三条转运胆固醇的路线（图 10-37），它们分别负责将从食物中获取的胆固醇转运到肝细胞、将肝细胞中的胆固醇转运到肝外细胞和将肝外细胞多余的胆固醇运回肝细胞。然而，胆固醇与其他脂质一样，其溶解性质不允许它直接在水溶性环境中进行转运，需要专门的运输工具，那就是血浆中的脂蛋白。

脂蛋白由脂类与脱辅基脂蛋白（apolipoprotein）通过非共价键结合而成。按照密度从低到高的顺序，它们可分为乳糜微粒（chylomicron，CM）、极低密度脂蛋白（very low density lipoprotein，VLDL）、中间密度脂蛋白（intermediate density lipoprotein，IDL）、低密度脂蛋白（low density lipoprotein，LDL）和高密度脂蛋白（high density lipoprotein，HDL）。其中，CM 来源于小肠上皮细胞，HDL 来源于肝细胞和小肠上皮细胞，VLDL 来源于肝细胞，其他两种衍生于 VLDL。这五种脂蛋白除了在密度上有差别以外，在组成成分、颗粒直径和功能上也不一样。

以 LDL 为例（图 10-38），一个典型的脂蛋白在表面有一单层的磷脂，脱辅基脂蛋白和少量游离的胆固醇分子镶嵌在其中，而内部是由脂肪、胆固醇酯通过疏水键和范德华力组成的疏水核心。

脱辅基脂蛋白就是载脂蛋白，其生理功能包括四个方面：①帮助脂质的转运。②作为一种特殊的标记或配体，识别和结合特定细胞膜上的受体，参与受体介导的脂蛋白的内吞作用（receptor-mediated

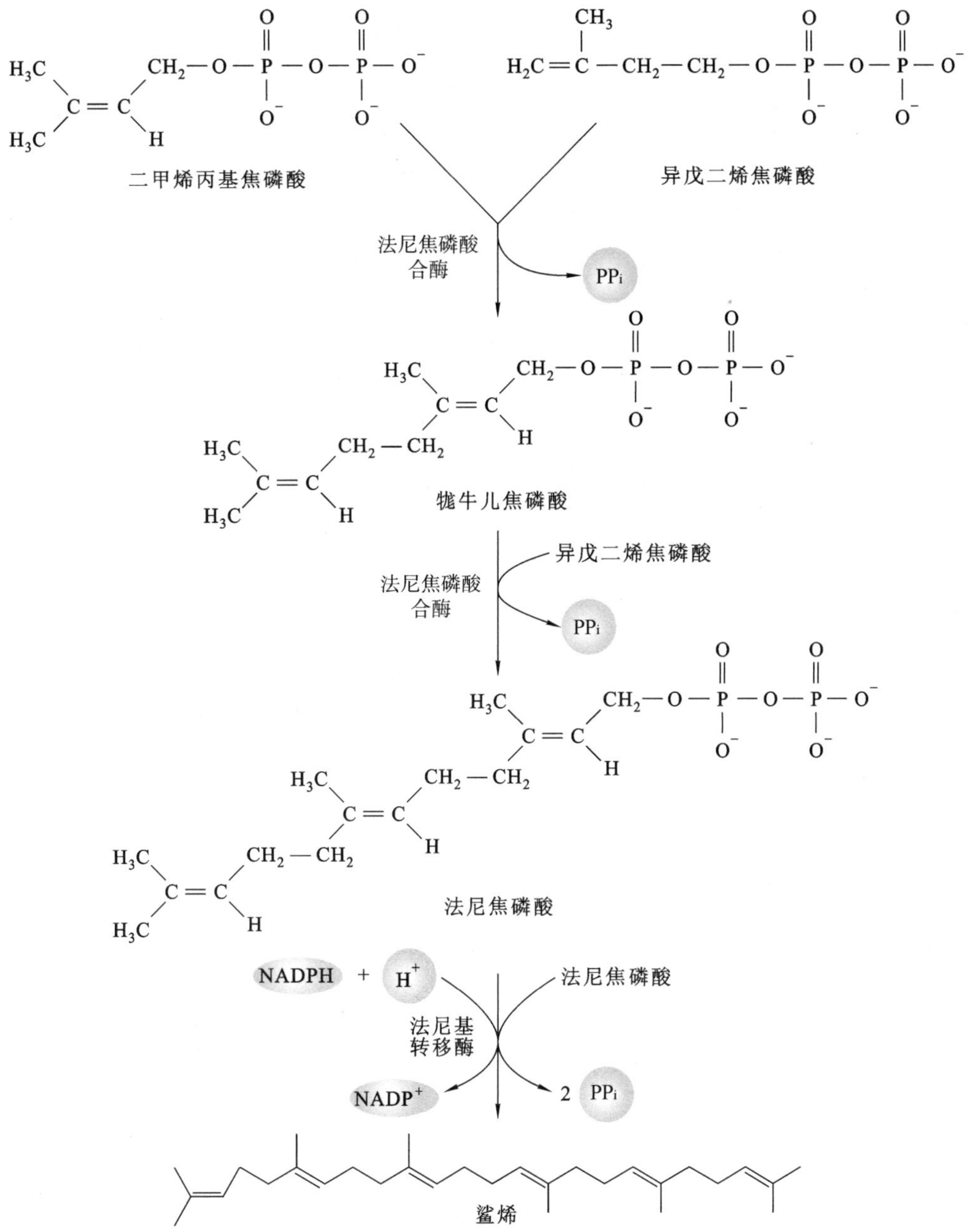

图 10-35　胆固醇合成的第三个阶段的反应

endocytosis)。例如，Apo B-100 为 LDL 受体的配体。③激活或抑制参与脂代谢的某种酶的活性。例如，CM 和 VLDL 表面的 Apo C-Ⅱ可激活血管壁上的脂蛋白脂肪酶(lipoprotein lipase，LPL)的活性，而 HDL 表面的 Apo A-Ⅰ可激活血清内卵磷脂：胆固醇脂酰基转移酶(lecithin-cholesterol acyl transferase，LCAT)的活性。④诱发脂蛋白残体的清除。例如，Apo E 可诱导 VLDL 和 CM 残体的清除。

Quiz33 脂肪细胞可以合成和分泌 LPL，而胰岛素可调节 LPL 在脂肪细胞内的表达。试预测胰岛素是激活还是抑制 LPL 在脂肪细胞内的表达？为什么？

现就五种脂蛋白的结构与功能作进一步的说明。

1. CM

CM 在五种脂蛋白中体积最大，密度最轻。食物中的脂质被消化、吸收以后，在小肠上皮细胞内的内质网膜上又重新合成，并与膜上同时合成的载脂蛋白一起组装成 CM。CM 分泌后，先进入淋巴系统，然后通过胸导管进入血液。

CM 的主要成分是脂肪(95%)，并含有少量胆固醇(酯)(5%)。新生的 CM 含有 Apo B-48，进入循环系统后还可以从 HDL 得到其他载脂蛋白，如 Apo C-Ⅱ和 Apo E。

CM 一旦得到 Apo C-Ⅱ，其上的脂肪就会因 Apo C-Ⅱ激活毛细血管壁上的 LPL 而被水解。脂肪水解

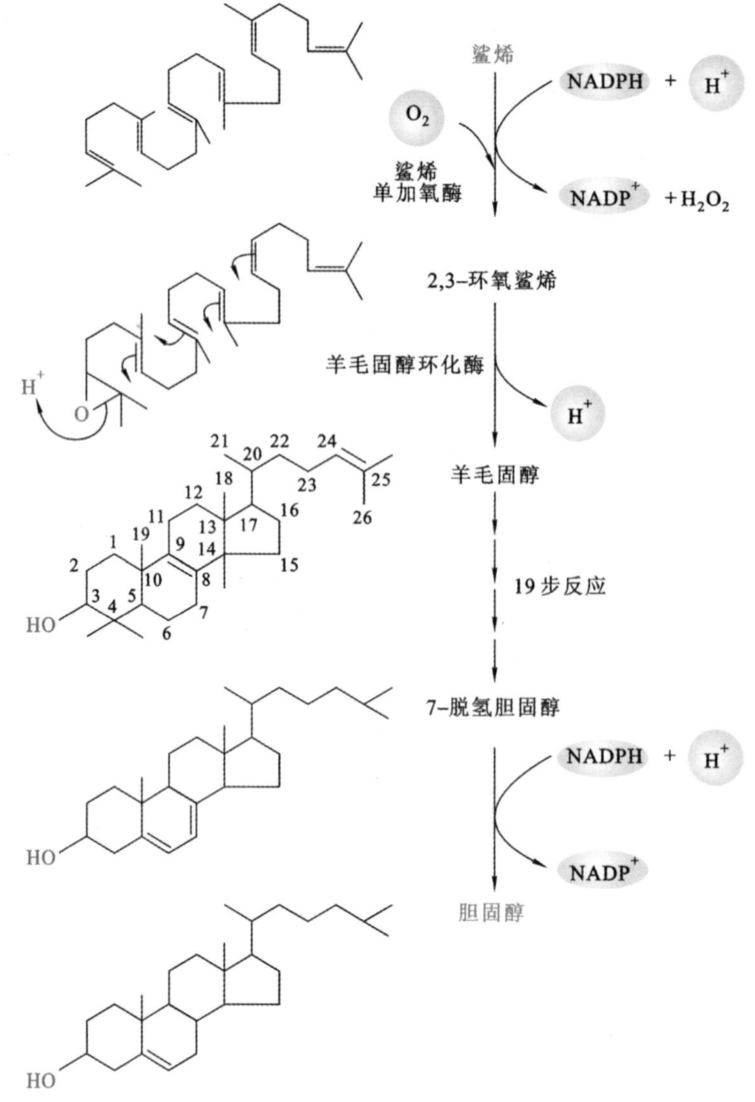

图 10-36 胆固醇合成的第四个阶段的反应

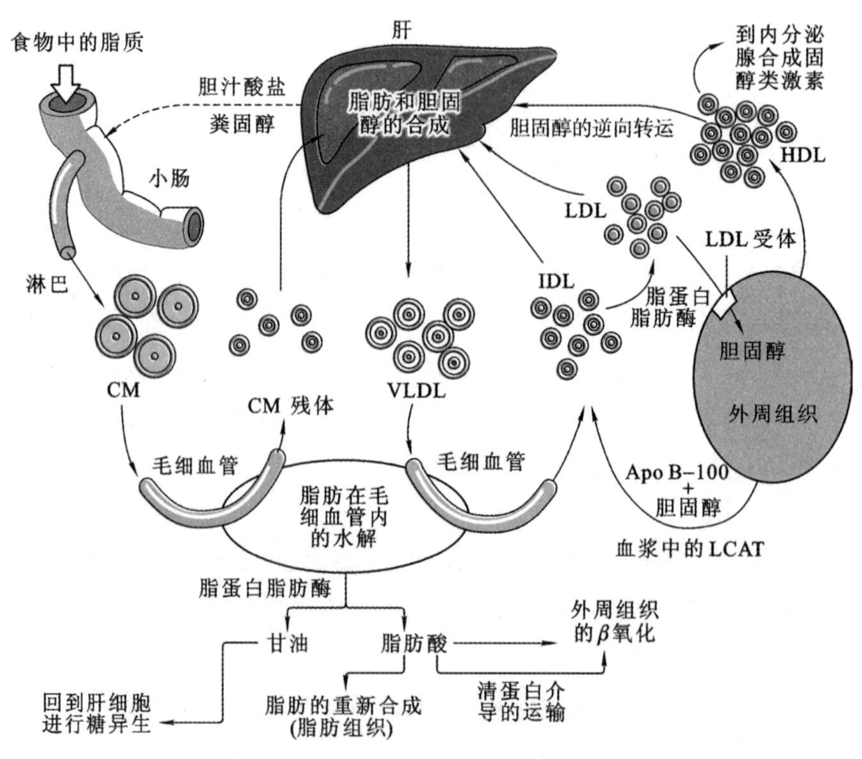

图 10-37 人体内胆固醇的转运

释放出来的FFA和MG被体细胞吸收。随着脂肪的水解，CM在体积上减小，而内部脂质核心中的胆固醇酯的相对比例增大，最终蜕变成残体。残体经受体介导的内吞作用被肝细胞吸收，其中的Apo E作为配体起作用。当CM残体被肝细胞吸收以后，原来的胆固醇便进入了肝细胞。因此，CM的主要功能是将食物中被小肠吸收的脂肪，转运到脂肪组织和其他体细胞作为燃料，同时将食物中的胆固醇转运到肝细胞。

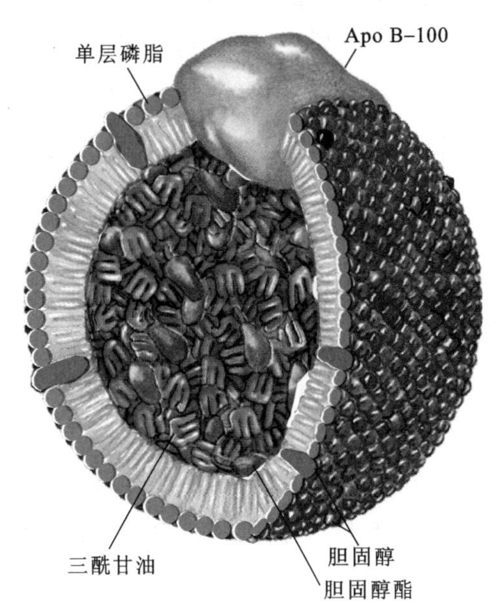

图10-38 LDL的结构模型

2. VLDL

VLDL由肝细胞装配和分泌，其核心含有高比例的脂肪(55%)，还有一定比例的胆固醇(酯)(25%)。新生的VLDL含有Apo B-100，进入循环后也可以从HDL得到其他载脂蛋白，如Apo C-Ⅱ和Apo E。

和CM一样，在循环中，位于VLDL表面的Apo C-Ⅱ激活毛细血管壁上的LPL，从而导致其脂肪水解。随着脂肪的丢失，VLDL的体积开始缩小，而密度增大，经IDL转变为LDL。因此，VLDL的功能是将从肝细胞合成的脂肪转运到肝外组织作为燃料，至于其中的胆固醇(酯)的去向则由LDL决定。

3. IDL

IDL由VLDL转变而来，其脂肪的比例降低到20%，而胆固醇(酯)的比例则上升到40%。血液中的IDL约有一半被肝细胞吸收，另一半则在丢失更多的脂肪后转变成LDL。

4. LDL

LDL由IDL转变而来，其中的脂肪比例已降到5%，胆固醇(酯)的比例则升至50%。此外，LDL将绝大多数Apo C-Ⅱ和Apo E返还给了HDL，因此它主要的载脂蛋白为Apo B-100。

绝大多数细胞(包括肝细胞)的质膜含有LDL的受体(LDLR)，因此LDL可以通过受体介导的内吞作用被肝外细胞吸收，还有少数LDL可以被肝细胞自己吸收。

LDL中的胆固醇通常称为坏胆固醇(bad cholesterol)，这是因为它与动脉粥样硬化(atherosclerosis)的发生有关。LDL导致动脉粥样硬化的过程可分为四个阶段(图10-39)：①在血管内皮因高血压或吸烟等因素受损以后，LDL透过血管壁而沉积在其中，并引来巨噬细胞，由巨噬细胞释放出来的活性氧和酶使其氧化。②氧化的LDL经清道夫受体(scavenger receptor)被巨噬细胞“吞并”。巨噬细胞因吞噬LDL而充满脂质，形如泡沫，成为泡状细胞(foam cell)。③泡状细胞死亡后在血管壁释放出积累的

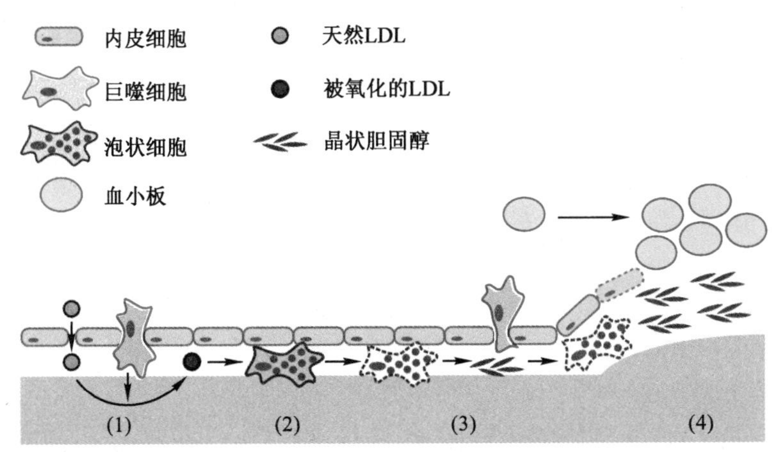

图10-39 LDL与动脉粥样硬化的关系

胆固醇。④这些胆固醇形成晶状沉积物，并激活新的巨噬细胞，导致其释放出与炎症有关的细胞因子，从而进一步诱发和放大炎症反应。平滑肌细胞覆盖在脂质上形成胶原状帽子。帽状结构会变得越来越大，这又吸引新的巨噬细胞前来对其降解。帽状结构因此而破裂并暴露出内部的胶原和脂质，最终导致血小板在此处的聚集和凝血的发生，血管有随时堵塞破裂的危险。如果这种情况发生在冠状动脉，就极可能导致心肌梗死；如果发生在脑部，就可能导致中风。

LDL 的主要功能是将肝细胞中的胆固醇转运给肝外细胞，以满足肝外细胞对胆固醇的需求。有一种家族性高胆固醇血脂症（familial hypercholesterolemia）就是因为 LDLR 发生了突变，使其不能固定在膜上，而是直接释放到血液之中，患者由于体内的 LDL 无法被细胞吸收，血浆胆固醇水平会越来越高。随年龄的增长，患者大多数在 40 岁以前就有严重而广泛的动脉粥样硬化，甚至患儿 3 岁时就死于心肌梗死。

质膜上 LDLR 的数目还受到一种叫前蛋白转化酶枯草溶菌素 9（proprotein convertase subtilisin/kexin type 9，PCSK9）的影响。PCSK9 能介导 LDL 受体的降解，从而调节血浆 LDL 的水平：在 LDL 结合到 LDLR 以后，它诱导 LDLR-LDL 复合物内在化，形成内体（endosome）。内体的酸性环境诱导 LDLR 形成发夹状构象。这导致 LDLR 将 LDL 释放出去，随后 LDLR 被循环到质膜。然而，若是 PCSK9 结合到 LDLR，则可阻止 LDLR 的构象发生变化，致使 LDLR 进入溶酶体后被降解掉，从而导致肝细胞表面 LDLR 减少，进而使肝细胞对 LDL 颗粒清除能力下降。

已发现 PCSK9 有两类重要的突变：一类是功能获得型突变，另一类是功能缺失型突变。前一类突变可导致 LDL 大幅度升高，从而使内心血管疾病死亡和心肌梗死的危险大大升高；相反，后一类突变则使 LDL 降低 28%，15 年内心血管疾病死亡和心肌梗死的危险降低 88%。显然，抑制 PCSK9 是治疗高胆固醇血脂症的合理靶点。

5. HDL

HDL 的脂肪和胆固醇（酯）的含量分别为 5% 和 20%。HDL 富含各种载脂蛋白，它既可以为其他脂蛋白提供载脂蛋白，也可以从其他脂蛋白那里接受载脂蛋白。

HDL 的重要功能是参与胆固醇的逆向转运。这种转运首先需要将胆固醇从外周细胞定向转移到 HDL 颗粒上，此过程与 ABC1 转运蛋白和 LCAT 有关。ABC1 转运蛋白位于细胞膜上，它通过水解 ATP 驱动胆固醇从膜的内层转移到外层。一旦胆固醇到达膜的外层，就可以通过自由扩散进入 HDL。显然，如果进入 HDL 的胆固醇不作任何改变，HDL 上的胆固醇也可能反向进入外周细胞膜。不过后一种情形很难发生，原因是 HDL 之中的 Apo A-Ⅰ能够激活血清中 LCAT 的活性。LCAT 被激活后，催化颗粒表面的卵磷脂 2 号位的脂酰基去酯化胆固醇。而 HDL 上游离的胆固醇一旦被酯化，就会因为失去两性性质进入 HDL 的疏水核心，这就在外周细胞膜和 HDL 表面之间，创造了一种有利于胆固醇向 HDL 转移的浓度梯度，促使膜上多余的胆固醇转移到 HDL。有一种遗传病叫家族性 LCAT 缺乏症（familial LCAT deficiency），就与编码 LCAT 的基因突变而失去功能有关。其症状包括角膜浑浊、红细胞溶血、肾衰竭等，这都与肝外细胞多余的胆固醇无法清除有关。

Quiz34 你认为有哪些方法可以把五种脂蛋白分离开来？

HDL 在得到胆固醇以后，既可以通过脂交换将一部分胆固醇转移给正在循环的 VLDL，又可以通过受体介导的内吞被肝细胞吸收。进入肝细胞的胆固醇可被降解成胆汁酸后排出体外，也可以重新装配到 VLDL 之中，进入循环，在肝外组织重新分配。因此，HDL 被视为血液中的清道夫，它上面的胆固醇被称为“好胆固醇”（good cholesterol）。临床试验证明，一个人血液内 HDL 的量越高，其动脉粥样硬化的发生率就越低。

三、胆固醇合成的调节

胆固醇合成的限速酶主要有两个：一个是 HMG-CoA 还原酶；另外一个是鲨烯单加氧酶（SM）。这两个酶的活性都受到严格的调控，但调控的手段不尽相同。

（一）HMG-CoA 还原酶的调控

对 HMG-CoA 还原酶调控的方式有：共价修饰、酶的降解和酶基因的表达调控

1. HMG-CoA 还原酶的共价修饰

HMG-CoA 还原酶的共价修饰就是磷酸化。其中磷酸化形式无活性，去磷酸化形式才有活性。调节磷酸化和去磷酸化反应的酶分别是 AMPK 和 HMG-CoA 还原酶磷酸酶（图 10-40）。

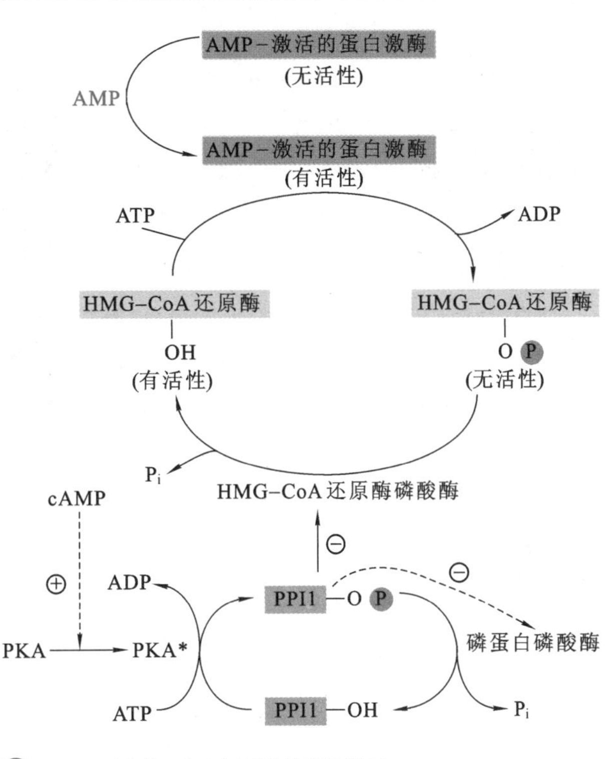

图 10-40　HMG-CoA 还原酶的活性调节

HMG-CoA 还原酶磷酸酶的活性则由磷蛋白磷酸酶抑制剂 1（PPI1）调节。PPI1 在 PKA 的催化下被磷酸化以后，抑制 HMG-CoA 还原酶磷酸酶的活性。

2. HMG-CoA 还原酶的降解

当细胞内的胆固醇或胆固醇合成的中间代谢物过多时，HMG-CoA 还原酶的降解被激活，其中的机制与 HMG-CoA 还原酶本身的结构有关。有证据表明，HMG-CoA 还原酶的跨膜区含有一种固醇感应结构域（sterol-sensing domain），这种特殊的结构域能直接检测到细胞内胆固醇或其他参与胆固醇合成的中间代谢物浓度的变化。如果胞内的胆固醇或甲羟戊酸等物质的浓度较高，它们能与上述结构域结合而诱导酶的构象发生变化，导致 K248 暴露出来，并发生泛酰化修饰，使 HMG-CoA 还原酶更容易被内质网相关的蛋白质降解（endoplasmic-reticulum-associated protein degradation，ERAD）途径送到蛋白酶体降解。

3. HMG-CoA 还原酶基因表达的调控

HMG-CoA 还原酶的基因表达需要一种叫固醇应答元件结合蛋白 2（SREBP2）的转录因子，此转录因子能对细胞内固醇的浓度变化做出反应。当细胞内固醇的浓度低的时候，SREBP2 从它位于内质网膜的前体蛋白中被切割释放出来，并移位到细胞核作为转录因子，通过其带有的碱性螺旋 - 环 - 螺旋（basic helix-loop-helix，bHLH）模体，结合含有固醇应答元件（sterol-response element，SRE）的 HMG-CoA 还原酶和其他一些参与胆固醇合成的酶的基因上，刺激它们的表达。反之，如果细胞内的固醇浓度高，SREBP-2 会以前体的形式被固定在内质网膜上，无法去细胞核激活 HMG-CoA 还原酶的基因表达。

（二）SM 的调控

对 SM 的调控方式有：别构调节和对 SM 的降解。

1. SM 的别构调节

对 SM 的别构调节所使用的别构效应物十分特别，它就是鲨烯。这样的别构调节方式很少见。因为在这里，鲨烯既是 SM 的底物，又是 SM 的别构激活剂。这意味着，SM 的活性中心和别构中心都能结合鲨烯。根据 Hiromasa Yoshioka 等人发表于 2020 年 3 月 13 日发表在 *P.N.A.S.* 上题为“A key mammalian cholesterol synthesis enzyme，squalene monooxygenase，is allosterically stabilized by its substrate”的研究论文，在鲨烯水平较高的时候，鲨烯可以与 SM 上的别构中心结合，稳定 SM 的结构，防止其被降解。

2. SM 的降解

在胞内的胆固醇水平较高的时候，SM 可发生泛酰化修饰，随后被蛋白酶体选择性降解。

Quiz35 有人说经常晒太阳和运动可以降低体内胆固醇的水平。你认为会有效吗？为什么？

Quiz36 迄今为止，你学到了哪些代谢途径的限速酶受磷酸化修饰的调节？这些限速酶究竟是磷酸化还是脱磷酸化形式有活性？

Quiz37 有人认为，如果用 SM 的特异性抑制剂来治疗高胆固醇血脂症应该比使用他汀类药物疗效更好。对此，你有什么看法？

科学故事　LDL 受体的发现

家族性高胆固醇血症(familial hypercholesterolemia，FH)是一种遗传性疾病。此病患者的血清胆固醇水平异常地高，患者往往还没有到成年，就会得上心脏病。

1972 年，Joseph Goldstein 和 Michael Brown(图 10-41)在对 FH 进行系统研究的基础上指出，FH 患者胆固醇过量产生的原因是体内调节胆固醇合成的机制有缺陷。他们的证据是：如果将 LDL 加到正常人成纤维细胞的培养基中，细胞内的胆固醇合成的限速酶——HMG-CoA 还原酶的活性就会受到抑制；如果将 LDL 加到 FH 患者的成纤维细胞的培养基中，细胞内的 HMG-CoA 还原酶活性并不受影响。接下来的实验表明，HMG-CoA 还原酶调节的异常并不是其基因突变造成的，而可能是 FH 细胞不能从 LDL 中吸收胆固醇引起的。

图 10-41　Joseph Goldstein(左)和 Michael Brown(右)

1974 年，Goldstein 和 Brown 将 ^{125}I 标记的 LDL 加到正常人的成纤维细胞的培养基中，然后测定在不同的保温时间内结合到细胞上的放射性强度。结果发现，与正常人成纤维细胞结合的放射性标记的 LDL 量与保温时间正相关，而且，如果同时加入过量的非放射性同位素标记的 LDL，就会减少与细胞结合的同位素标记的 LDL 的量。此外，他们还发现，如果在培养基中加入其他脂蛋白，并不会干扰 LDL 的结合。上述研究表明，LDL 是与细胞表面数目有限的特异性结合位点结合的。与正常人成纤维细胞和 LDL 结合实验不同的是，FH 患者的成纤维细胞不能结合同位素标记的 LDL。这样的实验结果似乎说明，正常人成纤维细胞具有一种特异性的 LDL 受体，而 FH 患者缺乏这种受体或者这种受体有缺陷。

进一步的实验证明，LDL 与正常人成纤维细胞的细胞膜结合，这意味着 LDL 受体属于细胞表面受体。他们还观察到，与细胞表面结合的 LDL 能快速地进入细胞内部，在溶酶体被降解，并释放出游离的胆固醇。后来，他们与 Richard Anderson 合作，发现 LDL 的内在化是在有被小窝区域内通过内吞作用进行的。

Goldstein 和 Brown 的工作不仅揭示了胆固醇代谢调节的重要机制，还为胆固醇代谢异常引起的疾病治疗指明了方向。他们曾经帮助治疗一个叫 Stormie Jones 的 FH 病人，她从父母那里继承了有缺陷的 LDL 受体基因，其血清胆固醇含量约为 1 200 mg，几乎是正常人的 5 倍。Stormie 6 岁就得了心脏病，不得不同时接受心脏和肝脏的双器官移植手术，成为世界上第一例在一次手术中移植两种器官的人。移植的心脏取代她受损的心脏，移植的肝脏则具有正常数目的 LDL 受体。她后来因丙肝进行过第二次肝脏移植，于 13 岁去世，可能死于心脏感染。

思考题：

1. 试解释长链 β- 脂酰 CoA 脱氢酶有缺陷的病人具有严重的低血糖症。

2. 苏氨酸正如大多数其他的氨基酸一样，它们在体内的分解代谢可用来支持机体在饥饿状态下的生存，而偶数的脂肪酸做不到？为什么？奇数脂肪酸有同样效果吗？

3. 毒蛇的毒液中通常含有磷脂酶 A2，其作用磷脂酰胆碱的产物是什么？释放出来的产物进入血流之后对红细胞的功能有什么影响？

4. 有两组实验大鼠分别在一个月内喂食两种不同的脂肪酸作为唯一的碳源。第一组喂食的是正庚酸(7：0)，第二组喂食的是正辛酸(8：0)。在一个月之后，发现两组大鼠有很大的差别：第一组大鼠表现得很健康，体重还有增加；第二组无力，因肌肉萎缩而体重减轻。试解释导致这两组大鼠出现这些差异的原因。

5. 预测下列突变对胆固醇代谢和脂代谢会带来什么影响。

(1) 肉碱：软脂酰转移酶 I 对丙二酸单酰 CoA 不再敏感。

(2) 将 HMG-CoA 还原酶上磷酸化的位点（一个特殊的 Ser 残基）替换成 Ala。

(3) 过分表达 SREBP 上的碱性螺旋－环－螺旋结构域（无跨膜螺旋）。

(4) 肝细胞组成型表达 LDL 受体。

(5) 使柠檬酸不能与乙酰 CoA 羧化酶结合。

网上更多资源……

本章小结　授课视频　授课音频　生化歌曲

教学课件　推荐网址　参考文献

第十一章　氨基酸代谢

氨基酸在生物体内既是蛋白质合成的原料，又是形成多种生物活性物质的前体，其碳骨架还可以充当细胞的能源，因此它在机体内会不断经历合成、分解和转换。对于动物来说，并不是所有的蛋白质氨基酸都可以自己合成，那些必需氨基酸必须从食物中获取，而食物中的蛋白质在消化道内只有被充分水解以后才能被有效的吸收。此外，在每一个细胞内，合成好的蛋白质在需要时也会被水解，而水解释放出来的氨基酸又可以循环使用。这些都构成了纷繁复杂的氨基酸代谢世界。

本章将先简单介绍蛋白质在动物消化道内的消化和吸收，然后重点介绍氨基酸的分解代谢，最后再对氨基酸及其衍生物的合成代谢做一般介绍。至于胞内发生的蛋白质水解机制会在第十八章“mRNA 的翻译与翻译后加工”中再做讨论。

第一节　蛋白质在动物消化道内的消化和吸收

膳食中的蛋白质，一般不能被肠道直接吸收，必须先被水解成氨基酸、二肽或三肽，然后才能被吸收。肠道不能直接吸收一个完整的蛋白质的原因有三个：一是消化道内有各种蛋白酶可将其水解；二是正常的肠细胞质膜上没有专门的转运蛋白运输蛋白质，而且蛋白质也无法通过相邻肠道细胞之间的紧密连接；三是如果被直接吸收，会引发免疫反应。

Quiz1 人体消化道有两个重要的例外，就是有两类蛋白质可以直接被消化道吸收。你知道它们是什么吗？

蛋白质的消化开始于胃，由胃蛋白酶催化，然后在小肠腔内受胰腺分泌的胰蛋白酶和胰凝乳蛋白酶等的催化下继续消化，在小肠内主要水解成寡肽。在小肠的刷状缘上，分布着各种肽酶。这些肽酶属于膜内在蛋白，它们的功能是进一步水解肠腔内的寡肽，将寡肽转变成更小的小肽和游离的氨基酸。于是蛋白质消化的终产物（氨基酸、二肽和三肽）集中在肠细胞的表面，为吸收做好了准备（图 11-1）。

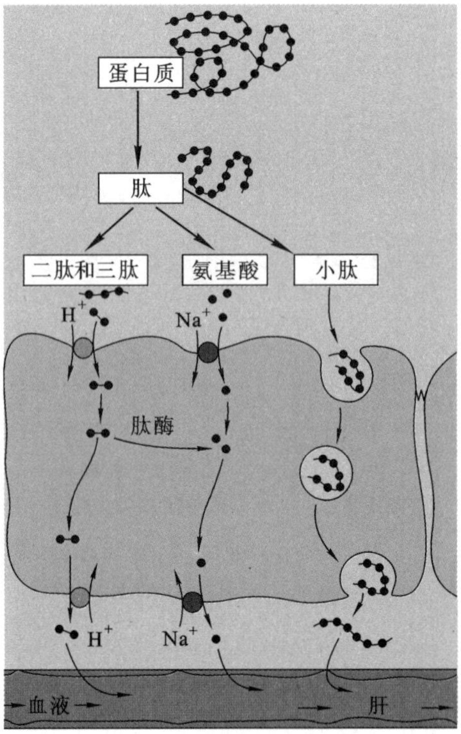

图 11-1　蛋白质的胞外水解和吸收

氨基酸被小肠细胞吸收的机制与单糖的吸收机制极为相似。在吸收细胞面向肠腔的质膜上，已发现至少有四类依赖于 Na^+ 的氨基酸转运蛋白，分别转运酸性氨基酸、碱性氨基酸、中性氨基酸和脯氨酸。这些转运系统都属于次级主动运输。此外，还发现了不依赖于 Na^+ 的专门转运中性氨基酸和疏水氨基酸或碱性氨基酸的转运蛋白。

Quiz2 你认为驱动二肽和三肽被小肠上皮细胞吸收的质子梯度是通过什么机制产生的？

小肠上皮细胞几乎不能吸收大于三肽以上的寡肽，只能吸收二肽和三肽，但负责吸收二肽和三肽的转运蛋白（peptide transporter）不需要 Na^+ 而需要 H^+，一旦二肽和三肽进入胞内，绝大多数即被细胞质的肽酶水解成游离的氨基酸。

第二节　氨基酸的分解

在结构上，氨基酸可分为氨基和碳骨架两个部分，因此，其分解代谢可简单地分为氨基代谢和碳骨架的代谢。

一、氨基的代谢

氨基的代谢有脱氨基、转氨基和联合脱氨基三种方式，其中第三种方式实际上是前两种方式的组合。

（一）脱氨基反应

参与脱氨基反应的酶主要有 L- 氨基酸氧化酶（L-amino acid oxidase，LAAO）、D- 氨基酸氧化酶（DAAO）和谷氨酸脱氢酶（glutamate dehydrogenase）。其中 LAAO 和 DAAO 分别作用于 L- 氨基酸和 D- 氨基酸，在真核细胞它们位于过氧化物酶体。第一种酶以 FMN 或 FAD 作为辅基，第二种酶只能以 FAD 作为辅基。在反应中，氨基酸转变为相应的 α- 酮酸，氨基转变为 NH_4^+，脱下的氢经过 FMN 或 FAD 直接与 O_2 结合形成 H_2O_2，而 H_2O_2 可被细胞内的过氧化氢酶迅速分解为 H_2O 和 O_2（图 11-2）。

Quiz3 你认为生物体内的 D- 氨基酸是如何合成出来的？另外人体有没有 D- 氨基酸？如果有，它们的功能是什么？

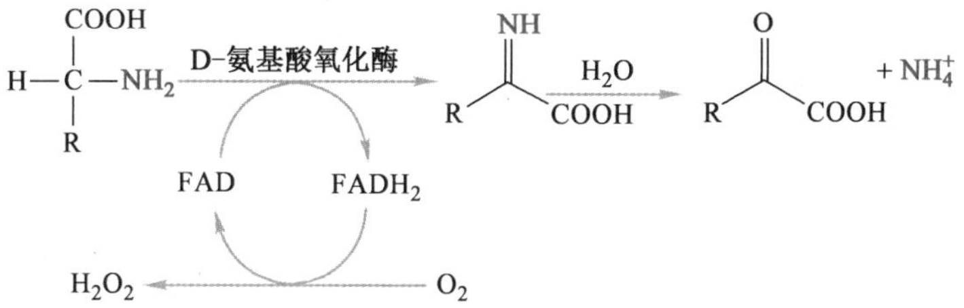

图 11-2　D- 氨基酸氧化酶催化的氧化脱氨基反应

然而，LAAO 在生物体内的分布并不普遍，其最适 pH 也远离生理 pH，而 DAAO 只作用于并不常见的 D- 氨基酸，因此，这两种酶并不是参与氨基酸氧化脱氨基作用的主要酶。参与氨基酸氧化脱氨基的主要酶是谷氨酸脱氢酶。在真核细胞中，它位于线粒体基质，其催化的反应式为：

$$\text{谷氨酸} + NADP(P)^+ + H_2O \rightarrow \alpha\text{- 酮戊二酸} + NH_4^+ + NAD(P)H + H^+$$

反应的辅酶既可以是辅酶Ⅰ，又可以是辅酶Ⅱ。若是辅酶Ⅰ，生成的 NADH 就进入呼吸链。若是辅酶Ⅱ，生成的 NADPH 就可作为生物合成的还原剂。

谷氨酸脱氢酶的活性受到严格调控，就哺乳动物细胞而言，它既受到别构调节，还受到共价修饰。在别构调节中，ADP 是该酶的别构激活剂，而 GTP 则是别构抑制剂。而共价修饰的方式是 ADP- 核糖基化。催化修饰反应的是一种叫 SIRT4 的蛋白质，ADP- 核糖基的供体是辅酶Ⅰ。ADP- 核糖基化可抑制谷氨酸脱氢酶的活性。

Quiz4 预测一种突变导致谷氨酸脱氢酶无法结合 GTP，这会有什么后果？

Ser 和 Thr 的侧链上都含有容易离去的羟基，因此，这两种氨基酸可以在相应的脱水酶（dehydratase）的催化下，以磷酸吡哆醛为辅基，直接发生脱氨基反应：

$$Ser \rightarrow \text{丙酮酸} + NH_4^+ \qquad Thr \rightarrow \alpha\text{- 氨基 -}\beta\text{- 羰基丁酸} \rightarrow \text{丙酮酸} + NH_4^+$$

（二）转氨基反应

转氨基反应是指一种氨基酸的氨基被转移到一种 α- 酮酸的羰基上，形成一种新的氨基酸和一种新的 α- 酮酸的过程（图 11-3）。催化此反应的酶为转氨酶（aminotransferase 或 transaminase）。在反应中，磷酸吡哆醛为酶提供亲电基团参与催化。转氨反应是完全可逆的，因此它既参与氨基酸的降解，又参与氨基酸的合成。

转氨酶有多种，但是每一种转氨酶都需要磷酸吡哆醛作为辅酶，而且绝大多数转氨酶以 Glu 作为氨基的供体，或者以 α- 酮戊二酸为氨基的受体。最常见的转氨酶有两种，即谷丙转氨酶（glutamate：pyruvate transaminase，GPT）和谷草转氨酶（glutamate：oxaloacetate transaminase，GOT）。其中，GPT 也称为丙氨酸转氨酶（alanine aminotransferase，ALT），它是肝细胞内最活跃的酶之一。受损、快要死亡或已经死亡的肝细胞会释放出大量的 ALT 进入血液，导致血清中该酶活性的迅速升高，因此，临床上测定血清中 ALT 活性已成为诊断肝功能是否异常的一种常规方法。

Quiz5 如何用硼氢化钠预处理转氨酶，你认为会对转氨酶的催化造成什么影响？

在饥饿的时候，Ala 因肌肉蛋白降解而释放到血流中，通过丙氨酸循环（参看第九章有关糖异生的内容）可转变成血糖，GPT 在其中也起着重要的作用。

GOT 也称为天冬氨酸转氨酶（aspartate aminotransferase，AAT），它同样是肝细胞内一种极为活跃的酶，它存在于细胞质基质和线粒体中，其重要性在于维持细胞内两大氨基酸（Glu 和 Asp）库（amino acid pool）之间的平衡（图 11-4）。Glu 和 Asp 均参与尿素循环，为氨的解毒和排泄所必需，因此氮原子在这两种氨基酸库之间的自由流动对于细胞内氮的正常代谢至关重要。

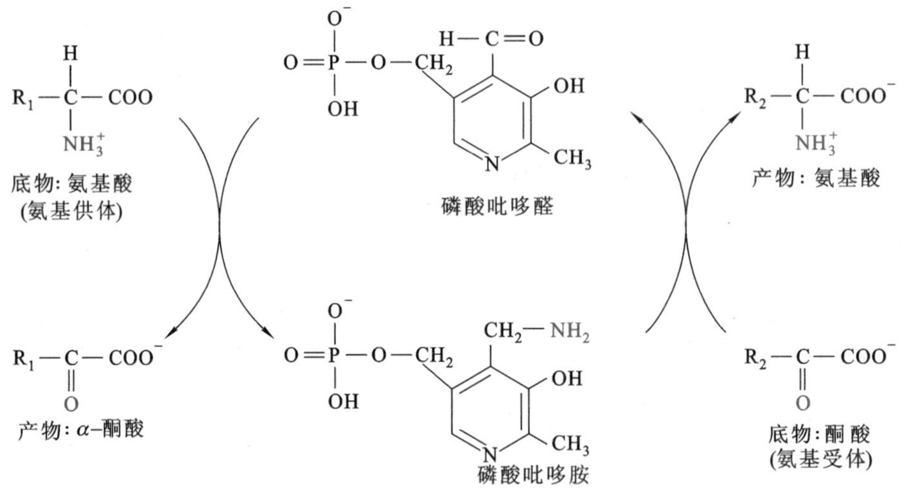

图 11-3　转氨酶催化的转氨基反应

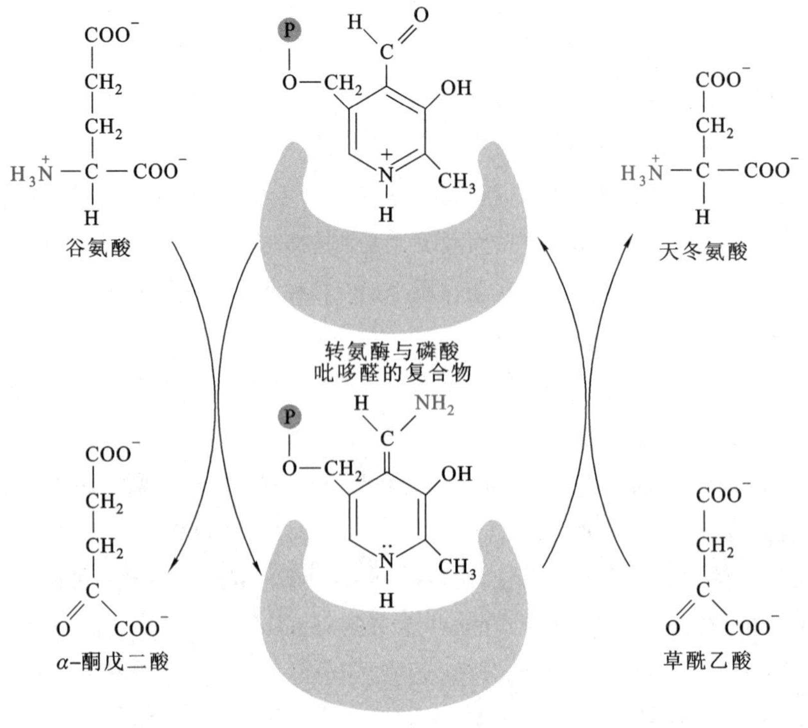

图 11-4　GOT 催化的转氨基反应的机制

由 GOT 所催化的转氨基反应，不论是在细胞质基质，还是在线粒体都接近于平衡，同时 GOT 还作为苹果酸－天冬氨酸穿梭系统中必不可少的组分(参看第九章“糖代谢”)。基于与 GPT 同样的原因，GOT 活性的变化也可以作为诊断肝功能是否异常的一项指标。

Quiz6 你还记得苹果酸－天冬氨酸穿梭系统的功能吗?

然而，并非所有的氨基酸都可以发生转氨基反应，Thr、Pro 和 Lys 就是例外。

(三) 联合脱氨基反应

这是由转氨酶和谷氨酸脱氢酶组合在一起的脱氨基反应。两种酶作用的次序是：先是在转氨酶催化下，一种氨基酸的氨基被转移到 α- 酮戊二酸的羰基上形成 Glu，然后 Glu 在谷氨酸脱氢酶催化下，发生氧化脱氨基反应，产生 α- 酮戊二酸、NH_4^+ 和 NAD(P)H。

联合脱氨基作用在氨基的最终代谢中起着举足轻重的作用。据估计，被摄入体内的蛋白质约有 75% 是通过这种方式进行氨基代谢的。

当氨基通过氧化脱氨基或联合脱氨基反应以后，形成的氨在绝大多数生物体内还要进一步进行代谢。代谢的主要目的是解除氨的毒害。

二、氨的进一步代谢转变

首先必需明确，氨对生物是有毒性的，它在遇到水时很容易转变成有毒性的铵盐。例如，当血液中铵盐的浓度超过 0.25 $mmol \cdot L^{-1}$ 的时候，人体将会出现呕吐、抽搐和昏迷等症状，甚至发生死亡。不同类型的生物解除氨毒的方式不尽相同，一般说来它与一种生物对水的可得性有关，概括起来有四种方式。

Quiz7 为什么氨对生物是有毒的?

(一) 直接排出体外

大多数水生动物(如硬骨鱼和许多无脊椎动物)是将氨直接排出体外，交给环境中的水稀释就可以了。对于两栖动物来说，蝌蚪是直接排氨的，但成体因生活的环境发生了根本性的改变，这时就需要将氨转变为尿素再排出体外。硬骨鱼纲中的肺鱼(lungfish)在水里也是直接排氨，但因干旱缺水而埋在泥土里则是产生尿素。

(二) 转变为酰胺

将氨转变为两种酰胺氨基酸中的酰胺基团是生物解除氨毒的另外一种手段，同时也是细胞合成酰胺氨基酸的途径。

Asn 和 Gln 的合成反应都消耗 ATP，但前者是 ATP 变成了 AMP 和 PP_i，这与脂肪酸的活化反应相似，后者是 ATP 变成了 ADP 和 P_i(图 11-5 和图 11-6)。

$$NH_4^+ + \underset{Asp}{{}^-OOC-CH_2-CH(NH_3^+)-COO^-} + ATP \xrightarrow[\text{天冬酰胺合成酶}]{Mg^{2+}} AMP + PP_i + \underset{Asn}{H_2N-CO-CH_2-CH(NH_3^+)-COO^-}$$

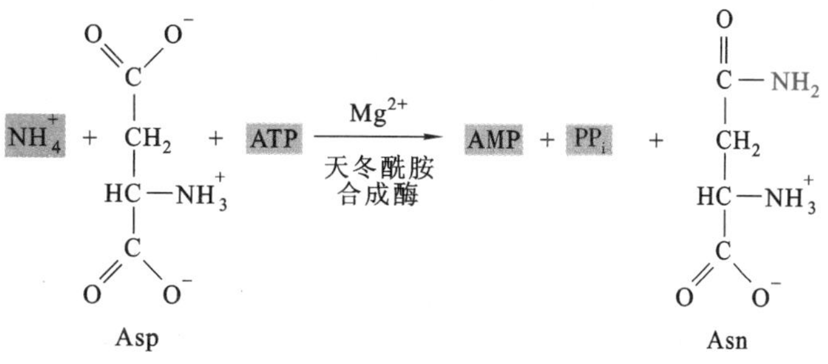

图 11-5 Asn 生物合成及其在植物氨解毒中的作用

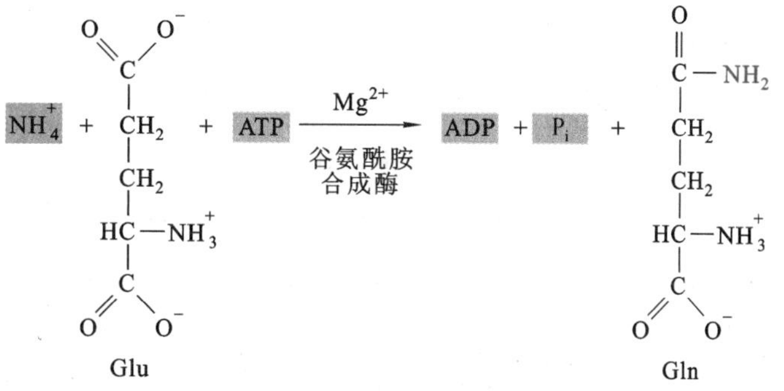

$$NH_4^+ + \underset{Glu}{{}^-OOC-CH_2-CH_2-CH(NH_3^+)-COO^-} + ATP \xrightarrow[\text{谷氨酰胺合成酶}]{Mg^{2+}} ADP + P_i + \underset{Gln}{H_2N-CO-CH_2-CH_2-CH(NH_3^+)-COO^-}$$

图 11-6 Gln 的生物合成及其在动物氨解毒中的作用

植物通常利用 Asn 来解除氨毒，而高等动物的大多数细胞则利用 Gln 来暂时解除氨毒。在很多情况下，Gln 作为氨的载体，动物通过它将一种组织中产生的氨转移到另外一种组织，但最后一般都汇总到肝细胞。

此外，很多生物正是利用 Gln 中的酰胺 N 作为多种含 N 物质合成的氮源，如核苷酸、某些氨基酸和氨基糖的合成。

正因为 Gln 在生物合成反应

中起着枢纽作用，所以催化 Glu 转变为 Gln 的酶即谷氨酰胺合成酶(glutamine synthetase，GS)的活性受到严格的调控。以大肠杆菌的 GS 为例，该酶共受到 9 种物质的别构抑制(图 11-7)。

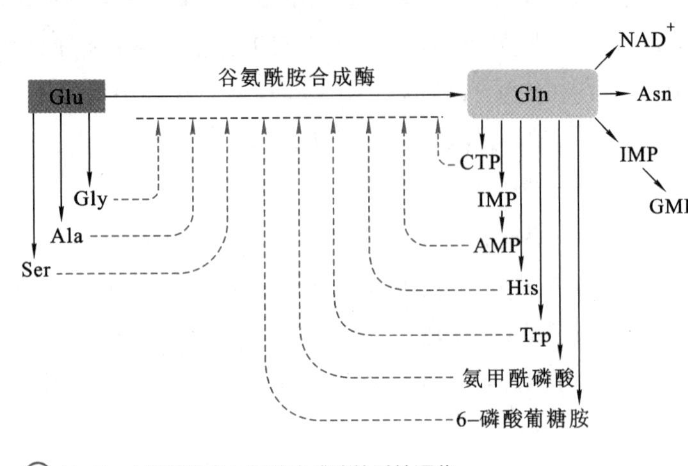

图 11-7 大肠杆菌谷氨酰胺合成酶的活性调节

这 9 种反馈抑制剂要么是 Gln 作为前体参与的合成代谢的终产物，如 Trp、His、6-磷酸葡糖胺、氨甲酰磷酸、CTP 或 AMP，要么是氨基酸代谢总体状态的指示剂，如 Ala、Gly 和 Ser。上述任何一种抑制剂与酶结合都至少能抑制酶的部分活性，结合的抑制剂越多，抑制效果就越好。

大肠杆菌的 GS 还受到共价修饰的调节，但修饰的方式并不是真核细胞普遍使用的磷酸化，而是腺苷酸化，即在腺苷酸转移酶(adenylyl transferase，AT)的催化下，GS 上的 1 个 Tyr 残基上的 OH 接受 ATP 分子上的 AMP 基团，形成无活性的腺苷酸化的 GS。

Quiz8 迄今为止，你已经学过哪些调节酶活性的共价修饰？

与大肠杆菌的 GS 相比，哺乳动物体内的 GS 也受到调控，但只有别构调节。其中，别构抑制剂有 Gly、Ser、Ala 和氨甲酰磷酸，别构激活剂只有 α-酮戊二酸一种。

(三) 转变为尿酸

爬行动物、鸟类和大多数节肢动物(如昆虫)则是将氨基酸中的氨基 N 并入尿酸分子中，然后通过尿酸排出体外。将氨基 N 并入到尿酸分子之中是高度耗能的过程，因为首先需要通过嘌呤核苷酸的从头合成(参看第十二章“核苷酸代谢”)，将其参入到次黄苷酸分子中，然后借助嘌呤核苷酸的分解代谢才能得到尿酸。

将氨转变成尿酸至少有两个好处：一是其毒性比氨和尿素都低，二是可减少水的损失，这样也就减少了对水的依赖，因为尿酸的水溶性差，容易形成结晶。这对卵生动物是非常有益的：首先可以使它们能生存在极端干燥的环境中；其次，这对它们的胚胎发育是至关重要的，因为胚胎在羊膜卵内发育的时候，没有水的摄入，形成的尿酸可结晶在尿囊(allantois)内，不需要排出体外就解除了氨毒。

(四) 转变为尿素

将氨转变成尿素是人类和其他胎盘类哺乳动物解除氨毒的方式，不过软骨鱼(如鲨鱼)和两栖动物也可以这么做。

Quiz9 如果尿素没有及时被排出体外，你认为会有什么后果？

将氨转变成尿素有很多好处！首先，它的毒性远低于氨；其次它易溶于水，因此对于容易获取水源的哺乳动物来说，很方便将溶解在血液中的尿素通过肾随尿液排出体外。

1. 尿素循环

尿素主要是通过尿素循环(urea cycle)产生的(图 11-8)，而尿素循环一般存在于两栖动物成体和哺乳动物的肝细胞。然而，硅藻这种单细胞藻类植物也有尿素循环，不过功能与动物体内的尿素循环完全不同，那是用来再分配氮元素的。

Quiz10 多吃西瓜特别是西瓜皮具有降血氨的功效。对此你如何解释？

尿素循环是第一条被发现的循环式代谢途径，也是由 Krebs 发现。其主要过程是：先是鸟氨酸与活化的氨基反应形成瓜氨酸；然后瓜氨酸再从 Asp 中接受 1 个氨基形成精氨酸；最后精氨酸水解产生尿素，同时再生出鸟氨酸以进入下一轮循环。由于鸟氨酸在循环中的重要性，尿素循环又称为鸟氨酸循环。

尿素循环中的一部分反应发生在肝细胞的细胞质基质，另一部分反应发生在肝细胞的线粒体基质，现分步加以介绍。

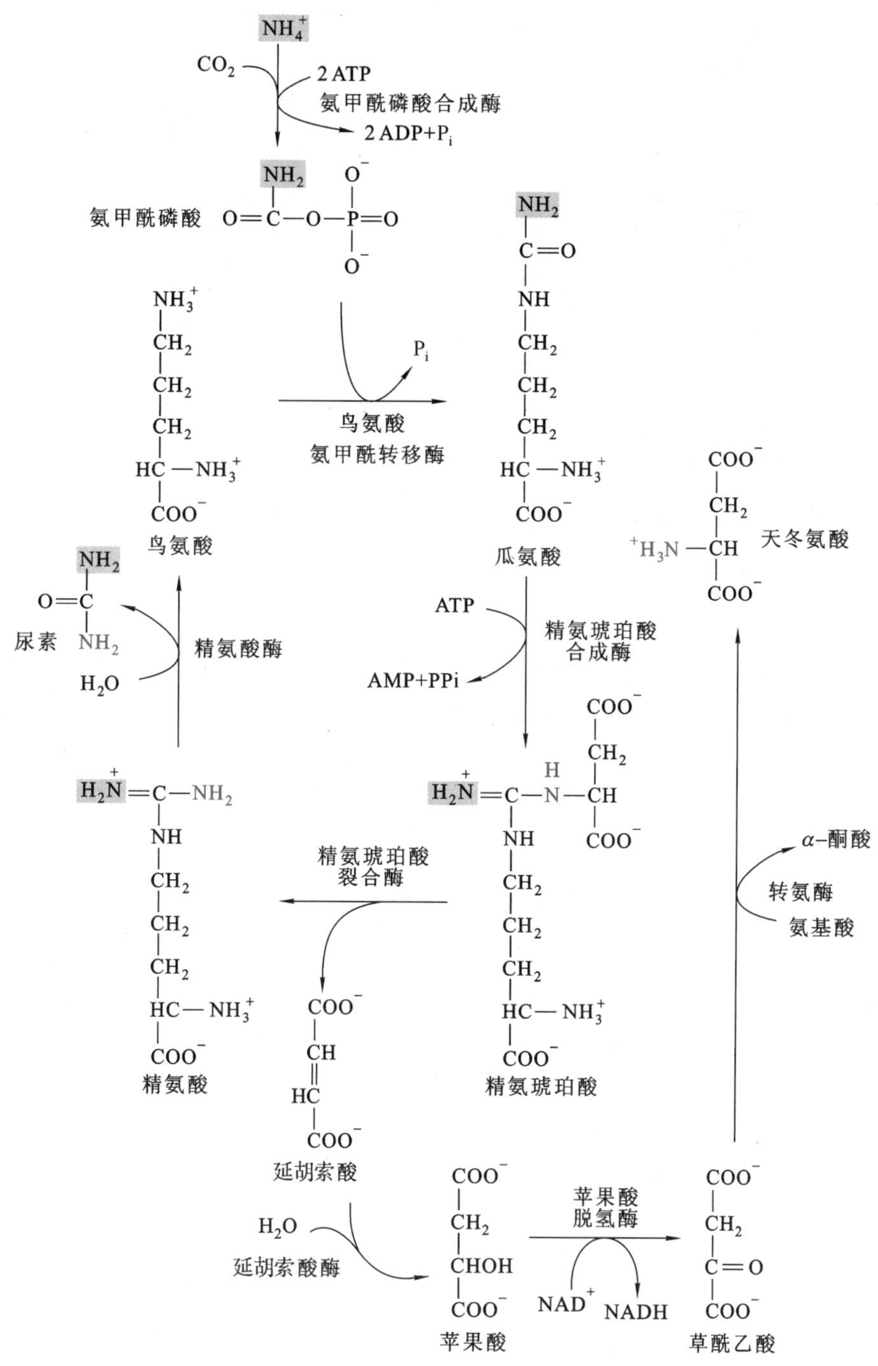

图 11-8　尿素循环的全部反应

(1) 氨基的活化

严格地说，这一步反应并不属于尿素循环，只是尿素循环的预备反应。催化此反应的酶为氨甲酰磷酸合成酶 1（carbamyl phosphate synthetase 1，CPS1）。该酶位于肝细胞线粒体基质，负责将氨活化为一个高能磷酸化合物，即氨甲酰磷酸，反应共消耗 2 分子 ATP（图 11-9）。其中氨的来源可以是由谷氨酸脱氢酶催化产生，也可能来自肝外组织转运过来的 Gln 由谷氨酰胺酶催化产生，也可能是由肌肉蛋白通过 Ala 循环转运过来的。

Quiz11　我们的循环系统中会有各种蛋白质氨基酸，但是含量不尽相同。你认为哪两种蛋白质氨基酸通常含量最高？

除了 CPS1 以外，细胞中还有 CPS2。与 CPS1 不同的是，CPS2 存在于所有细胞的细胞质基质之中，参与嘧啶核苷酸的从头合成（参看第十二章“核苷酸代谢”）。

Quiz12　还记得 CPT1 和 CPT2、PFK1 和 PFK2、ACC1 和 ACC2 这几对酶在功能上的差别吗？

氨甲酰磷酸的合成是肝细胞线粒体的一项主要任务。据估计，CPS1 可占肝细胞线粒体基质总蛋白的 20%，与此一致的是，谷氨酸脱氢酶的含量也十分丰富。如果一个人因为基因的缺陷而缺乏 CPS1，就会患上遗传性高血氨症（hyperammonemia）。这是非常危险的，因为血氨过高可直接导致昏迷。

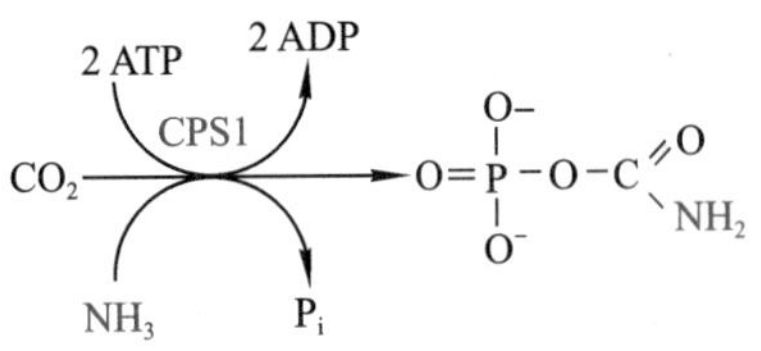

图 11-9　氨甲酰磷酸的形成

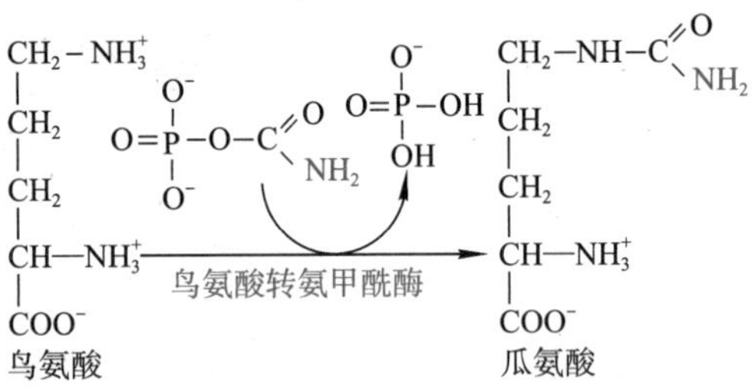

图 11-10　瓜氨酸的形成

(2) 乌氨酸→瓜氨酸

这也是一步发生在肝细胞线粒体基质内的反应，由乌氨酸转氨甲酰酶（ornithine transcarbamylase）催化（图 11-10）。

(3) 乌氨酸和瓜氨酸的反向转运

尿素循环余下的反应发生在细胞质基质中，这需要不断地将瓜氨酸运出线粒体，同时将乌氨酸运回线粒体基质。这种转运系统仅存在于肝细胞线粒体内膜上，由膜上特殊的氨基酸转运蛋白即瓜氨酸 – 乌氨酸交换体（citrulline-ornithine exchanger）负责转运（图 11-11）。

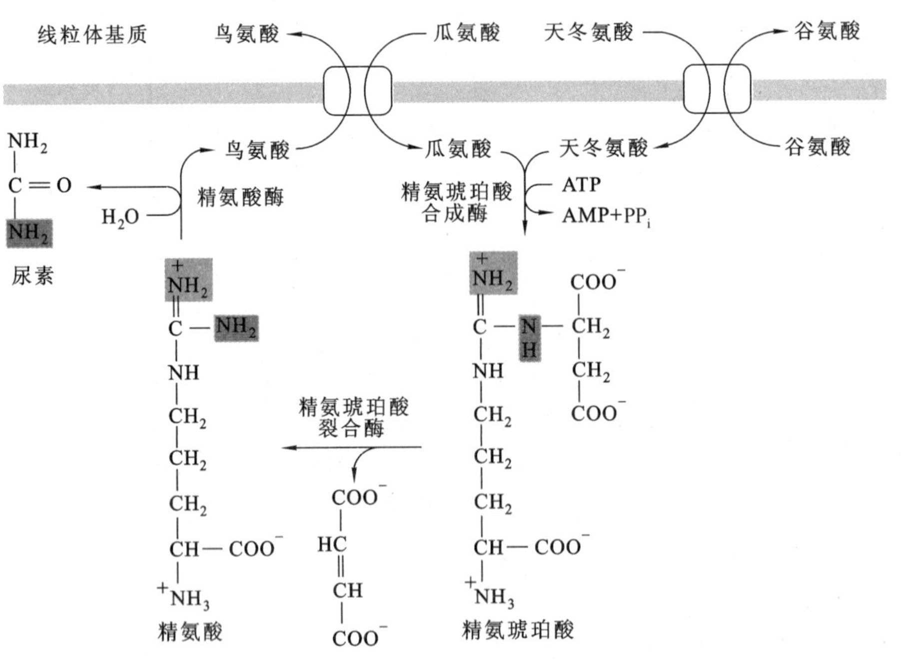

图 11-11　乌氨酸 – 瓜氨酸、谷氨酸 – 氢氧根和谷氨酸 – 天冬氨酸的反向转运

(4) Glu–Asp 的反向转运

尿素的产生同样需要 Glu 持续不断地进入肝细胞的线粒体基质，以补充谷氨酸脱氢酶的底物。此过程是在线粒体内膜上的谷氨酸 – 氢氧根和 Glu–Asp 的交换体（glutamate-aspartate exchanger）催化下完成的。

(5) 精氨琥珀酸的合成

这一步反应由精氨琥珀酸合成酶（arginino-succinate synthetase）催化。在该酶的催化下，细胞质基质中的瓜氨酸与 Asp 在消耗 ATP 的条件下缩合成精氨琥珀酸（arginino–succinate）（图 11-12）。Asp 通过这种方式为后面产生的尿素分子提供了第二个 N 原子。

这是一步高度耗能的反应，在反应中，ATP 被裂解成 AMP 和 PP_i，PP_i 再在焦磷酸酶的催化下，迅速被水解成无机磷酸，因此总反应实际上消耗了 2 个 ATP。

Quiz13 迄今为止，你遇到了哪些与精氨琥珀酸合成酶消耗 ATP 方式类似的合成酶？

(6) 精氨琥珀酸的裂解

这一步反应是由精氨琥珀酸裂合酶（arginino-succinate lyase）催化。在该酶的催化下，精氨琥珀酸裂解成精氨酸和延胡索酸(图 11-13)。延胡索酸均作为副产物，会在细胞质基质的延胡索酸酶催化下，转变为苹果酸。苹果酸可经草酰乙酸重新转变为 Asp。

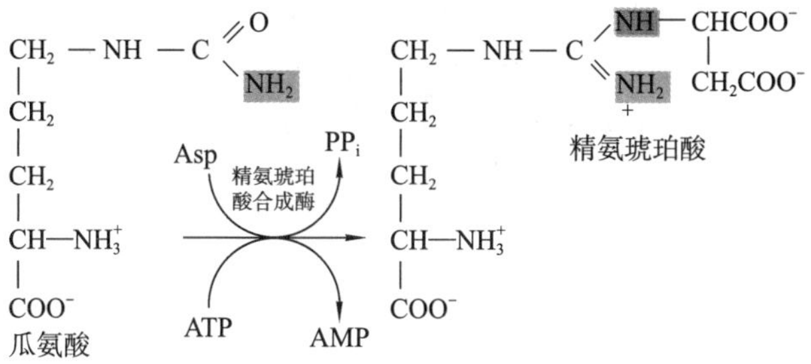

图 11-12 精氨琥珀酸的合成

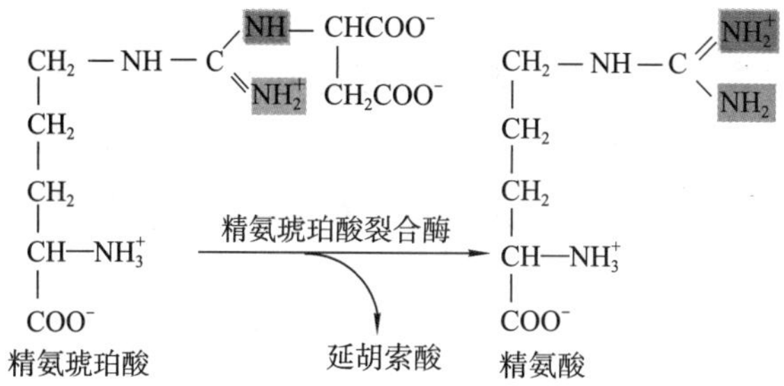

图 11-13 精氨琥珀酸的裂解

(7) 尿素的形成和鸟氨酸的再生

这是尿素循环的最后一步反应。在精氨酸酶(argininase)的催化下，精氨酸被水解成尿素和鸟氨酸，得以再生的鸟氨酸可以进入下一轮循环(图 11-14)。

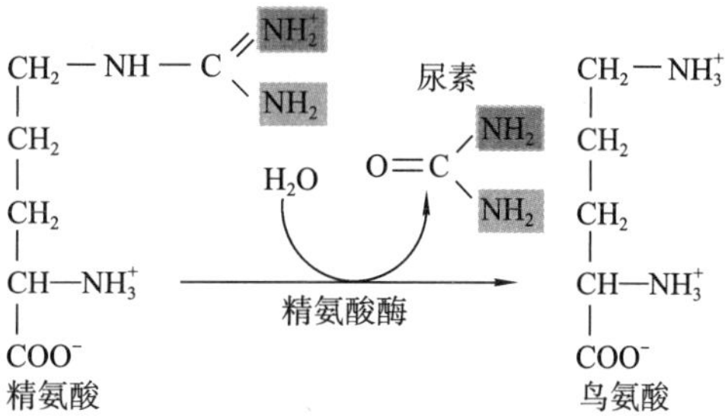

图 11-14 尿素的形成和鸟氨酸的再生

2. 尿素循环的调节

尿素循环的限速酶是 CPS1，因此对尿素循环的调节主要是对它展开的。

CPS1 的活性受到 *N*- 乙酰谷氨酸(*N*-acetylglutamate，NAG)的别构激活。NAG 由乙酰 CoA 与 Glu 反应而成，催化此反应的酶是 *N*- 乙酰谷氨酸合酶(*N*-acetylglutamate synthase，NAGS)，而 NAGS 又受精氨酸的激活(图 11-15)。事实上，这种激活控制了尿素产生的总速率。已发现 NAGS 的缺乏引起的疾病与 CPS1 缺乏的症状非常相似。

Quiz14 假定有一个遗传性高血氨患者，你如何确定患者是缺乏 CPS1 还是 NAGS？

除了可对 CPS1 进行别构调节以外，参与尿素循环的多种酶的合成是可以诱导的，其中底物浓度的升高可刺激它们的合成。例如，高蛋白质饮食和长时间禁食都可以提高尿素循环的活性。

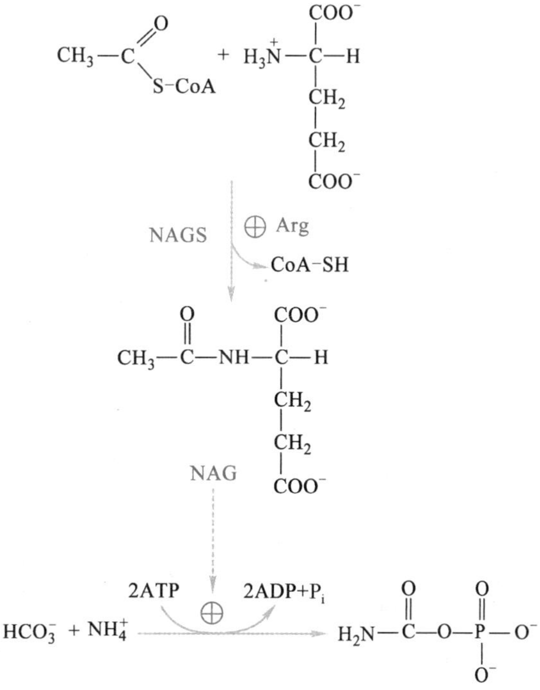

图 11-15 CPS1 的别构激活

3. 尿素循环的总结

尿素循环的总反应式可写成：

$$NH_3 + HCO_3^- + Asp + 3ATP \rightarrow \text{尿素} + \text{延胡索酸} + 2ADP + 2P_i + AMP + PP_i$$

从总反应式中不难看出，每合成 1 分子尿

Quiz15 长期食用缺乏精氨酸的食物容易出现高血氨，严重时可发生氨中毒。对此你如何解释？

Quiz16 GOT 被发现是哺乳动物肝脏细胞质活性最高的转氨酶。对此你如何解释？

素，需要消耗 4 分子 ATP。

尿素循环的主要功能是解除氨毒。当肝细胞受损或者尿素循环途径中的任何一种酶有缺陷的时候，尿素合成将会受阻，这将导致血氨升高，引发高血氨症。氨进入脑组织以后，会与脑细胞中的 α-酮戊二酸合成 Glu，并进一步形成 Gln。这必然导致脑细胞中 α- 酮戊二酸和 Glu 浓度的双双下降，这不仅削弱了 TCA 循环的能力，还减少了中枢神经系统中两种神经递质（Glu 和 γ-GABA）的量，从而影响到神经转导。这可能是氨中毒可导致昏迷甚至死亡的原因之一。另外，还有研究发现，脑组织中只有星状胶质细胞才表达谷氨酰胺合成酶，在血氨水平超过它的处理能力以后，胞外的 NH_4^+ 可以和 K^+ 竞争 Na^+-K^+ 泵，致使 K^+ 滞留在外。胞外高水平的 K^+ 可以“另辟蹊径”，通过 Na^+-K^+-Cl^- 共转运蛋白进入神经元，但这会让过量的 Cl^- 也“搭便车”进入了神经元，这又会改变 γ-GABA 与其 A 型受体的相互作用，进而导致神经元异常去极化。如果血氨水平继续升高，会扰乱星状神经细胞膜上离子通道和水通道的功能，最终导致致命性脑水肿的发生。

三、碳骨架的代谢

碳骨架的代谢有五种方式（图 11-16）。

（1）严格生糖。在高等动物体内，某些氨基酸的碳骨架可作为糖异生的原料而转变为葡萄糖，这些氨基酸称为生糖氨基酸（glucogenic amino acid）。属于严格生糖氨基酸的有：Ala、Arg、Asp、Asn、Cys、Gly、Glu、Gln、His、Met、Ser 和 Pro。

（2）严格生酮。Leu 和 Lys 的碳骨架在高等动物体内可转变为酮体，属于严格生酮氨基酸（ketogenic amino acid）

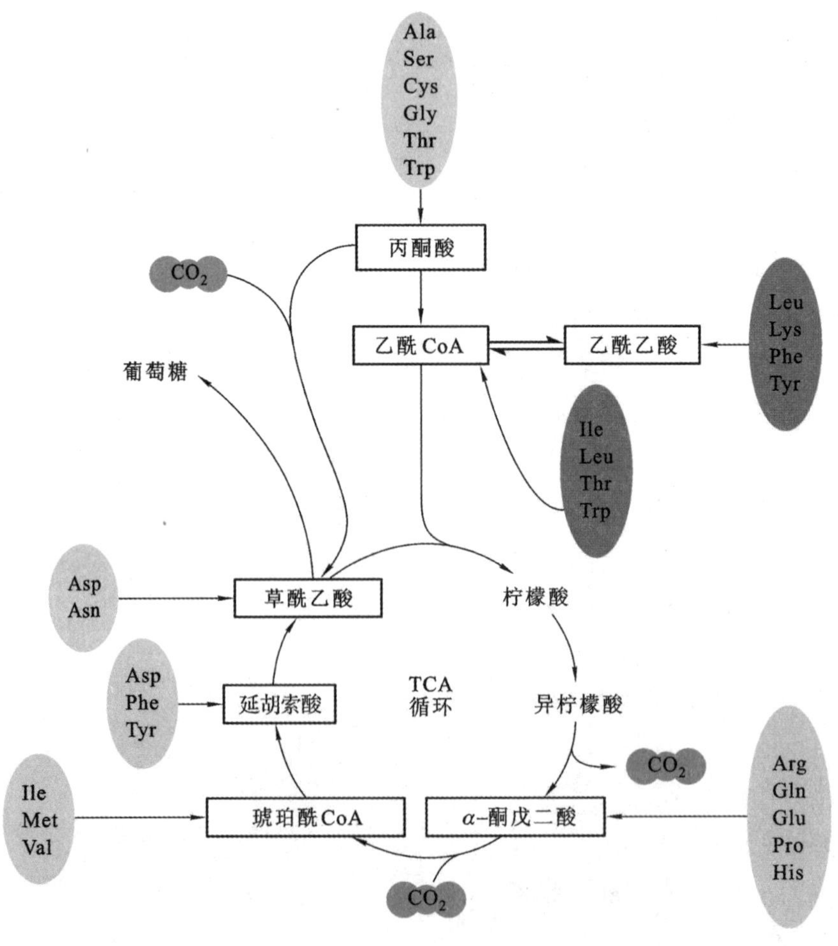

图 11-16 氨基酸碳骨架的代谢

(3) 生糖兼生酮。Trp、Thr、Tyr、Ile 和 Phe 这五种氨基酸的碳骨架较大，既可转变为葡萄糖，又可转变为酮体，属于生糖兼生酮氨基酸。

(4) 经 TCA 循环彻底氧化成 CO_2 和 H_2O。

(5) 循环利用，经转氨反应重新合成氨基酸。

如果一种氨基酸的碳骨架在体内因某种酶的缺失而不能分解的话，就会堆积在体内导致相关的代谢病（表 11–1）。

Quiz17 你认为哪一种氨基酸的生酮性最强？

► 表 11–1 氨基酸代谢异常引起的六种代谢病

疾病名称	缺失过程	缺失的酶	主要症状
白化病（albinism）	黑色素合成	酪氨酸酶（tyrosinase）	色素缺乏，白发和粉红皮肤
黑尿病（alkaptonuria）	酪氨酸降解	尿黑酸 1，2– 双加氧酶（homogentisate 1，2–dioxygenase）	尿液发黑，迟发性关节炎
高胱氨酸尿症（homocystinuria）	Met 的降解	胱硫醚 β– 合酶（cystathionine β–synthase）	骨骼发育缺陷，智力缺陷
槭糖尿病（maple syrup urine disease）	Leu、Ile、Val 的降解	支链 α– 酮酸脱氢酶（branched–chain α–keto acid dehydrogenase）	呕吐、抽搐、智力缺陷、早逝
甲基丙二酸血症（methylmalonic acidemia）	丙酰辅酶 A 转变成琥珀酰辅酶 A	甲基丙二酸单酰辅酶 A 变位酶（methylmalonyl–CoA mutase）	呕吐、抽搐、智力缺陷、早逝
苯丙酮尿症（phenylketonuria，PKU）	Phe 羟化成 Tyr	苯丙氨酸羟化酶（phenylalanine hydroxylase）	新生儿呕吐、智力缺陷

第三节 氨基酸及其衍生物的合成

不同生物合成氨基酸的能力是不一样的。若有合适的 N 源，植物和微生物能够从头合成全部 20 种常见的蛋白质氨基酸，但哺乳动物只能合成其中的 10 种非必需氨基酸，部分合成 2 种半必需氨基酸，其余 8 种必需氨基酸不能合成，必须从食物中获取。

实际上，任何氨基酸合成的前体都来自于糖酵解、TCA 循环或磷酸戊糖途径，其中 N 原子通过 Glu 或 Gln 进入相关的合成途径，而合成的场所对于真核细胞来说，有的在细胞质基质，有的在线粒体。

Quiz18 明胶是胶原蛋白部分水解的产物，有人靠只吃明胶减肥。你认为这种减肥的方法健康有效吗？

按照各氨基酸合成前体的性质，除了 His 以外，所有的氨基酸可分为五大家族（表 11–2）。这五大家族氨基酸合成的基本反应在不同生物体内是相当保守的，而调控机制也主要是通过终产物对限速酶的反馈抑制来进行的。

对于动物（包括人体）来说，所有的非必需氨基酸合成的前体代谢物见表 11–3。

► 表 11–2 五大氨基酸家族（* 表示的不同生物体有所不同）

α– 酮戊二酸家族	丙酮酸家族	3– 磷酸甘油酸家族	Asp 家族	PEP 和赤藓糖家族	其他（需要 PRPP）
E、Q、P、R、K*	A、V、L	S、G、C	D、N、M、T、I、K*	F、Y、W	H

► 表 11–3 动物非必需氨基酸合成的前体代谢物

氨基酸	氨基酸前体
A	丙酮酸
D、N、E、Q 和 P	TCA 循环中间物
S	3– 磷酸甘油酸
G	S
C	S
Y	F

当一种氨基酸被合成好以后，一方面可以作为寡肽、多肽和蛋白质合成的原料，另一方面还可以作为生物体内多种生物活性物质的前体（表 11-4）。当这些活性物质不能正常合成的时候，可导致机体病变。

Quiz19 人体内有游离的硒代半胱氨酸吗？

► 表 11-4 氨基酸的衍生物及其生物功能

衍生物	氨基酸前体	主要功能
肉碱	K	长链脂酰 CoA 跨线粒体内膜的转运
肌酸	G、R	肌肉细胞内的能量贮存
多巴胺	Y	神经递质
肾上腺素和去甲肾上腺素	Y	激素
γ-GABA	E	神经递质
组胺	H	血管扩张
黑色素	Y	色素，保护细胞抗紫外
褪黑激素	W	激素，促进睡眠和生物节律
一氧化氮	R	信号传导，血管扩张
羟色胺	W	血管收缩
甲状腺素	Y	激素
生长素	W	植物激素
乙烯	M	植物激素
卟啉	G、E	血红素的前体

科学故事 **科学家发现海洋中微小硅藻也有尿素循环**

尿素循环是哺乳动物用于解除氨毒而将过量氮参入到尿素中并将其从体内除去的代谢途径。但让人预想不到的是，E. Allen 等人发表于 2011 年 5 月 12 日 *Nature* 上题为“Evolution and metabolic significance of the urea cycle in photosynthetic diatoms”的研究论文表明，尿素循环还存在于硅藻（diatom）这样的藻类植物中。显然，硅藻这种单细胞浮游植物所具有的尿素循环行使的功能与哺乳动物肯定不一样。Allen 等人的研究表明，硅藻将尿素循环作为无机碳和氮的分配和回收中心，可显着地促进其对偶发性氮可利用的代谢反应，从而能更加有效地利用环境中的碳和氮，特别是在上升流（upwelling）事件之后，硅藻从营养丰富的深海水域向上运动到地表。

硅藻具有由硅石制成的独特的细胞壁。它们是了解海洋生态系统的环境健康的关键生物，并且负责产生海洋中的大部分碳和氧。海洋环境中硅藻的光合作用提供了大气中约五分之一的氧气。在以前的研究中，Allen 等人测定了第一个单体硅藻——三角褐指藻（*Phaeodactylum tricornutum*）的基因组序列。在这项研究中，他们开发了确定硅藻基因起源的新方法，还研究了硅藻的营养代谢，从铁代谢开始。在这项工作的基础上，Allen 及其同事研究了硅藻的进化历史，特别是三角褐指藻，以及环境中营养利用的细胞机制，从而发现了硅藻具有功能性尿素循环（图 11-17）。不过，与哺乳动物体不同的是，硅藻体内为尿素循环提供的铵离子除了来自氨基酸的分解代谢以外，还来自体内的光呼吸。此外，硅藻体内的尿素循环中的中间物的水平很低，原因是它们很容易被循环外的多种反应利用掉。例如，精氨酸不但可以在精氨酸酶的催化下，水解成尿素和鸟氨酸，而形成的尿素可以被脲酶水解成铵离子和 CO_2，鸟氨酸既可以留在循环内，还可以在鸟氨酸环脱氨酶（ornithine cyclodeaminase）催化下，转变成脯氨酸，或者在鸟氨酸脱羧酶（ornithine decarboxylase，OCD）催化下参与多胺的合成，而且可以在鲱精胺酶（agmatinase）催化下转变成多胺。已知，脯氨酸对于调节硅藻的渗透压十分重要，而多胺参与硅藻等细胞壁形成过程中二氧化硅沉积。这就意味着硅藻可能利用尿素循环作为无机碳和氮的分配和回收中心，有利于碳和氮的细胞再循环，实时调节其所需要的脯氨酸和多胺的量。

为了确认这一点，Allen 等人使用 RNA 干扰技术，对尿素循环的限速酶——线粒体内的氨甲酰磷酸合成酶（CPS1）的翻译进行了抑制，然后再分析尿素循环受到抑制以后硅藻的代谢物分布的变化，结果发现受到影响的化合物就有脯氨酸和多胺，此外，他们还检测了 CPS1 缺失的硅藻对氮添加的反应，结果发现反应的敏感性降低。

总之，硅藻细胞内存在尿素循环是一个惊人的发现。如果从进化的角度来看，意义更是重大，因为在此之前，人们认为尿素循环起源于生命的后生动物分支。现在，人们意识到，在后生动物出现之前，尿素循环存在了数亿年。这表明，硅藻具有与植物基本上不同的进化路径。在光合有机体获得进化之前，硅藻的祖先可能与动物的祖先更密切相关，而不是植物。这种相关性导致硅藻和动物共享一些类似的生化途径，如尿素循环。而尿素循环可能成为海洋环境中硅藻统治的一个原因。

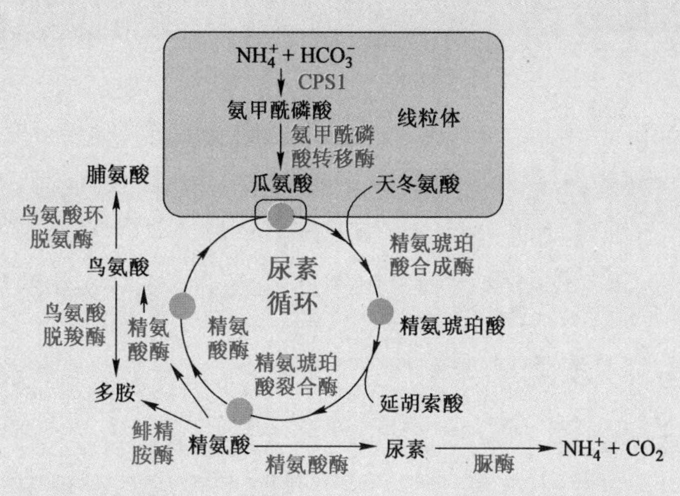

图 11-17 硅藻体内的尿素循环

思考题：

1. 将纯化的谷氨酸转氨酶透析可用来去除与酶结合的磷酸吡哆醛（PLP）。但是，PLP 与这种酶的解离非常慢。然而，如果在酶液中加入 Glu 可提高 PLP 与酶的解离速率，为什么？

2. 下图显示的化合物是尿素循环中某一种酶潜在的抑制剂。你认为它会是哪一种酶？为什么？

$$\mathrm{RHN{-}C({=}O){-}CH_2{-}P({=}O)(O^{\ominus})_2}$$

3. 哺乳动物体内合成的大多数蛋白质含有 20 种常见的蛋白质氨基酸。如果体内即使缺乏一种必需氨基酸就会使蛋白质降解的速率大于合成的速率，那么：

(1) 加速蛋白质的水解如何提高缺乏的氨基酸的量？

(2) 蛋白质降解的加速如何提高机体对 N 的排泄？

4. 对于许多微生物，谷氨酸脱氢酶（GDH）参与谷氨酸的分解代谢。谷氨酸在它的催化下，产生氨和 α– 酮戊二酸。α– 酮戊二酸进入 TCA 循环氧化。

(1) 当大肠杆菌在以 Glu 作为唯一碳源的培养基中生长的时候，GDH 的合成被强烈抑制。在这样的条件下，催化 Asp 形成富马酸和氨的天冬氨酸酶（aspartase）是细胞在 Glu 下生长所必需的。为什么？试用一个循环途径来说明。

(2) 当大肠杆菌培养在葡萄糖和氨的培养中，GDH 的合成加速，而且它是有活性的。这时，GDH 在细菌代谢中起什么作用？

5. 蛋白质的降解信号通常位于蛋白质与蛋白质相互作用的区域，试解释为什么两个功能位于同一个部位？

网上更多资源……

本章小结　授课视频　授课音频　生化歌曲

教学课件　推荐网址　参考文献

第十二章 核苷酸代谢

核苷酸在生物体内的主要功能是作为核酸的组成单位，因此核酸水解就会释放出组成它们的核苷酸残基。已发现人类很多遗传性疾病与核苷酸代谢异常有关，而许多碱基或核苷类似物以及其他抗核苷酸代谢药物，被广泛用于多种疾病的治疗。例如，叠氮脱氧胸苷（AZT）治疗艾滋病，瑞德西韦（Remdesivir）用于治疗新型冠状病毒肺炎（COVID-19）。故研究核苷酸代谢以及相关的调控机制具有特别的意义。

本章将首先简单介绍核酸在动物消化道内的消化和吸收，然后重点介绍核苷酸的合成代谢及其调控机制，最后再对核苷酸的分解代谢做一般介绍。

第一节 核酸在动物消化道内的消化和吸收

食物中的核酸在消化道也会被消化和吸收（图 12-1）。胰液中含有两类核酸酶，即核糖核酸酶和脱氧核糖核酸酶，它们被分泌到十二指肠分别水解 RNA 和 DNA。

Quiz1 你认为这两种水解酶在胰腺细胞中也是以酶原的形式合成然后在消化道被水解激活的吗？为什么？

核苷酸带有负电荷，因此很难被小肠上皮细胞直接吸收，会在消化道内的碱性磷酸酶（alkaline phosphatase）的催化下，被水解成核苷和磷酸。核苷再在 Na^+ 梯度的驱动下，被主动运输到小肠上皮细胞内。小肠上皮细胞膜上有两类主动运输核苷的转运蛋白，分别负责运输嘌呤核苷和嘧啶核苷，但它们的专一性并不是绝对的。正因为如此，许多核苷类似物药物才能在它们的帮助下，在消化道被机体主动吸收。

核苷被吸收到胞内，要么被进一步分解，要么通过核苷酸合成的补救途径，被重新转变成核苷酸（见本章后两节相关内容）。

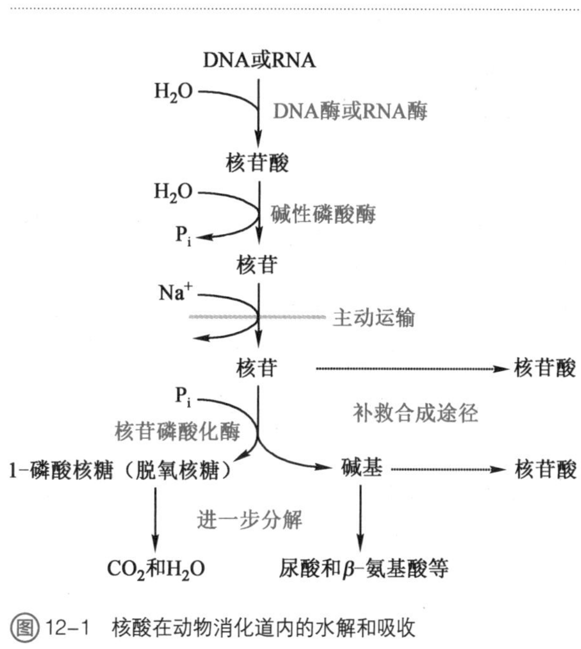

图 12-1 核酸在动物消化道内的水解和吸收

第二节 核苷酸的合成

核苷酸的合成有从头合成（*de novo* synthesis）和补救合成（salvage synthesis）两条途径。其中，从头合成是指从最简单的小分子（如 CO_2 和氨基酸）开始，经过多步反应，消耗更多的能量，最后生成核苷酸的过程；补救合成是指核苷酸部分降解的产物（包括核苷和碱基）被循环利用，重新转变成核苷酸的过程。显然，补救合成涉及的反应和能耗较少。

一、核苷酸的从头合成

（一）嘌呤核苷酸的从头合成

尿酸作为鸟类嘌呤核苷酸分解代谢的终产物，还保留着嘌呤母环的结构。其难溶于水、易于分离的性质使它特别适合用做研究嘌呤核苷酸的从头合成，因为可以使用同位素，对参与嘌呤环合成的小分子前体进行标记，以确定各个小分子前体对尿酸分子结构的贡献，在此基础上可最终确定嘌呤环上9个原子的来源。

上世纪五十年代，John Buchanan 和 Robert Greenberg 就各自使用同位素标记的小分子前体喂养鸽子，通过分析鸽子粪便中尿酸分子上的同位素分布，确定了嘌呤环各原子的来源（图 12-2）。

Quiz2 你认为在研究嘌呤环各个原子来源时应该使用何种同位素来标记这些代谢小分子？

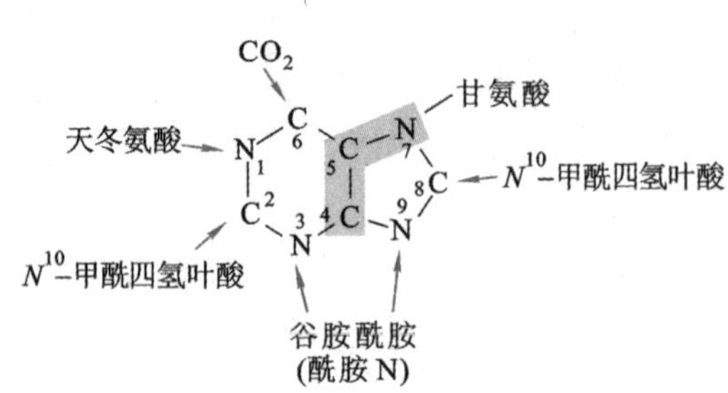

图 12-2 嘌呤环上各原子的来源

嘌呤核苷酸从头合成的小分子前体包括：CO_2、Asp、Gly、Gln 和 N^{10}- 甲酰四氢叶酸。整个合成途径由十多步反应构成，有些反应消耗 ATP 或 GTP。

1. 5- 磷酸核糖 -1-α- 焦磷酸（5-phosphoribosyl-1-α-pyrophosphate，PRPP）的形成

这是一步磷酸核糖 1 号位半缩醛羟基被活化的反应，由 5- 磷酸核糖焦磷酸激酶（ribose-5-phosphate pyrophosphokinase）催化，此酶也称为 PRPP 合成酶(PRPP synthetase)，反应的产物为 PRPP（图 12-3）。作为主要底物的 5- 磷酸核糖可以来自磷酸戊糖途径，也可能来自核苷酸的降解产物——1-磷酸核糖的变位反应。

PRPP 是一种极为重要的代谢中间物，它不仅参与核苷酸的从头合成，还参与补救合成。此外，它还参与某些核苷酸类辅酶（辅酶Ⅰ和Ⅱ）和某些氨基酸（His 和 Trp）的合成。正因为如此，细胞内 PRPP 的浓度受到严格的控制，其浓度通常较低。能够抑制 PRPP 合成酶活性的物质有：ADP、2，3-BPG、AMP、GMP 和 IMP。

Quiz3 你如何理解 2,3-BPG 是 PRPP 合成酶的抑制剂？

2. 5- 磷酸 -1-β- 核糖胺（5-phospho-1-β-ribosylamine）的形成

这是一步由谷氨酰胺：PRPP 酰胺转移酶（Gln：PRPP amidotransferase）催化的反应。在反应中，PRPP 中的焦磷酸基团被 Gln 侧链上的氨基取代。与此同时，核糖 C1 的构型从 α 型变成天然核苷酸特有的 β 型（图 12-4）。

作为嘌呤核苷酸从头合成的限速步骤，该反应受到严格的调控，调控的方式是有活性的单体和无活性的二聚体的互变。核苷酸合成的中间产物 IMP 和终产物(GMP 和 AMP)促进单体向二聚体的转变，反馈抑制此步反应；反应的底物 PRPP 则激活该酶的活性。

3. IMP 的合成

在 5- 磷酸 -1-β- 核糖胺生成以后，紧接着将再发生 9 步反应才能形成嘌呤核苷酸，但最先被合成的嘌呤核苷酸却是次黄苷酸（IMP）。其中，有 4 步反应消耗 ATP，还有 2 步反应需要 N^{10}- 甲酰四氢

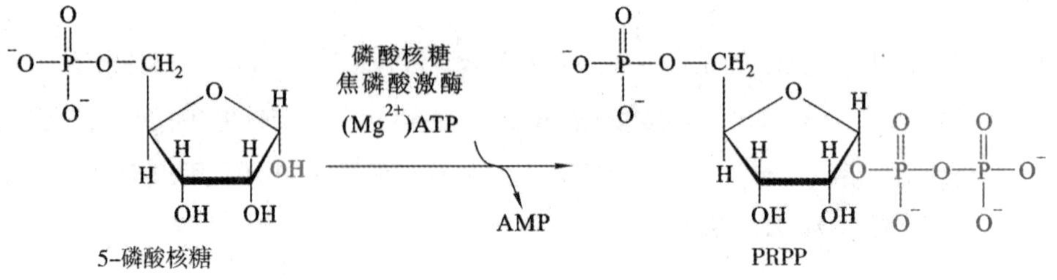

图 12-3 PRPP 的合成

叶酸(图 12-5)。

(1) 在甘氨酰胺核苷酸合成酶(glycinamide ribotide synthetase)催化下,Gly 与磷酸核糖胺缩合成甘氨酰胺核苷酸(glycinamide ribotide),同时消耗 1 分子 ATP。

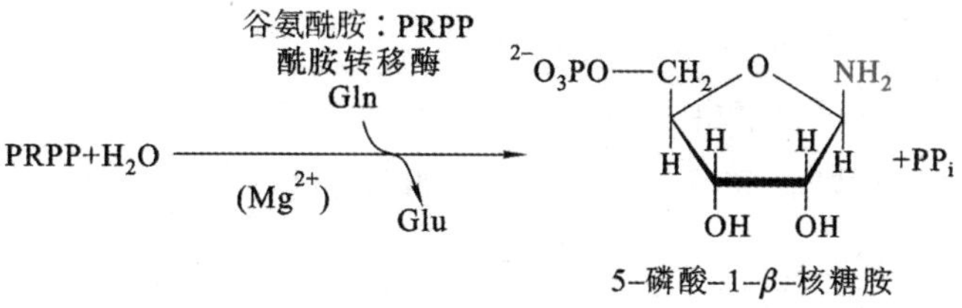

谷氨酰胺:PRPP 酰胺转移酶

PRPP+H_2O —(Gln → Glu, (Mg^{2+}))→ 5-磷酸-1-β-核糖胺 + PP_i

图 12-4 5-磷酸-1-β-核糖胺的形成

(2) 在甘氨酰胺核苷酸甲酰基转移酶(glycinamide ribotide transformylase)催化下,甘氨酰胺核苷酸接受 N^{10}-甲酰四氢叶酸上的甲酰基,形成 α-N-甲酰甘氨酰胺核苷酸(α-N-formylglycinamide ribotide)。这里的甲酰基转移酶与催化 N^{10}-

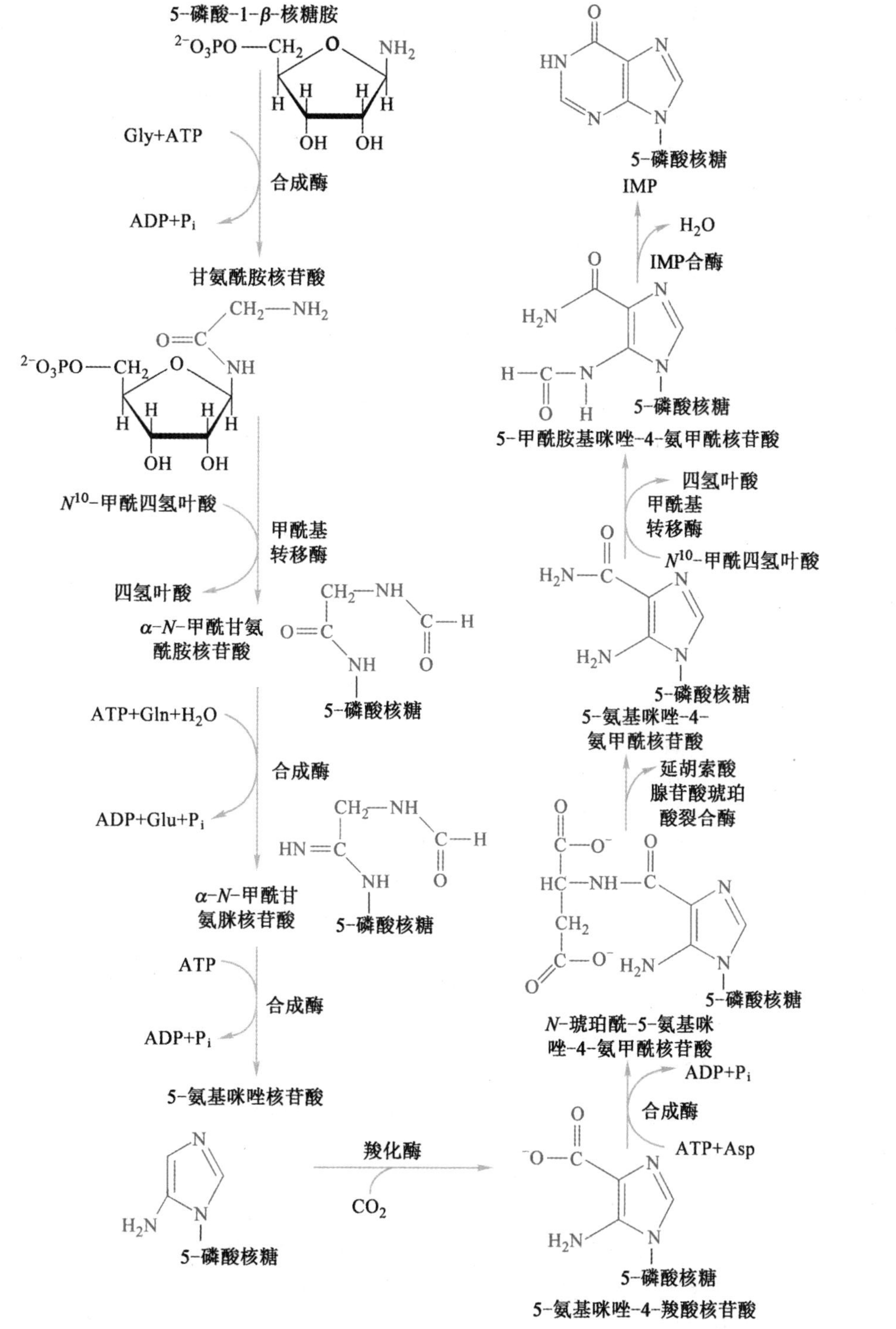

图 12-5 IMP 的合成

甲酰四氢叶酸合成的丝氨酸转羟甲基酶(serine transhydroxymethylase)构成多酶复合物,这样可以保证 N^{10}– 甲酰四氢叶酸的随时供应。

(3) 在甲酰甘氨脒核苷酸合成酶(formylglycinamidine ribotide synthetase)催化下,Gln 再次提供侧链上的氨基,形成 α–N– 甲酰甘氨脒核苷酸(α–N–formylglycinamidine ribotide),同时消耗 1 分子 ATP。

(4) 在氨基咪唑核苷酸合成酶(aminoimidazole ribotide synthetase)催化下,α–N– 甲酰甘氨脒核苷酸闭环,形成 5– 氨基咪唑核苷酸(5–aminoimidazole ribotide),再消耗 1 分子 ATP。值得注意的是,在很多真核生物体内,催化此步反应的酶与前面的谷氨酰胺:PRPP 酰胺转移酶以及甘氨酰胺核苷酸甲酰基转移酶实为同一种蛋白质。

(5) 在一种不依赖于生物素的氨基咪唑核苷酸羧化酶(aminoimidazole ribotide carboxylase)催化下,5– 氨基咪唑核苷酸发生羧化反应,在没有消耗 ATP 的条件下生成了 5– 氨基咪唑 –4– 羧酸核苷酸(5–aminoimidazole–4–carboxylate ribotide)。

(6) 在 N– 琥珀酰 –5– 氨基咪唑 –4– 氨甲酰核苷酸合成酶(N–succino–5–aminoimidazole–4–carboxamide ribotide synthetase)催化下,5– 氨基咪唑 –4– 羧酸核苷酸与 Asp 缩合成 N– 琥珀酰 –5– 氨基咪唑 –4– 氨甲酰核苷酸(N–succino–5–aminoimidazole–4–carboxamide ribotide),又消耗 1 分子 ATP。在哺乳动物体内,催化此反应的合成酶与催化上一步反应的羧化酶也属于同一种多功能酶。研究表明,这两个酶的活性中心靠得很近,之间通过一个特殊的底物通道相连。虽然羧化酶催化的反应平衡并不利于产物的形成,但是由于形成的产物很容易通过通道进入合成酶的活性中心,被这步受 ATP 水解驱动的反应消耗掉,所以羧化酶催化的反应即使没有消耗 ATP,照样可以很好地进行。

Quiz4 嘌呤核苷酸从头合成与尿素循环和三羧酸循环有哪一种中间代谢物是相同的?

(7) 在腺苷酸琥珀酸裂合酶(adenylosuccinate lyase)催化下,N– 琥珀酰 –5– 氨基咪唑 –4– 氨甲酰核苷酸被裂解成 5– 氨基咪唑 –4– 氨甲酰核苷酸(5–aminoimidazole–4–carboxamide ribotide)和富马酸。

(8) 在氨基咪唑 –4– 氨甲酰核苷酸甲酰基转移酶(aminoimidazole–4–carboxamide ribotide transformylase)催化下,5– 氨基咪唑 –4– 氨甲酰核苷酸接受 N^{10}– 甲酰四氢叶酸上的甲酰基,生成 5– 甲酰胺基咪唑 –4– 氨甲酰核苷酸(5–formylaminoimidazole–4–carboxamide ribotide)。

(9) 在次黄苷酸合酶(IMP synthase)或次黄苷酸环水解酶(IMP cyclohydrolase)催化下,5– 甲酰胺基咪唑 –4– 氨甲酰核苷酸脱水环化形成 IMP。催化这一步反应的酶与催化上一步反应的甲酰基转移酶也属于同一种多功能酶。

4. AMP 和 GMP 的合成

AMP 和 GMP 均由 IMP 修饰而成(图 12–6)。

在从 IMP 转变成 AMP 的过程中,首先是在腺苷酸琥珀酸合成酶(adenylosuccinate synthetase)催化下,IMP 与 Asp 缩合成腺苷酸琥珀酸,同时消耗 1 分子 GTP;随后在腺苷酸琥珀酸裂合酶(adenylosuccinate lyase)催化下,腺苷酸琥珀酸裂解成 AMP 和富马酸。

Quiz5 腺苷酸琥珀酸裂合酶催化的反应与尿素循环中的哪一步反应非常相似?

从 IMP 到 GMP,则首先是在次黄苷酸脱氢酶的催化下,IMP 被氧化成黄苷酸(xanthosine monophosphate,XMP);随后,在鸟苷酸合成酶的催化下,XMP 接受 Gln 侧链上的氨基(细菌为游离的氨),形成 GMP,同时 1 分子 ATP 被水解成 AMP 和 PP_i。

Quiz6 嘌呤核苷酸从头合成形成了 IMP 和 XMP,你认为细胞如何防止这两种核苷酸在基因转录的时候被错误利用参入到转录出的 RNA 分子中的?

值得注意的是:无论是 IMP 转变为 AMP,还是 IMP 转变为 GMP 都是消耗能量的。但是,在 IMP 转变为 AMP 的反应中,消耗的是 GTP,而在 IMP 转变为 GMP 的反应中,消耗的是 ATP。如此交叉地使用核苷三磷酸的好处显而易见,就是可以有效地调节细胞内 GTP 和 ATP 之间的比例,以避免两者浓度的失调。

在肌细胞内,存在一种嘌呤核苷酸循环(purine nucleotide cycle)(图 12–7),该循环的主要反应是:AMP 在腺苷酸脱氨酶的催化下转变为 IMP,IMP 经过腺苷酸琥珀酸再转变成 AMP。这种循环产生的富马酸可进入线粒体,经苹果酸转变成草酰乙酸,从而提高 TCA 循环的效率,产生更多的 ATP 以满足肌细胞的需要。已发现腺苷酸脱氨酶的缺失可导致肌病的发生。

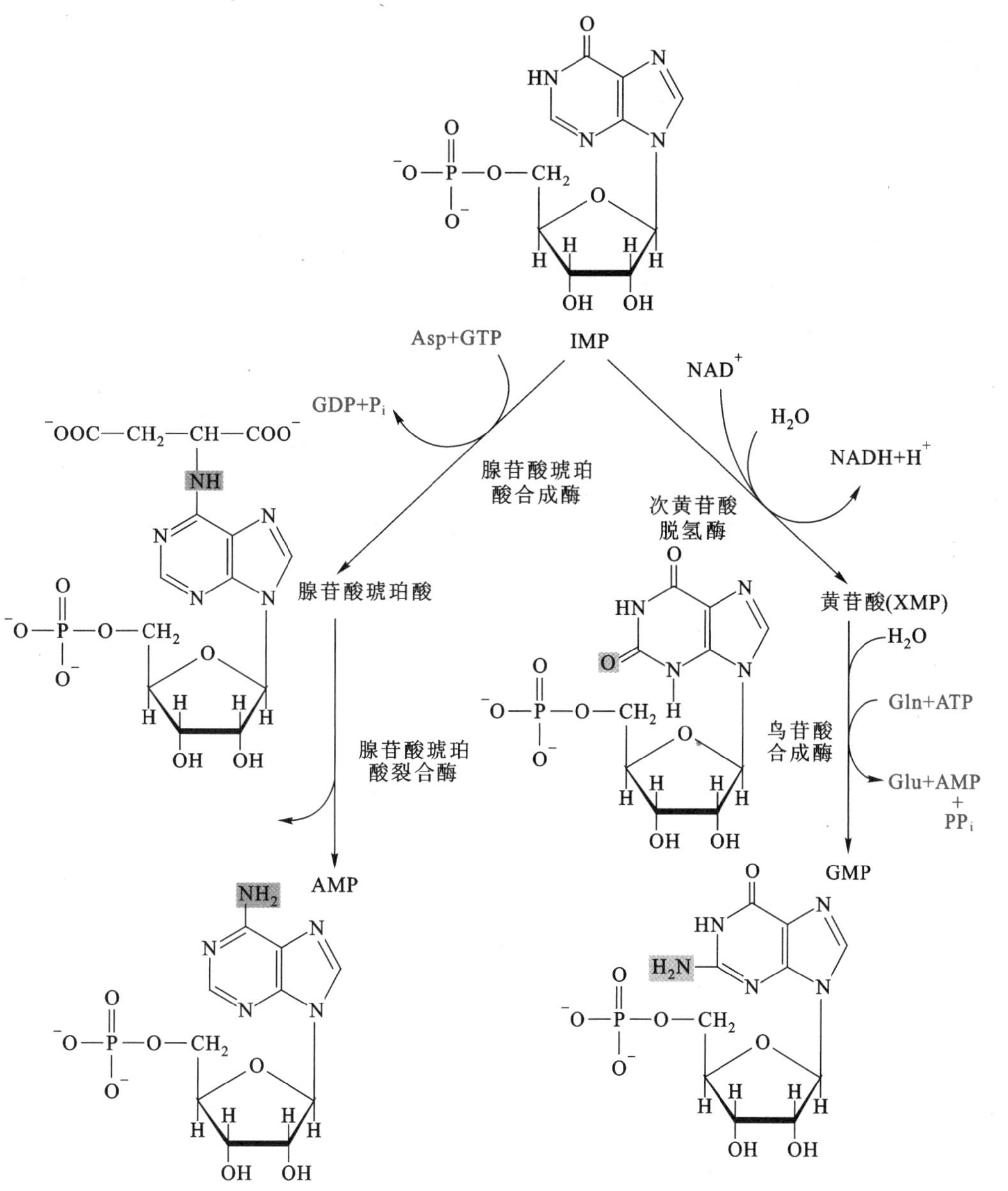

图 12-6 从 IMP 合成 AMP 和 GMP

在心肌细胞缺氧的时候，受到激活的缺氧诱导的转录因子（HIF-1α）可让心肌细胞在缺氧胁迫下，通过使用腺苷酸琥珀酸裂解产生的富马酸，来代替氧气作为呼吸链的末端电子受体，为缺血性心脏提供保护。

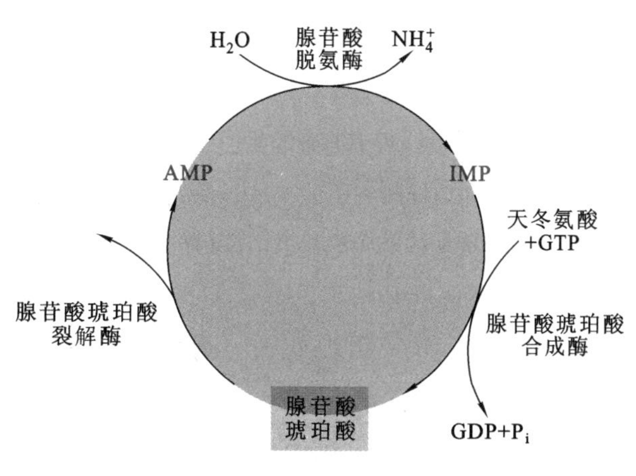

图 12-7 嘌呤核苷酸循环

（二）嘧啶核苷酸的从头合成

嘧啶核苷酸从头合成的前体包括 Gln、CO_2 和 Asp 等。它与嘌呤核苷酸从头合成至少有两个差别：①嘌呤核苷酸是先形成 β-N- 糖苷键，然后再逐步形成嘌呤环。而嘧啶核苷酸是先形成嘧啶环，然后再与 PRPP 形成 β-N- 糖苷键；②嘌呤核苷酸从头合成的所有反应都是在细胞质基质内发生的，而嘧啶核苷酸从头合成的有些反应在真核细胞中则发生在线粒体。

Quiz7 如何确定嘧啶核苷酸从头合成中嘧啶环上各个原子的来源？

嘧啶核苷酸的从头合成最先被合成的核苷酸是不常见的乳清苷酸(orotidylate,OMP),然后再得到UMP(图 12-8),共有 6 步反应。

1. 氨甲酰磷酸的合成

这是一步由 CPS2 催化的反应,它为哺乳动物嘧啶核苷酸从头合成最重要的限速步骤。与尿素循环中的氨甲酰磷酸的合成不一样的是:①反应场所不同。CPS1 仅存在于肝细胞的线粒体基质,CPS2 存在于大多数细胞的细胞质基质;②调节机制不同。CPS1 受到 *N*- 乙酰谷氨酸的激活,而 CPS2 不受,但受到 UTP 的反馈抑制;③氨基供体不同。CPS1 的氨基供体主要来自 Glu 的氧化脱氨,而 CPS2 的氨基供体来自 Gln 的酰胺基。

Quiz8 CPS2 与 CPS1 的一个重要差别是氨基供体不一样。你认为这种差别的意义何在?

2. 氨甲酰天冬氨酸的形成

这一步反应由天冬氨酸转氨甲酰基酶(ATC)催化,产物为氨甲酰天冬氨酸,细菌以此步反应为最重要的限速步骤。

3. 二氢乳清酸(dihydroorotate)的形成

这是一步分子内的缩合反应,由二氢乳清酸酶(dihydroorotase)催化,氨甲酰天冬氨酸经脱水闭环形成二氢乳清酸。

4. 乳清酸(orotate)的形成

这一步反应由二氢乳清酸脱氢酶催化。在真核细胞中,该酶位于线粒体内膜。二氢乳清酸经脱氢反应转变为乳清酸,而辅酶 I 或者 CoQ 充当电子受体。用于治疗类风湿关节炎和其他自身免疫疾病的来氟米特(Leflunomide)是该酶的抑制剂。

Quiz9 你认为这种二氢乳清酸脱氢酶的抑制剂为什么可以治疗类风湿关节炎和其他自身免疫疾病?

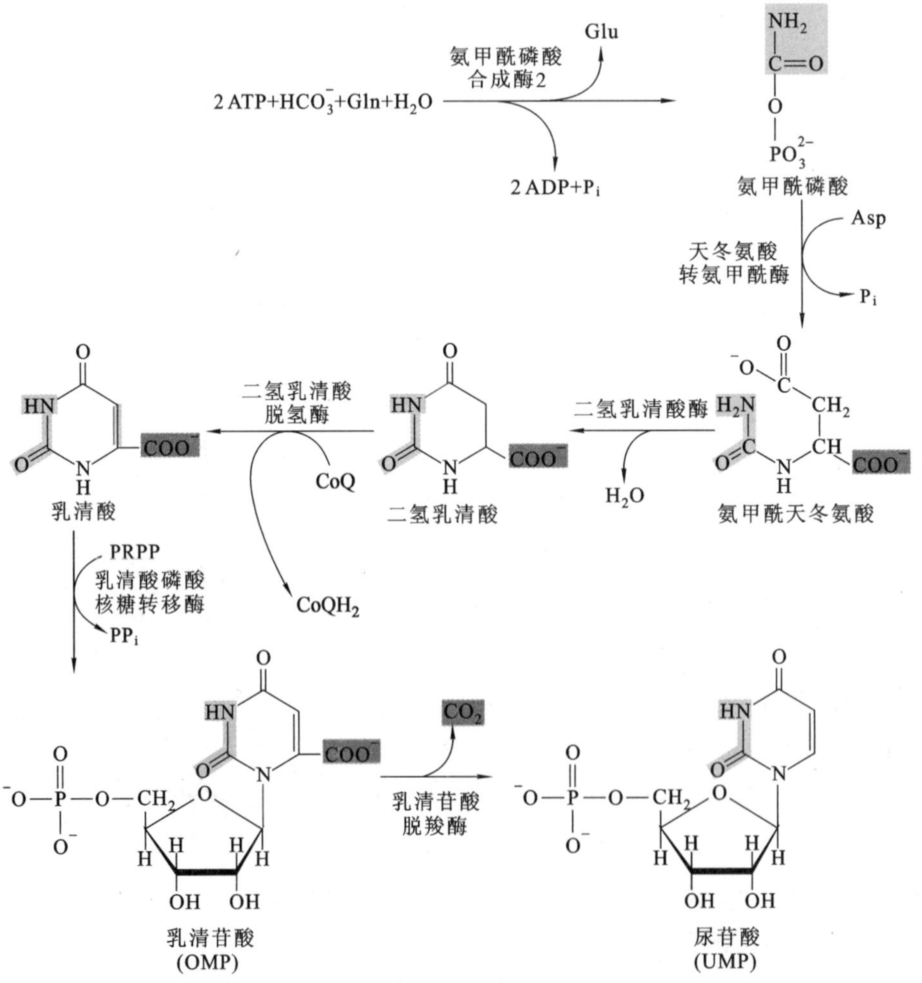

图 12-8 UMP 的从头合成

5. 乳清苷酸的形成

这一步反应与嘌呤核苷酸合成的补救途径相似，在乳清酸磷酸核糖转移酶(orotate phosphoribosyltransferase)的催化下，乳清酸与PRPP反应形成乳清苷酸。

6. UMP的形成

这是一步脱羧反应，由乳清苷酸脱羧酶催化，产物为UMP。

现已明确，哺乳动物催化前三步反应的酶，即CPS2、ATC和二氢乳清酸酶位于同一条多肽链上(三个酶的英文首字母就是CAD)，是一种多功能酶。与此相似的是，随后发生的两步反应所使用的酶，即乳清酸磷酸核糖转移酶和OMP脱羧酶也属于一种多功能酶。

Quiz10 迄今为止，你遇到了多少种多功能酶?

胞苷酸由尿苷酸衍生而来，在转变之前，UMP需要活化成UTP，后者在CTP合成酶的催化下，转变成CTP，反应式为：UTP + Gln + ATP → CTP + Glu + ADP + P_i。

二、核苷酸的补救合成

1. 嘌呤核苷酸的补救合成

有两类酶参与嘌呤核苷酸的补救合成：一类属于嘌呤碱基磷酸核糖转移酶，需要嘌呤碱基和PRPP。它们包括腺嘌呤磷酸核糖转移酶(adenine phosphoribosyltransferase，APRT)和次黄嘌呤-鸟嘌呤磷酸核糖转移酶(hypoxanthine-guanine phosphoribosyltransferase，HGPRT)，前一种用于AMP的补救合成，后一种用于IMP或GMP的补救合成。另一类包括核苷磷酸化酶和核苷激酶，其中磷酸化酶将碱基和1-磷酸核糖转变为核苷，核苷激酶再将核苷激活为核苷酸。

APRT催化的反应是：腺嘌呤 + PRPP → AMP + PP_i

HGPRT催化的反应是：鸟嘌呤或次黄嘌呤 + PRPP → GMP或IMP + PP_i

2. 嘧啶核苷酸的补救合成

参与嘧啶核苷酸补救合成的酶主要有核苷磷酸化酶和核苷激酶。许多嘧啶核苷类药物是通过此途径在细胞内转变为相应的核苷酸的。

核苷磷酸化酶催化的反应是：嘧啶碱基 + 1-磷酸核糖 ⟷ 嘧啶核苷 + P_i

核苷激酶催化的反应是：嘧啶核苷 + ATP → 嘧啶核苷酸 + ADP

此外，在某些细胞内还有类似于APRT或HGPRT的嘧啶磷酸核糖转移酶(pyrimidine phosphoribosyltransferase)，也可以催化嘧啶核苷酸的补救合成。

dTMP也可由补救途径合成，行使催化的酶首先是胸腺嘧啶磷酸化酶(thymine phosphorylase)，然后是胸苷激酶(thymidine kinase，TK)。

胸腺嘧啶磷酸化酶催化的反应是：胸腺嘧啶 + 1-磷酸脱氧核糖 → 脱氧胸苷 + P_i

TK催化的反应是：脱氧胸苷 + ATP → dTMP + ADP

三、NDP和NTP的合成

在核苷单磷酸激酶(nucleoside monophosphate kinase)的催化下，NMP可被激活为NDP。不同的NMP激酶对碱基的特异性不同，但对戊糖无特异性。例如，腺苷单磷酸激酶对AMP和dAMP都能作用。

腺苷单磷酸激酶催化的反应是：dAMP(AMP)+ ATP → dADP(ADP)+ ADP

核苷三磷酸的合成则应分别考虑：ATP可以通过底物水平的磷酸化、氧化磷酸化和光合磷酸化直接生成，而一部分GTP也可以在TCA循环中通过底物水平磷酸化直接产生，其他NTP是在核苷二磷酸激酶(nucleotide diphosphate kinase)的催化下形成的。与核苷单磷酸激酶不同的是，核苷二磷酸激酶对碱基和戊糖(核糖还是脱氧核糖)均无特异性，其催化的反应式是：$N_1DP + N_2TP \longleftrightarrow N_1TP + N_2DP$

在有氧条件下，由于细胞内的ATP浓度远远高于其他几种核苷三磷酸，因此，作为磷酸供体的核苷酸几乎全是ATP。

四、脱氧核苷酸的合成

细胞是先合成核糖核苷酸，后由核糖核苷酸被还原成脱氧核苷酸。这是支持“RNA 世界”假说的一个重要证据。

催化脱氧核苷酸合成的酶是核苷酸还原酶(ribonucleotide reductase)，但绝大多数生物以 NDP 为还原的对象(图 12–9)，因此又称为 NDP 还原酶。NDP 还原酶的催化机制涉及活性中心的一个以自由基形式存在的酪氨酸残基，还需要一个双铁氧桥(diferric oxygen bridge)的帮助，以维持活性自由基的再生。

Quiz11 脂肪酸代谢也有一种酶使用自由基催化。你记得是哪一种吗?

以大肠杆菌的 NDP 还原酶为例，在反应中 NDP 被还原成 dNDP，直接的还原剂为硫氧还蛋白(thioredoxin)，而最终的还原剂为 NADPH。其中 NADPH 在硫氧还蛋白还原酶(thioredoxin reductase)的催化下，负责还原性硫氧还蛋白的再生(图 12–10)。

NDP 还原酶的作用机制可分为以下几步(图 12–11)：① 3′– 核苷酸自由基的形成。自由基从 R2 亚基的 Tyr 残基(Y)转移到核糖的 3′– 碳上。② 2′– 羟基的质子化。③脱水，来自 R1 亚基的一个 Cys 巯基上的氢与核糖 2′– 羟基缩合成水。④ 3′– 核苷酸自由基的再生，另一个 Cys 残基巯基上的氢转移到核糖环上，同时在上述两个 Cys 残基之间形成二硫键。⑤ Tyr 自由基的再生。自由基从核糖的 3′– 碳转移到 Tyr 残基上，以形成稳定的 dNDP。⑥ dNDP 被释放，二硫键被硫氧还蛋白或谷氧还蛋白(glutaredoxin)还原成自由的巯基。

由此可见，NDP 还原酶的催化离不开活性中心的酪氨酸自由基和帮助自由基再生的双铁氧桥。若是上述结构被破坏，就会导致这类酶的活性受到抑制。例如，羟基脲(hydroxyurea)可清除酶活性中心的自由基，所以是 NDP 还原酶的特异性抑制剂。

五、dTMP 的合成

dTMP 是在胸苷酸合酶(thymidylate synthase)的催化下，由 dUMP 甲基化而成，甲基供体为 N^5,

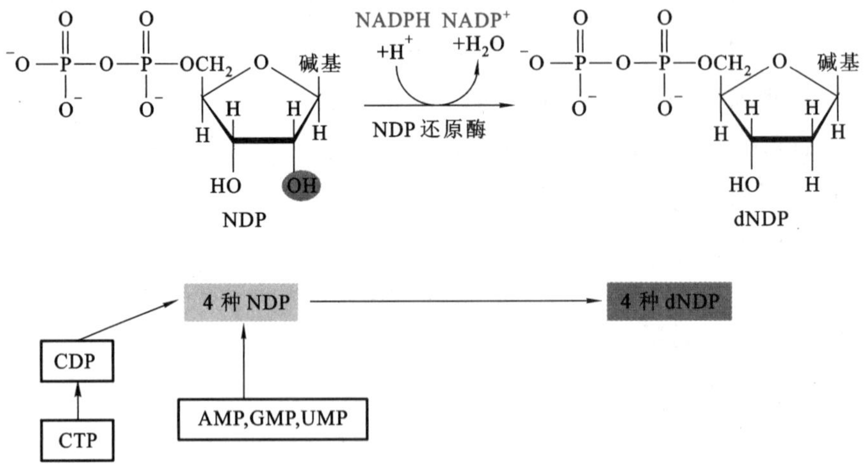

图 12–9 脱氧核苷酸的合成

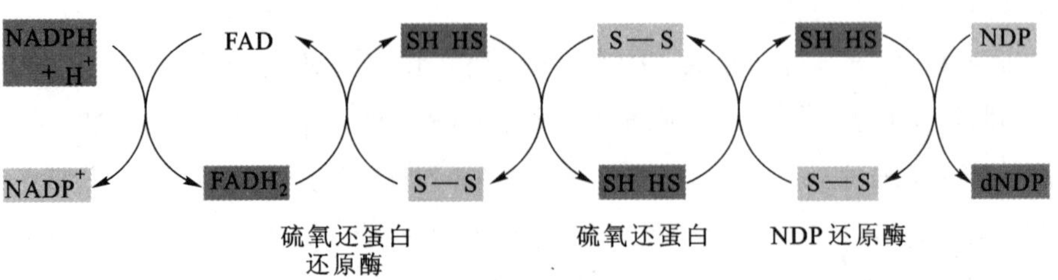

图 12–10 NDP 的还原

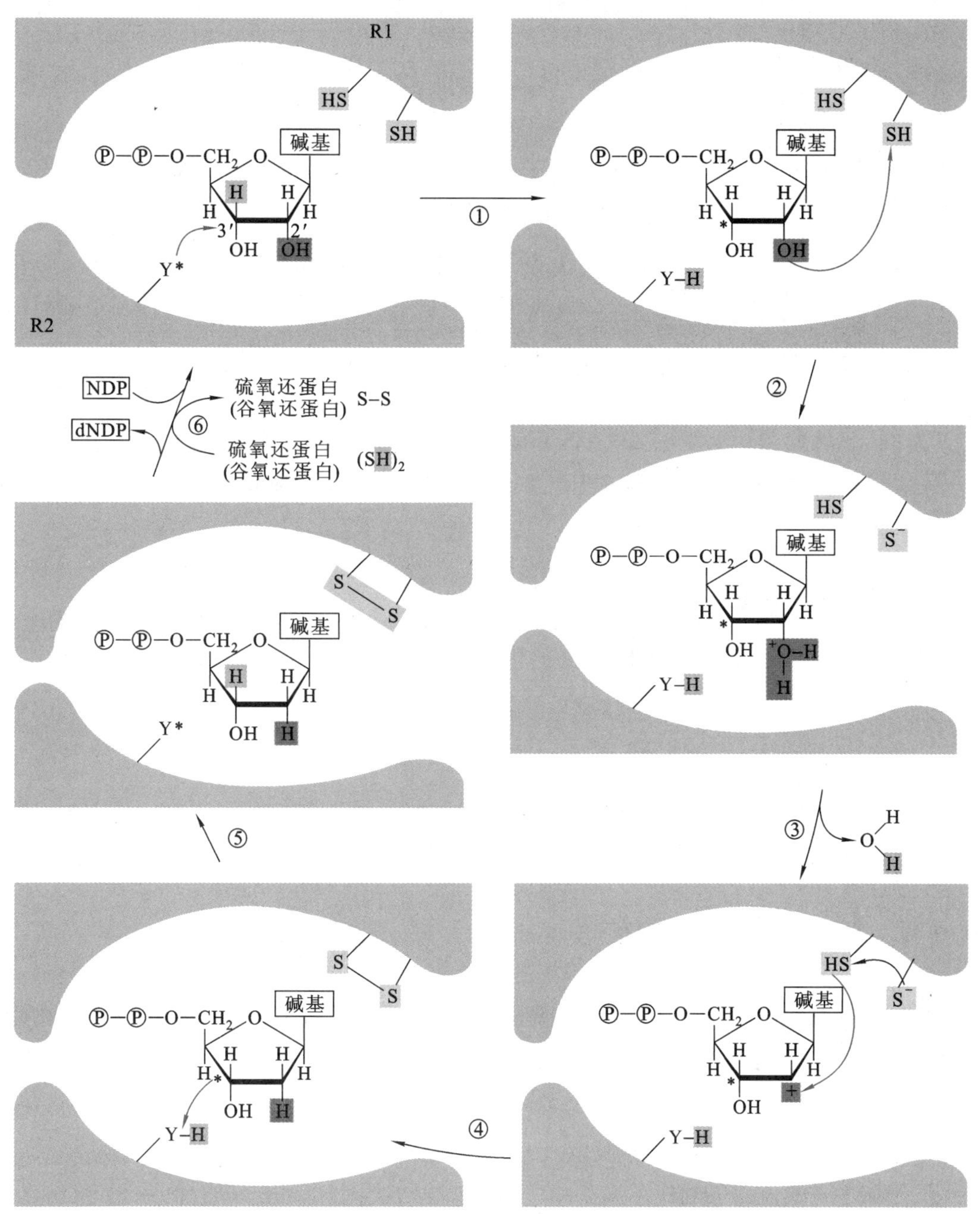

图 12–11 NDP 还原酶的作用机制

N^{10}– 亚甲基四氢叶酸(图 12–12)。它供出亚甲基以后转变为二氢叶酸,二氢叶酸再被 NADPH 还原成四氢叶酸。四氢叶酸则在丝氨酸转羟甲基酶的催化下,与丝氨酸反应重新转变为 N^5,N^{10}– 亚甲基四氢叶酸。由此可见,细胞是先有 RNA 特有的碱基 U,后有 DNA 特有的碱基 T,这可视为“RNA 世界”假说的又一个重要证据。

dUMP 由 dUTP 水解而成,dUTP 酶催化此反应,反应式为:dUTP → dUMP + PP_i。由于反应产生的 PP_i 受焦磷酸酶的作用会迅速水解,致使反应平衡非常有利于 dUMP 的形成。于是,胞内的 dUTP 的浓度甚低,这就减少了它在 DNA 复制中参入到 DNA 链上的可能性。

细胞生成 dUTP 有 2 条途径:其一是 UMP → UDP → dUDP → dUTP,其二是由 dCTP 脱氨而成。

Quiz12 细胞里有少量的 dUTP,那你认为细胞里有没有少量的 TTP 呢?

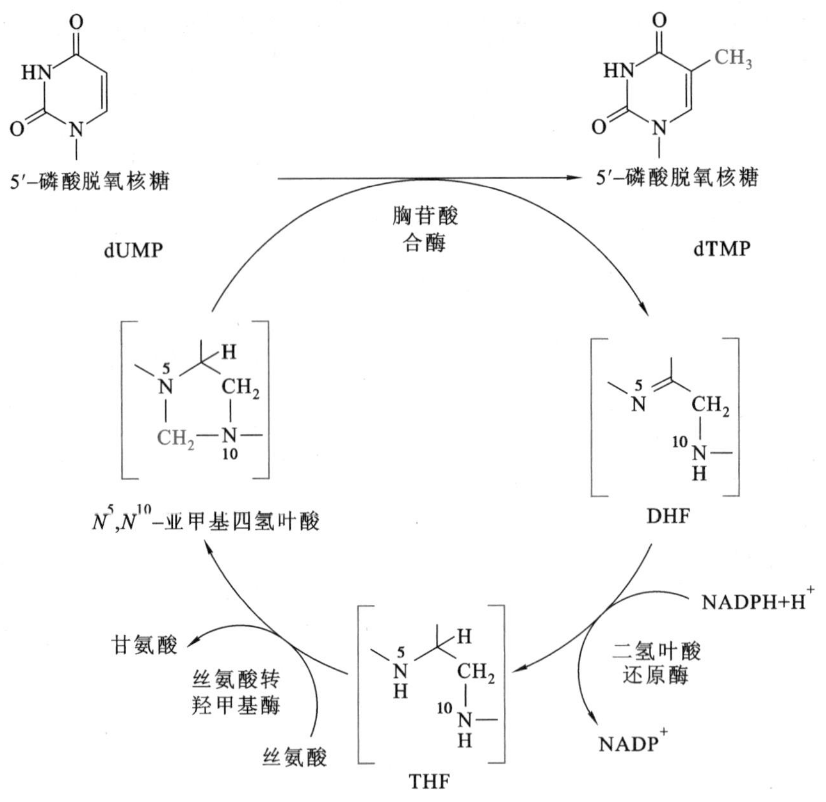

图 12-12 胸苷酸的合成

第三节 核苷酸合成的调控

细胞内核苷酸的合成受到严格的调控。调控的主要目的是维持细胞内各种核苷酸之间的浓度平衡,这对于保持 DNA 复制和转录的忠实性十分重要(参看第十三章“DNA 复制”)。调控的主要手段是终产物的反馈抑制。

一、嘌呤核苷酸合成的调节

嘌呤核苷酸的从头合成途径中受到调节的酶有:PRPP 合成酶、谷氨酰胺 : PRPP 酰胺转移酶、腺苷酸琥珀酸合成酶和次黄苷酸脱氢酶,其中谷氨酰胺 : PRPP 酰胺转移酶为最重要的限速酶(图 12-13)。

IMP、AMP 和 GMP 既能反馈抑制 PRPP 合成酶的活性,又能抑制谷氨酰胺 : PRPP 酰胺转移酶的

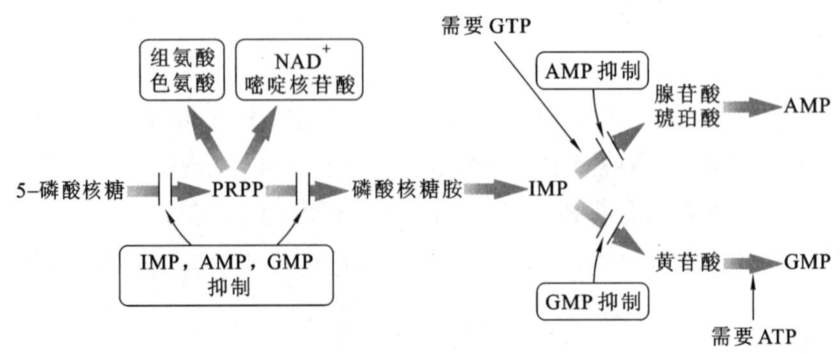

图 12-13 嘌呤核苷酸合成的调节

活性。而作为底物的 PRPP 激活谷氨酰胺：PRPP 酰胺转移酶的活性，从而直接启动了嘌呤核苷酸的从头合成途径。

IMP 作为嘌呤核苷酸合成的重要分支点，其后的两条支路分别合成 AMP 和 GMP，而 AMP 和 GMP 分别抑制两条支路的限速酶，即腺苷酸琥珀酸合成酶和次黄苷酸脱氢酶，又是反馈抑制的一个实例。此外，从 IMP 到 GMP 和 AMP 交叉消耗 ATP 和 GTP 也是一种内在的调节机制。

二、嘧啶核苷酸合成的调节

细菌和哺乳动物在嘧啶核苷酸合成的调节位点上并不相同，现分别介绍如下。

细菌嘧啶核苷酸合成的限速酶为 ATC，其中 CTP 和 UTP 为它的反馈抑制剂，ATP 为别构激活剂。

CPS2 是哺乳动物嘧啶核苷酸合成的限速酶，一方面受 UDP 或 UTP 的抑制，另一方面受 PRPP 的激活。EGF 能诱导 CPS2 的磷酸化，使其降低对 UTP 抑制的敏感性，但同时增强了它对 PRPP 激活的敏感性。此外，乳清苷酸脱羧酶也是一个调节位点，其活性受到 UMP 的抑制。

三、脱氧核苷酸合成的调节

脱氧核苷酸合成的调节极为巧妙和精细，其调控位点为核苷酸还原酶。现以大肠杆菌的 NDP 还原酶为例，详细介绍此酶的调控机制。

大肠杆菌的 NDP 还原酶由 R1 和 R2 两个亚基组成，其中 R1 由 2 个 α 亚基组成，R2 由 2 个 β 亚基组成(图 12–14)。每 1 个 α 亚基含有 1 个特异性位点(specificity site，S 位点)和 1 个活性位点(activity site，A 位点)。α 和 β 亚基之间的缝隙为底物结合位点。

如图 12–15 所示，ATP 和 dATP 与 A 位点的结合分别开启和关闭还原酶的活性，ATP、dATP、dGTP 和 dTTP 与 S 位点的结合则控制在酶有活性的时候，究竟让哪一种 NDP 与底物结合中心结合。

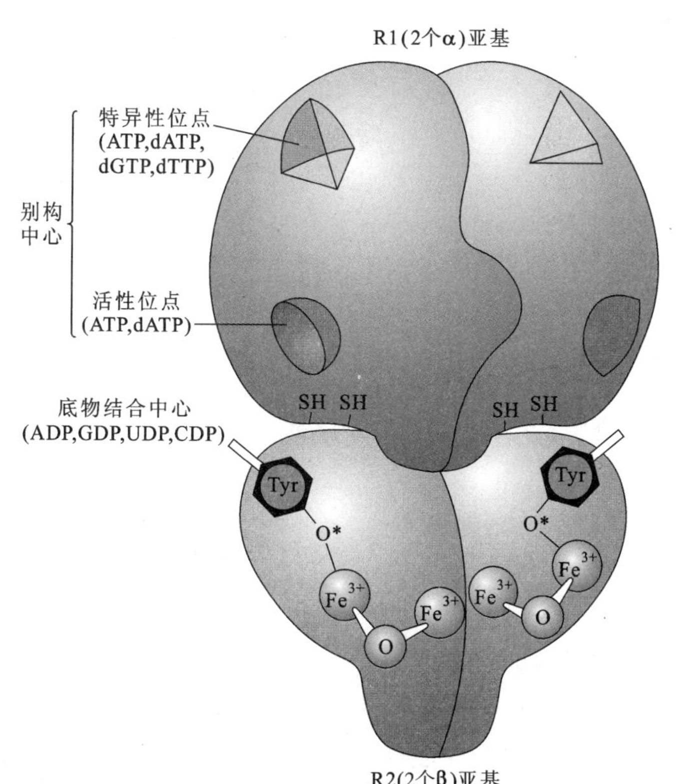

图 12–14　大肠杆菌的 NDP 还原酶的结构模型

在细胞能量状态较高的情况下，ATP 与 A 位点结合以打开还原酶的活性，同时 ATP 与 S 位点的结合促使 CDP 或 UDP 与底物结合中心的结合，再转变成 dCDP 或 dUDP。dCDP 和 dUDP 又通过前面所述的反应转变成 dTTP。当 dTTP 浓度上升到一定程度时，就会占据 S 位点，促使 GDP 与底物结合位点的结合，即 GDP → dGDP → dGTP。当 dGTP 浓度上升到一定程度的时候，也会占据 S 位点，促进 ADP 与底物结合位点的结合，于是，ADP → dADP → dATP。当 dATP 浓度上升到一定程度时，就取代 A 位点上的 ATP，从而关闭还原酶的活性。

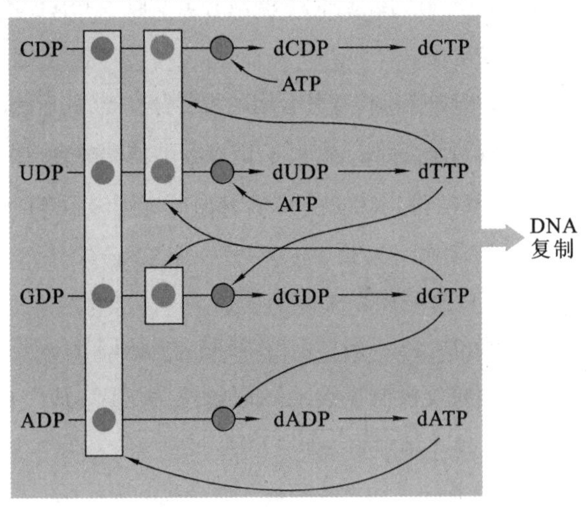

图 12-15　核苷酸还原酶活性的调节机制

Box12.1　Miller-Urey 实验的升级

大家应该都听说过著名的 Miller-Urey 实验，它开创了现代研究生命分子起源的先河。就在 1952 年，美国化学家 Stanley Miller 和 Harold Urey 模拟地球早期大气的条件进行了一次开拓性的实验，以确定地球上生命起源可能经历的化学途径。Miller-Urey 实验使用装有 H_2O、CH_4、NH_3 和 H_2 的密封玻璃烧瓶，然后再从单独的烧瓶中引入水蒸气，同时在电极之间发射电火花以模拟闪电（图 12-16）。该反应持续了一周后被终止结束。

通过对反应产物的分析，他们鉴定到了几种氨基酸的存在，有甘氨酸、α- 丙氨酸和 β- 丙氨酸等。几十年后，他们又对保存在密封容器中的原始溶液进行了更为精细的测试，结果鉴定出了 20 种氨基酸。尽管该结果为可能导致生命起源的化学进化学说提供了重要证据，但多年来一直有人对该实验持有异议，认为 Miller 和 Urey 使用的气体混合物还原性太强，并且产物有限，仅产生氨基酸。

然而，2017 年，来自捷克的研究人员对 Miller-Urey 实验进行了升级和改进，结果得到了更多的产物，其中包括 RNA 分子中含有的四种碱基。他们的研究成果发表在 2017 年 4 月 10 日 *P.N.A.S.* 上，论文的题目是“Formation of nucleobases in a Miller-Urey reducing atmosphere”。

他们的实验装置与原始实验相似，使用的是 NH_3、CO 和 H_2O 的简单还原混合物。除水蒸气中的放电外，它们还使溶液经受强大的激光放电，以模拟小行星撞击冲击波产生的等离子体。实验结果表明，所有 RNA 碱基均得以合成，有力地支持了在原始地球还原性的大气条件下，生物分子是可以通过化学手段形成的。

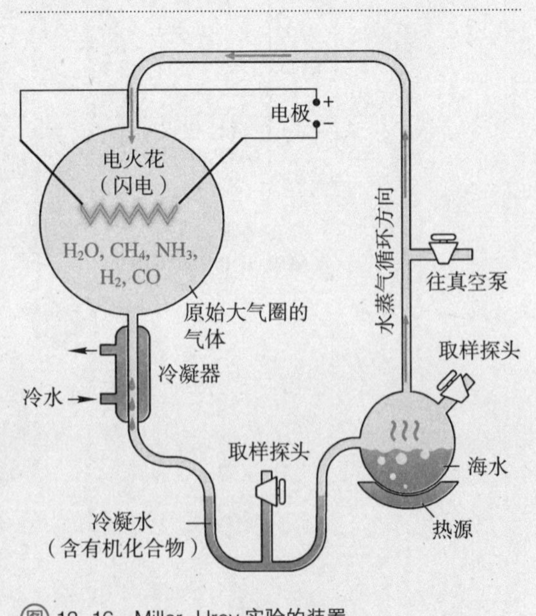

图 12-16　Miller-Urey 实验的装置

作者在论文中写道：“作为最重要的发现，NH_3 + CO + H_2O 的放电处理导致大量甲酰胺和氰化氢（HCN）的形成”。该结果很关键，因为在高温下紫外线下，甲酰胺已被实验证明可生成鸟嘌呤。

论文中还写道：“另外，我们检测到了 RNA 中的所有四种标准碱基——尿嘧啶、胞嘧啶、腺嘌呤和鸟嘌呤，还有尿素和最简单的氨基酸——甘氨酸。这些发现支持了由 NH_3、CO 和 H_2O 构成的大气可以代替甲酰胺的想法，不仅可以作为氨基酸形成的起始环境，还可以作为 RNA 碱基形成的起始环境。”

研究人员还证明，在水的存在下，任何 RNA 碱基都可以通过放电分解成还原性气体。反过来，这些气体又可以形成所有 RNA 碱基。他们还指出，他们的结果并不排除其他情况，但是证明了产生 RNA 碱基的多种途径是可能的。可能有人想到，为什么没有胸腺嘧啶？实际上，这个结果与“RNA 世界”假说是一致的。因为胸腺嘧啶被视为 DNA 特有的碱基，那在“RNA 世界”中没有胸腺嘧啶是可以理解的。

第四节　核苷酸的分解

在核苷酸酶（nucleotidase）、核苷酶（nucleosidase）或核苷磷酸化酶（nucleoside phosphorylase）的依次催化下，核苷酸可分解成碱基和核糖或磷酸核糖。随后，碱基可以进一步分解，核糖或磷酸核糖则可融入糖代谢。

一、嘌呤核苷酸的分解

嘌呤核苷酸在昆虫、爬行类、鸟类和灵长类动物细胞内降解的终产物是尿酸（图 12–17），降解的基本过程如下：①首先在核苷酸酶的催化下，脱去磷酸成为嘌呤核苷；②随后在嘌呤核苷磷酸化酶的催化下，嘌呤核苷被磷酸解成嘌呤碱基和 1– 磷酸（脱氧）核糖；③生成的 1– 磷酸核糖可进入磷酸戊糖途径进一步分解，而 1– 磷酸脱氧核糖在磷酸脱氧核糖醛缩酶（deoxyribose-phosphate aldolase）催化下，裂解成 3– 磷酸甘油醛和乙醛。这里产生的 3– 磷酸甘油醛可进入糖酵解，而乙醛可在乙醛脱氢酶催化下，被氧化成乙酸。乙酸在被活化成乙酰 CoA 后可进入 TCA 循环；④释放出的游离嘌呤碱基，既可经水解、脱氨及氧化作用生成尿酸，还可以经核苷酸合成的补救途径，重新参入到核苷酸分子之中。

人体内产生的尿酸无法通过自由扩散的方式进出细胞，需要在专门的运输蛋白的帮助下才可以

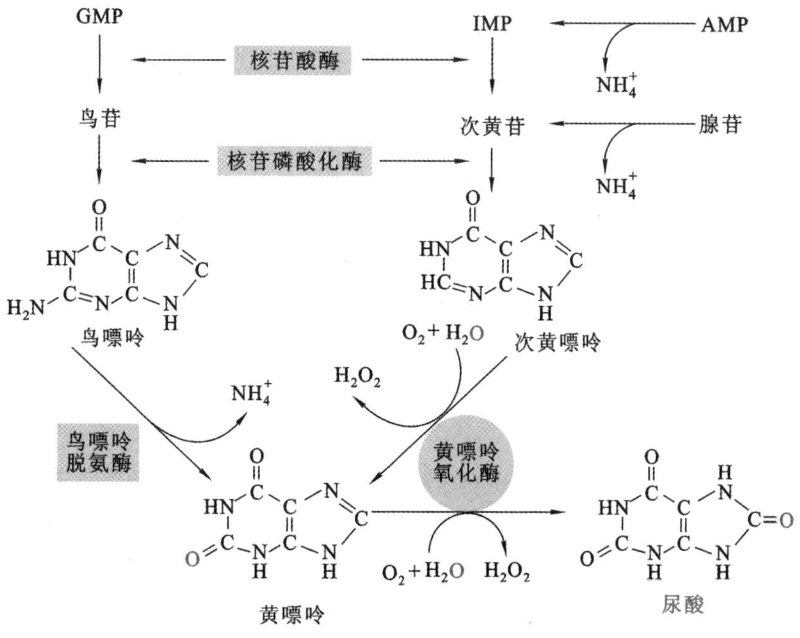

图 12–17　嘌呤核苷酸的分解代谢

完成。据估计，30% 的尿酸由肠道细胞排泄出去，还有约 70% 经肾随尿液排出，其中会有少量被肾重吸收。

Quiz13 在代谢前几章遇到过哪些酶的作用方式与黄嘌呤氧化酶相似?

尿酸的形成是在黄嘌呤氧化酶（xanthine oxidase）的催化下，由黄嘌呤直接氧化而成。黄嘌呤氧化酶含有 FAD、金属钼和铁硫中心，其底物包括次黄嘌呤和黄嘌呤。在反应中，O_2 作为电子受体，H_2O_2 为还原产物，进入尿酸的氧来自水分子（图 12–18）。

但尿酸并非所有动物嘌呤碱基分解的终产物（图 12–19）。大多数哺乳动物在尿酸氧化酶（urate oxidase）的催化下，将尿酸进一步氧化成尿囊素（allantonin），而硬骨鱼体内的尿囊素酶（allantoinase）则将尿囊素水解成尿囊酸（allantoate）。两栖动物和软骨鱼体内的尿囊酸酶（allantoicase）还可将尿囊酸水解成乙醛酸和尿素，而海洋无脊椎动物体内的脲酶则将尿素完全水解为 NH_4^+。

二、嘧啶核苷酸的分解

嘧啶核苷酸的分解与嘌呤核苷酸相似（图 12–20）：首先在核苷酸酶催化下，水解成核苷和磷酸；再在核苷磷酸化酶的催化下，核苷被磷酸解成嘧啶碱基和 1– 磷酸（脱氧）核糖；生成的 1– 磷酸（脱氧）核糖的进一步代谢参见上述嘌呤核苷酸的分解代谢。至于嘧啶碱基，同样可进一步分解。分解代谢过程中有脱氨基、氧化、还原及脱羧基等反应。胞嘧啶经脱氨基反应转变为尿嘧啶。尿嘧啶和胸腺嘧啶则先在二氢嘧啶脱氢酶的催化下，被 NADPH 分别还原为二氢尿嘧啶和二氢胸腺嘧啶。二氢嘧啶酶

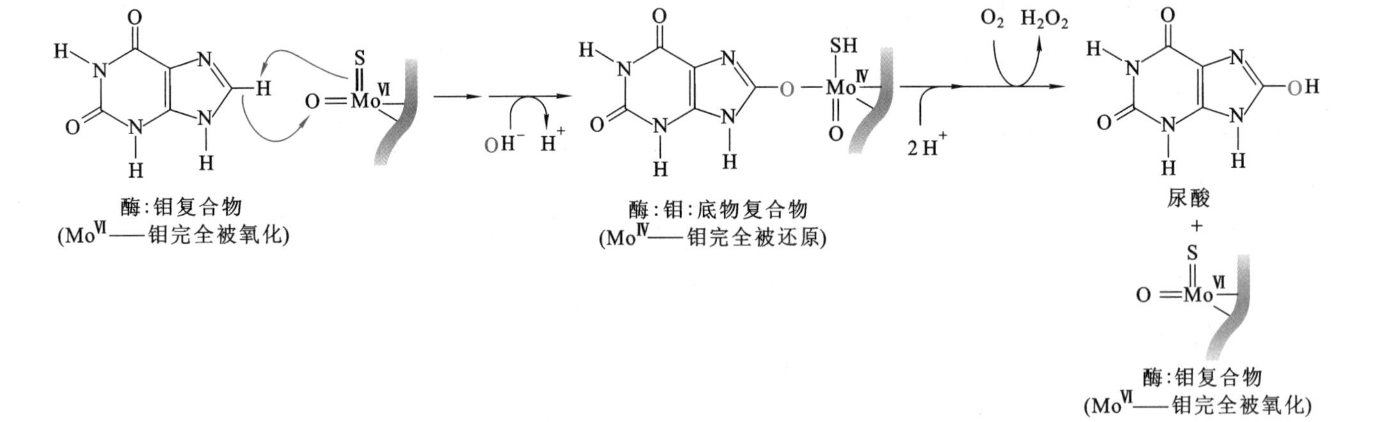

图 12–18 黄嘌呤氧化酶催化反应的机制

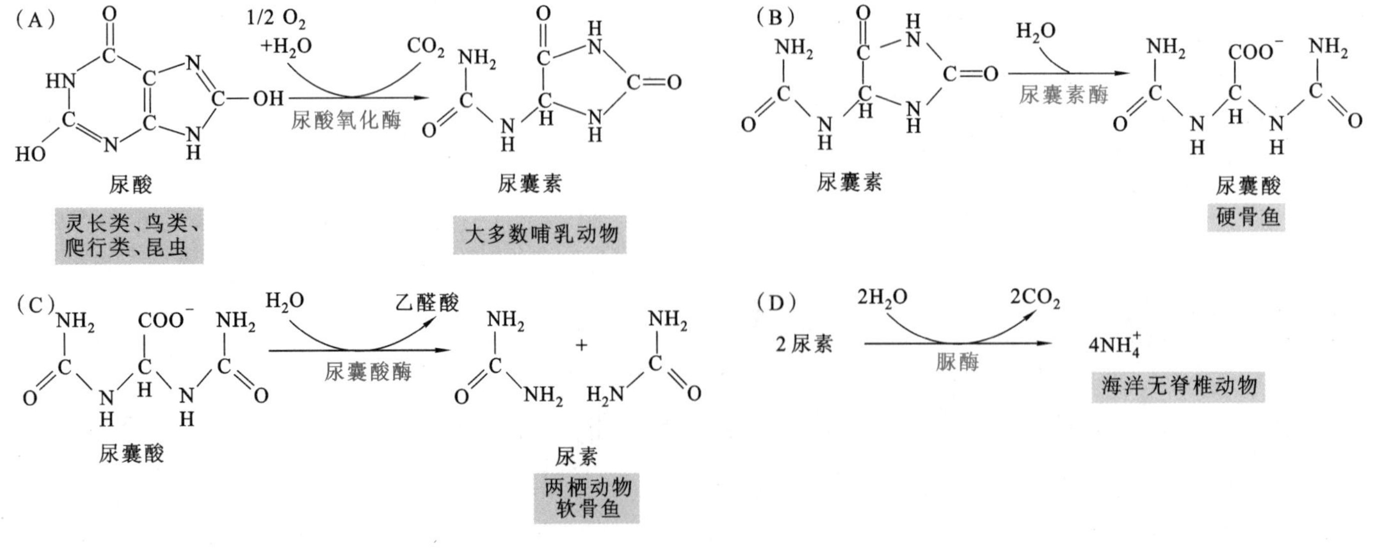

图 12–19 尿酸的进一步分解

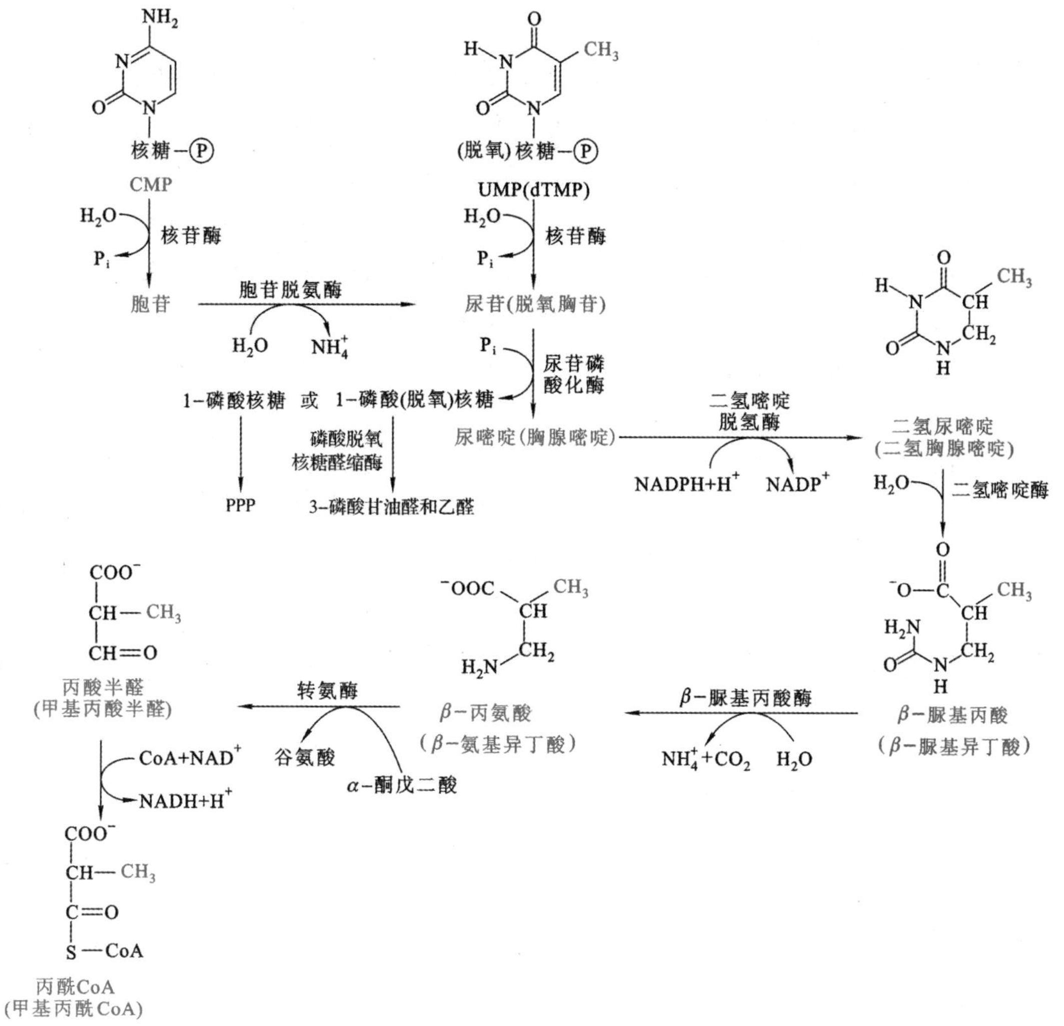

图 12-20　嘧啶核苷酸的分解

(dihydropyrimidinase)催化嘧啶环水解，分别生成 β- 脲基丙酸和 β- 脲基异丁酸(β-ureidoisobutyrate)。这两种有机酸再在 β- 脲基丙酸酶(β-ureidopropionase)、β- 脲基异丁酸酶(β-ureidoisobutyrase)、转氨酶和脱氢酶催化下继续分解，最后产生丙酰 CoA 或甲基丙酰 CoA。

Quiz14 机体经常使用氨基酸和单糖作为能源，很少使用核苷酸作为能源。对此你如何解释？

第五节　几种与核苷酸代谢异常相关的疾病

已发现多种疾病与核苷酸代谢异常有关，例如痛风(gout)、重症联合免疫缺陷病(severe combined immunodeficiency，SCID)、Lesch-Nyhan 综合征和乳清酸尿症(orotic aciduria)。这些疾病大多数是因为参与核苷酸合成或分解代谢的一个关键酶基因突变引起的，所以一般是遗传性的。

一、痛风

痛风是尿酸过量产生或者尿酸排泄不畅造成的一种疾病，其临床特征为高尿酸血症(hyperuricemia)和反复发作的急性单一关节炎。由于尿酸(盐)的溶解度有限，当其在血浆中的浓度超过某临界值(约 576 μmol·L^{-1})的时候，极易形成结晶，并沉积在关节、软组织和肾等处，导致关节炎、尿路结石和肾病等。

参与嘌呤核苷酸代谢的 PRPP 合成酶、谷氨酰胺：PRPP 酰胺转移酶或 HGPRT 的缺陷均可以诱发痛风。PRPP 合成酶和谷氨酰胺：PRPP 酰胺转移酶是嘌呤核苷酸从头合成的限速酶，这两种酶的任何一种若发生突变，将使它们对反馈抑制不再敏感，致使嘌呤核苷酸过量合成，而导致尿酸水平异常。HGPRT 能够消耗 PRPP，降低 PRPP 的浓度。若这种酶有缺陷，一方面嘌呤核苷酸合成的补救途径受阻，而减少了嘌呤碱基的消耗，另一方面 PRPP 浓度的升高可激活其从头合成途径，而增加了嘌呤碱基的合成。两个方面都可以增加体内嘌呤碱基的量，从而使尿酸的水平上升。

临床上常用别嘌呤醇（allopurinol）治疗痛风，它是黄嘌呤氧化酶的一种自杀型抑制剂。当它在胞内被黄嘌呤氧化酶氧化成别黄嘌呤（alloxanthine）以后，就与酶的活性中心紧密结合从而强烈抑制了该酶的活性，有效地抑制了尿酸的产生（图 12-21）。此外，别嘌呤醇还可以与 PRPP 反应生成别嘌呤核苷酸，消耗 PRPP，从而阻止 PRPP 对谷氨酰胺：PRPP 酰胺转移酶的激活。

Quiz15 灵长类以外的哺乳动物是不会得痛风的。对此你如何解释?

二、重症联合免疫缺陷病

SCID 是腺苷脱氨酶（adenosine deaminase，ADA）单个基因突变引起的。患者的免疫反应几乎完全丧失，必须生活在无菌的环境之中，否则任何病原体的感染都可能是致命的。ADA 的缺陷之所以能导致 SCID 的发生，是因为缺乏 ADA 致使细胞内的 dATP 急剧升高。高浓度的 dATP 与核苷酸还原酶的 A 位点结合，从而关闭该酶的活性，使细胞内 dNDP 不能有效地合成，这必然影响到细胞内 DNA 的复制（图 12-22）。

白细胞最容易受 ADA 突变的影响，因为任何免疫反应的发生都需要白细胞的分裂，而细胞分裂之前 DNA 首先需要复制，当白细胞因为 DNA 复制受到抑制而不能有效分裂以后，免疫反应也就无从

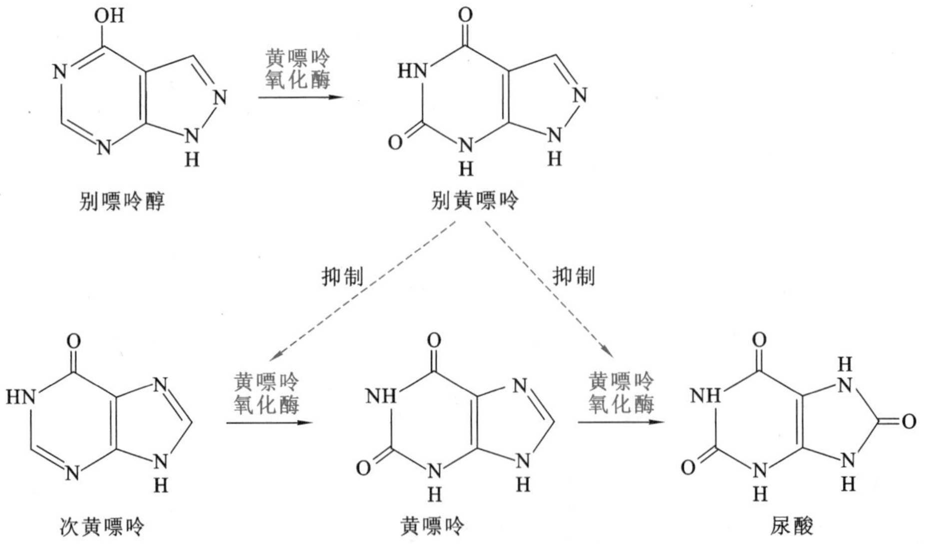

图 12-21　别嘌呤醇治疗痛风的机制

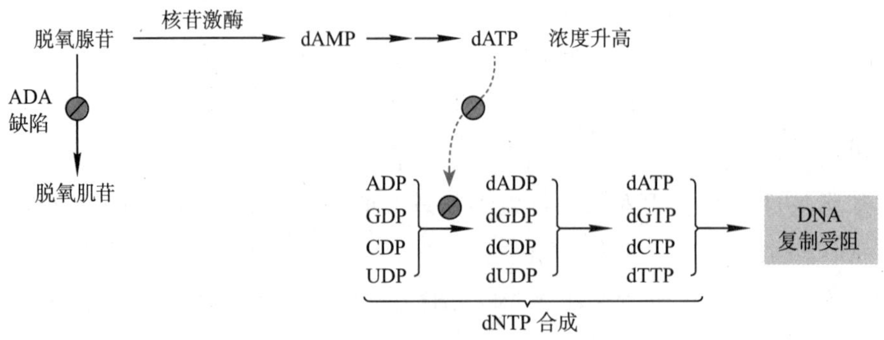

图 12-22　ADA 的缺陷对 DNA 复制的影响

谈起了。

当今 SCID 的治疗除了骨髓移植和基因治疗以外，尚没有什么其他有效的方法。事实上，世界上第一次成功的基因治疗就是应用在 SCID 上的。

三、Lesch–Nyhan 综合征

Lesch–Nyhan 综合征得名于曾经是约翰·霍普金斯大学医学院学生的 Michael Lesch 和他的恩师 William Nyhan，他们于 1964 年最早报道了这种疾病。Lesch–Nyhan 综合征是一种隐性的性连锁遗传病，因此患者几乎都是男性，女性仅为携带者。该病的病因是由于 HGPRT 有缺陷造成的，主要症状有高尿酸血症、肌强直和智力迟钝，并有自残倾向。

四、乳清酸尿症

乳清酸尿症（orotic aciduria）是一种罕见的遗传病，全世界每年仅有 15 例左右，其主要症状为尿中有大量乳清酸、重度贫血和生长迟缓。其病因是催化嘧啶核苷酸从头合成的同时具有乳清酸磷酸核糖转移酶和 OMP 脱羧酶活性的双功能酶有缺陷。临床经常使用尿嘧啶或尿苷治疗。

Quiz16 利用嘧啶核苷酸从头合成的调控机制，解释为什么可使用尿嘧啶或尿苷治疗乳清酸尿症？

科学故事 **核糖核苷酸还原酶的发现**

大家都知道核糖核苷酸被还原成脱氧核苷酸的重要性。而催化此反应的核糖核苷酸还原酶可以视为一把让生命从最初的"RNA 世界"过渡到另外一个同时含有 RNA、DNA 和蛋白质的"三国鼎立"世界的钥匙。那么这把钥匙在现代的生命系统中是被谁发现的呢？

事实上，这主要归功于瑞典科学家 Peter Reichard（图 12–23）。Reichard 于 1925 年出生在维也纳南部约 40 公里处的奥地利小镇维也纳新城。1938 年，在德国吞并奥地利后，Reichard 和他的家人移居到了瑞典，在那里他在斯德哥尔摩附近的一所私立寄宿学校就读，并对科学产生了兴趣，在毕业后决定成为一名化学工程师。但是，为了进入斯德哥尔摩的工程学院，Reichard 需要实践经验，于是他在瑞典北部的一家工厂工作了一年。他对这一年的生活曾回忆道："我既没有享受漫长的寒冷冬天，也没有享受枯燥的工作，这没有达到我的期望。于是我决定不再追求从事化学方面的工作。"相反，Reichard 选择上医学院，并于 1944 年被卡罗林斯卡学院（Karolinska Institute）录取。

图 12–23 Peter Reichard

卡罗林斯卡学院的入门实验室课程涉及对无机盐混合物的定性分析，这让 Reichard 意识到他喜欢这种只要"摇一摇试管就能获得简单的实验结果"的工作。于是，他又认为化学还不错，开始考虑从事生物学方面的研究工作。在接下来的几年中，他的确在卡罗林斯卡学院开始进行了一些生物学研究。其中包括从 ^{15}N– 标记的核酸中制备核苷。然后，再将核苷作为核酸的前体注入大鼠体内，以看它们如何参入到核酸分子之中。他的实验结果显示：如果是核糖核苷，那既可以参入到 RNA，还可以参入到 DNA 之中；如果是脱氧核苷，只能参入到 DNA 之中。根据这种结果，他认为细胞中有一种酶可以将核糖转化为脱氧核糖。

在 1951 年完成医学院学习后，Reichard 去了斯坦福大学进行了一年的博士后研究。等他返回卡罗林斯卡学院以后，于 1952 年被任命为医学化学助理教授。这时他除了研究嘧啶的生物合成并取得了一定的成果以外，同时，还在研究一直盘绕在脑海中"核糖如何能被还原成脱氧核糖"的问题，但却没有什么进展。在他将标记的核糖核苷酸（CMP）与来自各种细胞的提取物一起保温时，始终检测不到有脱氧核苷酸（dCMP）的形成。然而，突然有一天，当 Reichard 在细菌细胞提取物中添加适量的 ATP 和 Mg^{2+} 以后，实验终于获得了成功，他检测到了脱氧胞苷酸的形成！后来他才知道这与 ATP 在其中所行使的两项功能有关：一是充当还原酶的别构激活剂，二是将 CMP 转化为 CDP，而只有 CDP 才能被酶还原。但如果加入的 ATP 过多，会使所有 CDP 转化为无法被还原的 CTP。

1961 年，Reichard 加入乌普萨拉大学（University of Uppsala），就任医学化学教授，但仍然继续研究核糖核苷酸的还原反应。他使用大肠杆菌为材料进行纯化，以纯化两种酶的组分。他将其编号为 A 和 B：酶 A 催化 CMP 磷酸化为 CDP，酶 B 将 CDP 还原为 dCDP。在研究中，他发现酶 B 催化的反应需要 ATP、Mg^{2+} 和还原的硫辛酸。但后来，Reichard 确定是硫氧还蛋白而不是硫辛酸作为还原反应中的氢供体。

两年后，Reichard 离开了乌普萨拉，又回到了卡罗林斯卡学院担任教授。这一次，酶 B 的进一步分离纯化成为他研究的主要对象，最终他使用 CDP 的还原作为测活方法，纯化到了大肠杆菌核糖核苷酸还原酶，并发现它由两个蛋白即 B1 和 B2 组成，后来被更名为 R1 和 R2。R1 含有两个与核苷三磷酸结合的别构位点，因此参与了对该酶活性的调节；R2 由两个相同的亚基组成，并包含两个铁原子。尽管很难获得大量的大肠杆菌还原酶，但 Reichard 最终找到了一种可重复的方法，经过 2 周的努力，他得到了几毫克的 R1 和 R2。这使得对酶的结构研究成为可能。在研究中，他根据 R2 的特征光谱，证明该酶中铁的存在与其活性有关。

至于核糖核酸还原酶所使用的“自由基催化”机制，只是到了 1980 年才由美国科学家 JoAnne Stubbe 得以阐明。

思考题：

1. 假定你有一天出去慢跑，一道强光射到你的身上，导致你体内所有的 IMP 脱氢酶的基因完全失活。你认为这突变事件会不会威胁到你的生命？为什么？

2. 有一个病人被诊断其体内有某一种脱氧核苷酸的浓度极高。假定这是一个单基因突变引起的，你认为最有可能是哪一个基因？为什么？这种突变的后果会是什么？

3. 核苷酸的从头合成并不受到激素（如胰高血糖素或胰岛素）的调控。为什么？

4. Lesch-Nyhan 综合征的病因是缺乏 HGPRT，von Gierke 糖原贮存病的病因是缺乏 6- 磷酸葡糖磷酸酶。为什么两种条件都可以导致生成高水平的磷酸核糖焦磷酸（PRPP），进而导致尿酸水平的升高？

5. 如果嘌呤核苷酸在从头合成的时候有 ^{15}N-Asp，那么在新合成的 ATP 和 GTP 分子中，什么位置会被同位素标记？

网上更多资源……

本章小结　授课视频　授课音频　生化歌曲

教学课件　推荐网址　参考文献

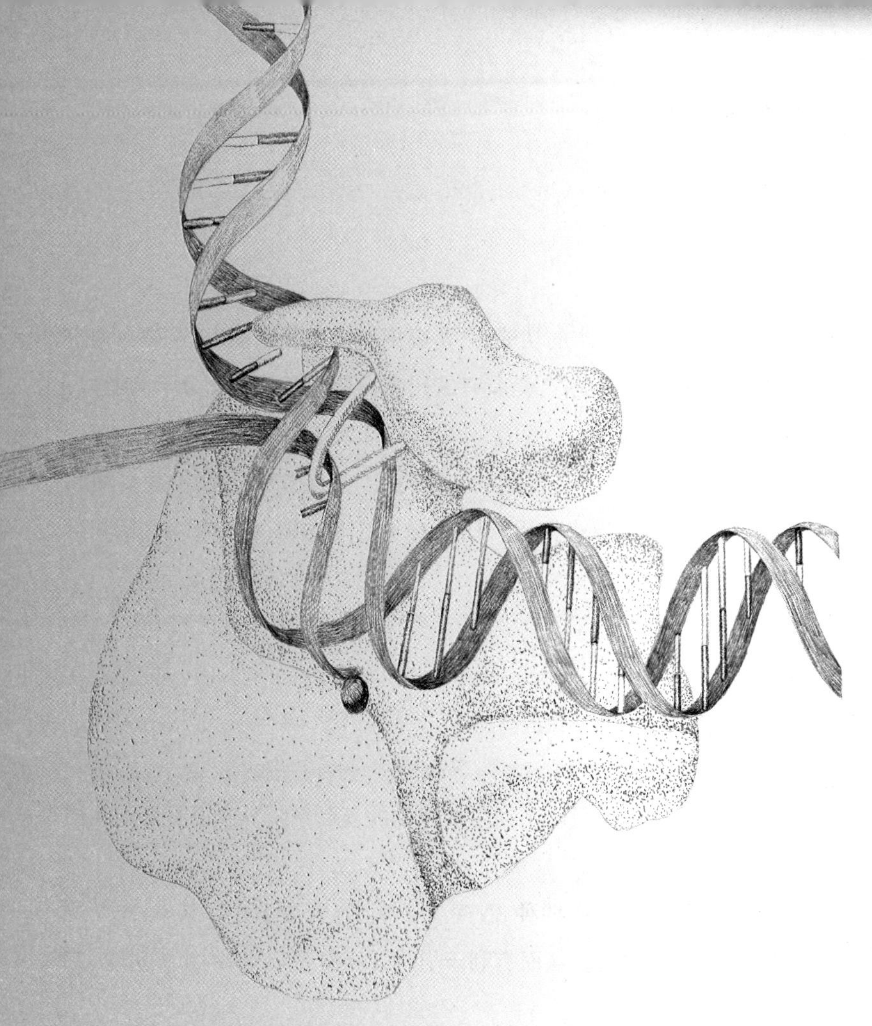

第三篇 分子生物学

第十三章　DNA 复制

DNA 是生物体主要的遗传物质，具有两个最基本的功能：一是高度精确的复制能力，这是一种生物能将其遗传信息准确、稳定地进行传递的必要前提；二是具有编码蛋白质和其他生物分子的能力，这是细胞行使其全部功能的结构基础。

本章只介绍 DNA 的第一个功能，将重点讨论 DNA 复制的一般特征、参与 DNA 复制的主要酶和蛋白质的结构与功能以及几种具有代表性的复制模式。至于 DNA 的第二个功能，将在第十六章和第十八章中再作详细的介绍。

第一节　DNA 复制的一般特征

DNA 复制既可以发生在胞内，也可以在体外进行。不同生物体内的复制系统具有以下几项共同的特征。

Quiz1 胞内复制的 DNA 分子中有时里面会出现有少量的 NMP。你认为这是如何产生的？

(1) 以亲代 DNA 的两条母链作为模板（template），四种 dNTP 为原料，还需要 Mg^{2+}。其中，Mg^{2+} 所起的作用一是与 dNTP 结合，屏蔽磷酸基团的负电荷，从而有利于引物 3′-OH 对 α- 磷的亲核进攻，二是在 DNA 聚合酶的活性中心直接参与催化。

(2) 作为模板的 DNA 需要解链。解链可以暴露出双螺旋内部的碱基序列使其作为模板，同时游离出原来碱基对之间的氢键供体或受体，为建立新的互补碱基对创造条件。

(3) 半保留（semi-conservative）复制。Watson 和 Crick 在提出 DNA 双螺旋结构模型的时候，就预测到 DNA 复制可能采取一种"半保留"的模式：即在复制的时候，亲代 DNA 的两条母链先解链分离，然后分别作为模板。在最终得到的子代 DNA 分子中，一条链是新合成的子链，另一条链是原来的母链。换句话说，原来作为模板的两条 DNA 母链有一半被保留在子代 DNA 分子之中。然而，理论上讲，DNA 复制还可能采取"全保留"模式和"弥散性"（dispersive）模式。在全保留复制中，亲代 DNA 分子的两条链被完全保留在同一个子代 DNA 分子之中，而在弥散性复制中，来自亲代 DNA 的链弥散性地分布在子代 DNA 的任意一条链中（图 13-1）。

1958 年，Matthew Meselson 和 Franklin Stahl 用实验证明，体内的 DNA 复制的确是半保留复制。该实验的设计思路极为巧妙，具体步骤是（图 13-2）：先将大肠杆菌放在 $^{15}NH_4Cl$ 为唯一 N 源的培养基上连续培养十多代，以使胞内 DNA 分子上所有的 N 原子都成为较重的 ^{15}N；然后，从培养基中收集细菌，其中的一部分用于抽取 DNA，另一部分改放在 $^{14}NH_4Cl$ 为 N 源的培养基中继续培养。在将不同培养代数的大肠杆菌进行收集、裂解和 DNA 抽取后，用 CsCl 密度梯度离心的方法，分析各代 DNA 在离心管中的区带位置，并与一直在 ^{15}N 或 ^{14}N 培养基中培养的大肠杆菌的 DNA 区带位置进行比较，结果发现"0 代"DNA 为 1 条高密度带（DNA 两条链都是含有的 ^{15}N 重链，即

Quiz2 如何显示出离心管中 DNA 所处的位置？

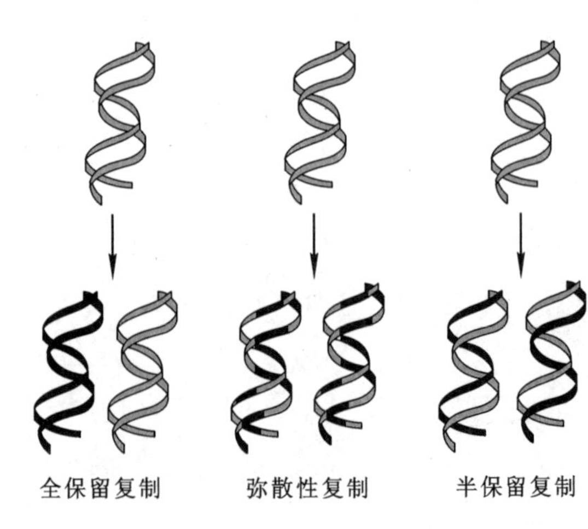

图 13-1　DNA 复制可能的三种模式

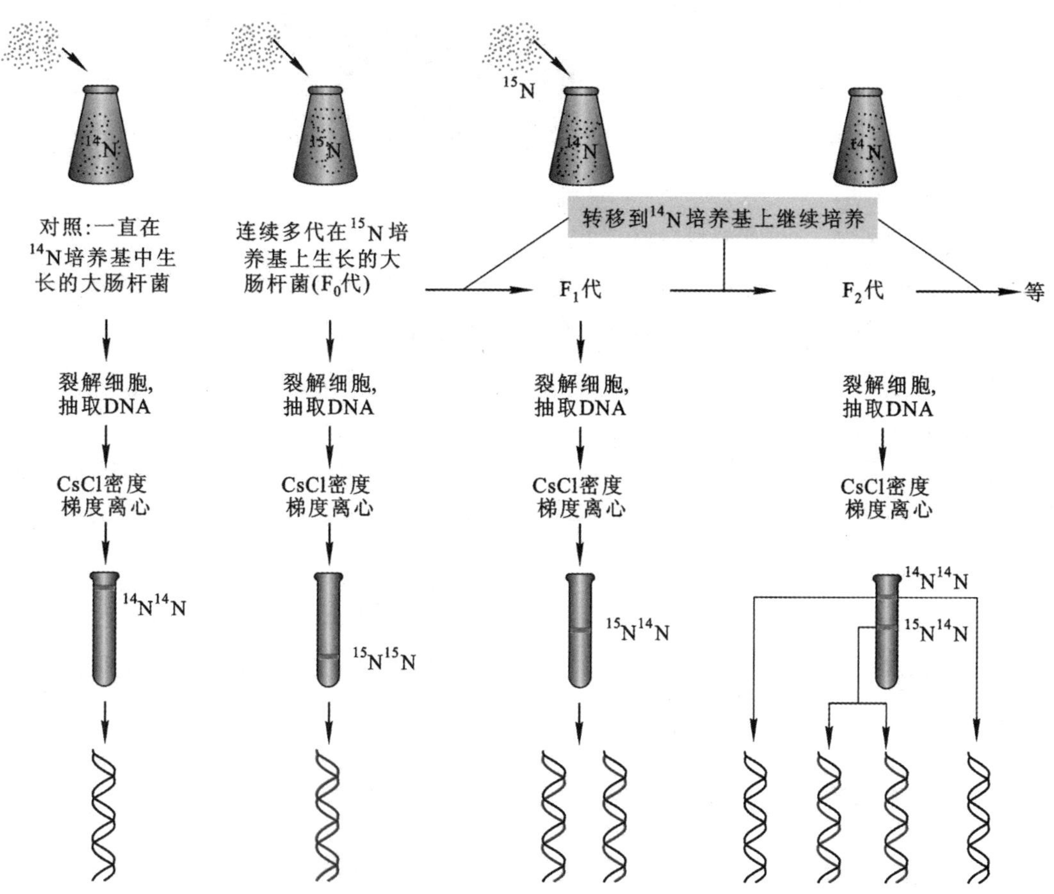

图 13-2 Meselson 和 Stahl 证明 DNA 半保留复制的实验流程

H/H-DNA，H 为 heavy 的缩写)，“第 1 代”DNA 得到 1 条中密度带(一条链为重链，另一条链为轻链，即 H/L-DNA，L 为 light 的缩写)，而“第 2 代”DNA 有中密度(H/L-DNA)和低密度(L/L-DNA)两条带。这样的结果(图 13-3)与大肠杆菌 DNA 半保留复制的预期结果完全一致，因此有理由相信，至少大肠杆菌的 DNA 复制是半保留复制。

(4) 通常需要引物。DNA 复制不能从头合成，只能在事先合成好的引物上进行链的延伸。引物一般是短的 RNA，其长度为 6～15 nt，少数是蛋白质。但如果在体外复制 DNA，如 PCR，就使用人工合成的 DNA 作为引物。然而在 2017 年，科学家已发现一种源自深海火山口的嗜菌体的 DNA 复制就不需要引物。

Quiz3 你认为蛋白质作为引物的话，会是什么氨基酸残基的侧链接受第一个脱氧核苷酸？

(5) 复制的方向始终是 5′→3′。

Quiz4 试设计一个实验，证明 DNA 复制方向总是从 5′→3′。

(6) 不是随机启动的，而是具有固定的起点。作为复制起点的碱基序列称为复制起始区(replication origin)。它通常具有三个特征：①由多个短的重复序列组成；②能被多亚基的复制起始蛋白识别，例如细菌的 DnaA 蛋白；③通常富含 AT 碱基对。

Quiz5 你认为复制起始区富含 AT 碱基对有何意义？

每一个复制起始区构成的一个最小独立的复制单位被称为复制子(replicon)。复制一旦启动，起始区因发生解链而形成叉状的复制叉(replication fork)结构(图 13-4)。

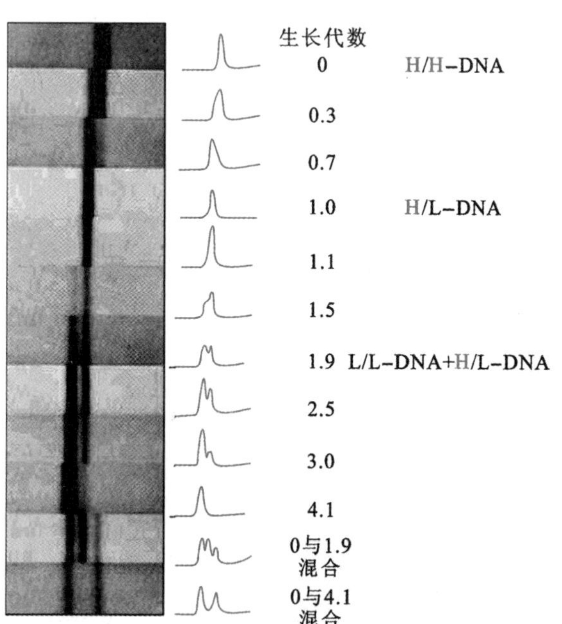

图 13-3 Meselson 和 Stahl 的实验结果

(7) 多为双向(bidirectional)复制，少数为单向复制。进行双向复制的DNA在复制起始区形成2个复制叉，而单向复制的DNA只有1个复制叉。

Quiz6 如何设计实验确定一个DNA复制是双向的还是单向的?

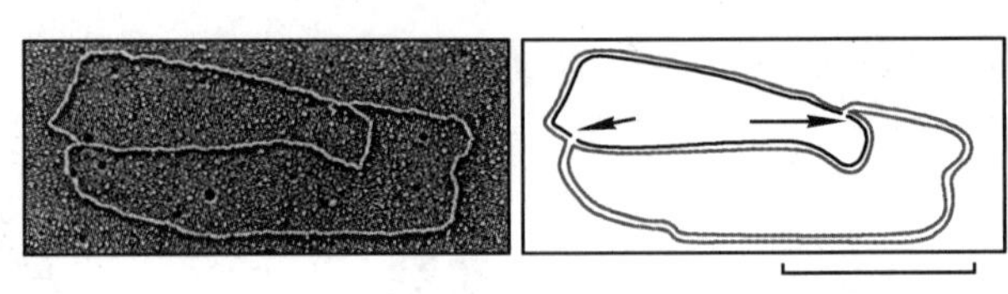

图 13-4 复制叉的结构

(8) 半不连续性(semi-discontinuous)。它是指一个复制叉内一条子链连续合成，与复制叉前进的方向相同，而另一条子链则不连续合成，与复制叉前进的方向相反。不连续合成是指先合成一些小的不连续的片段，然后再将这些不连续的片段连接起来。

Quiz7 你认为PCR扩增时两条链的合成也是半不连续的吗?

首先提出半不连续复制的是Reiji Okazaki。为了确定大肠杆菌的DNA复制是不是以这种方式进行，1958年，Okazaki以大肠杆菌的DNA复制为研究对象，设计了脉冲标记(pulse labeling)和脉冲追踪(pulse chase)的实验(图13-5)。其中，脉冲标记的目的在于即时标记在特定时段内合成的DNA，而脉冲追踪的目的则是要弄清被标记上的DNA片段后来的去向。结果表明，大肠杆菌的DNA复制的确是半不连续复制(图13-6)。

为了纪念Okazaki，人们将在复制叉中不连续合成的DNA片段称为冈崎片段(Okazaki fragments)。而按照Okazaki最初的建议，连续合成的DNA子链称为前导链(leading strand)，不连续合成的子链称为后随链(lagging strand)(图13-7)。

Quiz8 试画出图13-7左侧复制叉的结构。

(9) 具有高度的忠实性。DNA复制忠实性远高于DNA转录、反转录、RNA复制和翻译，这是因为细胞内存在着一系列互补的校对和纠错机制。

(10) 具有高度的进行性。DNA复制的进行性(processivity)是指催化复制的DNA聚合酶从与模板

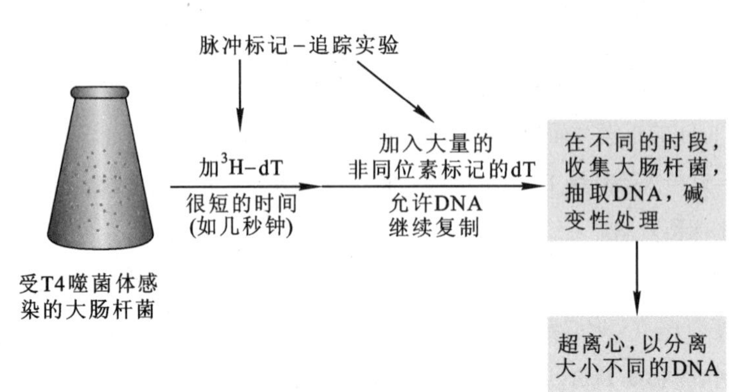

图 13-5 Okazaki的脉冲标记和脉冲追踪的实验

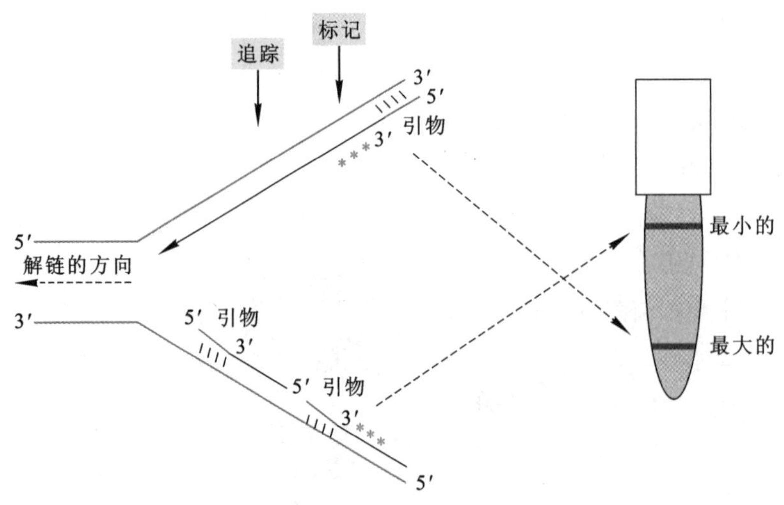

图 13-6 Okazaki的脉冲标记和脉冲追踪的实验结果分析

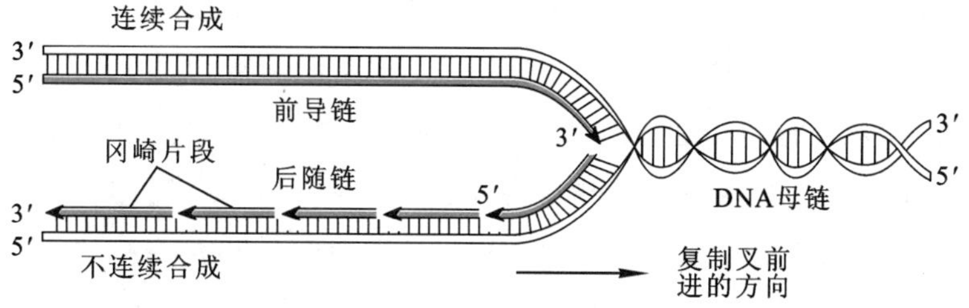

图 13–7 DNA 的半不连续复制

结合到与模板解离的这段时间内，所催化参入到 DNA 子链上的核苷酸数目。细胞内有多种进行性不同的 DNA 聚合酶，但参与 DNA 复制的一定是进行性高的。

Quiz9 如何设计一个实验测定一种 DNA 聚合酶的进行性？

Box13.1 **胞内 DNA 复制前导链的合成是绝对连续的吗？**

从冈崎夫妇于 1968 年 2 月 1 日在 *P.N.A.S.* 上发表那一篇题为“Mechanism of DNA chain growth. I. Possible discontinuity and unusual secondary structure of newly synthesized chains”的论文到今天，差不多已经过去了 52 年，对于后随链不连续合成并无争议，但对于前导链的连续性问题就一直有不同的声音。虽然，经纯化的复制体在体外即使没有连接酶也显示其前导链是连续合成的，但是体内的实验结果却不是那么的肯定。就在 2019 年 1 月 22 日，来自伊利诺伊大学香槟分校的 Glen E. Cronan、Elena A. Kouzminova 和 Andrei Kuzminov 在 *P.N.A.S.* 上发表了一篇题为“Near-continuously synthesized leading strands in *Escherichia coli* are broken by ribonucleotide excision”的论文，让我们对 DNA 复制过程中前导链的合成有了更多的理解。

冈崎夫妇对 DNA 复制的开创性研究形成了当今所有生化教科书上的“半不连续复制”的标准模型，具有连续合成的前导链和不连续的后随链。然而，他们最初的实验数据与该模型并不完全相符，其表现就是得到的所有新生的 DNA 片段都很小。那这是为什么呢？现在 Cronan 等的研究论文告诉我们，胞内前导链确实几乎是连续复制的，但由于核糖核苷酸切除修复（ribonucleotide excision repair，RER）的作用，导致前导链在合成中被切断而变得不那么连续。RER 是专门用来切除修复 DNA 复制过程中被错误参入 DNA 中的核糖核苷酸的。

尽管在论文发表以后的几年中，冈崎夫妇对实验进行了一些改进，但事实仍然是所有新生 DNA 都很小。这就引发了有关前导链 DNA 复制的确切性质的问题。

直到 1978 年 1 月 1 日，Huber R. Warner 等题为“Uracil incorporation：A source of pulse-labeled DNA fragments in the replication of the *Escherichia coli* chromosome”的论文在 *P.N.A.S.* 上发表，让我们对前导链合成为什么也是偏小有一种可能的解释。在这篇论文中，Warner 等描述了他们获得了大肠杆菌的 *sof* 突变体。该突变体的 dUTP 酶基因是有缺陷的，而正常有活性的 dUTP 酶会通过水解错误合成的 dUTP 来“净化”胞内 dNTP 库，降低其参入 DNA 的机会，但不可能做到完全杜绝。如果它在 DNA 复制过程中参入 DNA 中，随后可被尿嘧啶 DNA 糖苷酶识别，引发碱基切除修复（BER）机制，从而导致 DNA 链会暂时被切断。在 *sof* 突变体中，高水平的 dUTP 让 dUMP 错误参入的机会大增，这会不断地触发 BER，从而导致新合成的 DNA 链严重断裂，变成小的片段。于是，对复制过程中参入到 DNA 中 U 的切除修复可能是前导链也偏小的原因。但深入研究又发现，尿嘧啶切除修复对野生型细胞中短片段的产生没有贡献。但无论如何，这强化了 DNA 修复可能有助于在前导链上产生短片段的观念。如果 BER 不是，机体内的其他修复系统如 RER、核苷酸切除修复（NER）和错配修复（MMR）会不会是呢（参看第十四章相关内容）？当对 NER 和 MMR 均存在缺陷的突变体进行研究后，发现前导链偏小依然如故。现在只剩下 RER 了！

事实上，冈崎等发表他们的开创性研究之前，就已知 DNA 聚合酶也可以使用 NTP 作为底物，尽管效果不佳。复制性 DNA 聚合酶对 dNTP 相对于 NTP 区分度高到 $10^4 \sim 10^5$ 倍。乍看这种错误参入的频率应该不会造成严重问题。但是对酵母的研究发现，其胞内四种 NTP 的浓度一般比相应的 dNTP 高 30～200 倍。因此，根据简单的竞争分析，当 NTP 和 dNTP 在其生理浓度下，发生的参入错误频率要高得多，大约千分之一。这些错误参入 DNA 中的 NMP 通过 RER 途径切除，该途径由核糖核酸酶 HⅡ催化引发。在大肠杆菌中，核糖核酸酶 HⅡ由 *rnhB* 基因编码。核糖核酸酶 HⅡ会在 NMP 的 5′ 端一侧引入切口，再由 DNA 聚合酶Ⅰ的 5′- 外切酶活性将其切除，并重新引入一个 dNMP，最后由 DNA 连接酶将切口连上。在大肠杆菌中，dNTP 库没有酵母那么低，但它的 dATP 浓度是 ATP 的 1/20。看来，核糖核苷酸的误入可能是半个世纪之久前导链断裂问题的根源。

为了进行分析，Cronan 等利用 DNA 连接酶温度敏感型突变株，其中 DNA 连接酶的活性在从 28℃转变为 42℃时迅速关闭，从而防止了加工的冈崎片段的连接和切除修复事件的连接。此外，它们对原始的 Okazaki 实验程序进行了重要的修改。他们预期核糖核苷酸将保留在对 RER 有缺陷的大肠杆菌 *rnhB* 突变体的基因组中，所以不再使用碱性蔗糖梯度来进行新生单链 DNA 的大小分离。他们转向在中性 pH 下进行的甲酰胺 - 尿素 - 蔗糖梯度分离。有了这种改进，他们首先重新研究了 BER、NER 和 MMR 缺陷突变体中标记 DNA 的大小分布，结果发现野生型菌株中冈崎片段没有大于 50 kb 的，表明一些新复制的 DNA 发生了 RER。但是引人注目的是，来自 *rnhB* 突变体的图谱显示了产物大小的双峰分布，高分子量产物的中心位于 50 kb 左右。最后，将所有修复突变组合后，观察到稳定的高分子量分布，中心在 80 kb 左右。重要的是，多于 90% 的小片段落到后随链，而 90% 的大 DNA 落到前导链。这些数据与 Okazaki 等人的早期研究一致。其中 DNA 聚合酶Ⅰ的突变导致所有小新生片段的连接均出现缺陷，因为 RER 以及冈崎片段的成熟都需要大肠杆菌 DNA 聚合酶Ⅰ。

Cronan 等人的新研究表明，核糖核苷酸的参入和随后诱发的 RER 是一个经常发生的事件。但切除修复有缺陷的大肠杆菌产生的前导链片段比后随链长 10 倍以上，如果缺失包括 RER 在内的修复系统，前导链的长度可增加到 80 kb，而后随链长度不变，因此可以得出大肠杆菌的 DNA 复制基本上是半不连续的。然而，胞内的 DNA 复制会受到各种因素的影响，比如复制叉由于各种原因出现暂停，要重新启动可涉及不同的机制，这些都有可能打破前导链复制的连续性。

Quiz10 为什么不再使用碱性蔗糖梯度来进行新生单链 DNA 的大小分离？

第二节 参与 DNA 复制的主要酶和蛋白质

DNA 复制是在一系列酶和蛋白质的协同催化或作用下完成的，它们主要包括 DNA 聚合酶（DNA polymerase）、DNA 解链酶（helicase）、单链结合蛋白（single-stranded DNA binding protein，SSB）、DNA 引发酶（primase）、DNA 拓扑异构酶（topoisomerase）、DNA 连接酶（ligase）和端粒酶（telomerase）等。

一、DNA 聚合酶

DNA 聚合酶全名是依赖于 DNA 的 DNA 聚合酶（DNA-dependent DNA polymerase）或 DNA 指导的 DNA 聚合酶（DNA-directed DNA polymerase），其催化的反应通式为：

$$\text{引物}-\text{OH}+(\text{dNTP})_n \xrightarrow{\text{DNA 聚合酶，DNA 模板}/\text{Mg}^{2+}} \text{引物}-\text{O}-\text{dNMP}+(\text{dNTP})_{n-1}+\text{PP}_\text{i}$$

反应形成的焦磷酸受焦磷酸酶的催化可迅速水解，这使得聚合反应趋于完全。该酶的许多性质直接决定了 DNA 复制的一些基本特征。

Quiz11 你认为 DNA 复制的哪些特性与 DNA 聚合酶的性质有关系？

所有 DNA 聚合酶催化磷酸二酯键形成的反应机制几乎相同（图 13-8）：都涉及两个 Mg^{2+}，一个随 dNTP 进入活性中心，另一个本来就在活性中心的底部，与里面的 3 个 D 残基结合。其中的一个 Mg^{2+} 促进前一个核苷酸的 3′- 羟基对下一个 dNTP 的 α- 磷展开亲核进攻，另一个 Mg^{2+} 则促进焦磷酸基团

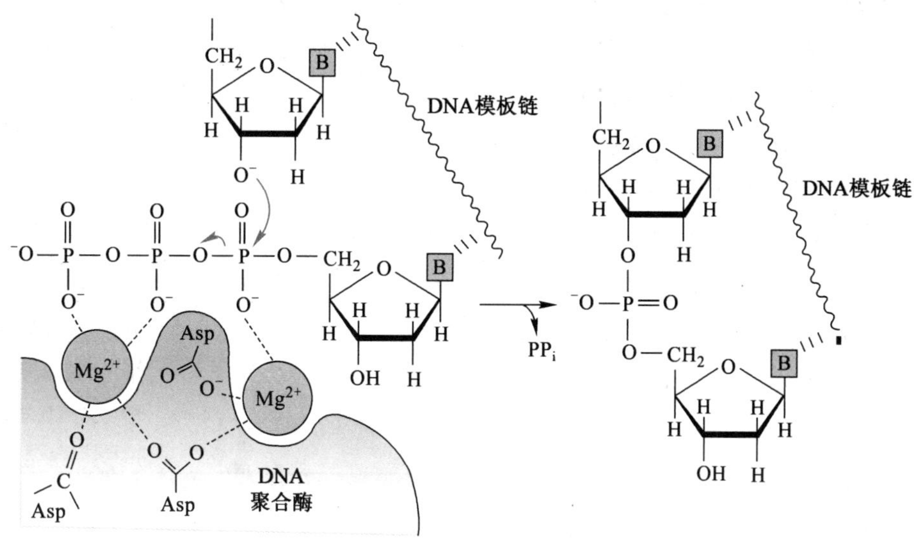

图 13-8　DNA 聚合酶催化反应的机制

的取代，且这两个 Mg^{2+} 都有助于稳定反应中形成的磷五价过渡态。

(一) 细菌的 DNA 聚合酶

大肠杆菌细胞有五种 DNA 聚合酶，即 DNA 聚合酶Ⅰ、Ⅱ、Ⅲ、Ⅳ和Ⅴ。

1. DNA 聚合酶Ⅰ

DNA 聚合酶Ⅰ是第一种被发现的 DNA 聚合酶，由 Arthur Kornberg 于 1957 年在大肠杆菌中发现，Kornberg 因此获得 1959 年的诺贝尔生理学或医学奖(详见本章科学故事)。

在对 DNA 聚合酶Ⅰ进行更为详尽的研究以后发现，该酶只由 1 条肽链组成，除了具有 DNA 聚合酶活性以外，还具有 5′- 外切酶和 3′- 外切酶的活性。

DNA 聚合酶Ⅰ为什么还同时具有外切核酸酶活性呢？原来 3′- 外切酶活性是被聚合酶用来校对的。因为聚合酶活性并不能保证复制 100% 正确，当 DNA 复制出错的时候，错配的碱基总是在子链的 3′端，这刚好可被 DNA 聚合酶内在的 3′- 外切酶活性切除，然后再通过聚合酶活性换上正确配对的碱基。至于 DNA 聚合酶Ⅰ的 5′- 外切酶活性，后来被证明是用来切除位于 5′端的 RNA 引物的。

Quiz12　你如何证明 3′- 外切酶活性参与 DNA 复制的校对？

Hans Klenow 使用枯草杆菌蛋白酶或胰蛋白酶处理，发现 DNA 聚合酶Ⅰ可被切割成大小两个片段：大片段被称为 Klenow 片段或 Klenow 酶，含有大小两个结构域，其中小结构域具有 3′- 外切酶活性，大结构域具有聚合酶活性；小片段只有 5′- 外切酶活性。

在 DNA 聚合酶Ⅰ被发现以后的很长一段时间内，人们曾误以为它是大肠杆菌唯一的 DNA 聚合酶。然而，此酶的一些性质(如速度太慢、酶量太多和进行性不够高)显示，它并不适合催化大肠杆菌的 DNA 复制，其中最重要的证据来自遗传学突变实验：1969 年 de Luca 和 Cairns 报道，一种缺乏聚合酶Ⅰ活性的大肠杆菌突变株照样能够生存，并进行正常的 DNA 复制，但对各种诱变剂的作用更为敏感。这种突变株的发现彻底否定了 DNA 聚合酶Ⅰ为催化大肠杆菌 DNA 复制的主要聚合酶，而该突变株自然就成为各路科学家寻找其他 DNA 聚合酶的“宝地”。不出所料，DNA 聚合酶Ⅱ和Ⅲ很快在这种突变株细胞中被发现了。

Quiz13　如果将 DNA 聚合酶Ⅰ敲除掉，你认为大肠杆菌还能生存吗？为什么？

2. DNA 聚合酶Ⅱ

DNA 聚合酶Ⅱ也兼有 3′- 外切酶活性，但无 5′- 外切酶活性。缺乏此酶活性的突变株在细胞生长和 DNA 复制上没有任何缺陷。此酶最有可能是参与 DNA 损伤的修复。

3. DNA 聚合酶Ⅲ

DNA 聚合酶Ⅲ含有多个亚基(表 13-1)，也兼有 3′- 外切酶活性，但却分属不同的亚基。

该酶被认为是参与大肠杆菌 DNA 复制的主要酶，相关证据有：①酶的 V_{max} 接近体内 DNA 复制的

Quiz14 你认为一个大肠杆菌细胞中的基因组 DNA 复制最少需要几个 DNA 聚合酶Ⅲ？

实际值；②酶量适中；③高度的进行性，与实际值差不多；④最直接的遗传学证据。有人得到一种温度敏感型大肠杆菌突变株，这种突变株只能生存在允许温度（30℃）下，当温度上升到限制温度（45℃）就难以生存。究其原因，是因为编码 α 亚基的 *polC* 基因发生了突变，致使该酶对温度变化极为敏感。当环境温度超过 30℃以后，此酶就很容易变性而丧失活性。而在允许温度下，酶活性是正常的，胞内的 DNA 复制也就很正常了。

表 13-1　大肠杆菌 DNA 聚合酶Ⅲ

	亚基		功能
全酶	核心酶	α	聚合酶活性
		ε	3′- 外切酶活性
		θ	α 和 ε 的装配
		τ	将全酶装配到 DNA
		β	滑动钳（进行性因子）
		γ	滑动钳装载复合物
		δ	滑动钳装载复合物
		δ′	滑动钳装载复合物
		χ	滑动钳装载复合物
		ψ	滑动钳装载复合物

DNA 聚合酶Ⅲ有核心酶和全酶两种形式。全酶由核心酶、滑动钳（sliding clamp）和钳载复合物（clamp-loading complex）组成（图 13-9）。其中，核心酶由 α、ε、θ 和 τ 四种亚基组成。α 亚基具有聚合酶活性，ε 亚基具有 3′- 外切酶活性，负责全酶的校对，θ 亚基可能与核心酶的装配有关。核心酶虽然也能催化 DNA 的复制，但进行性极低，只有 10 ~ 15 nt。滑动钳是由 2 个 β 亚基组成的环状结构，其外径为 8 nm，形如六角形，内部为一空洞，直径为 3.5 nm，大于 DNA 双螺旋直径。在 DNA 复制的时候，这种钳状结构能松散地夹住 DNA 模板(图 13-10)，并自由地向前滑行，这就大大提高了全酶的进行性。钳载复合物由其他几种亚基组成，其中 γ 亚基具有 ATP 酶活性，其功能是以 ATP 水解为动力，打开钳子，帮助滑动钳装载到 DNA 模板上。

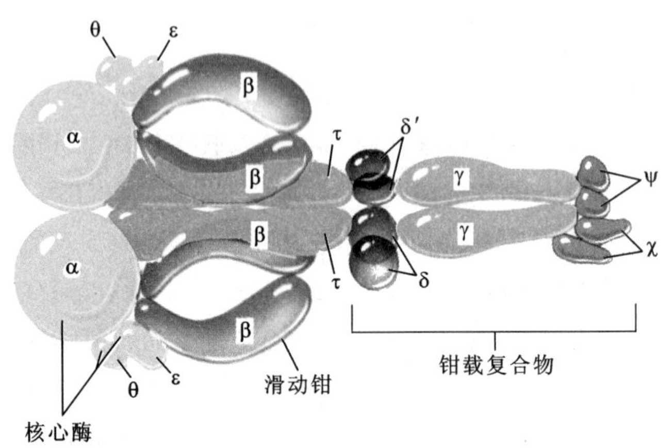

图 13-9　大肠杆菌 DNA 聚合酶Ⅲ全酶的结构模型

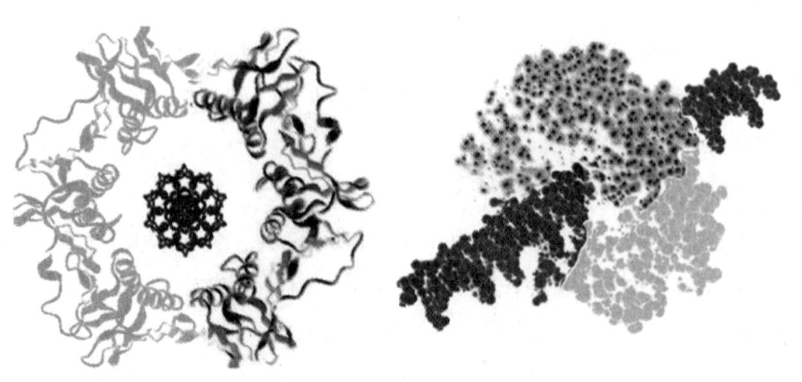

图 13-10　DNA 聚合酶Ⅲ全酶的滑动钳夹住双螺旋 DNA

► 表 13-2 DNA 聚合酶Ⅰ、Ⅱ和Ⅲ的性质和功能

性质	DNA 聚合酶Ⅰ	DNA 聚合酶Ⅱ	DNA 聚合酶Ⅲ
结构基因	*polA*	*polB*	*polC*(编码 α 亚基)
分子质量(kDa)	103	90	130
分子数 / 细胞	400	100	10
V_{max}(参入的 nt/ 秒)	16 ~ 20	2 ~ 5	250 ~ 1 000
3′- 外切酶活性	√	√	√
5′- 外切酶活性	√	×	×
进行性(nt)	3 ~ 200	10 000	500 000
突变体表型	UV 敏感、硫酸二甲酯敏感	无	DNA 复制温度敏感型
生物功能	DNA 修复、RNA 引物切除	DNA 修复	基因组 DNA 复制

4. DNA 聚合酶Ⅳ和Ⅴ

这两种 DNA 聚合酶直到 1999 年才被发现。它们的进行性低，无校对活性，催化 DNA 合成比较“任性”，即不按照碱基互补配对规则行事，因此都属于易错的 DNA 聚合酶，参与 DNA 的修复合成(参看第十四章“DNA 的损伤、修复和突变”)。

Quiz15 你认为发现 DNA 聚合酶Ⅳ和Ⅴ的时间较迟的原因是什么?

(二) 真核生物的 DNA 聚合酶

到目前为止，已在真核生物的细胞中发现至少 15 种不同的 DNA 聚合酶，除了发现较早的 DNA 聚合酶 α、β、γ、δ 和 ε 以外(表 13-3)，还有聚合酶 θ、ζ、η、κ、ι、μ、λ、ψ 和 ξ 等，这些新发现的 DNA 聚合酶除了 θ 以外，都与细菌的 DNA 聚合酶Ⅳ和Ⅴ相似，因此它们主要参与 DNA 的跨损伤合成，以克服损伤对 DNA 复制带来的不利影响。

参与细胞核基因组 DNA 复制的有 DNA 聚合酶 α、δ 和 ε。其中，DNA 聚合酶 α 带有引发酶的活性，在 DNA 复制过程中，首先与复制起始区结合，先合成短的 RNA 引物，再合成长为 20 ~ 30 nt 的 DNA 片段，然后由 DNA 聚合酶 δ 和 ε 取而代之。一般认为，δ 只参与后随链的复制，而 ε 不仅参与前导链的复制，还参与 DNA 损伤的修复。

DNA 聚合酶 α 无 3′- 外切酶活性，因此无校对活性。但在 DNA 复制过程中，复制蛋白 A(replication protein，RPA)与它相互作用，可稳定它与引物末端的结合，同时降低了参入错误核苷酸的机会。DNA 聚合酶 δ 和 ε 都有 3′- 外切酶活性，因此具有校对能力。

► 表 13-3 真核细胞 DNA 聚合酶 α、β、γ、δ 和 ε 的性质和功能

性质	聚合酶 α	聚合酶 β	聚合酶 γ	聚合酶 δ	聚合酶 ε
亚细胞定位	细胞核	细胞核	线粒体基质	细胞核	细胞核
引发酶活性	√	×	×	×	×
亚基数目	4	1	4	2	≥ 4
内在的进行性	中等	低	高	低	高
有 PCNA 时的进行性	中等	低	高	高	高
3′- 外切酶活性	×	×	√	√	√
5′- 外切酶活性	×	×	×	×	×
对四环双萜(蚜肠毒素)的敏感性	高	低	低	高	高
生物功能	核 DNA 复制	核 DNA 修复	mtDNA 复制	核 DNA 复制	核 DNA 复制和修复

分裂细胞核抗原(proliferating cell nuclear antigen, PCNA)为聚合酶δ的辅助蛋白，其功能相当于大肠杆菌DNA聚合酶Ⅲ的β亚基。真核细胞核DNA在复制的时候，在复制因子C(replication factor C, RFC)的帮助下，3个PCNA亚基组成滑动钳(图13-11)，使得聚合酶δ的进行性大幅度提高。

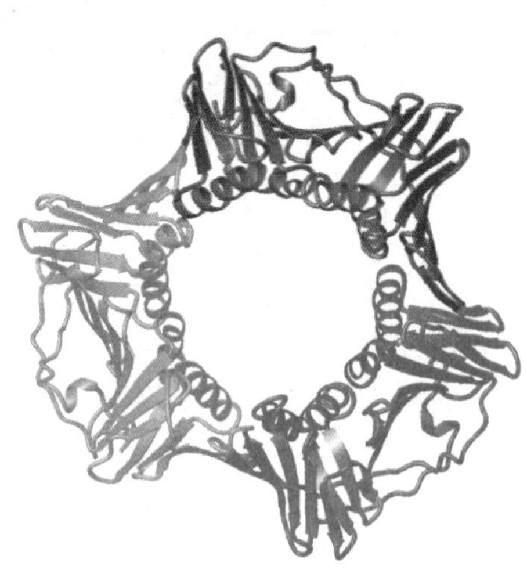

图 13-11 DNA聚合酶δ由PCNA三个亚基构成的滑动钳结构

DNA聚合酶γ只存在于线粒体基质中，负责线粒体DNA的复制。

(三) 古菌的DNA聚合酶

古菌DNA聚合酶有两类：一类与真核生物DNA聚合酶δ和ε相似，也含有由3个PCNA亚基构成的滑动钳结构；另一类与其他生物体内的DNA聚合酶无序列的同源性。例如，来自极端嗜热菌(*Pyrococcus furiosus*)的*Pfu* DNA聚合酶，具有较强的3′-外切酶活性。

Quiz16 研究发现，与酵母和人类相比，古菌的PCNA含有更多带电荷的氨基酸残基。对此你如何解释？

总之，在生物体内有多种类型的DNA聚合酶：有的具有校对活性，有的没有；有的进行性高，有的进行性低；有的"任性"，有的"不任性"。但不管怎样，催化DNA复制的DNA聚合酶应该属于具有校对活性、进行性高和"不任性"的一类。

二、DNA解链酶

DNA解链酶又称DNA解旋酶(图13-12)，不仅参与DNA复制，还参与DNA转录、修复和重组。任何一种DNA解链酶都能结合DNA和ATP，并同时具有依赖DNA的ATP酶活性，这样可以通过水解ATP既能为解链提供能量，还能驱动它在解链过程中沿着DNA模板不断向一侧移动。

三、SSB

SSB是一种专门与DNA单链区结合的蛋白质，本身并无酶活性，在复制中通过与DNA单链区的结合，至少有三个作用：①暂时维持DNA的单链状态，防止互补的单链在作为复制模板之前重新退火成双螺旋；②防止单链区自发形成链内双螺旋而影响DNA聚合酶的进行性；③防止核酸酶对DNA单链区的水解。

Quiz17 基因工程中，有人用SSB作为重组蛋白纯化的亲和标签。你认为可行吗？

四、DNA拓扑异构酶

拓扑异构酶是一类通过催化DNA链的断裂、旋转和重新连接而直接改变DNA拓扑学性质的酶。此类酶不但可以解决在DNA复制、转录、重组和染色质重塑过程中遇到的拓扑学障碍，而且能够细调细胞内DNA的超螺旋程度，以促进DNA与蛋白质的相互作用。同时还可以防止DNA形成有害的过度超螺旋。

所有拓扑异构酶的作用都是通过两次转酯反应来完成的(图13-13)：第一次转酯反应由活性中心1个Tyr残基上的羟基O亲核进攻DNA主链上的3′,5′-磷酸二酯键中的P，形成以磷酸酪氨酸酯键相连的酶

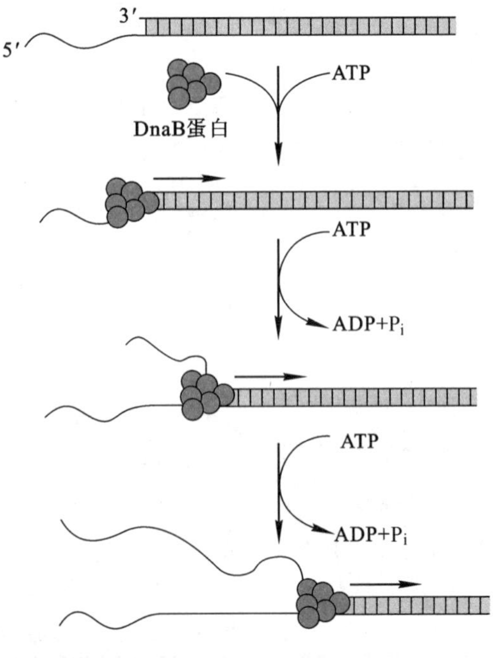

3′
5′
DnaB蛋白
ATP
ATP
ADP+P_i
ATP
ADP+P_i

图 13-12 大肠杆菌DnaB蛋白的解链酶活性

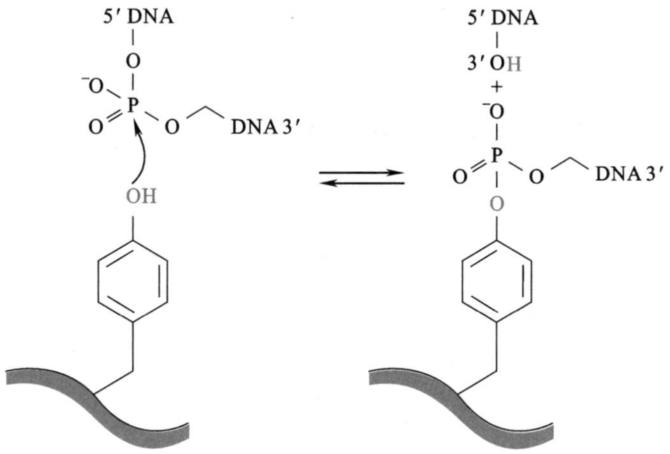

图 13-13 DNA 拓扑异构酶催化的转酯反应

与 DNA 的共价中间物。与此同时，DNA 链发生断裂。在断裂的 DNA 链进行重新连接之前，DNA 的另一条链或另一个 DNA 双螺旋通过切口，从而导致其拓扑学结构发生变化。最后，发生第二次转酯反应，这一次转酯反应可视为第一次转酯反应的逆反应，由 DNA 链断裂处的自由羟基 O 亲核进攻酶与 DNA 之间的磷酸酪氨酸酯键，致使原来断裂的 3′，5′– 磷酸二酯键重新形成，而酶则恢复到原来的状态。

按照 DNA 链的断裂方式，拓扑异构酶分为 Ⅰ 型和 Ⅱ 型。Ⅰ 型在作用过程中，只能切开 DNA 的一条链，而 Ⅱ 型会同时交错切开 DNA 的两条链。

参与 DNA 复制主要是 Ⅱ 型拓扑异构酶，如细菌的旋转酶（gyrase），它既可以在 DNA 分子复制之前引入有利于复制的负超螺旋，又可以及时清除在复制中形成的正超螺旋，还能分开复制结束后缠绕在一起的两个子代 DNA 分子。环丙沙星（ciprofloxacin）和新生霉素（novobiocin）是两种作用于旋转酶的抗生素。

Quiz18 Ⅱ 型拓扑异构酶每作用一次，DNA 超螺旋的连环数有何变化？

五、DNA 引发酶

DNA 引发酶是一类特殊的 RNA 聚合酶，负责催化 RNA 引物的合成。大肠杆菌的引发酶为 DnaG 蛋白，真核细胞的引发酶则在体内与 DNA 聚合酶 α 紧密结合在一起。

六、切除引物的酶

RNA 引物只是用来启动 DNA 的复制，迟早要被切除。细菌切除 RNA 引物的酶是 DNA 聚合酶 Ⅰ 或核糖核酸酶 H（RNase H），真核细胞切除 RNA 引物的酶是 RNase H Ⅰ 和翼式内切酶 1（flap endonuclease 1，FEN1）。RNase H 专门水解与 DNA 杂交的 RNA，包括 RNA 引物。FEN1 具有 5′– 外切酶和内切酶活性。

Quiz19 还记得 RNase H Ⅱ 的生理功能是什么吗？

七、DNA 连接酶

DNA 连接酶能够催化一个双螺旋 DNA 分子内相邻核苷酸的 3′– 羟基和 5′– 磷酸，甚至两个双螺旋 DNA 分子两端的 3′– 羟基和 5′– 磷酸，发生连接反应，形成 3′，5′– 磷酸二酯键。这一类酶主要参与 DNA 复制，也参与 DNA 修复和重组。

DNA 连接酶在 DNA 复制中的作用是“缝合”相邻的冈崎片段，在催化反应时需消耗能量。根据能量供体的性质，它们可分为两类：第一类使用 NAD^+，第二类使用 ATP。绝大多数细菌的 DNA 连接酶属于第一类，真核生物、古菌、病毒和少数细菌的连接酶属于第二类。

Quiz20 在大量 AMP 存在的情况下，DNA 连接酶可切开 DNA，为什么？

DNA 连接酶的催化分为三步（图 13-14）：①酶活性中心的一个 Lys 残基的 ε– 氨基作为亲核试剂，

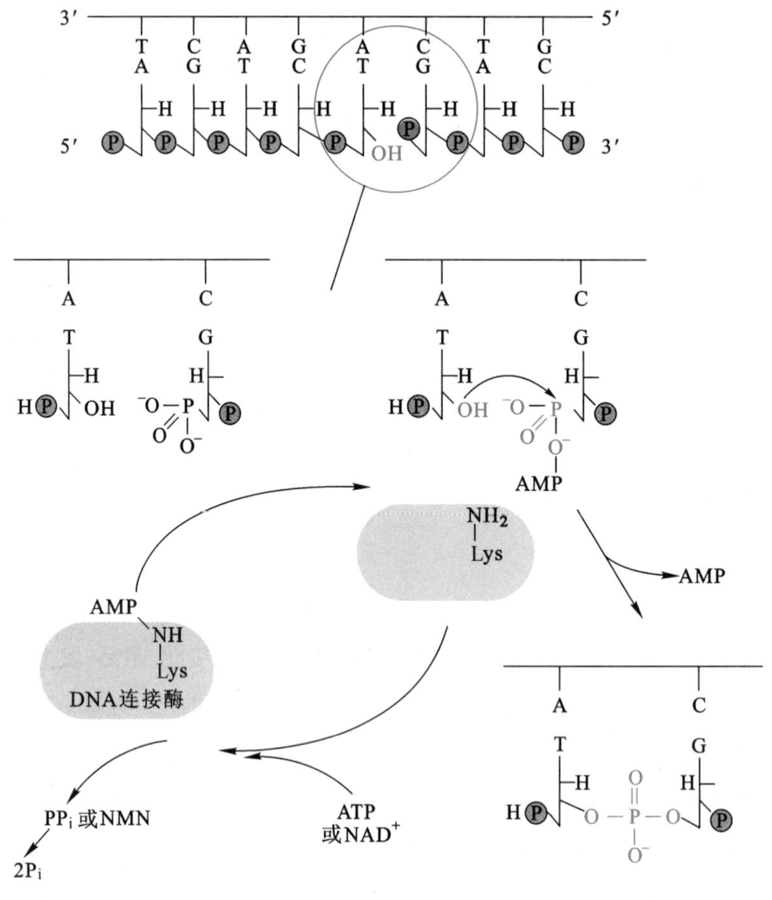

图 13-14 DNA 连接酶的作用机制

亲核进攻 ATP 或 NAD^+ 的磷酸酯键，形成共价的酶 -AMP 中间物，同时释放出 PP_i 或 NMN；② AMP 被转移到 DNA 链切口处的 5′- 磷酸上；③切口处的 3′-OH 进攻 AMP-DNA 之间的磷酸酯键，致使切口处相邻的核苷酸之间形成 3′,5′- 磷酸二酯键，同时释放出 AMP。

八、端粒酶

端粒酶也称为端聚酶，是真核细胞细胞核 DNA 复制所特有的，它所起的作用是维持染色体端粒结构的完整。

当真核细胞的线形染色体 DNA 复制到一定阶段的时候，位于端粒 DNA3′ 端的冈崎片段上的 RNA 引物被切除，必然留下一段空隙。该空隙无法通过 DNA 聚合酶直接填补，原因是 DNA 聚合酶不能从 3′ → 5′ 方向催化 DNA 的合成。若上述空隙不及时填补，染色体 DNA 每复制一次，端粒 DNA 就会少一段。如何解决末端 RNA 引物切除后留下来的“烦恼”就依赖于端粒酶了。

Quiz21 你认为端粒酶在催化端粒 DNA 合成的时候需要不需要引物？

端粒酶本质是一种特殊的逆转录酶，由蛋白质和 RNA 两种成分组成，其中蛋白质具有逆转录酶的活性，而 RNA 含有 1.5 拷贝的端粒 DNA 重复序列，这一部分序列作为逆转录酶的模板。

端粒酶的作用过程如下（图 13-15）：首先其 RNA 中 0.5 拷贝的端粒 DNA 重复序列与端粒 DNA 最后一段重复序列配对，而剩余的 1 拷贝重复序列凸出在端粒的一侧作为模板；随后发生逆转录反应，在端粒 DNA 的 3′ 端填加 1 拷贝的重复序列。当逆转录反应结束以后，端粒酶移位，重复上面的反应，直到端粒突出的一端能够作为合成新的冈崎片段的模板，从而填补上一个冈崎片段 RNA 被切除后留下的空隙。

Quiz22 现在已经有多种方法将高度分化的体细胞诱导成多能干细胞。你认为何种方法可用来判断诱导是否获得成功？

端粒的长度并非固定不变的，像生殖细胞、干细胞和肿瘤细胞端粒的长度要比体细胞的端粒长得多。比较它们胞内的端粒酶活性，发现多数体细胞几乎检测不到端粒酶的活性。

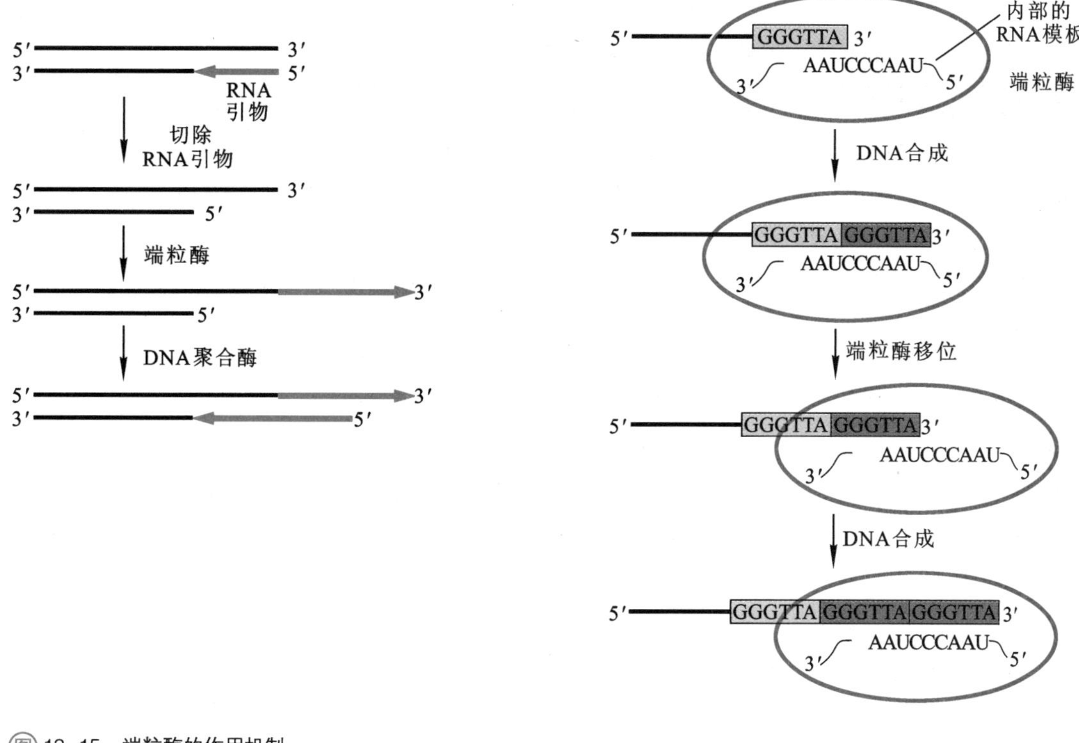

图 13-15 端粒酶的作用机制

第三节 DNA 复制的详细机制

DNA 复制是以复制子为单位进行的。任何一个复制子都含有一个复制起始区，有些复制子还含有特定的终止区。

以大肠杆菌为代表的单复制子基因组 DNA 的复制机制已经十分清楚，下面将给予重点介绍，然后再简单介绍真核生物细胞核 DNA 复制和细胞器 DNA 复制的机制。

一、以大肠杆菌为代表的细菌基因组 DNA 的“θ- 复制”

大肠杆菌基因组属于共价闭环的 DNA，只有一个复制子，绝大数参与复制的有关蛋白质和酶已得到阐明（表 13-4）。整个 DNA 复制可人为地分为起始、延伸和终止三个阶段。

（一）DNA 复制的起始

大肠杆菌的基因组 DNA 复制的起始开始于对 *oriC* 的识别（图 13-16），结束于引发体的形成（图 13-17）。

oriC 长度约 245 bp，包括 4 个 9 bp 直接或反向重复序列——TTATCCACA 和 3 个 13 bp 直接重复序列，以及 11 个甲基化位点序列——GATC 和引发酶识别的 CTG 序列（图 13-16）。CTG 序列还散布在后随链模板的其他区域。此外，*oriC* 的左侧还有 1 个编码 DNA 复制起始蛋白 DnaA 的 *dnaA* 基因。9 bp 的重复序列是 DnaA 蛋白识别并结合的区域，因此也称为 A 盒（A box）。13 bp 的重复序列是复制起始区最先发生解链的区域，因此也称为 DNA 解链元件（DNA unwinding element，DUE）。

Quiz23 你有什么方法可以克隆到大肠杆菌的 DNA 复制起始区序列？

在复制起始之前，DNA 腺嘌呤甲基转移酶（DNA adenine methyltransferase，Dam）被激活。在该酶的催化下，复制起始区内 GATC 序列中的 A 发生甲基化修饰。此反应可彻底解除 SeqA 蛋白对复制起始区的屏蔽，同时激活 DnaA 蛋白的基因表达。DnaA 蛋白能够结合并水解 ATP。于是，DnaA 蛋白开始在胞内积累，当达到某个浓度时即启动 DNA 的复制。

复制起始阶段的主要反应依次如下（图 13–17）。

► 表 13–4　参与大肠杆菌 DNA 复制的主要蛋白质或酶的名称和功能

蛋白质名称	功能
DNA 腺嘌呤甲基化酶	催化 GATC 中的 A 甲基化，调节 DNA 复制起始
DNA 旋转酶	Ⅱ型拓扑异构酶，负责清除复制叉前进中的拓扑学障碍
SSB	单链结合蛋白
DnaA 蛋白	复制起始因子，识别复制起始区 *oriC*
DnaB 蛋白	DNA 解链酶
DnaC 蛋白	招募 DnaB 蛋白到复制叉
DnaG 蛋白	DNA 引发酶，引物合成
DnaT 蛋白	辅助 DnaC 蛋白的作用
HU 蛋白	类似于真核细胞的组蛋白，结合 DNA 并使 DNA 弯曲
HupA 和 HupB 蛋白	刺激 DNA 复制
IHF	环绕 DNA，结合 *oriC*
PriA 蛋白	引发体的装配
PriB 蛋白	引发体的装配
PriC 蛋白	引发体的装配
DNA 聚合酶Ⅲ	DNA 链的延伸
DNA 聚合酶Ⅰ	切除引物，填补空隙
DNA 连接酶	缝合相邻的冈崎片段
DNA 拓扑异构酶Ⅳ	分离子代 DNA
Tus 蛋白	抑制解链酶活性，复制终止
SeqA 蛋白	结合并屏蔽 A 盒序列

（1）结合有 ATP 的 DnaA 蛋白四聚体在 HU 蛋白和整合宿主因子（integration host factor，IHF）的帮助下，识别并结合 *oriC* 的 9 bp 重复序列，这种结合具有协同性。协同作用能使更多的 DnaA 蛋白（20 ~ 40 个）在较短的时间内结合到附近的 DNA 上。

（2）DnaA 蛋白之间自组装成蛋白质核心，DNA 则环绕其上形成类似真核生物体内的核小体结构。

（3）DnaA 蛋白所具有的 ATP 酶活性水解结合的 ATP，以此驱动 13 bp 重复序列内富含 AT 碱基对

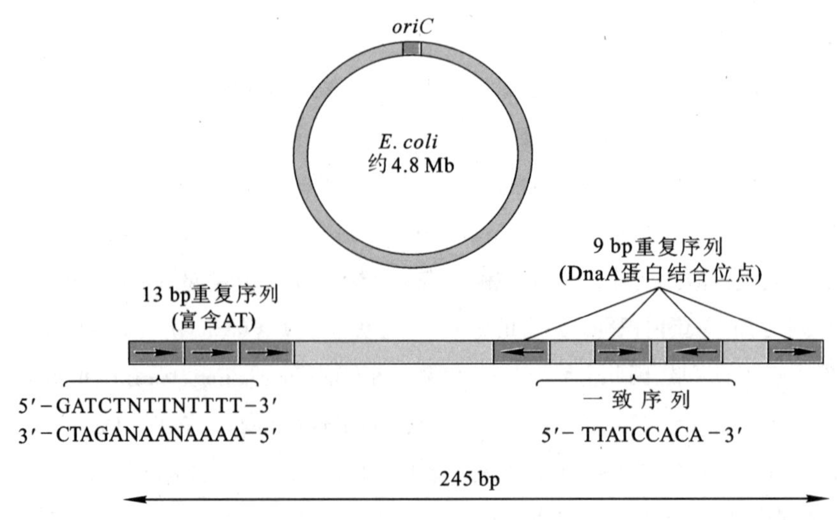

图 13–16　大肠杆菌 DNA 复制起始区 *oriC* 的结构

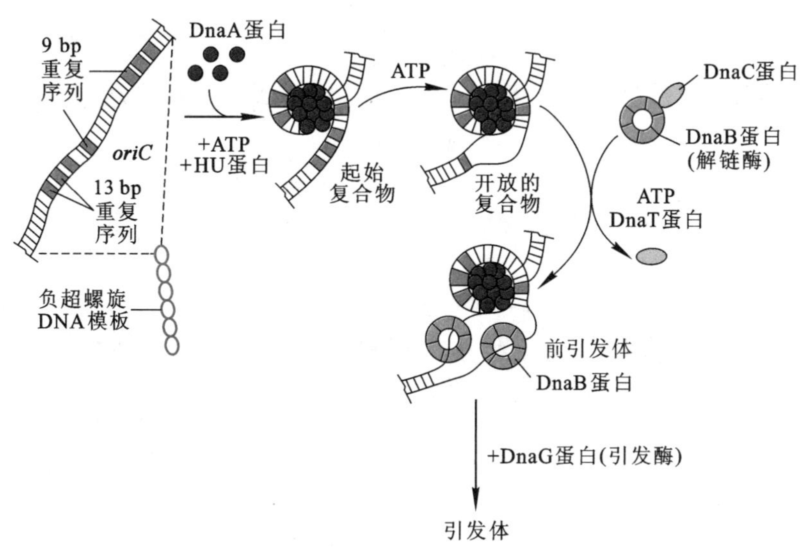

图 13-17 大肠杆菌 DNA 复制过程中引发体的形成

的序列解链,形成长约 45 bp 的开放的起始复合物。

(4) 在 DnaC 蛋白和 DnaT 蛋白的帮助下,2 个 DnaB 蛋白被招募到解链区,形成预引发体(preprimosome)。此过程也需要消耗 ATP。

(5) 在 DnaB 蛋白的催化下,*oriC* 内的解链区域不断扩大,形成 2 个明显的复制叉。随着单链区域的扩大,SSB 开始与单链区结合。

(6) 2 个 DnaB 蛋白各自朝相反的方向催化 2 个复制叉的解链,DnaA 蛋白随之被取代下来。

(7) 在 PriA、PriB 和 PriC 蛋白的帮助下,充当引发酶的 DnaG 蛋白被招募到复制叉与 DnaB 蛋白结合在一起,一般结合在 CTG 序列。

(8) DnaG:DnaB 蛋白复合物沿着 DNA 模板链,先后为前导链和后随链合成 RNA 引物。合成的引物的长度一般为 11 nt,前两个碱基几乎都是 AG。

(二) DNA 复制的延伸

DNA 复制的延伸首先需要形成复制体(replisome)(图 13-18),然后在引物的末端延伸前导链和后随链。

(1) 复制体的形成。一旦聚合酶Ⅲ全酶加入到引发体上,复制体就形成了。这时真正意义上的 DNA 复制便开始了。对于一个进行双向复制的复制子来说,应该有两个复制体,每一个复制体能同时进行前导链和后随链的合成。

(2) 前导链合成。大肠杆菌的每一个复制体上都有一个由 2 分子 DNA 聚合酶Ⅲ组成的不对称二聚体,分别合成前导链和后随链。当一个复制叉内的第一个 RNA 引物得以合成,其中的一个 DNA 聚合酶Ⅲ的全酶即可在引物的 3′- 羟基上,连续催化前导链的合成,直到复制的终点。

(3) 后随链合成。这需要在合成每一个冈崎片段引物的时候,另一个聚合酶Ⅲ全酶的一部分暂时离开复制体。而在引物合成好以后,这个聚合酶Ⅲ又需要重新装配,以启动 DNA 的合成。催化后随链合成的聚合酶Ⅲ一旦遇到前一个冈崎片段的 5′ 端,即与 DNA 和滑动钳解离,但并没有离开复制体,而是与催化前导链合成的另一个聚合酶Ⅲ结合在一起,以随时参与下一个冈崎片段的合成。留在冈崎片段上的滑动钳并没有立刻解体,而是依次将聚合酶Ⅰ和连接酶招募到前一个冈崎片段的 RNA 引物处。被招募来的 DNA 聚合酶Ⅰ会及时切除其中的 RNA 引物,并填补引物切除以后留下来的序列空白。与此同时,DNA 连接酶会将新的冈崎片段与前一个冈崎片段连接起来。随后,细胞内过量的处于游离状态的 δ 亚基像“扳手”一样,“撬开”滑动钳,使其能够被循环利用。

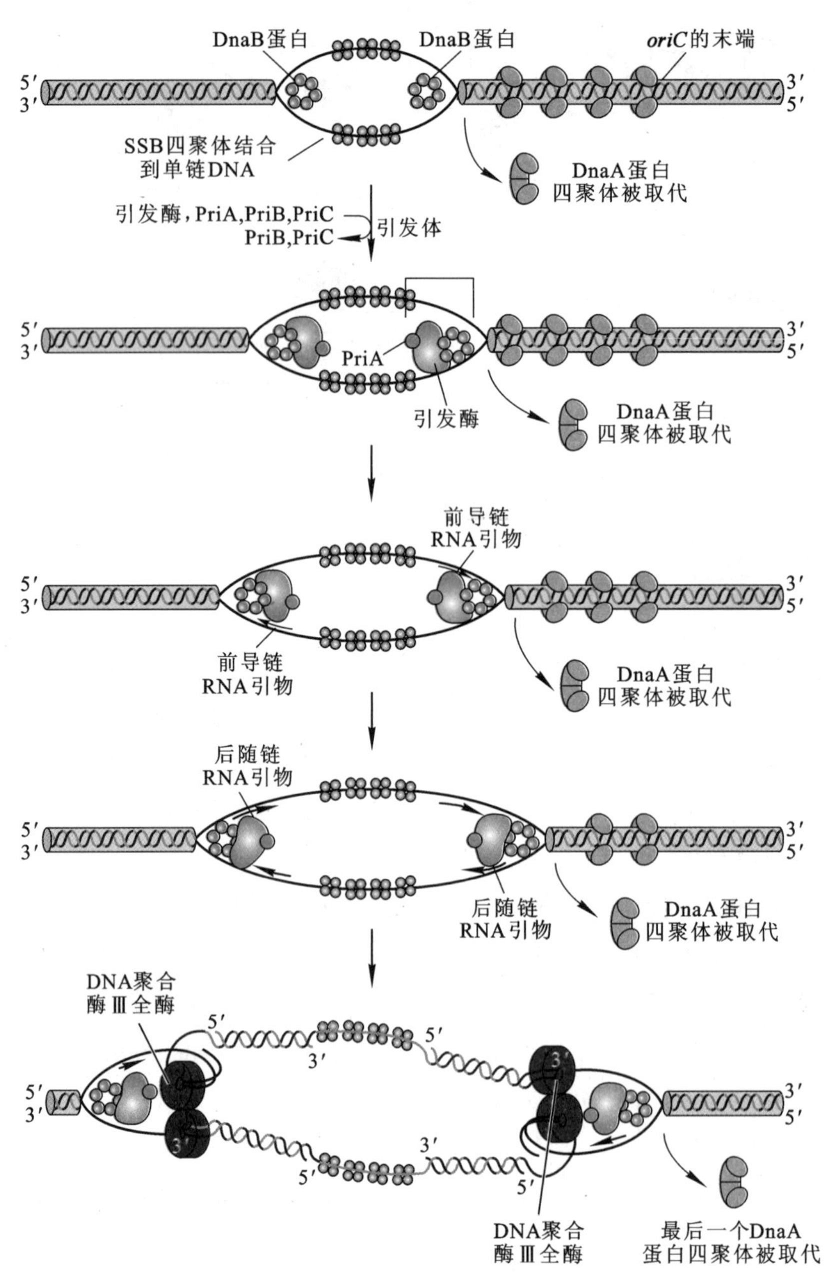

图 13-18　大肠杆菌 DNA 复制过程中复制体的形成

(4) 前导链和后随链合成的协调。一个复制叉内的聚合酶Ⅲ全酶二聚体同时催化前导链和后随链的合成，但它只能朝一个方向前进。酶之所以能够做到这一点，是因为后随链的模板在复制过程中形成突环结构，这样维持了与前导链模板的方向一致(图 13-19)。

(三) DNA 复制的终止

大肠杆菌基因组 DNA 复制结束于终止区(terminus)(图 13-20)，但终止区并不是 DNA 复制必需的，若人为将其去除，DNA 复制也能终止。在终止区的两侧存在两组由 23 bp 组成的终止子位点(*Ter* 位点)，左侧一组含有 *TerF*、*TerB* 和 *TerC*，右侧一组含有 *TerA*、*TerD* 和 *TerE*。*Ter* 位点富含 GT，有一种叫终止区利用物质的蛋白质(terminator utilization substance，Tus 蛋白)能特异性地结合这些位点。Tus 蛋白是解链酶 DnaB 蛋白的抑制剂，其晶体结构分析表明，它有 2 个结构域，这两个结构域通过 2 个反平行的 β 折叠相连，其间有一个裂缝，正适合局部变形的 *Ter*-DNA 结合。

Quiz24 你认为 Tus 蛋白这个裂缝的氨基酸组成有什么特点?

复制终止还包括子代 DNA 之间的分离(图 13-21)：当复制叉 1 和 2 在终止区相遇后，DNA 即停止复制，那些位于终止区内尚未复制的序列会在两条母链分开以后，通过修复的方式填补。但无论如何，

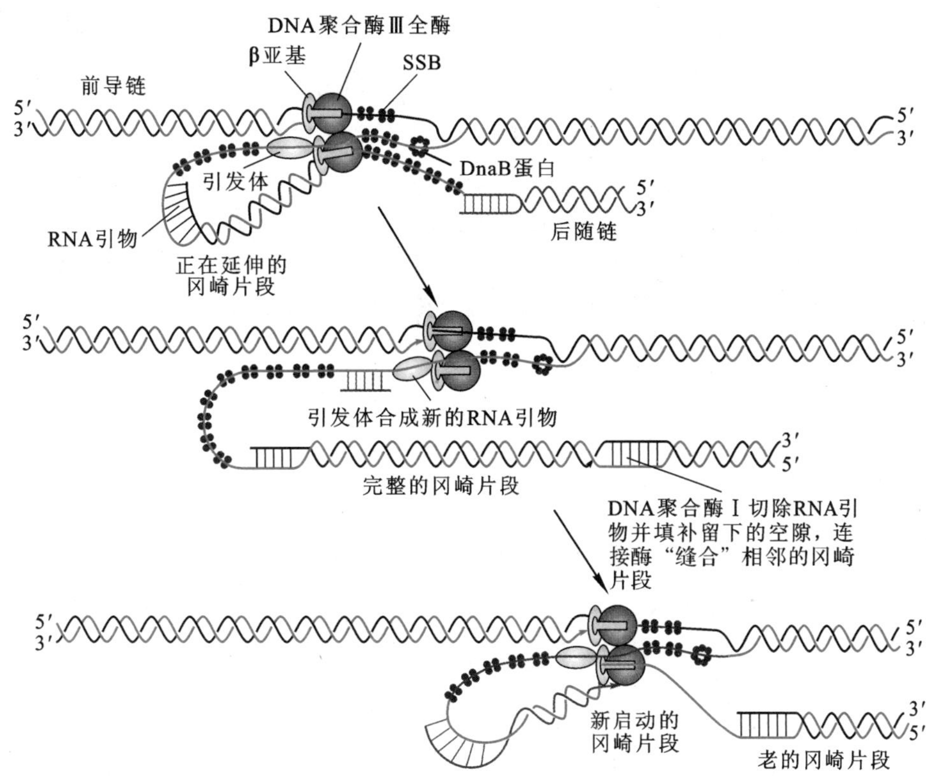

图 13-19 大肠杆菌 DNA 复制的延伸以及两条链合成的协调

最后复制产生的两个子代 DNA 分子仍以连环体的形式存在，因此在分配给两个子细胞之前，必须进行“连体分离”手术。在大肠杆菌内，行使“主刀”任务的是拓扑异构酶Ⅳ或 XerCD 蛋白。这两种蛋白质作为位点特异性重组酶，可识别终止区内的 *dif* 位点，切开 DNA 的两条链，在交换后进行再连接。

Quiz25 若是在大肠杆菌染色体 DNA 上人为插入第二个复制起始区，并与原来的复制起始区保持比较远的距离，你认为 DNA 复制还能正常地进行吗?

二、“滚环复制”

某些噬菌体 DNA 和一些小的质粒在宿主细胞内，进行滚环复制(rolling-circle replication，RC 复制)。此外，真核细胞的某些基因，例如两栖动物卵母细胞的 rRNA 基因、哺乳动物细胞的二氢叶酸还原酶基因，在特定的情况下也可进行局部的滚环复制。

Quiz26 你认为 M13 噬菌体 DNA 滚环复制形成不形成冈崎片段?

以 M13 噬菌体为例，其基因组 DNA 是一种单链正 DNA，当进入大肠杆菌以后，即通过 θ- 复制形成复制型双链 DNA。复制型 DNA 形成以后，即进行滚环复制。

M13 噬菌体 DNA 滚环复制的全过程是(图 13-22)：首先，有一种兼有内切酶活性的位点特异性起始蛋白——A 蛋白，识别并结合复制型 DNA 分子上的复制起始区；随后，A 蛋白活性中心的一个 Tyr 残基侧链上的羟基对正链上一个特定的 3′, 5′- 磷酸二酯键作亲核进攻，致使正链被切开，产生游离的 3′- 羟基和与 A 蛋白的酪氨酸侧链以酯键相连 5′- 磷酸；在宿主细胞 DNA 聚合酶Ⅲ的催化下，前导链即新的正链开始合成，直接是以切口处的 3′- 羟基作为引

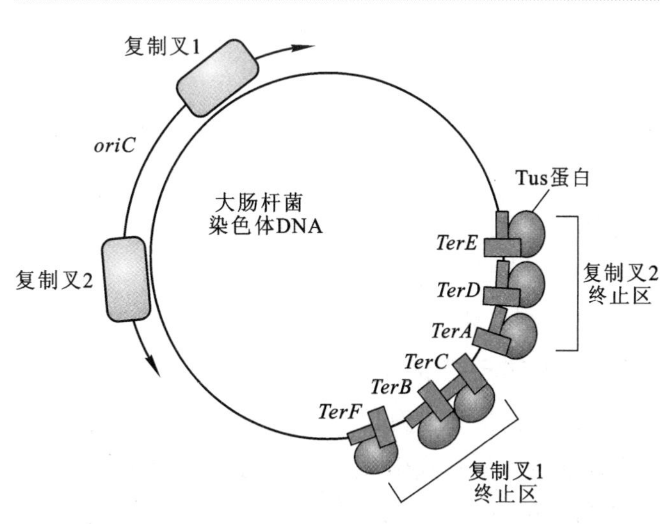

图 13-20 大肠杆菌 DNA 复制终止区的结构

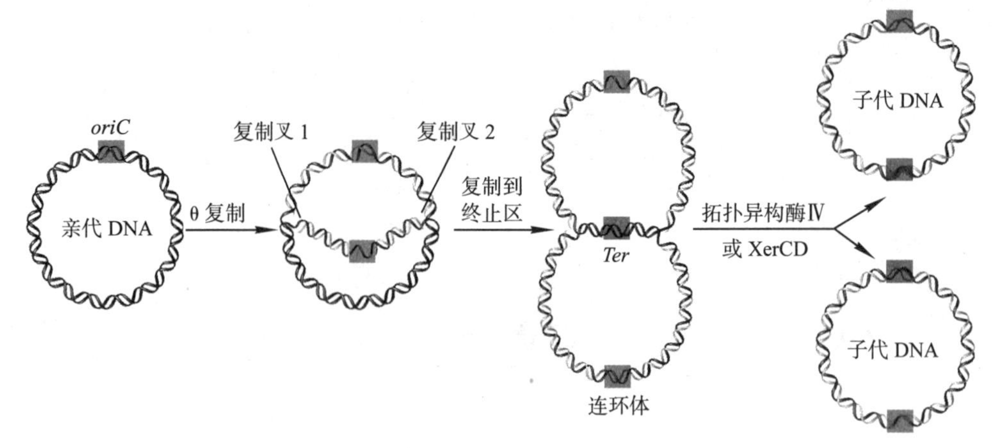

图 13-21 子代DNA的分离

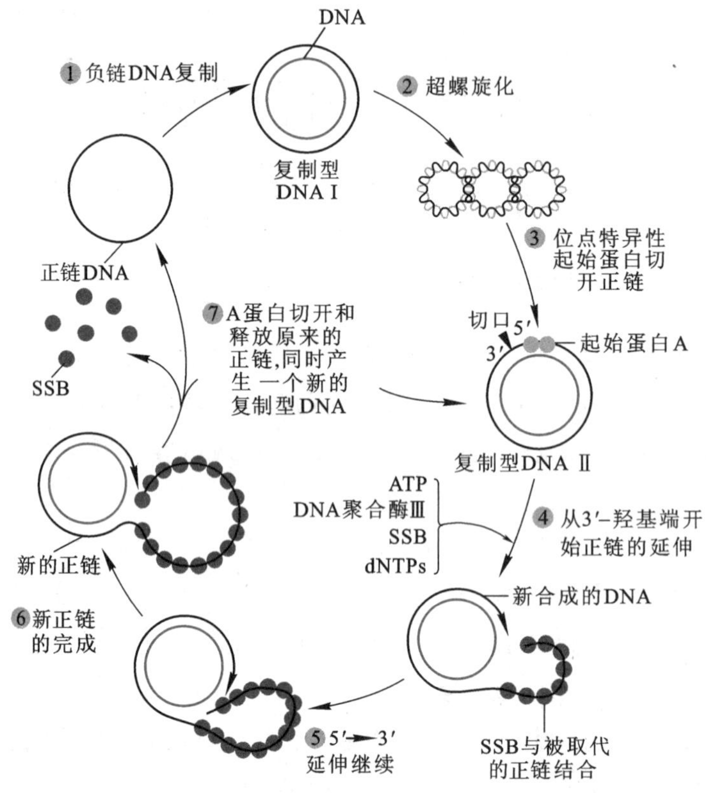

图 13-22 M13噬菌体DNA的滚环复制

物,充当模板的是负链DNA;随着新的正链被合成,负链环仿佛在滚动,老的正链则被取代后游离出双螺旋,以单链的形式存在;SSB与游离出来的老的正链结合,新的正链在不断地合成,直到一条全新的正链得以复制;新的正链在合成好以后,仍然与老的正链以共价键相连,这时A蛋白可再次切开正链,使老的正链释放出来。负链则与新的正链形成新的复制型DNA,并进行下一轮滚环复制。

三、D环复制

线粒体和叶绿体是两种半自主性细胞器,它们自带的DNA通常以D环(displacement-loop,D环)的方式进行复制。以动物细胞的线粒体DNA(mtDNA)为例,组成它的两条链以共价闭环的形式存在,一条链因富含G而具有较高的密度,因此被称为重链(H链),另一条链因富含C而具有较低的密度,因而被称为轻链(L链)。每一个mtDNA分子有两个复制起始区——O_H和O_L,分别用于H链和L链的合成。进行催化复制的是DNA聚合酶γ,复制过程中的解链由TWINKLE蛋白催化。两条链的合成都需要先合成 RNA 引物，这由线粒体 RNA 聚合酶(mitochondrial RNA polymerase，POLRMT)（哺乳动物）或者兼有解链酶活性的 TWINKLE 蛋白(某些非后生动物)催化合成。

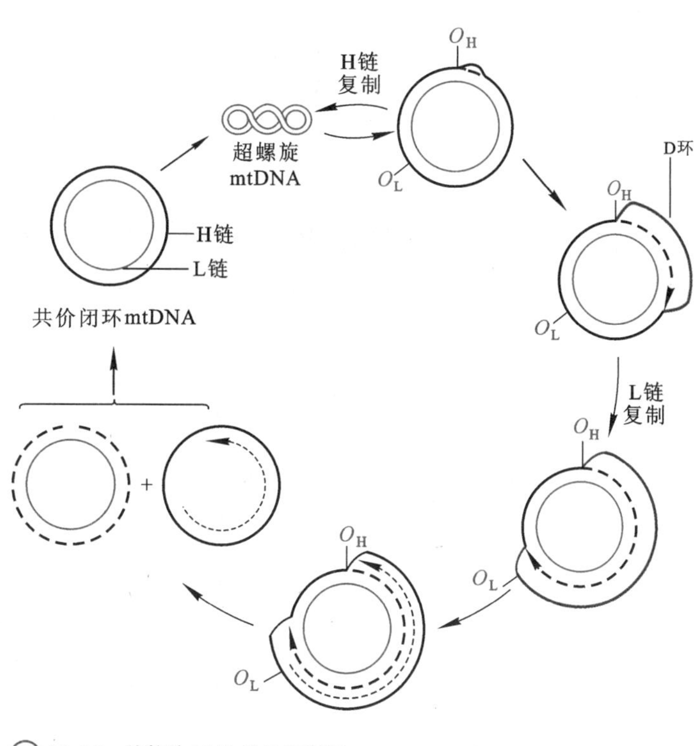

图 13-23　线粒体 DNA 的 D 环复制

D 环复制的主要步骤包括(图 13-23)：① O_H 首先被起动，先合成前导链，即新的 H 链。前导链连续合成，其引物由以 L 链为模板转录产生的接近基因组全长的 mRNA 经剪切加工产生，催化剪切反应的酶是核糖核酸酶 MRP。②新 H 链一边复制，一边取代原来的老 H 链。被取代的老 H 链以单链环的形式被游离出来，这就是 D 环名称的由来。③当 H 链合成到约 2/3 的时候，O_L 得以暴露而被激活，由此起动后随链 L 链的合成。新 L 链的合成以被取代的 H 链为模板，与新 H 链合成的方向相反。后随链的合成也是不连续合成的，即要形成冈崎片段。每一个冈崎片段合成都需要引物。④由于 L 链与 H 链合成在时间上的不同步，所以当新 H 链合成完的时候，L 链仍然有约 2/3 还没有复制。⑤先合成好的 H 链先被连接酶缝合，L 链则等合成好以后再进行连接反应。

Quiz27 核糖核酸酶 MRP 有哪几种成分组成?

四、真核细胞的细胞核 DNA 复制

真核细胞的核 DNA 复制在很多方面与细菌极为相似，但至少有以下几点不同于细菌：①起始过程远比细菌复杂。②需要解决核小体和染色质结构对 DNA 复制构成的障碍。③复制叉移动的速度远低于细菌。④具有多个复制子，这可以弥补复制叉移动速度偏低对整个 DNA 复制速度的制约。⑤冈崎片段的长度为 100～200 nt，小于细菌的 1 000～2 000 nt。⑥复制被限制在细胞周期的 S 期，并受到严格的调控。⑦需要端粒酶解决染色体 DNA 末端复制问题。⑧复制终止没有特定的像大肠杆菌 *Ter* 序列的终止区。

Quiz28 你认为导致真核生物核基因组 DNA 复制叉移动速度低、冈崎片段短的原因是什么?

真核生物细胞核基因组 DNA 复制的基本过程如下。

1. 复制的起始

与细菌一样，真核细胞核 DNA 复制的起始首先涉及复制起始区的识别。然而，真核细胞核 DNA 在复制起始之前，起始区已经与起始蛋白(Orc1—Orc6)结合，形成了起始区识别蛋白复合物(origin recognition complex of proteins，ORC)。ORC 存在于整个细胞周期，因此它的形成并非是 DNA 复制起始的充分条件，而是 DNA 复制起始的必要条件。真正属于起始步骤的反应可分为两个阶段(图 13-24)。

(1) 复制预起始复合物(pre-replication complex，pre-RC)的形成。pre-RC 能否形成取决于执照因子(licensing factor)何时对复制起始区进行“点火”(firing)。充当执照因子的有依赖细胞分裂周期蛋白 10 的转录因子 1(cell division cycle 10-dependent transcript 1，Cdt1)和细胞分裂周期蛋白 6(cell division cycle 6，Cdc6)。它们在细胞周期的 G_1 期才开始合成并在核内积累，最先与 ORC 结合，一旦结合，pre-RC 便形成了。

(2) pre-RC 被激活成有活性的复制叉复合物。在 pre-RC 形成以后，微型染色体维护蛋白 2—7

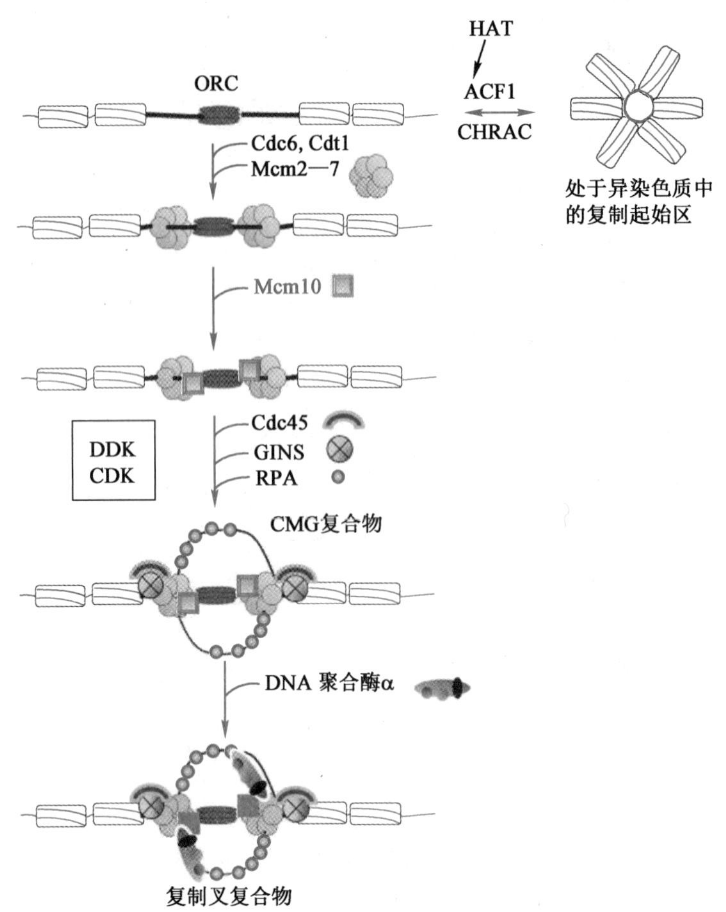

图 13-24　真核生物细胞核 DNA 复制的起始

(mini-chromosome maintenance, Mcm2—7) 即被装载到 ORC 上。其中, Cdc6 水解 ATP, 使得 Mcm2—7 能协调地装载在双链 DNA 模板上, 形成两个解链酶环, 环绕在 DNA 模板上, 沿着前导链的模板按照 3′ → 5′ 的方向移位, 催化 DNA 复制过程中的解链。很快, Cdc6 解离下来并被灭活。紧接着, Mcm10、Dbf4 依赖性蛋白激酶 (Dbf4-dependent protein kinase, DDK)、CDK、Cdc45 和 GINS 也被招募进来。DDK 和 CDK 可催化 Mcm 发生特异性的磷酸化修饰, 以调节 Mcm 的活性, 而由 Cdc45-Mcm-GINS 形成的三元复合物 (CMG 复合物) 可进一步增强 Mcm2—7 环的解链酶活性。Mcm10 则在复制的起始和延伸中均起重要作用。Mcm10 与 ORC 的结合可将聚合酶 α- 引发酶招募到复制起始区。一旦聚合酶 α- 引发酶加入, 具有活性的复制叉复合物就形成了。

2. 复制的延伸

复制从起始过渡到延伸的基本过程是: Ctf4/1 作为聚合酶 α 的复制因子, 与 CMG 复合物相互作用。这可能有助于将聚合酶 α 拴在染色质上, 同时有利于协调 DNA 的解链和聚合酶 α 催化引物的合成。如此紧密的偶联, 可将单链的长度最小化。RPA 作为 SSB 与上述稳定的起始蛋白 /DNA 复合物结合。

延伸阶段的反应涉及 Mcm 蛋白复合物、三种 DNA 聚合酶、RPA、RFC、PCNA、DNA 拓扑异构酶、DNA 连接酶和 FEN1/RNaseH Ⅰ 等的协调有序的作用。

在延伸阶段, 结合在复制起始复合物中的聚合酶 α, 先使用引发酶亚基合成长 7 ~ 10 nt 的 RNA 引物, 再利用聚合酶亚基合成 20 ~ 30 nt 长的 DNA 片段, 随后离开 DNA 模板, 在前导链和后随链的模板上分别由聚合酶 ε 和 δ 取代 (图 13-25)。RFC 和 PCNA 参与此环节: 其中 RFC 充当滑动钳装载者, 结合在起始 DNA 的 3′ 端, 催化 PCNA 滑动钳结构装载在 DNA 模板上以增强聚合酶 δ 的进行性。复制中的解链由 Mcm 复合物催化, RNA 引物水解由 FEN1/RNaseH Ⅰ 催化。两个相邻的冈崎片段之间的空缺由聚合酶 δ 填补, 缺口则由 DNA 连接酶 Ⅰ 缝合。拓扑异构酶 Ⅰ 负责清除复制叉移动中形成的正超螺旋。

3. 复制的终止

两个相邻的复制叉在相遇的时候，做到无缝融合十分重要，这样才能避免多余的复制。另外，精确的终止还必须能够阻止连环体的形成。根据对芽殖酵母的研究，其复制终止随机地终止在4 kb长的区域内。这些区域通常含有复制叉暂停元件（fork pausing element，FPE）。已在裂殖酵母的交配型基因和芽殖酵母的rDNA基因内，发现特异性的复制终止位点（replication termination site，RTS）。在RTS内，称作复制叉障碍物（replication fork barrier，RFB）的区域让终止具有方向依赖性，由此可阻滞两个相遇复制叉中的一个向对侧的移动。

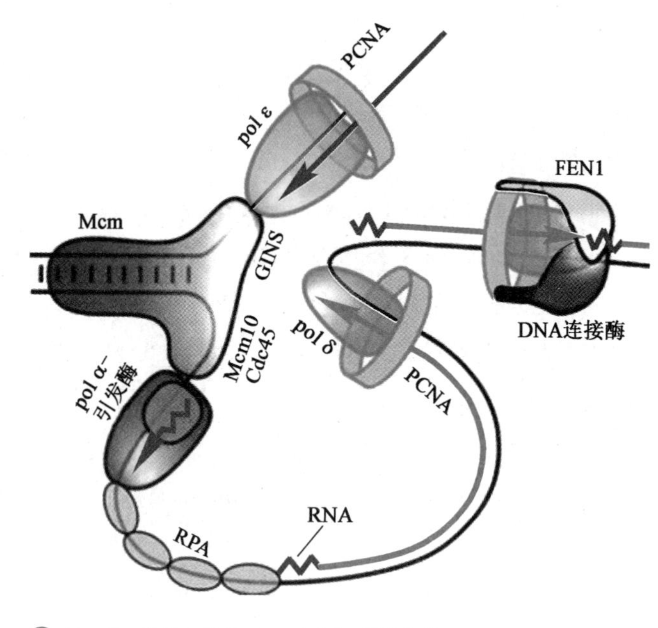

图 13-25　真核细胞核DNA复制叉的结构模型

Ⅱ型和Ⅰa型DNA拓扑异构酶参与复制的终止。Ⅱ型拓扑异构酶在S期与染色质结合，在中期结合在着丝粒上。它与终止区的结合可防止在终止区发生DNA断裂和重组，此外，还参与含有RTS区域的终止。相反，Rrm3解链酶促进复制叉通过终止区。于是，Rrm3和Ⅱ型拓扑异构酶一起在RFB区域协调复制叉在终止区的移动和融合。Ⅰa型拓扑异构酶的作用则是有助于具相似终止位点结构的姊妹染色单体（chromatid）的分离。

五、古菌的DNA复制

与细菌相似，古菌的基因组DNA也是环状DNA，故不需要也没有端粒酶。然而，在DNA模板存在的状态、包装的方式以及复制机制上，古菌与真核生物非常相似。主要表现在：① DNA模板与组蛋白形成核小体；②大多数古菌具有多个复制起始区；③参与复制的许多蛋白质和酶在结构与功能上非常接近真核生物（表13-5）。

表13-5　细菌、真核生物和古菌参与DNA复制的主要蛋白质和酶的比较

参与复制的蛋白质和酶	细菌	真核生物	古菌
起始蛋白	DnaA	ORC	Orc1/Cdc6
解链酶	DnaB	Mcm复合物	Mcm
解链酶转载物	DnaC	Cdc6+Cdr1	Orc1/Cdc6
DNA聚合酶	C类	B类	B类
滑动钳	DNA聚合酶Ⅲ的β亚基	PCNA	PCNA
滑动钳转载物	γ亚基复合物	RFC	RFC
DNA连接酶	依赖于NAD^+	依赖于ATP	依赖于ATP
切除引物的酶	DNA聚合酶Ⅰ/RNaseH	RNaseH/FEN1	RNaseH/FEN1
端粒酶	无	有	无

科学故事　DNA 聚合酶 I 的发现之路

DNA 聚合酶 I 是被发现的第一种具有催化 DNA 模板指导合成 DNA 的酶，虽然后来被证明并不是催化大肠杆菌 DNA 复制的主要 DNA 聚合酶，但它的发现为我们现在理解遗传物质 DNA 如何复制和修复以及如何转录做出了重要贡献。此外，它还为开发出 PCR 和 DNA 测序等技术打下了坚实的理论基础。下面就让我们一起去探寻该酶的发现之路。

图13–26　Arthur Kornberg

故事始于 Arthur Kornberg（图 13–26）在 1955 年 12 月的发现。当他将从华盛顿大学药理学系的 Morris Friedkin 获得的 ^{14}C– 胸苷，在 ATP 的存在下与对数期生长的大肠杆菌的提取物混合一段时间后，使用冷的三氯乙酸（TCA）处理可得到放射性标记的不溶于 TCA 的产物。由于制备的 ^{14}C– 胸苷的比放射性较低，在加入约 10^6 cpm 强度的 ^{14}C– 胸苷到反应中，得到的参入产物的比放射性只比背景高 100 cpm。然而一旦用 DNA 酶 I 对产物进行处理，所有放射性都可溶于酸。

1955 年 9 月，I. R. Lehman 加入 Kornberg 的实验室，并开始纯化感染 T2 噬菌体的细胞提取物中的一种酶，该酶在 dCMP 中添加了羟甲基，从而形成了羟甲基 –dCMP。在 T– 偶数噬菌体（如 T2、T4）中，胞嘧啶完全被羟甲基胞嘧啶取代。当 Kornberg 向 Lehman 展示他的研究结果时，Lehman 觉得这个结果意味着是 DNA 的体外合成，所以感到非常兴奋，就想搁置当时正在进行的 dCMP 羟基化研究而加入 Kornberg 的研究项目，没想到 Kornberg 同意了。尽管后来 Seymour Cohen 发现了 dCMP 羟甲基化酶，这一发现打开了病毒诱导酶的全新领域，但 Lehman 并不后悔他当初的决定。几个月后，Maurice Bessman 到达了，再加上 Ernie Simms，于是，由 4 个人构成的团队一起开始将 ^{14}C– 胸苷参入到酸不溶性、对 DNA 酶 I 敏感产物中的酶活性进行分离、纯化。

那年早些时候，Kornberg 和 Simms 已经着手纯化大肠杆菌的另一种酶，该酶可在 ATP 存在下将胸苷转化为 dTMP。此酶就是胸苷激酶。他们还观察到有 dTDP 和 dTTP 这两种产物。能制备 ^{32}P 标记的 dTMP 是研究向前迈出的重要一步，因为这样可以不再受可用的 ^{14}C– 胸苷的低放射性的限制，让参入到酸不溶性产物中的放射性要强的多。他们认为 dTTP 是酶的真正底物，而不是 dTMP 或 dTDP，尽管后者的可能性也很大，因为 Grunberg–Manago 和 Ochoa 早在一年前就发现核苷二磷酸而非三磷酸是他们发现的多核苷酸磷酸化酶的底物。有了 ^{32}P–dTMP 之后，他们通过将其与部分纯化的核苷二磷酸激酶和 ATP 孵育，成功制备出 α–^{32}P–dTTP。这样他们的分析混合物变成了大肠杆菌的粗提取物、α–^{32}P–dTTP、ATP、Mg^{2+} 和缓冲液。与原始实验一样，测定酸不溶性的 ^{32}P。通过这种测定，然后开始对粗提物分级分离，以寻找真正催化将 dTTP 参入 DNA 中的组分。

为了开始分离，他们将硫酸链霉素添加到提取物中以产生包含细胞核酸的沉淀物和无核酸的上清液。当时经常使用硫酸链霉素去除核酸，这通常会阻碍细菌提取物中蛋白质的纯化。不含核酸的上清液（S 馏分）和含核酸的沉淀物（P 馏分）的测定表明它们都没有 dTTP 参入活性。然而，当两个部分合并后，活性得以恢复。他们还观察到，提取物或 P 馏分在 37°C 下孵育几分钟可以显着提高活性。显然，将 dTTP 参入酸不溶性产品需要一种以上的酶。当他们开始对 S 和 P 进行分级分离时，发现成分变得更加复杂。P 馏分可以细分为两个馏分，一个不稳定，另一个不稳定，两者（与 S 馏分结合使用）是活动所必需的。S 馏分可以分为热不稳定性馏分和可透析的热稳定馏分。后者可以通过 Dowex–1 色谱进一步分离成 3 个独立的馏分。当时使用的阴离子交换树脂 Dowex–1 可分离出低分子量的酸性化合物。因此，将 dTTP 参入酸不溶性产品中需要：① 2 个热不稳定的馏分；②热稳定馏分；③ 3 个热稳定、可透析的色谱分离的馏分；④ ATP。在没有任何这些成分的情况下，活性显著降低。经过进一步鉴定，他们发现：P 馏分中热不稳定成分原来是催化磷酸二酯键形成的酶，他们将其命名为 DNA 聚合酶；P 级分中的热稳定、不可透析的成分是 DNA；S 馏分不耐热、不可透析的成分是脱氧核苷酸激酶的混合物，它与核苷二磷酸激酶一起产生了 dCTP、dATP 和 dGTP 的热稳定、可透析混合物（图 13–27）。

他们梳理了将 α–^{32}P–dTTP 参入酸不溶性产物反应的各项要求：提取物 P 馏分中的 DNA 被内源性

核酸酶降解为 dNMP;dNMP 在有 ATP 时被 S 馏分中的激酶转化为相应的 dNTP,包括 dCTP、dATP 和 dGTP;P 馏分中对热不稳定的成分是 DNA 聚合酶;P 馏分中的 DNA 除了是 dNMP 的来源外,Kornberg 还认为具有另外两个功能。一是它保护了微量的标记 DNA,这些因合成而被标记的 DNA 不会因提取物中的核酸酶而降解。二是受到当时 Cori 实验室对糖原磷酸化酶作用的影响,就是该酶可以以已有的糖原作为"引物",用 1- 磷酸葡糖延长糖原链。同样,他认为来自 dTTP 的 dTMP 已被添加到预先存在的 DNA 链中。

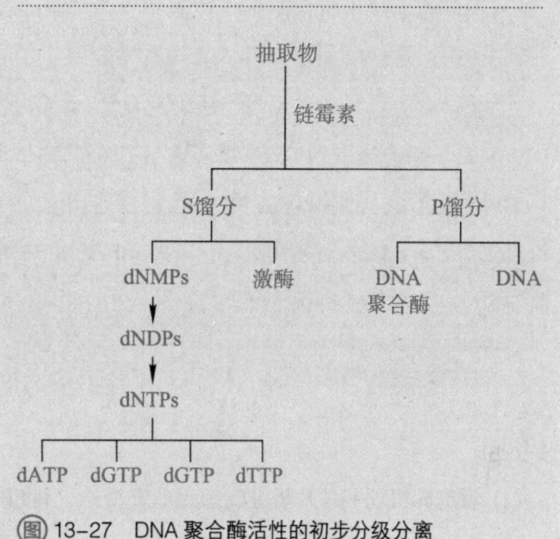

图 13-27 DNA 聚合酶活性的初步分级分离

一旦反应的轮廓变得清晰,他们就着手用纯化的成分重建系统。他们首先部分纯化了 S 馏分中的每一种脱氧核苷酸激酶,并用这些激酶和核苷二磷酸激酶,合成了 dTTP、dCTP、dGTP 和 dATP。仅此一步就非常重要,因为除 dTTP 外,以前没有其他 dNTP 被人描述。为了制备 4 种 ^{32}P 标记的 dNTP,他们从在 $^{32}PO_4^{3-}$ 环境下培养的大肠杆菌中分离出 ^{32}P 标记的 DNA,然后通过胰 DNA 酶和蛇毒磷酸二酯酶处理,得到 4 种 ^{32}P 标记的 dNMP。再单独纯化 dNMP,然后用激酶转化为相应的 ^{32}P 标记的 dNTP。由于该过程通常需要 2~3 周,而 ^{32}P 的半衰期是 14 天,这就需要在他们一开始在培养大肠杆菌的磷酸盐培养基中使用大量 ^{32}P。

DNA 聚合酶的纯化是一项艰巨而繁琐的任务。即使在快速生长的大肠杆菌中,该酶含量也不多。幸运的是,当时已安装的用于大肠杆菌大规模生长的发酵罐提供了数百克对数生长期的大肠杆菌,而后来又从爱荷华州马斯卡汀的谷物加工公司获得了 100 磅(约 45 kg)重的大肠杆菌细胞糊剂。NIH 的 Herbert Sober 及时发明了 DEAE- 纤维素和磷酸纤维素离子交换层析材料,使他们摆脱了对硫酸铵、氧化铝和丙酮分离的依赖。借助于这两种离子交换层析法,他们获得了纯化倍数达数千但尚未均一的 DNA 聚合酶制剂。当时始终解决不了的头疼问题是无法从酶中去除脱氧核糖核酸酶活性。后来发现,那是因为 DNA 聚合酶一般具有 3′- 外切核酸酶活性,这是跟 DNA 复制校对有关的功能。

随着分离、纯化的进展,重建的体外 DNA 合成系统得到了大大的简化,只要包括:α-^{32}P-dTTP、部分纯化的 DNA 聚合酶、Mg^{2+}、DNA、dCTP、dGTP 和 dATP。四种 dNTP 都是绝对必需的。若省略了其他三种 dNTP 中的任何一种,α-^{32}P-dTTP 的参入即降至背景水平。1956 年 Kornberg 在约翰·霍普金斯大学举行的一次关于"遗传的化学基础"的座谈会上提到:"在目前对 DNA 合成的研究中,我们正在处理中等纯化的蛋白质部分,该部分蛋白质似乎增加了 DNA 链的大小。但只有在所有四种 dNTP 均存在的特殊条件下才能成功"。

所有四种 dNTP 的要求令人困惑。如果我们添加的 DNA 仅用作引物,为什么需要全部四种 dNTP? DNA 聚合酶是否可能以 Watson 和 Crick 提出的 DNA 的双链结构作为模板定向复制? 为了验证该想法,他们使用 A+T/G+C 比在 0.5 到 1.9 之间的 DNA 作为"引物"。结果与预想的惊人一致:产物中 A+T/G+C 的比例与添加的 DNA 的比例非常接近,并且与各种 dNTP 的相对浓度无关。显然,添加的 DNA 在合成新的 DNA 链除了通过类似于糖原磷酸化酶的作用方式充当"引物",现在还可以作为模板。

1957 年秋,Kornberg 将他们的研究结果整理成两篇标题分别为"Enzymatic Synthesis of Deoxyribonucleic Acid"和"Chemical Composition of Enzymatically Synthesized Deoxyribonucleic Acid"的论文提交给 *Journal of Biological Chemistry*,但都被拒了。审稿人给的意见着实奇怪:"作者是否有权谈论 DNA 的酶促合成,这令人怀疑。""聚合酶是一个不好的名字";"也许与消除某些平庸一样重要"。幸好有

John Edsall 的干预，John Edsall 于 1958 年 5 月刚刚担任总编辑一职，这两篇论文被接受并发表在 1958 年 7 月刊上，并于当年 12 月在 *P.N.A.S.* 上再次发表。

到了 1958 年，Kornberg 等已经确定 DNA 聚合酶需要 DNA 引物、模板以及所有四种 dNTP 才能合成 DNA。Kornberg 发现的 DNA 聚合酶现在称为 DNA 聚合酶 Ⅰ。此后，科学家在大肠杆菌又鉴定出另外 4 种 DNA 聚合酶。而在真核生物中，已被鉴定出的 DNA 聚合酶更加繁多。尽管 DNA 聚合酶数量众多且种类繁多，但所有这些酶都显示出与 Kornberg 最先观察到的大肠杆菌聚合酶差不多具有相同的要求，复制 DNA 链的基本机制都是相同的。

思考题：

1. 假定你得到一种酵母温度敏感型突变株，当将其从 30℃转移到 37℃（非允许温度）下培养，在继续生长一段时间以后便停止生长。这些突变株细胞在 30℃下培养，生长得也不好。这说明在 30℃下，由突变基因编码的蛋白质只有部分功能。进一步研究还发现，这些细胞倾向于以非常高的速率丢掉质粒。有趣的是，具有多个 ARS 元件的质粒在突变株细胞内能正常地得到维持。试提出一种模型解释上述现象。

2. 有人在进行一系列的体外复制实验以比较大肠杆菌 DNA 聚合酶Ⅰ和 DNA 聚合酶Ⅲ的性质，在将其中的一种 DNA 聚合酶与 T7 DNA 保温 20 min 以后，然后加入大量的 T3 DNA，并继续反应 40 min。当反应结束后，测定上述 2 种 DNA 被合成的相对量。结果发现：使用 DNA 聚合酶Ⅰ保温，被合成的 DNA 主要是 T3 DNA；而使用 DNA 聚合酶Ⅲ，则主要是 T7 DNA。试解释上述现象。

3. 一种酵母细胞的 PCNA 温度敏感型突变株在 30℃下培养，PCNA 一切正常；但在 37℃下培养，PCNA 变得不稳定，经常打开它的环结构，从 DNA 模板上脱落。试问当将本来在 30℃下培养的这种酵母突然放到 37℃下培养，会对细胞的功能带来什么影响。

4. DNA 聚合酶的一种突变体能够在错配的碱基末端添加新的核苷酸，这样的突变能降低复制的忠实性，即使聚合酶在选择核苷酸方面的忠实性维持不变。试提出两个理由，解释为什么这样的突变会导致忠实性的下降。

5. 次黄嘌呤（I）可以和 A、T 或 C 配对。这对 tRNA 和 mRNA 的相互识别十分重要。

(1) 画出 I 与 A、I 与 T 和 I 与 C 是如何通过氢键配对的。

(2) 这三种与 I 有关的碱基对如果位于螺旋中间，哪些最容易被 B 型双螺旋接受？

(3) 少量的 IMP 可以转变成 ITP。对于以上三种碱基对来说，DNA 聚合酶如何在 DNA 复制的时候避免让 I 插入到 DNA 链之中？

网上更多资源……

本章小结　　授课视频　　授课音频　　生化歌曲

教学课件　　推荐网址　　参考文献

第十四章　DNA 的损伤、修复和突变

与其他生物大分子一样，DNA 在受到机体内外各种因素的作用下，其结构可能会遭受到损伤。然而，只有 DNA 是唯一一种在损伤以后可以被完全修复的分子。当然，并不是发生在 DNA 分子上的所有损伤在任何情况下都可以修复。若 DNA 受到的损伤不能及时修复，不仅会使 DNA 的复制和转录受到影响，还可能导致机体发生突变。

本章将集中介绍导致 DNA 损伤的各种内外因素、DNA 损伤的类型、各种修复机制和修复不完全或不完善造成的 DNA 突变。

第一节　DNA 的损伤

一、导致 DNA 损伤的因素

导致 DNA 损伤的因素有细胞内在的，也有外在的。

属于内在因素的有：① DNA 复制中发生的错误。② DNA 结构本身的不稳定。例如，几种含有氨基的碱基发生的自发脱氨基作用。③细胞代谢产生的活性氧（ROS）的破坏作用。

外在因素主要是环境因素，有物理因素和化学因素。前者包括紫外辐射（UV）和离子辐射（X 射线和 γ 射线）；后者包括各种化学诱变剂。有的是天然的，如黄曲霉素（aflatoxin）。有的是人造的，如顺铂（cisplatin）、芥子气和烷基化试剂等。

二、DNA 损伤的类型

不同的因素引起的损伤不尽相同。根据受损的部位，可将 DNA 损伤分为碱基损伤和 DNA 链损伤两大类。

碱基损伤又可以分为 5 个亚类。

（1）碱基脱落（base loss）。这种损伤的原因是 DNA 分子上连接碱基和脱氧核糖的糖苷键可自发地水解，以脱嘌呤最普遍。若细胞受热或酸度提高，可加剧这种损伤。

Quiz1 你如何理解人体生理 pH 偏碱性的重要性?

（2）碱基转换。即由一种碱基转换为另外一种碱基。损伤的直接原因是含有氨基的碱基如 C 和 A 经脱氨基反应分别转变为 U 和 I。亚硝酸的存在会加剧这种损伤。

（3）碱基修饰。这是某些化学试剂或 ROS 直接作用碱基造成的。例如，硫酸二甲酯修饰鸟嘌呤产生 O^6- 甲基鸟嘌呤，ROS 修饰鸟嘌呤产生 8- 氧鸟嘌呤（8-oxoguanine）。

（4）碱基交联。UV 可导致 DNA 链上相邻的嘧啶碱基，特别是 T 之间形成嘧啶二聚体（pyrimidine dimer）。它包括环丁烷二聚体和 4-6 光产物（4-6 photoproduct）两类（图 14-1）。

（5）碱基错配。在 DNA 复制过程中，4 种 dNTP 浓度的不平衡、碱基的互变异构或碱基之间的差别不足都可以引起错配。

DNA 链损伤又分为 4 个亚类。

（1）核糖核苷酸的参入。这是细胞中的 NTP 被 DNA 聚合酶错误利用并被催化参入到 DNA 链上造成的。

（2）DNA 链的断裂。有单链断裂和双链断链，原因有离子辐射和某些化学试剂的作用，如博来霉

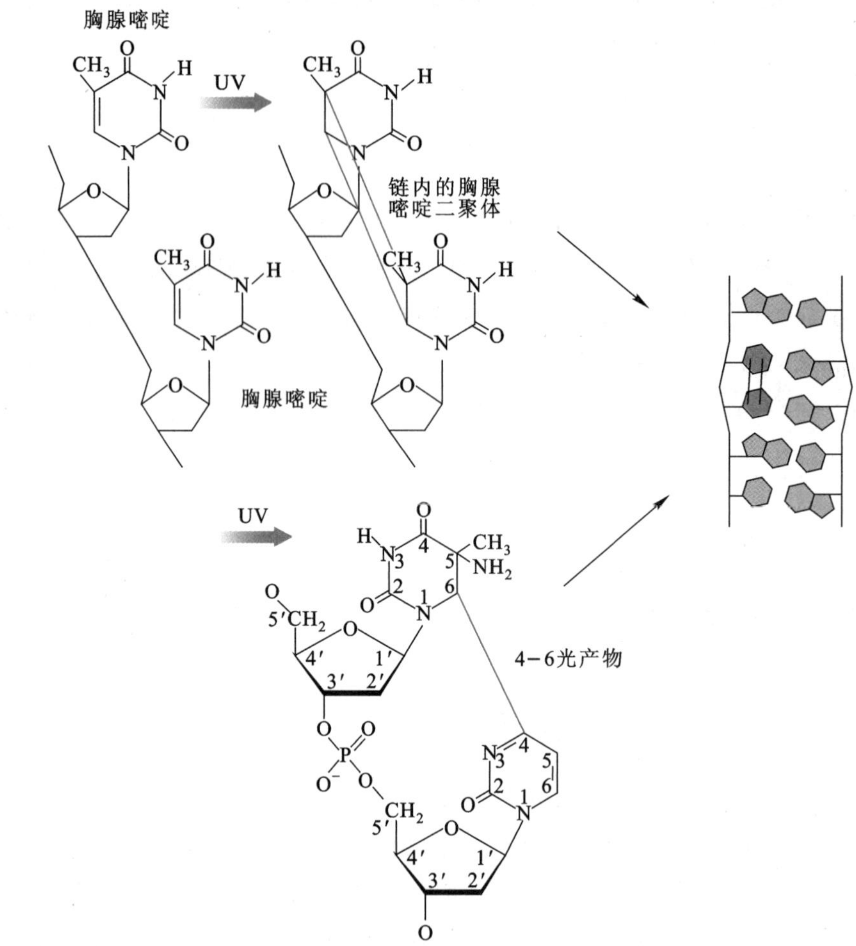

图 14-1 紫外线引起的碱基损伤

素(bleomycin)。这种损伤最为严重,当 DNA 出现太多的裂口,尤其是双链裂口,往往难以修复,这时会诱发细胞的凋亡。肿瘤放疗的原理就在于此。

(3) DNA 链的交联。原因主要是某些双功能试剂的作用,导致 DNA 发生链间交联,如丝裂霉素 C (mitomycin C)和顺铂。

(4) DNA 与蛋白质之间的交联。甲醛或较强的 UV 可诱导 DNA 结合蛋白与 DNA 之间形成共价交联。

Box14.1 真酒和假酒一样对健康有害

经常听到世界某地有人吃了工业酒精勾兑的假酒中毒致死的新闻。这样的假酒之所以能让人中毒,是因为里面有较多的甲醇。甲醇一旦进入人体,即被胞内的乙醇脱氢酶用作底物,被转变成毒性超强的甲醛。

甲醛的毒性主要是因为它是一种强的亲电试剂,在细胞里很容易与氨基、巯基和羟基等亲核基团起反应,从而导致带有这些基团的分子发生化学修饰以及形成共价交联(图 14-2)。由于 DNA 分子上的 G、A 和 C 上有氨基,所以 DNA 很容易与其发生反应,从而造成损伤。损伤是这三个碱基被化学修饰,以及相邻的这三个碱基可发生共价交联。另外,蛋白质分子中也有游离的氨基(如 N 端和赖氨酸残基),而且还有巯基和羟基,所以蛋白质也可以发生损伤而失去功能,包括参与 DNA 损伤修复的蛋白质。当然,还有一种损伤,就是 DNA 和蛋白质之间形成共价交联(本来胞内与 DNA 结合的蛋白质都是通过非共价键结合的)。这些损伤如果不能被及时修复,很容易引起 DNA 突变,从而导致细胞的癌变。

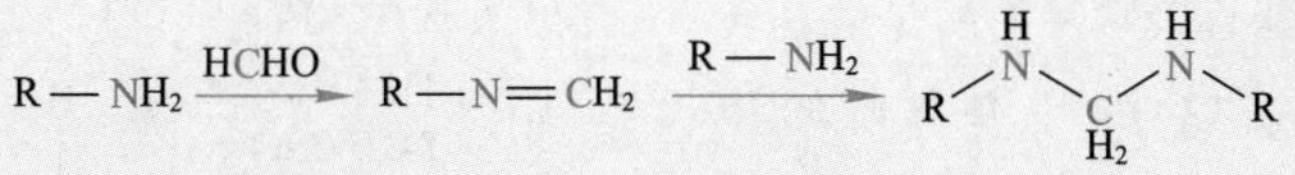

$$R-NH_2 \xrightarrow{HCHO} R-N=CH_2 \xrightarrow{R-NH_2} R-NH-CH_2-NH-R$$

图 14-2　甲醇引发的化学修饰和共价交联

正因为如此，为了自己的健康，大家平时一定要小心甲醛：刚刚装修过的房子千万不要入住！劣质带有刺鼻味道的服装千万不要穿！女性少用带有刺鼻气味廉价的指甲油！甲醛处理过的海产品千万不要食用等等！

那是不是真酒就没有问题了？这要看其中的乙醇进入体内如何被代谢。事实上，乙醇在体内也是被乙醇脱氢酶用作底物，被脱氢转变成乙醛。乙醛在没有被乙醛脱氢酶氧化成乙酸之前同样是很危险的，因为它与甲醛一样也是亲电试剂，可以导致体内的蛋白质特别是 DNA 发生损伤，进而影响突变，增加得癌症的风险。

世界卫生组织（WHO）早已经把乙醇列为一级致癌物。科学研究表明，乙醇是全世界 5.5% 的癌症发生的"罪魁祸首"。所以，酒最好不要喝，更不能过量饮酒。

Quiz2　有研究发现，喝酒上脸的人经常喝酒更容易患上癌症。对此你如何解释？

第二节　DNA 的修复

DNA 损伤的形式虽然很多，但是"魔高一尺，道高一丈"，细胞内有各种修复机制，基本上每一种损伤在胞内都有相应的修复系统，有时还不止一种。根据修复的原理，DNA 修复可分为直接修复（direct repair）、切除修复（excision repair）、双链断裂修复和损伤跨越（damage bypass）等几类。

一、直接修复

直接修复直接将损伤加以逆转，而不需要切除任何碱基或核苷酸。能够被直接修复的损伤有嘧啶二聚体和 O^6– 烷基鸟嘌呤。此外，DNA 链的断裂若产生的裂口结构刚好是 5′– 磷酸和 3′– 羟基，那就可以被 DNA 连接酶直接修复。

（一）嘧啶二聚体的直接修复

参与嘧啶二聚体直接修复的酶是 DNA 光裂合酶（DNA photolyase）。该酶也叫光复活酶，广泛存在于多种生物，但令人遗憾的是胎盘类哺乳动物却没有。光裂合酶的作用离不开它的辅基。辅基的功能是用来捕捉蓝光和近紫外光（350 ~ 450 nm）的能量，以打破嘧啶二聚体。常见的辅基有 2 种：一种是以半醌形式存在的 $FADH^-$，另外一种是 5，10– 甲川 – 四氢叶酸（MTHF）或 8– 羟 –5– 去氮黄素（8–hydroxy–5–deazaflavin，8–HDF）。

光裂合酶的作用分为两步：①酶直接识别和结合位于 DNA 双螺旋上的嘧啶二聚体，使其发生翻转而落入到活性中心。这一步不需要光；②酶的辅基吸收光能，再利用吸收到的光能将嘧啶二聚体打开（图 14–3）。

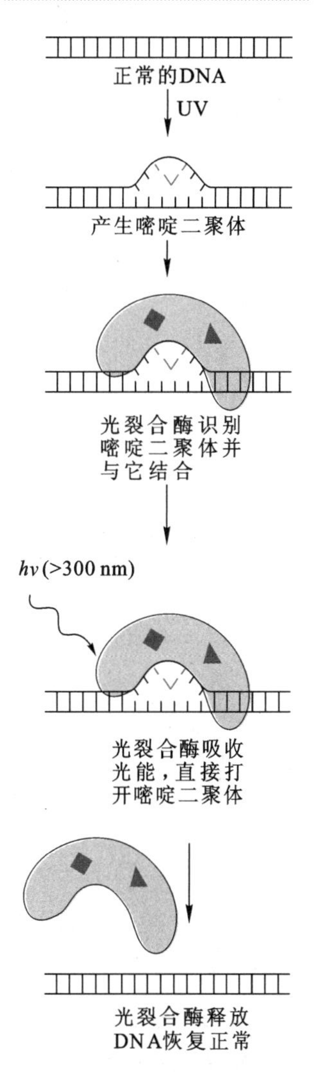
正常的DNA
UV
产生嘧啶二聚体
光裂合酶识别
嘧啶二聚体并
与它结合
hν (>300 nm)
光裂合酶吸收
光能，直接打
开嘧啶二聚体
光裂合酶释放
DNA恢复正常
图 14–3　嘧啶二聚体的直接修复

Quiz3　1949 年，Kelner 在研究灰色链霉菌的紫外诱变时，发现了光复活现象：足够的紫外辐射可将此种真菌生存率下降到 10^{-5}，但若在紫外辐射以后立刻接触可见光，生存率只降到 10^{-1}。对此，你如何解释？

（二）烷基化碱基的直接修复

催化烷基化碱基直接修复的酶是烷基转移酶(alkyltransferase)，以 O^6– 甲基鸟嘌呤甲基转移酶(O^6–methylguanine methyltransferase，MGMT)最为常见。

Quiz4 迄今为止，你在细胞内遇到过哪些“英雄式”分子？

MGMT 以“自杀”的方式进行催化(图 14–4)，算得上是机体内的“英雄式”分子：活性中心的 1 个 Cys 残基甘当甲基受体，即酶直接催化碱基上的甲基转移给自己的这个 Cys 的巯基。一旦得到甲基，酶就失活了。在真核细胞中，这种失活的烷基化 MGMT，随后被泛素介导的蛋白酶体降解。以牺牲 1 个酶分子作为代价，去修复 1 个损伤的碱基，在能量学上似乎很不经济，但在动力学上却是有利的，因为整个修复反应只有一步，可谓“一蹴而就”。

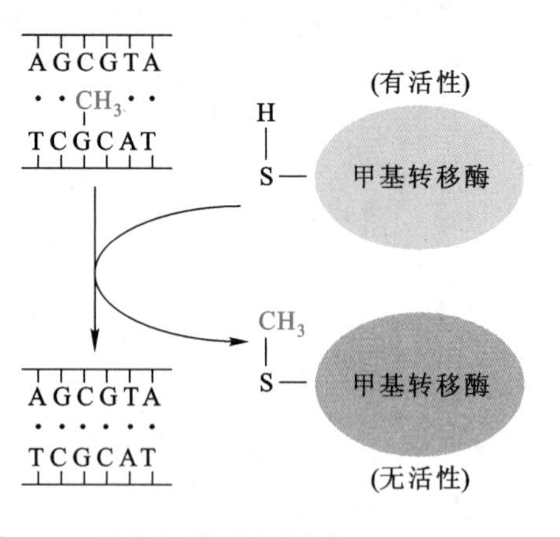

图 14–4 烷基化碱基的直接修复

二、切除修复

切除修复需要先识别并切除损伤的碱基或核苷酸，然后重新合成正常的核苷酸，最后，再经连接酶将切口缝合。整个修复过程包括识别、切除、重新合成和重新连接四大步。

根据一开始被切除的对象究竟是碱基还是核苷酸，切除修复又分为碱基切除修复(base excision repair，BER)和核苷酸切除修复(nucleotide excision repair，NER)。

（一）BER

BER 直接识别具体受损伤的碱基，最初的切点是 β–N– 糖苷键，因此首先被切除的是受损伤的碱基。负责切除任务的酶是 DNA 糖苷酶，它在作用的时候会沿着 DNA 双螺旋的小沟扫描 DNA，一旦发现受损伤的碱基，即与 DNA 结合，并让损伤的碱基发生翻转，从而落入到它的活性中心后被切除。在碱基被切除后，留在 DNA 分子上的无碱基位点(abasic site or apurinic/apyrimidinic site，AP 位点)很快被转移给胞内的 AP 内切酶(AP endonuclease)，以防止 AP 位点对细胞产生毒性，因为如果 AP 位点暴露在外，那无碱基的脱氧核糖环可能发生开环，而一旦开环，其一号位的醛基就有可能与胞内其他的分子形成共价交联。

Quiz5 你如何解释为什么 DNA 糖苷酶总是从 DNA 双螺旋的小沟中去发现受损伤的碱基？

以 DNA 分子上的 U 被切除修复的过程为例(图 14–5)：当 U 被尿嘧啶 –DNA 糖苷酶发现并切下以后，留下 1 个 AP 位点。该位点被 AP 内切酶在其上游切开，切口的 3′– 羟基端可直接作为引物，在 DNA 聚合酶的催化下，启动 DNA 的修补合成，合成的模板是另一条链上无损伤的互补序列。随后，在外切酶或裂合酶或磷酸二酯酶的作用下，AP 位点所在的序列被切

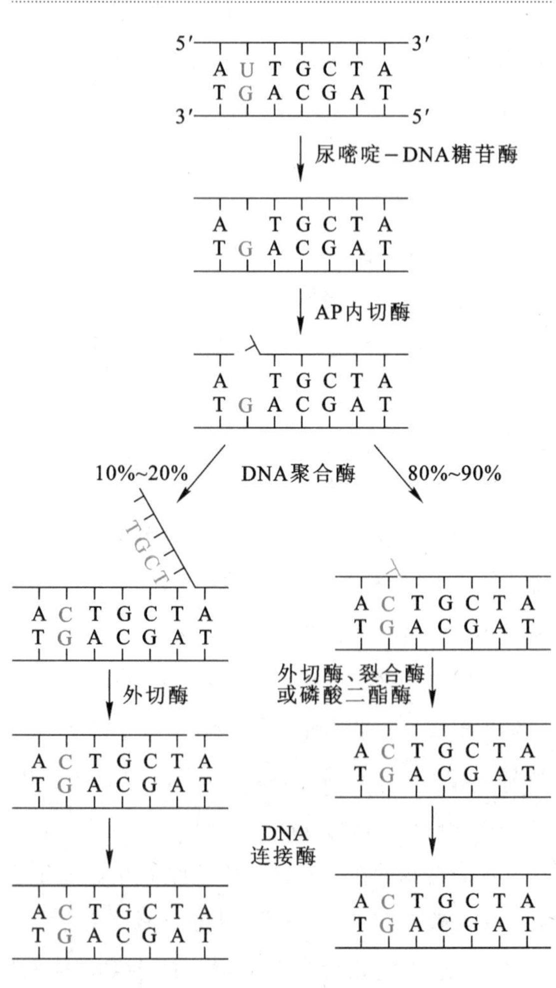

图 14–5 尿嘧啶的切除修复

除。最后，在连接酶的催化下，切口重新进行连接。

(二) NER

NER 最初的切点是在损伤部位附近的 3′,5′- 磷酸二酯键，主要用来修复因 UV、丝裂霉素 C 和顺铂等因素造成的比较大的损伤，如嘧啶二聚体或体积较大的碱基加合物，以及链间交联导致 DNA 结构发生扭曲并影响到 DNA 复制的损伤。此外，约 20% 碱基的氧化性损伤也由它修复。在修复过程中，损伤以寡聚核苷酸的形式被切除。

Quiz6 如何设计一个实验，确定一种生物是使用直接修复，还是核苷酸切除修复机制来修复嘧啶二聚体？

NER 又分为全局性基因组 NER(global genome NER，GGR)和转录偶联性 NER(transcription-coupled NER，TCR)，前者负责修复整个基因组的损伤，速度慢，效率低；后者专门修复正在转录的基因在模板链上的损伤，速度快，效率高。两类 NER 的主要差别在于识别损伤的机制上，至于损伤识别以后的修复反应并无什么不同。TCR 由 RNA 聚合酶识别损伤，当 RNA 聚合酶遇到损伤部位导致转录受阻时，TCR 系统即被启动。TCR 系统的存在使基因模板链上出现的损伤比起基因组其他部分发生的损伤更容易得到修复。

Quiz7 如何设计一个实验证明 TCR 机制的存在？

下面就分别介绍细菌和真核生物的 NER 系统。至于古菌的 NER 系统，它与真核生物相似，可视为一种简版的真核 NER 系统。

1. 细菌的 NER 系统

这里以大肠杆菌为例，它的 GGR 系统需要 UvrA、UvrB、UvrC、UvrD、DNA 聚合酶Ⅰ/Ⅱ和 DNA 连接酶等。修复的具体步骤是如下所述(图 14-6)。

(1) 2 个 UvrA 与 1 个 UvrB 形成三聚体($UvrA_2UvrB$)，此过程需要 ATP 的水解。

(2) $UvrA_2UvrB$ 与 DNA 随机结合后，受 ATP 水解的驱动沿着基因组 DNA 单向移动，以便对活细胞内的碱基损伤进行实时监控。如果损伤被发现，UvrA 立刻解离。留在损伤处的 UvrB 通过自带的弱的解链酶活性，催化损伤处的 DNA 发生局部的解链，从而与 DNA 形成更稳定的预剪切复合物(pre-incision complex)。

(3) UvrC 被招募到预剪切复合物之中，作为内切酶先后两次切割受损伤的 DNA。先是在损伤的下游，即 3′ 一侧距离损伤 4～5 nt 的位置产生切口；后是在损伤的上游，即 5′ 一侧距离损伤 8 nt 的位置产生切口。虽然 UvrC 切割 DNA 共两次，但却使用了 2 个不同的活性中心，这两个活性中心分别位于 N 端和 C 端的结构域。此反应需要 UvrB 结合有 ATP，但并不需要 ATP 的水解。

(4) 一旦切割完成，一串由 12～13 nt 组成的寡聚核苷酸片段即被切开，但仍然与互补链配对在一起。

(5) UvrC 随后解离，UvrD 解链酶则结合上来催化解链反应，将带有损伤的 DNA 片段释放出来。

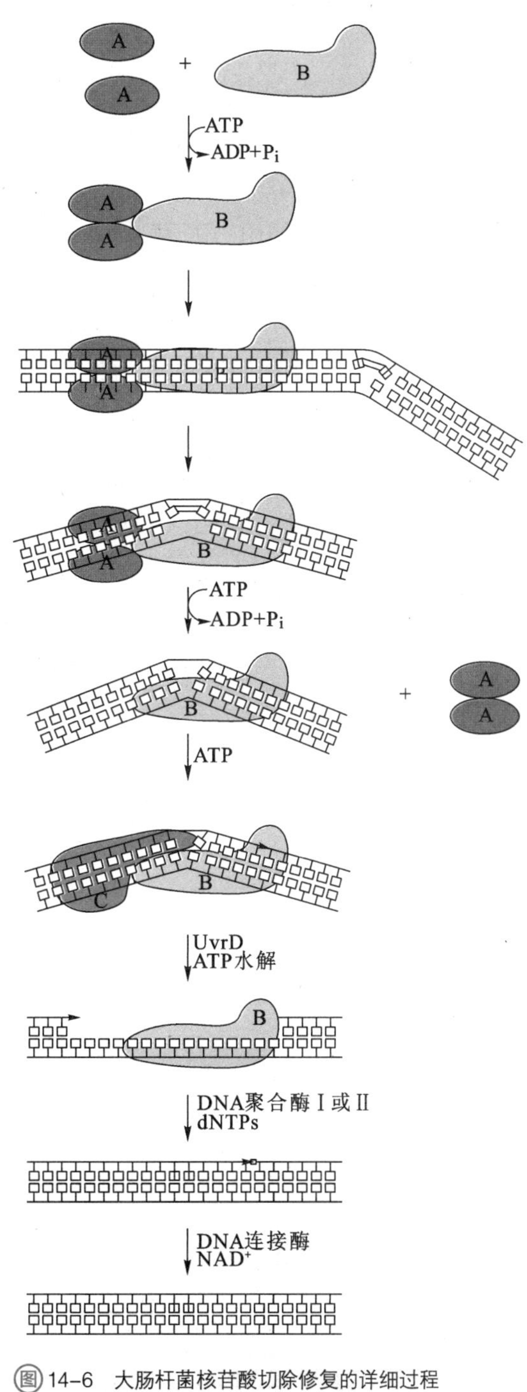

图 14-6 大肠杆菌核苷酸切除修复的详细过程

(6) DNA 聚合酶Ⅰ或Ⅱ催化修复合成，并将 UrvB 取代下来。

(7) DNA 连接酶进行最后的缝合。

若是 TCR 系统，则 RNA 聚合酶在发现损伤后就会暂停在原地，并将转录修复偶联因子(transcription repair coupled factor，TRCF)招募上去。TRCF 的作用是促进 RNA 聚合酶和还没有完成的转录物释放出来，同时将 $UvrA_2UvrB$ 招募到损伤部位，还能帮助 UvrA 与 UvrB 解离，从而加快 UvrB–DNA 预剪切复合物的形成。余下的反应与 GGR 如出一辙。

2. 真核生物的 NER 系统

真核生物的 NER 系统需要更多蛋白质的参与，但作用的基本原理和过程与细菌极为相似。由于许多修复蛋白是在研究着色性干皮病(Xeroderma pigmentosum，XP)、科凯恩综合征(Cockayne syndrome，CS)和人类的毛发二硫键营养不良症(trichothiodystrophy，TTD)中发现的，因此习惯用这些疾病名称的缩写来命名相关的修复蛋白。

以哺乳动物细胞为例，其 GGR 系统修复的基本步骤是如下所述(图 14–7)。

(1) 激活的 XPC 和 hHR23B 形成二聚体，识别和结合损伤的 DNA。

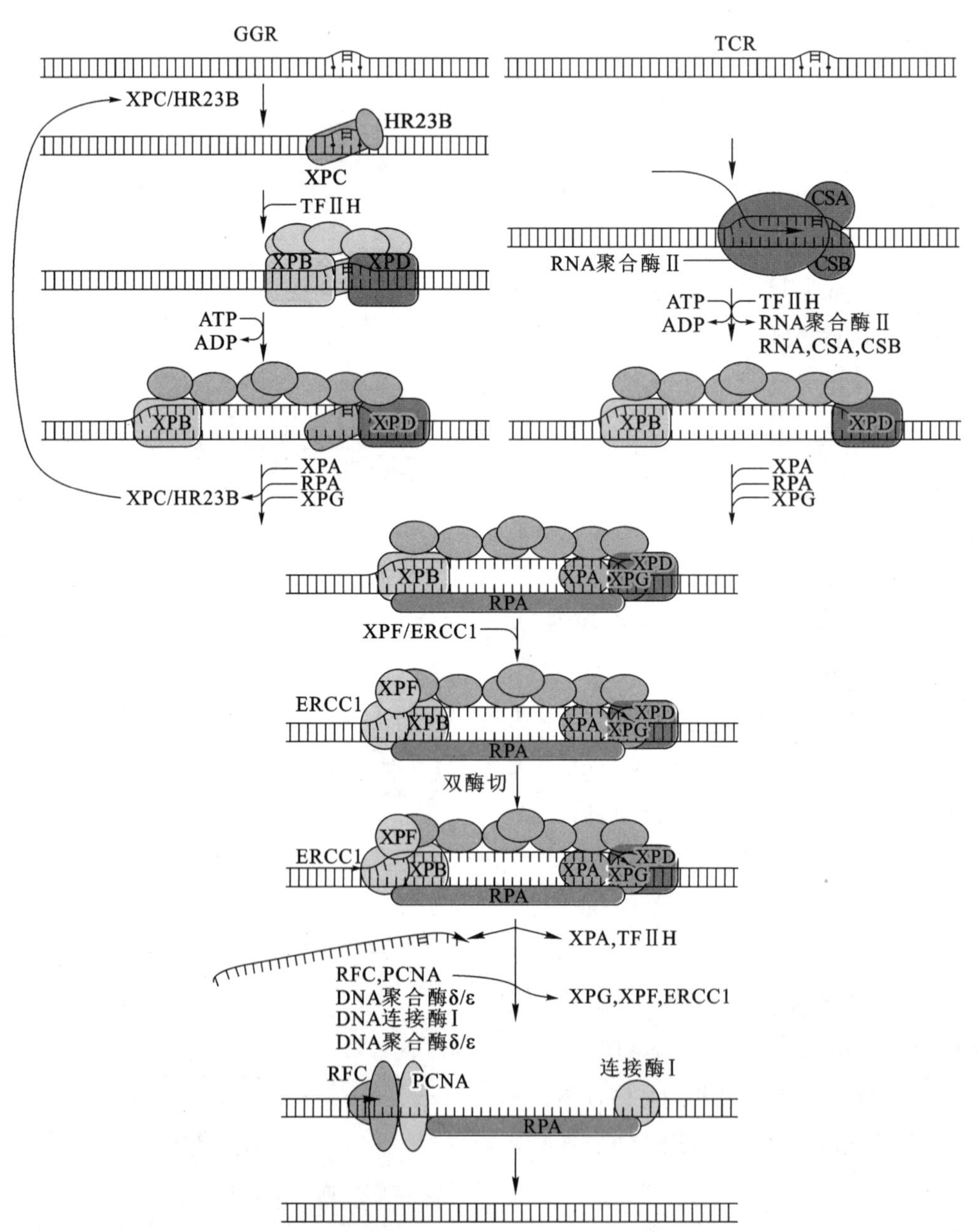

图 14–7　哺乳动物细胞的全局性 NER 和转录偶联性 NER

(2) XPC/hHR23B 与损伤部位的结合加剧了双螺旋结构的扭曲。

(3) DNA 双螺旋的进一步扭曲让更多的修复蛋白得以“加盟”，它们包括 TFⅡH、RPA 和 XPA。TFⅡH 有两个亚基(XPB 和 XPD)有解链酶活性。XPB 和 XPD 与 DNA 的损伤链结合，一道通过水解 ATP 来驱动损伤部位约 20～30 bp 的区域朝两个相反的方向解链。XPD 还可以将周期蛋白依赖性激酶激活的激酶(cyclin-dependent kinase activating kinase，CAK)招募到 TFⅡH 上，对其进行磷酸化修饰，从而对细胞周期前进中涉及的 CDK 发出指令。RPA 作为 SSB 与已解开的单链区域结合。XPA 并不是解链酶，但却是解链所必需的。

(4) 随后，XPG 和 XPF/ERCC1 作为对 DNA 结构特异性的内切酶，被招募到已解链的损伤部位，在 DNA 的双链区和单链区的结合部切开 DNA 链，其中 XPG 先切，其切点在损伤部位的 3′一侧，离损伤位点 2～8 nt，ERCC1/XPF 后切，切点在损伤部位的 5′一侧，离损伤位点 15～24 nt。

(5) 在 XPB/XPD 解链酶催化下，2 个切点之间包含损伤的寡聚核苷酸因解链而离去，其平均长度为 27 nt。

(6) DNA 聚合酶 δ 或 ε 与 PCNA 一起进行修补合成，填补空隙。

(7) 最后，连接酶Ⅰ缝合裂口。

如果是 TCR，就需要 XPC 以外的所有参与 GGR 的蛋白质。哺乳动物 TCR 系统的前期反应是：先是 RNA 聚合酶暂停在损伤部位，而导致一小部分区域发生解链；随后，CSA 和 CSB 被招募到 RNA 聚合酶上，再帮助招募 TFⅡH、XPA、RPA 和 XPG 到损伤部位；然后，RNA 聚合酶、RNA 转录物、CSA 和 CSB 解离下来，形成与 GGR 一样的复合物，剩下来的反应也就无须赘述了。

(三) MMR

MMR 主要用来修复 DNA 复制中产生的错配碱基对，以及一些因“复制滑移”而诱发的核苷酸插入或缺失。

无论是哪一种生物在进行错配修复时，都面临一个如何区分母链和子链的问题，因为错误总是在子链上。MMR 必须确保只会修复子链上的错配碱基。实验证明，大肠杆菌是利用甲基化来识别的，因为母链是甲基化的，甲基化的碱基是母链上的 GATC 序列中的 A，但子链还没有甲基化。至于其他生物是如何区分子链和母链的还不十分清楚。

以大肠杆菌为例，其胞内参与 MMR 的蛋白质包括：MutS、MutL、MutH、UvrD、特殊的核酸外切酶、DNA 聚合酶Ⅲ和 DNA 连接酶。这些蛋白质作用的基本步骤是(图 14-8)：①首先，MutS 识别并结合除 C-C 以外的错配碱基对或因碱基插入或缺失在 DNA 上形成的小环，MutL 随后结合；②在错配碱基对两侧的 DNA 通过 MutS 作相向移动；③在 MutL 的帮助下，MutH 识别并结合半甲基化的 GATC 位点；④ MutH 的内切核酸酶活性被 MutS/

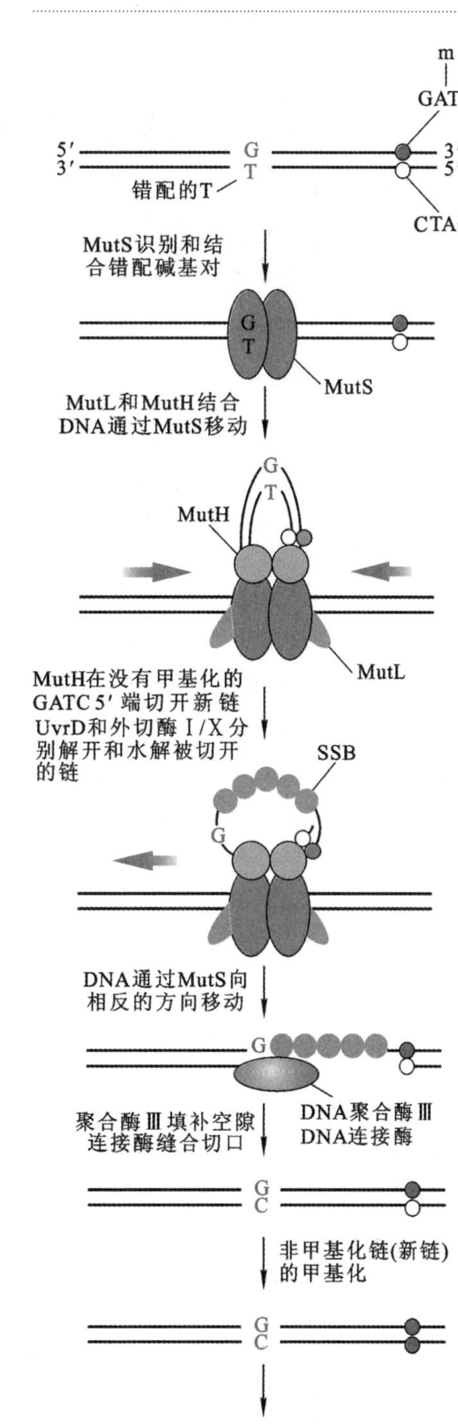
m
GATC
5′
3′
G
T
3′
5′
错配的T
CTAG
MutS识别和结合错配碱基对
MutS
MutL和MutH结合
DNA通过MutS移动
MutH
MutL
MutH在没有甲基化的GATC 5′ 端切开新链
UvrD和外切酶Ⅰ/X分别解开和水解被切开的链
SSB
DNA通过MutS向相反的方向移动
聚合酶Ⅲ填补空隙
连接酶缝合切口
DNA聚合酶Ⅲ
DNA连接酶
G
C
非甲基化链(新链)的甲基化
不再是错配修复的底物
图 14-8　大肠杆菌错配修复的详细过程

Quiz8 XPD 突变可导致三种疾病——XP、CS 和 TTD 的发生，为什么？

Quiz9 为什么 TCR 不需要 XPC？

Quiz10 还有哪些机制可以在 DNA 分子上产生错配碱基对？

Quiz11 你认为还有什么方法可修复 DNA 链上的核糖核苷酸？

MutL 激活，在非甲基化 GATC 的 5′ 端切开子链；⑤ UvrD 作为解链酶，催化被切开的含有错配碱基的子链与母链的分离，SSB 则与母链上的单链区域结合，一种特殊的外切酶将游离出来的含有错配碱基的单链 DNA 水解。如果 MutH 的切点在错配碱基的 3′ 端，就由外切核酸酶 Ⅰ 或 X 从 3′→5′ 方向水解。如果 MutH 的切点在错配碱基的 5′ 端，就由外切核酸酶Ⅶ和 RecJ 来降解；⑥最后，DNA 聚合酶Ⅲ和连接酶分别进行缺口的修复合成和切口的缝合。

Quiz12 为什么大肠杆菌错配修复的 DNA 聚合酶是选择Ⅲ而不是其他几种?

真核生物的 MMR 系统与细菌很接近，在真核细胞中，人们已找到与 MutS 和 MutL 同源的蛋白质，只是没有发现 MutH 的同源物。已有证据表明，PCNA 识别子链中起十分重要的作用。它结合在 DNA 解链的位置，其所在结合处的物理方向指示了哪一条链是新合成的。这称为链识别信号（the strand discrimination signal）。MutS 和 MutL 可与这种信号发生作用，最终使得 MutL 能在正确的链上正确的位置切开 DNA 链。

Quiz13 为什么真核细胞的错配修复没有 MutH 的同源蛋白的参与?

三、双链断裂修复

细胞内修复 DNA 双链断裂的路径主要有两条：一条为同源重组修复，另一条为非同源末端连接（non-homologous end joining，NHEJ）。

（一）同源重组修复

此条修复路径是利用细胞内一些促进同源重组的蛋白质，来从姊妹染色体或同源染色体那里获得合适的修复断裂的信息，因此精确性较高。有关同源重组的过程和机制详见第十五章 DNA 重组。

（二）非同源末端连接修复

该修复路径能在无同源序列的情况下，让断裂的末端重新连接起来，因此容易发生错误，但却是人类修复双链断裂的主要方式。缺乏这种修复方式的突变细胞对离子辐射极为敏感。哺乳动物细胞参与这种修复方式的主要蛋白质和酶有 Ku70、Ku80、DNA-PK_{CS}、Artemis、XRCC4 和 DNA 连接酶Ⅳ等（表 14-1）。

表 14-1　参与真核细胞双链断裂修复的主要蛋白质及其功能

蛋白质	功能
Ku70	协同 Ku80 一道结合 DNA 末端，招募其他蛋白质
Ku80	协同 Ku70 一道结合 DNA 末端，招募其他蛋白质
DNA-PK_{CS}	依赖于 DNA 的蛋白激酶的催化亚基，激活 Artemis
Artemis	受 DNA-PK_{CS} 调节的核酸酶，参与 DNA 末端的加工，使得末端适于连接
XRCC4 和 DNA 连接酶Ⅳ	在 DNA 末端被 Artemis 加工好以后，协同 DNA 连接酶Ⅳ一道催化断裂的双链 DNA 分子重新连接

哺乳动物细胞 NHEJ 修复的基本步骤如下（图 14-9）：① Ku70 与 Ku80 形成的异源二聚体与 DNA 断裂的末端结合；②两个 Ku70/Ku80 二聚体之间的相互作用将因断裂而分开的两段 DNA 强拉到一起；③ Artemis 蛋白作为 DNA-PK_{CS} 的底物与 DNA-PK_{CS} 结合，然后一起被 Ku70/Ku80 招募到 DNA 末端；④ DNA-PK_{CS} 一旦与 DNA 末端结合，即与 Ku 蛋白一起组装成 DNA-PK 全酶，其蛋白激酶活性就被激活，随后便作用 Artemis 蛋白；⑤ Artemis 蛋白因被磷酸化，其核酸酶活性被激活，随后开始加工 DNA 的末端，水解末端突出的单链区，创造出连接酶的有效底物；⑥ DNA 连接酶Ⅳ和 XRCC4 一道，催化已加工好的 DNA 末端进行连接。

Quiz14 试预测 Ku 蛋白基因被敲除的小鼠会有哪些重要的表型变化?

四、损伤跨越

所有的生物都会碰到这样的问题，即一个正在移动的复制叉遇到模板链上的损伤该怎么办？显然，最好的处理方法应该是将损伤迅速修复。然而在某些情形下，损伤可能无法修复。于是，为了维持复制的连续性，细胞发展了两套相对独立的损伤跨越“战术”，一套是重组跨越，另一套是跨损伤合成。这两套战术都是先不管损伤，想方设法完成复制后再说。

（一）重组跨越

重组跨越(recombinational bypass)是利用同源重组的方法将DNA模板进行交换，以避免损伤对复制的抑制，从而使复制能够继续下去，而随后的复制仍然使用细胞内高保真的聚合酶，因此忠实性并没有下降，故此途径被视为一种无错的系统。

以大肠杆菌为例(图14-10)，其重组跨越的基本步骤是：①当复制叉前进到损伤位点(如嘧啶二聚体)的时候，DNA聚合酶Ⅲ停止移动，并与模板解离，然后在损伤点的下游约1 kb的地方重新起启动DNA复制，从而在子链上留下一段缺口；②在RecA蛋白的催化下，原来DNA双螺旋母链上含有的与缺口上缺失的序列一样的片段被重组到子代DNA上，而在母链上创造出新的缺口，但由于重组过程中的交叉是错开的，因此仍然在子链位于嘧啶二聚体的下游留下一个小的缺口；③DNA聚合酶Ⅰ很容易将上述缺口进行填补，而连接酶则将留下的切口缝合。

（二）跨损伤合成

跨损伤合成(translesion synthesis，TLS)又称为跨越合成(bypass synthesis)，由细胞内一类"宽容任性"、一般无校对活性和进行性低的DNA聚合酶，来取代停留在损伤位点上原来催化复制的DNA聚合酶，在子链上即模板链上损伤碱基的对面，随便插入一个核苷酸，以实现对损伤位点无错或易错的跨越。人细胞参与TLS的DNA聚合酶有多种，例如DNA聚合酶η。然而，这种盲目性是以忠实性作为代价的，因为参入的核苷酸很容易错配，但这也为细胞赢得了生存下来的机会，可以说是细胞迫不得已采取了"两害相权取其轻"的做法。

1. 以大肠杆菌为代表的细菌的跨越合成

大肠杆菌的TLS是其SOS反应的一部分，因此是一个可诱导的过程。SOS反应是指细胞在受到潜在致死性压力下，例如UV辐射、胸腺嘧啶饥饿、DNA修饰物的作用和DNA复制必需基因失活的情况下，做出的有利于细胞生存的代谢预警反应，包括易错的跨损伤合成、细胞丝状化(细胞伸长，但不分裂)和切除修复的激活，其中涉及近43个"*sos*"基因的表达，整个反应受到LexA蛋白和RecA蛋白

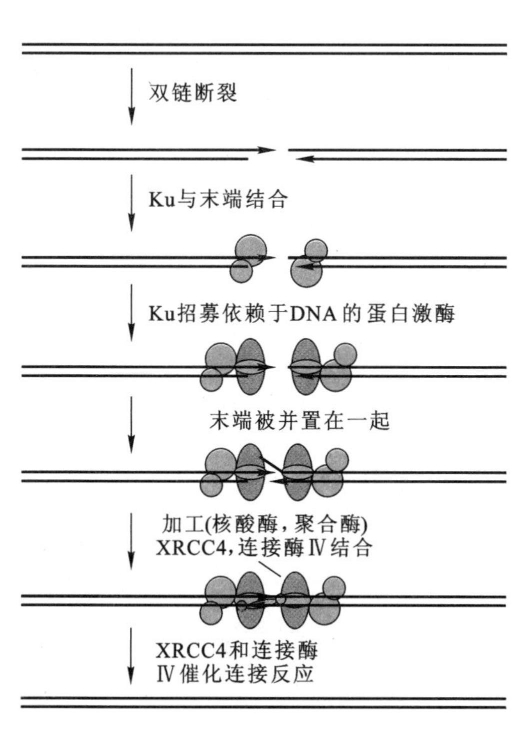

图14-9 哺乳动物细胞DNA双链断裂的非同源末端连接

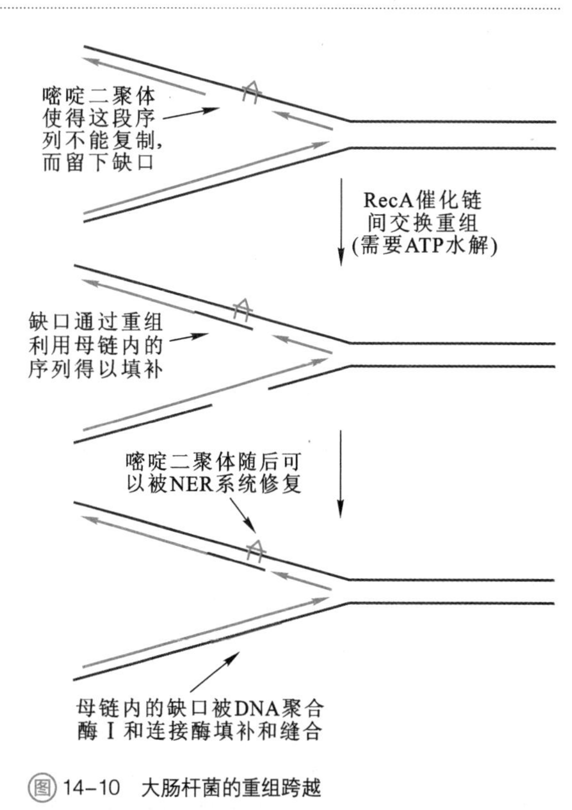

图14-10 大肠杆菌的重组跨越

的双重调节（图 14–11）。

在大肠杆菌处于正常的生存条件下，其内部的 LexA 作为阻遏蛋白，与位于 43 个 *sos* 基因上游的操纵基因（一致序列为 CTG–N_{10}–CAG）结合，从而阻止这些基因的表达，其中包括 *lexA* 和 *recA* 基因；当细胞面临致死性压力时，其 DNA 遭遇到严重的损伤而出现单链缺口，细胞内的 RecA 会与单链 DNA 结合，随后再作用 LexA，致使 LexA 发生自剪切。一旦 LexA 发生自切割，即与 *sos* 基因的操纵基因解离，从而解除了对 *sos* 基因表达的抑制。其中与跨损伤合成有关的是 *dinB*、*umuC* 和 *umuD*，它们表达的产物分别是 DNA 聚合酶Ⅳ、UmuC 和 UmuD，UmuD 受到 LexA 的切割变成 UmuD′。当 1 分子 UmuC 与 2 分子 UmuD′ 结合在一起，即组装成 DNA 聚合酶Ⅴ（图 14–12）。

Quiz15 如何设计一个实验证明 LexA 蛋白的失活是自切割而不是被 RecA 水解造成的？

Quiz16 你知道图 14–11 中 *dinA* 基因编码的是何种蛋白质吗？

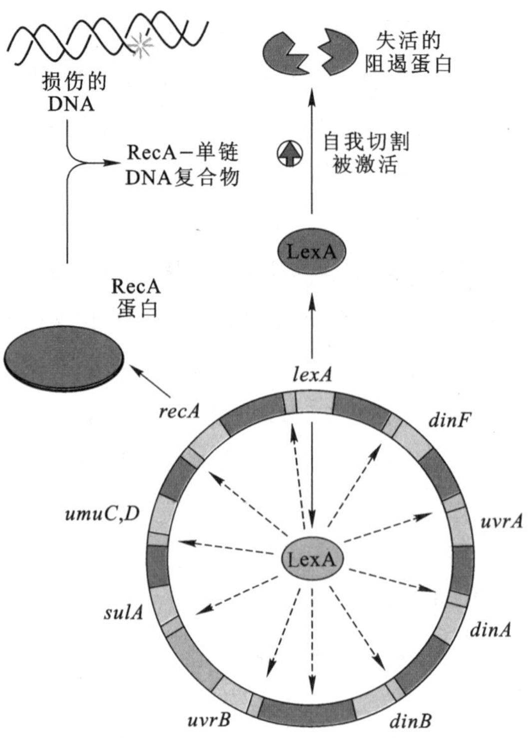

图 14–11 大肠杆菌的 SOS 反应

聚合酶Ⅴ在催化的时候有点像闭着眼睛摸彩，在损伤部位缺乏可靠的模板指导下，将随便抓一个 dNTP 参入到 DNA 链上。这种盲目性是以牺牲忠实性作为代价的，但是却为细胞赢得了生存下来的机会。既然由聚合酶Ⅴ催化的 DNA 跨越合成是易错的，它就为生存下来的细胞带来了各种突变。

Quiz17 若是让 UmuC 呈组成型表达，则对大肠杆菌的突变有何影响？

2. 真核细胞的跨越合成

真核生物的 TLS 有易错和无错两种方式。究竟选用何种方式一方面取决于损伤的类型，另一方面取决于细胞内各种参与 TLS 的聚合酶之间的相对活性。

DNA 损伤可诱导 PCNA 的泛酰化修饰。这类化学修饰用来调节易错的或无错 TLS（图 14–13），以应对 DNA 的损伤或复制叉的阻滞。例如，结合在染色质上的 PCNA 在 K164 位被单泛酰化修饰以后，

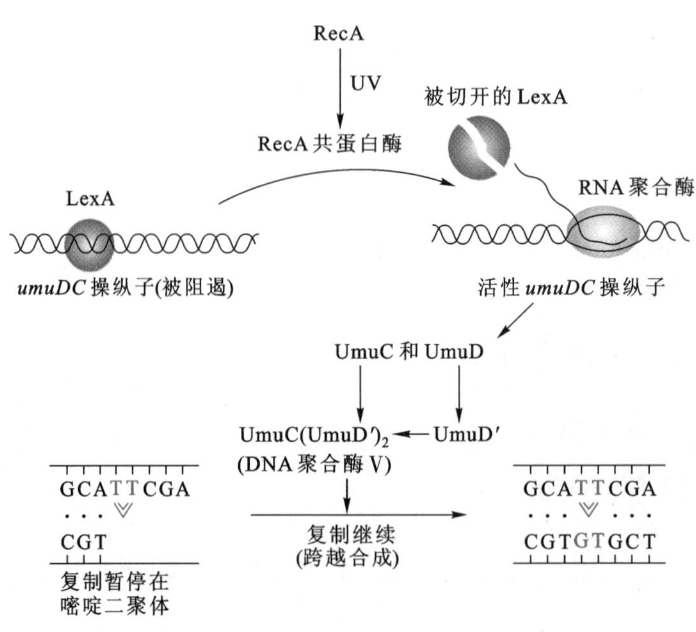

图 14–12 大肠杆菌 DNA 损伤的跨越合成

可将参与 TLS 的 DNA 聚合酶 η 招募过来，因为此聚合酶含有专门结合泛素的结构域。

在易错途径中，DNA 聚合酶 ξ 和 Rev1 蛋白代替停留在嘧啶二聚体上的聚合酶 δ 或 ε，进行跨损伤合成；在无错途径中，由 DNA 聚合酶 η 代替 δ 或 ε 进行跨损伤合成，在胸腺嘧啶二聚体的对面总是插入两个正确的 A。由于参与 TLS 的 DNA 聚合酶进行性很低，故在完成 TLS 以后即被正常的聚合酶和辅助蛋白替换。

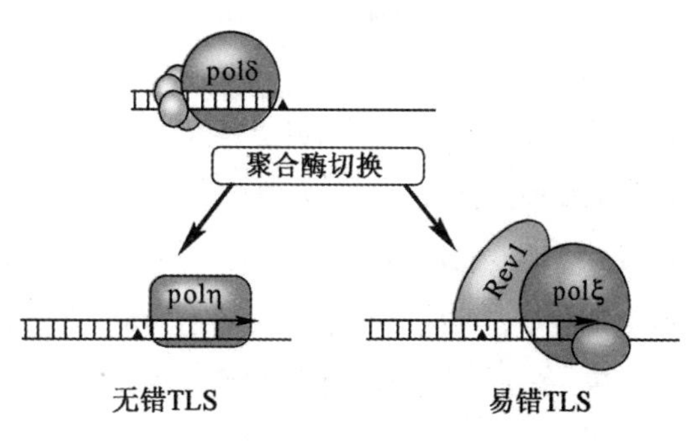

图 14-13 酵母细胞 DNA 的两种跨损伤合成机制

第三节 DNA 的突变

正如前述，DNA 会遭遇到各种各样的损伤，虽然细胞内有多种不同的修复系统，然而，修复系统并不是完美无缺的。修复系统的不完善，为 DNA 的突变打开了方便之门，因为一种损伤若在下一轮 DNA 复制之前还没有被修复，就有可能直接被固定下来传给子代，有的则通过易错的 TLS，产生新的错误并最终也被固定下来。这些发生在 DNA 分子上可遗传的结构变化通称为突变（mutation）。

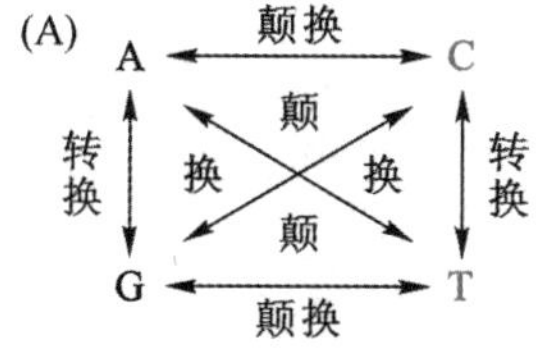

(B)

沉默突变

TGT → TGC

Cys → Cys

错义突变

TGT → TGG

Cys → Trp

无义突变

TGT → TGA

Cys → 终止

图 14-14 碱基突变的几种方式

一、突变的类型与后果

DNA 突变的本质是其核苷酸序列发生的任何变化。根据核苷酸序列的变化方式，DNA 突变可分为点突变（point mutation）和移框突变（frameshift mutation）。

（一）点突变

点突变又被称为碱基对置换（base-pair substitution），它是指 DNA 分子某一位点上所发生的一种碱基对变成另外一种碱基对的突变，可分为转换（transition）和颠换（transversion）（图 14-14A）。其中，转换是指同类碱基（嘌呤与嘌呤或者嘧啶与嘧啶）之间的相互转变，颠换是指嘌呤碱基与嘧啶碱基之间的互变。

点突变的后果取决于它的位置和具体的突变方式。如果发生在无功能区，就可能不会产生任何后果；如果发生在一个基因的启动子或者其他调节基因表达的区域，可能就会改变基因表达的效率；如果发生在一个基因的内部，情况就比较复杂，一方面取决于突变基因是蛋白质基因还是非蛋白质基因，另一方面如果是蛋白质基因，就取决于究竟发生在它的非编码区，还是编码区。这里只介绍发生在蛋白质基因内部的点突变。

如果突变发生在蛋白质基因的非编码区，就可影响到该蛋白质基因的转录、转录后加工和翻译等；如果发生在蛋白质基因编码区，就会有三种不同的后果（图 14-14B）。

Quiz18 你认为沉默突变对一种生物的表型不会有任何影响吗？另外编码色氨酸的密码子有沉默突变吗？

(1) 突变的密码子编码同样的氨基酸，这样的突变对蛋白质的结构和功能一般不会产生任何影响，因此叫做沉默突变（silent mutation）或同义突变（same sense mutation）。

(2) 突变的密码子决定不同的氨基酸，这样的突变对蛋白质的功能可能不产生任何影响或影响微乎其微，也可能产生灾难性的后果。由于出现了错误的氨基酸，这样的突变称为错义突变（missense mutation）。如果突变的氨基酸与原来的氨基酸具有同种性质，这种突变对蛋白质的功能影响一般很小。如果突变的氨基酸与原来的氨基酸性质差别较大，就更容易产生灾难性的后果。

(3) 突变的密码子变为终止密码子或者相反。前一种情况可导致一条多肽链被截短，这被称为无义突变（nonsense mutation），而后一种情况会加长一条多肽链，被称为加长突变（elongation mutation）或通读突变（read-through mutation）。无义突变究竟会给一个蛋白质的功能带来什么影响，主要取决于丢掉了多少个氨基酸残基。

（二）移框突变

移框突变又称为移码突变，它是指在一个蛋白质基因的编码区发生的一个或多个核苷酸非 3 整数倍的缺失或插入。由于遗传密码是由三个核苷酸构成的三联体密码，因此，这样的突变将会导致可读框发生改变，致使突变点下游的氨基酸序列发生根本性的改变，但也可能会引入终止密码子而使多肽链被截短。移框突变究竟对蛋白质功能有何影响，取决于突变点与起始密码子的距离。显然，离起始密码子越近，功能丧失的可能性就越大。

二、突变的原因

几乎任何导致 DNA 损伤的因素都能导致 DNA 突变，前提是造成的损伤在 DNA 复制之前还没有被修复。因此在某种意义上，导致 DNA 损伤的因素就是导致 DNA 突变的因素。其中，由内在因素引起的突变称为自发突变（spontaneous mutation），由外在因素引发的突变称为诱发突变（induced mutation）。各种导致 DNA 突变的内外因素统称为突变原（mutagen）。

（一）自发突变

1. 自发点突变

导致自发点突变的原因主要有四种。

(1) DNA 复制过程中的错配。

Quiz19 假定 DNA 分子的第四个碱基是 U（不是 T），那么 DNA 分子中的 CpG 二核苷酸序列发生甲基化后，对 DNA 的突变率还有没有影响？为什么？

(2) 自发脱氨基。胞嘧啶和 5- 甲基胞嘧啶经脱氨基反应分别转变成 U 和 T，由于细胞内的 BER 系统很容易识别和修复 DNA 分子上的 U，因此由胞嘧啶脱氨基引发的突变的可能性极小（图 14–15 左）。但是，5- 甲基胞嘧啶就不一样了。若是它脱氨就变成了 T，由于 T 是 DNA 分子上正常的碱基，机体没有专门的修复系统纠正这种错误，那在经过一轮 DNA 复制以后，就会导致原来的 C：G 碱基对转换为 T：A 碱基对。

(3) ROS 的氧化。细胞代谢产生的 ROS 会对碱基造成损伤，这些损伤能够改变碱基的配对性质。如 ROS 作用鸟嘌呤的产物 8- 氧鸟嘌呤与 A 配对，这可以导致 G：C 碱基对到 T：A 碱基对的颠换（图 14–15 右）。

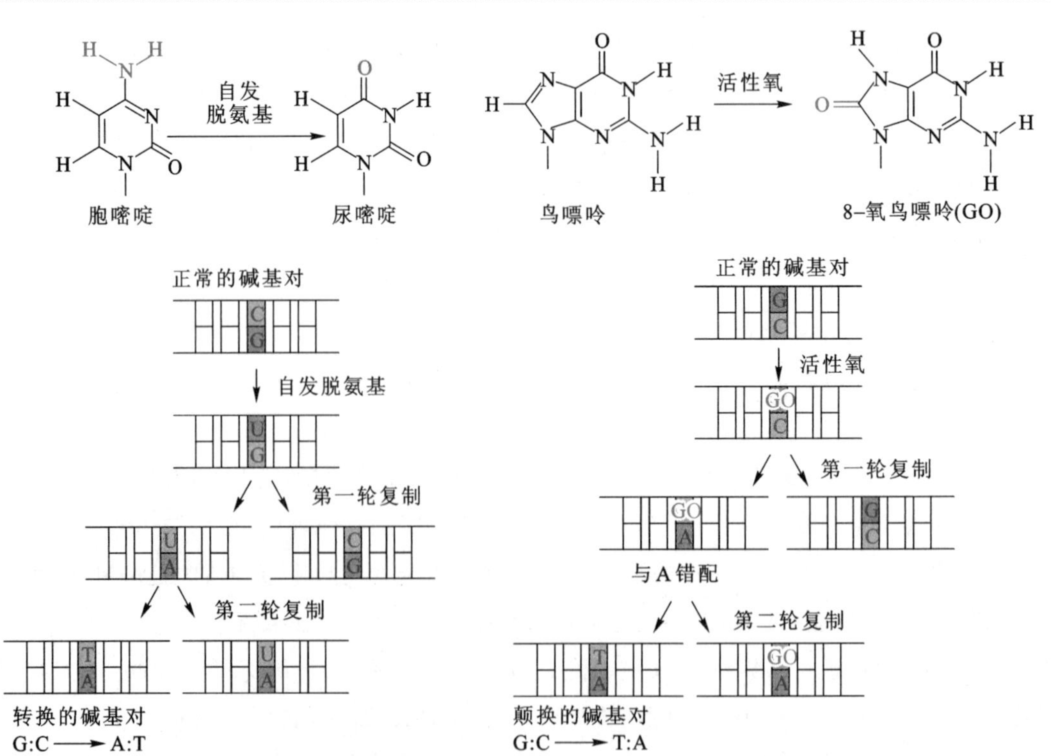

图 14–15　自发脱氨基和活性氧作用引起的碱基转换

（4）碱基的烷基化。这里是指细胞内一些天然的烷基化试剂（如 SAM），错误引起的 DNA 上某些碱基的甲基化，而改变了碱基的配对性质。

2. 自发的移框突变

引起自发移框突变的主要原因有“复制滑移”（replication slippage）和转座作用。

（1）复制滑移。复制滑移通常出现在一些具有短重复序列的部位。在这样的部位，子链和母链之间容易发生错配，而形成突环结构。如果突环出现在子链上，复制就会向后滑移，导致插入突变；如果突环出现在母链上，复制就会向前滑移，导致缺失突变（图 14-16）。如果这种突变发生在一个基因的编码区，就可能产生异常的蛋白质，而导致机体病变。例如，亨廷顿病（Huntington's disease）是 CAG（编码 Gln）重复序列在 *HD* 基因的编码区因复制打滑增多造成的。正常人的 *HD* 基因在编码区内有 10～35 个 CAG 重复序列，但亨廷顿病患者的 *HD* 基因内的 CAG 重复序列高达 36～70 个，甚至更多。

（2）转座作用。转座子是细胞内可移动的 DNA 片段。当一个基因内部被转座因子插入以后，不仅会引起移框突变，还可能导致基因的中断和失活等其他变化。

（二）诱发突变

1. 诱发点突变。能够诱发点突变的试剂有以下几类。

（1）碱基类似物，如 5-溴尿嘧啶（5-BrU）。碱基类似物进入细胞后，很容易通过核苷酸补救途径转变成相应的 dNTP 类似物，然后在 DNA 复制时，代替正常的 dNTP 进入 DNA 链。但是，一旦它们参入到 DNA 链，会导致碱基的配对性质发生变化。以 5-BrU 为例，当它代替 T 参入到 DNA 链内以后，由于在体内更容易转变为烯醇式，而烯醇式的 5-BrU 将与 G 配对，这最终会导致 DNA 分子中的 A：T 碱基对转换为 G：C 碱基对。

（2）烷基化试剂，如氮芥和硫芥等。烷基化试剂能够修饰碱基而改变碱基的配对性质，从而将碱

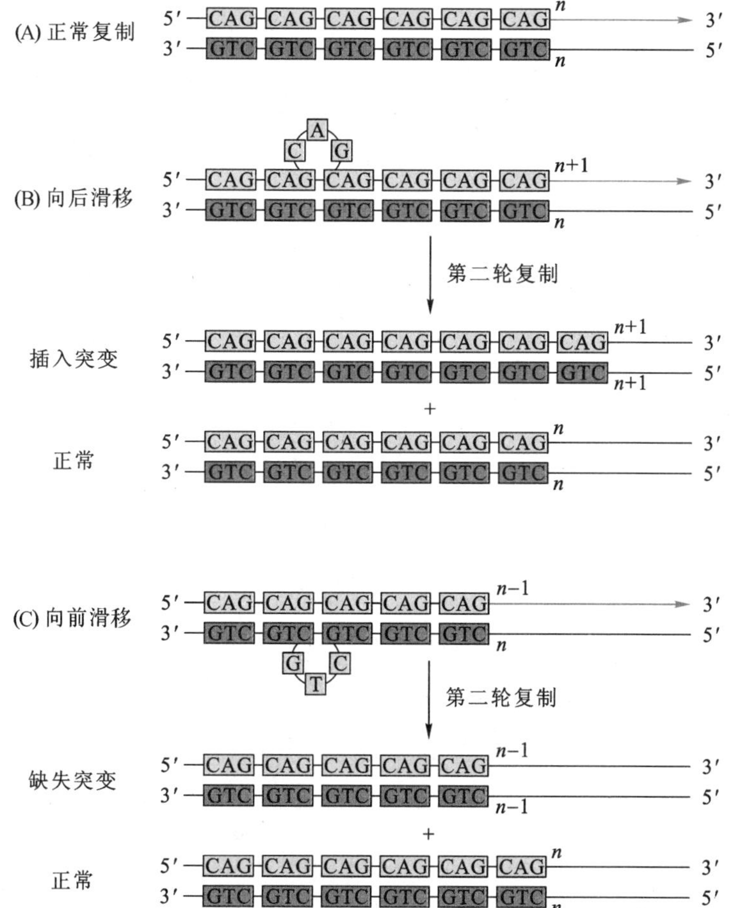

图 14-16 复制滑移引起的移框突变

基对的转换引入 DNA 分子之中。例如，O^6- 甲基鸟嘌呤可以和 T 配对，致使 G : C 转换为 A : T。此外，某些双功能烷基化试剂可导致 DNA 的链间交联，而引起染色体的断裂。

(3) 脱氨基试剂，如亚硝酸和亚硫酸。亚硝酸能加快碱基的自发脱氨基作用。C、A 和 G 在亚硝酸的作用下，分别转变成 U、I 和黄嘌呤(X)。除了 X 的配对性质与 G 一样以外，其他两种碱基配对性质都有变化，这种变化将最终导致碱基对的转换(图 14–17)。

(4) 羟胺。羟胺在体内可直接修饰碱基，而改变碱基的配对性质，从而诱发碱基对的转换，如 C 经羟胺的修饰变成能与 A 配对的羟胞嘧啶，这最终可导致 C : G 转换为 T : A(图 14–17)。

2. 诱发移框突变

嵌入试剂(intercalating agent)是一类扁平的多环分子，如吖啶黄(acridine orange)、原黄素(proflavin)和 EB 等，能够与 DNA 分子上的碱基相互作用，插入到碱基之间(图 14–18)。这样的插入将拉长 DNA 双螺旋，致使 DNA 在复制的时候，发生移框突变。如果嵌入试剂插入到母链上，就会在子链上位于嵌入分子的对面随便插入一个核苷酸，造成插入突变；相反，如果嵌入分子插入到一个正常延伸的子链上，那在 DNA 下一轮复制的时候，当嵌入分子丢失以后，就会导致缺失突变。

除了上述各种能够直接导致 DNA 分子发生突变的试剂以外，还有一些因素，特别是离子辐射和

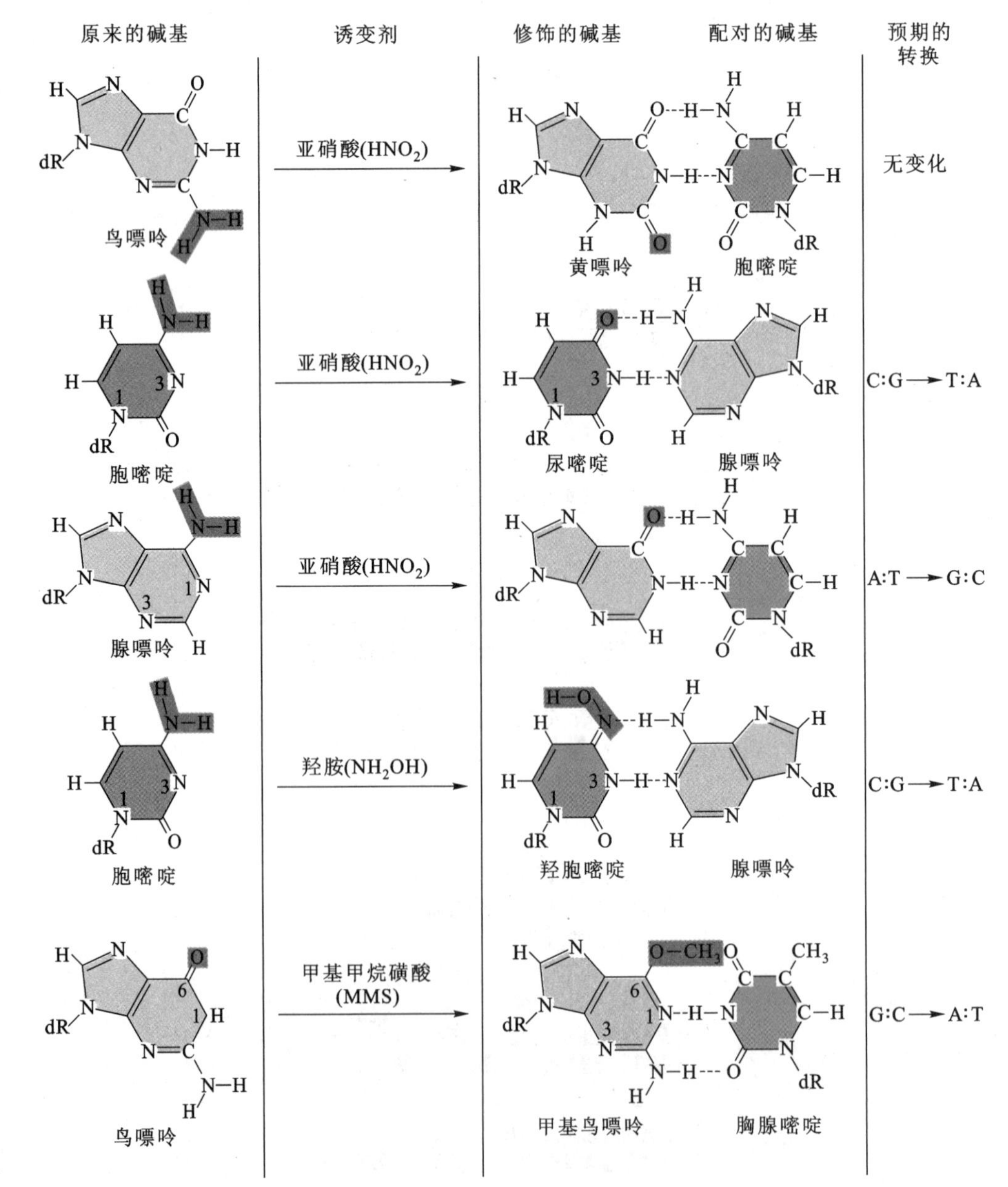

图 14–17　诱变剂诱发的点突变

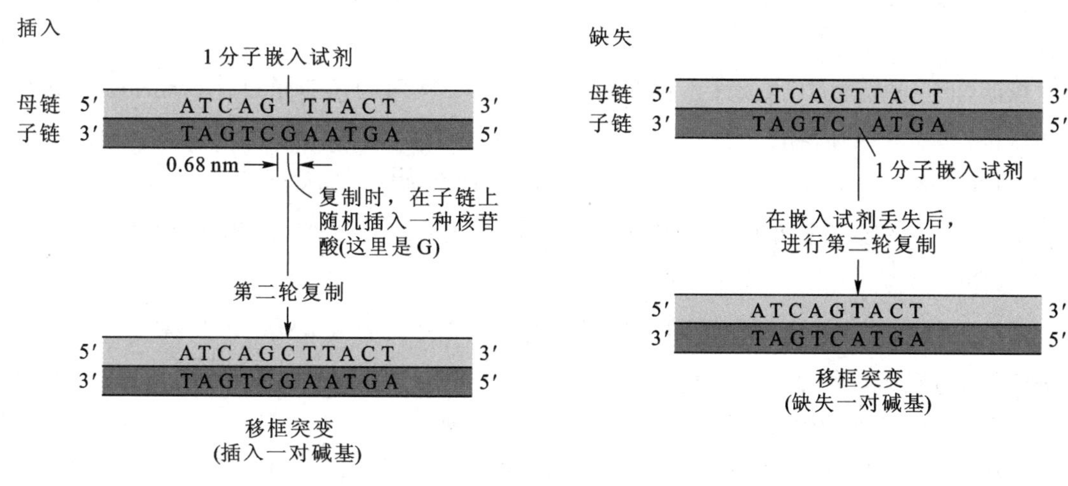

图 14-18 嵌入试剂诱发的移框突变

UV，通过损伤 DNA，诱发易错的跨损伤合成和 NHEJ 而导致突变。

三、回复突变与突变的校正

(一) 回复突变

DNA 突变并不是不可逆转的，如果在老的突变位点上发生第二次突变，致使原来的表型得到恢复，这样的突变就是回复突变(back mutation)。表型能够在回复突变中恢复的可能原因是：突变点编码的氨基酸变成原来的氨基酸或性质相似的氨基酸，从而使原来突变蛋白的功能得到全部或部分恢复。

(二) 校正突变

校正突变(suppressor mutation)是指发生在非起始突变位点上，但能够掩盖或抵消起始突变的第二次突变，它分为基因内校正和基因间校正。

1. 基因内校正

基因内校正与起始突变发生在相同的基因内(图 14–19)，它可能是通过点突变或移框突变来实现校正，不过点突变一般只能通过点突变来校正，移框突变只能通过移框突变来校正。

如果是通过点突变来校正，一般就是通过恢复一个基因产物内 2 个残基(氨基酸或核苷酸残基)之间的功能联系来实现。具体机制可能是 2 次突变相互抵消了 2 个残基的变化，从而恢复了 2 个残基之间的相互作用，致使基因产物能够正确地折叠，或者使 2 个相同的亚基能够组装成有功能的同源二聚体。现举一例说明，假如一个蛋白质的正确折叠需要其 K3 和 E50 在侧链之间形成盐键，显然，如果发生 K3E 突变，就会导致原来的蛋白质不能正确折叠而丧失功能，但如果同时发生了 E50K 突变，那就可以恢复 E 和 K 之间的盐键，致使突变的蛋白质仍能正确折叠，并具有原有的功能。

如果是通过移框突变来校正，那起始突变一般也是移框突变，且移框的方向相反，数目相同。

2. 基因间校正

基因间校正发生在与第一次突变不同的基因上，绝大多数是在翻译的水平上起作用。这种发生第二次突变具有校正功能的基因

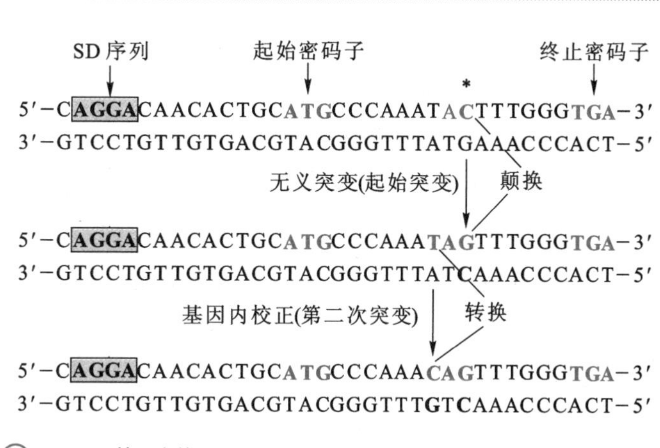

图 14–19 基因内校正

称为校正基因。每一种校正基因只能作用一种类型的突变，即是无义突变、错义突变和移框突变中的一种。

校正基因一般是通过恢复 2 个不同的基因产物之间（2 条不同的多肽链、2 个不同的 RNA 或者 1 条多肽和 1 分子 RNA）的功能关系来实现的。校正基因通常编码 tRNA，因为它们是通过反密码子与 mRNA 上的密码子相互作用来参与翻译的，所以发生在 tRNA 反密码子上的突变可用来校正 mRNA 上的一个密码子的突变，恢复密码子和反密码子之间的互补关系，从而使翻译出来的蛋白质的氨基酸序列恢复如初。

校正 tRNA 除了能够校正无义突变以外，还能校正错义突变，甚至移框突变。一种校正 tRNA 究竟能够校正何种突变完全取决于反密码子发生什么样的突变。例如，有一种校正 tRNA 的反密码子有 4 个核苷酸组成，显然，这种校正 tRNA 可以校正 +1 移框突变。

在细胞内，校正 tRNA 的基因与野生型 tRNA 的基因共存，其产物即校正 tRNA 会与野生型 tRNA 或翻译的终止释放因子竞争，这可能会导致正常的翻译发生错义或通读。

Box14.2 **"沉默突变"也会导致疾病**

谁都知道蛋白质的重要性！它们是生物各项功能的主要执行者。但是几乎所有的蛋白质只有在正确折叠成特定的三维结构以后才能发挥作用。长期以来，科学家一直忽略了我们 DNA 基因序列中一种不改变蛋白质一级结构即氨基酸序列的突变，就是同义突变或"沉默"突变，它们一直被认为是基因组背景噪声。但这些突变差不多占了所有突变的一半。由于它们不会影响氨基酸序列，而蛋白质一级结构决定蛋白质的三维结构，所以我们就想当然地认为不会影响蛋白质正确折叠的过程。

然而，就在 2020 年 2 月 18 日发表在 *P.N.A.S.* 的一篇由法国 Notre Dame 大学 Patricia Clark 等人所写的题为"Synonymous codon substitutions perturb cotranslational protein folding *in vivo* and impair cell fitness"论文的最新研究表明，即使是沉默突变，也值得我们仔细认真对待！因为他们在大肠杆菌细胞中的研究清楚地显示，编码单个必需酶的密码子假如发生了同义突变，可导致细胞生长显著减慢。这些突变虽然不会阻止活性酶的形成，但是它们可以改变蛋白质折叠，导致翻译出的蛋白质在体内降解增强，从而导致细胞适应性的改变。这就说明，同义密码子的选择可以影响到蛋白质的折叠，进而影响到蛋白质的功能。

Clark 和她的研究小组研究了大肠杆菌一种自然产生的抗生素抗性基因，着眼于同义突变如何通过核糖体改变蛋白质合成的速率，进而影响到蛋白质的折叠。核糖体是所有细胞内存在的进行蛋白质合成过程的分子机器。这项研究为"翻译速率可影响蛋白质折叠"这一假设提供了证据，要知道该假设一直在该领域徘徊了 50 多年。在细胞中，蛋白质从 N 端到 C 端合成，并在翻译过程中开始折叠。因此，共翻译折叠机制与延伸速率相关，而延伸速率随同义密码子使用而变化。因为除了甲硫氨酸和色氨酸以外，其他 18 种常见的蛋白质氨基酸都有同义密码子。但同义密码子有富有密码子和稀有密码子之分，富有密码子更容易被 tRNA 识别，也就更容易翻译。所以在翻译富有密码子的时候，延伸的速率就快。反之，使用稀有密码子，翻译延伸的速率就要慢。当一种氨基酸从原来的富有密码子突变成它的稀有密码子的时候，就会减慢翻译的速率。这也就会影响到共翻译的折叠。对于他们的发现，Clark 说道："我们的结果表明，DNA 序列中占了我们大多数遗传变异的同义突变，可以显著影响细胞蛋白质的适应性水平。"Clark 补充道："在活细胞中严格检验这一假设是极富挑战性的。""我们决定使用细菌而不是人类细胞的事实确实有所帮助。它使我们能够在特定基因中进行突变，并确定这些突变在多大程度上影响折叠。""我们忽略了一半的 DNA 突变，因为我们已经决定它们不会引起问题。而我们的研究表明它们会引起问题。"

科学故事 **大肠杆菌DNA聚合酶Ⅳ和Ⅴ的发现之路**

提到突变，许多人只想到危害，比如各种遗传性疾病。但是，不要忘了突变也可能为生物带来好处，特别是从进化的角度来看，它绝对是驱动生物进化的强大引擎。

生物体产生突变有许多途径，其中有一种与机体内一类特殊的DNA聚合酶有关，它们属于DNA聚合酶中的Y家族。这个家族的DNA聚合酶在催化DNA复制的时候，既不遵守碱基配对规则，又无校对活性，这样很容易将突变直接引入到DNA分子之中。不过好在它们的进行性差，这样不至于一次引入太多的突变。要知道，一开始谁也想不到生物体内会有这类易错的DNA聚合酶！那么科学家是如何发现这一类DNA聚合酶的呢？

1953年是Watson和Crick发现DNA双螺旋结构的一年，正好也是加州理工学院的Jean Weigle在研究λ噬菌体中获得一个开创性发现的一年。Weigle的发现是，λ噬菌体在用紫外线杀死后可以恢复活力。当Weigle邀请Watson和Crick一起查看时，实验结果依然非常出色：经紫外辐射处理过的λ噬菌体不能产生子代噬菌体，即感染大肠杆菌时不形成噬菌斑，但是如果被感染的大肠杆菌也受到紫外辐射处理，就照样形成噬菌斑。Weigle进一步的研究还发现，噬菌体这种反应伴随着诱变的噬菌体大量增加。

在1960年代末至1970年代初，罗格斯大学Evelyn Witkin（图14-20）所进行的遗传学研究表明，λ噬菌体的重新激活可能归因于细菌存在一条受DNA损伤诱导的修复途径，该途径专门调节旨在修复DNA损伤的基因的转录。大肠杆菌在利用诱导的修复途径修复其染色体DNA损伤的同时，也顺便修复了噬菌体DNA，从而使λ噬菌体能够产生后代并随后裂解细胞，产生噬菌斑。

图 14-20 Miroslav Radman 和 Evelyn Witkin（右）

1974年，巴黎笛卡尔大学的Miroslav Radman（图14-20）提出这是细菌最后的修复途径，并称之为“SOS诱变途径”。他认为此途径可以无错地修复DNA，但也可以通过易错的方式复制未修复的DNA。之所以还可以通过易错的方式，是因为DNA模板损伤阻止了复制叉的前进，这需要通过跨损伤合成（TLS）来克服，但要以引起其他地方的突变为代价。但是并不清楚是什么DNA聚合酶负责跨损伤合成的。

1970年代末，德国人Gerhard Steinborn确定了一个遗传位点，该位点与Radman所预想到的易错UV诱变（UV mutagenesis，*umu*）位点的作用相吻合。之所以将其命名为*umu*基因座，是因为当*umu*基因发生突变时，紫外辐射不会产生超过自发本底水平的染色体突变。随后的进一步研究显示，该基因座编码两个SOS调控的基因*umuC*和*umuD*。还有两种蛋白质可调节SOS反应，即LexA和RecA。LexA是一种阻遏蛋白，可与DNA损伤诱导型调谐子中的40多个操纵子结合。每个操纵子都有一个被LexA识别并结合的一致序列，但是邻近的序列不尽相同，这些序列决定了阻遏蛋白与各操纵子结合的亲和力。早期被诱导的蛋白质，其所在的操纵子与LexA结合的亲和力较低，而后期才被诱导表达的蛋白质，是由于其所在的操纵子与LexA结合的亲和力较高。

在大肠杆菌暴露于紫外线或破坏DNA的化学物质中后，RecA蛋白迅速被诱导。RecA在ATP存在下在单链DNA区域上协同组装，形成核蛋白丝，通常称为RecA*。RecA*扮演着许多不同的角色，并且对细胞如此重要。RecA*的作用包括启动DNA链入侵，作为同源重组的第一步，并作为共蛋白酶，促进LexA的自催化裂解，从而诱导SOS反应，还可以同样促进$UmuD_2$的自裂解成具有较短的活性形式$UmuD_2'$。$UmuD_2'$与UmuC相互作用三聚体$UmuD_2'C$。

图 14-21 Myron F. Goodman

1986 年，美国南加州大学的 Myron F. Goodman（图 14-21）开始寻找 SOS 诱变的生化机制。Goodman 最初研究 SOS 反应所采用的是自下而上的方法：将未经处理和经萘啶酸处理过的大肠杆菌粗裂解物与引物 / 含有无碱基损伤的模板 DNA 一起孵育，结果观察到与未损坏的细胞裂解液相比，暴露于萘啶酸的 DNA 损坏的细胞裂解液中未知聚合酶活性增加了 7 倍。但是很快他们发现，其中一个受到损伤诱导（damage-inducible，*din*）的基因 *dinA* 编码的实际上就是已经被发现的 DNA 聚合酶Ⅱ。

于是，Goodman 决定采取在体外重建大肠杆菌能催化 TLS 的最小系统。前人的遗传学研究要求这个系统至少包括紫外线诱变蛋白 UmuC、UmuD 和 RecA 蛋白，还要提供引物 / 带有损伤的模板 DNA 用作底物。差不多就在此时，萨塞克斯大学 Bryn Bridges 和他的研究生 Roger Woodgate 根据 1980 年代中期的遗传证据，提出了第一个 TLS 模型：他们认为 UmuDC 蛋白的作用可能是通过抑制核酸外切校对活性降低聚合酶的保真度，使 DNA 聚合酶Ⅲ越过复制障碍性损伤。

1988 年，当发现 SOS 诱变需要将 UmuD 裂解为 UmuD′ 之后，Harrison Echols 和 Goodman 提出了更新的 TLS 模型。在新模型中，UmuD′ 代替 UmuD，DNA 聚合酶Ⅲ全酶复合物代替 DNA 聚合酶Ⅲ。有时模型提出并不难，但体外重建 TLS 并不容易，其中的原因是当时 DNA 聚合酶Ⅲ全酶、RecA* 和 UmuD 都被纯化到了，唯独缺少 UmuC。直到 1989 年，Roger Woodgate 分享了他们纯化 UmuC 的方法及其与 UmuD 和 UmuD′ 的相互作用的研究结果，从而帮助 Goodman 解决了纯化有活性的 UmuC 的问题。最后，他们在整个 *umuDC* 操纵子缺失的菌株中通过强启动子的驱动，大量表达并纯化出了 UmuD′ 和 UmuC 蛋白。在纯化过程中，UmuC 仍以稳定的异源三聚体 UmuD′$_2$C 的形式与 UmuD′ 结合。

有了 UmuD′$_2$C，Goodman 便着手在体外重建 SOS TLS 系统，重建 TLS 的方法很简单：只需将制备好的带有 5′-^{32}P 标记的引物 / 含有无碱基位点损伤的模板，与纯化的 RecA、UmuD′$_2$C 和 DNA 聚合酶Ⅲ全酶一起孵育即可。预期的结果是在没有 RecA 或 UmuD′$_2$C 的情况下，DNA 聚合酶Ⅲ可以将 ^{32}P 标记的引物延伸至模板损伤处，但不能越过损伤。而 RecA 和 UmuD′$_2$C 的加入将使 DNA 聚合酶Ⅲ可以在损伤的对面插入一个脱氧核苷酸，然后继续引物延伸直至模板链的末端。然而，实际的结果是出乎意料：在没有 DNA 聚合酶Ⅲ核心酶存在的情况下，引物的延伸会先复制未损伤的模板 DNA 并到达损伤处，然后再复制穿过损伤！这说明了除了 DNA 聚合酶Ⅲ之外，还有其他的蛋白质也能合成 DNA。TLS 不是观察到的唯一异常活动。去除 dNTP 底物之一的实验清楚地显示，与正常模板碱基相对的脱氧核苷酸错误参入也以非常高的机会发生。

于是，Goodman 认为，UmuD′$_2$C 可能是一种新型的低保真 DNA 聚合酶。他曾在 1998 年开玩笑说道："如果 UmuD′$_2$C 像鸭子一样走动，而像一只鸭子，那么也许就是鸭子，伪装成一种新型的 DNA 聚合酶"。就在 1998 年 8 月，他们在 *P.N.A.S.* 发表了一篇的题为"Biochemical basis of SOS-induced mutagenesis in *Escherichia coli*: Reconstitution of *in vitro* lesion bypass dependent on the UmuD′$_2$C mutagenic complex and RecA protein"的论文。在将论文传给 Bob Lehman 阅读时，Lehman 说他们对于结论过于保守了，没有在标题中明确指出 UmuD′$_2$C 是一种新的 SOS 诱导的易错 DNA 聚合酶。事后看来，Goodman 显然应该听 Lehman 的建议。

不过回想起来，Goodman 没有急于把 UmuD′$_2$C 说成一种新 DNA 聚合酶也是有原因的。主要是因为当时他们测到的低保真 TLS 活性的比活很小，与 DNA 聚合酶Ⅰ、Ⅱ或Ⅲ的相去甚远，这让他们怀疑可能存在来自这三种 DNA 聚合酶的一种或多种的少量污染物。得益于华盛顿大学的 Larry Loeb 向他们提供的针对 DNA 聚合酶Ⅰ特异性的中和抗体，Goodman 很快排除了 DNA 聚合酶Ⅰ，而故意添加 DNA 聚合酶Ⅲ反而会抑制 TLS 又表明它不太可能出现在制剂中，但就是无法完全排除 DNA 聚合酶Ⅱ的是否存在，因为当时并没有针对它的抗体，也没有可利用的缺失它的菌株。而且值得注意的是，DNA 聚合酶Ⅱ本身非常擅长 TLS，在体内也响应 DNA 损伤被诱导表达。但无论如何，到 1998 年，UmuC 以及更普遍的 TLS 生化重构的困难最终都被绕开了。在 1999 年，异源三聚体 UmuD′$_2$C 复合物明确显示是一种真正的 DNA

聚合酶，其中聚合酶活性位于 UmuC 亚基中。

此外，Goodman 没有急于称 UmuD'$_2$C 为新型的 DNA 聚合酶，也给了另外一组以日本科学家 Takehiko Nohmi 为首的研究小组一个机会，让他们可以抢先给另一种蛋白质命名为 DNA 聚合酶Ⅳ。因为在 SOS 反应中很早就发现还有一个基因就是 *dinB* 也相对独立地起作用，但究竟起什么作用并不清楚。直到 1995 年，Nohmi 等人克隆出了 *dinB* 基因，并发现它对于 λ 噬菌体的随机诱变至关重要，但其作用独立于 UmuD'$_2$C 和 RecA 蛋白。1997 年，Nohmi 等将 DinB 在大肠杆菌细胞中过表达，发现可显著增加该生物中自发的 -1 移码突变频率。有趣的是，DinB 还被发现与酿酒酵母 REV1 蛋白具有很强的序列同源性，后者也是一种类似 UmuC 的蛋白。实际上，UmuC、DinB 和 REV1 蛋白（所谓的类似 UmuC 的超家族的所有成员）在功能上是相似的，因为 REV1 蛋白以类似于其细菌同源物的方式参与损伤诱导的诱变。1996 年，Nelson 等显示 REV1 在体外起脱氧胞苷基转移酶的作用。受此启发，Nohmi 想确定 DinB 作为其真核 REV 1 同源物是否也具有核苷酸转移酶活性。结果表明，纯化的 DinB 蛋白在体外起模板导向的 DNA 依赖性 DNA 聚合酶的作用。他们的研究结果于 1999 年 8 月发表在 *Molecular Cell* 上，比 Goodman 的那一篇论文迟了近一年的时间，但论文的题目是“The *dinB* Gene Encodes a Novel *E. coli* DNA Polymerase，DNA Pol Ⅳ，Involved in Mutagenesis”。在文中，他们把该 DinB 命名为大肠杆菌的 DNA 聚合酶Ⅳ。

DNA 聚合酶Ⅳ被抢先用于命名 *dinB* 编码的蛋白质，而 UmuD'$_2$C 后来只能按顺序叫做 DNA 聚合酶Ⅴ了。

思考题：

1. 为什么大肠杆菌在高剂量的紫外照射以后在可见光和营养贫乏的培养基上更能生存下来？

2. 细胞在受到高剂量的辐射照射下，其 DNA 遭受到的损伤超过了机体正常修复的能力。这时细胞使用的最后一道修复防御机制是什么？这种修复系统有什么缺陷？

3. 皮肤癌比脑癌要常见得多。有一种假说认为是因为皮肤细胞分裂的频率远远高于脑细胞，你如何来验证这种学说？

4. 甲磺酸甲酯（MMS）是一种化学诱变剂。有人分离到一种果蝇的突变体，它对 MMS 极为敏感，在不会杀死野生型果蝇的含有 MMS 的食物中不能生存。你认为突变型果蝇最有可能是何种基因突变导致其对 MMS 极为敏感的？

5. 有一种大肠杆菌的突变株，其几种修复系统的活性都降低了，包括切除修复和重组修复等。你认为哪一种基因的突变会产生这样的表型？

网上更多资源……

本章小结　授课视频　授课音频　生化歌曲

教学课件　推荐网址　参考文献

第十五章　DNA 重组

DNA 重组(recombination)是指发生在一个 DNA 分子内或两个 DNA 分子之间核苷酸序列的交换、重排和转移现象。它主要包括同源重组(homologous recombination)、位点特异性重组(site-specific recombination)和转座重组(transposition recombination)三种形式。通过重组,生物不仅可以产生新的基因或等位基因的组合,还可以创造出新的基因,提高种群内遗传物质的多样性;此外,重组还被用于 DNA 修复,某些病毒还利用重组使自身的 DNA 整合到宿主细胞的 DNA 上。在掌握天然重组原理的基础上,人们还可以利用重组来进行基因作图、基因敲除、基因治疗、基因组编辑和转基因生物的培育等。

本章将重点阐述同源重组、位点特异性重组和转座重组的机制、原理和功能。

第一节　同源重组

同源重组也称为一般性重组(general recombination),它发生在含有同源序列的两个 DNA 分子之间,即在两个 DNA 分子的同源序列之间直接进行交换。进行交换的同源序列可能是完全相同的,也可能是近乎相同的。

进行同源重组必须满足 5 个条件:①在交换区域含有相同或几乎相同的碱基序列;②双链 DNA 分子之间发生互补配对;③需要重组酶(recombinase)的催化;④形成异源双链;⑤发生联会(synapsis)。

关于同源重组的机制,人们在实验的基础上提出了各种模型,主要有 Holliday 模型、单链断裂模型(single-strand break model)和双链断裂模型(double-strand break model)。

一、同源重组的模型

1. Holliday 模型

Holliday 模型由美国科学家 Robin Holliday 在 1964 年提出,尽管被几经修改,但其核心内容一直没有改变(图 15-1),其最初的主要内容如下所述。

(1) 2 个同源的 DNA 分子相互靠近。

(2) 2 个 DNA 分子各有 1 条链在相同的位置被一种特异性的内切酶切开,被切开链的极性相同。

(3) 被切开的链交叉与同源的链连接,形成 χ 状的 Holliday 连接(Holliday junction,HJ)。HJ 又称 χ 结构。如果 2 个 DNA 之间发生 180° 的旋转,可得到它的异构体。

(4) HJ 的拆分。共有两种方式:一种是相同的链被第二次切开,结果产生与原来完全相同的两个非重组 DNA;另一种是另一条链被切开,然后再重新连接,由此产生重组的 DNA。

上述模型过于简单,很快就有人对其进行了改进。其中最重要的一个改进是在 HJ 形成之后,引入 1 个全新的步骤即分叉迁移(branch migration),即在 HJ 形成后,其分叉可向两侧移动,这样可让 1 个 DNA 分子上一条链的部分序列转移到另 1 个 DNA 分子之中。经过迁移的 HJ 再通过内部 180° 旋转,同样可以得到它的异构体。最后 HJ 的拆分也有两种方式,但与无分叉迁移的模型不同,在非重组的 DNA 分子上也带有异源的双链。

支持 Holliday 模型最有力的证据是 1976 年 David Dressler 和 Hunt Potter 使用特殊的方法,在电镜下直接看到了 HJ 的结构(图 15-2)。该证据让 Holliday 模型虽然被多次修改,但呈 χ 状的 Holliday 结

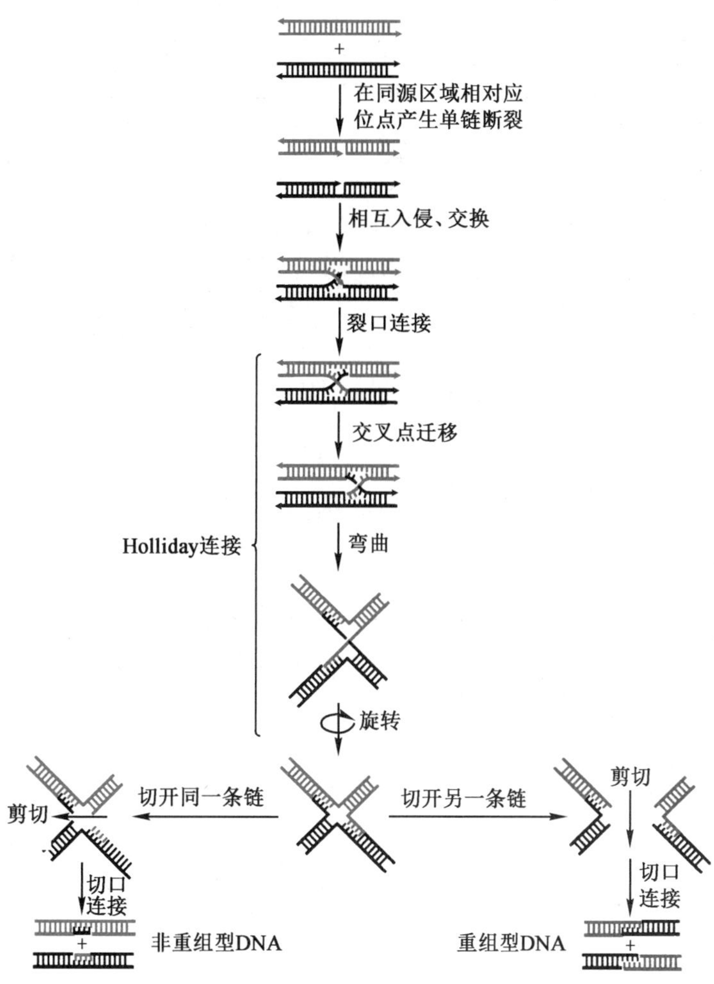

图 15-1 同源重组的 Holliday 模型

构迄今依然是不可更改的。

2. 单链断裂模型

单链断裂模型认为(图 15-3):在 2 个配对的同源 DNA 分子中,只有 1 个 DNA 分子上的 1 条链产生切口,这条产生切口的链在被 DNA 聚合酶催化的新链合成取代后,侵入到同源的 DNA 分子之中形成取代(displacement,D)环结构。至于 HJ 的形成以及最后的分离,与原来的 Holliday 模型相比并没有多少改动。

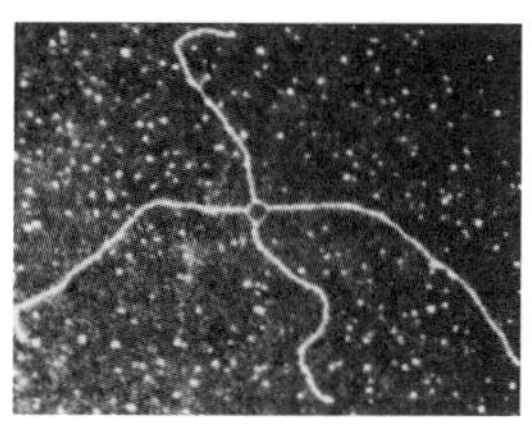

图 15-2 电镜下的 Holliday 结构

3. 双链断裂模型

双链断裂模型则认为:1 个 DNA 分子上两条链的断裂启动了链的交换,随后发生的 DNA 修复合成和切口的连接产生了 HJ,且具有 2 个半交叉点(half chiasma)。详细步骤如下所述(图 15-4)。

(1) 双链断裂与切除。一个 DNA 分子发生双链断裂,随后在核酸酶的作用下,此 DNA 分子的两条链在双链裂口处发生降解。

(2) 链侵入。单链的一端在另一个双链 DNA 分子上寻找同源序列。如果发现同源序列,就侵入到另一个双链之中,进行链取代,

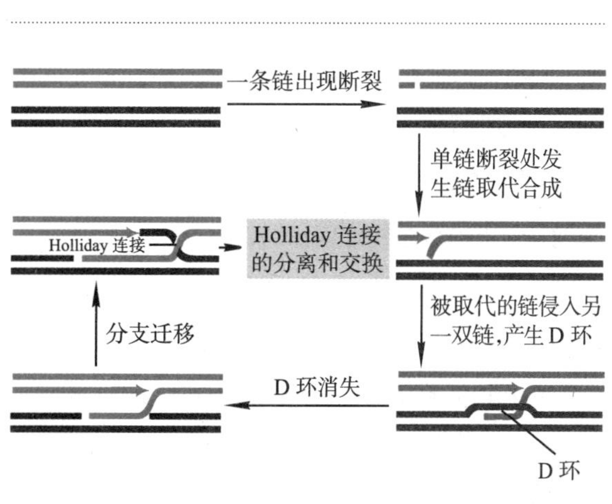

图 15-3 同源重组的单链断裂模型

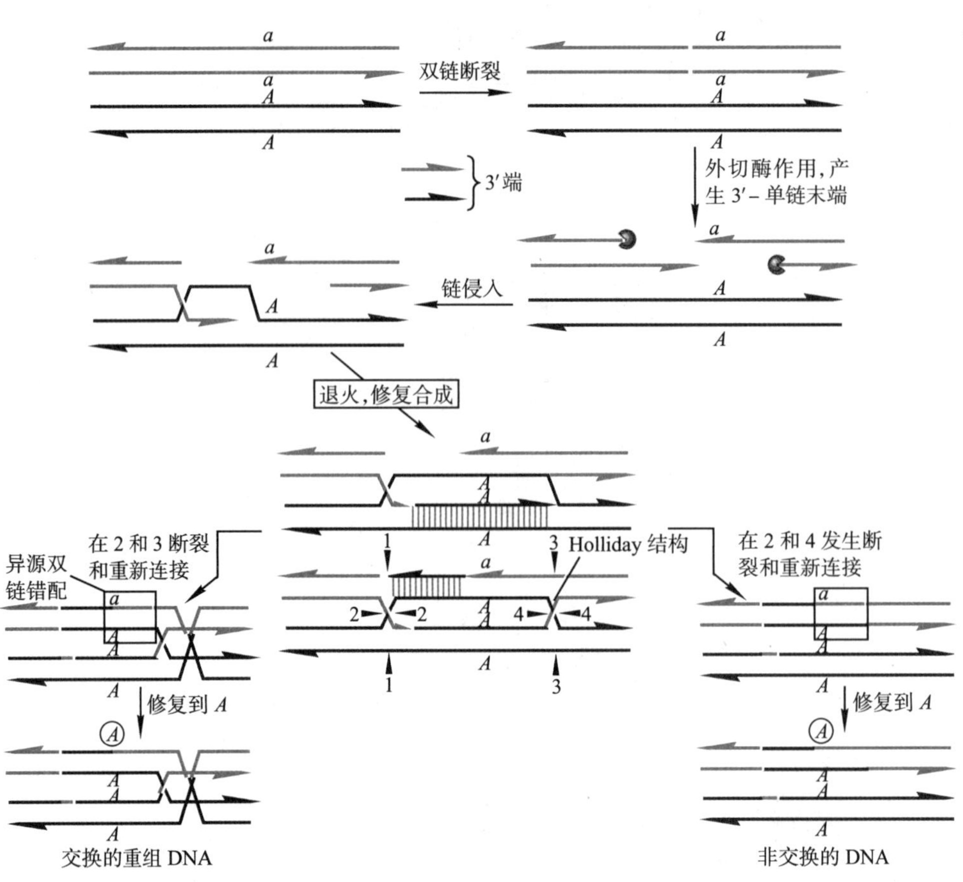

图 15-4 DNA 重组的双链断裂模型

从而形成异源双链。

(3) 退火与合成。在侵入的单链 3′ 端开始链的修补合成，同时，另一条单链的末端与被取代的链退火。

(4) 形成 HJ。DNA 合成和链取代导致第二个交换结构，即 HJ 的形成。

(5) HJ 的分离和交换。

二、参与同源重组的主要酶和蛋白质

以大肠杆菌为例，参与其同源重组的主要酶和蛋白质如下所述。

1. RecA 蛋白

RecA 蛋白是细菌同源重组中最重要的蛋白质，有单体和多聚体两种形式。多聚体由单体在单链 DNA 上从 5′ → 3′ 方向组装而成。多聚体的 RecA 环绕在单链 DNA 上形成一种有规则的丝状螺旋结构，平均每 1 个单体环绕 5 nt，每 1 螺旋有 6 个单体。每一个 RecA 单体由 3 个结构域组成，1 个大的中央结构域被 2 个位于 N 端和 C 端小的结构域包围。中央结构域负责与 DNA 和 ATP 结合，含有 2 个 DNA 结合位点，分别负责与单链和双链 DNA 结合；N 端结构域与多聚体的形成有关；C 端结构域的功能是促进丝状结构之间的结合。

RecA 的主要功能包括：①促进 2 个 DNA 分子之间进行链的交换（图 15-5）；②作为共蛋白酶促进 LexA 蛋白、UmuD 和 λ 噬菌体阻遏蛋白的自水解。

Quiz1 用于基因工程的大肠杆菌一般都是 RecA 缺失的，为什么？

在其他生物体中，也发现了 RecA 的类似物，例如古菌中的 RadA 和 RadB 蛋白，以及真核生物中的 Rad51、Rad57、Rad55 和 Dmc1 蛋白。

2. RecBCD 蛋白

由 RecB、RecC 和 RecD 三个亚基组成，共有外切核酸酶 V、解链酶、内切核酸酶、ATP 酶和单链外

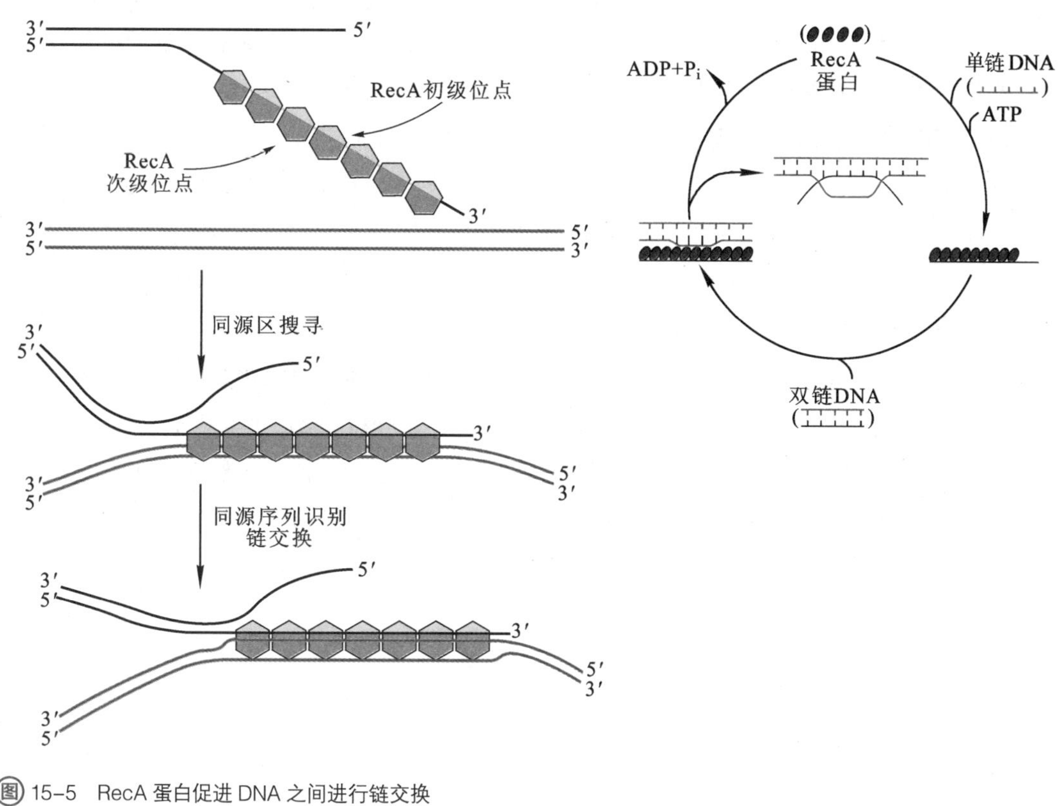

图 15-5 RecA 蛋白促进 DNA 之间进行链交换

切 DNA 酶的酶活性。

RecBCD 蛋白参与大肠杆菌的 RecBCD 同源重组途径(图 15-6)。在此途径中,RecBCD 首先与双链 DNA 分子自由末端结合,并依靠其外切核酸酶 V 的活性,同时降解 DNA 的 2 条链。但一旦遇到 χ 序列(一致序列是 GCTGGTGG),RecD 亚基就会从复合物中释放出来,留下的 RecBC 蛋白开始行使解链酶的功能,在水解 ATP 的同时,解开 DNA 双链,为 RecA 的作用铺平了道路,并最终启动链交换和重组反应。

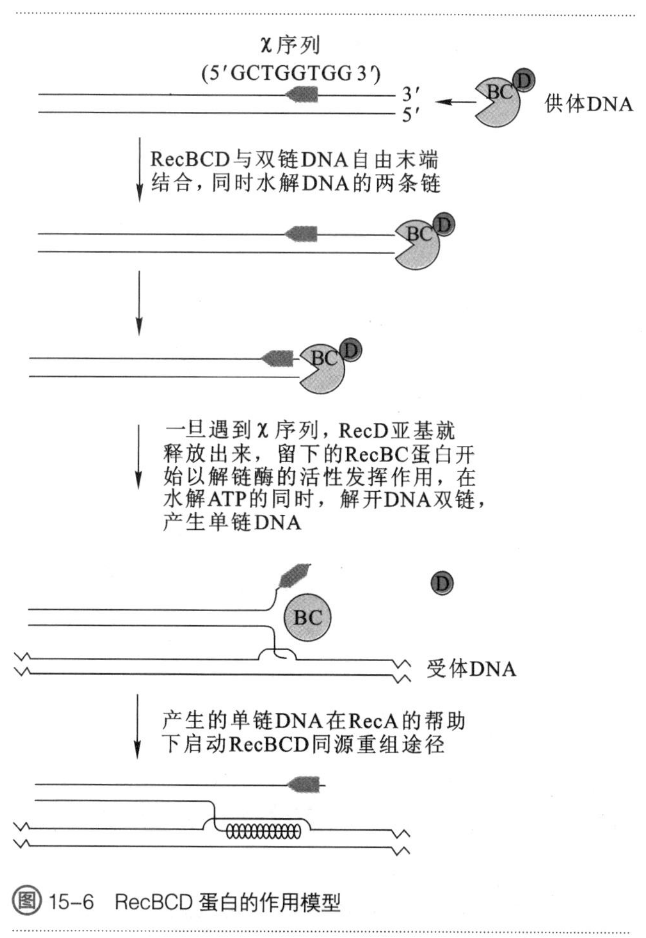

图 15-6 RecBCD 蛋白的作用模型

3. RuvA、RuvB 和 RuvC 蛋白

(1) RuvA。RuvA 的功能是识别 HJ,协助 RuvB 催化分叉的迁移。它以一种特别的方式形成四聚体,呈四重对称,特别适合与 HJ 中的 4 个 DNA 双链区结合,从而促进分叉迁移过程中链的分离(图 15-7)。

(2) RuvB。RuvB 是一种解链酶,其功能是催化 HJ 中分叉的迁移(图 15-7),但需要 RuvA 的帮助。与大多数解链酶一样,RuvB 也是一种六聚体蛋白。电镜照片还显示,有 2 个 RuvB 六聚体与 RuvA 接触,各位于 RuvAB-HJ 复合物的两侧。

（3）RuvC。RuvC 是一种特殊的内切核酸酶，负责催化 HJ 的分离，因此被称为解离酶（resolvase）。它以对称的二聚体形式起作用，在 HJ 的中央部位切开 4 条链中的 2 条，从而导致 HJ 的拆分。由于 RuvC 同源二聚体与 HJ 的结合是对称的，因此，RuvC 能以两种机会均等的方式与 HJ 结合，致使其能以两种机会相等的方式解离，但只有一种方式产生重组型 DNA（图 15–8）。

RuvC 的作用具有一定的序列特异性，它作用的一致序列是（A/T）TT ↓（G/C），箭头处为切点。只有当分支迁移到该一致序列的时候，RuvC 才有机会起作用。

三、细菌的同源重组

Quiz2 你认为 DNA 聚合酶 I 在 RecBCD 重组途径中起何作用，为什么不是 DNA 聚合酶 III？

细菌的同源重组最要是 RecBCD 途径（图 15–6）。在此途径中，除了 RecBCD 以外，还需要 RecA、SSB、RuvA、RuvB、RuvC、DNA 聚合酶 I、DNA 连接酶和 DNA 旋转酶。此外，还需要 χ 序列。

至于真核生物的同源重组，比细菌复杂，而古菌的同源重组机制与真核生物更加相似，但无论如何，在不同的真核生物之间，同源重组的机制是高度保守的。

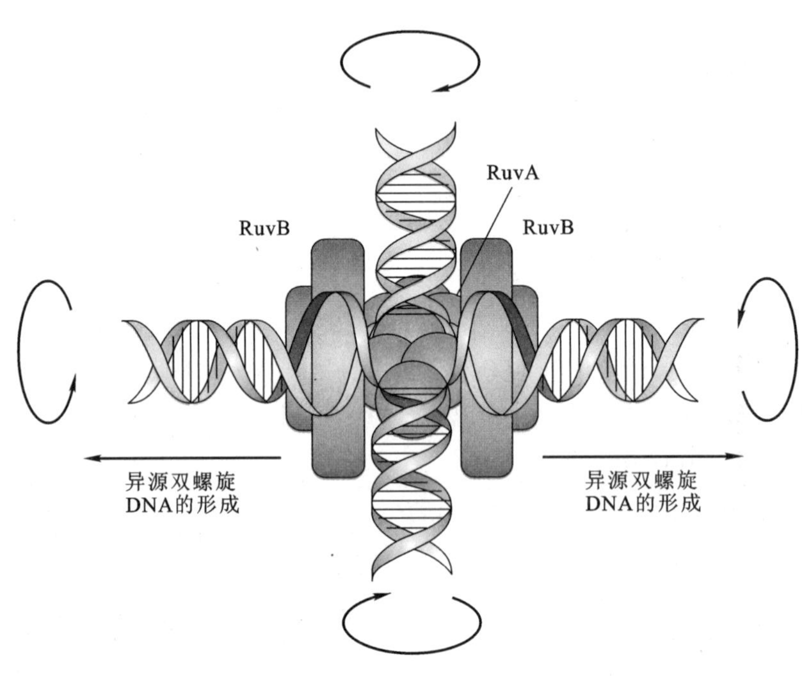

图 15–7 RuvA 和 RuvB 的作用模型

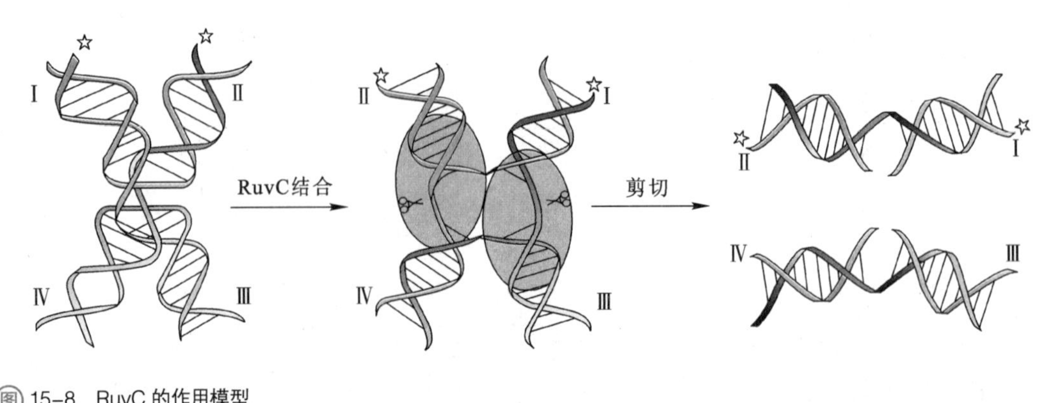

图 15–8 RuvC 的作用模型

第二节 位点特异性重组

位点特异性重组是指在 DNA 特定位点上发生的重组。它几乎存在于所有生物中，需要专门的蛋白质识别特异性重组位点，并催化重组反应。虽然在很多情况下，它也需要在重组位点存在同源序列，但所需的同源序列并不长。与同源重组一样，位点特异性重组也发生链交换、形成 HJ、进行分叉迁移和 HJ 解离。

位点特异性重组可以发生在 2 个不同的 DNA 分子之间，也可以发生在同 1 个 DNA 分子之内（图 15-9）。如果是前者，通常就会导致 2 个 DNA 分子之间发生整合；如果是后者，就可能发生缺失或倒位（inversion）。缺失需要在 2 个重组位点上含有直接重复序列，而倒位则需要在 2 个重组位点上具有反向重复序列（inverted repeats）。

位点特异性重组的主要功能包括：①调节某些病毒 DNA 与宿主细胞基因组 DNA 的整合；②调节基因表达。现各举一例加以说明。

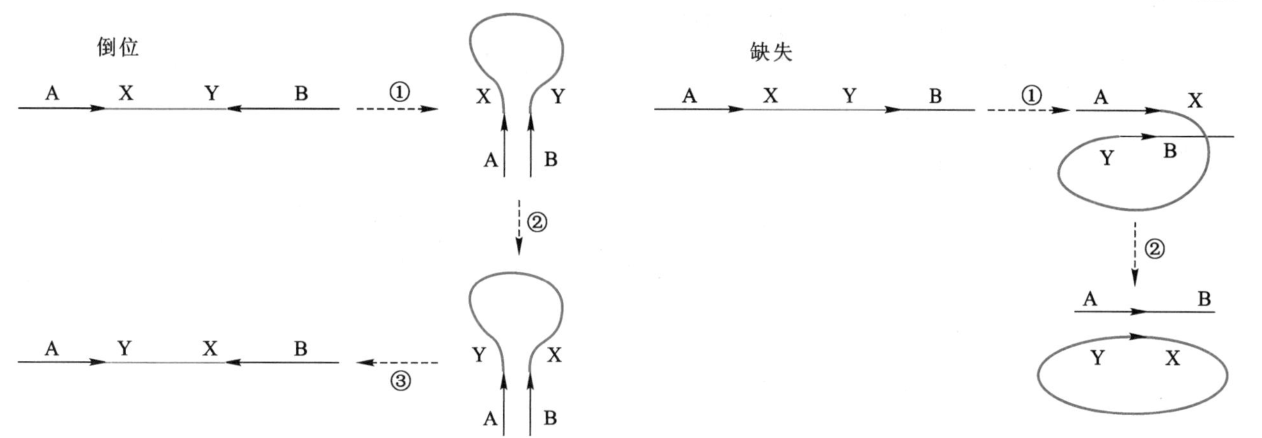

图 15-9　缺失性位点特异性重组和倒位式位点特异性重组图解

一、λ 噬菌体 DNA 的位点特异性整合

当 λ 噬菌体感染大肠杆菌以后，其 DNA 首先通过两侧的 *cos* 位点自我环化。随后，噬菌体会在两条途径中做出选择：一条是裂解途径（lytic pathway），另一条是溶源途径（lysogenic pathway）。如果是裂解途径，噬菌体就会在较短的时间内大量复制，并裂解宿主细胞；如果是溶源途径，噬菌体就进入原噬菌体（prophage）的潜伏状态。处于这种状态的噬菌体几乎关闭所有基因的表达。

要进入溶源途径，λ 噬菌体 DNA 必须通过位点特异性重组的方式整合到大肠杆菌的基因组 DNA 上（图 15-10）。而大肠杆菌基因组 DNA 本来就有专门的位点供其整合，此位点称为附着位点 B（*attB*）。*attB* 只有 30 bp 长，中央含有 15 bp 的保守区，重组反应就发生在该区域，该区域通常称为 BOB′，其中 B 和 B′ 分别表示细菌 DNA 在这段保守序列两侧的臂。

λ 噬菌体的重组位点称为 *attP*，它的中央也含有与 *attB* 一样的 15 bp 保守序列，以 POP′ 表示，P 和 P′ 分别表示两侧的臂。*attP* 两翼的序列非常重要，因为含有一系列参与重组反应的蛋白质的结合位点。

λ 噬菌体整合需要 1 种自身编码的整合酶（integrase，Int）和 1 种宿主蛋白，即整合宿主因子（IHF）。两种蛋白质结合在 P 臂和 P′ 上，形成一种复合物，使 *attP* 和 *attB* 的 15 bp 序列能正确并置在一起。Int 催化了重组过程中的所有反应，包括一段 7 bp 长的分叉迁移。

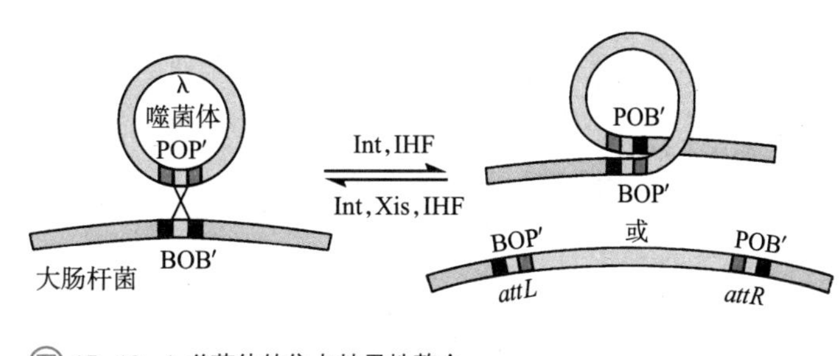

图 15-10　λ 噬菌体的位点特异性整合

重组的结果导致了整合的原噬菌体两侧成为两个附着点，它们的结构稍有不同，左边的 *attL* 结构为 BOP′，右边的 *attR* 结构是 POB′（图 15-11）。

参与位点特异性重组反应的酶可归入两大家族——酪氨酸重组酶（tyrosine recombinase）和丝氨酸重组酶（serine recombinase）。这两类重组酶的催化，分别依赖于活性中心的酪氨酸和丝氨酸残基侧链上的羟基引发的对重组点上的 3′，5′- 磷酸二酯键的亲核进攻，从而导致 DNA 链的断裂。在磷酸二酯键断裂的时候，由于释放的能量以磷酸酪氨酸或磷酸丝氨酸酯键的形式得以保留，因此重新连接都不需要消耗 ATP。

酪氨酸重组酶家族的成员较多，包括 λ 噬菌体整合酶和大肠杆菌的 XerD 蛋白等。这一类重组酶含有两个保守的结构域，需要 4 个酶分子同时参与，具有共同的反应机制。

整个反应共有 4 步（图 15-12）：①有两个酶分子各自通过活性中心的 Tyr 残基上的羟基，亲核进攻识别序列上的 1 个磷酸二酯键，导致 2 个 DNA 分子各有 1 条链在识别序列处被切开，形成 5′- 磷酸和 3′- 羟基，其中 5′- 磷酸与 Tyr 残基上的羟基以磷酸酯键相连；②两个切点之间发生转酯反应，即一

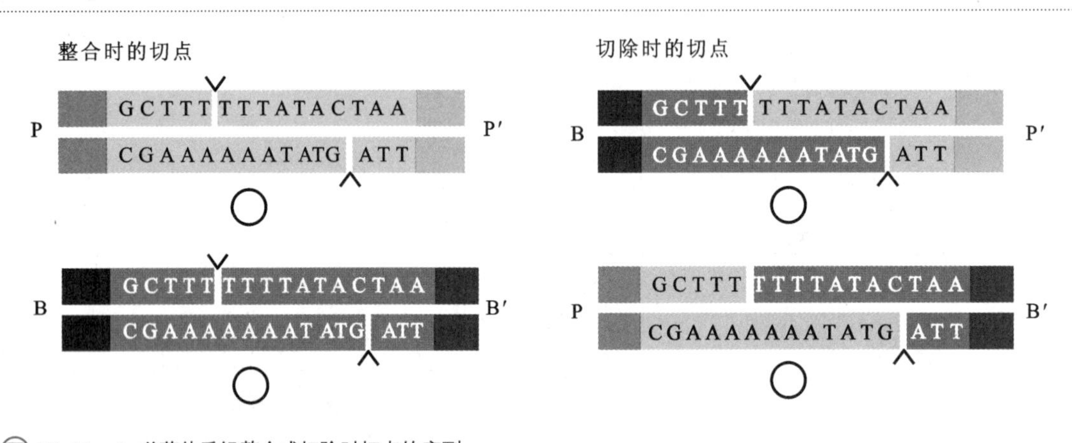

图 15-11　λ 噬菌体重组整合或切除时切点的序列

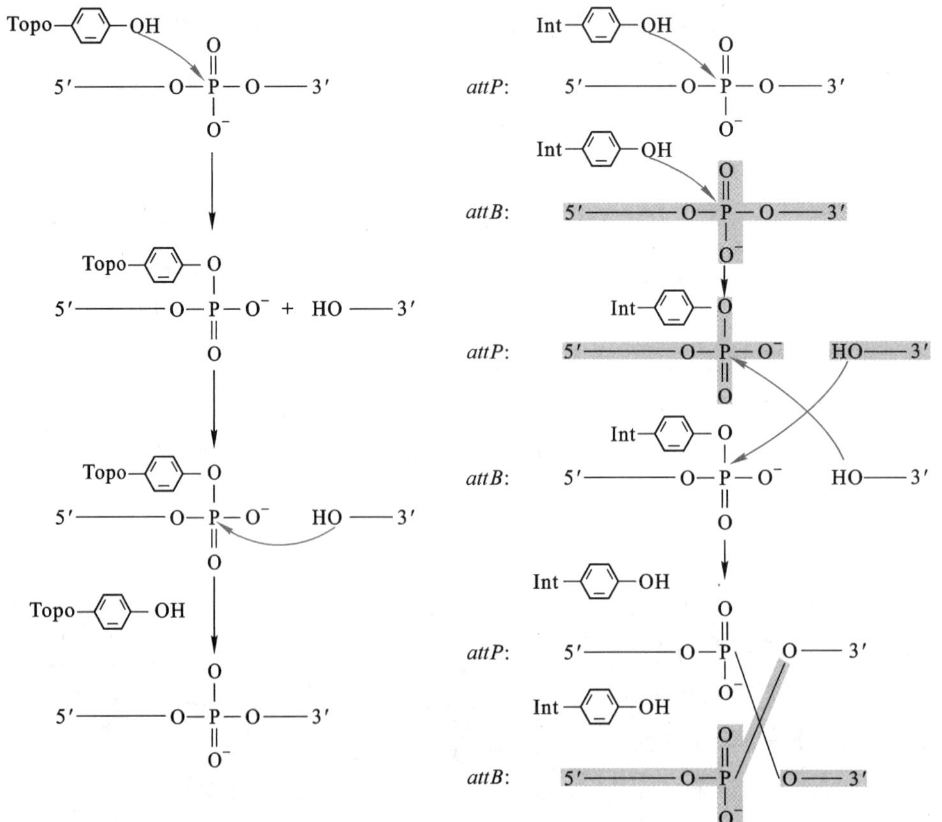

图 15-12　酪氨酸重组酶的作用机制（Topo 和 Int 分别表示 DNA 拓扑异构酶和整合酶）

个切点上的 3′- 羟基亲核进攻另一个切点上的磷酸酪氨酸酯键，重新形成 3′,5′- 磷酸二酯键，如此形成 HJ；③在短暂的分叉迁移后，另外两个酶分子在 2 个 DNA 分子上的另一条链上产生切口，反应同①；④反应同②。

λ 噬菌体 DNA 从宿主染色体中的切除，除了需要 2 种自身编码的蛋白质 Int 和 Xis 以外，还需要几种细菌蛋白，如 IHF 和 Fis 蛋白。Xis 是一种切除酶（excisionase）。所有这些蛋白质都与 *attL* 和 *attR* 上 P 臂和 P′ 臂结合，形成一种复合物，致使 *attL* 和 *attR* 上的 15 bp 保守序列正确地排列，从而有利于原噬菌体的释放。

Quiz3 λ 噬菌体 DNA 整合与切除都需要的蛋白质是哪些？

二、鼠伤寒沙门菌鞭毛抗原的转换

鼠伤寒沙门菌(*Salmonella typhimurium*)的鞭毛由 H1 或 H2 鞭毛蛋白组成，但在一个特定的细胞内，只有一种鞭毛蛋白表达。表达一种鞭毛蛋白的细胞偶然会自动切换为表达另外一种鞭毛蛋白的细胞（概率为 1/1 000），这种现象称为相变（phase variation）。

相变的发生由位点特异性倒位控制（图 15-13），并无遗传信息的丢弃，仅仅是通过倒位改变基因的方向，致使 H1 和 H2 只能表达一种。在一种方向，H2 操纵子能同时转录 *H2* 和 *rh1*，而 *rh1* 基因编码的是一种抑制 H1 转录的阻遏蛋白 Rh1，于是 H2 表达，H1 就不能表达。然而，*hin* 基因编码的是重组酶 Hin。这种重组酶每隔一段时间就催化位点特异性倒位，导致 H2 启动子离开 H2 操纵子。结果，H2 和 Rh1 均不能表达，H1 却能够表达。

Quiz4 若是 *rh1* 基因缺失，你认为鞭毛蛋白的表达会发生什么变化？

Hin 属于丝氨酸重组酶，它在催化链交换和重新连接之前，一次切开所有的 4 条链。具体反应包括（图 15-14）：① 4 个重组酶亚基识别并结合重组位点，形成联会复合物。②重组酶的活性被激活，进攻重组位点。在每个亚基的活性中心上，有 1 个丝氨酸残基的羟基对重组点的磷酸二酯键展开亲核进攻，导致 4 条链的同时断裂，形成 5′- 磷酸丝氨酸酯键和 3′-OH，切开的磷酸所占的空间使得裂口的 3′ 端有 2 个碱基以单链形式存在。③断裂的末端发生重排，需要交换的双方发生 180° 的旋转，从而进入重组的构象状态。④进行链交换。⑤链交换以后，游离的 3′-OH 进攻 5′- 磷酸丝氨酸酯键，完成重新连接，同时释放出重组酶。在重新连接的时候，以单链形式存在的 2 个突出碱基十分重要，因为可以和另一个 DNA 分子上的 2 个互补碱基配对，这有助于确定重组的方向。

这里的倒位除了 Hin，还需要倒位刺激因子 Fis，以及远处一段 60 bp 的碱基序列。这段序列的位置和方向不影响它的作用，这与真核生物的增强子相似，其存在可将重组机会提高约 1 000 倍。Fis 在结合上述特殊序列以后，直接作用 Hin，刺激它催化倒位区的链断裂反应。

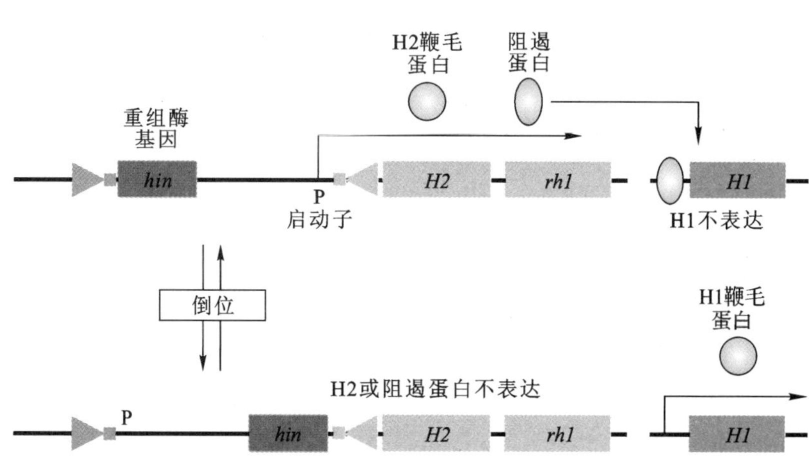

图 15-13 鼠伤寒沙门菌鞭毛抗原的转换

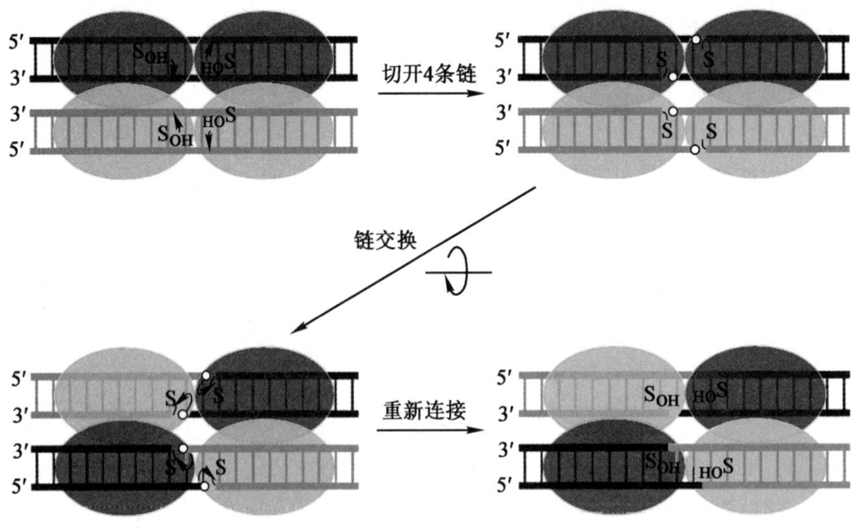

图 15-14 丝氨酸重组酶的催化机制

Box15.1 Cre-*LoxP* 重组系统及其改造和应用

在上个世纪 90 年代，一项定向切除特定 DNA 的技术开始流行起来，该技术是根据大肠杆菌 P1 噬菌体所使用的位点特异性重组系统发展起来的。P1 噬菌体所使用的重组系统仅有两个成分：一是由它编码的位点特异性重组酶 Cre，二是可以被 Cre 特异性识别、结合和切割的 *LoxP* 位点。Cre 是一种酪氨酸重组酶，1 个 *LoxP* 位点由一段 8 bp 的核心序列及其两侧的一对 13 bp 反向重复序列组成（ATAACTTCGTATA-NNNTANNN-TATACGAAGTTAT）。成对的反向重复序列是 Cre 识别并结合的地方，它的中央只要维持 8 bp 的序列一致就可以发生有效的重组。

Cre 重组酶和它识别的碱基序列位点 *LoxP* 已组成一对"黄金搭档"，被广泛用于多种转基因生物和基因修饰生物的基因定时、定点和定向敲除或激活。在进行这种基因操作时，先要将 *LoxP* 位点通过传统的合子注射或者同源重组的方法，引入到全能干细胞的基因组中需要将其切除的序列的两侧。这样得到的转基因生物将来一旦表达 Cre 蛋白，高度保守且高效的位点特异性重组立即发生，两个 *LoxP* 位点之间不需要的序列即被切除。由于重组只在能表达 Cre 的细胞中发生，因此通过控制 Cre 的表达可以实现对目标基因的定时、定点和定向敲除。控制 Cre 基因表达的方法可以用可诱导的启动子，如激素应答元件（HRE）和热激元件（HSE），或者使用组织性特异性启动子。

当一种基因组被引入 *LoxP* 位点的细胞表达 Cre 以后，在 2 个 *LoxP* 位点之间可以发生重组。2 个 Cre 结合在 1 个 *LoxP* 位点两端 13 bp 的重复序列上，形成二聚体。这个二聚体再与另 1 个 *LoxP* 位点上的二聚体形成四聚体。*LoxP* 位点是有方向的，被 Cre 四聚体连在一起的 2 个 *LoxP* 位点在方向上是平行的。Cre 切开双链 DNA 上的 2 个 *LoxP* 位点，重组的结果取决于 *LoxP* 位点之间的相对方向。对于在同一条染色体 DNA 分子上的 2 个 *LoxP* 位点来说，如果它们是反向重复，将导致内部的基因发生倒位，但若是直接重复，将导致内部的基因缺失；如果两个 *LoxP* 位点位于不同的染色体上，可导致移位（图 15-15）。

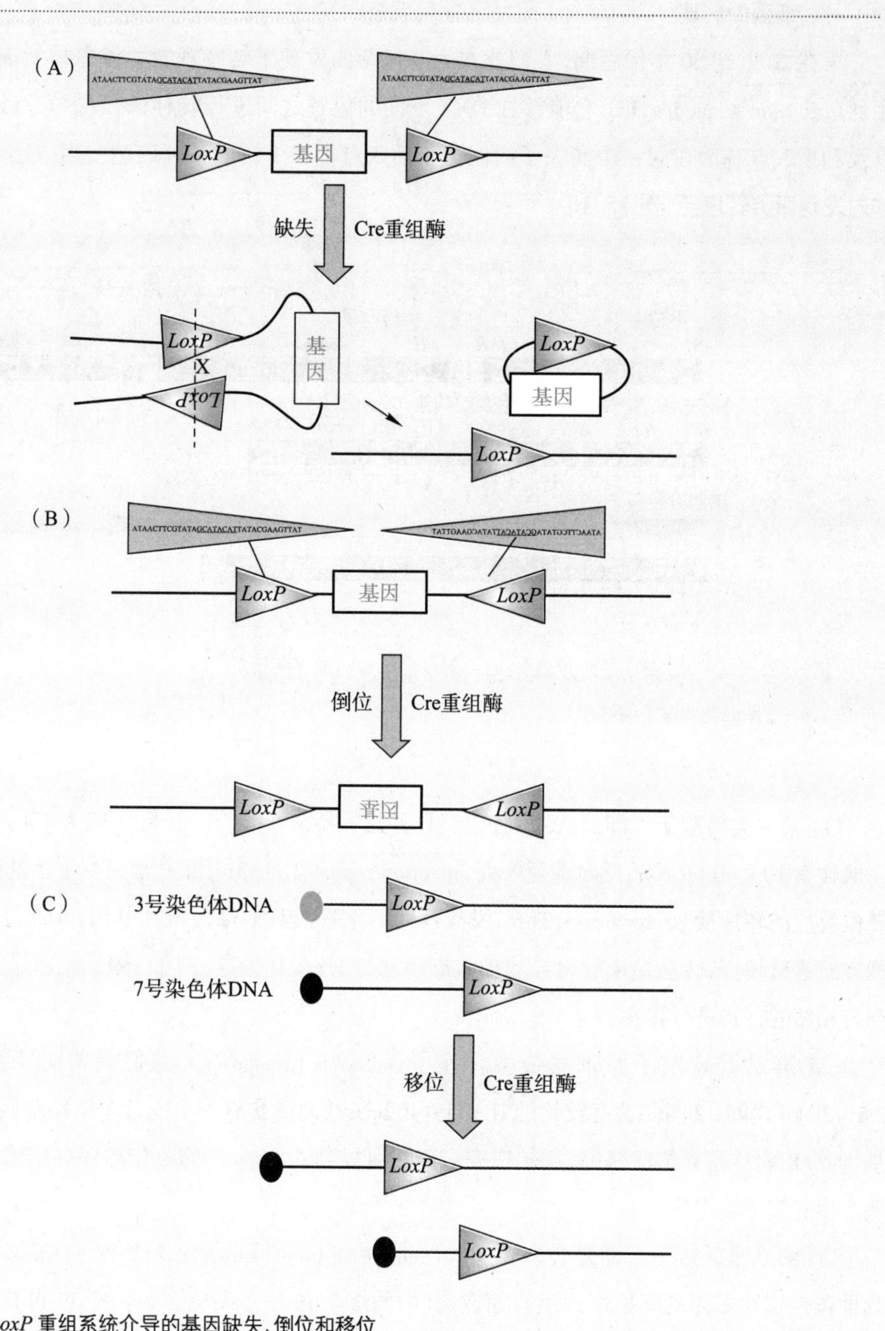

图 15-15　Cre-*LoxP* 重组系统介导的基因缺失、倒位和移位

第三节　转座重组

转座重组涉及 DNA 上的碱基序列从一个位置转位或跳跃到另外一个位置。发生转位或跳跃的序列被称为转座子(transposon)。与前两种重组不同的是,转座子的靶点与转座子并不存在序列的同源性。接受转座子的靶位点可能是随机的,也可能具有一定的倾向性。

DNA 序列分析表明,人类基因组约有 40% 序列是由转座子衍生而来,而低等的真核生物和细菌内的比例较小,约占 1%~5%。这说明转座子在从细菌到人类的基因和基因组进化过程中曾发挥过重要的作用。转座事件让基因组内的核苷酸序列发生转移、缺失、倒位或重复,进而导致基因的失活,也可能导致基因的激活,这与插入的位置有关。

此外,转座子本身还可作为细胞内同源重组系统的底物,原因是在一个基因组内 2 个拷贝的同一种转座子提供了同源重组所需要的同源序列。

一、细菌的转座

早在 20 世纪 30 年代后期，人们就在大肠杆菌内发现了转座现象。首先被发现的转座子是插入序列(insertion sequence，IS)，它能够在 DNA 不同的位置之间进行转移，导致插入点(靶位点)的基因，以及和插入点基因在同一个操纵子内但位于插入点基因下游的基因表达受阻。迄今为止，已在细菌体内发现四类转座子(图 15-16)。

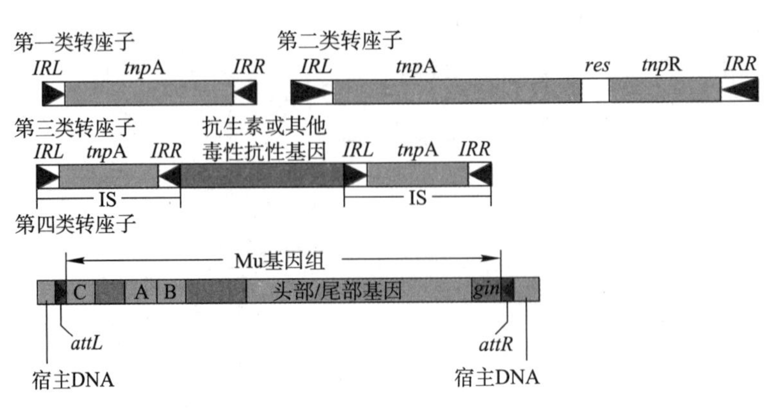

图 15-16　细菌四类转座子的结构

(1) 第一类转座子。即插入序列，它们具有如下特征：①较小，长度一般为 700 ~ 1 800 bp；②两端一般含有 10 ~ 40 bp 长的反向重复序列(inverted repeat，IR)；③内部通常只有 1 个基因 *tnp*A，编码催化转位反应的转座酶(transposase，Tnp)，没有任何抗生素或其他毒性抗性基因；④通过“剪切”和“粘贴”的方式进行转座，转座结束后可导致插入点序列倍增；⑤有少数 IS(如 IS91)无明显的 IR，通过滚环复制与粘贴的方式进行转座。

(2) 第二类转座子。即复杂型转座子(complex transposon)，它们具有如下特征：①较长，在 2.5 ~ 20 kb 之间；②两侧含有较长的 IR(35 ~ 40 bp)；③内部含有一个或几个结构基因——*tnp*A、解离酶基因 *tnp*R 和抗生素抗性基因；④转座完成以后可导致约 5 bp 长的靶位点序列倍增，从而在转座子两侧产生直接重复序列。

(3) 第三类转座子。即复合型转座子(composite transposon)，由 2 个 IS 和一段带有抗生素抗性或其他毒性抗性基因的间插序列组合而成，其中的 2 个 IS 位于两侧。每一个 IS 带有转座酶，可以独立地转位，也可以与间插序列一起，作为一个整体进行转位。

(4) 第四类转座子。以大肠杆菌的 Mu 噬菌体为例，它是一种温和性噬菌体，其 DNA 为长达 38 kb 的线性双链，两侧无 IR，共有 20 多个基因，但只有编码转座酶的 A 基因和 B 基因与转座有关。在转座的过程中，可引起靶位点序列倍增。在溶源状态下，它能在宿主 DNA 的不同位置间随机转移，这样很容易诱发宿主细胞发生各种突变。

二、真核生物的转座

真核转座子与细菌转座子存在一些显著的差别，这主要反映在转座的机制上，集中在两个方面：真核生物转座过程中的剪切和插入是分开进行的；转座子的复制很多通过 RNA 中间物来进行。

根据转座的机制，可将真核生物的转座子分为逆转座子(retrotransposon)和 DNA 转座子。其中，前者转座过程需要 RNA 中间体，后者转座过程是 DNA → DNA，无 RNA 中间体。

DNA 转座子又分为复制型 DNA 转座子(DNA transposons that transpose replicatively)和保留型 DNA 转座子(DNA transposons that transpose conservatively)。其中，复制型在转位前后，原位置上的拷贝仍然存在，只是通过“复制”和“粘贴”的方式，先复制一份，再粘贴到新的位点；而保留型在转座中，原来的拷贝被“剪切”后“粘贴”到新的位点，即原来的拷贝被原封不动地转移并保留到新的位点。

每一类转座子都有自主型(autonomous)和非自主型(non-autonomous)。自主型含有可读框，自己编码转座所必需的酶或蛋白质；非自主型缺乏足够的编码能力，但保留了转座所必需的顺式元件，在合适的自主型转座子编码的转座酶的作用下，也可以进行转座。

(一) 复制型DNA转座子

这一类转座子通称为Helitron，通过滚环复制的方式进行复制，然后再粘贴到新的位点。Helitron的两端并没有IR，在转座以后，也不会导致靶位点序列倍增，但是，Helitron的序列从5′到3′方向，总是以TC开始，以CTRR(R表示嘌呤碱基)结束(图15-17)。此外在CTRR序列的上游，有一段16～20 nt的回文序列可形成发夹结构。Helitron编码的蛋白质含有解链酶、核酸酶和连接酶的结构域，其英文名称部分来自于解链酶的前几个字母。

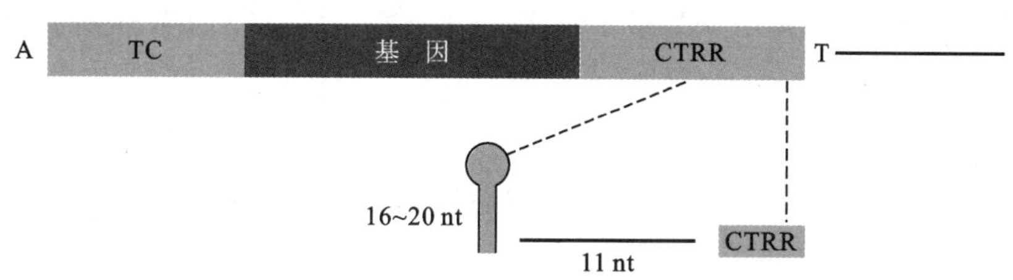

图15-17 Helitron转座子的结构

(二) 保留型DNA转座子

真核生物绝大多数DNA转座子属于这一类，例如玉米的Ac-Ds系统和果蝇的P元件。

1. 玉米的Ac-Ds系统

由美国遗传学家McClintock发现(图15-18)。Ac代表激活元件(activator element)，属于自主型，带有全功能的转座酶基因；Ds代表解离元件(dissociation element)，属于非自主型，带有有缺陷的转座酶基因，由Ac突变而来。Ac和Ds之间为“主仆”关系，Ds单独不能转位，因为它不能表达有活性的转座酶。同一个细胞内，必须有Ac，Ds才会转位。

如果Ac或Ds插入到玉米种子的紫色色素基因*C*的内部，紫色色素基因就会被关闭，使玉米籽粒不能产生紫色色素，而成为白色；如果Ds从基因*C*内部跳开，基因*C*所受的抑制作用就会被解除，玉米籽粒又变成紫色。Ac和Ds跳动得如此之快，使得受它们控制的颜色基因时关时开，于是一些玉米籽粒便出现了斑斑点点。

2. 果蝇的P元件

完整的P元件(P element)长2.9 kb，两端含有31 bp的IR，内部有4个可读框。由于它的转座酶基因的表达通常被抑制，因此，对果蝇造成的危害甚小。然而，当含有P元件的雄果蝇与缺乏P元件的雌果蝇交配的时候，生殖细胞内转座酶基因的表达就会被激活，从而产生许多不能生育的突变体后代。

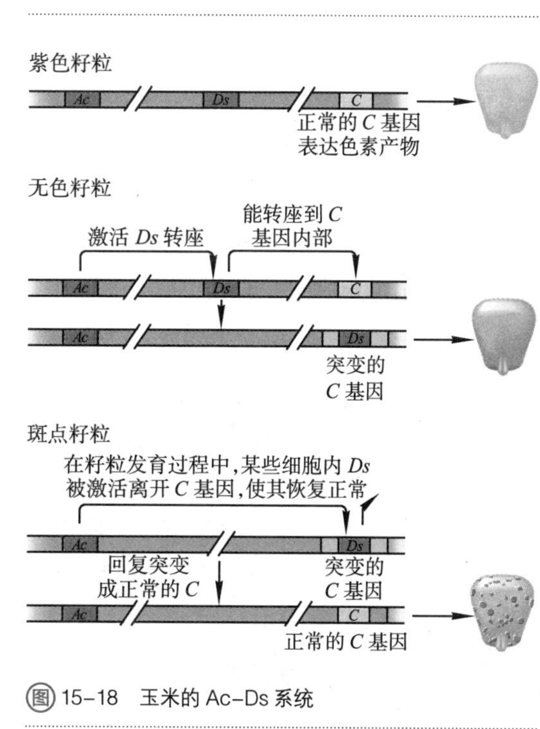

图15-18 玉米的Ac-Ds系统

（三）逆转座子

逆转座子在真核生物的基因组中占很高的比例，它在结构、性质和转位的方式上与逆转录病毒的复制很相似(图 15-19)：首先是DNA转录为RNA中间物，然后RNA中间物被逆转录成双链DNA，最后，双链 DNA 在新的位点整合到基因组 DNA 上。因此，在某种意义上，逆转座子可视为有缺陷的逆转录病毒。

Quiz5 如何设计一个实验，确定一个转座子是不是逆转座子？

根据两端的结构，逆转座子可进一步分为 LTR 型和非 LTR 型(图 15-20)：前者两端是直接的长末端重复序列(long terminal repeat，LTR)；后者无 LTR 序列，但有一端终止于一小段重复序列(通常是 poly A)。无论是哪一种，仍然有自主型和非自主型之分。自主型含有 *gag* 基因和 *pol* 基因，但缺乏编码外壳蛋白的 *env* 基因，*pol* 基因能够编码蛋白酶、逆转录酶、核糖核酸酶 H 和整合酶；非自主型缺乏大多数或者全部编码功能。

Quiz6 逆转座子在进行逆转录反应时需要引物吗？如何需要，什么被用作引物呢？

果蝇基因组上的 *copia* 元件和酵母基因组上的 *Ty* 元件属于 LTR 型，长散布核元件(long interspersed nuclear element，LINE)和短散布核元件(short interspersed nuclear element，SINE)属于非 LTR 型。这里只以 LINE 和 SINE 为例作简单介绍。

1. LINE

人类基因组有大量缺乏 LTR 的 LINE。LINE 散布在人类基因组 DNA 上，约占全部基因组 DNA 总量的 21%。LINE 也广泛存在于其他哺乳动物的基因组之中。

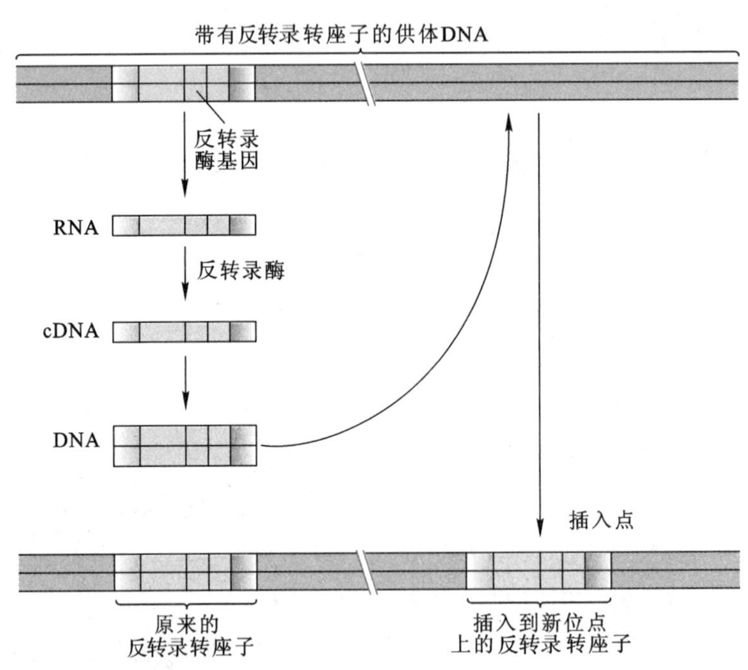

图 15-19 逆转座子的转座机制

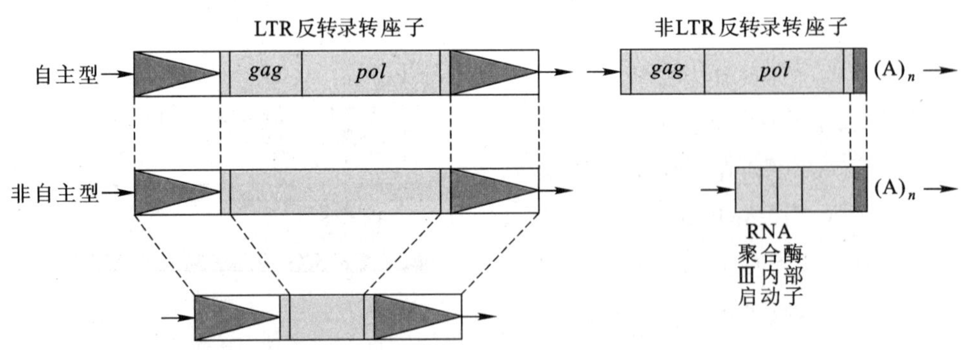

图 15-20 LTR 逆转座子和非 LTR 逆转座子的结构

人 LINE 的主要形式是 LINE-1(L1),其长度在 1 ~ 6 kb,次要的形式为 LINE-2(L2)。完整的 L1 全长为 6.5 kb,含有 2 个可读框:一个是 *gag* 基因,编码一种 DNA 结合蛋白;另一个编码逆转录酶。但人类基因组上完整的 L1 并不多,大概有 50 多个,绝大多数都是长度不等的缺失性变体,已丧失了有功能的基因。

L1 的转录终止不是很准确,偶尔会多转录一些下游的碱基序列,有时又会提前终止而少转录一段序列。这两种转录产物经逆转录以后,产生的将是加长或截短的 L1 序列,这就是 L1 序列长度不均一的原因,其中被截短的 L1 很可能是没有功能的。有时,L1-RNA 翻译出来的逆转录酶误将胞内某种 mRNA 逆转录成 cDNA,并将它们整合到基因组 DNA 上,从而产生无功能的假基因。

Quiz7 如何鉴定一种假基因是通过逆转录产生的?

2. SINE

人类基因组约散布着一百多万个 SINE,约占基因组总量的 10%。在靠近 5′ 端,含有 RNA 聚合酶Ⅲ所识别的内部启动子序列,因此 SINE 可以在 RNA 聚合酶Ⅲ催化下进行转录,但并不编码逆转录酶和整合酶,故只能依赖于自主型的 L1 进行逆转录和整合。

绝大多数 SINE 属于 Alu 家族或 Alu 序列。Alu 家族具有以下特征:①通常含有限制性内切酶 *Alu* Ⅰ(识别序列为 AGCT)的切点,这是 Alu 序列名称的由来;②长度为 150 ~ 300 bp,属于高度重复序列;③人类的基因组中约有 70 万 ~ 100 万的 Alu 序列,约占人类基因组全序列的 5%;④两端是 7 ~ 21 bp 的直接重复序列,长度随种类而异;⑤不同的 Alu 序列约有 80% 的序列一致性;⑥一般存在于基因之间和基因的内含子之中。

三、古菌的转座

古菌的转座子主要是 IS,仅有少量复合型转座子,其 IS 在结构上类似于细菌。迄今为止还没有发现任何逆转座子的存在。

四、转座的分子机制

转座酶是参与转座子转位的主要酶,已发现五类转座酶:① DDE- 转座酶。含有高度保守的三联体氨基酸残基——D、D 和 E,它们是参与催化的 Mg^{2+} 与酶分子的结合所必需的;② Y2- 转座酶。活性中心有 2 个 Y 残基参与催化;③ Y- 转座酶。活性中心只有 1 个 Y 残基参与催化;④ S- 转座酶。活性中心的 S 残基参与催化;⑤ RT/En- 转座酶,由逆转录酶和内切酶组合而成。这五类酶具有不同的催化机制来调节 DNA 链的断裂和重新连接,所催化转座机制分为两种类型。

1. “剪切”和“粘贴”机制(cut-and-paste mechanism)

这种机制只是将起始位点上的转座子“剪切”下来,然后再“粘贴”到新的靶位点上去。显然,在转座完成以后,起始位点上的转座子序列已不复存在。参与此种转座机制的转座酶主要是 DDE- 转座酶。使用此种机制进行转位的转座子有:IS10、P 元件和 Ac-Ds 元件等。

2. “复制”和“粘贴”机制(copy-and-paste mechanism)

这种机制需要将起始位点上的转座子“复制”一份,然后再“粘贴”到靶位点上。显然,在转座完成以后,起始位点上的转座子序列依然存在。转座子的复制有两种方式,一种不需要 RNA 中间物,另一种则需要 RNA 中间物。

五、转座作用的调节

转座子这类自私的 DNA 序列,像计算机病毒一样,可以自我复制、粘贴。转座子的插入可导致有害的突变,或者影响整个基因组的稳定,还可能带有增强子或绝缘子序列,从而改变临近基因的表达。已发现人类的一些疾病与转座子有关,如 L1 插入到凝血因子Ⅷ基因或结肠腺瘤性息肉(adenomatous polyposis coli,APC)基因的内部,可分别导致血友病和结肠癌。当然,转座子也有好的一面。例如,它们可以增加一种生物的 DNA 总量,也可能对基因的调节和适应有好处。转座子对它们的宿主不管是好是坏,都是相互依赖的。在长期的进化过程中,宿主已在多个水平发展了多种抑制转座子活性的机制,特别是在生殖细胞内,以实现由转座事件产生的利弊的平衡,防止有害的突变传给后代。

(1) 染色质和 DNA 水平。许多真核转座子位于转录活性差的异染色质内,或者内部含有抑制转录活性的 5- 甲基胞嘧啶,这实际上是利用表观遗传沉默机制来抑制转座子活性。

(2) 转录水平。一般驱动转座酶基因转录的启动子天生是弱启动子,因此转录效率本来就低;其次,转座酶启动子通常有部分序列位于末端重复序列之中,这使得转座酶能够与自身的启动子序列结合而抑制自身的转录。此外,某些转座酶基因的转录还受到阻遏蛋白的负调控。

Quiz8 为什么动物的生殖细胞一般有丰富的 piRNA?

(3) 转录后水平。在大多数动物体内,特别是在生殖细胞,存在着一类叫 PIWI 作用的 RNA(PIWI-interacting RNA,piRNA),它们时候监视着基因组,防止有害转座事件的发生。piRNA 在与 PIWI 蛋白结合以后,通过碱基互补配对锁定目标 RNA。PIWI 也具有内切核酸酶活性,它通过切割与 piRNA 互补的 RNA,诱导转录后的转座子的沉默。此外,还有一些 PIWI 蛋白可进入细胞核,通过异染色质组蛋白标记 H3K9 me3 或 DNA 甲基化在转录水平上诱导转座子沉默。

(4) 翻译水平。某些转座子 mRNA 翻译的起始信号隐蔽在特殊的二级结构之中,这使得起始密码子难以被核糖体识别,从而降低了它的翻译效率。此外,还可以通过翻译水平上的移框或反义 RNA 来减弱或抑制转座酶的翻译。

(5) 转座酶本身的稳定性。许多转座酶的稳定性很差,很容易被宿主细胞内的蛋白酶降解,这在一定程度上降低了转座酶的活性。

(6) 转座酶活性的顺式调节。某些转座酶对表达它的转座子或邻近的转座子的活性高,而对其他位点上的同一种转座子的活性很低,这就限制了它对其他位点转座事件的影响。

(7) 宿主因素的影响。转座酶的活性经常受到宿主细胞内多种因子的调节,如 DNA 伴侣蛋白(DNA chaperone)、IHF、HU 和 DnaA 蛋白等。

Box15.2 **又有新的天然核酶被发现啦!**

到目前为止,科学家已发现了 10 多种天然的核酶,而新的核酶仍然不时被发现。例如,2020 年 1 月 7 日,*P.N.A.S.* 上报道了来自美国麻省总医院(MGH)的研究人员 Jeannie Lee 博士等人在小鼠体内又发现了一种新的天然核酶,它由基因组上一类属于反转座子的短散布核元件(SINE)转录而成。这种由 SINE 转录产生的非编码 RNA 叫 B2 RNA,它相当于人体内由 SINE 转录产生的 Alu RNA。

B2 RNA 已被发现可与应激基因结合抑制其转录延伸。但在细胞受热或其他胁迫条件下,B2 RNA 在与多梳蛋白(polycomb protein)——EZH2 相互作用后发生裂解。于是,B2 RNA 从结合的染色质上释放出来,好让热激基因得以表达。EZH2 早已经发现是一种 RNA 结合蛋白,并具有组蛋白甲基转移酶的活性,但一直认为它并没有核酸酶的活性。那么是谁催化了 B2 RNA 裂解的呢?

Jeannie Lee 博士他们的研究发现,原来是 B2 RNA 自己! 这就意味着 B2 是一种自我裂解的核酶。其酶活性取决于二价的镁离子和一价阳离子,但对蛋白酶处理具有抗性。但是,B2 RNA 若与 EZH2 结合,其裂解速率可提高 100 倍以上,这表明 EZH2 促进了具有裂解活性的 B2 RNA 构象的形成。进一步研究还发现,人类细胞中相当于 B2 RNA 的 Alu RNA(图 15-21)也可以自切割,并在 T 细胞活化以及热胁迫等条件下被激活。因此,B2/Alu RNA 可以归类为一种"表观遗传核酶"(epigenetic ribozyme)。鉴于它们的高拷贝数,B2 和 Alu RNA 可能代表着哺乳动物细胞内主要的核酶。

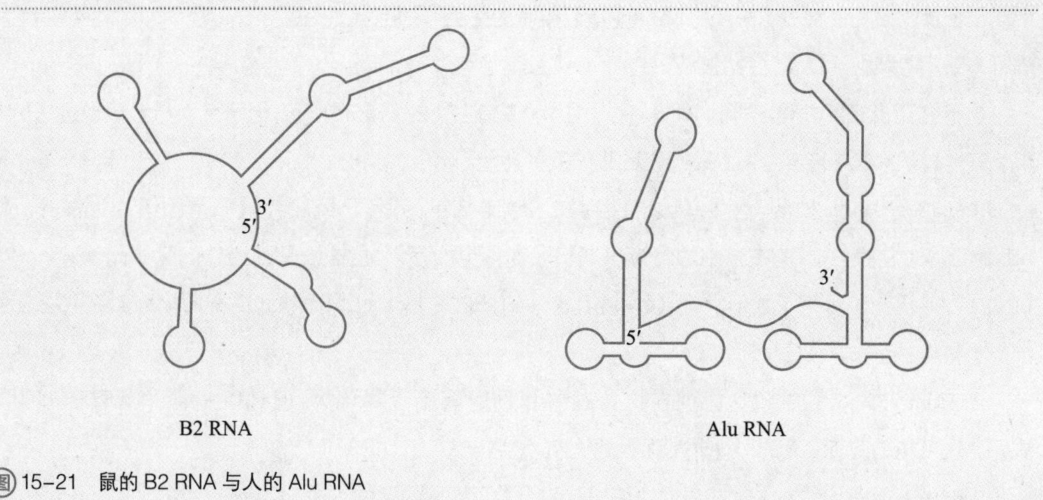

图 15-21 鼠的 B2 RNA 与人的 Alu RNA

科学故事 **"跳跃基因"功能的新发现**

人类基因组中只有大约 1 % ~ 2 % 的碱基序列编码蛋白质，研究人员长期以来一直在争论其他 98% ~ 99 % 的非编码序列有什么功能。已知这些非编码区中含有许多重要的调控元件，可以调节基因的活性，但其他的则被很多人认为是进化上的"垃圾"。在人类基因组"进化垃圾"中，有一半是由"跳跃基因"或"转座子"序列构成的，它们类似于病毒的遗传物质，具有在基因组的不同位置复制和粘贴自身序列的特殊能力，这导致研究人员将它们视为遗传寄生虫。在进化过程中，一些转座子已将数百或数千个自身拷贝散布在基因组中，例如 LINE1。尽管大多数"行窃者"被认为是惰性的和不活跃的，但有些"行窃者"却通过改变或破坏细胞的正常遗传序列而导致诸如某些形式的癌症等疾病的发生。

现在，加州大学旧金山分校(UCSF)的科学家们已经发现，最常见的转座子 LINE1(约占人类基因组的 24%)远不是基因组的"寄生虫"，实际上是胚胎发育跨过两细胞阶段所必需的重要调节剂。他们的研究论文题为"A LINE1-Nucleolin Partnership Regulates Early Development and ESC Identity"，发表在 2018 年 6 月 21 日的 *Cell* 上。参与研究的 Miguel Ramalho-Santos 博士(图 15-22)是 UCSF 的 Eli & Edythe Broad 再生医学和干细胞研究中心的成员，他一直对转座子感兴趣，于 2003 年以独立的 UCSF 研究员的身份成立了他的实验室，不过已在 2018 年夏天去了加拿大多伦多大学另建了一家实验室。

图 15-22 Miguel Ramalho-Santos

在研究中，他和他的团队观察到，胚胎干细胞和早期胚胎表达高水平的 LINE1 RNA，这对于一个被认为是危险的致病性的寄生基因似乎是自相矛盾的。他回忆道："考虑到转座子的标准观点，大量表达 LINE1 的这些早期胚胎确实在玩火。""这只是没有意义，我想知道是否还有其他事情发生。"

参与该项目的 Michelle Percharde 博士后研究员对 Ramalho-Santos 提出的"LINE1 悖论"表示支持，她说道："当我看到发育细胞核中存在大量 LINE1 RNA 时，我同意它必须发挥一定的作用。""如果危险或无所作为，为什么要让您的细胞大量表达这种 RNA ？"

为了确定小鼠胚胎中 LINE1 RNA 的高表达是否确实对动物的发育很重要，Percharde 进行了实验，从小鼠胚胎干细胞中消除了 LINE1 RNA。令她惊讶的是，这时细胞中基因表达的模式发生了变化，恢复为受精卵第一次分裂后在两细胞胚胎中观察到的模式。该研究小组试图从受精卵中清除 LINE1，发现胚胎完全丧失了跨过两细胞期的能力。

"当我们去除 LINE1 RNA 看到细胞正在改变身份时，那才是我们真正感觉到原来如此的那一刻。" Percharde 说道。

进一步的实验表明，尽管 LINE1 基因在早期的胚胎和干细胞中表达，但它的作用不是将自身插入基因组的其他位置。相反，它的 RNA 被困在细胞核内，在那里它与基因调节蛋白核仁素(nucleolin)和 Kap1

形成复合物。该复合物对于关闭协调 Dux 基因控制的胚胎双细胞状态的主导遗传程序，然后让胚胎继续进行下一步的细胞分裂和发育是必需的。

该研究花了五年时间，期间 Percharde 发明了一些新技术来研究转座子，但研究人员希望通过这一发现使其他科学家最终能够意识到跳跃基因也能发挥功能。

Ramalho-Santos 推测，这些基因已经存在了数十亿年，并且已经成为我们基因组的大部分。像 LINE1 这样的转座子可能使微妙的发育早期阶段变得更加强大，这恰恰是因为它们是如此普遍。因为 LINE1 在基因组中重复了数千次，所以突变几乎不可能破坏其功能。因为如果一个拷贝不好，那么还有数千个替代品。

Ramalho-Santos 说道："我们现在认为这些早期的胚胎正在玩火，但是以一种非常有计划的方式。""这可能是调节发育的一种非常强大的机制。"

Percharde 补充说："科学家在蛋白质编码基因上做了大量的工作，它们不到基因组的 2%，而转座子则占近 50%。""我个人很高兴继续探索这些元素在发育和疾病中的新功能。"

思考题：

1. 大肠杆菌的同源重组产生含有错配碱基的异源双链。为什么这些错配的碱基不会被细胞内的错配修复系统"纠正"？

2. 抗体多样性的产生与基因重组有关系吗？为什么？

3. HO 内切酶启动酵母交配型的转换。此酶识别一段 12 bp 的序列，该序列仅在酵母基因组中出现 3 次：一个在 *Mat* 座次，另外两个在 *HM* 座次。

(1) HO 表达以后只切 *Mat* 座次，为什么不切 *HM* 座次？

(2) 一旦 HO 在 *Mat* 座次产生一个双链裂口，位于 *Mat* 的信息如何被 *HM* 座次上的信息取代？

(3) 假定设计一个带有 HO 识别序列、在酵母中有活性的转座子。如果 HO 在带有许多这种拷贝的转座子的二倍体细胞中人工表达，你认为将会发生什么？如果是在单倍体细胞中，结果会有什么不同？

4. 大肠杆菌的某些转座子(例如 Tn10)在一个复制叉通过以后发生高频的转座，而通过复制诱导这种转座可使得大多数转座事件仅在复制以后较短的时间内发生。试问 Tn10 使用何种机制将转座和复制叉的通过偶联在一起？设计一个简单可行的实验证明之。

5. 如果大肠杆菌的 DNA 聚合酶Ⅰ的 5′- 外切酶活性发生了改变，其切割产生的产物是 5′-OH 和 3′- 磷酸，那么会有什么后果？为什么？这种变化能增加同源重组的机会。这又为什么？

网上更多资源……

本章小结　授课视频　授课音频　生化歌曲

教学课件　推荐网址　参考文献

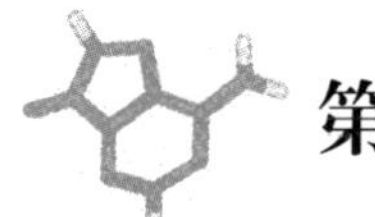

第十六章　DNA 转录与转录后加工

DNA 是生物最重要的遗传物质，其贮存的遗传信息既决定了各种非编码 RNA 的序列，还决定了体内各种蛋白质的氨基酸序列。然而，在 DNA 分子中的遗传信息并不能直接作为合成蛋白质的模板。按照 Francis Crick 于 1958 年提出的“中心法则”(the central dogma)(图 16–1)，DNA 首先作为模板指导 RNA 的生物合成，然后再由 RNA 直接指导蛋白质的生物合成。这种以 DNA 作为模板合成 RNA 的过程称为转录(transcription)，而以 RNA 作为模板合成蛋白质的过程称为翻译(translation)。转录和翻译统称为基因表达(gene expression)。

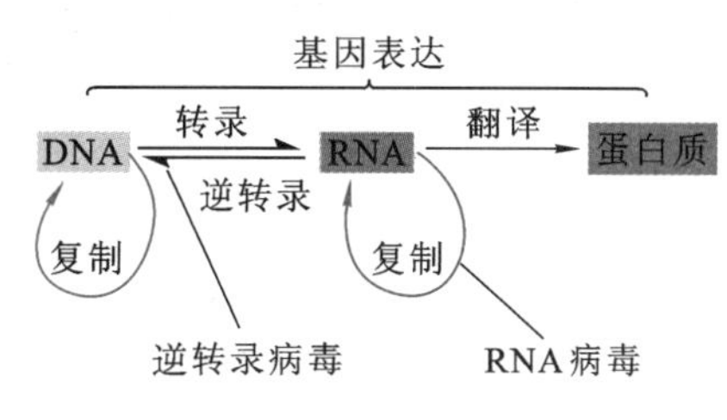

图 16–1　分子生物学的“中心法则”

基因转录的直接产物为初级转录物(primary transcript)。而初级转录物一般是无功能的，在细胞内必须经历一些结构和化学的变化，即转录后加工(posttranscriptional processing)。转录后加工可能是一种 RNA 的功能所必需的，也可能是基因表达调控的一种手段。

本章将首先重点介绍 DNA 转录的一般特征、催化转录的 RNA 聚合酶的结构与功能以及转录的详细机制，然后再简单介绍三种常见的 RNA 在细菌、真核生物和古菌中所经历的转录后加工反应。

第一节　DNA 转录的一般特征

DNA 转录既可以在体内进行，还可以在体外进行。所有体内转录系统所具有共同的特征如下所述。

(1) 具有选择性和不对称性，只发生在 DNA 分子上某些特定的区域。

与 DNA 复制不同，DNA 转录只发生在 DNA 分子上特定的区域。对于一个 DNA 分子而言，并不是所有的序列都会转录，有的序列从来不会转录，而能转录的序列也不是始终都在转录。此外，一个转录的基因只会以 DNA 的一条链为模板。至于以另一条链为模板，不同的基因不尽相同。对某一个特定的基因来说，双螺旋 DNA 分子上作为模板的那一条链称为模板链(template strand)，与模板链互补的那一条链称为编码链(coding strand)。模板链又名无意义链(nonsense strand)或 Watson 链，编码链又名有意义链(sense strand)或 Crick 链(图 16–2)。

(2) 以四种 NTP——ATP、GTP、CTP 和 UTP 为前体，还需要 Mg^{2+}。

(3) 转录需要模板、解链，但不需要引物。

(4) 最先转录出的核苷酸通常是嘌呤核苷酸，其比例约占 90%。

(5) 转录的方向总是从 5′ → 3′。

(6) 转录也具有高度的忠实性，但比 DNA 复制低。

(7) 受到严格调控。调控的位点主要是在转录的起始阶段，也可在转录的终止阶段。

Quiz1 DNA 复制的时候，能够直接插入少量 U。你认为，DNA 转录的时候，能否直接插入少量的 T？为什么？

Quiz2 如何设计一个实验证明 DNA 转录的方向性？

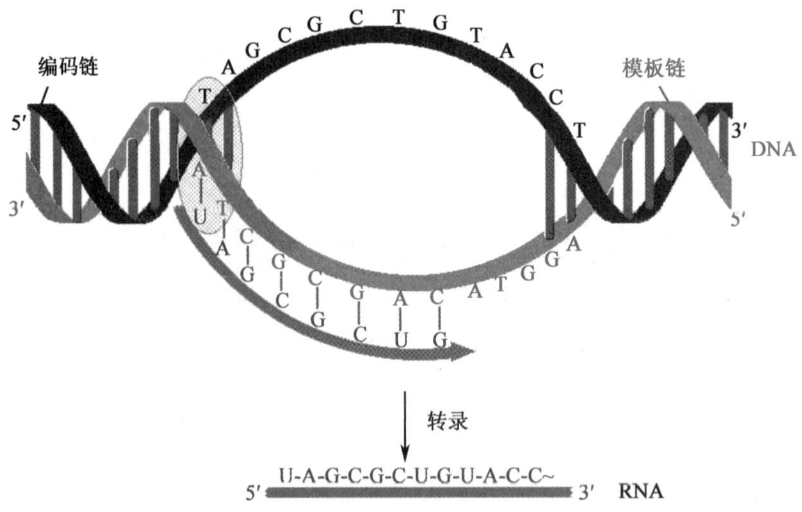

图 16-2 DNA 转录

第二节 依赖 DNA 的 RNA 聚合酶

RNA 聚合酶是参与 DNA 转录过程最重要的酶，其全称为依赖于 DNA 的 RNA 聚合酶（DNA-dependent RNA polymerase）或 DNA 指导的 RNA 聚合酶（DNA-directed RNA polymerase）。然而，生化学家最先得到的催化 RNA 合成的酶是多聚核苷酸磷酸化酶（polynucleotide phosphorylase，PNP）。但 PNP 的一些性质使其不适合催化基因的转录，例如它不需要模板，使用 NDP，合成的 RNA 序列取决于 NDP 的种类和相对浓度，这些性质无法保证基因转录的忠实性。后来才知道，PNP 在细胞内的功能是降解而不是合成 RNA。真正催化 DNA 转录的酶直到 1960 年才从大肠杆菌中得到。

RNA 聚合酶所催化的反应通式为：$n\text{NTP} \xrightarrow{\text{DNA 模板}, Mg^{2+}} (\text{NMP})_n + n\text{PP}_i$

Quiz3 DNA 聚合酶在催化 DNA 复制的时候，有时会错误催化 NMP 的参入，那你认为 RNA 聚合酶在催化转录的时候有没有可能错误催化 dNMP 的参入？为什么？

催化机制与 DNA 聚合酶极为相似，都以 DNA 为模板，并从 5′→3′ 方向催化多聚核苷酸的合成，并涉及 2 个 Mg^{2+} 的双金属催化。主要产物是与 DNA 模板链序列互补的 RNA，而同时产生的 PP_i 可被胞内的焦磷酸酶催化迅速水解，从而使得反应平衡向右倾斜 。

RNA 聚合酶的主要特征如下所述。

(1) 无 3′- 外切核酸酶的活性，因此缺乏实时校对的活性，这也是转录忠实性不如复制的主要原因。然而，RNA 聚合酶却有潜在的内切核酸酶活性。对于某些 RNA 聚合酶来说，其活性中心本来就兼有内切酶活性，如真核细胞的 RNA 聚合酶 Ⅰ；而对于某些 RNA 聚合酶来说，需要与特定的转录因子共同组装成完整的内切酶活性中心，如细菌的 RNA 聚合酶和真核细胞的 RNA 聚合酶 Ⅱ。RNA 聚合酶的内切酶活性也可以对转录进行校对（参看后面转录的详细机制）。

(2) RNA 聚合酶通常本身就能够促进 DNA 双链解链。

(3) 直接催化转录的从头合成，不需要引物。

(4) 在转录的起始阶段，会在原地多次催化无效转录（abortive transcription）（图 16-3）。无效转录是指 RNA 聚合酶在离开启动子进入转录延伸阶段之前，会多次重复启动转录并释放出短的无用转录物的现象。

(5) 在转录的起始阶段，DNA 分子会在 RNA 聚合酶的活性中心形成皱褶（DNA scrunching），以保证在发生无效转录时，仍然能与启动子结合。

(6) 在转录过程中，转录物与模板不断解离，而在复制中，DNA 聚合酶上开放的裂缝允许 DNA 双

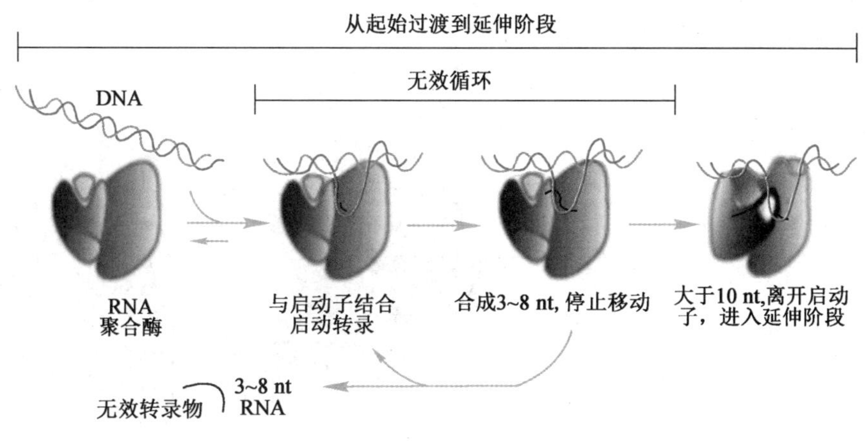

图 16-3　DNA 转录起始阶段发生的无效转录

链从酶分子上伸展出来。

(7) 在转录的起始阶段受到多种调节蛋白的调控。

(8) 底物是 NTP,而不是 dNTP,由 UTP 代替 dTTP。

(9) 启动转录需要识别启动子。

(10) 反应速率低,平均值只有 50 nt/ 秒。

一、细菌的 RNA 聚合酶

细菌除了较短的 RNA 引物是由引发酶催化合成以外,细胞内其他所有的 RNA 都是由同一种 RNA 聚合酶负责转录的。

(一) 大肠杆菌 RNA 聚合酶的组成

以大肠杆菌为例,细菌的 RNA 聚合酶有核心酶(core enzyme)和全酶(holoenzyme)两种形式。核心酶的亚基组成为 $\alpha_2\beta\beta'\omega$ (表 16-1)。全酶则由核心酶和 σ 因子组装而成。σ 因子是可变的,如大肠杆菌一共有 7 种——σ^{70}、σ^{54}、σ^{32}、σ^{38}、σ^{24}、σ^{28} 和 σ^{19}。其中,σ^{70} 最常见,参与大肠杆菌在正常的条件下维持细胞生存所必需的管家基因的转录,而其他 σ 因子在大肠杆菌处于特殊条件(如热激和氮饥饿)下起作用。

表 16-1　大肠杆菌 RNA 聚合酶全酶的组成及其功能分工

亚基	基因	大小 /kDa	每个酶中数目 / 个	功能
α	*RopA*	36	2	核心酶的组装,转录起始,与调节蛋白的作用
β	*RopB*	151	1	转录的起始和延伸
β′	*RopC*	155	1	与 DNA 非特异性结合
ω	*RopZ*	11	1	促进核心酶的组装,为 β′ 亚基的分子伴侣,在体外为变性的 RNA 聚合酶成功复性所必需
σ^{70}	*RopD*	70	1	启动子的识别

(二) 细菌 RNA 聚合酶的三维结构

细菌的 RNA 聚合酶的各亚基组装成类似于 DNA 聚合酶的"右手"状结构。以水生嗜热菌的 *Taq* RNA 聚合酶为例(图 16-4),其 2 个 α 亚基分别与 β 和 β′ 亚基的一端结合,ω 亚基环绕在 β′ 亚基的 C 端,而 β 和 β′ 亚基仿佛是构成螃蟹钳子的一对螯,酶的活性中心正好位于两只螯之间长约 5.5 nm、直径约 2.7 nm 的通道内。通道壁上带有正电荷适于结合 DNA 和 RNA,在底部始终结合 1 个起催化作用的 Mg^{2+}。如果有 σ 因子结合,则它跨越核心酶的顶部,导致两螯收拢,通道因此变窄了近 1 nm。

Quiz4　许多与核酸结合的蛋白质通过特殊的通道与目标核酸结合,而通道壁一般都富含碱性氨基酸。为什么?

所有生物的RNA聚合酶除了含有结合DNA模板的通道以外，还含有结合单链DNA的通道、NTP/Mg^{2+}进入活性中心的通道以及RNA离开通道。

（三）细菌RNA聚合酶的特异性抑制剂

包括利福霉素（rifamycin）和利链霉素（streptolydigin）这两种抗生素，它们都能与细菌的RNA聚合酶形成紧密的复合物，作用对象都是β亚基，结合部位都不在活性中心。前者能阻断长度仅为2～3 nt的新生转录物从RNA离开通道离开，从而抑制转录的起始，后者则阻止RNA酶在催化过程中必须经历的构象变化，从而抑制转录的延伸。它们并不抑制古菌和真核生物的核RNA聚合酶。

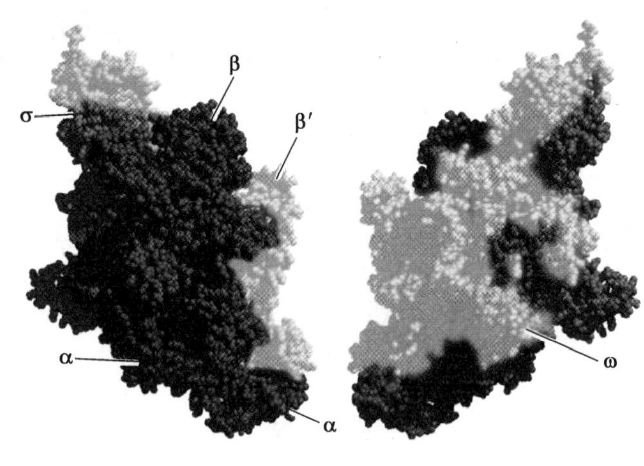

图 16-4　*Taq* RNA聚合酶核心酶的三维结构

二、真核生物的RNA聚合酶

（一）真核生物RNA聚合酶的分类与组成

真核生物在细胞核中至少有三种RNA聚合酶（表16-2），即RNA聚合酶Ⅰ、Ⅱ和Ⅲ，三者也分别被称为RNA聚合酶A、B和C。其中，RNA聚合酶Ⅰ催化核仁内的rRNA的合成；RNA聚合酶Ⅱ主要负责催化mRNA或者以mRNA为前体的RNA（如miRNA）以及大多数长非编码RNA（lncRNA）的合成，同时也催化细胞内含有帽子结构的snRNA和snoRNA的合成；RNA聚合酶Ⅲ催化细胞内各种小而稳定的RNA的合成，如tRNA、5S rRNA、7SL RNA和无帽子结构的snRNA等。

Quiz5　你认为piRNA和环状非编码RNA是由何种RNA聚合酶催化转录的？

真核生物的线粒体和叶绿体也含有RNA聚合酶（表16-2）。其中，线粒体内的RNA聚合酶由核基因编码，只由一个亚基组成，负责线粒体DNA上所有基因的转录。而叶绿体有两种不同的RNA聚合酶，一种由核基因组编码，在结构上类似于线粒体内的RNA聚合酶，负责催化叶绿体内rRNA或tRNA等管家基因的转录，而另一种由叶绿体基因组编码，类似于细菌的RNA聚合酶，负责催化光合链上的复合体由叶绿体基因组编码的各亚基基因的转录。

表16-2　真核生物5种RNA聚合酶结构与功能的比较

名称	细胞中的定位	组成	对α鹅膏蕈碱的敏感性	对放线菌素D的敏感性	转录因子	功能
RNA聚合酶Ⅰ（A）	核仁	多个亚基组成	不敏感	非常敏感	1～3种	rRNA的合成（除了5S rRNA）
RNA聚合酶Ⅱ（B）	核质	多个亚基组成	高度敏感（10^{-9}～10^{-8} mol·L^{-1}）	轻度敏感	8种以上	mRNA、绝大多数miRNA、lncRNA、具有帽子结构的snRNA和snoRNA的合成
RNA聚合酶Ⅲ（C）	核质	多个亚基组成	中度敏感	轻度敏感	4种以上	小RNA，包括tRNA、5S rRNA、无帽子结构的snRNA和snoRNA、7SL RNA、7SK RNA、RMP RNA、端粒酶RNA、少数miRNA和lncRNA、某些病毒的RNA等合成。
线粒体RNA聚合酶	线粒体基质	单体酶	不敏感	敏感	2种	所有线粒体RNA的合成
叶绿体RNA聚合酶	叶绿体基质	有两种	不敏感	敏感	3种以上	所有叶绿体RNA的合成

真核细胞核的三种聚合酶都是庞大的多亚基蛋白(2 个大亚基和 12 ~ 15 个小亚基),其总大小在 500 ~ 700 kDa 之间,有几个亚基是相同的。每一种聚合酶都含有由 10 个亚基组成的极为保守的核心结构,其中 2 个最大亚基的序列与细菌 RNA 聚合酶 β 和 β′ 亚基相似,还有与细菌 RNA 聚合酶 α 和 ω 亚基同源的亚基,但无与细菌的 σ 因子同源的亚基。

Quiz6 为什么真核 RNA 聚合酶没有任何亚基与细菌的 σ 因子同源?

所有真核生物的 RNA 聚合酶Ⅱ的最大亚基在 C 端都有一个特殊的 C 端结构域(carboxyl-terminal domain,CTD),其中含有多个拷贝的七肽重复序列,一致序列是富含羟基氨基酸的 YSPTSPS,可被磷酸化修饰。这种重复序列是 RNA 聚合酶Ⅱ的活性所必需的。研究表明,CTD 没被磷酸化的 RNA 聚合酶Ⅱ参与转录的起始,而 CTD 一旦磷酸化,转录即进入延伸阶段。高度磷酸化的 CTD 由于相邻带同种电荷的磷酸基团之间的排斥而突出暴露在外,远离酶的球状核心区达 50 nm,这为参与转录以及转录后加工的各种转录因子对它的识别和结合提供了绝佳的舞台。

真核生物的 RNA 聚合酶在三维结构上与细菌的十分相似,不但分子的整个形状相似,而且各同源亚基在空间上总的排布也相同(图 16-5)。但真核生物 RNA 聚合酶本身并不能直接识别启动子,而必须借助于转录因子才能有效地与启动子结合,并启动转录。

(二) 真核细胞核 RNA 聚合酶的特异性抑制剂

真核生物三种细胞核 RNA 聚合酶对来源于某些毒蘑菇(如白毒伞)体内的一种环状寡肽毒素——α 鹅膏蕈碱的抑制表现出不同程度的敏感性:RNA 聚合酶Ⅱ最为敏感,10^{-9} mol·L^{-1} ~ 10^{-8} mol·L^{-1} 的 α 鹅膏蕈碱就能完全抑制其活性;其次是 RNA 聚合酶Ⅲ,而 RNA 聚合酶Ⅰ则不敏感。α 鹅膏蕈碱通过与聚合酶分子上一段特殊的桥螺旋(bridge helix)的结合,阻止聚合酶的移位,致使转录延伸受阻。

Quiz7 你认为哪一类生物的 RNA 聚合酶Ⅱ不受 α 鹅膏蕈碱的抑制?为什么?

放线菌素 D(actinomycin D)能够插入到 GC 碱基对之间,致使 DNA 双螺旋的小沟变宽和扭曲,从而阻止 RNA 聚合酶的移动,因此所有生物的 DNA 转录都可以受到它的抑制。但由于真核细胞核三种 RNA 聚合酶所催化转录的基因在 GC 含量上不同,以 rDNA 上的 GC 含量最高,因此,放线菌素 D 对 RNA 聚合酶Ⅰ的抑制作用最敏感。

三、古菌的 RNA 聚合酶

古菌只有一种 RNA 聚合酶,这与细菌一样。但酶的组成和结构与真核生物的 RNA 聚合酶Ⅱ十分相似,也不能直接识别启动子,但最大亚基在 C 端没有七肽重复序列构成的 CTD。

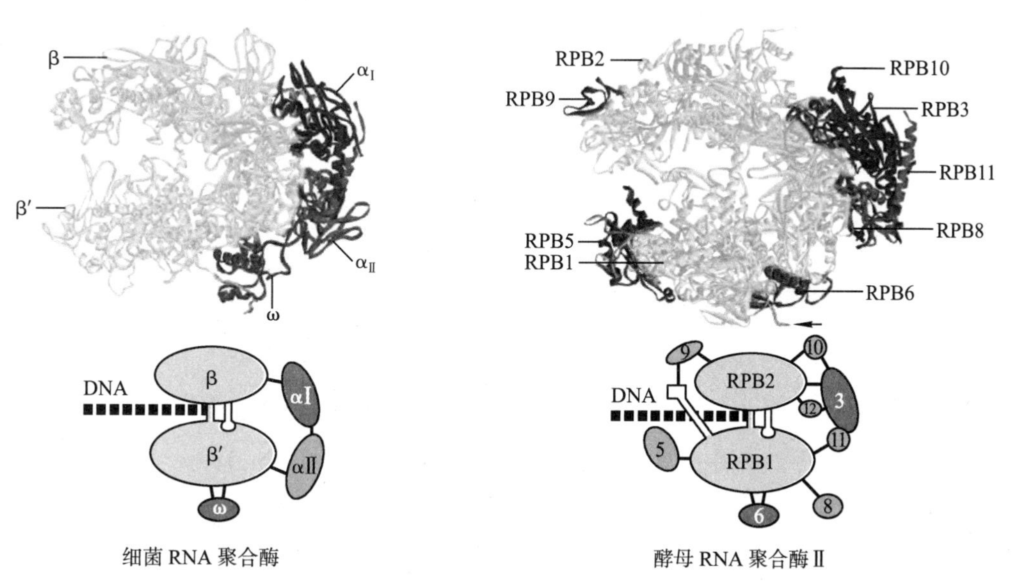

图 16-5 细菌与真核生物的 RNA 聚合酶在三维结构上的比较

第三节 细菌的 DNA 转录

与 DNA 复制一样，整个转录过程也可分为起始、延伸和终止三个阶段。

一、转录的起始

（一）转录起始点的确定

1. 启动子

转录具有相对固定的起点，但 RNA 聚合酶是如何发现正确的起点并启动转录的呢？研究者通过分析比较多种基因转录起始点周围的碱基序列后发现：在转录起始点附近，存在着一些特殊的具有高度保守性的碱基序列。实验证明，这些保守的碱基序列在转录的起始阶段作为一种标记，RNA 聚合酶能够直接或间接地识别这种标记，从而启动从特定的位点开始的基因转录，它们也因此被称为启动子（promoter）。在细菌转录系统中，RNA 聚合酶的 σ 因子能够直接识别启动子，并与之结合而启动基因的转录；但在古菌和真核转录系统之中，识别启动子的是一些特殊的转录因子。

细菌的启动子总是位于基因的上游，但古菌和真核生物不一定。无论启动子序列位于何处，它们与转录起始点的距离和方向都有严格的要求。

2. 确定启动子的方法

运用电泳泳动变化分析（electrophoretic mobility shift assay，EMSA）和 DNA 酶 Ⅰ 足印分析（DNase Ⅰ footprinting assay）可以确定一个基因的启动子。

EMSA 的原理是：与聚合酶特异性结合和没有结合的 DNA 在电泳时泳动的速度不同，利用这种差别可将含有启动子的和没有启动子的 DNA 片段分开，再利用足印法进行鉴定。足印法的原理是：与 RNA 聚合酶呈特异性结合的启动子序列可受到聚合酶的保护，而不受 DNA 酶 Ⅰ 的水解。如果结合 DNA 序列分析，就可以测定出受到 RNA 聚合酶保护的启动子序列。

1975 年，David Pribnow 等人使用一种比足印法要简单的方法：就是先用 DNA 酶 Ⅰ 完全消化与 RNA 聚合酶结合的含有启动子的双链 DNA。然后，将消化过的样品通过硝酸纤维素滤膜，蛋白质以及与聚合酶结合的 DNA 会与滤膜结合。随后，将吸附在滤膜上的与 RNA 聚合酶结合的 DNA 洗脱出来，再使用化学断裂法直接测序。通过此方法，Pribnow 获得了大肠杆菌 5 个基因受 RNA 聚合酶结合保护的片段序列（图 16-6）。其中，在 -10 区有一段富含 AT 的保守序列。然而，在确定了 -10 区的保守序列以后，Pribnow 很快就发现，受到 RNA 聚合酶保护的片段在与聚合酶解离以后，无法重新与酶结合，

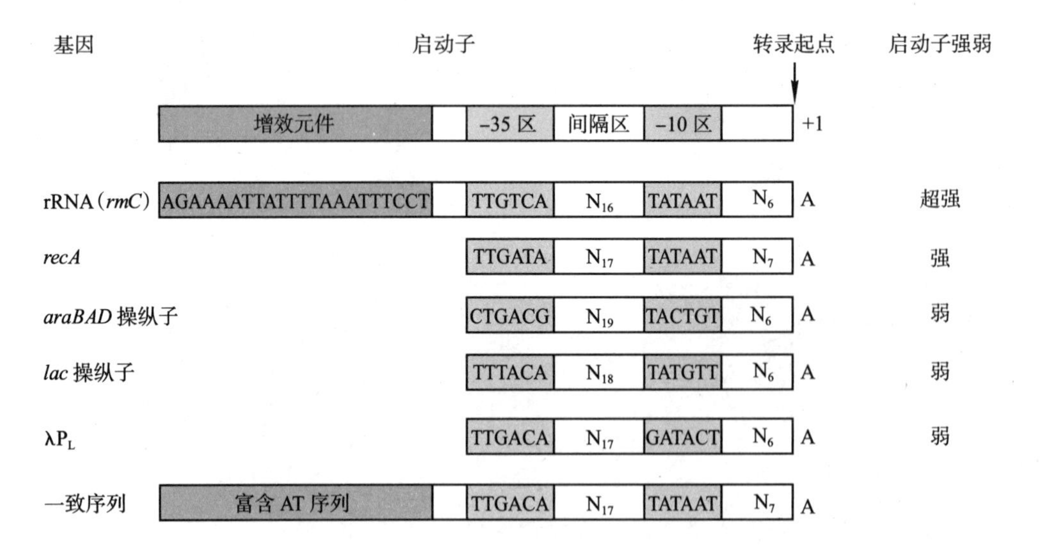

图 16-6 大肠杆菌的几种基因的启动子序列

这说明单凭 -10 区尚不能保证聚合酶的结合，肯定还有其他的启动子序列。后来，他们对位于 -10 区上游更多的序列进行了分析，很快发现在 -35 区还有一段启动子序列。

3. 细菌启动子的特征

因为 Pribnow 等人的工作，细菌启动子的性质得以确定。它们总是位于转录起始点的 5′ 端（图 16-7），覆盖 40 bp 左右的区域，包含 -35 区和 -10 区这两段高度保守的序列。其中，受 σ^{70} 识别的启动子在 -35 区的一致序列为 TTGACA，-10 区又名 Pribnow 盒，一致序列是 TATAAT，其他 σ 因子识别的启动子的一致序列彼此都不一样。-35 区和 -10 区之间的距离同样重要，一般为（17 ± 1）bp，原因是这样的距离可以保证这两段启动子序列处于 DNA 双螺旋的同一侧，从而有利于 RNA 聚合酶的识别和结合，否则它们会处于 DNA 双螺旋的异侧，不利于 RNA 聚合酶的识别和结合。此外，在转录活性超强的 rRNA 基因的上游 -40 ~ -60 区，还有一段富含 AT 的启动子序列。该序列的一致序列是 AAAATTATTTT，可将转录活性提高 30 倍，因此被称为增效元件（up element）。

-35 区	间隔区	-10 区		
TTGACA	N_{16-18}	TATAAT		σ^{70}
CTTGAAA	N_{13-15}	CCCATNT		σ^{32}
CTGGNA	N_6	TTGCA		σ^{54}
		CTACACT		σ^{38}
TAAA	N_{15}	GCCGATAA		σ^{28}

图 16-7　大肠杆菌不同的 σ 因子识别的启动子的一致序列

Quiz8　如果将一个基因的 -10 区序列突变成 ATATTA，你认为这个基因还能正常转录吗？

Quiz9　为什么 rRNA 的基因需要通过这种方式提高转录活性？

在描述启动子的位置时，碱基的位置一般以转录的起始点为参照，转录起点的位置定为 +1，位于它上游的序列为负数，下游的碱基为正数，没有 0。另外，写出的碱基序列应该属于编码链。

必须指出，启动子的一致序列是对多种基因的启动子序列的统计学结果。显然，一个基因的启动子序列与一致序列越相近，则该启动子的效率就越高，即属于强启动子；相反，一个基因的启动子序列与一致序列相差越大，则该启动子的效率就越低，即属于弱启动子。

（二）转录起始复合物的形成

起始复合物的形成是转录的限速步骤，起始频率主要取决于启动子强度。一旦启动成功，RNA 链延伸的平均速度为 50 nt/ 秒，与启动子强度无关。转录的起始涉及多步反应，但概括起来就是 RNA 聚合酶与启动子相互作用，并形成活性转录起始复合物的过程（图 16-8）。

（1）RNA 聚合酶与 dsDNA 非特异性结合

RNA 聚合酶全酶与非特异性 DNA 序列的亲和性并不高，因此，它一开始只能和 DNA 随机结合，而一旦结合上去，便可以在结合处沿着 DNA 向一个方向滑动、扫描，直至发现启动子。

（2）RNA 聚合酶全酶与启动子形成封闭复合物

RNA 聚合酶在扫描中首先遇到 -35 区，与该区域的结合形成的是一种封闭复合物（closed complex），这时它主要以静电引力与 DNA 结合，DNA 也没有解链。这样的复合物并不十分稳定，半衰期约为 15 ~ 20 min。足印法测定表明，在此阶段聚合酶覆盖 -55 ~ +5 区域。

（3）封闭复合物异构成开放复合物

随着与启动子的进一步结合，RNA 聚合酶构象发生变化，使得 DNA 发生解链。于是，封闭复合物转变成开放复合物（open complex）。开放的复合物也就是起始转录泡（transcription bubble），大小为 12 ~ 17 bp。一开始转录泡仅从 -10 区延伸到 -1 区，但很快便从 -12 区扩展到 +2 区。它非常稳定，其半衰期在几个小时以上。足印法表明在此阶段，聚合酶覆盖 -55 到 +20 区域。

开放复合物的形成是转录起始的限速步骤。现已明确，在与启动子形成复合物期间，RNA 聚合酶本身经历了显著的结构变化，σ 因子刺激封闭复合物向开放复合物的转变。开放复合物的形成不仅是 DNA 两条链的解链，其中的 DNA 模板链还必须移至全酶的内部，以便靠近活性中心。

（4）第一个磷酸二酯键形成

这一步极为关键：首先需要与模板链互补的前两个 NTP 同时结合在 RNA 聚合酶的活性中心，再由酶催化第一个 NTP 的 3′-OH 亲核进攻第二个 NTP 的 5′-α- 磷，从而形成第一个磷酸二酯键，并释

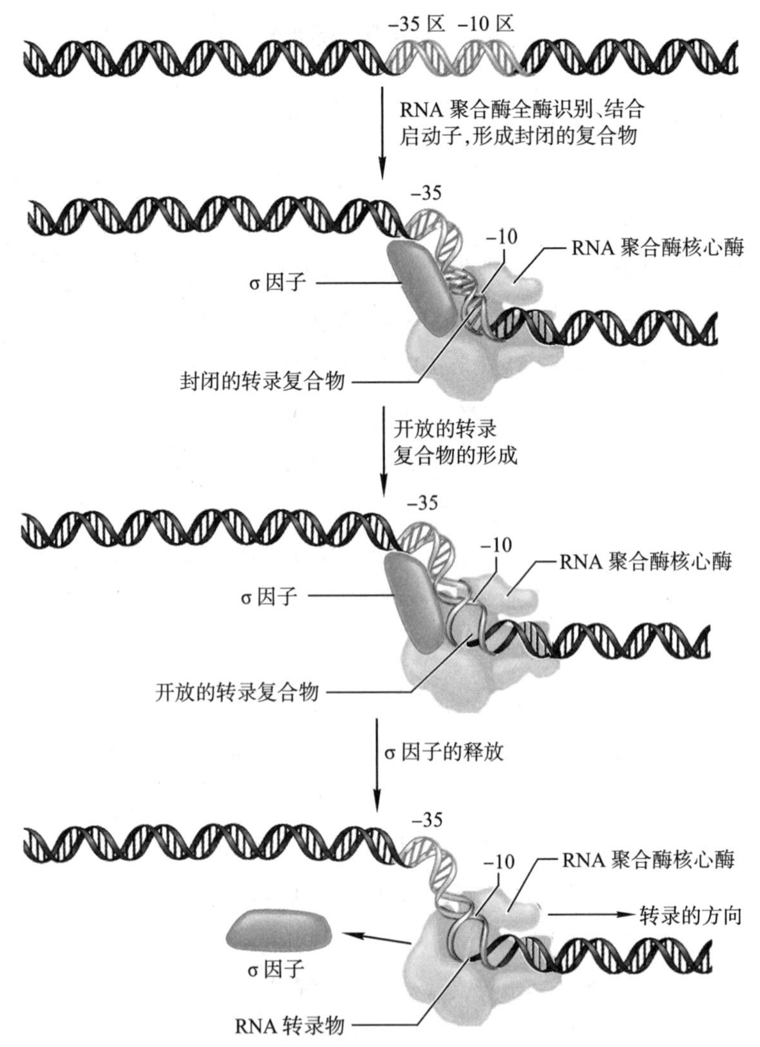

图 16-8 细菌基因转录从起始阶段向延伸阶段的转变

放出 PP_i。一旦有了第一个磷酸二酯键，由 RNA、DNA 和 RNA 聚合酶组成的三元复合物便形成了。

RNA 聚合酶催化磷酸二酯键形成的机制与 DNA 聚合酶几乎完全相同(参看第十三章“DNA 复制”中有关 DNA 聚合酶的内容)，这样 RNA 聚合酶全酶不断催化新的磷酸二酯键的形成。但通常在形成 6～10 个磷酸二酯键以后，转录物与 σ 因子在结合核心酶的区域发生空间上的冲突，而迫使 σ 因子与核心酶解离，从此转录进入延伸阶段。解离出来的 σ 因子可以循环使用。

(5) 起始阶段的无效转录

转录要从起始过渡到延伸并非易事。在开放复合物内，RNA 聚合酶会进行多次无效转录(图 16-3)。在每合成一个无效转录物的时候，聚合酶必须做出抉择：是离开启动子进入延伸阶段，还是仍然结合在启动子上重新启动 RNA 的从头合成。DNA 分子会在 RNA 聚合酶的活性中心形成皱褶，让编码链形成环，以使在无效转录时，RNA 聚合酶仍然保持与启动子的结合。

Quiz10 如何用实验证明无效转录物的存在，以及无效转录的次数?

无效转录总有结束的时候，一般终止于长约 6 nt 的新生 RNA 会结合到聚合酶的 RNA 离开通道上，迫使酶的活性中心“重新设定”，从而催化更长的 RNA(多于 10 nt)的合成。

(6) 启动子清空(promoter clearance)

启动子清空是指 RNA 聚合酶离开启动子，从起始过渡到延伸的过程。此过程要解决的首要问题是，如何让聚合酶离开高亲和性的启动子，从而让无效转录变成有效转录。实验证明，这是由 σ 因子控制的，正是 σ 因子赋予了聚合酶对启动子序列的特异性和高亲和性。故一旦 σ 因子解离，核心酶就以一般的亲和性与 DNA 结合，转录即进入延伸阶段。

二、转录的延伸

延伸阶段的反应较为简单。失去σ因子的核心酶通过它的一个裂缝握住DNA并向其移动(图16-8)。有两种相关的蛋白质——NusG或RfaH结合在裂缝的两侧,形成一个完整的滑动钳结构,使RNA聚合酶能牢固地结合在模板上,而不会中途滑落。这有利于维持转录的高度进行性。

在转录过程中,转录泡则随着核心酶的移动而移动,其大小维持在约17 bp。转录泡的维持不仅需要聚合酶在转录泡前面解链,还需要转录泡后面的DNA重新形成双链,转录泡内部的RNA链大约有8 bp长的片段与模板链形成A型双螺旋。转录泡在向前移动的时候,需要构成双螺旋的两条链的不断旋转。转录泡的前后方分别形成正超螺旋和负超螺旋。正如DNA复制一样,不利于转录的正超螺旋可被结合在转录泡前面的拓扑异构酶解除。由于转录的方向始终是从5′→3′,新参入的核苷酸总是被添加在RNA链的3′端,而每参入一个新的核苷酸,RNA-DNA杂交双链就必须发生旋转。

RNA聚合酶除了钳子(clamp)以外,还具有颌(jaw)、壁(wall)、顶盖(lid)、舵(rudder)、拉链状结构(zipper)、次级通道(secondary channel)和RNA离开通道(图16-9)。其中,舵和盖子从一个大的钳子中出来,钳子跨过活性中心区域。进入酶的DNA被蛋白质钳子或颌握住,受舵的作用发生解链,RNA的3′端紧靠活性中心的Mg^{2+}。蛋白质壁阻断核酸笔直穿过酶,结果导致DNA-RNA杂交双链的轴与进入的DNA之间近乎垂直。如此弯曲将DNA-RNA杂交双链的末端暴露给从漏斗状孔进入的NTP,同时迫使RNA在5′端与DNA分开,只能从舵和蛋白质环状顶盖下方的离开通道离开,防止了DNA-RNA杂交双链的长度超过9 bp。

延伸阶段的速度并不是恒定的,已发现很多基因在转录到某些位置的时候,如富含GC碱基对的区域或者互补的NTP暂时短缺,聚合酶的移动速度趋缓,甚至发生暂停。如果这种情形发生,重启RNA合成需要GreA和GreB这两种蛋白质来解除暂停状态:先是RNA聚合酶倒退,然后GreA和GreB结合,与RNA聚合酶活性中心共同组装成内切酶的活性中心,再将3′端突出的核苷酸切除,从而使RNA的3′端-OH重新回到酶的活性中心。如果转录中正好发生了错误,含有错误的寡聚核苷酸也就被切除了,这实际上为转录提供了一种校对机制。

Quiz11 你认为在基因转录的时候,转录物在5′端这一侧的错误更多吗?如果是,这对一种RNA的功能会有影响吗?

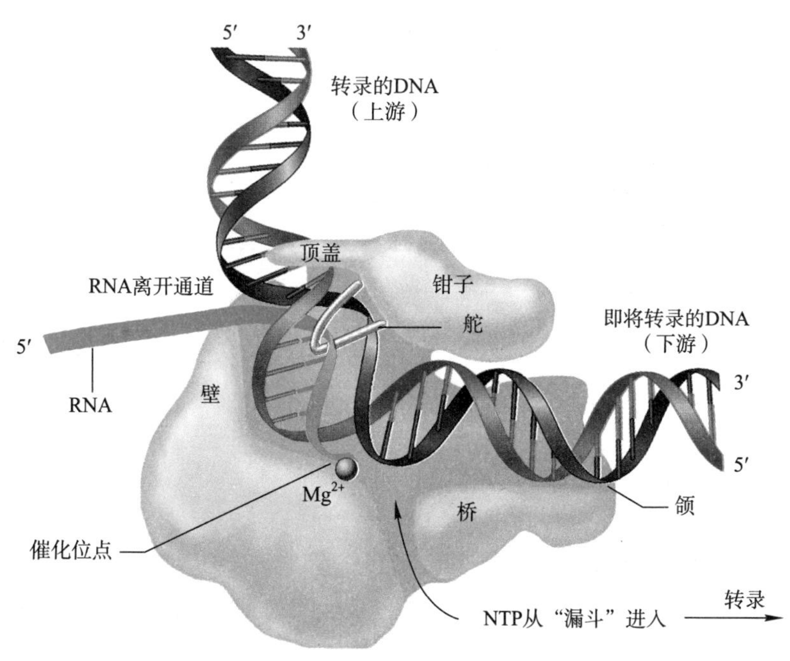

图16-9 转录泡的结构

三、转录的终止

细菌转录的终止有两种方式：一种不依赖 ρ 因子（rho factor，一种蛋白质），只依赖于转录物本身在 3′ 端自发形成的一段终止子（terminator）序列；另一种方式则依赖于 ρ 因子。

（1）不依赖 ρ 因子的转录终止。这是细菌转录终止的主要方式，也称为简单终止（simple termination）。该机制具两个特征：一是依赖位于转录物 3′ 端的一串 U 序列，二是依赖紧靠 U 序列上游的一个富含 GC 碱基对的茎环结构（图 16–10），它们共同组成终止子的结构。

Quiz12 这种终止子结构与启动子有何相似之处吗？

简单终止的基本步骤是：一个正在转录的 RNA 在 3′ 端自发形成一种富含 GC 碱基对的茎环结构后，会导致转录泡塌陷和关闭，RNA 聚合酶因此出现停顿，由于茎环结构的后面就是一串 U，与模板链以较弱的氢键结合，故很容易与模板链解离，从而导致转录物的释放和转录的终止。

（2）依赖 ρ 因子的转录终止。ρ 因子是一种同源六聚体蛋白，它具有解链酶和 ATP 酶的活性。所具有的解链酶活性使得它能够催化 RNA/DNA 和 RNA/RNA 双螺旋的解链。有证据表明，ρ 因子的作用首先需要与转录物在 5′ 端的一段特殊的碱基序列（无二级结构，富含 C 但缺乏 G）结合，这段序列称为 ρ 因子利用位点（rho factor utilization site，*rut*）。鉴于此，有人提出了 ρ 因子作用的“热追模型”（hot pursuit model）。该模型认为（图 16–11）：首先，ρ 因子识别并结合转录物 5′ 端的 *rut* 位点，然后以水解 ATP 为动力，向转录物的 3′ 端前进，直至遇到暂停在终止区位置的 RNA 聚合酶，暂停的原因也是转录物的 3′ 端形成茎环结构，但后面缺乏一串 U。随后，ρ 因子通过解链酶的活性，强行解开转录泡内的 RNA/DNA 杂交双螺旋，使转录物释放出来，并终止转录。

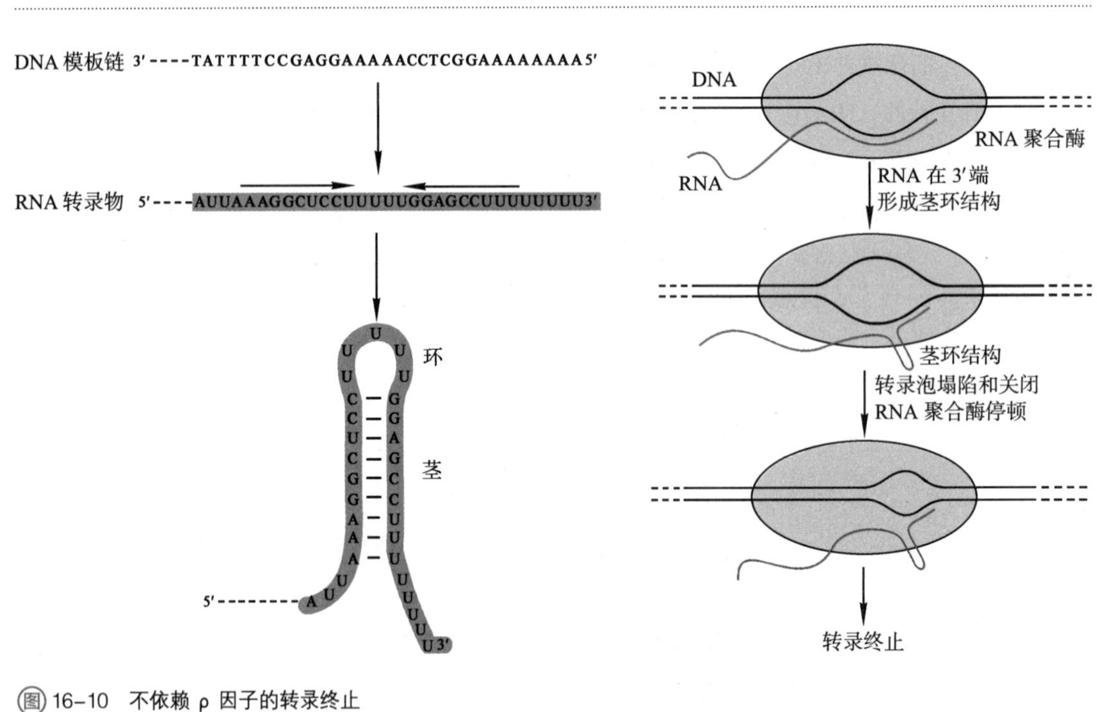

图 16–10 不依赖 ρ 因子的转录终止

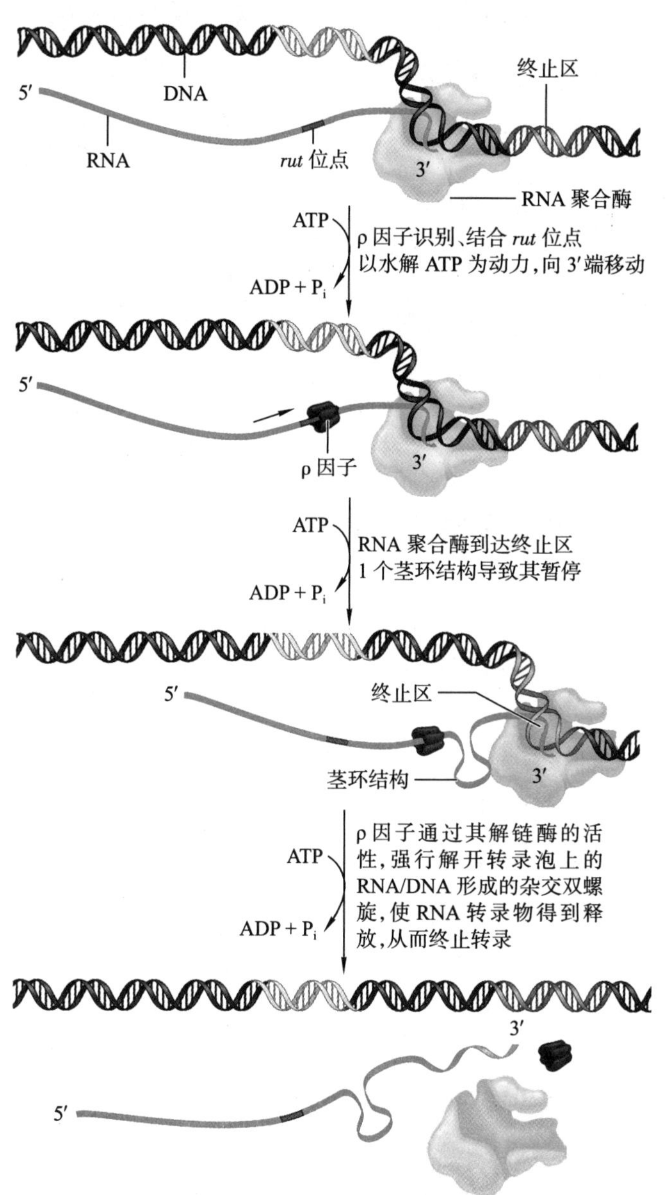

图 16–11　依赖 ρ 因子的转录终止

Box16.1　激活"睡眠"中的 σ 因子的新机制

一般细菌使用一种主要的 σ 因子，如大肠杆菌是 σ^{70}，由它负责识别绝大多数基因（管家基因）的表达，这时其他的 σ 因子是没有活性的。只有在特定的条件（主要是外部胁迫条件）下，如热激和氮源缺乏等，主要的 σ 因子会被其他的 σ 因子替换，从而启动相应的应激反应基因的转录。在各种替代 σ 因子中，最丰富的是胞浆外功能（extracytoplasmic function，ECF）σ 因子，即 σ^{V}。

通常，替代性 σ 因子因为有反 σ 因子与其结合而处在无活性状态。只有在特定刺激下，抗 σ 因子的抑制作用减弱，这时 σ 因子得以释放，然后与核心酶结合起作用。

然而在 2020 年 1 月 27 日，来自德国马克斯·普朗克陆地微生物研究所的 Simon Ringgaard 等人在 *Nature Microbiology* 上发表了一篇题为"Transcriptional regulation by σ factor phosphorylation in bacteria"的论文，描述了他们在副溶血弧菌（*V. parahaemolyticus*）中发现了一种激活替代的 σ 因子的新机制。

已知，副溶血弧菌是一种严重的人类病原体，它是由海鲜传播的肠胃炎的主要病因，而多黏菌素（Polymyxin）这类抗生素，可作为治疗革兰氏阴性细菌感染的最后手段。马克斯·普朗克的研究人员，确定了一个 ECFσ 因子 / 苏氨酸激酶对（命名为 EcfP / PknT），该对搭档可感应多黏菌素抗生素的应激并介导副溶血弧菌对多黏菌的耐药性。当用多黏菌素抗生素处理细胞时，PknT 激酶被激活。激活的 PknT 催化 ECFσ 因子上的一个苏氨酸残基发生磷酸化修饰，从而使其激活，从而导致多黏菌素抗生素抗性所需的基因表达。广泛的生物信息学分析表明，这种通过 σ- 磷酸化的转录调控是细菌的普遍机制，为转录调控提出了新的范例。

由于抗生素耐药性是全球范围内严重的公共卫生问题，因此了解细胞如何感测和响应抗生素治疗非常重要。对调节副溶血性弧菌中多黏菌素抗生素抗性的机制的鉴定为抗击这种以及其他可能的重要人类病原体开辟了新的研究途径。最终，马尔堡研究人员的工作为人们认识整个细菌界中基因表达的调控和细胞适应提供了新方法。

第四节　真核生物基因的转录

与细菌和古菌相比，真核生物的基因转录既发生在细胞核，还发生在线粒体与叶绿体这两种半自主细胞器内。下面首先详细介绍核基因的转录，然后再简单介绍两种细胞器内的基因转录。

一、真核细胞核基因的转录

真核细胞的核基因转录与细菌的基因转录在转录的基本机制上十分相似，但也有几个重要差别。

(1) 需要克服核小体和染色质结构对转录构成的不利障碍。

(2) 不一样的 RNA 聚合酶。首先，真核生物的 RNA 聚合酶缺乏相当于 σ 因子的亚基，因此不能直接识别启动子；其次，参与核基因转录的 RNA 聚合酶至少有三种，它们在功能上高度分工。

(3) 转录除了需要 RNA 聚合酶以外，还需要转录因子的参与。转录因子分为基础转录因子（basal transcription factor）和特异性转录因子（specific transcription factor）。其中，前者是维持所有基因最低水平转录所必需的，而后者是特定的基因转录才需要。基础转录因子的功能包括：识别和结合启动子，招募 RNA 聚合酶与启动子结合；与其他上游元件或反式作用因子结合或相互作用，有助于转录起始复合物的装配和稳定。此外，有的转录因子参与转录起始，称为起始转录因子，有的参与转录延伸，称为延伸转录因子。

(4) 启动子清空时，需要打破结合在启动子上的转录因子和 RNA 聚合酶之间的相互作用。

(5) 启动子以外的序列参与调节基因的转录。这些特殊的序列一般统称为顺式作用元件（*cis*-acting element），这是因为它们与受控的基因位于同一条染色体 DNA 上，呈顺式关系。然而，顺式作用元件只有在结合了特殊的蛋白质因子以后才能起作用。由于这些蛋白质因子本身的基因通常位于其他染色体 DNA 分子上，与被调节的基因呈反式关系，因此被称为反式作用因子（*trans*-acting factor）。

(6) 转录与翻译不存在偶联关系。细菌的蛋白质基因可以一边转录一边翻译，即转录与翻译在时空上存在偶联关系。而真核细胞的转录和翻译在时空上是分割的，故不存在任何偶联关系。

(7) 转录物多为单顺反子（mono-cistron），而细菌的转录物大多数为多顺反子（polycistron）。出现这种结果的原因是在细菌转录系统中，功能相关的基因共享一个启动子，在转录时以一个共同的转录单位进行转录。而在真核转录系统之中，每一个蛋白质的基因都有自己独立的启动子。

（一）RNA 聚合酶 Ⅰ 所负责的基因转录

RNA 聚合酶 Ⅰ 主要在核仁催化 28S rRNA、18S rRNA 和 5.8S rRNA 的转录。这三种 rRNA 的转录受同一个启动子控制，45S rRNA 是它们的共同前体。

1. 启动子

RNA 聚合酶 Ⅰ 所负责转录的基因的启动子由两部分组成：一个是核心启动子（core promoter，CP），

位于 -31 到 +6 之间，另一个是上游控制元件（upstream control element，UCE），位于 -187 到 -107 之间。它们分别与基因的基础转录和有效转录有关。CP 和 UCE 的序列高度同源，约85% 的序列相同，而且都富含 GC，但在转录起点附近却倾向于富含 AT，这可使启动子在启动转录时更容易解链。

2. 基础转录因子

在哺乳动物细胞内，聚合酶 I 至少需要 2 种转录因子：一种是 UCE 结合因子（UCE binding factor，UBF）。它在识别 UCE 和核心启动子上富含 GC 的序列后，与启动子结合；另一种是选择因子 1(selectivity factor1，SL1）或转录起始因子 – I B（transcriptional initiation factor I B，TIF- I B），由 TATA 盒结合蛋白（TBP）和 3 个 TBP 相关因子（TBP associated factor，TAF）组成，其中 TBP 为三种 RNA 聚合酶催化转录所必需。此外，还可能需要另外 2 个转录起始因子——TIF- I A 和 TIF- I C。

在酵母细胞中，RNA 聚合酶 I 至少需要三种转录因子：第一种是上游激活因子（upstream activation factor，UAF）；第二种是 SL1/TIF- I B 的同源物；第三种是聚合酶 I 相关因子 Rrn3。

3. 转录的起始

以哺乳动物细胞为例，在转录起始阶段，UBF 作为组装因子（assembly factor），与 CP 和 UCE 结合启动了转录起始复合物的装配。主要反应包括（图 16–12）：首先，UBF 二聚体同时与 CP 和 UCE 结合，导致 DNA 局部成环，进而让 CP 与 UCE 发生接触。随后，SL1 被招募到启动子上，其中的 TBP 刚好结合在转录起点周围。与一般的 DNA 结合蛋白不同，TBP 结合在小沟上，可诱导 DNA 局部变形，从而影响到大沟的结构，最终导致 DNA 模板约有 6 ~ 8 bp 序列发生解链，这是 RNA 聚合酶 I 启动转录所必需的。SL1 的结合一方面稳定了 UBF 和启动子的结合，另一方面引导了聚合酶 I 正确定位到启动子上，但聚合酶 I 需要先与磷酸化的 Rrn3/TIF- I A 结合，再通过 Rrn3/TIF- I A 与 UBF/SL1 复合物结合。一旦聚合酶 I 结合到复合物上，便处在预定的位置，可精确地启动转录。

4. 转录的延伸

在 RNA 聚合酶 I 离开启动子以后，UBF/ SL1 复合物仍然结合在启动子上，从而可招募另一个聚合酶 I 到启动子上。这种情况可连续发生多次。在延伸的时候，聚合酶 I 需要染色质重塑因子的帮助，以克服核小体结构对 DNA 转录构成的障碍。此外，TIF- I C 也可以刺激转录的效率，并解除聚合酶 I 在转录途中可能发生的暂停。在转录的时候，转录泡前面也形成正超螺旋，后面形成负超螺旋，由于聚合酶 I 催化的基因转录系统相对简洁，因此它是细胞核里作用最快的。

5. 转录的终止

RNA 聚合酶 I 所催化的基因转录终止于一段特殊的序列组成的终止子区。哺乳动物的终止子长约 18 bp，因内部含有限制性内切酶 *Sal* I 的切点，故有时称为 Sal 盒（Sal box）。该终止子序列位于 28S rDNA 序列下游约 500 bp 处，可以被转录终止因子识别并结合，然后把两种 RNA 酶——Rnt1 和 Rat1 招募过来。小鼠的终止因子为 TTF–1，酵母为 Reb1 或它的同源物 Nsi1。

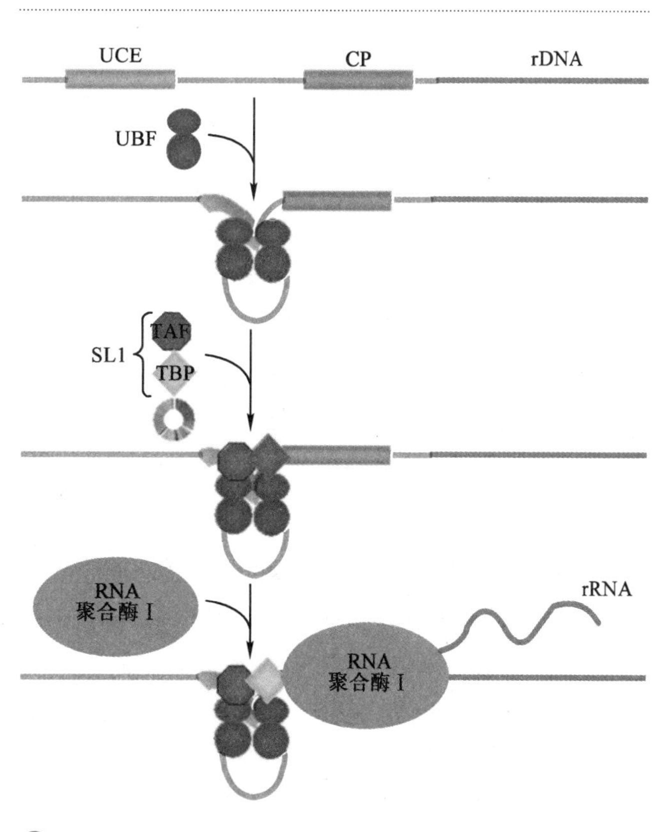

图 16–12　RNA 聚合酶 I 所负责的基因的转录

有一种“鱼雷”模型(torpedo model)可解释聚合酶Ⅰ的转录终止:正在延伸的聚合酶Ⅰ暂停在 Reb1 或 Nsi1 结合位点附近,内切酶 Rnt1 切开新生 rRNA 链,被切开的转录物成为外切酶 Rat1 的底物,于是 Rat1 从与聚合酶Ⅰ结合的转录物的 5′ 端开始边切边赶聚合酶Ⅰ,最终赶上并与它发生碰撞,在解链酶 Sen1 的协助下,直接将聚合酶Ⅰ从模板链上释放出来(图 16–13)。

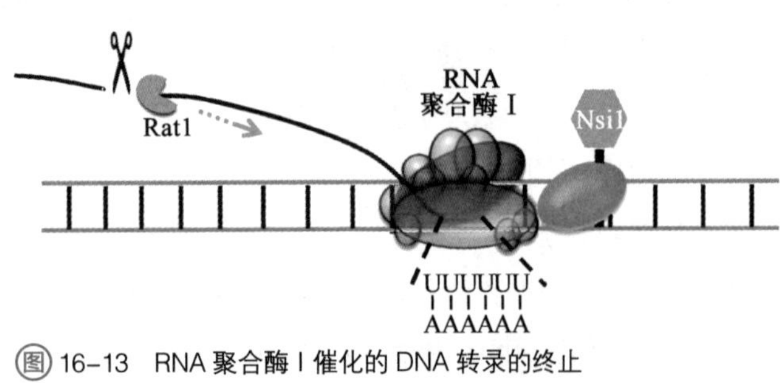

图 16–13 RNA 聚合酶Ⅰ催化的 DNA 转录的终止

(二) RNA 聚合酶Ⅲ所负责的基因转录

聚合酶Ⅲ负责转录的是结构上小而稳定的 RNA(见表 16–2)。

1. 启动子

RNA 聚合酶Ⅲ负责转录的基因的启动子有两类(图 16–14):一类与聚合酶Ⅱ相似,主要位于基因的上游,含有 TATA 盒、近序列元件(proximal sequence element,PSE)和远端序列元件(distal sequence element,DSE),如 7SK RNA、7SL RNA 和 U6 snRNA 等;另一类位于基因内部,属于内部启动子(internal promoter),如 tRNA 和 5S rRNA 等。就 5S rRNA 而言,它的内部启动子由 A 盒(A box)、C 盒(C box)和中间元件(intermediate element)三个部分组成。而 tRNA 的启动子只有 A 盒和 B 盒(B box),分别对应于 tRNA 的 D 环和 TψC 环。由于它们位于基因内部,因此本身也被转录。

Quiz13 如何设计实验确定真核生物 tRNA 基因的启动子属于内部启动子?

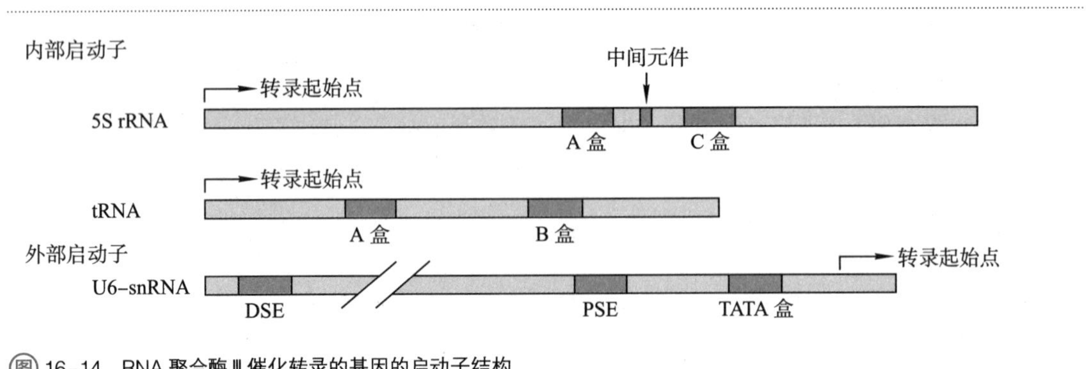

图 16–14 RNA 聚合酶Ⅲ催化转录的基因的启动子结构

2. 基础转录因子

RNA 聚合酶Ⅲ所需要的基础转录因子有 TFⅢA、B 和 C。其中 TFⅢC 为组装因子,负责与第二类启动子的 A 盒和 B 盒结合。TFⅢB 是一种定位因子,结合于 A 盒的上游约 50 bp 的位置,但与它结合的序列无特异性,这说明 TFⅢB 结合的位置是由 TFⅢC 决定的。TFⅢB 由 TBP、TFⅢB 相关因子(TFⅢB-related factor,BRF)和 TFⅢB″ 三个亚基组成,其中 BRF 有 BRF1 和 BDP1,但由外部启动子转录的基因使用较小的 BRF2。TFⅢA 只有 5S rRNA 基因的转录需要。

3. 转录的起始和延伸

由 RNA 聚合酶Ⅲ催化转录的基因启动子不尽相同,而启动子不同,招募 TFⅢB 和聚合酶Ⅲ的途径就有所不同,最后形成的转录起始复合物也有所差别(图 16–15)。

以 5S rRNA 的转录为例,其转录的基本过程是(图 16–16):首先,TFⅢA 与内部的启动子结合;然后,TFⅢC 被 TFⅢA 招募上来,形成一种稳定的复合物,TFⅢC 几乎覆盖整个基因;随后,TFⅢB 被 TFⅢC 招募到转录起点附近;最后,聚合酶Ⅲ通过与 TBP 的作用再被招募到转录的起始复合物中,开始转录。

若是由基因外启动子驱动的基因转录,首先需要 snRNA 激活蛋白复合物(snRNA activating protein

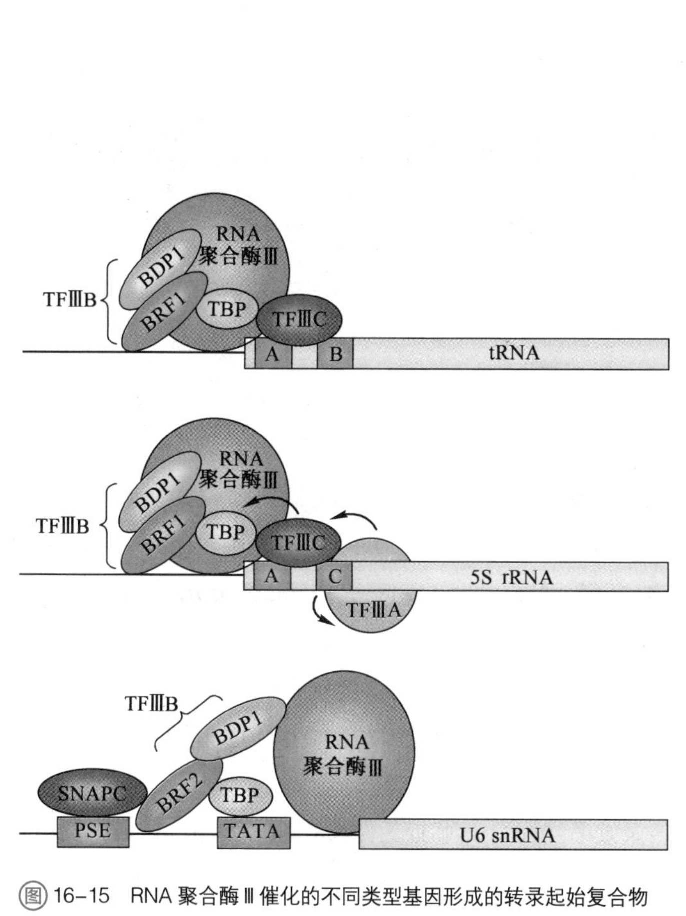

图 16-15 RNA 聚合酶Ⅲ催化的不同类型基因形成的转录起始复合物

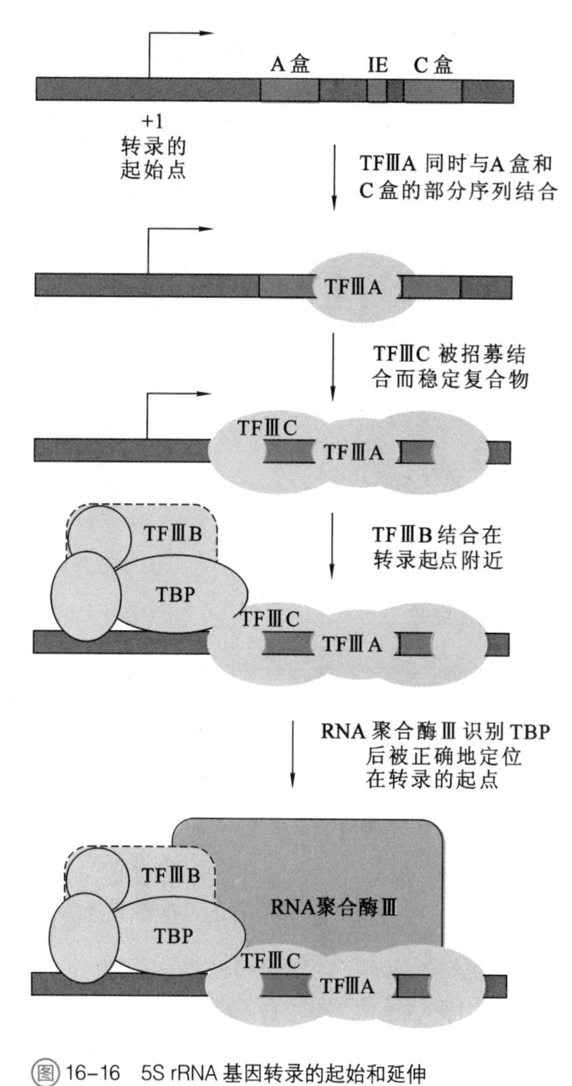

图 16-16 5S rRNA 基因转录的起始和延伸

complex，SNAPC）结合 PSE，其结合的中央区位于转录起点上游 55 bp 的地方。这种结合受到转录因子 Octa1 和 STAF 与位于起点上游的 DSE 结合的刺激。这两个转录因子和 DSE 也是聚合酶Ⅱ催化 snRNA 转录所必需的。SNAPC 将 TFⅢB 组装到 TATA 盒上，正是 TFⅢB 中的 TBP 与 TATA 盒的结合，让 U6 snRNA 的转录由聚合酶Ⅲ而不是聚合酶Ⅱ催化。

TFⅢB 在聚合酶Ⅲ催化转录起始以后，仍然结合在启动子上。这可以再将一个聚合酶Ⅲ定位到转录的起点上，再次启动转录，因此聚合酶Ⅲ转录的水平较高。

4. 转录的终止

RNA 聚合酶Ⅲ催化的基因转录的终止与细菌不需要 ρ 因子的终止机制有点相似，需要一段富含 GC 的序列和一小串 U，但 U 的长度短于细菌，而且富含 GC 区域也不需要形成茎环结构。

（三）RNA 聚合酶Ⅱ所负责的基因转录

聚合酶Ⅱ所催化的基因的表达最复杂，除了需要多种顺式作用元件以外，还需要多种不同的反式作用因子，其中后者包括激活蛋白、辅激活蛋白、介导蛋白和转录因子。

1. 启动子与其他控制基因转录的顺式元件

与 mRNA 的基因转录有关的顺式作用元件包括：核心启动子、调控元件（regulatory element）、增强子和沉默子等。

（1）核心启动子

核心启动子又名基础启动子（basal promoter），其功能与细菌的启动子相当，负责招募和定位聚合酶Ⅱ到转录起始点，以正确地启动基因的转录，也可通过促进转录复合物的装配或稳定转录因子的结合而提高转录的效率。

属于核心启动子的有(图 16–17)：TATA 盒、起始子(initiator，*Inr*)、TFⅡB 识别元件(TFⅡB recognition element，BRE)、模体十元件(motif ten element，MTE)和下游启动子元件(downstream promoter element，DPE)。

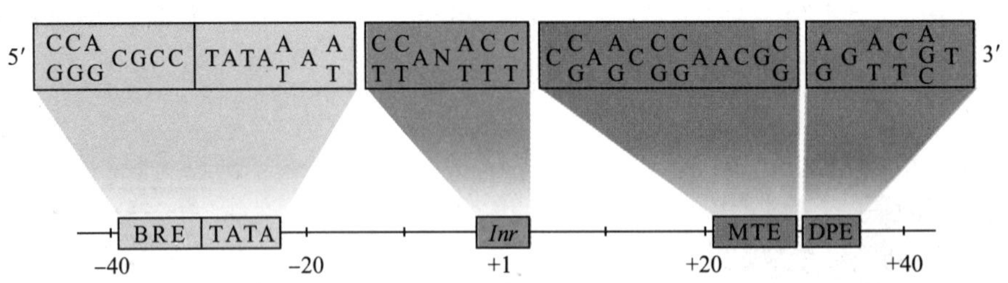

图 16–17 RNA 聚合酶Ⅱ催化转录的基因可能具有的核心启动子序列

TATA 盒富含 AT 碱基对，位于 –25 ~ –30 区；*Inr* 覆盖转录的起始点，通常 –1 碱基为 C，+1 碱基为 A。TATA 盒和 *Inr* 属于招募和定位元件，主要用来决定转录的起点；BRE 位于 –37 ~ –32 区域，可视为 TATA 盒向上游的扩展；DPE 位于 *Inr* 下游，总在 +28 ~ +32 区，其作用依赖于 *Inr* 的存在；MTE 位于 +18 ~ +27 区，它的作用也依赖于 *Inr* 的存在。

然而，并非所有蛋白质的基因都有上述五种核心启动子元件，有的基因可能含有其中的某些元件，有的可能都缺乏。据估计，大概 2/3 的蛋白质基因无 TATA 盒，1/2 的蛋白质基因无 *Inr*。

(2) 调控元件

调控元件的作用是调节基因的转录效率，包括上游临近元件(upstream proximal element，UPE)和上游诱导元件(upstream inducible element，UIE)，两者的作用都需要结合特殊的反式作用因子。

UPE 长度在 6 ~ 20 nt，它的存在能影响转录起始的效率，但不影响转录起点的特异性。属于 UPE 的有：富含 GC 碱基对的 GC 盒、CCAAT 盒、AP2 盒和八聚核苷酸元件等。其中 GC 盒通常位于大多数蛋白质基因(特别是管家基因)的上游，而且往往有多个拷贝。

UIE 存在于核心启动子的上游。含有 UIE 的基因只有在受到细胞内外环境中特殊的信号诱导才表达或者表达增强。常见的 UIE 有激素应答元件(HRE)、热激应答元件(HSE)、cAMP 应答元件(CRE)等。

(3) 增强子和沉默子

增强子(enhancer)是一种能够大幅度增强基因转录效率的顺式作用元件，而沉默子(silencer)正好与增强子相反。它们的作用都需要特定反式作用因子的结合，其中与增强子结合的反式作用因子叫激活蛋白，与沉默子结合的叫阻遏蛋白。

与启动子不同的是，增强子和沉默子的作用具有以下特性：①与距离无关，既可以在距离基因很近的地方，也可以在很远的地方发挥作用；②与方向无关，相对于基因的方向可随意改变而不影响其作用效率；③与位置无关，既可以在基因的上游也可以在基因的下游，甚至可以在基因的内部发挥作用；④对临近的基因作用最强；⑤某些增强子或沉默子具有组织特异性。

可以用环出模型(looping–out model)解释增强子如何能够在距离启动子很远的地方起作用。该模型认为，增强子在作用的时候，位于启动子与增强子之间的碱基序列会以环的形式突出来，而与增强子结合的激活蛋白就通过辅激活蛋白(co–activator)，与基础转录因子和聚合酶Ⅱ相互作用，促进聚合酶Ⅱ与转录因子与启动子的结合，从而促进基因的转录(图 16–18)。

2. 基础转录因子

参与蛋白质基因转录的转录因子(TFⅡ)有基础转录因子和特异性转录因子。前者为所有的蛋白

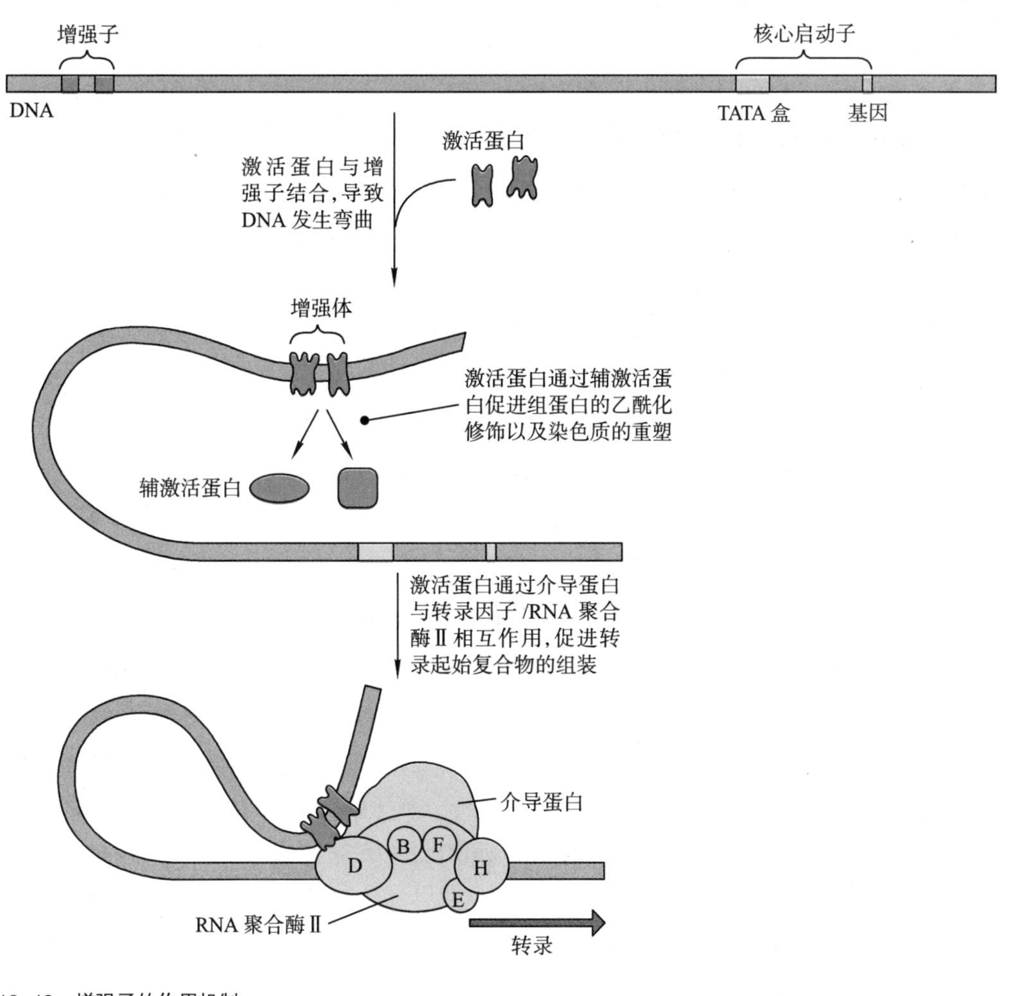

图 16–18　增强子的作用机制

质基因转录所必需，后者为特定的蛋白质基因转录所必需。

RNA 聚合酶Ⅱ所需要的基础转录因子有 TFⅡA、B、D、E、F、H、S 和 J 等。

(1) TFⅡD。是一种多亚基蛋白，由 TBP 和 TAF 组成。TBP 有 2 个非常相似的马镫状结构域。这两个结构域由一个短的碱性肽段相连，这段碱性肽段在小沟与 DNA 结合，两侧的马鞍状结构域横跨在 DNA 分子上。TBP 与小沟的结合可导致 DNA 出现 80° 的弯曲。TFⅡD 的功能包括：识别和结合核心启动子；结合和招募其他基础转录因子；为多种调节蛋白的作用目标；具有激酶（磷酸化 TFⅡF）、组蛋白乙酰转移酶和泛素激活酶 / 结合酶活性。

Quiz14 为什么 TBP 的突变通常是致死性的？

(2) TFⅡA。由 3 个亚基组成，其功能包括：与 TBP N 端的马镫状结构域结合；取代与 TBP 结合的负调控因子（如 NC1 和 NC2/DR1）；稳定 TBP 与 TATA 盒的结合。

(3) TFⅡB。只由一条肽链组成，其功能包括：与 TBP C 端的马镫状结构域结合；与 TFⅡF 的 RAP30 亚基结合，从而将聚合酶Ⅱ和 TFⅡF 形成的复合物招募到启动子；稳定 TBP 与 DNA 的结合；为多种激活蛋白的作用目标。

(4) TFⅡF。由 RAP38 和 RAP74 亚基组成，其功能包括：与 TFⅡB 和聚合酶Ⅱ结合，降低聚合酶与非特异性 DNA 的相互作用，促进聚合酶与启动子的结合；参与转录的起始和延伸，降低延伸过程中的暂停；RAP74 具有解链酶活性，可能参与启动子的解链以暴露模板链。在无 TFⅡB 的情况下，可刺激磷酸酶的活性，促进 CTD 的去磷酸化。

(5) TFⅡE。由 2 个亚基组成，其功能包括：与聚合酶Ⅱ结合，招募 TFⅡH；调节 TFⅡH 的解链酶、ATP 酶和激酶活性；参与启动子的解链。

(6) TFⅡH。有 9 个亚基，其中有一个是周期蛋白 H，同时具有 ATP 酶、解链酶和蛋白激酶的活性。其功能包括：与 TFⅡE 紧密相连，相互结合和调节；其 2 个最大的亚基（XPB 和 XPD）所具有的解链酶活性促进转录过程中模板的解链；为第一个磷酸二酯键的形成所必需；激酶的活性导致聚合酶Ⅱ的 CTD 的磷酸化修饰，从而促进启动子的清空。

Quiz15 TFⅡH 除了参与 DNA 转录，还参与哪一种过程？

转录延伸因子所起的作用是防止转录暂停或提前终止，促进转录在染色质上的延伸。它们对于比较大的基因的转录和一些在发育早期需要快速表达的基因尤为重要。转录延伸因子也有两类：一类是能加快所有蛋白质基因有效转录的基础延伸因子，另一类是调节特定基因转录的调节性延伸因子。

一些重要的基础延伸因子已得到鉴定，它们包括 NELF、DSIF、P-TEFb 和 TFⅡS 等。

(1) NELF 和 DSIF。NELF 由 Spt4 和 Spt5 两个亚基组成，可与 DSIF 一起结合 CTD，共同诱导转录暂停。

(2) P-TEFb。是由周期蛋白 T 和 CDK9 形成的蛋白激酶，可催化聚合酶Ⅱ最大亚基 CTD 和 Spt5 的磷酸化，进而解除 DSIF 和 NELF 诱导造成的转录暂停。

(3) TFⅡS。相当于细菌的 GreB 蛋白。与细菌一样，真核生物在转录延伸过程中，也会发生暂停。暂停的解除需要 TFⅡS 的作用。TFⅡS 含有两个保守的结构域：一个中央结构域为结合聚合酶Ⅱ所必需；另一个具有锌指模体的 C 端结构域可刺激聚合酶Ⅱ切下转录物在 3′ 端突出的几个核苷酸。X 射线衍射研究表明，其锌指结构上的一个 β 发夹结构正好与聚合酶活性中心互补，其中的两个不变的、功能必需的酸性氨基酸与聚合酶Ⅱ的活性中心一起装配成内切酶活性中心，而与发夹结构结合的金属离子可能活化水分子，有利于其对磷原子的亲核进攻。RNA 聚合酶的内切酶活性不但可以解除转录的暂停，还可能用来切除错误参入的核苷酸，进行转录校对（图 16-19）。

3. 激活蛋白与辅激活蛋白

激活蛋白是直接与增强子结合、增强基因转录效率的蛋白质，而辅激活蛋白也称为辅激活物，是辅助激活蛋白起作用的蛋白质，主要包括组蛋白乙酰转移酶复合物和促进染色质构象松散的各种染色质重塑因子。

4. 介导蛋白

介导蛋白（mediator）是在纯化聚合酶Ⅱ时得到的一类与 CTD 结合的庞大的蛋白质复合物，约由 20 种蛋白质组成，有时被归到辅激活蛋白一类。它们在细胞的功能是充当激活蛋白和阻遏蛋白与聚合酶Ⅱ/基础转录因子相互作用的桥梁或纽带。

介导蛋白有两类：一类为直接与 CTD 结合的 SRB 蛋白；另一类为 SWI/SNF 蛋白，其功能是破坏核

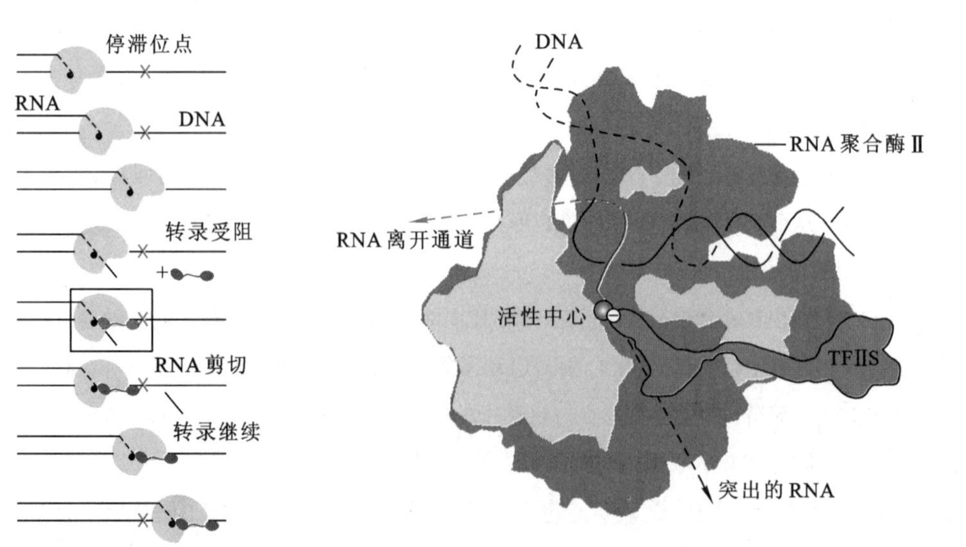

图 16-19 TFⅡS 诱导的 mRNA 剪切

小体结构,促进染色质的重塑。

5. 转录的起始、延伸和终止

一个蛋白质基因的转录可以在没有激活蛋白和辅激活蛋白下进行,但这种情况下的转录效率非常低下,这种最低水平的转录称为基础转录。基础转录的起始是由各基础转录因子和聚合酶Ⅱ按照一定次序(图 16–20),通过招募的方式形成转录前起始复合物(preinitiation complex,PIC)。TFⅡ和聚合酶Ⅱ与启动子结合的大致次序是:TFⅡD→TFⅡA→TFⅡB→(TFⅡF+ 聚合酶Ⅱ)→TFⅡE→TFⅡH。

以含有 TATA 盒和 *Inr* 的启动子为例,一轮转录循环包括以下 6 步反应。

(1) PIC 的形成。先是 TFⅡD 识别并结合 TATA 盒,随后是 TFⅡA 和 TFⅡB 被招募进来,然后是 TFⅡF/ 聚合酶Ⅱ和介导蛋白被招募进来,最后是 TFⅡE 和 TFⅡH 结合,形成完整的 PIC。

(2) PIC 从封闭状态转变成开放状态。在开放状态,DNA 已解链,RNA 开始合成。

(3) CTD 的磷酸化。催化 CTD 磷酸化的蛋白质激酶有:TFⅡH 分子中的 CDK7,与介导蛋白相连的 CDK8,与转录因子 P–TEFb 相连的 CDK9。在 CTD 高度磷酸化以后,介导蛋白与 CTD 解离。同时高度磷酸化的 CTD 与 TBP“脱钩”。

(4) 启动子清空,转录进入延伸。启动子清空以后,TFⅡE、TFⅡH、TFⅡA、TFⅡD 和介导蛋白仍然留在启动子上,TFⅡS 则和 TFⅡF 一起继续参与延伸。

(5) CTD 脱磷酸化。当转录到一定阶段,TFⅡF 刺激 CTD 上的磷酸基团被一种磷酸酶水解。

(6) 转录终止。

聚合酶Ⅱ催化的基因转录的终止并非发生在什么保守的位置,转录终点与最后成熟的 RNA3′ 端的距离也不固定。对于有多聚 A 尾的转录物来说,转录的终止与其 mRNA 前体在 3′ 端的加尾反应是紧密偶联的,其中的加尾信号 AAUAAA 是转录终止所必需的。这是因为加尾信号可将一系列参与后加工的各种蛋白质因子招募到还在转录的 mRNA 靠近 3′ 端的位置,其中包括参与剪切的内切酶。当内切酶切开新生 mRNA 的前体,被切开的转录物即成为外切酶 Rat1/Xrn2 的底物。余下的反应类似于聚合酶Ⅰ在终止时发生的反应;对于无多聚 A 尾的转录物来说,转录终止主要依赖于带有 DNA/RNA 解链酶活性的蛋白质因子,它们可能使用类似于细菌 ρ 因子依赖性的终止机制。

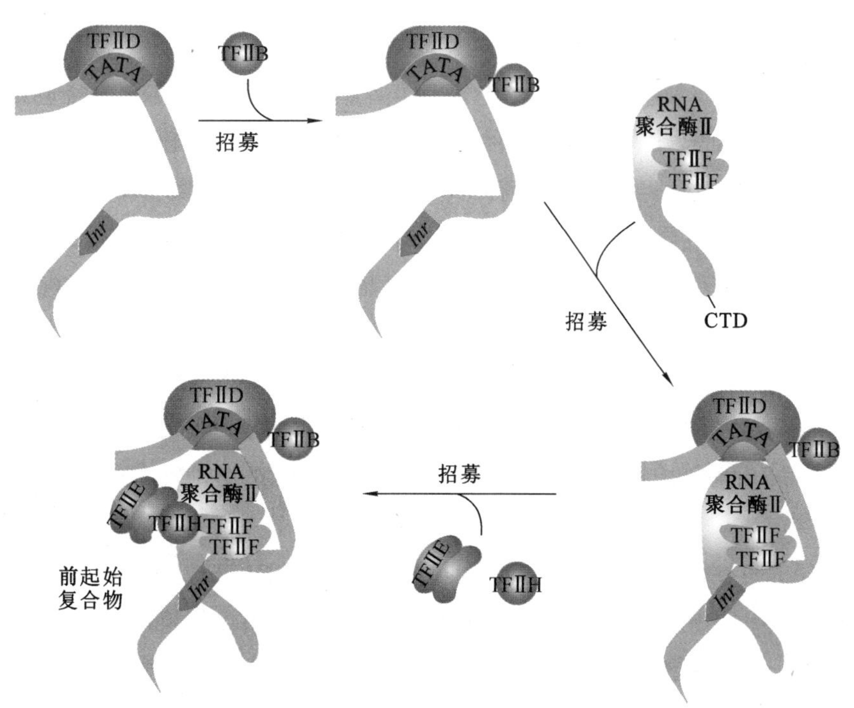

图 16–20 RNA 聚合酶Ⅱ催化的基因转录预起始复合物的形成

在一轮转录结束以后，恢复脱磷酸状态的聚合酶Ⅱ/TFⅡF复合物可与介导蛋白再形成复合物，从而重新启动下一轮的转录循环。

二、线粒体DNA的转录

mtDNA上所有基因的转录均由线粒体内独一无二的单亚基RNA聚合酶——POLRMT催化。但是，POLRMT单独无法启动特异性的基因转录，需要两种转录因子，即线粒体转录因子A(mitochondrial transcription factorA，TFAM)和B2(mitochondrial transcription factor B2，TFB2M)。POLRMT、TFAM和TFB2M均由核基因组编码，共同维持mtDNA的基础转录。TFB2M主要通过诱导启动子的解链，促进开放转录复合物的形成。mtDNA转录还需要线粒体转录延伸因子(mitochondrial transcription elongation factor，TEFM)来促进POLRMT的进行性，否则难以得到全长的转录物。

mtDNA有3个启动子:1个L链启动子(L-strand promoter，LSP)，2个H链启动子(H-strand promoter，HSP)。由它们启动转录产生的都是多顺反子RNA，需经过后加工才能得到单个成熟的RNA。其中，还包括mtDNA复制需要的RNA引物，因此，mtDNA复制与转录是偶联的。

三、叶绿体DNA的转录

叶绿体内有两种完全不同的RNA聚合酶:一种是由核基因编码的单亚基RNA聚合酶，其结构和功能类似于POLRMT；另外一种则是多亚基RNA聚合酶，其亚基组成、性质、结构和功能与细菌RNA聚合酶非常相似，分为核心酶和σ因子。其中，核心酶的4个亚基都由叶绿体基因组编码，但σ因子却由核基因编码。多亚基RNA聚合酶有两个亚基可以完全代替大肠杆菌的β和β′亚基起作用。此外，其σ因子识别的启动子也与细菌相似。

Quiz16 预测叶绿体从形成到成熟的过程中，两种RNA聚合酶活性变化的趋势。

多数基因同时含有两种RNA聚合酶识别的启动子，一些管家基因只有单亚基RNA聚合酶识别的启动子，还有一些与光合作用有关的基因只含有多亚基RNA聚合酶识别的启动子。有趣的是，编码多亚基RNA聚合酶核心酶4个亚基的基因由单亚基RNA聚合酶转录。这意味着单亚基RNA聚合酶的活性可以影响到多亚基RNA聚合酶的水平。

第五节　古菌的DNA转录

在基因的组织方式和表达调控机制方面，古菌与细菌接近。然而，无论是DNA的模板状态、催化或参与转录的RNA聚合酶和转录因子的结构和性质，还是启动子的结构以及转录的基本过程，古菌都与真核生物极为相似。可以毫不夸张地说，古菌似乎拥有简版的真核生物的核基因转录系统。

从转录模板的状态上来看，古菌转录的模板也是以核小体的形式存在的，只不过古菌的核小体结构要比真核生物简单，因此对转录的影响不大。

从催化转录的RNA聚合酶来看，古菌虽然与细菌一样只有一种，但是在结构和功能上，古菌RNA聚合酶与真核生物RNA聚合酶Ⅱ，无论是四级结构层次的组织，还是各自同源亚基的一级结构，或者活性中心的精细结构都是神似！但古菌RNA聚合酶最大的亚基在C端无七肽重复序列构成的CTD。

从参与转录的转录因子来看，古菌需要的转录因子有TBP、TFB、TFE、TFS和Spt4/5，分别对应于真核生物的TBP、TFⅡB、TFⅡE、TFⅡS和Spt4/5。这些转录因子在结构、性质和功能上两两相似，具有高度的同源性，有的可以相会取代。不过，古菌需要的转录因子数目要少！

从启动子结构上来看，古菌的启动子与真核生物RNA聚合酶Ⅱ所负责转录的基因的启动子相似，既有TATA和BRE，还有*Inr*。

从转录起始过程来看，古菌与真核生物也很相似。古菌转录起始阶段的反应是(图 16-21)：首先是 TBP 结合 TATA 盒，然后是 TFB 结合 BRE，随后 RNA 聚合酶被招募到启动子上，启动基因的转录。古菌 TBP 与 TATA 盒的结合可立刻诱导启动子发生约 90° 的弯曲，从而导致 TFB 和 RNA 聚合酶的招募，先形成 DNA-TBP-TFB-RNA 聚合酶封闭复合物，后变成开放的复合物。古菌的封闭复合物变成开放的复合物是自发的，但受到另一个起始因子 TFE 的促进。TFE 与 RNA 聚合酶的结合以别构调节的方式改变 RNA 聚合酶钳子的位置，促进 DNA 的解链。这不同于真核生物的聚合酶Ⅱ需要 TFⅡH 和消耗 ATP，但相似于聚合酶Ⅰ和聚合酶Ⅲ。在形成开放的转录复合物以后，也会进行无效的转录循环。最后从转录延伸过程来看，古菌转录延伸复合物的结构与真核生物十分相似。古菌的延伸因子 Spt4/5 复合物很容易与古菌的 RNA 聚合酶结合，但它的作用是刺激转录的进行性。此外，古菌的 TFS 和真核生物的 TFⅡS 是高度同源的，所起的作用也完全一样。

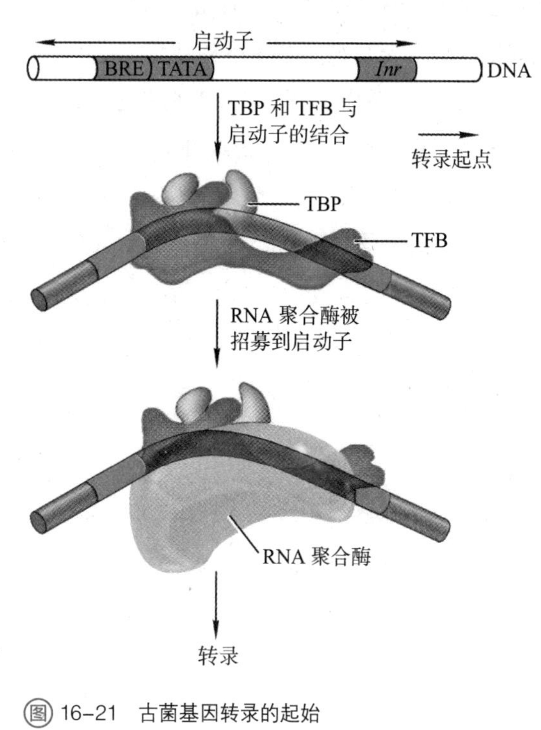

图 16-21　古菌基因转录的起始

关于古菌的转录终止，可能使用类似于细菌的不依赖于 ρ 因子的终止机制。

第六节　转录后加工

细胞内大多数 RNA 在转录后都会经历不同程度的后加工，而后加工的形式概括起来有三种：①切除两端或内部多余的核苷酸；②添加外来的核苷酸；③对核苷酸进行化学修饰。不过不同的生物、不同类型的 RNA 所能经历的后加工的具体方式不尽相同。

一、mRNA 的后加工

细菌和古菌的 mRNA 很少经历后加工。但极少数细菌、古菌和某些噬菌体的蛋白质基因有内含子，因此需要经过剪接反应才能成熟，如一种叫红海束毛藻(*Trichodesmium erythraeum*)的蓝细菌，其 DNA 聚合酶Ⅲβ 亚基的基因就有 4 个内含子。但它们的剪接机制比较简单。另外，有不少细菌的 mRNA 在 3′ 端，可被加上多聚 A 尾。然而，细菌 mRNA 的多聚 A 尾较短(15 ~ 60 nt)，而且通常是 mRNA 降解的信号，可促进由多聚核苷酸磷酸化酶和核糖核酸酶 E 组成的降解体(degradosome)对其的降解，这与真核细胞 mRNA 尾巴的功能完全不同。

真核生物的核 mRNA 可经历多种形式的后加工，这些后加工反应包括：5′ 端“戴帽”(capping)、3′ 端“加尾”(tailing)、内部甲基化(internal methylation)、剪接(splicing)和编辑(editing)。

(一) 5′ 端“戴帽”

在真核生物细胞核 mRNA 的 5′ 端，含有一个以 5′,5′- 三磷酸酯键相连的修饰鸟苷酸，这种特殊的鸟苷酸就是帽子结构(图 16-22)，某些 snRNA 和 snoRNA 也有类似的结构。

加帽是一种共转录反应，一般在转录物的 5′ 端从 RNA 聚合酶离开通道中暴露出来以后就开始了。但为什么 tRNA 和 rRNA 不会加帽呢？是因为 mRNA 由 RNA 聚合酶Ⅱ催化。事实上，任何由聚合酶

Ⅱ催化转录的 RNA 肯定都有帽子结构，除非后来被切除了。在转录进入延伸阶段以后，TFⅡH 很快催化 CTD 重复序列中的 Ser5 磷酸化（Ser5P）。Ser5P 会将转录因子 DSIF 招募到转录复合物。而 DSIF 随后又将另一种转录因子 NELF 招募进来，致使转录暂停。上述暂停允许加帽酶进入，来修饰转录物的 5′ 端。第三种转录因子 P–TEFb 在帽子结构形成不久，也被招募到复合物，然后磷酸化 CTD 的 Ser2 和 NELF。NELF 随之失活，转录得以继续延伸（图 16–23）。

Quiz18 若是让 RNA 聚合酶Ⅱ催化 rRNA 和 tRNA 基因的转录，那么转录出来的 rRNA 和 tRNA 有无帽子结构？为什么？

帽子的功能主要包括：①提高 mRNA 的稳定性。帽子与第一个转录出来的核苷酸之间独特的连

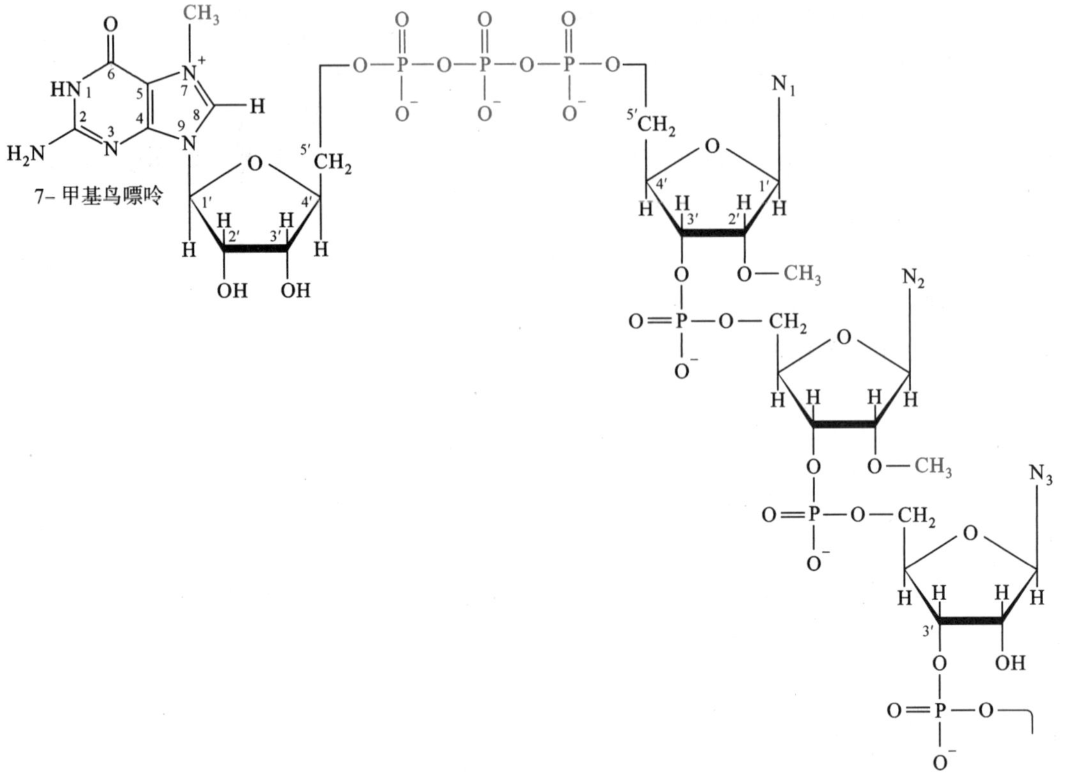

图 16–22 真核细胞 mRNA 的帽子结构

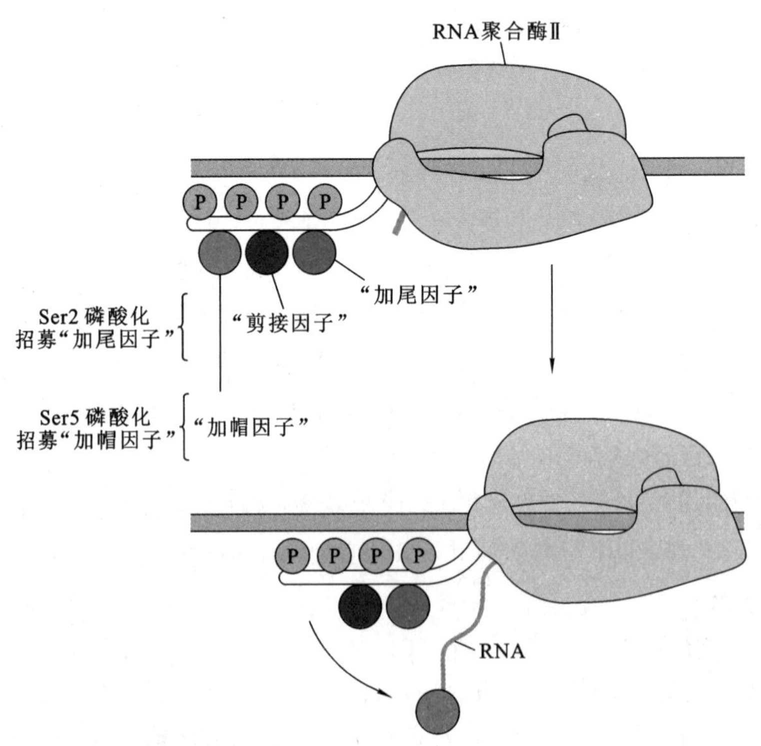

图 16–23 CTD 的磷酸化与加尾和戴帽反应

接方式，可保护 mRNA 抵抗 5′- 外切酶的水解。②参与翻译起始阶段识别起始密码子的过程。③有助于 mRNA 被运输到细胞质。④提高剪接反应的效率。

（二）3′ 端“加尾”

大多数真核细胞核 mRNA 3′ 端会加上多聚 A 尾，其长度在 250 个 A 左右。

加尾反应也是共转录反应，它受两种因素的控制：一种为顺式元件，靠近转录物的 3′ 端，为特殊的核苷酸序列，充当加尾信号；另一种为识别加尾信号的蛋白质以及催化加尾反应的酶。

最重要的加尾信号是 AAUAAA，还可能有其他次要的加尾信号。例如，动物在加尾点的下游有一段富含 U/GU 的序列，以及 AAUAAA 的上游有一段富含 U 的序列。

参与加尾反应的蛋白质和酶有：①剪切 / 多聚腺苷酸化特异性因子（cleavage and polyadenylation specificity factor，CPSF）。此蛋白质负责识别和结合 AAUAAA 序列，并参与和多聚 A 聚合酶以及剪切刺激因子的相互作用；②剪切刺激因子（cleavage stimulation factor，CstF）。此蛋白质负责识别 GU/U 序列并与 CPSF 结合，刺激剪切反应；③剪切因子 Ⅰ 和 Ⅱ（cleavage factor Ⅰ/Ⅱ，CF Ⅰ/Ⅱ），为特殊的内切核酸酶，催化剪切反应；④多聚 A 聚合酶（polyA polymerase，PAP），一种不需要 DNA 模板并只对 ATP 专一的 RNA 聚合酶。此酶负责催化在切开的 mRNA 的 3′-OH 上添加多聚 A；⑤多聚 A 结合蛋白（polyA binding protein，PABP）。其主要的功能是与新生的多聚 A 结合，提高 PAP 的进行性，刺激多聚 A 的延伸，并控制多聚 A 的长度。

加尾涉及的主要步骤包括（图 16-24）：首先是 CPSF 识别并结合 AAUAAA 序列；随后是 CF Ⅰ、CF Ⅱ、CstF 和 PAP 依次被招募进来。在 CF Ⅰ 和 CF Ⅱ 的催化下，mRNA 前体在 AAUAAA 序列的下游某一位置被切开，PAP 则在新暴露的 3′ 端催化加尾。一开始加尾反应进行得很慢，但在 CF Ⅰ、CF Ⅱ、CstF 和 mRNA 前体被切开的 3′ 端序列解离下来以后，PABP 与已形成的多聚 A 结合，导致加尾反应加快，让多聚 A 尾进一步延伸到合适的长度。

只有 mRNA 才会加尾，这除了与加尾反应的顺式元件和反式因子有关以外，还与聚合酶 Ⅱ 最大亚基在 CTD 上的七肽重复序列 Ser2 的磷酸化（Ser2P）有关。Ser2P 有助于将各种与加尾有关的反式因子招募到 mRNA 前体上。

多聚 A 尾所具有的功能包括：①可保护 mRNA 免受 3′- 外切酶的消化，提高其稳定性；② PABP 能够与帽子相互作用，与 5′- 帽子相呼应，增强 mRNA 的可翻译性，但多聚 A 尾并不是 mRNA 翻译必不可少的；③影响最后一个内含子的剪接；④某些本来缺乏终止密码子的 mRNA 通过加尾反应创造终止密码子，例如在 UG 后加尾可产生 UGA，在 UA 后加尾产生 UAA；⑤通过选择性加尾（alternative tailing）调节基因的表达；⑥有助于加工好的 mRNA 运输出细胞核。

由于真核细胞只有 mRNA 才有多聚 A 尾，因此可使用含有寡聚 T 或寡聚 U 的树脂，将带有多聚 A 尾的 mRNA 与其他的 RNA 分开。此外，还可以使用人工合成的寡聚 dT 作为引物，将含有多聚 A 的 mRNA 逆转录成 cDNA。

（三）内部甲基化

mRNA 的内部甲基化与 mRNA 分子上特定

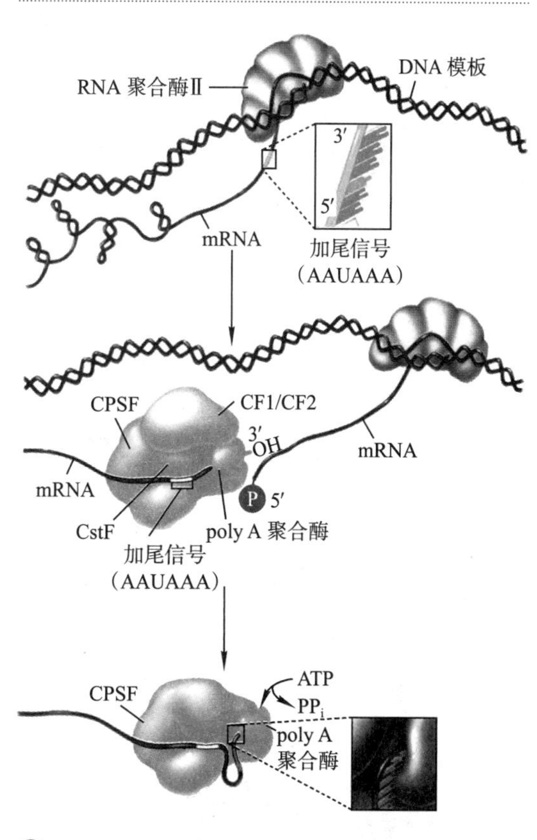

图 16-24　真核细胞 mRNA 加尾反应模式图

位置的 A 被修饰成 N^6- 甲基腺嘌呤(m^6A)的过程。被修饰的 A 通常在 GAC 序列之中，甲基供体也是 SAM。内含子和外显子上都可能发生这种修饰。这种化学修饰是可逆的，催化甲基化的酶是受肾母细胞瘤 1 相关蛋白(Wilms' tumor 1-associating protein，WTAP)协助的由 METTL3、METTL14 两个甲基转移酶构成的异源复合体，催化去甲基化的酶有 α- 酮戊二酸依赖性双加氧酶 FTO 和 ALKBH5。已发现真核生物 mRNA 上的 m^6A 也是一种重要的表观遗传标记，细胞内有一些特殊的蛋白质(如 YTHDF1 和 YTHDF2)可识别并结合 m^6A，从而调节 mRNA 的功能。例如，在细胞质，YTHDF1 与 m^6A 的结合可促进 mRNA 的翻译，而 YTHDF2 与 m^6A 结合可将 mRNA 引入到加工小体(processing body，P 小体)，从而加速其衰变。

（四）剪接

剪接这种后加工方式是在发现基因断裂现象后确定的。1977 年，分别由 Phillip Sharp 和 Richard Roberts 领导的两个实验小组几乎同时在腺病毒的晚期表达基因中，发现蛋白质基因断裂现象。

他们使用的是 R 环(R-looping)技术，其操作流程是(图 16-25)：将一种蛋白质基因的 mRNA 与变性的基因组 DNA 进行杂交，如果其基因是连续的，那 mRNA 的编码区序列与其模板链序列呈连续互补，就不可能有非互补序列以环的形式突出来；反之，如果基因是断裂的，那在杂交以后，由于基因编码链上的部分序列已不存在于成熟的 mRNA 分子上，就会以 R 环的形式凸现出来，在电镜下可以观测到。

Sharp 和 Roberts 当时的实验结果出现了 3 个 R 环，这表明他们研究的基因断裂了 3 次。到了 1978 年上半年，人们使用 R 环技术相继发现很多蛋白质以及某些 tRNA 和 rRNA 基因也是不连续的。同年，Walter Gilbert 引入了外显子(exon)和内含子(intron)这两个概念，分别表示蛋白质基因中编码氨基酸和不编码氨基酸的碱基序列。一个断裂基因在转录的时候，外显子和内含子一起被转录在同一个初级转录物之中，但内含子并不出现在最终成熟的 mRNA 分子上，而是被剪切出去了。细胞内这种将内含子去除并将相邻的外显子连接起来的过程称为剪接。

进一步研究表明，基因断裂普遍存在于真核生物及其病毒的基因组中，在高等生物的基因组中，只有少数蛋白质基因是连续的(如组蛋白)，但在低等的真核生物，断裂基因却不多见。例如，酵母基因组的大约 6 000 个基因中，含有内含子的基因仅有 239 个，而且通常只有 1 个内含子。一般说来，一个

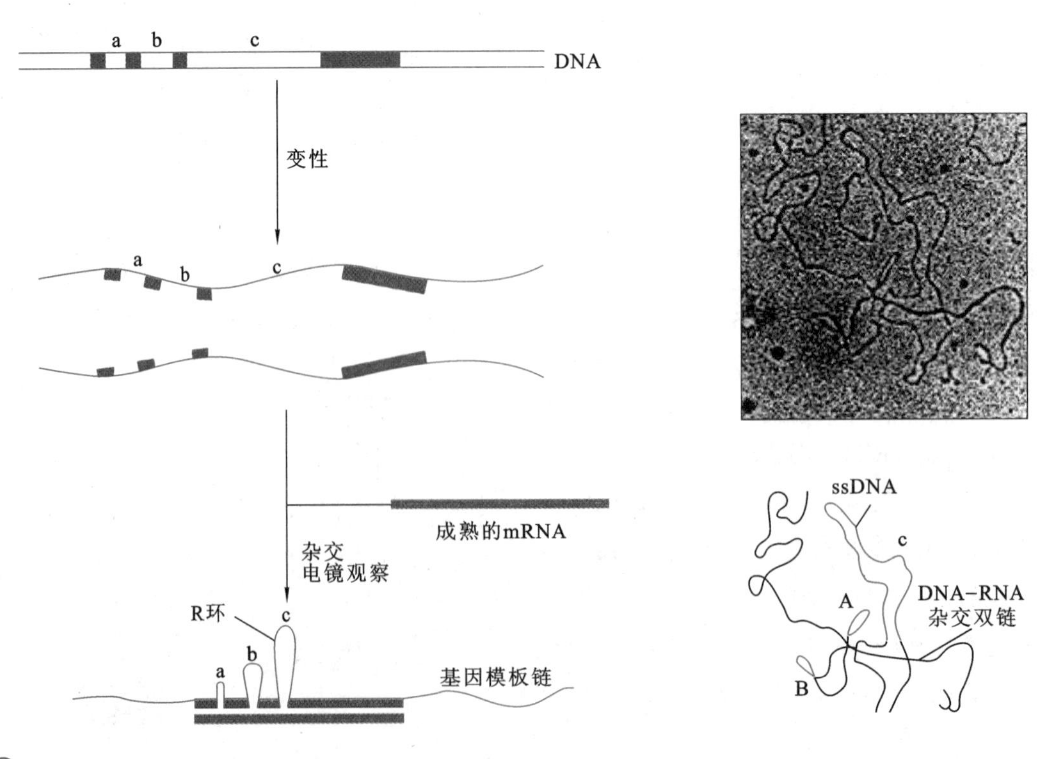

图 16-25 R 环实验的流程及其实验的结果与解释

典型的高等真核生物蛋白质的基因由 10% 的外显子序列和 90% 的内含子序列组成。

不同断裂基因含有的内含子数目不一定相同，同样内含子大小也会有差别。例如：鸡卵清蛋白的基因长达 7.7×10^3 nt，有 6 个内含子，经过剪接，最后成熟的 mRNA 只有 1 872 nt；而抗肌营养不良蛋白（dystrophin）的基因长度在 2×10^6 nt 以上，共有 78 个内含子，而成熟的 mRNA 只有 1.4×10^4 nt！

Quiz19 你知道人类基因组中，最大的内含子有多大？内含子数目最多的基因有多少个内含子？

Sharp 和 Roberts 的发现从根本上改变了基因是连续的传统观念，在分子生物学发展过程中具有划时代的意义，他们因此获得了 1993 年的诺贝尔生理学或医学奖，然而内含子是如何被切除的呢？

1. 真核细胞 mRNA 前体剪接的机制

mRNA 前体的剪接是高度精确的。其精确性一方面取决于位于外显子和内含子交界处的剪接信号，另外一方面取决于 5 种核小核糖核蛋白（small nuclear ribonucleoprotein，snRNP）。

（1）剪接信号

通过比较多种 mRNA 剪接点周围的碱基序列后发现，外显子和内含子交界处存在高度保守的一致序列，这些序列充当控制剪接的顺式元件（图 16-26）。作为顺式元件的保守序列存在于直接参与剪接反应的 5′- 剪接点（又名供体位点）、3′- 剪接点（又名受体位点）和分支点（branch point）。对于绝大多数内含子来说，5′- 剪接点的保守序列是它的前两个 GU，3′- 剪接点的保守序列是它的最后两个 AG，此规律被称为“GU-AG 规则”。“GU-AG 规则”适合绝大多数断裂基因，以此为剪接信号的剪接途径为主要剪接途径，但有些内含子（如人类 PCNA 基因的第 6 个内含子）的剪接信号并不遵守 GU-AG 规则，而是以 AU 开头，AC 结尾。位于内含子内部的分支点序列的保守性不高，该序列中的一个 A 对于剪接反应的发生是至关重要的。此外，在 3′- 剪接点的上游不远处，还有一段主要由 11 个嘧啶组成的序列。另外，很多外显子内还有能增强剪接效率的外显子剪接增强子（ESE）。

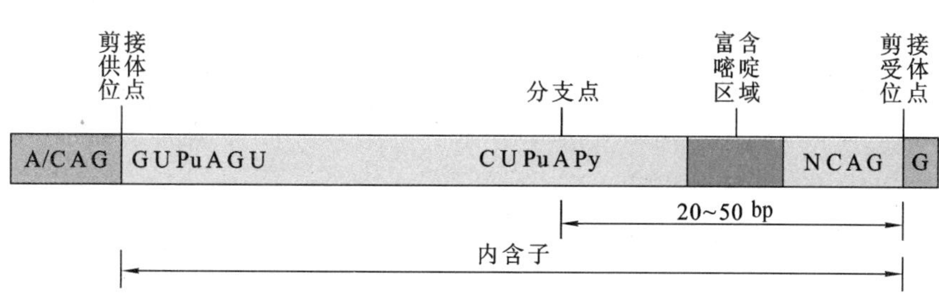

图 16-26 真核细胞核 pre-mRNA 的剪接信号

（2）snRNP

为了保证剪接反应的精确进行，细胞还必须具备识别这些剪接信号的机制。此外，在剪接反应中，相邻的外显子需要被正确地并置在一起。那么，细胞是如何做到这两点呢？ snRNP 的发现为此提供了线索。真核细胞的细胞核里含有许多序列高度保守的核小 RNA（snRNA）。snRNA 一般是由 60 ~ 300 nt 组成，且富含 U，它们通常与一些特殊的蛋白质结合在一起形成 snRNP。

已发现 10 多种类型的 snRNP，但参与主要剪接路径的只有 U1、U2、U4、U5 和 U6（表 16-3）。除了 snRNP 参与剪接作用以外，细胞内还有一些游离的蛋白质因子也参与剪辑，它们称为剪接因子（splicing factor）。SF 中最重要的一类是富含 Ser 和 Arg 的蛋白（serine/arginine-rich protein，SR 蛋白），它们所起的作用主要是与 ESE 结合，调节选择性剪接。

（3）剪接体（spliceosome）

主要是由 mRNA 前体、mRNA 前体结合蛋白、5 种 snRNP 和其他参与剪接的蛋白质在细胞核内按照一定次序组装起来的超分子复合物。剪接反应是在剪接体内发生的，由 2 次连续的亲核转酯反应组成（图 16-27）：第一次转酯反应发生在 5′- 剪接点，由分支点腺苷酸残基的 2′-OH 对 5′- 剪接点的磷酸二酯键中的磷作亲核进攻，而导致该位点的 3′，5′- 磷酸二酯键发生断裂，与此同时，分支点腺苷酸

表 16-3　参与剪接反应的 5 种 snRNA

snRNA	互补性	功能
U1	内含子的 5′ 端	识别和结合 5′- 剪接点
U2	分支点	识别和结合分支点。在剪接体组装中，也与 U6 snRNA 配对
U4	U6 snRNA	结合并失活 U6。在剪接体组装中，U4 与 U6 之间的碱基配对被 U2 与 U6 之间的配对所取代。U6 也取代 U1 与 5′- 剪接点之间的作用
U5	相邻的外显子	与相邻的 2 个外显子结合，以防止它们离开剪接体
U6	U4 和 U2	在剪接体中与 U2 结合，与其一起催化剪接反应

2′-OH 与内含子 5′ 端磷酸之间形成 2′, 5′- 磷酸二酯键；第二次转酯反应发生在 3′- 剪接点，由刚刚从 5′- 剪接点游离出来的外显子 3′-OH 对 3′- 剪接点的磷酸二酯键中的磷作亲核进攻，致使内含子以套索（lariat）结构的形式释放，同时，两个相邻的外显子通过新的磷酸二酯键连接起来。

Quiz20 细胞内的哪些过程利用转酯反应？

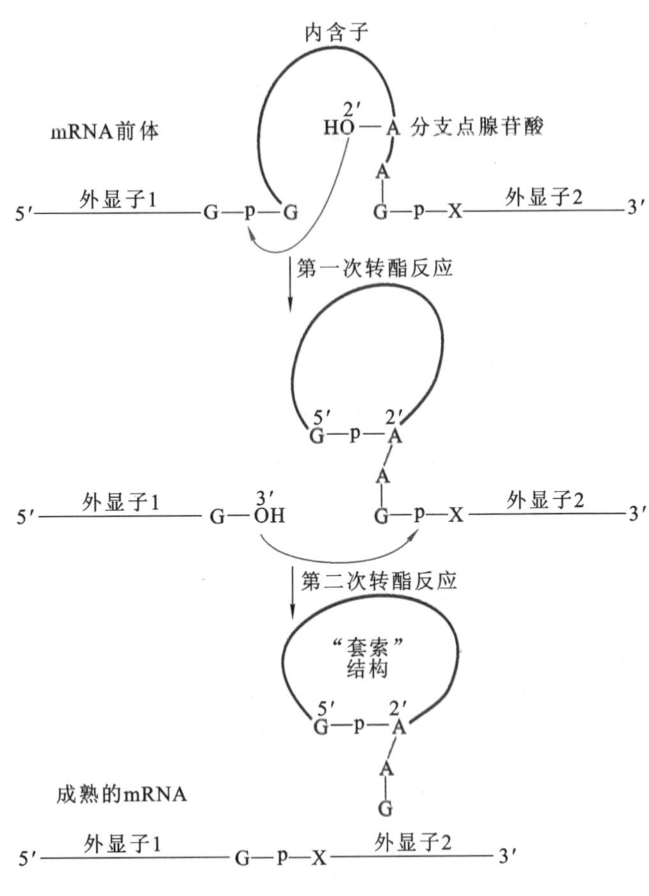

图 16-27　剪接的两次转酯反应

(4) 剪接体的组装

剪接体的组装是一个有序、耗能的过程（图 16-28），而且它本身处在动态变化之中，随着剪接反应的进行，某些成分可能离开或进入剪接体。一旦剪接反应完成，剪接体即发生解体。

剪接体组装以及剪接反应的基本步骤包括：①首先，由 U1-snRNP 和 U2-snRNP 分别识别并结合 5′- 剪接点和分支点，形成剪接体 A 复合物（spliceosomal A complex）。在这之前，分支点结合蛋白（BBP）结合在分支点上，因此 U2-snRNP 在结合时会取代 BBP，并与分支点上的一致序列发生碱基配对，形成一段短的 RNA 双螺旋。这又需要 U2 辅助因子（U2 auxiliary factor，U2AF）的帮助和 ATP 的水解。然而，U2-snRNA 与分支点一致序列之间的配对并不完美，这里的不完美表现在分支点内有一个 A 刚好无互补配对的 U，因此就突出在双螺旋之外被激活（图 16-29），为随后的第一次转酯反应提供了便利。②很快，U4/U6 -U5-snRNP 三聚体被招募到剪接体 A 复合物上，形成预催化 B 复合物（pre-catalytic B complex）。③此后，几种 snRNP 发生重排。U6 一方面代替 U1-snRNP 与 5′- 剪接点的一致序列结合，另一方面与 U4 脱离，转而与 U2 结合，这时 NTC 和 NTR 这两种蛋白质也被招募进来，产生激活的 B 复合物。此时 U6 的“脚踩两只船”，将突出的分支点腺苷酸的 2′-OH 拉向 5′- 剪接点。因此，激活的 B 复合物很快转变为能够催化的构象状态，催化第一次转酯反应，形成 C 复合物或催化步骤 I 剪接体（catalytic step I spliceosome）。此复合物中含有被切出的 5′- 外显子以及内含子与 3′- 外显子相连的套索状中间物。④接着 U5-snRNP 经历了依赖于 ATP 的重排，将相邻的外显子拉到一起，为第二次转酯反应创造了条件。第一次转酯反应中游离出来的外显子的 3′-OH 亲核进攻 3′-SS 上的磷酸二酯键，导致外显子连接而形成催化后 P 复合物（post-catalytic P complex）。随后，已连接好的外

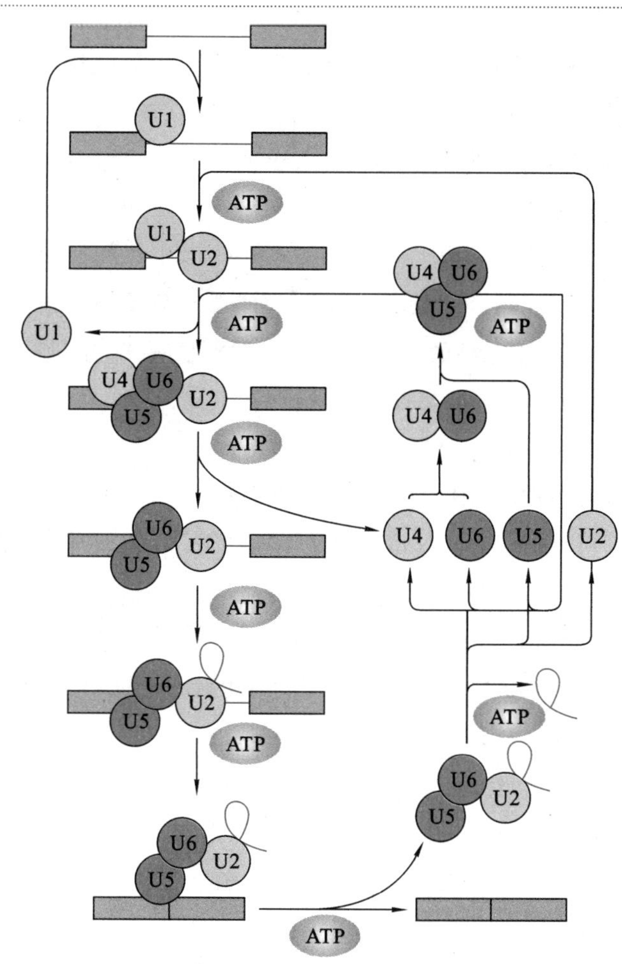

图 16-28 剪接体的组装和去组装

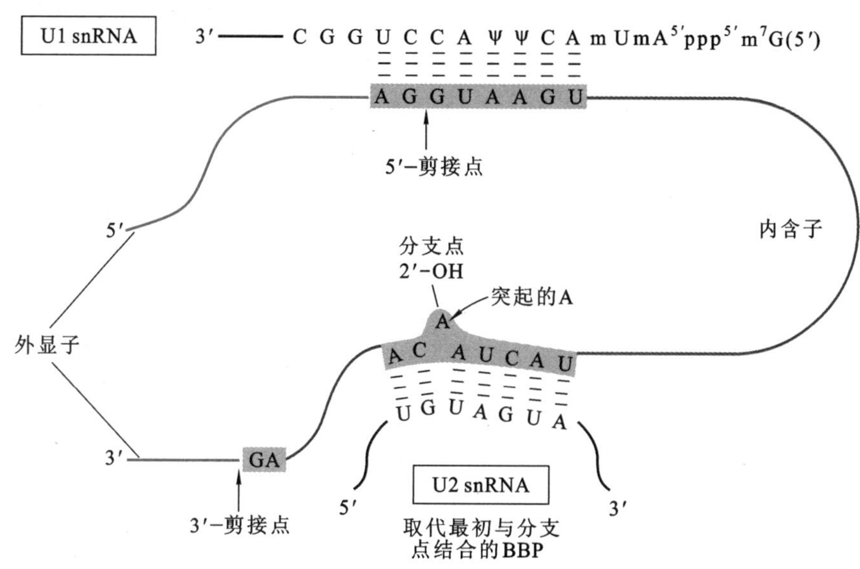

图 16-29 分支点腺苷酸 2′-OH 的突出以及 5′-剪接点和 3′-剪接点的结构

显子释放出来，而内含子仍然与内含子套索剪接体复合体相连，但最终会被释放、水解。到此阶段，剪接反应已经完成。⑤剪接体发生解体，释放出 snRNP、NTC 和 NTR。它们可循环利用，重新参与下一轮剪接反应。

虽然所有的内含子 / 外显子交界处的信号序列几乎都是相同的，但是对于含有多个内含子的 mRNA 前体来说，各个内含子的去除仍然是按照一定的次序进行的，前一个外显子的 3′ 端总是与后一个外显子的 5′ 端精确地连接。

Quiz21 为什么细胞核 mRNA 的剪接需要消耗 ATP，而第一类和第二类内含子的剪接不需要？

(5) 剪接体的三维结构与功能

长期以来，剪接体精细的三维结构，特别是催化剪接反应的活性中心的结构与功能，一直是吸引着结构生物学家的注意。虽然早有一些间接证据显示，剪接体的催化中心由 Mg^{2+}、U2 snRNA、U5 snRNA、U6 snRNA 和内含子的分支点组成，并无任何蛋白质参与催化，但缺乏直接的证据，直至 2015 年 8 月 21 日，*Science* 同时在线发表了清华大学施一公教授（现就职于西湖大学）研究小组的两篇题目分别为“Structure of a Yeast Spliceosome at 3.6 Å Resolution”和“Structural Basis of Pre-mRNA Splicing”的论文，从而让人们认识了剪接体的“庐山真面目”。第一篇论文报道了通过单颗粒冷冻电镜方法解析出高分辨率的酵母剪接体的三维结构；第二篇则是在此结构基础上进行了详细的功能分析，阐述了剪接体对 mRNA 前体进行剪接的基本机制。

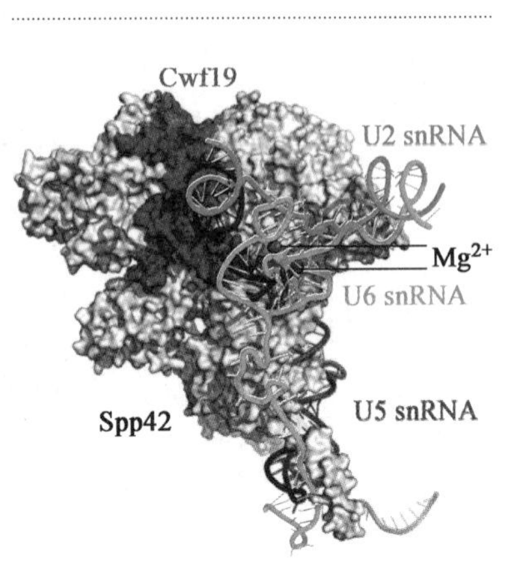

图 16–30 酵母剪接体的三维结构

他们的结果显示（图 16–30）：U5 snRNP 作为剪接体的核心成分，由 U5 snRNA、Spp42 蛋白、Cwf10 蛋白、Cwf17 蛋白和七聚 Sm 蛋白单体形成的环组成，其中 U5 snRNA 高度保守的环Ⅰ和茎Ⅰ主要与 Spp42 的 N 端结构域上的二级结构元件结合。Cwf10 则识别并结合 U5 snRNA 的环Ⅱ和茎Ⅲ，而环Ⅲ与暴露在剪接体表面洞穴的溶剂接触，Cwf17 紧靠茎Ⅱ和Ⅲ。U5 snRNP 充当了中央框架结构，其他 snRNP 围绕着它进行组装，例如 U6 和 U2 snRNA 就缠绕其上。在靠近 U5 snRNA 的一个环的地方，形成了一个催化中心，它锚定在 Spp42 蛋白表面的催化洞穴内。需要注意的是，Spp42 在 N 端结构域的一个环沿着 U6 snRNA 在其分子内茎环（intramolecular stem loop，ISL）表面的沟，将其中 R681、R686、K693 和 K699 这 4 个碱性氨基酸的侧链插入到沟中，可能也有助于稳定 ISL 的构象。在催化中心，至少有 2 个 Mg^{2+} 与 U6 snRNA 上几个高度保守的核苷酸结合。以套索结构存在的内含子，正好通过碱基互补配对与 U2 和 U6 snRNA 结合。这种结合可谓恰到好处，让内含子中间长度可变的部分处于催化中心能接触到溶剂的表面。剪接体中的蛋白质将 U2、U6 snRNA 的 5′ 端及 3′ 端锚定在离开活性中心的位置，并引导 RNA 序列，使其在催化中心和两端之间有足够的柔性。因此，剪接体的本质是一个需要蛋白质作引导的核酶，其中的蛋白质成分负责让与剪接有关的 RNA 分子在正确的时间相互靠近，组装出活性中心，催化剪接反应。

(6) 选择性剪接

对于一些基因来说，剪接套路几乎是固定不变的：同一个断裂基因在所有细胞转录以后，进行完全相同的剪接反应，最后产生的是单一的成熟 mRNA，这样的剪接称为组成型剪接（constitutive splicing）。但对于大多数基因来说，其 mRNA 的剪接方式不止一种。同一种 mRNA 的不同剪接方式称为选择性剪接（alternative splicing）或可变剪接。选择性剪接现象可发生在同一个体的不同组织之中，或者同一个体的不同发育阶段，甚至可出现在同一物种的不同个体之中。通过选择性剪接，可导致一个基因编码出两种或两种以上的蛋白质。

mRNA 之所以能够发生选择性剪接，一方面是因为它含有多重剪接信号，另一方面是因为细胞中存在一些调节剪接反应的蛋白质。

(7) 反式剪接

绝大多数剪接反应发生在同一个 RNA 分子上，因此称为顺式剪接（*cis*-splicing）。如果剪接发生在两种不同的 RNA 分子之间，就为反式剪接（*trans*-splicing）。反式剪接仅发生在由某些叶绿体基因组和某些生物（如锥体虫）的核基因组编码的两个 RNA 分子之间。例如，锥体虫通过反式剪接，将相同的由 35 nt 组成的前导序列从一种由 RNA 聚合酶Ⅱ催化转录的 RNA 分子上，转移到所有的由聚合酶Ⅰ催化转录的 mRNA 的 5′ 端，从而使它们也带上帽子结构，获得翻译活性。

反式剪接也是在剪接体内进行的，即依赖于 snRNP，也是两次转酯反应，但转酯反应是在两个不同的 RNA 分子之间发生的(图 16–31)。

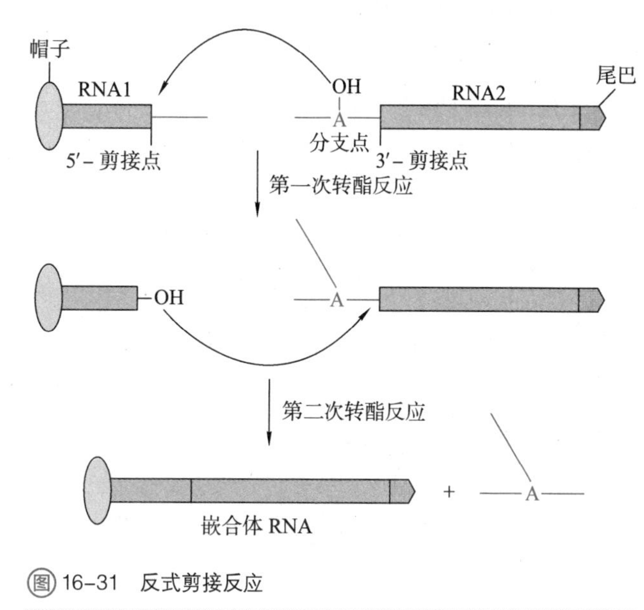

图 16–31　反式剪接反应

(8) 不依赖 snRNP 的剪接

在一些植物的叶绿体和低等真核生物的线粒体里，有一些蛋白质基因(如细胞色素氧化酶和 RuBP 羧化酶大亚基)也有内含子。这些蛋白质基因与一些细菌少数含有内含子的蛋白质基因一样，转录出的 mRNA 与细胞核 mRNA 的剪接机制相似，然而并不需要 snRNP 的帮助，而且反应是由内含子作为核酶进行的自催化。这里的内含子被称为第二类内含子，以区别于四膜虫 rRNA 的第一类内含子和依赖于 snRNP 剪接的第三类内含子。

2. 剪接的生物学意义

在剪接现象最初被发现的时候，科学家感到十分困惑，因为剪接过程是高度耗能的。因此，单从能量的角度，剪接似乎是一种浪费能量的过程，而从生物进化的角度，自然选择应该尽可能淘汰浪费的过程，除非剪接具有很重要的生物学功能。现在已很清楚，剪接至少具有两项重要功能。

(1) 与选择性剪接有关。具体就是通过选择性剪接提高基因的编码能力，创造蛋白质的多样性。选择性剪接可以从一个基因产生几种或多种不同的 mRNA，再经过翻译，可得到几种或多种在一级结构上有别的多肽或蛋白质。当然，不同真核生物的选择性剪接的潜力是不同的，像低等的真核生物，如面包酵母，只有 5% 的基因具有内含子，而含有内含子的基因也只有少数能够发生选择性剪接。然而，对于复杂的多细胞生物来说，在很大程度上依赖于选择性剪接创造蛋白质的多样性。据保守的估计，人类约 93% 的蛋白质基因能发生选择性剪接。而如果将其他产生多样性的手段(不同启动子的选择性使用、选择性加尾和编辑等)结合起来，就可进一步扩大蛋白质的多样性。

(2) 与外显子混编有关。外显子混编(exon shuffling)这个概念最早由 Walter Gilbert 于 1977 年提出，它是指源自一个或几个基因的若干个外显子像“洗牌”一样地进行重排。基于一个外显子通常对应于一个结构域，这样很容易将不同的蛋白质分子上现成的结构域通过混编，集中到一个新的蛋白质分子上，因此这也是生物产生新基因的一种重要机制。

除了上述两项功能以外，许多蛋白质基因的内含子经剪接释放出来以后，并非毫无用处，而是有其他的功能：有的可以被加工成 miRNA，去抑制其他蛋白质基因的翻译；有的被加工成 snoRNA，参与 rRNA 的后加工，如多细胞动物的大多数 snoRNA 和酵母有 7 种 snoRNA 就来自蛋白质基因的内含子；还有就是充当其他蛋白质的嵌套基因(nested gene)。如 Ⅰ 型神经纤维瘤基因(neurofibromatosis type Ⅰ gene，*NF1*)的内含子含有 3 个嵌套基因，它们转录的方向与 *NF1* 刚好相反。

(五) 编辑

1986 年，Rob Benne 在研究锥体虫线粒体基因组编码的细胞色素氧化酶亚基Ⅱ(COXⅡ)的基因结构的时候，发现成熟的 COXⅡ-mRNA 在编码区比其基因的编码链序列多出 4 个 U。在排除了误测的可能性以后，Benne 认为这 4 个 U 是在转录以后通过编辑添加进去的。从此以后，编辑这种后加工方式渐被人知。到了 1988 年，随着锥体虫线粒体内更多的 mRNA 序列和相应的编码链序列被测定出，发现编辑是其线粒体基因组一种普遍现象，且编辑的方式也不限于加 U，还可能是减 U。

Quiz22　迄今为止，你学到哪些特性是锥体虫不同于其他生物的地方？

现在，编辑已被证明是一种很常见的转录后加工形式，其基本的含义是指发生在 RNA 分子内部（不包括两端）的任何碱基序列的变化。如果是 mRNA 编辑，则专指在其编码区内发生的序列改变，因此发生在 mRNA 两端的加帽和加尾都不属于编辑。

1. 编辑的方式

编辑主要有两种方式：一种是编码区内发生的碱基转换，例如 C → U 以及 A → I；另一种是在编码区内增减一定数目的核苷酸，通常是尿苷酸。

2. 编辑的机制

编辑的机制随编辑方式的不同而不同：碱基的转换需要特殊的作用 RNA 的核苷脱氨酶的催化，而核苷酸的插入或缺失则一般需要一种引导 RNA（gRNA）的介入。不管是哪一种编辑，都需要一系列蛋白质和酶的参与，以识别、结合和加工编辑点，保证编辑的忠实性。

(1) 依赖于作用 RNA 的核苷脱氨酶的编辑

有两类作用 RNA 的核苷脱氨酶，可催化特定 RNA 分子中特定的核苷酸而不是游离的核苷酸发生脱氨基反应，从而导致 RNA 分子中两种含有氨基的碱基发生转换：一类是作用 RNA 的胞苷脱氨酶（cytosine deaminases that act on RNA，CDAR），专门催化 C → U 的编辑；另一类是作用 RNA 的腺苷脱氨酶（adenosine deaminases that act on RNA，ADAR），专门催化 A → I 的编辑。

C → U 编辑的典型例子是构成乳糜微粒的 Apo B-48 的 mRNA。哺乳动物血液里的 CM 和 LDL 分别含有 Apo B-48 和 Apo B-100，它们分别在小肠上皮细胞和肝细胞内合成，由相同的基因编码，初级转录物完全一样。但是，同样的初级转录物在小肠上皮细胞内经历了编辑，其 C2152 在一种 CDAR 催化下转变成 U，而在肝细胞没有（图 16-32）。一旦这个 C 变成 U，原来编码 Gln 的密码子 CAA 变成了终止密码子 UAA，导致编辑过的 mRNA 在翻译的时候提前结束，形成被截短的蛋白质。

A → I 则是发生在动物体内最常见的编辑，催化编辑的有 ADAR1 和 ADAR2。它们的差别主要表现在对底物作用的专一性上：前者主要负责重复序列区的编辑，而后者主要负责非重复序列区域的编辑。ADAR 可特异性识别一个 RNA 分子双链区内的 A，将其脱氨而转变成 I。I 会被细胞内的翻译系统和剪接系统视为 G，因此这种编辑相当于是在 RNA 水平上发生的 A → G 的碱基转换。已发现，这种编辑可在多个方面影响到基因的表达和功能。例如，通过改变编码区的密码子性质而改变蛋白质的氨基酸序列，或者通过改变剪接点的序列而改变剪接的样式，或者通过改变核糖核酸酶的识别序列而改变 RNA 的稳定性，或者在 RNA 病毒复制时通过改变序列而影响 RNA 基因组的稳定性，还可以通过改变细胞内一些非编码 RNA（如 miRNA）而影响到这些 RNA 与其他 RNA 的作用。哺乳动物体内发生这种编辑的蛋白质包括：谷氨酸受体、5- 羟色胺受体、γ -GABA 受体和 ADAR2 自身等。

以谷氨酸受体为例，它是一种离子通道。已发现，体内这类离子通道有的可通透 Na^+ 和 Ca^{2+}，而有的只通透 Na^+。究其原因，原来是构成谷氨酸受体的一个亚基的 mRNA 会发生编辑。在 ADAR 催化下，

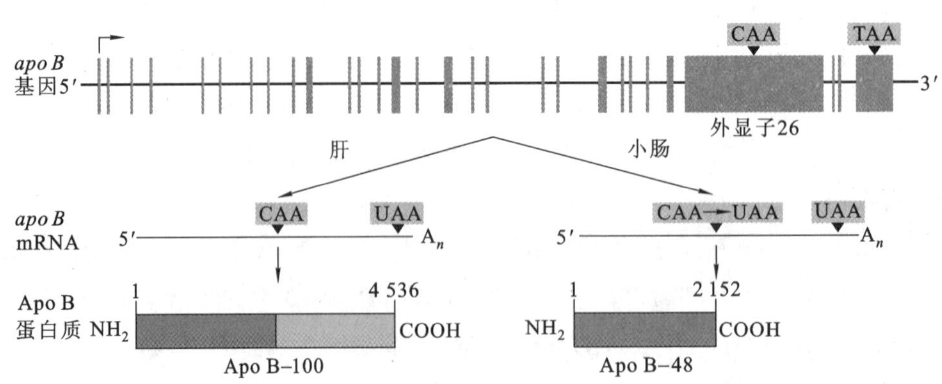

图 16-32 小肠上皮细胞内发生的 Apo B 蛋白的 pre-mRNA 的编辑

其 mRNA 某一处的 A 变成了 I，致使编码 Gln 的密码子 CAG 变成了编码 Arg 的密码子 CIG。由于这个与编辑有关的氨基酸残基正好在离子通道的壁上，因此影响到了通道的选择性，当侧链带正电荷的 Arg 代替原来不带电荷的 Gln 以后，Ca^{2+} 便无法通过。

Quiz23 RNA 分子中除了 A 和 C 氨基可以脱氨基以外，G 也有氨基，可以脱氨基变成 X（黄嘌呤），但并没有 G 变为 X 的编辑系统。对此你如何解释？

(2) 依赖于 gRNA 的编辑

这种编辑受 gRNA 的引导，通过几种酶的级联作用，从 3′→5′ 方向展开。gRNA 起两个作用（图 16-33）：其一是锚定编辑点，其二是提供模板序列。在编辑过程中，GU 作为正常的碱基对。具体的反应为：① gRNA 与起始编辑点的周围序列配对；②特定的内切酶切开错配的碱基；③在末端尿苷酸转移酶的催化（terminal uridylyl transferase）催化下，切点 5′ 片段的 3′-OH 插入 U，或在 3′- 尿苷酸外切酶（3′-uridylate exonuclease）催化下，切点 5′ 片段的 3′ 端缺失 U；④ RNA 连接酶连接编辑点。

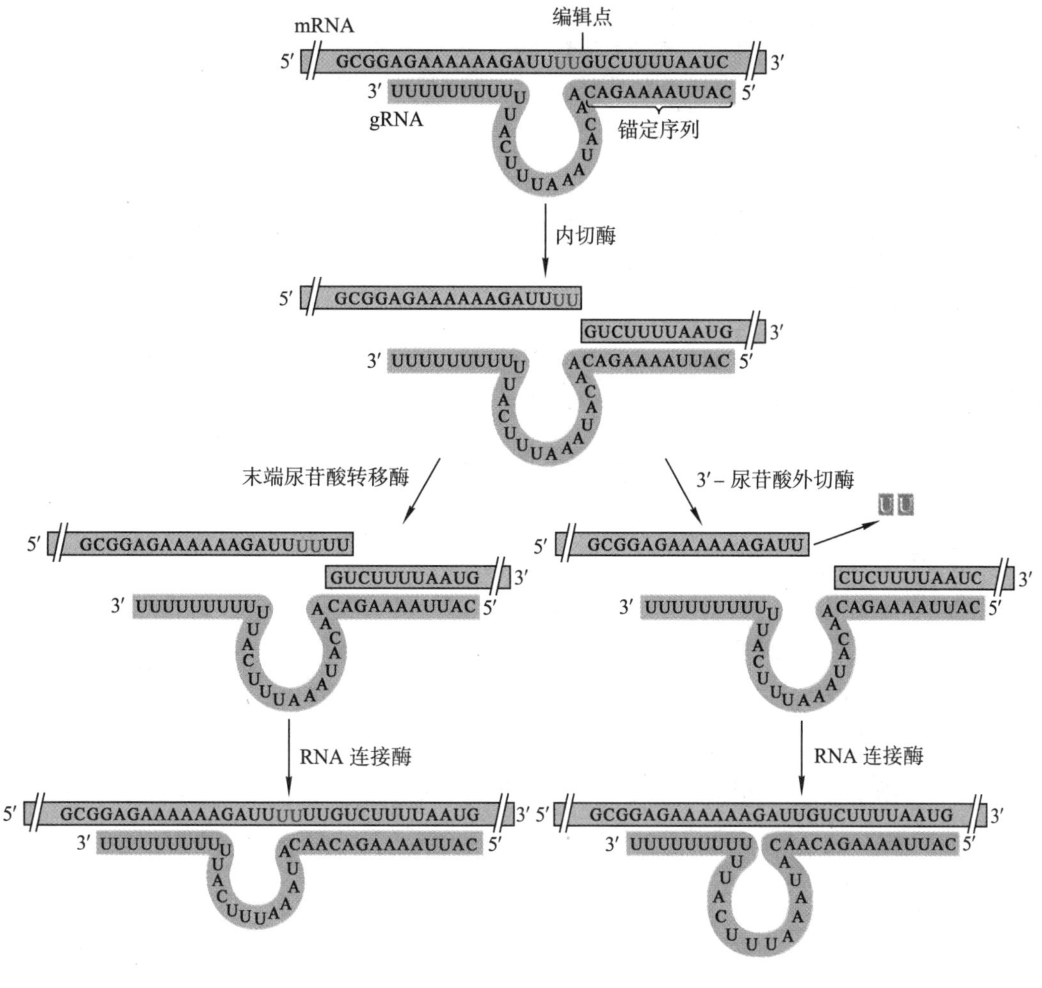

图 16-33　gRNA 指导的编辑过程

3. 编辑的意义

主要包括：①就像选择性剪接和选择性加尾一样，编辑可以在不增加基因组基因数目的前提下，提高不同种类蛋白质的数目。②调节基因的表达。③纠正在 DNA 水平所发生的某些突变（参看本章第三节）。④为某些 mRNA 创造起始密码子或终止密码子。创造起始密码子的实例是小麦线粒体 *nadl* 转录物，通过编辑将一个 ACG 密码子转换成 AUG 起始密码子。

二、rRNA 的后加工

细菌、古菌和真核生物（5S rRNA 除外）的 rRNA 基因都是以多顺反子的形式存在，而在细菌和古菌中，还可能有 tRNA 基因夹在其中。要从这种共转录物中分别得到各种 rRNA，需要经历剪切（cleavage）、修剪（trimming）和核苷酸的修饰这三种形式的后加工（图 16-34）。但真核生物的 5S rRNA

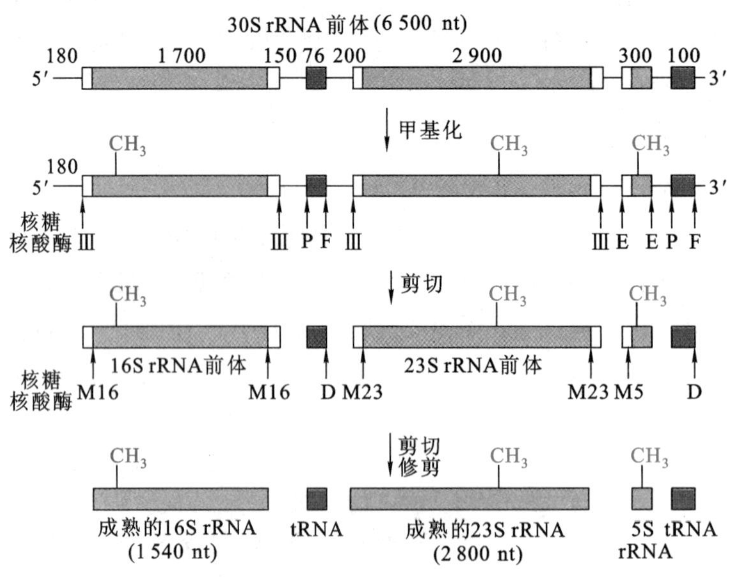

图 16-34 细菌 rRNA 前体的后加工

是作为一个单顺反子单独转录的,故其后加工仅仅由 3′ 外切酶做简单的修剪就可以了。

1. 剪切和修剪

由特定的核糖核酸酶催化,是在 rRNA 与核糖体蛋白结合以后发生的。细菌涉及的酶包括核糖核酸酶Ⅲ、D、F、P、M16 和 M5 等。其中剪切为"粗加工",由内切酶从共转录物的内部将各 rRNA 两侧的多数核苷酸切除,并将单独的 rRNA 释放出来;修剪为"细加工",由外切酶从各 rRNA 两端将多余的核苷酸逐个水解掉。真核生物除了有类似的核糖核酸酶Ⅲ以外,还有一种特有的由蛋白质和 RNA 组成的核糖核酸酶 MRP。

2. 核苷酸的修饰

修饰的主要形式为核糖 2′-OH 的甲基化和形成假尿苷,甲基供体为 SAM。修饰的功能可有助于 rRNA 的折叠和与核糖体蛋白的结合,还可能提高 rRNA 的稳定性。与细菌不同的是,真核生物 rRNA 的后加工需要一系列 snoRNA 的帮助。这些 snoRNA 和特定的蛋白质组装成 snoRNP。绝大多数 snoRNA 通过与 rRNA 前体修饰位点周围序列的互补配对,来确定修饰位点。主要有两类 snoRNA:一类指导 2′-O 甲基化的核糖形成;另一类指导假尿苷的形成。至于古菌,也需要各种类似于 snoRNA 的小 RNA 的参与。

3. 剪接

少数古菌和真核生物的 rRNA 的基因有内含子,对于这些 rRNA 来说,后加工自然包括剪接。但古菌 rRNA 的剪接与其 tRNA 的剪接相似(见后),不同于真核生物。这里以四膜虫的 rRNA 为例,其前体含有第一类内含子。其剪接被 Thomas Cech 发现完全是一种自催化反应,即由其内含子作为核酶催化。整个剪接过程为(图 16-35):首先是充当辅因子的鸟苷或鸟苷酸上的 3′-OH 亲核进攻 5′ 剪接点上的磷酸二酯键,结果导致外显子 1(E1)和内含子之间的磷酸二酯键发生断裂。在 E1 和内含子之间的磷酸二酯键断裂的同时,鸟苷或鸟苷酸即与内含子的 5′ 端形成新的磷酸二酯键;随后,刚刚暴露出的 E1 的 3′-OH 进攻 3′ 剪接点的磷酸二酯键,造成这里的磷酸二酯键断裂。这时,内含子随之被切除,而 E1 和外显子 2(E2)则通过新的磷酸二酯键而连接起来。

三、tRNA 的后加工

tRNA 的后加工方式也包括剪切和修剪以及核苷酸的修饰(图 16-36),少数还有剪接和编辑。

1. 剪切和修剪

一个成熟的 tRNA 的前体可能有几百个核苷酸。多出来的核苷酸一般分布在前体的两侧,其中位

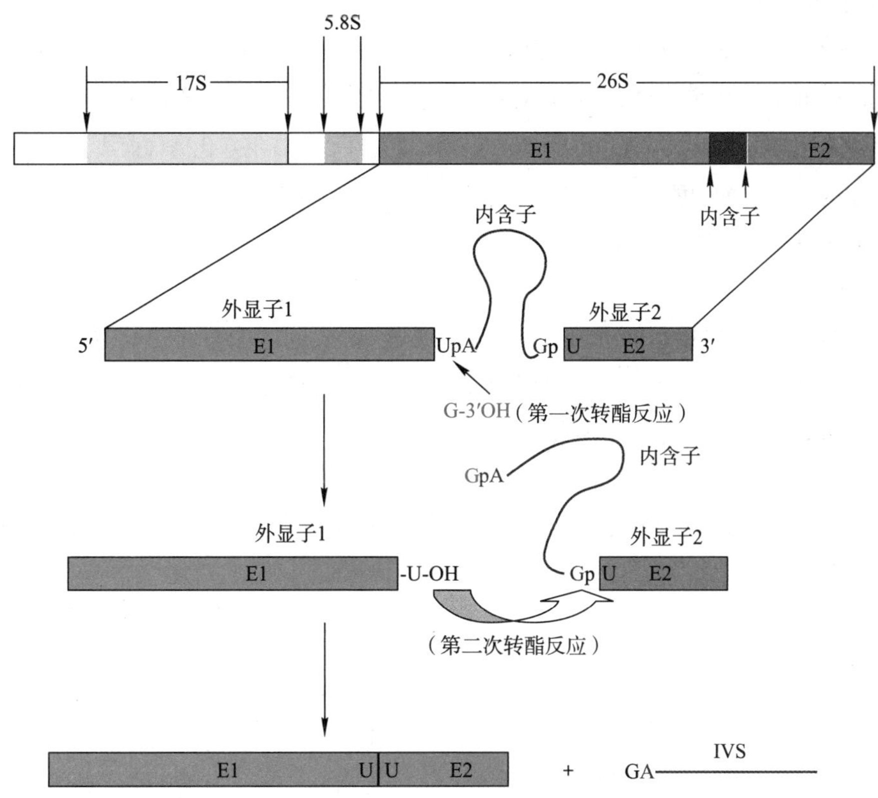

图 16-35 四膜虫 rRNA（第一类内含子）的自我剪接

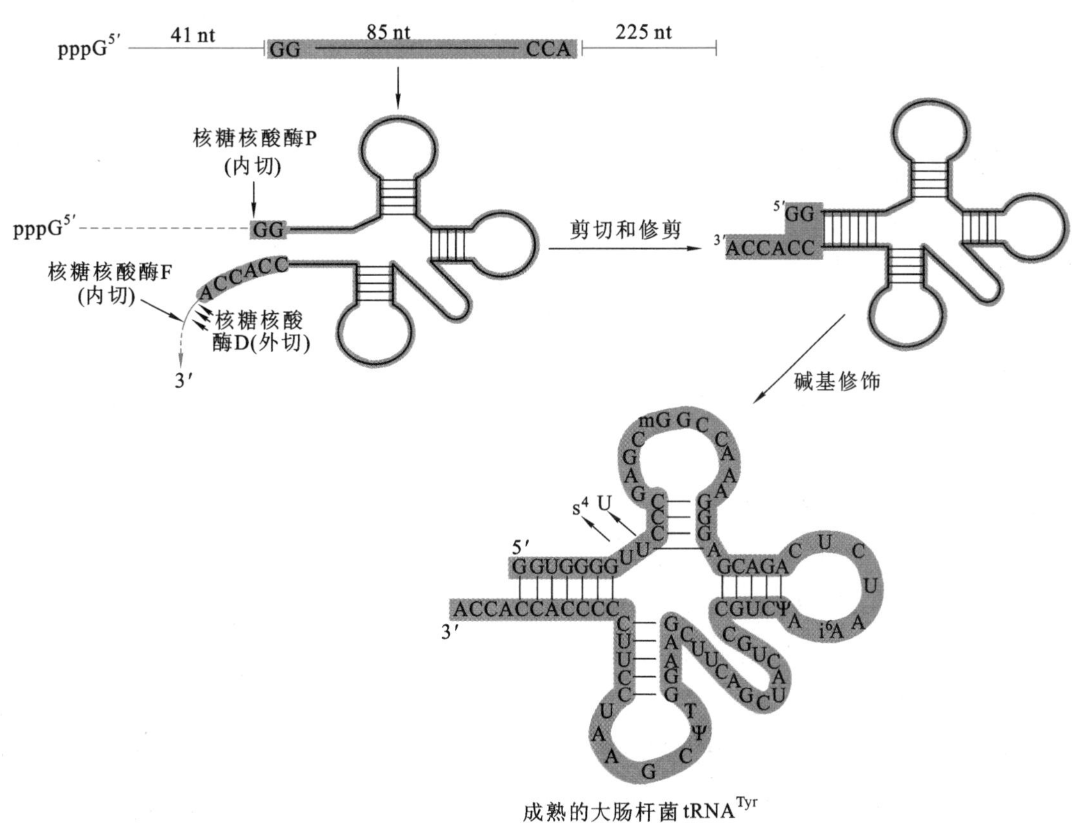

图 16-36 大肠杆菌 tRNA^{Tyr} 的后加工

于 5′ 端的称为前导序列（leader sequence），而位于 3′ 端的称为拖尾序列（trailer sequence）。它们都会被特定的核酸酶切除。在各种核酸酶中，参与 5′ 端剪切的核糖核酸酶 P 是一种核酶。参与 3′ 端剪切的核糖核酸酶 Z 负责切除基因内部缺乏 CCA 序列的 tRNA 的拖尾序列。如果一种 tRNA 的基因本来就有 CCA 序列，就由核糖核酸酶 F 和 D 切除拖尾序列。

2. 核苷酸的修饰

一个成熟的 tRNA 分子有约10% 的核苷酸是被修饰的。修饰主要集中在碱基上，修饰的方式有近百种。被修饰的碱基主要集中在最后折叠好的三维结构的核心和反密码子附近，特别是在摇摆的位置。例如几乎存在于所有 tRNA 分子中的 TψC 序列，其中的 T 由 U 甲基化修饰而成，ψ 由真尿苷异构化而成。这些化学修饰的功能包括：降低 tRNA 构象的可变性、提高稳定性、改善氨酰化的速率和特异性以及翻译时解码的精确性等。

3. CCA 的添加

所有 tRNA 的 3′ 端都有 CCA 序列，但细菌大多数 tRNA 的基因自带了 CCA，故只需要将其右侧的拖尾序列切除就可暴露出来。而古菌和真核生物几乎所有的 tRNA 基因本来没有 CCA，就需要在 tRNA 核苷酸转移酶（tRNA nucleotidyltransferase）催化下添加。此酶不需要模板，只以 CTP 和 ATP 为底物，在核糖核酸酶 Z 剪切后留下来的 3′-OH，先后将 2 个 C 和 1 个 A 添加到 tRNA 的 3′ 端。

4. 剪接

少数细菌、古菌和真核生物的 tRNA 含有内含子，如许多蓝细菌的起始 tRNA 和 $tRNA^{Leu}$，这就需要进行剪接。但细菌 tRNA 的内含子一般属于第一类内含子，由内含子自己充当核酶催化剪接反应。古菌和真核生物的 tRNA 的内含子属于第四类内含子，完全由蛋白质催化。这里以酵母细胞的 tRNA 为例，含有内含子的 tRNA 的剪接共由 3 步反应组成（图 16-37）。

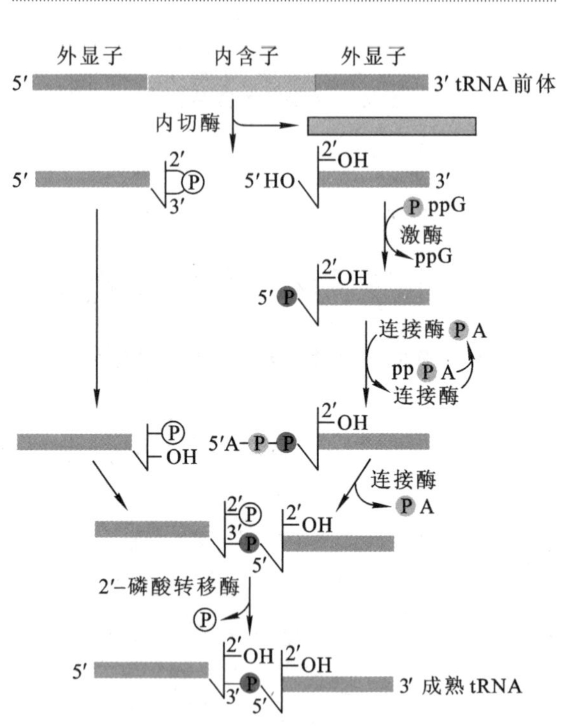

图 16-37 酵母 pre-tRNA 的剪接

（1）剪切。特定的 tRNA 内切酶在内含子的两端切开 tRNA，直接释放出内含子。内含子去除后在 5′ 外显子的 3′ 端和 3′ 外显子的 5′ 端分别留下 2′,3′- 环磷酸和 5′-OH，产生 2 个半分子 tRNA。由于 tRNA 前体已形成了三叶草二级结构，因此失去内含子的 2 个半分子 tRNA 仍然通过受体茎的碱基配对结合在一起。

Quiz24 你认为 tRNA 剪接过程中 2′,3′- 环磷酸的结构是如何形成的？

（2）改造切口。磷酸二酯酶切开 1 个半分子 tRNA 上的 2′,3′- 环磷酸，游离出 3′-OH，激酶则在另 1 个半分子 tRNA 上的 5′-OH 上加上磷酸根。

（3）连接切口。tRNA 连接酶消耗 ATP 将 2 个半分子连接起来，磷酸酶水解掉 2′- 磷酸。

5. 编辑

某些古菌 tRNA 进行编辑，这些古菌通过编辑纠正了发生在 tRNA 基因上的一个突变，该突变可影响到 tRNA 正常的折叠和功能。以嗜热产甲烷古菌（*Methanopyrus kandleri*）为例（图 16-38），它共有 34 个 tRNA 基因，其中

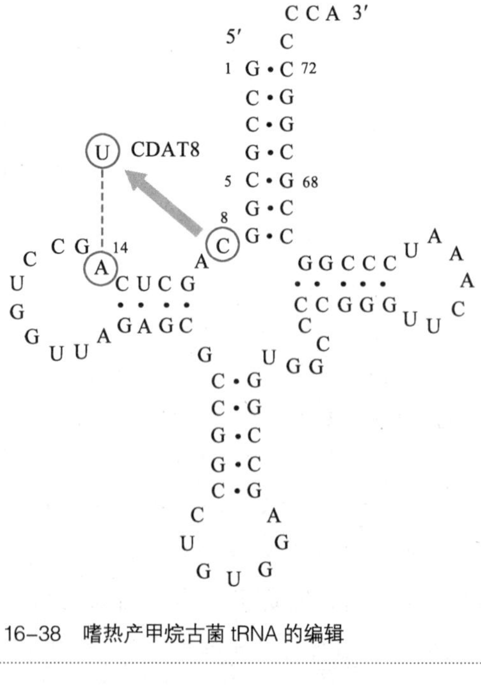

图 16-38 嗜热产甲烷古菌 tRNA 的编辑

有 30 个在 8 号位并不是通常编码 U 的 T，而是 C，但在成熟的 tRNA 分子上却是 U8，并不是 C8。于是，这些成熟的 tRNA 像其他 tRNA 一样，照样在 8 号和 14 号之间形成对 tRNA 三级结构至关重要的 U8-A14 配对。经过进一步的研究发现，有一种高度特异性的胞苷脱氨酶催化了 C8 → U8 的编辑。这种酶就是作用 tRNA8 号碱基的胞苷脱氨酶（cytidine deaminase acting on tRNA base 8，CDAT8）。

科学故事　依赖 DNA 的 RNA 聚合酶的发现之路

关于 RNA 聚合酶的发现者，一般生化教材上都会提到 Charles Loe、Audrey Stevens 和 Jerard Hurwit 这三位科学家。他们几乎同时在 1960 年分别独立地发现了依赖 DNA 的 RNA 聚合酶。虽然他们后来没有因此获得诺贝尔奖，但是 RNA 聚合酶的发现的意义重大，丝毫不亚于 DNA 聚合酶的发现。那么 RNA 聚合酶是如何被发现的呢？下面我们就来看看其中的一位叫 Jerard Hurwit 的科学家在大肠杆菌中发现 RNA 聚合酶的故事。

1953 年，Jerard Hurwitz（图 16-39）在美国西部保留地大学生化系获得博士学位，随后去了 NIH 做了三年的博士后以后，便到了当时 Kornberg 所在的华盛顿大学圣路易斯分校任职。到了 1958 年，Hurwitz 决定移居纽约，去了纽约大学医学院微生物学系。基于以前的研究经历，特别是在圣路易斯对核苷酸参入到 RNA 的研究，Hurwitz 决定专注于研究 RNA 的生物合成。虽然早在 1956 年，Grunberg Manago 和 Ochoa 已在棕色固氮菌（*Azotobacter vinelandii*）中发现了可在体外催化 RNA 合成的多聚核苷酸磷酸化酶（PNP），但是 PNP 的作用方式使 Hurwitz 怀疑其在体内 RNA 合成中的作用。PNP 以高浓度的 NDP 为底物，不需要模板，生成 RNA 聚合物和 P_i，但其合成出的 RNA 的核苷酸组成取决于加到反应中的 NDP 种类和各 NDP 之间的相对比率，而且反应完全是可逆的，即产生的 RNA 聚合物易于被磷酸解为相应的 NDP。因此，丝毫没有受到 Grunberg Manago 和 Ochoa 的发现的影响，Hurwitz 仍决心去寻找在细胞内真正催化 RNA 生物合成的酶。

图 16-39　Jerard Hurwitz（1928–2019）

除了 Grunberg Manago 和 Ochoa 发现了 PNP 以外，在 1953 年到 1958 年之间，其实还有其他有关 RNA 合成的报道。比如，1958 年，Paul Berg 发现了有利用 NTP（特别是 CTP 和 / 或 ATP）而非 NDP 延伸 RNA 链的 tRNA 末端转移酶，该酶催化在 tRNA 3′ 端添加对于氨基酸酰化是必不可少的 CCA 序列。再如，在 1960 年，Edmonds 和 Abrams 发现了从 ATP 合成 polyA 链的 polyA 聚合酶。但很明显，上述酶活性均不能解释胞内 RNA 是怎样被合成的。

与 DNA 的生物合成相反，RNA 的生物合成由于其异质性而显得更加复杂。此外，有证据表明 RNA 种类不同，功能就有所不同。显然，许多特定的小 RNA（tRNA）是蛋白质合成中各个氨基酸的载体，而存在胞内多种较大的 RNA（rRNA）作为核糖核蛋白复合物的组分。到了上一个世纪 50 年代后期，科学家已普遍认为 DNA 序列中编码的遗传信息决定蛋白质的氨基酸序列，而 RNA 在此过程中起了中间体作用。其中最有力的证据来自 Volkin 和 Astrachan 的实验：就是在 $^{32}P_i$ 存在下，T2 噬菌体感染大肠杆菌直接导致包含与 T2 DNA 的片段相同碱基比率的 RNA 被迅速合成和降解。

对于这些结果，Hurwitz 十分清楚，实际上他在圣路易斯就考虑过 DNA 在 RNA 合成中的作用，但他真正寻找依赖 DNA 的 RNA 合成的努力始于 1959 年，并且是用大肠杆菌提取物进行的。受到 Kornberg 实验室如何发现 DNA 聚合酶的启发，即单个酶在 DNA 模板和所有 4 中 dNTP 的存在下就可以进行 DNA 合成，Hurwitz 认为可能存在一个类似的专门用于 RNA 合成的酶。为了避免 tRNA 末端转移酶所催化的反应的干扰，Hurwitz 使用了 α-^{32}P-UTP 并用大肠杆菌 DNA 进行了实验，以避开可能存在物种特异性的可能性。实验的初步结果令人鼓舞，但是从大肠杆菌中提取的粗提物变化很大，尤其是它们对添加的外源 DNA 的依赖性，如试图除去 DNA 可导致活性的急剧下降或完全丧失。经过长时间的尝试，

Hurwitz 发现硫酸鱼精蛋白可将催化核糖核苷酸参入的酶活性沉淀下来，该活性可以在低盐浓度下优先得到提取。随后的纯化步骤让 Hurwitz 终于得到了支持大肠杆菌 DNA 依赖性的核糖核苷酸参入的活性部分。Hurwitz 认为这种活性是源自 PNP 的可能性很小，但由于 Littauer 和 Kornberg 已证明 PNP 在大肠杆菌细胞中含量十分高，因此有必要予以排除。令人不快的是，Hurwitz 很容易在制剂中检测到它的存在。但促使 Hurwitz 认为 PNP 不能催化 DNA 依赖性反应的主要证据是支持强的 DNA 依赖性 RNA 合成所需的 NTP 浓度在 10^{-5} mol · L^{-1} 范围内，而 PNP 催化则需要 10^{-3} mol · L^{-1} 量级的 NDP。此外，在使用的反应条件下，RNA 不能替代 DNA，以及 Pi 的存在并不能阻止 DNA 依赖性的 RNA 合成，但是可以显著抑制 PNP 活性。

1959 年，Samuel B. Weiss 的实验室报告说他们在大鼠肝细胞核抽取物中，得到了支持包含所有 4 种 NTP 的反应混合物中的 RNA 合成。重要的是，省略一种 NTP 会明显减少 RNA 合成。他们的实验还表明，RNA 的合成对 RNA 酶敏感，标记的 RNA 产物的碱性水解可导致所有 4 种 2′单核苷酸的放射性恢复。但是，添加 DNA 酶只会稍微减少核糖核苷酸参入到 RNA 中。显然，Weiss 的小组已经发现了一个与 tRNA 末端转移酶不同的 RNA 合成系统，但当时尚不清楚他们是否在研究依赖 DNA 的 RNA 合成反应。到 1960 年春末，Hurwitz 可重复地证明了用大肠杆菌制备物从外部添加 DNA 可以显著刺激 RNA 合成，并需要所有 4 种 NTP，而低水平的 DNA 酶或 RNA 酶完全阻断了 RNA 的合成。重要的是，各种各样的异源 DNA 都能支持 RNA 合成。1960 年，Hurwitz 的研究成果在 *Biochemical and Biophysical Research Communications* 上发表了。但想不到的是，该杂志同一期还发表了另外两个实验室有关 RNA 合成的论文：一个是在 NIH 的 Leon Heppel 实验室的 Audrey Stevens，他发现大肠杆菌的提取物在反应中将标记的 ATP 参入 RNA 需要所有 4 种 NTP。她的论文表明该反应对 RNA 酶敏感，但未评估 DNA 在反应中的作用。另一个是加州理工学院的 James Bonner 的小组报道了豌豆提取物的类似发现。因此，RNA 合成的研究当时显然已经成为了一种竞争剧烈的比赛。

尽管 Hurwitz 在实验中仅使用了部分纯化的组分，但参入的核糖核苷酸反映了所用 DNA 模板的基本组成。为了更详细地研究这一点，Hurwitz 将反应中具有高和低 AT 含量（变化多达 4 倍）的 DNA 作为模板进行了比较，结果表明核糖核苷酸参入的模式反映了这种偏好。期间，Hurwitz 联系了哥伦比亚大学的 Erwin Chargaff，希望从他那里获得少量的 GC 含量高的分枝杆菌 DNA，但 Chargaff 要求 Hurwitz 当面告诉他，而不是通过电话告知打算如何使用他的 DNA。于是 Hurwitz 专程去找了 Chargaff，向他详细解释了如何用他的 DNA 进行实验。首先 Hurwitz 告诉 Chargaff，正在研究一个系统，其中 DNA 似乎可以作为 RNA 合成的模板。Chargaff 最后同意提供 DNA。然而，当 Hurwitz 跟着 Chargaff 进入他的实验室，没想到他从放在室温下一个瓶中给了几毫克 DNA。Hurwitz 对在室温下储存 DNA 感到有些惊讶，就问 Chargaff 有没有在低温下储存的材料。他说没有。因为用于测定依赖于 DNA 的 RNA 合成的速度很快，所以回到他的实验室后不久，Hurwitz 意识到这种 DNA 制剂是无活性的，因为它在酸性条件下定量是可溶的。就在几年后，Hurwitz 读到 Maurice Wilkens 撰写的一篇简短论文时感到很有趣，Wilkens 在文中描述了他有关 DNA 结构的早期实验。那时，他想确定 DNA 的 X 射线衍射图谱是否受其碱基组成的影响，并用从 Chargaff 获得的分枝杆菌 DNA 进行了此类研究。令他失望的是，他并没有得到任何衍射结果，所以 Hurwitz 怀疑 Wilkens 是用与他所用的相同 DNA 做实验的。

到 1961 年春季，John J. Furth 博士后研究员加入 Hurwitz 的实验室，那时已经积累了许多数据，得出结论：由 DNA 依赖性 RNA 聚合酶合成的 RNA 碱基组成反映了反应中使用的 DNA 模板的序列，特别是在两个特殊的 DNA 模板存在下进行的 RNA 合成支持了这一结论，包括使用由 Gobind Khorana 小组化学合成的多聚 dT，可在不参入任何其他 NTP 的情况下合成 polyA，并证明了包含交替 ATAT 序列的 poly dAT 共聚物仅指导在 ATP 和 UTP 存在下的 RNA 合成，不需要 GTP 和 CTP，而且合成的 poly AU 包含交替的 AUAU 序列。说起 poly dAT，此模板来自在 Kornberg 所做的 DNA 聚合酶实验的产物。当

Hurwitz 打电话给 Kornberg 索取该材料时，Kornberg 告诉 Hurwitz，当时在 Paul Berg 实验室攻读研究生的 Michael Chamberlin 也在研究大肠杆菌 RNA 聚合酶，并计划对该 DNA 进行相同的实验，所以他感到有义务将其先送给 Chamberlin。Kornberg 建议在 Chamberlin 做完实验后，他会考虑将资料发送给 Hurwitz。对此 Hurwitz 表示理解。此后不久，Kornberg 告诉 Hurwitz，Chamberlin 发现 poly dAT 共聚物不支持 RNA 合成，如果仍然想要这种材料，他会提供。因为 Chamberlin 的实验是负结果，所以 Hurwitz 仍然索取了样品，但实验却是成功的。后来，Hurwitz 与 Chamberlin 交换了酶，发现他做的早期制剂受到了核酸酶活性较大的污染，这可能解释了他实验失败的原因。

在取得初步发现后，Hurwitz 继续专注于 RNA 聚合酶。在与 John J. Furth 合作后，Hurwitz 纯化了 RNA 聚合酶。Hurwitz，Furth 和 Monika Anders 使用两种不同的技术从大肠杆菌提取物中纯化了 300 倍的酶。他们纯化的 RNA 聚合酶催化了四种 NTP 合成 RNA，并需要 DNA 和 Mn^{2+} 或 Mg^{2+} 的存在。Hurwitz 还发现，形成的 RNA 与 DNA 互补，并预测到由 RNA 聚合酶合成的一种 RNA 参与蛋白质的合成。

差不多就在前后，Weiss 报道了从溶菌微球菌中分离到 DNA 依赖性的 RNA 聚合酶，但与他们先前对大鼠肝核的研究结果相反，使用纯化的溶血支原体酶进行的 RNA 合成完全依赖于 DNA，并且进行了广泛的 RNA 合成。随后来自 Stevens、Chamberlin 和 Berg 的实验室的实验表明，通过 RNA 聚合酶反应参入 RNA 的核苷酸的物质的量超过了作为 DNA 添加的核苷酸的物质的量，表明了 DNA 模板的重要性。Weiss 以及后来的 Chamberlin 等进行的实验表明，用纯化的 RNA 聚合酶和双链模板 DNA 体外产生的 RNA 产物经过加热和冷却后，可与反应中使用的 DNA 特异性杂交。重要的是，两个实验室都表明，模板双链在支持广泛的 RNA 合成后仍保持完整。这些发现表明，RNA 聚合酶以完全保守的方式转录了双链 DNA。

思考题：

1. 如果使用基因工程的手段将 RNA 聚合酶的 σ 因子与核心酶的某一个亚基融合在一起，形成融合多肽（假定融合对各个亚基原来的结构没有影响），预测这样的全酶对基因的转录会有什么样的后果？为什么？

2. 为了深入研究真核生物 RNA 聚合酶 Ⅱ CTD 的功能，你决定定点突变其中的 Ser/Thr 为 Ala。预测下列各种突变对大多数蛋白质基因转录的起始、转录物的稳定性、剪接和运输出细胞核有何影响，并作简要解释。如果是组蛋白的基因，影响又是如何？

(1) 突变阻止加帽因子无法与 CTD 结合。

(2) 突变阻止加尾因子与 CTD 结合。

(3) 突变阻止剪接因子与 CTD 结合。

(4) 所有的 Ser/Thr 都突变成 Ala。

3. 当使用被装配成核小体的 DNA 作为模板，加入纯化的转录因子和染色质重塑复合物进行体外转录的时候，发现转录能够启动，但只能产生较短的转录物。根据上述现象，有人认为，细胞内存在一些特殊的因子是 RNA 聚合酶 Ⅱ 能够通过核小体转录。试提出一种方法来鉴定可能存在的上述蛋白质因子。

4. 与 RNA 聚合酶 Ⅱ 相比，为什么 RNA 聚合酶 Ⅰ 催化的转录总是终止于固定的位点？

5. 有人在一种奇特的真菌的细胞抽取物中发现一种新的 RNA 聚合酶。该聚合酶只能从单一的高度特异性的启动子起始基因的转录。随着此酶的纯化，其活力开始下降。完全纯化的酶完全没有活性，除非加入粗抽取物到反应混合液之中。对此试提出几种可能的解释。

网上更多资源……

本章小结　授课视频　授课音频　生化歌曲

教学课件　推荐网址　　参考文献

第十七章　RNA 的复制

DNA 是生物主要的遗传物质，但并不是唯一的遗传物质，RNA 病毒就使用 RNA 作为遗传物质，它们广泛寄生于各种细菌和真核生物的宿主细胞内，但古菌似乎缺乏。根据 RNA 的复制方式，RNA 病毒可分为两类：一类是非逆转录 RNA 病毒。其基因组 RNA 复制的方式是依赖于 RNA 的 RNA 复制，即 RNA → RNA；另一类是逆转录 RNA 病毒。其基因组 RNA 复制涉及逆转录，即 RNA → DNA → RNA。显而易见，非逆转录 RNA 病毒是远古“RNA 世界”现在仅存的“直系后代”。

本章主要介绍 RNA 基因组的复制，特别是逆转录病毒基因组的复制。

第一节　依赖于 RNA 的 RNA 复制

依赖于 RNA 的 RNA 复制是在依赖于 RNA 的 RNA 聚合酶（RNA-dependent RNA polymerase，RdRP）催化下进行的，该酶又称为 RNA 复制酶（replicase）。RNA 指导的 RNA 复制具有的主要特征如下所述。

（1）RdRP 主要由病毒基因组编码，有的还需要宿主细胞编码的辅助蛋白。例如，大肠杆菌的 Qβ 噬菌体复制酶由 4 条肽链组成，但有 3 条是宿主细胞编码的。

（2）复制的方向总是 5′ → 3′。

（3）绝大多数在模板的一端从头启动合成，少数需要引物。例如，脊髓灰质炎病毒（poliovirus）负链 RNA 的合成，就以一种蛋白质作为引物。

（4）属于易错、高突变合成。这是因为 RdRP 一般无校对能力，但一些基因组较大的 RNA 病毒可编码特殊的核酸酶进行复制校对，如冠状病毒（coronavirus）。

（5）对放线菌素 D 不敏感，但对核糖核酸酶敏感。

（6）复制的场所绝大多数在宿主细胞的细胞质，少数在细胞核（例如流感病毒）。

Quiz1　与 DNA 病毒相比，RNA 病毒的基因组通常很小，约为 5～15 kb，你认为其中的原因是什么？

基因组 RNA 有单链和双链之别，而单链 RNA 又有正链和负链之分（以 mRNA 为标准，正链 RNA 与 mRNA 同义，负链 RNA 与 mRNA 互补），因此不同的 RNA 病毒在其基因组 RNA 复制的细节上会有所不同（图 17-1）。

一、双链 RNA 病毒的 RNA 复制

这一类病毒的基因组 RNA 为双链，如轮状病毒（Rotaviruses），在病毒感染到宿主细胞后，基因组 RNA 不能当 mRNA 使用。因此，病毒在“前任”宿主细胞包装的时候，需要将 RNA 复制酶放入病毒颗粒之中，以便在进入“下任”宿主细胞之后，能转录出 mRNA。

关于双链 RNA 病毒的基因组复制，这里以轮状病毒为例。它有三层衣壳结构，当以内吞的方式进入宿主细胞后，因蛋白酶的水解而脱去外层衣壳，从而在细胞质留下裸露的核心颗粒。核心颗粒中的基因组 RNA 在内部的 RdRP 的催化下，转录出具有帽子结构但无多聚

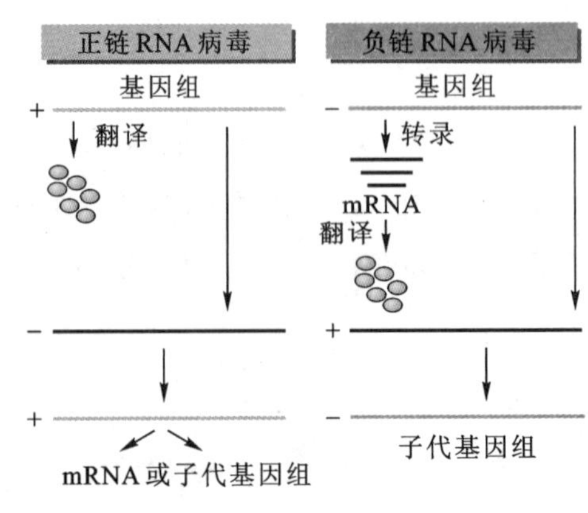

图 17-1　正链 RNA 和负链 RNA 基因组的复制

A 尾的单顺反子 mRNA。mRNA 在合成过程中伸入到细胞质并进行翻译。翻译出来的产物包括新的结构蛋白和 RdRP，它们与全长的 mRNA 组装成非成熟的颗粒。在颗粒内部，mRNA 作为模板，指导负链 RNA 的合成，从而得到新的双链基因组 RNA。

Quiz2 许多 RNA 病毒转录出来的 RNA 具有帽子结构，你认为这种加帽反应与真核细胞核转录的 mRNA 的加帽反应有何差别？

二、单链 RNA 病毒的 RNA 复制

(一) 正链 RNA 病毒的 RNA 复制

这一类病毒的基因组 RNA 与 mRNA 同义，因此可直接作为 mRNA 使用。一旦病毒感染进入宿主细胞，基因组就可以被翻译，如甲型肝炎病毒(HAV)、丙型肝炎病毒(HCV)、戊型肝炎病毒(HEV)、脊髓灰质炎病毒、寨卡病毒(zika virus)和冠状病毒(coronavirus)。它们的基因组 RNA 的复制由自身编码的 RdRP 催化，经过互补的反基因组负链 RNA 中间物，就很容易产生新的基因组正链 RNA。

以导致 2019 冠状病毒疾病(coronavirus disease 2019，COVID-19)的严重急性呼吸综合征冠状病毒 2(severe acute respiratory syndrome coronavirus 2，SARS-CoV-2)为例，其外膜上的刺突(spike，S)蛋白与宿主细胞(主要是呼吸道上皮)膜上的受体血管紧张素转化酶 2(angiotensin converting enzyme 2，ACE2)特异性结合以后，可以通过两种方式进入宿主细胞：一是受体介导的内吞；二是病毒外膜与宿主细胞质膜的融合。两种方式分别依赖内体中的组织蛋白酶和宿主细胞质膜上的跨膜丝氨酸蛋白酶 2(transmembrane serine protease 2，TMPRSS2)将 S 蛋白切开，以暴露出里面的融合肽，促使病毒的外膜和内体膜或者质膜的融合，从而将病毒基因组释放到细胞质。随后在宿主细胞内所进行的繁殖过程如下所述(图 17-2)。

(1) 带有帽子和多聚 A 尾的基因组 RNA 直接作为病毒 mRNA，被翻译成多聚蛋白 pp1a 和 pp1ab。多聚蛋白再被木瓜蛋白酶样蛋白酶(Papain-like protease，PL pro)和三胰凝乳蛋白酶样蛋白酶或三 C 样蛋白酶(3C-like protease，3CL pro)切割，产生各种与病毒基因组复制和转录有关的功能性非结构蛋白，其中包括解链酶或 RNA 复制酶 - 转录酶复合物(RdRP)。

(2) 翻译好的 RdRP 催化反基因组 RNA 即负链 RNA 的合成。

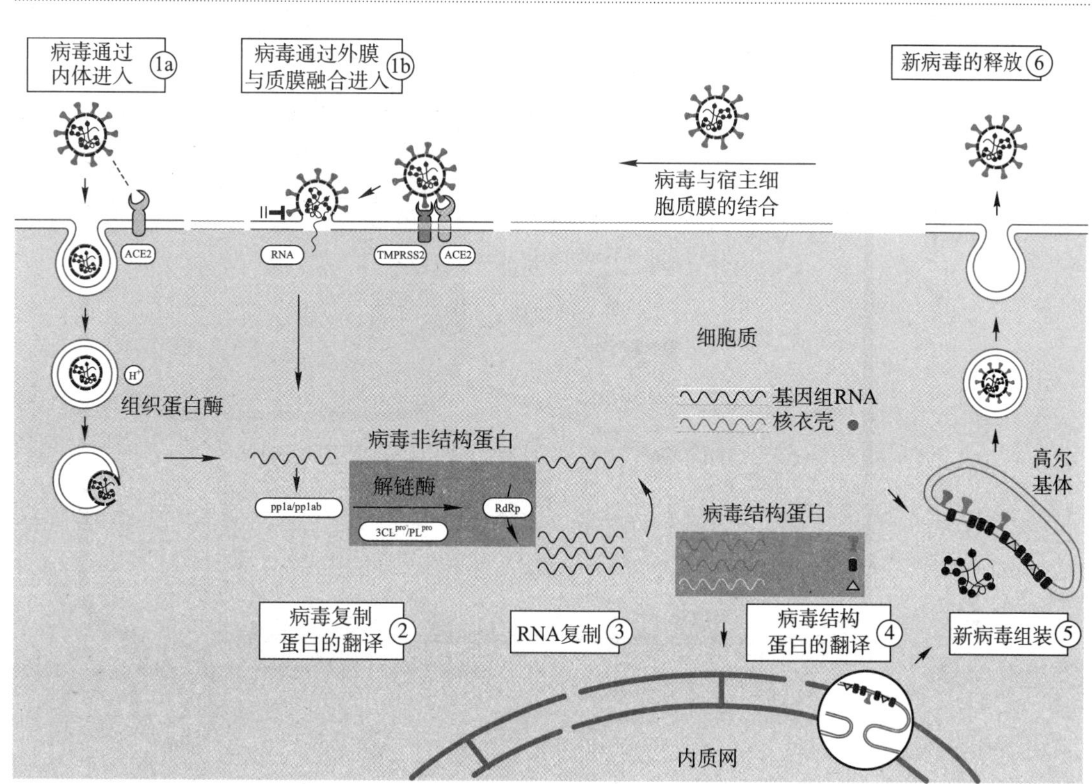

图 17-2 SARS-CoV-2 的生活史

(3) RdRP 再以负链 RNA 作为模板，催化转录一系列 3′ 端相同、但 5′ 端不同的亚基因组 mRNA 和全长基因组 mRNA。这些 mRNA 在转录时，5′ 端都会被加上帽子，3′ 端被加上多聚 A 尾。

(4) 每一个亚基因组 mRNA 只有第一个基因被翻译，这样可翻译出各种结构蛋白，例如 S 蛋白、膜蛋白和核衣壳蛋白。

(5) 全长基因组 mRNA 并不与核糖体结合进行翻译，而是在内质网和高尔基体被包装到新病毒颗粒之中。

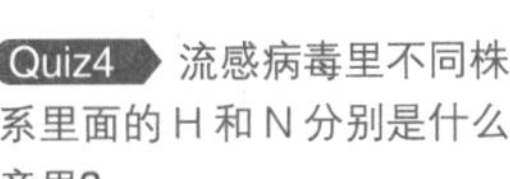

根据冠状病毒的生活史，你认为哪些环节可作为治疗 COVID-19 的靶标？

(6) 新病毒颗粒通过出芽再经胞吐作用释放到胞外。

(二) 负链 RNA 病毒的 RNA 复制

这一类病毒的基因组 RNA 与 mRNA 反义，如流感病毒(influenza virus)、埃博拉病毒(Ebola virus)和麻疹病毒(measles virus)。因此在进入宿主细胞之后，必须拷贝成互补的正链 RNA，才能翻译出新的病毒蛋白。于是，新病毒颗粒在形成过程中，需要将 RNA 复制酶包装到病毒颗粒之中，以便在进入新的宿主细胞之后能够转录出 mRNA。

Quiz4 流感病毒里不同株系里面的 H 和 N 分别是什么意思？

以流感病毒为例，其基因组由 8 股 RNA 节段构成，分别编码不同的蛋白质。其生活史可分为 7 个阶段(图 17-3)：①病毒通过受体(唾液酸)介导的内吞方式进入宿主细胞；②进入宿主细胞的病毒颗粒脱去外面的衣壳，释放出 8 股基因组 RNA；③基因组 RNA 进入细胞核，被转录成 mRNA；④一部分 mRNA 从宿主细胞 mRNA 中，“窃”得帽子结构后在细胞质被翻译成多种蛋白质产物——非结构蛋白 1(non-structural，NS1)、非结构蛋白 2(NS2)、碱性聚合酶 1(polymerase basic 1，PB1)、碱性聚合酶 2(polymerase basic 2，PB2)、酸性聚合酶(polymerase acidic，PA)、核蛋白(nucleoprotein，NP)、基质蛋白 1(matrix protein 1，M1)、基质蛋白 2(M2)、血凝素(hemagglutinin，HA)和神经氨酸苷酶(neuraminidase，NA)，其中 HA 和 NA 在粗面内质网上翻译，经过高尔基体转运到细胞膜；⑤一部分 mRNA 作为模板，复制出 8 股基因组 RNA；⑥ 8 股基因组 RNA 先与进入细胞核的病毒蛋白 PB1、PB2、PA 和 NP 形成复合物，然后离开细胞核进入细胞质，被含有 HA 和 NA 的质膜包被，装配成新的病毒颗粒；⑦新的病毒颗粒通过出芽的方式得以释放。

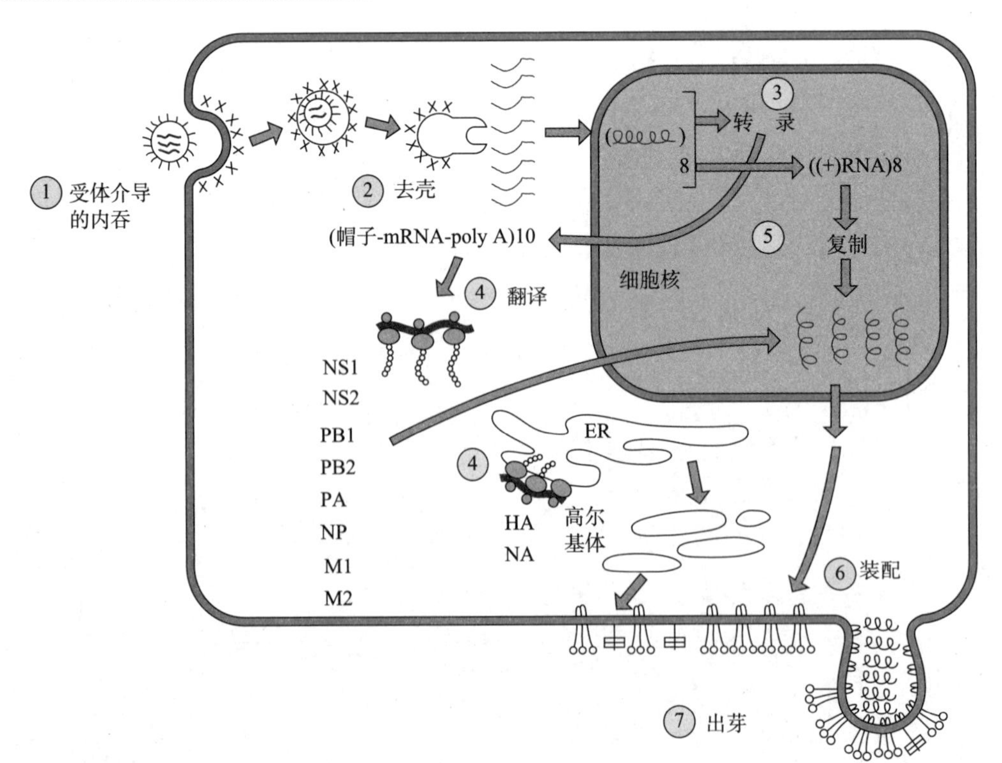

图 17-3 流感病毒的生活史

第二节 以 DNA 为中间物的 RNA 复制

以 DNA 为中间物的 RNA 复制最为关键的一步是逆转录反应。该现象最早是在上世纪 60 年代末由 Howard Temin 和 David Baltimore 在研究 RNA 肿瘤病毒的复制中发现的。现在已很明确,逆转录现象不仅存在于逆转录病毒的生活史中,还存在于细菌和真核生物的一些重要过程中,其广泛性大大出乎科学家最初的预想。按照"RNA 世界"的设想,在生命从"RNA 世界"进化到"DNA 世界"中,逆转录酶可能起决定性作用。可以想象,当地球上出现了核苷酸还原酶和逆转录酶以后,从 RNA 世界进入 DNA 世界的大门就此打开了。

一、逆转录病毒的 RNA 复制

逆转录病毒带有正链 RNA 基因组,但在感染宿主细胞后,基因组 RNA 并不能作为 mRNA 进行翻译,而是作为逆转录酶的模板,被逆转录成 DNA。

(一) 逆转录病毒的结构

按照从外到内的次序,一个典型的逆转录病毒颗粒的结构包括(图 17-4):外被(envelope)在最外面,是一层衍生于宿主细胞膜的磷脂双层结构,其上插有病毒编码的表面糖蛋白(surface glycoprotein,SU)和跨膜蛋白(transmembrane protein,TM);中间是一层衣壳(capsid),呈二十面体状。组成衣壳的蛋白质有基质蛋白(matrix protein,MA)、衣壳蛋白(capsid protein,CA)和核衣壳蛋白(nucleocapsid protein,NC),其中 NC 形成核心,对基因组有保护作用;基因组 RNA 在病毒颗粒的最里面,共有 2 个拷贝,通过一小段互补序列结合在一起,同时还结合有 2 个用作逆转录引物的 tRNA 分子(图 17-5)。此外,外面还结合有逆转录酶、整合酶和蛋白酶等。

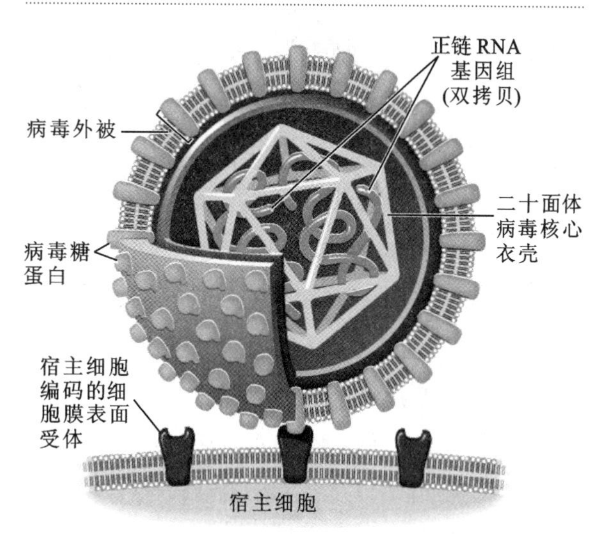

图 17-4 逆转录病毒的结构

逆转录病毒的基因组 RNA 等同于一个全长的病毒 mRNA(图 17-6),其非编码区包括 5′ 端的帽子、

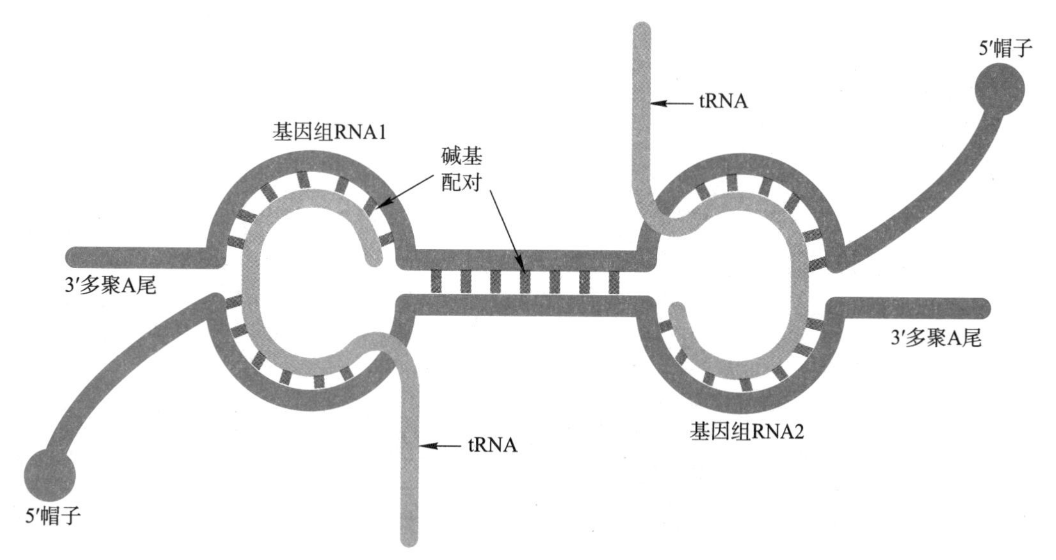

图 17-5 逆转录病毒二倍体基因组 RNA 与 tRNA 之间的结合

5′端的末端直接重复序列(repeat,R)、5′端特有序列(5′-end unique,U5)、引物结合位点(primer-binding site,PBS)、剪接信号、引发第二条链合成的多聚嘌呤区域(polypurine tract,PPT)、3′端多聚A尾、3′端特有序列(3′-end unique,U3)和3′端的末端直接重复序列。编码区通常含有3个结构基因:*gag*编码MA、CA和NC;*pol*编码逆转录酶、整合酶和蛋白酶;*env*编码SU和TM。如果是肿瘤病毒,如劳氏肉瘤病毒(Rous sarcoma virus,RSV),就还含有编码癌蛋白(oncoprotein)的癌基因*onc*。

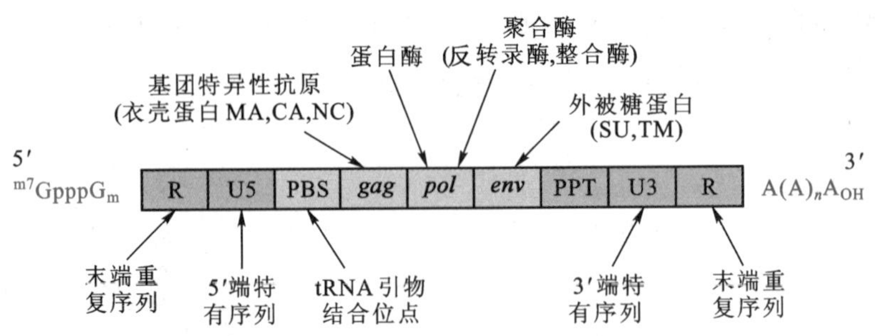

图17-6 逆转录病毒基因组的结构

(二)逆转录病毒的生活史

逆转录病毒中最臭名昭著的要算HIV了,它是人类获得性免疫缺陷综合征(acquired immune deficiency syndrome,AIDS)即艾滋病的元凶。

感染艾滋病病毒的途径主要有血液传播、性传播和母婴传播。

以HIV为例,逆转录病毒的生活史可分为八个阶段(图17-7)。

1. 病毒的附着以及和宿主细胞膜的融合

这一个阶段是由HIV在宿主细胞膜上的受体和辅助受体介导的过程。病毒颗粒外被先特异性附着在宿主细胞膜上、然后与膜融合(图17-8)。作为受体和辅助受体的蛋白质分别是CD4蛋白和趋化因子(chemokine)受体——CCR5或CXCR4,而配体是病毒表面糖蛋白gp120和gp41。其中,CD4是

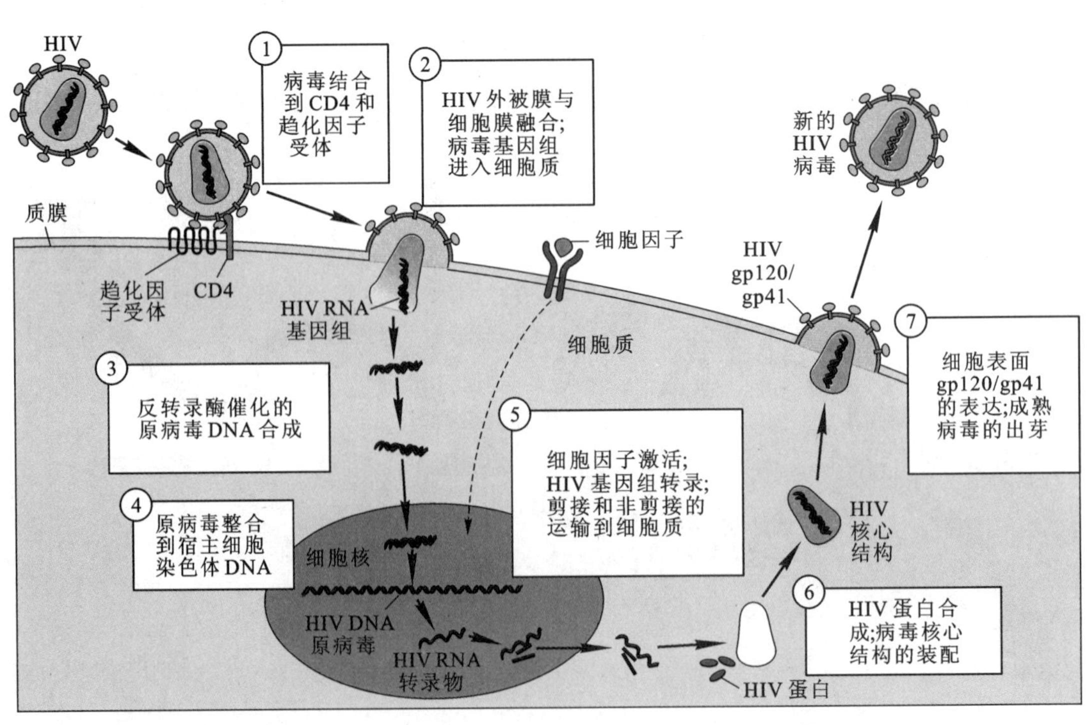

图17-7 艾滋病病毒的生活史

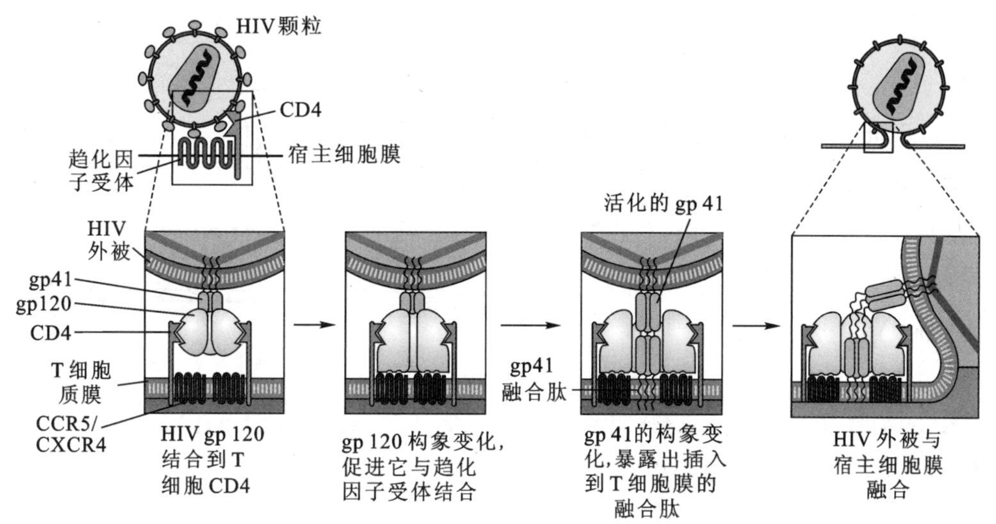

图 17-8　艾滋病病毒外被与宿主细胞膜的融合

一种细胞表面糖蛋白，其正常功能主要是作为 T 细胞受体的辅助受体，降低细胞激活所必需的抗原数量；而趋化因子的受体属于与 G 蛋白偶联的受体，其正常功能是参与和趋化因子相关的信号传导。

HIV 的宿主细胞主要包括：CD4-T 淋巴细胞、巨噬细胞、单核细胞和树突状细胞（dendritic cell）。这些细胞同时含有 CD4 蛋白和趋化因子受体。

HIV 在感染早期通常使用 CCR5，而在后期可能只用 CXCR4，或者同时使用 CCR5 和 CXCR4。

2. 核心颗粒释放和逆转录

当 HIV 外被与宿主细胞膜融合以后，由衣壳包被的基因组 RNA 便进入细胞质，随后在与基因组 RNA 结合的逆转录酶的催化下，进行逆转录。

逆转录酶含有 2 个亚基，小亚基是大亚基的水解产物，其功能是保护大亚基免受水解。大亚基具有 3 个酶活性：①依赖于 RNA 的 DNA 聚合酶活性。这就是逆转录酶活性，该活性用来催化负链 DNA 的合成，但需要宿主细胞提供的一种 $tRNA^{Lys}$ 作为引物。②核糖核酸酶 H 活性。该活性用来水解 tRNA 引物和基因组 RNA。③依赖于 DNA 的 DNA 聚合酶活性。该活性以部分降解的基因组 RNA 作为引物，合成正链 DNA。

Quiz5　核糖核酸酶 H 在体内和体外有哪些功能或用途？

通过逆转录酶的三个酶活性的依次作用，原来的基因组 RNA 被转化为两端带有 LTR（U3-R-U5）序列的双链 DNA，原来的基因组 RNA 的 3′ 端和 5′ 端分别加上 U5 和 U3（图 17-9）。那么为什么需要将双链 DNA 两端转变成 LTR 呢？原因在于控制逆转录病毒基因转录的启动子和增强子序列位于 U3 内部。此外，只有在 5′ 端加上了 U3 以后，原病毒 DNA 将来才可能在宿主细胞 RNA 聚合酶 Ⅱ 的催化下，转录出全长基因组大小的 mRNA，再经过后加工，得到完整的新基因组 RNA（图 17-10）。否则，无法拷

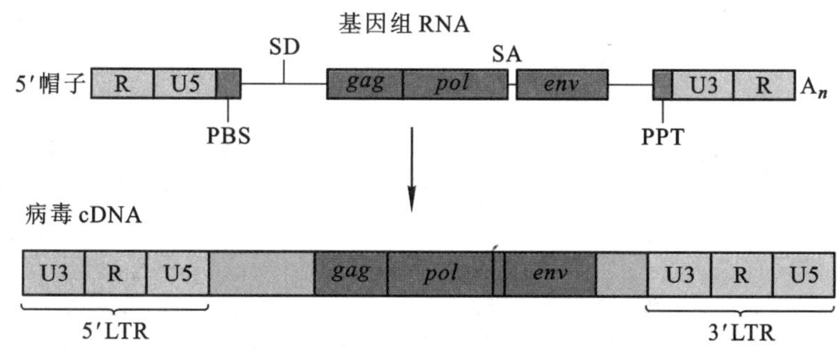

图 17-9　逆转录病毒基因组经逆转录后形成的 LTR

贝转录起点上游的序列，也就得不到完整的基因组 RNA。

逆转录酶催化的反应的精度并不高，错误率平均为万分之一，原因是它没有 3′ 外切酶活性。这已成为 HIV 对抗艾滋病药物容易产生抗性的主要原因。

Quiz6 若 HIV 是一种 DNA 病毒，你认为治疗艾滋病将变得容易还是更困难？为什么？

3. 原病毒 DNA 进入细胞核

原病毒 DNA 单独并不能进入细胞核，它需要先与病毒蛋白 VPR、MA 和 IN 一起组成核蛋白复合物，然后在位于 IN 上的核定位信号（NLS）的指导下，通过核孔进入细胞核。

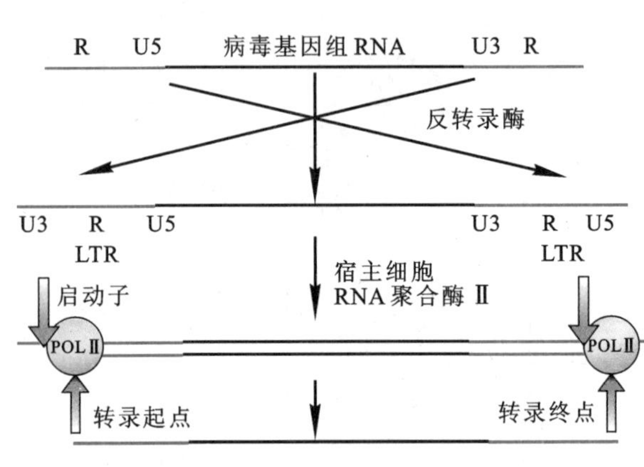

图 17-10 LTR 对维持逆转录病毒基因组 RNA 完整性的重要性

4. 整合

Quiz7 HIV-DNA 的整合属于位点特异性重组吗？它的整合有没有任何可能会导致细胞的癌变？为什么？

整合即是原病毒 DNA 与宿主染色体 DNA 的共价连接，其整合位点是随机的。整合的原病毒 DNA 将成为宿主细胞永久性的遗传物质，会随着宿主 DNA 的复制而复制。

5. 转录及后加工

HIV 的转录由宿主细胞 RNA 聚合酶 Ⅱ 催化，其全长初级转录物的长度为 9 kb。转录开始于 U3-R 的连接点。然而，若没有 Tat 蛋白，聚合酶 Ⅱ 的进行性就会不足，让转录终止于 +80 nt 的位置，得到的转录物仅为约 70 nt 的 TAR 序列；如果有 Tat 蛋白与 TAR 结合，周期蛋白 T 和 CDK9 就会被招募到近启动子位置，促进 CTD 的高度磷酸化，使启动子容易清空，同时增强聚合酶 Ⅱ 的进行性，得到全长的转录物（图 17-11）。

伴随着原病毒 DNA 的转录或在转录完成以后，HIV 的转录物像宿主细胞的 mRNA 一样经历后加工，包括戴帽和加尾，剪接有的发生，有的不发生。如果不发生剪接，得到的就是全长的基因组 RNA，否则就是比基因组小的 RNA。全长的病毒 RNA 有两个功能：一是被翻译成多聚 GAG 和多聚 GAG-POL，另一个功能是被包装到子代病毒颗粒之中成为新的基因组 RNA。小于基因组大小的 mRNA 用来编码新病毒装配所需要的其他蛋白质。

6. 转录物输出到细胞质

剪接完全的转录物很快离开细胞核，并在细胞质中进行翻译，如 *tat*、*rev* 和 *nef*，但对于没有剪接或仅发生单一剪接反应的 mRNA 而言，它们依然含有多重剪接信号，那又如何离开细胞核呢？答案是需要一种叫 Rev 的蛋白质。

7. 翻译及翻译后加工

所有的逆转录病毒都可以产生三种多聚蛋白质，即多聚 GAG、多聚 GAG-POL 和多聚 ENV

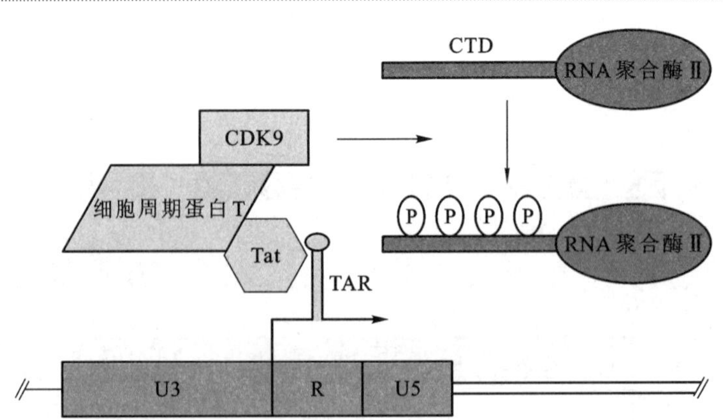

图 17-11 HIV 原病毒 DNA 转录的抗终止作用

(图 17-12),剪接过的或非剪接过的mRNA在从细胞核运输到细胞质后都可以作为模板进行翻译。其中9 kb转录物被正常翻译成多聚GAG,或者经移框翻译出多聚GAG-POL融合蛋白。在病毒组装过程中,这两种多聚蛋白被多聚GAG-POL上的蛋白酶结构域切割成各种蛋白质单体,其中多聚GAG可产生MA、CA和NC等几种病毒内部结构蛋白。

一种剪接过的mRNA(含有*env*基因)被翻译成gp160多聚蛋白。在翻译的时候,gp160多聚蛋白并进入内质网进行糖基化修饰,后被转运到高尔基体,再被宿主细胞的蛋白酶剪接成gp120和gp41。

多聚GAG-POL除了产生MA、CA和NC以外,还能产生蛋白酶、逆转录酶和整合酶。

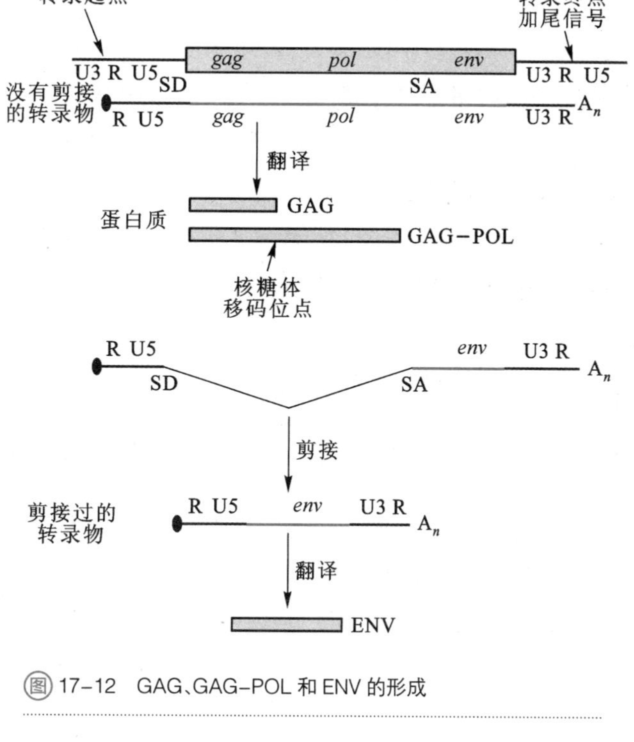

图 17-12 GAG、GAG-POL和ENV的形成

8. 新病毒装配和出芽释放

首先是GAG与GAG-POL的内部核心自发装配成“颗粒”;随后,两个拷贝的9 kb长的基因组RNA随着GAG之中的NC部分,与病毒RNA上的包装序列结合进入颗粒之中。GAG和GAG-POL上的Myr-MA指导复合物到达插有gp120-gp41的细胞膜附近。接着颗粒与内部的gp41结构域结合,并开始出芽。在出芽期间或出芽以后,GAG和GAG-POL被病毒的蛋白酶切割成各种单体,其中蛋白酶、逆转录酶和整合酶与基因组RNA相连,其他结构蛋白构成衣壳包裹基因组RNA。在出芽过程中,含有gp120-gp41的细胞膜包被在病毒颗粒的最外面。在颗粒释放后,GAG和GAG-POL被继续切割。

病毒蛋白酶虽然不是病毒装配所必需的,但却是病毒成熟和获得感染性所必需的。现在,HIV的蛋白酶、整合酶及逆转录酶的抑制剂已成为治疗艾滋病的重要药物。

例如:叠氮脱氧胸苷(AZT)是逆转录酶的特异性抑制剂。它在细胞内受胸苷激酶的催化,可转变为AZTMP,并进一步转变为AZTTP。AZTTP可作为HIV的逆转录酶的底物,在参入到HIV-DNA上以后因缺乏3′-OH而导致逆转录反应的末端终止。比克替拉韦(Bictegravir)是整合酶的抑制剂,可抑制整合阶段的链转移反应。沙奎那韦(Saquinavir)和利托那韦(Ritonavir)则是HIV蛋白酶的抑制剂,它们的作用在于阻止病毒衣壳蛋白等的成熟,从而阻止新病毒颗粒的包装。在临床上,将几种抗逆转录酶药物与抗蛋白酶药物联合使用,可大大地提高疗效,这种治疗的方法俗称为“鸡尾酒”疗法(cocktail therapy)。

Quiz8 一些治疗艾滋病的药物被发现对治疗COVID-19有一定的疗效。你认为会是哪些药物?为什么?

二、逆转座子(参看第十五章“DNA重组”)。

三、端聚酶催化的逆转录反应(参见第十三章“DNA复制”)

四、某些DNA病毒生活史中的逆转录现象

Quiz9 写出适合HBV的中心法则。

某些DNA病毒,虽然其遗传物质是DNA,但生活史中也有从RNA到DNA的逆转录过程。这些

DNA 病毒被称为泛逆转录病毒（pararetrovirus）。

Quiz10 哪些生物分子的合成也是以一种蛋白质分子上一个 Tyr 残基的羟基作为引物?

以 HBV 为例，它的基因组 DNA 的扩增必须通过 RNA 中间物，即必须经历逆转录。HBV 逆转录过程有一个不同寻常的性质，就是其负链 DNA 合成的引物是 RT 本身的一个位于 N 端的 Tyr 残基的羟基，而不是核酸分子。现在某些治疗乙肝的药物在体内作用对象就是 HBV 编码的 RT，如阿德福韦（Adefovir）。还有，某些逆转录酶的抑制剂不但可以抗艾滋病，还可以抗乙肝，例如一种叫 Viread（替诺福韦二吡呋酯）的药物。

逆转录反应并不是真核生物及其病毒特有的，事实上，在一些原核生物体内（黏球菌、大肠杆菌和一些革兰氏阳性杆菌）也发现了逆转录现象。

Box17.1　并非所有病毒都是敌人

提到病毒，很多人都会想到各种由病毒感染引起的疾病。如果有人突然说病毒还有好的一面，他差不多会挨骂。因为我们平时从各种媒体听到或看到的有关病毒的所有信息几乎都是负面的，差不多都集中在引起感染和疾病的病毒上，特别是现在新冠病毒（SARS-CoV-2）感染还在流行的时候。但科学就是科学，我们必须以辩证的视角去看待它们，这就需要我们抛弃对它们的偏见，否则很可能永远无法看到它们对我们健康带来的任何好处。

有关病毒对其他宿主生物的好处有很多例子，这里只想介绍一例，就是一些海洋病毒可以利用自身的光合作用基因，通过暂时增加被其感染的蓝细菌的能量产生来增强其适应性，有助于使这些光合细菌成为其栖息地中占优势的光合生物。

而病毒对于我们人类健康的好处在这里至少有三个例子。

第一例就是感染人体的 γ 疱疹病毒（γ-herpesviruses），可以帮助预防由于单核细胞增生性李斯特菌和鼠疫耶尔森菌引起的感染。

第二例就是 GBV-C 病毒可以通过减慢体内病毒传播的速度来帮助 HIV 感染者。GBV-C 是 1995 年发现的与丙型肝炎病毒（HCV）有关的人类淋巴病毒。GBV-C 感染尚未发现与任何疾病相关。然而，几项研究发现，持久性 GBV-C 感染与 HIV 阳性个体的生存改善之间存在关联。GBV-C 感染可通过多种机制适度地改变体内 T 细胞稳态，包括调节趋化因子和细胞因子释放及受体表达，以及减少 T 细胞活化、增殖和凋亡，所有这些均可有助于改善 HIV 临床结果。体外研究证实了这些临床观察结果，并证明了 GBV-C 的抗 HIV 复制作用。

第三例就是我们人类遗传物质的 8% 来源于内源性逆转录病毒（human endogenous retrovirus，HERV）。HERV 病毒早在 5500 万年前就已定居在古代灵长类动物的基因组中了。最初它们被认为只是进化史上的垃圾，但是我们现在知道它们具有多种功能。其中涉及人类健康的的研究最多的主题之一是生殖。由一种特定内源性逆转录病毒（HERV-W）编码的一种蛋白质，称为合胞素（syncytin），与胎盘形态发生过程中细胞滋养层到合胞滋养层的分化过程有密切的关系，因此对胎盘的正确形成至关重要。没有它，可能会发生麻烦，比如发生先兆子痫。

相信还会有更多的例子在将来被发现。这说明病毒不仅仅是病原体，有时也会展示好的善良一面。故对于病毒，我们不需要谈“病毒”色变！

科学故事　逆转录酶的发现

1961 年，Howard Temin 开始收集与“中心法则”不相吻合的证据。可以说，他几乎将自己全部学术生涯都花在了 RNA 肿瘤病毒的研究。他的早期研究工作集中在劳氏肉瘤病毒（RSV）上。RSV 是一种 RNA 病毒，能够将正常细胞转化成肿瘤细胞。Temin 认为，对这种病毒行为最好的解释为此病毒如何处于一种显性或前病毒状态建立一个模型。然而，既然 RNA 的不稳定是出了名的，Temin 就提出了

RSV 的 RNA 基因组转变成 DNA 原病毒的模型。心里有了这个模型，他开始寻找证据去证明它。他首先得到 RSV 对 DNA 合成的抑制剂(放线菌素 D)敏感的数据，而且发现在转化的细胞里有与 RSV 基因组 RNA 互补的 DNA。对于他的模型，其他的研究者表示怀疑，看来需要一个决定性的实验来证明他的模型。

与此同时，另外一个叫 David Baltimore 的病毒学家一直在研究病毒的复制。他使用生物化学途径，直接研究病毒本身的 RNA 和 DNA 合成。起初，他在一种非致瘤 RNA 病毒(nontumorigenic RNA virus)——泡性口炎病毒(vesicular stomatitis virus)中，分离到一种依赖于 RNA 的 RNA 聚合酶，于是他的注意力转移到 RNA 肿瘤病毒，并最终开始研究劳舍尔鼠白血病病毒(Rauscher murine leukemia virus，R-MLV)。他使用这种 RNA 肿瘤病毒，独立地证明了 Temin 的模型。

Temin 和 Baltimore 各自使用不同的途径，设计了一系列关键的实验来证明 Termin 的模型。两人都从纯的病毒样品开始，使用非离子去垢剂破裂病毒颗粒。有了破裂的病毒颗粒，他们提出了一个极为关键的问题：一种 RNA 肿瘤病毒能够进行 DNA 合成吗？为了回答这个问题，两个研究小组都加入了放射性标记的 dTTP 和其他三种 dNTP(dATP、dCTP 和 dGTP)到病毒抽取物中，然后，检测有没有放射性 dTTP 参入到 DNA 分子之中。实际上，在每一个实验中，都发现有放射性标记的 dTTP 参入到核酸中。当 Baltimore 将放射性标记的一种 rNTP 和其他三种 rNTP 加到病毒抽取物时，没有检测到任何 RNA 合成。为了证明真正形成的核酸产物就是 DNA，他们分别使用专门水解 RNA 的 RNA 酶和专门水解 DNA 的 DNA 酶处理合成的产物，发现产物只对 DNA 酶敏感。这些实验结果证明病毒颗粒里含有催化 DNA 合成的酶。然而，合成 DNA 的模板是什么呢？为了一劳永逸地显示 DNA 只能从 RNA 模板合成的，Baltimore 和 Temin 都先用 RNA 酶与病毒抽取物保温，以水解可能的 RNA。如果 RNA 真是模板，那 RNA 酶的作用就导致 DNA 无法合成。事实证明，结果正是如此：RNA 酶与病毒抽取物保温的时间越长，合成 DNA 的活性就越低。这就证明了在 RNA 肿瘤病毒里含有催化依赖于 RNA 的 DNA 聚合酶。由于这种酶催化的反应与转录相反，因此被称为逆转录酶。起初，许多科学家不愿意承认逆转录酶的存在，因为其活性违背"中心法则"，但不久对酶纯化和定性的成功让他们改变了观点。

Temin 和 Baltimor 使用不同的途径发现了逆转录酶。Temin 坚信此酶活性的存在。对于他来说，以纯化的病毒颗粒而不是感染的细胞进行生化实验，可以让他向世界证明他的模型；而 Baltimore 相信，病毒带有聚合酶的活性。他要做的事情是测定病毒有无 Temin 假定的依赖于 RNA 的 DNA 聚合酶活性。两位科学家都持有同样的信念，坚信他们的发现，而不管是不是与传统的观念相悖。

逆转录病毒的发现从许多方面影响着人类的生活。使用逆转录酶，很容易将细胞内不稳定的 mRNA 反转录成 cDNA，这就大大加速了基因的克隆和功能的研究。该发现也激励人们去寻找更多的逆转录病毒，在某种意义上，为 15 年后发现艾滋病病毒提供了方向。

Termin 和 Baltimore(图 17-13)的发现的重要性很快得到了世界的公认，他们因此荣获 1975 年的诺贝尔生理学或医学奖。

图 17-13　Howard Temin (上)和 David Baltimore

思考题：

1. 艾滋病病毒和艾滋病鸡尾酒疗法各是谁发明的？鸡尾酒疗法的主要成分是什么？简述它们各自抑制 HIV 生活史哪一个阶段的反应。

2. 为什么正链单链 RNA 病毒并不需要在成熟的病毒颗粒里带有病毒的 RNA 聚合酶，而负链单链 RNA 病毒正好相反？

3. 你认为古菌体内有逆转录病毒吗？为什么？

4. 同样大小的 RNA 病毒，一个逆转录病毒，另一个是单链负链非逆转录病毒。你认为哪一种更容易突变？为什么？

5. HIV 和 SARS-CoV-2 有哪些异同点？

网上更多资源……

本章小结　授课视频　授课音频　生化歌曲

教学课件　推荐网址　参考文献

第十八章　mRNA 的翻译及其后加工

mRNA 的翻译就是蛋白质的生物合成，它是基因表达的最后一步。通过翻译，核酸分子中由 4 种碱基编码的遗传指令转变成蛋白质分子中由 20 余种氨基酸编码的功能语言。整个翻译过程涉及约 300 多种不同的生物大分子，它们共同组成了一个高效而精确的翻译机器。然而，翻译出来的绝大多数蛋白质还必须经历后加工才能成为有功能的形式。此外，一种蛋白质的细胞分布不是随机的，而是被限制在特定的亚细胞空间，因此还要通过定向和分拣使其能到达正确的地点去行使正确的功能。

本章将重点介绍参与翻译过程的主要生物大分子的结构与功能、翻译的基本特征、翻译的详细过程及其后加工反应。

第一节　参与翻译的主要生物大分子以及复合物

参与翻译的主要成分有核糖体、mRNA、各种氨酰 tRNA（aminoacylated tRNA）和若干辅助性蛋白质因子。

一、核糖体

核糖体是一种复杂的核糖核蛋白质颗粒，由大、小两个亚基组成。各种核糖体在三维结构和功能上惊人地相似，但在具体的组分和结构的细节上不尽相同（表 18–1）。

► 表 18–1　核糖体的分类与组成

核糖体来源	大小	小亚基	大亚基
真核生物细胞质	80S	40S：34 种蛋白质，18S rRNA	60S：50 种蛋白质，28S、5.8S、5S rRNA
哺乳动物线粒体	55S ~ 60S	30S ~ 35S：与大亚基共有 70 ~ 100 种蛋白质，12S rRNA	40S ~ 45S：16S rRNA
植物叶绿体	70S	30S：20 ~ 24 种蛋白质，16S rRNA	50S：34 ~ 38 种蛋白质，23S、5S、4.5S rRNA
细菌	70S	30S：21 种蛋白质，16S rRNA	50S：34 种蛋白质，23S、5S rRNA
古菌	70S	30S：20 ~ 30 种蛋白质，16S rRNA	50S：30 ~ 40 种蛋白质，23S、5S rRNA

1. 细菌的核糖体

细菌核糖体小亚基的大小为 30S，含有 21 种蛋白质（S1 ~ S21）和 1 种 16S rRNA。这种 rRNA 在 3′ 端有一段富含嘧啶的序列，对于识别 mRNA 5′ 端的起始密码子极为重要。16S rRNA 分子上有近一半的碱基配对，大多数蛋白质正好填充在两段 RNA 螺旋之间。

核糖体大亚基的大小为 50S，共有 34 种蛋白质（L1 ~ L34）和 2 种 rRNA——5S、23S rRNA。这 2 种 rRNA 都有致密的碱基配对结构，其中 23S rRNA 作为核酶催化肽键的形成。

2. 真核生物的核糖体

真核生物细胞质核糖体小亚基的大小为 40S，含有 33 种蛋白质（S1 ~ S33）和 1 种 18S rRNA。大亚基的大小为 60S，含有 50 种左右的蛋白质和 3 种 rRNA——28S、5.8S 及 5S rRNA。其中 28S rRNA 也是作为核酶催化肽键的形成。

Quiz1 编码叶绿体和线粒体核糖体蛋白质和 rRNA 的基因是由核基因组编码的还是各由自己的基因组编码的？

真核生物的线粒体和叶绿体也含有自己的核糖体，但它们的结构与细菌更接近。

3. 古菌的核糖体

在大小和组成上，古菌的核糖体类似于细菌，含有 16S、23S 和 5S rRNA 以及 50～70 种蛋白质。然而，古菌的 rRNA 和核糖体蛋白质在一级结构上与真核生物接近。核糖体重组实验显示，古菌和真核生物的细胞质核糖体在功能上可以相互取代：当将一种叫硫化裂片菌（*Sulfolobus*）的古菌核糖体大亚基与酵母的核糖体小亚基混合在一起的时候，形成的杂合核糖体在体外也能进行翻译，而大肠杆菌核糖体的小亚基与这种古菌的大亚基却无法组装成有功能的核糖体。

4. 功能定位

核糖体的结构和功能在进化上是高度保守的。它之所以能够作为翻译的场所，是因为含有多个功能部位，就像一把瑞士军刀。主要的功能部位包括（图 18-1）：① A 部位（A site）。氨酰 tRNA 结合部位，也称为受体部位。② P 部位（P site）。肽酰 tRNA 及起始氨酰 tRNA 的结合部位。③ E 部位（E site）。空载 tRNA 临时结合并离开核糖体的部位。④转肽酶或肽酰转移酶（peptidyl transferase）活性部位。催化肽键的形成，由大亚基上最大的 rRNA 组成。⑤ mRNA 结合部位。⑥多肽链离开通道（exit channel）。正在延伸的多肽链离开核糖体的通道，始于大亚基上转肽酶活性中心裂缝的底部，其直径为 2 nm。⑦起始因子、延伸因子和终止因子的临时结合部位。

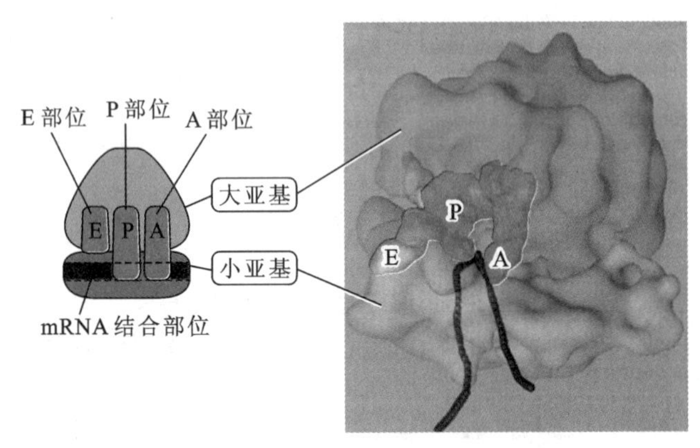

图 18-1　核糖体的三维结构模型和主要的功能部位

图 18-2 勾画出了一个正在翻译的 70S 核糖体的结构：1 个 tRNA 分子通过它的一个功能端上的反密码子与 mRNA 上的密码子配对，从而与 30S 亚基结合在一起，同时另一个带有氨基酸的功能端则深入到 50S 亚基上的肽酰转移酶的活性中心，随时准备着作为底物参与转肽反应。新生的肽链从位于肽酰转移酶活性中心底部的离开通道离开核糖体，

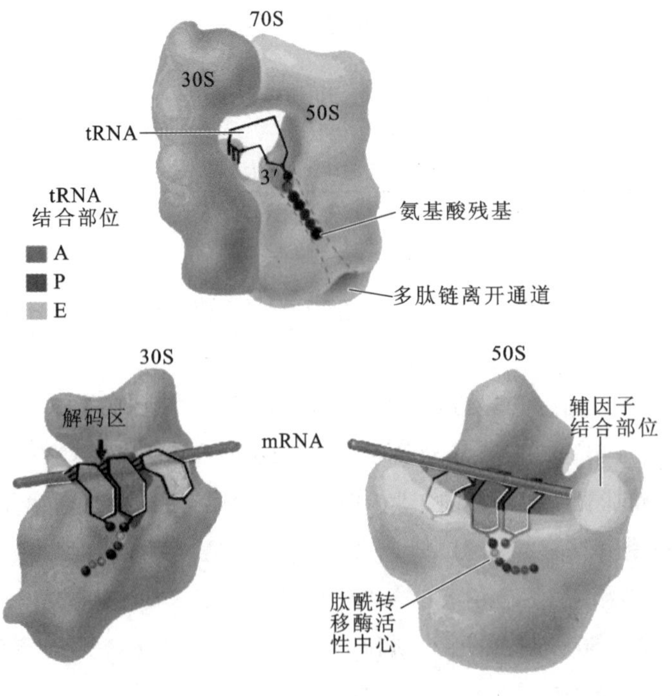

图 18-2　细菌核糖体的各种功能部位

这与转录过程中新生的 RNA 链离开 RNA 聚合酶的情形相似。mRNA 在 A 部位和 P 部位的交界处出现 1 个小小的弯曲。这个弯曲因为有 1 个金属离子的结合而得以稳定，其功能是充当一种防滑装置，防止核糖体在移位的时候 mRNA 发生滑移而诱发翻译水平的移框。

图 18–2 还显示了 2 个核糖体亚基的结构：其上的 3 个 tRNA 结合位点显而易见，很容易想象，1 个 tRNA 分子在核糖体上从 A → P → E 三部位的移动，以及结合在 tRNA 上的氨基酸在 A 部位紧靠旁边与 P 部位结合的肽酰 tRNA 的肽酰基，这特别适合新肽键的形成。

5. 核糖体组装和循环

核糖体的形成是一个自组装(self-assemble)过程。先由 rRNA 和核糖体蛋白组装成大小两个亚基。在翻译的时候，再由两个亚基先后结合到 mRNA 分子上，缔合成一个完整的核糖体。这种缔合是可逆的，在翻译结束以后，核糖体又解离成单个亚基。

细胞内的核糖体还可以形成多核糖体(polysome)，它是由多个核糖体与同一个 mRNA 分子结合形成的结构，这种结构可以在电镜下观测到(图 18–3)。形成多核糖体可以提高翻译的效率。而真核细胞内的核糖体还有一种与内质网膜结合的形式，它与内质网蛋白、高尔基体蛋白、溶酶体蛋白、细胞膜蛋白和分泌蛋白的合成后定向、分拣有关。

Quiz2 你认为多核糖体中的核糖体是在翻译同一条肽链吗?

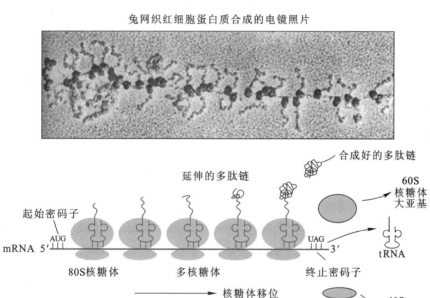

兔网织红细胞蛋白质合成的电镜照片

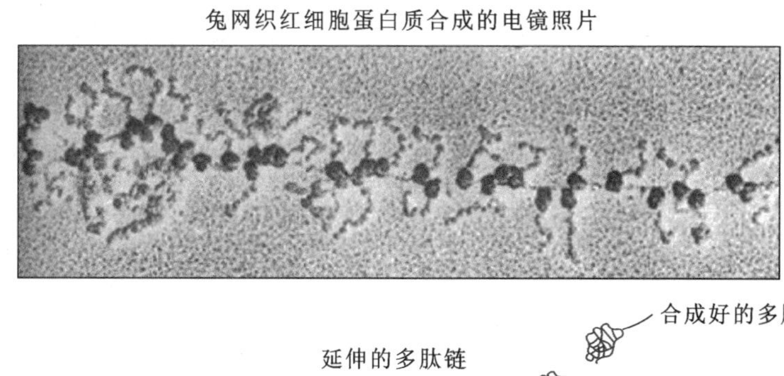

图 18–3　真核细胞多核糖体的结构

二、mRNA

mRNA 作为翻译的模板，至少含有一个可读框(ORF)，即以起始密码子开始、终止密码子结束的一段连续的核苷酸序列，它才是翻译的模板。在一个 ORF 的两端一般都有一段非翻译区(untranslated region，UTR)。细菌的 mRNA 通常是多顺反子——含有几个 ORF，每一个 ORF 可翻译出一条多肽链；真核生物 mRNA 为单顺反子——只有一个 ORF，一般只翻译出一种多肽或蛋白质(图 18–4)。

三、tRNA

在翻译中，tRNA 作为一种双功能接头分子，一头与氨基酸结合，另一头通过反密码子与 mRNA 上的密码子结合，对 mRNA 进行解码。

(1) 同工受体 tRNA。一个细胞通常有 50 多种 tRNA，负责运载 20 余种氨基酸，这意味着一种氨基酸可能有不同的 tRNA。携带同一种氨基酸的几种不同的 tRNA 称为同工受体 tRNA(isoaccepting tRNA)。

Quiz3 你知道大肠杆菌基因组上有多少个编码 tRNA 的基因吗?

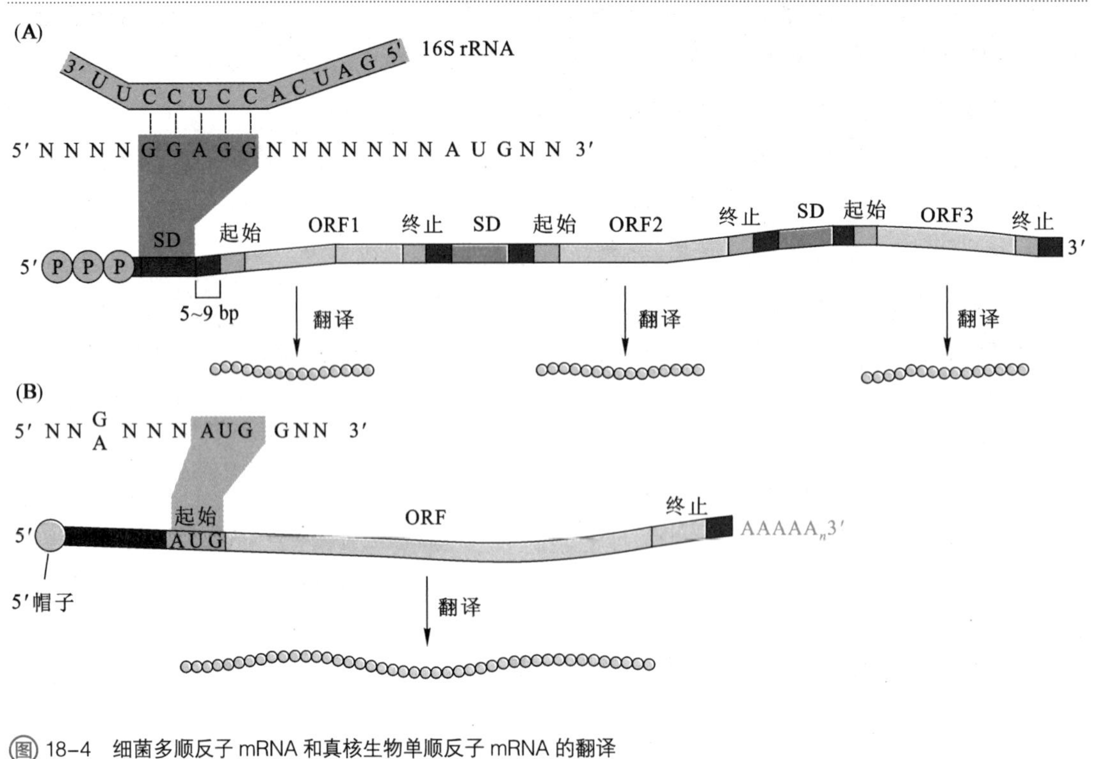

图 18-4 细菌多顺反子 mRNA 和真核生物单顺反子 mRNA 的翻译

(2) tRNA 的个性和第二套遗传密码。所有的 tRNA 在二级、三级结构上都很相似,那么一种氨酰 tRNA 合成酶如何能够识别不同的 tRNA 呢?科学家通过突变的方法发现,被氨酰 tRNA 合成酶用来识别决定一种 tRNA 接受氨基酸专一性的是 tRNA 分子上由几个核苷酸甚至单个核苷酸组成的正、负元件(element),这些正负元件通常称为 tRNA 的个性(identity),也称为第二套遗传密码(the second genetic code)。其中正元件(positive element)决定一种 tRNA 接受哪一种氨基酸,而负元件(negative element)则决定一种 tRNA 不能接受何种氨基酸。这些正负元件散布在 tRNA 分子内的很多区域,但经常出现在氨基酸受体茎和反密码子环上。以 $tRNA^{Ala}$ 为例,其个性是一个非常规的 G3 : U70 碱基对。迄今为止,所有已知序列的细胞质 $tRNA^{Ala}$ 中都含有 G3 : U70。若将含有 G3 : C70 碱基对的 $tRNA^{Lys}$、$tRNA^{Cys}$ 和 $tRNA^{Phe}$ 突变成 G3 : U70,就能使它们转而都携带 Ala;相反,若将 $tRNA^{Ala}$ 的 G3 : U70 碱基对变成 G : C、A : U 或 U : G,就会使之不能再携带 Ala。有趣的是,如果能保证 G3 : U70 的存在,即使仅有 24 nt 组成的 $tRNA^{Ala}$ 的微螺旋(microhelix)(图 18-5),也照样能携带 Ala。

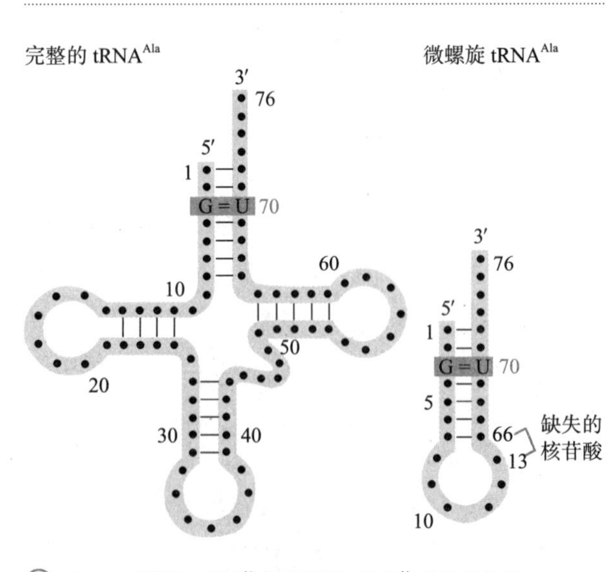

图 18-5 完整的 $tRNA^{Ala}$ 和微螺旋 $tRNA^{Ala}$ 的结构比较

(3) 两种特殊的 tRNA。一种是专门识别起始密码子的起始 tRNA(initiator tRNA),仅参与翻译的起始。在细菌和真核细胞的叶绿体及线粒体内,它携带甲酰甲硫氨酸,可简写为 $tRNA_f^{Met}$,而在古菌和真核生物体内则携带甲硫氨酸,可简写为 $tRNA_i^{Met}$;另一种是在很多细菌中发现的兼有 mRNA 功能的 tmRNA(参看本章第四节“mRNA 的质量控制”)。

四、氨酰 tRNA 合成酶

氨基酸在参入到多肽链之前，必须先被活化成氨酰 tRNA。活化的氨酰 tRNA 带有高能酯键，会在后面直接用来驱动肽键的形成。活化由特定的氨酰 tRNA 合成酶（aminoacyl-tRNA synthetase，aaRS）催化，整个反应分为两步，与脂肪酸的活化极为相似。每活化 1 分子氨基酸，需要消耗 2 个 ATP：①氨基酸 +ATP → 氨酰 -AMP+PP_i；②氨酰 -AMP+tRNA → 氨酰 tRNA+AMP。产生的 PP_i 会被焦磷酸酶水解，从而使得反应趋于完全。

催化反应的每一种 aaRS 面对两种不同的底物都表现出高度的特异性，以确保能催化正确的 tRNA 与正确的氨基酸起反应，形成正确的氨酰 tRNA。

Dino Moras 根据对不同 aaRS 所进行的结构比较研究，提出将 aaRS 分成两类（图 18-6）：①第一类一般是单体酶，含有一个平行 β 折叠核心和由两段同源的氨基酸一致序列 HIGH 和 KMSKS 组成的

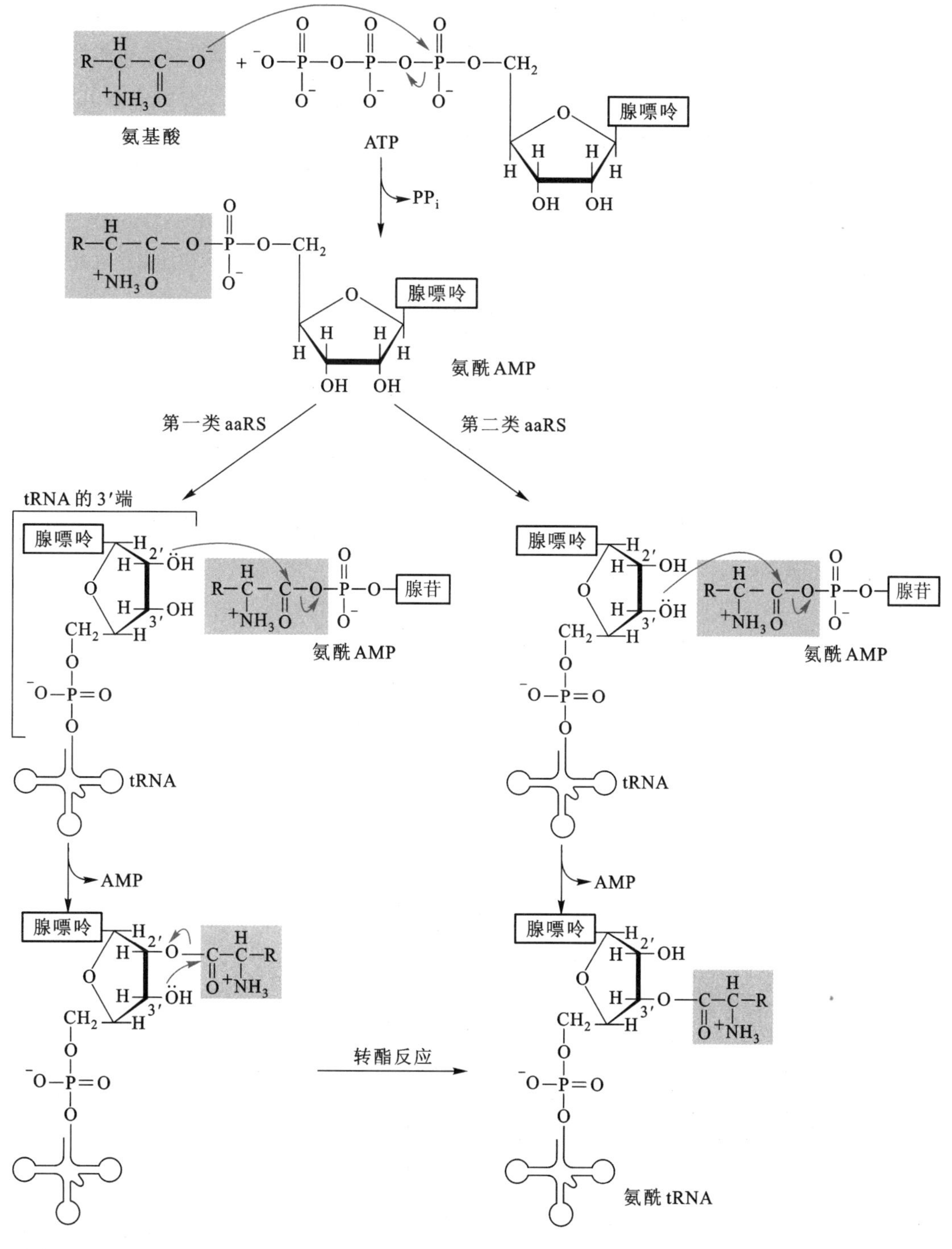

图 18-6 两类 aaRS 的催化机制

Rossman 折叠，该模体参与结合 ATP 和酶的催化。此类酶催化的氨基酸有 R、C、Q、E、I、L、M、W、Y 和 V，识别的 tRNA 个性通常包括反密码子环内的核苷酸残基和受体茎，一般在受体茎小沟一侧与 tRNA 结合，紧握反密码子环，将 tRNA 接受氨基酸的一端置于活性中心，总是先将氨基酸转移到 tRNA 3′ 端腺苷酸的 2′-OH 上，然后再通过转酯反应转移到腺苷酸的 3′-OH 上。②第二类通常为寡聚酶，并没有上述氨基酸一致序列，但有其他保守序列，由它们形成三种首尾相连的同源结构模体，其中第一种参与二聚体的形成，另一种是"签名"模体（signature motif），由 7 段反平行的 β 折叠、3 段相邻的 α 螺旋和一种不多见的负责结合核苷酸的折叠组成，此模体与第三种结构模体一起组成了酶活性中心的核心部分。此类酶催化的氨基酸有 A、N、G、D、H、F、P、S、T、U 和 O，识别的个性不包括反密码子环，结合 tRNA 分子的另一面，即受体茎大沟一侧，最后总是将氨基酸直接转移到 tRNA 3′ 端腺苷酸的 3′-OH 上（苯丙氨酰 tRNA 除外）。至于 K，一般真核生物和细菌属于第二类，古菌和少数细菌属于第一类。

aaRS 是根据第二套遗传密码来识别正确的 tRNA 的，而对正确的氨基酸的选择依赖于其能否有效识别不同氨基酸分子在 R 基团上的差异。有两种手段可用来防止生成误载的氨酰 tRNA：一是酶活性中心优先结合正确的同源氨基酸，体积比同源氨基酸大的因无法进入活性中心首先被排除；二是通过酶的校对中心（proof-reading site）对错误的非同源氨基酸进行编辑，大小合适的误载氨酰 AMP 或氨酰 tRNA 在校对中心被水解"出局"。这两种机制结合起来称为"双筛"（double sieve）机制（图 18-7）。

以异亮氨酰 tRNA 合成酶为例，如果 Val 进入它的活性中心，并生成 Val-AMP，Val-AMP 会被送入校对中心进行编辑并被水解。由于 aaRS 具有内在的校对机制，误载氨酰 tRNA 形成的可能性非常低。然而，并不是所有的 aaRS 都具有校对功能，如果一种氨基酸的 R 基团很容易和所有其他氨基酸的 R 基团区分开来，校对机制就变得多余了。

Quiz4 你认为哪些氨基酸的活化不需要校对机制？

五、辅助蛋白因子

翻译的每一步都需要一些特殊的可溶性蛋白因子的参与，包括起始因子（iniation factor，IF）、延伸因子（elongation factor，EF）和释放因子（release factor，RF），细菌还需要核糖体循环因子（ribosome recycling factor，RRF），它们分别参与肽链合成的起始、延伸、肽链释放和核糖体循环，其中有的辅助因子属于 G 蛋白。

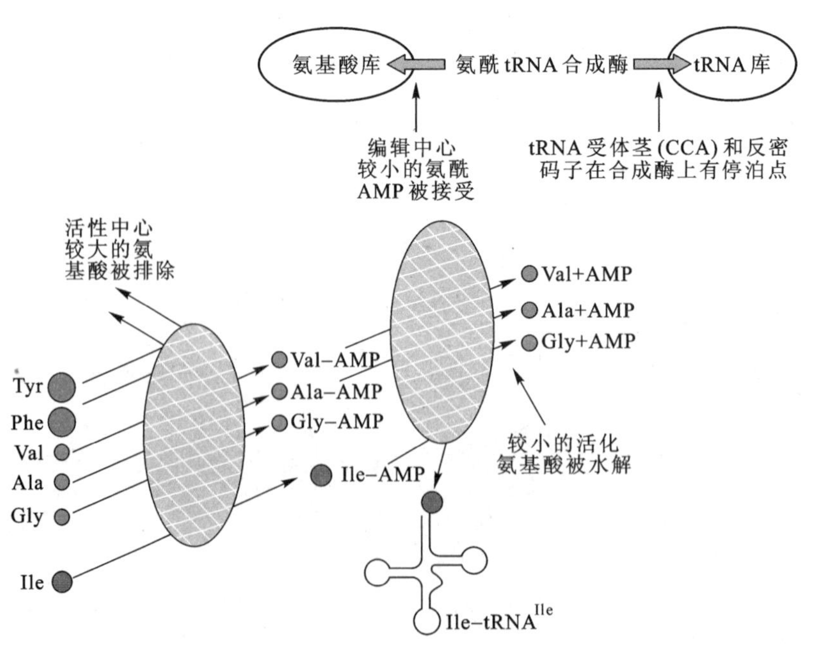

图 18-7 aaRS 的双筛机制

第二节 翻译的一般特征

细胞内的翻译系统具有以下几项共同的特征。

1. 以 mRNA 为模板、tRNA 为运输氨基酸的工具、核糖体为翻译的场所。

2. 翻译具有方向性。表现在两个方面：一是指阅读 mRNA 模板的方向总是从 5′ 端至 3′ 端；二是指多肽链延伸的方向总是从 N 端至 C 端。

3. 遗传密码是三联体密码（triplet codon）。即三个核苷酸编码一个氨基酸。

三联体密码具有以下几个性质（表 18–2）：

（1）简并与兼职。在生物体总共 64 个密码子中，除了 3 个终止密码子 UGA、UAA 和 UAG 以外，余下的 61 个为氨基酸密码子，编码 20 种常见的蛋白质氨基酸，这就意味着许多氨基酸的密码子不止一个。遗传密码的这种特性就叫做简并性（degeneracy）。此外，在 61 个氨基酸密码子之中，AUG 还兼作起始密码子，终止密码子 UGA 和 UAG 在特殊的序列环境中，可分别作为 Sec 和 Pyl 的密码子。对于原核生物而言，少数蛋白质以 GUG 或 UUG 为起始密码子，而对某些真核生物而言，少数蛋白质可以 CUG 为起始密码子（这时翻译的为亮氨酸）。

Quiz5 如何设计两个实验分别证明翻译的时候，阅读 mRNA 的方向是从 5′ 端至 3′ 端，而多肽链生长的方向总是从 N 端至 C 端？

Quiz6 若是使用 GUG 和 UUG 作为原核生物起始密码子，那么翻译出来的氨基酸是什么？其翻译的效率与以 AUG 作为起始密码子的会有差别吗？

（2）明确而不含糊。61 个有义密码子每一个只编码一种氨基酸，没有“一码两用”或“一码多用”的情况。

（3）密码子的选定不是随机的。大多数同义密码子的差别在第三位。密码子第三个碱基的变化倾向于编码相同的或相似的氨基酸。第二位为嘌呤的密码子大多数编码亲水氨基酸，而第二位为嘧啶的密码子大多数编码疏水氨基酸。

表 18–2 标准的遗传密码表

第一个碱基	第二个碱基				第三个碱基
	U	C	A	G	
U	Phe	Ser	Tyr	Cys	U
	Phe	Ser	Tyr	Cys	C
	Leu	Ser	终止	终止，Sec	A
	Leu	Ser	终止，Pyl	Trp	G
C	Leu	Pro	His	Arg	U
	Leu	Pro	His	Arg	C
	Leu	Pro	Gln	Arg	A
	Leu	Pro	Gln	Arg	G
A	Ile	Thr	Asn	Ser	U
	Ile	Thr	Asn	Ser	C
	Ile	Thr	Lys	Arg	A
	Met	Thr	Lys	Arg	G
G	Val	Ala	Asp	Gly	U
	Val	Ala	Asp	Gly	C
	Val	Ala	Glu	Gly	A
	Val	Ala	Glu	Gly	G

（4）通用和例外。密码子的一个最重要性质是其通用性，无论是细菌和古菌还是真核生物都使用同一张密码子表。但是，密码子的通用性不是绝对的，有时有例外。例外主要出现在非植物线粒体基因组中（表 18–3），有时也出现在某些生物的核基因组中。在核基因组中发现的例外大多与终止密码子有关，例如草履虫的 UAG 是 Gln 的密码子。

► 表 18-3　线粒体内遗传密码的例外

生物来源	密码子				
	UGA	AUA	AGA,AGG	CUN	CCG
标准遗传密码	终止	Ile	Arg	Leu	Arg
脊椎动物	Trp	Met	终止	Leu	Arg
果蝇	Trp	Met	Ser	Leu	Arg
啤酒酵母	Trp	Met	Arg	Thr	Arg
圆酵母	Trp	Met	Arg	Thr	无
裂殖酵母	Trp	Ile	Arg	Leu	Arg
线状真菌	Trp	Ile	Arg	Leu	Arg
锥体虫	Trp	Ile	Arg	Leu	Arg
高等植物	终止	Ile	Arg	Leu	Trp

(5) 不重叠。这意味着在阅读同一个 ORF 时,前后两个密码子没有共用的核苷酸。

(6) 无标点。在阅读密码子的时候,从起始密码子开始,顺着 $5' \rightarrow 3'$ 的方向一个接一个阅读,中间无停顿,直至遇到终止密码子为止。

(7) 偏爱性。不同的生物对同一种氨基酸的不同密码子使用的偏爱性也不同,频率出现比较低的密码子通常称为稀有密码子。一种密码子的使用频率与其相对应的 tRNA 的丰度关系很大,一般说来使用频率越高的密码子,其对应的 tRNA 的丰度越高。

(8) 3 个终止密码子使用的频率并不相同。以大肠杆菌为例,UAA 被使用的频率最高,其次是 UAG,UGA 的使用频率最低。

4. 密码子与反密码子的相互作用决定正确的氨基酸的参入,与 tRNA 上的氨基酸无关。

5. 密码子与反密码子的相互识别遵守摆动法则(wobble rule)。该法则由 Crick 于 1966 年提出,其主要内容是(表 18-4):密码子与反密码子在配对的时候,前两对碱基严格遵守标准的碱基配对规则,第三对碱基则具有一定的自由度。摆动法则的意义在于使得在翻译的过程中,tRNA 和 mRNA 更容易分离。

Quiz7 根据摆动法则,你认为识别 20 种常见蛋白质氨基酸的所有密码子,至少需要多少种 tRNA?

► 表 18-4　摆动法则

反密码子第一个碱基	密码子第三个碱基
A	U
C	G
G	C、U
U	A、G
I(次黄嘌呤)	A、C、U

6. 正确的 tRNA 进入核糖体才能产生诱导契合,从而使密码子 / 反密码子的前两个碱基的配对受到核糖体的检查,以区分正确的 Watson-Crick 碱基对和错配的碱基对。

第三节　翻译的详细机制

蛋白质的生物合成可分为五个阶段,即氨基酸的活化、起始、延伸、终止和释放及折叠。以大肠杆菌为例,翻译各个阶段所必需的主要成分见表 18-5。

► 表 18-5　大肠杆菌在翻译的五个阶段所必需的主要成分

阶段	必需成分
氨基酸的活化	21 种氨基酸,20 种氨酰 tRNA 合成酶,20 种或更多的 tRNA,ATP/Mg^{2+},mRNA,*N*- 甲酰甲硫氨酰 tRNA(fMet-$tRNA_f^{Met}$),起始密码子
起始	30S 亚基,50S 亚基,起始因子(IF1、IF2 和 IF3),GTP/Mg^{2+}
延伸	有功能的 70S 核糖体(起始复合物),与特定密码子对应的各种氨酰 tRNA,延伸因子(EF-Tu、EF-Ts 和 EF-G),转肽酶,GTP/Mg^{2+}
终止与释放	终止密码子,释放因子(RF1、RF2 和 RF3),RRF,GTP/Mg^{2+}
多肽链的折叠	各种修饰酶,特定的剪切酶,分子伴侣等

一、细菌的蛋白质合成

细菌的翻译比真核生物要简单，以大肠杆菌为例，其各个阶段的反应如下所述。

（一）氨基酸的活化

此阶段所发生的反应，主要是各种氨基酸在相应的 aaRS 催化下形成特定的氨酰 tRNA。其中 *N*–甲酰甲硫氨酰 $tRNA_f^{Met}$ 的形成需要特别注意，由两个不同的酶先后催化。

（1）在甲硫氨酰 tRNA 合成酶的催化下，形成甲硫氨酰 – 起始 tRNA

$$Met + tRNA_f^{Met} + ATP \rightarrow Met\text{-}tRNA_f^{Met} + AMP + PP_i$$

该酶也催化 $Met\text{-}tRNA_m^{Met}$ 的形成，但 $Met\text{-}tRNA_m^{Met}$ 只参与肽链的延伸。

（2）在甲酰化酶的催化下形成 *N*– 甲酰甲硫氨酰 $tRNA_f^{Met}$

$$N^{10}\text{-甲酰四氢叶酸} + Met\text{-}tRNA_f^{Met} \rightarrow \text{四氢叶酸} + fMet\text{-}tRNA_f^{Met}$$

甲酰化反应使得第一个参入的 Met 的氨基被封闭，这可能有利于保持多肽链合成只能从 N 端向 C 端展开。

（二）起始阶段

这个阶段发生的主要事件是起始密码子 AUG 的识别和起始复合物的形成，共需要三种起始因子的帮助（表 18–6）。

表 18–6 细菌参与翻译的起始因子、延伸因子和终止因子的结构与功能

名称	功能
IF1	协助 IF3 的作用
IF2（GTP）	是一种 G 蛋白，与 GTP 结合，促进起始 tRNA 与核糖体小亚基结合
IF3	核糖体的解离和 mRNA 的结合
EF–Tu（GTP）	是一种 G 蛋白，其与 GTP 结合的形式促进氨酰 tRNA 进入 A 部位
EF–Ts	是一种鸟苷酸交换因子，结合 EF–Tu，催化 GTP 取代与 EF–Tu 结合的 GDP
EF–G（GTP）	是一种 G 蛋白，结合核糖体和 GTP，促进核糖体移位
RF1，RF2	RF1 识别 UAA 或 UAG，RF2 识别 UAA 或 UGA
RF3（GTP）	是一种 G 蛋白，与 GTP 结合，促进 RF1 和 RF2 的作用
RRF	在翻译终止后，促进核糖体的解体

1. 起始密码子的识别

细菌翻译系统起始密码子的识别主要是依赖于 mRNA 5′ 端的 SD 序列（Shine-Dalgarno sequence）与 16S rRNA 3′ 端的反 SD 序列之间的互补配对（图 18–8）。SD 序列充当细菌核糖体结合 mRNA 的起

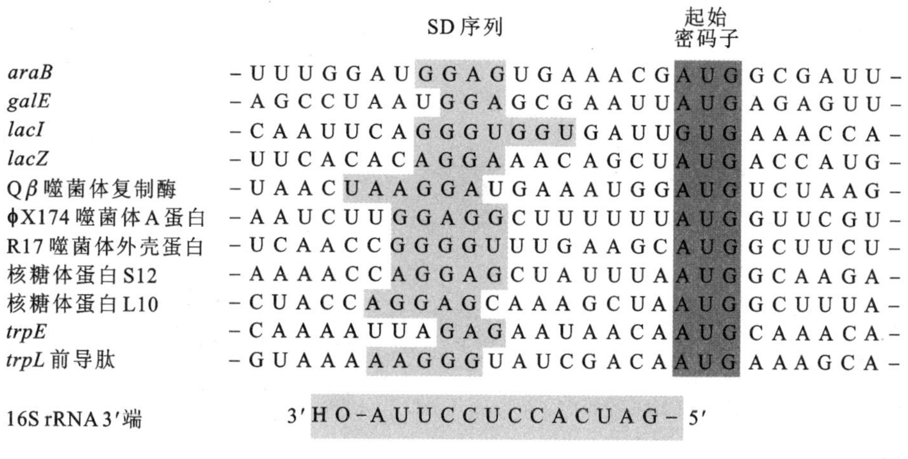

	SD 序列 … 起始密码子
araB	–UUUGGAUGGAGUGAAACGAUGGCGAUU–
galE	–AGCCUAAUGGAGCGAAUUAUGAGAGUU–
lacI	–CAAUUCAGGGUGGUGAUUGUGAAACCA–
lacZ	–UUCACACAGGAAACAGCUAUGACCAUG–
Qβ 噬菌体复制酶	–UAACUAAGGAUGAAAUGGAUGUCUAAG–
ϕX174 噬菌体 A 蛋白	–AAUCUUGGAGGCUUUUUUAUGGUUCGU–
R17 噬菌体外壳蛋白	–UCAACCGGGGUUUGAAGCAUGGCUUCU–
核糖体蛋白 S12	–AAAACCAGGAGCUAUUUAAUGGCAAGA–
核糖体蛋白 L10	–CUACCAGGAGCAAAGCUAAUGGCUUUA–
trpE	–CAAAAUUAGAGAAUAACAAUGCAAACA–
trpL 前导肽	–GUAAAAAGGGUAUCGACAAUGAAAGCA–
16S rRNA 3′端	3′HO–AUUCCUCCACUAG–5′

图 18–8 SD 序列和反 SD 序列

始位点，因此也叫做核糖体结合位点（ribosome-binding site，RBS）。SD 序列位于起始密码子上游约 7 个碱基的区域，由 4～5 个碱基组成，富含嘌呤；反 SD 富含嘧啶，两者正好可以互补配对。许多实验证明，正是 SD 序列与反 SD 序列的互补关系，才使得一个 mRNA 分子上位于 SD 序列下游的第一个 AUG 用作起始密码子。

2. 起始复合物的形成

起始复合物的形成与起始密码子的识别紧密偶联，起始阶段的总反应式可写成：

$$30S + 50S + mRNA + fMet\text{-}tRNA_f^{Met} + IF1 + IF2 + IF3 + GTP \rightarrow$$

$$[70S \cdot mRNA \cdot fMet\text{-}tRNA_f^{Met}] + GDP + P_i + IF1 + IF2 + IF3$$

在形成的三元复合物中，mRNA 像一根细线一样，穿过小亚基上弯曲的通道，其可读框内的序列将作为模板指导翻译。其中起始密码子正好处于 P 部位的底部，而 fMet-tRNA$_f^{Met}$ 通过密码子与反密码子的互补作用定位于 P 部位，第二个密码子落在 A 部位的底部，随时可与进入 A 部位的一个氨酰 tRNA 分子上的反密码子相互作用。

形成三元起始复合物的具体过程如下（图 18-9）：①受 IF1 的刺激，IF3 与 30S 亚基结合，致使核糖体两亚基解离。于是，IF1、IF3 与 30S 小亚基结合在一起。IF1 结合在 30S 小亚基 A 部位的底部，将 A 部位封闭，从而迫使后面起始 tRNA 只能结合 P 部位。②一旦两亚基解离，IF2·GTP、mRNA 和 fMet-tRNA$_f^{Met}$ 就与 30S 亚基结合，结合的次序可能是随机的。③ mRNA 通过 SD 序列与 16S rRNA 反 SD 序列的配对，让起始密码子刚好定位到核糖体的 P 部位。④起始 tRNA 先后经历不依赖于密码子的结合（codon-independent binding）、依赖于密码子的结合（codon-dependent binding）和 fMet-tRNA$_f^{Met}$ 的调整（fMet-tRNA$_f^{Met}$ adjustment）这三步反应，最后与 30S 小亚基的 P 部位结合。所有这三步可能都受到 IF2·GTP 的促进。IF2 是一种 G 蛋白，其活性形式为 IF2·GTP。IF3 也起作用，它不仅能稳定 fMet-tRNA$_f^{Met}$ 与 P 部位的结合，而且通过破坏错配的密码子－反密码子的相互作用而行使校对的功能。⑤在 3 个起始因子、mRNA 和 fMet-tRNA$_f^{Met}$ 与 30S 小亚基结合以后，先形成 30S 预起始复合物（30S preinitiation complex），再经过一定的构象变化，转变成较稳定的 30S 起始复合物。⑥在 IF2 的刺激下，50S 大亚基与 30S 起始复合物结合，与此同时，IF1 和 IF3 被释放，fMet-tRNA$_f^{Met}$ 则被调整到 P 部位正确的位置。随后，50S 大亚基作为 GTP 酶活化蛋

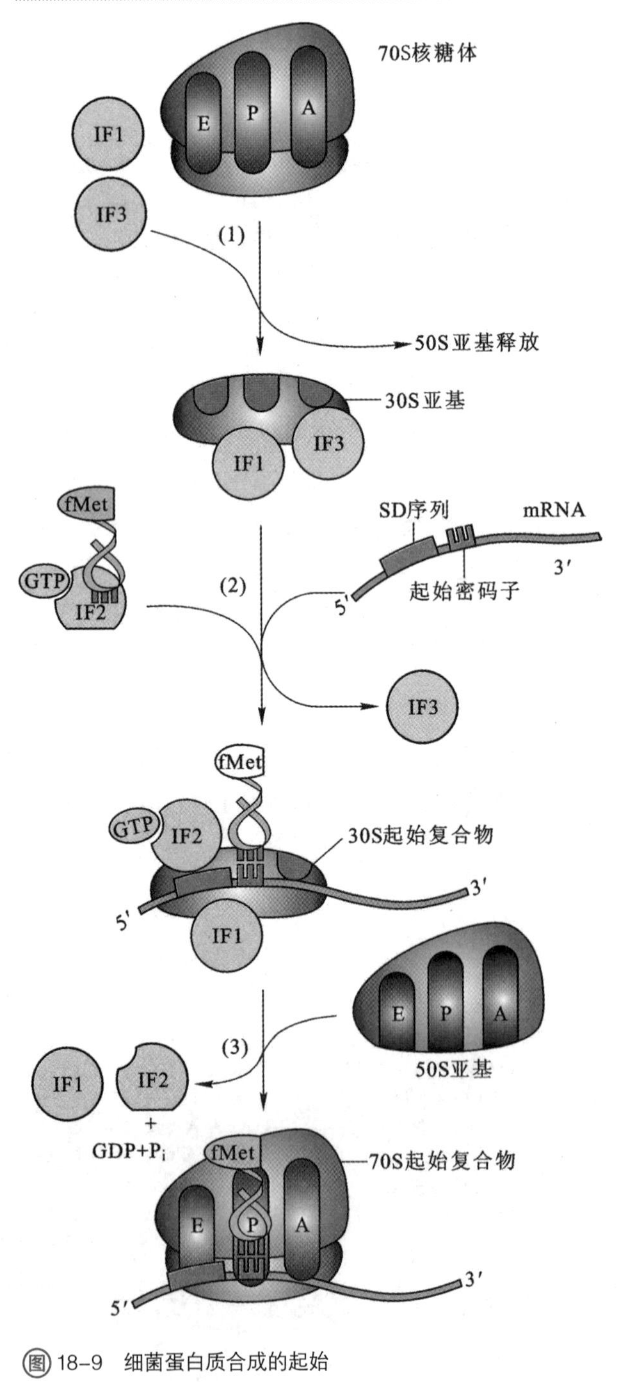

图 18-9 细菌蛋白质合成的起始

白(GAP)激活了IF2的GTP酶活性。一旦IF2的GTP酶被激活,与它结合的GTP立刻被水解,由此引发IF2的释放,最终导致有活性的70S三元起始复合物的形成。

Quiz8 如果使用不能水解的GTP类似物代替GTP与IF2结合,你认为将对翻译的起始有何影响?

(三)延伸阶段

在起始复合物形成以后,翻译即进入延伸阶段。延伸阶段所发生的主要事件是进位(entry)、转肽(transpeptidation)和移位(translocation)且不断地循环(图18-10)。

1. 进位

进位是指正确的氨酰tRNA在EF-Tu·GTP的帮助下进入A部位。进位的具体过程是:首先EF-Tu·GTP和fMet-$tRNA_f^{Met}$以外的氨酰tRNA形成三元复合物,随后三元复合物进入A部位;氨酰tRNA的结合会诱导小亚基的构象发生变化,致使16S rRNA上一段高度保守的碱基能够与密码子/反密码子复合物前两个碱基对形成的双螺旋的小沟发生"亲密"接触,这可确保正确的tRNA的结合。如果上述相互作用无法稳定特定的核糖体构象,就意味着错误的氨酰tRNA进入了A部位,它会在肽键形成之前被释放。

核糖体上的一个结构域充当EF-Tu的GAP,而GAP能否及时被激活依赖于密码子/反密码子的相互识别。一旦正确的氨酰tRNA进入A部位,EF-Tu的GTP酶活性很快被激活,与它结合的GTP

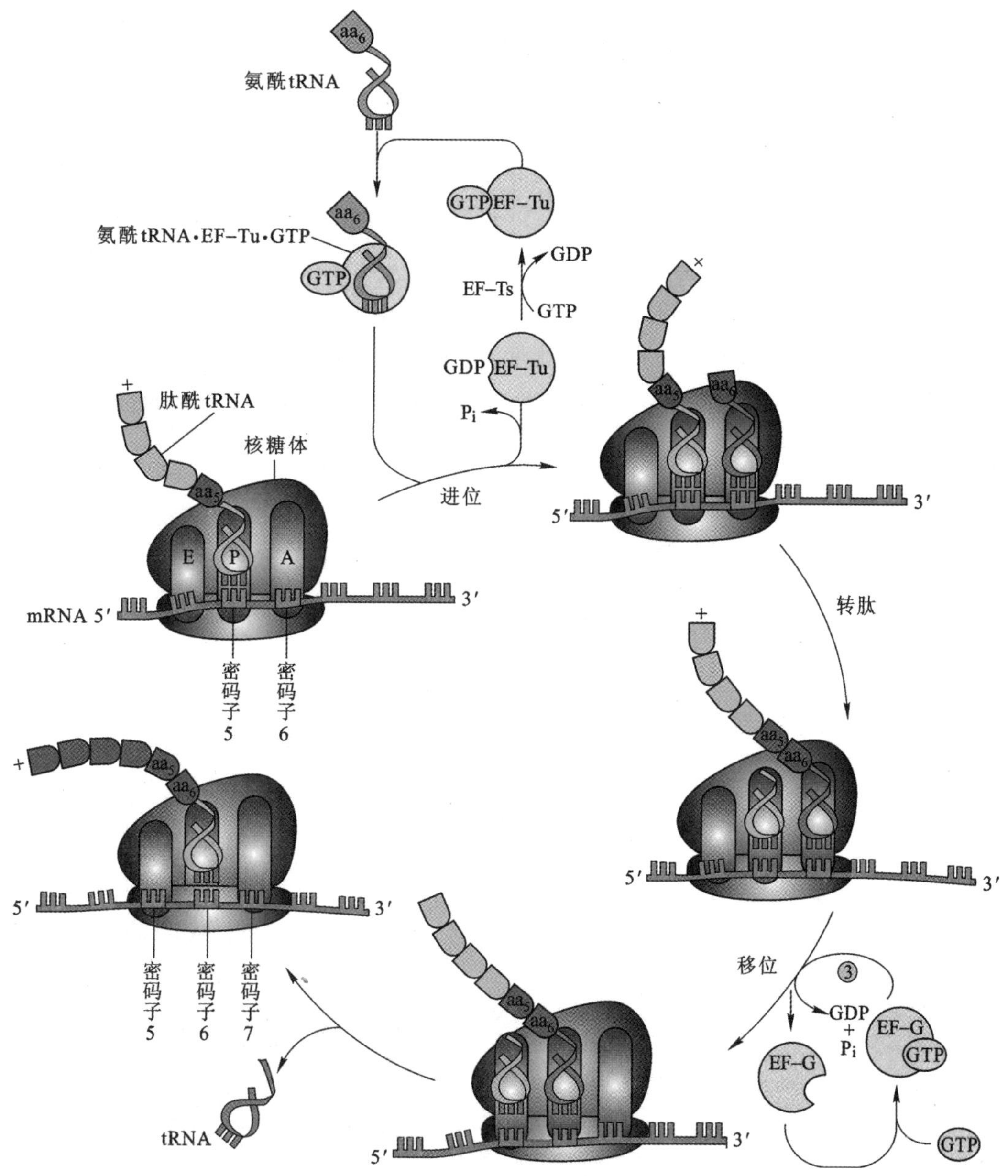

图18-10 细菌翻译延伸阶段的反应

被水解。而一旦 GTP 水解，EF-Tu 的 GTP 酶结构域伸展开，从而让 tRNA 释放出 EF-Tu。随后，30S 小亚基再将相关的 tRNA 锁定在解码中心并使其旋转，让 tRNA 绕过 50S 大亚基上的突起进入肽基转移酶的活性中心，被 tRNA 携带的氨基酸最终有机会被肽酰转移酶参入到正在延伸的肽链的 C 端。相比之下，如果错误的氨酰 tRNA 进入核糖体的 A 部位，核糖体的解码中心无法锁定住非同源的 tRNA，从而无论在初始选择（GTP 水解之前）和校对（GTP 水解之后）之后都可以使非同源氨酰 tRNA 离开，从而防止在合成蛋白质过程中添加不正确的氨基酸。

释放出来的 EF-Tu·GDP 在 EF-Ts 的催化下，重新转变成为有活性的 EF-Tu·GTP。

2\. 转肽

当正确的氨酰 tRNA 进入 A 部位以后，紧接着就发生由肽酰转移酶催化的转肽反应——与 A 部位结合的氨酰 tRNA 上的氨基 N 去亲核进攻结合在 P 部位上的肽酰基或氨酰基（位于肽酰 tRNA 或氨酰 tRNA 上），并形成肽键（图 18-11）。如果是第一个肽键，那一定是在甲酰甲硫氨酸和第二个氨基酸之间形成的。肽酰转移酶是一种核酶，而充当核酶的是核糖体上最大的 rRNA。

转肽反应发生以后，新生的肽链连接到位于 A 部位的 tRNA 分子上，形成肽酰 tRNA，P 部位则留下空载的 tRNA。在肽键形成的同时，A 部位上的 tRNA 受体茎发生旋转，这样可让新生肽链通过 P 部位进入大亚基上的离开通道。

3\. 移位

经历了转肽反应以后，P 部位的 tRNA 已经成为空载的 tRNA。空载的 tRNA 随后进入 E 部位，与此同时，移位反应发生了。在 A 部位上形成的肽酰 tRNA 连同与其结合的 mRNA 一起移至 P 部位，从而为肽链延伸的下一轮循环做好了准备。注意在移位反应中，肽酰 tRNA 上的反密码子与密码子的相互作用已不再是决定氨基酸特异性的因素，但它对于维持移位反应的准确性（只移位一个密码子）以保持正确的可读框是至关重要的。

移位反应需要 EF-G 的帮助，EF-G 也是一种 G 蛋白，其大小、形状以及电荷分布与结合有氨酰 tRNA 的 EF-Tu 相似。EF-G·GTP 在 A 部位的附近与核糖体结合，促进移位反应的进行。EF-G·GTP 的结合可能将带有新生肽链的 tRNA 从 A 部位“推”到 P 部位，与此同时，空载的 tRNA 则从 P 部位转

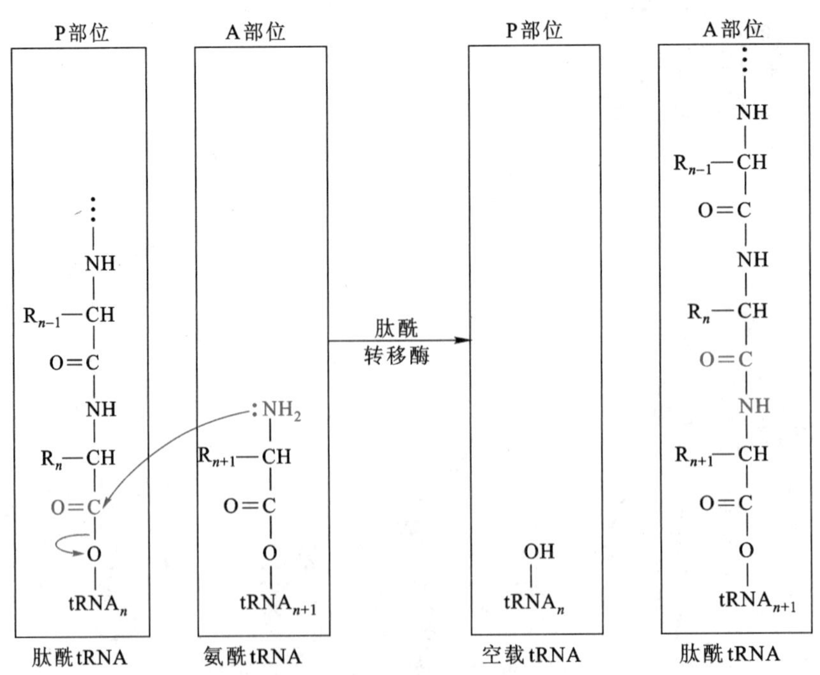

图 18-11　蛋白质合成过程中的转肽反应

移到 E 部位。既然 tRNA 与 mRNA 通过密码子 / 反密码子的碱基配对结合在一起，mRNA 也就随之发生移位。在移位过程中，GTP 并没有水解，只是在移位完成以后，核糖体再次充当 EF-G 的 GAP，导致与 EF-G 结合的 GTP 水解。而一旦 GTP 水解，EF-G 就与核糖体解离，并依靠自身的一个结构域，作为 GEF 以再生出 EF-G·GTP。

由于 EF-G 和氨酰 tRNA·EF-Tu 复合物在结构上惊人地相似，而且与核糖体的结合位点部分重叠，导致它们无法与核糖体同时结合（图 18-12 和图 18-13）。正是 EF-G 阻止氨酰 tRNA 与 A 部位的结合，才保证了只有在移位反应结束后才能进入下一轮循环。

在肽链延伸过程中，一个正在延伸的多肽链是从大亚基上的离开通道离开的。由于离开通道内部十分狭窄，多肽链在其中是很难进行折叠的。

Quiz9 细胞每合成一个肽键，至少需要消耗多少 ATP？

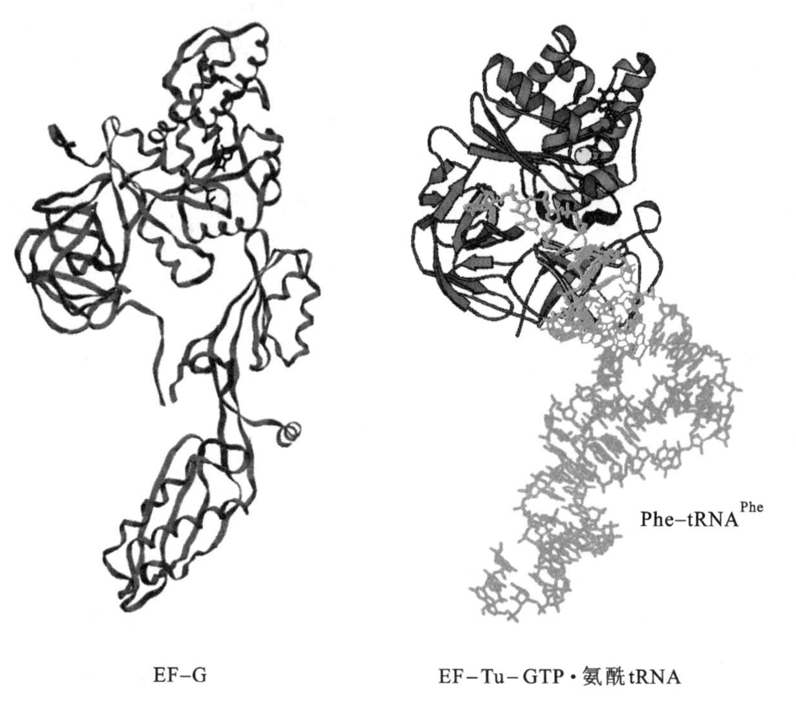

图 18-12 EF-G 与苯丙氨酰 tRNA·EF-Tu 复合物在三维结构上的比较

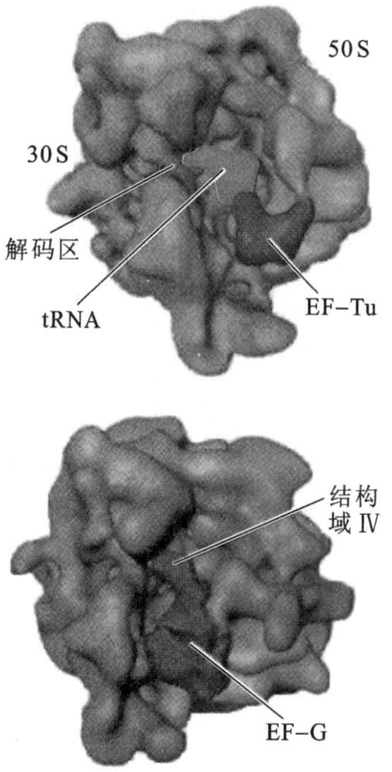

图 18-13 EF-Tu 和 EF-G 各自与核糖体结合的相互排斥

（四）翻译的终止与核糖体的循环

翻译的终止是在 RF 的帮助下完成的。大多数细菌含有 3 种释放因子，即 RF1、RF2 和 RF3。RF1 识别 UAA 和 UAG，RF2 识别 UAA 和 UGA。RF3 也是一种 G 蛋白，它的作用是在与 GTP 形成复合物（RF3·GTP）以后，促进 RF1 和 RF2 的作用。

终止的具体过程是：随着延伸反应的进行（图 18-14），位于 ORF 末端的终止密码子最终进入 A 部位，由于缺乏相应的氨酰 tRNA 的结合，RF1 或 RF2 便"有机可乘"。它们模拟成氨酰 tRNA 的结构（图 18-15），并将与它结合的水分子带入转肽酶的活性中心，随后在核糖体的协助下，促进水分子进攻酯键，导致肽链的释放。此过程受 RF3·GTP 的促进，而释放因子因为 RF3 的 GTP 酶活性将结合的 GTP 水解而得以释放。这时 mRNA 和空载 tRNA 还短暂地结合在 70S 核糖体上，但在 RRF 和 EF-G·GTP 的作用下，它们最终与核糖体解离。RRF 的作用方式也是通过模拟 tRNA 形状与核糖体上的 tRNA 结合位点结合的。

二、真核生物的细胞质翻译系统

真核生物的翻译过程与细菌有 9 个重要的差别：①核糖体的结构有所不同；②转录和翻译分别发生在细胞核和细胞质，因此不存在偶联关系；③起始 tRNA 并不进行甲酰化，也不能进行甲酰化；④起始

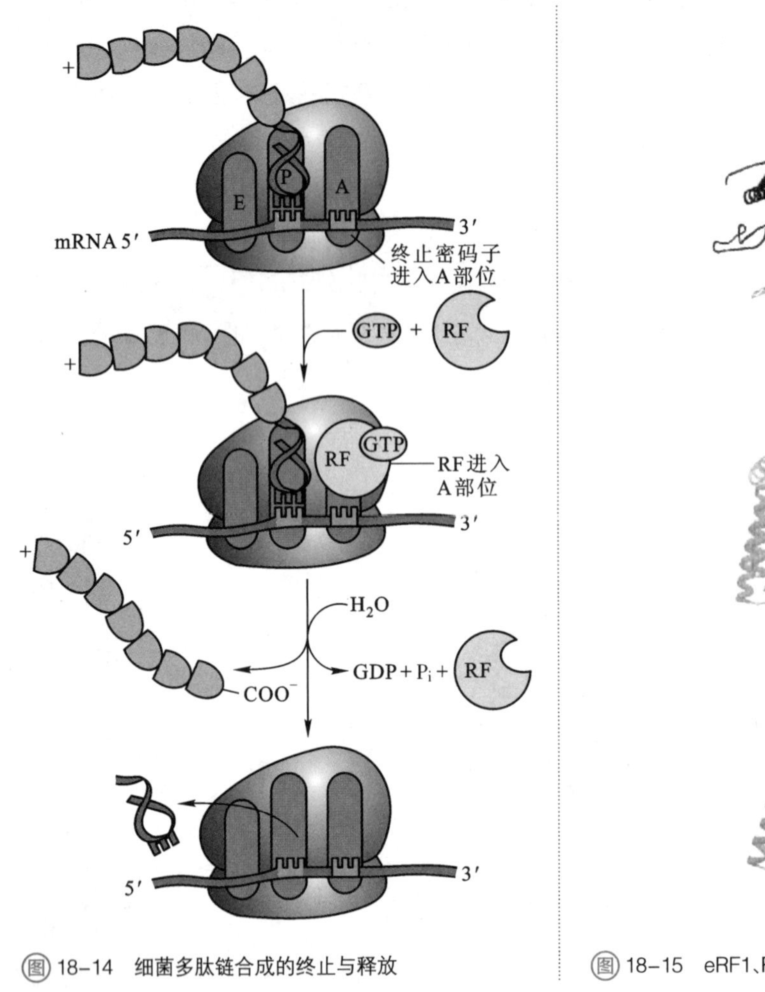

图 18-14　细菌多肽链合成的终止与释放

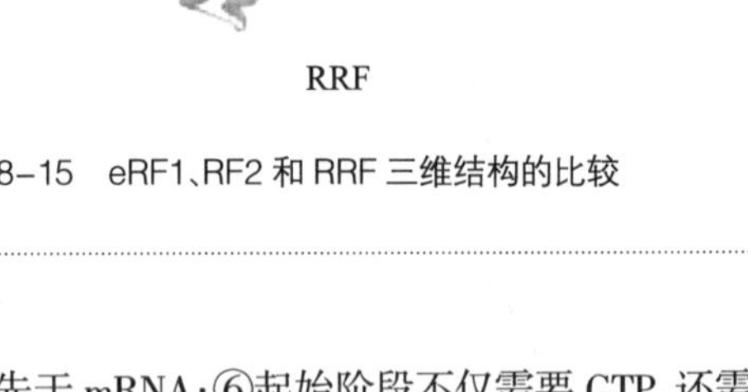

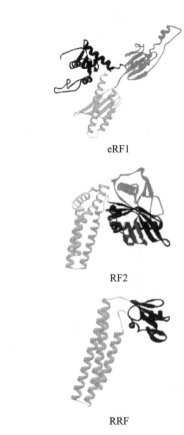

图 18-15　eRF1、RF2 和 RRF 三维结构的比较

密码子的识别机制完全不同；⑤起始 tRNA 与小亚基的结合先于 mRNA；⑥起始阶段不仅需要 GTP，还需要 ATP；⑦起始因子种类与结构比细菌要复杂得多；⑧释放因子有 2 种；⑨对抑制剂的敏感性不同。

（一）氨基酸的活化

与细菌没有多少差别，所不同的是 Met-$tRNA_i^{Met}$ 并不进行甲酰化。

（二）翻译的起始

真核生物的翻译的起始可分为四个阶段的反应（图 18-16），至少需要十余种起始因子（eIF）或辅助蛋白的帮助（表 18-7）。各个阶段的反应如下所述。

表 18-7　真核生物参与翻译的起始因子、延伸因子和终止因子

蛋白质	功能
eIF1	促进起始复合物的形成
eIF1A	稳定 Met-$tRNA_i$ 与 40S 核糖体的结合
eIF2	依赖于 GTP 的 Met-$tRNA_i$ 与 40S 亚基的结合
eIF2B	促进 eIF2 分子上鸟苷酸的交换
eIF2C	稳定 eIF2·GTP·Met-$tRNA_i$ 三元复合物
eIF3	促进核糖体的解离，促进 Met-$tRNA_i$ 和 mRNA 与 40S 亚基的结合
eIF3A	促进 80S 核糖体的解离，结合 60S 亚基
eIF4A	结合 RNA；ATP 酶；RNA 解链酶；促进 mRNA 结合 40S 亚基
eIF4B	结合 mRNA；促进 RNA 解链酶活性和 mRNA 与 40S 亚基的结合
eIF4E	结合 mRNA 的帽子结构
eIF4G	结合 eIF4A、eIF4E 和 eIF3

续表

蛋白质	功能
eIF4F: eIF4E+eIF4A+eIF4G	结合 mRNA 帽子结构;RNA 解链酶;促进 mRNA 结合 40S 亚基
eIF5	促进 eIF2 的 GTP 酶活性
eEF1	结合氨酰 tRNA,促进氨酰 tRNA 的进位
eEF2	促进移位
eEF3	真菌才有,能结合并水解 ATP,促进空载 tRNA 离开 E 部位,并刺激氨酰 tRNA 进入 A 部位
eRF1	识别三个终止密码子
eRF3	具有 GTP 酶活性
PABP	结合 polyA 尾,与 eIF-4G 相互作用
ABCE1(Rli1)	具 ATP 酶活性,促进核糖体循环

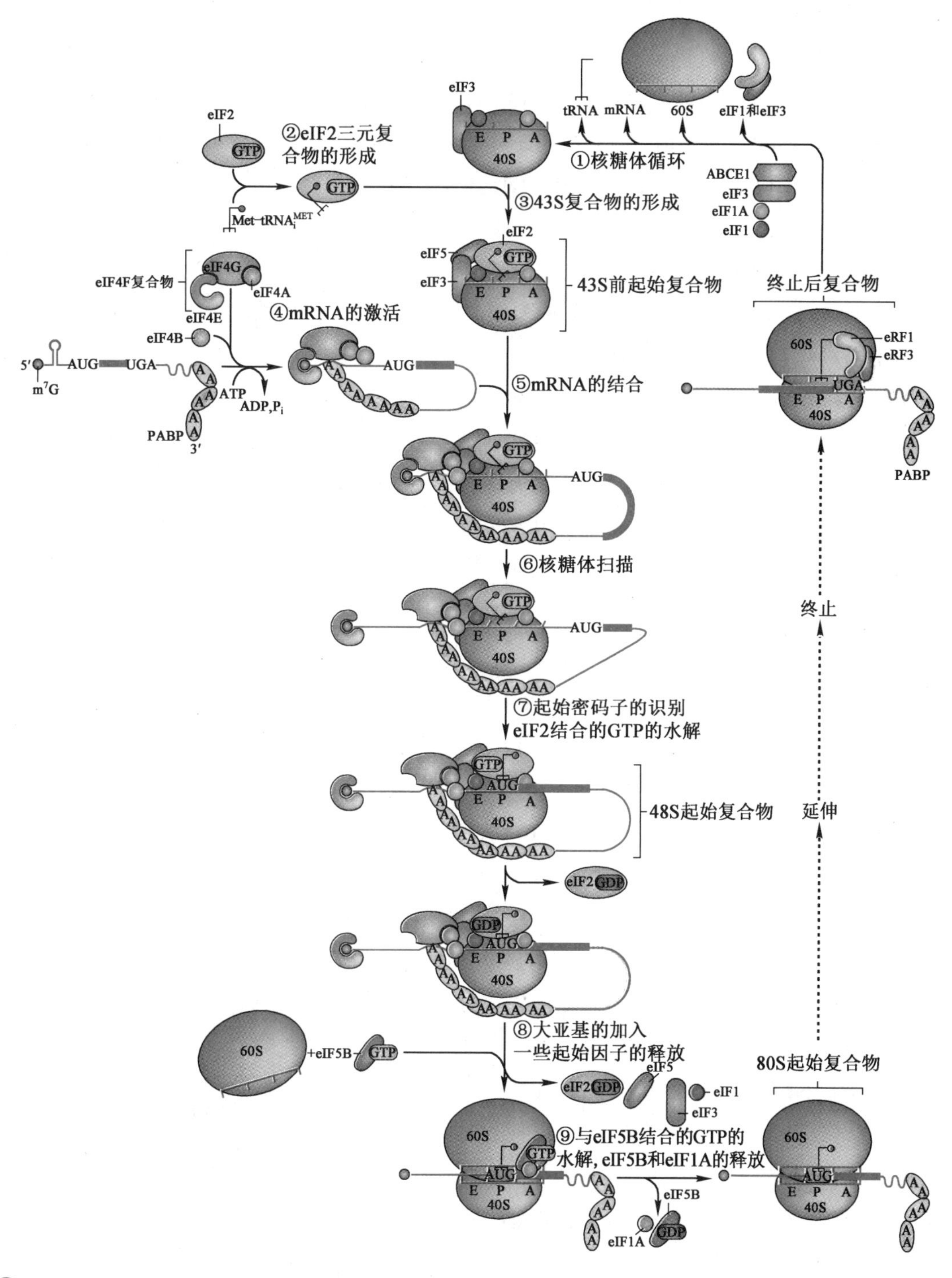

图18-16 完整的翻译起始复合物的形成和起始因子的解离

1. mRNA 的激活

由于真核系统的 mRNA 要经历复杂的后加工，所以翻译系统先要对 mRNA 进行检查，以确保只有加工完好的 mRNA 才能被激活用作模板。参与这一步反应的起始因子为 eIF4 系列，其中 eIF4E 为帽子结合蛋白，专门与 mRNA5′ 端的帽子结合。eIF4G 则是一种接头分子，既能与 eIF4E 结合，又能与结合在 3′ 端尾上的 PABPC 结合，还能结合 eIF3，使 mRNA 的两端在空间上相互靠近而成环。mRNA 的环化能很好地解释为什么多聚 A 尾可提高翻译的效率：因为一旦核糖体完成翻译通过成环的 mRNA，新释放的核糖体亚基所处的位置恰到好处，很容易在同一个 mRNA 分子上重新启动翻译。

eIF-4G 与 PABP 的结合不仅保证了只有成熟的完整的 mRNA 才被翻译，还将其他起始因子招募进来。例如，eIF4A 和 eIF4B。eIF4A 是一种依赖于 ATP 的 RNA 解链酶，负责破坏 mRNA 5′ 端的二级结构，暴露起始密码子，为核糖体的扫描清除障碍，而 eIF4B 可刺激 eIF4A 的解链酶活性。eIF4F 实际上是帽子结合蛋白 eIF4E、eIF4A 和 eIF4G 的复合物，这三种蛋白之间的相互作用加强了 eIF4E 与 mRNA 帽子结构的结合。

2. 43S 预起始复合物的形成

这一步反应涉及的起始因子有 eIF1、eIF1A、eIF2、eIF3 和 eIF6。其中，eIF1 相当于细菌的 IF1。eIF2 是一种小 G 蛋白，相当于细菌的 IF2，负责识别和结合 Met-$tRNA_i^{Met}$。eIF3 与 40S 小亚基结合，阻止 60S 大亚基结合，但刺激 Met-$tRNA_i^{Met}$·eIF2·GTP 与小亚基结合。

3. 起始密码子的识别及 48S 起始复合物的形成

43S 预起始复合物和 eIF5 附着到已检查合格的 mRNA 分子的 5′ 端（图 18-17），在 eIF4A、eIF4B 和 eIF4F 的帮助下，mRNA 的 5′-UTR 发生解链，预起始复合物从 5′ → 3′ 端进行扫描，直到发现第一个 AUG，通常就以此 AUG 作为起始密码子。

然而，5% ~ 10% 的 mRNA 并不使用第一个 AUG 作为起始密码子，这是因为第一个 AUG 所处的序列环境不理想。Marilyn Kozak 所做的研究表明，在一致序列 CCRCCAUGG（R 代表嘌呤碱基）之中的 AUG 起始的效率最高。如果嘧啶碱基占据 -3 或 +4，起始 tRNA·40S 复合物就会漏过此 AUG，继续扫描，直到发现新的 AUG。小亚基在进行扫描的时候，需要 eIF4A 的解链酶活性，以解除 mRNA 5′ 端的二级结构。

Quiz10 你如何解释真核生物的蛋白质基因必须以单顺反子的形式存在，而原核生物的蛋白质基因既可以以单顺反子，也可以以多顺反子的形式存在？

在扫描中，起始 tRNA 通过反密码子 / 密码子的碱基配对，来进行校对以发现 AUG，eIF2 的 GTP 酶活性则充当计时器，允许校对有足够的时间。

真核翻译系统还有一种识别起始密码子的机制叫内部进入（internal entry），使用这种机制的主要是细小核糖核酸病毒（picornavirus），如脊髓灰质炎病毒和 HCV。这一类病毒的 mRNA 在 5′ 端无帽子结构，但有很长的 5′-UTR。通过对 5′-UTR 进行的缺失突变分析发现，在 5′ 端起始密码子的周围存在一种内部核糖体进入位点（internal ribosome entry site，IRES），形成特殊的二级和三级结构，核糖体可以识别它，并从这个区域直接进入直到发现周围的起始密码子。

Quiz11 如何能够让一种共价闭环的 mRNA 也能翻译出蛋白质？

4. 起始因子的解离与 60S 大亚基的结合

在起始密码子被识别以及 48S 复合物形成以后，eIF5、eIF5B 便刺激 eIF2 的 GTP 酶活性，促进与 eIF2 结合的 GTP 水解。而与 eIF2 结

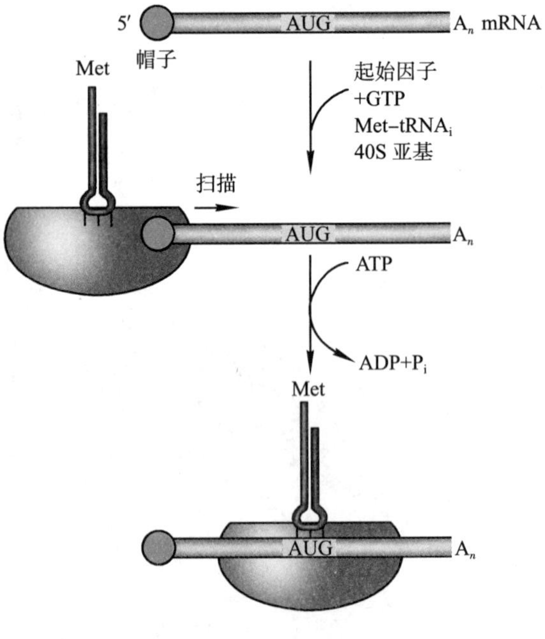

图 18-17 真核翻译系统发现起始密码子的扫描机制

合的 GTP 的水解可导致绝大多数起始因子的释放，同时激活 eIF5B 的 GTP 酶活性。于是，GTP 受到 eIF5B 的水解，成为 80S 起始复合物是否正确装配的最后一个检查点。当与 eIF5B 结合的 GTP 被水解以后，剩余的所有起始因子都离开 40S 小亚基。随后，大小亚基结合，形成完整的翻译起始复合物。

（三）翻译的延伸

真核生物的肽链延伸与细菌相似，同样不断地经历进位、转肽和移位反应，只是由 eEF-1 代替了 EF-Tu 和 EF-Ts，其中 eEF-1α 相当于 EF-Tu，eEF-1βγ 相当于 EF-Ts，eEF-2 代替了 EF-G，转肽酶的活性由 28S rRNA 提供。在真菌中，还有 eEF-3 的参与，它的功能是促进空载的 tRNA 离开 E 部位，从而刺激氨酰 tRNA 进入 A 部位。

（四）蛋白质合成的终止

真核细胞质翻译系统第四个阶段的反应与细菌也很相似，但只有 2 个释放因子参与。eRF1 能识别 3 种终止密码子，其作用机制与细菌的 RF1、RF2 一样，通过模拟 tRNA 的结构来起作用。eRF1 由三个不同的结构域组成：① N 端结构域。此结构域在远端有一个环，环上有一段高度保守的 NIKS 序列模体，可通过类似于密码子 - 反密码子的相互作用识别终止密码子，另外还有一段 YXCXXXF 模体对终止密码子的识别也有所贡献。②中央结构域。此结构域在功能上类似于 tRNA，可深入到肽酰转移酶活性中心内促进肽链的释放。与细菌 RF1 和 RF2 相似，这个结构域含有通用保守的 GGQ 序列模体，为肽酰 tRNA 的水解所必需。③ C 端结构域。此结构域负责与 eRF3 的结合，因为 eRF1 单独不能作用，需要和 eRF3 形成异源二聚体。eRF3 也是一种 G 蛋白，其功能相当于细菌中的 RF3。

在终止阶段（图 18-18），eRF1 和 eRF3 的作用协调一致，以保证终止密码子的有效识别和肽链的快速释放。对人和酵母全长的 eRF1 与缺少 GTP 酶结构域的 eRF3 形成的复合物晶体结构的研究显示（图 18-19）：两者在结合以后，eRF1 的构象会发生显著的变化，致使 eRF1 在外形上更像一个 tRNA，同时，eRF1 与 eRF3 有接触的中央结构域可刺激 eRF3 的 GTP 酶活性。尽管真核生物 eRF1 在折叠的样式与细菌的 RF1 和 RF2 并不相同，但在功能上是相同的，因此在与核糖体结合的时候，其 GGQ 模体

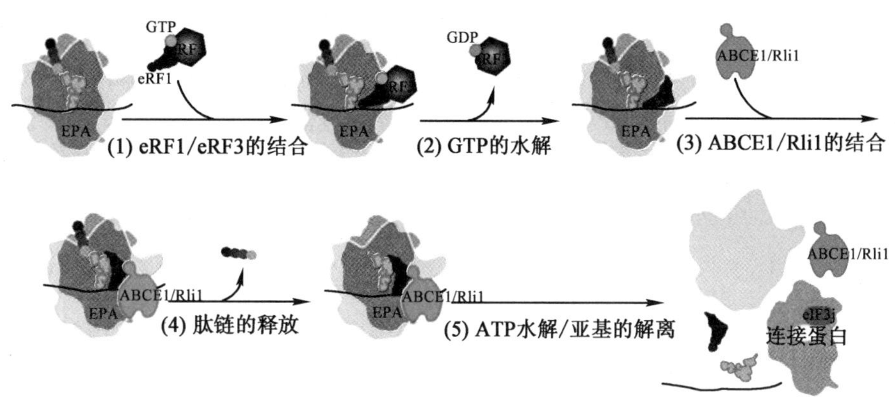

图 18-18　真核生物细胞质翻译系统翻译的终止和核糖体的循环

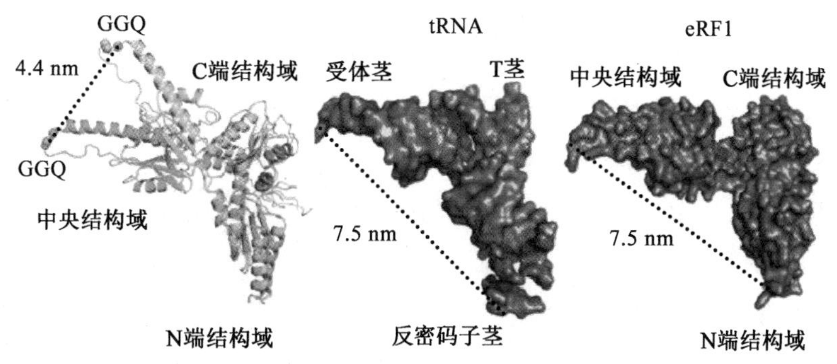

图 18-19　eRF1 与 eRF3 结合前后在三维结构上的变化

在核糖体上的定位与细菌 RF1 和 RF2 相似。eRF1 也是通过这个部分进入肽酰转移酶的活性中心，诱发了肽酰 tRNA 的水解。

真核生物的核糖体循环这一步与细菌完全不同，需要 ABC 类的 ATP 酶 ABCE1（旧称 Rli1）。一旦结合 ATP，ABCE1 即发生构象变化，从开放构象变成紧紧"抱住"ATP 的封闭构象，这直接驱动了核糖体的解体和 eRF1 的释放。ATP 水解并非是核糖体解体必需的，但却是 ABCE1 离开核糖体小亚基并进入下一轮循环所需要的。

Quiz12 细菌与真核生物体内参与翻译的蛋白质中哪些属于 G 蛋白？

三、细胞器翻译系统

线粒体和叶绿体属于两种半自主细胞器，它们的翻译系统与细菌更为相似，无论是核糖体的组成和结构，还是参与起始、延伸、终止和核糖体循环反应的各种蛋白辅因子，或者对抑制剂的敏感性都类似于细菌。但是，两种细胞器翻译系统也各有自己特有的性质。

以线粒体为例，大肠杆菌的 tRNA 在线粒体翻译系统仍有功能，而线粒体翻译系统的蛋白辅因子也可在大肠杆菌系统中起作用，这说明这两套翻译系统在功能上是等同的。

至于线粒体与细菌在翻译系统的差别主要表现在以下几个方面：①与大肠杆菌的核糖体相比，线粒体核糖体内的 rRNA 含量减少了一半，但蛋白质含量却有所增加。②遗传密码出现大量例外。③伴随着密码子使用的差异，它的 tRNA 种类和发生的化学修饰明显减少。例如，动物线粒体只有 22 种 tRNA，要识别 60 多种密码子，需要遵守更为宽松的摆动法则。此外，不同于细菌，人线粒体内只有一种 $tRNA^{Met}$，但"身兼两职"，既是起始 tRNA，又是延伸 tRNA。但发生甲酰化修饰的 $tRNA^{Met}$ 与 mIF2 的亲和力较高，与延伸因子 EF-Tumt 的亲和力较低，这就可以保证它只参与翻译的起始。许多真核生物的线粒体基因组缺失一定数目的 tRNA 基因，这种缺失可通过从细胞核那里进口来弥补。像锥体虫线粒体内的 tRNA 全部是从细胞核"进口"的。④线粒体翻译系统缺少相当于 IF1 的起始因子，只有相当于 IF2 和 IF3 的起始因子 mIF2 和 mIF3。⑤酵母细胞线粒体内的翻译还依赖于由细胞核基因编码的某些蛋白质因子的激活。

就叶绿体翻译系统而言，首先由它编码的 mRNA 只有三分之一在 5′-UTR 含有 SD 序列，而且该序列对翻译的起始并不是绝对必需的。已有证据表明，叶绿体翻译系统可能存在多种翻译起始机制；其次，叶绿体翻译系统中许多 mRNA 的翻译也需要细胞核编码的蛋白质的激活；此外，叶绿体翻译系统中的 tRNA 虽然略比线粒体多，但也只有 30 种；最后，在某些叶绿体内，mRNA 通过编辑（主要是 C → U）创造起始密码子、终止密码子，或者改变密码子以维持保守的氨基酸残基不变。

四、古菌的翻译系统

在基因表达的翻译这一步，古菌与真核生物也十分相似。这表现在以下几个方面。

(1) 核糖体的大小与细菌一样，但 rRNA 和核糖体蛋白与真核生物的亲缘关系更近。

(2) 参与翻译各个阶段的蛋白辅因子的数目以及结构的同源性接近真核生物，但各种因子的组成倾向于由单个亚基组成，而不像真核生物由多个亚基组成。例如，来自嗜热硫矿硫化叶菌（*Sulfolobus solfataricus*）的 aIF2 能够代替哺乳动物体内的 eIF2，帮助起始 tRNA 正确地进入 P 部位。还有，真核生物起始因子 eIF-5A 和古菌起始因子 aIF-5A 都有一种特殊的对功能必需的化学修饰，即脱氧羟基腐胺化（hypusination）。再如，在翻译终止阶段，古菌 aRF1 与 eRF1 高度同源，与真核生物一样，"通吃"三个终止密码子。此外，古菌和真核生物的核糖体循环机制十分相似，完全不同于细菌。

(3) 第一个参入的氨基酸也是甲硫氨酸，而不是细菌所使用的甲酰甲硫氨酸。

(4) 对抑制剂，特别是对抗生素的敏感性相似（见后）。

然而，古菌的翻译系统与细菌也有某些特征很相似。例如：没有 5.8S rRNA，mRNA 无帽子结构，多为多顺反子，有的有 SD 序列，翻译与转录是偶联的。

Box18.1 **蛋白质生物合成为什么需要钾离子？**

对于翻译需要钾离子这一点不少生化书、生理书和分子生物学都会提到，但都没有解释为什么？对此，我也查过好多文献，但都没有看到很好的解释。我也一直想着这个问题，要知道蛋白质在合成中所涉及的全部化学反应好像找不到哪一步需要钾离子的！所以，我曾经想过，会不会钾离子与核糖体这个蛋白质翻译机器的结构有关系呢？果然不出所料，2019 年 6 月 7 日来自法国 Alexey Rozov 等人在 *Nature Communications* 上发表了一篇题为"Importance of potassium ions for ribosome structure and function revealed by long-wavelength X-ray diffraction"研究论文，该论文似乎证实了我的这个想法。

核糖体是巨大的蛋白质工厂，负责将遗传信息准确地翻译为蛋白质。它们是细胞中最复杂的 RNA-蛋白质复合体，但需要金属离子来维持其结构和功能。尽管它是细胞的重要组成部分，但这种大型超分子复合物中金属离子的确切类型和位置尚待确定。

尽管以前已经通过 X 射线晶体衍射和冷冻电镜（cryo-EM）对它们的结构进行了全面表征，但支持和稳定它们的结构和功能的确切金属离子仍未引起科学家的重视。实际上，早期对核糖体的结构与功能的研究似乎过分强调了镁离子的重要性，这就导致其他金属离子所起的作用在很大程度上被忽略了！钾是细胞中最丰富的阳离子，因此被认为对所有细胞过程都很重要，但从来没有人详细研究过其对翻译的影响。

Alexey Rozov 等人利用了新型长波长 X 射线对细菌的核糖体进行了开创性研究，查明了细菌（一种嗜热栖热菌）核糖体中有好几百个钾离子，并首次在 3D 结构基础上证明了钾离子不仅参与了 rRNA 和核糖体蛋白结构的整体形成，而且它们在其功能上也发挥了重要作用。当人们对核糖体进行衍射实验时，金属离子有助于电子密度区域。默认情况下，研究人员已将此密度归因于镁离子以生成 3D 结构模型。然而，众所周知，钾在核糖体中也起着重要作用，因为钾的吸收导致其展开。Alexey Rozov 等人使用独特的波长范围使它们能够真正靶向钾的结合位点，因此，它们可以计算出 3D 映射，突出显示有助于散射的原子，通过测量钾边缘处的异常散射信号，从而可以检测到钾离子。

Alexey Rozov 等人差不多花费了一年多的时间，进行分析数据，以前所未有的精度定位钾离子。研究小组看到了数百个钾离子，其中许多处于核糖体中的重要位置。当与信使 RNA 结合时，最重要的一个稳定了解码中心，后者将遗传信息传递给核糖体(图 18-20)。这就充分显示了钾在蛋白质合成中的重要作用。

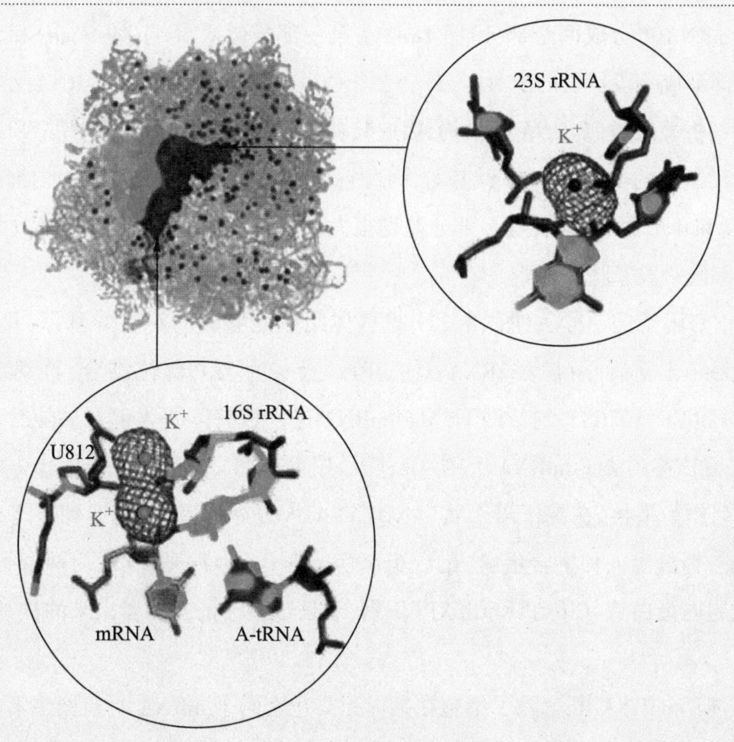

图 18-20 钾离子在 70S 核糖体解码中心和肽酰转移酶中心的定位

这些结果填补了巨大的知识空白，也可能导致潜在的治疗应用，通过充分了解细菌核糖体结构的复杂性，希望它们可以成为开发新型抗生素的目标。

第四节　翻译的质量控制

细胞内的 mRNA 并不总是正常的，基因突变、转录错误、后加工异常或受 RNA 酶意外降解等因素都会导致出现一些异常的 mRNA。例如，基因突变可导致一个 mRNA 在原来的 ORF 内，提前出现终止密码子（premature stop codon，PTC）或者无终止密码子（nonstop），这些异常的 mRNA 翻译出来的蛋白质可能无功能，甚至是有害的。另外，核糖体在翻译的时候，受到某些因素的影响，有时会出现暂停且无法回到原来正常的翻译状态。此外，胞内的 rRNA 也可能出现异常。为了及时清除这些意外事件对机体可能产生的危害，保证翻译的质量，所有的生物都已经进化出各种翻译质量控制（quality control）机制。

一、细菌的翻译质量控制

细菌的 mRNA 因为没有帽子和尾巴结构的保护一般很容易水解，其半衰期特别短，因此在翻译的时候，1 个 mRNA 分子很有可能因降解而丢失了靠近 3′ 端的终止密码子。此外，基因突变或转录错误也可能导致 1 个 mRNA 丧失终止密码子。不难设想，若 1 个 mRNA 分子没有了终止密码子，那么核糖体翻译到最后将因无终止信号而困在 3′ 端"不能自拔"。

面对上述情形，细菌已发展了一套专门的机制，可处理这些有缺陷的无终止密码子的 mRNA，这种机制为反式翻译（*trans*-translation）。通过反式翻译，可将两个不同的 mRNA 翻译成一条融合的肽链。这两个 mRNA 一个无终止密码子，另一个是带有终止密码子并兼有 tRNA 功能的 tmRNA。tmRNA 由 349 ~ 411 nt 组成，广泛存在于各种细菌但并不存在于古菌和真核生物的核基因组中。大肠杆菌的 tmRNA 也被称为 10Sa RNA，含有 363 nt。

在结构上 tmRNA 可分成两个部分（图 18-21）：第一部分包括 5′ 端（约 50 nt）和 3′ 端（约 70 nt）的核苷酸，两者之间形成一段长长的配对区，3′ 端含有 CCA 序列。在不同的 tmRNA 分子之中，这部分的结构十分相似，都折叠成类似 tRNA 的结构，因此其功能是作为一种 tRNA 来用。所有 tmRNA 的受体茎都带有细菌 $tRNA^{Ala}$ 的个性，即 GU 碱基对，因此它可以携带 Ala；第二部分由内部的核苷酸组成，包括 2 个茎环结构和 4 个假节结构，这一部分差别很大，但都有一个潜在的小 ORF，因此它的功能是作为一种 mRNA，编码一段寡肽序列。

面对无终止密码子的 mRNA（图 18-22），核糖体照样能够启动对它的翻译，并持续到 mRNA 的 3′ 端。但由于无终止密码子，肽酰 tRNA 无法释放，会一直与 P 部位结合，直到在小蛋白 B（small protein B，SmpB）和 EF-Tu·GTP 的帮助下，Ala-tmRNA 进入核糖体的 A 部位。随后，在肽酰转移酶的催化下，肽酰基被转移到 Ala-tmRNA 上的 Ala，随后核糖体照常移位，并接着以 tmRNA 上的 ORF 后 10 个密码子序列作为模板，在翻译出十肽（ANDENYALAA）序列以后，就遇到了终止密码子，肽链合成得以正常终止，释放出一种融合蛋白，在 C 端含有一段十一肽序列，其最后两个氨基酸残基是一种降解信号，可被胞内蛋白酶（ClpAP 和 ClpXP）识别，于是这些经抢救翻译出来的异常多肽会被及时水解掉。

由此可见，使用 tmRNA 既解除了细胞在翻译无终止密码子 mRNA 时核糖体不能解离的问题，又保证了翻译出来的异常多肽可被及时清除，防止它们在胞内堆积、产生危害。

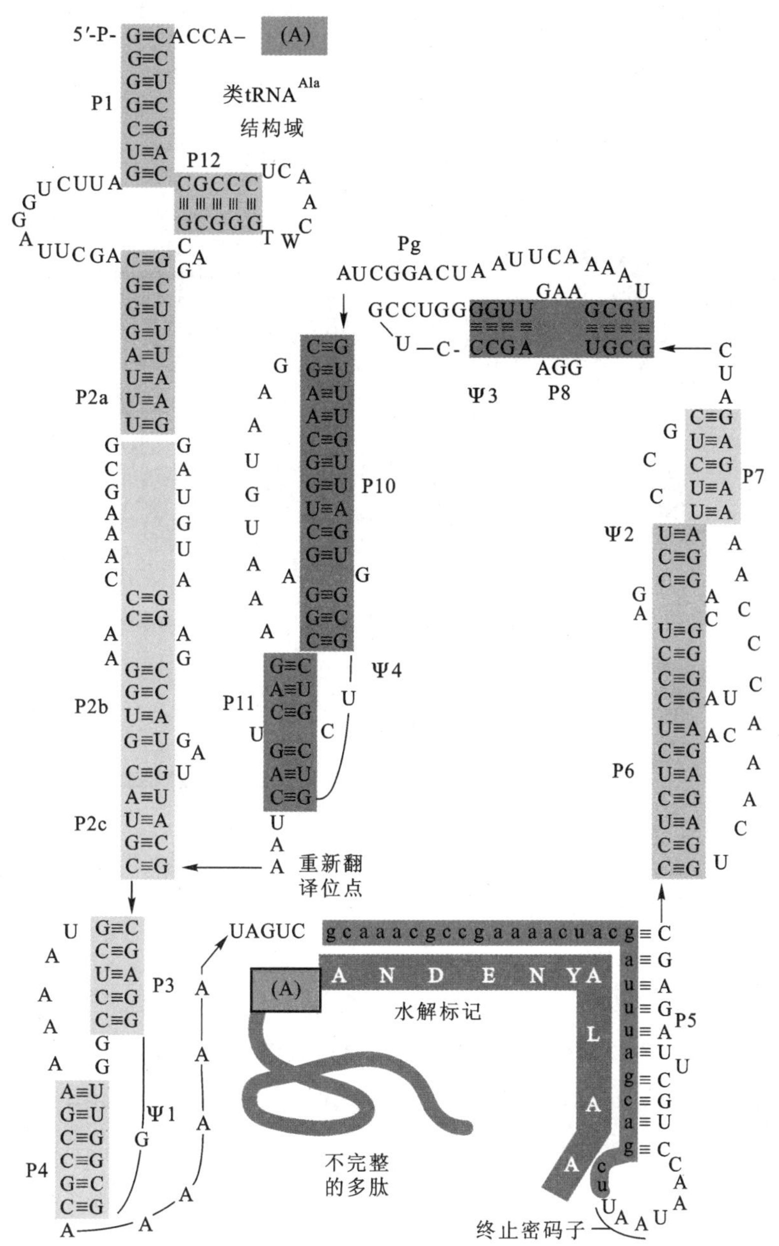

图 18-21　大肠杆菌 tmRNA 的结构

二、真核生物的翻译质量控制

对于异常的 mRNA 和其他影响到翻译质量的意外事件，真核细胞已经进化和发展出四套高度保守的翻译质量控制系统：一是无义介导的 mRNA 降解（nonsense-mediated mRNA decay，NMD），专门处理含有 PTC 的 mRNA；二是无终止 mRNA 降解（nonstop mRNA decay，NSD），专门处理无终止密码子的 mRNA；三是翻译不下去的 mRNA 降解（no go mRNA decay，NGD），专门处理核糖体停在途中无法继续翻译的 mRNA；四是无功能 rRNA 的降解（non-functional rRNA decay，NRD），专门降解由无功能的 rRNA 组成的无活性核糖体。

1. NMD

NMD 负责识别、水解带有 PTC 的 mRNA。其作用必须保证能够将 mRNA 上正常的终止密码子和 PTC 区分开来。有关研究表明，识别 NMD 的是 mRNA 在后加工期间在剪接点附近组装而成的外显子连接复合物（exon-junction complex，EJC）（图 18-23）。

EJC 在 mRNA 剪接期间组装，但后来会随着剪接好的 mRNA 一起被运输到细胞质。组装的位置一般位于两个相邻的外显子连接点上游 20～24 nt 的地方。其核心结构是由 eIF4A-Ⅲ 和其他 3 种蛋

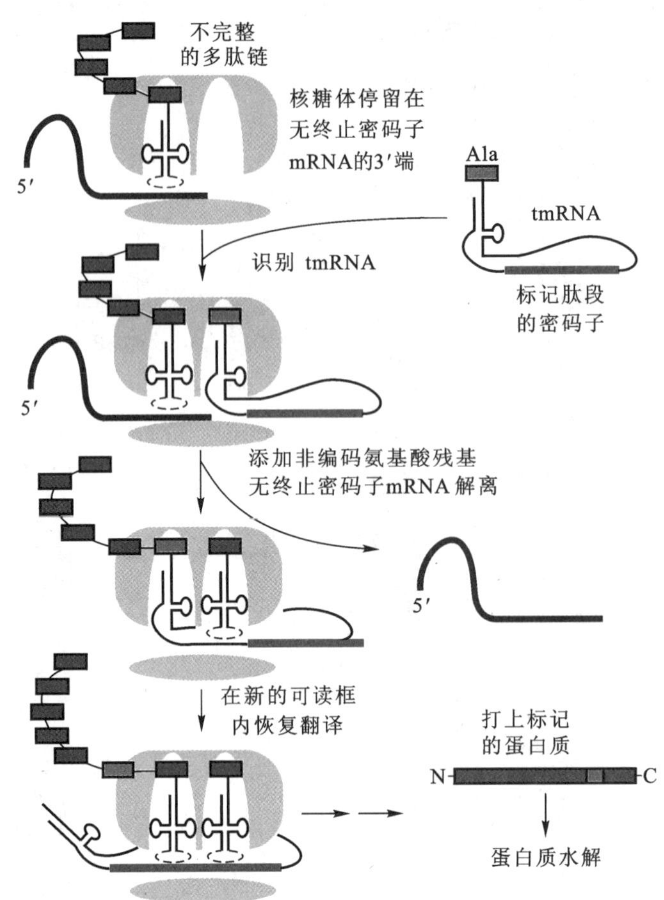

图 18-22　使用 tmRNA 的反式翻译

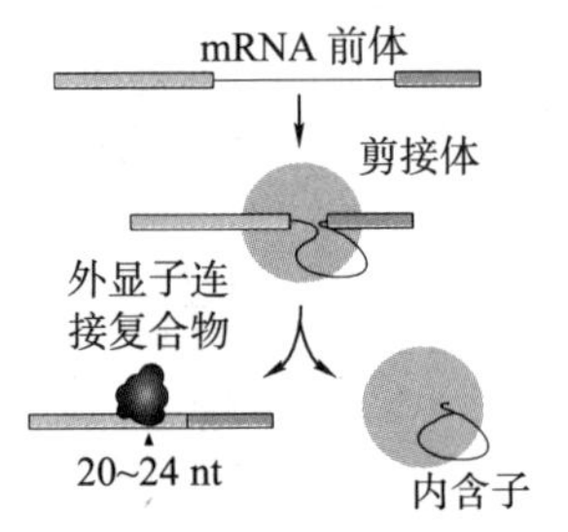

图 18-23　EJC 的装配

Quiz13 如何证明 EJC 是作为一种 mRNA 剪接过的特异性位置标记?

白质形成的异源四聚体。有许多蛋白质因子在需要时能暂时结合到这种核心结构上,如 SMG、上位移框蛋白(up-frameshift protein,UPF)2 和 3(UPF2 和 UPF3)。其功能除了参与 NMD 以外,还协助将剪接好的 mRNA 运输出细胞核、增加翻译的效率。

对于脊椎动物而言,相对于终止密码子的最后一个 EJC 的位置通常决定转录物是否进入 NMD(图 18-24)。如果终止密码子在最后一个 EJC 的下游或者在上游 ~ 50 nt 之内,转录物就会正常地翻译。然而,如果终止密码子在任何 EJC 的上游超过 50 nt 左右的距离,NMD 将会对这种转录物进行降解。

在细胞质基质中,对于一个正常的 mRNA 来说,核糖体在对它进行首次翻译的时候,从起始密码子翻译到正常的终止密码子,途中一定会遇到 EJC。EJC 在碰到核糖体的时候,即被"替换下场"。然而,对于含有 PTC 的 mRNA 来说,核糖体会提前遇到 PTC。如果 PTC 位于 EJC 的上游,那么下游的 EJC 就难于被替换,会待在原地。这被参与 NMD 的蛋白质因子视为有问题的信号。于是,EJC 作为一种 mRNA 曾经被剪接过的位置特异性印记,它是否存在及其存在位置直接决定了一个 mRNA 是否异常。

NMD 被激活以后,无义的 mRNA 在两端同时被降解:在 5′ 端,先"脱帽",然后 5′- 外切酶 Xrn1 对其降解,而在 3′ 端,先"去尾",然后是 3′ - 外切酶对其降解。无义 mRNA 由于迅速被水解,因而不能再作为模板翻译出对细胞可能有害的异常蛋白。

2. NSD

NSD 是真核生物处理无终止密码子 mRNA 的机制。由于没有 tmRNA,无法进行反式翻译,只能使用 NSD 将其降解。NSD 一般依赖一种叫 Ski7p 的蛋白质。一个缺乏终止密码子的 mRNA 照常可以启动翻译并进行延伸。但由于无终止密码子,核糖体会沿着 mRNA 模板持续翻译,直到 3′ 端。当核糖体进入多聚 A 尾以后,与其结合的 PABP 被取代,多聚 A 尾也会作为模板被翻译,产生多聚赖氨酸。一旦 mRNA 的 3′ 端进入核糖体的 A 部位,核糖体就进入暂停状态,这时 A 部位被 Ski7p 的 C 端识别和结合。Ski7p 与 A 部位的结合可将一种叫外体（exosome）的核糖核酸酶复合体招募到 mRNA 的 3′ 端，同时导致核糖体的解离。随后，外体从 3′ 端降解 mRNA，而 C 端含有多聚赖氨酸的多肽也被特定的蛋白酶降解（图 18-25）。

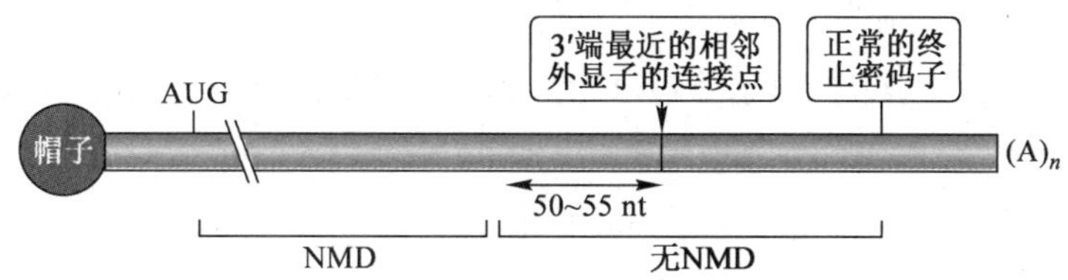

图 18-24　NMD 途径需要的顺式元件

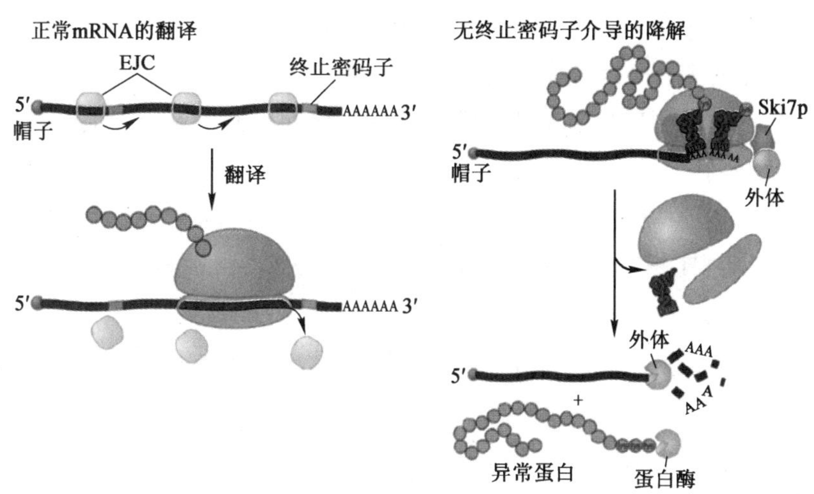

图 18-25　真核细胞无终止 mRNA 的降解

3. NGD

NGD 主要用来处理胞内有核糖体在上停留但已翻译不下去的 mRNA。导致核糖体在 mRNA 上“熄火”的原因有多种：可能是它遇到了 mRNA 上强劲的二级或三级结构，也可能遇到了稀有密码子，或者遇到了无碱基位点等。当核糖体因此“裹足不前”的时候，细胞内一对分别与 eRF1 和 eRF3 高度同源的 Pelota（酵母为 Dom34）/Hbs1 蛋白复合物，便结合在熄火的核糖体 A 部位附近。而一旦它们与核糖体结合，便破坏 mRNA-tRNA 的相互作用，随后一些参与降解的 RNA 酶被招募过来，先是内切酶在核糖体暂停的地方切开 mRNA，然后外体和 Xrn1 分别从 3′→5′ 和 5′→3′ 方向继续水解已断开的 mRNA。

4. NRD

NRD 分为 18S NRD 和 25S NRD。其中 18S NRD 专门处理有缺陷的 40S 小亚基核糖体，负责招募 Pelota/Dom34、Hbs1 和 Ski7p，导致 18S rRNA 的降解；25S NRD 专门处理有缺陷的 60S 大亚基核糖体，涉及到泛素和蛋白酶体系统。

三、古菌的翻译质量控制

古菌的翻译质量控制系统与真核生物相似：已发现古菌具有真核生物相似的 NGD 系统，但无细菌的 tmRNA 系统，其参与 NGD 的 aPelota 与酵母 Dom34 相似，不过还没有发现 Hbs1 的同源物，那可能是因为古菌 aEF1α 行使了 Hbs1 的功能。

第五节　翻译的抑制剂

翻译是维持细胞的正常功能所必需的，有许多化学物质能够抑制参与翻译的某一重要成分的活性，从而影响到受作用的细胞的生存。这些翻译抑制剂有的抑制细菌，有的抑制真核生物，有的抑制所有的生物，而古菌对抑制剂的敏感性与真核生物相似。

一、细菌翻译系统的抑制剂

这一类抑制剂大多数是人们熟悉的各种抗生素。例如链霉素（streptomycin）、氯霉素、林可霉素（lincomycin）、稀疏霉素（sparsomycin）、黄色霉素（kirromycin）、红霉素（erythromycin）和四环素（tetracycline）等，作用对象是细菌翻译系统，古菌和真核生物则不敏感。

其中，链霉素是一种氨基糖苷类（aminoglycoside）抗生素，在低浓度下，能诱使核糖体误读 mRNA，这时它只会抑制敏感菌的生长，但不会杀死敏感菌。但在高浓度下，链霉素则完全抑制了翻译起始，敏感菌会被杀死。氯霉素是一种广谱抗生素，它与林可霉素和稀疏霉素一样与核糖体 50S 亚基结合，抑制大亚基的肽酰转移酶活性。四环素也是一种广谱抗生素，它与小亚基结合而抑制氨酰 tRNA 结合。红霉素作用位点是 50S 亚基上的多肽离开通道，阻断正在延伸的肽链的离开，从而阻滞翻译。

二、真核翻译系统的抑制剂

这类抑制剂可抑制真核但不抑制细菌翻译系统，例如白喉毒素（diphtheria toxin）、蓖麻毒素（ricin）、放线菌酮（cycloheximide）、茴香霉素（anisomycin）和 α- 帚曲霉素（α-sarcin）。

其中，白喉毒素是由白喉杆菌（*Corynebacterium diphtheria*）产生的外毒素，在进入真核细胞后，可催化 NAD^+ 上的 ADP- 核糖基转移到 eEF2 分子上使其失活，从而抑制移位反应。eEF2 分子接受 ADP- 核糖基的是一个带有特殊化学修饰的 His 残基——白喉酰胺（diphthamide）。古菌的 aEF2 也可受到此方式的抑制，但细菌相当于 eEF2 的 EF-G 不存在这样的 His 残基，所以不会发生 ADP- 核糖基化修饰，也就不会受到抑制。蓖麻毒素是存在于蓖麻籽之中的一种毒蛋白，其毒性是氰化钾的 100 倍。在真核细胞内，它作为一种特异性的 *N*- 糖苷酶，可切下 28S rRNA 上的一个 A（A4324），而导致核糖体失活。α- 帚曲霉素是由一种真菌产生的毒素，其作用机制与蓖麻毒素类似。茴香霉素和放线菌酮的抑制原理相似，都是与真核生物核糖体大亚基结合，抑制翻译过程中核糖体的移位，从而抑制翻译的延伸。

三、既抑制细菌又抑制古菌和真核翻译系统的抑制剂

Quiz14 与其他抗生素相比，为什么嘌呤霉素作用要达到相同的抑制效果需要更高的剂量？

这类抑制剂占少数，如嘌呤霉素，它的分子结构与酪氨酰 tRNA 非常相似（图 18-26），因此在翻译的时候可模拟氨酰 tRNA 进入 A 部位，然后被肽酰转移酶转移到正在延伸的肽链的 C 端，导致翻译提起结束，即末端终止。

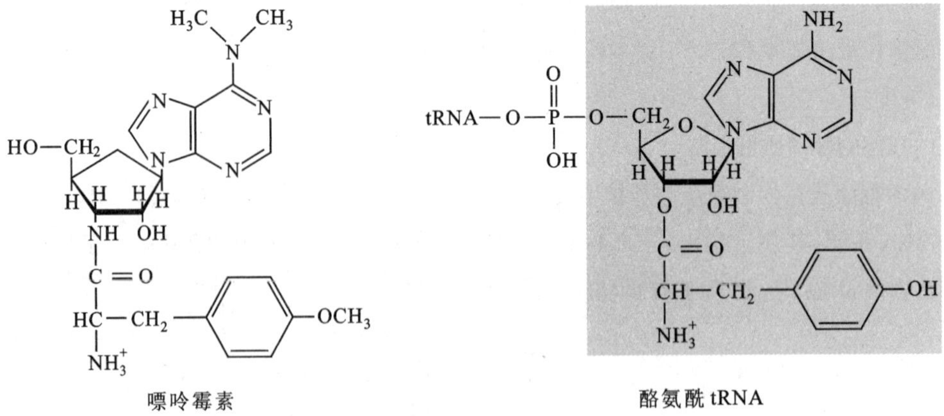

嘌呤霉素　　酪氨酰 tRNA

图 18-26　嘌呤霉素的化学结构

Box18.2 **你相信细胞之间可以转移 mRNA 并被翻译这样的事情吗?**

来自美国犹他大学和马萨诸塞大学医学院的两个独立的研究团队发现,一个对学习至关重要的基因叫做 *Arc*,可以通过病毒常用的策略将其转录产生的 mRNA 从一种神经元传递到另一种神经元(图 18-27)。两篇相关的研究论文同时发表在 2018 年 1 月 11 日的 *Cell* 上,标题分别是"The neuronal gene Arc encodes a repurposed retrotransposon Gag protein that mediates intercellular RNA transfer"和"Retrovirus-like Gag protein Arc1 binds RNA and traffics across synaptic boutons"。这两篇论文的研究结果揭示了神经系统细胞相互作用的新方式。

来自美国 NIH 的国家神经疾病和中风研究所(NINDS)的项目主任 Edmund Talley 博士认为:这项工作是基础神经科学研究重要性的一个很好的例子。最初是为了检查涉及记忆的基因的行为,该基因与阿尔茨海默病等神经系统疾病有关,但出乎意料地导致了一个全新过程的发现,神经元可以利用该过程相互传递遗传信息。

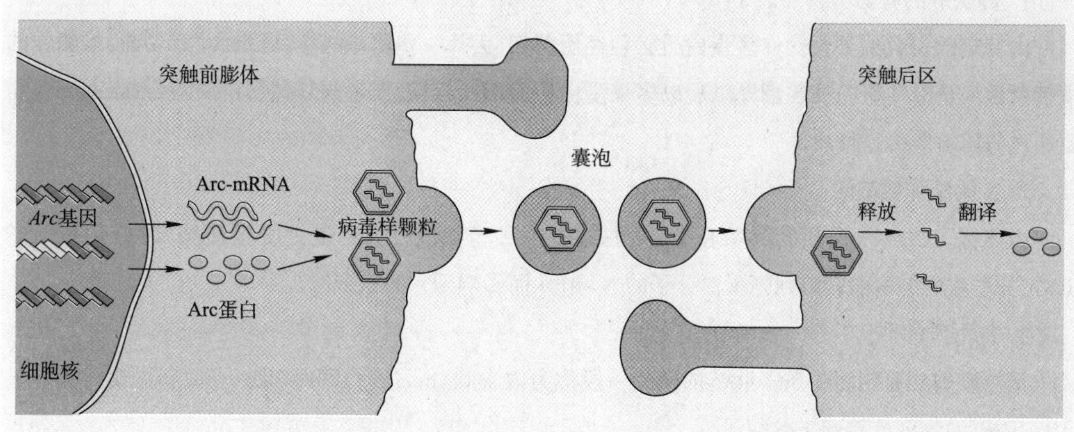

图 18-27 Arc-mRNA 在相邻神经元之间的传递

尽管人们知道 Arc 在大脑存储新信息的过程中起着至关重要的作用,但人们对其确切的作用原理知之甚少。此外,先前的研究在 Arc 蛋白和某些病毒(如 HIV)中发现的 Gag 蛋白之间有较高的相似性,但并不清楚两者的共性如何影响 Arc 蛋白的行为。

犹他大学的研究人员在将 Arc 基因引入细菌细胞进行表达的时候,结果惊奇地发现,当细胞产生 Arc 蛋白时,它聚集成一种类似于病毒衣壳的形式,该衣壳中含有 Arc 的 mRNA。 弧形"衣壳"似乎反映了病毒衣壳的物理结构、行为和其他特性。

参与研究的犹他大学 Jason Shepherd 博士说道:"以前,如果我对任何神经科学家说一种基因就像病毒一样,一定会被嘲笑。现在知道这将带我们迈向一个全新的方向。"

马萨诸塞州大学医学院的 Vivian Budnik 教授和 Travis Thomson 博士则在果蝇中进行实验,结果发现控制果蝇肌肉的运动神经元释放出由 Arc 蛋白作为衣壳包被含有高浓度 Arc-mRNA 的囊泡,而且神经元越活跃,它们释放的囊泡就越多。而衣壳通过将 mRNA 传递到附近的细胞而像病毒一样起作用。Shepherd 博士及其同事在仅装有含 Arc 囊泡或 Arc 衣壳的培养皿中培养了缺少 *Arc* 基因的小鼠神经元,结果发现,以前无 *Arc* 基因的神经元吸收了囊泡和衣壳,并利用其中包含的 Arc mRNA 自身产生了 Arc 蛋白。最终,就像自然产生 Arc 蛋白的神经元一样,这些细胞在电活动增强时会更多地利用它。

同时,马萨诸塞州大学的研究人员表明,Arc mRNA 和衣壳仅在单个细胞之间沿单个方向移动,从运动神经元到肌肉,并且 Arc 蛋白与 Arc mRNA 分子的非翻译区域结合。他们还发现缺乏 *Arc* 基因的果蝇在其运动神经元之间形成的连接较少。而且,当正常的果蝇在其运动神经元更加活跃时会建立更多的这种联系,而没有 *Arc* 基因的果蝇则无法做到。

两组科学家正在研究为什么细胞使用这种类似于病毒的策略在细胞之间穿梭转移 Arc mRNA，以及该系统是否可以使导致阿尔茨海默病的有毒蛋白通过大脑传播。Shepherd 博士认为，有可能使用 Arc 衣壳进行基因工程和基因治疗，而目前普遍利用病毒将治疗基因引入细胞，但免疫系统有时会攻击这些病毒，从而导致危险的副作用。由于 Arc 蛋白是人体固有的，因此若能够使用 Arc 衣壳包裹基因进行基因治疗，就不会触发免疫反应。

第六节　翻译后加工

翻译后加工概括起来主要有：多肽链的剪切、N 端添加氨基酸、蛋白质的剪接、氨基酸的修饰、添加辅因子和寡聚化。有时，蛋白质的折叠也可以视为一种特殊形式的后加工。

1. 多肽链的剪切

由特定的蛋白酶催化。许多蛋白质必须经历剪切，丢掉一些氨基酸序列以后才有功能，如酶原的水解激活。还有些蛋白质在翻译以后以多聚蛋白质的形式存在，或者与其他蛋白质融合在一起，也需要通过剪切才能得以释放。

Quiz15 试举出至少两个多聚蛋白的例子。

2. N 端添加氨基酸

由氨酰 tRNA：蛋白质转移酶催化。例如，有一种精氨酰 tRNA：蛋白质转移酶，能催化精氨酰 tRNA 分子中的精氨酸转移到靶蛋白分子的 N 端，从而影响到它的稳定性。

3. 蛋白质的剪接

蛋白质剪接是指将一条多肽链内部的一段称为内含肽（intein）的序列切除，同时将两侧称为外显肽（extein）的序列连接起来的翻译后加工方式（图 18-28）。它是一种自催化反应。已在多种不同类型的蛋白质中发现有内含肽。这些内含肽长度在 100～800 个氨基酸残基之间，遍布古菌、细菌和低等真核生物中，但都是单细胞生物。含有内含肽的蛋白质覆盖了代谢酶、DNA 聚合酶、RNA 聚合酶、蛋白酶、核苷酸还原酶和 V 型 H^+-ATP 酶等。

Quiz16 如何设计一个实验，证明蛋白质的剪接属于自催化反应？

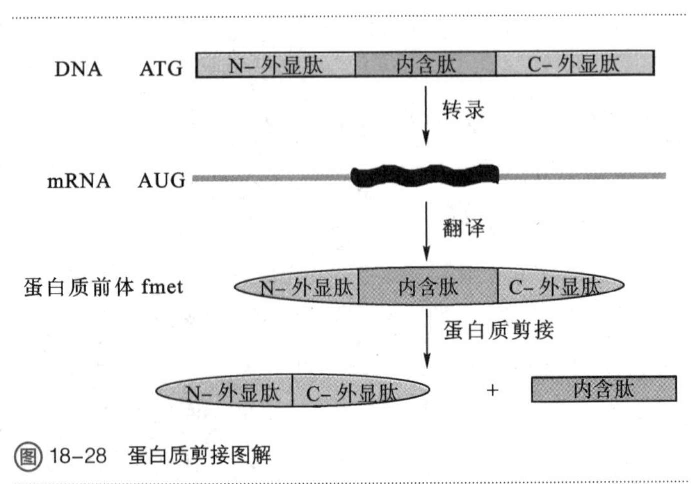

图 18-28　蛋白质剪接图解

4. 个别氨基酸的修饰

氨基酸的修饰包括对 N 端或 C 端的修饰以及对氨基酸侧链的修饰。主要的修饰方式包括磷酸化、乙酰化、甲基化、羧基化、羟基化、糖基化、核苷酸化、脂酰基化、异戊二烯化、酰胺化、泛酰化、小泛素相关修饰物修饰（sumoylation）、ADP- 核糖基化、脱氧羟基腐胺化、碘基化（iodination）、硫酸化（sulphation）、亚硝基化（nitrosylation）、瓜氨酸化和消旋化等。氨基酸残基的修饰不仅能改变蛋白质的某些理化性质，还能调节许多酶或蛋白质的活性。

（1）磷酸化（参看第四章有关酶活性调节共价修饰的内容）。

（2）乙酰化。被修饰的位点可能是多肽链 N 端游离的氨基，也可能是肽链内部的某个 Lys 侧链上的氨基，其中乙酰基来自乙酰 CoA。例如，真核生物通过对组蛋白的乙酰化来改变核小体的结构，以此来激活基因的表达。

(3) 甲基化(参看第十九章有关组蛋白修饰的内容)。

(4) 羧基化(参看第四章与维生素 K 有关的内容)。

(5) 羟基化(参看第二章与胶原蛋白有关的内容)。

(6) 糖基化。真核生物许多胞外蛋白和定位在质膜上的膜蛋白以及溶酶体蛋白是糖蛋白,正是糖基化修饰才使蛋白质变成糖蛋白。糖基通常修饰在 S/T(*O*– 连接)或 N(*N*– 连接)残基上。糖蛋白合成中的糖基供体为活化的单糖单位,由单糖与核苷酸偶联在一起,如 UDP– 葡糖、UDP–*N*– 乙酰葡糖胺、GDP– 甘露糖和 CMP–*N*– 乙酰神经氨酸。

O– 连接的糖基化修饰只发生在高尔基体,由其内一系列的特异性糖蛋白糖基转移酶(glycoprotein glycosyltransferase)催化,糖基是一个个依次直接连到肽链上的。每一种特定的寡糖基序列是由不同的糖基转移酶按照一定次序作用的结果。*N*– 连接的糖蛋白以共翻译的形式在内质网腔内进行糖基化修饰,然后再转移到高尔基体被进一步加工和修饰。

(7) 核苷酸化。细菌可使用核苷酸化来调节酶活性。例如,大肠杆菌谷氨酰胺合成酶的一个 Tyr 残基被腺苷酸化以后就无活性了(参看第十一章有关氨基酸代谢的内容)。

(8) 脂酰基化。一些脂锚定蛋白正是通过这种化学修饰得到的疏水脂酰基才锚定在膜上。例如,Src 蛋白的 N 端 Gly 残基可被豆蔻酰化(myristoylation)修饰。

(9) 异戊二烯化。这是发生在脂锚定蛋白分子上的又一种化学修饰,被修饰的 C 端的 Cys 残基,如 Ras 蛋白。

(10) 酰胺化。酰胺化主要发生在多肽链 C 端氨基酸残基上。动物体内的一些寡肽激素(如促甲状腺素释放因子)通过酰胺化提高稳定性。

(11) 泛酰化。普遍存在于真核生物,被修饰的氨基酸残基是 Lys,修饰物是广泛存在于各种真核生物体内的蛋白质泛素(ubiquitin, Ub),最终是泛素 C 端的羧基与 Lys 侧链上的氨基形成异肽键。被修饰的蛋白质通常会被蛋白酶体(proteasome)选择性降解。

Quiz17 总结一下在细胞里哪些分子可以和 Lys 残基的 ε– 氨基共价结合?

泛酰化由三步反应组成(图 18–29),依次由泛素活化酶(ubiquitin-activating, E1)、泛素结合酶(ubiquitin-conjugating, E2)和泛素连接酶(ubiquitin ligase, E3)催化。首先,Ub 以依赖于 ATP 的方式被 E1 激活;然后,E2 和 E3 一起识别靶蛋白并催化泛素 C 端的羧基与靶蛋白分子上的 Lys 残基的 ε–NH_2 形成异肽键,导致靶蛋白的泛酰化。

Quiz18 你认为泛素的活化与胞内其他哪些生物分子的活化相似?

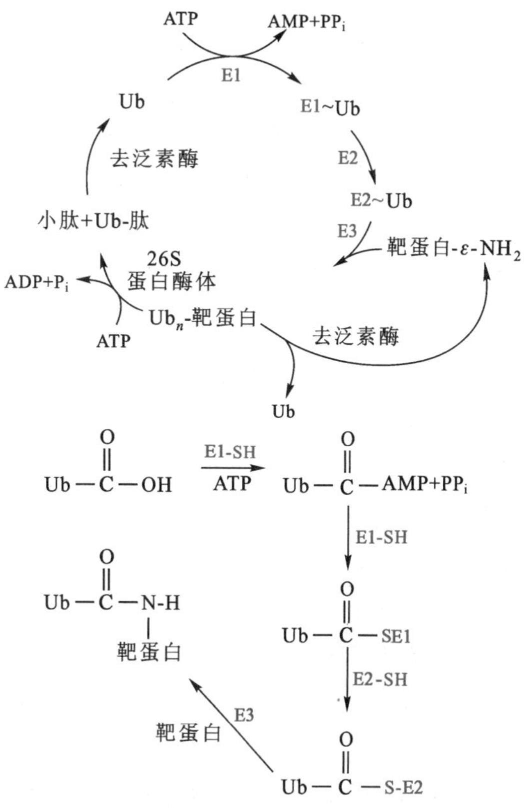

(12) 小泛素相关修饰物(small ubiquitin-like modifier, SUMO)修饰。小泛素相关修饰物类似泛素,其 C 端羧基可与目标蛋白分子上的某个 Lys 残基形成异肽键。这种化学修饰也是真核生物特有的,其功能主要是参与调节基因表达、蛋白质的稳定性、蛋白质在核 – 细胞质基质之间的转运、细胞凋亡以及胁迫反应等。

(13) ADP– 核糖基化。ADP– 核糖基化修饰是指来自 NAD^+ 分子中的 ADP– 核糖基被转移到特定的蛋白质分子上的过程,被修饰的氨基酸残基是 Arg 或 Lys。细胞内有很多重要过程与此种修饰有关,如信号转导、DNA 修复、基因表达调控和细胞凋亡等。此外,一些细菌外毒素的作用机制也与此修饰有关,例如霍乱毒素、百日咳

图 18–29 蛋白质泛酰化与蛋白质的定向水解

毒素和白喉毒素。

(14) 脱氧羟基腐胺化。这种修饰存在于所有真核生物参与翻译起始的起始因子 eIF-5A 和古菌的起始因子 aIF-5A 上，目前还没有在其他蛋白质上发现有这种修饰（图 18-30）。

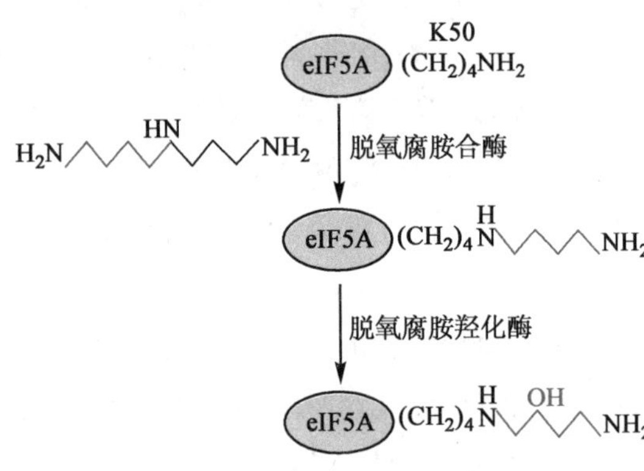

图 18-30　真核生物 eIF5A 的化学修饰

(15) 碘基化。这种修饰较为罕见，甲状腺球蛋白（thyroglobin）是其中的一例，它在被切割释放出内部的甲状腺素之前，分子内的多数 Tyr 残基进行了碘基化修饰。

(16) 亚硝基化。这种修饰是气体信号分子 NO 在细胞内与蛋白质分子上的一个 Cys 残基发生反应的产物，其功能与 DNA 修复、基因表达调控和细胞凋亡等有一定的关系。

(17) 硫酸化。硫酸化修饰发生在纤维蛋白原和其他一些分泌蛋白分子上，如胃泌素，被修饰的是 Tyr 残基。通用的硫酸基团的供体为 3′- 磷酸腺苷 -5′- 磷酸硫酸（PAPS）。

(18) 瓜氨酸化。这种化学修饰是指蛋白质分子中某一个 Arg 残基转变为瓜氨酸的过程，它是在钙离子依赖性的肽酰精氨酸脱亚氨基酶（peptidylarginine deiminase，PAD）的催化下完成的。已发现，这种修饰与机体内的一些异常病理特征有关，如炎症反应。此外，组蛋白可因为这种化学修饰而影响到基因的表达。

(19) 消旋化。已在少数核糖体上合成的肽中发现有 D- 氨基酸，它们是由相应的 L- 氨基酸在消旋酶催化下发生消旋化而成。如海蜗牛毒液中存在的芋螺毒素（conotoxin）。

Quiz19 如何确定一种活性肽分子中含有 D- 氨基酸？

5. 添加辅因子

许多蛋白质或酶在合成以后，必须与相应的辅因子结合才有活性，比如绝大多数羧化酶需要生物素作为辅因子，细胞色素和血红蛋白则需要血红素辅基。

6. 寡聚蛋白质的寡聚化

蛋白质的寡聚化是一种自组装过程，通常也涉及分子伴侣。分子伴侣所起的作用是保护亚基的疏水表面，直到各亚基有机会接触并形成寡聚体。

7. 蛋白质的折叠（参看第二章有关内容）

第七节　蛋白质翻译后的定向转运与分拣

每一个活细胞每时每刻都在合成多种蛋白质，但不同的蛋白质在体内的最后归宿不尽相同。比如，组蛋白进入细胞核，而胰岛素被分泌到胞外。那么细胞中的蛋白质究竟是怎样各得其所的呢？

如果你对信件的分拣和投递过程有所了解，也就不难理解蛋白质的定向和分拣的基本原理。信封上的邮政编码很重要，由它决定一封信的最终去向，但邮局里负责自动识别邮政编码的机器同样重要。没有它的识别，邮政编码也就没有任何意义。蛋白质分子上有没有类似邮政编码的信号呢？要是有，那么用来识别这种"分子邮政编码"的机器又是什么？

Quiz20 预测真核细胞以下哪些蛋白质没有信号肽：细胞质核糖体蛋白、丙酮酸激酶、丙酮酸羧化酶、3- 磷酸甘油醛脱氢酶、微管蛋白。

对于新生的蛋白质有没有指导其定位和分拣的"分子邮政编码"，Blobel 等以免疫球蛋白为对象，进行了系统的研究，并于 1975 年提出了信号学说（signal hypothesis）。该学说的主要内容是：各种蛋白质在细胞中的最终定位是由蛋白质本身所带有的特定氨基酸序列决定的。这些特殊的氨基酸序列起着一种信号向导的作用，因此被称为信号序列。信号序列能够被细胞中的特殊成分识别，由此启动定向和分拣的过程。一个蛋白质分子如果缺乏任何一种信号序列，就会留在细胞质基质，如参与糖酵解的所有酶。

到现在为止，已发现多种形式的信号序列，这些信号序列不仅参与蛋白质的定向和分拣，还可能具有其他的功能（表 18–8）。这些信号肽还可以进一步分为两类：一类就是 SRP 信号肽，它不需要等到蛋白质翻译好以后起作用，故属于共翻译起作用的信号肽；其他所有的信号肽都是在蛋白质合成好以后才起作用，故属于翻译后起作用的信号肽。

表 18–8 常见的信号肽序列

信号类型	基本特征
SRP 信号	位于 N 端，含有约20 个氨基酸残基，多数为疏水氨基酸，能被 SRP 识别
内质网滞留信号	位于 C 端，一致序列为 KDEL
高尔基体滞留信号	一段由 20 个疏水氨基酸组成的肽段，两侧是带正电荷的碱性氨基酸
溶酶体分拣信号（信号斑）	由一级结构上并不相邻的若干氨基酸残基构成的三维信号，其中带正电荷的氨基酸残基十分重要
线粒体分拣信号（导肽）	位于 N 端，含有 15 ~ 70 个氨基酸残基，内有一组带正电荷的碱性氨基酸残基，几乎无酸性氨基酸，其中穿插一些亲水氨基酸残基，在水溶液中很少形成二级结构，但是一旦插入线粒体膜则会自动形成两亲螺旋
叶绿体分拣信号（输送肽）	位于大多数叶绿体蛋白的 N 端，由 50 个左右的氨基酸残基组成，一般富含 Ser、Thr 和一些小的亲水氨基酸残基，很少有酸性氨基酸
核定位信号	位于肽链内部，由 4 ~ 8 个富含碱性的氨基酸组成，还常有 1 个或几个 Pro
核输出信号	位于可以进入又可以离开细胞核的蛋白质，一致序列为 LXXXLXXLXL，L 代表以 Leu 为主的疏水氨基酸，X 代表任何氨基酸
过氧化物酶体分拣信号（PTS）	有两种，一种位于肽链的 C 端（PTS1），其一致序列为 –S/A–K/R–L/M，其中以 –SKL 最常见，另一种位于 N 端（PTS2），是一段九肽序列

一、通过 SRP 信号肽起作用的蛋白质的定向与分拣

最早由 Blobel 发现的就是 SRP 信号序列。它存在于内质网蛋白、高尔基体蛋白、溶酶体蛋白、细胞膜蛋白和分泌蛋白的 N 端。由于信号肽位于 N 端，因此总是最先被翻译，当翻译达到约 80 个氨基酸残基的时候，信号肽序列便突出于核糖体的表面，被 SRP 识别，由此启动定向和分拣过程。

SRP 是一种特殊的核糖核酸蛋白颗粒，也存在于原核生物。哺乳动物的 SRP 由一种 7SL RNA 以及六种多肽（p9、p14、p19、p54、p68 和 p72）组成（图 18–31）。7SL RNA 可被切割成两个部分：小片段结合 p9/p14，能阻滞翻译；大片段结合 p68/p72 和 p54/p19，引发移位，其中 p54 分别通过 p54M 和 p54G 位点识别信号序列和结合 GTP。

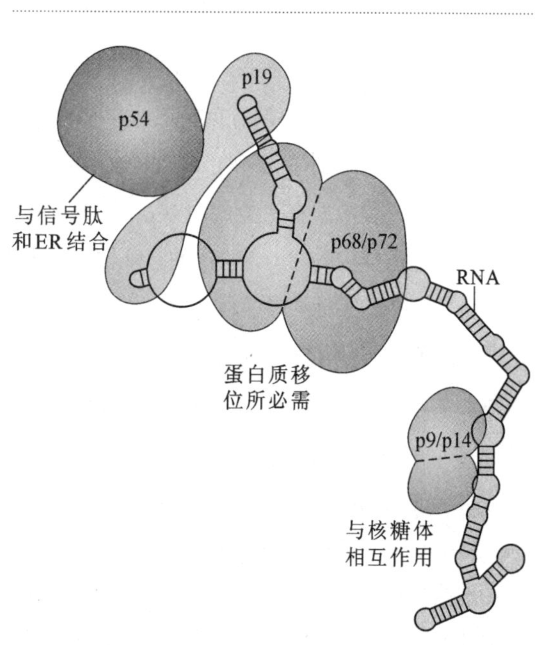

图 18–31 SRP 的结构与功能

SRP 作为一种接头分子，含有一个大的疏水口袋。此口袋为信号序列结合部位，内部以 Met 居多。Met 含有灵活的侧链基团，这对于 SRP 与信号序列建立疏水作用再合适不过了。如图 18–32 所示，一旦新生的肽链从大亚基上的肽链离开通道内探出头来，SRP 即与暴露出的信号序列结合。SRP 的结合使翻译暂停，从而让核糖体在翻译恢复之前有足够的时间与内质网膜结合。然而，核糖体并不能直接与内质网膜结合。在它与内质网结合之前，需要 SRP 与内质网膜上的 SRP 受体结合。一旦 SRP 结合到它自己的受体

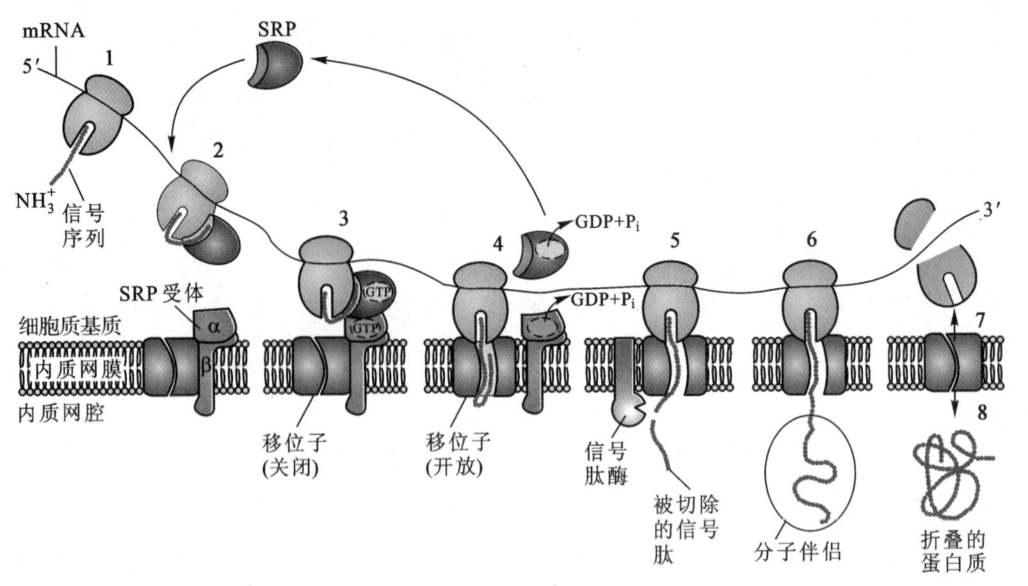

图 18-32 信号肽学说图解

上，核糖体就能与内质网膜上相应的受体以最佳的角度结合。由于 SRP 受体和 SRP 都是 G 蛋白，在它们相互结合的时候，各自的 GTP 酶活性被激活。于是，与它们结合的 GTP 发生水解。GTP 的水解导致 SRP 与信号肽解离。一旦 SRP 解离，肽链即恢复合成。随后，信号肽通过膜上的移位子开始向内质网腔转移，新生肽链则尾随信号肽继续延伸。

Quiz21 如果没有 SRP，真核细胞还有没有糙面内质网？

调节蛋白质通过内质网膜转运的移位子称为 Sec61 复合体。它含有水溶性的孔道，允许正在延伸的多肽链发生跨膜转移。在核糖体与 Sec61 复合体结合的时候，核糖体大亚基上的肽链离开通道与 Sec61 复合体中央孔无缝对接，核糖体内的空间与内质网腔连为一体，这样的结构使得从核糖体上伸出来的多肽链能通过 Sec61 的中央孔进行移位，同时还能有效防止内质网腔内 Ca^{2+} 和其他物质的泄漏。

正是信号序列触发了中央孔的开启，并引导蛋白质通过内质网膜。蛋白质像线一样以环的形式连续地通过膜。信号肽在穿过膜后，被“守候”在内质网膜内侧的信号肽酶（signal peptidase）切下，新生肽链则继续延伸直至终止。

如果不是膜蛋白，那一旦 C 端通过移位子，蛋白质就会被释放到内质网腔。释放到内质网腔的每一种蛋白质都需要进行折叠和 / 或组装成寡聚体，而折叠和组装需要腔内的分子伴侣的帮助。内质网腔内最丰富的分子伴侣是 BiP。BiP 参与糖蛋白以外的蛋白质的折叠。其作用时，与新生肽链上的疏水区结合，阻止多肽链在没有折叠之前与其他肽链聚合，同时通过水解 ATP 驱动多肽链的折叠。多肽链如果折叠正确，疏水区得以包埋，就不会再与 BiP 结合。否则，BiP 会再次与其结合，重新启动折叠。含有二硫键的蛋白质在折叠的时候，伴随着二硫键的形成。正确的二硫键的形成需要内质网上的蛋白质二硫化物异构酶（PDI）的帮助。那些折叠频繁出错的蛋白质会激活内质网内多种类型的质量控制系统。其中有一种控制系统称为无折叠蛋白质应答（the unfolded protein response，UPR）。该系统能对错误折叠的蛋白质进行检测，然后再激活过载反应。另外一种就是与内质网关联的蛋白质降解途径（ER-associated degradation pathway，ERAD）。该系统识别错误折叠或者没有组装好的蛋白质，并将它们逆向转移到细胞质基质，在细胞质基质再被送到蛋白酶体降解。

如果是膜蛋白，那肽链中就还可能含有另外一种信号序列，即停止转移序列（stop-transfer sequence）（图 18-33），该序列约由 20 个疏水氨基酸组成，其作用是阻止肽链的进一步移位，以让肽链在 N 端信号序列被切除以后仍然能锚定在膜上。

对于绝大多数通过 SRP 信号转移的蛋白质来说，内质网仅仅是其定向转运的第一站，其他的站点还有高尔基体、溶酶体、细胞膜和细胞外等。一般而言，相邻站点之间通过小泡转运进行联系（图 18-34）。

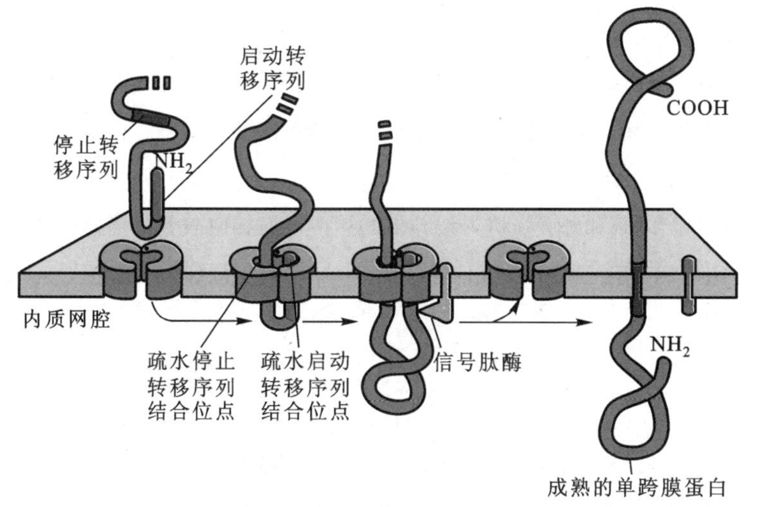

图 18-33 停止转移序列介导的单跨膜蛋白的定向转

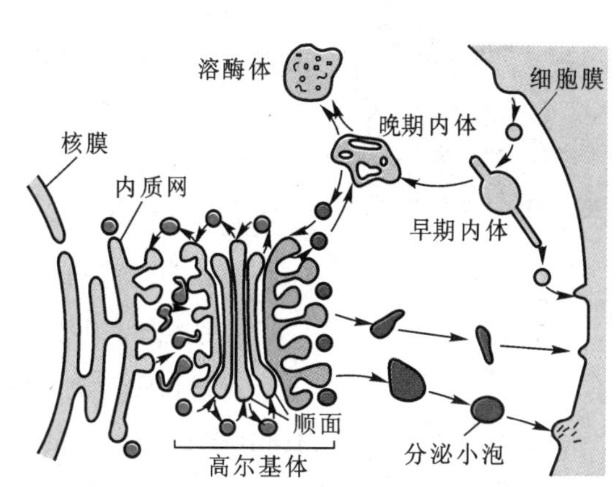

图 18-34 蛋白质从内质网→高尔基体→溶酶体或细胞膜(外)的小泡转运

那些以内质网为"永久性居留地"的可溶性蛋白质(如 BiP)在 C 端还具有内质网滞留信号(ER retention signal),即 KDEL 序列。

实际上,蛋白质每进入一个站点,都需要做出抉择:是进入下一站还是以此为终点站?在 C 端含有 KDEL 序列的可溶性蛋白就以内质网为终点站,在 C 端含有 KKXX(X 为任意氨基酸)序列的跨膜蛋白也是如此,而不含 KDEL 或 KKXX 序列的蛋白质即进入下一站高尔基体。但含有 KDEL 或 KKXX 序列的内质网蛋白也可能"坐过站"被误送到高尔基体。然而,它们由于含有 KDEL 或 KKXX 序列,会在高尔基体与特定的受体蛋白结合,然后被选择性打包到特定转运小泡,又返回到内质网。

Quiz22 你认为哺乳动物细胞的 HMG-CoA 还原酶含有多少种不同的信号序列?

进入高尔基体的蛋白质又要面临新的选择。以溶酶体为目的地的蛋白质(主要是各种水解酶)带有一种叫信号斑(signal patch)的三维信号,这种信号使得它们能够发生一种特殊的化学修饰——在其共价相连的 N 寡糖链上再引入一个或多个 6- 磷酸甘露糖(M6P)。在它们被 M6P 修饰以后,位于高尔基体反面(*trans* side)膜上的 M6P 受体蛋白能识别并结合它们。M6P 受体横跨高尔基体膜,在细胞质基质一侧有接头蛋白的结合位点,网格蛋白再与接头蛋白结合。于是,在网格蛋白、接头蛋白以及一种小 G 蛋白 ARF1 的帮助下,该区域的高尔基体膜以出芽的形式,被打包成由网格蛋白包被的小泡。由网格蛋白包被的小泡有不同的目的地,这由接头蛋白的性质决定。这里涉及的接头蛋白可让小泡与晚期内体(late endosome)融合,并最终转变为溶酶体。内体内更低的 pH 引起受体与水解酶解离,同时位于 M6P 上的磷酸根被水解下来,以确保已进入的水解酶不会再离开溶酶体,而与水解酶解离的受体重新回到高尔基体循环使用。

分泌蛋白和质膜蛋白由于无 M6P,就集中在高尔基体其他的区域,同样以出芽的方式形成与细胞膜融合的分泌小泡。分泌小泡在与质膜融合以后,分泌蛋白被释放到胞外,而整合在小泡膜上的蛋白变成了细胞膜蛋白。

二、不依赖于 SRP 信号肽的蛋白质的翻译后定向

由核基因组编码定位于线粒体、叶绿体、细胞核和过氧化物酶体的蛋白质一般属于翻译后定向。

(一) 线粒体蛋白的定向与分拣

线粒体蛋白质组大概含有 1 500 种不同的蛋白质,但只有 10 多种由线粒体基因组编码,绝大多数蛋白质由核基因编码。这些由核基因编码的蛋白质始终在细胞质基质游离的核糖体上翻译,经过翻译后定向和分拣进入线粒体。构成它们的肽链含有线粒体分拣信号,其中最重要的信号位于 N 端,这

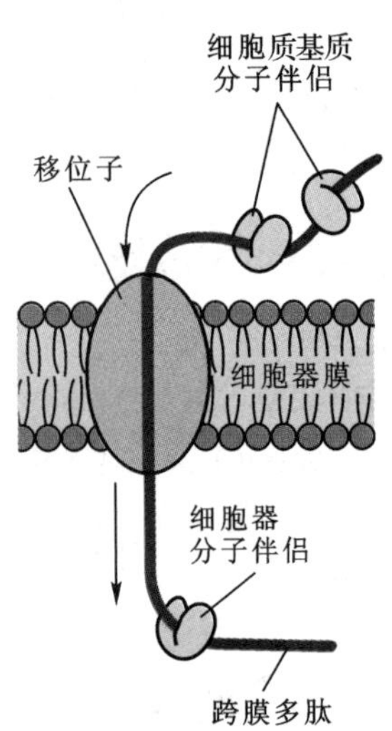

图 18-35 分子伴侣在翻译后的蛋白质定向转移中的作用

种信号序列被称为导肽(leader peptide)(参见表 18-1)。导肽序列不会被 SRP 识别，在水溶液中很少形成二级结构，但一旦插入线粒体膜则会自动形成两亲螺旋。

为了便于后面的跨膜转运，细胞质基质中的分子伴侣会与待分拣的线粒体蛋白质前体结合，以防止其提前折叠或相互间“非法”聚集，维持蛋白质处于一种细长的、容易跨膜的伸展状态。在线粒体基质一侧，也有分子伴侣与正在入内的肽链结合(图 18-35)。

线粒体的亚空间包括基质、膜间隙、内膜和外膜。进入线粒体的蛋白质又如何被分拣到最后的亚空间呢？那是因为不同的蛋白质还可能带有不同的次级信号序列，指导它们定位到最后的位置。缺乏次级信号序列的蛋白质则留在基质。

1. 线粒体基质蛋白的定向与分拣

在细胞质基质，线粒体输入刺激因子(mitochondrial-import stimulating factor，MSF)或分子伴侣 Hsp70 与在游离的核糖体上正在延伸的肽链结合，通过水解 ATP 以阻止其提前折叠。以线粒体为目的地的蛋白质多数在 N 端含有导肽序列，这种信号序列使其能够与横跨外膜的转运蛋白(transport across the outer membrane，TOM)复合体上的受体蛋白结合，以方便蛋白质与移位子之间的相互作用。为了让蛋白质能够顺利跨膜，细胞质基质内的 Hsp70 会与结合的肽链解离，此过程需要 ATP 的水解。

TOM 复合体与导肽结合的部分由 Tom70 和 Tom37 组成，这两种蛋白质随后会将蛋白质转交给 Tom 22 和 Tom20，而 Tom22 和 Tom20 再将蛋白质转移到由 Tom40 组成的通道(图 18-36)。在内膜上

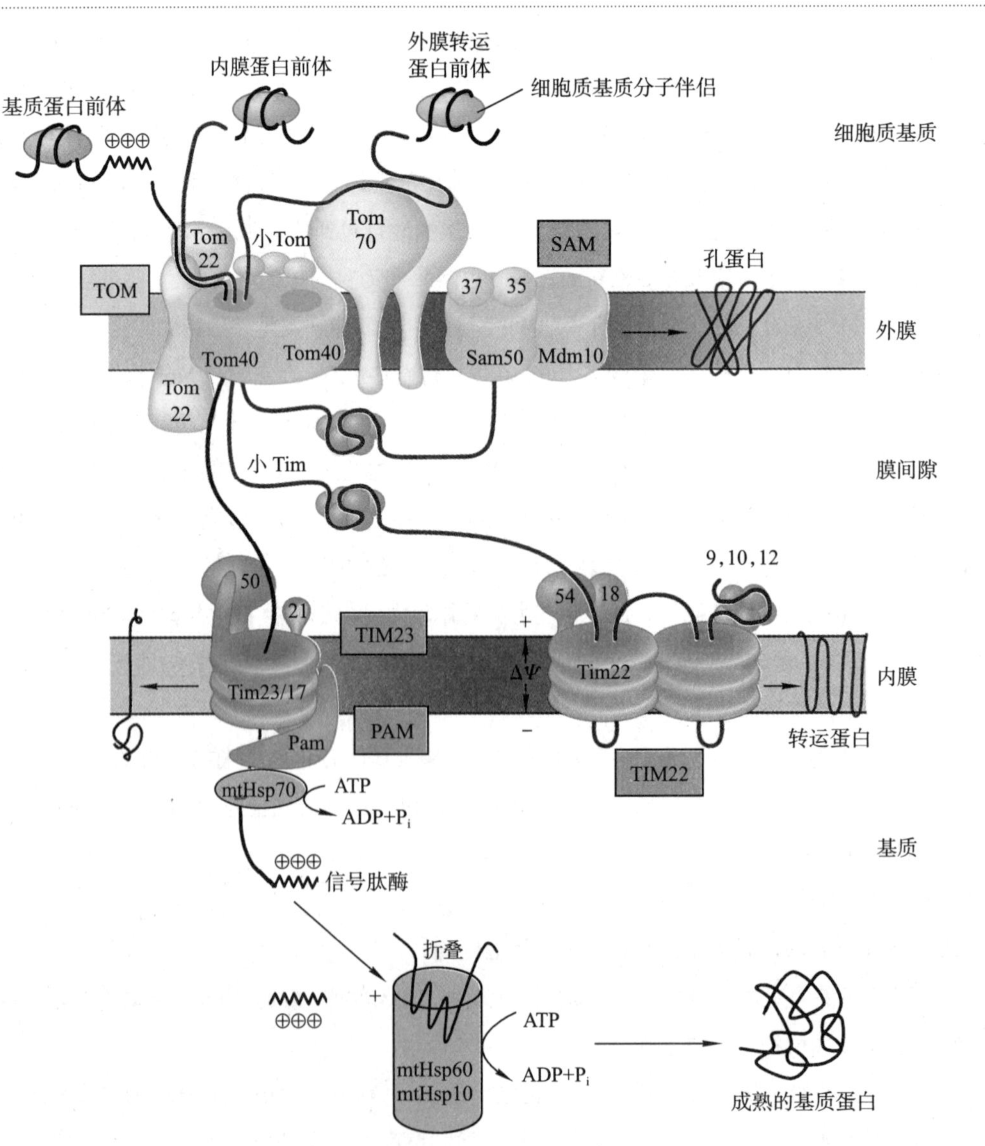

图 18-36 细胞核编码的线粒体基质蛋白的定向转移

还有一种叫横跨内膜的转运蛋白(transport across the inner membrane,TIM)复合体,由它构成蛋白质穿过内膜的通道。蛋白质进入基质只发生在内外膜的接触点,而形成两亲螺旋则有利于蛋白质的跨膜。TOM 和 TIM 通过静电作用结合在一起。Tim23 和 Tim17 形成移位子。蛋白质从 Tom 插入到 Tim23 形成的通道中需要呼吸链创造的质子梯度。此外,在基质一侧,受 ATP 驱动的前导序列转位酶相关联的分子马达(presequence translocase-associated motor,PAM)也是蛋白质完成跨膜转运、进入基质所必需的。PAM 的主要成分是线粒体内的 Hsp70(mtHsp70),一旦肽链跨入基质一侧,mtHsp70 就与其结合,通过水解 ATP 阻止其折叠,并驱动它的跨膜转运。导肽在进入基质以后,被基质内的信号肽酶切下。丢掉导肽的基质蛋白进入 mtHsp60 和 mtHsp10 形成的桶装折叠体的内部,受 ATP 水解的驱动进行折叠,最后得到其特有的三维结构。

2. 线粒体非基质蛋白的定向与分拣

蛋白质进入基质以外的地方也是从 TOM 复合体开始的,对定位到内膜的蛋白质而言,至少有三种不同的方式:①有的像基质蛋白一样,具有导肽序列。这些蛋白质也需要 TOM/TIM 复合物,但由于在导肽序列之后是一段疏水的停止转移信号序列,所以不需要 PAM,最后直接留在内膜上就行了。②有的为内膜上的多次跨膜蛋白,这些蛋白质没有导肽序列,但内部含有多重线粒体输入信号。这些蛋白质起初由外膜上另外一种受体蛋白 Tom70 识别,然后再通过 Tom40 转运,但在膜间隙会被一些小的可溶性 Tim(Tim9/Tim10)蛋白质复合体识别。随后,在内膜上的 Tim22 复合物的作用下,受内膜内外电化学势能的驱动,插入到内膜上。③还有一些最初像基质蛋白一样,被输送到基质,但导肽序列在基质被切掉以后,会暴露出一种新的次级信号序列。这种信号序列被氧化酶组装蛋白 1(oxidase assembly protein1,Oxa1)识别。于是在 Oxa1 的作用下,这些蛋白质也被插入到线粒体内膜上。

对外膜蛋白而言,主要有三种情况:单跨膜的外膜蛋白只需要 TOM 复合物,就可以插入到外膜上;具有多次跨膜 α 螺旋的外膜蛋白不通过 TOM 复合物,而是通过线粒体输入机器(mitochondrial import machinery,MIM)进行的;拓扑学结构较复杂的蛋白质(如孔蛋白和 Tom40)首先需要通过 TOM 复合体进入膜间隙,然后在膜间隙中较小的 Tim 蛋白的帮助下,通过分拣与组装(SAM)复合物插入到外膜。

某些线粒体的膜间隙蛋白所使用的机制较为特别,例如细胞色素 c。它的 N 端没有可切除的信号肽序列。在细胞质合成以后,以无血红素结合的形成存在,这时的细胞色素 c 称为脱辅基细胞色素 c(apocytochrome c),可直接通过外膜,进入膜间隙,驱动力由细胞色素 c 血红素裂合酶(cytochrome c heme lyase,CCHL)提供,CCHL 催化血红素辅基共价连接到脱辅基细胞色素 c 上,以产生跨膜的脱辅基细胞色素 c 的梯度。

Quiz23 由线粒体基因组和叶绿体基因组编码的蛋白质有没有信号肽?

(二) 叶绿体蛋白的定向与分拣

叶绿体含有更多由核基因编码的蛋白质。它们进入叶绿体的过程(图 18-37)与进入线粒体至少有三个重要差别:①线粒体比它少一层类囊体膜和一种可溶性的类囊体腔,因此,在叶绿体基质,还需要进一步分拣和定位,才能将相关的蛋白质运送到类囊体;②参与叶绿体膜转运的 TOC 或 TIC 与参与线粒体膜转运的蛋白质 TOM 或 TIM 在结构上无同源性;③输入到线粒体基质的蛋白质不仅需要消耗 ATP,还需要消耗跨线粒体内膜的质子梯度。

1. 定位于基质

进入叶绿体的蛋白质带有叶绿体分拣信号,其中最重要的是位于 N 端的输送肽(transit peptide)(参见表 18-1)。含有输送肽序列的蛋白质通过受体介导的转运方式,进入叶绿体的基质。在基质内被信号肽酶切掉 N 端 20~25 个氨基酸残基,余下的次级信号序列可继续指导蛋白质进入类囊体膜或腔。Hsp70 在细胞质基质与前体蛋白结合维持其处于伸展状态,同时,叶绿体基质内的 Hsp60 则促进折叠。在跨膜转移中,需要消耗 ATP 和 GTP。

转运受体和移位子复合体在内外膜接触点组装。位于外膜的称为横跨叶绿体外膜的转运蛋白(transport across the outer chloroplast membrane,TOC)复合体,由三种蛋白质组成,可结合 GTP;位于内膜

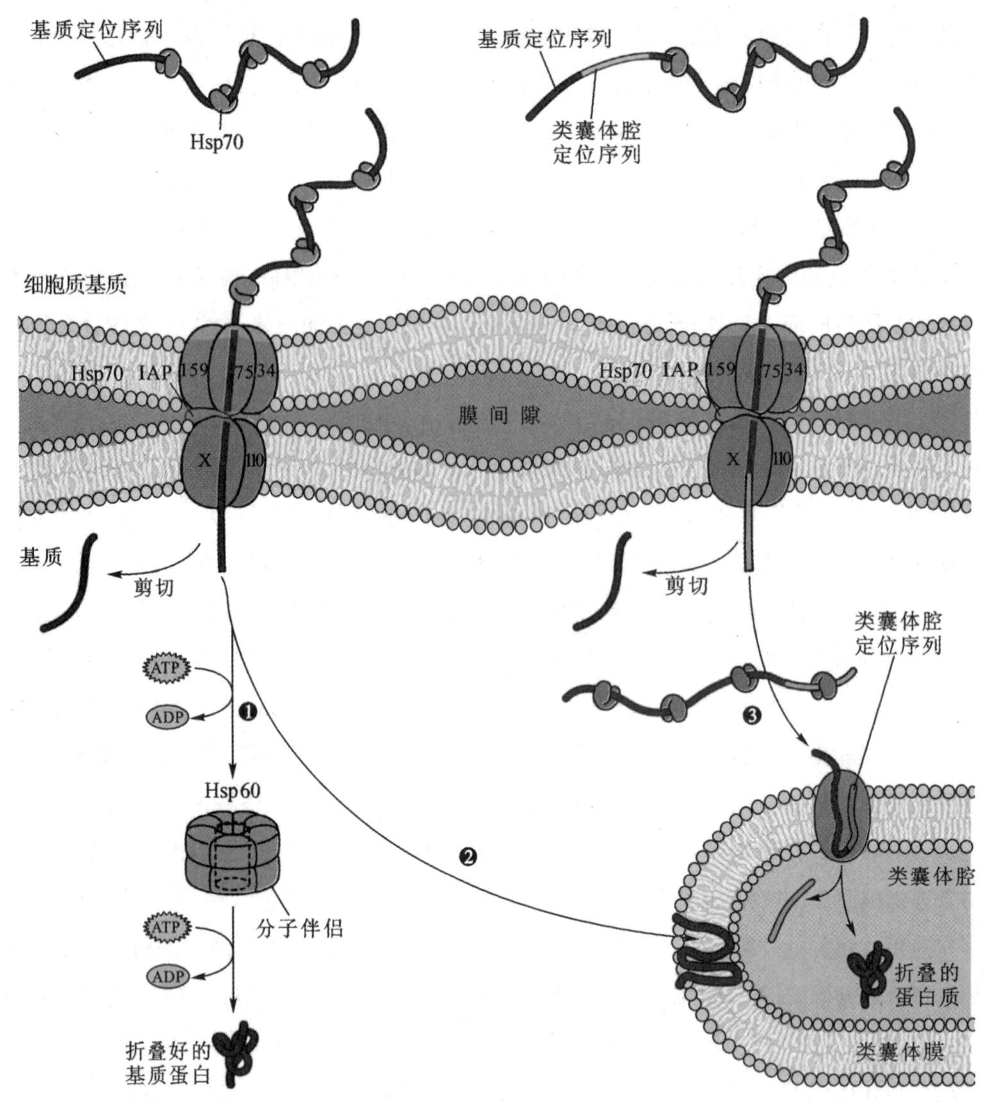

图 18-37 细胞核编码的叶绿体蛋白的定向转移

的称为横跨叶绿体内膜的转运蛋白(transport across the inner chloroplast membrane,TIC)复合体。TOC和TIC之间还有Hsp70输入中间物关联蛋白(import intermediate associated protein,IAP)。

2. 定位于类囊体膜和腔

Quiz24 预测一下类囊体分拣信号与表18-9中的哪一种信号更加相似?

定位于类囊体膜和腔的蛋白质具有较长的输送肽序列,其内部包括两种信号:第一种信号指导蛋白质通过内外膜进入叶绿体基质,第二种信号比较隐蔽,它负责指导蛋白质从基质进入类囊体。在蛋白质进入叶绿体的基质以后,第一种信号序列被切除。与此同时,第二种信号随之暴露,这种信号序列为类囊体分拣信号,由它指导蛋白质进入类囊体。

Quiz25 如果将GFP最终定位到植物细胞的类囊体膜上,你认为需要引入哪几种信号肽序列?

蛋白质通过类囊体膜共有三条途径,这三条途径的部分成分是共享的,其中前两条途径与细菌的两条路径相似:① SecA蛋白依赖型,如质体蓝素。该途径需要SecA蛋白,消耗ATP,受pH梯度的刺激;② pH梯度依赖型,如PSⅡ产氧复合物的OE24和OE17亚基。该途径需要跨类囊体膜的质子梯度。通过此途径进入类囊体的蛋白质在输送肽上含有一对必需的Arg构成的模体结构;③ SRP依赖型,如捕光叶绿素蛋白(LHCP)。该途径涉及SRP,需要GTP,受pH梯度刺激,但叶绿体SRP(cpSRP)没有RNA,只有蛋白质,其中有一种叶绿体特有的蛋白质为cpSRP43,它在SRP中通过模拟RNA起作用。

(三) 核蛋白的定向和分拣

定位于细胞核的蛋白质在肽链的内部含有NLS。NLS主要由几个碱性氨基酸残基组成,负责引导蛋白质通过核孔复合物(NPC)进入细胞核。与许多其他类型的信号序列不同的是，NLS在指导蛋白质进入细胞核以后并没有被切除。

核蛋白通过NPC的转运还需要一种叫Ran的小G蛋白。Ran的功能就是调节转运核蛋白的受体复合体进行组装或解体。核蛋白从核糖体释放出来以后即发生折叠。在折叠好的核蛋白分子上，NLS经常以环的形式暴露在蛋白质的表面，以方便识别。

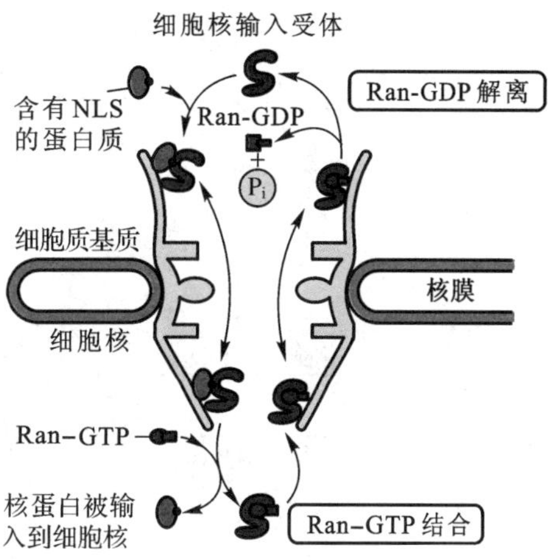

图18-38 由NLS介导的细胞核蛋白的定向转移

核蛋白入核的详细步骤是(图18-38)：①核蛋白与NLS的受体——输入蛋白α/β二聚体结合，形成复合物；②核蛋白-受体复合物与NPC胞质环上的纤维结合；③纤维向核弯曲，移位子构象发生改变形成亲水通道，核蛋白通过；④核内的Ran-GTP与核蛋白-受体复合体结合，导致复合体解散，释放出核蛋白；⑤与Ran-GTP结合的输入蛋白β离开细胞核，与Ran结合的GTP在细胞质水解，产生的Ran-GDP返回核内，并重新转变为Ran-GTP；⑥在核输出蛋白的帮助下，输入蛋白α被运回细胞质，参与下一轮的转运。

Quiz26 如果人为地在核蛋白的N端加上SRP信号序列，你认为这种蛋白质最后会去哪里？

（四）过氧化物酶体蛋白的定向与分拣

过氧化物酶体是由单层膜包被的小细胞器，大概含有50种左右的蛋白质，这些蛋白质完全由核基因编码，有膜蛋白和基质蛋白。这两类蛋白的定向和分拣机制是不同的。

与进入线粒体和叶绿体的蛋白质不同的是，过氧化物酶体基质蛋白在细胞质基质中已完全折叠成有功能的形式，如果它们有辅因子，会和辅因子结合，如有四级结构，就会形成四级结构后再进入过氧化物酶体。另外，在细胞质基质中参与分拣过程的受体在与它们结合以后，会整合或横跨在膜上，让其通过。

指导蛋白质进入过氧化物酶体基质的信号序列是过氧化物酶体定向序列(peroxisome targeting sequence，PTS)。PTS通常位于多肽链的C端(PTS1)，如过氧化氢酶，其一致序列为SKL或SKF，也有少数蛋白质的PTS位于N端，是一段九肽序列(PTS2)。PTS1在蛋白质进入过氧化物酶体以后并不被切除，但PTS2则被切除。

以酵母为例，其带有PTS1的过氧化物酶体基质蛋白入内的基本过程是：①新合成并折叠好的蛋白质就像要运输的货物一样，与细胞质基质中的受体蛋白Pex5结合；②装载到货物的受体停泊到过氧化物酶体膜上由Pex13、Pex14和Pex17组成的停泊区；③受体插入到膜上，并与Pex14结合形成通道，货物由此释放到腔内；④在由Pex2、Pex10和Pex12组成的泛素连接酶复合物以及由Pex4和Pex22组成的泛素结合复合物催化下，Pex5的一个Cys残基上发生单泛酰化修饰；⑤在由Pex1、Pex6和Pex15组成的抽取复合物(extraction complex)的作用下，泛酰化的Pex5抽身离开膜；⑥ Pex5再脱泛酰化进入下一轮运输(图18-39)。

Quiz27 你认为同时在N端、内部和C端分别带有SRP信号肽、NLS和PTS的GFP在真核细胞内合成以后，最后会定位到哪里？

（五）细菌和古菌蛋白的定向与分拣

细菌蛋白包括细胞质基质蛋白、细胞膜蛋白和分泌到胞外的蛋白。与真核生物一样，其细胞质基质蛋白不含任何信号肽，在核糖体上合成好以后直接留着细胞质基质。至于细胞膜蛋白和分泌蛋白，则需要信号肽的指引。其中，插入到细胞膜上的膜内在蛋白的定向和分拣通常属于共翻译水平的，一般也需要SRP，其他蛋白质则属于翻译后水平。

古菌蛋白质的定向和分拣系统在某些方面与细菌相似，又在某些方面与真核生物相似。

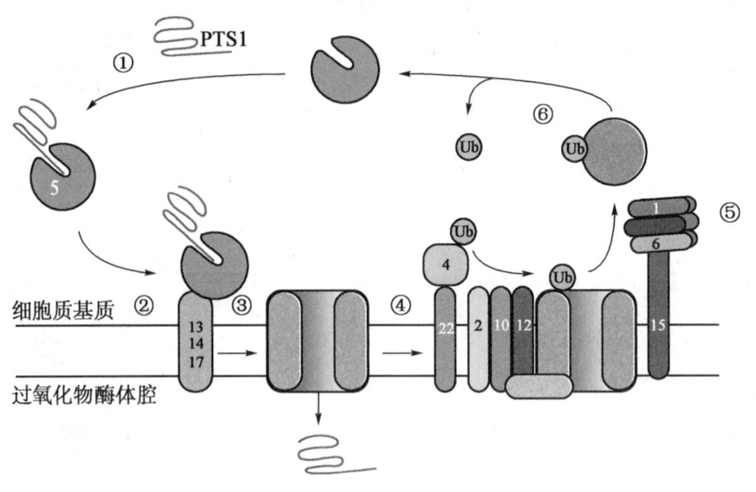

图 18-39 过氧化物酶体蛋白的定向转移

科学故事 **遗传密码的破译之路**

1944 年 Avery 证明了 DNA 是遗传物质，1953 年 Watson 和 Crick 发现了 DNA 的双螺旋结构。但 DNA 分子中的碱基序列是如何转化成蛋白质分子中的氨基酸序列的呢？这实际上是一个编码问题。而 DNA 中仅有 A、G、C 和 T 这 4 种碱基，但是蛋白质中有 20 种常见氨基酸。4 种碱基如何编码出 20 种不同的氨基酸呢？这又是一个编码问题。因此，这里有两个编码问题。

对于第一个编码问题，实际上就是 DNA 本身是蛋白质合成的直接模板吗，还是有一个中间物将密码信息从 DNA 转移到蛋白质合成装置即核糖体上？如果 DNA 直接充当模板，那两条链都是，还是其中的一条？如果是一条链，那又如何确定用哪一条链呢？

第一个提出 DNA 编码机制的科学家是 George Gamow。他既不是生物学家，也不是化学家，而是一位提出"宇宙大爆炸理论"的物理学家。在他最初称为"钻石密码"（The Diamond Code）的想法中，认为双链 DNA 直接充当将氨基酸装配成蛋白质的模板。沿着 DNA 双螺旋沟中的不同碱基组合能形成不同形状的空洞，它们以碱基为界，就像钻石的四个面，可容纳侧链不同的氨基酸。每一个空洞吸引一个特定的氨基酸，当所有的氨基酸沿着沟按照正确的顺序排列好以后，一种酶从头至尾将它们聚合在一起。

几年后，Crick 对此说道："Gamow 工作的重要性在于他用了一个很抽象的编码理论，没有塞进许多不必要的化学细节。"

由于在当时，许多研究者像"独行侠"一样在进行研究，而 Gamow 认为，取得进展的最好途径是利用集体的力量和智慧，这样来自不同领域的科学家可以一起分享各自的想法和成果。于是，在 1954 年，他提议建立了"RNA 领带俱乐部"（RNA Tie Club）(图 18-40)。其宗旨是解决 RNA 结构之谜，揭示其如何建造蛋白质的。他们的口号是"要么实干，要么死亡，要么放弃"（Do or die，or don't try）。他们确信这样可解决 DNA 和蛋白质之间的编码问题。但是，他们所用的大

图 18-40 1955 年，RNA 俱乐部的四巨头一次在英国剑桥会议的合影 Crick（后左），Orgel（后右），Rich（前左）和 Watson（前右）

多数方法都是理论上的。俱乐部有 20 个常委，每一个代表 1 种氨基酸，4 个名誉委员，每一个代表 1 种核苷酸。所有的成员都带有羊毛领带，其上绣有绿黄螺旋代表 RNA 的化学结构，而特制的领带夹上刻有一种氨基酸的三字母缩写。例如，Gamow 代表的是 Ala，Watson 是 Pro，Crick 是 Tyr，Sydney Brenner 是 Val。在成员中，不乏许多有名的科学家，其中有 8 个已经是或者后来成为诺贝尔奖得主。俱乐部的成员每年碰头两次，平时经常通信保持联系，以及时分享那些还没有成熟到在专业杂志上发表的奇想。1955 年，Crick 在成员内部提出了"适配体假说"（Adapter hypothesis），该假说从来没有在合适的刊物上正式发表。其主要内容是：细胞内有一种未知的结构携带着氨基酸将它们按照核酸链上的对应的核苷酸序列排列，每一种氨基酸需要一种适配体分子，以及一种特定的酶。于是共有 20 种酶，分别催化一种氨基酸与相应的适配体分子结合。而每一个适配体分子通过必需的氢键结合在核酸模板特定的位置，在需要时，提供结合的氨基酸。后来，Crick 公开发表了一个很短的评论，概述了"适配体假说"，并猜想适配体可能是一种很小的核酸。

众所周知，对于真核生物而言，蛋白质的合成发生在位于细胞质的核糖体，而不是细胞核中的微粒上。此外，使用 DNA 酶可降解 DNA，但不会阻止蛋白质的合成，因此可得出结论：DNA 不能直接参与蛋白质的合成，必须有一个中间物，将密码从 DNA 转移到核糖体，Jacob 和 Monod 提出这是一种 RNA。该中间体后来由 Nirenberg、Matthaei、Jacob、Brenner 和 Meselson 于 1961 年发现，就是 mRNA。于是，Gamow 的"钻石编码论"被证明是错误的了，取而代之的是新发现的 mRNA 充当翻译的模板，但弄清楚 mRNA 上的各种核苷酸序列如何编码蛋白质分子上的氨基酸序列在当时的条件下是十分困难的。

对于第二个编码问题，Gamow 最先利用数学的方法推理，提出三个碱基决定一个氨基酸的"三联体密码假说"。因为首先不可能是 1 个碱基，因为只有 4 种碱基；它也不能是 2 个碱基，因为 4 种碱基只有 16 种组合；但它若是 3 个碱基，则提供了 64 种不同的组合，完全够用编码 20 种氨基酸。但是，若抛开编码 20 种氨基酸的 20 种组合，那额外的 44 种可能的组合是不编码氨基酸，还是作为简并形式存在，即每种氨基酸可以有几个密码子？当然，遗传密码也可以超过 3 个碱基，甚至还可以是重叠的。

那 Gamow 预测的三联体密码假说对吗？很快有人获得了两个重要的实验证据：一个是 T4 噬菌体的突变实验，因为当它的一个蛋白质基因插入或缺失 1～2 个核苷酸时，就失去感染大肠杆菌的能力。相反，当插入或缺失 3 个核苷酸时，它所表达的蛋白质仍具活性，T4 噬菌体仍然能感染大肠杆菌。另一个是有人研究了烟草坏死卫星病毒，比较了其外壳蛋白亚基的氨基酸数目和相应 mRNA 模板的核苷酸数目，结果是 400/1200=1/3 的比例，由此得出了 3 个核苷酸决定 1 种氨基酸的结论。

在确定了遗传信息是以三联体密码的形式编码以后，剩下最富挑战性的工作就是弄清一个特定的三联体密码子编码的是哪一种氨基酸。从 1961 年到 1966 年，遗传密码的破译前后差不多花了近 6 年的时间，主要功臣是 Marshall Nirenberg。然而 Nirenberg 并不是领带俱乐部的成员，说实话谁也没有想到他会是遗传密码的主要破译者。

Nirenberg 于 1927 年出生于纽约，在 10 岁时，因为他患有风湿热并且父亲破产了，所以他随家人一起搬到了奥兰多。Nirenberg 在农村地区长大，这让他从小就对生物学有着浓厚的兴趣，大学毕业后去了明尼苏达大学攻读生物化学博士学位，然后于 1957 年去了美国国立卫生研究院（NIH）deWitt Stetten 的实验室做博士后。

为什么他被认为是破译遗传最不可能的人呢？因为他当时很年轻，才 30 岁；他默默无闻；他有许多著名的竞争对手，而且他入道有点迟。

然而，事实是在 RNA 领带俱乐部在尝试破译遗传密码的时候，在 NIH 工作的 Nirenberg 与他的同事 Johann H. Matthaei 也在做同样的事情（图 18-41）。在 1958 年年底，他决定专注于核酸和蛋白质合成，认为这可能会带来更多结果。他在研究笔记本上写道："不必为了解决编码问题而进行多聚核苷酸合成，也可以破解生命的密码！"Nirenberg 在接下来的几年中完成了第一部分任务，就是设计实验来证明 RNA

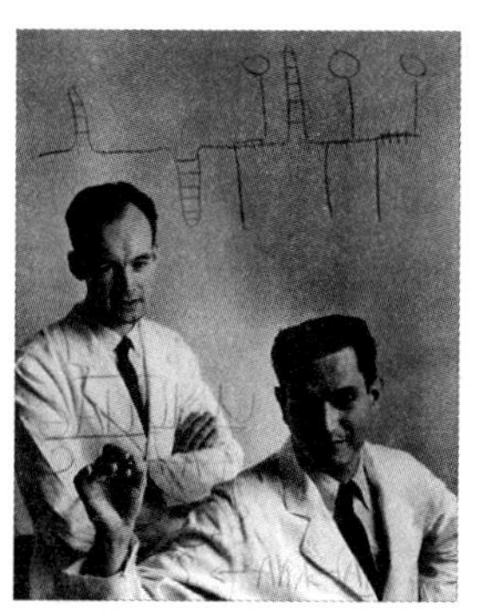

图 18-41 Heinrich Matthaei 和 Marshall Nirenberg（右）

可以触发蛋白质合成。

他们的实验需要一个无细胞翻译系统，就是指保留翻译能力的活细胞提取物，通常由翻译活性高、分裂旺盛的活细胞经温和匀浆处理制备而成，如大肠杆菌、酵母细胞、麦胚细胞和兔网织红细胞等。该系统仍然可以合成蛋白质，但只有添加正确种类的 RNA 后，科学家才能控制实验。Nirenberg 和 Matthaei 选择了大肠杆菌细胞，并用研钵和研棒将其研磨以释放细胞质，制备成无细胞翻译系统，并用于实验。

科学家们大部分时间都在自己工作，并且常常在深夜里工作。他们在实验中，使用了 20 个试管，每个试管中加入了统一的大肠杆菌无细胞翻译系统，还加了 20 种氨基酸，但其中只有 1 种带有放射性同位素标记，这样可以通过确定哪一个试管在添加特定类型的 RNA 分子以后有放射性参入被合成的蛋白质之中。

1961 年 5 月 27 日星期六，凌晨 3 点，Matthaei 使用烟草花叶病毒（tobacco mosaic virus，TMV）的基因组 RNA 作为实验模板，而使用 Severo Ochoa 发现的 PNP 合成的 polyU 作为对照模板。他们并没有指望对照模板能编码或指导蛋白质的合成。然而，出乎意料的是，他们发现只有在被放射性标记的苯丙氨酸的试管中合成的蛋白质有放射性同位素标记。这就表明，一条重复碱基的尿嘧啶链作为模板指导一条由一个重复氨基酸苯丙氨酸组成的蛋白质链。这就意味着，第一个遗传密码可能被破解了！ UUU = Phe 是 Nirenberg 和 Matthaei 的突破性实验结果。于是，破译遗传密码的大门打开了。

尽管许多 NIH 同事都知道这一点，但他们仍将其突破暂时作为科学界的秘密，直到可以完成对其他合成的 RNA 链（例如 polyA）的进一步实验，并准备发表论文为止。很快，他们利用同样的方法又破译了 AAA（编码 Lys）和 CCC（编码 Pro）。当使用某些简单有序的异多聚核苷酸（如 ACAACAACA）作为模板时，他们又破译出其他一些相对简单的密码子（如 ACA、CAA 和 AAC）。在 1961 年 8 月的莫斯科国际生物化学大会上，他向一小群人介绍了他的论文。一位科学家说服会议负责人邀请 Nirenberg 重复他的演讲。Nirenberg 在千余人的代表大会上发表讲话，使科学界兴奋。在几个月内，Nirenberg 就成了名人，他的照片出现在世界各地的杂志上。

Nirenberg 在无细胞系统中测试人工合成的 RNA 的方法是一项关键的技术创新。但是，一旦这种技术公开发布，竞争就变得更强了。另外，要使用这项技术去破译更为复杂的密码子(如 ACG)时，就很困难了。

那时，诺贝尔奖获得者 Severo Ochoa 在纽约大学医学院自己的实验室里也在忙于破译遗传密码的问题。Ochoa 的实验室拥有大量员工，Nirenberg 担心自己将无法跟上步伐，而就在 1961 年年底，Matthaei 已经完成了博士后研究工作，返回了德国。好在这时 NIH 及时给了 Nirenberg 所需的帮助。面对帮助第一位 NIH 科学家获得诺贝尔奖的可能性，许多 NIH 科学家放弃了自己的工作去帮助 Nirenberg 破译其他的密码子。美国国立关节炎与代谢疾病研究所所长 deWitt Stetten 博士称这段合作时期为“NIH 最美好的时光”。总共有 20 多人去到 Nirenberg 的实验室帮忙，他们有科学家、博士后和实验技术员。

1964 年，Leder 和 Nirenberg 发明了核糖体结合技术（ribosome-binding technique），终使所有遗传密码得到破译。该技术的基本原理是（图 18-42）：人工合成的三聚核苷酸在无 GTP 的条件下，能与核糖体保温结合。而结合的三聚核苷酸将促进同源的氨酰 tRNA 结合到核糖体上，形成能被硝酸纤维素滤膜吸附的核糖体、三聚核苷酸和氨酰 tRNA 的三元复合物。利用此性质，可将结合的被同位素标记的氨酰 tRNA 与其他没有结合的氨酰 tRNA 分开。通过鉴定结合在硝酸纤维素滤膜上氨酰 tRNA 中的氨基酸性质，就可以确定原来的三聚核苷酸决定何种氨基酸，进而弄清一种氨基酸的密码子。例如，如果使用 UUU 作为模板，则放射性标记的苯丙氨酰 tRNA 能够结合到核糖体上，这样就破译出 UUU 是 Phe 的密码子。同样，利用其他已知序列的三聚核苷酸作为模板，可以破译出更多的遗传密码。使用这项技术，Nirenberg 最终破译出 20 种氨基酸所有的三联体密码。

由于 Nirenberg 在遗传密码的破译所作出的杰出贡献，他与建立化学合成多聚核苷酸技术的 Khorana 以及第一个测定出酵母 $tRNA^{Ala}$ 一级结构的科学家 Holley 分享了 1968 年度的诺贝尔生理学或医学奖。

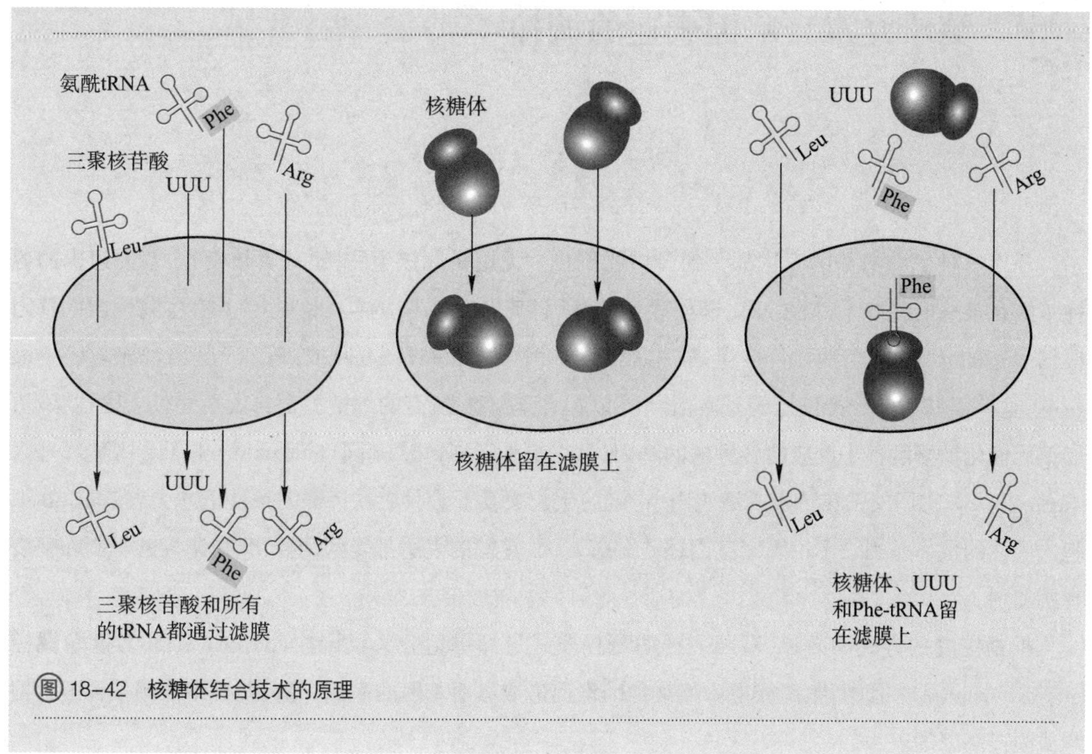

图 18-42　核糖体结合技术的原理

思考题：

1. 大肠杆菌的一种致死型突变株被发现其 EF-Tu 丧失了 GTP 酶活性。如果将这种突变的 EF-Tu 在正常的大肠杆菌细胞内过量表达，也会导致细胞死亡。对此请给以合理的解释。

2. Ile-tRNA 合成酶还有一个校对位点，用来处理错误载入的 Val，因为 Val 和 Ile 在结构上非常相似。然而，Tyr-tRNA 合成酶并不需要这样的位点，即使 Tyr 在结构上与 Phe 非常相似，为什么？

3. 已发现，单个基因能编码两种紧密相关但定位不同（一种在线粒体，另外一种不在线粒体）的蛋白质。试提出几种可能的机制给以解释。

4. 一种 mRNA 的 5′-UTR 特别地长，其 AUG 处于不佳的翻译起始环境。然而令人吃惊的是，当细胞受到细小核糖核酸病毒感染以后，其翻译水平大增。为什么？

5. 理论上，摆动法则也允许一种带有反密码子为 UCA 的 $tRNA^{Trp}$ 与 Trp 密码子相互作用。然而，这种 tRNA 在使用标准遗传密码的生物体内十分罕见，为什么？如果它被广泛使用，会有什么后果？

网上更多资源……

本章小结　授课视频　授课音频　生化歌曲

教学课件　推荐网址　参考文献

第十九章　基因表达的调控

任何一种生物的基因表达都受到严格的调控。无论是原核生物，还是真核生物，基因组内的各种基因在某一时刻并不都在表达，即使表达的基因，其强度也不一样。事实上，所有生物体内的基因根据表达的状态可分为两组：一组是"组成型"基因（constitutive gene）或"管家"基因（house-keeping gene），这一组基因是维持细胞的基本活动所必需的，它们在所有的细胞里都自始至终处于表达状态，如编码催化糖酵解各步反应的各种酶的基因；另一组是"诱导型"基因（inducible gene）或"奢侈"基因（luxury gene），它们仅仅在特定的细胞内、特定的生长或发育阶段或在特殊的条件下才会表达，如 B 细胞才表达的抗体基因。不论管家基因还是奢侈基因，它们的表达都受到调控，只是调控的机制和幅度有所差别。

根据控制的方式和效果，基因表达的调控模式可简单地分为正调控（positive control）和负调控（negative control）。其中，正调控是依赖某种因素促进或激活基因的表达，而负调控则依赖某种因素抑制或阻遏基因的表达。

本章将从多个不同的层次分别介绍原核生物和真核生物的基因表达调控机制，特别是在转录水平。

第一节　原核生物的基因表达调控

在基因表达的调控机制方面，古菌与细菌较为接近。同属原核生物的细菌和古菌通常生活在多变的环境之中，环境中的营养、温度、渗透压和 pH 等条件很容易发生变化，为了能够更好地生存和繁衍，需要随时改变自身基因的表达状况，以调整体内执行相应功能的蛋白质或酶的种类和数量，从而改变细胞的代谢和活动。

细菌和古菌的基因表达调控可以在 DNA 水平、转录水平和翻译水平上进行，但最重要的是在转录水平，尤其是在转录起始阶段。

一、在 DNA 水平上的调控

DNA 水平上的调控主要是通过基因拷贝数的多少、启动子的强弱和 DNA 重排来进行。

1. 基因拷贝数的多少

Quiz1 研究表明，转座酶和原癌基因的启动子一般属于弱启动子。对此你如何解释？

一个基因的拷贝数直接影响到其转录的效率。显然拷贝数越多，被转录的机会就越大。然而，原核生物绝大多数基因为单拷贝，只有少数是多拷贝，如细菌 rRNA 的基因。rRNA 基因为多拷贝以及启动子是超强启动子，这两个性质可满足细胞对 rRNA 的大量需求。

2. 启动子的强弱

这是调控管家基因表达的主要方式。管家基因每时每刻都需要表达，但表达的效率有高有低，主要原因是不同的管家基因的启动子有强有弱。属于强启动子的表达效率就高，属于弱启动子的表达效率就低。

3. DNA 重排

DNA 重排属于 DNA 重组的一种形式。通过重排，可以改变一个控制元件与其控制的基因之间的距离、位置或方向的关系，从而实现调控的目的。

以一种丝状固氮菌为例，它们若生活在含有复合氮的培养基上，就会聚集在一起，形成一种仅由营养性细胞（vegetative cell）组成的长链状结构，若没有复合氮，就进行生物固氮。但由于催化固氮反应的固氮酶遇氧就失活，因此，固氮反应只能发生在无氧条件下。

在没有复合氮时，该固氮菌分化出无氧的异胞体（heterocyst）细胞，以克服氧气对固氮反应的抑制。参与固氮反应的主要基因有 *nifH*、*nifD* 和 *nifK*，它们编码固氮酶的不同亚基。在营养性细胞的 DNA 分子上，这三个基因相距甚远，特别是 *nifD* 和 *nifK* 相距约 11 kb。但在异胞体内，*nifD* 和 *nifK* 之间的间插序列通过重排被切除了。于是，*nifD* 和 *nifK* 被拉到了同一个操纵子之中，受同一个操纵基因控制，从而能够等量协同表达（图 19-1）。

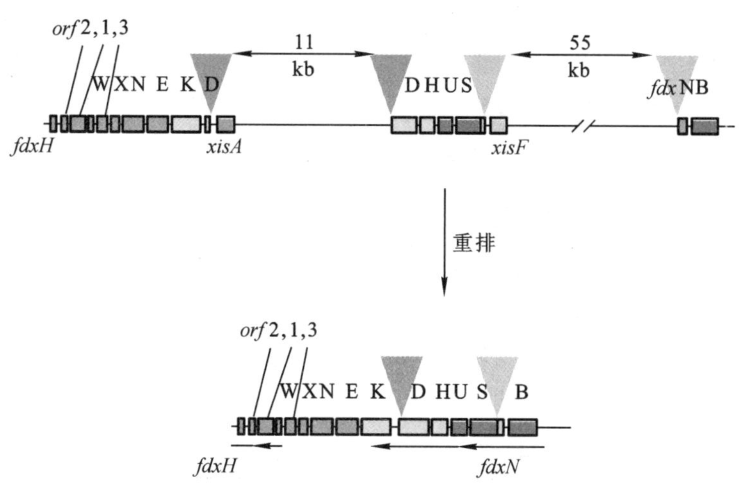

图 19-1 一种固氮菌异胞体内发生的基因重排对固氮基因表达的影响

那 *nifD* 和 *nifK* 之间的间插序列是如何被切除的呢？原来是异胞体在形成时，经历了由 XisA 重组酶催化的位点特异性重组。该酶利用了 *nifD* 和两侧由 11 bp 组成的直接重复序列。

二、在转录水平上的调控

转录水平的调控主要在转录的起始阶段，也可以在终止阶段进行。

（一）转录起始阶段的调控

1. 细菌对不同 σ 因子的选择性使用

细菌识别启动子的是 σ 因子，但 σ 因子不止一种，而不同的 σ 因子又识别不同的启动子序列，如大肠杆菌主要使用 σ^{70}。在特殊条件下，其他类型的 σ 因子可被表达或被激活。这些新的 σ 因子识别其他类型的启动子，从而指导 RNA 聚合酶启动一些新基因的表达。

2. 操纵子调控

操纵子（operon）是细菌和古菌基因表达调控最重要的形式，两类原核生物的基因多数以操纵子的形式组成基因表达调控的单元。例如，大肠杆菌基因组共有 4 289 个基因，但绝大多数基因都被组织在约 578 个操纵子之中。

操纵子概念和模型由法国生化学家 Francois Jacob 和 Jacques Monod 于 1962 年提出。虽然真核生物一般无操纵子结构，但其所涉及的一些基本原理也适用于真核生物。

操纵子模型认为：一些功能相关的结构基因成簇存在，构成多顺反子。它们的表达作为一个整体受到同一个控制元件（control element）的调节。控制元件由启动子、操纵基因（operator）和调节基因组成。调节基因编码调节蛋白，与操纵基因结合而控制结构基因的表达。如果调节蛋白是阻遏蛋白，则与操纵基因的结合是阻遏基因的表达，就为负调控；如果调节蛋白是激活蛋白，则与操纵基因的结合是激活基因的表达，就为正调控。

(1) 大肠杆菌的乳糖操纵子(*lac* operon)

大肠杆菌的乳糖操纵子是第一个被阐明的操纵子。早在 20 世纪 50 年代，Jacob 和 Monod 就开始研究大肠杆菌对乳糖的分解代谢，集中研究乳糖对乳糖代谢酶的诱导(induction)现象(图 19-2)：若大肠杆菌生长在无乳糖的培养基中，那细胞内参与乳糖分解代谢的三种酶，即 β- 半乳糖苷酶、乳糖透过酶(permease)和转乙酰酶(transacetylase)就很少，这时平均每个细胞只有 0.5 ~ 5 分子 β- 半乳糖苷酶。而一旦在培养基中加入乳糖或乳糖类似物，在几分钟内每个细胞中的 β- 半乳糖苷酶分子数量骤增，可高达 5 000 个。与此同时，其他两种酶的分子数也迅速提高。由此可见，新合成的 β- 半乳糖苷酶、透过酶和转乙酰酶是由底物乳糖或其类似物直接诱导产生的，乳糖及其相关类似物因此被称为诱导物(inducer)。

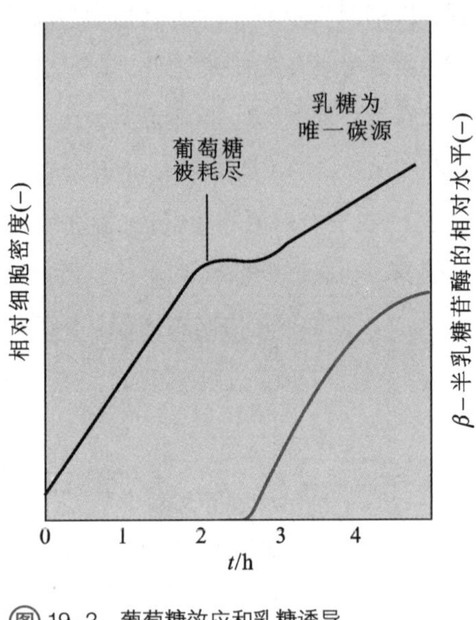

图 19-2 葡萄糖效应和乳糖诱导

Quiz2 人体产生的乳糖酶即半乳糖苷酶的作用方式有何不同?

Quiz3 驱动乳糖主动运输到大肠杆菌细胞内的能量是什么?

β- 半乳糖苷酶是由 *lacZ* 基因编码，主要作用是催化乳糖的水解，还催化少量乳糖异构成别乳糖(allolactose)；透过酶由 *lacY* 基因编码，是一种跨膜转运蛋白，可将培养基中的乳糖主动运输到胞内；转乙酰酶由 *lacA* 基因编码，但其功能至今仍不明朗。

为了搞清楚乳糖诱导现象的分子机制，Jacob 和 Monod 使用经典遗传学的手段，筛选出了一系列大肠杆菌乳糖代谢的突变体，并对各种突变体进行了详尽的遗传学研究，在获得大量实验数据的基础上，进行了严密的逻辑推理，最终提出了操纵子模型。

现代的乳糖操纵子模型已日臻完善，其主要内容是(图 19-3)：①乳糖操纵子由调节基因(*lacI*)、启动子、操纵基因(*lacO*)和三个结构基因组成，其中调节基因、启动子和操纵基因构成控制元件，共同控制结构基因的表达。操纵基因位于启动子和结构基因之间，其核心结构是一段长为 21 bp 的回文序列。②调节基因独立地表达，编码阻遏蛋白，但由于受弱启动子的驱动，阻遏蛋白在细胞内总是维持在较低的水平。③阻遏蛋白为四聚体蛋白，在无乳糖的情况下，与操纵基因结合，而阻断 RNA 聚合酶启动结构基因的转录，但这种结合并不完全，因此，会有微量的 β- 半乳糖苷酶、乳糖透过酶和转乙酰酶的合成。④一旦有高浓度的乳糖进入细胞，就在胞内残留的 β- 半乳糖苷酶催化下，一部分乳糖发生异构化，变成别乳糖。而别乳糖作为别构效应物与阻遏蛋白结合，使其不能再与操纵基因结合，操纵子因此被打开。⑤ RNA 聚合酶与启动子结合，启动三个结构基因的转录，产生 *lacZ*、*lacY* 和 *lacA* 的共

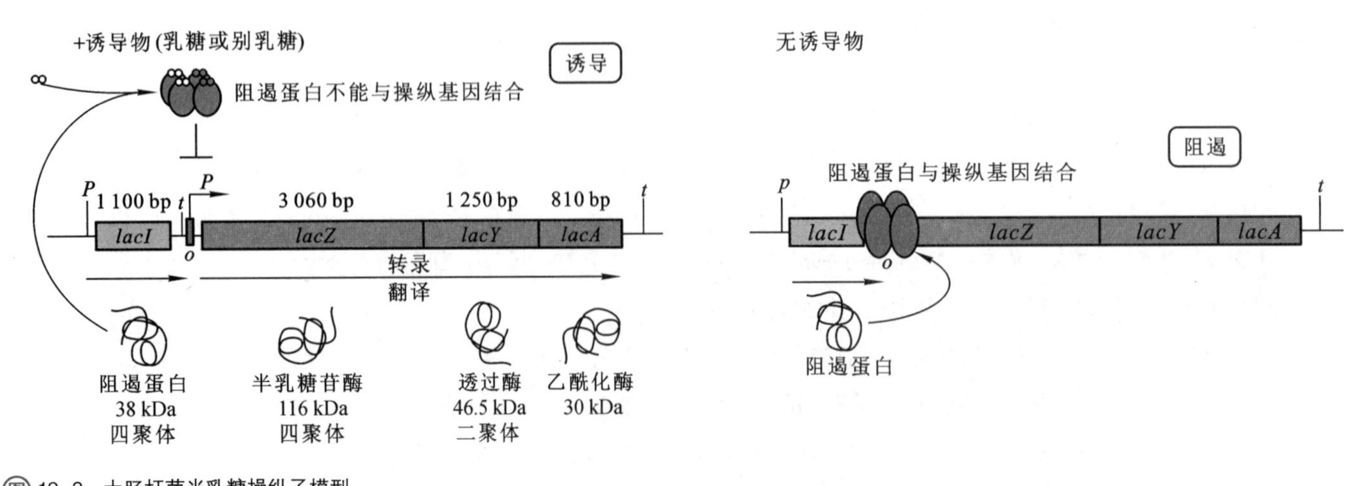

图 19-3 大肠杆菌半乳糖操纵子模型

转录物，但翻译却是独立地进行，从而产生三种不同的酶。⑥由于阻遏蛋白与操纵基因的结合阻断了结构基因的表达，因此乳糖操纵子受到它的负调控。

异丙基硫代 -β-D- 半乳糖苷（isopropyl-D-thiogalactopyranoside，IPTG），是一种人造的乳糖类似物（图 19-4），能迅速进入大肠杆菌细胞，但本身并不能被 β- 半乳糖苷酶降解，因此在与阻遏蛋白结合以后，可持续激活乳糖操纵子，故被称为安慰诱导物（gratuitous inducer）。

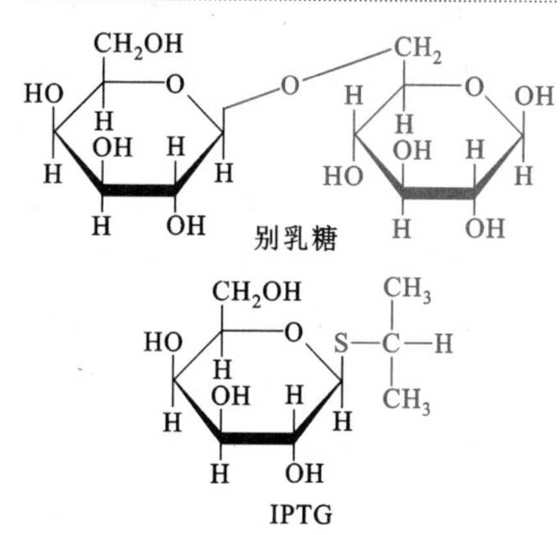

图 19-4　别乳糖和 IPTG 的化学结构

Quiz4　IPTG 跨膜进入大肠杆菌细胞需要乳糖透过酶吗？为什么？

X 射线晶体衍射数据表明，构成乳糖操纵子阻遏蛋白的每一个亚基上共有 3 个结构域：N 端结构域（1 ~ 62）、核心结构域（63 ~ 340）和 C 端结构域（341 ~ 357）。N 端结构域还可以分为 2 个功能区，1 个与 DNA 上特殊的碱基序列结合（1 ~ 45），另 1 个为铰链区（46 ~ 62）。与 DNA 结合的区域含有一种典型的 DNA 结合模体——螺旋 - 转角 - 螺旋，它主要在大沟上识别并结合特定的碱基序列。铰链区将阻遏蛋白的 DNA 结合区域与核心结构域联系起来，使得两个结构域可以独立地移动。此外，铰链区也参与阻遏蛋白与操纵子的结合，其内部的一段无规则卷曲（50 ~ 58）在与 DNA 结合以后转变成 α 螺旋，这有助于 DNA 结合区域采取更好的取向，从而稳定阻遏蛋白与操纵基因的结合；核心结构域为诱导物结合区域，由两个结构相似的亚结构域组成；C 端结构域与四聚体的形成有关。

一旦诱导物在核心结构域与阻遏蛋白结合，阻遏蛋白的构象即发生变化，并迅速通过铰链区传播到 DNA 结合区域，而导致铰链区内的 α 螺旋结构被破坏，进而降低阻遏蛋白与操纵基因之间的亲和力，使其与操纵基因解离。

乳糖操纵子除受到阻遏蛋白的负调控以外，还受到分解物激活蛋白（catabolite activator protein，CAP）的正调控。

正调控是在研究大肠杆菌的葡萄糖效应（glucose effect）中发现的。人们很早就知道，葡萄糖的存在能够阻止大肠杆菌利用其他糖类物质，如乳糖，这种现象就是葡萄糖效应。那么，葡萄糖是如何抑制大肠杆菌利用乳糖的呢？

1965 年，B. Magasonik 等人发现，在大肠杆菌中也有 cAMP，而且它的浓度与葡萄糖浓度呈负相关。cAMP 浓度的变化与腺苷酸环化酶（AC）的活性直接相关联，即高浓度的葡萄糖因抑制 AC 的活性而导致 cAMP 浓度的下降。那么，是不是细胞内 cAMP 浓度的下降才使乳糖不能利用的呢？

为了弄清 cAMP 浓度的变化与乳糖利用之间的关系，有人将易于通过大肠杆菌细胞膜的 cAMP 类似物（双丁酰 cAMP）加入到含有葡萄糖和乳糖的培养基中，结果发现乳糖操纵子受到激活，乳糖能够被利用了。这就说明 cAMP 浓度的升高的确是大肠杆菌细胞能够利用乳糖的前提。然而，cAMP 浓度的升高又是如何打开乳糖操纵子的呢？

当人们得到两种很特殊的大肠杆菌突变体以后，上面的问题才有了答案。这两种突变体都只能利用葡萄糖，不能利用其他糖类。其中一种突变体的 AC 基因有缺陷，因此在任何情况下，都不能合成 cAMP；另一种突变体缺乏一种能与 cAMP 结合的蛋白质，即 cAMP 受体蛋白（cAMP receptor protein，CRP）。CRP 就是 CAP，这种突变体在加入外源的 cAMP 以后也不能利用乳糖。这两类突变体的存在，不仅进一步确定了 cAMP 与乳糖代谢之间的关系，还说明了 cAMP 是通过 CAP 起作用的。

CAP 由 2 个相同的亚基组成，每个亚基有 2 个结构域：1 个在 N 端，含有 cAMP 结合位点；另 1 个在 C 端，含有螺旋 - 转角 - 螺旋，负责与 DNA 结合。CAP 必须与 cAMP 结合以后才有活性。当 cAMP 与 CAP 结合以后，CAP 的构象即发生变化，其 C 端的螺旋 - 转角 - 螺旋可采取合适的取向，从而能够识别并结合到 DNA 的特异性位点上。

CAP-cAMP 与 DNA 结合的特异性位点由 26 bp 组成，位于乳糖操纵子启动子的上游，紧靠 -35 区，其一致序列是 TGTGA-N_6-TCACA，该位点称为 CAP 位点。CAP-cAMP 与其结合可导致周围的 DNA 产生小的弯曲，CAP 因此能够与 RNA 聚合酶全酶在 α 亚基的 C 端结构域(α-CTD)相互作用，从而促进 RNA 聚合酶与启动子的结合，以及 DNA 双螺旋的局部解链，最终激活了下游基因的转录(图 19-5 和图 19-6)。

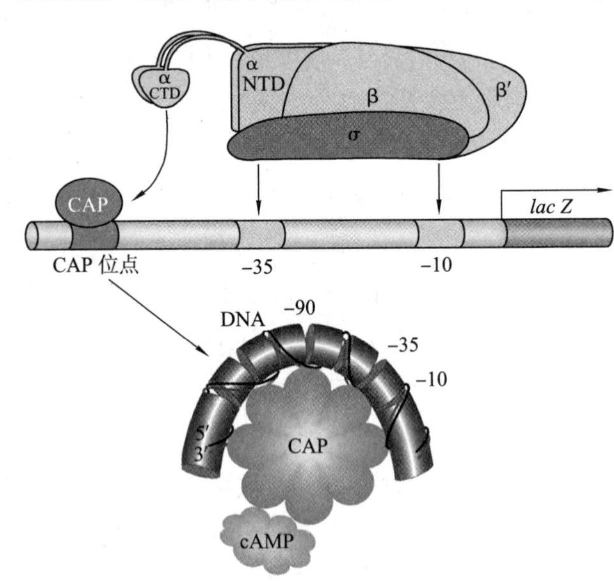

图 19-5　CAP-cAMP 与 RNA 聚合酶以及乳糖操纵子的相互作用

那么，环境中有无葡萄糖是如何影响到大肠杆菌 AC 的活性呢？这是因为它受到己糖磷酸转运系统(PTS)中 ⅡA^{Glu} 酶的调节。磷酸化的 ⅡA^{Glu} 酶是 AC 的激活物，可使 cAMP 的水平，但去磷酸化的 ⅡA^{Glu} 酶则抑制 AC 的活性，使 cAMP 的水平下降。当有葡萄糖时，葡萄糖通过 PTS 进入细胞，这样造成磷酸化的 ⅡA^{Glu} 含量下降，当葡萄糖消耗完后，其含量才会上升。

Quiz5　如果将大肠杆菌的乳糖操纵子的启动子改造成强启动子，那么在同时有葡萄糖和乳糖的条件下，三个结构基因的表达如何？

乳糖操纵子之所以要受到双重调控，有两个原因：一是使细胞能够优先利用葡萄糖，让其为细胞提供能量；二是 *lac* 启动子天生是一个弱启动子，CAP-cAMP 的激活就弥补了其启动子活性的“先天不足”。

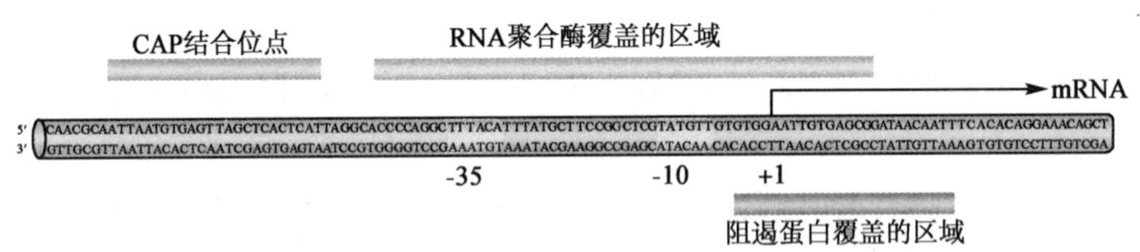

(1) 乳糖操纵基因序列

5′　TGGAATTGTGAGCGGATAACAATT　3′
3′　ACCTTAACACTCGCCTATTGTTAA　5′

(2) CAP-cAMP结合位点序列

5′　GTGAGTTAGCTCAC　3′
3′　CACTCAATCGAGTG　5′

图 19-6　乳糖操纵子的操纵基因和 CAP-cAMP 结合位点序列

(2) 大肠杆菌的色氨酸操纵子

乳糖操纵子属于诱导型(inducible)，这是因为乳糖是作为诱导物来诱导乳糖操纵子转录的。然而，色氨酸操纵子则属于阻遏型(repressible)，它控制 5 种参与色氨酸合成的酶的基因的表达。之所以说它是阻遏型，是因为如果培养基中有 Trp，Trp 就作为辅阻遏物(co-repressor)与阻遏蛋白结合，从而阻止色氨酸操纵子的表达；相反，如果培养基中无 Trp，大肠杆菌就“自力更生”，这时候色氨酸操纵子就被打开。

色氨酸操纵子(图 19-7)内参与 Trp 合成的结构基因包括 *trpE*、*trpD*、*trpC*、*trpB* 和 *trpA*。除此之外，在 *trpE* 的上游还有一段前导序列(*trpL*)，编码一个小肽，其内部含有弱化子序列，它也参与调控(见后)；操纵基因在启动子和 *trpL* 之间，无 CAP 位点；调节基因 *trpR* 远离操纵子，持续低水平表达阻遏蛋白 TrpR。TrpR 也含有可与 DNA 结合的模体结构螺旋 - 转角 - 螺旋。然而，单独的 TrpR 并不能与色氨

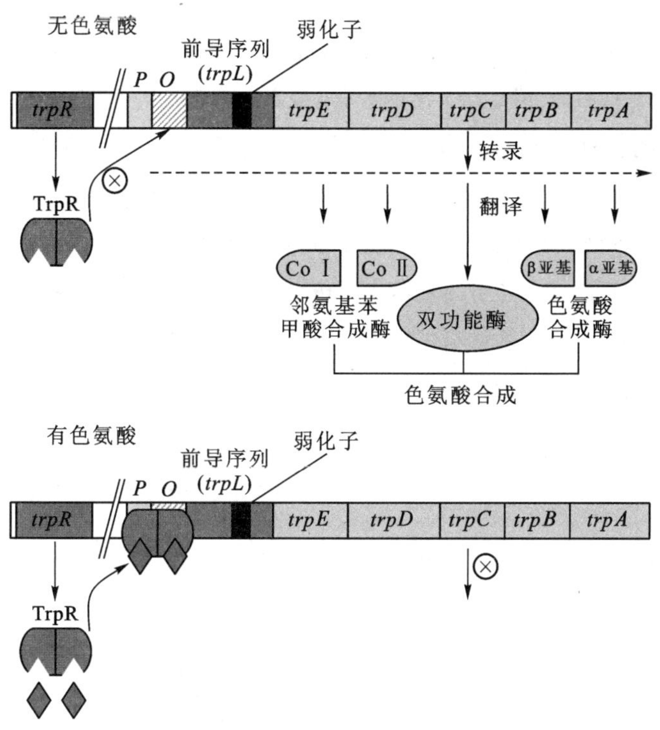

图 19-7 大肠杆菌色氨酸操纵子模型

酸操纵基因结合，因此，如果胞内的 Trp 浓度很低，TrpR 就无活性。这时色氨酸操纵子处于开放的状态，参与 Trp 合成的酶就会表达，为细胞合成必需的 Trp。当胞内的 Trp 积累到一定水平，就作为辅阻遏物与 TrpR 结合，诱导其构象变化而使之激活，随后 TrpR–Trp 就与操纵基因结合，从而阻遏结构基因的转录。

除了色氨酸操纵子是阻遏型以外，其他许多与合成代谢有关的操纵子也属于阻遏型。一般说来，控制分解代谢的操纵子为诱导型，控制合成代谢的操纵子属于阻遏型。

(3) 产甲烷古菌的色氨酸操纵子

古菌也有与色氨酸合成有关的操纵子，以一种产甲烷古菌(*Methanothermobacter marburgensis*)为例，其结构基因包括 *trpE*、*G*、*C*、*F*、*B*、*A* 和 *D*(图 19-8)。调节基因为 *trpY*，编码调节蛋白 TrpY，可以结合一段和几段 TGTACA 相关序列。该序列称为 TRP 盒，刚好位于色氨酸操纵子和 *trpY* 基因之间。TrpY 与 TRP 盒的结合，可阻止古菌转录因子 TFB 和 TBP 分别结合 BRE 和 TATA 盒这两段启动子序列，从而抑制色氨酸操纵子转录的启动。在缺乏色氨酸的时候，TrpY 可自体抑制自身的转录；在有色氨酸的时候，可抑制 *trpY* 和 *trpEGCFBAD* 的转录。

(二) 转录终止阶段的调控——终止与抗终止

转录终止有一定的灵活性。通过改变转录的终止，不仅可以调节终止子下游的基因是否表达，还可以影响到转录物 3′-UTR 的结构，从而进一步在转录后水平对基因表达实行调控。

主要有两种调节转录终止的手段：一是弱化(attenuation)，二是核开关。

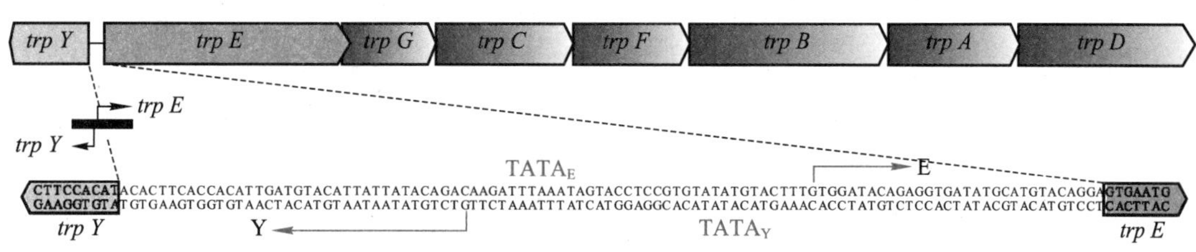

图 19-8 古菌色氨酸操纵子的基本结构

1. 弱化

此手段是建立在细菌的转录与翻译偶联的基础上，通过调节特殊的终止子活性来进行的。虽然古菌的转录和翻译也是偶联的，但是迄今为止还没有发现古菌有弱化的机制。

参与弱化的结构是弱化子（attenuator）。以大肠杆菌色氨酸弱化子为例（图 19-9），其序列位于其操纵子的 *trpL* 之中。*trpL* 位于操纵基因和 *trpE* 之间，其内部含有的小 ORF 编码一个由 14 个氨基酸残基组成的前导肽。这个小 ORF 含有的两个连续的 Trp 密码子是细胞又一种探测内部色氨酸水平高低的装置。Trp 若供应充足，那就很容易被运载到 $tRNA^{Trp}$ 分子上，形成色氨酰 $tRNA^{Trp}$，前导肽的翻译就不成问题；但 Trp 若供应不足，色氨酰 $tRNA^{Trp}$ 就难以形成，这时前导肽的翻译就会停顿在 Trp 密码子处。然而，“前导肽能否正常翻译”又如何转化成“基因能否继续转录”的结果呢？

原来 *trpL* 含有 4 段特殊的碱基序列，按照 5′→3′ 的方向依次编号为 1、2、3 和 4，这 4 段序列有

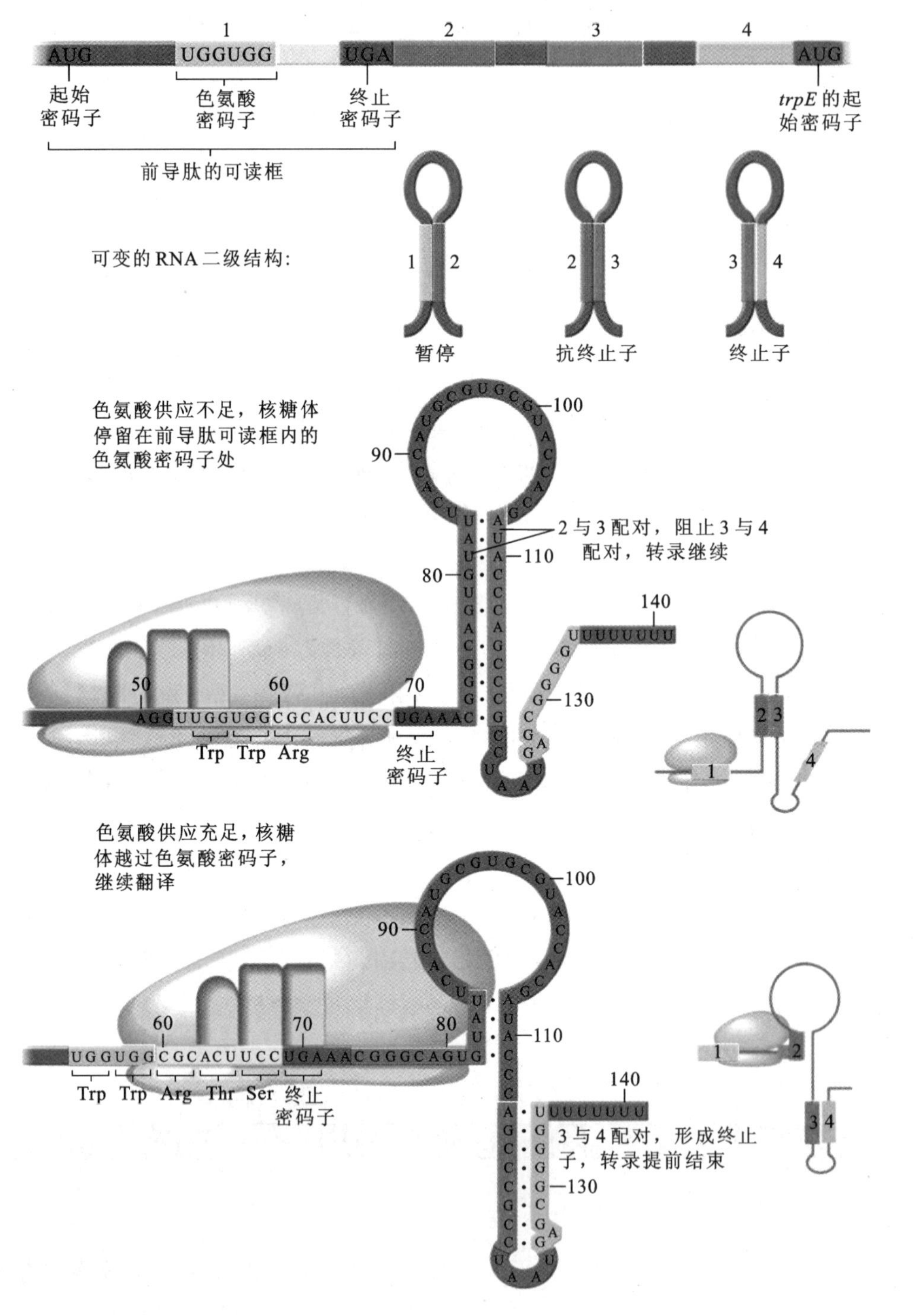

图 19-9 大肠杆菌的色氨酸弱化子模型

两种配对方式，一种是1与2、3与4配对，另一种仅仅是2与3配对，不同的配对就形成不同性质的茎环结构。若是3与4配对，形成的小茎环结构就是转录的终止子；若是2与3配对，形成的大茎环结构就是抗终止子。

由于细菌的转录和翻译是偶联的，因此 *trpL* 一旦开始转录，其中的ORF就会被翻译。如果胞内有充足的Trp，翻译就会一直持续下去，直至遇到终止密码子。前导肽的顺利翻译致使2和3不能配对，但3和4却可以配对形成终止子，导致 *trpEDCBA* 基因的转录提前结束；相反，如果胞内的Trp供应不足，核糖体就会暂停在ORF内Trp密码子之处，等待色氨酰 $tRNA^{Trp}$ 的进入。前导肽的翻译不畅致使2和3配对形成抗终止子，于是 *trpEDCBA* 基因便可继续转录下去。

Quiz6 如果将大肠杆菌色氨酸操纵子前导肽之中的两个色氨酸密码子后面的精氨酸密码子也换成色氨酸的密码子，你认为这将使弱化子对色氨酸浓度变化的敏感性有何影响？

弱化子的存在，使得“逃过”阻遏这一关的多余转录能及时“刹车”，这对操纵子的阻遏效应是一个很好的补充。据估计，色氨酸操纵子的阻遏可实现80倍的调控，而弱化子可将调控再提高6～8倍，综合起来调控的幅度可达500倍。

2. 核开关

每一个细胞必须对其内外环境的变化迅速作出反应，从而改变一系列基因的表达。然而，在细胞对内外环境的变化作出任何反应之前，都需要存在一种机制使其能实时探测到所发生的变化。在乳糖操纵子那里，我们看到了它的阻遏蛋白和CAP能够分别监测到胞内乳糖和cAMP水平的变化。那么，细胞内有没有非蛋白质类的探测装置呢？

自2000年以来，在许多细菌和某些真核生物（如真菌和拟南芥）中，已发现一些特殊的双功能mRNA具有类似的功能，这些特别的mRNA在非编码区含有特定代谢物或者离子（如氟离子或镁离子）的特异性结合位点，这些特异性的结合位点有时被称为适体（aptamer）。在这里，适体充当一种基因表达的开关，即核开关（riboswitch）或RNA开关（RNA switch），代谢物与其结合可改变mRNA的构象，结果要么提高转录的终止效率，要么降低翻译的效率，要么影响到mRNA后加工的样式，从而改变一个基因的表达。

以枯草杆菌胞内参与硫胺素合成和运输的蛋白质为例（图19-10），其mRNA在5′-UTR含有一段高度保守的Thi盒（Thi box）元件，该元件是硫胺素焦磷酸（TPP）的结合位点。如果胞内的TPP水平较高，TPP就与Thi盒结合，诱使mRNA提前形成终止子，从而迫使转录提前结束；反之，如果胞内的TPP不足，就没有TPP与Thi盒结合，这时mRNA形成的是抗终止子，转录会继续进行。

三、在翻译水平上的调控

翻译水平的调控手段主要有反义RNA（antisense RNA）、自体调控（autogenous control）和mRNA的

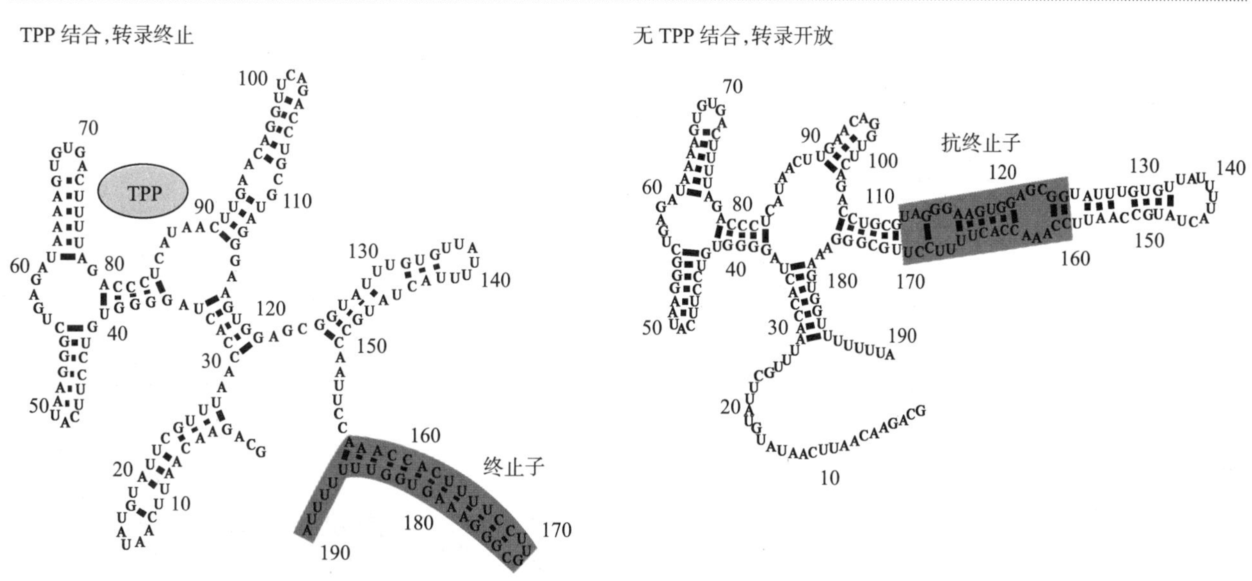

图19-10 枯草杆菌控制TPP合成和运输的核开关的结构及其作用机制

二级结构，此外也有核开关。

(一) 反义 RNA

反义 RNA 是指与特定目标 RNA 分子（通常是 mRNA）因存在互补序列而发生配对，从而调节目标 RNA 功能的 RNA 分子。它可能起负调控，也可能起正调控的作用。

1. 反义 RNA 的负调控

起负调控作用的反义 RNA 中最典型的代表是 micF-RNA，它由 *micF* 基因编码，是大肠杆菌 OmpF-mRNA 的反义 RNA，由 Mizuno Takeshi 在 1983 年发现。

OmpC 和 OmpF 属于孔蛋白，位于大肠杆菌外膜上，与细胞的渗透压调节有关，分别由分属不同操纵子的 *ompC* 和 *ompF* 基因编码。这两种孔蛋白在外膜上形成的小孔构成了溶质进出细胞的通道，但 OmpF 形成的孔道要大于由 OmpC 形成的孔道。当环境中的渗透压变化时，位于内膜上的 EnvZ 蛋白能够监测到所发生的变化，并通过 OmpR 蛋白调节 OmpC 和 OmpF 的翻译，使得大肠杆菌能够很快适应环境中的渗透"冲击"。

OmpR 是一种调节蛋白，它有磷酸化和去磷酸化两种形式，但只有磷酸化的形式（OmpR-P）才能与调节位点结合。OmpR-P 能激活或阻遏一个基因的表达，具体情况与它的结合位点和启动子的相对位置有关（图 19-11）。*ompF* 基因是被激活还是被阻遏，分别受其启动子上游的高亲和位点和低亲

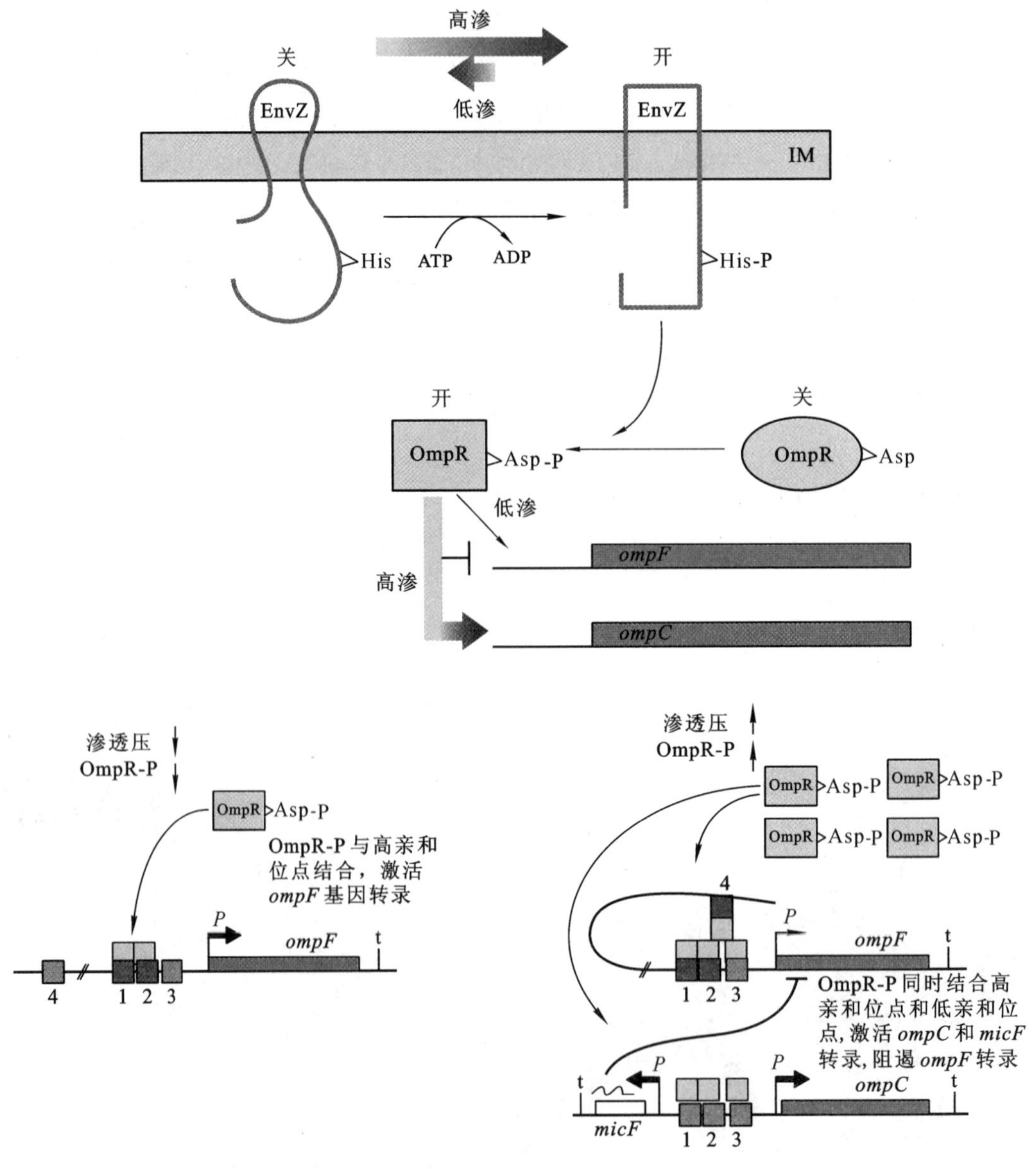

图 19-11 渗透压变化改变 OmpF 和 OmpC 表达的机制

和位点控制，而 *ompC* 基因和 *micF* 基因的激活由其低亲和位点控制。在高渗环境中，EnvZ 的 1 个 His 残基发生磷酸化，随后，它将磷酸基团转移给 OmpR 的 1 个 Asp 残基上，致使胞内 OmpR-P 的水平提高，这时低亲和位点和高亲和位点都能结合到 OmpR-P，而最终导致 OmpC 表达增加和 OmpF 表达降低。

为了进一步阻止 OmpF 的合成，充当反义 RNA 的 micF-RNA 与 OmpC 同时转录，它与 OmpF-mRNA 的 5′端有部分序列刚好互补配对可以形成双链，从而阻断 OmpF 的翻译（图 19-12）；在低渗环境中，去磷酸化的 OmpR 水平提高，而 OmpR-P 水平降低，低水平的 OmpR-P 只能与其高亲和位点结合，这最终导致了 OmpF 表达被激活，OmpC 表达则受阻。

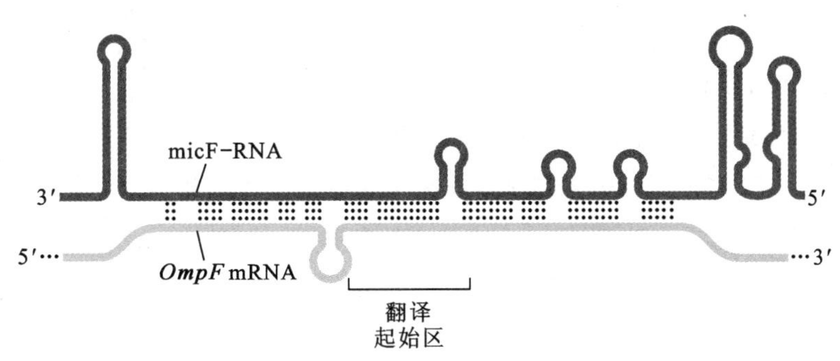

图 19-12　micF-RNA 与 ompF mRNA 之间的碱基配对

2. 反义 RNA 的正调控

DrsA 是在大肠杆菌中发现的又一种反义 RNA，它既可以和 *hns*-mRNA 又可以和 *rpoS*-mRNA 互补配对，但前一种配对掩盖了 *hns*-mRNA 在 5′端的 RBS，而导致翻译受阻，后一种配对则暴露出 *rpoS*-mRNA 上的 RBS，从而激活翻译（图 19-13）。

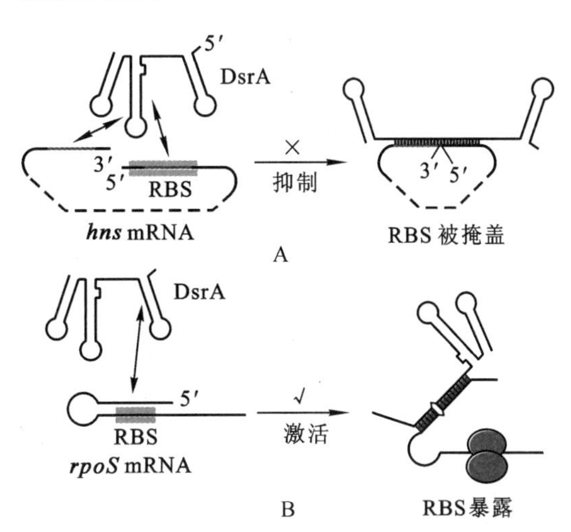

图 19-13　反义 RNA 的负调控和正调控作用

（二）核开关

核开关除了可以在转录水平还可以在翻译水平上控制一个基因的表达。以粪肠球菌（*Enterococcus faecalis*）体内控制 SAM 合成的核开关为例，催化 SAM 合成的酶在 mRNA 的 5′-UTR 中，除了含有 SD 序列以外，还有一段反 SD 序列。

如果细胞内的 SAM 不足，就不会有 SAM 的结合，这时 SD 序列不会与反 SD 序列配对，因此催化 SAM 合成的酶照常进行翻译；相反，如果细胞内的 SAM 足够，就会有 SAM 结合，这时 mRNA 的构象受到诱导而发生变化，SD 序列与反 SD 序列会发生配对，因此将无法被核糖体识别而导致翻译无法启动（图 19-14）。

（三）自体调控

自体调控是指一个基因表达的产物对自身表达产生激活或抑制的现象，这实际上是一种在基因表达水平上的反馈。它既可以在转录水平也可以在翻译水平上进行。

以核糖体蛋白的基因为例，它们组织成多个操纵子，有的操纵子除了含有核糖体蛋白的基因，还夹杂着一些与转录和翻译有关的蛋白质基因。在这些操纵子上，都有一个基因兼做调节基因，其蛋白质产物能够与自身 mRNA 的 5′端结合，从而抑制自身的翻译。

核糖体蛋白与 rRNA 同属构成核糖体的组分，协调两者的合成十分重要。合成过多的核糖体蛋白质或 rRNA 对于细胞来说都是一种浪费，而通过自体调控可以很好地保证两者量的平衡。以 *s15* 操纵子为例（图 19-15），它含有两个结构基因，一是编码核糖体蛋白的 *s15* 基因，二是编码多聚核苷酸磷酸

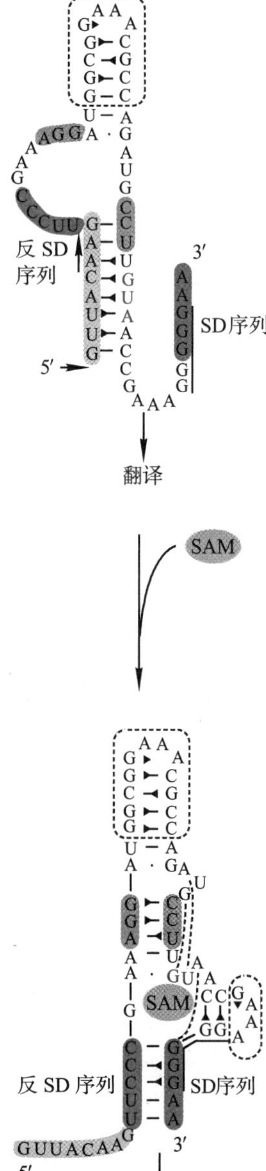

图 19-14　粪肠球菌控制 SAM 合成的核开关的结构及其作用机制

化酶的 *pnp* 基因。与其他核糖体蛋白一样，S15 在翻译以后就与 rRNA 组装成核糖体。但如果 S15 量多于 16S rRNA，就会与自己的 mRNA 5′ 端结合，抑制自身的翻译，这样就可以让它的合成与 rRNA 的合成协调同步。

Quiz7 若将 *s15* 和 *pnp* 这两个基因交换位置，会有什么后果？

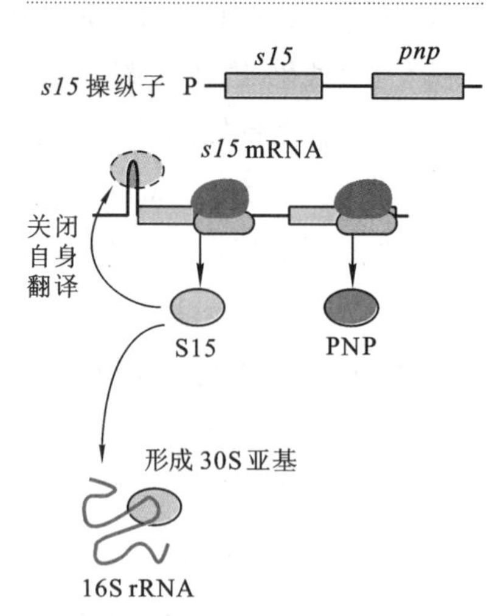

图 19-15 核糖体蛋白（S15）的自体调控

（四）mRNA 的二级结构与基因表达的调控

mRNA 的二级结构既可影响到它们的稳定性，还可影响到 RBS 的可得性，从而影响到翻译。以单核细胞增生性李斯特菌（*Listeria monocytogenes*）为例，它是一种可导致食物中毒的病原菌，其毒性基因只有在菌体进入宿主体内后才会表达，而控制毒性基因表达的源头在于温度。PrfA 是一种激活蛋白，负责激活与毒性有关的基因表达。有趣的是，PrfA 在 37°C 能表达，在 30°C 则不表达，可是它的转录在两种温度下都能进行，故控制位点只能是在翻译水平上了。究其原因，原来是在低于等于 30°C 下，PrfA-mRNA 上的 SD 序列与其他区域配对形成链内双螺旋，致使 RBS 被掩盖，翻译因此受到抑制；而在温度达到 37°C 时，配对区域热变性，SD 序列暴露，核糖体可以与之结合，翻译便可以进行了（图 19-16）。

四、环境信号诱发的基因表达调控

细菌和古菌所生活的环境变幻莫测，因此需要实时根据环境的变化，及时调整特定基因的表达状况，以作出对自己生存有利的反应，如严紧反应、二元基因表达调控（two-component system of gene regulation）、CRISPR/Cas 系统和群体感应等。

（一）严紧反应（stringent response）

细菌的严紧反应是指在氨基酸饥饿、脂肪酸缺乏、铁元素受限等胁迫条件下，胞内所发生的各种代谢变化。这些变化主要包括：rRNA 和 tRNA 合成量急剧下降，约降至 1/10 ~ 1/20；mRNA 合成下降，约降至 1/3；蛋白质降解加强；核苷酸、糖类和脂类的合成下降；新一轮 DNA 复制受阻。严紧反应的意义在于使细胞“勒紧裤带”，节省能量，以渡过难关。

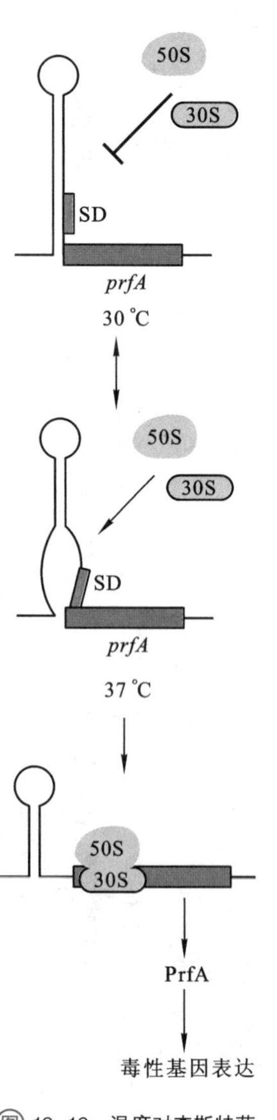

图 19-16 温度对李斯特菌 PrfA 蛋白的表达调控

大肠杆菌负责感应氨基酸饥饿信号的是严紧因子（stringent factor），即 RelA 蛋白，具有依赖于核糖体的 pppGpp 合成酶活性，可催化 pppGpp 的合成。

严紧反应发生的基本步骤是（图 19-17）：在氨基酸饥饿的时候，细胞内空载 tRNA 开始积累，并有机会进入 A 部位。核糖体 50S 亚基上的 L11 蛋白正好位于 A 部位和 P 部位的附近，能够对 A 部位上正确配对的空载 tRNA 做出反应，其构象变化可激活与核糖体结合的 RelA。RelA 受激活后，便开始催化 pppGpp 的合成。pppGpp 在一种磷酸酶的催化下，还可以转变成 ppGpp。于是，细胞内的 pppGpp 和 ppGpp 迅速积累，在氨基酸饥饿几秒钟以后就达到最高

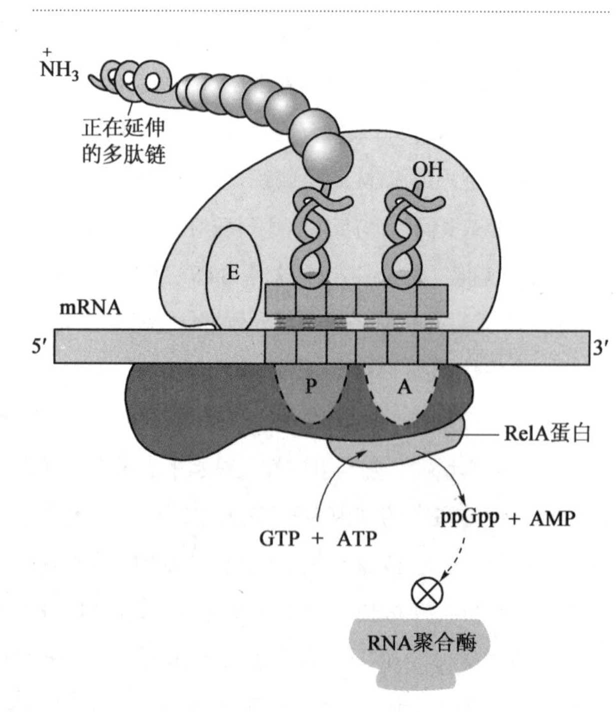

图 19-17 严谨反应的分子机制

水平。pppGpp 和 ppGpp 可与 RNA 聚合酶结合，降低其对 rRNA 基因启动子的亲和力，从而抑制 rRNA 基因的转录。而一旦 rRNA 的合成受阻，必然会影响到核糖体蛋白的合成，进而影响到其他蛋白质的合成，并最终带来各种后继效应。

Quiz8 有两种突变，一种在氨基酸没有饥饿的情况下也能产生严紧反应，另一种即使氨基酸发生饥饿也不发生严紧反应。你认为这两种突变是什么？

然而，一旦氨基酸供应正常，严紧反应便迅速消退，pppGpp 和 ppGpp 被水解。先由 *gpp* 基因的产物将 pppGpp 降解为 ppGpp，再由 SpoT 蛋白将 ppGpp 降解成 GDP。随着 pppGpp 和 ppGpp 的水解，RNA 聚合酶开始转录原来在严紧反应中受到抑制的基因。

（二）CRISPR/Cas 系统

除了由限制性内切酶和甲基化酶构成的限制 – 修饰系统以外，原核生物还可以用另外一个系统对付外来的核酸，就是成簇有规律间插短回文重复序列相关（the clustered regularly interspaced short palindromic repeat-associated，CRISPR–Cas）系统。该系统可视为原核生物的一种免疫系统，广泛分布于绝大多数细菌和古菌体内，专门用来对付外来并带有入侵性质的核酸。正如名称所示，它由两大核心组分即 CRISPR 序列和 Cas 蛋白构成（图 19–18）。

1. CRISPR

该段序列实际上是细菌和古菌基因组上一种存储各种外来核酸序列的记忆库，主要包括多个大小为 21 ~ 48 bp 的直接重复序列，以及将这些短重复序列隔开的 26 ~ 72 bp 的间隔序列（spacer）。这些重复序列和间隔序列在某个给定的 CRISPR 序列中是高度保守的，可占细菌或古菌基因组的 1%。每一个重复序列通常以 GTTTg/c 开头，以 GAAAC 结尾，含有回文序列，可形成发夹结构。每一个间隔序列则是彼此不同的，它们由俘获的外源 DNA 组成，当含有同样序列的外源 DNA 入侵时，可被机体识别，并进行剪切使之被破坏，达到保护自身的目的。CRISPR 不编码任何蛋白质，但可以转录。

2. Cas 蛋白

在 CRISPR 的上游，存在一个多态性基因家族。该家族编码的蛋白质均含有可与核酸发生作用的结构域，具有核酸酶、解链酶或整合酶等活性，它与 CRISPR 区域共同发挥作用，因此称为 CRISPR 关联基因（CRISPR associated，*Cas*），由它们编码的蛋白质叫 Cas 蛋白，它有多种类型。现在广泛用于基因组编辑的 Cas9 就是其中的一种。

CRISPR/Cas 系统的作用均可分为三步，即内化（adaptation）、CRISPR RNA（crRNA）的表达及加工、外来核酸的识别及降解。

（1）内化。内化就是细菌或古菌细胞获取用来识别入侵核酸的序列片段的过程。这部分片段称为原间隔序列（protospacer），是噬菌体或者质粒序列的一部分。该过程大致如下：首先是对间隔序列的选择。

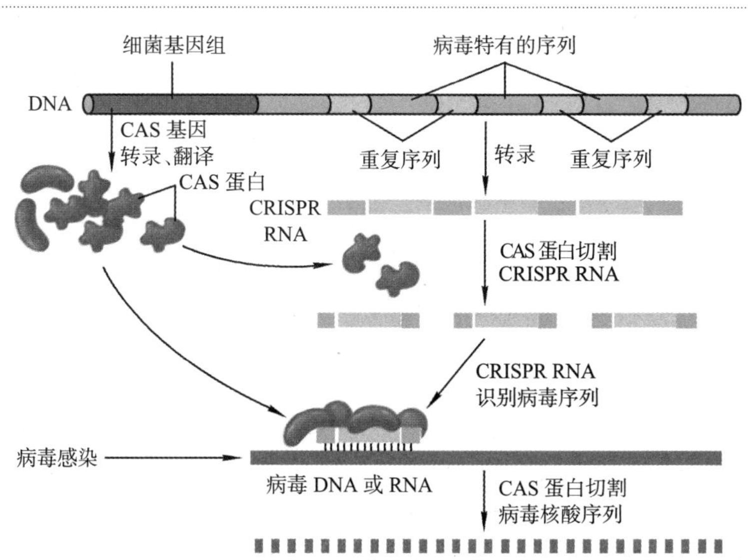

图 19–18 细菌和古菌的 CRISPR 系统

一段包含由原间隔序列邻位模体（protospacer-adjacent motif，PAM）构成的序列充当 DNA 序列标记被识别，特定的 Cas 蛋白因此被招募过来，并对 DNA 片段进行剪切，生成一段只包含 PAM 和原间隔序列的 DNA 片段，可以是单链或双链。然后是间隔序列的插入。由被招募的 Cas 蛋白识别 CRISPR 上游的前导序列，并将间隔序列一般插入到第一个重复序列的 5′ 端或者 3′ 端。插入到哪一端取决于双链 CRISPR 序列中哪一条链是开放的。其次是短重复序列的合成，由 DNA 聚合酶催化，进行修复合成，完成缺口填补，即以空出来的单链重复序列为模板合成互补链。最后是由 DNA 连接酶将每条链连接起来。

（2）crRNA 的表达及加工。在前导序列内的启动子驱动下，整个系统涉及的重复序列 / 间隔序列发生转录，形成较长的 crRNA 前体。随后，在特定的内切核酸酶作用下，crRNA 前体被切割成许多小的 RNA 片段。有的生物负责加工的是核糖核酸酶Ⅲ。该酶的作用还需要一种反式作用 crRNA（*trans*-activating crRNA，tracrRNA），它与重复序列互补。crRNA 前体在与 tracrRNA 互补配对形成双链 RNA 以后，即被核糖核酸酶Ⅲ识别并加工成 crRNA。

（3）外来核酸的识别及降解。crRNA 被加工好以后，便与特定的 Cas 蛋白形成复合物，去识别并剪切外来的核酸。在识别的过程中，可以是编码链，也可以是非编码链，只要满足碱基互补即可。对于某些原核生物来说，其 CRISPR/Cas 系统需要多种 Cas 蛋白与单个 crRNA 结合，也有一些原核生物的 CRISPR/Cas 系统只需要一种多功能蛋白，如 Cas9。但 Cas9 的作用需要 crRNA 和 tracrRNA，在 crRNA 与目标核酸正确配对以后，通过它的内切核酸酶结构域，对外源核酸进行切割。

Quiz9 最新研究发现一些巨型噬菌体的基因组上也有 CRISPR 系统。你认为它的来源是什么？会有功能吗？

由于所有的 crRNA 既含有一个间隔序列，又在其一端或者两端有一部分重复序列。正是其中的重复序列，阻止了 CRISPR/Cas 系统错误地以自己的 DNA 作为降解的对象（图 19-19）。

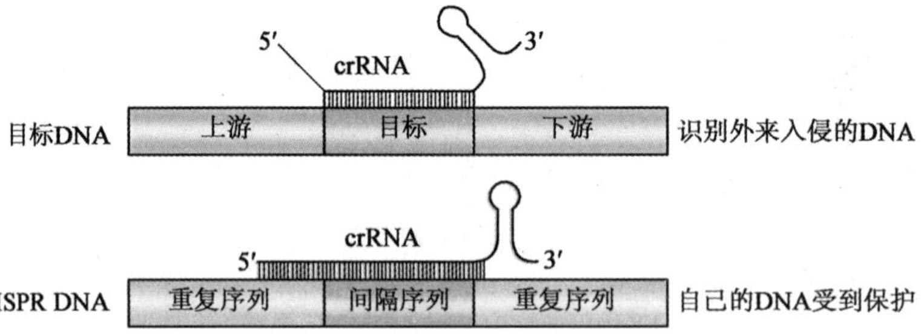

图 19-19 crRNA 一端或两端重复序列的功能

（三）二元基因表达调控系统

该系统可让一种生物能对环境中的各种信号刺激做出有利的反应，故广泛存在于细菌和古菌中，但也存在于单细胞真核生物、真菌和高等植物中。

该系统主要由两个单元组成（图 19-20）：第一个单元负责感应环境中的信号，为感应子激酶（sensor kinase）。它有两个结构域，一个直接感应信号，称为感应子（sensor），另一个为自激酶（autokinase），在感应子接受信号以后，它的 1 个 His 残基发生磷酸化；第二个单元为反应调节物，负责调节细胞做出何种反应，也有两个结构域。一个称为接受子（receiver），其内的 1 个 Asp 残基可以从第一个单元中的 His 残基接过磷酸基团，另一个结构域负责与 DNA 结合。一旦第二个单元从第一个单元接受磷酸基团，就与 DNA 结合，从而调节一系列基因的表达。

前面 EnvZ/OmpR 就都分别属于二元基因表达调控系统中的第一个单元和第二个单元。

（四）群体感应

在茫茫海洋中，有一种夏威夷短尾鱿鱼（*Euprymna scolopes*）夜晚时在海洋上部觅食。然而，它们处于上部会在月光的照射下显出黑影，这样很容易被海洋深处的捕食者发现。为了解决这个问题，这种鱿鱼进化出一种发光器官。在这种发光器官的内部，生长着高密度的费氏发光弧菌（*Vibrio fluvialis*)。这种细菌能产生荧光素酶，发出和月光强度相同的荧光，从而消除了黑影，使鱿鱼难以被海底的捕食者发现。然而，一旦它们不在鱿鱼的发光器官中时，就不再产生荧光素酶，因为发光对其本身不起任何作用。

那么，费氏发光弧菌又是怎样知道自己是不是在发光器官中呢？这个答案就是群体感应（quorum sensing）现象，它是细菌根据细胞密度变化进行基因表达调控的一种生理行为。单细胞的细菌可以产生并释放小的自体诱导物信号分子调节同种细菌的基因表达，用于细胞间通信，使单细胞的细菌具有群体的特性。这些信号分子随着细胞密度增加而同步增加，当积累到一定浓度时会改变细菌特定基因的表达，从而改变细菌的一系列生理活性。

对费氏发光弧菌而言，当其密度很高时，就会知道自己处于发光器官中。每个细菌都组成型地分泌一种小分子自诱导物（autoinducer），透过细胞膜。一旦细菌密度达到一水平，这种小分子的局部浓度就会很高，从而诱导荧光素酶基因表达，发出荧光。

群体感应中使用最多的自诱导物属于 *N*– 脂酰高丝氨酸内酯类（*N*–acyl-homoserine lactone，AHL）分子。由 AHL 介导的基因表达调节包括一个转录调节蛋白（如 LuxR）和一个 AHL 合成酶（LuxI）。LuxR 只有当与 AHL 信号分子结合后，才能识别特定的启动子序列并激活基因的表达。一般情况下，AHL 合成酶只是低水平表达，这样在细胞密度低时，细胞内没有足够的 AHL 去激活 LuxR。当细菌群体增长时，AHL 会随之积累，直到细胞内的浓度高到足与 LuxR 结合，LuxR 与 AHL 结合成复合物后会与靶基因启动子序列结合，同时 LuxI 的表达得到促进（图 19–21）。

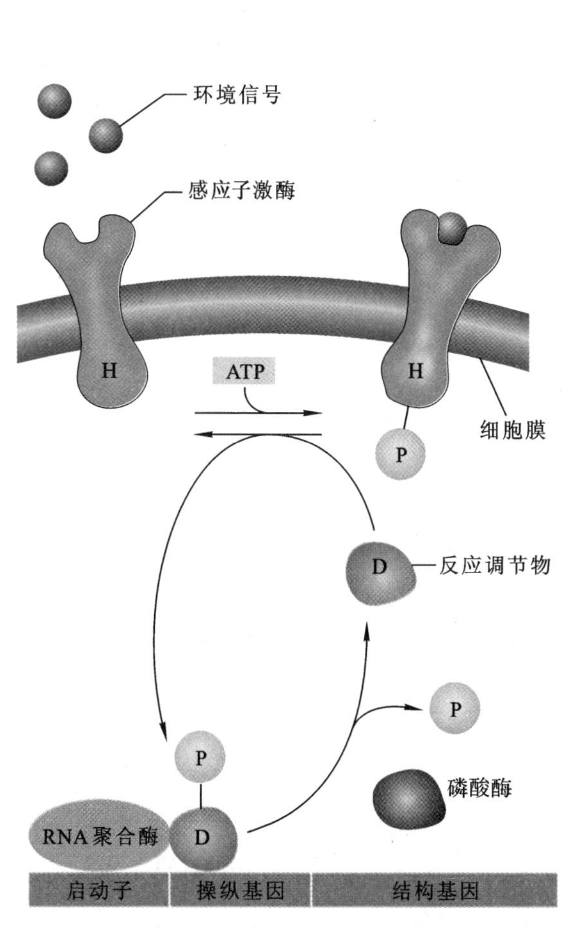

图 19–20　二元基因表达调控系统图解

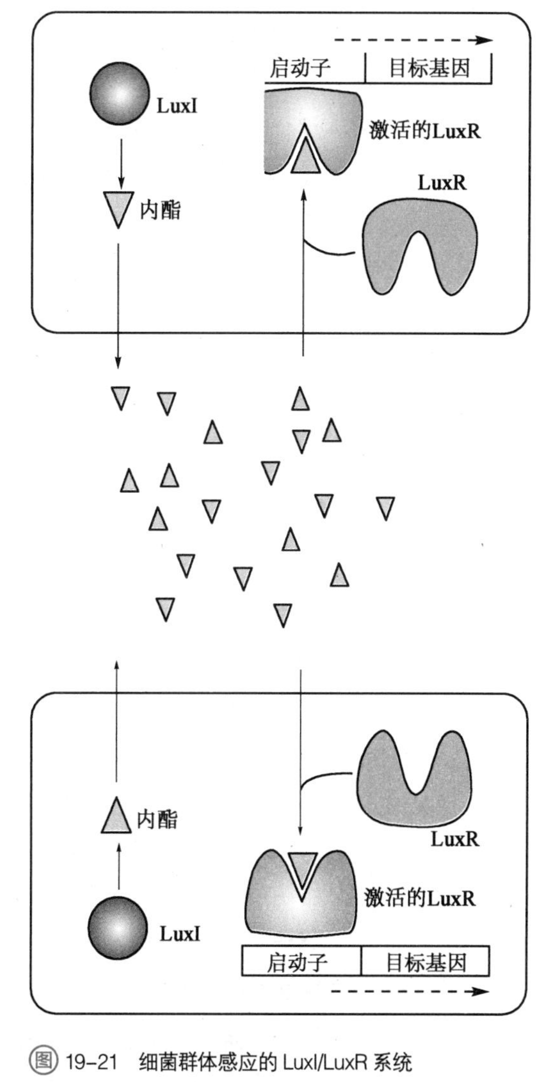

图 19–21　细菌群体感应的 LuxI/LuxR 系统

对于费氏发光弧菌来说，其荧光素酶基因的表达受LuxR的激活。在细胞密度低时，细胞通过*LuxI*基因产生低浓度的自体诱导物，此时荧光素酶基因只能在本底水平上转录。随着细胞生长，细菌密度增加，自体诱导物积累到一阈值（1～10 μg·mL^{-1}）时，就能和细胞中的LuxR蛋白充分结合，致使LuxR的DNA结合区域暴露，此时LuxR能与荧光素酶基因的启动子结合，从而激活它的转录，导致自体诱导物合成酶及荧光的释放强度呈指数增加。

五、在基因组水平上的全局调控

对任何一种生物来说，其基因组内各个基因的表达并不是“各自为政”的，而是作为一个整体受到控制。这种全局性的调控对一种生物的生存和繁殖更为重要。

（一）调节子（regulon）

调节子即调谐子，是指不同的操纵子受同一种调节蛋白调节的网络结构，通过调节子，可以协调一系列同一个基因组内在空间上分离但功能上相关的操纵子的转录活动。

大肠杆菌有两个代表性的调节子：一个是*sos*调节子，它负责协调参与SOS修复相关的多个操纵子基因的表达，起协调作用的调节蛋白是阻遏蛋白LexA；另一个调节子与激活蛋白CAP有关，它参与协调与碳源分解代谢有关的多个操纵子近200个基因的表达。

（二）噬菌体基因表达的时序控制

一种病毒在感染宿主细胞以后，其基因组内的基因表达具有明确的顺序，某些基因一旦病毒进入宿主细胞就开始表达，属于早期表达基因，然后是中期和晚期表达基因依次表达，而不同病毒的基因组使用的控制策略不尽相同。有的比较简单，如SPO1噬菌体使用不同的σ因子构成的级联系统来调控。而T7噬菌体使用的策略是基于不同RNA聚合酶之间的转换，其早期基因转录使用宿主细胞的RNA聚合酶，但在转录的早期基因中，有一个是噬菌体编码的高度特异性的RNA聚合酶。由这一种RNA聚合酶催化中期和晚期基因的转录，而中期表达的一种基因的产物能够中和宿主RNA聚合酶的活性，以保证在晚期胞内的转录活动完全是噬菌体特有的。有的则比较复杂，如λ噬菌体。λ噬菌体的生长不仅涉及在溶原期（lysogenic pathway）和裂解期（lytic pathway）的选择，还涉及在溶原期或裂解期内不同的生长阶段，即从早期、早前期、中期到晚期的过渡。在每一个阶段，λ噬菌体所表达的基因不尽相同。

Box19.1　噬菌体与细菌之间的较量

在细菌和感染细菌的病毒即噬菌体之间，一直就存在着一种激烈的分子水平上的竞赛，这种你死我活的竞赛就像生命本身一样古老。既有“魔高一尺，道高一丈”，也有“道高一尺，魔高一丈”。首先看一个“道高一尺，魔高一丈”的故事。

进化为细菌配备了一系列免疫酶，包括CRISPR–Cas系统，它们可靶向并破坏病毒DNA。但是，杀死细菌的噬菌体也设计出了自己的工具，以帮助它们克服或者突破最强大的细菌防线。由加州大学旧金山分校和圣地亚哥分校的科学家发现的保护自己的DNA避免成为CRISPR–Cas系统中DNA切割酶即Cas蛋白切割的对象的新策略是：在感染细菌后，这些噬菌体在它们的宿主细菌内部形成了一种拟核一样的结构，这构成难以穿透的“安全屋”（safe room），可保护脆弱的噬菌体DNA免受抗病毒的Cas蛋白的侵害。这种类似于细胞核的区室是在这类病毒中发现的最有效的抗CRISPR–Cas的系统。他们的研究成果发表在2019年12月9日的*Nature*上。

参与研究的Joseph Bondy–Denomy说：“在我们的实验中，这些噬菌体并未屈服于任何靶向DNA的CRISPR系统的挑战。这是科学家第一次发现有噬菌体表现出对各种CRISPR–Cas系统具有广泛的抗性。”

为了找到抗CRISPR的噬菌体，研究人员从5个不同的家族中选出噬菌体，并用它们感染经过基因工程改造装备有 4 种不同 Cas 蛋白的普通细菌。这些经过 CRISPR 强化的细菌在对抗它们所面对的大多数噬菌体方面取得了完胜。但是发现有两个巨型噬菌体,它们的基因组是一般噬菌体基因组大小的 5 至 10 倍,这些噬菌体能抵抗所有的 4 个 CRISPR 系统。

研究人员决定对这些巨型噬菌体进行测试,并探究其 CRISPR 抗性的极限。他们将它们暴露于配备了完全不同类型的 CRISPR 系统以及还装备有限制 - 修饰系统的细菌。注意限制 - 修饰系统是一种比 CRISPR 更为常见的主要由限制性 DNA 内切酶构成的防护系统,限制性系统存在于大约 90% 的细菌物种中,而 CRISPR 仅占大约 40%,但只能靶向有限数量的 DNA 序列。结果却是一样的:培养皿中散落着受噬菌体感染而被杀死的细菌残留物。

参与研究的 Bondy-Denomy 惊叹到:"这真是令人惊讶,因为我们将细菌改造成能大量甚至过量生产免疫系统的成分,但是它们中的任何一个都不能切割噬菌体 DNA。这些噬菌体对所测试的所有 6 个细菌免疫系统均具有抗性,而其他噬菌体甚至都无法接近。"

看来,这些巨型噬菌体是坚不可摧的。但是试管实验却给出了另外的结果:事实上,它们的 DNA 与其他任何 DNA 一样,都容易直接受到 Cas 蛋白和限制性酶的攻击。由此可以推断,在噬菌体感染的细胞中观察到的它们对 CRISPR 的抗性一定是病毒产生的某种东西干扰到了 CRISPR 的作用。但那是什么呢? 是以前被发现的抗 Cas 蛋白吗? 事实上,早在 2013 年,Bondy-Denomy 就发现了某些噬菌体基因组中编码一种抗 CRISPR 系统的灭活蛋白。但是当研究人员分析巨型噬菌体基因组序列时,却找不到抗 CRISPR 的蛋白质基因。另外,每一种已知的抗 CRISPR 蛋白只能抑制特定的 CRISPR 系统,而巨型噬菌体对所有的CRISPR系统均具有抗性。显然,保护巨型噬菌体DNA的任何方法一定是基于其他的机制。

基于显微镜的实验最终揭示了真相:当这些巨型噬菌体感染细菌时,它们会在宿主细胞的中间建立一个球形隔离室,以此形成难以穿透的抗 CRISPR 之盾,从而将 Cas 蛋白拒之门外,并为病毒基因组的复制提供"安全空间"。

研究人员还发现,外壳并不像最初的实验所建议的那样坚不可摧。研究人员通过一些巧妙的工程设计,找到了一种方法,可以通过在一种病毒外壳蛋白上连接限制性酶来绕开类似核的屏蔽层。这种特洛伊木马策略使切割 DNA 限制性酶可以在组装过程中潜入壳中,并在原本被认为是无免疫力的区域内切碎噬菌体基因组,从而使细菌得以生存。

这项实验令研究人员特别兴奋,因为它表明实际上有一些方法可以突破"难以穿透的"安全室。考虑到细菌和噬菌体一直在寻找破坏对方防御的新方法,Bondy-Denom 认为,科学家最终将发现细菌已经具备了突破或绕过该隔室所需的工具的武装。那现在就看一看"魔高一尺,道高一丈"吧!

根据 2019 年 12 月 9 日在 *Nature Microbiology* 上一篇题为"A jumbo phage that forms a nucleus-like structure evades CRISPR-Cas DNA targeting but is vulnerable to type Ⅲ RNA-based immunity"的研究论文,宿主菌并没有坐以待毙,而是又找到了这类噬菌体的"软肋"。

发表这篇论文的研究人员来自新西兰奥塔哥大学,他们先使用一种新型的旋转盘共聚焦显微镜,对活细胞进行高分辨率成像,首先证实了加州大学研究者的发现。但他们很快又有了新的发现,就是宿主细菌还有另一招可用。此招利用噬菌体要接管宿主,必须要让在"安全小屋"中由其基因组 DNA 转录的 RNA 离开此保护区才能被翻译这一点。在其转录出来的 RNA 离开"安全小屋"以后,可被宿主细菌内靶向 RNA 的 CRISPR/Cas 系统识别和降解。

由此可见,形成核样结构的巨型噬菌体"逃得了和尚逃不了庙",可以避开靶向 DNA 的 CRISPR/Cas 系统,但却逃脱不了靶向 RNA 的Ⅲ型 CRISPR/Cas 系统对其转录并从"安全小屋"走出来的 RNA 的"追杀",这为细菌提供了针对噬菌体的另外一种适应性免疫力。

识别巨型噬菌体 RNA 和引发免疫的能力可能有助于发现在许多细菌中同时存在靶向 RNA 和 DNA 的 CRISPR/Cas 系统。

第二节　真核生物的基因表达调控

在基因表达调控方面，细菌和古菌与真核生物之间的差别集中反映在三个方面：①调控的原因。对于细菌和古菌来说，基因表达调控的主要目的是为了更有效和更经济地对环境的变化做出反应，而对于多细胞真核生物而言，基因表达调控的主要目的是细胞分化，这就需要在不同的发育阶段具有不同的基因表达样式。②调控的层次。细菌和古菌的基因表达调控主要集中在转录水平，但真核生物层次更加多样。许多调控层次都是真核生物特有的利用表观遗传标记调节基因表达，比如染色质重塑、组蛋白的化学修饰、组蛋白变体、DNA 的甲基化和非编码 RNA 等。③调控的手段。真核生物主要使用正调控，而细菌和古菌主要使用负调控。另外，细菌和古菌绝大多数的基因组织成操纵子，但真核生物很少使用操纵子结构。

Quiz10 为什么真核生物细胞核基因组很少使用操纵子来控制基因的表达？

真核生物基因表达调控不仅可以使机体能更好地适应内外环境的变化，还可以提高基因的编码能力，让一个基因编码出多种蛋白质，此外也是真核生物细胞分裂、分化、癌变、衰老和死亡的分子基础。

一、在染色质水平上的基因表达调控

真核生物的核 DNA 与组蛋白和一些非组蛋白构成染色质结构，染色质又可以分为真染色质和异染色质，其中前者在结构上较为松散，对 DNA 酶的消化比较敏感，而后者在结构上更为紧密，能够抵抗 DNA 酶的消化。实验证明，具有转录活性的区域属于真染色质。

染色质是一种动态可变的结构，其结构的变化并不改变基因的序列，但能直接影响到基因的表达，进而影响到细胞或生物的表型，由此可以产生表观遗传（epigenetic）。而影响染色质结构的主要因素有四个：一是组蛋白的共价修饰；二是染色质重塑；三是组蛋白变体（histone variant）；四是非编码 RNA，特别是 lncRNA。这四个因素都会影响到基因的表达，而且彼此之间也有关联。

（一）组蛋白的化学修饰对基因表达的影响

已有众多证据表明，一个基因在表达前后，其所在位置的染色质结构一般会发生重塑。由于染色质的组成单位是核小体，因此，染色质结构的改变是从核小体的变化开始的，而核小体的变化又是从组蛋白的共价修饰或去修饰开始的。

组蛋白能够经历的共价修饰有乙酰化、（单、双或三）甲基化、泛酰化、小泛素相关修饰物修饰（sumoylation）、磷酸化、ADP- 核糖基化、瓜氨酸化和生物素化等，其中乙酰化和甲基化修饰对染色质结构和基因表达的影响最大（表 19–1 和表 19–2）。就一个特定基因而已，其附近的组蛋白分子上发生什么样的共价修饰，决定了它能否表达以及表达的强度。

表 19–1　组蛋白的不同化学修饰对基因表达的影响

修饰形式	修饰位点实例	功能
乙酰化	H3K9，H3K14，H2BK5，H2BK20	转录激活
单甲基化	H3K4，H3K5，H3K27，H3K79，H3R17，H4R3、H4K20 或 H2BK5	转录激活
	H3R8	转录阻遏
双甲基化	H1K26，H3K5，H3K27	转录阻遏
	H3K79	转录激活
三甲基化	H3K4	转录激活
	H3K9，H3K27，H2BK5	转录阻遏
磷酸化	H1S27	转录激活
	H3T3，H3S10，H4S1	转录激活
小泛素相关修饰物修饰	酵母的 H2BK6 或 H2BK7	转录阻遏
泛酰化	酵母 H2BK123	转录激活

除了瓜氨酸化以外，其他共价修饰都是可逆的。一个组蛋白密码从写入、到阅读、再到擦除，共涉及三类不同的蛋白质：第一类是将乙酰基、甲基或其他化学标识写入组蛋白分子上的“写入器”(writer)，即修饰酶；第二类是识别并结合一种组蛋白分子上被写入的化学标识的“阅读器”(reader)；第三类是去除组蛋白上被写入的各种化学标识的“擦除器”(eraser)，即去修饰酶。构成核小体组蛋白八聚体核心的每一个组蛋白分子都有一个柔性的 N 端尾巴，此尾巴从核小体的表面伸出，成为各种写入器写入的主要位点。

► 表 19-2　组蛋白发生的各种化学修饰及其对基因表达的影响

修饰方式	基团供体	基团受体	修饰酶	去修饰酶	对基因表达的影响
乙酰化	乙酰 CoA	K	HAT	HDAC	激活
甲基化	SAM	K 或 R	HMT	HDMT	激活或抑制
泛酰化	泛素	K	泛素活化酶、泛素结合酶和泛素连接酶	去泛酰化酶	激活或抑制
小泛素相关修饰物修饰	小泛素相关修饰物	K	类似泛酰化	去小泛素相关修饰物修饰酶	抑制
磷酸化	ATP	S、T 或 Y	蛋白质激酶	蛋白质磷酸酶	激活
ADP- 核糖基化	NAD^+	K 或 R	ADP- 核糖基转移酶	糖水解酶	激活
瓜氨酸化	R		肽酰精氨酸脱亚氨基酶	不可逆的	激活或抑制
生物素化	生物素	K	生物素化酶	去生物素化酶	抑制

组蛋白乙酰化修饰的对象是 Lys。催化组蛋白发生乙酰化和去乙酰化反应的酶分别是组蛋白乙酰转移酶(histone acetyltransferase，HAT)和组蛋白去乙酰酶(histone deacetylase，HDAC)(图 19-22)。组蛋白的乙酰化修饰至少具有三个功能：①中和 Lys 侧链上的正电荷而减弱组蛋白与 DNA 的亲和力；②招募其他刺激转录的激活蛋白和辅激活蛋白；③启动染色质重塑。以上三个方面均有利于基因转录的发生。

Quiz11 一些癌症治疗的药物是 HDAC 的抑制剂，对此你如何解释？

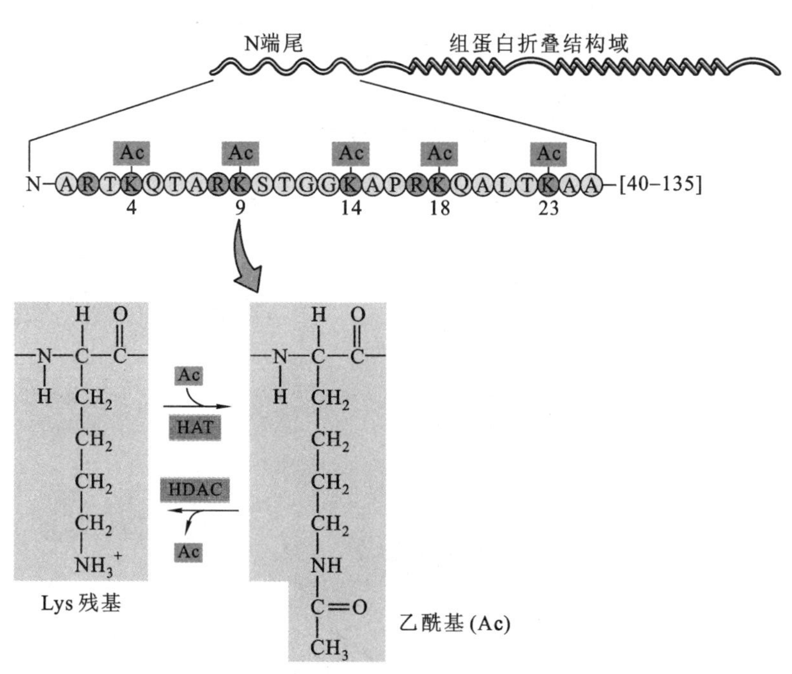

图 19-22　组蛋白乙酰化或去乙酰化与染色质转录活性的关系

组蛋白甲基化修饰的对象是 Lys 和 Arg。若是 Lys 的甲基化，还有单甲基化、双甲基化和三甲基化三种形式，另外，Lys 的甲基化修饰并不影响原来侧链基团所带的正电荷。组蛋白所发生的甲基化修饰也是可逆的：催化甲基化修饰的酶是组蛋白甲基转移酶（histone methyltransferase，HMT），甲基化供体也是 SAM；催化去甲基化修饰的酶是组蛋白去甲基转移酶（histone demethyltransferase，HDMT）（图 19-25）。不同位置的 Lys 或 Arg 所发生的不同形式的甲基化修饰可作为特别的信息标记，被一些含有特殊结构域的蛋白质识别、结合，从而影响到修饰点附近的染色质构象，进而影响到基因的表达。与乙酰化修饰不同的是，甲基化对基因表达对影响可能是激活，也可能是阻遏。例如，H3 在 K4 发生的三甲基化（H3K4 me3）为转录激活，而 H3 在 K9 发生的三甲基化（H3K9 me3）则是转录阻遏。

Quiz12 2018 年 1 月 25 日，*Cell* 报道了中国科学家利用胚胎成纤维细胞成功克隆了两只猕猴。不过与以前的体细胞克隆技术不同的是，这次克隆猕猴的时候，在使来自一只猕猴胚胎成纤维细胞的细胞核与来自另一只成年的母猴去核的卵细胞融合以后，在融合细胞中注入了一种赖氨酸特异性的去甲基化酶 4d（lysine-specific demethylase 4D，Kdm4d）的 mRNA 和一种 HDAC 的抑制剂 TSA。这种处理被证明能极大地改进滋养体发育和在代孕母猴中成功怀孕的比例。对此你如何解释？

（二）染色质重塑对基因表达的影响

染色质重塑是指在依赖于 ATP 的核小体重塑复合物的调节下，组蛋白受到 ATP 水解的驱动，沿着 DNA 发生移位而导致核小体之间的间距发生改变，甚至产生无核小体染色质或浓缩染色质的过程。通过重塑，染色质结构可以朝两个相反的方向转变，一个有利于基因的转录，一个则抑制基因的转录。

无论是向哪一个方向转变，都需要两类蛋白质复合物的参与（图 19-23）。若是朝有利于转录的方向进行重塑，就需要 HAT 复合物和促进染色质采取松散构象的重塑因子。前一类包括 CBP/p300 复合物和 SAGA 复合物等，其中 CBP/p300 可能是最重要的，因为它可以和一系列参与转录的转录因子相互作用，后一类包括 Swi/Snf 因子和染色质结构重塑（chromatin structure remodeling，RSC）复合物。如果是朝不利于转录的方向重塑，就需要 HDAC 复合物和促进染色质浓缩的重塑因子。已发现的 HDAC 复合物有核小体重塑去乙酰酶（nucleosome remodeling deacetylase，NuRD）复合物和 Sin3-Rpd3 复合物等。其中，NuRD 既有 HDAC 活性，又有依赖 ATP 的促进染色质浓缩的活性。

若要激活一个基因的表达，首先就需要一种激活蛋白与该基因附近的增强子结合。而一旦激活蛋白结合上去，它一方面将 HAT 复合物（CBP/p300 复合物或 SAGA 复合物等）招募进来，另一方面它又通过辅激活蛋白和介导蛋白，与基础转录因子和 RNA 聚合酶Ⅱ相互作用。招募进来的 HAT 复合物催化附近的组蛋白发生乙酰化修饰，而被修饰的组蛋白又将染色质重塑因子（Swi/Snf 因子或和 RSC

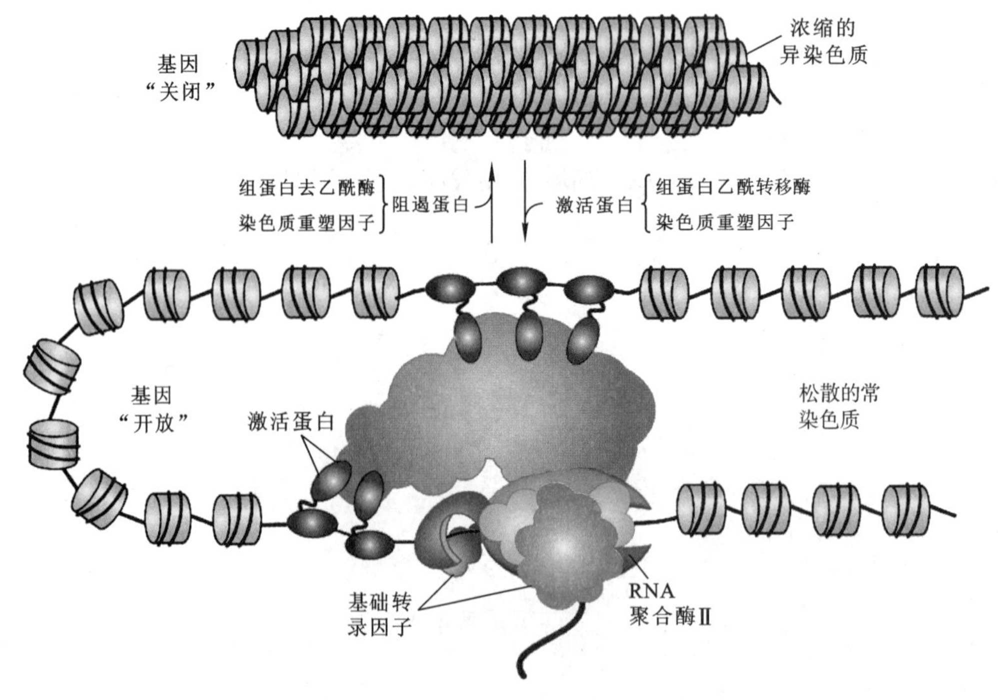

图 19-23 组蛋白乙酰化与染色质重塑的关系

复合物)招募进来。新“入盟”的重塑因子以水解 ATP 为动力,促使染色质的构象变得更加松散,以暴露启动子和其他顺式作用元件,方便基础转录因子和 RNA 聚合酶Ⅱ的识别和结合。一旦基础转录因子和 RNA 聚合酶Ⅱ结合上来,一种庞大的预起始转录复合物便形成了。

若要阻遏一个基因的表达,首先就需要一种阻遏蛋白与该基因附近的沉默子结合。而一旦阻遏蛋白结合上去,它即将 HDAC 复合物(Sin3/Rpd3 复合物)招募进来。招募进来的 HDAC 复合物催化附近的组蛋白发生脱乙酰化反应,而丢掉乙酰基的组蛋白再将促进染色质浓缩的重塑因子招募进来,促使染色质的浓缩,使启动子和其他顺式作用元件难以识别,于是基因表达之门被关闭了。

(三) 组蛋白变体对基因表达的影响

真核细胞除了由五种标准的形式的组蛋白即 H1、H2A、H2B、H3 和 H4 以外,还存在与这五种标准形式相对应的不同变体。编码这些变体的基因与相应的标准组蛋白的基因并不呈等位基因的关系,而且是单拷贝,并含有内含子,转录后也会被加上多聚 A 尾。

如果一种变体代替了相应的标准组蛋白参入到一个或多个核小体结构之中,就等于在染色质上创造了一些“特区”,或者打上了特殊的标记。这些特化的区域或者特殊的标记可能具有多种不同的功能,但最重要的功能可能是调节特定的基因表达。

以最早在四膜虫细胞内发现的 H2A.Z 为例,它的参入与具有转录活性的染色质相偶联;而在酵母细胞中,H2A.Z 位于异染色质的两侧,其存在能阻止异染色质向周围真染色质区域扩散,而在真染色质区,几乎所有基因的启动子区都存在带有 H2A.Z 的核小体。

(四) lncRNA 对基因表达的影响

真核细胞内长度大于 200 nt 的非编码 RNA 一般通称为 lncRNA,它们可以多种方式参与调控真核生物的基因表达,包括在染色质水平、转录水平、转录后加工水平和翻译水平等。这里先介绍 lncRNA 在染色质水平是如何调节基因表达的。

以雌性哺乳动物细胞内的 Xist RNA 和 Tsix RNA 为例,这两种 lncRNA 对于调节性染色质构象的变化进而维持两性基因剂量的平衡非常重要。雌性哺乳动物在胚胎发育到原肠胚形成的时候,外胚层细胞有一条 X 染色质经过浓缩和甲基化而随机地灭活,变成高度浓缩的巴氏小体(Barr body),以维持与只含一条 X 染色质的雄性哺乳动物具有相同的基因表达水平。Xist RNA 长约 17 kb,由 X 染色质上的灭活中心(inactivation center)内一个叫 *XIST* 的基因编码。Tsix RNA 长约 50 kb,它有部分序列与 Xist RNA 互补。

Quiz13 你认为催化这两种 lncRNA 转录的 RNA 聚合酶是哪一种?为什么?

X 染色质的随机失活过程大致如下:①在合子(zygote)分裂、分化成早期胚胎中,两个 X 染色体上的 *XIST* 基因都有转录活性,但转录出来的 Xist RNA 会很快水解。②两者还都表达 Tsix RNA,它可干扰 Xist 的作用从而阻止了 XCI。但最后只有一条 X 染色体能转录出完整有活性的 Tsix RNA。受 Tsix RNA 和其他一些因素的作用,这一条 X 染色体因为在其 XIST 基因的启动子附近的 CG 岛发生甲基化而不再表达,它将来会处于活性的状态(X_a)。③另外一条 X 染色体上的 *XIST* 基因则继续转录。转录出来的 Xist RNA 的前体经过后加工以后,沿着表达它的 X 染色体积累,并包被这条 X 染色体,然后通过招募一些蛋白质复合物阻断其他基因的表达,并逐步诱导此染色质浓缩为无转录活性的巴氏小体(X_i)。受招募的蛋白质包括组蛋白变体 H2A1.2、HDAC 和 HMT。它们在 X 染色体上只有一个进入点,就是 *XIST* 基因本身。④在不同的修饰酶的作用下,X_i 上的组蛋白脱乙酰化,其上的 H3 组蛋白在 K9 残基上发生三甲基化修饰(H3K9 me3),而 X_a 上的组蛋白处于高度的乙酰化,其上的 H3 组蛋白则在 K4 残基上发生三甲基化修饰(H3K4 me3)。此外,X_i 在基因的启动子上发生高度的甲基化修饰,而 X_a 在基因的内部则有更多的甲基化修饰。⑤经过随机失活的细胞将来分裂的时候,形成的子细胞内的 X 染色体将维持原来的失活样式。

Quiz14 H2A1.2 代表的蛋白质是什么?

Quiz15 如果一种猫的花色由 X 染色体上的等位基因控制,那么由这个品种的雄猫或者雌猫克隆出来的猫与原来的猫在花色上会有差别吗?

然而,为什么只有一条 X 染色体能转录出完整有活性的 Tsix RNA 的呢?根据美国马萨诸塞州总医院(MGH)分子生物学系的 Jeannie Lee 博士领导的研究小组于 2020 年 9 月发表在 *Nature Cell*

Biology 上题为“Decapping enzyme 1A breaks X–chromosome symmetry by controlling Tsix elongation and RNA turnover”的研究论文所显示的结果，原来一种催化 mRNA 脱帽的脱帽酶 1A（decapping enzyme 1A，DCP1A）会随机地选择一个 X 染色体与之结合，这样会切断这条染色体上的 Tsix RNA 的保护套即其 5′ 端的帽子，使其“脱帽”，从而使 Tsix RNA 不稳定。但是，由于 DCP1A 的数量很少，因此仅足以结合一条 X 染色体。随后，一种叫做 CCCTC 结合因子（CCCTC–binding factor，CTCF）的蛋白质（在配对过程中将 X 染色体保持在一起的“胶水”）与不稳定的 Tsix RNA 结合并导致其永久关闭。这样，这条 X 染色体上的 Xist RNA 能够完成对该 X 染色体的沉默失活。因此可以说，正是 DCP1A，触发了启动 X 染色体灭活的整个级联的开关。

二、在 DNA 水平上的基因表达调控

真核生物在 DNA 水平上调控基因表达的手段有：DNA 扩增（DNA amplification）、DNA 重排、DNA 甲基化、DNA 印记和启动子的可变使用等。

（一）DNA 扩增

这是通过增加特定基因的拷贝数来提高基因表达效率的一种手段。一般而言，使用这种手段来进行调控的基因产物是细胞在较短时间内或在特定的发育阶段大量需要的。当其他提高基因表达的调控手段已到达极限的时候，DNA 扩增就显得尤为重要。例如，两栖动物的成熟卵细胞在受精后，其编码 rRNA 的基因即 rDNA 使用滚环复制大量扩增，拷贝数可增加 2 000 倍。很显然，这是为受精卵在随后分裂和分化过程中需要有大量核糖体来合成大量的蛋白质而准备的。但 DNA 扩增并不总是一件好事，某些基因的不适当扩增可导致机体的病变。已发现，一些癌症就是因为某些原癌基因（如 c–*myc*）不正常的扩增引起的。

（二）DNA 重排

真核生物使用 DNA 重排进行基因表达调控的典型例子就是高等动物 B 细胞在成熟过程中编码抗体轻链和重链的基因分别经历的程序性重排（programmed rearrangement）。

抗体是高等动物体液免疫的基础，其近乎天文数字的多样性曾叫人百思不得其解，以人类为例，估计 1 个人至少可产生 10^9 种特异性不同的抗体，但人类基因组编码蛋白质的基因总数在 2 万多个。那么这么少的基因如何能够编码出如此繁多的抗体蛋白呢？

原来不管是编码抗体轻链的基因，还是编码重链的基因，在没有分化的 B 细胞基因组上都是由好几个区组成，而每一个区包含多个串联在一起的基因片段。在 B 细胞分化的过程中，构成抗体基因的每一区贡献其中的一个基因片段，经过重排最终被拉到了一起，分别形成一个完整的轻链或重链的基因。

以 κ 轻链基因为例，它由 LκVκ 区、Jκ 区和 Cκ 区三个部分组成。Jκ 紧靠 Cκ，但远离于 LκVκ。Lκ 编码的是轻链的信号肽序列，它与 Vκ 之间有内含子。LκVκ 和 Jκ 具有多个不同的拷贝，以 LκVκ 变化最大。就人的 κ 轻链而言，其基因位于第 2 号染色体上，其 V 区有 40 个基因片段，J 区含有 5 个基因片段，C 区只有 1 个基因片段组成。在 J 基因和 C 基因之间，有 1 个大的内含子。在 B 细胞成熟过程中，这三个区经历了重排反应，在重排中可经历缺失连接或倒位连接（图 19–24）。只有重排好的轻链基因才可进行正常的表达。

Quiz16 在抗体多样性产生的基因重排机制提出之前，Linus Pauling 曾提出另外一种模型，此模型认为具有不同特异性的抗体具有相同的氨基酸序列，但折叠的途径不一样，因而形成识别不同抗原的不同的构象。试设计一个实验验证这种模型的真伪。

再以重链基因为例，它由 V 区、D 区、J 区和 C 区组成，比轻链基因多了一个多样性（diversity，D）区。人的重链基因则位于第 14 号染色体上，其 V 区约有 50 个基因片段，D 区有 20 个基因片段，J 区有 6 个基因片段，C 区也有若干个含有内含子的基因片段（图 19–25）。由于多了 D 区，故能产生更多的多样性。重链基因需要发生 2 次重排反应，第 1 次是在 D–J 之间，第 2 次在 V–DJ 之间。与轻链重排反应不同的是：在 V 基因片段、D 基因片段或 J 基因片段被切开以后，细胞内的末端脱氧核苷酸转移酶（terminal deoxynucleotidyl transferase，TdT）会在被切开的 3′ 端，“乘机”随机添加若干个脱氧核苷酸，

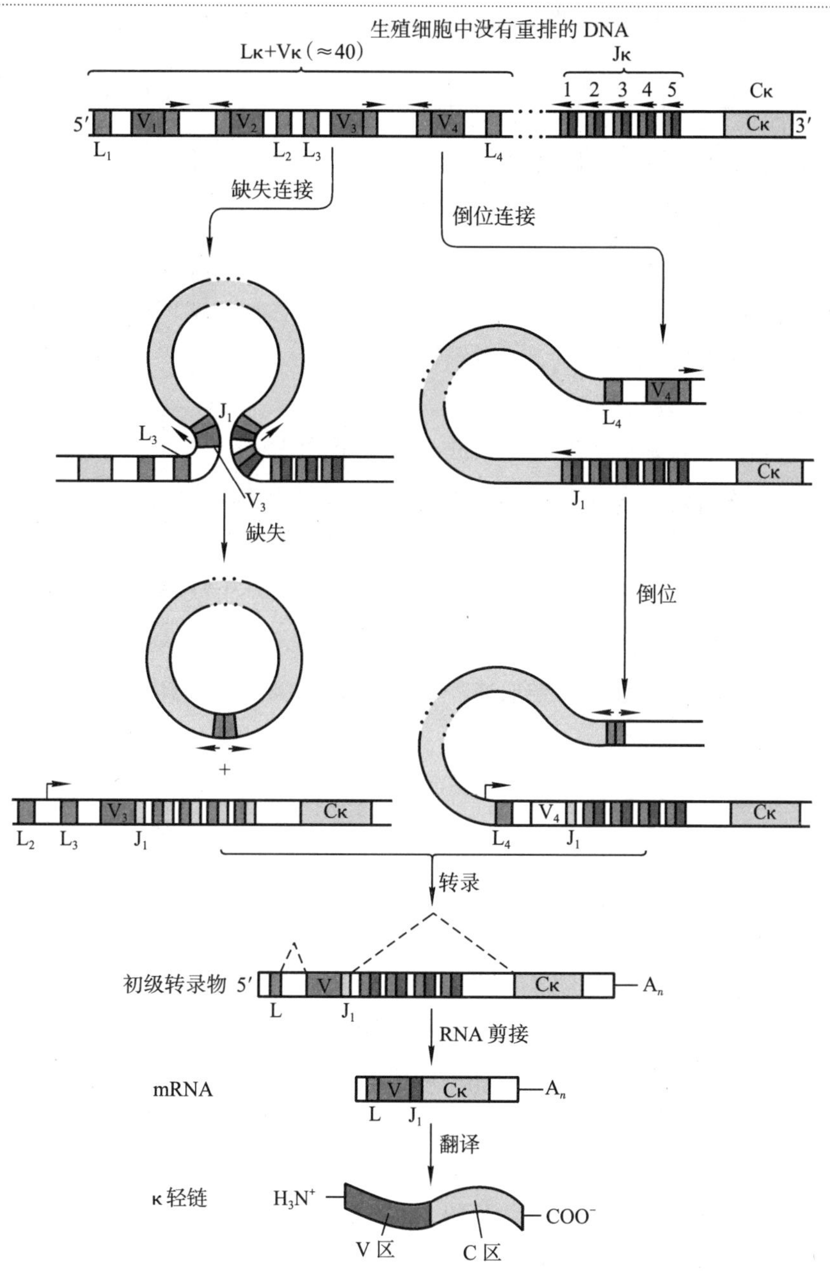

图 19-24　抗体轻链基因的重排机制

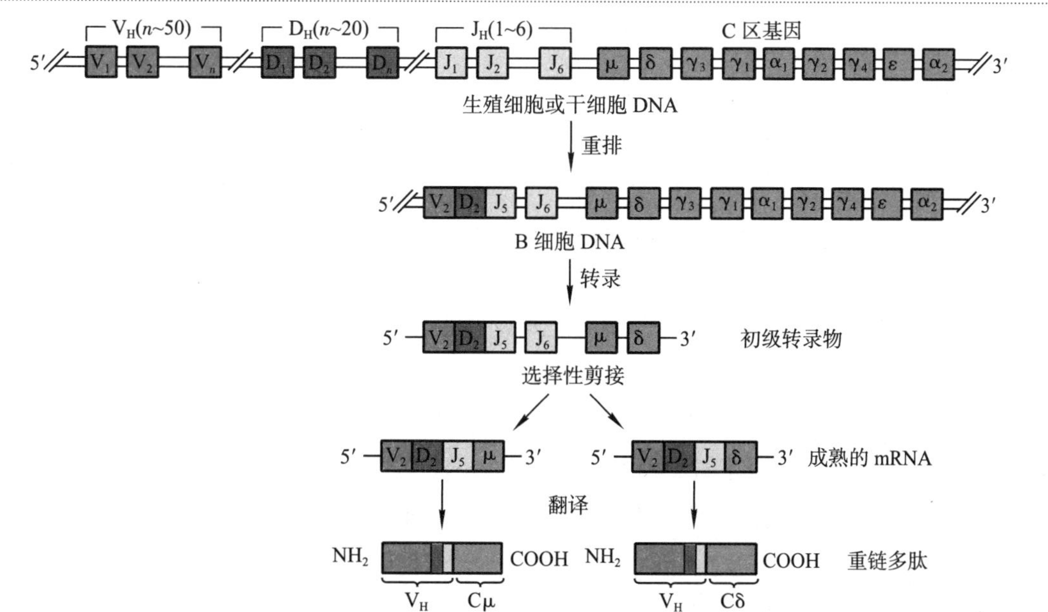

图 19-25　抗体重链基因的结构及其重排、转录、后加工和翻译

最多可达 15 个(图 19–26),从而进一步扩大了抗体基因的多样性。

抗体基因的重排不仅产生了抗体的多样性,还将与 V 区相邻的抗体基因的启动子,带到位于 J 基因片段和 C 基因片段之间的增强子附近,从而使抗体基因能够有效地转录。

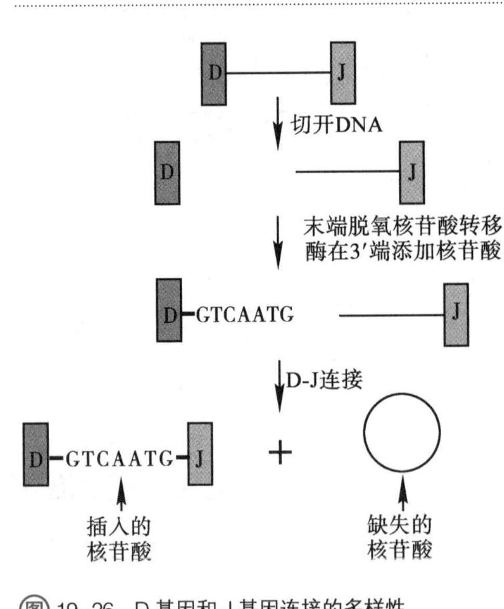

图 19–26 D 基因和 J 基因连接的多样性

(三) DNA 甲基化

真核生物的 DNA 甲基化主要发生在哺乳动物和植物体内,酵母、线虫和果蝇几乎不发生甲基化。甲基化位点主要是 CpG 二核苷酸中的 C,甲基供体为 SAM,由 DNA 甲基转移酶(DNA methyltransferase,DNMT)催化。C 被甲基化后成为 5– 甲基胞嘧啶。

CpG 序列在基因组中的分布并不均一,它们通常成簇存在,形成所谓的 CpG 岛(CpG island)。每一个 CpG 岛长度在 1 ~ 2 kb,内有多个 CG 序列,通常位于基因的启动子附近或内部,并有可能延伸到基因的第一个外显子。

甲基化与基因表达有关,这是产生表观遗传的另外一种方式:活性基因的 CpG 岛一般处于去甲基化状态,非活性基因的 CpG 岛则相反。管家基因的 CpG 岛在所有的细胞都呈去甲基化状态,而组织特异性基因的 CpG 岛只是在表达它的细胞才处于去甲基化状态。

甲基化导致基因转录活性的丧失有三种可能的机制(图 19–27):①甲基化直接阻止了对甲基化敏感的转录因子(如 Ap–2、E2F 和 NF–κB)和 RNA 聚合酶Ⅱ与启动子的结合,从而导致转录不能进行。②甲基化 CpG 结合蛋白(methyl CpG binding protein,MBD)与甲基化位点结合,致使转录无法进行。这些 MBD 在与甲基化位点结合以后的作用方式主要有两种,一是通过阻止转录因子和 RNA 聚合酶Ⅱ的结合而使转录无法起动;二是通过将其他转录阻遏蛋白(如 Sin3 和 HDAC)招募到启动子周围而阻止基因的转录。③ DNA 甲基化改变了染色质结构,致使甲基化周围的染色质成为无转录活性的异染色质。

甲基化样式是可遗传的,它关系到某一物种一些特殊表型的产生(参看下述“DNA 印记”)。此外,甲基化样式具有组织特异性,这与组织特异性去甲基化酶有关系。

DNA 甲基化除了可以发生在 CpG 岛上以外,近几年来在许多基因转录起始点的下游,即在基因的内部或基因的本体上也时有发现。但与发生在基因启动子上的甲基化不同的是,发生在拟南芥和哺乳动物基因本体内的甲基化水平跟基因转录活性呈正相关。

(四) DNA 印记(DNA imprinting)

就许多真核生物的某些基因而言,在一个发育的个体之中,两个等位基因中只有一个才表达,而究竟哪一个表达是由亲代决定的:有的是来自父本的基因才能表达,如 IGF–2 基因;有的是来自母本的基因才表达。这种由亲代决定的等位基因选择性表达的现象称为印记。印记的手段是甲基化,不表达的等位基因的 CpG 岛上的 C 被甲基化,表达的等位基因的 CpG 岛上的 C 没有发生甲基化(见后面绝缘子部分的内容)。

在配子形成(gametogenesis)时期,许多基因就开始以性别特异性的方式进行甲基化反应,性别特异性的甲基化导致胚胎内来自不同亲本的等位基因的区别表达。

虽然在胚胎发育的早期,生殖细胞内的甲基化样式需要重新设定,其间会经历一波又一波的去甲基化和再甲基化反应,但这并不影响到印记基因的甲基化。有关去甲基化的反应机制还不完全清楚,但此过程似乎受到 DNA 脱氨酶(DNA deaminase)催化的脱氨基反应的调节。在甲基化的 C 脱氨基变成 U 以后,原来的 GC 碱基对变成了 GT 碱基对。此错配的碱基对可被修复系统修复,重新合成的 C

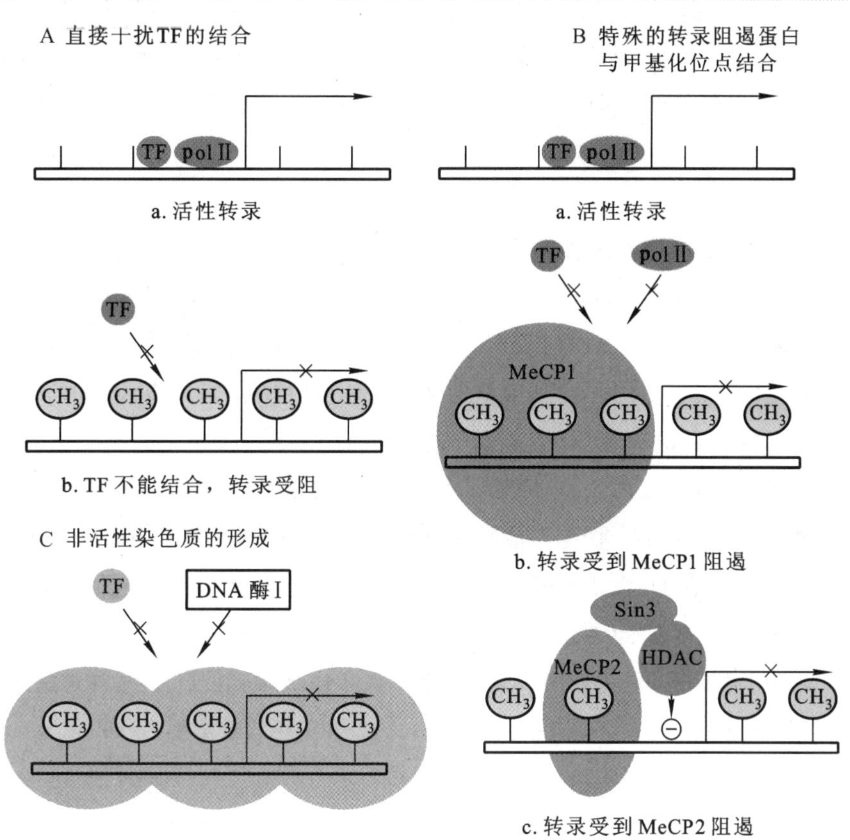

图 19-27 DNA甲基化导致基因转录活性丧失的三种可能机制

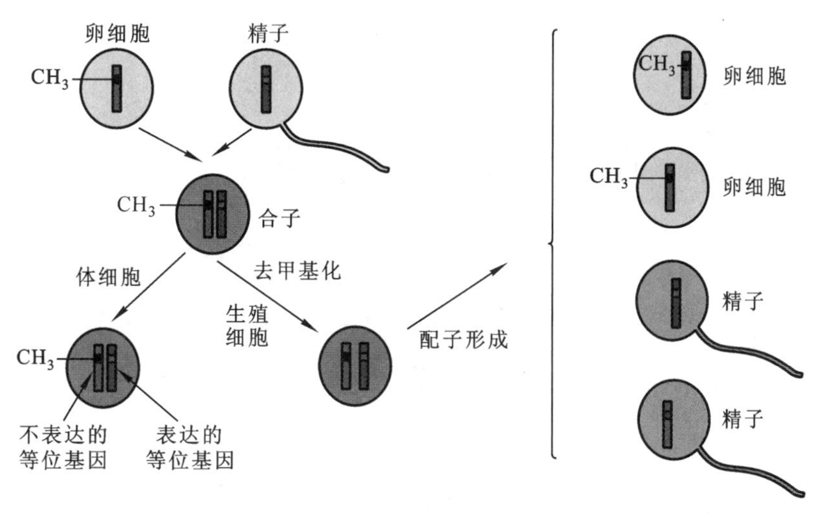

图 19-28 DNA甲基化与印记

是没有甲基化的。

在个体发育的整个阶段，由于组织特异性甲基化酶的作用，不同类型的细胞其甲基化样式会发生改变，但被印记的基因始终得到维持，这要归功于细胞内一种维持甲基化酶(maintenance methylasse)的作用(图 19-28)。

（五）多个启动子的选择性使用

真核生物的很多基因不止一个启动子，在转录的时刻可选用不同的启动子。启动子的选择性使用一般具有不同发育阶段的特异性或组织特异性，从而导致一个基因可以编码出不同的 mRNA。据估计，人和小鼠超过一半的基因具有多个启动子。例如，哺乳动物编码羟色胺3型受体B亚基的基因有2个启动子，分别在外周和中枢神经系统中使用。

同一个基因受不同启动子驱动而转录出来的 mRNA 可能具有不同的 5′-UTR，也可能具有不同的 ORF，它们经过翻译可产生不同性质或功能的蛋白质产物。真核生物通过这种方式可以提高一个基因的编码能力，以此增加蛋白质的多样性。有时，两个启动子一个驱动转录出来的 mRNA 有功能，另一个却没有功能。

Quiz17 你认为两个不同的启动子如何能够翻译出定位不同的蛋白质?

三、在转录水平上的基因表达调控

真核生物蛋白质基因的转录除了启动子、RNA 聚合酶Ⅱ和基础转录因子以外，还需要其他顺式作用元件和反式作用因子的参与。启动子以外的顺式作用元件、基础转录因子以外的反式作用因子与转录起始复合物之间的相互作用，构成了真核生物基因表达调控的一道复杂而亮丽的风景线。此外，在真核细胞内还有多种 lncRNA 也参与转录水平的调控。

参与基因表达调控的主要顺式作用元件有增强子、沉默子、绝缘子和各种反应元件，参与基因表达调控的反式作用因子包括介导蛋白、激活蛋白、辅激活蛋白、阻遏蛋白和辅阻遏蛋白等(图 19-29)。

激活蛋白与增强子结合可激活基因的表达，但可能需要辅激活蛋白才能起作用。介导蛋白则是激活蛋白和辅激活蛋白作用预转录起始复合物的"跳板"；阻遏蛋白与沉默子结合，可抑制基因的表达，但可能需要辅阻遏蛋白才能起作用。辅激活蛋白缺乏 DNA 结合位点，但可通过蛋白质与蛋白质的相互作用，招募其他激活蛋白、组蛋白修饰酶(如 HAT)和染色质重塑因子(如 Swi/Snf)到转录复合物而协助激活蛋白激活基因的转录；辅阻遏蛋白也缺乏 DNA 结合位点，但同样通过蛋白质与蛋白质的相互作用，掩盖激活蛋白的激活位点、作为负别构效应物和携带去修饰酶(如 HDAC)去中和修饰酶的活性。

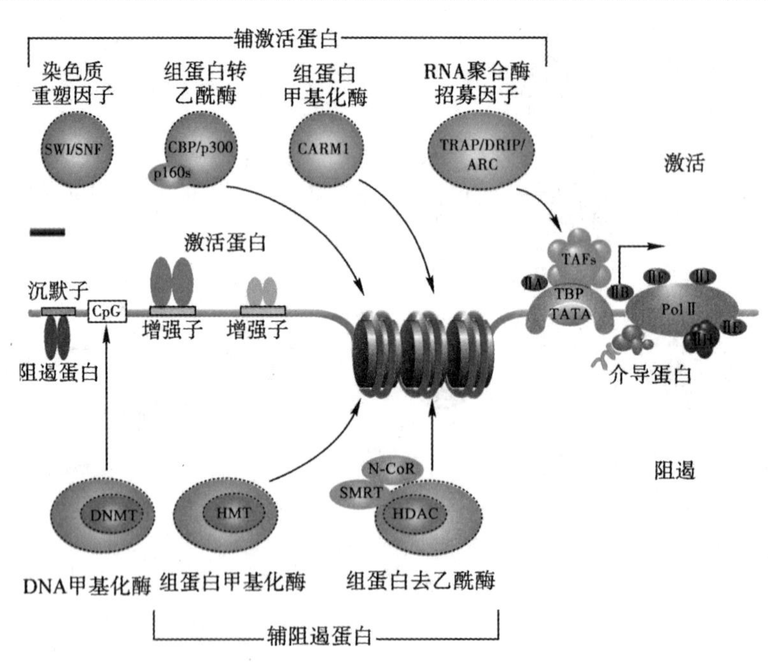

图 19-29 真核生物在转录水平进行基因表达调控的主要方式

(一) 顺式作用元件

1. 增强子

增强子可视为真核生物最重要的顺式调控元件，它作为激活蛋白的结合位点，在激活基因表达过程中起着不可替代的作用。因为核小体的存在，体积庞大的 TFⅡD 和 RNA 聚合酶Ⅱ很难与启动子结合。然而，激活蛋白具有简单、有限的 DNA 结合位点，通过这些结合位点与增强子的结合，可"扰乱"局部的染色质结构，从而暴露出一个基因的启动子或一个基因的调节位点，为基因表达铺平道路。

在一个基因的表达受到激活的时候，一系列的激活蛋白和辅激活蛋白被招募到它的增强子上，形成一种三维的增强体（enhanceosome）复合物。增强体的组装具有协同性，它通过激活蛋白与增强子的结合，将组蛋白修饰酶、染色质重塑因子和基础转录因子有序地招募到启动子的周围，从而共同激活基因的表达。

2. 沉默子

沉默子的结构特征和作用特点与增强子极为相似，只是作用效果正好与增强子相反，它作为阻遏蛋白的结合位点，抑制特殊基因的表达。以鸡的神经胶质细胞黏附分子（NgCAM）的基因为例，它的第一个内含子含有一个沉默子——神经限制性沉默子元件（neural restrictive silencer element，NRSE），在与阻遏蛋白 NRSF 结合以后，可抑制一些仅在神经系统内表达的蛋白质在非神经细胞内的表达。

3. 绝缘子

既然增强子和沉默子的作用方式与距离、方向和位置无关，那么如何保证一个增强子或沉默子作用的选择性或特异性呢？实际上，在绝大多数真核生物的基因组 DNA 上，无论是酵母还是人类，都散布着一种叫绝缘子的顺式作用元件，该元件在被特定的蛋白质识别并结合以后，就可以对一个增强子或沉默子所能作用的基因产生限制。绝缘子对基因表达的影响可通过两种方式进行：①在与特定的蛋白质结合以后，再与细胞核内其他的一些蛋白质一起，如黏连蛋白（cohesin），将整个基因组 DNA 组装成多个相对独立的区域，每一个区域中的 DNA 以环的形式突出在外，从而在基因组上产生一个个相对独立的转录活性区或无活性区，进而对全局的基因转录产生影响。绝缘子作用的这种方式，还可以在基因组上转录活性区和非活性区之间产生边界，以防止激活或阻遏扩散到相邻的基因。②直接参与某一个基因的转录调控，赋予一个增强子或沉默子作用的特异性（图 19-30）。

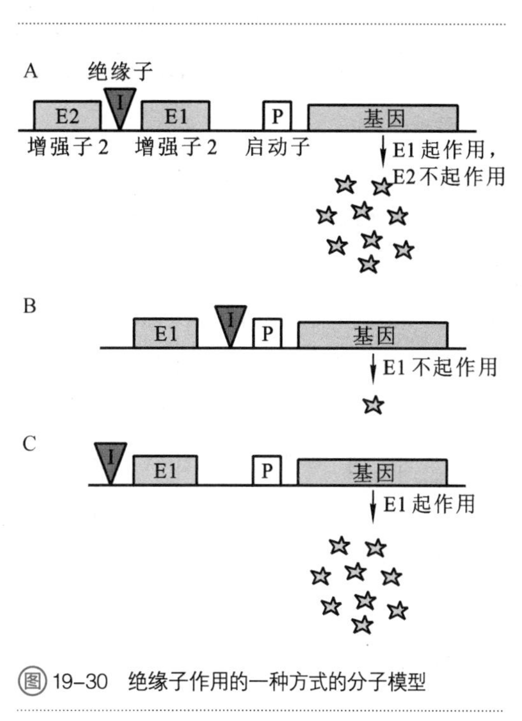

图 19-30　绝缘子作用的一种方式的分子模型

4. 应答元件

应答元件（response element）是细胞为了应对各种信号刺激做出反应而存在于 DNA 分子上特殊的碱基序列。这些特殊的序列位于某些基因的上游，与增强子、沉默子和启动子一起调节它下游基因的表达。常见的应答元件有：HRE、HSE、MRE 和 CRE 等。

Quiz18 你能利用 DNA 印记来解释哺乳动物为什么不能进行孤雌生殖？

应答元件的存在可以使细胞能够协同调节一些在空间上分离的基因的表达。

（二）转录因子

转录因子是泛指除 RNA 聚合酶以外的一系列参与 DNA 转录和调节转录的蛋白质因子。

迄今为止，已在不同的真核生物中发现多种转录因子，编码它们的基因约占哺乳动物基因总数的 10%。大多数转录因子通常含有以下几种结构域：① DNA 结合结构域（BD），直接与顺式作用元件结合的转录因子都有此结构域。转录因子一般使用此结构域之中的特殊 α 螺旋与顺式作用元件内的大沟接触，通过螺旋上由特殊氨基酸残基侧链基团提供的氢键供体或受体，与暴露在大沟中由特殊碱基对提供的氢键受体或供体之间形成的氢键，进行相互识别而产生特异性。②效应器结构域（effector domain），这是转录因子调节转录效率（激活或阻遏）、产生效应的结构域。如果是激活蛋白，就是激活结构域（activation domain，AD）。③多聚化结构域（multimerization domain），此结构域的存在使得转录因子之间能够组装成同源或异源二聚体或多聚体。④还有的转录因子含有第四种所谓的信号感应结构

Quiz19 许多转录因子在此结构域上富含碱性氨基酸，这是为什么？

域(signal sensing domain),通过这种结构域,转录因子能够探测到外部特殊的信号,并将这种信号传递给转录复合物,从而改变特定基因的表达。例如,固醇类激素的受体就是具有这种结构域的转录因子。下面将集中介绍前两种结构域。

1. BD

该结构域一般会含有以下几种结构模体中的一种(图19-31)。

(1) 螺旋 - 转角 - 螺旋(helix-turn-helix,HTH)

这是第一个被确定的DNA结合模体。它最初发现在λ噬菌体的Cro蛋白,后来又在大肠杆菌的色氨酸操纵子的阻遏蛋白和乳糖操纵子的阻遏蛋白及CAP中发现。参与真核生物发育的同源异形结构域蛋白(homeodomain protein)也有这种模体。

HTH的主要特征包括:①由约20个氨基酸残基组成,这些氨基酸残基形成两个短的α螺旋,以及一个位于螺旋之间的转角结构;②两个α螺旋近乎垂直,其中有一个称为DNA识别螺旋(DNA recognition helix);③识别螺旋直接与DNA双螺旋的大沟接触,以识别和结合特异性的顺式作用元件,另外一个螺旋有助于识别螺旋在空间上采取合适的取向,从而有利于转录因子与DNA的结合。

(2) 碱性螺旋 - 环 - 螺旋(basic helix-loop-helix,bHLH)

该模体由2段α螺旋和之间的突环构成,突环长度不等。两段α螺旋一小一大。小的具有两亲的性质,有利于两条肽链之间形成二聚体,大的位于N端,一般含有一簇碱性的氨基酸残基,由它负责识别并结合特殊的DNA序列。含有这种模体的转录因子可通过两亲的小α螺旋在疏水面之间的相互作用,组装成同源或异源二聚体蛋白,而每个单体再通过大的α螺旋与其识别的序列结合。

(3) 锌指结构(Zinc finger)

该模体最初是在真核生物RNA聚合酶Ⅲ的基础转录因子TFⅢA之中发现的。据估计,真核生物含有这种结构的转录因子最多,约占哺乳动物基因总数的1%。

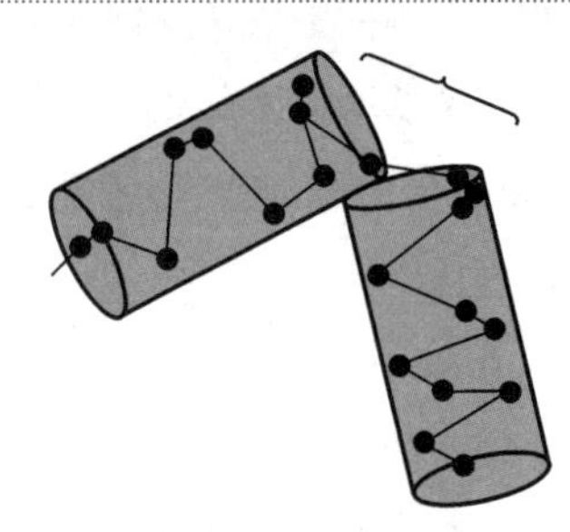
螺旋-转角-螺旋

螺旋-环-螺旋

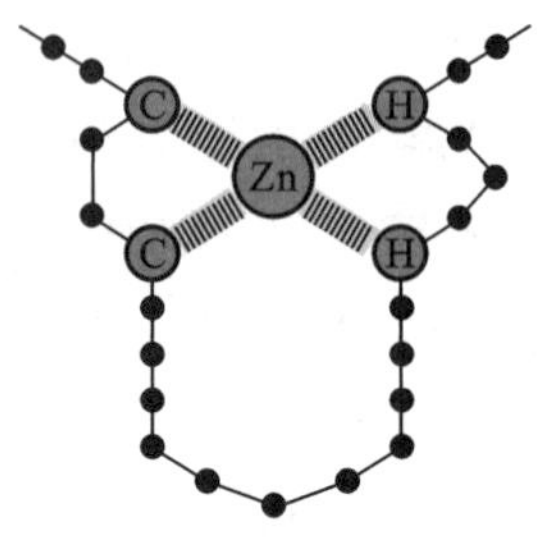

锌指结构

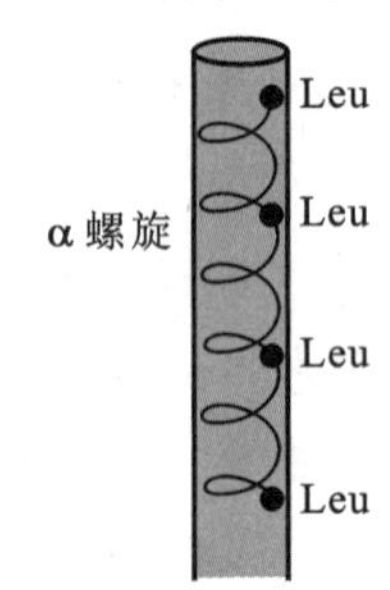

亮氨酸拉链α螺旋

图19-31　转录因子四种DNA结合模体

锌指结构的主要特征是:①含有Zn^{2+}。Zn^{2+}与肽链上若干个含有孤对电子的氨基酸残基的侧链(His或Cys)有规律地配位结合。这种结合致使多肽链上一段相对短的序列以Zn^{2+}为中心,折叠成一种致密的指状结构。②每一个锌指在N端部分形成β折叠,而在C端部分形成α螺旋,螺旋内的氨基酸序列缺乏保守性。Zn^{2+}并不与DNA结合,但可稳固模体中的α螺旋结构,从而使其能伸入到DNA双螺旋的大沟内,以识别和结合特异性的顺式作用元件。③锌指的数目是可变的,例如TFⅢA有9个锌指,而Sp1有3个锌指。

(4) 碱性拉链(basic zipper,B-Zip)

具有此模体的蛋白质主要存在于真核生物(如AP-1),它由一段富含碱性氨基酸的DNA结合片段和相邻的亮氨酸拉链(leucine zipper)结构组成,其中亮氨酸拉链由2条多肽链上的2段两亲α螺旋,通过集中在每个螺旋一侧疏水的Leu残基侧链基团之间的疏水作用而结合在一起,每隔6个氨基酸残基出现 1 个 Leu 残基。

亮氨酸拉链的功能在于使转录因子能以二聚体的形式起作用，即让两条肽链上带正电荷的富含碱性氨基酸的 DNA 结合片段采取合适的取向，能同时与 DNA 结合（图 19-32）。

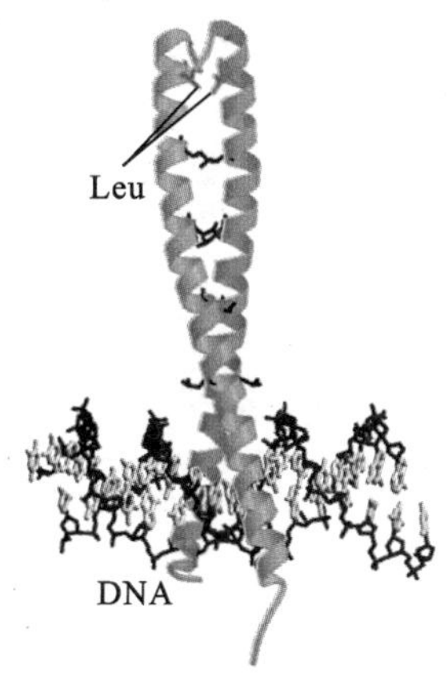

图 19-32　碱性拉链结构域与 DNA 的结合

（5）翼式螺旋（winged helix）

这是一种由 α 螺旋和 β 折叠组成的模体结构，其中 α 螺旋有三段，位于 N 端，β 折叠由 3 个反平行的 β 股组成。β 折叠结构使得 α 螺旋呈翼状（图 19-33）。含有这种模体结构有哺乳动物肝细胞的转录因子 HNF-3γ 和真核生物参与激活热激蛋白基因表达的热激因子 1（HSF1）等。对于含有这种模体结构的 DNA 结合蛋白来说，依赖于其中的两个 α 螺旋与 DNA 大沟中的序列相互作用。

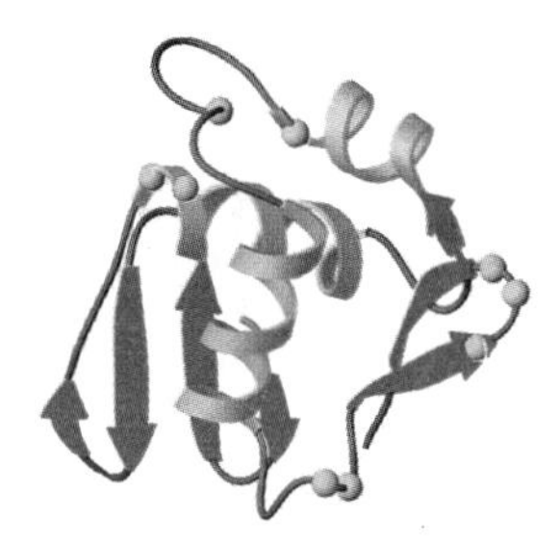
图 19-33　翼式螺旋

（6）与小沟接触的 β 支架因子（beta-scaffold factors with minor groove contacts）

大多数转录因子与 DNA 双螺旋的大沟接触，但含有这一种模体的蛋白质却在小沟与 DNA 结合，而且识别碱基序列的不是 α 螺旋，而是突出在外的 β 折叠。具有这种模体的蛋白质有 STAT、TBP、p53 和 HMG 等。

2. AD

转录因子上的 BD 只能让转录因子与特定的顺式作用元件结合，以“锁定”被调节的目标基因，激活基因表达的功能由转录因子上专门的 AD 承担。转录因子通过其 AD 与转录机器上特定的组分或者其他调节蛋白结合，从而影响到转录的效率。

根据氨基酸的组成，已发现的 AD 主要分为四类：①酸性结构域（acidic domain）。该激活结构域在一级结构上并无序列的同源性，但富含酸性氨基酸残基（Asp 和 Glu），且常有若干个疏水的氨基酸残基镶嵌在其中。例如，糖皮质激素受体、酵母细胞的 GAL4 和 GCN4 蛋白。②富含 Gln 结构域，如 Sp1、Oct-1 和 GAL11 等。③富含 Pro 结构域，如 Oct-2、CTF/NF-1 家族和 AP2。④富含 Ile 的结构域，如 NTF-1。

AD 在功能上是独立的，因此如果一种 AD 被人为地与不同的 BD 融合在一起，可照样激活含有相应 BD 所能识别的顺式元件的报告基因的表达。

（三）参与转录水平调节的 lncRNA

lncRNA 除了在染色质水平还可以在转录水平上直接调节真核基因的表达，这种调节可以通过不同的方式进行：①作为辅调节物去修饰转录因子的活性，或者调节其他辅调节物的结合和活性。例如，一种叫 Evf-2 的 lncRNA 作为同源盒转录因子 Dlx2 的辅激活物，可招募 Dlx2，诱导 Dlx5 的表达，从而在哺乳动物前脑的发育和神经形成中起重要作用。②直接作用于 RNA 聚合酶Ⅱ所需要的基础转录因子。例如，DHFR 上游一个次要的启动子转录产生的一种 lncRNA，可以与其主要启动子内的 DNA 形成一种稳定的 RNA-DNA 三螺旋结构，从而阻止 TFⅡB 的结合，进而抑制 DHFR 的转录。

四、转录后加工水平上的基因表达调控

转录后加工水平上的基因表达调控对于真核生物具有非同寻常的意义，它是一个基因产生多种多肽或蛋白质产物的主要机制。

（一）选择性剪接

选择性剪接是指一种 mRNA 前体在剪接反应中某些区段的序列可能被保留，也可能被排除，从而得到几种不同成熟 mRNA 产物的过程。

选择性剪接主要有四种方式（图 19-34）：①外显子跳过（exon skipping）。剪接反应中跳过一个或几个外显子，从而导致成熟的 mRNA 上缺失相应的外显子。②内含子保留（intron retention）。一个或几个内含子被保留下来而出现在成熟的 mRNA 之中。③可变的 3′- 剪接点的使用。3′- 剪接点不止一个，使用不同的剪接点产生不同的剪接产物。④可变的 5′- 剪接点的使用。5′- 剪接位点不止一个，使用不同的剪接点产生不同的剪接产物。

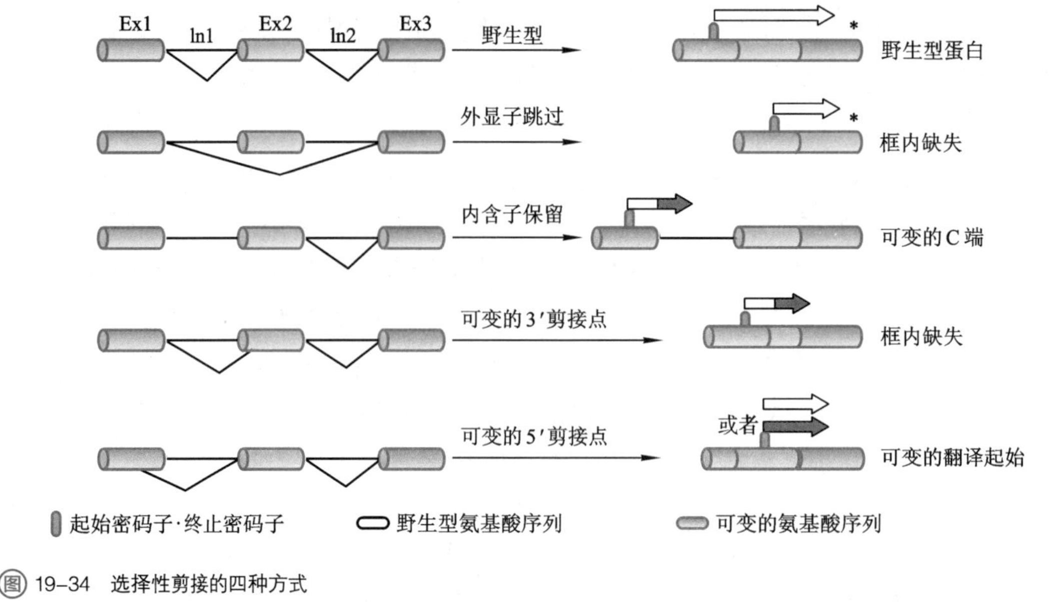

图 19-34 选择性剪接的四种方式

选择性剪接反应中剪接点的选择，受到多种反式作用因子和位于 mRNA 前体上特殊的顺式作用元件的调控。顺式作用元件通常是一段较短的核苷酸序列(8 ~ 10 nt)，根据对剪接反应的不同影响，可分为能增强对某个剪接位点使用的剪接增强子，以及能抑制对某个剪接位点使用的剪接沉默子。剪接增强子和沉默子可能位于外显子或内含子之中，反式作用因子通过与它们的结合而参与对不同剪接位点的选择。

选择性剪接可导致一个基因编码出不同的 mRNA。那些影响到 mRNA 编码氨基酸序列的选择性剪接，将会产生序列不同和活性不同的蛋白质变体，而发生在 mRNA 非编码区域的选择性剪接可能影响到成熟的 mRNA 稳定性或翻译的效率，具体表现在以下五个方面：①产生细胞定位不同的蛋白质。如神经细胞黏附分子(neural cell adhesion molecule，NCAM)的胞内型和胞间型、纤连蛋白(fibronectin)的胞内型和血浆型都是与选择性剪接有关。②改变 ORF，导致蛋白质活性的缺失。例如，决定果蝇性别的 Sxl(sex-lethal)的有活性型和无活性型的产生就与此有关。③改变蛋白质的活性。有的是细调某些蛋白质的活性，如原肌球蛋白和具有不同电生理活性的离子通道。④产生具有全新活性的蛋白质。例如，海兔(Aplysia)R15 神经元内的不同活性的神经肽的产生。⑤影响 mRNA 的稳定性和翻译的效率。如集落刺激因子 1 mRNA 的 3′-UTR 去稳定元件是否保留。

（二）选择性加尾

很多真核生物基因的 3′ 端含有的加尾信号不止一个，使用不同的加尾信号将导致产生不同长度或不同性质的 mRNA。同一种 mRNA 前体在加尾反应中，对不同加尾信号的选择而可产生不一样的成熟 mRNA，此现象称为选择性加尾或可变加尾。

选择性加尾可能会改变编码区的长度，也可能会保留或去除位于 3′-UTR 内影响 mRNA 稳定性的特定信号。前一种情形是导致一个基因编码不同多肽产物的另外一种途径，有时它与选择性剪接组合使用可进一步扩大蛋白质的多样性。

以抗体的 μ 型重链为例，它有分泌型和膜结合型(图 19-35)，其 mRNA 前体共有四个加尾信号。分泌型使用的是位于最前端的加尾信号，而膜结合型使用的是第二个加尾信号。使用第二个加尾信号的结果是保留了位于 3′ 端的 M1 和 M2 两个外显子，而 M1 和 M2 编码的氨基酸序列为跨膜的 α 螺旋。

（三）组织特异性 RNA 编辑

组织特异性 RNA 编辑(tissue-specific RNA editing)是导致一个基因产生多种多肽产物的又一条途径。例如，Apo B 基因在小肠上皮细胞因为经历了编辑最终产生的是 Apo B-48，这与同一个基因在

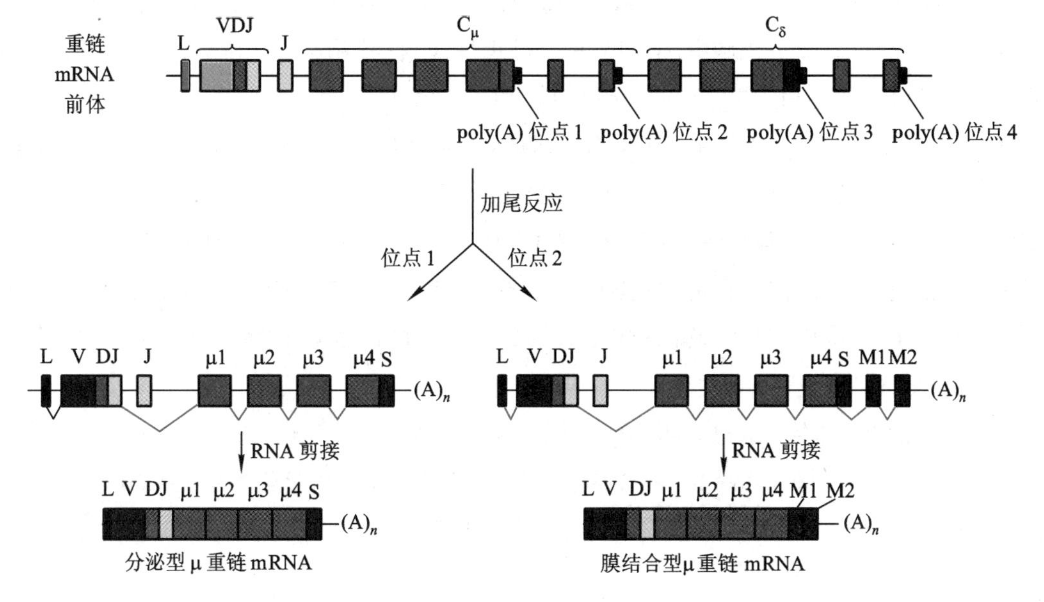

图 19-35 μ 型重链 mRNA 的加尾反应和选择性剪接

肝细胞中没有编辑产生的 Apo B-100 是两种不同的蛋白质。

（四）lncRNA 在转录后加工水平的调节

lncRNA 在这个水平的调控主要是通过与目标 mRNA 之间的碱基互补配对而实现的。当一种 mRNA 与 lncRNA 通过碱基配对结合在一起的时候，原来 mRNA 上结合各种反式作用因子的位点就被屏蔽了，从而影响到 mRNA 的后加工和运输等。

以参与间质（mesenchymal）发育的 Zeb2 mRNA 为例，它有一个特别长的 5′-UTR，其有效的翻译依赖于在 5′-UTR 内保留一个含有核糖体内部进入位点（IRES）的内含子。然而，这个内含子的保留又依赖于一个反义的 lncRNA 的转录，因为 lncRNA 与这个内含子的碱基配对可将其 5′- 剪接点隐藏起来。

五、翻译及翻译后加工水平上的调控

真核生物基因表达在翻译水平上的调控主要有自体调控、mRNA 定位或区域化（localization）、mRNA 的“屏蔽”、RNA 干扰、mRNA 的降解和稳定性以及对翻译过程本身或使用 lncRNA 进行调控，少数情况用反义 RNA 进行调控。

（一）自体调控

自体调控通常被用来控制一种大分子复合体内某一成分的合成，以实现各成分在量上的协调。例如，哺乳动物细胞内的多聚 A 结合蛋白（PABP）就受到自体调控：在其 mRNA5′- UTR 中含有一段富含 A 的序列，如果它在细胞内过量的话，就可以结合在自己的 mRNA 的 5′- UTR 上，而阻止自身的翻译。

（二）mRNA 定位

细胞中的蛋白质需要在正确的时间出现在正确的地点，才能行使正确的功能。信号肽可以使大多数蛋白质在翻译中或翻译后被定位到细胞中正确的地点。然而，有很多蛋白质并没有信号肽，它们的定位主要依赖于其 mRNA 在细胞中的定位。

细胞中 mRNA 的不对称分布就叫做 mRNA 的定位，它主要有三种机制。

(1) 调节 mRNA 的局部稳定性。有的 mRNA 在细胞中的某些区域稳定，而在其他区域则会很容易被降解，这些 mRNA 就被定位在其比较稳定的区域。

(2) 对扩散的 mRNA 实施诱捕和锚定。mRNA 可以在细胞质流的推动下在细胞质中扩散，而扩散的途中可能会在某些区域被特定的蛋白质所捕获，并且锚定在那里。

(3) 对 mRNA 进行主动及定向运输。mRNA 的 3′-UTR 中往往含有一段特殊的序列，可称为 mRNA 水平的"邮政编码"。细胞中的马达蛋白会根据"邮政编码"将这些 mRNA 主动、定向转运到特定位置，并且另有一些蛋白质能保护 mRNA 在转运途中不被翻译。

例如，成纤维细胞的迁移依赖于细胞移动头附近 β- 肌动蛋白的高浓度积累。为此，细胞需要将其 mRNA 定位在细胞移动头附近。这是通过肌球蛋白Ⅴ的主动定向运输而实现的。β- 肌动蛋白的 mRNA 在 3′-UTR 含有的一段短序列被蛋白质 ZBP1（zip code-binding protein 1）识别并结合，这可以防止它在运输的过程中被翻译，而一旦被肌球蛋白Ⅴ运送至移动头，高浓度的 Src 蛋白会使 ZBP1 发生磷酸化。ZBP1 因此从 3′-UTR 上脱落，这就保证了 β- 肌动蛋白 mRNA 只能在移动头附近被翻译。

（三）mRNA 的"屏蔽"

某些基因的表达调控可通过对其 mRNA 的暂时屏蔽而实现。以雌性两栖动物为例，它们体内成熟的卵细胞已基本停止新 mRNA 的合成，但已贮备了所有将来用于早期发育的各种 mRNA。这些提前合成好的 mRNA 与特殊的蛋白质结合在一起而被暂时"屏蔽"，因此无法作为模板进行翻译。

（四）RNA 干扰（RNAi）

RNA 干扰是指通过特定双链 RNA 使目标 mRNA 降解或者翻译受到阻遏，从而特异性地抑制目标基因在翻译水平上表达的现象。这是产生表观遗传的又一种重要方式。

有两种类型的干扰 RNA，即 miRNA 和 siRNA。它们在没有起作用时都是短的双链 RNA，每条链的长度通常为 21 ~ 25 nt。但一般只有一条链作用于目标 mRNA，这一条链称为引导链（guide strand）；另外一条链不起作用，在细胞内容易水解，就像"过客"一样，所以称为"过客链"（passenger strand）。对于 miRNA 来说，过客链可用 miRNA* 表示。miRNA 和 siRNA 来源不同，但作用机制基本相同，许多作用成分是共享的，最后的作用效果也是一致的。其中，siRNA 一般为外源的，可能来自病毒，也可能是人为导入产生的，其天然前体本来就是双链 RNA；而 miRNA 则由内源基因编码，其前体是转录出来的内部带有发夹结构的单链 RNA，绝大多数是由 RNA 聚合酶Ⅱ催化转录的，少数由 RNA 聚合酶Ⅲ催化转录。

miRNA 存在于绝大多数真核生物。据估计，人类基因组编码约 1 000 种以上的 miRNA，而受它们作用的基因约占蛋白质基因总数的 60%。

由 RNA 聚合酶催化转录出来的首先是 miRNA 前体，即前 miRNA（pri-miRNA）。pri-miRNA 一般有几千个核苷酸，内部含有局部的发夹结构，如果是后生动物（metazoan），就需要先后经过核加工、核输出、细胞质再加工，然后参入到 RNA 诱导的沉默复合体（RNA-induced silencing complex，RISC）中，通过 RISC 锁定目标 mRNA，并抑制其翻译（图 19-36）。

1. pri-miRNA 的核加工

pri-miRNA 在细胞核首先被加工成 70 ~ 80 nt 小的前体，即 miRNA 原（pre-miRNA），它有一个大的发夹结构。催化此步后加工反应的是一种蛋白质复合物。在果蝇体内，该复合物由 Drosha 和 Pasha 蛋白组成。脊椎动物体内的 Pasha 蛋白也称为 DGCR8，它含有两个双链 RNA 结合结构域，其作用是对 pri-miRNA 上的剪切点进行精确定位，但真正进行剪切的是 Drosha 蛋白。Drosha 有 2 个核糖核酸酶Ⅲ结构域，可分别在发夹结构的茎底部离单链 / 双链 RNA 交界处 5′ 和 3′ 臂部 11 bp 的位置切开 RNA（图 19-37）。

2. pre-miRNA 从细胞核到细胞质的运输

一旦 pri-miRNA 在细胞核完成加工，形成的 pre-miRNA 即在输出蛋白 5（exportin 5，EXP5）和 Ran-GTP 的作用下，离开细胞核。EXP5 能够识别 pre-miRNA 上在 3′ 端有突出（1 ~ 8 nt）的长于 14 bp 的茎结构，这种识别保证了只有加工正确的 pre-miRNA 才能被输出。此外，EXP5 还能保护 pre-miRNA，防止它们的水解。

3. pre-miRNA 在细胞质中的再加工和成熟 miRNA 的产生

在细胞质，pre-miRNA 在靠近末端环的位置受切酶（dicer）的切割，释放出在 3′ 端有双核苷酸突起

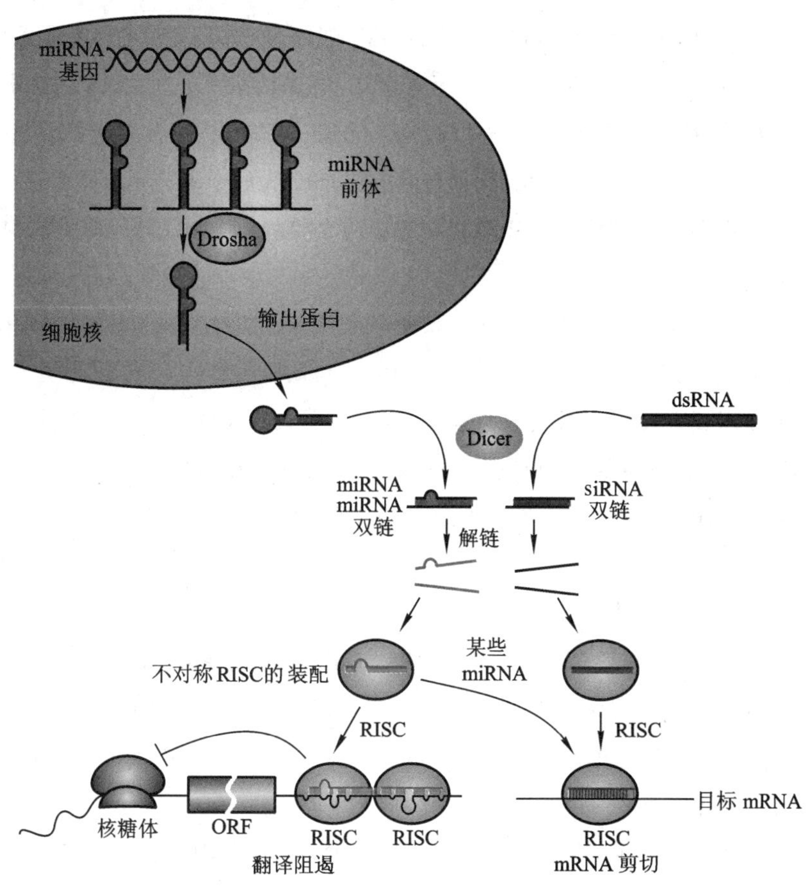

图 19-36 miRNA 和 siRNA 的产生和作用机制

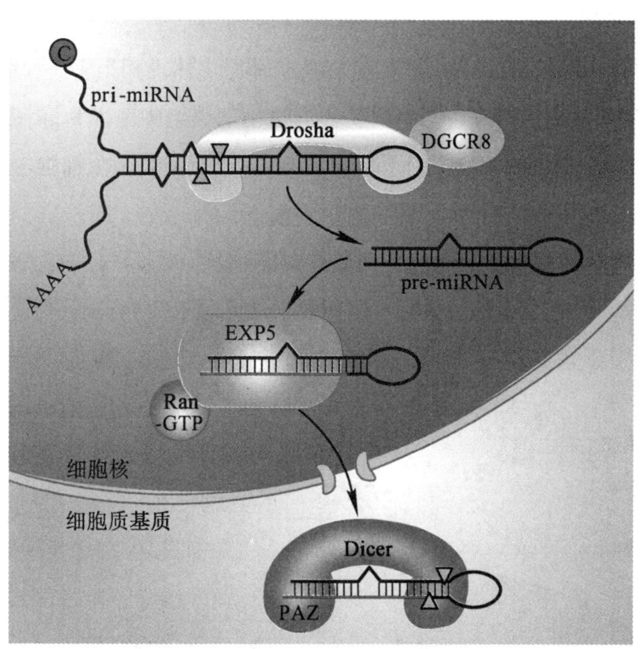

图 19-37 后生动物体内 pri-miRNA 的两步后加工

的长约 22 nt 的 miRNA:miRNA* 双链。切酶属于依赖于 ATP 的核糖核酸酶Ⅲ家族。有两种切酶，即切酶 1 和切酶 2，它们分别参与 miRNA 和 siRNA 的加工成熟。

miRNA 的功能最终表现在它对特定目标基因表达的影响。miRNA 的作用首先需要它和通常位于目标 mRNA 在 3′-UTR 内的互补位点结合，在此基础上再导致目标 mRNA 的降解或翻译阻遏。与其抑制效应相反，少数 miRNA 也能通过上调翻译而刺激目标基因的表达。

如果是抑制翻译，miRNA 的作用就是从结合淘金者蛋白(argonaute，Ago)并参入到 RISC 之中开始的。Ago 蛋白是一个大的家族，可分为 Piwi 和 Ago 两个亚族。其中前者参与转座子沉默(transposon silencing)，在生殖细胞内特别丰富；后者通过作用 miRNA 和 siRNA，在转录后基因表达调控中起作用。Ago 蛋白对于 RISC 的功能十分关键，它是 miRNA 诱导的基因沉默必需的。研究表明，它含有两个保守的 RNA 结合结构域：一个为 PAZ 结构域，可与成熟的 miRNA 的 3′ 端单链区结合，另一个为 PIWI 结构域，其在结构上类似于核糖核酸酶 H，作用引导链的 5′ 端。Ago 也可能将其他蛋白招募进来，实现翻译阻遏。

在切酶 1 剪切 pre-miRNA 的时候，miRNA 双链开始解链。结果成熟的 miRNA 只有引导链参入到 RISC 之中，与 RISC 中的 Ago1 蛋白结合，形成 miRISC，同时过客链得以释放。在这里，Ago 蛋白不仅在 RISC 形成中起关键作用，还决定哪一条链作为引导链参入到 RISC 之中。究竟选择哪一条，是根据它的热力学不稳定性和内部茎环的位置。在人体细胞，在 pre-miRNA 发夹茎上具有错配碱基对的 miRNA 首先受 Ago2 的剪切，这种剪切在中央发夹的 3′ 臂(属于 miRNA*)上，产生有缺口的发夹。在这种情况下，Ago2 先于切酶 1 起作用，促进 miRNA 双链的解链、具有缺口链的去除和 RISC 的激活。

在 RISC 形成后的第一步是识别目标 mRNA(图 19-38)。其中的 Ago1 使 miRNA 能够采取合适的方向与目标 mRNA 作用。而目标 mRNA 的确定取决于 miRNA 的引导链与目标 mRNA 上的目标序列的互补性，而互补的程度决定目标 mRNA 是水解、去稳定还是翻译阻遏。如果 miRNA 与目标 mRNA 呈现完全的互补，或者近乎完全的互补，Ago2 就直接切割 mRNA，导致 mRNA 直接降解。如果互补并不完善，就通过翻译阻遏进行。

一种 miRNA 的作用不一定局限在产生它的细胞，可能会扩散到其他的细胞，有时甚至在很远的地方。对于植物来说，miRNA 可以通过胞间连丝和筛管进行远距离作用。动物可能通过外泌体进行运输，借此运输可以将一种 miRNA 特异输送到某个靶目标。有时，一种 miRNA 可在两个物种直接进行转移，甚至发生跨界转移。

关于 RNAi 的生物学意义，目前普遍认为，它在植物和昆虫体内相当于一种免疫系统，起着保卫基因组的作用，防止外来有害的基因或病毒基因整合到植物基因组中。因为许多病毒的基因组为双链 RNA，或者在复制过程中经历双链 RNA 中间体，这些双链 RNA 可被宿主细胞内的切酶和 RISC 识别、切割而使其失去活性。此外，它还参与基因表达的调控。

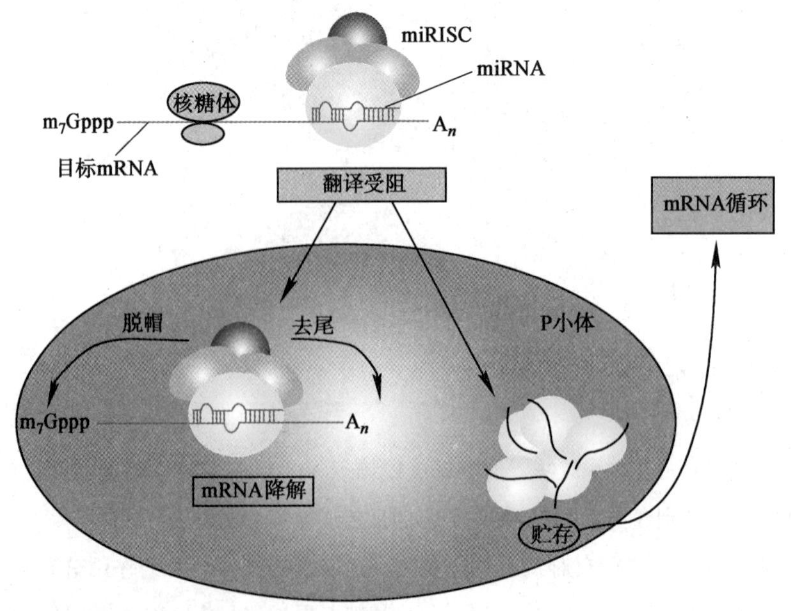

图 19-38 miRNA 作用的基本过程和结果

Box19.2 生化研究动态——我们吃的不仅是食物，也许还有“信息”

根据2011年9月22日*Cell research*的一篇题为“Exogenous plant MIR168a specifically targets mammalian LDLRAP1：evidence of cross-kingdom regulation by microRNA”的论文，南京大学生命科学学院的张辰宇教授等人发现，植物的微RNA（miRNA）可以通过日常食物摄取的方式，进入人体血液和组织器官，并通过调控人体内靶基因表达的方式，影响人体的生理功能，进而发挥生物学作用。

miRNA是一类非编码小RNA，它通过与靶基因的mRNA结合的方式，抑制相应的蛋白质翻译。在本项研究中，张辰宇等人发现，外源性的植物miRNA可以在多种动物的血清和组织内检测到，并且它们主要是通过进食的方式摄入到体内的。其中编号为168a的植物miRNA（miR-168a）富含于稻米中，是中国人血清中含量最丰富的一种miRNA。体内和体外的研究表明，植物miR-168a可以结合人和小鼠的低密度脂蛋白受体衔接蛋白1（low density lipoprotein receptor adapter protein 1）的mRNA，从而抑制其在肝脏的表达，进而减缓低密度脂蛋白从血浆中的清除。这些发现表明，食物中的外源性植物miRNA可以通过调控哺乳动物体内靶基因表达的方式，影响摄食者的生理功能。

该发现引起了世界顶级学术刊物和主流媒体的普遍关注，其意义重大，至少告诉我们，人类在从外界摄取食物的时候，不仅在吃“食物”其中的六大营养物质，也许还在摄入“信息”。该发现从一种新的角度诠释了“吃什么补什么（You are what you eat）”。此外，对理解生物之间尤其跨“界”（比如在动植物间）的相互作用，以及共进化（co-evolution）提供了新的线索。当然对于中国人来说，还为在研究传统的中草药的作用方式提供了新的思路。

那么，外源miRNA是如何被消化道吸收的呢？根据张辰宇教授等人于2020年8月17日发表在*Cell Research*上题为“SIDT1-dependent absorption in the stomach mediates host uptake of dietary and orally administered microRNAs”的研究论文，原来哺乳动物胃中的SIDT1蛋白介导了食物miRNA的吸收。SIDT1被敲除的小鼠血液中外源miRNA的基础水平显著降低，且对外源miRNA的吸收功能减弱。

在传统的观念里，人们一直认为胃只在机械性消化过程中扮演重要的角色，而大多数营养物质包括单糖、氨基酸、核苷和无机盐等的吸收部分主要在小肠。张辰宇教授等人的发现明确了胃是食物miRNA吸收的主要部位，而进一步的机理分析表明，胃黏膜顶细胞经SIDT1介导吸收外源miRNA依赖低pH环境。

（五）mRNA的降解和稳定性与基因表达调控

细胞质中不同mRNA的半衰期变化很大，其短到几分钟，长到几个月。显然一种mRNA半衰期越高，其被翻译的机会就越大。当一种mRNA的稳定性能够受到特定的调节信号作用而发生变化的时刻，mRNA的稳定性和降解便成为调节基因表达的一项重要手段。

影响到mRNA稳定性的因素除了两端固有的帽子和尾巴结构以外，还有其他一些特殊的序列和二级结构元件。例如，在许多“短命”mRNA的3′-UTR中，有一段富含AU序列的元件（AU-rich element，ARE）就是一种去稳定元件。ARE的作用一方面可提高mRNA尾巴的脱腺苷酸作用而降低mRNA的稳定性，另一方面还能够直接参与翻译阻遏。

下面就以胞内两种参与铁代谢的蛋白质——转铁蛋白受体（transferrin receptor，TfR）和铁蛋白（ferritin）的翻译调控作为例子加以说明。铁蛋白是细胞内贮存铁的场所，而转铁蛋白受体的功能是它通过与血液内运输铁的蛋白质——转铁蛋白的相互作用，调节进入细胞铁的量。若细胞内铁浓度较高，铁蛋白的翻译就上调，而TfR的翻译就下调，以防止细胞因摄入过多的铁而中毒；反之，若细胞内铁浓度较低，铁蛋白的翻译就下调，而TfR的翻译就上调，以满足细胞对铁的需要。

在TfR-mRNA的3′-UTR和铁蛋白-mRNA的5′-UTR中，有一种由茎环结构构成的铁反应元件（iron-response element，IRE），其中TfR上的IRE含有去稳定的ARE。在细胞质基质中，有一种IRE结合蛋白（IREBP）可与IRE结合：当细胞处于低铁状态下，IREBP有活性，便可以与IRE结合，但结合对TfR-

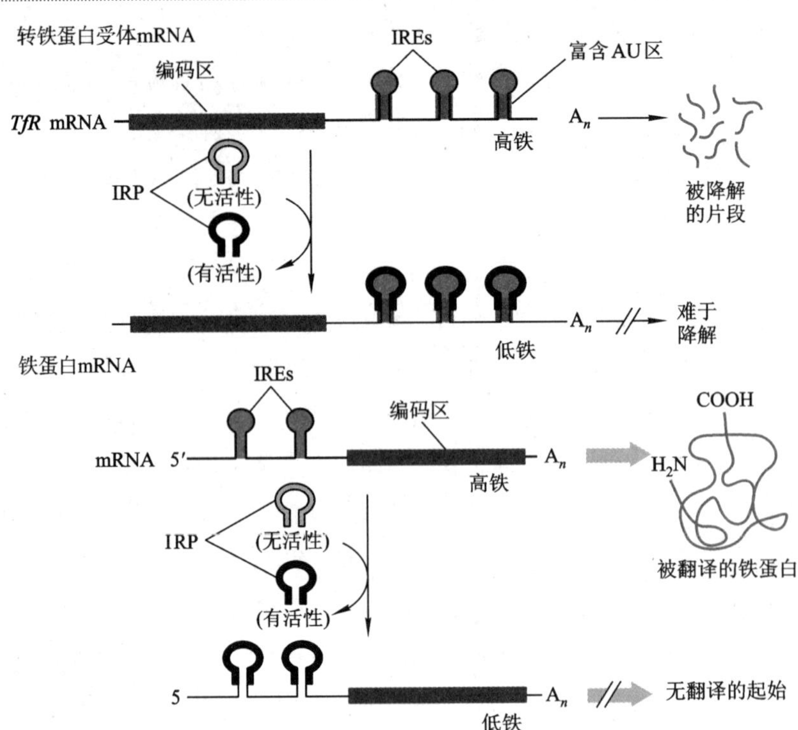

图 19-39 细胞内铁浓度变化对铁蛋白或转铁蛋白受体翻译的影响

Quiz20 你如何设计一个实验，证明 TfR 和铁蛋白的基因表达调控是在翻译水平，而不是在转录水平上进行的?

mRNA 和铁蛋白 -mRNA 的稳定性和可翻译性会产生不同的影响。由于铁蛋白 -mRNA 上的 IRE 位于 5′-UTR，因此在结合 IREBP 以后会阻止翻译。相反，TfR-mRNA 上的 IRE 位于 3′-UTR，所以 IREBP 与其结合会提高它的稳定性；当细胞处于高铁状态下，IREBP 无活性，因而无法结合 IRE。于是，TfR-mRNA 因失去 IREBP 的保护被水解，铁蛋白 -mRNA 的 IRE 则因没有结合 IREBP 反而被翻译(图 19-39)。

(六) 对翻译过程本身的调节

对翻译过程本身的调节一般是在翻译起始阶段，主要是通过对起始因子 eIF4E 和 eIF2 的磷酸化修饰而实现的。细胞内某些信号(生长因子、受热、病毒感染、有丝分裂和血红素浓度变化等)能够诱发这两种起始因子的磷酸化或去磷酸化，从而改变翻译的效率。

eIF2 和 eIF4E 的磷酸化对翻译的影响正好相反，前者的磷酸化是抑制翻译，后者则刺激是翻译。例如，人体细胞在受到许多病毒感染以后，可产生并分泌干扰素，作用于其他还没有受到病毒感染的细胞，让它们采取行动，防止病毒的感染。干扰素作用的主要过程是在结合靶细胞膜上的受体以后(图 19-40)，最终激活胞内三种酶基因的表达。这三种酶包括 2′,5′- 寡聚 A 合成酶、核糖核酸酶 L 和蛋白激酶 R(PKR)。2′,5′- 寡聚 A 合成酶可催化以 2′,5′- 磷酸二酯键相连的寡聚 A 的合成，合成的 2′,5′- 寡聚 A 可激活表达出来的核糖核酸酶 L 的活性。被激活的核糖核酸酶 L 可水解由病毒转录产生的 mRNA。PKR 表达并激活后，可催化 eIF2 的 α 亚基在 Ser51 的磷酸化修饰。eIF2 在磷酸化以后，eIF2B 会始终与其结合而无法完成 GDP—GTP 的循环，导致其活性的丧失，从而使翻译的起始受到抑制。再如，网织红细胞内血红素浓度对珠蛋白合成的控制，也是通过对 eIF2 的磷酸化来进行的。当细胞内缺乏血红素时，细胞内的 PKA 被激活。被激活的 PKA 催化 eIF2 激酶的磷酸化而使其激活，eIF2 激酶被激活后再催化 eIF2 的磷酸化。eIF2 的磷酸化必然导致珠蛋白翻译起始受到抑制，从而协调了血红素水平与珠蛋白的合成。

受热条件或生长因子可通过不同的信号转导途径激活另一种蛋白质激酶——MNK1，被激活的 MNK1 再催化 eIF4E 的磷酸化，而 eIF4E 的磷酸化有利于翻译的起始。

(七) lncRNA 在翻译水平的调节

lncRNA 还可以在翻译水平上对基因表达实行调控。以小鼠中枢神经系统神经元内的 BC1

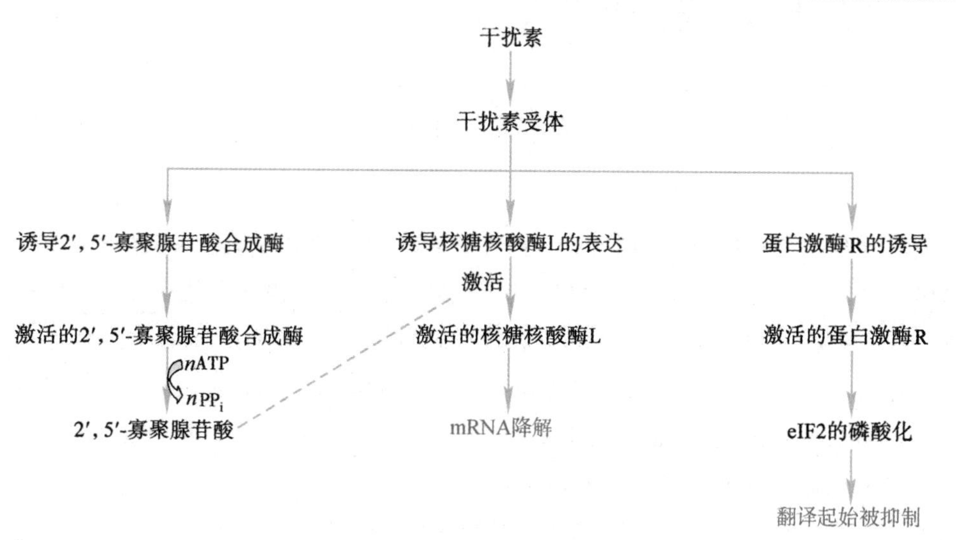

图 19-40 干扰素在翻译水平调节基因表达的作用机制

lncRNA 为例，它由 RNA 聚合酶Ⅲ转录产生，其表达受到突触活动和突触形成诱导。序列分析表明，BC1 与多种神经元特有的 mRNA 存在碱基互补，因此一旦发生碱基配对，可阻遏这些 mRNA 的翻译。已有证据表明，BC1 在树突内通过这种方式产生翻译阻遏，可控制纹状体内多巴胺 D2 受体介导的神经传导的效率。

（八）翻译后水平的调节

基因表达在翻译后水平的调节实际上是各种形式的翻译后加工。

思考题：

1. 预测以下突变对大肠杆菌的乳糖操纵子的转录有何影响？

(1) $lacO_1$ 的 1 个突变改变 *lac* 阻遏蛋白对其中一个碱基的识别。

(2) *lacI* 的 1 个突变使其不能结合别乳糖，但不影响 DNA 的结合。

(3) *lacI* 的 1 个突变改善其 SD 序列与 16S rRNA 3′ 端反 SD 序列的互补性。

(4) 1 个突变使 *lacA* 基因出现无义密码子。

2. 为什么负调控系统之中的组成型突变比正调控系统中的组成型突变常见？

3. 甲硫氨酸的类似物 L- 乙硫氨酸（L-ethionine）（乙基代替甲基与 S 结合）可导致大鼠生肝癌。然而，这种物质并不是 DNA 的诱变剂，试提出其致癌的生化机制。

4. 一种 GAL4 的突变体（*GAL4c*）导致单倍体酵母细胞的 *GAL1* 基因呈组成型表达。试给以解释。

5. 有人在培养的人细胞中研究 RNA 干扰，他得到了缺失一种蛋白质的基因的细胞系。结果这种细胞系不能进行 RNA 干扰，但切酶还在。由于没有了 RNA 干扰，即使将 21 nt 长的 siRNA 导入到细胞内，目标 mRNA 也不消失。于是，他分离出 RISC 复合物，发现所有已知的蛋白质都存在，并似乎能行使各自正常的功能。那么，你认为缺失的那一种蛋白质在 RNA 干扰中可能起什么作用？

网上更多资源……

本章小结　授课视频　授课音频　生化歌曲

教学课件　推荐网址　参考文献

第二十章　分子生物学方法

生物化学理论能发展到今天的水平与一些重要的研究技术和方法的引入和发展是分不开的，如DNA半保留复制的确定至少用到了同位素示踪和密度梯度离心两项重要的技术和方法；反过来，生物化学理论的不断发展又带动了研究技术和方法的进步，特别是一些新的技术和方法的引入，如在原核生物体内CRISPR/Cas系统的发现，让科学家能开发出当今最有效的Cas9/sgRNA基因组编辑系统。

在各种技术和方法中，重组DNA技术以及由它派生出来的其他技术更加重要，可以说，没有这些技术和方法的不断创新和发展，就不会有现在生物化学研究欣欣向荣的局面。因此，每一个从事生命科学研究的人都应该对它们有所了解，故本章就集中介绍一些重要的生化与分子生物学方法的原理和应用。

第一节　重组DNA技术简介

重组DNA顾名思义就是通过某种手段将不同来源的DNA片段连接起来，并进行扩增和纯化以供进一步研究的技术（图20-1）。当克隆即无性繁殖这一名词被借用过来的时候，基因克隆或分子克隆等术语便应运而生，因此重组DNA又称为基因克隆（gene cloning）或分子克隆（molecular cloning）。

有效的基因克隆至少需要满足五个条件：①具有容纳外源基因或序列的载体（vector）；②具有将外源基因或序列导入到载体的工具；③具有合适的宿主细胞或受体细胞；④具有将重组DNA引入到宿主细胞的有效途径；⑤具有选择和筛选重组体的方法。

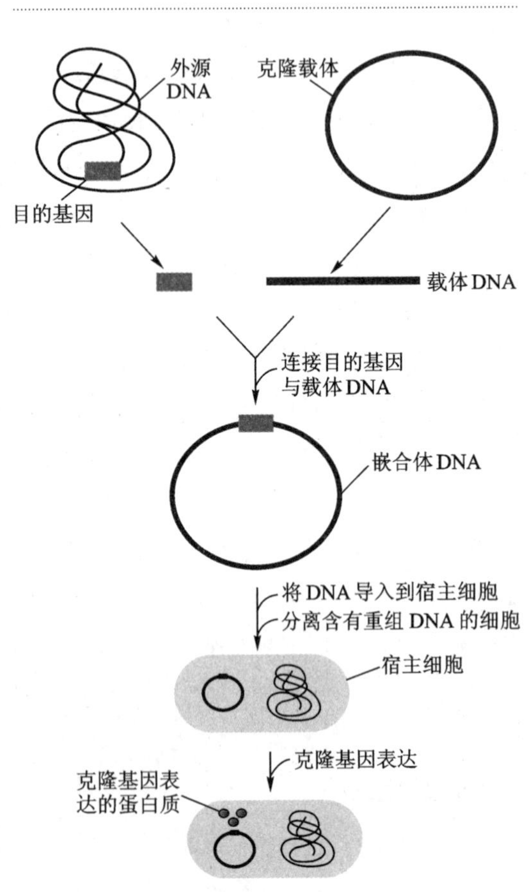

图20-1　重组DNA技术的基本步骤

一、基因克隆的载体

载体的作用是容纳被克隆的目的基因，以便将它们带入到特定的宿主细胞进行扩增或表达。一种理想的载体一般需要满足以下几个条件。

(1) 大多数载体含有细菌DNA复制起始区，以便于在细菌细胞中的扩增。

(2) 某些载体还含有真核细胞DNA复制起始区，以方便在真核细胞内的自主复制。

(3) 含有集中了多种常用的限制性内切酶（restriction endonuclease，RE）切点的多克隆位点（multiple cloning sites，MCS），以方便各种克隆片段的插入和建立DNA文库。

(4) 带有抗生素抗性基因或其他选择性标记，有利于克隆的筛选和鉴别。

(5) 某些载体含有可诱导的或组织特异性的启动子或增强子序列，从而有利于控制被插入的基因在宿主细胞内的表达。

(6) 现代的载体一般含有多功能的结构元件，同时兼顾到克隆、测序、体外突变、转录和自主复制。

目前使用的载体多衍生于质粒、噬菌体和病毒。市场上有各式各样的商业化载体提供，而选择哪一种载体取决于实验系统的设计和如何筛选以及如何利用克隆的基因。

1. 质粒载体

质粒（plasmid）主要是指细菌或古菌染色体以外的、能自主复制并与细菌或古菌共生的遗传成分。少数真核生物甚至线粒体也有质粒。来自细菌质粒的主要特点如下：

(1) 一般属于共价闭环双链 DNA（cccDNA）。其大小在 2～300 kb 之间，小于 5 kb 的小质粒最适合用做载体，这是因为它们容易分离纯化，而且能够容纳更大的外源 DNA。

(2) 含有 DNA 复制起始区，因而能自主复制。按复制的调控机制及其拷贝数可将它们分为两类：一类为严紧控制（stringent control）型，其复制受到严格的控制，拷贝数较少，只有一到几十个；另一类是松弛控制（relaxed control）型，其复制不受宿主细胞控制，每个细胞有几十到几百个拷贝。显然，松弛型质粒更适合作为克隆载体。

Quiz1 你认为什么时刻会用到严紧控制型质粒载体?

(3) 对宿主细胞的生存并不是必需的，但通常带有某种有利于宿主细胞在特定条件下生存的基因。例如，许多天然的细菌质粒带有抗药性基因，能编码某种酶分解或破坏抗生素等，这些质粒称为抗药性质粒（drug-resistance plasmid，R 质粒）。

Quiz2 古菌质粒有没有这些抗生素抗性基因?

基因克隆中使用的质粒载体一般都是经改造过的松弛型质粒，其内部一些无用序列已被去除，同时引进了一些有用的序列。最常用的大肠杆菌克隆质粒为 pUC18/19（图 20-2），由天然的 pBR322 质粒改造而来。此质粒的复制起始区经过改造，能高频起动自身复制。pUC18 和 19 的差别仅仅是 MCS 的方向相反；此外，此质粒还携带一个抗氨苄青霉素基因（amp^{R}），由它编码一种内酰胺酶（β-lactamase），能打开青霉素分子的 β- 内酰胺环，使氨苄青霉素失效。因此，当细菌用 pUC18/19 转化后，放在含氨苄青霉素的培养基中，凡不含 pUC18/19 者都不能生长，而长出的细菌都带有 pUC18/19。pUC18/19 还携带乳糖操纵子的 *lacI* 和 *lacZ'*，但与野生的 *lacZ* 基因不同的是，*lacZ'* 仅仅编码 β- 半乳糖苷酶 N 端的 146 个氨基酸残基。当培养基中含有 IPTG 和显色底物 X-gal 时，*lacZ'* 被诱导表达产生的 β- 半乳糖苷酶 N 端肽段能与宿主菌表达的 C 端肽互补，并组装成有活性的 β- 半乳糖苷酶，此现象称为 α 互补（α-complementation）。X-gal 被半乳糖苷酶水解后产生蓝色产物，从而使菌落呈现蓝色。通常在不

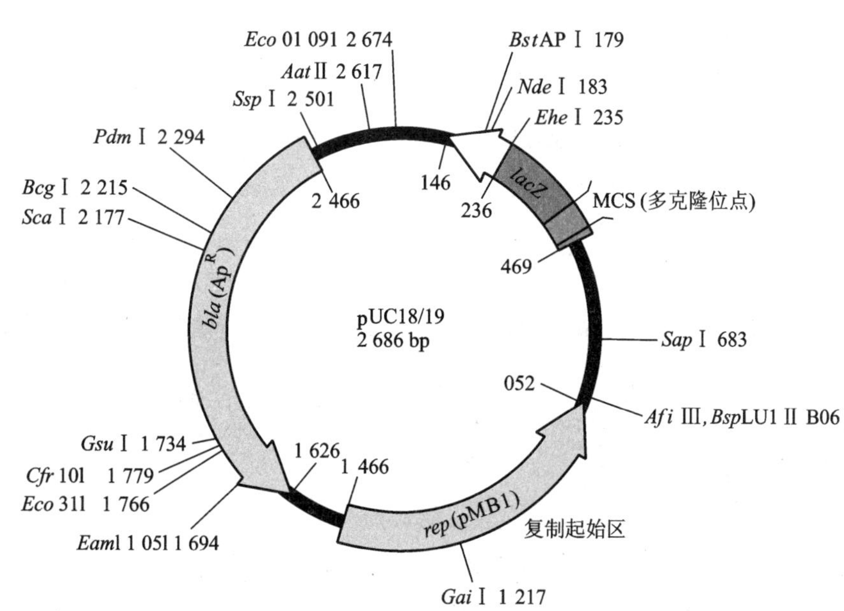

图 20-2 pUC18/19 质粒的基本结构

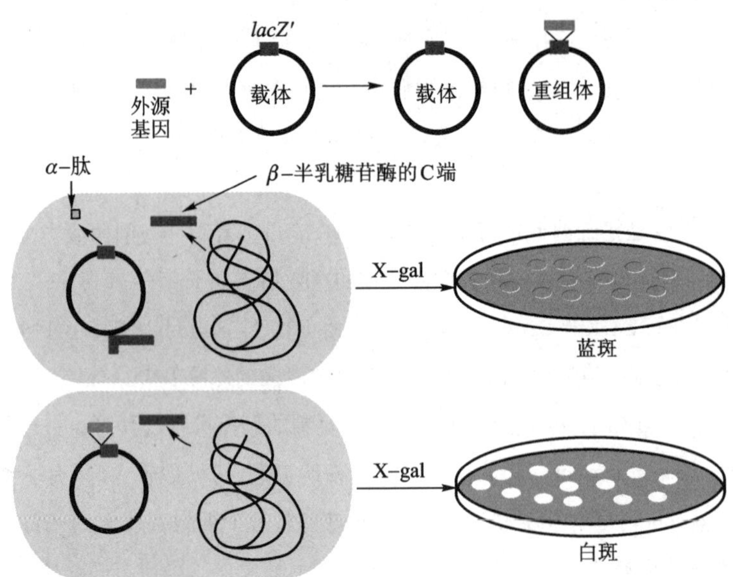

图 20-3　阳性克隆细菌的蓝白筛选法图解

Quiz3 如何将没有获得重组体或获得空载体的宿主细胞与获得重组体DNA的宿主细胞区分开来？

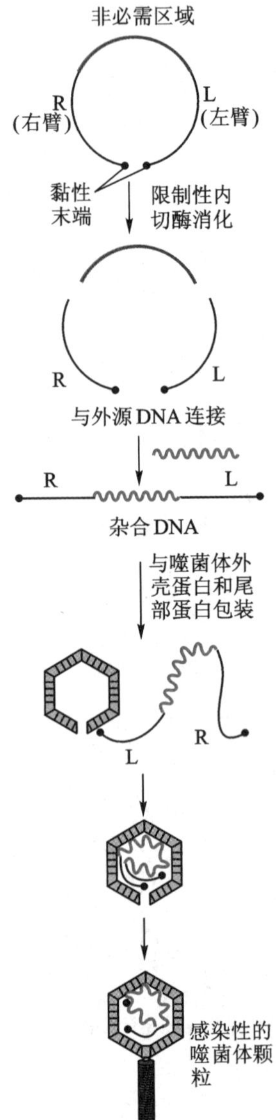

图 20-4　λ 噬菌体载体的构建、重组和包装

改变 ORF 的前提下，在 *lacZ'* 内引入 MCS，以便外来序列的插入。当外来序列插入后，可打破 *lacZ'* 原来的 ORF，致使半乳糖苷酶失活，这种现象称为插入失活（insertional inactivation）。含有重组体质粒的菌落因无法水解 X-gal 就呈白色，这种颜色的变化经常用来区分和挑选含有重组质粒的转化菌落，此法称为蓝白筛选法（blue/whitescreening）（图 20-3）。

2. 噬菌体载体

常见的噬菌体载体由大肠杆菌的 λ 噬菌体改造而来，它们常用来克隆较大的 DNA 片段，特别适合用来构建真核生物的 cDNA 文库（cDNA library）或基因组文库（genomic library）。

现在使用的 λ 噬菌体载体已在几个方面进行了改造(图 20-4)：①去除了其上一些多余的 RE 切点。②在中部非必需区域，替换或插入 MCS 和某些标记基因，如可供蓝白斑筛选的 *lacI-lacZ'* 等基因，由此可构建出两类 λ 噬菌体载体。一类是插入型载体（insertion vector），可将外源序列（0.2 ~ 10 kb 长）插到中段，例如 λgt 系列载体；另一类是替换型载体(substitution vector)，即用外源 DNA(10 ~ 20 kb)替代中段，如 IMBL 系列载体。

使用噬菌体载体的好处一是可容纳较长的外源 DNA，二是其感染宿主菌的效率要比质粒转化细菌高得多，但其缺点在于克隆操作要比质粒载体繁琐。

3. 黏粒

黏粒（cosmid）是一种杂合型载体，兼有部分 λ-DNA 和部分质粒 DNA 序列特征，其中来自 λ-DNA 的成分是噬菌体体外包装所必需的 *cos* 序列，来自质粒的成分有复制起始区、特定的抗生素抗性基因和 MCS。

在使用黏粒时，重组体 DNA 在体外与野生型 λ 噬菌体的外壳蛋白和尾部蛋白包装成感染性的颗粒，这样能高效进入宿主细胞，而一旦进入宿主细胞，就像质粒一样进行复制，但由于缺乏编码外壳蛋白的基因，因此在宿主细胞内并不能包装形成新的噬菌体颗粒。

黏粒可插入长 30 ~ 45 kb 的外源 DNA，主要用于 DNA 文库的构建。

4. PAC、BAC 和 YAC

PAC 即是 P1 噬菌体人工染色体（P1 phage artificial chromosome），能容纳 100 ~ 300 kb 的外源 DNA。PAC 在大肠杆菌内以原噬菌体的形式存在，并不整合到大肠杆菌染色体上。

BAC 是指细菌人工染色体（bacterial artificial chromosome），能容纳 100 ~ 250 kb 的外源 DNA，最长可达 1 Mb。BAC 含有严紧型质粒 F 因子的复制起始区（*oriF*），因此其拷贝数受到严格的控制（1 ~ 2 个拷贝/细胞)。此外,它还含有 MCS 和选择性标记基因 *cam*[R] 或 *sacB* Ⅱ,以及能驱动基因转录的启动子。*cam*[R] 为氯霉素抗性基因。*sacB* Ⅱ 编码的是能将蔗糖转化成果聚糖(levan)的果聚糖蔗糖酶(levansucrase)。由于果聚糖对细菌是有毒的,因此若 *sacB* Ⅱ 有活性,细菌就无法生存。当外源 DNA 插入到 *sacB* Ⅱ 的上游以后,*sacB* Ⅱ 就无法正常转录。利用此性质,可用来筛选重组体。而启动子的存在方便了外源基因的转录(图 20-5)。

YAC 是指酵母人工染色体(yeast artificial chromosome),它是由酵母、原生动物和细菌质粒 DNA 共同组建成的杂合载体,能够容纳大于 1 Mb 的外源 DNA。其中的自主复制序列、选择性标记基因和着丝点都来自酵母,端粒序列一般来自原生动物四膜虫,MCS 来自细菌质粒。在酵母细胞内,YAC 像酵母染色体一样行使功能,而在大肠杆菌内,又能像质粒一样复制,这是因为 YAC 还带有来自细菌 pMB1 质粒的复制起始区。

YAC 上的标记基因有:青霉素抗性基因(*bla*)——用于转化大肠杆菌时的选择;*TRP1*——一个野生型的参与色氨酸合成的关键酶的基因,为色氨酸营养缺陷型酵母细胞提供选择性标记;*SUP4*——赭石型校正 tRNA(ochre suppressor tRNA)基因,赋予酵母细胞的无义突变株具有野生表型。但是,如果外源 DNA 插入到 *SUP4* 内部导致其失活,那宿主酵母就能够维持突变表型,故此性质也可用来筛选重组体。

Quiz4 赭石型校正 tRNA 能校正哪一种无义突变?

YAC 克隆的基本策略是(图 20-6):首先用限制性内切酶 *Bam*H Ⅰ(图中 B 为其切点)消化载体,使端粒游离出来;然后用限制性内切酶 *Sma* Ⅰ(图中 S)分别消化外源 DNA 和载体;最后用 DNA 连接酶将目标 DNA 插入到 *SUP4* 内部,再转化宿主细胞,并进行筛选。

5. 真核细胞病毒载体

感染动物或植物的病毒可被改造用作真核细胞的载体。但由于动物细胞的培养和操作较复杂,因而病毒载体构建时一般要在其中引入质粒的复制起始区,形成穿梭载体(shuttle vector),以便使其能

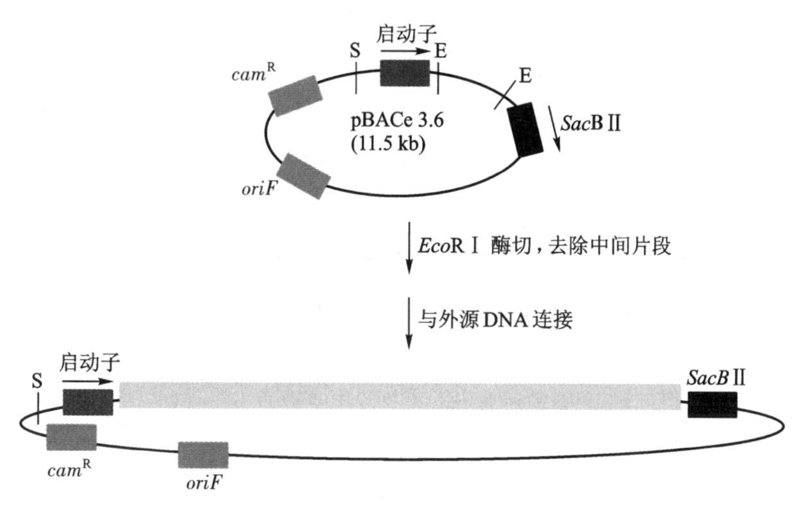

图 20-5 BAC 的结构和外源 DNA 的插入

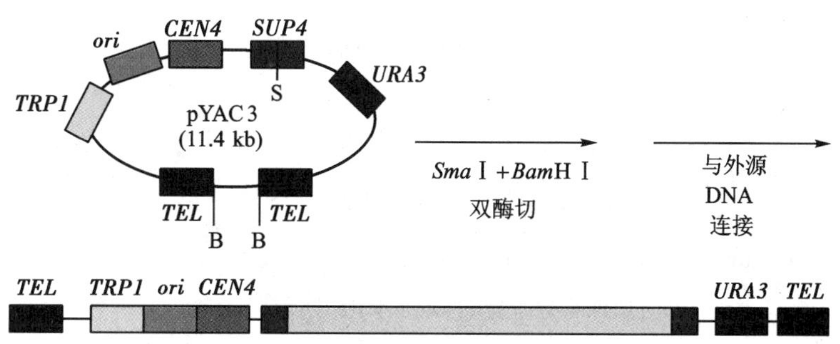

图 20-6 YAC 的结构和外源 DNA 的插入

在细菌体内大量扩增，然后再引入到真核细胞。目前常用的病毒载体有昆虫杆状病毒（baculovirus）、腺病毒和逆转录病毒等，使用这些病毒载体的目的多为将目的基因或序列引入动物细胞中表达，或测试其功能，或作为基因治疗的载体。

二、将外源基因或序列导入载体的工具

将外源基因或序列导入到载体需要特殊的工具酶，其中以 RE 和 DNA 连接酶最重要。有时还需要 DNA 聚合酶、逆转录酶、核糖核酸酶 H、多聚核苷酸激酶和 S1 核酸酶等。

1. RE

RE 是美国微生物学家 Hamilton O. Smith 等在研究细菌对外来入侵的噬菌体 DNA 的限制和对自己 DNA 进行修饰的现象中发现的。1962 年，Smith 等证明，限制现象产生的原因是细菌中含有特异的内切核酸酶，能识别噬菌体 DNA 上特定的碱基序列而将其切断，同时，细菌表达了特定的核酸修饰酶即甲基化酶，将自身 DNA 事先进行了甲基化修饰而获得了保护。由于外源 DNA 缺乏这种特异性的甲基化修饰，一旦进入胞内，就会被细菌的内切酶水解。这种由特定的内切核酸酶和修饰酶构成的限制 / 修饰（RM）系统也存在于古菌体内。

Quiz5 你知道噬菌体有哪些方法可以抵抗宿主细胞的 RE 对其基因组 DNA 的切割？

迄今为止，已有 3 000 多种 RE 从细菌和古菌中分离，各种酶的命名是按照酶的来源菌的属名和种名而定，由属名的第一个字母和种名的头两个字母组成的三个斜体字母缩写而成。如有菌株名，再加上一个字母，其后再按发现的次序添上罗马数字。例如，第一种限制性内切酶是在大肠杆菌 RY13 菌株内被发现的，按照上述规则，它被命名为 *Eco*R Ⅰ。

根据亚基组成、与甲基化酶活性的关系和切割性质上的差别，RE 可分为四类：① Ⅰ 型。由 3 种不同的亚基组成，兼有甲基化酶和依赖 ATP 的内切酶活性，它能识别和结合于特定的 DNA 序列位点，但切点在识别位点以外的地方。这类酶的作用需要 Mg^{2+}、SAM 及 ATP。② Ⅱ 型。不具有修饰酶活性，只由一条肽链组成，需要 Mg^{2+}，不需要 SAM 和 ATP，其切割 DNA 特异性最强，且切点在识别位点内部。这一类最多，约占 RE 总数的 93%。③ Ⅲ 型。与 Ⅰ 型相似，需要 Mg^{2+} 和 ATP。④ Ⅳ 型。能切割甲基化位点。例如，*Msp* Ⅰ 识别的序列是 CCGG，但不在乎里面的 C 是否甲基化。再如，*Dpn* Ⅰ 识别的序列是 $Gm^6A\downarrow TC$，里面的 A 必须甲基化。显然，Ⅱ 型最适合于基因克隆，通常在重组 DNA 技术中提到的 RE 都属于此类，而在遇到甲基化序列的时候，就可能用到 Ⅳ 型。

Quiz6 你认为表达 *Dpn* Ⅰ 的细菌如何防止自己基因组上的 $Gm^6A\downarrow TC$ 被识别和切割的？

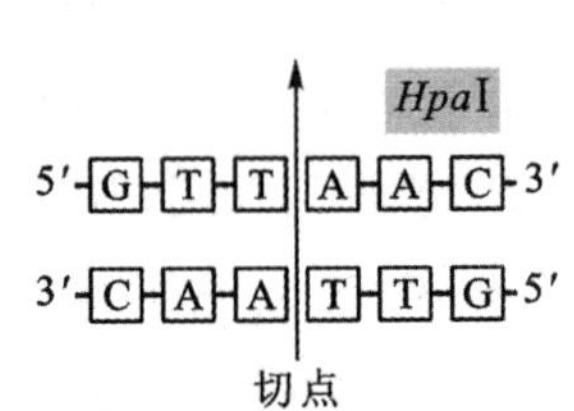

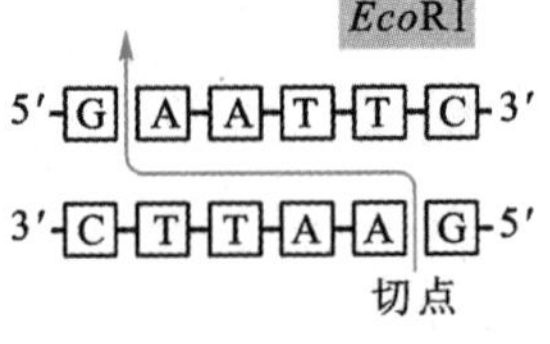

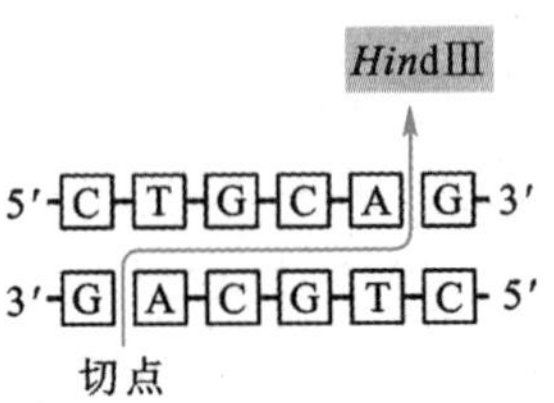

图 20-7 Ⅱ 型 RE 的三种切割方式

所有 RE 在切点产生的总是 5′- 磷酸和 3′-OH，这刚好符合 DNA 连接酶对连接点的要求。然而，不同的 RE 对 DNA 的切割方式不尽相同，可分为两亚类（图 20-7）：一亚类交错切开 DNA 的两条链，产生突出的互补末端。有的产生 5′ 突出，如 *Eco*R Ⅰ，有的产生 3′ 突出，如 *Hin*d Ⅲ。这样的末端很容易重新缔合在一起，因此称为黏端（cohesive end）。另一亚类在 DNA 两条链相同的位置切开 DNA，产生无突出的平端（blunt end），如 *Hae* Ⅲ。在基因克隆中，使用最多的是产生黏端的 RE，因为不同的 DNA 分子经过同一种 RE 处理后，产生相同的黏端，经退火后很容易"粘"在一起，从而大大方便了随后的连接反应（图 20-8）。

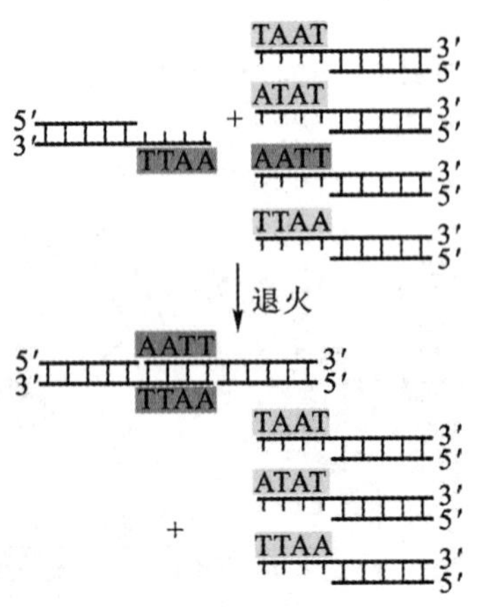

图 20-8 黏端之间的退火

有些 RE 来源和性质不同，但可识别同样的序列，只是切割位置不同，它们被称为同裂酶（isoschizomer）；还有一些 RE 来源不同，识别序列也不同，但切割后产生相同的黏端，这样一组 RE 酶称为同尾酶（isocandamer）。

Quiz7 经同尾酶切割产生的同尾产物可以通过黏端互补配对再连接，但连接后产生新的序列能被原来的 RE 识别和切割吗？为什么？

不同的 RE 识别的 DNA 序列长度也不尽相同，一般为 4～6 bp，少数为 8 bp，其中以识别 6 bp 的最常见（表 20–1）。经 RE 消化的 DNA 片段可通过电泳的方法进行分离和纯化，其中琼脂糖电泳用来分离较大的片段，聚丙烯酰胺凝胶电泳用来分离较小的片段。

Quiz8 基因工程用宿主细菌为什么没有切割外源 DNA？

► 表 20–1　常见的几种 RE 识别的碱基序列和切点性质

RE	识别序列和切点	RE	识别序列和切点
*Bam*H Ⅰ	G↓GATCC	*Pst* Ⅰ	CTGCA↓G
*Eco*R Ⅰ	G↓AATTC	*Sma* Ⅰ	CCC↓GGG
Hae Ⅲ	GG↓CC	*Not* Ⅰ	GC↓GGCCGC
Hind Ⅲ	A↓AGCTT	*Dpn* Ⅰ	G m^{6}A↓TC
Hpa Ⅱ	CC↓GG	*Msp* Ⅰ	C↓CGG 或 C↓m^{5}CGG
Kpn Ⅰ	GGTAC↓C	*Pst* Ⅰ	CTGCA↓G

2. DNA 连接酶

连接酶在基因克隆中的作用是将外源 DNA 连接到载体上。基因克隆一般使用大肠杆菌 T4 噬菌体编码的 DNA 连接酶，该连接酶不仅能够连接黏端 DNA，还能够连接平端 DNA，只是连接平端的效率较低。

3. DNA 聚合酶

在基因克隆中使用的 DNA 聚合酶有：Klenow 酶、T4 DNA 聚合酶和以 *Taq* DNA 聚合酶为代表的各种耐热性 DNA 聚合酶。

DNA 聚合酶主要用于：①对 3′ 端隐缩的 DNA 进行填补或末端标记；②合成 cDNA 的第二条链；③利用缺口平移，制备 DNA 探针（参看第十三章“DNA 复制”）；④酶法测定 DNA 序列；⑤ PCR。

4. 逆转录酶

逆转录酶主要用于 cDNA 的制备。经常使用的两种分别来自禽类成髓细胞瘤病毒（avian myeloblastosis virus，AMV）和莫洛尼鼠白血病病毒（moloney murine leukemia virus，MMLV）。

5. 核糖核酸酶 H

该酶只水解与 DNA 形成杂交双链的 RNA，因此可用于逆转录反应后 RNA 模板的切除，以及由特定 DNA 序列介导的目标 RNA 的定向水解。

6. 多聚核苷酸激酶

该酶可催化 ATP 分子的前 – 磷酸基团转移到核酸 5′ 端游离的羟基上，因此可用于对目标核酸进行同位素标记。

7. S1 核酸酶

该酶只水解单链的核酸（DNA 或 RNA），因此凡是涉及水解单链核酸片段都可以考虑使用它。

Quiz9 利用 S1 核酸酶可以确定真核生物蛋白质基因转录起点的位置。你认为其中的原理是什么？可以用来确定 tRNA 转录的起点吗？

三、宿主细胞

宿主细胞也称为受体细胞，它是接受、扩增和表达重组 DNA 的场所。理论上，任何活细胞都可以作为宿主细胞，但最常用的有大肠杆菌和酵母细胞，还有草地贪夜蛾（*Spodoptera frugiperda*）和哺乳动物的培养细胞等。

四、将重组DNA引入到宿主细胞的途径

目的基因序列与载体连接后，要导入细胞中进行复制、扩增，再经过筛选，才能获得重组DNA分子克隆。将重组体引入到宿主细胞的主要方法包括：转化、转染（transfection）、电穿孔（electroporation）、脂质体介导和弹道基因转移等。

(1) 转化。是指基因克隆中质粒进入宿主细胞的过程。为了提高转化效率，通常需要采取一些特殊方法处理细胞，经处理后的细胞就更容易接受外源DNA，因此称为感受态细胞（competent cell）。例如，大肠杆菌经冰冷$CaCl_2$的处理，其表面通透性增加，就成为感受态细菌。此时加入重组质粒，并突然由4℃转入42℃作短时间热激处理，质粒DNA就很容易进入细菌。另外，转化率高低还与转化的质粒DNA自身的特性有关，DNA越小转化率越高；不同结构状态质粒的转化率依次为：超螺旋环状>带缺口的开环结构>线性结构。

(2) 转染。重组的噬菌体DNA进入感受态细菌的方式称为转染。另外，有时重组DNA进入哺乳动物细胞也称为转染。这里常用的方法是DNA-磷酸钙共沉淀法，其原理是：DNA在以DNA-磷酸钙共沉淀物形式出现时，培养细胞摄取DNA的效率会显著提高。

(3) 电穿孔。用高压脉冲短暂作用于细菌也能显著提高转化效率，这种方法称为电穿孔。此法也可以用于培养的哺乳动物细胞，但外加电场强度和电脉冲的长度等条件与处理细菌有较大差别。电穿孔法端优点在于转化率高，而且不需要制备感受态细胞。

Quiz10 你认为脂质体介导的方法适用于酵母、植物细胞和细菌细胞吗?

(4) 脂质体介导。此法是用脂质体包埋DNA，形成的脂质体通过与宿主细胞的质膜融合而将DNA导入细胞，此方法简单而有效。现有各种商业化的脂质体试剂可供使用。

(5) 弹道基因转移。弹道基因转移（ballistic gene transfer）使用细小的由DNA包被的特制“子弹”作为载体，在基因枪（gene gun）的高压加速下，使其穿过细胞壁和细胞膜而进入胞内，从而将重组DNA直接“射入”到宿主细胞。

五、重组体的选择和筛选

外源DNA与载体正确连接的效率以及重组体导入宿主细胞的效率都是有限的，只有把含有目的重组体的宿主细胞从各种无关的细胞中筛选出来，这才等于成功获得了目的DNA的克隆，因此筛选是基因克隆不可缺少的一步。

筛选方法一般可分为直接筛选和间接筛选，前者根据宿主细胞接受外源基因以后直接引起的表型变化而进行筛选。然而，多数外源DNA没有可利用的表型，于是需要使用后一种方法通过对重组体DNA序列和表达产物的分析进行鉴定。

1. 直接筛选

(1) 根据抗生素敏感性和抗性变化进行的筛选。许多载体带有抗生素抗性基因，例如，amp^R、抗四环素（ter^R）和抗卡那霉素（kan^R）等基因，利用这些抗性基因可在细菌细胞克隆系统中对重组体进行筛选。在培养基中含有抗生素时，只有成功接受相应抗性基因载体的细胞才能生存繁殖，那些未能接受载体的宿主细胞则被统统排除；如果外源基因是插入在载体的抗性基因内部，就可使此抗性基因失活，原来的抗药性标志也就随之消失。

(2) 根据营养缺陷型的恢复的筛选。利用抗生素抗性基因筛选重组体一般适用于细菌克隆系统，古菌和真核克隆系统（主要是酵母）通常使用营养缺陷型的恢复来进行。对营养缺陷型的宿主细胞而言，因为在某一条合成代谢途径上某种关键酶基因的缺失而无法合成所缺乏的营养成分，所以需要在培养基中补充缺乏的营养成分以后才能生存繁殖，如Leu。但是，如果有一种载体带有宿主细胞所缺乏的那种酶的基因，当用它去转化宿主细胞，那获得载体的宿主细胞就能在缺乏相应营养成分的条件培养基上生存和繁殖。

(3) 蓝白斑选择（参看本章第一节有关载体的内容）

2. 间接筛选

(1) 核酸杂交法。利用标记的核酸(RNA 或 DNA)做探针,与转化细胞的 DNA 或 RNA 进行杂交,可以筛选和鉴定含有目的序列的克隆,其中以 DNA 为杂交对象的方法称为 Southern 杂交或印迹,而以 RNA 为杂交对象的方法称为 Northern 杂交或印迹。

(2) PCR 法。若已知目的序列的长度和两端的序列,就可以设计引物,以转化细胞内的 DNA 为模板进行扩增,若能得到预期长度的 PCR 产物,则转化细胞就应该有目的序列。

(3) 免疫化学法。这是利用特定抗体与目的基因表达产物特异性结合的性质进行筛选。抗体可用特定的酶进行标记,如过氧化物酶或碱性磷酸酶。所选用的酶可催化特定的底物分解而呈现颜色,从而指示出含有目的基因的细胞。

(4) 受体与配体的结合性质。此方法利用标记的配体或受体与目的基因表达出来的蛋白质之间的相互作用来进行筛选。例如,利用酶的过渡态类似物或竞争性抑制剂来筛选目的基因为酶的阳性克隆。

(5) Southwestern/Northwestern 印迹法。此法专门用来筛选含有核酸结合蛋白基因的克隆,其中以获得 DNA 结合蛋白基因为目的的筛选方法称为 Southwestern 印迹,而以获得 RNA 结合蛋白基因为目的的筛选的方法称为 Northwestern 印迹。此方法以标记的具有特定序列的 DNA 或 RNA 作为"诱饵",筛选含有能够与此序列结合的蛋白质基因的克隆。

(6) RE 图谱分析法。外源 DNA 插入载体会使载体 DNA 的 RE 酶切图谱发生变化,如果出现新的 RE 切点,就将转化细胞内的载体 DNA 抽取后酶切,进行琼脂糖凝胶电泳,然后观察其酶切图谱并与预期的酶切图谱相比较,从而判断转化细胞是否含有目的基因。

(7) DNA 序列分析法。无论是哪一种方法筛选得到的阳性克隆,都需要使用序列分析来作最后的鉴定。已知序列的基因克隆要经序列分析确认所得克隆准确无误;未知序列的克隆只有在测定序列后才能了解其结构、推测其功能,以做进一步的研究。

Box20.1 **自然界有 RNA 质粒吗?**

提到质粒,很多人认为它们一定是 DNA。其实不然,科学家早已经发现了 RNA 质粒,尽管它们很少见,但却是客观存在的。一些植物、真菌甚至动物都被发现有 RNA 质粒,而在某些玉米品种的线粒体中也发现了 RNA 质粒(图 20-9)。

从结构上看,RNA 质粒有单链的,也有双链的,有环状的,也有线性的。例如,某些酿酒酵母就含有线性 RNA 质粒。

RNA 质粒带有编码指导其自身复制的依赖 RNA 的 RNA 聚合酶的基因,因此可以以类似于某些 RNA 病毒的复制方式进行复制。但与 RNA 病毒不同,RNA 质粒缺乏外壳蛋白基因,因此复制以后是无法被包装成病毒颗粒的。

序列比对研究表明,这些 RNA 质粒可能是从 RNA 病毒进化而来的。那些充当 RNA 质粒祖先的 RNA 病毒因为无法包装成病毒颗粒,也就失去了从一个细胞移到另一个细胞的能力,因此在相关的生物细胞中就永远扎下根来!

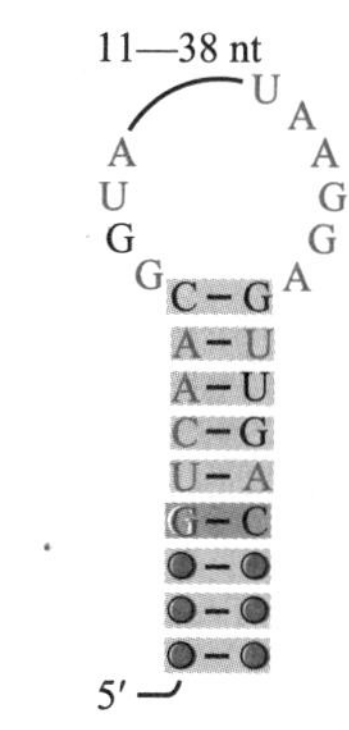

图 20-9 一种 RNA 质粒的部分序列结构

第二节 重组 DNA 技术的详细步骤

一般基因克隆的基本步骤包括:获得外源 DNA 序列和目的基因;将目的基因与载体相连;将重组 DNA 导入特定的宿主细胞;含有目的基因序列的克隆的筛选与鉴定。

一、外源DNA序列和目的基因的获得

获取目的基因的手段主要有四种：①人工合成。②使用酶切将目的基因直接从另一种克隆载体中释放出来。③逆转录。可先使用核糖体免疫沉淀法，获得某种多肽或蛋白质的mRNA，然后通过逆转录得到以cDNA形式存在的基因。此方法的原理是，正在翻译的一种mRNA可通过其编码的多肽制备得到的抗体，与刚翻译出来的肽段、核糖体一起被免疫沉淀下来，从而与其他mRNA分离开来。④PCR（参看本章第四节内容）。

二、目的基因与载体的连接

将外源序列或目的基因插入载体，主要是靠DNA连接酶和其他工具酶的配合使用。根据末端的性质，它们的连接方式主要有三种：①载体和目的基因具有相同的黏端；②载体和目的基因均为平端；③载体和目的基因各有一个黏端和一个平端。选择哪一种连接方式主要取决于载体内MCS的性质和目的基因的来源。

1. 黏端连接

如果载体上的MCS含有与目的基因两端相同的RE切点，就可使用同一种RE分别消化载体和目的基因，从而在载体和目的基因上产生相同的黏端；经分离纯化后，将它们按一定的比例混合，经低温退火后，载体和目的基因被黏端“粘”在一起；最后，在DNA连接酶催化下，目的基因就与载体最终以共价键相连。有时，目的基因的两端和载体的MCS虽然具有不同的RE切点，但若能找到能产生相同黏端的同尾酶，就照样可用此法连接。

如果找不到合适的RE产生互补的黏端，就需要用一些特殊的方法引入黏端。例如，可在目的基因两端，添加含有特定RE切点的人工接头序列，也可以使用PCR，借助事先设计好的引物，在扩增的时候将含有特定RE切点的序列直接引入到目的基因的两端，然后，再使用相应的RE消化产生黏端。

2. 平端连接

T4 DNA连接酶可直接将含有平端的载体和目的基因连接在一起，但平端连接效率要比黏端连接低得多。如果目的基因和载体上的确没有相同的RE切点，可先用不同的RE消化，再用适当的酶将DNA突出的末端削平（如核酸酶S1），或将其补齐成平末端（如Klenow酶），也可以直接使用产生平端的RE进行消化，再用T4 DNA连接酶进行平端连接。

3. 含有平端和黏端的目的基因与载体之间的连接

进行这种方式的连接最为少见，因为产生上述末端的可供选择的RE很少，但通过这种连接，目的基因只能以一种方向插入到载体之中，才可以实现定向克隆。

三、重组DNA导入特定的宿主细胞（参看第一节相关内容）

四、含有目的基因序列的克隆的筛选与鉴定（参看第一节相关内容）

第三节　重组DNA技术的应用

目前，基因克隆主要应用在文库（library）建立、序列分析、表达外源蛋白、制备转基因动物和植物、基因治疗、基因敲除以及寻找未知基因等。

一、文库的建立

基因克隆中的文库是指克隆到某种载体上能够代表所有可能序列并且可以稳定维持和使用的

DNA 片段的集合。根据序列的来源，文库可分为基因组文库(genomic DNA library)和 cDNA 文库(cDNA library)(表 20-2)。

建立文库的主要目的在于，可以使用合适的方法，从文库中获得特定的目的序列，并进行扩增分离，此过程称为文库筛选(library screening)，也可以在鸟枪法序列分析(shotgun sequencing)中，随机选择一个克隆对其进行鉴定。

表 20-2　基因组文库和 cDNA 文库的比较

文库类型	基因组文库	cDNA 文库
来源	基因组 DNA	mRNA
变化	物种	物种、组织、不同的发育阶段
插入大小	12 ~ 20 kb	0.2 ~ 6 kb
代表性	均等	与表达水平有关
类型	只有一种	两种(表达型和非表达型)
探针	DNA	DNA、蛋白质或抗体
用途	基因结构，推断蛋白质性质	表达的蛋白质，推断蛋白质性质

一个好的文库应该具备以下条件：①完整性，不遗漏任何序列；②准确性；③稳定性；④满足筛选一个重组体所需要的最低克隆数目；⑤容易筛选、贮存和扩增。

1. 基因组 DNA 文库

基因组 DNA 文库可简称为基因组文库，它由一种生物的基因组 DNA 制备而来，覆盖了一个基因组所有的序列，这些序列应该是精确无误的。

制备基因组文库的基本步骤包括(图 20-10)：①分离基因组 DNA。一般情况下，多细胞生物的基因组文库可以从任何细胞中抽取基因组 DNA，但高等动物的淋巴细胞不主张使用。②插入序列的制备。使用 RE 完全消化或部分消化，或者物理方法，如超声波处理或搅拌剪力，将基因组 DNA 切成预期的片段。③根据插入序列的大小，选择合适的载体进行克隆。一般而言，质粒载体约 10 kb，λ 噬菌体载体为 9 ~ 23 kb，P1 噬菌体载体为 100 kb，黏粒约为 40 kb，BAC 约 100 ~ 300 kb，YAC 约 500 kb ~ 3 Mb。如果基因组文库专门为基因组序列测定而建，就需要有克隆重叠(overlapping clone)，以便通过片段重叠法对序列进行拼装，防止或最大限度地降低非临近序列片段(non-contiguous fragment)连接在一起形成嵌合体克隆。用于基因组文库建立的典型载体有质粒、λ 噬菌体载体和 BAC 等。

Quiz11　为什么高等动物的淋巴细胞基因组 DNA 不适合制备基因组文库?

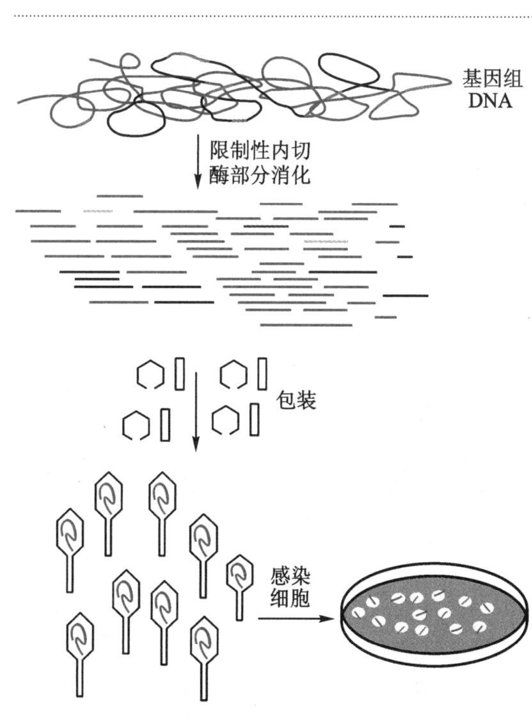

图 20-10　基因组文库的构建

一个好的基因组文库，应有助于从一个染色体上分离一个完整的基因或一段序列，有助于基因组序列分析，有助于了解和确定基因的组织和基因组的结构以及疾病与基因突变之间的关系，有助于对可能的基因序列、启动子、编码的蛋白质和其他性质进行预测和分析。

2. cDNA 文库

cDNA 文库代表的是一种单细胞生物或者一种多细胞生物某种细胞、组织内表达的所有的 mRNA 序列，这种代表也应该是完整和准确无误的。基因组含有的奢侈基因呈组织特异性表达，而且在不同环境条件、不同发育阶段的细胞表达的种类和强度也不尽相同，所以 cDNA 文库具有明显的组织细胞特异性。显然，cDNA 文库比基因组 DNA 文库小得多，因此从中比较容易地筛选出阳性克隆，并得到细胞特异性表达的基因。对真核细胞来说，从基因组文库获得的基因一般有内含子序列，而从 cDNA 文库中获得的是已剪接过、去除了内含子的基因。此外，从基因组文库中，还可以获得调节一个基因表达的各种顺式作用元件，如完整的启动子和增强子等，这些元件在 cDNA 文库中一般是缺乏的。

Quiz12 如果不让你使用核糖核酸酶 H，但让你使用核酸酶 S1，你如何建立 cDNA 文库？

cDNA 合成和 cDNA 文库构建的基本步骤包括（图 20–11）：①抽取总 mRNA；②将 mRNA 逆转录成 cDNA；③将 cDNA 导入到特定的载体。

利用 cDNA 文库，可以进行以下工作：①确定一个基因的转录产物和翻译产物；②如果是表达文库，就可用来表达不同的蛋白质以满足各种需要；③从库中获得无内含子的基因，以便在宿主菌中进行表达；④体外转录 mRNA；⑤合成探针；⑥简化与疾病有关的基因突变分析；⑦有助于确定和预测基因组序列中的基因；⑧从中获得为建立基因组的物理图谱所需要的表达序列标签（EST）。

3. 文库的筛选

无论是质粒文库还是噬菌体文库，文库筛选的基本步骤主要包括：①将菌落（质粒文库）或噬菌斑（噬菌体文库）复印到滤膜上；②用裂解细菌细胞壁的溶液处理滤膜，使 DNA 变性；③加热、烘干滤膜，以使单链 DNA 与滤膜永久性结合；④将制备好的探针与滤膜保温；⑤洗掉没有结合的探针；⑥使用放射自显影技术或其他检测系统作最后的鉴定。

如果是表达文库，就可使用特定的抗体对表达出的蛋白质产物进行检测，也可以使用基因芯片技术对基因产物的差异表达（differential expression）进行测定；如果是非表达的基因组文库，就可使用染色体步移（chromosome walking）法进行确定。步移法的原理是：如果一段邻近的序列已知，就可以以此段序列

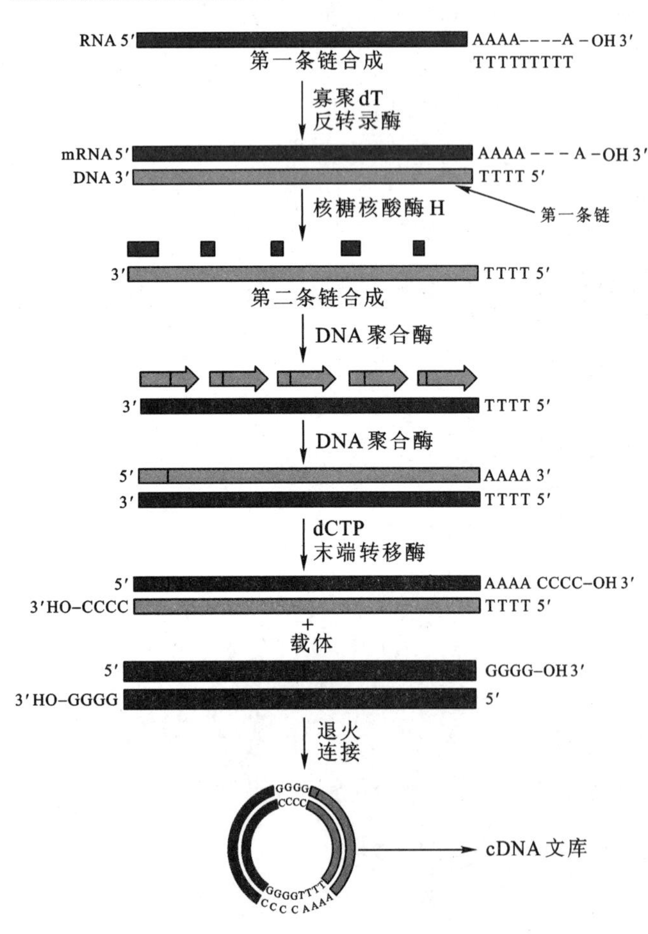

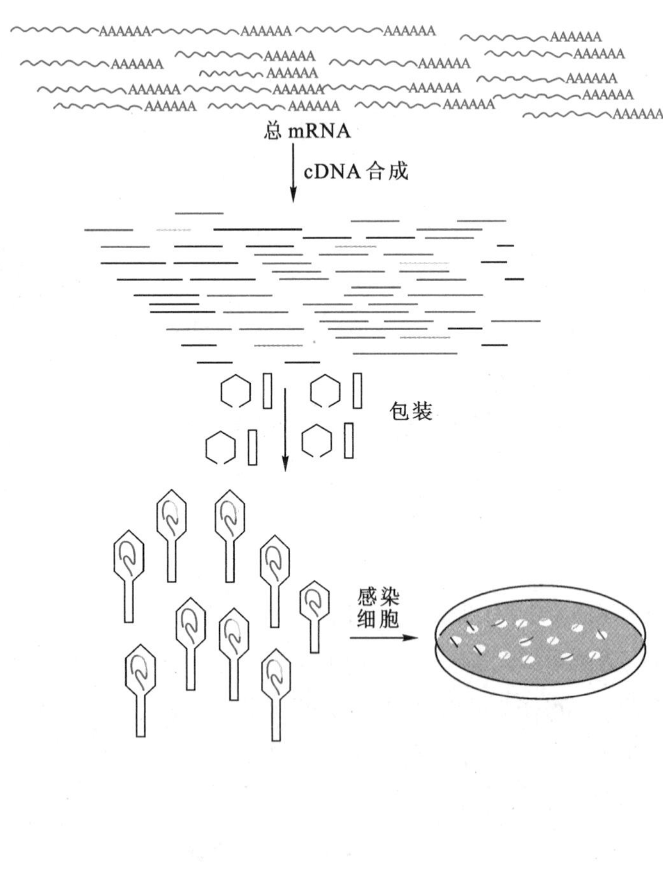

图 20–11　cDNA 的合成和 cDNA 文库的构建

为起始点，分离相邻的基因，每获得一段新的序列，都可以用新得到的序列为探针，进行新一轮的筛选。

探针的来源包括：①异源探针。如果目的基因是高度保守的，就可以使用另外一个已知物种的基因序列制备探针。② cDNA 探针。③根据蛋白质的氨基酸序列，制备探针。④人工合成寡聚核苷酸。⑤通过体外转录系统合成的RNA探针。⑥单克隆抗体。这是针对表达的多肽或蛋白质产物抗原而设计的。

Quiz13 杂交所用的核酸探针一般有多长？

二、DNA 序列分析

基因克隆的另一个主要目的是 DNA 序列分析，分析的对象可以是一个基因片段、一个基因、基因表达的调控序列乃至一个基因组。DNA 序列分析的主要方法参看第三章有关核酸研究方法的内容。

通过序列分析可以反推出一个蛋白质基因所编码的氨基酸序列，这有助于对一个蛋白质的性质、结构和功能进行预测；序列分析还有助于对基因和基因组的组织以及它们进化过程的理解；此外，通过序列分析，可以确定控制一个基因表达的各种顺式元件以及导致疾病发生的基因突变。

三、表达外源蛋白

Quiz14 你知道什么是mRNA疫苗和DNA疫苗吗？

使克隆的基因在特定的宿主细胞中表达，对于研究一个基因的功能及其表达调控的机制十分重要，其表达出的蛋白质可供作结构与功能的研究。许多具有特定生物活性的蛋白质（如胰岛素和干扰素）或酶具有广泛的医学或工业应用价值，将相关基因克隆之后再让其在特定宿主细胞中大量表达，可满足医学或工业等领域的应用需要。

要使克隆基因在宿主细胞中表达，首先需要将目的基因亚克隆到带有基因表达所必需的各种顺式元件的载体之中，这些载体通称为表达载体（expression vector）。目的基因可以放在不同的宿主细胞中表达，例如，大肠杆菌、枯草杆菌、酵母、昆虫细胞和培养的哺乳类动物细胞等。针对不同的表达系统，需要构建不同的表达载体。

表达载体可分为融合载体（fusion vector）和非融合载体（non-fusion vector）两类，前者在插入位点上“预装”了另外一个蛋白质或多肽的基因，因此，插入的外源基因将会与它发生融合，表达出来的是一种融合蛋白。例如，*lacZ* 融合序列载体、融合有蛋白质 A 的 pGEX 系列、融合有 GFP 的 pGFP 系列、融合有多聚组氨酸标签（His-tag）的 pGEM2T 系列等。使用融合载体的主要好处是方便了目标蛋白的鉴定和纯化。

Quiz15 某一种重组蛋白在宿主细胞表达以后，如果用凝胶过滤层析，发现有两个独立的峰，但用 SDS-PAGE 进行分析却只有一条带。对此你如何解释？

理想的表达系统应该满足以下条件：①具有合适的 MCS，以方便外源基因能插入到正确的表达位置，或者至少是含有 3 个以上 ORF 的系列；②能形成正确的翻译后加工和三维结构，以形成有活性或有功能的分子；③为可诱导的表达系统，允许细胞生长和诱导表达，防止毒性蛋白质的积累；④易于分离和纯化；⑤最好能分泌到胞外。

大肠杆菌是目前应用最广泛的蛋白质表达系统。然而，并不是所有的基因都适合在大肠杆菌中表达，在将真核基因放入细菌细胞中表达时，通常会有以下问题：①缺乏真核基因转录后加工的功能，不能进行 mRNA 前体的剪接，所以，表达基因一般来自其 cDNA；②缺乏真核生物翻译后加工的功能，导致表达产生的蛋白质，不能进行所需要的化学修饰，或难以形成正确的二硫键和三维结构，因而产生的蛋白质经常没有活性或者活性不高；③表达的蛋白质经常是不溶的，会在细菌内聚集成不溶性的包涵体（inclusion body）。

使用真核生物表达系统表达真核生物的蛋白质，自然比细菌系统优越，常用的有酵母、昆虫和哺乳动物培养细胞等表达系统。真核表达载体至少具备两类元件：①细菌质粒的序列，包括在细菌中起作用的复制起始区以及筛选克隆的抗药性标记基因等，以便在插入真核基因后，能很方便地利用细菌系统筛选获得目的重组 DNA 克隆，并扩增到足够量；②在真核宿主细胞中表达重组基因所需要的各种顺式元件。

目前市场上已有多种利用 DNA 重组技术生产的多肽药物和疫苗销售，例如，胰岛素、干扰素、红

Quiz16 如何设计一个实验装置，以 GFP 为报告基因，来检测环境中雌激素的含量？

细胞生成素(EPO)、生长激素、集落刺激因子(CSF)、表皮生长因子和乙型肝炎表面抗原(HBSAg)疫苗等。

四、转基因动物、植物及转基因食品

转基因动物或转基因植物就是指在其基因组内稳定地整合有外源基因、并能遗传给后代的动物或植物。

1. 转基因动物

1979 年，Beatrice Mintz 等人将 SV40 的 DNA 导入到小鼠早期胚胎的囊胚腔，第一次得到带有外源基因的嵌合型小鼠(chimeric mouse)。1982 年，Palmiter 等人将克隆的生长激素基因用显微注射的方法直接导入小鼠受精卵细胞核，所得的转基因小鼠在肝、肌、心等组织都能表达生长激素，致使小鼠比原个体大几倍，成为"巨鼠"。除受精卵外，从胚胎中分离的胚胎干细胞(embryonic stem cell，ES 细胞)也能接受外源基因发育成个体。外源基因的导入还可以采取逆转录病毒载体感染等方法。

以转基因小鼠为例，如果以受精卵为起点，那培育转基因动物的基本步骤就是：①从供体动物中，分离受精卵；②将转基因 DNA 显微注射到一个受精卵的雌性原核(female pronucleus)或雄性原核之中，进入的 DNA 通过非同源重组插入到基因组之中；③将受精卵移植到代孕母鼠(surrogate mother)的子宫之中；④对出生的小鼠进行筛选，挑出转基因小鼠。

如果是以 ES 细胞为起点，基本步骤就包括：①分离并培养 ES 细胞；②使用常规转染技术，将含有转基因和标记基因的载体导入到 ES 细胞，所用的抗性基因通常是新霉素抗性基因(Neo^R)；③使用新霉素对 ES 细胞进行选择，并用 PCR 进行确认；④将转化的 ES 细胞注射到处于囊胚期的胚胎之中；⑤将胚胎移植到代孕的母鼠之中；⑥将新出生的嵌合型动物与非转基因动物进行交配，再从后代中筛选出转基因动物。筛选可使用 Southern 印迹、Northern 印迹和 Western 印迹分别在 DNA、RNA 和蛋白质水平上进行。

转基因技术不但为遗传育种提供了新的途径，而且利用转基因动物可以获得治疗人类疾病的一些重要的蛋白质，还可以利用转基因动物建立人类疾病的动物模型，为研究人类疾病病因，以及测试新的治疗方法提供有效手段。

2. 转基因植物

在转基因植物的培育过程中，基因导入通常以根瘤农杆菌(*Agrobacterium tumifaciens*)内的肿瘤诱导(tumor-inducing，Ti)质粒介导。根瘤农杆菌可感染植物细胞，产生"肿瘤"。

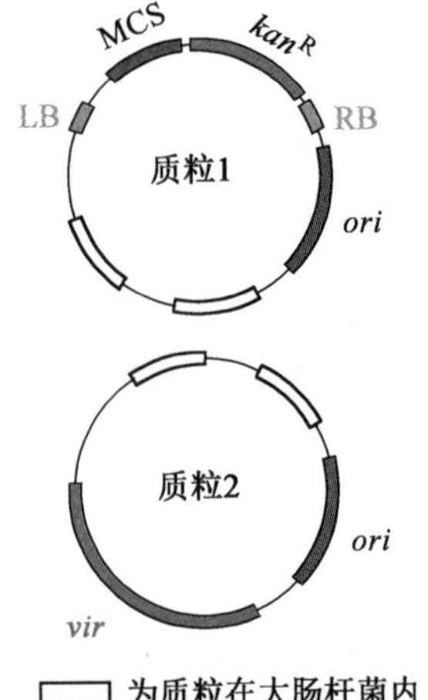

图 20-12 二元质粒系统

Ti 质粒由转化基因 T、毒性基因 *vir* 和复制起始区 *ori* 等组成。*vir* 基因编码的酶可在 LB 和 RB 处切开 T 基因，并将它们转移到植物基因组之中。

目前多用二元质粒系统(binary plasmid system)(图 20-12)，具体步骤是：①将外源目的基因插入到质粒 1 的 MCS 之中；②将质粒 1 和 2 共转化根瘤农杆菌；③将含有质粒 1 和 2 的根瘤农杆菌感染培养的植物细胞；④在宿主细胞内，*vir* 基因表达的产物切出 LB 和 RB 之间的 DNA，然后将其转移到植物基因组中；⑤利用卡拉霉素选择细胞，并使用 PCR 进行鉴定；⑥诱导单个细胞分裂、分化成植株；⑦筛选出转基因植物。

使用转基因技术，可赋予植物新的性状，如抗虫、抗病、抗旱、抗逆、高产和优质等，这在植物育种方面具有特别的意义。迄今为止，至少已有几十个科的几百种植物转基因获得成功。1992 年，中国成为世界上允许种植商业化转基因植物的第一个国家，当年批准的是一种抗病毒的转基因烟草。1994 年，美国 Calgene 公司研制的转基因延熟番茄首次进入商业化生产。1996 年转基因玉米、转基因大豆相继投入商品生产。此外，将人类基因转入植物还可能获得医学上的治疗用途的药物。例如 2012 年，美国 FDA 批准全球首例转基因植物生产的用于治疗葡糖脑苷脂沉积症的药物。

3. 转基因食品

以转基因生物为原料加工生产的食品就是转基因食品或基因修饰食品(genetically modified food，

GM 食品)。根据转基因食品来源的不同,可分为植物性转基因食品、动物性转基因食品和微生物性转基因食品,其中以植物性转基因食品更常见。例如,2015 年在美国批准上市的不容易生锈的转基因苹果属于植物性转基因食品,它使用了基因沉默技术,降低了导致苹果生锈的多酚氧化酶(polyphenol oxidase,PPO)的表达。

转基因食品的研发迅猛发展,产品品种及产量也成倍增长,但这么多年来,其安全性一直是人们关注的焦点。对此,目前学术界还没有统一说法。争论的焦点在于转基因食物是否会产生毒素、是否可通过 DNA 或蛋白质诱发过敏反应、是否影响抗生素耐药性等方面。

五、基因治疗

人类疾病的基因治疗(gene therapy)是指将人的正常基因或有治疗作用的基因通过一定方式导入人体靶细胞,表达有功能的蛋白质,以纠正目的基因的缺陷或者发挥治疗作用,从而达到治病目的的一种治疗方法。

根据治疗的细胞对象,基因治疗分为性细胞基因治疗(germ-line gene therapy)和体细胞基因治疗(somatic gene therapy)。性细胞基因治疗是在患者的性细胞中进行操作,用来彻底根除并使其后代从此再也不会得这种遗传疾病。然而,由于目前的技术水平有限,难以解决关键的基因定点整合问题,加之相关的伦理学问题,还不能进入临床试验。体细胞基因治疗才是当今基因治疗研究的主流,特别是干细胞技术的发展,使其成为最好的治疗对象。

根据治疗途径,基因治疗可分为体内(*in vivo*)基因治疗和回体(*ex vivo*)基因治疗。前一种途径是直接往人体组织细胞中转移基因。例如,1994 年美国科学家以经过修饰的腺病毒为载体,成功地将治疗遗传性囊性纤维变性的正常基因 *CFTR* 导入到患者肺组织中。而后一种途径需要先从病人体内获得某种细胞,进行培养,在体外完成基因转移后,将成功转移的细胞扩增培养,然后重新输入患者体内。例如,1990 年 9 月 14 日,美国 NIH 的 Michael Blaese 和 W. French Anderson 使用此途径,用正常的腺苷脱氨酶(ADA)基因,成功治愈一位因 ADA 基因缺陷患有 SCID 的名叫 Ashanti de Silva 的 4 岁女孩。现在大部分基因治疗临床试验都属于体外基因治疗,这种方法虽然操作复杂,但效果较为可靠。

无论是体内还是体外基因转移,都需要一种安全、高效和无毒的载体将外源基因带入病变细胞,并获得表达。目前使用的载体有两类:一类由逆转录病毒改造而成,主要用于回体基因治疗;另一类由腺病毒改造而成,主要用于体内基因治疗。

六、基因功能的研究

研究基因的功能,除了可以对基因的表达产物直接进行研究以外,还可以通过观察和分析破坏目标基因或抑制目标基因的表达而造成的表型变化来研究。

目前广泛用于基因功能研究的方法有基因敲除(gene knockout)、基因敲减(gene knockdown)和显性负性突变(dominant negative mutation)

1. 基因敲除

基因敲除是上个世纪 80 年代后半期随 DNA 同源重组原理发展起来的一门技术,它是指在分子水平上,使用特定的手段,将一个结构已知但功能不详的基因去除,或用其他顺序相近的基因取代,使原基因功能丧失,然后从整体观察实验生物的表型变化,进而推断相应基因的功能。这与早期生理学研究中常用的切除部分—观察整体—推测功能的思路相似。

Quiz17 举出生化中五个经典的使用基因敲除研究基因功能的案例?是不是所有基因的功能都适合用这种方法进行研究?

现在基因敲除的手段除了经典的同源重组以外,还有转座子插入,以及近几年发展起来的基因组编辑技术(参看本章第九节“基因组编辑技术”)。

基因敲除的对象若是动物的话,一般使用小鼠 ES 细胞,它与转基因动物技术很相似,其基本步骤如下(图 20-13):①构建重组基因载体;②用电穿孔或显微注射等方法把重组 DNA 转入受体细胞核内;

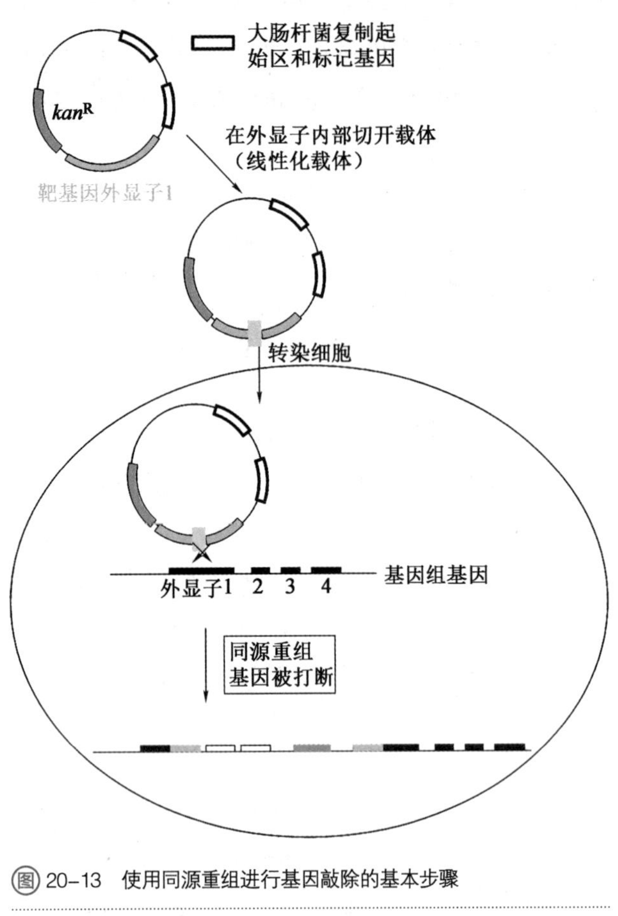

图 20-13 使用同源重组进行基因敲除的基本步骤

③用选择培养基筛选出重组体细胞；④将重组体细胞转入胚胎使其生长成为转基因动物；⑤对转基因动物进行分子生物学检测及形态观察。

同源重组进行基因敲除使用的载体有两类，一类是整合型载体（integration vector），另一类是取代型载体（replacement vector）。前者含有一段靶基因的片段和选择性标记（通常是新霉素抗性基因 Neo^R），它在进入靶细胞后，将自身插入到目的基因的内部（是否插入可用 PCR 确认），导致目的基因被破坏，并带入 Neo^R，因此可使用新霉素进行选择筛选；后者也含有 Neo^R 基因，并在此基因的两侧各插入了靶基因的片段和单纯疱疹病毒胸苷激酶基因（herpes simplex virus thymidine kinase，*HSVtk*），它在进入靶细胞以后，Neo^R 会取代目的基因的一部分，而 *HSVtk* 则被游离出来，因此也使用新霉素进行选择和筛选。

使用替代型载体有一个好处，就是可以使用含有新霉素和丙氧鸟苷（gancyclovir，GCV）的培养基将载体发生随机整合的细胞剔除，因为随机整合的细胞既表达 Neo^R，又表达 *HSVtk*，HSVTK 可将 GCV 转化为有毒的药物，从而杀死细胞。

目前，基因敲除的应用领域主要有：①建立人类疾病的转基因动物模型，为医学研究提供材料。②改造动物基因型，鉴定新基因和 / 或其新功能，这在发育生物学研究中特别有用。深入研究基因敲除小鼠在胚胎发育及生命各时期的表型变化，可以得到有关基因在生长发育中的作用的详细信息，进而搞清楚它的功能。

Quiz18 当今我国最重要的模式动物（小鼠）敲除中心在哪里？

2. 基因敲减

基因敲减也称为基因抑制基因敲低，它是一项降低或者抑制一种生物的某个或某些基因表达的技术，以区别传统的“基因敲除”。敲减的手段可以在 DNA 水平上通过对 DNA 的修饰来抑制基因的转录，也可以使用人工设计的核酶（如锤头核酶）定向切割特定的目标基因转录出来的 mRNA，或者在翻译水平上通过 RNAi 技术或依赖于核糖核酸酶 H 的反义核酸技术来抑制特定 mRNA 的翻译。

现在用的最多的是基于 RNAi 的基因敲减。这种敲减策略几乎适用于所有动物和植物，经过改进后可使特异组织中的基因表达沉默，而且可以设计特定的 RNAi 在生物的发育期或成年期的任何时间打开或关闭。如果将这些特点与药物开发技术和其他方法结合起来，就可以发现大量关于基因如何影响一种生物体正常生理和病理过程的信息。

3. 显性负性突变

此方法是通过基因转移将突变的目标基因引入到体内，使其在特定细胞内过量表达，以阻断正常蛋白质在胞内的功能，造成生物表型的变化，从而推断野生蛋白质的功能。

七、寻找未知基因

基因克隆不仅可以使人类对已知的基因进行各式各样的研究，还为我们寻找和鉴定新基因提供了一种十分有效的途径。

1. 从基因的终产物开始鉴定新基因

这种途径是在得到一个基因产物的基础上进行的，以一个未知的蛋白质基因为例，如果先分离、纯化到这种新的蛋白质或者它的降解片段，就可确定它的部分氨基酸序列，然后根据遗传密码子表，反推出编码它的核苷酸序列并进行人工合成，作为探针从 cDNA 文库或基因库中挑出原始的基因。

2. 从核酸水平上寻找新基因

随着基因组学的兴起和发展，人们得到各种生物基因组的全部序列和部分序列，从这些已知 DNA 序列中得到新基因成为研究人员的一大目标。但是，由于基因结构的复杂性和多样性，很难建立一种通用的捷径或法则来鉴别新基因，只能是八仙过海，各显神通，总结起来主要有以下几种方法：

(1) 根据同源序列搜索和寻找。不同物种之间功能相同或相近的基因其序列往往有一定程度的相似性，物种的亲缘关系越近，相似度越高，因此，如果某一物种的某一种蛋白质的基因已知，就可以以它的核苷酸序列为探针，在其他物种的基因组文库和 cDNA 文库中调出同源的基因。

(2) 基因标签法。此方法的原理是通过插入一段外源 DNA 作为标签，到一个基因内部或靠近这个基因的位置，由于基因的结构被破坏或表达受到干扰，即可能引起某种表型变化，由此从突变体中可能分离到目的基因。

(3) 消减杂交和抑制性消减杂交技术。该技术需要应用于两个不同的 cDNA 文库，如分别来自健康和病变的细胞，让两者变性后再进行杂交。然后，采用亲和素 - 生物素结合或羟基磷灰石层析分离未杂交的部分，由此获得呈差异表达的基因片段。

(4) 差异显示 PCR（differential display PCR，DD-PCR）。该技术的原理和主要流程是：首先抽取组织样品中的 mRNA，然后，以 3′ 端的 12 对带有寡聚 dT 的锚定引物进行逆转录反应；再以锚定引物和 5′ 端的 20 种随机引物进行 PCR 扩增，并在反应体系中加入同位素标记的 dATP 以标记扩增产物；在对 PCR 扩增产物作电泳分析后回收差异条带，再以之为模板进行第二轮扩增；最后，对第二轮扩增产物进行杂交鉴定、测序，获得差异显示表达序列标签（EST），以获得新基因。

(5) RNA 随机引物 PCR（RNA arbitrarily primed PCR，RAP-PCR）。该技术与 DD-PCR 相似，但只使用随机引物，因此，能将不含有多聚 A 尾的 mRNA 也能逆转录出来。

(6) 外显子捕获（exon trapping）。此项技术的原理是：将基因组序列克隆到专门的载体上，插入位点在一个内含子内部，而这个内含子两侧是外显子，此重组载体在一个强启动子驱动下表达。如果被克隆的基因组片段含有外显子，那外显子就会在随后的转录物剪接反应中被保留，使原来 mRNA 的大小发生改变，从而被检测出来。

(7) 与 CpG 岛有关的技术。真核生物的基因组中 CpG 岛许多存在于管家基因的周围，有的一直延伸到基因的第一个外显子内。利用这个性质，可以用 CpG 岛周围的序列作为探针，从基因组文库中获得新基因。也可以 CpG 岛周围序列和其他标记序列设计引物（如 *Alu* 序列），使用 PCR 调出可能的新基因。

Quiz19 你知道有哪些分子生物学技术得过诺贝尔奖?

(8) 噬菌体展示（phage display）。该技术的基本原理是将外源 DNA 片段插入丝状噬菌体外壳蛋白的基因 PⅢ或 P Ⅵ中，从而使外源基因编码的多肽或蛋白质与外壳蛋白以融合蛋白的形式展示在噬菌体表面，被展示的多肽或蛋白质可保持相对独立的空间结构和生物活性，从而大大简化了蛋白质分子表达文库的筛选和鉴定。

(9) 酵母双杂交。该技术可用来筛选和已知蛋白相互作用的未知蛋白的基因（参看本章第七节）。

第四节　聚合酶链反应

聚合酶链反应（PCR）是一种在体外特异性扩增特定 DNA 序列或片段的方法，由美国科学家 Kary

Mullis 于 1984 年所发明。

PCR 的原理并不复杂：理论上，DNA 分子数目经复制呈指数增长，如果提供足够的引物和 dNTP，1 分子 DNA 复制 n 次后，就可产生 $2n$ 个 DNA 分子。但与体内 DNA 复制不一样的是：PCR 的解链反应使用的是热变性，而不是解链酶；PCR 使用的引物是人工合成寡聚 DNA；为了提高 DNA 聚合酶的稳定性，PCR 使用的是耐热的 DNA 聚合酶。

整个 PCR 由多个循环组成，循环次数为 30～40 次。每循环一次，DNA 复制一次。每一个循环由三步反应组成（图 20-14）：① DNA 变性——采取热变性，使模板 DNA 在 95℃左右的高温下解链；②退火——降低温度（通常在 50～65℃），以使引物与模板 DNA 配对；③延伸反应——在 DNA 聚合酶催化下的，在引物的 3′ 端合成 DNA，温度通常在 72℃左右。在循环结束以后，一般还有一步专门的延伸反应，大概持续 10～30 min。最后得到的 PCR 产物可以通过常规的琼脂糖凝胶电泳进行鉴定分析（参见图 20-17）。

Quiz20 PCR 最后一步专门的延伸反应的目的是什么？

Quiz21 现在有一种十分方便的克隆由 *Taq* 酶扩增出来的 PCR 产物的方法，叫 TA 克隆法。请说出它的原理。

一个标准的 PCR 系统包括：DNA 模板、耐热的 DNA 聚合酶、一对寡聚脱氧核苷酸引物、4 种 dNTP、合适的 Mg^{2+} 和一定体积的缓冲液等。人工合成引物的序列设计是 PCR 成功的关键，现有专门的软件可以辅助设计合适的引物。

PCR 自诞生以后，即引起了人们的高度关注。如今，该技术已渗透到生命科学几乎每一个领域，并进行了各种形式的扩展和优化，例如以逆转录产生的 cDNA 作为模板的逆转录 PCR（reverse transcription PCR，RT-PCR）和实时定量 PCR（quantitative real-time PCR，qPCR）等。

细胞内各种基因的表达水平会随着内部或外部因素的变化而改变，mRNA 水平的高低通常是这种变化最直接的体现。Northern 杂交可以直观反映出细胞内不同 mRNA 的含量，但是操作复杂而且不能精确定量 mRNA 水平的微小变化。相比较而言，RT-PCR 可以迅速检测出 mRNA 水平的变化，而且

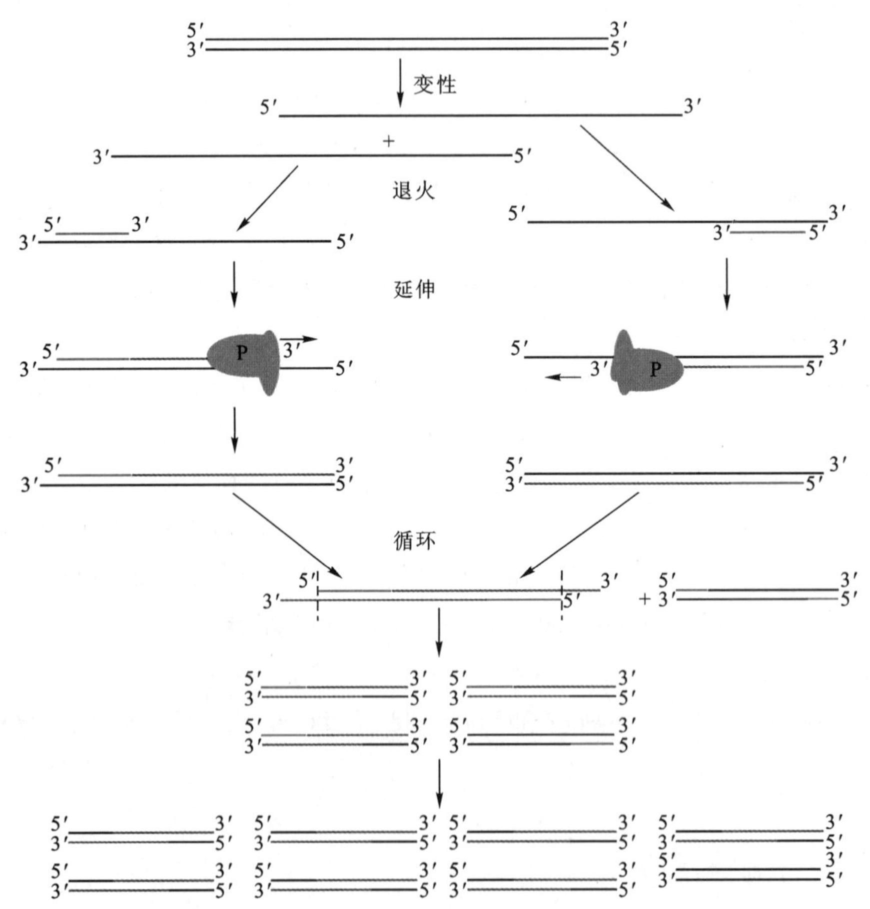

图 20-14 聚合酶链反应的基本过程

灵敏度也比 Northern 杂交更高，但是 RT-PCR 由两个酶促反应组成，再加上 PCR 本身的特点，极小的模板差异都会造成最终产物的极大差别，这些都会影响实验结果的准确性，而定量 PCR 的方法则可以最大程度地避免上述问题。

荧光实时定量 PCR 首先需要对 PCR 反应中每一循环的反应产物进行实时检测并记录下来；然后，对 PCR 产物实时检测的荧光染料标记在一段可以与单链 PCR 产物(模板)特异性杂交的探针上，并且处在淬灭状态，只有当探针与模板特异性结合以后才能释放出荧光信号。要做到这一点可以有多种方法，这里仅介绍一种由 PE 公司开发出的 TaqMan 双标记探针技术：该技术需要利用 *Taq* DNA 聚合酶本来就带有的 5′ 外切核酸酶的酶活性，同时选取 PCR 上下游引物之间的一段序列作为探针，其中在探针的 5′ 端标记上荧光基团，3′ 端标记上相应的淬灭基团，由于两个基团靠得较近，构成荧光共振能量传递的关系，没有荧光信号产生。在每一个循环的退火过程中，该探针可以与模板相结合，在随后的延伸反应中，当从引物延伸至探针与模板结合处时，*Taq* 酶的 5′ 外切酶活性可以降解探针的 5′ 端，使荧光基团与淬灭基团分离，从而产生荧光。理论上每合成一次新链就有一次荧光信号释放(图 20-15)。

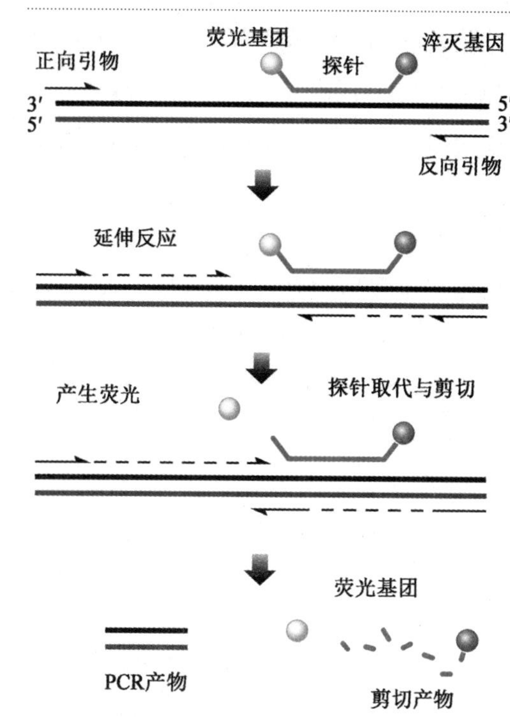

图 20-15　qPCR 过程中荧光产生的一种机制

Quiz22 你认为 *Taq* 酶相当于大肠杆菌细胞中的哪一种 DNA 聚合酶?

无论那种方法，每一轮循环中 PCR 的产出量都以荧光信号的形式被 PCR 仪的光学检测系统记录下来，在某一循环中荧光信号的强度达到预先设定的阈值时，此时循环数称为阈值的循环数(threshold cycle，CT)，显然 CT 值与起始的模板量成反比，起始的 PCR 模板量越多，CT 值就越小。如果要准确定量的话，需要做出标准曲线，以 CT 值为纵坐标，起始模板数为横坐标作图。

可以说，PCR 的用途越来越广，综合起来，它主要应用在以下一个方面：①基因或基因片段的克隆和鉴定；②基因诊断；③亲子鉴定(paternity testing)；④随机突变和定点突变(参看本章第五节“蛋白质工程”)；⑤基因表达差异定量；⑥确定未知基因表达变化；⑦犯罪现场的法医鉴定；⑧古代 DNA 的分析；⑨循环测序(cycle sequencing)。上述各项应用的原理和具体步骤可以在许多 PCR 手册上查到。

Box20.2　镜像 PCR 系统的建立

在《生物化学原理》第三版第十五章有一侧小框故事，报道了 2016 年 5 月 16 日由清华大学朱听等人在线发表在 *Nature Chemistry* 上题为“A synthetic molecular system capable of mirror-image genetic replication and transcription”的论文。这篇论文告诉我们，他们用化学合成的方法得到了仅由 D- 氨基酸组成的 D-DNA 聚合酶，与天然的由 L- 氨基酸构成的 L-DNA 聚合酶呈镜像关系。他们选择合成的是当时已知最小的非洲猪瘟病毒的 DNA 聚合酶，只有 174 个氨基酸残基。这种 D-DNA 聚合酶可以用 L-dNTP 或 L-NTP 为原料，在体外催化 L-DNA 的复制和转录(图 20-16)。

然而，就在 2017 年 10 月 17 日，在 *Cell Discovery* 上，又有一篇他们所发表的题为“Mirror-image polymerase chain reaction”的论文，这次他们更进一步，设计并化学合成了由 D- 氨基酸组成的耐高温嗜盐菌 DNA 聚合酶Ⅳ(Dpo4)的突变体。这种 D-DNA 聚合酶由 358 个氨基酸残基组成，是迄今为止报道最大的通过化学合成得到的 D- 蛋白质。

在体外，这种耐热的 D-DNA 聚合酶可以催化镜像聚合酶链反应（miPCR）。该 miPCR 系统需要提供：耐热的 D-DNA 聚合酶；L-DNA 模板；L-DNA 引物；L-dNTP；非手性缓冲液（pH 7.5 的 50 mmol/L HEPES）；Mg^{2+}。与常规 PCR 一样，miPCR 基本步骤包括变性、退火和延伸三步，可在多达 40 个循环后扩增出目标 L-DNA 序列。他们使用的模板是编码大肠杆菌 5S rRNA 的基因 *rrfB* 的 120 bp L-DNA 序列，结果显示，得到的 miPCR 产物在琼脂糖凝胶中产生一条清晰的条带，预期长度为 120 bp，其强度随着循环次数的增加而增加（图 20-17）。但是，miPCR 系统的效率似乎不如自然系统（需要更长的延伸时间）。至于 miPCR 的错误率，与使用天然的 Dpo4 进行常规 PCR 的错误率一致，为 10^{-4} nt。

miPCR 产物可完全抵抗天然的核酸内切酶（DNA 酶 Ⅰ）和外切核酸酶Ⅲ的水解。扩增的 L-DNA 序列的这一特征使其成为有前途的体内应用候选物，例如，作为抗核酸酶的 L- 核酸适体，用于研究和治疗目的。

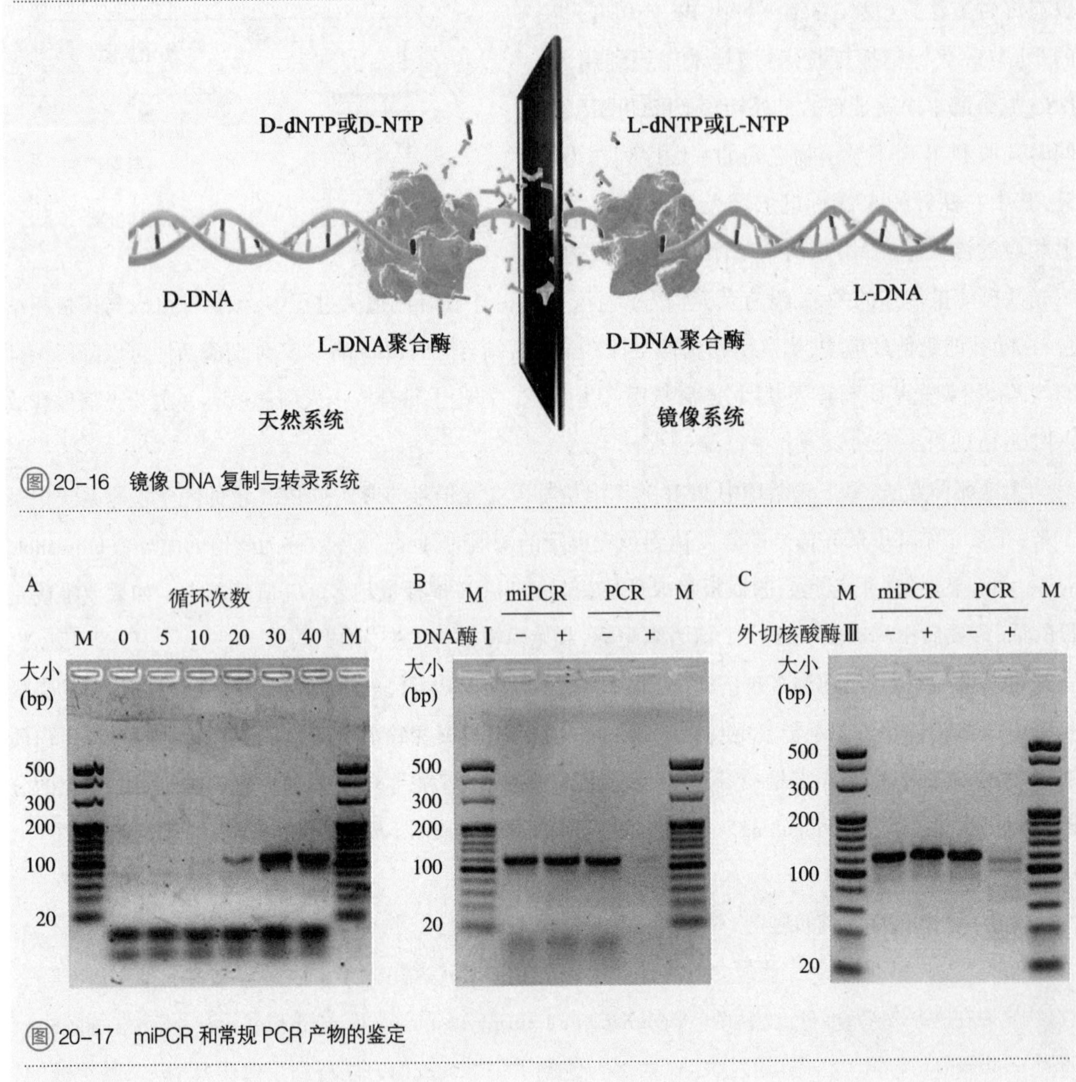

图 20-16 镜像 DNA 复制与转录系统

图 20-17 miPCR 和常规 PCR 产物的鉴定

第五节 蛋白质工程

蛋白质工程（protein engineering）主要是利用基因工程技术从改变或合成基因入手，改善一种蛋白质的结构与功能，从而产生具有特殊功能、符合人们意愿性质的新产物的一项技术。它在技术方面与基因工程技术有许多相似之处，因此也称为第二代基因工程。

蛋白质工程一般有四个目的：①改变催化性质。这包括提高 V_{max}、降低 K_m 值、改变最适 pH、去除抑制剂作用位点、改变反应的特异性或去除导致蛋白质不稳定的氨基酸残基等。②改变结构性质。这包括改善热稳定性、提高在有机溶剂中的稳定性、改变理化性质或改变对配体结合的特异性。③引入新活性，创造新系统。这包括合成融合蛋白或多功能蛋白、添加有利于纯化的标签或增强药用蛋白质的药效等。例如通过蛋白质工程，已获得带有 3′外切酶和/或 5′外切酶活性的 *Taq* DNA 聚合酶。④蛋白质的定向进化(directed evolution)。在不需要事先了解蛋白质的三维结构和作用机制的情况下，直接在体外模拟自然进化的过程(随机突变、重组和选择)，使基因发生大量变异，并定向选择出所需性质或功能的蛋白质，在较短时间内完成漫长的自然进化过程。

改造蛋白质的主要手段是体外突变(*in vitro* mutagenesis)。而突变分为非特异性的随机突变和特异性的定点突变，只有特异性的定点突变才是按照人们的事先设计进行的，具有明确的目的，因此，才成为蛋白质工程的主要手段。

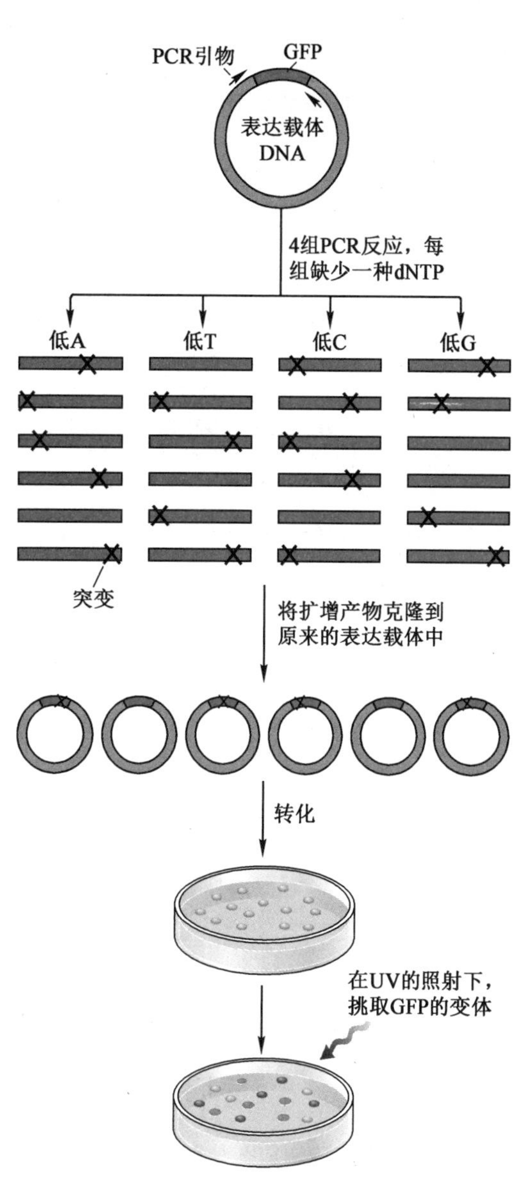

图 20-18　使用 PCR 介导的随机突变筛选 GFP 变体(XFP)的基本步骤

一、随机突变

随机突变现在最方便的是运用 PCR。使用 PCR 进行随机突变可以通过在特定的条件下进行易错 PCR(error-prone PCR)而实现。例如，在扩增体系中用 Mn^{2+} 取代 Mg^{2+}，因为在 DNA 复制的时候，使用 Mn^{2+} 代替 Mg^{2+}，可提高错配的机会；或者在反应体系中，故意降低任意一种 dNTP 的浓度，因为在 DNA 复制的时候，如果一种 dNTP 缺乏，那其参入的机会就降低，从而提高与它相似的核苷酸参入的机会而增加错配的可能性；也可以使用缺乏校对活性的 DNA 聚合酶在高 Mg^{2+} 下进行扩增。

以 GFP 的改造为例，如果想将其改造成发其他颜色荧光的 XFP，可将含有野生型 GFP 基因的载体 DNA 在缺乏一种 dNTP 的条件下，进行 PCR(图 20-18)，并进行克隆、转化和表达。最后在特定激发光照射下，直接挑出能发其他颜色荧光的菌落。该菌落应该含有 XFP。

除了易错 PCR 以外，还有一种叫基因混排(gene shuffling)或基因改组，它实际上是一种体外同源重组技术(图 20-19)。具体操作是将来源于不同物种的同源基因或含有不同突变的基因，用 DNA 酶 I 消化成随机片段，由这些随机片段组成一个文库，使之互为引物和模板进行 PCR 扩增，当

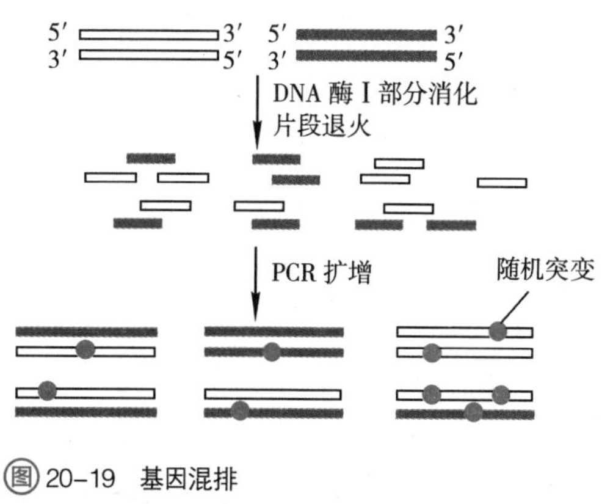

图 20-19　基因混排

一个基因拷贝片段作为另一基因拷贝的引物时，引起模板互换，重组因此发生，导入体内后，选择好突变体再进行新一轮的体外重组。

二、定点突变

定点突变（site-directed mutagenesis）是通过定向改变一个蛋白质基因的碱基序列而改变多肽链上一个或几个氨基酸的序列。与天然突变一样，定点突变也分为取代、缺失和插入三种形式。目前主要使用 PCR 进行。

PCR 突变直接在引物设计的时候引入突变，通过扩增将突变固定到一个完整的基因之中（图 20-20）。

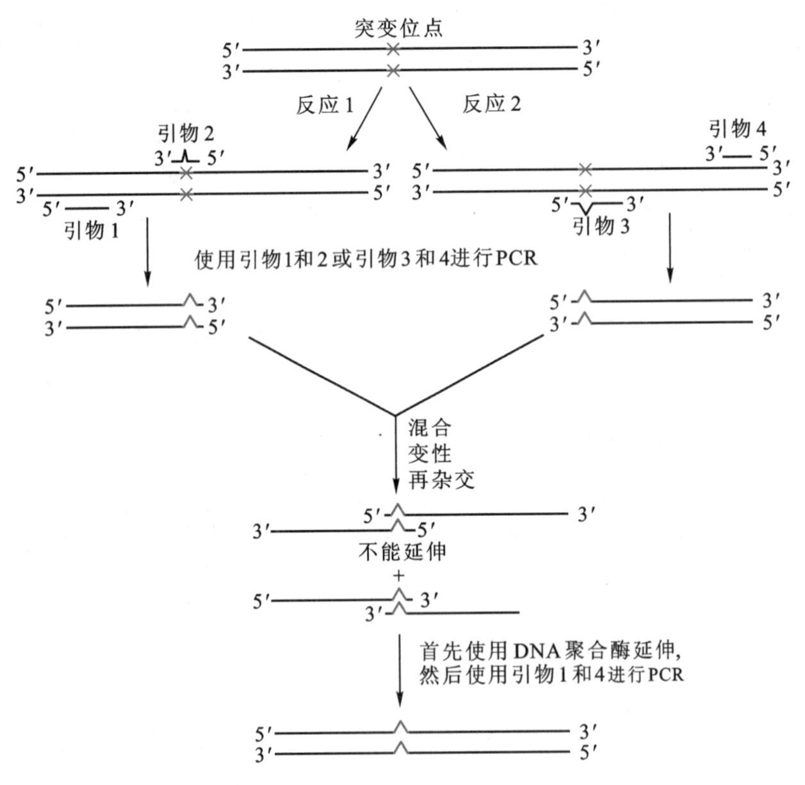

图 20-20　PCR 突变的基本流程

无论是随机还是定点突变，最后都面临筛选的问题。现在有两种常用的筛选方法，一是前面已经介绍过的噬菌体展示，另一个就是现在要介绍的核糖体展示（ribosome display）。

核糖体展示是一种利用蛋白质与特异性配体特异性结合在体外直接进行筛选的新技术，它将正确折叠的蛋白质及其 mRNA 模板同时结合在核糖体上，形成 mRNA- 核糖体 - 蛋白质三元复合物，从中筛选出编码目标蛋白的基因序列，可用于各种蛋白质的体外改造等。

核糖体展示技术的基本原理和步骤如下所述（图 20-21）。

（1）模板的构建。这需要将目标 DNA 序列（突变或没有突变的）插入到一种特殊的受 T7/SP6 RNA 聚合酶驱动的体外转录载体之中。在构建时，需要将目标 DNA 的 5′ 端与一段能形成茎环结构的前导序列融合在一起，以提高将来的转录物的稳定性，而在 3′ 端与一段无终止密码子的间隔序列融合在一起，以使转录物缺乏终止密码子。

（2）体外转录和翻译。在模板构建好以后，先进行体外转录，再使用无细胞翻译系统进行体外翻译。由于转录物缺乏终止密码子，故在进行体外翻译的时候无法终止，于是翻译到最后，肽酰 tRNA 仍然与间隔序列结合，而由原来的基因序列翻译出来的蛋白质突出在核糖体之外并进行折叠，由此形成一种由 mRNA、核糖体和蛋白质组成的三元复合物。

(3) 亲和筛选。根据突变蛋白与特殊配体特异性结合的性质，可使用亲和层析将核糖体上还没有释放出来的蛋白质，与结合在特殊树脂表面的配体或包被有特殊配体的磁珠保温结合，来筛选目标蛋白。为了稳定形成的 mRNA- 核糖体 - 蛋白质复合物，可将温度降低并加入 Mg^{2+}。此后，可使用高盐溶液或者金属螯合剂(EDTA)，或者游离的配体进行洗脱。

(4) 逆转录 PCR。mRNA 在洗脱的时候将得以释放，随后可以作为模板，进行逆转录 PCR，并进行下一轮突变、转录、翻译和筛选，以得到更好的突变体。

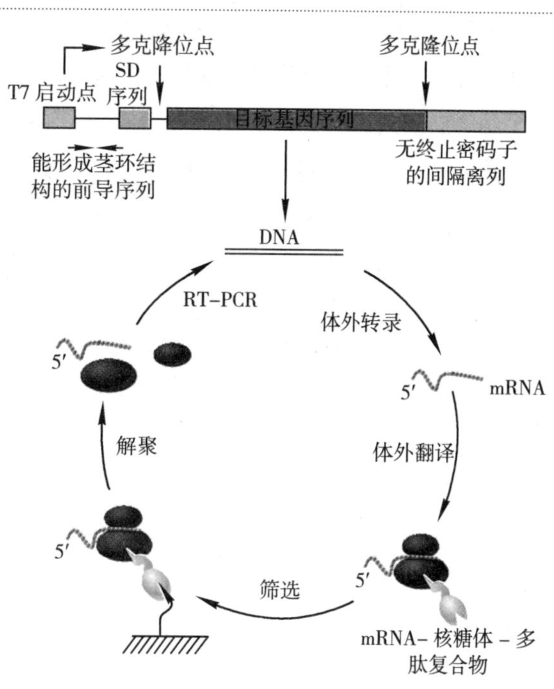

图 20-21 核糖体展示的基本原理和过程

Quiz23 在进行体外转录之前，需要对载体进行线性化处理。这是为什么？

第六节 研究蛋白质之间相互作用的主要方法与技术

分子生物学的另一核心内容是研究蛋白质与蛋白质之间的相互作用。用来研究蛋白质之间相互作用的主要方法和技术有免疫共沉淀(co-immunoprecipitation，Co-IP)、亲和层析、共价交联、荧光共振能量转移(fluorescence resonance energy transfer，FRET)、酵母双杂交系统(yeast two-hybrid system)和蛋白质芯片(protein chip)等。

(1) 免疫共沉淀。此方法的原理是，如果 X 蛋白与 Y 蛋白之间存在相互作用，那当将 X 蛋白的抗体加到细胞裂解物之后，Y 会与 X- 抗体复合物一齐发生免疫沉淀。

(2) 亲和层析。此方法的原理是，如果 X 蛋白与 Y 蛋白之间有相互作用，那在将细胞裂解液流过固定有 X 的树脂以后，Y 就通过与 X 之间的特异性相互作用而被亲和吸附到树脂上，其他无关的蛋白质会直接流出树脂。

(3) 共价交联。此方法的原理是，如果 X 蛋白与 Y 蛋白之间有相互作用，那在细胞或细胞裂解液中加入共价交联试剂以后，它们之间就会形成稳定的共价复合物。然后，再使用免疫沉淀的方法将它们共沉淀下来。最后，将交联打开，使 Y 得以释放。

(4) FRET。此方法的原理是，当某个荧光基团的发射谱与另一荧光基团的吸收光谱发生重叠，且两者距离足够近时，能量可以从高能量的短波长的荧光基团传给低能量的长波长的荧光基团，这实际上相当于是将短波长荧光基团释放的荧光屏蔽。如果两种蛋白质之间有相互作用，那在将它们各自引入激发的荧光供体基团和荧光受体基团以后，两个荧光基团之间就会发生能量转移。FRET 在两个荧光基因之间的距离小于 10 nm 时就能发生，这可以通过荧光受体发出的荧光波长的变化来测定。FRET 可以借助重组 DNA 技术将两种蛋白质分别与不同的荧光蛋白(CFP 和 GFP)融合在一起，然后再测定它们之间的能量转移(图 20-22)。

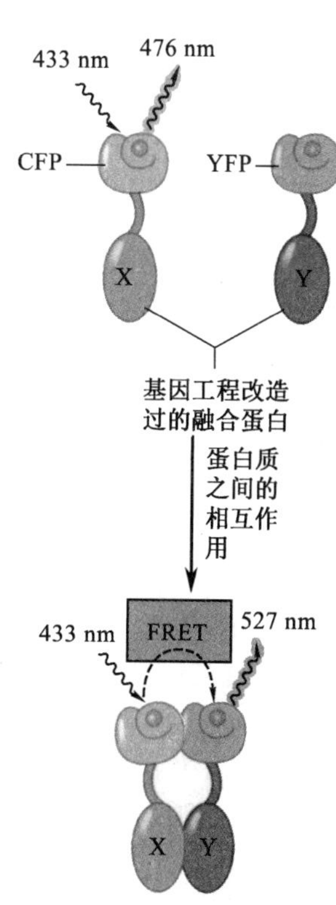

图 20-22 FRET 的原理

(5) 酵母双杂交。此方法的原理是，激活基因表达的激活蛋白所具有的两种功能不同的结构域。一种是与 DNA 结合的结合结构域(BD)，另一种是激活 DNA 转录的激活结构域(AD)。研究表明，这两种结构域并不一定需要在同一个蛋白质分子上才起作用。事实上，一个含有 BD 的蛋白质如果能够与另一个含有 AD 的蛋白质结合在一起，照样可以激活转录，该原理构成了酵母双杂交技术的基础。

在双杂交系统中，需要表达两种融合蛋白：一种是蛋白质X，用它作为“诱饵”，去捕获与它相作用的目标蛋白，因此经常称为诱饵蛋白(bait protein)。X在N端与BD融合在一起；另一种是潜在的能够与X结合的候选目标蛋白Y。Y与AD融合在一起。如果X与Y相互作用，形成的XY复合物在功能上就相当于一个完整的单一激活蛋白，就能够驱动一个容易检测的报告基因(如GFP和β-半乳糖苷酶的基因)的表达。于是，报告基因的表达量可以用来作为测定X与Y相互作用的尺度(图20-23)。

Quiz24 你知道酵母单杂交技术是干什么的吗？

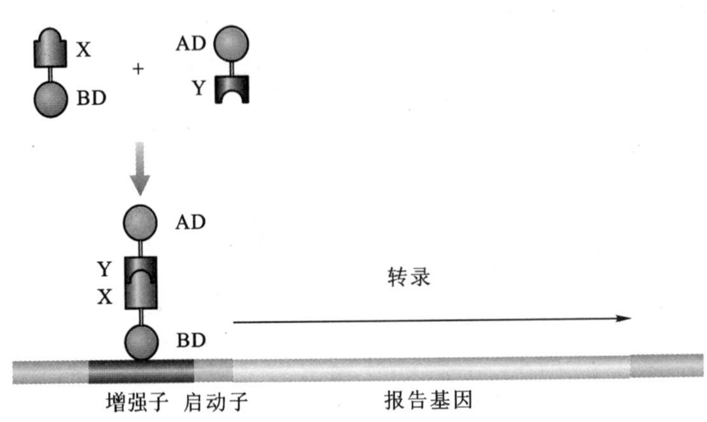

图 20-23 酵母双杂交系统的原理

双杂交系统建立的基本步骤包括：①选择载体。目前已有各种商业化的含有BD或AD的载体可供使用。无论是BD载体，还是AD载体，它们都含有合成特定营养成分(通常是氨基酸)所需要的某一种酶的基因，以提供选择性标记。②将“诱饵”蛋白X的基因和目标蛋白Y的基因分别插入到BD载体和AD载体之中，以形成BD-X和AD-Y融合基因。③转染。使用特定的手段将重组后的BD-X载体和AD-Y载体转染到特定的营养缺陷型酵母宿主细胞。④筛选。利用双营养缺陷型的恢复筛选出同时含有BD载体和AD载体的细胞。⑤活性检测。一旦BD-X载体和AD-Y载体进入宿主细胞，如果X蛋白和Y蛋白发生相互作用，宿主细胞内的报告基因就可能被驱动表达。若报告基因是GFP，就可以检测到绿色荧光。

第七节　研究核酸与蛋白质之间相互作用的主要方法和技术

分子生物学的核心内容之一是研究核酸与蛋白质之间的相互作用。用来研究这两类生物大分子相互作用的主要方法和技术有：电泳泳动变化分析、DNA亲和层析、DNA酶Ⅰ-足印分析和染色质免疫沉淀技术(chromatin immunoprecipitation，ChIP)。前四种方法在前面有关章节已做过介绍，这里只介绍ChIP。

ChIP是当今研究体内蛋白质与DNA相互作用的最重要的技术手段，利用该技术不仅可以检测细胞内各种反式作用因子与DNA分子上各种顺式作用元件之间的动态作用，还可以用来研究组蛋白的各种共价修饰以及转录因子与基因表达的关系。此外，将ChIP与其他方法结合，可大大扩大其应用范围。

ChIP的基本原理是：在活细胞状态下，使用甲醛固定蛋白质-DNA复合物，并通过超声波或酶处理，将染色质随机切成一定长度范围内的小片段。然后，通过抗原抗体的特异性识别和结合反应沉淀此复合体，特异性地富集与靶蛋白结合的DNA片段。最后通过对目的片段的纯化与检测，获得蛋白质与DNA相互作用的信息。

ChIP操作的基本步骤是(图20-24)：①用甲醛在体内将DNA结合蛋白与DNA交联。②分离染色质，

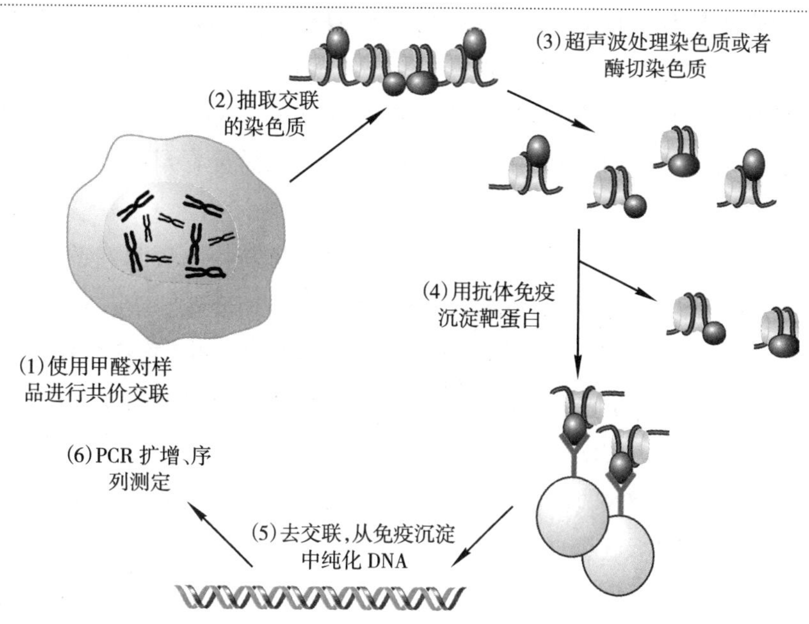

图 20-24　染色质免疫沉淀流程示意图

使用超声法或者酶法将染色质剪切成小的片段。③先用特异性抗体与 DNA 结合蛋白结合,再用沉淀法分离形成的复合体。④去交联,纯化富集释放出来的 DNA 片段。⑤用 PCR 扩增释放出来的 DNA 片段并进行序列分析。

Quiz25 如何进行去交联?

第八节　基因芯片和蛋白质芯片技术

一、基因芯片

基因芯片是随着"人类基因组计划"和其他模式生物基因组计划的进展而发展起来的一项技术,也叫 DNA 芯片、DNA 微阵列(DNA microarray)或寡核苷酸阵列(oligonucleotide array),它采用原位合成(*in situ* synthesis)或显微打印手段,将数以万计的 DNA 探针固定在支持物的表面,产生二维 DNA 探针阵列。然后,将其与标记的样品分子进行杂交,通过检测杂交信号的强弱,对样品进行快速、并行和高效地检测或医学诊断。

一般说来应用基因芯片分 5 步进行:①生物学问题的提出和芯片设计与制备;②样品制备;③核酸杂交反应;④结果探测;⑤数据处理和建模。

下面分别简要说明基因芯片在基因表达分析和基因诊断上的运用。

基因芯片具有高度的敏感性和特异性,它可以同时监测细胞中几个至几千个 mRNA 拷贝的转录情况,可自动、快速地检测出成千上万个基因的表达情况。它不仅可以检测和分析基因表达时空特征、基因差异表达,还可用用来发现新基因。与用单探针分析 mRNA 的点杂交或 Northern 印迹技术不同,基因芯片表达探针阵列应用了大约 20 对寡核苷酸探针来监测每一个 mRNA 的转录情况。每对探针中,包含一个与所要监测的 mRNA 完全吻合和一个不完全吻合的探针,这两个探针的差别在于其中间位置的核苷酸不同。这种成对的探针可以将非特异性杂交和背景讯号减小到最低的水平,由此就可以确定那些低丰度的 mRNA。

进行基因表达分析的基本步骤包括(图 20-25):① RNA 的抽取和分离。先得到总 mRNA,然后,使用寡聚 dT 作为引物,在逆转录酶催化下得到 cDNA。②扩增。使用 T7 RNA 聚合酶和生物素标记的 UTP 和 CTP,体外转录 cDNA,得到大量生物素标记的互补的 RNA(cRNA)。③"碎片化"。将 cRNA

保温在94℃的缓冲溶液中，产生35～200 nt长的cRNA片段。④杂交。将芯片与cRNA杂交，随后洗去非杂交的原料。⑤染色和洗脱。使用链霉亲和素（strepavidin）-藻红蛋白对生物素标记的cRNA进行标记，然后洗去非特异性结合的染料。⑥使用共聚焦激光扫描（confocal laser scanner）装置扫描杂交芯片。⑦信号放大。使用山羊抗体和生物素标记的抗体与芯片保温，再进行染色和洗脱。⑧再次扫描芯片，并对表达状况进行定量分析。

人类的疾病与遗传基因密切关联，基因芯片可以对遗传信息进行快速准确的分析，因此它在疾病的分子诊断中的优势是不言而喻的。从正常人的基因组中分离出DNA与DNA芯片杂交就可以得出标准图谱。从病人的基因组中分离出DNA与DNA芯片杂交就可以得出病变图谱。通过比较、分析这两种图谱，就可以得出病变的DNA信息。如果是要诊断正常细胞与肿瘤细胞在基因表达上的差别（图20-26），可以先从这两种细胞内抽取总mRNA，然后进行RT-PCR。在进行PCR的时候，需要使用不同颜色荧光标记的dNTP，这样可以让这两种细胞扩增的产物带上不同的荧光标记。比如用绿色荧光标记正常细胞的扩增产物，红色荧光标记肿瘤细胞的扩增产物。随后，将两种细胞的PCR扩增产物等量合并，再与已制备好的基因芯片进行杂交分析。由于芯片上含有各种已知的蛋白质基因的探针

Quiz26 两种细胞都不表达的基因在芯片上呈现什么颜色？

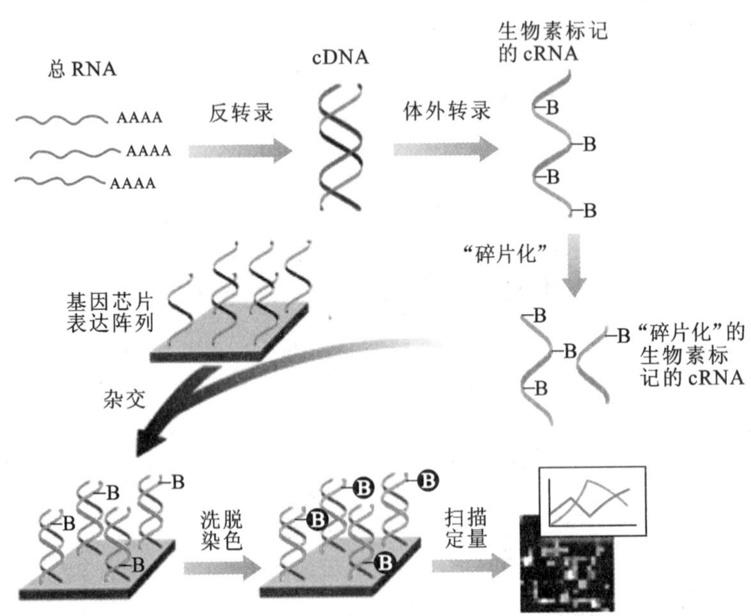

图20-25 使用基因芯片进行基因表达分析的基本流程

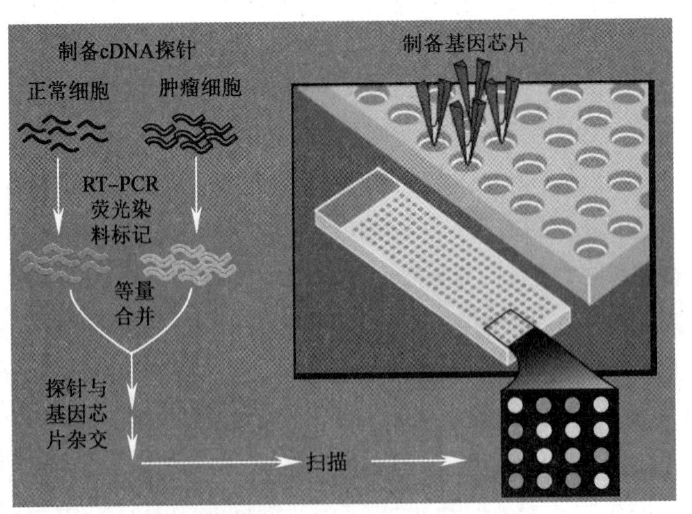

图20-26 使用基因芯片对正常细胞和癌细胞进行基因表达分析比较

序列，监测到的红色荧光代表的是肿瘤细胞特异性表达的基因，绿色荧光代表的是正常细胞才表达的基因，黄色荧光是两种细胞都表达的基因。

二、蛋白质芯片

蛋白质芯片又称蛋白质微阵列（protein microarray），是指固定于支持介质上的蛋白质构成的微阵列，它是在生物功能基因组学研究中作为基因芯片功能的补充发展起来的。与基因芯片相似，蛋白质芯片也是在一个基因芯片大小的载体上，按使用目的的不同，点布相同或不同种类的蛋白质，然后再让其与荧光标记的蛋白质特异性结合，通过扫描仪读出荧光强弱，计算机分析出样本结果。理论上，蛋白质芯片可以对各种蛋白质、抗体以及配体进行检测，它不仅适合于抗原、抗体的筛选，同样也可用于受体配体的相互作用的研究。

第九节　基因组编辑技术

基因组编辑（genome editing）是一种可以在基因组水平上对 DNA 序列进行改造的遗传操作技术。该技术的原理现在主要是构建一种人工内切核酸酶，在预定的基因组位置切开 DNA，切断的 DNA 在被细胞内的 DNA 修复系统修复过程中会产生突变，从而达到定点改造基因组的目的。机体主要通过非同源末端连接（NHEJ）和同源重组（HR）两条途径修复 DNA 双链断裂（图 20-27）。通过这两种修复途径，基因组编辑技术可以实现四种基因组改造的目的。

（1）基因敲除。若想使某个基因的功能丧失，可以在这个基因上产生 DSB，NHEJ 修复途径往往会产生 DNA 的插入或缺失（indel），造成移码突变，从而实现基因敲除。

（2）特异突变引入。如果想把某个特异的突变引入到基因组上，需要通过同源重组来实现，这时候要提供一个带有特异突变的同源模板。正常情况下同源重组效率非常低，而在这个位点产生 DSB 会大大地提高重组效率，从而实现特异突变的引入。

（3）定点转基因。与特异突变引入的原理一样，在同源模板中间加入一个转基因，这个转基因在 DSB 修复过程中会被拷贝到基因组中，从而实现定点转基因。

（4）有缺陷的基因纠正。与定点突变和定点转基因一样，需要提供同源的模板，但提供的同源模板所带有的序列是正常的，可在同源重组修复过程中替换需要纠正的基因本来带有的有缺陷的序列，从而实现对一些基因病进行基因治疗。

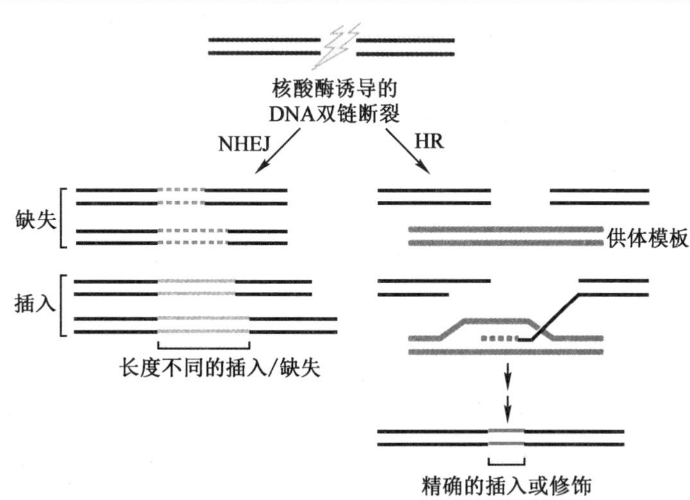

图 20-27　基因编辑的基本原理

由此可见，基因组编辑技术的原理并不复杂。其关键在于能否找到那种可高度定向切断的内切核酸酶。若能找到，余下来的事情主要交给细胞的修复系统自己来处理。这种处理就是进行所谓的修复，而修复的结果必然带来基因组的编辑。

目前，用来进行基因组编辑的内切核酸酶有大范围核酸酶(meganuclease，MGN)、锌指核酸酶(zinc finger nuclease，ZFN)、拟转录激活蛋白效应物核酸酶(transcription activator-like effector nuclease，TALEN)和 Cas9。其中，前三种内切核酸酶是酶自己去识别特定的碱基序列，但要让它们识别不同的序列，必须使用基因工程等手段对其进行改造。而 Cas9 只管切割不管识别，识别的任务由与它结合的引导 RNA(gRNA)通过与目标序列的互补配对来完成。但无论使用何种核酸酶，由于基因组编辑的对象是整个基因组，若设计得不好，有可能在基因组的非靶向位置产生非必要的 DNA 突变，也就是脱靶效应(off-target effect)，这可对细胞产生毒性。

Quiz27 基因组编辑所使用的核酸内切酶识别的碱基序列一般是 20 bp，这是为什么？为什么不能用 RE 来定向切割基因组 DNA？

Cas9 蛋白来自在化脓链球菌中发现的Ⅱ型 CRISPR 系统。该系统(图 20-28)只需要 Cas9 和 crRNA 和 tracrRNA，即可介导外源 DNA 的定向降解。在 CRISPR/Cas9 系统中，一旦外源的 DNA 进入胞内，细菌的 RNaseⅢ即催化 crRNA 的成熟。成熟的 crRNA 通过碱基配对与 tracrRNA 结合，形成引导 RNA，引导 Cas9 定向切开双链 DNA，其中 Cas9 的 HNH 核酸酶结构域剪切互补链，而 Cas9 的 RuvCⅠ结构域剪切非互补链。Cas9 系统介导的基因组编辑就是利用 CRISPR/Cas9 系统对 DNA 分子的靶向切割特性，使其用于定向的基因修饰。

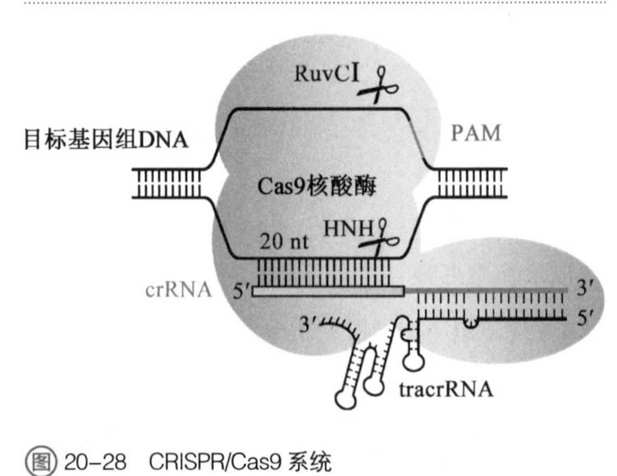

图 20-28 CRISPR/Cas9 系统

然而，这里有一个麻烦，就是基因组 DNA 的两条链本来是互补配对在一起的。如何能够让它们发生解链，以让 Cas9-gRNA 能找到目标？这就是为什么需要在目标序列附近必须存在一些小的前间隔序列邻近模体(PAM)的原因。PAM 是短的碱基序列，一致序列为 NGG，它可以被切割 DNA 的 Cas 蛋白(如 Cas9)识别，而不是与 Cas 结合的 gRNA。如果是 Cas9，会有 2 个氨基酸残基特异性识别 PAM 中的 GG，迫使其离开互补配对的 CC，由此导致前面的 N 这个核苷酸的磷酸核糖主链得以暴露出来，能与 Cas9 另外 4 个氨基酸残基相互作用。于是，原来的基因组 DNA 在局部的双螺旋变得不稳定，足够让 gRNA 能够与其中位于 PAM 上游紧挨着它的互补序列形成杂交的双链。因此，若没有 PAM，与 Cas 结合的 gRNA 很难与基因组 DNA 上的互补序列配对，后面由 Cas 实施的对基因组 DNA 位点特异性的切割就无从谈起了。因此，Cas9 蛋白对于目标序列的切割不仅仅依靠 crRNA 序列的匹配，在目标序列附近必须存在 PAM，若目标序列周围不存在 PAM，或者无法严格配对，Cas9 蛋白就不能行使核酸酶的功能，这也造成了不能利用 CRISPR/Cas9 对任意序列进行切割。

Quiz28 如何能让 Cas9 在真核细胞进行基因敲减？

除了用于定点的基因组编辑，CRISPR/Cas9 也可用于改变目的基因的转录。例如，已有人改造构建了没有核酸酶活性的 Cas9(deactivated Cas9，dCas9)，通过与指导 RNA 转化大肠杆菌可以靶向干扰目的基因的转录，这一过程被称为 CRISPRi。CRISPRi 具有高度特异性，能够靶向干扰单个或同时干扰多个基因，而且通过可诱导启动子的加入，人为地控制干扰过程。再如，有人将 dCas9 的 C 端与一些激活蛋白的激活结构域融合在一起，然后在 sgRNA 的引导下，可以定向激活基因组上特定的基因表达。还有人将 dCas9 与人的 p300 的 HAT 核心结构域融合，再在 sgRNA 的引导下，与 dCas9 融合的 HAT 可对基因组上特定染色质上的组蛋白进行乙酰化修饰，有助于被修饰的染色质附件的基因表达。

科学故事 **CRISPR/Cas9 系统的“前身今世”**

现在,可以说学生化的人无人不知 CRISPR/Cas9 这种当今最重要的红得发紫的基因组编辑工具,而 Jennifer Doudna、Emmanuelle Charpentier 和 Feng Zhang(张锋)是这种工具的共同发明者。但是,若有人问起,CRISPR 这个英文缩写是谁在哪一年提出来的,Cas 又是怎么来的?估计没有多少人能回答出来。

事实上,CRISPR 跟西班牙 Alicante 大学的一个名叫 Francis Mojica(图 20-29)的微生物学家有密切的关系。1992 年,Mojica 正在 Alicante 大学做他的博士论文。他研究的对象是嗜盐古菌,研究的重点是想搞清楚这类古菌是如何能够适应高盐环境的。在研究中,他决定对这种古菌的基因组序列进行测定。在那个年代,在实验室里测定核酸序列才刚刚开始,而且测序的效率不高。如果测定顺利,一次也差不多只能测出 200 bp 长的序列。在对测出的序列进行分析的时候,Mojica 及其同事发现了一类有规律的间隔重复序列(regularly spaced repeats)。一开始,他们将其称为串联重复序列(tandem repeats,TREP)。随后,他们开始搜查文献,以核实有没有人在其他微生物中发现有类似的重复序列。要知道,那时还没有 PubMed,所以他们只能手工查询,最后好不容易查到了一位日本科学家石野良纯(Yoshizumi Ishino)在 1987 年 *Journal of Bacteriology* 上发表的一篇论文。这篇论文报道了在大肠杆菌基因组上有类似的重复序列。

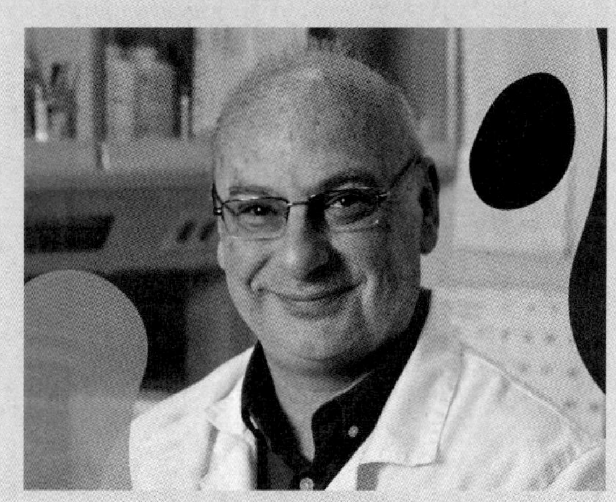

图 20-29 Francis Mojica

如此发现让 Mojica 对这种重复序列的功能产生了浓厚的兴趣。由于原核生物的基因组本来在大小上就很有限,因此一般不会浪费基因组上任何可能的序列,只会“物尽其用”,即这种并非短小的重复序列应该会有十分重要的功能。而且,这种重复序列既存在于细菌,又存在于古菌,这也意味着从进化的角度来看,它肯定是非常古老的。TERP 这个名称是 Mojica 的研究生导师提出的。但是,Mojica 并不认同这个名称,因为他认为这种重复序列并不是严格串联在一起的,在重复序列之间还有间隔序列。到了 2000 年,Mojica 他们已经确认了有多种原核生物含有这种重复序列,其中包括很多在进化关系上比较遥远的种类。在这一年,Mojica 提出了一个新的名字——短规律间隔重复序列(short regularly spaced repeats, SRSR)。与此同时,有另外一个远在荷兰的以 van Embden JDA 为首的研究小组也在研究这类重复序列,但仅仅是利用它作为一种分子标志物(molecular signature),来鉴定结核杆菌(*Mycobacterium tuberculosis*)的分离物,他们则将其称为直接重复序列(direct repeats,DR)。没有想到的是,在 2001 年这个研究小组主动联系了 Mojica,说他们在一些生物体内,发现有一些基因跟这些重复序列相邻。这个研究小组还建议用一个共同的术语来描述这种重复序列,最终两家达成了共识,即使用成簇有规律间隔短回文重复序列(clustered regularly interspaced short palindromic repeats)这个新的名称,于是 CRISPR 这个名词正式问世了。不久,这个研究小组在他们发表的论文上,用 *cas* 表示与 CRISPR 相关连的基因(CRISPR-associated)。

CRISPR 这一个名词尘埃落定以后,Mojica 已经做完了博士后,又回到了 Alicante 大学,开始致力研究它的功能。在研究 CRISPR 作为大肠杆菌分离物的标志物的时候,Mojica 发现其中有一段序列与一种病毒(P1 噬菌体)所带有的一段序列完全相同。这段序列不属于所有的病毒,而是属于通常感染大肠杆菌的这种噬菌体。这个发现意味着,这段序列可能是大肠杆菌祖先在以前被这种病毒感染的时候吸收到它的基因组中的。

这个发现差不多花了 Mojica 六年的时间!为什么如此漫长?那是因为一开始可以查到的原核生物

的全基因组序列十分有限。只是到了 1995 年，一种细菌的全基因组序列才能被测定出来。但到了 90 年代末，大概有 20 种细菌的全基因组序列得以测定；而到了 2003 年已有上千种了。这都要归功于新一代 DNA 序列分析技术的突飞猛进。序列库中序列呈指数级的增长，使得更多的原核生物所带有的 CRISPR 露出水面。在鉴定这些 CRISPR 的时候，Mojica 发现在几乎所有的生物中，这些重复序列都与感染过这种生物的遗传元件的序列惊人地一致。经查阅文献，发现出现在间隔序列中的序列似乎能保护一种生物不受基因组中含有相同序列的病毒的感染，即让一种细菌或古菌对相应病毒产生了免疫力。于是，Mojica 把他们的研究成果在 2003 年 11 月投给了 *Nature*，但 *Nature* 却认为这样的结果不是那么有趣，居然没有经过外审，就直接把他们的论文给拒了。后来，他们又投给了另外四家杂志，包括 *Proc.Natl. Acad. Sci. USA*、*Molecular Microbiology* 和 *Nucleic Acid Research*。直到 2005 年 2 月终于在 *Journal of Molecular Evolution* 上得以发表，论文的题目是"Intervening sequences of regularly spaced prokaryotic repeats derive from foreign genetic elements"。就在差不多一个月以后，另外一个研究小组在 *Microbiology* 上发表了一篇类似的论文，论文题目是"CRISPR elements in *Yersinia pestis* acquire new repeats by preferential uptake of bacteriophage DNA，and provide additional tools for evolutionary studies"。

2005 年 5 月，法国国立农业研究所的 Alexander Bolotin 在研究当时基因组序列已知的嗜热链球菌（*Streptococcus thermophilus*），结果发现了一个不同寻常的 CRISPR。这种 CRISPR 与以前报道过的 CRISPR 十分相似，但却含有一种新型的 *cas* 基因。与以前报道的 *cas* 基因不同的是，这种 *cas* 基因编码的蛋白质较大，而且结构预测它具有核酸酶的活性。这就是现在广为人知的 Cas9。除了拥有新型 *cas* 基因以外，这种 CRISPR 在每一个间隔序列的一端还有一段叫原间隔临近模体（protospacer adjacent motif，PAM）的共有序列，其功能后来才知道与靶点识别有关。

2006 年，美国 NIH 下设的 NCBI 的 Eugene Koonin 在用生物信息学的方法对多种原核生物由 *cas* 基因编码的 Cas 蛋白的序列进行系统分析以后，提出了 CRISPR 与 *cas* 基因一起构成原核生物的一种级联获得性免疫系统的假说，由此否定了以前由 Kira S. Makarova 提出的 Cas 蛋白可能充当一种新型 DNA 修复系统的假说。

2007 年 3 月，法国的 Philippe Horvath 及其同事用实验证明，嗜热链球菌的确使用 CRISPR 系统作为一种获得性免疫系统：可将新入侵的噬菌体 DNA 整合到它的 CRISPR 系统，用来对付以后再次入侵的噬菌体。在期间，Cas 蛋白参与其中的免疫保护，但详细机制并不知晓。

2008 年 8 月，荷兰 Wageningen 大学的 John van der Oost 在 CRISPR/Cas 系统作用的详细机制研究上获得了一项重要的突破：就是发现源自大肠杆菌噬菌体的间隔序列可以转录成一种小 RNA，即 crisprRNA（crRNA），用来指导 Cas 蛋白作用目标 DNA。

Quiz29 你如何设计一个实验，证明 Cas 蛋白作用的对象是 DNA 而不是 RNA？

2008 年 12 月，美国西北大学的 Luciano Marraffini 和 Erik Sontheimer 设计了一个精妙的实验，证明 CRISPR/Cas 系统最终作用的对象是目标 DNA，而不同于真核生物的 RNA 干扰系统，作用目标 RNA。Marraffini 和 Sontheimer 在他们发表的论文上，还大胆提出这个系统有可能被引入到真核系统中，作为一种强大的基因组编辑工具。

2009 年，Caryn R. Hale 等人发现一些原核生物的 CRISPR 系统作用的目标是 RNA。

2010 年，加拿大 Laval 大学的 Sylvain Moineau 等人研究发现，CRISPR/Cas9 系统在 PAM 上游 3 nt 的位置精确切开双链 DNA，并证明 Cas9 是唯一负责切割目标 DNA 的蛋白质。这是Ⅱ型 CRISPR 系统的重要特征，其中还需要 crRNA。

2011 年 3 月，奥地利 Vienna 大学的 Emmanuelle Charpentier 等人揭开了 CRISPR/Cas9 系统拼图最后的一块。他们对化脓链球菌的 CRISPR 系统产生的 crRNA 进行了序列分析，发现了另外一种小 RNA 可以与 crRNA 互补配对，形成双链结构。他们将其称为称为反式作用 crispRNA（tracrRNA）。这种 tracrRNA 与 crRNA 形成双链以后，共同引导 Cas9 作用目标 DNA。

2011 年 7 月，立陶宛 Vilnius 大学的 Virginijus Siksnys 从嗜热链球菌中克隆了完整的 CRISPR/Cas 序列，并将其引入到亲缘关系较远的大肠杆菌细胞内表达，结果显示被引入的Ⅱ型 CRISPR 系统完全可以在大肠杆菌细胞内起作用，这表现在对提供的质粒具有抗性。这也说明了 CRISPR 系统是相对独立的，由此也帮助了他们确定了属于这个系统的所有成分。2012 年 9 月，Siksnys 利用他们建立的带有外来Ⅱ型 CRISPR 系统的大肠杆菌，成功分离出 Cas9-crRNA 复合物，并在体外研究了其作用的机制。他们不仅确认了 Cas 蛋白的切割位点以及 PAM 的必要性，而且还确定了 Cas9 的 RuvC 结构域负责切割 crRNA 的非互补链，而 HNH 结构域负责切割互补链。他们还发现，crRNA 可以被修剪到只有 20 nt 就足以保证 Cas9 的切割。特别让人兴奋的是，他们可以通过改变 crRNA 的序列，让 Cas9 识别不同的位点。

图 20-30 Jennifer Doudna（上）、Emmanuelle Charpentier（中）和 Feng Zhang（下）

2011 年 3 月，Emmanuelle Charpentier 和 Jennifer Doudna（图 20-30）在波多黎各相遇了，她们当时都在出席由美国微生物协会组织的主题为“Regulating with RNA in Bacteria”的学术会议。Charpentier 出生在法国，在巴斯德研究所获得博士学位后到了瑞典的 Umea 大学工作。在 2000 年以后，在奥地利 Vienna 大学领导了一个小的实验室，并对 CRISPR 开始有了兴趣。到了 2009 年，她在化脓链球菌中发现了两种小 RNA 和 Cas9 在这种细菌的免疫系统中起重要作用，并想到了它们有可能用于基因工程。而 Doudna 在哈佛大学获得博士学位以后，就在那里研究核酶。作为一名结构生物学家，她长期从事研究 RNA 的各项功能，包括核酶晶体三维结构的研究。自 2002 年以后，她去了加州大学伯克利分校工作，并在 2005 年意识到关于 CRISPR 在细菌获得性免疫中潜在的作用，于是开始研究 RNA 在其中的作用。在与 Charpentier 相识以后，直觉告诉她，她与 Charpentier 之间可以通过合作取长补短。从此以后，横跨大西洋之间长距离的合作研究开始了。这种合作不久就取得了让世界为之一振的成果。她们使用了由 Charpentier 提供的来自化脓链球菌的 CRISPR 系统，很快阐明了两种小 RNA 与 Cas9 蛋白切割外源 DNA 的详细机制。而且，她们还发现可以让 crRNA 和 tracrRNA 二合一融合在一起，形成一种单一引导 RNA（sgRNA）引导 Cas9 起作用，这就大大简化了异源的 CRISPR/Cas9 系统。同时，她们还显示相关机制可以转化成一种革命性的基因组编辑技术。

2013 年，一直利用其他基因组编辑系统的哈佛大学和 MIT 的布洛德研究所（Broad Institute）的张锋（图 20-30）率先将 CRISPR/Cas9 系统成功地进行了改造，使其可运用在真核细胞。2011 年 2 月，张锋从哈佛大学 Michael Gilmore 那里第一次听到了有关 CRISPR 的报告，就立刻被它迷住了。第二天，他飞往迈阿密去参加一个学术会议，但却让自己呆在宾馆的房间内闭门不出，认真消化全部有关 CRISPR 的文献。在回去以后，他立刻着手改造源自化脓链球菌中的 Cas9，使其带上核定位信号，并优化它的密码子，目的是让它能够在人细胞中起作用。到了 2011 年 4 月，他在人胚胎肾细胞中，表达了改造过的 Cas9 和设计好的以带有荧光素酶基因的质粒作为目标的 crRNA，结果发现该系统可有效抑制荧光素酶基因的表达。次年，他优化了系统，大大提高了编辑效果。

到此为止，有关 CRISPR/Cas9 系统的发现和得到应用的故事差不多结束了。很多人包括本人都曾预测，总有一天，这个系统和或技术会得诺贝尔奖，但究竟会是哪些人得奖，估计谁也不能保证能准确无误地预测出来！令人高兴的是，2020 年诺贝尔化学奖真的颁给了该项技术，但绝对预想不到的是获奖人只有 Doudna 和 Charpentier！

思考题：

1. 假定你在搜索人类基因组序列的时候，发现一个潜在的受体基因，其和其他已知的指导轴突形成的受体具有相同的保守模体，很快你又发现这种潜在的受体在其他几种模式动物（包括线虫、果蝇、斑马鱼和小鼠）中也有同源物的存在，你认为这样的发现有何意义？假定你对这种基因的功能通过基因敲除的技术进行研究，你很可能看不到表型的任何变化，为什么？

2. 假定你在酵母中发现一个与细胞周期有关的一个关键基因，你如何使用功能互补的方法快速地从人细胞中找到与这个基因同源的基因？

3. 如何使用 PCR 分离出一种组织特异性表达的 cDNA 的启动子序列，然后再将启动子序列与 GFP 基因相连，以使 GFP 能在相同的组织中表达？

4. 假定你一直在纯化和分析新发现的物种体内一种较小的蛋白质，你得到了这种蛋白质两段氨基酸序列：一段靠近 N 端，另一段靠近 C 端。下面你想克隆这种蛋白质的全基因序列，但你既没有 cDNA 文库，也没有基因组文库。简述你克隆完整基因的方法。

5. 雌激素的受体是生殖必需的，但不是培养细胞必需的。大多数培养细胞没有雌激素受体。在激活转录的时候，雌激素受体招募辅激活蛋白，后者再招募更大的蛋白质复合物 CBP 或者与 CBP 相关的蛋白质 p300。为了分析 CBP/p300 在雌激素受体介导的转录中所起的作用，有人使用 RNA 干扰技术抑制 CBP/p300 的表达。结果发现，基因抑制成功了，但细胞很快死亡了。对此你如何解释？

网上更多资源……

本章小结　授课视频　授课音频　生化歌曲

教学课件　推荐网址　参考文献